Das Reader's Digest

BUCH DER VOGELWELT

Mitteleuropas

Verlag DAS BESTE · Stuttgart · Zürich · Wien

DAS READER'S DIGEST
BUCH DER VOGELWELT
MITTELEUROPAS

entstand auf der Grundlage des *Book of British Birds*, The Reader's Digest Association Limited, London. Es wurde für Mitteleuropa vollständig überarbeitet und ergänzt von

Professor Dr. Günther Niethammer
Zoologisches Forschungsinstitut
und Museum Alexander Koenig, Bonn.

Die redaktionelle Leitung der englischen Ausgabe hatte Richard Fitter, BSC. Als Mitarbeiter an dem vorliegenden Werk wirkten mit: Phyllis Barclay-Smith, MBE; Jeffery Boswall; Philip J. K. Burton, BSC; Dr. Bruce Campbell; Dr. John Carthy; Dr. C. J. F. Coombs; Dr. Peter M. Driver; John Gooders; C. J. O. Harrison; P. H. T. Hartley, MA, BSC; David Holyoak; Dr. R. K. Murton; Dr. Ian Newton; J. L. F. Parslow; Richard Perry, BA; Dr. Goetz Rheinwald; K. E. L. Simmons, MSC; Robert Spencer, BA, und Dr. H. E. Wolters. Die der Bearbeitung zugrundeliegenden Übersetzungen fertigten Michael Weber-Schäfer, Hans A. Werner, Elisabeth Wilke und BOTS Bayrischer Übersetzungsdienst an.

Die Vorlagen der Vogelporträts auf den Seiten 36–276 malten Raymond Harris Ching, Patrick Paillat, Jacques Penot, David Reid-Henry.

Die meisten Bilder des Bestimmungsteils und des Abschnittes „Seltene Vögel" sowie viele andere Abbildungen stammen von Hermann Heinzel. Außerdem wirkten folgende Künstler mit: Norman G. Barber, Francis Bérille, Irmgard Bohm, Viktor Eliassen, Kathleen Flack, Eric Fraser, Robert Gillmor, Eric J. Hosking, Jean-Marie Le Faou, Raymond Outrequin, Anders Stenlund, Philip North Taylor, Sydney Woods.

Als Grundlage für den größten Teil der Weltverbreitungskarten diente der *Atlas van de Europese Vogels* (Elsevier, Amsterdam) von Professor Karel Hendrik Voous, der hierzu seine freundliche Zustimmung gab. Die übrigen Weltverbreitungskarten und sämtliche Karten der Verbreitungsgebiete in Mitteleuropa entwarf Professor Dr. Günther Niethammer, unterstützt von Dr. Hartmut Walter und Dr. H. E. Wolters.

Dem Verlag Collins gebührt Dank für wertvolle Hilfe bei der Vorbereitung des Werkes.

Printed in Germany
ISBN 3 87070 044 0

Das Bild auf dem Einband stellt einen Waldkauz dar.
Es wurde von Raymond Harris Ching gemalt.

INHALT

Die Geschichte unserer Vögel

Die Bestimmung der Vögel

Die Vögel Mitteleuropas

Die Eroberung der Luft, des Landes und der See

Die Gesellschaft der Vögel

Die Vögel und der Mensch

Die Vögel der Welt

Die Geschichte unserer Vögel

Die Vögel Mitteleuropas einst und heute

Die Ahnen der Vögel kennen wir bisher nur aus Deutschland. Sie lebten vor 140 Millionen Jahren und waren sicher weiter verbreitet; aber nicht mehr als drei Abgüsse dieser Urvögel sind uns aus jener Epoche überliefert, alle aus dem Fränkischen Jura in Bayern.

Seit dieser Zeit haben viele verschiedene Vogelarten und -familien unser Land bevölkert; doch nur spärlich sind die Zeugnisse, die wir von ihnen in Form von Fossilien besitzen. Kaum 1000 Vogelarten – die längst wieder ausgestorben sind – hat man bisher in der ganzen Welt auf Grund solcher Fossilien beschrieben; aber mindestens 1 000 000 entstanden und vergingen, ohne Spuren zu hinterlassen. Sie lösten einander während der Jahrmillionen ab, denn mit der steigenden Zahl der Arten wurde der Wettbewerb um Nahrung und Brutplätze schärfer, und bei diesem Kampf ums Dasein war jeweils immer nur Platz für eine begrenzte Zahl von Vogelarten. Heute gibt es rund 8800, die über die ganze Erde verteilt sind; die meisten von ihnen leben in den Tropen vor allem Südamerikas. Länder wie Peru, Ekuador und Kolumbien beherbergen jeweils über 1000 Arten – weit mehr als der ganze europäische Kontinent; Deutschland dagegen hat nur 250, Frankreich 260, Polen 230, Großbritannien und Irland 218. Von diesen verliert Europa jeden Winter die ausgesprochenen Zugvögel und erhält Gäste aus dem Norden und Osten, so daß die gesamte Vogelschar, die sich ständig oder vorübergehend bei uns aufhält, doch abwechslungsreicher ist und für Mitteleuropa über 450 Arten umfaßt, rechnet man die seltenen Gäste und die Irrgäste mit.

Die bei uns nistenden Vogelarten haben sich erst im Laufe der letzten 12 000 Jahre unter dem Einfluß des Klimas, der Vegetation und der Tätigkeit des Menschen in Mitteleuropa angesiedelt. Das entscheidende Ereignis war dabei, in dieser jüngsten Geschichte unserer Erde, die letzte Eiszeit. Sie brach vor etwa 120 000 Jahren über Europa – ähnlich auch über Asien und Nordamerika – herein und dauerte 110 000 Jahre. Ganz Nordeuropa wurde damals unter einer Eisdecke begraben, und die Gletscher schoben sich weit südwärts nach Mitteleuropa vor. Dabei vernichteten sie die Fauna oder vertrieben die Tierarten, die noch ausweichen konnten. Die beweglichen Vögel wurden sicherlich zum größten Teil zurückgedrängt; aber wenn sie weiter südlich keine passende neue Heimat fanden, konnten auch sie nicht weiter existieren. Das Ausweichen wurde allen Tieren besonders dadurch erschwert, daß ihnen im Süden eine weitere Eisfront entgegenkam, nämlich die Gletscher, die von den Alpen herab nach Norden vorrückten.

So blieb denn auf dem Höhepunkt der Eiszeit nur ein relativ schmaler Raum in Mitteleuropa eisfrei. Aber auch hier war es so ungastlich geworden, daß die Wälder verschwanden und sich statt ihrer eine Tundrenlandschaft ausbreitete, wie sie heute nur im nördlichen Europa vorhanden ist. In diesem eiszeitlichen mitteleuropäischen Gebiet hielten es nur wenige Vogelarten aus – vorwiegend solche, die auch heute in der nördlichen Tundra leben. Die meisten, insbesondere natürlich die wärmeliebenden Vogelarten, die auf dem Höhepunkt der letzten Eiszeit zwischen die Gletscherfronten geraten waren, wurden um den Sperriegel der Alpen herum zurückgedrängt. Manche gelangten in südwestlicher Richtung bis Spanien und Nordwestafrika, andere in südöstlicher Richtung auf die Balkanhalbinsel und bis Vorderasien. Nicht wenige konnten nach beiden Seiten entweichen, mußten aber diese doppelte Überlebenschance damit bezahlen, daß ihre Teilbevölkerungen nunmehr weit voneinander getrennt wurden. Daß sie überhaupt jahrtausendelang im Exil überleben und nach dem Rückzug des Eises wieder nach Mitteleuropa zurückkehren konnten, verdanken sie dem Umstand, daß sie in beiden Zufluchtsbezirken ähnlich günstige Lebensbedingungen vorfanden, wie sie vor der Eiszeit in Mitteleuropa bestanden hatten: ausgedehnte feuchtwarme Laub-, Misch- und Nadelwälder. Diese kennzeichneten sowohl das Gebiet von Südfrankreich, die Iberische Halbinsel und Nordafrika von Marokko bis Tunesien als auch das Refugium, das sich von Istrien aus als Streifen längs der Adria über die Balkanhalbinsel, Thrazien und das westliche Anatolien bis Palästina erstreckte. Dazu kamen noch Küstenstriche des Mittelmeers, die zu jener Zeit genauso trokkengefallen waren wie die Nordsee, denn durch die Bildung der großen Gletscher war dem Meer so viel Wasser entzogen worden,

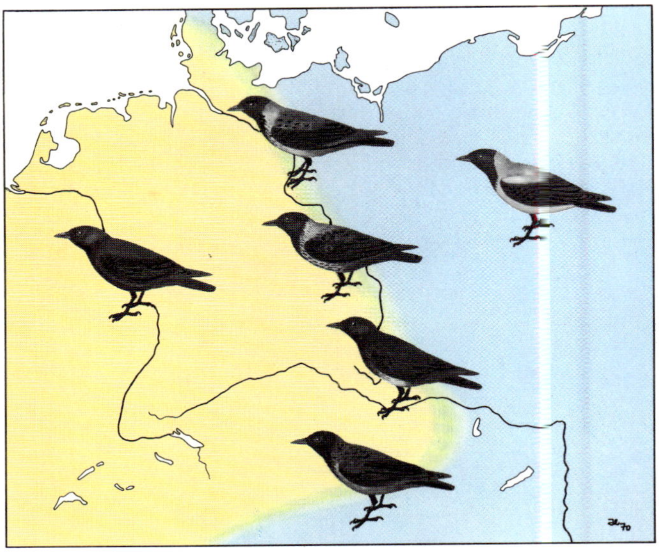

DIE VERBREITUNG DER RABEN- UND NEBELKRÄHE – EIN ERGEBNIS DER EISZEIT

Nach dem Rückzug der Gletscher besiedelten die schwarze Rabenkrähe von Südwesteuropa aus und die graue Nebelkrähe von Osten her Mitteleuropa. Die Nebelkrähe war schneller und erreichte über Skandinavien Schottland und Irland, ehe die Rabenkrähe über Frankreich und das heutige Kanalgebiet auch England besetzte. Beide Aaskrähen trafen in Mitteleuropa an der Elbe und weiter im Süden (Niederösterreich bis Tirol) aufeinander und vermischten sich in einem etwa 60 km breiten Streifen, der eine offenbar recht konstante Grenze zwischen den beiden Unterarten bildet.

daß der Wasserspiegel sich während der letzten Eiszeit um 100 Meter und mehr gesenkt hatte.

Die Vogelwelt Mitteleuropas wurde also dezimiert und in zwei getrennte Bereiche zurückgedrängt. Unter den verschiedenen Auslesebedingungen vollzog sich nun eine Sonderentwicklung der isolierten Gruppen. Sie führte zunächst zu neuen geographischen Rassen (Unterarten) und schließlich zur Entstehung neuer Arten. Gleichzeitig vermischten sich in Mitteleuropa kälteliebende hochnordische und ebensolche hochalpine Arten, die nunmehr, unter dem Druck der beiden Eisfronten, gemeinsam den mitteleuropäischen Tundrengürtel bewohnten. So wurde beispielsweise das nördliche Moorschneehuhn nach Süden abgedrängt und das Alpenschneehuhn drang nordwärts vor.

Erst am Ende der letzten Eiszeit, als das Eis sich zurückgezogen hatte und Mitteleuropa wieder wärmer wurde, also erst vor rund 10 000 Jahren, begann die Rückwanderung der Tiere aus den südlicheren Zufluchtsgebieten nach Mitteleuropa und die Auflösung der mitteleuropäischen Tundrenfauna. Dabei begegneten sich die Rückkehrer aus Südwest und Südost; sie zogen aneinander vorüber oder hielten sich auf, sofern sie sich gegenseitig Konkurrenz machten. Im jahrtausendelangen Exil hatten sich aber manche ursprünglich einheitliche Arten so weit auseinanderentwickelt, daß die neu gebildeten Spezies sich nicht wieder vermischten. Vielmehr gingen sie auch dann ihre eigenen Wege, wenn sie sich im gleichen Gebiet ansiedelten.

Solche Artenpaare sind sich oft so ähnlich, daß man sie Zwillingsarten genannt hat. Typische Beispiele dafür sind Garten- und Waldbaumläufer, Sumpf- und Weidenmeise, Orpheus- und Gelbspötter, Sommer- und Wintergoldhähnchen, Sprosser und Nachtigall, aber auch Teich- und Sumpfrohrsänger, Zilpzalp und Fitis. So ähnlich sich die Vertreter dieser Paare auch sehen – an der Stimme sind sie alle gut zu unterscheiden. Ihr Gesang ist jeweils so verschieden, daß schon damit ein wirksamer Riegel gegen die Paarung dieser Zwillingsarten untereinander entstanden ist.

Es gibt aber auch Formen, die sich noch nicht zu vollwertigen Arten differenziert haben und die sich dort, wo sie nach langer Zeit wieder zusammentreffen, genauso vermischen, als seien sie nie getrennt gewesen. Hier handelt es sich noch um Unterarten einer und derselben Art – so zum Beispiel bei der osteuropäischen weißköpfigen und der westeuropäischen streifenköpfigen Schwanzmeise oder bei der westeuropäischen schwarzen Rabenkrähe und der osteuropäischen grauen Nebelkrähe. Wenn diese beiden in der Färbung auch deutliche Unterschiede aufweisen, sind sie sich doch sonst ähnlich geblieben, und in einem etwa 60 Kilometer breiten Mischgebiet längs der Elbe finden wir alle denkbaren Übergänge zwischen der grauen und der schwarzen Krähenrasse.

Ganz anders, aber nicht minder bedeutsam hat die letzte Eiszeit die Verbreitung der Tundrabewohner beeinflußt. Mit dem Rückgang des Eises schrumpfte auch deren Lebensraum, die Tundra, und verschwand schließlich ganz aus Mitteleuropa. Manche Angehörige alpiner Arten wanderten mit der Tundra nach Nordeuropa und sind heute von der entsprechenden Alpenpopulation genauso weit getrennt, wie es während der Eiszeit die nach Südost- und Südwesteuropa abgedrängten Vögel in ihren Zufluchtsgebieten gewesen sind. Jene Vögel, die heute nur noch in den Alpen (und anderen südlichen Hochgebirgen) und in Nordeuropa vorkommen, nennen wir boreoalpine oder arktoalpine Arten. Zu ihnen gehören beispielsweise die Ringdrossel, das Alpenschneehuhn, der Tannenhäher und der Birkenzeisig. Manche haben in ihrer Isolation seither besondere Unterarten entwickelt, so die Ringdrossel, das Alpenschneehuhn und der Birkenzeisig. Andere Vögel wie der Tannenhäher gleichen sich dagegen noch völlig. Vom Alpenschneehuhn hat man an vielen Plätzen, wo es heute nicht mehr vorkommt, Knochenreste gefunden, aus denen klar hervorgeht, daß es einst die eiszeitliche mitteleuropäische Tundra lückenlos bewohnt hat.

Die Wiederbesiedlung Zentraleuropas nach der Eiszeit ist sicherlich sehr langsam vor sich gegangen – so wie sich Klima und Vegetation auch nur ganz allmählich besserten. Dennoch haben wir Grund zu der Annahme, daß sie bei beweglichen Tierarten viel schneller vonstatten ging als bei seßhaften, die weder fliegen noch rasch laufen können. Die Ausbreitung der Heimkehrer ist nun gewiß nicht so zu verstehen, daß diese Tiere ganz gleichmäßig vordrangen, sondern sie ist bald schneller, bald langsamer erfolgt. Ja sie kam zuweilen sogar zum Stehen und wurde sicherlich nicht selten auch rückläufig.

Diese Einsicht können wir auf Grund vieler Gebietsveränderungen gewinnen, die von Vögeln im Laufe der letzten Jahrhunderte vorgenommen wurden und die Modelle für die nacheiszeitliche Wiederbesiedlung Mitteleuropas bilden mögen. Leider läßt sich Genaueres nur über die letzten 150 Jahre sagen, in denen Fachleute solche Vorgänge beobachtet und verzeichnet haben. Vergleiche mit früheren Jahrhunderten sind uns nur in Einzelfällen möglich. So förderten Ausgrabungen in römischen Siedlungen bei Trier Reste vom Krauskopfpelikan zutage, dessen Knochen sich auch in frühzeitlichen Ablagerungen im Herzberger Luch in der Mark Brandenburg fanden. Damit bestätigte sich eine Angabe von Plinius, daß der Pelikan an Rhein- und Scheldemündung vorkomme. Ein anderer Großvogel, der Waldrapp, hat bis ins 16. Jahrhundert in Süddeutschland, Österreich und der Schweiz gelebt. Er wurde 1555 von dem Schweizer Naturforscher Konrad Gesner als *Wald-Rabe* beschrieben und abgebildet. Da man diesem an Felswänden brütenden Ibis seines leckeren Fleisches wegen fleißig nachstellte, verschwand er schon im 17. Jahrhundert restlos aus Europa und aus dem Gedächtnis sogar der Fachleute, bis man ihn 1897 wieder mit dem Wald-Raben des alten Gesner identifizieren konnte. Heute ist der Waldrapp auf höchstens sechs kleine Kolonien von Marokko bis zum Euphrat beschränkt, die von Jahr zu Jahr kleiner werden.

Man sieht schon aus diesen Beispielen, daß nach der Eiszeit nicht nur Vogelarten in Mitteleuropa eingewandert, sondern auch viele aus diesem Gebiet verschwunden sind. Ein solches Hin und Her offenbaren auch genaue Aufzeichnungen, wie sie uns aus den letzten 150 Jahren zur Verfügung stehen. Sie zeigen, daß sich bei 20 Prozent aller Vogelarten Mitteleuropas die Grenzen ihrer Verbreitungsgebiete stark verschoben haben, oft um Hunderte von Kilometern. Nicht weniger als 15 Vogelarten drangen in diesem relativ kurzen Zeitraum aus südlichen Ländern zu uns vor – manche, wie Girlitz und Türkentaube, in geradezu atemraubendem Tempo. Eine andere Gruppe von Vögeln kam von Osten oder Nordosten, vorwiegend über Nordasien – im ganzen 6 Arten, deren Vormarsch noch anhält. Viele weitere Arten haben sich in den letzten 150 Jahren nur innerhalb Mitteleuropas weiter ausgebreitet. Die Besiedlung unseres Landes ging in letzter Zeit hauptsächlich von zwei Gebieten aus: dem vorderasiatisch-ostmittelmeerischen und dem sibirischen Raum. Sie erfolgte daher auf zwei Hauptwegen: einerseits über die Balkanhalbinsel und Ungarn (wo gegenwärtig weitere Arten nachrücken), und andererseits über das nördliche Rußland und Ostpreußen, beziehungsweise über Skandinavien und Dänemark. Freilich sind im gleichen Zeitraum fast ebenso viele Vogelarten bei uns vollständig wieder verschwunden. Bei weitem die meisten von ihnen wurden vom Menschen mit Flinte, Falle und Gift ausgerottet oder durch die Umgestaltung der Landschaft verdrängt. Andererseits ist dem Menschen auch die Einbürgerung einiger attraktiver Vögel wie Fasan und Höckerschwan geglückt.

In neuester Zeit hängt der Wandel unserer Vogelwelt weitgehend vom Wirken des Menschen ab. Während im vorigen Jahrhundert Steinadler und Kolkrabe im größten Teil Mitteleuropas durch Jäger ausgerottet wurden, werden heute Uhu und Wanderfalke an ihren Horsten meist von Tierphotographen und Bergsteigern vergrämt. Um die Jahrhundertwende bewirkten die Kultivierung von Mooren und die Zunahme der Fichtenbestände, daß Goldregenpfeifer, Birkhuhn und andere Vogelarten der Hochmoore und Heiden selten wurden. Heute entstehen der Vogelwelt beträchtliche Gefahren durch die intensive Anwendung von Pflanzenschutzmitteln. Diese häufen sich in den Körpern von Beutetieren an. Und da die Greifvögel am Ende der Nahrungskette stehen, also besonders große Mengen von Insektengiften aufnehmen, fallen sie ihnen am ehesten zum Opfer. Wenn auch bisher erst in wenigen Fällen der exakte Nachweis gelang, so ist doch der stetige Rückgang der meisten Arten in den letzten Jahren alarmierend. Einer der einst häufigsten Greifvögel, der Sperber, ist heute schon fast ganz verschwunden. Ob diesem Prozeß damit begegnet werden kann, daß man bedrohte Vogelarten an solchen Plätzen wieder einbürgert, wo sie schon verschwunden sind, muß die Zukunft erweisen. Seit 1956 läuft die Aktion „Wiedereinbürgerung des Uhus", die in Franken, im Harz, in Württemberg und in der Eifel erste Erfolge zu verzeichnen hat.

Erscheint somit die Zukunft unserer Vogelwelt in der modernen Kulturlandschaft, insgesamt gesehen, trübe, so eröffnen sich den Gefiederten doch auch einige neue Heimstätten. Da sind die künstlichen Gewässer, die Talsperren, Teiche, Kläranlagen, stillgelegten Braunkohlengruben und Polder, auf denen Wasservögel rasten können und die oft auch Nistmöglichkeiten bieten. Der berühmteste künstliche See ist die 9 Quadratkilometer große Ismaninger Kläranlage bei München, die zu einer wahren Vogelfreistätte, dem bedeutendsten Refugium für Wasservögel in Mitteleuropa geworden ist. Hier können regelmäßig bis zu 15 000 Wasservögel beobachtet werden.

Aber auch in den Städten aller Größenordnungen finden manche Vogelarten reichlich Nahrung und zugleich Schutz vor ihren natürlichen Feinden. Die Großstädte bilden überdies Wärmeinseln, in denen die Temperatur nachts nicht so weit absinkt wie auf dem freien Land. Mit der Brut kann deshalb in den Städten früher begonnen werden, und die Jungen aus späteren Gelegen haben hier bessere Überlebenschancen. Kein Wunder, daß Amseln und Stare sich wie die Haussperlinge und Haustauben vermehren konnten. Sie bildeten aber lediglich eine Vorhut, die schon im vorigen Jahrhundert aus einsamen Wäldern in die Dörfer und Städte umsiedelte. Ihnen folgten nicht nur die Buchfinken, Grünlinge, Hänflinge, Heckenbraunellen, Meisen und manche anderen Kleinvögel, sondern auch stattliche und vormals scheue Arten wie Ringeltaube, Saat- und Rabenkrähe, Dohle, Elster, Eichelhäher, Waldkauz und Stockente. Sie vermehrten sich im Schutz von Ortschaften viel rascher als im freien Gelände, wo der Kampf ums Dasein jede Überhandnahme verhinderte. Auch die harte Winterzeit ist für Stadtbewohner gemildert, so daß die herbstliche Wanderung in wärmere Länder unterbleiben kann. Nicht nur dadurch ist das Vogelleben in den Städten Mitteleuropas reicher geworden, sondern es stellen sich in den kalten Monaten heutzutage auch manche Gäste ein, die früher weit weg zu ziehen genötigt waren. Der auffallendste unter ihnen ist die Lachmöwe, die sich immer mehr an die Versorgung durch den Menschen gewöhnt und heute im Winter in allen Städten von Berlin bis Bonn, sofern sie an einem Fluß oder See liegen, eine der charakteristischsten Erscheinungen ist. Und wenn selbst bei strengem Frost zwischen Großstadtmauern der klangvolle Ruf der Türkentaube zu hören ist, dann mag er zum Ausdruck bringen, daß uns die Gefiederten, um die sich alle Naturfreunde Sorgen machen, auch weiterhin erhalten bleiben.

Manche Arten haben also an Zahl zugenommen, wie dies die Bauern bei der Ringeltaube unter Klagen feststellen, wenn Schwärme von Zehntausenden im Winter Saat- und Rosenkohlfelder kahlfressen. Viele andere Vögel aber sind seltener geworden. Was wissen wir überhaupt über ihre Häufigkeit? Wie groß ist die Bevölkerungszahl einzelner Arten, wie viele Vögel gibt es?

Verhältnismäßig einfach ist es, seltene Großvögel zu zählen. So brüteten 1937 in Deutschland 250 Paare des Schwarzstorches, 210 des Säbelschnäblers, 110 des Uhus, 40 des Seeadlers, 10 des Tordalken und 5 des Goldregenpfeifers. Im Jahre 1934 ging man an eine Bestandsaufnahme des Weißstorches. In Deutschland zählte man 30 730 Brutpaare, in Holland 273, in Dänemark 859, in der Tschechoslowakei 2400, in Österreich 118 und in der Schweiz 10. Diese Zahlen meinen nur die Altstörche im Sommer. Durch das Ausfliegen der Jungen werden sie stark erhöht, aber nach dem Abzug der Störche ins Winterquartier fallen sie auf 0.

Neben solchen mehr oder weniger großen jahreszeitlichen Schwankungen gibt es bei allen Vogelarten auch noch Bestandsschwankungen im Laufe der Zeit. Im Jahre 1958 wurde die Zählung des Weißstorches wiederholt und ergab eine sehr starke Verminderung des Bestandes seit 1934. In Deutschland brüteten 1958 westlich der Oder und Neiße nur noch 4800 Paare. Eine ähnliche Abnahme wurde auch bei der Großtrappe festgestellt, von der 1940 in Deutschland und Österreich zusammen noch rund 6000 Vögel gezählt wurden, in Österreich allein 1202. Hier ergaben Zählungen im Jahre 1958 nur 405 und 1967 gar nur mehr 261 Stück. Insgesamt haben sich die 6000 Trappen im Jahre 1940 auf 1000 im Jahre 1967 verringert. Ähnlich ist die Entwicklung in Polen (Abnahme auf die Hälfte) und Ungarn (Abnahme auf ein Drittel). Derartige Zählungen verschaffen also die Möglichkeit, Bestandsschwankungen genau zu erfassen. Aber es gibt außer den genannten Beispielen kaum weitere von einer Gesamtzählung einer Vogelart in Mitteleuropa. Vom Fischreiher ergab eine Zählung in den Jahren 1961 und 1962 für Deutschland westlich der Oder und Neiße insgesamt 6700 besetzte Horste, für die Bundesrepublik allein etwa 4600, aber genaue Vergleichszahlen aus früherer Zeit fehlen.

Ein solches Unternehmen erfordert stets den Einsatz sehr vieler gewissenhafter Vogelfreunde nach einem genauen Plan. So zählten am 12. Januar 1964 90 Ornithologen aus der Schweiz, dem Elsaß und Deutschland auf dem Rhein vom Bodensee bis zur niederländischen Grenze, also auf insgesamt 852 Stromkilometern, 84 430 Wasservögel (1870 Taucher, 65 170 Entenvögel, 17 390 Bläßhühner). Die meisten Landvögel, insbesondere Kleinvögel, lassen sich auf solche Weise aber niemals erfassen. Man kann sie nur in einem engbegrenzten Gebiet zählen und muß dann die Zahl für ein ganzes Land berechnen. Dazu wählt man in einem einheitlichen Lebensraum eine Probefläche, die so klein ist, daß eine exakte Bestandsaufnahme aller dort lebenden Vögel gelingt, andererseits wiederum so groß, daß das Ergebnis nicht vom Zufall beeinflußt wird. Durch solche Untersuchungen hat man zum Beispiel festgestellt, daß im reinen Kiefernwald auf einem Quadratkilometer durchschnittlich 106 Vogelpaare heimisch sind, im Sumpflaubwald 118, im Eichen-Eschen-Erlen-Mischwald 197, auf freiem Feld 40–128, in Obstanlagen 350 Paare.

Diese Zahlen umfassen eine wechselnde Anzahl verschiedener Vogelarten. Berücksichtigt man nun auch diese besonders, so erfährt man für jede Art die sogenannte Siedlungsdichte. Wenn man genügend Probeflächen in allen Lebensräumen untersucht, könnte man auf Grund einer solchen repräsentativen Auswahl sowohl die Individuenzahl für alle Vogelarten als auch die Gesamtzahl aller Vögel für die Zeit, in der sie sich zum Brüten in Mitteleuropa aufhalten, errechnen. Eine erste solche Übersicht für das Deutschland von 1937 ergab einen Vogelbestand von über 100 Millionen Brutpaaren (Finnland: 37 Millionen). Diese Zahlen sind aber noch sehr ungenau und können höchstens eine ungefähre Vorstellung vermitteln.

Die Bestimmung der Vögel

Bei den meisten Menschen beginnt das Interesse an der Vogelwelt mit der Freude, die es macht, den richtigen Namen für einen Vogel zu finden – ganz gleich, ob man ihn in Ruhe im Garten oder im Park beobachtet oder bei einem Ausflug rasch vorüberfliegen sieht. Die folgenden Seiten sollen dabei helfen, alle Arten, die man regelmäßig in Mitteleuropa zu Gesicht bekommen kann, leichter zu bestimmen oder – wie der zünftige Beobachter sagt – anzusprechen.

INHALT

Worauf man beim Bestimmen achten muß

Erfolg beim Bestimmen eines Vogels hat nicht nur, wer aufmerksam ist, sondern vor allem, wer weiß, worauf man achten muß. Das läßt sich leicht lernen.

Man muß besonders auf folgendes achtgeben: Größe; Gestalt – auch Gestalt und Länge des Schnabels und Länge der Beine; vorherrschende Färbung des Gefieders; besondere Muster des Gefieders; Verhalten; Gesang und Rufe; wann und wo man den Vogel sieht.

Viele Vögel kommen nur in einem bestimmten Lebensraum vor. Das macht natürlich ihre Bestimmung einfacher, denn ähnliche Vögel aus anderen Lebensräumen fallen von vornherein weg. Sieht man etwa eine weiße Seeschwalbe mit schwarzer Kappe über einem Binnengewässer, dann handelt es sich wahrscheinlich um eine Flußseeschwalbe und nicht um eine Küsten-, Zwerg- oder Brandseeschwalbe, die meist nur am Meer vorkommen. Trifft man auf einen Pieper im Hochgebirge, dann wird es sich wohl um einen Wasserpieper und nicht um einen Baum- oder Wiesenpieper handeln, obwohl Vögel selbstverständlich auch außerhalb ihres Lebensraumes vorkommen können.

Einige Vögel sind bei uns nur im Sommer, andere nur im Winter oder gar nur im Frühjahr oder Herbst zu sehen. Die Jahreszeit, in der man einen Vogel sieht, ist also ein weiterer Hinweis auf seine Identität. Baumfalken erblickt man hierzulande ausschließlich im Sommer, während der ähnliche Merlin fast nur im Winter erscheint.

Sowohl die Ordnung nach Familien auf den folgenden Bestimmungstafeln (Seiten 12–31) wie nach Lebensräumen im ausführlichen Hauptteil dieses Buches (36–276) wird Ihnen zusammen mit Angaben über die Größe jeder Art und die Zeit ihres Vorkommens ermöglichen, einen Vogel, den Sie in Mitteleuropa zu Gesicht bekommen, auch zu bestimmen.

Die Größe eines Vogels schätzt man am besten, indem man ihn mit einer dieser neun bekannten Arten vergleicht. Die Größe wird von der Schnabelspitze bis zum Ende des Schwanzes gemessen.

Blaumeise 11,5 cm · Haussperling 15 cm · Star 22 cm · Amsel 25,5 cm · Kiebitz 30,5 cm · Saatkrähe 46 cm

Stockente 58 cm · Fasan 83 cm (davon 45 cm Schwanz) · Höckerschwan 152 cm

Die Schnabelform hängt mit der Ernährungsweise des Vogels zusammen. Je spezialisierter die Nahrungsaufnahme, desto auffallender ist die Schnabelform eines Vogels.

Bekassine: langer, gerader Schnabel zum Stochern · Großer Brachvogel: langer, abwärts gebogener Schnabel · Säbelschnäbler: langer, am Ende aufgebogener Schnabel

Rotkehlchen: dünner, feiner Insektenfresserschnabel · Haussperling: kurzer, dicker Schnabel eines Körnerfressers · Turmfalke: kurzer Hakenschnabel, um Fleisch zu zerreißen · Löffelente: breiter Löffelschnabel zum Seihen · Fischreiher: lang und dolchartig, um Fische aufzuspießen

Besondere Feldkennzeichen Auffallende Farbmerkmale machen die Bestimmung leichter. Man achte vor allem auf Gesicht, Hals, Bürzel und Flügel. Hat der Vogel eine Binde, einen Streif oder einen Fleck dort oder irgendwo sonst? Oder krönt seinen Kopf eine Haube? Auch die Farbe der Beine und des Schnabels können für die Bestimmung sehr wichtig sein.

Gimpel: weißer Fleck am Sterz

Türkentaube: schwarzes Nackenband

Nonnengans: Stirn und Gesicht weiß

Schilfrohrsänger: weißer Überaugenstreif

Stieglitz: gelbe Flügelbinde, Kopf rot-weiß-schwarz

Die Länge der Beine verrät die Lebensweise und den Lebensraum eines Vogels.

Star: mittellang; läuft bei der Nahrungssuche

Fischreiher: lange Beine zum Waten

Grünling: kurz; sitzt meist auf einem Zweig

Gang und Haltung Ein Vogel hüpft, der andere läuft; einer hält sich aufrecht, der andere mehr horizontal.

Zaunkönig: hüpft mit aufgestelltem Schwanz

Schleiereule: steht aufrecht

Bachstelze: eher horizontale Haltung

Die Flügelform zeichnet sich selbst dann noch ab, wenn ein Vogel so hoch fliegt, daß man sonst nichts weiter erkennen kann. Sie genügt, um ihn zumindest einer größeren Gruppe zuzuweisen.

Turmfalke: lang und spitz

Mauersegler: lang und sichelförmig

Schleiereule: kurz und deutlich gerundet

Saatkrähe: tief gefingerte Flügel

Die Schwanzform, ein ebenso wichtiges Bestimmungsmerkmal wie die Flügelform, ist auch oft in großer Höhe noch zu erkennen.

Fasan: lang

Rauchschwalbe: tief gegabelt

Hänfling: flach gegabelt

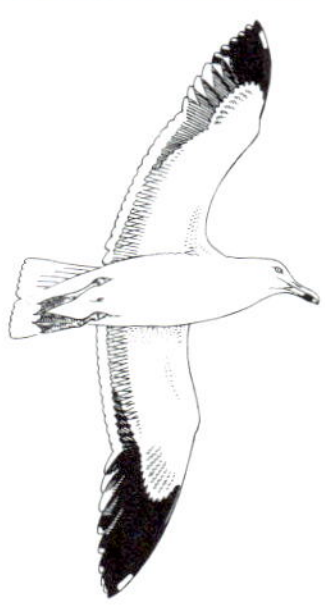
Mantelmöwe: rechteckig

Mäusebussard: abgerundet

Der Flug Vögel segeln, flattern, rütteln und betätigen sich als erfindungsreiche Flugakrobaten. Die Art und Weise des Fluges kann sehr bezeichnend sein. Das Rütteln eines Turmfalken ist so unverkennbar wie der Ausfall eines Grauschnäppers auf ein Insekt. Einige Vögel fliegen wellenförmig, andere geradlinig.

Der Star beschreibt im Flug eine Gerade, der Specht eine Wellenlinie.

Im Flug sichtbare Kennzeichen wie Bänder auf dem Schwanz oder den Flügeln können für die Bestimmung eines Vogels genauso entscheidend sein wie die Art, wie er Beine und Hals hält und ob er in lockeren Schwärmen fliegt oder im Fluge singt.

Ringeltaube mit weißem Flügelband

Wasserralle läßt die Beine hängen

Die Bestimmung nach Familienkennzeichen

Sogar für einen erfahrenen Vogelbeobachter ist es nicht immer leicht zu entscheiden, zu welcher der fast 500 bisher in Mitteleuropa nachgewiesenen Arten ein Vogel gehört. Zieht man alle Irrgäste und die übrigen seltenen Vögel ab, dann bleiben noch immer 257 Arten übrig, die bei uns häufiger vorkommen und im Hauptteil dieses Buches beschrieben sind.

Will man einen Vogel bestimmen, dann empfiehlt es sich, zunächst festzustellen, zu welcher Familie er gehört. Ist diese einmal bekannt, dann verringert sich die Zahl der in Frage kommenden Arten schon wesentlich. Zur Bestimmung der Familie sollen die folgenden Abbildungen verhelfen. Die Seitenzahlen verweisen auf die ausführlichen Artikel im Hauptteil.

Jahresvögel	brüten regelmäßig in Mitteleuropa und sind hier das ganze Jahr über anzutreffen.
Sommervögel	brüten regelmäßig in Mitteleuropa, sind aber im Winter nicht oder nur ausnahmsweise anzutreffen.
Wintergäste	besuchen Mitteleuropa nur im Winter, brüten aber hier nicht.
Sommergäste	besuchen Mitteleuropa nur im Sommer, brüten aber hier nicht (ganz wenige Arten).
Durchzügler	besuchen Mitteleuropa nur auf dem Durchzug im Herbst und im Frühjahr.

M = Männchen W = Weibchen

Seetaucher

Große Schwimm- und Tauchvögel, die bei uns hauptsächlich an der Küste vorkommen; sie ähneln Lappentauchern, sind aber größer und haben Schwimmhäute zwischen den drei Vorderzehen.

Prachttaucher 68 cm, S. 187. Wintergast.

Sterntaucher 60 cm, S. 188. Wintergast.

Lappentaucher und Kormorane

Lappentaucher sind ausgezeichnete Schwimm- und Tauchvögel, die hauptsächlich auf Binnengewässern leben; sie haben im Gegensatz zu Seetauchern Schwimmlappen an den Zehen.
Die dunklen, gut tauchenden Kormorane haben hakige Schnäbel und Schwimmhäute zwischen allen vier Zehen.

Haubentaucher 48 cm, S. 189. Jahresvogel.

Rothalstaucher 43 cm, S. 190. Jahresvogel.

Schwarzhalstaucher 3? cm, S. 191. Sommervogel.

Zwergtaucher 24 cm, S. 192. Jahresvogel.

Kormoran 90 cm, S. 197. Jahresvogel.

Reiher

Große, langbeinige Vögel mit dolchartigem Schnabel. Fischfresser, die hauptsächlich an Binnengewässern vorkommen.

Nachtreiher 60 cm, S. 172. Sommervogel.

Fischreiher 90 cm, S. 193. Jahresvogel.

Purpurreiher 79 cm,
S. 171. Sommervogel.

Zwergdommel 36 cm,
S. 173. Sommervogel.

Rohrdommel 76 cm,
S. 174. Jahresvogel.

Störche und Löffler

Große langbeinige und langhalsige Schreitvögel; vergleiche auch Reiher. Löffler haben einen spatelförmigen Schnabel, Störche rote Schnäbel und Beine.

Weißstorch 102 cm,
S. 36. Sommervogel.

Schwarzstorch 97 cm,
S. 36. Sommervogel.

Löffler 86 cm,
S. 196. Jahresvogel.

Entenvögel

Lassen sich nach Größe und Schnabelform gliedern in *Schwäne:* die größten, mit sehr langem Hals und kurzem Entenschnabel; *Gänse:* nicht ganz so groß, mit kürzerem Hals und hohem Rupfschnabel; *Enten,* die wiederum in mehrere Abteilungen zerfallen: *Schwimmenten,* mit Seihschnabel zum Gründeln, die selten tauchen; *Tauchenten,* ebenfalls mit Seihschnabel, die aber ihre Nahrung meist tauchend suchen; *Säger,* mit sägeförmig gezähnten Schnabelkanten, fangen tauchend Fische. Nur bei Schwänen und Gänsen sind die Geschlechter das ganze Jahr über gleich gefärbt.

Höckerschwan 152 cm,
S. 198. Jahresvogel.

Singschwan 152 cm,
Zwergschwan 122 cm,
S. 199. Wintergäste.

Kurzschnabelgans 61 bis 76 cm, *Saatgans* 71 bis 89 cm, S. 226.
Wintergäste.

Bläßgans 66–76 cm,
Zwerggans 53–56 cm,
S. 227. Wintergäste.

Graugans 76–89 cm,
S. 200. Sommervogel und Wintergast.

Ringelgans 56–61 cm,
S. 229. Wintergast.

Nonnengans 58–69 cm,
S. 228. Wintergast.

Brandgans (Brandente)
61 cm, S. 230. Jahresvogel.

Stockente 58 cm,
S. 206. Jahresvogel.

Krickente 36 cm,
S. 203. Jahresvogel.

Knäkente 38 cm,
S. 204. Sommervogel.

Schnatterente 51 cm,
S. 202. Sommervogel.

Pfeifente 46 cm,
S. 201. Jahresvogel.

Spießente 56 cm,
S. 205. Jahresvogel.

Löffelente 51 cm,
S. 207. Jahresvogel.

Kolbenente 56 cm,
S. 208. Jahresvogel.

Tafelente 46 cm,
S. 209. Jahresvogel.

Reiherente 43 cm,
S. 210. Jahresvogel.

Bergente 48 cm,
S. 231. Wintergast.

Schellente 46 cm,
S. 211. Jahresvogel.

Trauerente 48 cm,
S. 234. Wintergast.

Samtente 56 cm,
S. 234. Wintergast.

Eiderente 58 cm,
S. 232. Jahresvogel.

Eisente M 53, W 41 cm,
S. 233. Wintergast.

Gänsesäger 66 cm,
S. 213. Jahresvogel.

Mittelsäger 58 cm,
S. 235. Jahresvogel.

Zwergsäger 41 cm,
S. 212. Wintergast.

Greife

Tagraubvögel mit Hakenschnabel ohne Hornzahn und mit *Hosen* (Ausnahme: Fischadler).

Gänsegeier 97–104 cm,
S. 261. Sommergast.

Steinadler M 75, W 87 cm,
S. 262. Jahresvogel.

Mäusebussard M 50,
W 57 cm, S. 127. Jahresvogel.

Rauhfußbussard M 54,
W 60 cm, S. 127, Wintergast.

Sperber M 28 W 38 cm,
S. 129. Jahresvogel.

Habicht M 50, W 62 cm,
S. 158. Jahresvogel.

Schwarzmilan 50–57 cm,
S. 131. Sommervogel.

Rotmilan M 55, W 60 cm,
S. 130. Sommervogel.

Seeadler 61–91 cm,
S. 214. Jahresvogel.

Fischadler 55 cm, S. 215.
Sommervogel und Durchzügler: Aug.–Okt., April–Mai.

Wespenbussard 51–58 cm,
S. 128. Sommervogel.

Rohrweihe 53 cm, S. 175. Jahresvogel.

Kornweihe M 42,5, W 50 cm, S. 96. Jahresvogel.

Wiesenweihe 39 cm, S. 97. Sommervogel.

Falken

Den Greifen ähnlich, unterscheiden sich durch schlankere Gestalt und Hornzahn am Oberschnabel.

Baumfalke 33 cm, S. 132. Sommervogel.

Wanderfalke M 38, W 48 cm, S. 159. Jahresvogel.

Turmfalke 34 cm, S. 72. Jahresvogel.

Hühnervögel

Haushuhnartige Bodenvögel von verschiedener Größe und Gestalt. Rauhfußhühner mit befiedertem Lauf.

Auerhuhn M 82, W 62 cm, S. 160. Jahresvogel.

Birkhuhn M 53, W 41 cm, S. 116. Jahresvogel.

Haselhuhn 35 cm, S. 161. Jahresvogel.

Alpenschneehuhn 36 cm, S. 263. Jahresvogel.

Rebhuhn 30 cm, S. 73. Jahresvogel.

Wachtel 17,5 cm, S. 74. Sommervogel.

Fasan M 83, W 58 cm, S. 75. Jahresvogel.

Kraniche

Sehr große storchenähnliche Bodenvögel mit verhältnismäßig kurzem Schnabel.

Kranich 115 cm, S. 117. Sommervogel und Durchzügler: Sept.–Okt., März–April.

Rallen

Sumpf- und Wasservögel mit langen Zehen und kurzem Schwanz, die nicht gern fliegen und bis auf Teich- und Bläßhühner (mit Stirnblesse!) sehr versteckt leben.

Wasserralle 28 cm, S. 176. Jahresvogel.

Tüpfelsumpfhuhn 23 cm, S. 177. Sommervogel.

Wachtelkönig 27 cm, S. 76. Sommervogel.

Teichhuhn 33 cm, S. 216. Jahresvogel.

Bläßhuhn 38 cm, S. 217. Jahresvogel.

Trappen

Die größten flugfähigen Bodenvögel von hühnerartiger Gestalt, aber langbeinig.

Großtrappe 102 cm, S. 77. Jahresvogel.

Austernfischer und Regenpfeifer

Austernfischer: stimmfreudige schwarzweiße Watvögel mit roten Füßen und Schnäbeln. *Regenpfeifer:* ziemlich gedrungene Watvögel mit kurzem Schnabel und großen Augen.

Austernfischer 43 cm, S. 236. Jahresvogel.

Kiebitz 30,5 cm. S. 78. Jahresvogel.

Goldregenpfeifer 28 cm, S. 118. Sommervogel.

Kiebitzregenpfeifer 28 cm, S. 239. Durchzügler, Winter- und Sommergast.

Sandregenpfeifer 19 cm, S. 237. Jahresvogel.

Flußregenpfeifer 15 cm, S. 218. Sommervogel.

Seeregenpfeifer 16 cm, S. 238. Sommervogel.

Mornell [illegible],5 cm, S. 266. Sommervogel.

Schnepfen

Watvögel, die sich durch lange dünne Schnäbel und meist lange Beine auszeichnen.

Steinwälzer 23 cm, S. 240. Durchzügler, Sommer- und Wintergast.

Bekassine 27 cm, S. 119. Jahresvogel.

Zwergschnepfe 9 cm, S. 120. Durchzügler: Sept.–Okt., März–Mai.

Waldschnepfe 34 cm, S. 133. Jahresvogel.

Großer Brachvogel 55 cm, S. 121. Jahresvogel.

Uferschnepfe 40 cm, S. 122. Sommervogel.

Grünschenkel 3[illegible],5 cm, S. 241. Durchzügler: Juli–Okt., April–Mai.

Rotschenkel 28 cm,
S. 123. Sommervogel.

Waldwasserläufer 23 cm,
S. 178. Sommervogel.

Bruchwasserläufer 20 cm,
S. 178. Sommervogel.

Flußuferläufer 20 cm,
S. 219. Sommervogel.

Kampfläufer M 28, W 23 cm,
S. 124. Sommervogel.

Knutt 25 cm, S. 243.
Durchzügler, Sommer- und
Wintergast.

Alpenstrandläufer 17,5 cm,
S. 244. Sommervogel,
Durchzügler,
Sommer- und Wintergast.

Sanderling 20 cm,
S. 245. Wintergast.

Stelzenläufer – Wassertreter – Triele

Stelzenläufer: langbeinige, vorwiegend schwarzweiße Watvögel, einige (Säbelschnäbler) mit aufwärts gebogenem Schnabel. *Wassertreter* (dazu Odinshühnchen) sind zierliche Watvögel, die gern im Kreise schwimmen. Die dickköpfigen regenpfeiferartigen *Triele* leben hauptsächlich im trockenen Gelände und sind nachts aktiv.

Säbelschnäbler 43 cm,
S. 246. Sommer- und
Jahresvogel.

Odinshühnchen 17,5 cm,
S. 247. Durchzügler:
Aug.–Nov., Mai–Juli.

Triel 40 cm, S. 100.
Sommervogel.

Möwen

Langflügelige, meist hell gefärbte Seevögel, manche auch an Binnengewässern. Sie haben Schwimmhäute und sind gute Segelflieger.

Mantelmöwe 68 cm,
S. 248. Jahresvogel.
Heringsmöwe 53 cm,
S. 249. Sommervogel.

Silbermöwe 56 cm,
S. 250. Jahresvogel.

Sturmmöwe 40 cm,
S. 251. Jahresvogel.

Lachmöwe 38 cm,
S. 37. Jahresvogel.

Zwergmöwe 28 cm,
S. 220. Jahresvogel.

Dreizehenmöwe 40 cm,
S. 258. Jahresvogel.

Seeschwalben

Möwenähnlich, aber zierlicher, mit spitzerem Schnabel und Gabelschwanz; Stoßtaucher.

Flußseeschwalbe 35 cm,
S. 254. Sommervögel.

Küstenseeschwalbe 38 cm,
S. 254. Sommervogel.

Zwergseeschwalbe 20 cm,
S. 255. Sommervogel.

Brandseeschwalbe 40 cm,
S. 256. Sommervogel.

Trauerseeschwalbe 25 cm,
S. 179. Sommervogel.

Lachseeschwalbe 35 cm,
S. 252. Sommervogel.

Raubseeschwalbe 53 cm,
S. 253. Sommervogel.

Alken

Vorwiegend schwarzweiße, pinguinähnliche Seevögel, die hervorragend tauchen und gut fliegen.

Trottellumme 41 cm, S. 260. Sommervogel.

Tordalk 40 cm, S. 259. Wintergast und Jahresvogel.

Tauben

Haustaubenähnliche Vögel mit jede Art kennzeichnender gurrender Stimme.

Stadttauben 33 cm, S. 38. Jahresvögel.

Ringeltaube 40 cm, S. 135. Jahresvogel.

Hohltaube 33 cm, S. 134. Sommervogel.

Türkentaube 28 cm, S. 39. Jahresvogel.

Turteltaube 28 cm, S. 136. Sommervogel.

Eulen

Nachtraubvögel mit weichem Gefieder, dicken Köpfen und nach vorne gerichteten Augen.

Uhu 62–72 cm, S. 162. Jahresvogel.

Waldohreule 36 cm, S. 164. Jahresvogel.

Sumpfohreule 38 cm, S. 125. Jahresvogel.

Schleiereule 34 cm, S. 40. Jahresvogel.

Waldkauz 38 cm, S. 41. Jahresvogel.

Steinkauz 22 cm, S. 51. Jahresvogel.

Rauhfußkauz 26 cm, S. 165. Jahresvogel.

Sperlingskauz 16,5 cm, S. 163. Jahresvogel.

Kuckucke – Ziegenmelker – Segler

Kuckucke sind schlanke, sperberähnliche Vögel mit schwachen Füßen; Brutschmarotzer. *Ziegenmelker* sind nachts aktiv und sitzen tagsüber auf dem Boden oder längs auf Ästen. *Segler* ähneln Schwalben, fliegen rascher und schreien oft durchdringend.

Kuckuck 33 cm, S. 98. Sommervogel.

Ziegenmelker 27 cm, S. 101. Sommervogel.

Mauersegler 16,5 cm, S. 42. Sommervogel.

Eisvögel – Racken – Wiedehopfe

Alle drei Familien haben bei uns je einen auffällig gefärbten und gut gekennzeichneten Vertreter.

Eisvogel 16,5 cm, S. 221. Jahresvogel.

Blauracke 30,5 cm, S. 137. Sommervogel.

Wiedehopf 28 cm, S. 102. Sommervogel.

Spechte

Stammkletterer mit Stützschwanz und kräftigem Meißelschnabel. Gefieder oft bunt. Der Wendehals, ein rindenfarbiger Spechtverwandter, hat keinen Stützschwanz.

Grünspecht 32 cm, S. 52. Jahresvogel.

Grauspecht 25 cm, S. 53. Jahresvogel.

Schwarzspecht 46 cm, S. 138. Jahresvogel.

Dreizehenspecht 22 cm, S. 267. Jahresvogel.

Buntspecht 23 cm, S. 139. Jahresvogel.

Kleinspecht 14,5 cm, S. 54. Jahresvogel.

Weißrückenspecht 25 cm, S. 140. Jahresvogel.

Wendehals 16,5 cm, S. 55. Sommervogel.

SINGVÖGEL

Lerchen

Bodenvögel des offenen Geländes mit Schutzfarbe. Viele fallen durch ihren Singflug auf.

Feldlerche 18 cm, S. 79. Jahresvogel.

Heidelerche 15 cm, S. 103. Sommervogel.

Haubenlerche 17 cm, S. 104. Jahresvogel.

Schwalben

Schlanke, schmalflügelige Vögel mit ganz kurzem Schnabel und weiter Mundspalte, die ausschließlich in der Luft Insekten fangen.

Rauchschwalbe 19 cm, S. 44. Sommervogel.

Mehlschwalbe 13 cm, S. 45. Sommervogel.

Uferschwalbe 12 cm, S. 222. Sommervogel.

Stelzen

Bodenvögel, die sich in die beiden Gruppen der farbenfreudigen langschwänzigen *Stelzen* und der lerchenähnlichen *Pieper* gliedern; sie wippen gern mit dem Schwanz.

Bachstelze 18 cm, S. 81. Jahresvogel.

Gebirgsstelze 20 cm, S. 223. Jahresvogel.

Schafstelze 16,5 cm. S. 80. Sommervogel.

Baumpieper 15 cm, S. 106. Sommervogel.

Wiesenpieper 14,5 cm, S. 126. Jahresvogel.

Wasserpieper 16,5 cm, S. 268. Jahresvogel.

Brachpieper 16,5 cm, S. 105. Sommervogel.

Würger

mit hakigem Oberschnabel, jagen von einer Warte aus Insekten u. a. Tiere und spießen sie z. T. auf Dornen oder klemmen sie in eine Astgabel.

Raubwürger 24 cm, S. 108. Jahresvogel.
Schwarzstirnwürger 20 cm, S. 108. Sommervogel.

Rotkopfwürger 17 cm, S. 82. Sommervogel.

Neuntöter 17 cm, S. 107. Sommervogel.

Seidenschwänze

Eine kleine Gruppe sehr geselliger Vögel mit Schopf.

Wasseramseln

Die einzigen tauchenden Singvögel.

Zaunkönige

Kleine Vögel mit aufgestelltem Schwanz und lauter Stimme.

Braunellen

Sperlingsähnliche, aber schlankschnäbelige Vögel.

Seidenschwanz 18 cm, S. 56. Wintergast.

Wasseramsel 18 cm, S. 224. Jahresvogel.

Zaunkönig 9,5 cm, S. 57. Jahresvogel.

Heckenbraunelle 15 cm, S. 58. Jahresvogel.

Alpenbraunelle 18 cm, S. 269. Jahresvogel.

Grasmücken

Eine große Familie kleiner, schlicht gefärbter Singvögel.

Mariskensänger

Seggenrohrsänger

Schilfrohrsänger 13 cm, *Mariskensänger* 13 cm, *Seggenrohrsänger* 13 cm, S. 181. Sommervögel.

Teichrohrsänger 1[illegible] cm, S. 182. Sommervogel.

Drosselrohrsänger 19 cm, S. 183. Sommervogel.

Gelbspötter 13 cm, S. 59. Sommervogel.

Feldschwirl 13 cm, S. 109. Sommervogel.

Rohrschwirl 14 cm, S. 180. Sommervogel.

Sperbergrasmücke 15 cm, S. 112. Sommervogel.

Gartengrasmücke 1[illegible] cm, S. 141. Sommervogel.

Mönchsgrasmücke 14 cm, S. 142. Sommervogel.

Klappergrasmücke 13 cm, S. 110. Sommervogel.

Dorngrasmücke 14 cm, S. 111. Sommervogel.

Zilpzalp und Fitis [illegible] cm, S. 143. Sommervogel.

Waldlaubsänger 12,5 cm, S. 145. Sommervogel.

Berglaubsänger 11 cm, S. 144. Sommervogel.

Sommergoldhähnchen 9 cm, S. 166. Sommervogel.

Wintergoldhähnchen 9 cm, S. 166. Jahresvogel.

Fliegenschnäpper

Kleine, meist aufrecht sitzende Singvögel, die vielfach von einer Warte aus in kurzem Beuteflug Insekten fangen.

Grauschnäpper 14 cm, S. 60. Sommervogel.

Trauerschnäpper 12,5 cm, *Halsbandschnäpper* 12,5 cm, S. 146. Sommervögel.

Zwergschnäpper 11,5 cm, S. 147. Sommervogel.

Drosseln

Relativ hochbeinige Baum- und Bodenvögel. Viele Arten, gute Sänger.

Schwarzkehlchen 13 cm, S. 113. Sommervogel.

Braunkehlchen 13 cm, S. 83. Sommervogel.

Gartenrotschwanz 14 cm, S. 61. Sommervogel.

Hausrotschwanz 14 cm, S. 46. Sommervogel.

Nachtigall 16,5 cm, S. 148. Sommervogel.

Blaukehlchen 14 cm, S. 184. Sommervogel.

Rotkehlchen 14 cm, S. 62. Jahresvogel.

Steinschmätzer 15 cm, S. 114. Sommervogel.

Misteldrossel 27 cm, S. 149. Sommervogel.

Wacholderdrossel 25 cm, S. 84. Jahresvogel.

Singdrossel 23 cm, S. 150. Sommervogel.

Rotdrossel 21 cm, S. 85. Durchzügler und Wintergast.

Amsel 25,5 cm, S. 63. Jahresvogel.

Ringdrossel 24 cm, S. 270. Sommervogel und Durchzügler: Sept.–Okt., März–Mai.

Papageienschnäbel

Schwanzmeisenähnliche, vorwiegend im Röhricht lebende Vögel.

Bartmeise 16 cm, S. 185. Jahresvogel.

Schwanzmeisen

Sehr kleine, sehr kurzschnäbelige, aber langschwänzige und bewegliche Vögel.

Schwanzmeise 14 cm, S. 151. Jahresvogel.

Beutelmeisen

Kleine, meisenähnliche, spitzschnäbelige Vögel, die sehr kunstvolle Nester bauen.

Beutelmeise 11 cm, S. 225. Jahresvogel.

Meisen

Gewandt im Geäst turnende Kleinvögel mit kontrastreicher Gefiederzeichnung.

Haubenmeise 11,5 cm, S. 167. Jahresvogel.

Sumpfmeise 11,5 cm, S. 152. Jahresvogel.

Blaumeise 11,5 cm, S. 64. Jahresvogel.

Kohlmeise 14 cm, S. 65. Jahresvogel.

Tannenmeise 11 cm, S. 168. Jahresvogel.

Spechtmeisen

Gedrungene, spechtartig, aber ohne Stützschwanz an Baumstämmen (auch kopfabwärts!) kletternde Vögel mit graublauer Oberseite und lauter Stimme.

Kleiber 14 cm, S. 153. Jahresvogel.

Mauerläufer

Sehr auffällige rotflügelige Felsvögel.

Mauerläufer 17 cm, S. 271. Jahresvogel.

Baumläufer

Sehr zarte, rindenfarbige Baumkletterer mit Stützschwanz.

Waldbaumläufer und *Gartenbaumläufer* 11,5 cm, S. 154. Jahresvogel.

Ammern

Finkenähnliche Körnerfresser, bei uns meist im offenen Gelände und viel am Boden; jedoch Gesang von erhöhter Warte.

Grauammer 18 cm, S. 86. Jahresvogel.

Goldammer 16,5 cm, S. 87. Jahresvogel.

Zaunammer 16,5 cm, S. 88. Jahresvogel

Ortolan 16,5 cm, S. 89. Sommervogel.

Zippammer 15 cm, S. 272. Sommervogel.

Rohrammer 15 cm, S. 186. Jahresvogel.

Schneeammer 16 cm, S. 257. Wintergast.

Finken

Kräftig gefärbte Körnerfresser mit bei den einzelnen Arten verschieden gestaltetem Kegelschnabel, der beim Kernbeißer extrem dick und beim Kreuzschnabel gekreuzt ist.

Buchfink 15 cm, S. 66. Jahresvogel.

Bergfink 15 cm, S. 90 Wintergast.

Grünling 15 cm, S. 68. Jahresvogel

Girlitz 11,5 cm, S. 67. Jahresvogel.

Zeisig 12 cm, S. 169. Jahresvogel.

Birkenzeisig 13 cm, S. 91. Wintergast.

Berghänfling 13 cm, S. 115. Wintergast.

Hänfling 13 cm, S. 70. Jahresvogel.

Stieglitz 12 cm, S. 69. Jahresvogel.

Fichtenkreuzschnabel 16,5 cm, S. 170. Jahresvogel.

Kernbeißer 18 cm, S. 155. Jahresvogel.

Gimpel 15 cm, S. 71. Jahresvogel.

Sperlinge

Finkenähnliche, aber weniger lebhaft gefärbte und weniger stimmbegabte Körnerfresser, die in Höhlen brüten oder ein geschlossenes Nest bauen.

Haussperling 15 cm, S. 47. Jahresvogel.

Feldsperling 14 cm, S. 48. Jahresvogel.

Schneefink 17,5 cm, S. 273. Jahresvogel.

Stare

Drosselgroße, lebhafte und stimmfreudige Vögel, die am Boden nicht hüpfen, sondern laufen, und bei der Nahrungssuche zirkeln. Oft Massenansammlungen.

Star 22 cm, S. 49. Jahresvogel.

Pirole

Drosselgroße Vögel, bei unserer Art Männchen unverkennbar durch lebhaft gelbe Färbung und lauten Flötenruf. Weibchen grünlich.

Pirol 24 cm, S. 156. Sommervogel.

Rabenvögel

Die größten Singvögel, viele schwarz gefärbt. Rauhe Stimmen. Hassen gern auf Greifvögel und Eulen.

Eichelhäher 34 cm, S. 157. Jahresvogel.

Elster 45 cm, S. 92. Jahresvogel.

Tannenhäher 32 cm, S. 274. Jahresvogel.

Alpendohle 38 cm, *Alpenkrähe* 40 cm, S. 275. Jahresvögel.

Dohle 33 cm, S. 50. Jahresvogel.

Saatkrähe 46 cm, S. 93. Jahresvogel.

Rabenkrähe 47 cm, S. 94. Jahresvogel.

Nebelkrähe 47 cm, S. 95. Jahresvogel.

Kolkrabe 63,5 cm, S. 276. Jahresvogel.

Die Bestimmung nach dem Flugbild

Ein fliegender Vogel ist oft besser zu bestimmen als ein sitzender. Das liegt einmal daran, daß charakteristische Gefiederpartien, wie der weiße Bürzel beim Gimpel oder Eichelhäher, und vor allem die typischen Flügelabzeichen, wie die verschiedenen weißen Binden vieler Watvögel oder die Flügelspiegel der Schwimmenten, nur dann zu sehen sind. Aber auch die Art des Fluges sagt viel über den Vogel aus.

Reiher schlagen langsam mit den Flügeln, Stockenten schneller, noch schneller Fasanen, die häufig sehr kennzeichnende Gleitflüge einschalten. Bei Finken und Spechten beschreibt die Flugbahn eine Wellenlinie, bei Staren und Krähen eine Gerade. Viele Vögel sieht man nur einzeln in der Luft, andere meist in Scharen. Oft bilden sie dichte, wolkenartige Schwärme wie Stare, Watvögel oder Ringeltauben. Mitunter ziehen sie in einer bestimmten Flugordnung, etwa Kraniche in Keilformation. Unter den größeren Vögeln gibt es viele gute Segelflieger wie Mäusebussard, Möwen und Störche. Am Rüttelflug sind außer dem Turmfalken auch einige andere Arten zu erkennen, ebenso wie am Stoßtauchen die Seeschwalben und der Fischadler oder am aufstrebenden Balzflug die Tauben.

Sehr bezeichnend ist auch die Form der Flügel: kurz und breit bei Rebhuhn und Habicht, lang und schmal bei Wanderfalke und Seeschwalben, sichelförmig beim Mauersegler. Der Flügelumriß bildet oft bis zur Spitze eine geschlossene Linie, die Handschwingen können aber auch stark gefingert sein wie beim Steinadler. Für manche Arten ist die Weite des Ausschlages beim Ruderflug recht bezeichnend. Kurz – es gibt kaum eine Vogelart, bei der das Flugbild nicht irgendwie bei der Bestimmung helfen könnte, wie die Auswahl der folgenden Flugbilder zeigt.

See- und Lappentaucher – Kormorane

Sterntaucher S. 188. Groß, relativ kurzflügelig; Kopf und Hals lang ausgestreckt und nach unten durchhängend.

Zwergtaucher S. 192. Flug dicht über dem Wasser mit schnellem Schlag; Flügel ohne Abzeichen.

Haubentaucher S. 189. Langer Hals, Flügel mit auffallendem weißem Feld.

Kormoran S. 197. Wirkt ganz schwarz; Schwanz lang; Kopf und Hals hängen nicht durch.

Reiher und Störche

Fischreiher S. 193. Fliegt mit langsamen Schlägen; Kopf und Hals zurückgebogen.

Rohrdommel S. 174. Wirkt im Flug wegen der runden Flügel eulenartig, aber an langem Schnabel und Beinen kenntlich.

Weißstorch S. 36. Fliegt mit lang ausgestrecktem Hals und Kopf; Flügel schwarz, Körper weiß; segelt gern.

Entenvögel

Nonnengans S. 228. Dunkle Gans mit weißem Gesicht und Bürzel und weißlichem Unterkörper.

Graugans S. 200. Mit hellgrauem Vorderflügel und Bürzel; Graugänse fliegen gewöhnlich in V-Formation oder Linie.

Bläßgans S. 227. Mit schwarzen Bauchflecken und Weiß am Schnabelgrund; bräunliche Vorderflügel und schnellerer Flügelschlag als Graugans.

Höckerschwan S. 198. Groß, weiß und langhalsig; fliegt mit lautem Fluggeräusch.

Saatgans S. 226. Vorderflügel dunkler und insgesamt etwas dunkler als Graugans.

Brandgans S. 230. Langsamer Flügelschlag; grüner Spiegel.

Stockente S. 206. Blauer Spiegel; Männchen mit grünem Kopf und weißem Halsband.

Krickente S. 203. Klein, fliegt sehr schnell mit raschen Schlägen; Spiegel grün mit schwarzweißem Saum.

Knäkente S. 204. Ähnelt im Flug der Krickente; Erpel mit blaugrauem Vorderflügel und gegen den hellen Bauch abstechender brauner Brust.

Schnatterente S. 202. Weißer Flügelspiegel; von unten sticht der weiße Bauch kontrastreich vom schwarzen Schwanz ab.

Pfeifente S. 201. Großes weißes Flügelfeld, grauer Rücken, weißer Bauch, schwarzes Körperende.

Kolbenente S. 208. Mit breitem weißem Band über den Flügeln.

Spießente S. 205. Männchen mit Schwanzspießen und weißem Flügelhinterrand.

Löffelente S. 207. Löffelschnabel; hellblauer Vorderflügel bei Männchen und Weibchen.

Tafelente S. 209. Männchen ähnlich Kolbenente, aber mit grauem und nicht weißem Flügelband.

Bergente S. 231. Mit weißem Flügelband, aber im Gegensatz zum Reihererpel mit grauem Rücken.

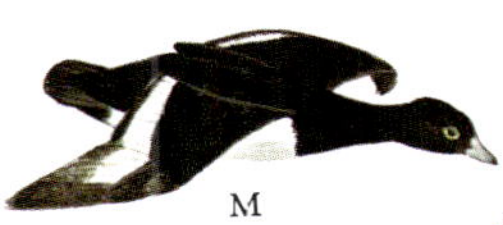

Reiherente S. 210. Mit weißem Flügelband und schwarzem Rücken.

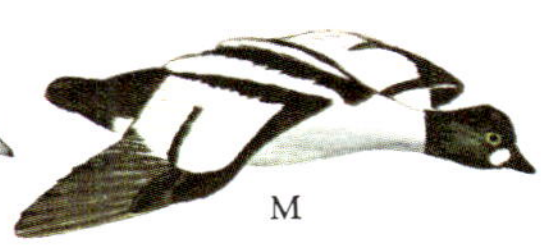

Schellente S. 211. Viel Weiß, vor allem im Flügel; laut pfeifendes Fluggeräusch.

Trauerente S. 234. Ganz schwarz mit orangegelbem Schnabelfleck; fliegt in schwankenden Linien über dem Meer (Samtente mit weißem Flügelspiegel).

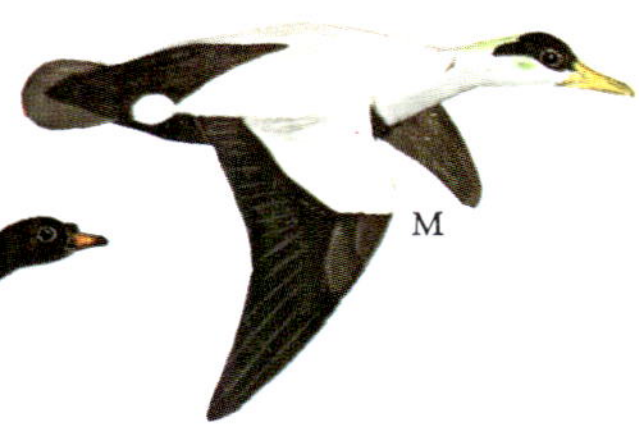

Eiderente S. 232. Fliegt niedrig in Reihen, abwechselnd flügelschlagend und gleitend; Weibchen schlicht braun.

Eisente S. 233. Klein, mit dunklen Flügeln, viel Weiß und langen Schwanzspießen.

Gänsesäger S. 213. Flügel und Körper weiß, Kopf und Handschwingen schwarz; Flugbild wirkt langgezogen.

Mittelsäger S. 235. Ähnlich Gänsesäger, aber mit zwei schwarzen Strichen über dem weißen Flügelfeld.

Zwergsäger S. 212. Wirkt sehr weiß, fliegt geräuschlos und schnell, in Linie oder Keilform.

Greife

Habicht S. 158. Wie großer Sperber, kurze runde Flügel und langer Schwanz; jagt schnell und niedrig zwischen Bäumen.

Steinadler S. 262. Groß, dunkel mit langen, breiten, stark gefingerten Schwingen; segelt gern.

Seeadler S. 214. Flugbild geierartig, sehr breite Flügel und kurzer Keilschwanz; segelt gern.

Fischadler S. 2[illegible]5. Lange schmale gewinkelte Flügel mit schwarzem Fleck am Bug; weißer Kopf mit breitem schwarzen Fleck durchs Auge.

Rohrweihe S. 175. Gaukelnder Flug über Röhricht mit gelegentlichen Flügelschlägen.

Kornweihe S. 96. Weißer Bürzel; Männchen ohne schwarze Flügelbinde.

Wiesenweihe S. 97. Männchen mit grauem Bürzel und schmaler schwarzer Binde.

Mäusebussard S. 127. Breite Flügel, breiter, gerundeter Schwanz, kurzer Hals; fliegt schwerfällig, rüttelt gelegentlich, segelt am liebsten.

Wespenbussard S. 128. Flugbild ähnlich Mäusebussard, aber schmalere Flügel, Schwanz und Hals länger.

Rotmilan S. 130. Lange Flügel und langer tief gegabelter Schwanz.

Schwarzmilan S. 131. Ähnlich Rotmilan, aber dunkler, Schwanz nicht so tief gegabelt.

Sperber S. 129. Wie kleiner Habicht, Flug wechselt zwischen wenigen schnellen Flügelschlägen und längeren Gleitstrecken.

Kuckucke

Kuckuck S. 9[illegible]. Ähnelt Sperber, aber mit spitzen Flügeln; fliegt geradeaus mit flachen Flügelschlägen und ohne Gleitstrecken.

Falken

Baumfalke S. 132. Wie kleiner Wanderfalke mit langen sichelförmigen Flügeln und noch kürzerem Schwanz, wirkt deshalb seglerartig.

Wanderfalke S. 159. Flugbild ankerartig, fliegt schnell mit flachen Flügelschlägen, stößt im Sturzflug auf fliegende Beute.

Turmfalke S. 72. Sperbergroß, aber mit schmaleren Flügeln und oben rötlich; stets am Rüttelflug zu erkennen.

Hühnervögel

Haselhuhn S. 161. Gut rebhuhngroß, burrendes Fluggeräusch wie beim Rebhuhn, hat aber eine schwarze Schwanzbinde.

Birkhuhn S. 116. Fasanengroß, Männchen mit weißer Flügelbinde und Leierschwanz, Weibchen wie kleine Auerhenne, aber mit Gabelschwanz.

Auerhuhn S. 160. Sehr groß mit langem fächerförmigen Schwanz, Männchen wirkt fast schwarz, Weibchen braun.

Wachtel S. 74. Fliegt mit burrendem Fluggeräusch auf wie kleines Rebhuhn; aber ohne Rot im Schwanz.

Rebhuhn S. 73. Fliegt mit burrendem Geräusch vom Boden auf, wobei die roten Schwanzfedern gut zu sehen sind, ruft dabei ‚reb-reb'.

Fasan S. 75. Fliegt geräuschvoll auf, der Hahn meist laut gockelnd, geht gern in schnellen Gleitflug über, aus dem er auch landet; sehr langer Schwanz, besonders beim bunten Hahn.

Kraniche

Kranich S. 117. Fliegt wie ein Storch mit lang ausgestrecktem Hals, segelt aber nicht; zieht in Keilformation oder Linie, dabei nachts gern laut trompetend.

Trappen

Großtrappe S. 77. Sehr groß; breite Flügel und mächtiger Körper; fliegt kraftvoll und mit gemessenen Flügelschlägen.

Rallen

Bläßhuhn S. 217. Erhebt sich erst nach langem Anlauf in die Luft; fliegt mit hastigen Flügelschlägen und weit nach hinten gestreckten Beinen.

Teichhuhn S. 216. Wie Bläßhuhn, aber etwas kleiner und mit Weiß an den Schwanzseiten und Flanken; zuckt im Laufen und Schwimmen mit dem Schwanz.

Wachtelkönig S. 76. Ähnlich Wachtel oder jungem Rebhuhn, aber mit kraftlosem Flug und baumelnden Beinen sowie rotbraunen Flügeln.

Wasserralle S. 176. Fliegt ähnlich wie der Wachtelkönig, unterscheidet sich durch langen roten Schnabel; selten im Flug zu sehen.

Watvögel

Austernfischer S. 236. Weißes Flügelband und roter Schnabel; fliegt rasch, fast entenartig, und ruft dabei oft durchdringend ‚kliep'.

Kiebitz S. 78. Fliegt nicht so kraftvoll und schnell wie Tauben, aber auch oft in großen Scharen; Flugbild auch von weitem schwarzweiß.

Goldregenpfeifer. S. 118. Spitze Flügel, fliegt schnell, vollführt gern Flugmanöver; ruft im Flug flötend ‚tlüh'; im Sommer mit schwarzem Bauch.

Kiebitzregenpfeifer S 239. Vom Goldregenpfeifer durch schwarzen Achselfleck, weißliche Flügelbinde, weißlichen Bürzel und Schwanz unterschieden.

Sandregenpfeifer S. 237. Schneller Flug mit regelmäßigen Schlägen; mit weißer Flügelbinde und kontrastreichem Muster an Kopf und Hals.

Flußregenpfeifer S. 218. Wie Sandregenpfeifer, aber ohne weiße Flügelbinde.

Seeregenpfeifer S. 238. Wie Sandregenpfeifer, aber oben heller und nicht so kontrastreiches Muster an Kopf und Hals.

Großer Brachvogel S. 121. Flug möwenartig mit gemessenen Flügelschlägen; im Schwarm in Linie oder Winkel; weißer Bürzel, Bogenschnabel

Uferschnepfe S. 122. Breite weiße Flügelbinde, schwarze Schwanzendbinde, gerader langer Schnabel.

Grünschenkel S. 241. Groß, ohne Weiß im Flügel, aber mit großem weißem Keilfeld auf dem Rücken, Schwanz hell.

Rotschenkel S. 123. Kleiner als Grünschenkel, mit breitem weißem Flügelhinterrand und weißem Bürzel; Beine und Schnabel rot.

Waldwasserläufer S. 178. Kleiner und dunkler als Grünschenkel, mit dunklem Schwanzende; fliegt steil auf.

Flußuferläufer S. 219. Fliegt tief über dem Wasser mit schrillen Hididi-Pfiffen; Flügelbinde sowie Seiten von Schwanz und Bürzel weiß.

Knutt S. 243. Größer und heller als Alpenstrandläufer; fliegt in dichten Schwärmen, führt Massenschwenkungen aus.

Alpenstrandläufer S. 244. Im Sommer am schwarzen Bauch zu erkennen; ruft im Flug nasal ‚trir'.

Sanderling S. [illegible]5. Im Ruhekleid sehr hell mit schwarzem Flügelfleck, der dem Alpenstrandläufer fehlt; ruft im Fluge kurz ‚twick'.

Waldschnepfe S. 133. Fliegt rasch und wankend; wirkt plump mit abwärts gerichtetem Schnabel und runden Flügeln.

Triel S. 100. Mit dickem Kopf und zwei weißlichen Flügelbinden; ruft meist nachts klagend ‚ku-ri'.

Alken

Tordalk S. 259. Oben schwarz und unten weiß; mit weißem Flügelband.

Trottellumme S. 260. Mit schlankem spitzen, nicht wie beim Tordalken hochkantigem Schnabel; langer und dünner Hals, kurzer Schwanz.

Möwen und Seeschwalben

Heringsmöwe S. 249. Schwarzgrauer Mantel, aber kleiner und mit schmächtigerem Schnabel als Mantelmöwe; gelbe Beine.

Silbermöwe S. 250. So groß wie Heringsmöwe, aber oben hellgrau statt schwarz, Beine rötlich; ruft jaulend ‚kjau' und trocken ‚ga-ga-ga'.

Sturmmöwe S. 251. Wie kleine Silbermöwe, aber mit grünlichem Schnabel und Beinen; weiße Flecke in der schwarzen Flügelspitze.

Lachmöwe S. [illegible]7. Noch kleiner als Sturmmöwe, am rein weißen Vorderrand der schwarzspitzigen Flügel zu erkennen.

Zwergmöwe S. 220. Kleinste Möwe, im Brutkleid mit ausgedehnter schwarzer Kapuze; schwarze Unterflügel.

Brandseeschwalbe S. 256. Größer und heller als Flußseeschwalbe, mit weniger gegabeltem Schwanz und schwarzem gelbspitzigem Schnabel.

Flußseeschwalbe S. 254. Kleiner und oben grauer als Brandseeschwalbe, mit rotem schwarzspitzigem Schnabel.

Zwergseeschwalbe S. 255. Sehr klein, an der weißen Stirn und dem gelben, schwarzspitzigen Schnabel zu erkennen.

Tauben

Stadttaube (Haustaube) S. 38. Variables Gefieder, oft (als sog. Feldflüchter) ähnlich der Felsentaube, von der sie abstammt, mit breiten schwarzen Flügelbinden und weißem Bürzel; von der Ringeltaube stets durch kürzeren Schwanz und Fehlen eines markanten weißen Flügelfeldes unterschieden.

Ringeltaube S. 135. Weiße Halsseitenflecke und weißes Feld auf den Flügeln; fliegt laut klatschend ab.

Hohltaube S. 134. Kleiner und kurzschwänziger als die Ringeltaube, ohne weiße Abzeichen, zwei schmale und kurze schwarze Flügelbinden.

Turteltaube S. 136. Dunkler und rötlicher als die Türkentaube mit relativ kurzem Schwanz; ruft schnurrend ‚turr-turr'.

Türkentaube S. 39. Etwas größer als die Turteltaube, graubraun mit schwarzem Nackenband und langem Schwanz.

Eulen

Waldohreule S. 164. Geräuschloser Flug mit langsamen Flügelschlägen; Flügel und Schwanz länger als beim Waldkauz.

Sumpfohreule S. 125. Ziemlich lange gebänderte Flügel mit dunklem Fleck am Bug des Unterflügels und auch (im Gegensatz zur Waldohreule) auf dem Oberflügel.

Waldkauz S. 41. Von Schleier- und Waldohreule durch dickeren Kopf und kräftigeren Bau unterschieden.

Schleiereule S. 40. Sehr hell, unten fast rein weiß; Flug in der Abenddämmerung geisterhaft schwankend; kreischt schnarchend.

Segler und Schwalben

Alpensegler S. 43. Groß und unten weiß mit braunem Brustband; sehr gesellig; trillernder Flugruf ganz anders als Mauersegler.

Mauersegler S. 42. Schwarz, sichelförmiges Flugbild; fliegt mit schnellem Flügelschlag; kreischt dabei in wilder Verfolgungshatz.

Rauchschwalbe S. 44. Lange Schwanzspieße; fliegt anmutig und zwitschert gern dabei; sehr gesellig.

Mehlschwalbe S. 45. Ebenso gesellig wie die Rauchschwalbe, aber mit weißem Bürzel und kurzen Schwanzspießen; Unterseite weiß.

Uferschwalbe S. 222. Kleinste Schwalbe, braun mit heller Unterseite und braunem Brustband; fliegt gern über dem Wasser und ruft ‚tschrrip'.

Ziegenmelker – Eisvögel – Racken – Hopfe

Ziegenmelker S. 101. Lautloser unruhiger Flug, klatscht im Balzflug mit den Flügeln; weiße Flügelflecke selbst in der Dämmerung zu sehen.

Eisvogel S. 221. Fliegt niedrig, geradeaus und sehr schnell über das Wasser, wobei das bunte Gefieder aufleuchtet; rüttelt gelegentlich.

Blauracke S. 137. Flug dohlenähnlich, Männchen führt gaukelnde Balzflüge aus, wobei es sich auch überschlägt.

Wiedehopf S. 1[illegible]. Flug träge, wellenförmig, mit langsamen schmetterlingsähnlichen Flügelschlägen.

Spechte

Schwarzspecht S 138. Fliegt nicht wie andere Spechte wellenförmig, sondern geradlinig und schwerfällig wie Eichel- oder Tannenhäher.

Grünspecht S. 52. Größer als Buntspecht; typischer Spechtflug: tief wellenförmig; im Abflug oft schallend lachend ‚glückglückglück‘.

Buntspecht S. 139. Wellenförmiger Spechtflug: schlägt kräftig mit den Flügeln und schießt mit angelegten Schwingen in hohem Bogen durch die Luft.

Kleinspecht S. [illegible] Ähnlich schwarzweiß gemustert wie Buntspecht, nur viel kleiner.

Lerchen und Stelzen

Feldlerche S. 79. Steigt im sehr typischen Singflug in Kreisen hoch empor, singt auch im Rütteln und Abflug und schweigt erst kurz vor der Landung.

Haubenlerche S. 104. Mit breiten abgerundeten Flügeln; ruft sehr typisch flötend und melodisch ‚dididrië‘.

Bachstelze S. 81. Schwarzweiß mit langem Schwanz, mit dem sie im Laufen ständig wippt; ruft im hüpfenden Flug lebhaft ‚zilipp‘.

Wiesenpieper S. 126. Ruft im unruhigen Hüpfflug ‚ist‘, der ganz ähnliche Baumpieper dagegen ‚psih‘; beide haben einen sehr typischen Singflug.

Würger – Wasseramseln

Raubwürger S. 108. Wirkt schwarzweiß, fliegt wellenförmig; gleitet steil aufwärts, um auf einem Ast zu landen; rüttelt häufig.

Rotkopfwürger S. 82. Sehr bunt mit auffällig weißem Bürzel.

Neuntöter S. 107. Flug geradlinig, gleitet und rüttelt auch, stößt von erhöhten Warten auf Beute herab.

Wasseramsel S. 224. Fliegt schnurrend dicht über dem Wasser, ruft ‚zrrrb‘, schwimmt und taucht auch.

Sänger

Zaunkönig S. 57. Fliegt schwirrend und hält sich dabei in Deckung; knickst; ruft ‚tick-tick‘ und erregt ‚zerrr‘.

Trauerschnäpper S. 146. Weiße Flügelbinde in schwarzer Oberseite; greift Insekten im gewandten Flatterflug von freiem Ast aus.

Schwarzkehlchen S. 113. Weißer Flügelfleck und Bürzel; fliegt niedrig und ruckweise; ruft anhaltend ‚fid-tack-tack‘.

Braunkehlchen S. 83. Weiße Flügelbinde und weiße Bürzelseiten, weiße Flecke an der Schwanzwurzel.

Steinschmätzer S. 114. Fliegt schnell und niedrig geradeaus, wobei der weiße Bürzel aufleuchtet; schwarzweißer Schwanz.

Wacholderdrossel S. 84. Buntes Gefieder; wellenförmiger Flug; sehr typischer Flugruf ‚tschack-tschack'.

Singdrossel S. 150. Fliegt schnell und geradlinig; ruft ‚zip'.

Rotdrossel S. 85. Rotbraune Flanken und Unterflügel; ruft durchdringend ‚zieh'.

Misteldrossel S. 149. Fliegt kräftig und leicht wellenförmig wie die Wacholderdrossel; ruft ‚schnärr'.

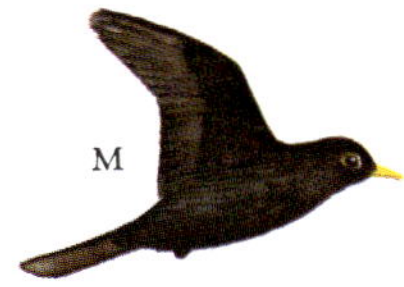

Amsel S. 63. Hat einen längeren Schwanz als der Star; spreizt beim Landen den Schwanz; ruft ‚tsih' und beim Auffliegen lärmend ‚tschink-tschink'.

Meisen

Schwanzmeise S. 151. Kleiner Kugelkörper mit langem Schwanz; fliegt wellenförmig; wirkt sehr hell, ruft meist ‚tserrrp'.

Mauerläufer S. 271. Breite rote Flügel, an Felsen schmetterlingsartig flatternd.

Kleiber S. 153. Plump und kurzschwänzig, fliegt gewandt, klettert aber lieber an Stämmen.

Kohlmeise S. 65. Größte Meise; schwarzer Mittelstrich über gelber Unterseite, fliegt meist nur von Ast zu Ast oder Baum zu Baum.

Star S. 49. Hat kürzeren Schwanz als die Amsel; fliegt geradlinig und schnell; führt oft in riesigen Schwärmen exakte Flugmanöver aus.

Ammern – Finken – Sperlinge

Grauammer S. 86. Fliegt schwerfällig, oft mit hängenden Beinen.

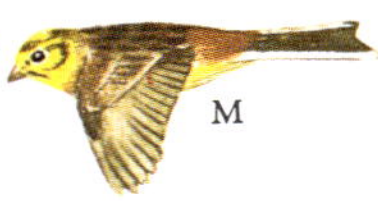

Goldammer S. 87. Weiße Schwanzkanten, rotbrauner Bürzel; fliegt wellenförmig.

Gimpel S. 71. Weißer Bürzel sehr auffällig, ruft sanft ‚dü'.

Stieglitz S. 69. Buntes Gefieder; fliegt ausgesprochen hüpfend, ruft dabei ‚stigelitt'.

Grünling S. 68. Gelber Flügelspiegel und gelbe Schwanzwurzel, ruft klingelnd ‚gügügügügüg'.

Girlitz S. 67. Klein, gelblich, gelber Bürzel; fliegt hurtig und wellenförmig; im Balzflug fledermausartig; ruft ‚girlitt'.

Zeisig S. 169. Wie Girlitz, aber Männchen mit schwarzer Kappe und mehr Gelb im Flügel und Schwanz; Flugruf gedehnt ‚di-eh'.

Buchfink S. 66. Weißer Schulterfleck, weiße Flügelbinden und Schwanzkanten, grüner Bürzel; ruft ‚pink' und im Fluge ‚jüp'.

Bergfink S. 90. Ähnlich Buchfink, aber mit weißem Bürzel; ruft im Fluge auch ‚jüp', aber sonst bezeichnend ‚quäih'.

Schneefink S. 273. Kontrastreiches, bezeichnendes Flugmuster, singt im Balzflug.

Rabenvögel

Elster S. 92. Schwarzweiß, mit langem Schwanz; fliegt unbeholfen, ruft ‚schack-schack'.

Tannenhäher S. 274. Flug wie Eichelhäher, wirkt aber dunkler; auffallende weiße Unterschwanzdecken und weißes Schwanzende.

Eichelhäher S. 157. Fliegt langsam und etwas unbeholfen geradeaus, auch im Bogenflug; weißer Bürzel und Flügelbinde; kreischt ‚rätsch'.

Dohle S. 50. Kleiner als Krähen, mit schnelleren Flügelschlägen; ruft im Flug ‚kjack', auch gereiht.

Alpendohle S. 275. Taubengroß und schwarz mit gelbem Schnabel; lange Flügel; segelt gern, meist in Trupps; ruft metallisch ‚schirrik'.

Saatkrähe S. 93. Ähnlich Rabenkrähe, nur alte Saatkrähen sind am nackten grauen Gesicht zu unterscheiden. Meist in großen Scharen, mit Dohlen vergesellschaftet.

Nebelkrähe S. 95. Unterscheidet sich durch grauen Rücken und graue Unterseite von der völlig schwarzen Rabenkrähe.

Kolkrabe S. 276. Fliegt mit wuchtigem Flügelschlaggeräusch und segelt gern; zeigt im Frühjahr akrobatische Flugspiele; Keilschwanz; ruft sonor ‚korrk'.

Die Vögel Mitteleuropas

In einer Welt, die der Mensch weithin seinen Zwecken dienstbar gemacht hat, verkörpern die Vögel ein Stück erfrischende ursprüngliche Natur – selbst in der Stadt. Das zeigen die folgenden Seiten, auf denen die Vögel Mitteleuropas, geordnet nach Lebensräumen, Art um Art vorgestellt werden.

DIE LEBENSRÄUME

The Wren. Raymond Harris Ching. London. 1968.

Hinweise zu Beschreibungen, Bildern, Karten und zur Anordnung

Unter den 257 Vögeln, die in diesem Abschnitt ausführlich beschrieben und zum allergrößten Teil abgebildet sind, befinden sich so gut wie alle Arten, die regelmäßig in Mitteleuropa brüten, sowie viele immer wiederkehrende Wintergäste (von denen einige in den seltensten Fällen auch hier gebrütet haben) und einige Durchzügler, die in Mitteleuropa Rast machen. Auch die interessantesten der ausgesprochen seltenen Vögel sind aufgenommen. Die übrigen seltenen Vögel – insgesamt 60 – sind am Ende des Abschnittes abgebildet und kurz beschrieben.

In einigen Fällen ist neben dem Bild angegeben, welches Geschlecht der gezeigte Vogel hat, ob es sich um Alt- oder Jungvögel handelt oder um Sommer- oder Winterkleid. Die übrigen Vogelporträts stellen ausgewachsene Vögel dar, bei denen beide Geschlechter sich gleichen und das Federkleid im Laufe des Jahres sich nicht merklich ändert.

Die Lebensräume

Der Zoologe ordnet alle Tiere nach ihrer Verwandtschaft, weil er nur so zu einer natürlichen und übersichtlichen Klassifikation kommt, die zugleich die Entwicklung der Tiere spiegelt. Wer aber nur lebende Tiere im Freien beobachtet, der gruppiert sie nach Lebensräumen (Biotopen). Er untersucht etwa die Lebensgemeinschaft an einem See, einem Tümpel, einem Fichtenwald oder einer Eiche. Überall findet er Vertreter ganz verschiedener Tierfamilien, die nicht nahe Blutsverwandtschaft, sondern die gemeinsame, durch ganz bestimmte Faktoren geprägte Umwelt verbindet. Ihrem Lebensraum haben sie sich oft so angepaßt, daß sie einander ähnlicher sehen als ihren wirklichen Verwandten. Auch in diesem Abschnitt sind die Vögel nach Lebensräumen geordnet, zu denen bestimmte Lebensformen gehören. Die Entenvögel, Lappentaucher und Kormorane auf einem See haben alle Schwimmfüße, die Hühner, Trappen und Lerchen auf freiem Feld Lauffüße und die Spechte, Kleiber und Baumläufer im Wald Kletterfüße.

Die Einteilung nach Lebensräumen macht freilich Schwierigkeiten. Viele Arten streifen außerhalb der Brutzeit in Lebensräumen umher, in denen sie nie nisten. Etliche Vögel kommen in mehreren Lebensräumen, etwa in Laub- *und* Nadelwald vor. Doch die Anordnung nach Lebensräumen wird dem Vogelfreund helfen. Die Gefiederten, die er in ihrer natürlichen Umwelt aufsucht, findet er auch hier beisammen abgebildet und beschrieben.

Zunächst kann man Vögel grob in Land- und Wasservögel einteilen, die Landvögel wiederum in Bewohner des offenen Geländes und des Waldes, zwischen denen die Busch- und Parklandschaft vermittelt. Unter den Wasservögeln bilden die Uferbewohner in Schilf und Sumpf und die der Meeresküste besondere Gruppen. In Mitteleuropa ist allerdings die Landschaft schon seit dem Mittelalter so weitgehend vom Menschen beeinflußt, daß ganz neue Lebensräume (etwa Städte) entstanden sind. Diesem Wandel haben sich auch die Vögel angepaßt, indem sie wie die Amsel vom Wald- zum Stadtvogel wurden. Auch hier ist die Amsel unter die Bewohner von Gärten und Parkanlagen eingereiht, obwohl sie im Laub- und Mischwald wie auch im Nadelwald nach wie vor ebenso heimisch ist.

Folgende zwölf Lebensräume wurden unterschieden:

STÄDTE – DÖRFER – GEHÖFTE: Hier leben Vögel, die ihr Nest an oder in Häuser oder von Menschen angebotenen Nistkästen bauen oder sich im Winter von Menschen füttern lassen.

GÄRTEN UND PARKANLAGEN: Viele Vögel dieses Lebensraumes in Dorf und Stadt stammen aus dem Wald, in dem sie auch heute noch vorkommen. Friedhöfe sind besonders vogelreich.

FELDER – WIESEN – FELDGEHÖLZE: Vorwiegend Kulturland. Auf Feldern und Wiesen kommen ursprüngliche Steppenvögel (Typ: Feldlerche), in Feldgehölzen ursprüngliche Gebüsch- und Waldrandbewohner (Typ: Elster) vor.

HEIDE – BUSCHLAND – ÖDLAND: Typische Vertreter auf diesem nicht ackerbaulich genutzten Gelände sind Heidelerche und Ziegenmelker (Heide), Triel (Ödland) und Schwarzkehlchen (Buschland).

MOOR: Es handelt sich vor allem um Hochmoore. In Mitteleuropa sind die meisten heute entwässert und kultiviert, nur wenige noch in ursprünglichem Zustand.

LAUB- UND MISCHWALD: Lebensraum vieler Vogelarten. Die Siedlungsdichte ist am Waldrand besonders hoch. Auch viele Garten- und Parkvögel findet man hier. Auwälder sind besonders vogelreich.

NADELWALD: Dieser Lebensraum, besonders die Fichtenwälder, nehmen in Mitteleuropa überall auf Kosten der Laubwälder zu. Typische Bewohner sind Goldhähnchen und Kreuzschnäbel.

SCHILF UND SUMPF: Ein Lebensraum vor allem an Seen und Teichen. Typische Bewohner sind Rohrsänger und Dommeln.

SEEN UND FLÜSSE: Auf der freien Wasseroberfläche leben die eigentlichen Wasservögel (Entenvögel und Taucher), am Ufer Vertreter verschiedener anderer Familien (Eisvogel, Flußuferläufer, Uferschwalbe) und an schnellfließenden Bächen auch Wasseramsel und Gebirgsstelze.

MEERESSTRAND UND WATTENMEER: Hier brüten Möwen, Seeschwalben und manche Watvögel. Strand und Wattenmeer sind vor allem Rastplätze und Winterquartier für das Heer der Watvögel, Gänse und Enten.

FELSENKÜSTE: Kommt bei uns nur auf Helgoland vor, wo am Lummenfelsen bis vor kurzem 3, heute noch 2 Vogelarten nisten.

HOCHGEBIRGE: Dieser Lebensraum zwischen der oberen Waldgrenze und den Gipfeln der Alpen schließt noch das obere Waldgebiet (mit Tannenhäher, Dreizehenspecht) sowie Matten (mit Wasserpieper) und Felsen (mit Mauerläufer) mit ein.

WIE MAN DIE VERBREITUNGSKARTEN BENUTZT

Die Verbreitung der einzelnen Vögel zeigen jeweils zwei Karten. Auf den Karten Mitteleuropas sind die Brutgebiete der Jahresvögel und der Sommervögel sowie die Verbreitung der nicht hier brütenden Gäste eingetragen. Wie häufig die Vögel vorkommen, zeigt die abgestufte Farbgebung. Auf den Weltkarten sind nur die Brutgebiete eingefärbt.

VERBREITUNG IN MITTELEUROPA

BRUTVÖGEL

JAHRESVÖGEL
Das Brutgebiet der Arten, die das ganze Jahr über in Mitteleuropa anzutreffen sind, ist grün gefärbt.

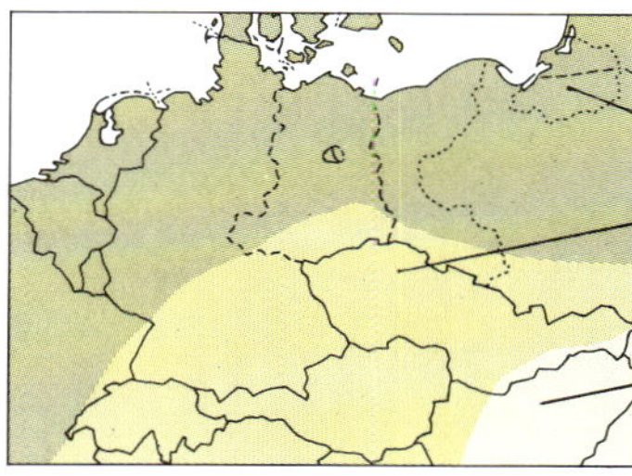

Hauptbrutgebiet

Gebiete, in denen die Art in geringer Dichte oder nur lokal brütet

Gebiete, in denen die Art in *sehr* geringer Dichte oder *ganz* lokal brütet

SOMMERVÖGEL
Das Brutgebiet der Sommervögel ist rot gefärbt. Ihre Winterquartiere liegen außerhalb Mitteleuropas.

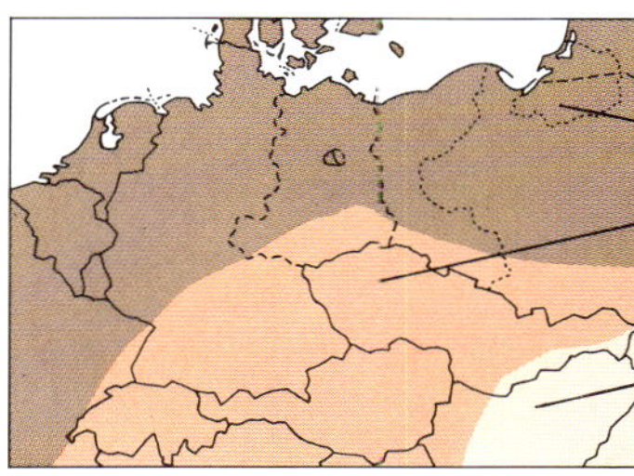

Hauptbrutgebiet

Gebiete, in denen die Art in geringer Dichte oder nur lokal brütet

Gebiete, in denen die Art in *sehr* geringer Dichte oder *ganz* lokal brütet

NICHT BRÜTENDE GÄSTE

Die Gebiete, in denen eine Art nur als Gast vorkommt, ohne dort zu brüten, sind blau gefärbt. Meist handelt es sich um Wintergäste oder Durchzügler.

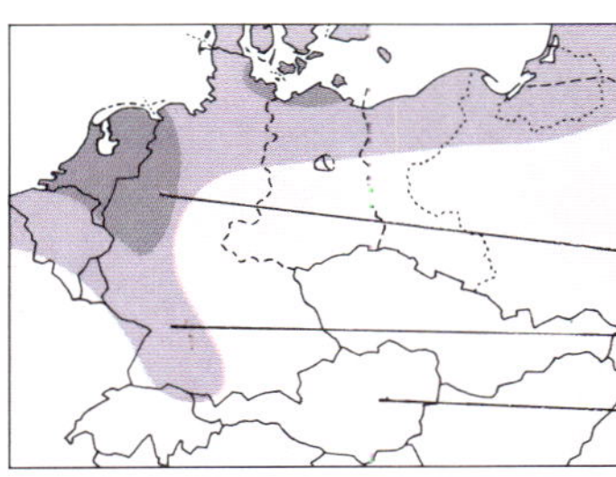

Vorkommen in großer Zahl

Vorkommen in geringer Zahl

Vorkommen in *sehr* geringer Zahl

VERBREITUNG AUF DER WELT

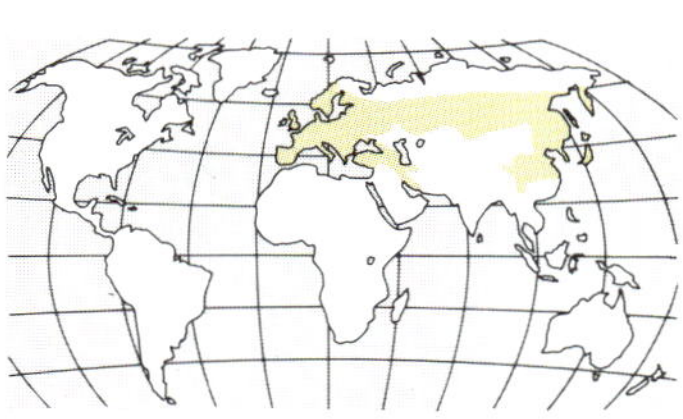

Das Verbreitungsgebiet der Jahresvögel (Standvögel), die sich das ganze Jahr über im Brutgebiet aufhalten oder nur in geringer Zahl wegziehen, ist grün gefärbt.

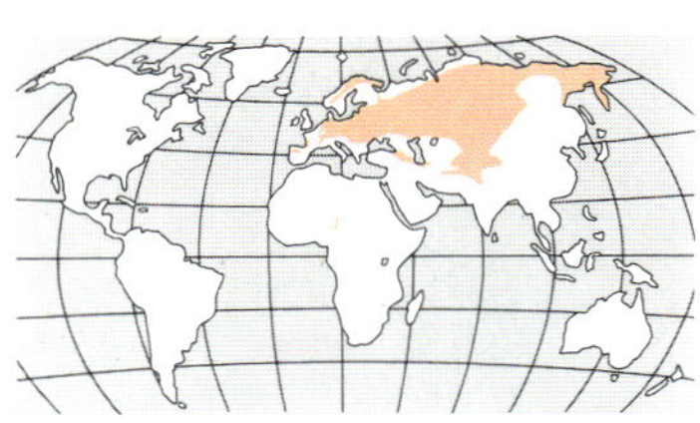

Das Brutgebiet der Zugvögel ist rot gefärbt. Die meisten von ihnen überwintern außerhalb des rotgefärbten Gebietes.

Weißstorch

Ciconia ciconia 102 cm

Schwarzstorch

Ciconia nigra 97 cm

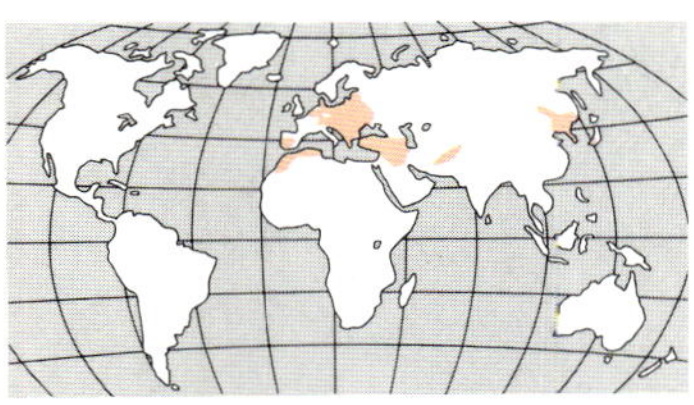

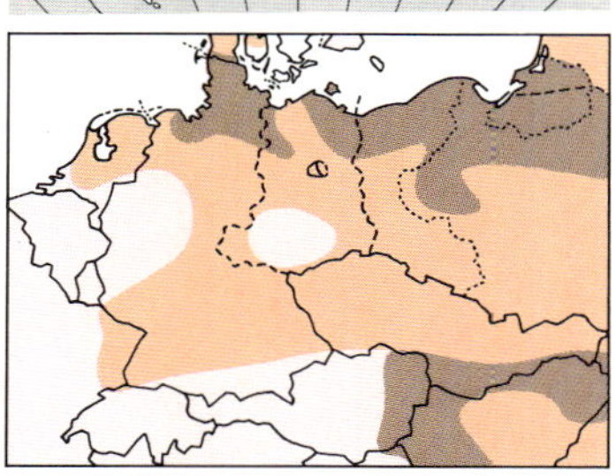

Zugvögel; beide Arten überwintern vorwiegend im südlichen Afrika; sie segeln auch auf dem Zuge gern, die Karten zeigen die Verbreitung des Weißstorches

Im Flug ist der Schwarzstorch an dunklem Kopf, Hals und Schwanz leicht vom Weißstorch zu unterscheiden

Wo immer es möglich ist, räumt man dem Weißstorch, dem Wappenvogel der deutschen Ornithologen und als Klapperstorch und Glücksbringer Adebar einer unserer beliebtesten Vögel, Hausrecht ein und bringt als Anreiz zum Nisten ein Wagenrad auf dem Dach des Hauses an. Das Schnabelklappern, bei dem er den Kopf weit zurücklegt, spielt vor allem eine Rolle bei der Begrüßung der Ehepartner am Nest. Obwohl er bedingungslos geschützt wird, hat sein Bestand besorgniserregend abgenommen. 1934 zählte man in Deutschland noch über 30 000 Paare, 1958 nur noch die Hälfte. Dieser Schwund hängt wohl mit den Gefahren der modernen Technik, mit Schädlingsgiften und der Ausbreitung von Feuerwaffen in seinen Zug- und Überwinterungsgebieten zusammen.

Beim Zug in ihre Winterquartiere meiden Störche das Meer, und zwar ziehen Vögel aus Gebieten östlich der *Zugscheide,* die sich von den Niederlanden über die Weser zum Lech erstreckt, über den Bosporus, die westlicher nistenden Störche über die Straße von Gibraltar nach Afrika.

Der Schwarzstorch, ein ausgesprochener Kulturflüchter, brütet im Gegensatz zum Weißstorch am liebsten in einsamen Wäldern, vor allem östlich der Elbe. In der Bundesrepublik horstet er nur noch in Niedersachsen und unregelmäßig in Bayern. Schwarzstörche sind ebenso gute Segelflieger wie Weißstörche, stimmbegabter als diese, aber klappern nicht.

KENNZEICHEN: Weißstorch *weiß mit schwarzen Schwingen;* Schwarzstorch *glänzend schwarz mit weißer Unterseite; beide Arten unverkennbar.*
BRUT: *das Männchen kommt zuerst an und besetzt den alten Horst oder baut einen neuen aus kräftigen Ästen und feinen Reisern; das Weibchen legt ab Ende April 3–5 kalkweiße Eier, die beide Gatten in etwa 33 Tagen ausbrüten; die in einem weißen Dunenkleid schlüpfenden Jungen verlassen nach 8 Wochen den Horst und sind nach 10 Wochen selbständig.*
NAHRUNG: *Mäuse, Eidechsen, Würmer, Frösche (nicht vorwiegend), größere Insekten wie Käfer, Heuschrecken, Grillen sowie deren Larven.*

Lachmöwe

Larus ridibundus 38 cm

Die Lachmöwe, so nach den flachen stehenden Binnengewässern (Lachen) genannt, an denen sie nistet, sucht seit einigen Jahrzehnten im Winter zunehmend auch die Städte auf, wo sie auf ihren Wanderungen entlang der Flüsse von freundlichen Menschen gefüttert wird. Auch sonst findet sie dort mancherlei Abfall, der den weiten und gefahrvollen Weg in südliche Winterquartiere überflüssig macht. Mit der Abnahme der Winterverluste hat sich die Lachmöwe, die ein Alter von 30 Jahren erreicht, überall in ihren Brutkolonien im mitteleuropäischen Binnenland so stark vermehren können, daß sie seit 1931 auch in das deutsche Nordseeküstengebiet einwanderte, wo sie zuvor nicht nistete, und hier 1967 mit 4830 Brutpaaren 23 Kolonien an der Küste und auf den Ost- und Nordfriesischen Inseln gegründet hatte. Natürlich stieg auch die Zahl der Wintergäste in den Städten entsprechend, wo man die auffallenden Vögel oft zu Hunderten und Tausenden beobachten kann. In vielen Großstädten zählen sie zu den häufigsten Wintervögeln.

Während der Brutzeit sind die Kopffedern der Lachmöwe dunkelbraun gefärbt. Daran erkennt sie der Städter allerdings nicht, denn im Winter sind die Kopffedern wieder weiß.

KENNZEICHEN: *im Brutkleid mit schokoladenfarbener Maske; Rücken grau; entfaltete Flügel mit weißem Vorderrand und schwarzer Spitze; übriges Gefieder weiß; Beine und Schnabel rot; Jugendkleid fleckig braun und weiß mit brauner Schwanzbinde; beide Geschlechter gleich.*
BRUT: *nistet in Kolonien; beide Geschlechter bauen auf binsen- oder grasbewachsenen festen Stellen in Moor und sumpfigem Gelände Nester beachtlicher Größe aus trockenen Pflanzenteilen; legt Mitte April bis Juli gewöhnlich 3 meist hell braungelbe bis dunkelbraune, gleichmäßig gefleckte Eier, die beide Eltern in 23 Tagen ausbrüten; die von beiden gefütterten Jungen verlassen nach wenigen Tagen das Nest und sind nach 5–6 Wochen flügge.*
NAHRUNG: *Schnecken, Regenwürmer, Insekten und deren Larven; Krabben und tote Fische; in den Städten Abfall, läßt sich auch gern mit Brot füttern.*

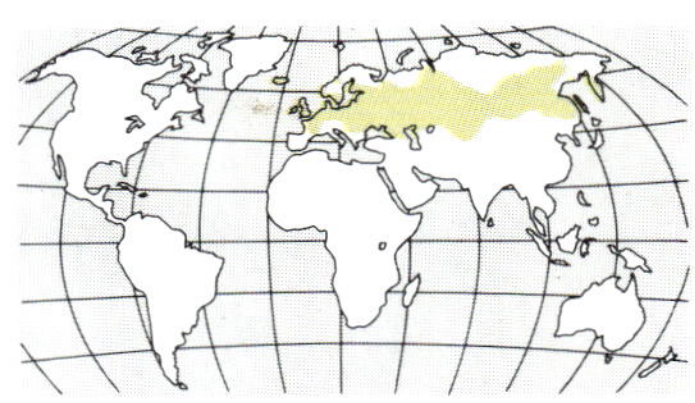

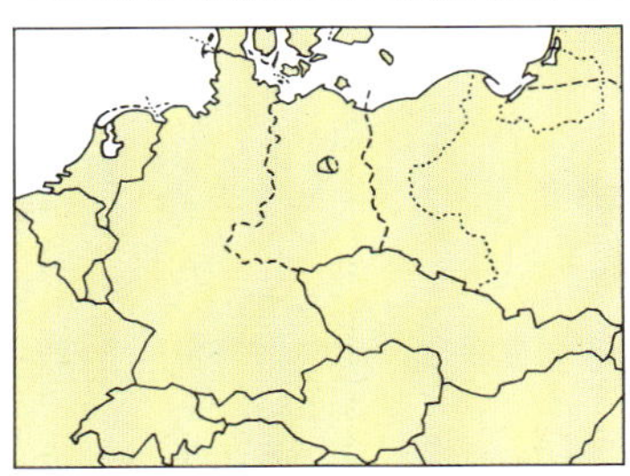

Vorwiegend Jahresvogel; überwintert vor allem in den Städten West- und Mitteleuropas, aber auch in den Mittelmeerländern und Nordafrika

Im Winter verliert die Lachmöwe ihre schokoladenbraune Maske

Stadttaube

Columba livia 33 cm

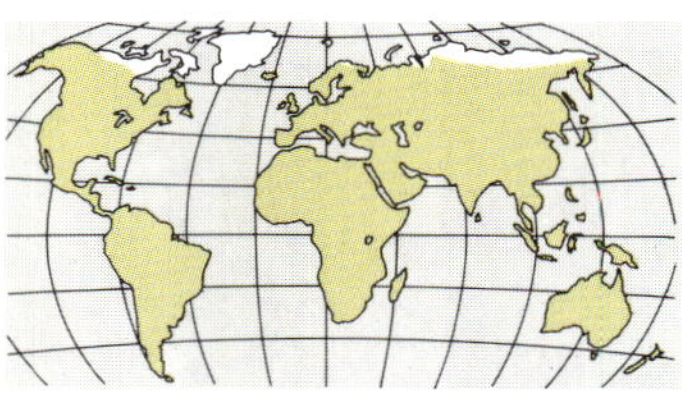

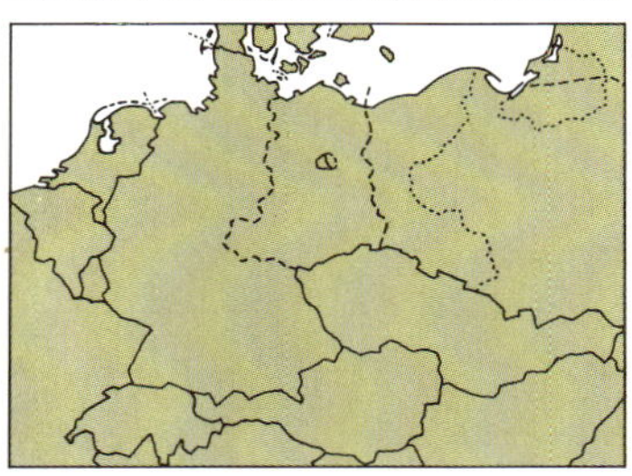

Jahresvogel, heute auf der ganzen bewohnten Erde verbreitet; die Stammform, die Felsentaube, ist in den Mittelmeerländern, Nord- und Westafrika, Vorderasien und Indien zu Hause

Stadttauben nächtigen und nisten an großen Gebäuden im Stadtzentrum

Stadttauben, also verwilderte Haustauben, sind heute auf den Straßen und Plätzen, den Bahnhöfen und Häfen aller großen Städte der Erde zu Hause. Da man sie füttert und ihre natürlichen Feinde immer seltener werden, wächst ihre Zahl ständig. Diese Zunahme ist zum Problem geworden, denn sie beschmutzen und beschädigen mit ihrem Kot Gebäude, sind mit Ungeziefer wie Milben, Zecken und Wanzen behaftet und können die Papageienkrankheit übertragen. Man hat ihnen deshalb mit Fallen, Gift und Schußwaffen nachgestellt, was den berechtigten Zorn der Tierfreunde auslöste. Um dennoch die Vermehrung der Tauben einzuschränken, versucht man jetzt einen Ovulationshemmer in Art der Antibabypille zu entwickeln.

Die rund 140 Rassen der seit Jahrtausenden gezüchteten Haustauben stammen von der noch heute in den Mittelmeerländern freilebenden *Felsentaube* ab, die oft von vielen verwilderten Haustauben nicht zu unterscheiden ist. Solche *Feldflüchter* werden daher leicht mit Felsentauben verwechselt.

Das Gurren der Taube gehört zu den vertrautesten Lauten in einer Stadt. Ebenso bekannt ist ihr Balzgehabe, wenn das aufgeplusterte Männchen sich vor dem anscheinend teilnahmslosen Weibchen wiederholt verbeugt, und auch ihre Angewohnheit, zum Schutz gegen Kälte zusammengekauert nachts auf Gebäudesimsen zu sitzen.

KENNZEICHEN: *Gefieder variiert sehr zwischen Blaugrau, Zimtbraun, Weiß, Schwarz oder Kombinationen daraus; die schwarzen Flügelbinden und der weiße Bürzel der Felsentaube kommen oft vor; beide Geschlechter gleich.*
BRUT: *gemeinsamer Nestbau aus Gras und dünnen Zweigen in Mauerhöhlen, unter Dachrinnen; das Weibchen legt hauptsächlich ab März bis September, gelegentlich auch im Winter 2 Eier, die beide Eltern in 17–19 Tagen ausbrüten; sie füttern auch die Jungen gemeinsam, die nach 35–37 Tagen flügge sind; 2–4 Bruten im Jahr.*
NAHRUNG: *häufig Brot- und andere Reste, auch Schokolade, Äpfel und Speckschwarten; Körner, Unkrautsamen und kleine Schnecken.*

Türkentaube

Streptopelia decaocto 28 cm

Obwohl die Türkentaube sich bei uns erst in jüngster Zeit als Brutvogel niedergelassen hat, ist sie auf dem besten Wege, die verbreitetste Vogelart zu werden. Ihr stürmischer Vormarsch durch Europa ähnelt einer gut vorbereiteten militärischen Aktion.

Von einem kleinen Brückenkopf südlich des Balkangebirges aus, den sie um 1900 besetzt hielt, erreichten vor 40 Jahren die ersten Spitzen in Jugoslawien die Donau. In den frühen dreißiger Jahren gab es bei der Türkentaube eine Bevölkerungsexplosion. Zwar dauerte es noch bis 1942, ehe die Ausbreitungsfront über Ungarn bis Wien vorgeschoben war, aber dann setzten die Vögel zum raschen Vormarsch auf die Atlantikküste an. Schon 1947 erreichten sie die Niederlande, 1948 Dänemark und ein Jahr später Schweden. 1952 kamen sie nach Belgien, etwa zur gleichen Zeit auch nach Frankreich, und drei Jahre später wurde das erste Nest in Großbritannien entdeckt; 1957 nistete ein Pärchen bereits hoch im Norden Schottlands. Heute haben sich die Türkentauben so vermehrt, daß sie in allen Städten zu den häufigsten und durch ihren dreisilbigen Ruf auffallendsten Vögeln gehören. Weil sie an manchen Orten lästig wurden und sich als Körnerfresser auch gern an Hühnerfutter heranmachen, hat man sie in Deutschland außerhalb einer Schonzeit sogar zur Jagd freigegeben.

KENNZEICHEN: *graubraune Oberseite, hellgraue Unterseite; langer Schwanz mit weißer Endbinde; schwarzer Nackenring; beide Geschlechter gleich; Ruf unverkennbar ‚du-du-du', mit starker Betonung auf der 2. Silbe.*

BRUT: *aus dürren Zweigen und Halmen bauen beide Geschlechter ein flaches Nest hoch auf Bäumen, zuweilen auf Gebäudesimsen; das Weibchen legt ab März bis September, manchmal auch schon früher oder noch später, 2 weiße Eier, die beide Eltern in 14 Tagen ausbrüten; die von den Eltern gefütterten Jungen sind nach 18 Tagen flügge und verlassen wenige Tage darauf das Nest für immer; 2–5 Bruten im Jahr.*

NAHRUNG: *meist Körner und Unkrautsamen.*

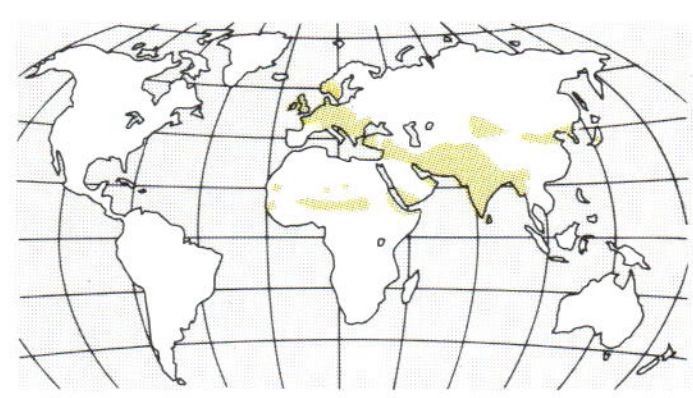

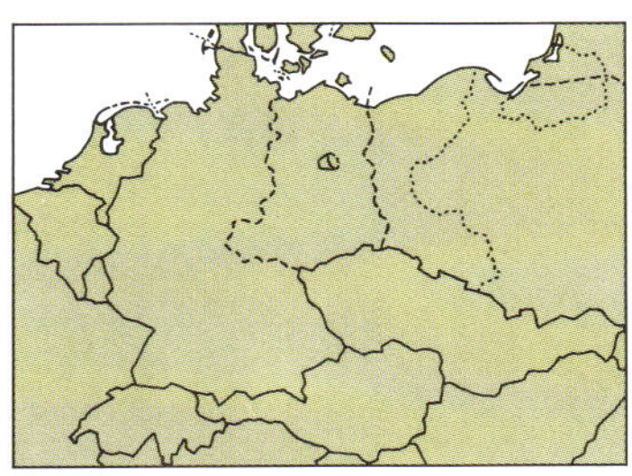

Vornehmlich Jahresvogel; einige Vögel streifen jedoch weit umher, wobei sie Entfernungen bis über 700 km zurücklegen können

Im Flug sieht man deutlich die weiße Endbinde auf der Schwanzunterseite

Schleiereule

Tyto alba 34 cm

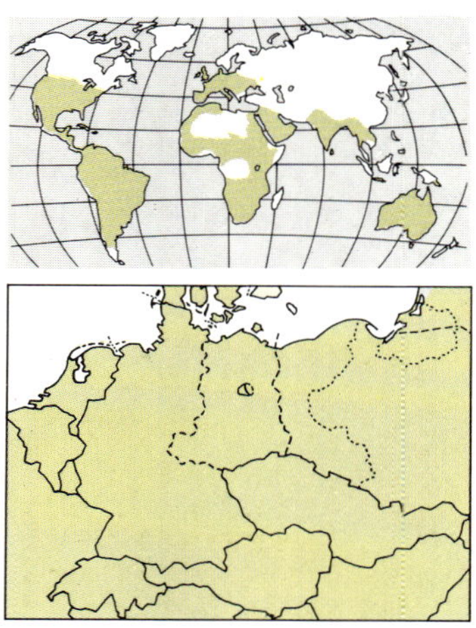

Vorwiegend Jahresvogel; streift in beschränktem Maße umher

Nachts im Scheinwerferlicht eines Autos wirkt die Schleiereule geisterhaft weiß. Erst wenn sie gegen Ende des Winters, weil das Futter knapp ist, auch tagsüber jagt, erkennt man ihre wahre Farbe – goldbraun mit weißer Unterseite. Beim Jagen verläßt sie sich nicht nur auf ihren Gesichtssinn. Sie kann in stockdunkler Nacht ihre Beute auch nach dem Gehör *anpeilen*. Denn da ihre Ohren asymmetrisch liegen, hört sie Laute auf einem Ohr um Sekundenbruchteile früher als auf dem anderen und kann so auch beim leisesten Geräusch ihre Beute *orten*. Sie hat sich deshalb auf die gern zirpenden Spitzmäuse spezialisiert, die ihres üblen Geruches wegen von Fuchs, Katze und Wiesel gemieden werden. Die Eule stürzt sich fast lautlos auf ihre Beute. Ihr Schrei ist jedoch deutlich zu hören – ein lang anhaltendes und plötzlich verstummendes Gekreisch.

Schleiereulen legen ihre Eier auf Haufen ausgewürgter *Gewölle* aus unverdauten Haaren, Federn und Knochen von Beutetieren. Die Knochenreste darin liefern reichere und vollständigere Angaben über die Verbreitung und Siedlungsdichte von Kleinsäugern als ein noch so großer Einsatz von Fallen. Sogar bisher noch unbekannte Säugetiere sind aus solchen Gewöllen beschrieben worden.

Beim lautlosen Flug sieht man die weißen Flügelunterseiten

KENNZEICHEN: *goldbraun; Gesichtsschleier und Unterseite weiß; Weibchen etwas grauer.*

BRUT: *kein Nestbau; Eiablage auf ausgewürgten Gewöllen in alten Scheunen, verfallenen Gebäuden, Kirchtürmen, hohlen Bäumen, Steinbrüchen, Felsspalten, Getreideschobern und Nistkästen; Hauptlegezeit April bis Anfang Mai, auch schon im März und noch bis Juli, ausnahmsweise bis November; 4–6 weiße Eier, in guten Mäusejahren bis 11, die vom Weibchen in etwa 33 Tagen ausgebrütet werden; beide Eltern füttern die Nestlinge, die nach 9–12 Wochen flügge sind; oft zwei Gelege im Jahr.*

NAHRUNG: *Spitzmäuse, Wühlmäuse, auch Haus- und Waldmäuse sowie alle Arten von Kleinsäugetieren, kleine Vögel, Käfer, Frösche, manchmal Fledermäuse und Fische.*

Waldkauz

Strix aluco 38 cm

Noch vor Frühlingsbeginn, oft schon im Spätherbst, kann man nach Einbruch der Dunkelheit selbst inmitten von Großstädten das dumpf heulende ‚Huuh-hu-huuuuuuh' des männlichen Waldkauzes hören, dem das Weibchen gellend ‚kjuwiek' antwortet. Das Duett dient dem Zusammenhalt des Paares wie der Balz. Schon im Februar findet man das Gelege des Waldkauzes. Bei Verteidigung seiner Brut hat er selbst Menschen erheblich verletzt.

Wie fast alle Eulen jagt der Waldkauz nachts und schläft tagsüber. Im Winter geht er bei knapper Nahrung auch am hellichten Tag auf Jagd. Den schlafenden Waldkauz verrät oft das Gezeter kleinerer Vögel. Vor allem Eichelhäher, Amseln und Buchfinken stöbern ihn gern auf. Den Kauz rührt dieses Gezänk wenig. Er ist auch kaum aus der Ruhe zu bringen, wenn sich ihm ein Mensch nähert. Mit seinem außergewöhnlich wendigen Hals kann er den Kopf nahezu rundherum drehen und so einen Beobachter, der sich um ihn herum schleicht, stets im Auge behalten.

Als Nest dient ihm meist eine Baumhöhlung, in Ortschaften auch der Dachboden. Es kommt sogar vor, daß ein Pärchen Erdlöcher, Felsvorsprünge, verlassene Sperbernester oder alte Eichhörnchennester bezieht. An unverdauten Bälgen, Knochen und Käferflügeln in seinen Gewöllen läßt sich genau feststellen, was er gefressen hat.

KENNZEICHEN: *braun gefleckt; runder dicker Kopf ohne Federohren; dunkelbraune Augen; beide Geschlechter gleich.*

BRUT: *baut kein Nest; legt Eier in alten hohlen Bäumen, Eichhörnchenbauten, auch in Gebäuden, Felsspalten oder auf der Erde ab; Legezeit März bis Mai, manchmal auch früher; Gelege meist 2–4 runde weiße Eier, die das Weibchen in 28–30 Tagen ausbrütet; die meist vom Männchen gefütterten Jungen sind nach 30–37 Tagen flügge.*

NAHRUNG: *kleine Säugetiere, vor allem Mäuse, Wühlmäuse, Ratten, Spitzmäuse, Maulwürfe, Junghasen; ziemlich viele Vögel bis zu Turmfalkengröße, die meist im Schlaf überfallen werden; manchmal auch Fische, Weichtiere, Frösche, Würmer und Insekten.*

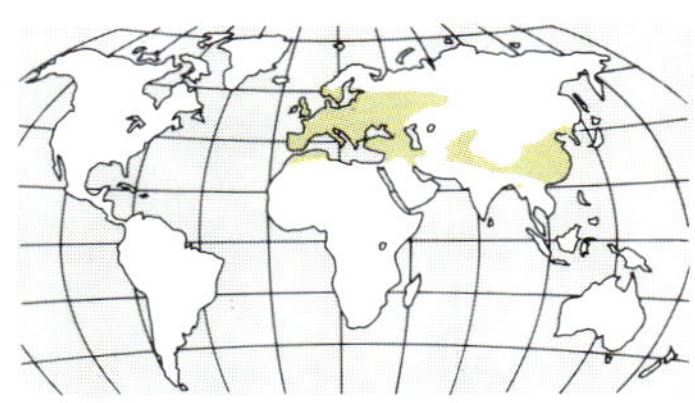

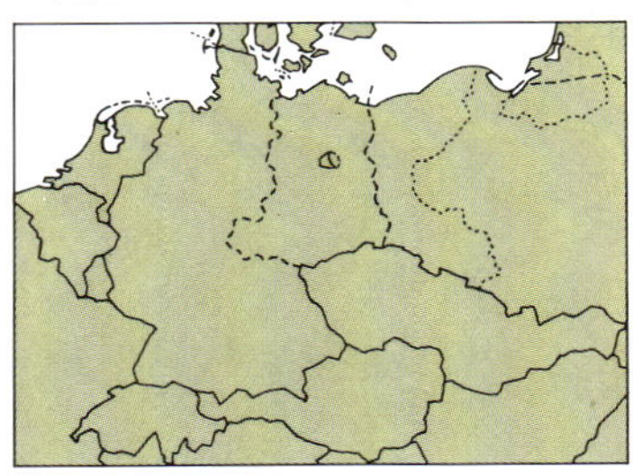

Jahresvogel; lebt außer in Ortschaften meist in Buchen- und Eichenwäldern; im Fernen Osten auch in Nadelwäldern

Tags scharen sich oft kleine Vögel schimpfend um den schlafenden Kauz

Mauersegler

Apus apus 16,5 cm

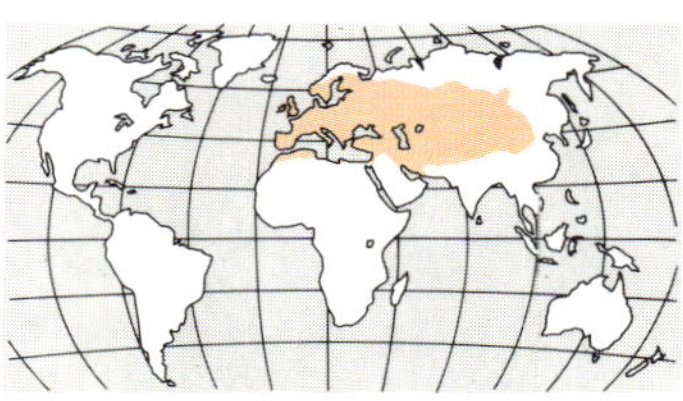

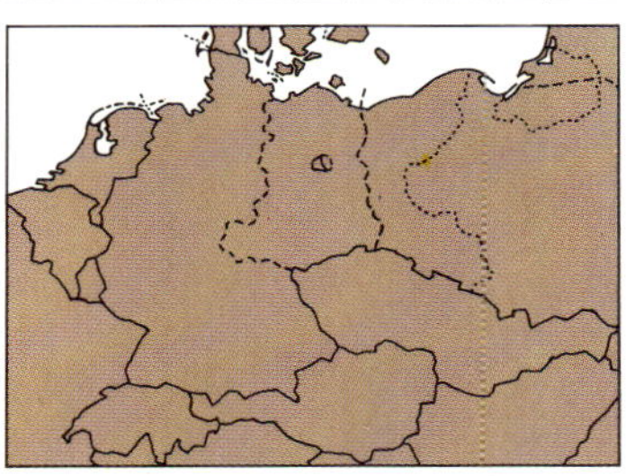

Ausgesprochener Zugvogel; überwintert ausnahmslos in Afrika südlich des Äquators; bei uns nur zwischen Ende April und Mitte August überall, wo sich geeignete Nistplätze finden

An Sommerabenden fliegen Mauersegler kreischend um die Häuser

Kein Vogel ist dem Leben in der Luft mehr angepaßt als der Mauersegler. Er ähnelt äußerlich der Schwalbe, fliegt aber viel reißender. Wegen seiner schwachen Füße läßt er sich normalerweise nie auf dem Boden nieder, sondern hängt sich mit seinen scharfen Krallen an senkrechte Flächen. Im Flug holt er sich seine Nahrung, im Flug kann er auch schlafen. Gelegentlich paart er sich sogar in der Luft. Sah man früher in der Dämmerung Mauersegler höher und höher kreisen, dann dachte man, sie kehrten in der Dunkelheit zurück und verbrächten die Nacht im Nest. Heute weiß man, daß die Vögel, soweit sie nicht brüten oder Junge aufziehen, bis zum Sonnenaufgang in der Luft bleiben und dort wohl vom Aufwind getragen, ein Nickerchen machen, wobei sie ab und zu mit den Flügeln schlagen, um wieder Höhe zu gewinnen.

Mauerseglerpärchen binden sich anscheinend fürs Leben. Sie begatten sich entweder im Nest nach gegenseitigem Ansingen oder im Flug nach einer aufregenden Jagd. Auf dem Lande galt der Mauersegler einst als Teufelsvogel, weil er im Spätfrühling und zu Beginn des Sommers, laut ‚srieh‘ schreiend, um die Häuser fliegt. Dringt ein fremder Mauersegler in ein bewohntes Nest ein, kann es zu erbitterten, zuweilen stundenlangen Kämpfen kommen. Einer der letzten Zugvögel, die bei uns ankommen, fliegt er als erster wieder weg.

KENNZEICHEN: *braunschwarz, ausgenommen ein weißer Kinnfleck; lange sichelförmige Flügel; kurzer gegabelter Schwanz; beide Geschlechter gleich.*

BRUT: *beide Geschlechter bauen unter Dachrinnen, in Mauerlöchern, Felsspalten und Baumhöhlen ein Nest aus Stroh, Gras und Federn, das mit Speichel verkittet wird; das Weibchen legt ab Ende Mai bis Juni meist 2, selten 3 weiße Eier, die beide Eltern in 18–20 Tagen ausbrüten; die Jungen werden von beiden Eltern gefüttert und sind nach 35–40 Tagen flügge.*

NAHRUNG: *kleine Insekten, vor allem Fliegen, kleine Käfer und Kleinschmetterlinge, die im Flug gefangen werden. Bei Schlechtwetter können Mauersegler auch tagelang fasten.*

Alpensegler

Apus melba 21 cm

Alpensegler nisten in den Felsenregionen der Mittelmeerländer, seit alters auch, zum Teil in starken Kolonien, in der Schweiz. Hier haben sie sich sogar in die Städte gewagt, wo ihnen große Gebäude Ersatz für ihre gewöhnlichen Brutplätze boten. In Bern und Fribourg kennt man schon seit Mitte des 18. Jahrhunderts Kolonien. Obwohl sich bereits 1922 eine Kolonie in Schaffhausen ansiedelte, überflogen bis vor 20 Jahren nur einzelne, umherstreifende Vögel die nahen deutschen Grenzen, brüteten aber weder hier noch in anderen Teilen Mitteleuropas, wo sie gelegentlich im Sommer auftauchen. Dreißig Jahre später entdeckte ein Schweizer Ornithologe den Alpensegler am Turm der St. Martinskirche in Freiburg im Breisgau, und erst seit 1955 befindet sich hier der einzige regelmäßig besetzte Brutplatz Deutschlands. Man weiß auch, woher die Freiburger Segler kamen – natürlich aus der Schweiz: bei einem in Freiburg beringten Vogel fand man einen Ring, der ihm als Nestjungem in Solothurn angelegt worden war.

Der Alpensegler hat die gleiche Flugsilhouette wie der viel kleinere Mauersegler. Wie dieser ist er ein kühner Flieger und soll bei normalem Flug Geschwindigkeiten bis 100, im reißenden Talflug sogar bis über 200 Stundenkilometer erreichen. Sein Flugruf, ganz anders als beim Mauersegler, besteht aus einem an- und absteigenden Trillern.

KENNZEICHEN: *braune Oberseite, weiße Unterseite mit braunem Brustband; heller und erheblich größer als der Mauersegler.*
BRUT: *Männchen trifft Nestortwahl; Nistmaterial wird im Kehlsack eingetragen; baut ein rundes, innen reichlich 10 cm großes schalenförmiges Nest, das oft mehrere Jahre hindurch bezogen und nur ausgebessert wird; das Weibchen legt Mitte Mai bis Juni 2–3 weiße Eier, die es in rund 20 Tagen ausbrütet; die Jungen verlassen das Nest nach etwa 45 Tagen, halten sich aber noch etliche Tage in der Nähe der Ausflugöffnung auf; brütet nur einmal im Jahr.*
NAHRUNG: *Insekten und Spinnen aller Art bis zu 18 mm Länge, die ausschließlich im Flug erbeutet werden.*

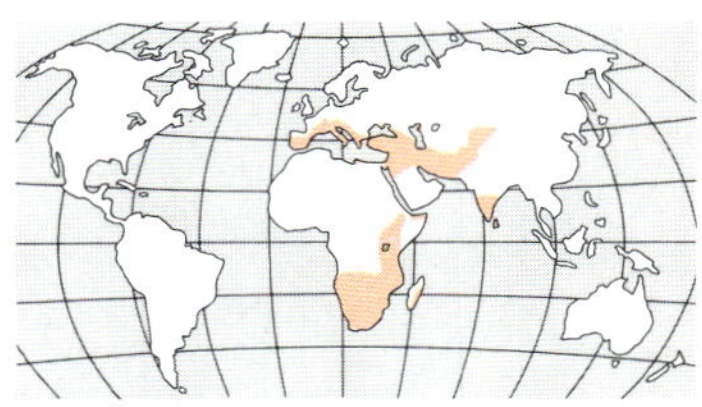

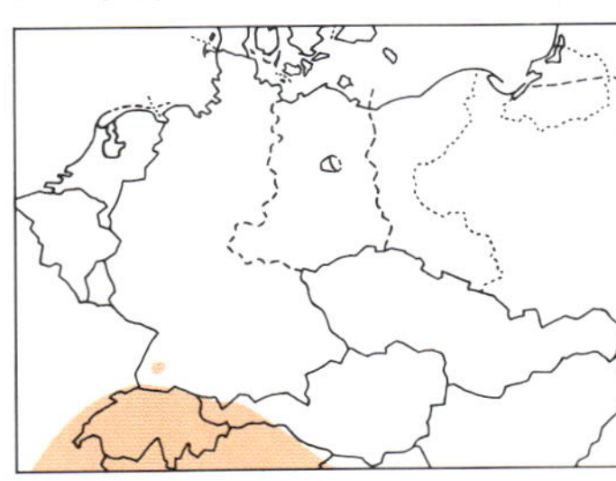

Zugvogel; Winterquartiere in Afrika sind nicht genau bekannt; Vögel aus Solothurn ziehen vorwiegend über Gibraltar, aber auch über Italien nach Nordafrika

Alpensegler sind größer als Mauersegler und unten vorwiegend weiß

Rauchschwalbe

Hirundo rustica 19 cm

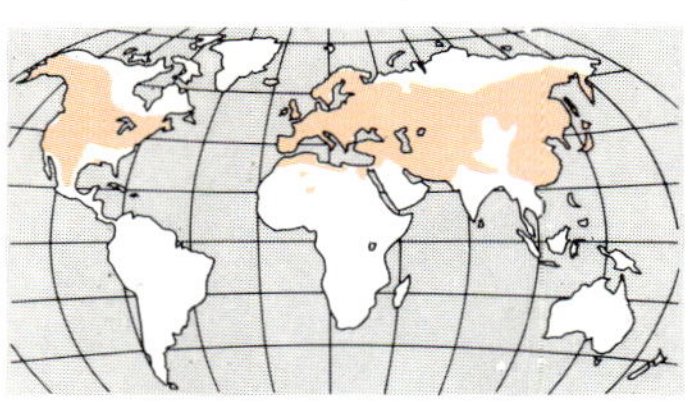

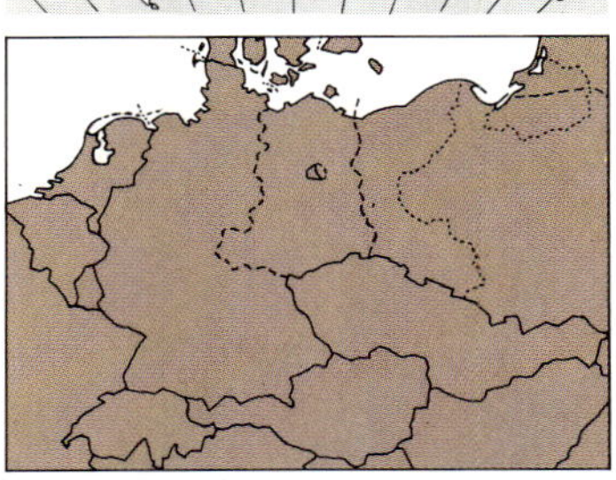

Zugvogel; die europäischen Rauchschwalben überwintern in Zentralafrika, die nordasiatischen in Süd- und Südwestasien, die nordamerikanischen in Südamerika

Rauchschwalben jagen in anmutigem Flug fliegenden Insekten nach

Im Sprichwort ‚Eine Schwalbe macht noch keinen Sommer' hat sich die Beobachtung niedergeschlagen, daß Schwalben aus ihren afrikanischen Winterquartieren nur einzeln oder paarweise bereits Ende März oder Anfang April zurückkehren, in größerer Zahl jedoch erst Mitte oder Ende April, wenn der Sommer wirklich schon vor der Tür steht. In einer alten Bauernregel ist ihr Wegzug festgehalten: An Mariä Geburt ziehen die Schwalben furt – also am 8. September.

Diese Vertrautheit mit der Rauchschwalbe ist kein Wunder, denn seit Jahrtausenden lebt sie in engster Nachbarschaft mit dem Menschen, der sie als Frühlings- und Glücksbringer schätzt.

Rauchschwalben nisten meist in Ställen und Scheunen in aufgelockerten Kolonien und kehren, wie Beringung gezeigt hat, oft Jahr für Jahr zum selben Nest zurück. Sie werden heute seltener, wohl weil es wegen besserer Stallhygiene weniger Insekten und damit weniger Nahrung für sie gibt. Zur Nahrungssuche und zur Zugzeit schließen sie sich mit Mehlschwalben zusammen. Ihr häufigster Lockruf ist ein zwitscherndes ‚Tswit-tswit-tswit' und ihr Alarmruf ‚Twinktwink'. Sie singen entweder im Flug oder von erhöhter Warte.

Rauch- und Mehlschwalben gehören zwar einer anderen Familie an als Mauersegler; mit der gleichen Lebensweise hat sich jedoch der Körperbau der drei Flugjäger in ähnlicher Richtung entwickelt: alle drei fangen im Flug fliegende Insekten.

KENNZEICHEN: *Oberseite stahlblau; Stirn und Brust kastanienbraun; gegabelter Schwanz mit langen Spießen, beim Weibchen etwas kürzer.*
BRUT: *beide Geschlechter bauen, meist auf dem Sims oder Dachsparren im Gebäudeinnern, ein napfförmiges Nest aus Lehm und trockenem Gras, das mit Federn ausgepolstert wird; das Weibchen legt zwischen Mai und August meist 3–6 weiße, stark rotbraun getüpfelte Eier, die es in etwa 15 Tagen ausbrütet; die von beiden Eltern gefütterten Jungen verlassen nach 18–21 Tagen das Nest.*
NAHRUNG: *fliegende kleine Insekten, manchmal Libellen und Schmetterlinge.*

Mehlschwalbe

Delichon urbica 13 cm

Die Mehlschwalbe mit ihrem auffallenden weißen Bürzel ist von allen Schwalbenarten am leichtesten im Fluge zu erkennen. Allgemein bekannt sind ihre Schlammnester unter Dachrinnen von Gebäuden. Im Gegensatz zur Rauchschwalbe nistet die Mehlschwalbe nur ausnahmsweise im Innern von Gebäuden.

Die Nester kleben oft kolonienweise nebeneinander, außerhalb Deutschlands gar nicht selten an Felswänden, besonders an Kalk- und Kreidefelsen. In Deutschland ist derartiges Freibrüten nur für wenige Stellen bekanntgeworden: in einer Buntsandsteinwand auf der rechten Neckarseite, an Felswänden bei Berchtesgaden, in der Fränkischen und Sächsischen Schweiz, auf Helgoland und an den Kreidefelsen Rügens; ferner auch in Dänemark und an mehreren Felswänden der Schweiz.

Ihre Nahrung nehmen Mehlschwalben nahezu ausschließlich im Fluge auf, und sie lassen sich fast nur am Boden nieder, wenn sie Schlamm für den Nestbau sammeln.

Drei bis vier Wochen nach ihrer Ankunft im April beginnen sie zu nisten. Die Jungvögel aus den ersten Bruten bleiben oftmals bis zum Abzug im Nest hocken. Gegen Ende der Sommerzeit sind bis zu 13 Vögel dicht gedrängt in einem Nest gezählt worden.

KENNZEICHEN: *Oberseite blauschwarz mit weißem Bürzel; Unterseite weiß; Schwanz kürzer und weniger gegabelt als bei der Rauchschwalbe; beide Geschlechter gleich.*
BRUT: *beide Geschlechter bauen unter den Dachrinnen von Häusern, manchmal auch unter Brücken, in Höhlen oder an Klippen ein kugelschalenförmiges Nest aus Schlammklümpchen, Gras und Wurzeln; die Nester sind dick mit Federn ausgepolstert; das Weibchen legt ab Mai bis August 4–5 weiße Eier, die beide Partner in 12–15 Tagen ausbrüten; die von beiden Eltern gefütterten Nestlinge sind nach 19–23 Tagen flügge; zwei, zuweilen auch drei Bruten im Jahr.*
NAHRUNG: *fast nur Insekten, vor allem Fliegen und kleine Käfer, die im Flug gefangen werden.*

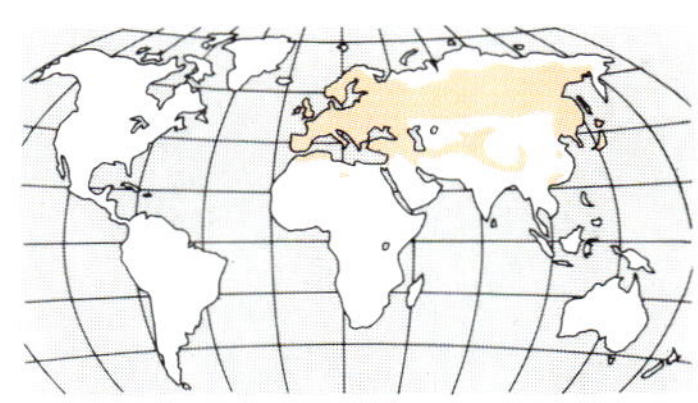

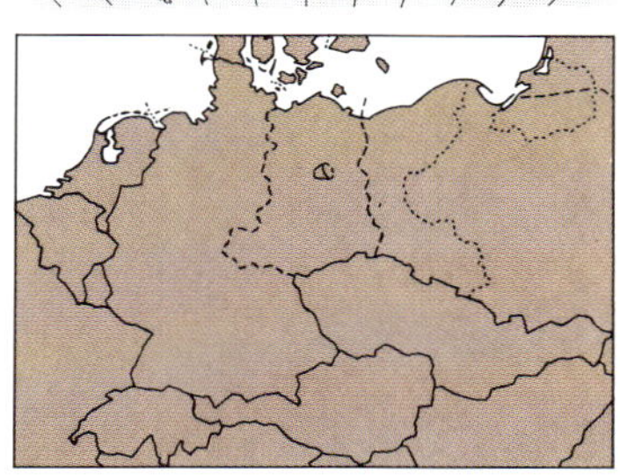

Zugvogel, der in Afrika südlich der Sahara überwintert und sich in Mitteleuropa zwischen April und Oktober zur Brut aufhält.
Ein in Rostock beringter Vogel wurde schon aus Südafrika zurückgemeldet

Mehlschwalben bauen ihre Schlammnester vornehmlich unter Dachrinnen

Hausrotschwanz

Phoenicurus ochruros 14 cm

MÄNNCHEN IM WINTERKLEID

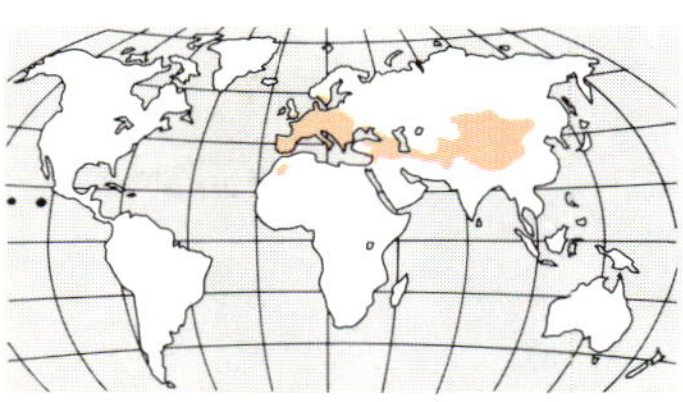

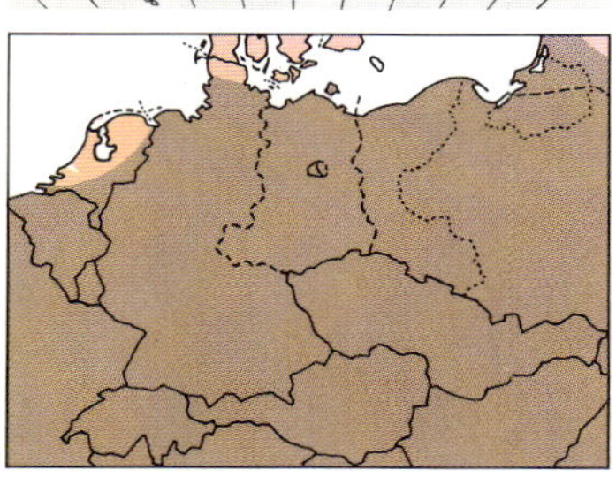

Vorwiegend Zugvogel; der Hausrotschwanz zieht aus dem Norden vor allem in die Mittelmeerländer und nach Südasien, um dort zu überwintern

Ursprünglich nistete der Hausrotschwanz nur in den Felsenregionen des Hochgebirges. In den Alpen kommt er noch jenseits der Baumgrenze bis zu 3000 m Höhe vor. Im nördlichen Mitteleuropa fehlte er einst völlig. Die erste Kunde seines Einzuges in diese Gegenden stammt aus dem Jahre 1716. Doch erst im 19. Jahrhundert besetzte der Hausrotschwanz Stadt um Stadt, in deren Mauern er wie manche andere Vögel ein geeignetes Milieu vorfand. Heute hat der Hausrotschwanz ganz Norddeutschland, ja sogar Südschweden, Dänemark und Südengland besiedelt. Am Meer bevorzugt er Steilküsten.

Schon Anfang März erscheint der Hausrotschwanz aus seinen südlichen Winterquartieren wieder bei uns und macht sich durch seinen harten schmatzenden Lockruf und den nicht sehr melodischen, gepreßt krächzenden Gesang bemerkbar. Er trägt ihn *schon* so zeitig am Morgen oder *noch* so spät am Abend vor, daß man über ihn gesagt hat, man wisse nicht, ob er ein *Schoner* oder ein *Nocher* sei. Der Vogel bewegt sich ruckartig, wobei er ständig knickst und ein Zittern durch seinen geradegehaltenen Schwanz läuft. Sein Körperbau ist eher zierlich.

In den Städten ersetzen ihm die Mauern der Häuser die Felswände. In Mauerlöchern nistet er am liebsten, und häufig sieht man ihn von Mauern Fliegen ablesen.

KENNZEICHEN: *Männchen im Sommer schwarz, im Winter grauschwarz, mit weißem Flügelspiegel; Weibchen rauchgrau; beide Geschlechter mit rostrotem Bürzel und Schwanz, mit dem sie knicksen und zittern.*
BRUT: *das Weibchen baut auf Gebäudesimsen, in Mauerspalten, Schuppen oder unter dem Dachgebälk ein Nest aus Gras, Moos und Wurzeln, legt im April bis Juli meist 5–6 weiße Eier, die es allein in 13 Tagen ausbrütet; die von beiden Eltern gefütterten Jungen verlassen nach 16–17 Tagen das Nest; brütet zweimal, oft auch dreimal hintereinander.*
NAHRUNG: *meist Insekten; Spinnen, Tausendfüßler; im Spätsommer Beeren.*

Der Hausrotschwanz singt meist von einem hochgelegenen Sims aus

Haussperling

Passer domesticus 15 cm

Unter allen Vögeln hat sich der Haussperling (Spatz) dem Menschen am meisten angepaßt. Er fehlt in keiner Stadt und fast keinem Dorfe, sieht man von ganz wenigen Siedlungen ohne Getreideanbau inmitten von Wäldern ab. Als blinder Passagier auf Schiffen folgte er dem Menschen über die Grenzen Europas hinaus in alle Welt oder wurde in fremde Länder bewußt eingebürgert. Heute ist der Sperling in Nordamerika, Australien, Neuseeland, Südafrika und Teilen Südamerikas ebenso häufig wie bei uns. Er bleibt fast das ganze Jahr über in der Nähe von Häusern. Nur im Sommer zieht er vorübergehend auf die Felder, um sich von reifendem Korn zu ernähren. Auch seine Angewohnheit, im Garten Himmelschlüssel und – vor allem gelbe – Krokusse auszureißen, hat mit seiner Ernährung zu tun, denn die Blütenblätter frißt er zumindest teilweise.

Aus abwechslungsreichen Lauten wie ‚tschirp' oder ‚tschiep' und ‚schilp schelp' bildet er einen unvollständigen Gesang. Den wichtigsten Teil seiner Balz, den Spatzentanz, beginnt meist ein einzelner Spatz, der sich vor einer Spätzin produziert und verbeugt. Kommt er ihr zu nahe, hackt sie gelegentlich nach ihm. Allmählich sammeln sich weitere Spatzen aus der Nähe, nehmen an dem Tanz teil und schilpen laut, bis die Spätzin davonfliegt und die ganze Schar ihr folgt.

KENNZEICHEN: *Männchen mit schwarzem Kehllatz; Scheitel und Bürzel grau; Schulterfedern rotbraun; Flügelbinden weiß; größer als der Feldsperling; Weibchen graubraun mit gestreiftem Rücken.*
BRUT: *beide Geschlechter bauen in Höhlungen von Mauern und Bäumen, zuweilen auch in einer dichten Hecke und dann überdacht, ein unordentliches Nest aus dürrem Gras; das Weibchen legt gewöhnlich von April an bis August meist 5–6 weißliche, grau und braun gefleckte Eier, die es in 13–14 Tagen ausbrütet; die Jungen werden von beiden Eltern gefüttert und sind nach 17 Tagen flügge; bis zu drei Bruten im Jahr.*
NAHRUNG: *Körner und Unkrautsamen, Insekten und deren Larven, auch Obst und Beeren; in besiedelten Gegenden fast nur Brot und Abfall.*

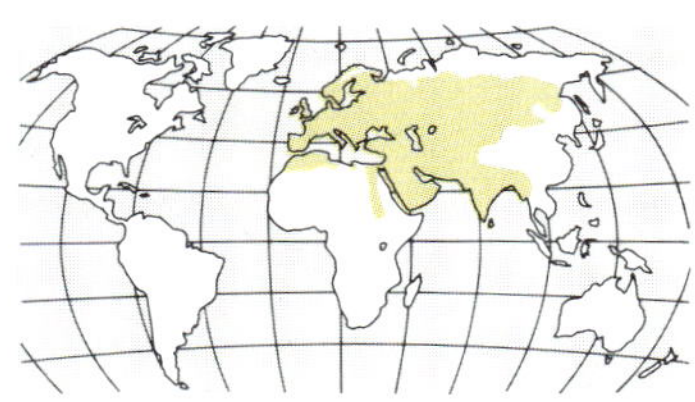

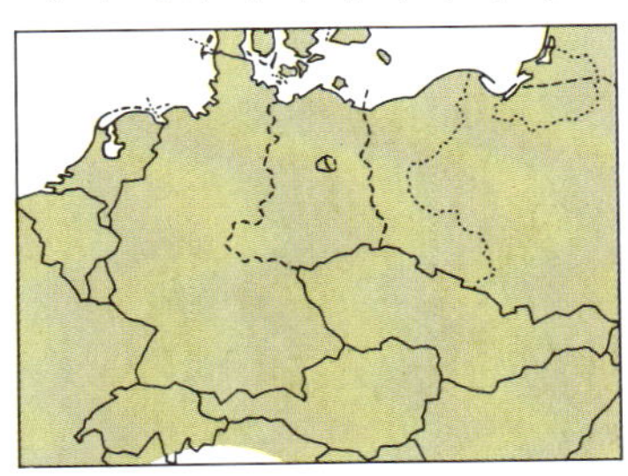

Jahresvogel, der keine weiten Wanderungen unternimmt; hat sich aber im Gefolge des Menschen von Europa aus über weite Teile der Welt verbreitet

Beim Spatzentanz schilpen mehrere Spatzen eine Spätzin an

Feldsperling

Passer montanus 14 cm

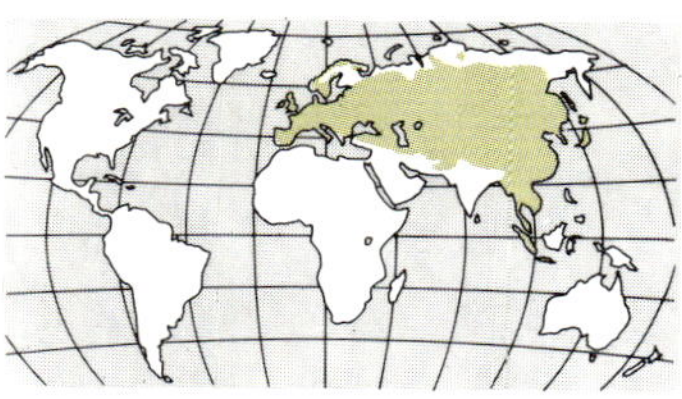

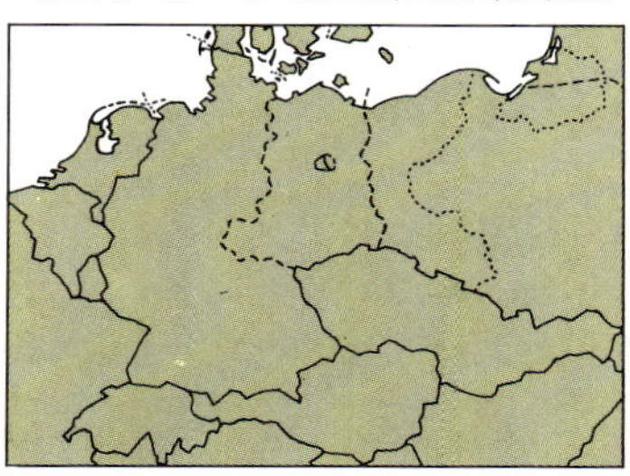

Vorwiegend Jahresvogel, der nur in ungünstigen Jahren weite Wanderungen unternimmt

Den Feldsperling verwechselt man schon wegen seines andersfarbigen Kleides, mit schwarzem Fleck auf weißer Wange, nicht so leicht mit seinem größeren Vetter, dem Haussperling. Obwohl auch er am liebsten in oder nahe bei Dörfern und Städten lebt, ist er weit weniger auf Menschen angewiesen, aber ebenso anpassungsfähig und vorsichtig und daher vor Feinden ziemlich sicher. Da er kein Revier besetzt und zum Brüten nur eine Höhle braucht, kann er die immer zahlreicheren Meisenkästen nutzen, aus denen er notfalls schwächere Höhlenbrüter hinauswirft. Deshalb hat man schon lange, doch vergeblich versucht, Nistkästen so zu bauen, daß sie nur Meisen, nicht aber Feldsperlingen zugänglich sind.

Im Frühjahr und Sommer ernährt sich der Vogel hauptsächlich von Insekten, von Juli an mehr von Unkrautsamen. Er stiftet freilich auch auf Getreidefeldern Schaden. Doch dezimiert man ihn stark – wie in China –, dann vermehren sich die Schadinsekten ins ungemessene.

Der Feldsperling schilpt wie der Haussperling, jedoch schriller. Aus ‚tschip tschip', ‚tek tek' und ähnlichen Lauten besteht sein einfacher unverkennbarer Gesang, den er hoch aus einem Baum und manchmal im Chor vorträgt. Beim Balzen verneigt sich das Männchen, spreizt die Flügel ab und stellt die Scheitelfedern auf.

Der Feldsperling nistet in Baumhöhlen, aber auch in Nistkästen

KENNZEICHEN: *bei beiden Geschlechtern gleich: Rücken braun, Unterseite grau; vom Haussperling durch geringere Größe, kastanienbraunen Scheitel, kleineren schwarzen Schnabel und schwarze Wangenflecken unterschieden.*

BRUT: *beide Partner bauen in Höhlungen oder überdacht im Freien ein Nest aus trockenem Gras, Stroh und ähnlichem Material, das mit Federn ausgepolstert wird; bezieht bei uns am liebsten Nistkästen; legt ab April bis Juli meist 5–6 weiße, oft stark braun oder rotbraun gefleckte Eier, die in etwa 11 Tagen von beiden Eltern ausgebrütet sind; die Jungen werden von beiden Eltern gefüttert und verlassen nach 13 bis 15 Tagen das Nest; brütet zweimal, bisweilen dreimal im Jahr.*

NAHRUNG: *Unkrautsamen, Getreidekörner; auch Insekten und Larven.*

Star

Sturnus vulgaris 22 cm

MÄNNCHEN IM SOMMERKLEID

Lärmende Schwärme von Staren, die zu Zehntausenden kurz vor Einbruch der Dunkelheit zu ihren Schlafstätten ziehen, sind in vielen Städten ein gewohnter Anblick. Ihr kreischendes Geschwätz übertönt zuweilen sogar den Verkehrslärm, und ihr Kot verunreinigt Mauerwerk und Bürgersteige und schadet dem Baumwuchs.

Auf vielerlei Weise hat man schon, meist erfolglos, versucht, Stare zu vertreiben, besonders aus Obstgärten und Weinbergen, wo sie viel Schaden anrichten. Man übertrug sogar ihr Angstgeschrei durch Lautsprecher. Doch die Stare ließen sich nur kurze Zeit täuschen und kümmerten sich dann nicht mehr darum. Manchmal übernachten Zehntausende von ihnen so dicht gedrängt auf Bäumen, daß die Äste unter ihrem Gewicht brechen und viele Stare dabei umkommen.

Bevor die Stare, meist auf festgelegten Routen, zu ihren Schlafstätten fliegen, suchen sie auf Feldern und Viehweiden ihre Nahrung. Dabei zirkeln sie gern, d. h., sie stecken den geschlossenen Schnabel in die Erde oder zwischen Graswurzeln, öffnen ihn dann und erweitern so Ritzen und kleine Löcher, in denen sie allerlei Gewürm finden. Ihr Wortschatz umfaßt viele abgehackte Silben. Sie ahmen die Stimmen anderer Vögel und sonstige Geräusche nach.

KENNZEICHEN: *schwarz mit purpurfarbenem, grünem und blauem Glanz, im Herbst auffallend weiß getüpfelt; Junge ungefleckt, erdbraun; läuft ruckartig; schneller geradliniger Flug, bei Insektenfang auch Gleitflug.*

BRUT: *nistet meist in aufgelockerten Kolonien; das Männchen baut ein unordentliches Nest aus Gras und Stroh in Baumhöhlen und altem Gemäuer, besonders oft in Starenkästen; das Weibchen kleidet das Nest mit Federn und Moos aus, legt im April oder Mai 5–6 zartblaue Eier, die beide Partner in 14 Tagen ausbrüten; die Nestlinge werden von beiden Eltern gefüttert und sind nach 21 Tagen flügge; brütet normalerweise zweimal im Jahr.*

NAHRUNG: *Insekten, deren Larven, Regenwürmer, Spinnen, Schnecken; Früchte, Samen, Wurzeln, Beeren, vor allem Kirschen und Weinbeeren.*

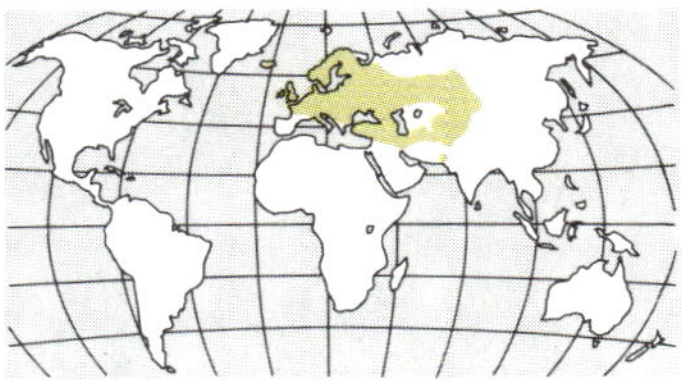

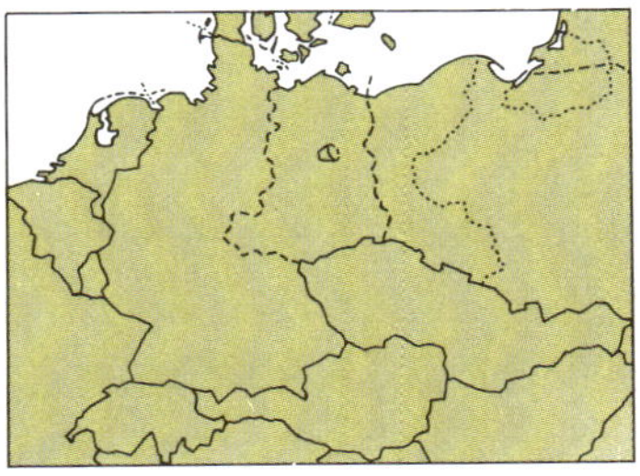

Im Norden Zugvögel, die bei uns oder in Südeuropa überwintern; in Teilen Mitteleuropas nehmen Jungstare an einem Frühsommerzug teil, an den sich nach einer Pause der eigentliche Herbstzug anschließt

Hungrige junge Stare jagen ihren Eltern nach und fordern Nahrung

Dohle

Corvus monedula 33 cm

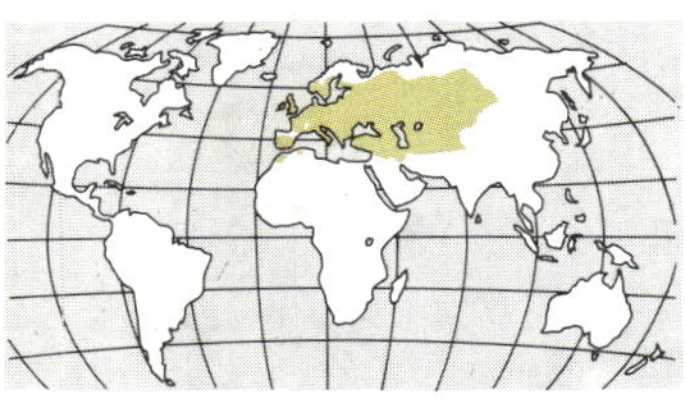

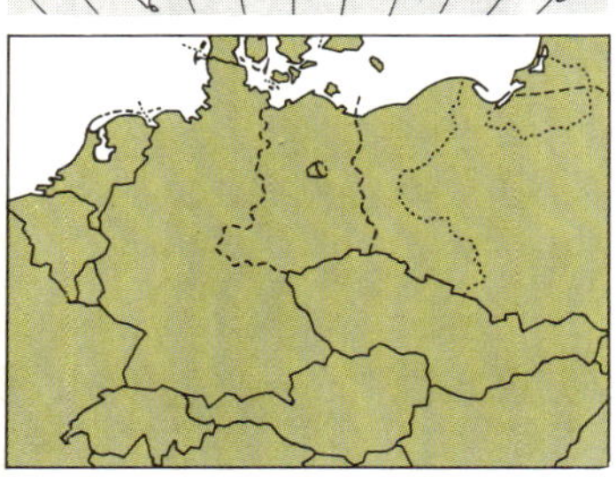

Teilzieher; streift bis Island und Korsika; im Winter Zuzug aus dem Osten, z. B. aus Rußland

Die Dohle rupft Schafen manchmal Wolle aus dem Rücken

Unter den meist räuberischen Krähenvögeln sind Dohlen die größten Diebe. Sie stehlen die Eier und Jungen anderer Vögel, setzen sich Pferden und Schafen auf den Rücken und rupfen ihnen Haare und Wolle heraus, mit denen sie ihre Nester auspolstern, oder sammeln nutzlose und unverdauliche Dinge, um sie irgendwo zu verstecken. Sie fressen nahezu alles, was ihnen in den Weg kommt, legen aber auf tierische Nahrung und Körnerfutter besonderen Wert.

Meist suchen Dohlen ihre Nahrung gemeinsam mit Saatkrähen und Staren auf den Feldern. Man kann sie aber auch einzeln beobachten, vor allem an Uferklippen, Kirchtürmen und anderen hohen Bauten sowie in Parkanlagen mit altem Baumbestand.

Dohlen nisten gern gesellig in Schloßtürmen, Burgen und Burgruinen. Nach dem Kriege fanden sie auch auf den Ruinen in zerbombten Städten geeignete Nistplätze in großer Auswahl. Dohlennester in Kaminen können Schornsteinfeger in Verlegenheit bringen. Nachts hört man sie oft scharenweise an ihren alten Nistplätzen lärmend, abgehackt und metallisch ‚kjack' schreien.

Bei der Balz verneigt sich das Männchen, spreizt dabei Flügel und Schwanz und zeigt manchmal seinen grauen Nacken, indem es die Scheitelfedern aufrichtet und den Schnabel gegen die Brust drückt.

KENNZEICHEN: *beide Geschlechter schwarz mit grauem Nacken; im Flug schneller Flügelschlag.*
BRUT: *beide Geschlechter bauen fast nur in Höhlen oder Spalten von Bäumen, Felsen oder Gebäuden und oft im Kamin ein unordentliches Nest aus aufgestapelten Zweigen, das mit Wolle und Haaren ausgepolstert wird; das Weibchen legt im April oder Mai 3–6 hellblaue, schwarz gesprenkelte und getupfte Eier, die es in 17–18 Tagen ausbrüten; beide Eltern füttern die Nestlinge, die nach 30 Tagen flügge sind.*
NAHRUNG: *Insekten und deren Larven, Körner, Unkrautsamen, wilde und kultivierte Früchte; manchmal kleine Tiere, Eier und Junge anderer Vögel, Kartoffeln und Aas.*

Steinkauz

Athene noctua 22 cm

Eine der bekanntesten Eulen ist der Steinkauz. Man sieht ihn auch tagsüber und in der Nähe von Häusern und Gärten. Schon den alten Griechen war er eine vertraute Erscheinung. In Athen galt er als Lieblingsvogel der Stadtgöttin, deren Name daher Teil seiner wissenschaftlichen Bezeichnung *Athene noctua* geworden ist. Er ist kleiner als der Waldkauz und hat schwefelgelbe Augen. Beim Waldkauz sind sie braun.

In Großbritannien, wo er sich seit seiner Einbürgerung Ende des letzten Jahrhunderts überaus rasch verbreitet hat, wird er von Jägern beschuldigt, hauptsächlich Kücken von Fasanen und Rebhühnern zu schlagen. Zu Unrecht. Denn der Steinkauz frißt vorwiegend Insekten, besonders Käfer und Heuschrecken, dann Mäuse und schließlich Kleinvögel. Auf keinen Fall kann man ihn als Schädling der Jagdvögel bezeichnen.

Obwohl der Steinkauz auch bei Tage fliegt, macht er vor allem in der Abend- und Morgendämmerung Jagd. Sein Flug ist auffallend wellenförmig und ruckartig. Oft sitzt er an erhöhter Stelle in der Nähe des Nestes auf einem Pfosten, Telegraphenmasten oder Heuhaufen und *knickst* und wackelt mit dem Schwanz, wenn man sich ihm nähert. Das Männchen ruft oft wiederholt ‚uuhg', das bei der Balz häufig in ein mehrfach wiederholtes ‚Kwiau' übergeht. Bei Aufregung schreit er gellend ‚kwiff-kwiff-kwiff'.

KENNZEICHEN: *graubraunes Gefieder, weiß gefleckt und gebändert; gerundete Flügel; kurzer Schwanz; wellenförmiger Flug; Geschlechter gleich.*

BRUT: *nistet in Höhlungen, meist in einem Baum, aber auch in Mauern, an Gebäuden, in Steinbrüchen, Sandgruben oder Erdhöhlen ohne Nistunterlage; das Weibchen legt Ende April bis Mai meist 4–5 weiße Eier, die es in etwa 28 Tagen allein ausbrütet; beide Eltern füttern die Nestlinge, die nach ungefähr 5 Wochen flügge sind.*

NAHRUNG: *Insekten, vor allem Käfer, Ohrwürmer und Raupen; sehr gern Feldmäuse, auch junge Ratten und andere kleine Säugetiere; ferner kleine Vögel, Frösche, Eidechsen und Regenwürmer.*

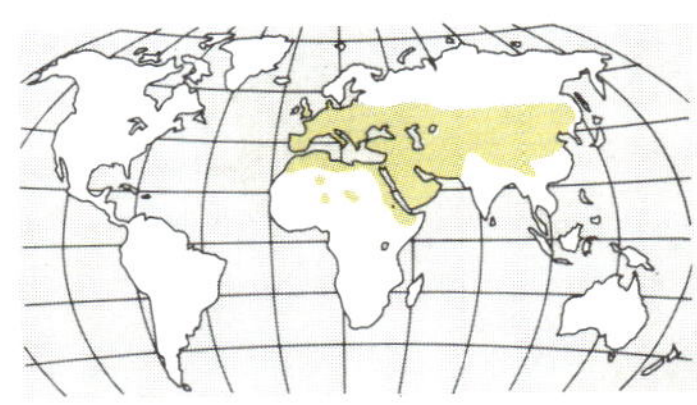

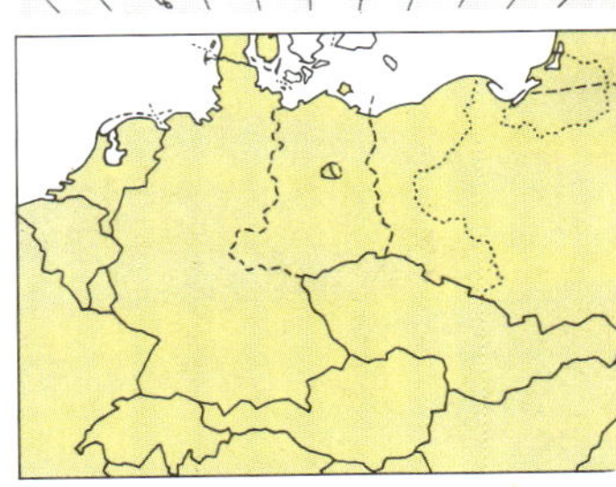

Vorwiegend Jahresvogel; lebt meist in Gebieten mit lichtem Baumbestand, aber auch auf baumlosem ausgedehntem Ackerland; außer in England wurde der Steinkauz auch in Neuseeland mit Erfolg eingebürgert

Tagsüber sitzt der Steinkauz oft auf Telegraphenmasten oder Drähten

Grünspecht

Picus viridis 32 cm

MÄNNCHEN

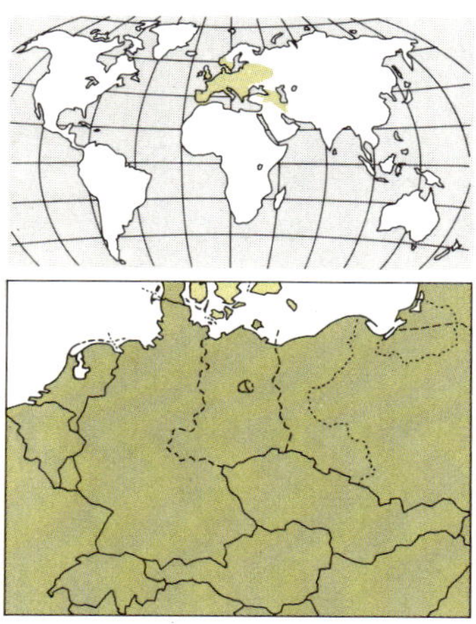

Jahresvogel; im Winter ziehen jedoch manche Vögel in offeneres Gelände und erscheinen sogar am Futterbrett

Mit langer klebriger Zunge holt der Grünspecht Ameisen aus dem Boden

Wie alle *Erdspechte* sucht der Grünspecht seine Nahrung vor allem am Boden. In Parkanlagen und Gärten, Feldgehölzen, Alleen und an Waldrändern kann man ihn im charakteristischen Bolzen- oder Bogenflug über freiem Gelände sehen. Noch leichter erkennt man ihn an seinem Balzruf, einem schallenden Lachen, das wie ‚gjüggügjüg ...' klingt. Es ertönt morgens und abends von Februar ab in der Nähe seines Schlafbaumes. Mit diesem Ruf finden und erkennen sich Brutpartner. Im Gegensatz zu anderen Spechten trommelt der Grünspecht nur selten. Wenn das Männchen sein Revier gegen einen anderen Grünspecht verteidigt, wiegt es den Kopf, spreizt meist die Flügel, fächert den Schwanz und stellt die Scheitelfedern auf. Beim Balzen läßt es gewöhnlich die Flügel kraftlos hängen und richtet den gefächerten Schwanz auf.

Der Grünspecht kann seine lange Zunge, die an der Spitze ein klebriges Sekret hat, bis zu 10 cm über die Schnabelspitze vorschnellen lassen und leimt so Ameisen und deren Puppen – seine Hauptnahrung – fest. Im Winter lebt er bei uns vor allem von der Roten Waldameise, in deren fest gefrorene Haufen er bis zu 1 m tiefe Löcher hackt, um an seine Beute zu gelangen. Wenn das in sehr strengen Wintern nicht gelingt, verhungern viele Grünspechte. In den folgenden Jahren ist dann dieser sonst häufige Specht selten.

KENNZEICHEN: *nächst dem Schwarzspecht der größte Specht Mitteleuropas; karminroter Scheitel, aber Gesamteindruck grün; oben moosgrün; Bürzel gelb; unten graugrün; Bartstreif beim Männchen rot, beim Weibchen schwarz.*

BRUT: *beide Partner zimmern die Bruthöhle, vorzugsweise in Weichhölzern wie Linden, Espen und Obstbäumen; zwischen April und Mai ein Gelege aus 5–7 weißen Eiern; beide Eltern brüten etwa 19 Tage lang und versorgen dann die Nestlinge, die nach 18–21 Tagen flügge sind.*

NAHRUNG: *Ameisen; holzbohrende Larven von Käfern, Motten und anderen Insekten; gelegentlich Körner, Eicheln, Äpfel, Kirschen und andere Früchte; plündert auch Bienenstöcke.*

Grauspecht

Picus canus 25 cm

MÄNNCHEN

Der Grauspecht sieht dem bekannteren Grünspecht sehr ähnlich, besonders dessen spanischen und nordafrikanischen Rassen. Einst bildeten beide offenbar eine einzige Art, deren ursprünglich zusammenhängendes Verbreitungsgebiet zwischen Europa und Ostasien eine der Eiszeiten auseinanderriß. In den voneinander getrennten Rückzugsgebieten entwickelten sich zwei verschiedene, wenn auch nahe verwandte Arten: der Grünspecht im Mittelmeergebiet, der Grauspecht in Asien. Als beide mit der Ausbreitung des Waldes wieder nach Mitteleuropa vordrangen, waren die Unterschiede zwischen ihnen so groß geworden, daß sie sich nicht mehr miteinander vermischten.

Der kleinere Grauspecht bevorzugt Berg- und Hügelland und fehlt im Gegensatz zum Grünspecht im größten Teil des Norddeutschen Tieflandes. Bei aller Vorliebe für Ameisen ist er nicht so sehr auf diese Nahrungsquelle spezialisiert wie der deshalb im Winter gefährdetere Grünspecht. Anders als dieser erscheint der Grauspecht dann auch an Futterplätzen. Wegen dieser Unterschiede in der Nahrungsaufnahme können beide Arten auch nebeneinander vorkommen.

Der Grauspecht kann seine klebrige Zunge weniger weit vorstrecken als der Grünspecht. Er trommelt häufiger als dieser, und sein sonst ähnlicher Balzruf – eine absinkende Tonreihe – ist langsamer und klingt im Vergleich mit dem *Lachen* und *Wiehern* des Grünspechtes melancholisch.

KENNZEICHEN: *kleiner als ein Grünspecht; Kopf und Hals grau; Weibchen ohne alles Rot am Kopf; auch das Männchen hat nur wenig Rot an Stirn und Vorderscheitel; Bartstreif schwarz und schmal.*
BRUT: *beide Partner zimmern in etwa 9 Tagen eine meist 25–30 cm tiefe Nisthöhle in Bäumen verschiedener Art in wechselnder Höhe; das Weibchen legt vom zweiten Drittel im Mai an, zuweilen auch früher, 5–7 (gelegentlich bis 10) weiße Eier, die beide Eltern, sich abwechselnd, in etwa 17 Tagen ausbrüten; die Jungen sind nach 23–27 Tagen flügge.*
NAHRUNG: *vor allem Ameisen, daneben auch andere Insekten; im Winter an Futterplätzen auch Fettfutter, wie es Meisen geboten wird.*

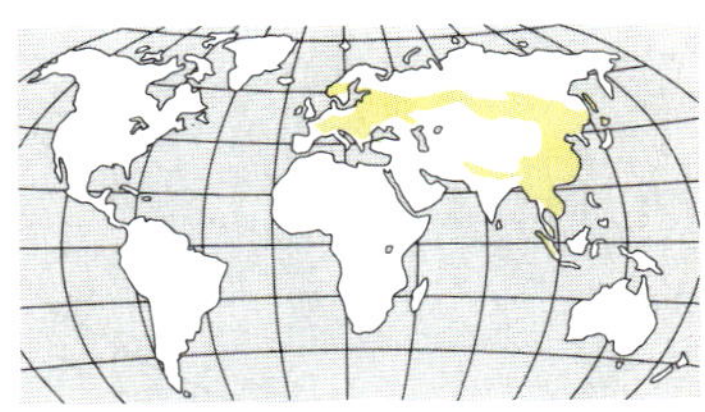

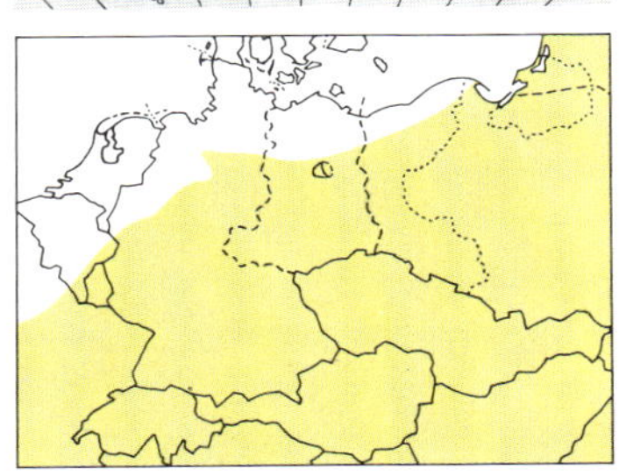

Jahresvogel; streicht im Norden seines Verbreitungsgebietes umher, gelegentlich aber auch in Mitteleuropa

Die Lieblingsnahrung des Grauspechts sind Ameisen und Ameisenpuppen

Kleinspecht

Dendrocopos minor 14,5 cm

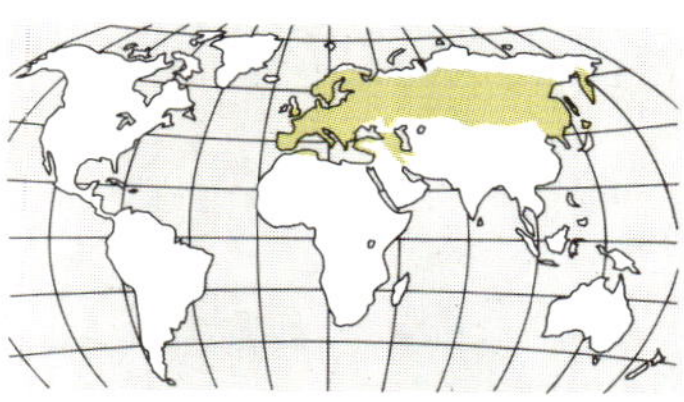

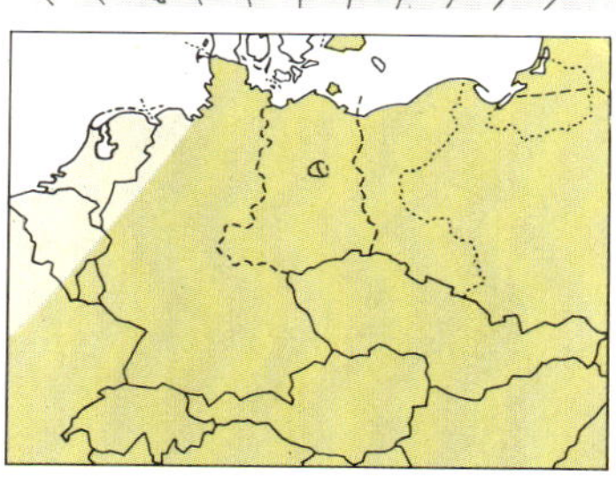

Jahresvogel; die Vögel aus dem hohen Norden ziehen im Winter manchmal bis nach Mitteleuropa; nirgends häufig

Den kaum sperlingsgroßen Kleinspecht kann man hoch oben in der Krone von Laubbäumen, wo er an kleinen Ästen entlangrutscht, nur äußerst schwer erkennen. Er liebt dichten Baumbestand, den er in Laub- und Mischwäldern findet, aber auch in Parkanlagen und großen Obstgärten. Nadelwälder meidet er im allgemeinen. Wegen seiner verborgenen Lebensweise bleibt der Kleinspecht meist unentdeckt. Nur das Männchen mit seinem roten Scheitel ist manchmal nicht zu übersehen, wenn es auf der Suche nach Insektenlarven von Ast zu Ast huscht oder beim Balzen langsam und fledermausartig von Baum zu Baum fliegt. Sonst verläuft wie bei allen Spechten auch der stoßweise Flug des Kleinspechtes bogenförmig.

Am ehesten verrät sich der heimliche Vogel durch seinen Ruf: ein 8–10mal gereihtes, gedämpftes ‚Gick-gick-gick‘, das ähnlich klingt wie der Ruf des Turmfalken, nur nicht so schrill. Im Frühjahr trommeln Kleinspechte oft mit dem Schnabel. Der Wirbel ist leiser als der des Buntspechtes und hat mit 14–15 Schlägen in der Sekunde eine schnellere Folge. Die schrillen Schreie der Nestlinge machen oft auf die Nisthöhle aufmerksam, die von den Eltern in einen morschen Baumstamm oder Ast – in Bodennähe oder bis 20 m Höhe – gemeißelt wurde. Ein 19–25 cm langer Gang führt vom Einschlupf in die eigentliche Nistkammer, die nur mit ein paar Holzspänen ausgelegt ist.

KENNZEICHEN: *Gefieder schwarz und weiß; Flügel und untere Rückenpartie gebändert; Scheitel beim Männchen karminrot, beim Weibchen weiß.*

BRUT: *beide Partner zimmern im morschen Holz eine Nisthöhle; zwischen Ende April und Juni ein Gelege aus 4–6 glänzend weißen Eiern; beide Eltern brüten etwa 14 Tage lang und versorgen dann die Jungen, die nach etwa 21 Tagen das Nest verlassen.*

NAHRUNG: *meist Larven und Puppen von Käfern, Kleinschmetterlingen, Gallwespen, Fliegen und Spinnen; auch Johannisbeeren und Himbeeren; im Winter auch Sämereien an Vogelfutterplätzen.*

Vater füttert einen hungrigen Nestling in der Baumhöhle

Wendehals

Jynx torquilla 16,5 cm

Wie sein Kletterfuß und die Leimrutenzunge zeigen, gehört der Wendehals zwar zu den Spechten, aber man stellt ihn in eine besondere Unterfamilie, denn ihm fehlen der steife Stützschwanz und der Meißelschnabel der echten Spechte. Er kann weder am Stamm klettern wie die anderen Spechte, noch sich selbst eine Baumhöhle zimmern. Außerdem ist er ein ausgesprochener Zugvogel, der allerdings schon von April an aus seinen tropischen Winterquartieren zu uns zurückkehrt.

Weithin hört man den Balzruf des Männchens, ein klagend und etwas jämmerlich klingendes, 8–12mal gereihtes ‚Gäh', das es von seinem Sitz im Baum aus vollem Hals erschallen läßt. Beim Balzen sitzen sich Männchen und Weibchen meist gegenüber, verdrehen nach allen Seiten den Kopf, werfen ihn dann auf die Schulter zurück und zeigen dabei die rosa Innenseite ihres Schnabelspaltes. Dieser Angewohnheit verdankt der Wendehals seinen Namen.

Wegen seiner Schutzfärbung, die wie Baumrinde wirkt, und weil er sich wenig bewegt, fällt der Wendehals außerhalb der Balzzeit kaum auf. Mit seiner langen und sehr beweglichen Zunge nimmt er aus den Ritzen der Baumrinde oder vom Boden Insekten auf. Er nistet gern in Obst- und Ziergärten, wo er in alten Obstbäumen vorhandene Höhlen findet, zieht aber auch in Höhlen von Mauern und Erdwällen oder in Nistkästen ein.

KENNZEICHEN: *etwas über spatzengroß; schlank; graubraunes Gefieder, oben gesprenkelt und mit dunklem Rückenstreif, unten quergewellt; beide Geschlechter gleich; sitzt längs und quer zum Ast.*
BRUT: *nistet in vorhandenen Höhlen ohne Auskleidungsmaterial; das Weibchen legt Ende Mai meist 7–10 schmutzigweiße Eier, die es in etwa 12 Tagen meist allein ausbrütet; beide Eltern füttern die Jungen, die nach ungefähr 20 Tagen das Nest verlassen; falls ihm die Eier weggenommen werden, kann das Weibchen bis zu 70 Eier nachlegen.*
NAHRUNG: *meist Ameisen und deren Puppen; auch Käfer, Kleinschmetterlinge und Spinnen.*

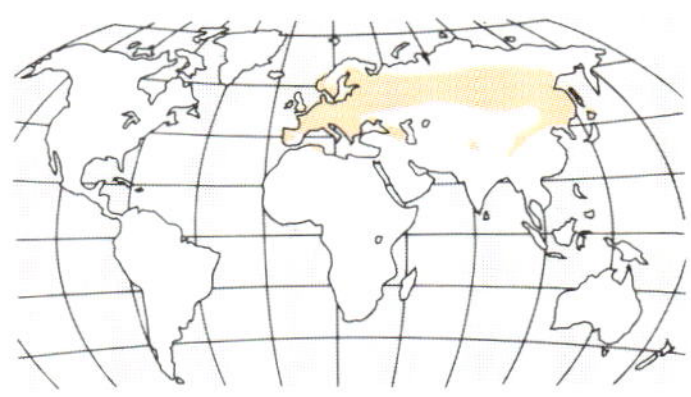

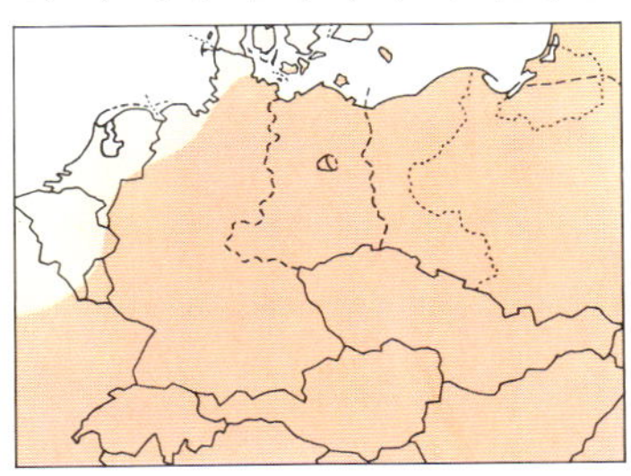

Zugvogel; überwintert vorwiegend in Südasien und im tropischen Afrika

Dieser typischen Haltung verdankt der Wendehals seinen Namen

Seidenschwanz

Bombycilla garrulus 18 cm

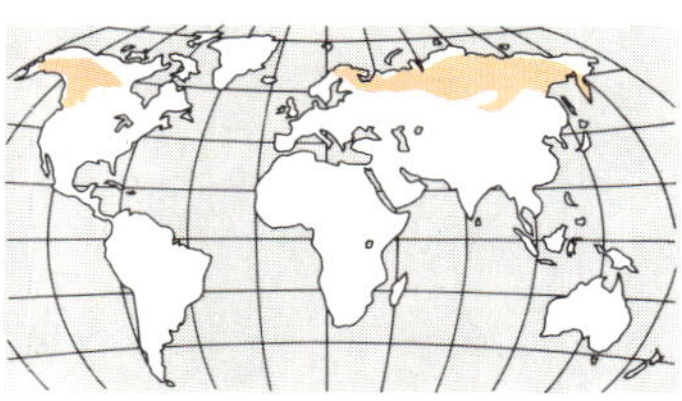

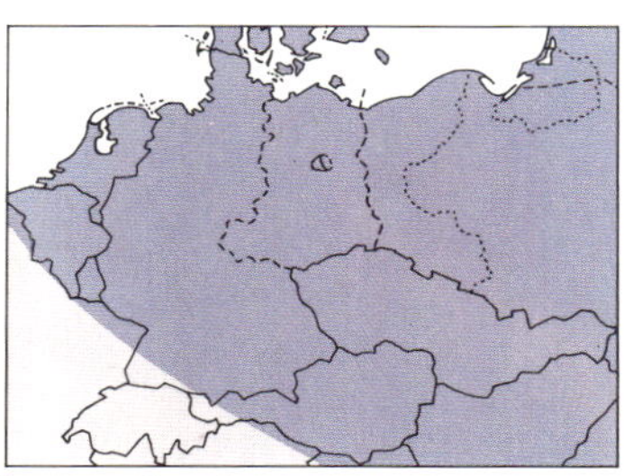

Brutvogel im hohen Norden; überwintert meist unmittelbar südlich seines Brutgebietes; tritt in manchen Wintern jedoch plötzlich als Zugvogel auch in Mitteleuropa und bis zum Mittelmeer auf

Im Abstand von einigen Jahren, zuweilen auch mehrere Jahre hintereinander, ziehen Seidenschwänze aus ihren Brutgebieten im Norden bis nach Mitteleuropa, wo sie als Irrgäste gelten, aber schon seit Jahrhunderten bekannt sind. In den vier aufeinanderfolgenden Wintern 1956 bis 1960 kam es zu einer noch nicht dagewesenen Folge von Invasionen. Am zahlreichsten erschienen sie jedoch im Winter 1965/66, als sie bis nach Südeuropa, auf die Balkanhalbinsel und nach Kreta flogen. Der Anlaß für diese Züge mögen Mißernten an Vogelbeeren, ihrer Lieblingsspeise, oder auch Bevölkerungsexplosionen nach guten Vogelbeerjahren sein.

Da bei ihrer Ankunft in Mitteleuropa meist schon andere Vögel die Vogelbeeren verzehrt haben, fallen die Seidenschwänze über die Beeren der Zierbäume und -sträucher in Parks und Gärten her. Man hat beobachtet, wie ein einziger Vogel innerhalb von zweieinhalb Stunden 390 Beeren der Zwergmispel fraß; das entspricht etwa seinem eigenen Körpergewicht. Die Beeren werden rasch verdaut und die Samen bald verbreitet.

Seidenschwänze sind sehr gesellig. Ihr Ruf, meist ein sanftes trillerndes ‚Sirh‘, ist oft zu hören. Beim Balzen stellt das hübsche Männchen seine farbenprächtigen Flügelfedern zur Schau.

KENNZEICHEN: *siegellackrote, weiß und gelb gezeichnete Flügel; Schwanz mit leuchtend gelber Spitze; auffallender Federschopf; schwarze Kehle; oben kastanienbraun und grau; unten rötlichbraun; sieht auf den ersten Blick wie ein großer plumper Fink aus; beide Geschlechter gleich.*

BRUT: *nistet nicht in Mitteleuropa; die meisten der bei uns einfallenden Vögel brüten wohl in Finnland; baut in Nadelbäumen ein napfförmiges Nest aus Zweigen und Moos; das Weibchen legt ab Mai bis Juli 4–6 graue, dunkel gesprenkelte Eier, die es meist allein in 2 Wochen ausbrütet; beide Eltern füttern die Jungen, die nach etwa 2 Wochen das Nest verlassen.*

NAHRUNG: *vor allem Vogelbeeren, Beeren von Zwergmispel, Feuerdorn und Schneeball; auch Wacholderbeeren, Hagebutten und Mehlbeeren.*

Seidenschwänze tun sich oft an den Beeren der Ziersträucher gütlich

Zaunkönig

Troglodytes troglodytes 9,5 cm

Der Zaunkönig wiegt zwar ein gutes Drittel mehr als ein Goldhähnchen, gehört aber dennoch zu unseren kleinsten Vögeln. Seine geringe Größe fällt vor allem wegen seines kurzen Schwänzchens auf. Sie kommt ihm sehr zustatten, etwa auf der Jagd nach Insekten, Spinnen und anderem Getier, die er unter Gestrüpp und Gerank bis in die entferntesten Winkel verfolgen kann. Und wenn er selbst verfolgt wird, findet er dort fast stets einen Ausweg.

So klein der Zaunkönig ist, so laut ertönt seine Stimme. Wenn er sich mit steil aufgerichtetem Schwanz in der Bodenvegetation zu schaffen macht, läßt er oft ein hartes ‚Tetetetetet' hören, das mit zunehmender Erregung in ein schnarrendes ‚Zerrr' übergeht. Noch mehr ist man überrascht, sieht und hört man ihn auf freier Warte sein volltönendes Lied schmettern.

Das Männchen baut oft mehrere Nester und fordert seine Gefährtin auf, sich eines herauszusuchen. Meist gibt es zweimal Nachkommenschaft. Zuweilen übernimmt das Männchen die erste Brut, während das Weibchen das zweite Gelege ausbrütet. Wo kein Futtermangel herrscht, besetzt das Männchen seine Nester auch mit mehreren Weibchen.

In strengen und schneereichen Wintern gehen viele Zaunkönige an Kälte und Futtermangel zugrunde. Es dauert dann einige Jahre, bis es wieder so viele Zaunkönige gibt wie zuvor.

KENNZEICHEN: *rotbraun; Flügel, Schwanz und Flanken gebändert; meist gestelzter Schwanz; sehr lauter, schmetternder Gesang mit Trillern und Rollern, auch im Winter; lauter schnarrender Alarmruf.*

BRUT: *das Männchen baut im Gebüsch, in Kletterpflanzen, Holzstößen oder Mauerhöhlen mehrere kugelförmige Nester aus Moos, Blättern und Gras; eines davon polstert das Weibchen mit Federn aus; es legt ab Ende April 5–7 weiße, rotbraun gesprenkelte Eier, die es allein in 14 bis 16 Tagen ausbrütet; beide Eltern füttern die Nestlinge, die nach etwa 15 Tagen flügge sind; brütet meist zweimal im Jahr.*

NAHRUNG: *kleine Insekten und deren Larven; Spinnen und kleine Samen.*

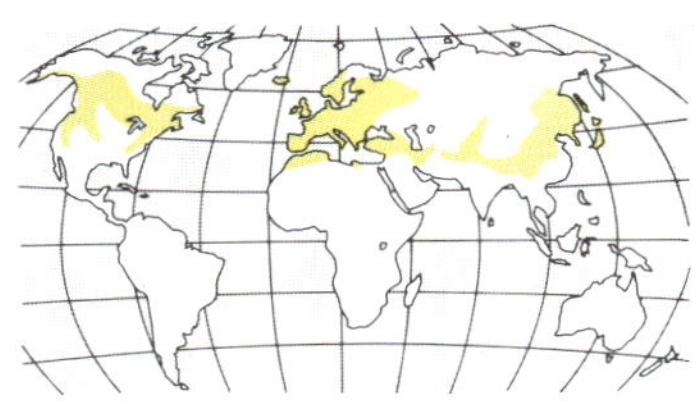

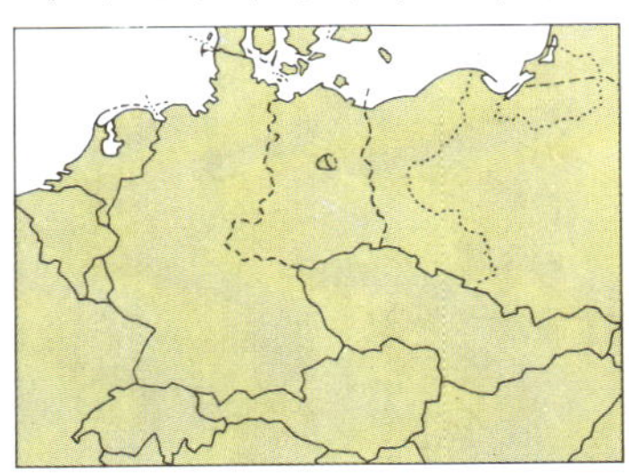

Vornehmlich Jahresvogel; von einigen Zaunkönigen Nordeuropas ist jedoch bekannt, daß sie im Winter nach Süden ziehen

Dicht gedrängt finden in dem kleinen Nest erstaunlich viele Junge Platz

Heckenbraunelle

Prunella modularis 15 cm

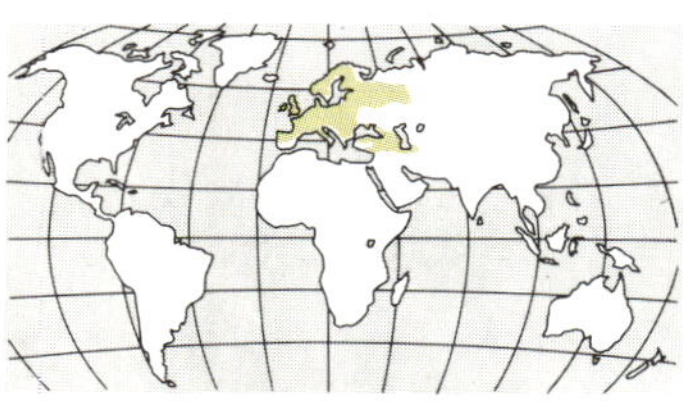

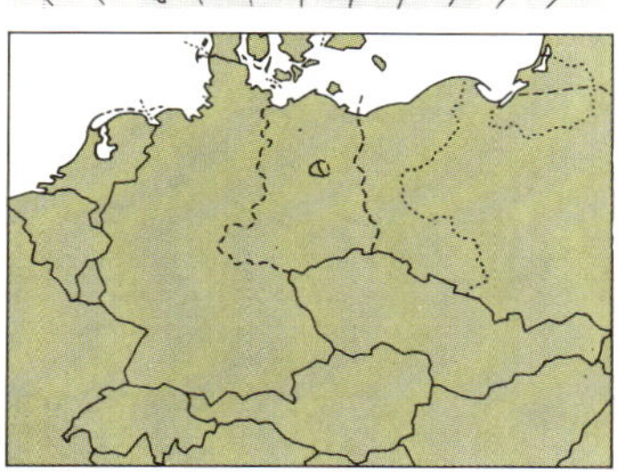

Teilzieher, der von Nord- und Mitteleuropa bis Spanien und Nordwestafrika zieht; in Südeuropa Standvogel, der im Winter allerdings von den hohen Lagen in die Täler ausweicht

Fast das ganze Jahr über singt der Vogel sein eintöniges Lied

Die Heckenbraunelle ist auf den ersten Blick mit dem Sperling zu verwechseln. Ein zweiter Blick genügt allerdings, um festzustellen, daß sie mit Haus- und Feldsperlingen nicht verwandt ist. Diese haben den dicken Schnabel der Körnerfresser, die Heckenbraunelle hingegen besitzt den typischen Schnabel eines Insektenfressers – schlank und spitz, auch wenn sie sich vom Herbst bis zum Frühjahr hauptsächlich von kleinen Samenkörnern ernährt und deshalb wie die körnerfressenden Finken und Sperlinge einen Kropf hat.

Die Heckenbraunelle sucht ihre Nahrung fast ausschließlich am Boden und bewegt sich dabei ruckweise hüpfend. Sie nistet auch gelegentlich am Boden, meist jedoch nicht weit entfernt davon in offenen Nestern, die von überhängendem Blattwerk getarnt sind. Ihr Gesang ist ein dünnes eiliges Gezwitscher, das entfernt an das Lied des Zaunkönigs erinnert, aber härter und ohne Roller auf- und abschwingt. Doch sie ist verhältnismäßig schweigsam und verrät sich nur, wenn sie ihr hohes, langgezogenes und pfeifendes ‚Ziht‘ ruft.

Der unauffällige Vogel ist weit verbreitet, besonders im Unterholz der Wälder, in Hecken und im Gebüsch am Waldesrand, aber auch in den Gärten und Friedhöfen der Städte und Dörfer, wo er, im Bodenbewuchs verborgen, nicht so leicht bemerkt wird.

KENNZEICHEN: *Augenstreif; Kehle und Brust grau; Rücken braun mit dunklen Streifen; dünner Schnabel; pfeifender Ruf; beide Geschlechter gleich.*

BRUT: *beide Partner bauen in geringer Höhe in Büschen, Hecken oder Holzstößen ein napfförmiges Nest, das mit Wolle und Haaren ausgelegt wird; das Weibchen legt zwischen April und Anfang Juni meist zweimal 4–5 hellblaue Eier, die es in 12–14 Tagen allein ausbrütet; die Nestlinge werden von beiden Eltern gefüttert und sind in 12–14 Tagen flügge.*

NAHRUNG: *im Frühjahr und Sommer hauptsächlich Insekten und deren Larven; manchmal Spinnen und kleine Regenwürmer; im Winter vor allem kleine Samenkörner.*

Gelbspötter

Hippolais icterina 13 cm

Gelbspötter stehen den recht ähnlichen Rohrsängern sehr nahe, leben aber nicht wie diese im Röhricht. Unser Gelbspötter bevorzugt lichte Laubwälder mit viel Unterholz und vor allem Parkanlagen, Schrebergärten und Friedhöfe, wo er im dichten Blattwerk von Flieder, Holunder oder der Traubenkirsche und ähnlichen Sträuchern gute Deckung findet. Er ist daher auch seltener zu sehen als zu hören. Wegen seines variationsreichen Gesanges nannte man ihn früher *Sprachmeister*. Die ausgeprägten Motive trägt er laut und eilig vor und wiederholt sie meist mehrmals. In sein Lied baut er auch schnarrende Erregungsrufe ein. Mit besonders viel Geschick versteht er, die Stimmen anderer Vögel nachzuahmen. Dieser Kunst verdankt er seinen deutschen Gattungsnamen *Spötter*. Ähnlich der Dorngrasmücke lockt er mit ‚Wäd' und warnt mit ‚Tze', dem das kennzeichnende ‚Dedewih' folgt.

Im Winter zieht der Gelbspötter süd- und südostwärts über das Mittelmeer bis zum Sambesi und nach Südwestafrika, und erst im Mai hört man seinen Gesang bei uns wieder.

In Südwest- und Südeuropa nimmt seine Stelle ein Doppelgänger ein, der im Felde von ihm nicht zu unterscheidende Orpheusspötter *(Hippolais polyglotta)*. Er kommt schon in der Südschweiz neben dem Gelbspötter vor.

KENNZEICHEN: *oben grünlichgrau und unten blaßgelb; sehr beweglich; sträubt gern die Scheitelfedern.*
BRUT: *beide Partner bauen in Laubbäumen oder Gebüsch in Astgabeln oder Stammwinkeln ein fest mit der Unterlage verwebtes Nest aus Stengeln, Würzelchen und ähnlichem, das mit Haaren, Federn und Pflanzenwolle verfilzt und geglättet ist; das Weibchen legt ab Ende Mai bis Ende Juni meist 5 rosenrote, spärlich schwarzgepunktete und -gefleckte Eier, die beide Gatten abwechselnd in 13 Tagen ausbrüten; beide versorgen die Jungen, die nach 13 Tagen das Nest verlassen; selten 2 Bruten im Jahr.*
NAHRUNG: *kleine Insekten und deren Larven; im Spätsommer auch Beeren von Holunder, Faulbaum, Johannisbeere; gern Kirschen.*

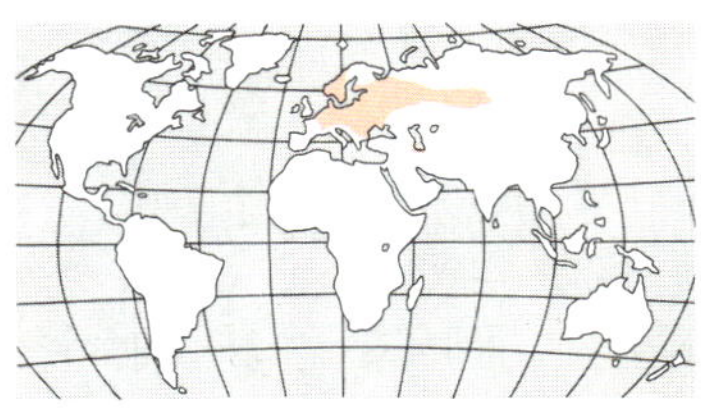

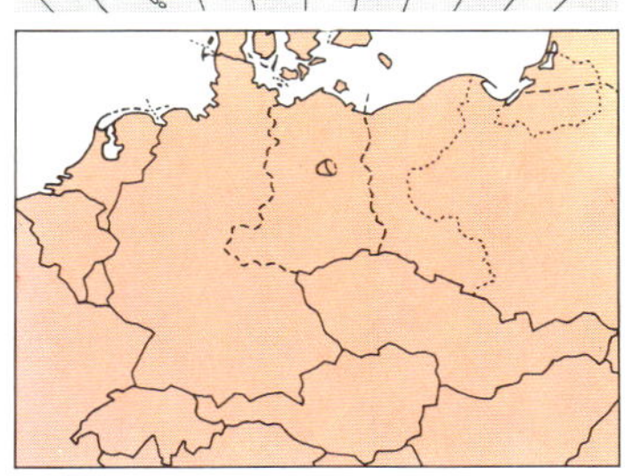

Zugvogel; überwintert im tropischen Afrika südlich des Äquators; wandert offenbar östlich um das Urwaldgebiet des Kongo herum

Das Nest des Gelbspötters steht hier in einem Obstbaum

Grauschnäpper

Muscicapa striata 14 cm

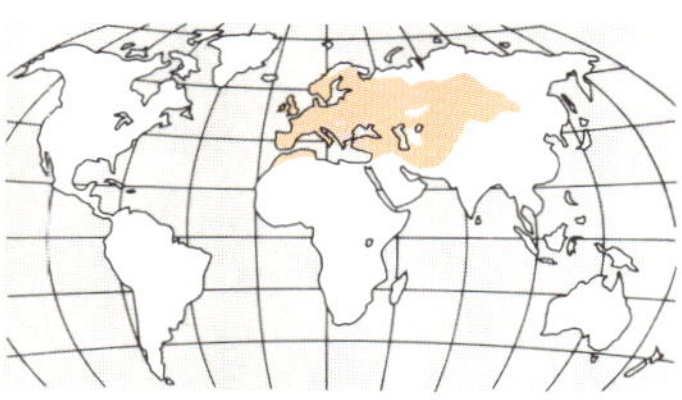

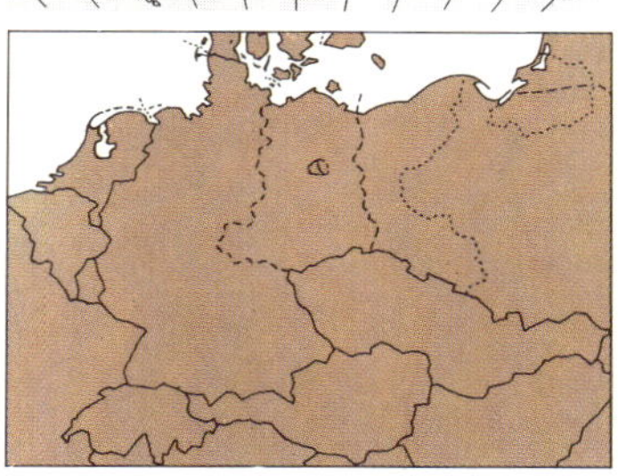

Ausgesprochener Zugvogel; überwintert im tropischen und südlichen Afrika, in geringer Zahl auch im Norden Indiens

Der Grauschnäpper ist so ruhig und unaufdringlich, daß er im Garten oft gar nicht bemerkt wird. Man erkennt ihn leicht daran, wie er Insekten fängt. Er sitzt aufrecht und wachsam in offener Lage auf einem Zaun, Zweig oder Ast und macht plötzlich einen *Ausfall* auf eine Fliege, die er erspäht hat. Oft muß er sich im Fluge drehen und wenden, dann schnappt sein Schnabel hörbar zu. Meist kehrt er wieder zurück oder sucht sich in der Nähe eine neue Warte. Grasmücken und andere kleine Singvögel fangen auf diese Weise zuweilen auch Insekten, aber nur der gewandte Grauschnäpper kann so seinen Lebensunterhalt ganz bestreiten.

Der Grauschnäpper trifft unter den letzten Sommergästen erst im Mai an seinen Brutplätzen ein, schon Ende August, Anfang September zieht er wieder weg. Als ausgesprochenes *Gewohnheitstier* kehrt er Jahr für Jahr zu seinem bevorzugten Nistplatz zurück – oft ein efeubewachsenes Gebäude oder Gartenhäuschen.

Sein häufigster Ruf ist ein unmelodisches scharfes ‚Pst', sein Warnruf ‚Teck-teck' erinnert an das Schwarzkehlchen. Sein wenig ausgeprägter Gesang setzt sich aus ein paar eher kreischenden Tönen zusammen, die am Anfang so klingen, als schwatzten mehrere aufgeregte Vögel miteinander.

Der Grauschnäpper macht von seiner Warte einen *Ausfall* auf ein Insekt

KENNZEICHEN: *mausgrau, Unterseite weiß; im Alterskleid ohne Flekken, aber mit dunklen Streifen an Kopf und Brust; Jungvögel haben unauffällige Flecken an der Brust; beide Geschlechter gleich.*

BRUT: *beide Partner bauen an Simsen, hinter Kletterpflanzen an Mauern oder auf Bäumen in alten Vogelnestern oder Höhlen ein unordentliches, mit Spinnweben zusammengehaltenes Nest aus Moos, Wolle und Haaren; das Weibchen legt Ende Mai bis Juni 4–5 grün- oder blauschattierte, dicht rotbraun gesprenkelte Eier und brütet sie in 12–13 Tagen aus; die von beiden Eltern gefütterten Jungen sind nach 12–13 Tagen flügge.*

NAHRUNG: *fast nur fliegende Insekten, meist Fliegen, aber auch Mükken, Schmetterlinge und Wespen; selten Regenwürmer und Vogelbeeren; nur bei Nahrungsmangel sitzende Beute, dann auch Beeren.*

Gartenrotschwanz

Phoenicurus phoenicurus 14 cm

Mit seinem auffallenden rostroten Schwanz, der weißen Stirn, der schwarzen Kehle und dem grauen Mäntelchen ist der Gartenrotschwanz einer unserer prächtigsten Kleinvögel. Er brütet fast überall, wo es Höhlen gibt, in die er sein Nest hineinbauen kann, in Wäldern, Parks, Gärten und an Flußufern mit alten Bäumen, aber auch in baumlosen Gegenden, falls er dort geeignete Nisthöhlen in Mauern oder Steinbrüchen findet. Am häufigsten trifft man Gartenrotschwänze in alten Wäldern, vorzugsweise in mittleren Berglagen. Auf dem Zug nach Afrika kann man sie auch im offenen Gelände sehen. In der Schweiz brüten sie in Höhen bis zu 2000 m. Häufig flattert der Vogel von Zweig zu Zweig oder schwirrt plötzlich in der Luft, um fliegende Insekten zu fangen; er sucht aber auch am Boden seine Nahrung. Sein Gesang beginnt mit einem kräftigen, gequetschten Triller und klingt mit zaghaften zwitschernden Tönen aus. Männchen ahmen manchmal auch Laute anderer Vögel nach. Sein Ruf ist ein langgezogenes ‚Huit', sein Alarmruf ein lautes ‚Tuitick-tick'.

Beim Balzen beugt sich das Männchen nach vorn, streckt den Hals aus, läßt die Flügel hängen und fächert seine Schwanzfedern, damit das leuchtende Rot zur Geltung kommt. Danach jagt es das Weibchen von einem Ast zum anderen. Beide Vögel wippen dabei schnell mit dem Schwanz.

KENNZEICHEN: *Schwanz und Bürzel leuchtend rostrot; das Männchen unterscheidet sich vom Hausrotschwanz durch die rostrote Brust und die weiße Stirn; das Weibchen ist matter gefärbt und ohne Weiß an der Stirn.*
BRUT: *das Weibchen baut in einer natürlichen Höhlung oder in einem Erdloch ein Nest aus Gras, das mit Haaren ausgepolstert wird; bezieht auch Nistkästen; legt Mitte Mai bis Juni meist 5–8 hellblaue, spärlich gesprenkelte Eier, die es in etwa 13 Tagen ausbrütet; beide Eltern füttern die Jungen, die nach etwa 16 Tagen das Nest verlassen.*
NAHRUNG: *vornehmlich Insekten und deren Larven; auch Spinnen und kleine Würmer; im Herbst auch Beeren und Eibenfrüchte.*

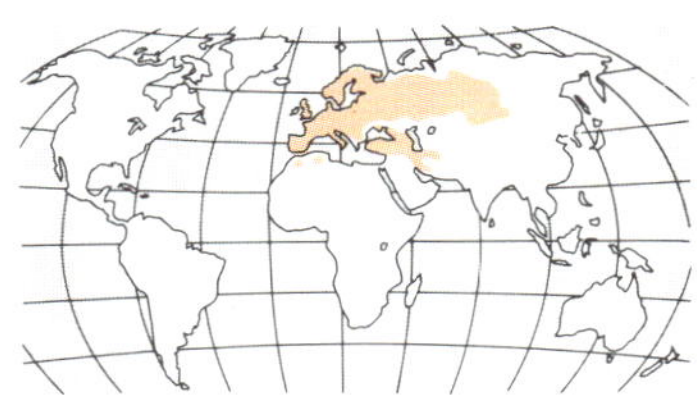

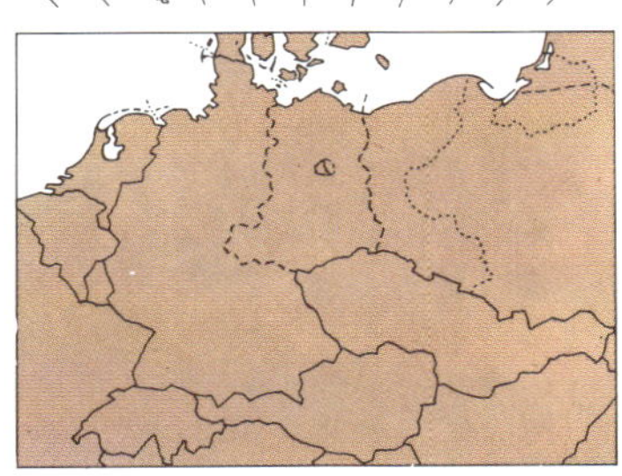

Vorwiegend Zugvogel; überwintert in der Savanne und dem Buschland im nördlichen Teil des tropischen Afrikas

Der Gartenrotschwanz nistet in natürlichen oder künstlichen Höhlen

Rotkehlchen

Erithacus rubecula 14 cm

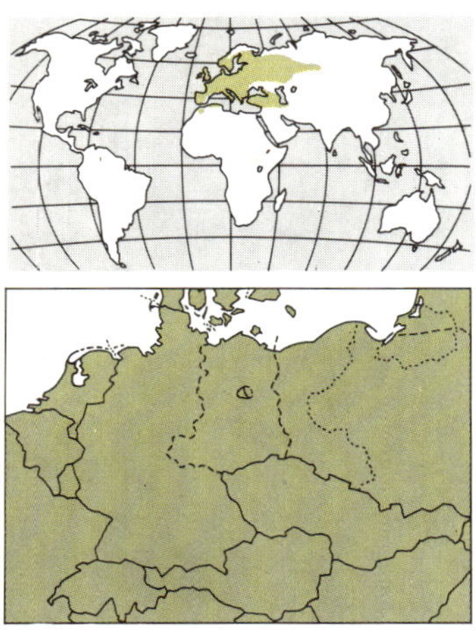

Teilzieher: Vögel aus dem Norden überwintern in Westeuropa und den Mittelmeerländern, wo das Rotkehlchen außerdem Standvogel ist

Wegen ihres runden Kopfes mit den großen Augen kommen uns nicht nur Säuglinge und Rehkitzen, sondern, wie Konrad Lorenz meint, auch Rotkehlchen niedlich vor. Wenn es im Winter dem Wanderer durch den Wald folgt und sich ihm bis auf wenige Meter nähert, erfreut es besonders durch seine Zutraulichkeit. Vermutlich ist ihm der Mensch Ersatz für Großtiere, denen es sich im Winter anschloß, um im vom Schnee freigescharrten Boden Nahrung zu finden. Obwohl es im Unterholz von Laub- und Nadelwäldern zu Hause ist, kommt es im Winter immer häufiger in unsere Gärten.

Bei aller Zutraulichkeit dem Menschen gegenüber sind Rotkehlchen untereinander zänkisch und unverträglich. Ihr bis spät in die Dämmerung hinein ertönender Gesang scheint uns lieblich und schwermütig. Mit ihm grenzt das Männchen nur sein Revier ab, das es nachdrücklich gegen jeden Artgenossen verteidigt. Der kleine Individualist wirft sich dabei drohend in die Brust, so daß das Rot zur Geltung kommt. Meist weicht dann der Gegner.

Selbst wenn man Rotkehlchen nicht sieht oder singen hört, fallen sie im dichten Unterholz durch ihr Schnickern auf: ein gereihtes ‚Zick-zick'.

Zur Behauptung seines Reviers plustert sich der Vogel auf und singt

KENNZEICHEN: *Oberseite olivbraun; Brust, Kehle und Stirn orangefarben; weißlicher Bauch; beide Geschlechter gleich.*
BRUT: *das Weibchen baut unter einem Erdhang, in Baumhöhlen, an Mauern und Vorsprüngen von Schuppen ein kugelförmiges Nest aus Gras, trockenem Laub und Moos; es legt ab April bis Juni 5–7 weiße, meist rotbraun getupfte oder gefleckte Eier, die es in 14 Tagen allein ausbrütet; beide Eltern füttern die Jungen, die nach 12–15 Tagen das Nest verlassen; zwei Bruten im Jahr.*
NAHRUNG: *Insekten und deren Larven, Regenwürmer; im Spätsommer und im Herbst besonders gern Beeren, vor allem Heidelbeeren, Holunder- und Faulbaumbeeren und Weintrauben, ja sogar die giftigen Beeren des Pfaffenhütchens. Etwa 80 % der durch den Darm gehenden Samen behalten ihre Keimfähigkeit.*

Amsel

Turdus merula 25,5 cm

Die Amsel war ursprünglich ein ausgesprochener Waldvogel. Erst im Laufe der letzten hundert Jahre ist sie so stark in die vom Menschen geschaffenen Lebensräume vorgedrungen, daß sie heute in Mitteleuropa fast der häufigste und am weitesten verbreitete Brutvogel ist. Dieser Rang wird ihr nur vom Buchfinken streitig gemacht.

Im abendlichen Konzert der Vögel hat sie die tragende Stimme übernommen. Ihr wohlklingendes Flöten schätzen manche mehr als das Lied der Nachtigall. Das liebliche, gedämpfte Schlußmotiv wird bei geschlossenem Schnabel gesummt und klingt wie ein entferntes Echo. Die übrigen Laute der Amsel sind schriller. Mit nervösem, zeterndem Geschrei macht sie auf Gefahren aufmerksam. Ängstlichkeit drückt ihr ‚Tschuk-tschuk' aus, wobei sie mit dem Schwanze wippt. In der Dämmerung ruft sie beharrlich ‚tix-tix'.

Im Gegensatz zur Singdrossel und zur Misteldrossel trägt die Amsel ein nach Geschlecht verschiedenes Federkleid. Das schöne Männchen ist pechschwarz mit gelbem Schnabel, das Weibchen brauner und drosselähnlicher. Man trifft oft auch Männchen, die aussehen, als lägen Schneeflocken auf ihrem Rücken. Selbst völlig weiße Amseln gibt es. Alle diese Weißlinge kommen in den Städten häufiger vor als in freier Natur, denn dort merzen sie die natürlichen Feinde der Amsel bald wieder aus.

KENNZEICHEN: *Männchen pechschwarz mit gelbem Schnabel; Weibchen dunkelbraun mit verschwommen gefleckter Unterseite und braunem Schnabel.*
BRUT: *das Weibchen baut in Hecken, auf niedrigen Bäumen oder an Mauervorsprüngen ein ordentliches, napfförmiges Nest aus trockenem Gras, welkem Laub und Lehm; es legt ab März bis Juli meist 4–6 hellblau-grünliche, braungetupfte Eier, die es allein in etwa 13 Tagen ausbrütet; beide Eltern füttern die Nestlinge, die nach 13–14 Tagen flügge sind; brütet meist zwei- oder dreimal im Jahr.*
NAHRUNG: *Insekten und deren Larven, Regenwürmer; Beeren und Samen.*

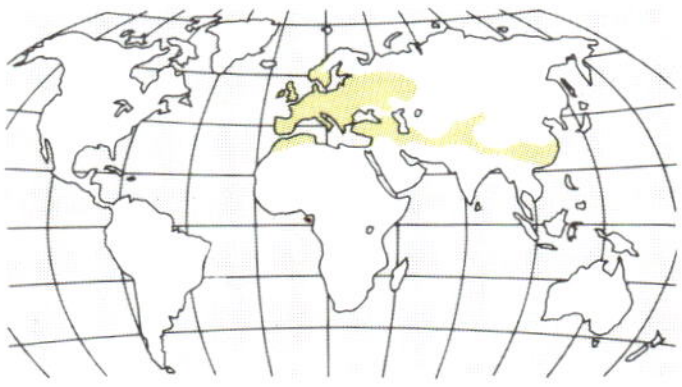

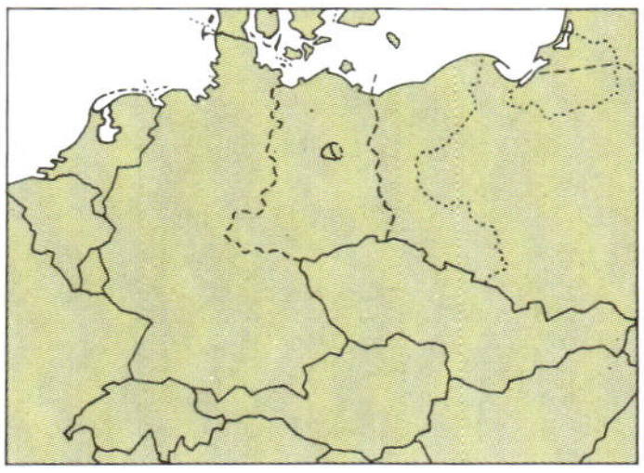

Teilzieher: etwa ein Drittel der deutschen Amseln zieht ins Winterquartier nach Frankreich und Italien; dafür erhält Mitteleuropa im Winter Zuzug von Amseln aus Nordeuropa

Eltern füttern junge Amseln, auch nachdem sie das Nest verlassen haben

Blaumeise

Parus caeruleus 11,5 cm

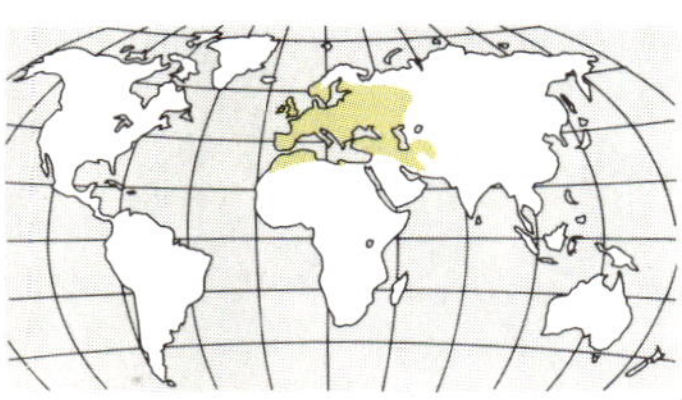

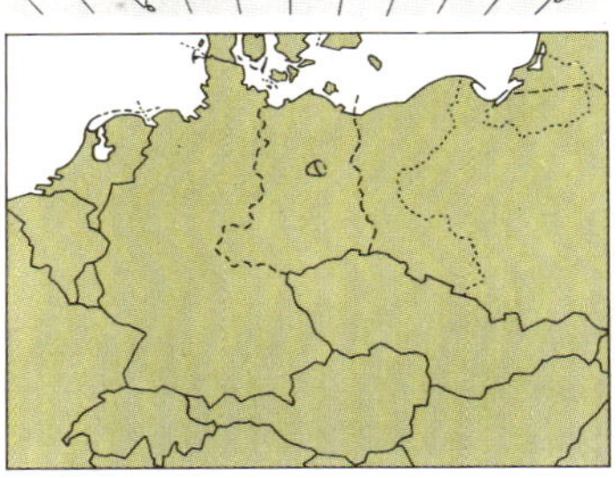

Meist Jahresvogel; streift jedoch in manchen Jahren plötzlich weit umher

An dem im Garten aufgehängten Futter fressen am häufigsten Blaumeisen

Der lebhaften, beherzten und geschickten Blaumeise schaut man gern zu, wenn sie sich am Futterplatz mit anderen Vögeln um einen Happen balgt oder auf einem Zweig herumturnt, um an eine aufgehängte Kokosnuß heranzukommen. In schwierigen Situationen nimmt es kaum ein anderer Vogel mit ihr auf. Bei einem Intelligenztest hatten es die Blaumeisen schnell heraus, eine Reihe von Pfropfen herauszuziehen oder kleine Schubfächer zu öffnen, um ihr Futter zu erreichen.

Sind Blaumeisen in ein Haus geflogen, dann überkommt sie zuweilen der unwiderstehliche Drang, Tapeten zu zerfetzen, Buchseiten, Zeitungen und Zettel zu zerreißen und blindlings auf Fensterkitt und andere Dinge einzuhacken. Der Grund für diese sonderbare Tätigkeit ist nicht genau bekannt. Er mag in ihrem Verhalten bei der Nahrungssuche zu finden sein; denn Meisen reißen oft Rinde von Bäumen, wenn sie Insekten suchen.

Ursprünglich waren Blaumeisen Waldvögel, und im Winter streifen sie oft mit anderen Meisen und einzelnen Kleibern oder Baumläufern in großen Trupps im Wald umher. Hat ein Vogel ein Insekt aufgestöbert und frißt es nicht gleich, dann ist schon der nächste zur Stelle.

Das trillernde Lied der Blaumeise hört man oft schon an einem sonnigen Februartag. Nistkästen sollte man bereits vor Ende Februar aufstellen, denn die Blaumeise beginnt früh im Jahr, sich nach einer Nisthöhle umzusehen.

KENNZEICHEN: *Flügel, Schwanz und Scheitel blau; Wangen weiß; Rükken grün und Unterseite gelb; beide Geschlechter gleich.*
BRUT: *nistet in Höhlen von Bäumen, in Nistkästen oder Mauerspalten; beide Partner sammeln Moos, Gras, Haare und Wolle als Nistmaterial; das Weibchen legt Ende April bis Juni 8–15 weiße, rotbraun getupfte Eier, die es allein in 13–15 Tagen ausbrütet; beide Eltern füttern die Nestlinge, die nach 17–18 Tagen flügge sind; zwei Bruten im Jahr.*
NAHRUNG: *meist Blattläuse und andere Insekten sowie Raupen; einige Früchte, Körner und Samen.*

Kohlmeise

Parus major 14 cm

ıch sehr erfin-
einen langen
lem Schnabel
nem Fuß fest,
t sie zuweilen
it berichteten
n 300 Milch-
n, 57 geöffnet
us, daß sie an
von den Fla-
. Dann mach-

, den sie dem
Meisen ihre
rostspanners,
, in denen es
3000 Raupen
leshalb Nist-

rtschatz. Am
zizibäh' oder
r Ruf lautet
beim Schär-
aufschreckt,
zischt es wie eine Schlange.

KENNZEICHEN: *Kopf und Hals glänzend schwarz; weiße Wangen; gelbe Brust mit schwarzem Band; Rücken grün; Geschlechter fast gleich.*
BRUT: *nistet oft in Höhlen von Bäumen oder Mauern, bezieht aber auch gerne Nistkästen; beide Partner schaffen das Nistmaterial heran, meist Moos, Haare oder Flaum zum Auspolstern; das Weibchen legt ab Ende April bis Ende Juni 8–12 weiße, stark rotbraun gesprenkelte Eier, die es allein in 13–14 Tagen ausbrütet; die von beiden Eltern gefütterten Jungen sind in etwa 20 Tagen flügge; zwei Bruten im Jahr.*
NAHRUNG: *meist Insekten, einschließlich Raupen, gern Blattläuse und Schildläuse; ferner Knospen, Früchte, Erbsen und Samen.*

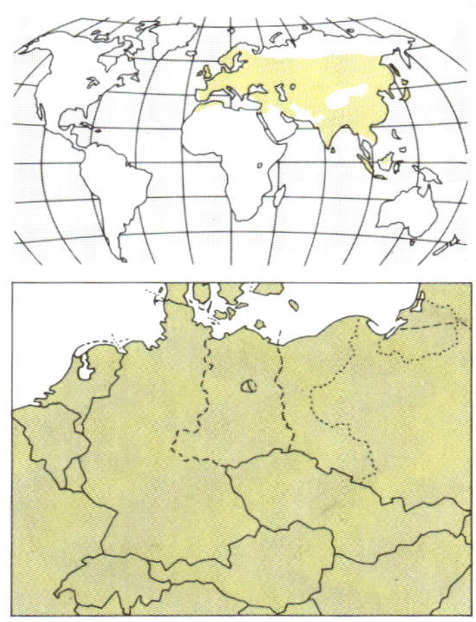

Vornehmlich Jahresvogel; Einzelvögel streifen jedoch bei Futtermangel über Hunderte von Kilometern umher

Nistkästen in Gärten werden am häufigsten von Kohlmeisen bezogen

Buchfink

Fringilla coelebs 15 cm

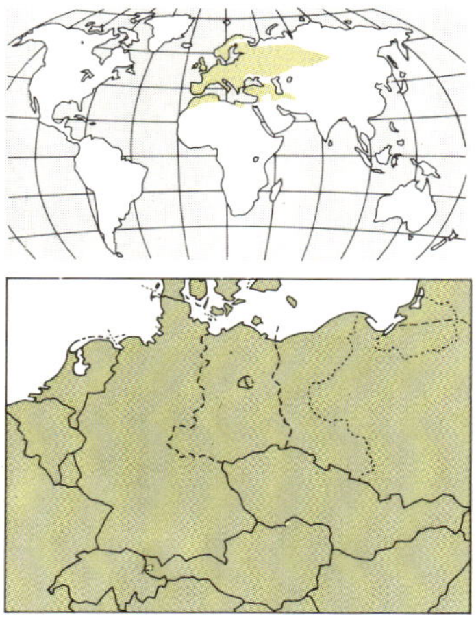

Teilzieher; vor allem viele alte Männchen überwintern in Deutschland, daher der wissenschaftliche Name *coelebs* (= ehelos), weil die Männchen dann ohne Weibchen sind

Zur Nahrungssuche schwärmen vom Herbst an die Buchfinken auf die Stoppelfelder

Buchfinken übertreffen in Mitteleuropa sicherlich noch Haussperlinge und Amseln an Zahl. Sie brüten fast überall, wo es Bäume oder Hecken gibt – in der offenen Parklandschaft wie im tiefen Forst, vom Tiefland bis ins Hochgebirge. In den Vorstädten trifft man sie weniger als Amseln und Rotkehlchen. Im Winter suchen sie in großen Scharen mit anderen Finken, Ammern und Sperlingen ihre Nahrung auf Äckern und Stoppelfeldern. Manchmal bilden sie gewaltige Schwärme, die nur aus Buchfinkenmännchen oder -weibchen bestehen.

Schon Ende Februar oder im März beginnen Buchfinken zu singen. Der Finkenschlag, eine schmetternde Kaskade heller Pfeiftöne, endet in einem Schnörkel. Man kann diesen Gesang recht anschaulich mit ‚zizizizizizieieiei-rrrrrr-würzgebier' wiedergeben. Als vor allem in Mitteldeutschland der Vogelfang noch gang und gäbe war und man auf gute Schläger Wert legte, hat man es auf Vögel abgesehen, die am Schluß besondere Varianten wie den *Schnapper* oder *Reitzug* brachten. In Mitteleuropa kann man verschiedene Dialekte des Buchfinkenschlags unterscheiden. Solche Dialekte sind auch an dem sogenannten *Regenruf* oder *Rülschen* des Männchens festzustellen. Meist klingt dieser Ruf wie ‚wried' oder ‚trief', in Norddeutschland aber wie das ‚Huid' des Gartenrotschwanzes und im Südschwarzwald wie ‚titiüt'.

KENNZEICHEN: *weiße Flügelbinden und Schwanzkanten; beim Männchen Kopf und Hals graublau, Brust und Wangen rosa, Rücken kastanienbraun; das Weibchen ist oben gelbbraun und unten lichter gefärbt.*
BRUT: *beide Partner bauen in Hecken, Büschen oder Astgabeln ein kunstvolles napfförmiges Nest aus Moos und Flechten, das mit Wolle, Haaren und Federn ausgelegt wird; das Weibchen legt ab April bis Anfang Juni meist 4–6 weißliche, rotbraun gefleckte Eier, die es allein in 12–14 Tagen ausbrütet; die von beiden Eltern gefütterten Nestlinge sind nach 12–15 Tagen flügge; zwei Bruten im Jahr.*
NAHRUNG: *Samen, Bucheckern, Körner; Knospen; zur Brutzeit auch Insekten.*

Girlitz

Serinus serinus 11,5 cm

Noch im Mittelalter war dieser kleine grünliche Vogel, ein naher Verwandter des Kanarienvogels, vor allem im westlichen Mittelmeergebiet zu Hause. Erst im Laufe des 18. Jahrhunderts begann er nach Mitteleuropa vorzudringen. Zunächst erschien er am Westfuß der Alpen und breitete sich im ganzen Rhonebecken aus, drang gegen Ende des 18. Jahrhunderts durch die Burgundische Pforte in Südwestdeutschland ein, gelangte durch das Oberrheintal ins Rhein-Main-Gebiet, neckaraufwärts nach Württemberg und über die Ostalpen und Österreich donauaufwärts nach Bayern. Um 1875 erreichte er Warschau, 1880 Berlin und Koblenz, um 1903 Köln und Paderborn. Nach anderthalb Jahrhunderten hatte er sich in ganz Mitteleuropa niedergelassen, und um 1942 wurde der erste Nestfund in Schweden, 1948 in Dänemark gemeldet. Inzwischen haben klimatische Faktoren seiner Ausbreitung Halt geboten.

Freilich hätte der Girlitz ohne Mithilfe des Menschen nicht so rasch vordringen können, denn die immergrünen Pflanzen, für die dieser Mittelmeervogel eine Vorliebe hat, fand er vor allem in den Parks und Friedhöfen der Städte.

Seinen Gesang, ein schnelles sirrendes Schwirren, läßt er gern von einer Baumspitze oder einem Telegraphendraht hören. Sein Balzflug ist fledermausartig.

KENNZEICHEN: *Schnabel kürzer und dicker als beim Zeisig; Bürzel leuchtend gelb, beim Männchen auch Kehle und Brust; Weibchen mehr gestreift und brauner; hat kein Gelb am Schwanz wie der ähnliche Zeisig.*

BRUT: *baut sein Nest, einen dicht verfilzten tiefen Napf aus Würzelchen, Bast, Blättern und auch Flechten, auf Bäumen in 2–4 m Höhe, polstert die Mulde mit Pflanzenwolle und Federn aus; das Weibchen legt ab Mitte April bis Anfang Mai 3–4 (manchmal auch 5) weißliche Eier mit rostroten und dunkleren Flecken und Kritzeln (ähnlich denen anderer Finkenvögel) und brütet sie in 13 Tagen aus; die Jungen fliegen nach 14 Tagen aus dem Nest; brütet Juni/Juli zum zweitenmal.*

NAHRUNG: *allerlei kleine Sämereien, zarte Spitzen und Triebe.*

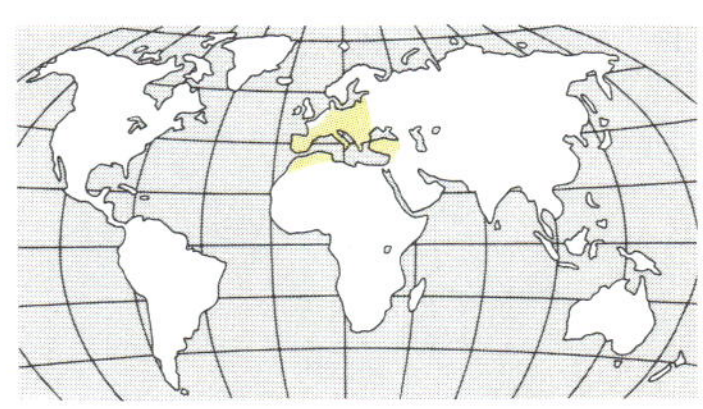

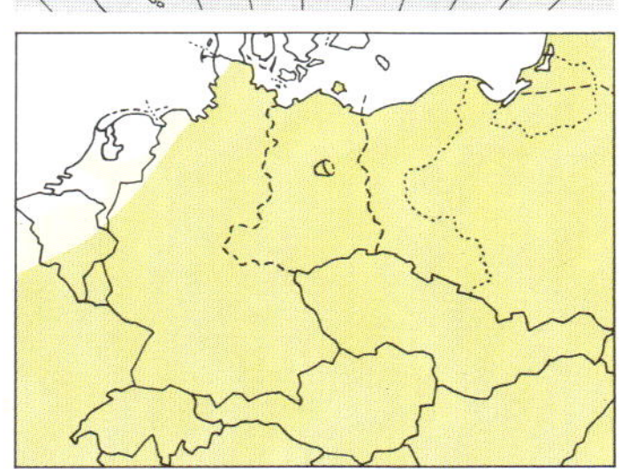

Teilzieher; im Norden des gesamten Verbreitungsgebietes Zugvogel, der in Südeuropa überwintert; einzelne Vögel überwintern zuweilen in Mitteleuropa, sogar noch in Ostpreußen

Der Girlitz singt im fledermausartigen Balzfluge

Grünling

Carduelis chloris 15 cm

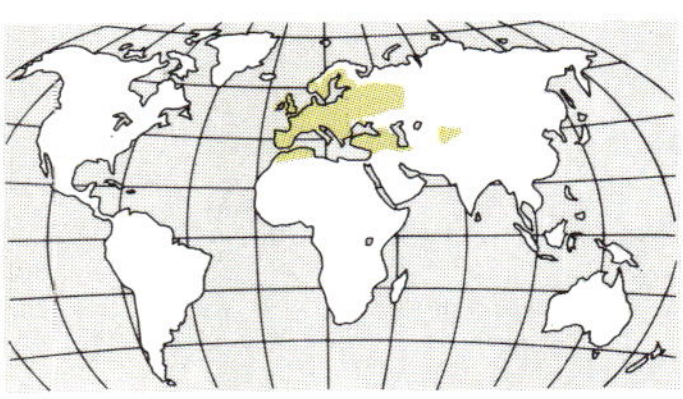

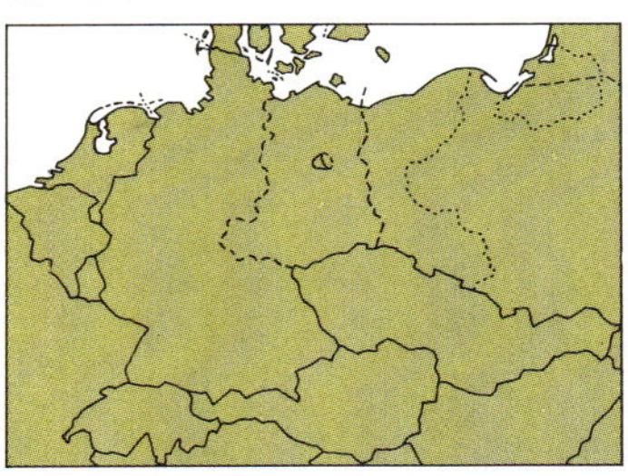

Bei uns vorwiegend Jahresvogel; die Brutvögel der nördlichen Gebiete sind jedoch Zugvögel und fliegen zum Teil bis in die Mittelmeerländer

Den Grünling trifft man fast nur noch in der Nähe menschlicher Siedlungen, während der Brutzeit besonders in den Vorstadtgärten sowie den Hecken und Buschwerk am Dorfrand. Für diese Anhänglichkeit sind die dickschnäbeligen Körnerfresser reich belohnt worden. Seitdem sie genügend Futter an den Winterfutterplätzen finden, haben sie sich stark vermehrt. Sie kommen in Scharen an den Futterplatz und lassen dabei ständig ihre klingelnden Lockrufe hören.

Grünlinge sind sehr gesellig und nisten gern in aufgelockerten Kolonien in benachbarten Büschen. Da sie zweimal, zuweilen dreimal brüten, findet man sogar noch im August oder Anfang September Junge in ihren Nestern. Im Winter suchen sie manchmal im Gefolge anderer Finken oder Ammern ihre Nahrung auf Stoppelfeldern und Ödflächen. Wird eine solche Schar aufgescheucht, schwirrt sie plötzlich unter heftigem Flügelschlagen hoch. Sie fliegen wellenförmig auf- und abgleitend, weil sie ihre Flügel für einen kurzen Augenblick ganz geschlossen halten.

Wie alle geselligen Vögel gibt der Grünling mannigfaltige Laute von sich: zur Brutzeit das charakteristische nasale ‚Schrüäh', das ihm den Namen *Schwunsch* eingetragen hat, im Flug das klingende ‚Gügügü'. Von Baumspitzen aus oder im fledermausartigen Balzflug singt der Vogel eine kanarienvogelartige zwitschernde Melodienfolge, in die er Lockrufe einflicht.

KENNZEICHEN: *olivgrün mit kräftigem horngrauem Schnabel; gelbe Flügelbinden und gelbe Schwanzkanten; Weibchen in den Farben matter.*

BRUT: *beide Partner bauen in Büschen, Bäumen oder Hecken ein unordentliches napfförmiges Nest aus Gras, Moos und Wurzeln, das mit Wurzelwerk ausgelegt wird; das Weibchen legt Ende April bis August 5–6 weiße bis hellblaue, rotbraun getupfte und gefleckte Eier und brütet sie in 13–14 Tagen allein aus; beide Eltern füttern die Jungen, die nach 12–16 Tagen flügge sind; zwei, bisweilen drei Bruten im Jahr.*

NAHRUNG: *fast ausschließlich Samen, wilde Früchte und Beeren.*

Im Flug erkennt man die gelben Abzeichen an den Flügeln des Grünlings

Stieglitz

Carduelis carduelis 12 cm

Der Stieglitz ist mit seiner auffallenden schwarz-weiß-rot-gelben Musterung ein überaus hübscher Vogel. Er war deshalb und wegen seines Gesanges, seiner Verträglichkeit und weil er sich leicht mit Kanarienvögeln kreuzen läßt, früher ein beliebter Käfigvogel.

Bei uns heißt der Stieglitz auch *Distelfink*, denn im Sommer kann man ihn vor allem auf Disteln beobachten, aus denen er mit spitzem Schnabel die Samen klaubt und dabei sicherlich manches Insekt erwischt. Im Mai macht er sich zur Zeit der Baumblüte in den Gärten nützlich, wo er Blattläuse, kleine Fliegen und Käfer vertilgt.

Sein Gesang ist eine klingelnde Variation des häufig wiederkehrenden Flugrufes ‚tiglitt', dem er seinen Namen verdankt. Man hört das Lied, wenn das Männchen in großen Gärten, Obstgärten, manchmal auch in dichten Hecken oder in lichtem Wald sein Revier abgrenzt. Die Intensivierung des Ackerbaus nahm dem Stieglitz einst die Distelfelder, inzwischen hat er sie auf Müllplätzen und unbebauten Flächen wiedergefunden.

Beim Balzen hält sich das Männchen stets in der Nähe des Nestes auf, läßt den Kopf hängen, spreizt die Flügel etwas, wiegt sich von einer Seite zur anderen und zeigt dabei seine hellgelben Flügelbinden.

KENNZEICHEN: brauner Rücken; schwarzweißer Schwanz; Flügel meist *schwarz mit breiter gelber Binde; Gesicht rot, übriger Kopf schwarz und weiß; beide Geschlechter gleich.*

BRUT: *das Weibchen baut, häufig in einem ausladenden Baum, ein kunstvolles Nest aus Wurzeln, Gras, Moos und Flechten, das es mit Wolle und Pflanzenfasern auslegt; Anfang Mai bis August legt es meist 5–6 hellblaue, leicht braungetupfte Eier, die es allein in 12–14 Tagen ausbrütet; die von beiden Eltern gefütterten Nestlinge sind nach 12–13 Tagen flügge; meist zwei, bisweilen auch drei Bruten im Jahr.*

NAHRUNG: *Samen von Disteln, Kletten, Löwenzahn, Flockenblumen und anderen Unkräutern; Früchte der Birke, Erle und anderer Bäume; kleine Insekten, besonders für die Aufzucht der Jungen.*

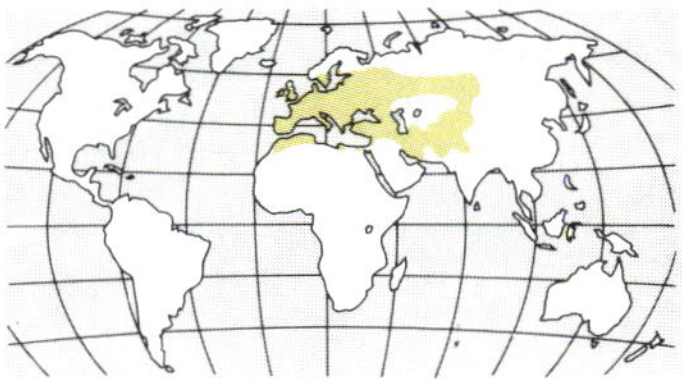

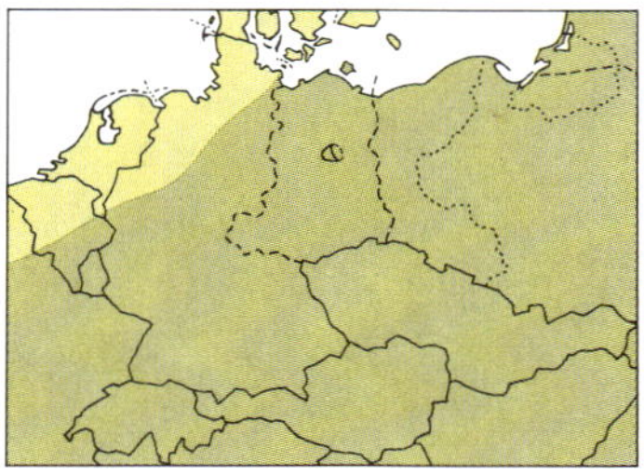

Teilzieher: die Vögel aus dem Norden des Verbreitungsgebietes überwintern unmittelbar jenseits oder im südlichen Teil des Brutgebietes

Den weißen Bürzel und die gelben Flügelbinden zeigt der Stieglitz im Flug

MÄNNCHEN IM SOMMERKLEID

Hänfling

Carduelis cannabina 13 cm

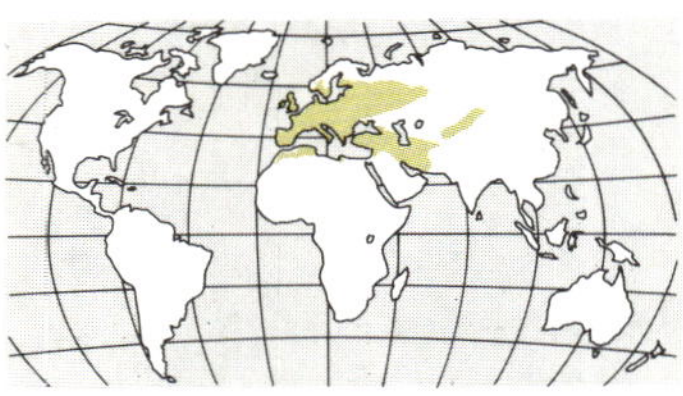

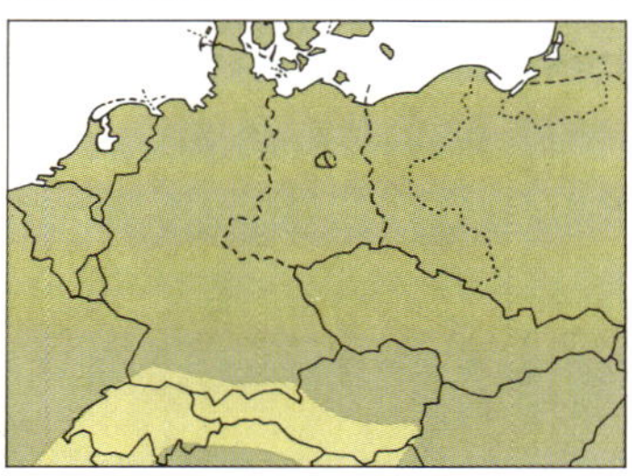

Teilzieher; die Vögel aus dem Norden überwintern in den südlichen Teilen ihres Verbreitungsgebietes

Wegen seines anhaltenden, zwitschernden Gesanges hielt man den Hänfling, auch *Bluthänfling* genannt, früher gern in Käfigen. Das hübsche Männchen mit karminroter Brust singt seine Melodienfolgen meist von einem erhöhten Platz auf einem Baum oder Busch aus, manchmal auch im wellenförmigen Flug. Sein Flugruf ist gewöhnlich ein metallisch klingendes Geckern. Manchmal ist auch sein Angstruf ‚tsuit' zu hören. Bei der Balz gibt das Männchen eine Reihe von tiefen, lieblichen Lockrufen von sich, wobei es mit hängenden Flügeln und gefächertem Schwanz aufgeregt das Gefieder schüttelt.

Die geselligen Hänflinge singen sogar *im Chor* und nisten oft in aufgelockerten Kolonien. Im Herbst und Winter fallen sie zusammen mit anderen Finken manchmal zu Hunderten auf Stoppelfelder, Äcker und Wiesen, in Brachland oder öde Küstenstreifen ein, um dort Nahrung zu suchen. Zum Nisten suchen sie sich Gelände mit viel niedrigem Buschwerk aus, häufig ginsterbestandene Fluren, Heidegebiete oder buschiges Hügelland, oft auch große Gärten und Friedhöfe. Mitunter legt ein Kuckuck seine Eier in das Nest eines Hänflings. Die jungen Kuckucke müssen allerdings meist verhungern, weil der Hänfling seine Jungen vor allem mit Unkrautsamen füttert. Neben Grünlingen sind Hänflinge unter unseren Körnerfressern am meisten an pflanzliche Nahrung gebunden.

KENNZEICHEN: *kastanienbrauner Rücken; weiße Flügelbinden; gegabelter Schwanz mit weißen Kanten; Scheitel und Brust des Männchens sind im Sommer karminrot.*

BRUT: *das Weibchen baut meist nahe am Boden in einem Busch ein Nest aus Gras und Moos, polstert es mit Haaren und Wolle aus und legt ab April bis Juli meist 4–6 hellblaue, spärlich purpurrot gesprenkelte Eier, die es hauptsächlich selbst ausbrütet; die von den Eltern gefütterten Jungen sind nach 12 Tagen flügge; brütet zweimal, bisweilen auch dreimal im Jahr.*

NAHRUNG: *meist Unkrautsamen, auch Getreide, Beeren, Knospen usw.*

Der Hänfling hat den für kleine Finken typischen wellenförmigen Flug

Gimpel

Pyrrhula pyrrhula 15 cm

Der Gimpel ist zwar ein hübscher Vogel, hat sich aber dennoch in vielen Gegenden unbeliebt gemacht, weil er vor allem zwischen Januar und April, wenn er sonst wenig Nahrung findet, die Knospen von Obstbäumen und Ziersträuchern abzwickt. Dazu eignet sich sein kurzer, abgerundeter Schnabel mit den besonders scharfen Schneidekanten sehr. Man hat beobachtet, wie ein einziger Vogel von einem Pflaumenbaum innerhalb einer Minute 30 Knospen abfraß. Doch auch in ausgesprochenen Obstbaugebieten ernährt sich der Gimpel oft von zahlreichen Unkräutern und Baumsamen.

Wegen der schwarzen Kopfkappe und der rosaroten Brust des Männchens wird der Gimpel auch *Dompfaff* genannt. Das Weibchen sieht wie eine farbschwache Kopie des Männchens aus. Im Gegensatz zu den meisten kleinen Vögeln trennt sich ein Gimpelpärchen im Winter offenbar nicht. Ob es ein Leben lang zusammenbleibt, wie viele Forscher meinen, läßt sich schwer nachweisen.

Gimpel sind scheue Vögel, die sich schnell zurückziehen, wenn ein Mensch auftaucht. Nur ein weiches, verhaltenes Pfeifen, das meist mit ‚djü' wiedergegeben wird, verrät, wohin sie verschwunden sind. So anspruchslos der Gesang des Gimpels ist, so trefflich versteht es der im Käfig großgezogene Vogel doch, vorgepfiffene Lieder völlig getreu nachzupfeifen.

KENNZEICHEN: *schwarze Kopfkappe; rosarote Brust; grauer Rücken; weißer Bürzel; Weibchen wesentlich farbloser als das Männchen.*
BRUT: *das Weibchen baut in dichten Hecken, Sträuchern, jungen Fichten und an anderen gut geschützten Stellen ein Nest aus Zweigen, Moos und Flechten; legt ab April bis Juli meist 4–5 grünlichblaue, spärlich rotbraun gestreifte und getüpfelte Eier, die es in 12–14 Tagen meist selbst ausbrütet; beide Eltern füttern die Nestlinge, die nach etwa 14 Tagen flügge sind; brütet zweimal im Jahr.*
NAHRUNG: *Baumsamen, Unkräuter und Beeren; zwischen Spätwinter und Frühsommer Knospen von Obstbäumen; die Jungen werden mit Raupen gefüttert.*

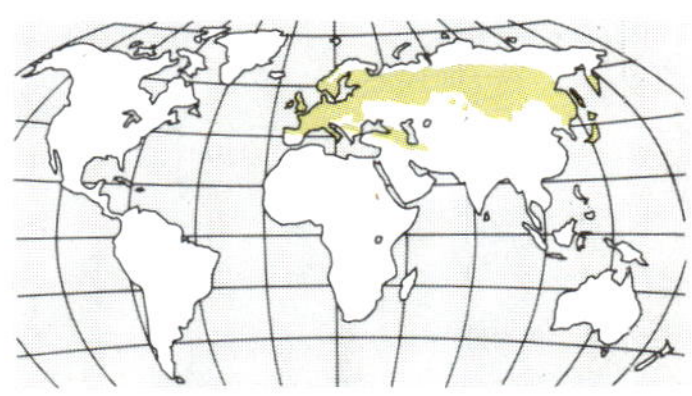

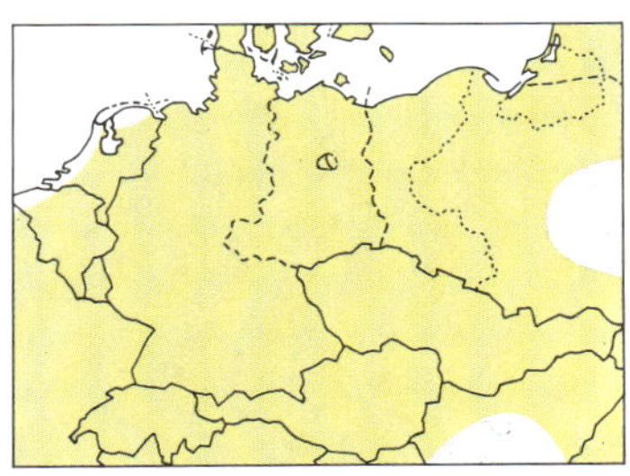

In Mitteleuropa vornehmlich Jahresvogel, der bei uns im Winter Zuzug aus Nordeuropa erhält

Ihre Gewohnheit, Obstbaumknospen zu fressen, macht Gimpel unbeliebt

Turmfalke

Falco tinnunculus 34 cm

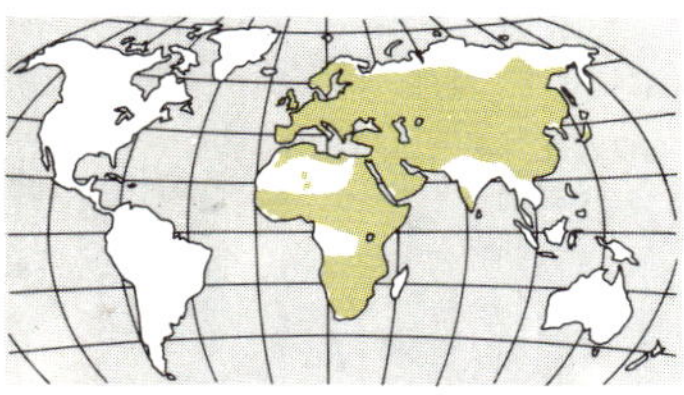

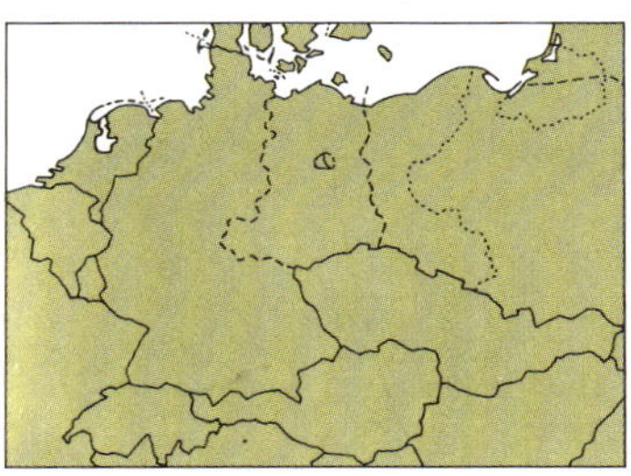

Teilzieher; im Winter Zuzug durch Brutvögel aus Nordeuropa, die auch zum Teil bis nach Nordafrika ziehen; die Alten sind seßhafter als die Jungvögel

Gegen den Wind flatternd, bleibt der Turmfalke auf der Stelle – *er rüttelt*

Wie die meisten Greifvögel steht der Turmfalke das ganze Jahr über unter Schutz, den er nicht so dringend braucht wie die übrigen, seit die Landwirte erkannten, wie sehr er ihnen beim Kampf gegen Feldmäuse und schädliche Insekten hilft. Deshalb und weil sie sehr anpassungsfähig sind, gehören Turmfalken neben Mäusebussarden zu unseren häufigsten Greifvögeln.

Er brütet an Felsen, in Türmen, Steinbrüchen, Gebäuden und auf Bäumen, wo er die Nester anderer Vögel besetzt, denn wie alle Falken baut er kein eigenes. In den Dünen der Nordsee horstet er sogar auf dem Erdboden. Man kann ihn vom Meer bis zum Hochgebirge beobachten, besonders wenn er über der Feldaue im Rüttelflug, mit gefächertem Schwanz in der Luft stehend, den Boden nach Mäusen absucht. In vielen Städten hält er sich mit Vorliebe an Kirchtürmen auf. Ein Teil unserer Turmfalken, vor allem die jungen, zieht im Herbst nach Südwesteuropa und sogar nach Nordafrika.

Sein schrilles ‚Kie-kie-kie-kie' ruft er meist nur, wenn die Vögel miteinander spielen oder das Männchen beim Balzen das Weibchen jagt. Gelegentlich stellt sich das Männchen gegen den Wind, stößt dann auf das Weibchen zu, das auf einem Busche sitzt, berührt es fast und fliegt wieder hoch. Dieses Schauspiel wiederholt sich mehrmals.

KENNZEICHEN: *spitze Flügel und langer Schwanz; beim Männchen sind Kopf, Bürzel und Schwanz blaugrau, Schwanz am Ende mit schwarzer Binde; beim Weibchen ist der Schwanz gestreift und hat ebenfalls eine schwarze Binde; kennzeichnender Rüttelflug.*
BRUT: *baut kein Nest; Eiablage auf Felsvorsprüngen, hohen Gebäuden, in Baumhöhlen oder verlassenen Vogelnestern; Gelege aus meist 3–5 stark rotbraun gezeichneten Eiern ab Mitte April bis Mai, die in 28 Tagen vor allem vom Weibchen ausgebrütet werden; beide Eltern füttern die Nestlinge, die nach 27–30 Tagen flügge sind.*
NAHRUNG: *zu 80 % Mäuse, ganz überwiegend Feldmäuse; auch Frösche, Regenwürmer und Insekten; in der Stadt Sperlinge und andere kleine Vögel.*

Rebhuhn

Perdix perdix 30 cm

Seit Jahrhunderten setzt man Rebhühner ‚zur Blutauffrischung' aus. Durch solche Hege haben sie sich überall stark vermehrt, bis ihr Bestand in den letzten Jahren durch die Intensivierung der Landwirtschaft zurückging, da es Unkrautsamen – ihre Lieblingsnahrung – nicht mehr so reichlich gab. Rebhühner suchen sich ihre Nist- und Futterplätze meist auf Wiesen und Feldern, wo ihnen Hecken, Büsche, Grasböschungen und Gräben Schutz gewähren. Außer in dieser vom Menschen geschaffenen *Kultursteppe* kommen sie noch auf der Heide und an Mooren vor – ihrem ursprünglichen Lebensraum.

Zur Jagdzeit (1.9.–30.11.) bilden Rebhühner Familiengruppen – *Völker* oder *Ketten* genannt, die sich Ende Januar und Anfang Februar in Brutpaare aufteilen. Beim Balzen springen die Partner häufig in die Luft und jagen einander. Herrscht im letzten Maidrittel und im Juni schlechtes Wetter, dann kommen viele der gerade geschlüpften Küken um. In solchen Jahren muß die Rebhuhnjagd ausnahmsweise unterbleiben, damit der Bestand nicht gefährdet wird.

Rebhühner fliegen schwirrend mit purrendem Geräusch und abwechselnd gleitend auf abwärts gebogenen Schwingen. Im Flug rufen sie laut, schrill und schnarrend ‚ker-ek', das beim Auffliegen meist in ein hastiges Schnattern übergeht. Ihrem Alarmruf ‚reb-reb' verdanken sie ihren Namen.

KENNZEICHEN: *braunes Gefieder; Flankenbänder und Schwanz rotbraun; Hals und Unterseite grau mit dunklem, hufeisenförmigem Schild auf der Brust; bei der Henne ist die Zeichnung weniger ausgeprägt.*

BRUT: *die Henne nistet meist unter dichtem Bewuchs in einer von ihr ausgescharrten und mit trockenem Gras und Laub ausgelegten Erdmulde; Ende April bis Mai legt sie meist 12–18 blaßgrüne Eier, die sie in 24 Tagen ausbrütet; die Küken, um die sich beide Eltern kümmern, verlassen nach wenigen Stunden das Nest und können nach ungefähr zwei Wochen fliegen.*

NAHRUNG: *Körner, Knospen, Blüten, Blätter und vor allem Samen niedriger Pflanzen; auch Insekten, Spinnen, kleine Schnecken und Würmer.*

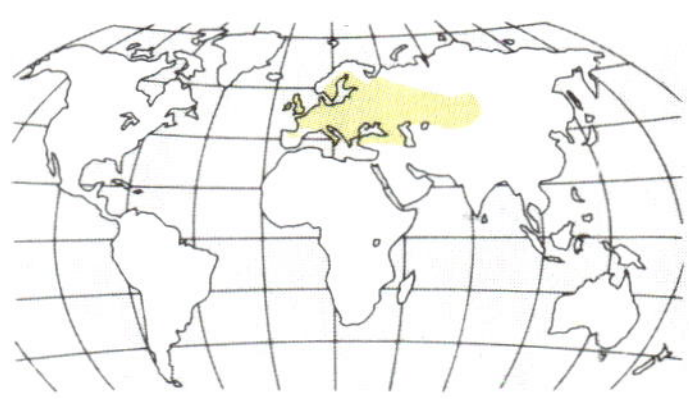

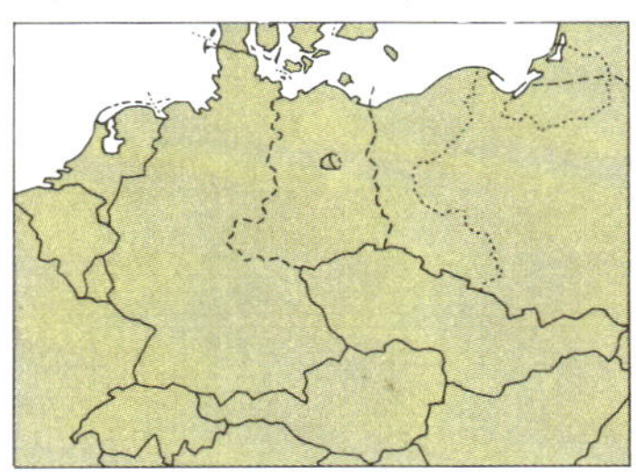

Jahresvogel; das Rebhuhn ist auch in Nordamerika und Tasmanien zur Jagd eingebürgert worden

Dicht zusammengedrängt ruhende Rebhühner – ein Sinnbild der Wachsamkeit

Wachtel

Coturnix coturnix 17,5 cm

HAHN

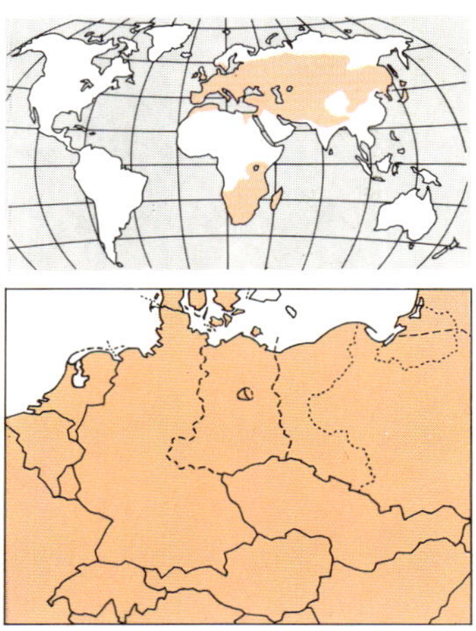

Zugvogel; überwintert im Norden des tropischen Afrikas

Meist gelingt es nur Jagdhunden, Wachteln aufzuscheuchen

Wachteln sind sehr scheu und leben so verborgen, daß man sie eigentlich nur sieht, wenn sie im Herbst, von Jagdhunden aufgestöbert, eine kurze Strecke niedrig über die Feldflur fliegen. Im Sommer machen sie sich – vor allem am Abend – durch ihr charakteristisches ‚Pickwerwick' bemerkbar. Ihr Ruf ist zwar laut, und man hört ihn weit, aber er läßt sich nur schwer genau lokalisieren, denn wie bei Bauchrednern weiß man nicht, woher er kommt.

In der Brutzeit lockt die Henne den Hahn mit ihrem ‚Quick-ik-ik' an, auf das er mit ‚Maja-wen-wen' antwortet, bis die Verbindung hergestellt ist. Dann läuft der Hahn zur Henne und umkreist sie, wobei er die Federn am Hals und Brust plustert, den Hals vorstreckt und die Flügel auf dem Boden schleifen läßt.

Wie das Rebhuhn war die Wachtel ursprünglich in Steppen- und Heidelandschaften zu Hause. Sie hat sich jedoch schon lange in der Kulturlandschaft eingewöhnt und lebt bei uns in Klee-, Luzerne- und Getreidefeldern, aber auch auf Wiesen, Feldern mit Hackfrüchten und Weiden. Sie ernährt sich vor allem von Unkraut- und Grassamen.

Die Jagd auf Wachteln war früher sehr beliebt, spielt heute aber keine Rolle mehr, denn dieser kleine Hühnervogel ist seit der Jahrhundertwende immer seltener geworden.

KENNZEICHEN: *oben sandbraun; unten heller; helle Flankenstreifen; von jungen Rebhühnern durch braungelbe Streifen am Kopf und Fehlen der rotbraunen Schwanzfärbung zu unterscheiden; Hahn mit rahmgelbem Überaugenstreif; Henne farbloser, mit schwarzen Flecken auf der Brust.*

BRUT: *die Henne scharrt eine Erdmulde zwischen Feldfrüchten oder Grasbüscheln und legt sie spärlich mit Gras und Laub aus, legt im Mai bis Juni meist 7–12 blaßgelbe, bräunlich marmorierte Eier und brütet sie in 18–21 Tagen aus; die von ihr betreuten Küken verlassen nach wenigen Stunden das Nest und machen nach etwa 11 Tagen erste Flugversuche.*

NAHRUNG: *Gras- und Unkrautsamen; auch Schnecken und Raupen.*

Fasan

Phasianus colchicus

Hahn 83 cm (davon 45 cm Schwanz)
Henne 58 cm (davon 23 cm Schwanz)

Die Heimat des Fasans liegt in Asien zwischen China und dem Kaukasus. Die Griechen führten ihn wahrscheinlich aus der Landschaft Kolchis an der Ostküste des Schwarzen Meeres nach Europa ein; die Römer hielten ihn in Gehegen und brachten ihn auch nach Mitteleuropa, wo er im Laufe des Mittelalters auf freier Wildbahn völlig heimisch und ein beliebter Jagdvogel wurde. Mit diesem Fasan kreuzten sich andere, im 19. und 20. Jahrhundert eingeführte Rassen, unter denen der chinesische Ringfasan dominiert. Sein weißer Halsring herrscht beim heutigen Jagdfasan vor. Das Erbe der ursprünglichen kolchischen Rasse schlägt jedoch in der Vorliebe für Auwaldungen, Schilf und überhaupt Wassernähe durch. Der Bestand des Jagdfasans erhöht sich ständig, auch ohne die jährlich zu Tausenden ausgesetzten Vögel aus Fasanerien. Er ist heute vor Hase und Rebhuhn das Hauptwild der Niederjagd.

Wie das Rebhuhn versteht es der Fasan vortrefflich, sich vor Feinden in dichtem Bewuchs zu drücken und unsichtbar zu machen. Meist fliegt er erst knapp vor den Füßen des Jägers oder dem aufstöbernden Hund mit lautem Fluggeräusch auf. Hat er Fahrt und Höhe gewonnen, gleitet er gern mit abwärts gerichteten Schwingen. Am liebsten übernachtet er auf Bäumen. Der Hahn ruft laut ‚gögögög', im Frühling bei der Balz auch rauh ‚ää-gäcks'. Daran schließt sich das dumpfe Poltern rasch aufeinanderfolgender Flügelschläge an.

KENNZEICHEN: *Hahn bunt; Henne schlicht braun mit kürzerem Schwanz.*
BRUT: *die Henne scharrt unter dichtem Bewuchs eine Erdmulde, polstert sie mit Blättern und Gras aus und legt von Ende April bis Juni meist 8–15 hellolivfarbene Eier, die sie in 22–27 Tagen ausbrütet; die Küken bleiben nur wenige Stunden im Nest und können schon nach 12 bis 14 Tagen fliegen.*
NAHRUNG: *vielseitig; vorwiegend Körner (Weizen, Gerste), Beeren (auch giftige), Samen (Eicheln!) und Blätter wilder Pflanzen; im Sommer auch viele Kleintiere wie Schnakenlarven, Drahtwürmer, Raupen, Heuschrecken und andere Insekten; bisweilen sogar Eidechsen, Feldmäuse und kleine Vögel.*

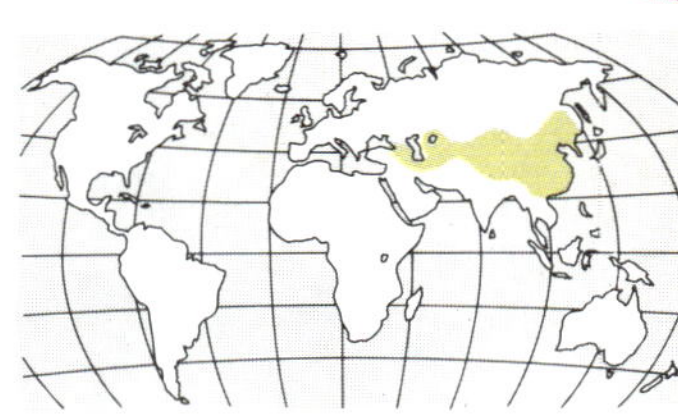

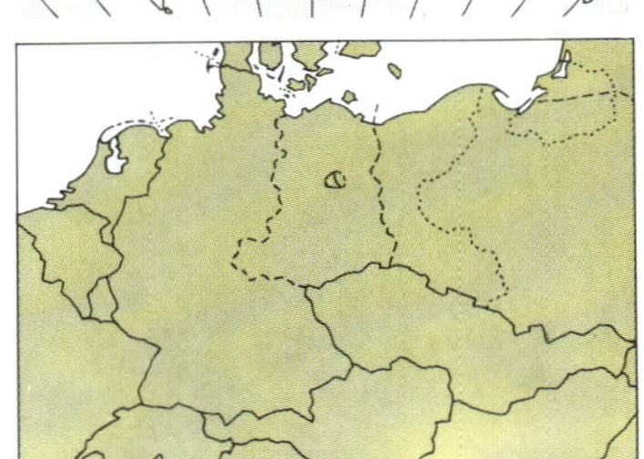

Jahresvogel: die Weltkarte zeigt die Herkunftsgebiete, aus denen der Fasan nach Europa und Japan, später nach Nordamerika, Afrika und Neuseeland eingeführt wurde

Wachtelkönig

Crex crex 27 cm

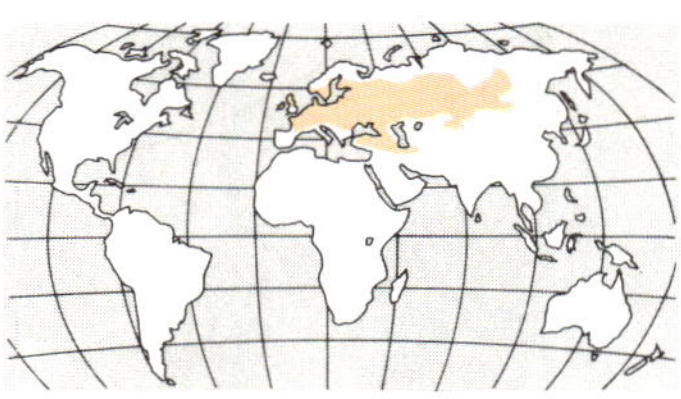

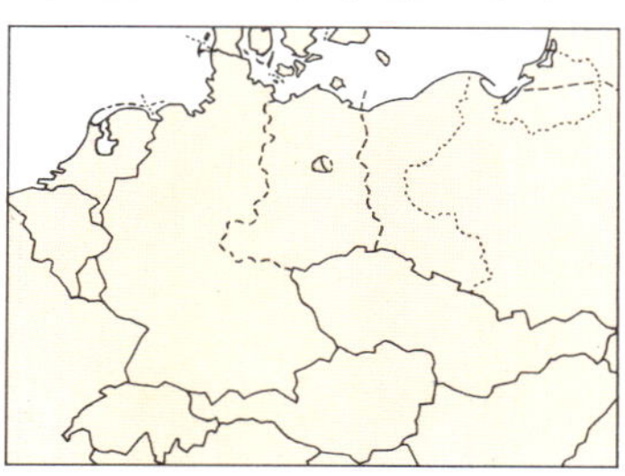

Ausgesprochener Zugvogel; überwintert vornehmlich in der Südhälfte Afrikas und in Südasien

Im Flug zieht der Wachtelkönig die Beine baumelnd hinter sich her

Die kratzende Stimme des Wachtelkönigs hört sich an, als führe man mit den Zähnen eines Kammes auf einem Holzstück hin und her. Sie war in Mitteleuropa einst auf großen Wiesen ein vertrauter Laut. Während der letzten 70 Jahre ist der Wachtelkönig als Brutvogel bei uns selten geworden und an vielen Orten ganz verschwunden. Weshalb sein Bestand so stark zurückgegangen ist, weiß man nicht genau. Vielleicht liegt das daran, daß sich die Methoden und die Zeiten der Heuernte geändert haben. Im 19. Jahrhundert wurden die Wiesen meist mit der Sense und zumindest später gemäht als heute. Die modernen Mähmaschinen zerstören oft die Nester und töten die Vögel.

Der Wachtelkönig ist mit dem Bläßhuhn und dem Teichhuhn verwandt. Wie die meisten Rallen ist auch er scheu und ängstlich, so daß man ihn eher hören als sehen kann. Mit seiner anhaltend kratzenden Stimme, der er auch seinen ausgefallenen wissenschaftlichen Namen – *Crex crex* – verdankt, tut er seinen Gebietsanspruch kund. Man hört Wachtelkönige nicht nur am Abend, sondern auch zu nächtlicher Stunde.

Im September rasten die fortziehenden Vögel oft in Kartoffelfeldern und werden von Hühnerjägern manchmal mit Wachteln oder gar Rebhühnern verwechselt und geschossen.

KENNZEICHEN: *braun, oben mit dunkleren Streifen und rotbraunen Flügeln, unten heller mit dunklen Flankenbändern; beide Geschlechter gleich.*

BRUT: *das Nest aus trockenem Gras liegt stets auf dem Boden, gut geschützt durch üppigen Bewuchs, und ist manchmal überdacht; das Weibchen legt ab Mai bis Juni meist 8–12 blaßgelbe, stark rotbraun und grau gesprenkelte Eier, die es meist selbst in etwa 16 Tagen ausbrütet; die von beiden Eltern versorgten Küken verlassen schon nach wenigen Stunden das Nest und sind ungefähr nach 5 Wochen flügge.*

NAHRUNG: *Heuschrecken, Ohrwürmer, Mücken und andere Insekten; Nacktschnecken, kleine Gehäuseschnecken, Regenwürmer und Tausendfüßler; wenig pflanzliche Nahrung, beispielsweise Binsensamen.*

Großtrappe

Otis tarda 102 cm

Die Hähne dieser größten Vögel Europas sind die schwersten flugfähigen Vögel der Erde. Erstaunlich, daß sich ein alter Hahn mit einem Gewicht von 16 kg überhaupt noch in die Luft erheben kann. Mit 5–6 kg hat die Henne nur ein Drittel seines Gewichtes. Großtrappen fliegen mit ausgestrecktem Hals und langsam kraftvollem Flügelschlag meist in kleinen Trupps.

Wohl schon seit dem 12. Jahrhundert besiedelt dieser typische Steppenvogel die sich ausbreitenden Kulturlandschaften Mitteleuropas, heute vor allem im Norddeutschen Tiefland, Niederösterreich, dem Burgenland und Ungarn. Er liebt große Rapsfelder und Wiesen mit weitem Überblick. Noch 1939 zählte man in Deutschland und Österreich rund 6000 Stück. Inzwischen beträgt der Bestand höchstens ein Fünftel davon, wohl weil sich der Lebensraum der Großtrappe ständig verändert. Früher jagte man die heute das ganze Jahr über geschützten Vögel im Frühjahr, wenn der Hahn während der Balz sein Aussehen völlig ändert: er bläst Kropf und Hals auf, sträubt den Bart und krempelt sein Gefieder so um, daß die weiße Unterseite der Federn zum Vorschein kommt. Die Hähne balzen bis Anfang Juni, vor allem in der Morgendämmerung, und werden von den Hennen aufgesucht, mit denen sie keine feste Bindung eingehen.

KENNZEICHEN: *fällt durch seine Größe auf; Hahn mit Bart; oben rotbräunlich, unten weiß mit kastanienbraunem Brustband (das der Henne fehlt); während der Balz und im Flug hauptsächlich weiß.*
BRUT: *nistet in Wiesen oder im Getreide in flachen Mulden ohne Unterlage oder auf einer dünnen Schicht trockener Halme; Gelege je nach Witterung Ende April/Anfang Mai aus 2, selten 3 glänzend grünlichen oder bräunlichen Eiern mit mattgrauen und dunkleren Flecken; die Henne brütet 23–27 Tage und führt die dichtbedunten Jungen, die beim Schlüpfen nur 100 g wiegen und nach etwa 6 Wochen fliegen können.*
NAHRUNG: *vor allem Blätter, Knospen und Samen von Raps, Getreide, Klee, im Sommer auch viele Insekten wie Heuschrecken, Käfer, Wanzen, Fliegen; gelegentlich Regenwürmer, Eidechsen, sogar Mäuse.*

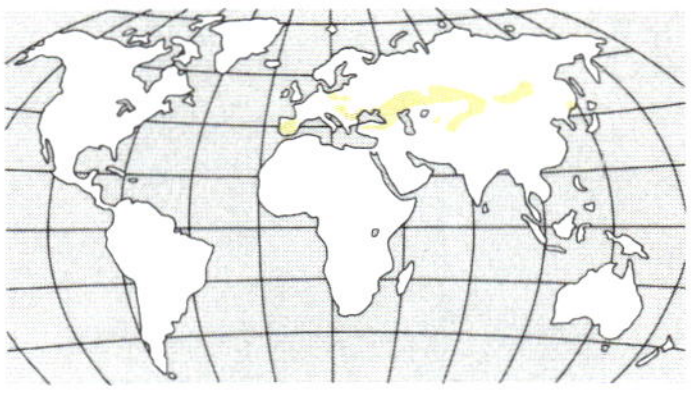

Standvogel im Süden des Verbreitungsgebietes, etwa in den Mittelmeerländern; in Mitteleuropa Strichvogel, der gelegentlich bis Holland und Frankreich fliegt

Der Hahn (vorn) hat einen Bart und ist größer als die Henne (hinten)

Kiebitz

Vanellus vanellus 30,5 cm

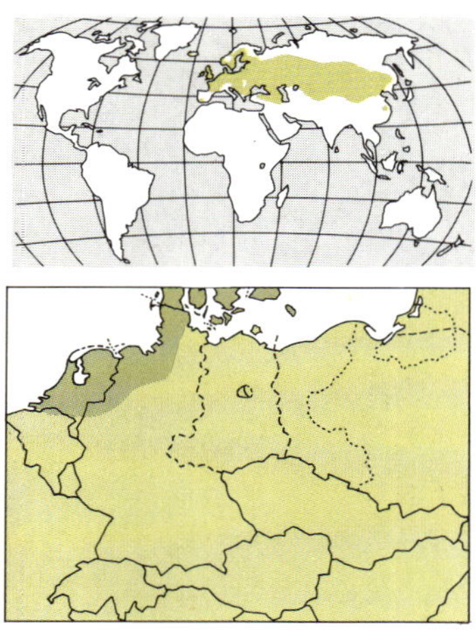

Teilzieher; Kiebitze ziehen im Winter nicht weit weg; ein Teil macht sich allerdings schon im Juni zum sogenannten Frühsommerzug auf

Beim Balzflug im Frühling wuchteln Kiebitze zur Erde

Zur Freude der Landwirte hat sich dieser Vertilger schädlicher Insekten in letzter Zeit stark vermehrt. Denn der Kiebitz nistet nicht mehr nur in feuchten Wiesen, Sümpfen, Mooren und an der Küste, sondern auch weitab von Wasserstellen auf der Feldflur, wo er sich zu jeder Jahreszeit seine Nahrung sucht. Außerdem läßt man ihm heute seine Eier, die im vorigen Jahrhundert im zeitigen Frühjahr auf den Tischen der Feinschmecker standen. Man fand, das könne wenig schaden, da sein erstes Gelege bei der Feldbestellung fast immer zerstört würde und er ohnehin zum zweiten Male legen müsse.

Beim Balzflug im Frühjahr beeindruckt das Männchen durch akrobatische Kapriolen. Es steigt mit kräftigem Flügelschlag beständig in die Höhe, ruft dabei sein wildes ‚Kie-r-wie, kiewit-kiewit', das ihm den Namen gab, und läßt sich dann über seinem Revier in die Tiefe fallen, indem es *wuchtelt,* also sich überschlägt und dreht, als stürze es haltlos ab. Danach scharrt es im Boden Mulden aus, wobei es bis auf die Brust nach vorn schaukelt. Sein Flugruf besteht aus Variationen des Kiewit-Motivs. Wie alle Regenpfeifer sind Kiebitze äußerst gesellig. Im Winter schließen sie sich zu großen Scharen zusammen, an der Küste oft mit anderen Watvögeln.

KENNZEICHEN: *fällt im Flug als unser einziger Vogel mittlerer Größe mit schwarzweißer Zeichnung, abgerundeten Flügeln und kurzem Schwanz auf, in Ruhestellung als einziger mit Schopf* und langen *Beinen; Oberseite schillert in hellem Sonnenlicht oft grün; Geschlechter gleich.*

BRUT: *unter den vom Männchen oft an einem sanften Hang gedrehten Mulden sucht sich das Weibchen eine aus, polstert sie mit trockenem Gras und legt gewöhnlich ab Ende März bis Mai meist 4 olivbraune oder -grüne Eier mit vielen schwarzen Flecken; es brütet sie meist selbst in etwa 27 Tagen aus und betreut gewöhnlich auch die Küken, die nach wenigen Stunden das Nest verlassen und nach rund 5 Wochen flügge sind.*

NAHRUNG: *vornehmlich Insekten, besonders Drahtwürmer und Schneckenlarven; auch Regenwürmer.*

Feldlerche

Alauda arvensis 18 cm

Die Dichter haben die Feldlerche wegen ihres jubilierenden Gesanges als Frühlingsboten, Minnesänger der Lüfte und Himmelspilger gepriesen. Ein Frühlingstag in der Feldaue, an dem die Luft vom Lied der Lerche erfüllt ist, bleibt in der Tat unvergeßlich. Singend steigt sie nahezu senkrecht empor, singt oben schwirrend weiter und verstummt auch beim Rückflug zur Erde nicht. Da sie beim Ein- und Ausatmen nicht absetzt, kann sie fünf Minuten und länger singen. Als einziger Vogel singt sie fast ausschließlich im Fluge. Mit seinem Lied, das regelmäßig vom Februar bis Anfang Juli ertönt und im August und September nahezu verstummt, verteidigt das Männchen sein Revier und lockt das Weibchen.

Feldlerchen nisten überall im offenen Gelände, von den Dünen am Meer bis zu den Alpenmatten. Nach der Brutzeit schließen sie sich zur Nahrungssuche zu Scharen zusammen und ziehen von Oktober an in die Mittelmeerländer. Anfang Februar kommen sie zurück. Manche Lerchen überwintern auch bei uns; zu ihnen gesellen sich Gäste aus Nordeuropa.

In Deutschland, aber nicht in allen Ländern Europas, steht die Feldlerche seit langem völlig unter Schutz. Doch noch im vorigen Jahrhundert wurde sie zu Millionen in großen Netzen gefangen, auf den Markt gebracht und verspeist.

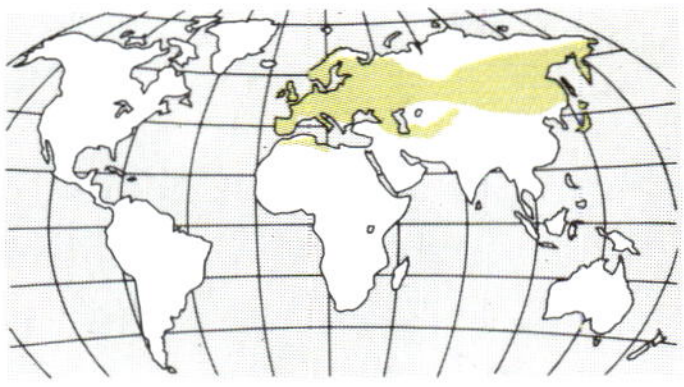

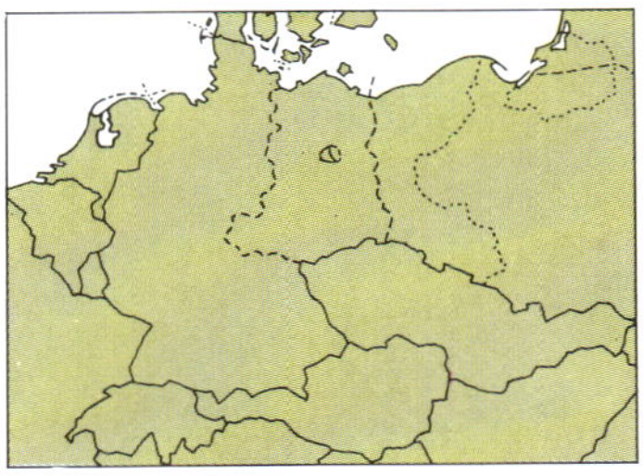

Teilzieher; im Winter streifen die zurückgebliebenen Lerchen, vorwiegend die Männchen, in großen Schwärmen umher

KENNZEICHEN: *braun gestreift; weiße Außenkanten am Schwanz, die im Flug zu sehen sind; kleiner Schopf und weiße Linie entlang der hinteren Flügelbegrenzung; typisch hoch aufsteigender Singflug.*

BRUT: *das Weibchen baut am Boden ein napfförmiges Nest aus Gras, polstert es manchmal mit Haaren aus und legt ab April bis August meist 3 oder 4 weiße, kräftig braun gesprenkelte Eier, die es in etwa 14 Tagen allein ausbrütet; beide Eltern füttern die Jungen, die nach 8 Tagen das Nest verlassen und nach 16 Tagen flügge sind; 2–3 Bruten im Jahr.*

NAHRUNG: *Samen von Ackersenf, Gänsedistel, Sauerampfer und anderen Unkräutern; Blätter, besonders von Klee; auch Getreidekörner, Regenwürmer, Raupen, Käfer und deren Larven, Spinnen und andere kleine Bodentiere.*

Die Feldlerche schwirrt hoch am Himmel und singt aus voller Kehle

Schafstelze

Motacilla flava **16,5 cm**

MÄNNCHEN IM BRUTKLEID

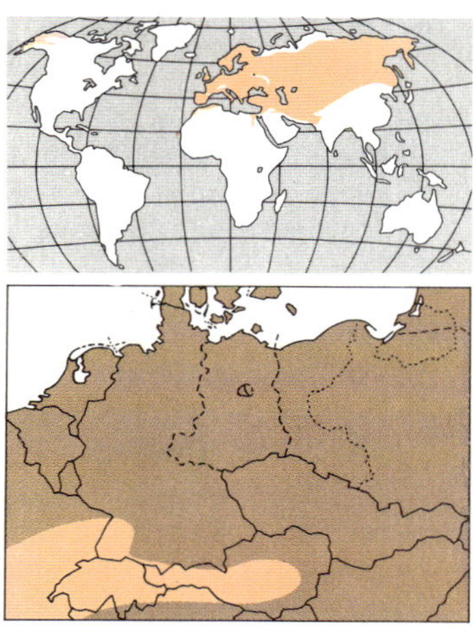

Zugvogel, der September/Anfang Oktober nach Afrika unmittelbar südlich der Sahara oder nach Südasien zieht und im April zu uns zurückkehrt

Die Schafstelze fußt meist auf Drahtzäunen oder Pfählen, selten auf Bäumen

Wer im Winter glaubt, eine Schafstelze zu beobachten, hat es wahrscheinlich mit einer Gebirgsstelze zu tun, die unten ähnlich gelb gefärbt ist. Die Schafstelze ist nämlich ein ausgesprochener Sommergast. Von ihren verschiedenen geographischen Rassen brütet die weißkehlige von Südeuropa bis zum Nordfuß der Alpen, im übrigen Mitteleuropa unsere gelbkehlige Form. Mäßig häufig beobachtet man bei uns das schwarzköpfige Männchen der *Nordischen Schafstelze* auf dem Frühjahrszug und nur gelegentlich das gelbgrünköpfige der *Englischen Schafstelze*.

Die Schafstelze nistet in zwei unterschiedlichen Lebensstätten: in feuchten Flußniederungen, auf nassen Wiesen und in Sümpfen; seit 1940 immer zahlreicher auch auf Getreide- und Kartoffelfeldern. Oft fängt sie zwischen weidendem Vieh und auf Pferdekoppeln Insekten, die von den Hufen der Tiere aufgestöbert werden. Deshalb nennt man sie auch *Vieh-, Kuh-* oder *Wiesenstelze*.

Das Männchen hat ein ausgesprochen farbenfreudiges Gefieder. Ein ähnlich sattes Gelb findet man nur noch beim Männchen von Pirol, Goldammer und Gebirgsstelze. Sein kurzes zwitscherndes Lied singt es meist im Mai von erhöhter Warte aus oder im wellenförmigen Singflug. Bei der Balz läuft es auch mit aufgeplustertem Gefieder und vibrierenden Flügeln um das Weibchen herum.

KENNZEICHEN: *erscheint vorwiegend gelb mit langem Schwanz; unten grünlichbraun; markanter* Tswihp-*Ruf; Weibchen in den Farben matter, mit olivfarbenem Rücken und heller gelber Unterseite.*
BRUT: *das Weibchen baut, stets in einer Bodenmulde und gut im Pflanzenwuchs versteckt, ein Nest aus trockenem Gras und Wurzeln, polstert es mit Haaren aus und legt ab Mai bis Juli meist 5–6 hellgraue, stark gelbbraun gesprenkelte Eier, die es in etwa 13 Tagen vornehmlich allein ausbrütet; beide Eltern füttern die Jungen, die nach 13 Tagen flügge sind; brütet im Süden meist zweimal im Jahr.*
NAHRUNG: *Fliegen und andere kleine Insekten und deren Larven; zuweilen auch Käfer und Raupen.*

Bachstelze

Motacilla alba 18 cm

MÄNNCHEN IM BRUTKLEID

Die Modernisierung der Landwirtschaft hat diesem Vogel die Nahrungsbeschaffung wesentlich erschwert. Bachstelzen leben vorwiegend von Insekten, die sie im Flug fangen. Davon gab es auf Bauernhöfen alten Stils stets genug. Dagegen sind moderne Gehöfte mit hygienischen Kuhställen, geschlossenen Wasserleitungssystemen und wirksamer Insektenbekämpfung keine idealen Lebensstätten mehr für sie.

Früher folgte die Bachstelze auch gern dem Pflug, setzte sich auf die Scholle und wippte nach Stelzenart mit dem Schwanz. Das sah so aus, als wolle sie die Erdschollen kleinschlagen und dem Landmann helfen, weshalb man sie auch *Ackermännchen* nannte.

Bachstelzen bilden große Schlafgemeinschaften in Städten, wo sich 100, ja sogar bis 1000 Vögel gleichzeitig auf Bäumen an einer verkehrsreichen Straße sammeln, eine Angewohnheit, die sowohl Forscher wie Passanten in Erstaunen versetzt. Ihr Flug ist stark wellenförmig. Beim Auffliegen rufen sie hoch und scharf ‚tzissik'. Den gleichen Ruf hört man auch bei der Balz, wenn das Männchen dem Weibchen nachjagt und dann vor ihm mit gesenktem Kopf, hängenden Flügeln und gestelztem Schwanz seine Imponierstellung einnimmt. Das Nest wird meist in einer Höhlung oder auf einem Vorsprung von Gebäuden, Böschungen, Felsen und Steinhalden angelegt.

KENNZEICHEN: *schwarzweißes Gefieder; langer, meist auf und ab wippender, daher Wippsterz genannter Schwanz; Weibchen am Rücken grauer.*

BRUT: *das Weibchen legt eine Höhlung in Mauern, Schuppen, auf Strohdächern oder in Erdwällen mit Haaren, Federn und Wolle aus; gelegentlich wird auch das verlassene Nest eines anderen Vogels neu ausgepolstert; es legt ab April bis Juni 5–6 weißgraue, grau oder braun gezeichnete Eier, die es in etwa 14 Tagen vornehmlich selbst ausbrütet; beide Eltern füttern die Jungen, die nach 2 Wochen flügge sind; brütet in der Regel zweimal, gelegentlich auch dreimal im Jahr.*

NAHRUNG: *Fliegen, Käfer, Kleinschmetterlinge, kleine Insekten.*

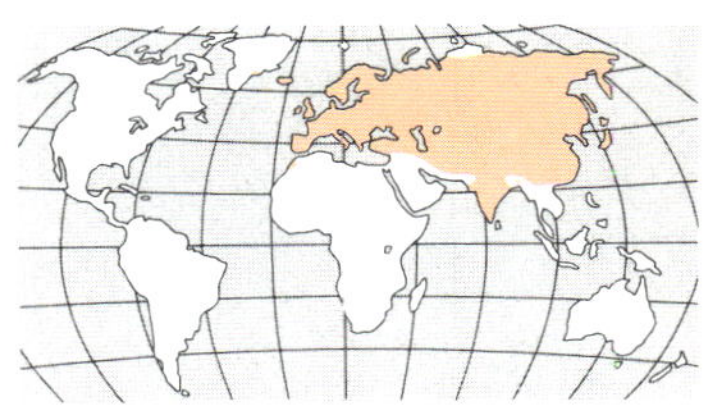

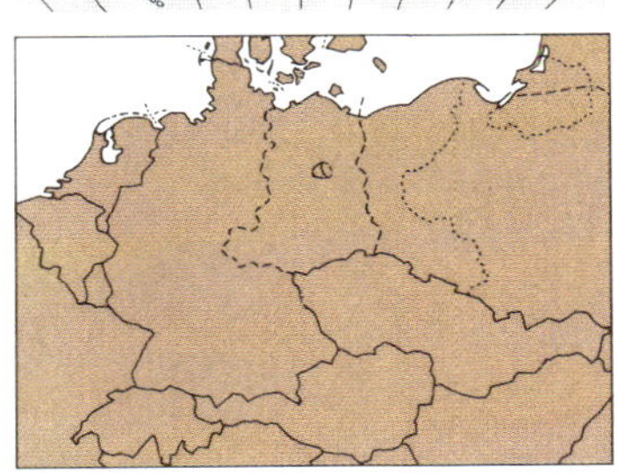

Die Vögel aus der Nordhälfte des Verbreitungsgebietes überwintern in der Südhälfte oder ziehen weiter südwärts bis in die Tropen

Die Bachstelze erjagt ein Insekt im kurzen Flatterflug

Rotkopfwürger

Lanius senator **17 cm**

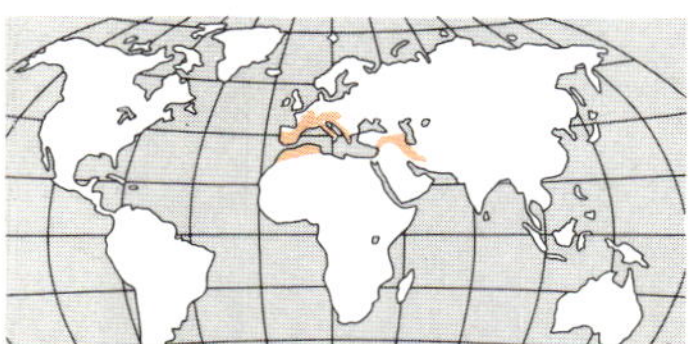

Zugvogel; überwintert im tropischen Afrika bis zum Kongogebiet; trifft in Mitteleuropa im letzten Aprildrittel ein und zieht Ende August und in der ersten Septemberhälfte weg

Einst war der Rotkopfwürger in Mitteleuropa nicht selten und weit verbreitet. Jedoch seit Ende des 19. Jahrhunderts zog er sich immer weiter nach Süden zurück und kommt noch verstreut bis zum Mittelrhein, dem Harzvorland, in Sachsen und Thüringen vor. Am häufigsten ist er bei uns noch im warmen und trockenen Rhein-Main-Gebiet. Er braucht offenbar warme, vor allem trockene Sommer, um seine Brut aufzuziehen; werden diese selten, muß er das Feld räumen. Aus ähnlichen klimatischen Gründen haben in den letzten hundert Jahren auch Blauracke, Steinrötel, Steinsperling, Zaunammer und Schwarzstirnwürger einen Teil ihres früheren Brutgebietes aufgegeben. Eine Reihe kurzer trockener Sommer kann für kurze Zeit den Prozeß umkehren.

Der Rotkopfwürger ruft ‚kjäck' und *schackert* elsternartig. Sein leise schwätzender Gesang klingt rauh, enthält aber auch gelegentlich wohlklingende Flötentöne und oft Nachahmungen anderer Vogelstimmen. Unter den echten Würgern (Gattung *Lanius*) fällt der schöne Vogel durch rotbraunen Scheitel und Hinterkopf bei hauptsächlich schwarzweißem Gefieder auf. Wegen dieser Färbung, die Linné an die purpurverbrämte Toga römischer Senatoren erinnerte, erhielt er den wissenschaftlichen Namen *L. senator*.

Der Rotkopfwürger findet bei uns nicht mehr genügend Insekten zur Aufzucht seiner Jungen

KENNZEICHEN: *starengroßer schwarzweißer Würger mit rotbraunem Scheitel und Hinterkopf, hellem Bürzel und weißem Schulterstreif.*

BRUT: *nistet auf Bäumen, besonders Obstbäumen, aber auch in dichtem Gebüsch; baut aus Reisern, Halmen, Würzelchen und Fasern ein festgefügtes Nest, das mit feinem Pflanzenmaterial, Wolle und Federn ausgelegt wird; das Weibchen legt im Mai oder Juni 5–6, zuweilen 7 grünlichweiße oder gelbliche Eier mit grauen Schalenflecken und olivbraunen Oberflecken und brütet sie allein in 14–15 Tagen aus, während deren es vom Männchen gefüttert wird; die Jungen sind nach 19–20 Tagen flügge, werden aber noch 2–3 Wochen nach dem Ausfliegen von den Eltern betreut.*

NAHRUNG: *vor allem Insekten, besonders Hummeln und Käfer, die er wie andere Würger gern aufspießt; auch Mäuse, Jungvögel, Frösche.*

Braunkehlchen

Saxicola rubetra 13 cm

MÄNNCHEN IM BRUTKLEID

Einzeln oder paarweise kehren Braunkehlchen schon Ende April nach weitem Flug aus dem tropischen Afrika zu uns zurück. Wenn nordeuropäische Braunkehlchen noch immer ihrer Heimat zustreben, lassen sich unsere Erstankömmlinge bereits zum Nisten und Brüten in ödem Gras- und Heideland, an Berghängen und auf Wiesen und Äckern nieder.

Im Gegensatz zu den verwandten Schwarzkehlchen trifft man sie weniger an Ginsterbüschen, dafür häufiger im offenen Gelände mit oder ohne Buschbestand, wenn sie dort nur hohe Pflanzen finden, um von da aus ihr Lied zu singen, einen kurzen, aus kratzenden und pfeifenden Tönen zusammengesetzten Triller, wobei sie manchmal andere Vogelstimmen imitieren. Ihr Ruf ist ein schnalzendes ‚Fü-teck-teck'.

Bei der Balz singt das Männchen vor dem Weibchen, wippt mit hängenden Flügeln, stellt den gefächerten Schwanz auf und wirft den Kopf zurück. Sein Lied stimmt es auch an, wenn es in der Nähe des Nestes wacht, während das Weibchen brütet.

Braunkehlchen fliegen mit schnellem Flügelschlag niedrig und ruckartig von einer hohen Pflanze zur anderen, von wo sie Ausschau nach Insekten halten und plötzlich hochflattern, um eins zu fangen. Meist suchen sie sich ihre Nahrung jedoch auf dem Boden.

KENNZEICHEN: *Oberseite streifig braun; der weiße Augenstreif des Männchens ist beim Weibchen matter; bei beiden Geschlechtern sind die äußeren Schwanzfedern an der Wurzel weiß; im Winter ist das Männchen matter gefärbt und gleicht mehr dem Weibchen.*
BRUT: *das Weibchen baut am Boden zwischen kräftigem Bewuchs ein Nest aus Gras und Moos, das es mit zartem Gras auslegt; zum Nest führt oft ein gedeckter Zugang; es legt ab Mai bis Juli meist 5–6 grünblaue, rotbraun gesprenkelte Eier, die es in 13 Tagen allein ausbrütet; beide Eltern füttern die Jungen, die nach 14 Tagen das Nest verlassen; brütet meist zweimal im Jahr.*
NAHRUNG: *Insekten und deren Larven; auch Spinnen und Würmer.*

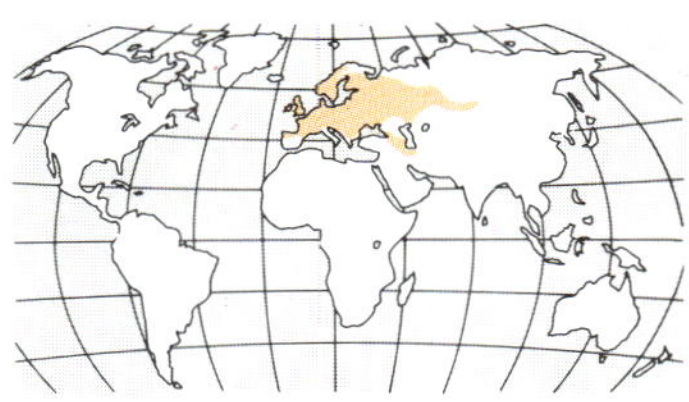

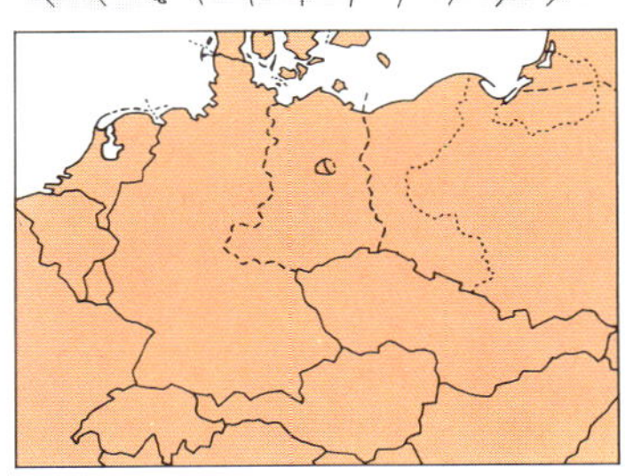

Ausgesprochener Zugvogel, der nur in den nördlichen Tropen und im Osten Afrikas überwintert; in Mitteleuropa Sommervogel von Ende April bis September; ein Charaktervogel der Wiesen

Weibliches Braunkehlchen am Nest, das im Pflanzendickicht verborgen ist

Wacholderdrossel

Turdus pilaris 25 cm

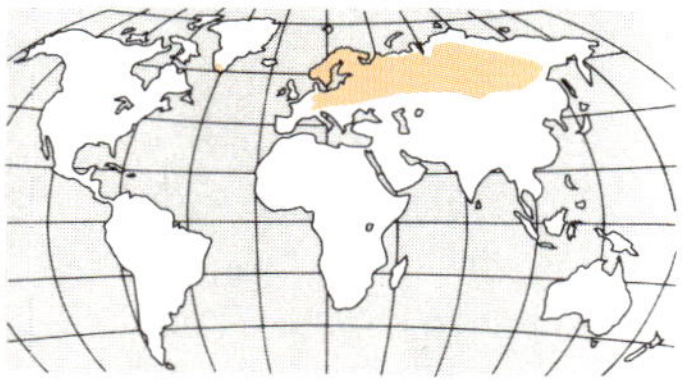

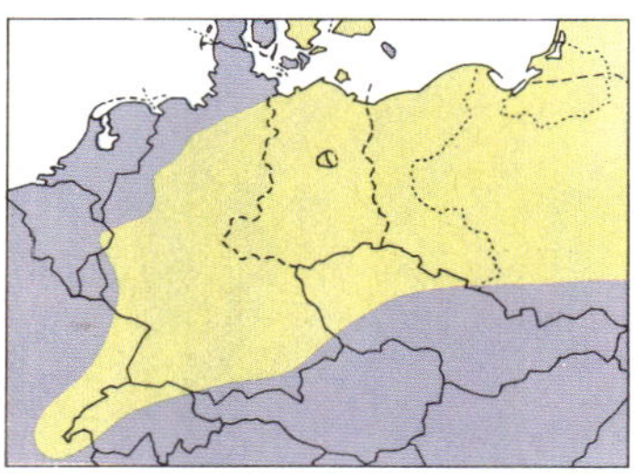

Teilzieher: zieht ohne feste Route; siedelte sich durch einen Vortrupp schon 1937 in Grönland an

Im Winter suchen Wacholderdrosseln häufig auf Wiesen Futter

Scharen von Wacholderdrosseln, die manchmal zu Hunderten hoch oben in lockerer Formation fliegen, sind meist an ihrem lärmenden und schwätzenden ‚Tschack-tschack' zu erkennen. Dazwischen mischt sich zuweilen das schrillere ‚Wiek' eines Vogels, der den Anschluß verpaßt hat und ihn wieder aufnehmen möchte. Wacholderdrosseln sind vor allem im Herbst und Winter häufig, weil sie dann durch nordische Zuzügler Verstärkung erhalten. Früher, als der Drosselfang am *Dohnenstieg* (Ruten mit Roßhaarschlingen) noch erlaubt war, fing man Tausende dieser unter dem Namen *Krammetsvogel* bekannten Drosseln und verspeiste sie.

Vor 1830 war die Wacholderdrossel nur im östlichen Deutschland zu Hause. Seither hat sie sich als Brutvogel stetig nach Westen ausgebreitet und 1935 in Süddeutschland den Rhein erreicht, den sie 1969 bei Bonn überquerte. Im Norden dieser Ausbreitungsfront hat 1967 ein Pärchen die Britischen Inseln erreicht. Im Winter lassen sie sich überall im offenen Gelände und in lichten Wäldern nieder. Sie ruhen und suchen ihre Nahrung auf Wiesen, Äckern und Sümpfen, bei strengem Wetter auch in Parkanlagen und großen Gärten.

In ihren Brutrevieren ist diese große Drossel erstaunlich angriffslustig. Eindringlinge werden gemeinsam vertrieben. Dies erklärt vielleicht auch, weshalb Wacholderdrosseln im Gegensatz zu anderen Drosseln in Kolonien nisten, oft so dicht, daß nicht selten mehrere Nester auf einem Baum stehen.

KENNZEICHEN: *Kopf, Nacken und Bürzel blaugrau; kastanienbrauner Rücken, dunkler Schwanz und braun gesprenkelte Brust; beide Geschlechter gleich.*

BRUT: *das Nest aus Lehm, Wurzeln und Gras baut, meist in einem Baum oder Gebüsch, vor allem das Weibchen; es legt im April oder Mai bis Juli meist 5–6 grüne oder blaugrüne, rotbraun getupfte Eier und brütet sie meist selbst in 13–14 Tagen aus; die von beiden Eltern gefütterten Jungen verlassen nach ungefähr 14 Tagen das Nest.*

NAHRUNG: *wilde Früchte, sehr gern Beeren aller Art, besonders Vogelbeeren.*

Rotdrossel

Turdus iliacus 21 cm

Diese kleinste unserer Drosseln kommt als Gast aus Nordeuropa zu uns. Nur ausnahmsweise hat sie in Mitteleuropa gebrütet, so möglicherweise in Ostpreußen, im Riesengebirge und in den Alpen. Rotdrosseln suchen oft gemeinsam mit Wacholderdrosseln ihre Nahrung auf Wiesen und Äckern, soweit dort Beeren zu finden sind. Nur selten aber bleiben einige von ihnen im Winter bei uns, die meisten ziehen nur durch, und zwar im Oktober und November und wiederum auf dem Heimweg im März und April. Beim Herbstzug zeigen sie ihre Vorliebe für Weinbeeren.

Ihr häufigster Flugruf ist ein dünnes, schrilles ‚Zieh', das oft auch von nächtlich ziehenden Schwärmen zu hören ist. Zu ihren übrigen Lauten gehören ein weiches ‚Tschap' und ein rauhes ‚Täck-täck' oder ‚Tärr-tärr'. Ist im Frühling ein Schwarm beisammen, dann hört man sie ähnlich wie Stare mit allerlei Lauten durcheinanderschwatzen. Ihren Gesang vernimmt man bei uns nur selten. Er erinnert an den der Wacholderdrossel, ist nur etwas abwechslungsreicher und lauter. In Skandinavien nisten Rotdrosseln oft auch in Parkanlagen.

Eine größere Unterart der Rotdrossel, die auf den Färöern und auf Island brütet, wurde ausnahmsweise auf dem Zuge in Deutschland nachgewiesen.

KENNZEICHEN: *etwas kleiner als die Singdrossel und von dieser durch den auffallenden weißen Überaugenstreif und die roten Abzeichen an den Flanken und Unterflügeln zu unterscheiden, beide Geschlechter gleich.*

BRUT: *in Bäumen, Sträuchern oder am Boden baut wahrscheinlich nur das Weibchen auf einer Unterlage aus Zweigen und Erde das napfförmige, manchmal mit Moos oder Flechten verzierte Nest; es legt Mitte Mai bis Juli meist 4–6 blaugrüne, rotbraun gezeichnete Eier, die wahrscheinlich beide Eltern in etwa 13 Tagen ausbrüten; beide füttern auch die Jungen, die nach ungefähr zwei Wochen das Nest verlassen.*

NAHRUNG: *Regenwürmer, Schnecken, Raupen, Käfer und deren Larven; Mehlbeeren und andere Wildfrüchte; gelegentlich Äpfel.*

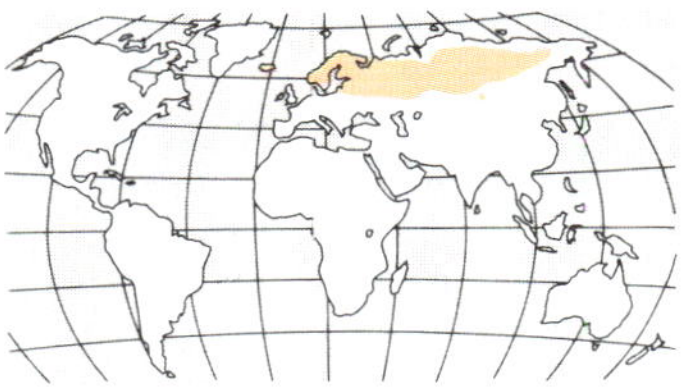

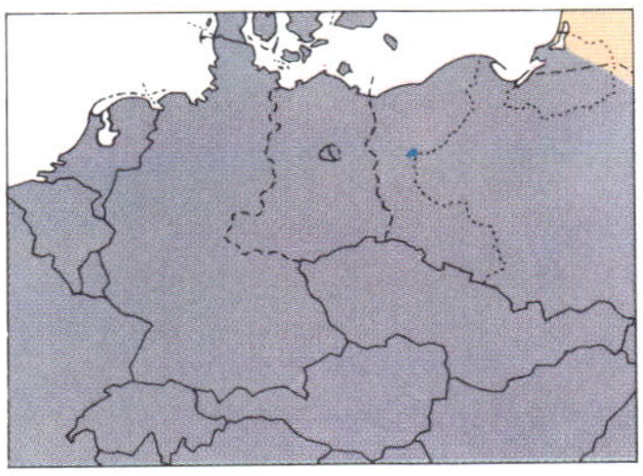

Zugvogel; überwintert südlich des Brutgebietes in West- und Südeuropa (vor allem in Frankreich und Italien), Nordafrika und Südwestasien

Ziehende Rotdrosseln erkennt man an ihrem langgezogenen Flugruf

Grauammer

Emberiza calandra 18 cm

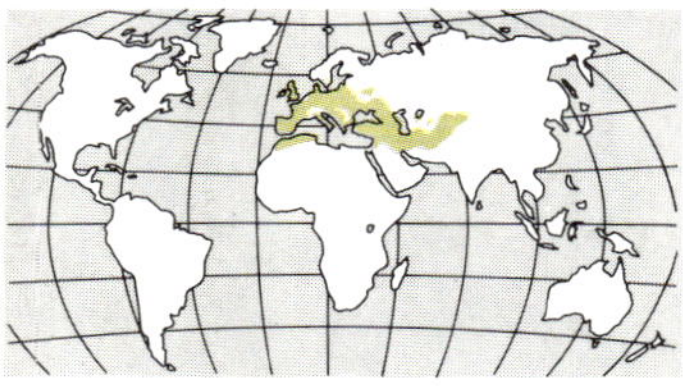

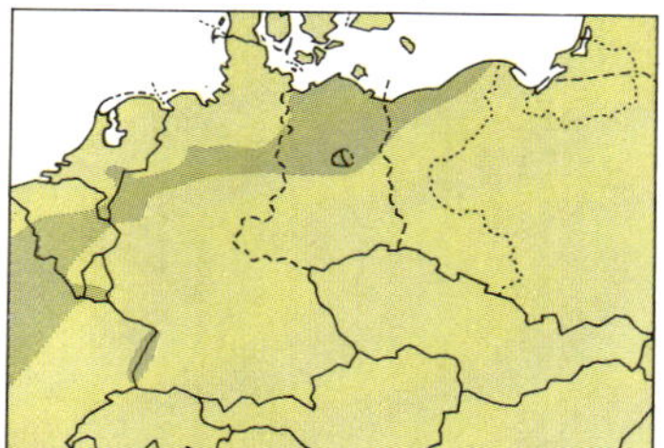

Jahresvogel in allen Teilen seines Brutgebietes; hauptsächlich im Kulturland zu Hause

Stundenlang singt die Grauammer ihr eintöniges Lied

Die meisten Vögel sind monogam, einige polygam, die Grauammer kann beides sein. Nach einem Bericht, den nicht alle Forscher anerkennen, soll ein Männchen einen Harem von sieben Weibchen gehabt haben, jedes in einem eigenen Nest. Im gleichen Gebiet brüteten auch monogame Grauammern. Es lag wohl am mangelnden Interesse vieler Beobachter, daß das polygame Verhalten dieses recht unscheinbaren braunen Vogels erst in den 30er Jahren entdeckt wurde.

Das Männchen singt sein Lied, das wie das Klappern eines Schlüsselbundes klingt, von beliebig hoher Warte aus, auf einer Erdscholle oder aber auch hoch in einem Baum. Es muß nur das Nest im Auge behalten können oder wenigstens das Weibchen, wenn es das Gelege verläßt, um Futter zu holen.

Die Grauammer liebt offene Landschaft. Obwohl sie in sehr verschiedener Umwelt leben kann – in baumlosen Feldern, Wiesen mit Gebüsch und ungepflegten Weiden –, ist ihre Verbreitung recht sonderbar. Man fährt oft meilenweit durch eine Landschaft, die geradezu für sie geschaffen scheint, ohne auf eine Grauammer zu stoßen; plötzlich jedoch als habe man eine unsichtbare Grenze überschritten, hört und sieht man sie überall. Die Grauammer fliegt gradlinig oder wellenförmig, oft mit hängenden Beinen. Ihr Flugruf ist ein flüssiges ‚Tick-tick' und ihr Lockruf ‚ticks'.

KENNZEICHEN: *gestreiftes, eintönig braunes Gefieder; plumper Kopf und blasser Schnabel; im Sommer erkennt man das Männchen an seinem* schlüsselklappernden *Gesang; beide Geschlechter gleich.*
BRUT: *das Weibchen baut, gut versteckt unter üppigem Bewuchs, auf oder nahe am Boden ein unordentliches Nest aus trockenem Gras; legt Ende Mai bis Juli meist 4–5 blaßgraue oder blaßbraune, kräftig schwarzbraun bekritzelte und geäderte Eier, die es in 12–13 Tagen allein ausbrütet; es füttert die Nestlinge allein, die nach 9–11 Tagen flügge sind; brütet einmal oder auch zweimal im Jahr.*
NAHRUNG: *Unkrautsamen, Blätter und Gräser sowie gelegentlich kleine Getreidekörner; auch Insekten und kleines Getier am Boden.*

Goldammer

Emberiza citrinella 16,5 cm

Obwohl die Goldammer wie andere Ammern zur Brutzeit die Nähe menschlicher Siedlungen meidet, ist sie nicht ausgesprochen menschenscheu. Von Ende Februar bis Mitte August hört man fast aus jeder Hecke ihr Lied, das der Volksmund mit ‚Wie, wie hab ich dich lieb' wiedergibt. Auch auf buschbestandenen Heide- und Ödflächen, manchmal auf Feldern mit Hecken, vielen Gräben und Erdwällen gehört ihr Lied zu den vertrauten Klängen. Die Strophe endet meist mit einem Doppelton, der je nach Gegend verschieden klingt. Wie beim Buchfinken kann man auch bei der Goldammer Dialekte unterscheiden.

Beim Balzen jagt das Männchen in kurvenreichem Flug das Weibchen. Am Ende lassen sich beide oft zu Boden fallen, um sich zu begatten. Manchmal stolziert auch das Männchen mit gespreizten Flügeln, gefächertem Schwanz und aufgestelltem Schopf um das Weibchen herum.

Goldammern sind wie alle Ammern Samenfresser mit kurzem spitzem Schnabel. Im Winter suchen sie oft mit anderen Körnerfressern, etwa Spatzen, in Scharen auf Stoppelfeldern, in Getreideschobern und Bauernhöfen ihre Nahrung. Im Abflug lassen sie fast stets ein gedämpftes ‚Zick', ‚Zürr' oder ähnliche Laute hören.

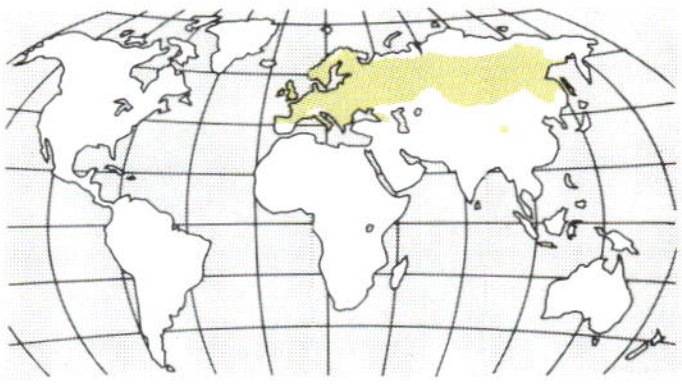

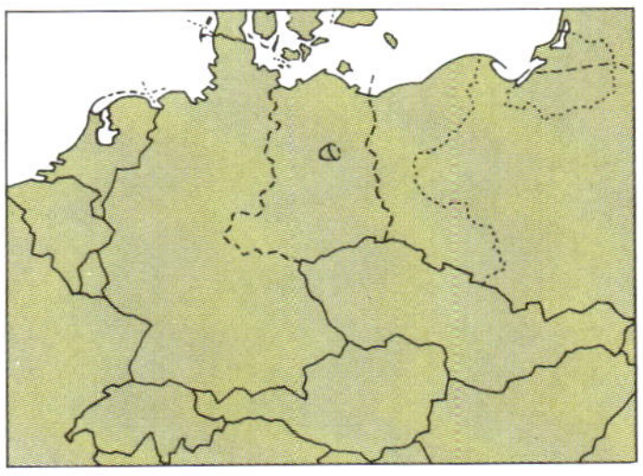

Teilzieher; Goldammern aus Nordeuropa ziehen über Deutschland nach Südwesteuropa; im Osten ihres Weltverbreitungsgebietes ersetzt sie ein Zugvogel, die nahe verwandte Fichtenammer *(Emberiza leucocephalos)*

KENNZEICHEN: *Gefieder des Männchens hellgelb und kastanienbraun, das des Weibchens matter und mehr braun gestreift; Bürzel hell kastanienbraun und äußere Steuerfedern weiß.*

BRUT: *das Weibchen baut gut versteckt am Boden oder meist nicht höher als 1 m über dem Boden in einer Hecke, Kletterpflanze, jungen Fichte oder an einer Mauer ein Nest aus trockenem Gras, das es mit zartem Gras und Haaren auspolstert; es legt ab April bis August meist 2–5 weiße oder blaßrosa Eier mit brauner oder rotbrauner schnörkeliger Zeichnung, die es in etwa 13 Tagen allein ausbrütet; beide Eltern füttern die Jungen, die nach 11–13 Tagen flügge sind; brütet zweimal, bisweilen auch dreimal im Jahr.*

NAHRUNG: *meist Unkrautsamen, zusammen mit einigen Getreidekörnern und wilden Früchten; auch Insekten und kleines Getier am Boden.*

Von ihrer Warte am Rande einer Landstraße singt die Goldammer

Zaunammer

Emberiza cirlus 16,5 cm

Jahresvogel; vor allem in Südwest- und Südeuropa; in Südwestdeutschland meist an geschützten sonnigen Plätzen

Die Zaunammer sitzt auf einem Brombeerstrauch

Unser Winterklima sagt der Zaunammer, die vor allem in den Mittelmeerländern zu Hause ist, nicht sehr zu. Bei Bonn, wo sie ihre nördlichsten Brutplätze hatte, war sie bis 1939 auf dem Venusberg ein häufiger Brutvogel, wurde aber nach einer Reihe strenger Winter immer seltener und verschwand 1947 vollends. Heute trifft man sie bei uns nur noch in Südwestdeutschland. Ihr bevorzugter Lebensraum ist schwer abzugrenzen. Am liebsten hält sie sich in der Nähe von Bäumen und manchmal an der Grenze von Hügel- und Ackerland auf. Im Gegensatz zu anderen Ammern baut sie ihr Nest auch in großen Gärten.

Ihr üblicher Gesang, den sie oft von einem Baumwipfel aus vorträgt, ist ein hastiges trillerndes Klappern und unterscheidet sich deutlich vom Gesang der Goldammer. In einer seltenen Variante, ähnlich wie das ‚Wie, wie hab ich dich lieb' der Goldammer, fehlt das ‚lieb' am Schluß. Wenn sie beunruhigt ist, ruft sie scharf ‚zit' mit zaunkönigartigem Schnurren. Über ihr Balzverhalten ist nichts bekannt, denn die Zaunammer ist äußerst scheu und hält sich verborgen. Andererseits beobachtete man, wie Zaunammern einen Räuber von ihren Jungen weglockten, indem sie am Boden flatterten, als wären sie verletzt.

KENNZEICHEN: *Rücken braun, Unterseite gelb; von der Goldammer unterscheidet sich das Männchen deutlich, u. a. durch schwarze Kehle, grauen Scheitel und graugrünes Brustband, das Weibchen durch olivbraunen Bürzel.*

BRUT: *das Weibchen baut in Büschen und Hecken, manchmal in Bäumen oder auf dem Boden auf einer Unterlage aus Moos ein klobiges, unordentliches Nest aus Gras und Wurzeln; es legt Ende April bis Anfang August meist 3–5 hellblaue oder hellgrüne, kräftig dunkel gefleckte und geäderte Eier, die es in etwa 12 Tagen ausbrütet; es füttert auch meist die Nestlinge, die nach 11–13 Tagen flügge sind; brütet zweimal, auch dreimal im Jahr.*

NAHRUNG: *vorwiegend Unkraut- und Grassamen; auch Getreidekörner und wilde Früchte; Insekten, etwa Käfer, Heuschrecken und Raupen.*

MÄNNCHEN IM BRUTKLEID

Ortolan

Emberiza hortulana 16,5 cm

Diese liebenswerte Ammer ist in Mitteleuropa auffallend sporadisch verbreitet, denn sie stellt bei uns besondere Ansprüche an ihren Lebensraum. Sie braucht warme, sandige, jedenfalls nicht zu schwere, trockene Böden mit Getreide oder Hackfrüchten, die zur Brutzeit im Mai und Juni noch nicht zu hoch sind. Die Felder sollten an Wälder grenzen, von Baumreihen durchzogen oder von Baumgruppen umgeben sein. Der Ortolan kommt vom Niederrhein ab in der Norddeutschen Tiefebene lokal und nach Osten zu häufiger vor. Auch in den Niederlanden und im belgischen Kempenland findet man ihn stellenweise. In Süddeutschland brütet er nur im Oberrheingebiet und in Franken.

Früher fing man Ortolane und andere Ammern in Menge und mästete sie für die Tische der Feinschmecker – ein glücklicherweise ausgestorbener Brauch. Denn Schutz verdient dieser Schönwettersinger, der bei Regen meist schweigt. Das wird jeder empfinden, der ihn in sonnenüberstrahlter Feldlandschaft gesehen und gehört hat. Sein Lied, eine kurze, weiche, schwebende Strophe – sie klingt etwa wie ‚jif-jif-jif-jif-jif-trü' –, singt er von einem Baum, Busch oder Leitungsdraht aus. Eine kanarienartige Strophe trägt er beim Balzflug vor, der selten zu sehen ist und an den des Baumpiepers erinnert. Er ruft ‚tzück' und rohrammerartig ‚ziüh'.

KENNZEICHEN: *von anderen Ammern durch graugrünen Kopf, gelbe Kehle und Augenring, zimtbraune Unterseite, rötlichbraunen Schnabel unterschieden; Weibchen heller, Brust dunkel gestrichelt.*

BRUT: *das Weibchen baut, meist auf einer Bodenerhöhung, gut unter Halmen versteckt, ein oben offenes Nest aus Wurzeln, dünnen Zweigen und Halmen und legt es mit Würzelchen und Haaren aus; ab Anfang Mai legt es 4–6 hell- oder rötlichbraune, dunkelgewölkte Eier mit braunschwarzen Punkten, Flecken und Kritzeln und brütet sie in 11–12 Tagen aus; die Jungen verlassen nach 10–14 Tagen das Nest; wohl nur 1 Brut im Jahr.*

NAHRUNG: *Sämereien; auch Insekten; die Jungen werden hauptsächlich mit Insekten und deren Larven und Puppen gefüttert.*

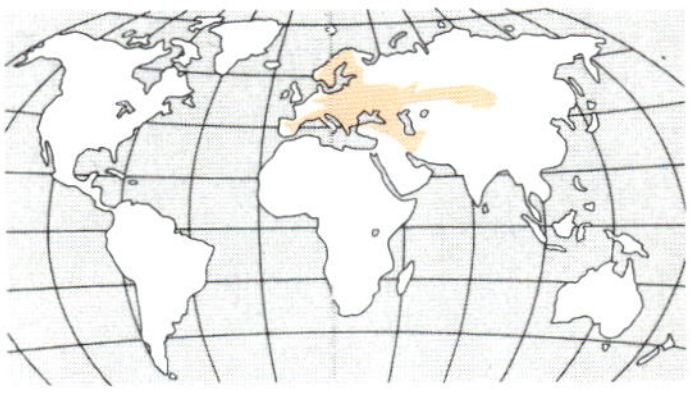

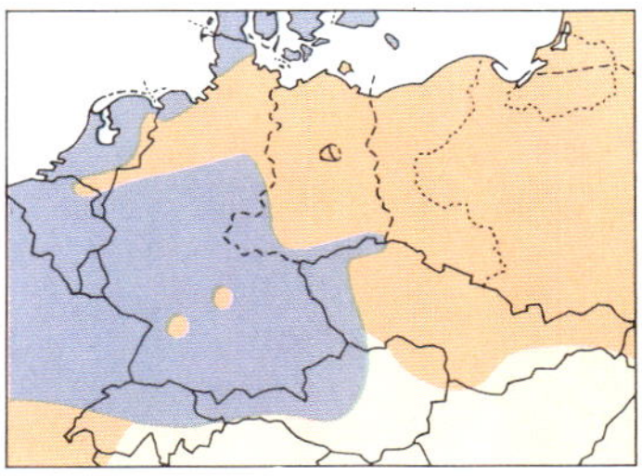

Zugvogel; überwintert im nördlichen Afrika bis Senegal und Nordkenia; in Mitteleuropa Sommervogel zwischen Ende April und Ende August

Früher wurden Ortolane als Leckerbissen gemästet

Bergfink

Fringilla montifringilla 15 cm

MÄNNCHEN IM SOMMERKLEID

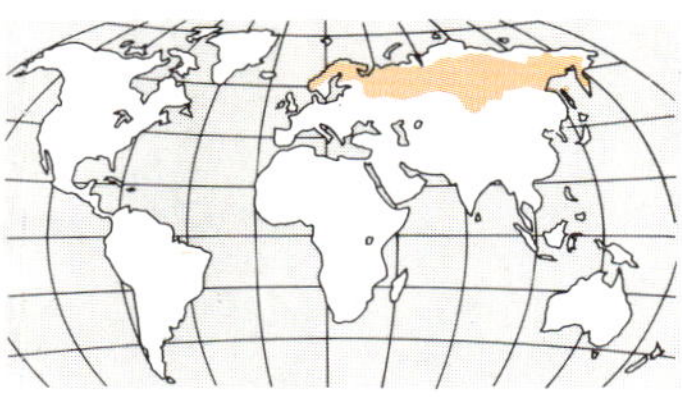

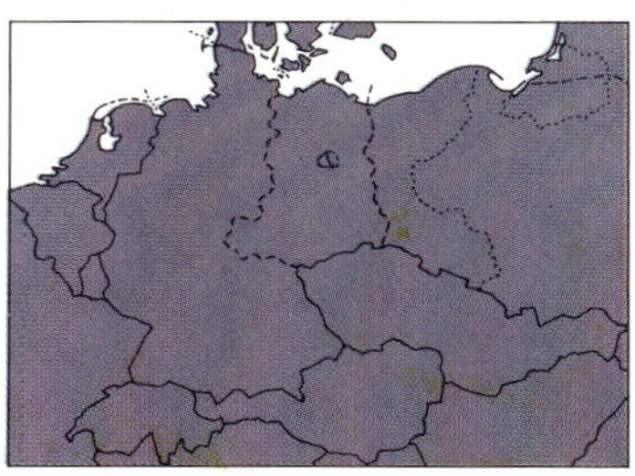

Zugvogel; brütet von Norwegen bis Kamtschatka; überwintert südlich des Brutgebietes, einige Vögel ziehen bis nach Nordafrika, Afghanistan und Japan

Im Winter ist das Männchen oben und am Kopf gesprenkelt

Bergfinken ziehen von Ende September bis November aus ihren Brutgebieten, den Nadel- und Birkenwäldern nördlich der Ostsee, nach Mitteleuropa und weiter südwärts nach Südfrankreich, Spanien und Nordafrika. Besonders häufig scheinen sie in manchen Jahren in der Schweiz zu überwintern. Im Winter 1950/51 schätzte man dort ihre Zahl auf 100 Millionen. Ihre Nahrung suchen sie im Winter – oft gemeinsam mit anderen Finken – auf Äckern und Wiesen. Zwar leben sie vor allem von Bucheckern, fressen aber auch Körner und Unkrautsamen auf Stoppelfeldern und Getreideschobern.

Männliche Bergfinken sind ein besonders gutes Beispiel dafür, daß das Gefieder durch Abnutzung viel prächtiger wird. Im Herbst nach der Mauser sehen sie unscheinbar bräunlich aus. Wenn dann die graubräunlichen Federsäume abgerieben werden, kommen satte blauschwarze und zimtrote Töne zum Vorschein, und im März bis Mai, wenn sie wieder heimziehen, haben die Männchen ihr Gefieder so verändert, daß man früher glaubte, sie hätten ein neues Kleid angelegt.

Vom Buchfinken, mit dem man besonders den weiblichen Bergfinken leicht verwechselt, unterscheiden sie sich durch ihre quäkende Stimme, die wie ‚äk' klingt, und im Fliegen durch den weißen Bürzel. Aus ihren riesigen Scharen bleiben nur selten einzelne Vögel auch nach Anfang Mai bei uns zurück. Doch Bruten sind in Mitteleuropa kaum jemals verbürgt.

KENNZEICHEN: *Bürzel weiß; beim Männchen Brust und Schulterfleck orangefarben, Kopf und Oberseite im Sommer schwarzglänzend, im Winter braun gesprenkelt; das Weibchen ist oben mattbraun.*

BRUT: *baut in seinen nordischen Nistgebieten auf Bäumen tiefe napfförmige Nester; das Weibchen legt Mitte Mai bis Juli meist 6–7 grünlichblaue bis olivbraune, dunkel gefleckte Eier, die es in etwa 12 Tagen ausbrütet; beide Eltern füttern die Jungen, die nach ungefähr 14 Tagen das Nest verlassen.*

NAHRUNG: *Unkrautsamen, Bucheckern, Körner, Beeren; im Frühjahr Insekten.*

MÄNNCHEN IM SOMMERKLEID

Birkenzeisig

Carduelis flammea knapp 13 cm

Zwischen Oktober und April erscheint der Birkenzeisig in Mitteleuropa ziemlich regelmäßig als geselliger Wintergast. Man kann die Vögelchen dann in Schwärmen bis zu Hunderten vor allem auf Birken und Erlen beobachten, von deren Samen sie leben, in manchen Jahren sogar zu Tausenden auch in Dörfern und an Stadträndern. An ihrem Lockruf, einem blechern klingenden ‚Dschädschädschä' erkennt man sie – auch im Fluge – leicht. Er hat ihnen viele lautmalende Namen wie *Zätscher* eingetragen. Die lebhaften Birkenzeisige suchen sich, oft in Gesellschaft von Erlenzeisigen, Finken und Ammern, ihre Nahrung auf Feldern und sogar auf Wegen. Häufig fliegen sie unvermittelt im Schwarm auf, kreisen in der Luft und fallen wieder ein, wobei man ihren Lockruf hört.

Neben diesen nordischen Wintergästen gibt es in den Alpen und im Böhmerwald eine Unterart, den etwas kleineren und bräunlicheren *Alpenbirkenzeisig*. Er ist zwar nicht selten, aber doch so lückenhaft verbreitet, daß man ihm eigentlich nicht häufig begegnet. Er nistet, gern gesellig und örtlich in ziemlicher Dichte, in den Alpen zwischen 1400–1900 m Höhe, vorzugsweise in Latschenfeldern an der oberen Waldgrenze. Man kann ihn aber im Winter noch in Höhen bis zu 2000 m, im Sommer bis zu 4000 m beobachten. In Trupps streicht er auch talwärts, gern zusammen mit Erlenzeisigen.

KENNZEICHEN: *Gefieder braun und gestreift; im Alterskleid rote Stirn und schwarzes Kinn; beim Männchen im Sommer Brust und Bürzel rosarot.*
BRUT: *das Weibchen baut auf einer Unterlage aus dünnen Zweigen ein locker geflochtenes, napfförmiges Nest, das es mit Pflanzenwolle, Haaren und Federn auslegt; im Mai bis Juni legt es 4–6 blaue, hellbraun gesprenkelte und gestreifte Eier und brütet sie in etwa 14 Tagen aus; die von beiden Eltern gefütterten Jungen verlassen nach 10–12 Tagen das Nest; brütet wohl auch zweimal im Jahr, etwa in der Schweiz.*
NAHRUNG: *Birken- und Erlensamen; auch Samen von Unkräutern, Lärchen und Kiefern; füttert die Jungen zuerst mit Insekten.*

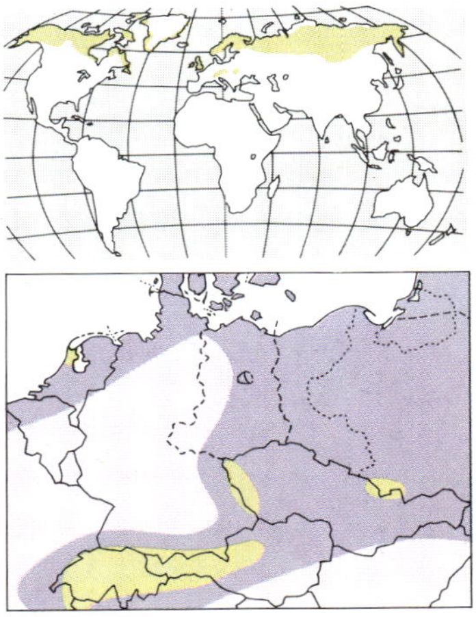

Teilzieher; die Verbreitung auf der Welt schließt auch die Grönlandrasse ein; der Alpenbirkenzeisig ist jedoch Jahresvogel

Als einziger der kleinen Finken hat der Birkenzeisig ein schwarzes Kinn

Elster

Pica pica 45 cm (einschließlich 20—25 cm Schwanz)

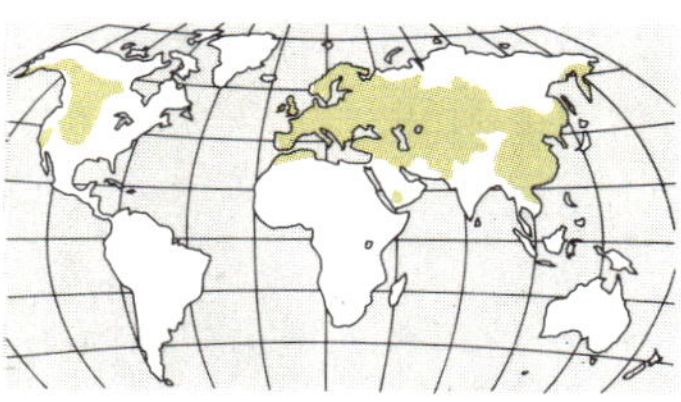

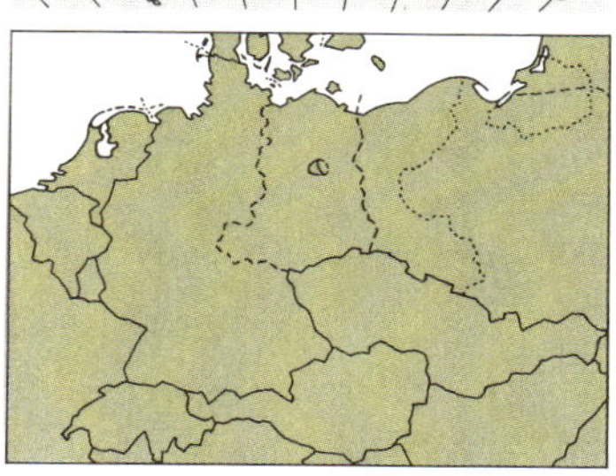

Jahresvogel; die Weltkarte zeigt auch das Verbreitungsgebiet der gelbschnäbeligen Kalifornischen Elster *(Pica nuttalli)*

An kurzen Flügeln und langem Schwanz erkennt man Elstern leicht im Flug

Elstern ernähren sich vor allem von Insekten und Körnern. Da sie aber auch die Eier und Jungen anderer Vögel rauben und dabei die Nester von Fasan und Rebhuhn nicht verschonen, werden sie von Weidmännern erbittert verfolgt. Sie waren schon selten geworden, als die Behinderung der Jagd nach dem Kriege ihnen Gelegenheit gab, sich wieder stark zu vermehren. Überall an den Landstraßen sah man ihre großen sperrigen Kugelnester, die sie in regelmäßigen Abständen auf den noch unbelaubten Bäumen bauten. Als man wieder daranging, Elstern kurzzuhalten, waren sie schon in die Städte und Dörfer eingewandert, wo sie vor Verfolgung ziemlich sicher sind.

Gewöhnlich halten sich Elstern einzeln oder paarweise auf. Spät im Winter und zeitig im Frühjahr kann man jedoch Hunderte und mehr Vögel bei Versammlungen beobachten, deren Zweck unklar ist. Sie schwätzen, hüpfen auf den Zweigen umher und jagen einander. Der Trieb, Vorräte zu sammeln, ist zwar allen Krähenvögeln eigen, bei der Elster jedoch besonders stark ausgeprägt. Instinktmäßig versteckt sie nicht nur Nahrungsvorräte, sondern auch bunte und glänzende Gegenstände, die ihre Aufmerksamkeit erregen.

Das Balzverhalten dieses verbreiteten, doch scheuen Vogels ist sehr vielseitig und noch ziemlich unerforscht. Gelegentlich konnte man beobachten, wie das Männchen ungefähr 30 cm über dem Weibchen schwirrt.

KENNZEICHEN: *sehr kontrastreiches schwarzweißes Gefieder; langer, keilförmiger Schwanz; beide Geschlechter gleich.*

BRUT: *beide Partner bauen im Gebüsch oder in Bäumen ein überdachtes Nest aus Zweigen, das sie mit Lehm auskleiden und mit Wurzelfasern polstern; das Weibchen legt meist ab April bis Mai rund 6–7 hellgrüne, dicht graubraun gesprenkelte Eier, die es in 17–18 Tagen ausbrütet; beide Eltern füttern die Jungen, die nach etwa 22–24 Tagen das Nest verlassen.*

NAHRUNG: *Insekten und deren Larven; Körner, Früchte, Samen wilder Beeren; Eier, junge Vögel; kleine Tiere, Aas; Frösche, Schnecken, Brot.*

Saatkrähe

Corvus frugilegus 46 cm

Saatkrähen gehören zu den geselligsten Vögeln. Obwohl sie in dauernder Gemeinschaft leben, stets in Kolonien nisten und ihre Nahrung in Scharen gemeinsam suchen, sind sie doch sehr auf ihr Revier – das kleine Gebiet um ihr Nest – bedacht. Die Pärchen greifen jeden Eindringling an und vertreiben ihn. Sie stehlen aber auch Halme aus Nachbarnestern, wenn deren Besitzer unterwegs sind. Ihr Gemeinschaftssinn und ihre Angriffslust bei der Verteidigung ihrer Nester haben schon Anlaß zu kuriosen Geschichten gegeben: Krähenversammlungen sollen über einen angeklagten Vogel zu Gericht sitzen oder ein Krähenparlament bilden.

Lautes Krächzen erfüllt die Nistkolonien in Baumwipfeln, oft in der Nähe von Gebäuden oder gar inmitten von Städten. Viele Kolonien bestehen nur aus ein paar Dutzend Nestern, andere aus mehreren hundert. Saatkrähen leben in dauernder Gemeinschaft. Die einzelnen Paare beziehen in jeder Brutzeit das alte Nest, das zuvor instand gesetzt wird.

Beim Balzen krächzt und verbeugt sich das Männchen vor dem Weibchen, das auf einem Baumwipfel sitzt, und füttert es. Das tut es übrigens auch, wenn das Weibchen brütet. Im Herbst sieht man Saatkrähen Luftsprünge machen, sich drehen und wenden und kopfüber zum Sturzflug ansetzen. Diese Flugakrobatik hat mit dem Balzen offenbar nichts zu tun.

KENNZEICHEN: *schwarzes, violett schillerndes Gefieder; die grauweißen Flecken im Gesicht und an der Schnabelwurzel fehlen einjährigen Vögeln noch; struppig gefiederte Schenkel; beide Geschlechter gleich.*
BRUT: *in Nistkolonien bauen beide Partner aus Zweigen ein unordentliches Nest, polstern es mit trockenem Gras, Laub und Wurzeln und bessern es jedes Jahr aus; Gelege Ende März bis April aus 3–6 blaßgrünen bis grauen oder hellblauen, stark braun und grau gefleckten Eiern, die das Weibchen in etwa 18 Tagen ausbrütet; beide Eltern füttern die Nestlinge, die nach ungefähr 30 Tagen flügge sind.*
NAHRUNG: *Insekten und deren Larven; Drahtwürmer, Regenwürmer, Schnecken; Getreidekörner, Unkrautsamen, Früchte; Aas; im Winter an Müllplätzen.*

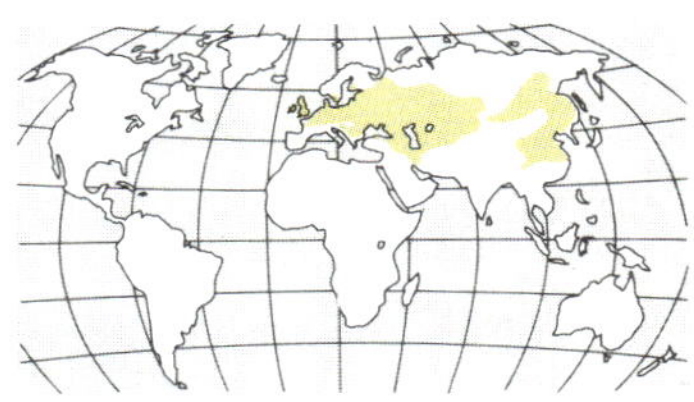

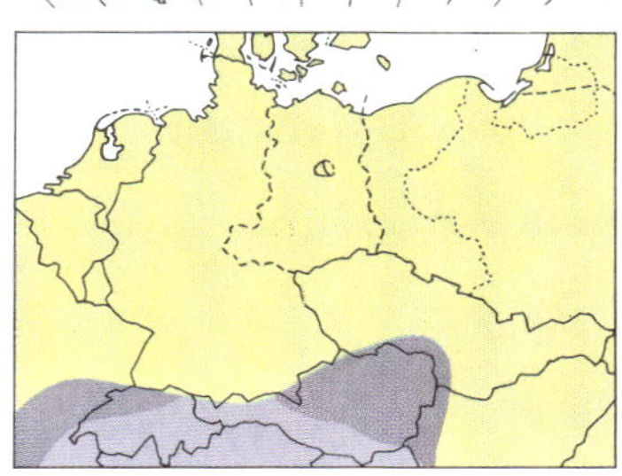

Teilzieher; streift im Winter umher; dann auch starker Zuzug nach Mitteleuropa, vorwiegend aus Rußland

Im Herbst suchen Saatkrähen wieder ihre alten Nistkolonien auf

Rabenkrähe

Corvus corone corone 47 cm

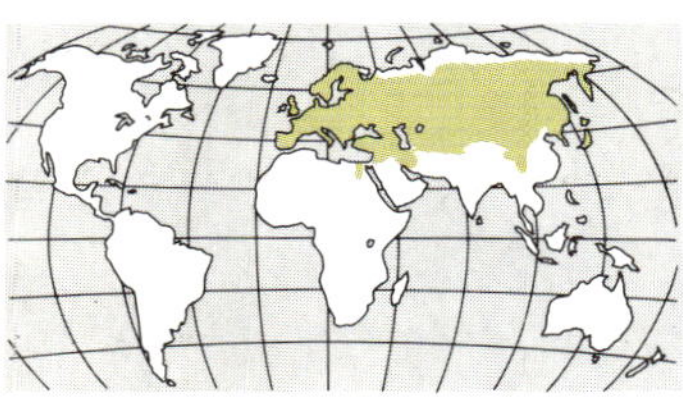

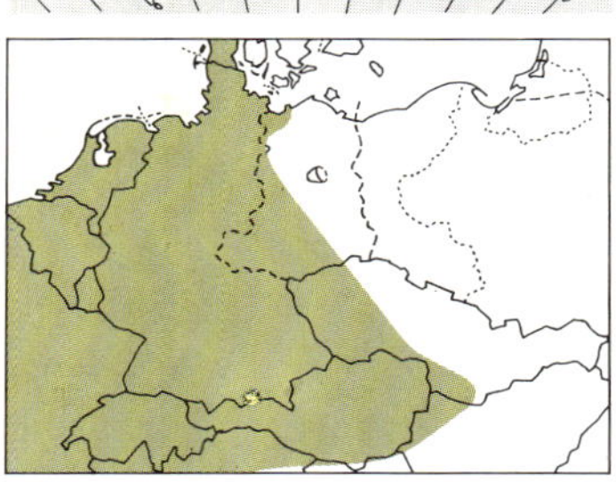

Die Weltkarte zeigt das gemeinsame Verbreitungsgebiet aller Aaskrähen, die Karte Mitteleuropas das ihrer westlichen Unterart, der Rabenkrähe

Die Rabenkrähe frißt Aas, nestjunge Vögel und Eier

Wenn man bei uns von Krähen spricht, meint man meist Rabenkrähen, die westliche Unterart der *Aaskrähe*. Die östlich sich anschließende Unterart ist die Nebelkrähe. Beide unterscheiden sich, abgesehen von ihrer Verbreitung, nur durch ihr verschieden gefärbtes Gefieder voneinander.

Als berüchtigter Eierdieb wird die bei Jägern unbeliebte Rabenkrähe schon lange verfolgt. Doch die beiden Weltkriege, als die meisten Wildhüter eingezogen waren, gaben ihr Schonzeiten, die sie genutzt hat, um sich wieder stärker zu vermehren. Heute übertönt ihr Krächzen – ein dreimal wiederholtes ‚Krah' – sogar den Verkehrslärm mancher Großstadt. Zuweilen klingt ihr Schrei fast wie eine Autohupe. Aaskrähen, gelehrig wie alle Krähenvögel, öffnen wie Möwen Schalen, etwa von Muscheln, Krabben oder Walnüssen, dadurch, daß sie ihre Beute aus einer gewissen Höhe fallen lassen.

Von der Regel, Saatkrähen seien gesellig, Rabenkrähen jedoch nur einzeln oder paarweise anzutreffen, gibt es Ausnahmen. Im Sommer sammeln sich nicht selten Familientrupps von Rabenkrähen; im Herbst und Winter schließen sie sich manchmal zu Scharen zusammen und schlafen gemeinsam auf Bäumen.

Das Männchen balzt meist nur, indem es sich mit gespreizten Flügeln und gefächertem Schwanz verneigt. Nach der Paarung bleiben beide Partner ihr ganzes Leben zusammen.

KENNZEICHEN: *schwarzes Gefieder; unterscheidet sich von der erwachsenen Saatkrähe durch die befiederte Schnabelwurzel; beide Geschlechter gleich.*

BRUT: *beide Partner bauen am liebsten in einem hohen Baum ein sperriges Nest aus Zweigen, das sie mit trockenem Gras, welkem Laub und Schafwolle auslegen; das Weibchen legt ab April bis Mai meist 4–6 hellblaue oder grüne, dunkel gesprenkelte Eier, die es in 17–18 Tagen allein ausbrütet; die von beiden Eltern gefütterten Jungen sind nach 30–32 Tagen flügge.*

NAHRUNG: *Körner, Insekten und deren Larven, Würmer; Eier, Aas; auch wilde Früchte, Samen, Schnecken, Frösche, manchmal Mäuse.*

Nebelkrähe

Corvus corone cornix 47 cm

Für Wildheger sind Nebelkrähen eine ständige Gefahr für Gelege und Küken ihrer Fasanen und Rebhühner. Im Frühjahr beobachten Nebelkrähen oder *Graukrähen* mit scharfen Augen die Feldaue und nehmen sofort jedes Nest eines Hühnervogels mit ungeschützt liegenden Eiern aus. Meist gelingt es dem Hahn und der Henne noch, gemeinsam den Räuber zu vertreiben, wenn aber die Küken geschlüpft sind, kann die Henne sie nicht immer zusammenhalten – und auf ein verirrtes Küken wartet die Nebelkrähe nur. Man hat, wenn auch selten, beobachtet, wie Nebelkrähen sogar Vögel bis zur Größe von Rebhühnern oder Wacholderdrosseln erlegt haben.

Die Nebelkrähe vertritt im Osten und Norden Mitteleuropas die Rabenkrähe. Beide Unterarten der *Aaskrähe* paaren sich innerhalb des schmalen Landstreifens, in dem sich ihre Verbreitungsgebiete überlappen, untereinander. Das Gefieder der Mischlinge zeigt eine Zwischenfärbung. Bei der Partnerwahl stört die verschiedene Färbung offenbar nicht.

Der rauhe krächzende Ruf der Nebelkrähe ist von dem der Rabenkrähe nicht zu unterscheiden. Auch in Ernährung und Fortpflanzung bestehen keine Unterschiede. Nur ist die Nebelkrähe wegen ihres im Winter kälteren Verbreitungsgebietes mehr Zugvogel als die Rabenkrähe.

Nebelkrähen fliegen kraftvoll und laufen auch, gelegentlich hüpfend, auf dem Boden. Ihr Flugbild gleicht dem der Rabenkrähe.

KENNZEICHEN: *Kopf, Flügel und Schwanz schwarz, Rücken und Unterseite grau; Geschlechter gleich.*

BRUT: *beide Partner bauen auf Bäumen ein klobiges napfförmiges Nest vorwiegend aus Zweigen; das Weibchen legt ab April bis Juni meist 3 bis 5 helle grünlichblaue und dunkelbraun gefleckte Eier, die es in etwa 19 Tagen allein ausbrütet; beide Eltern füttern die Jungen, die nach ungefähr 33 Tagen das Nest verlassen.*

NAHRUNG: *vornehmlich Insekten und deren Larven, Körner, Eier und Nestjunge anderer Vögel, Aas; manchmal Knollen, Fische und Früchte.*

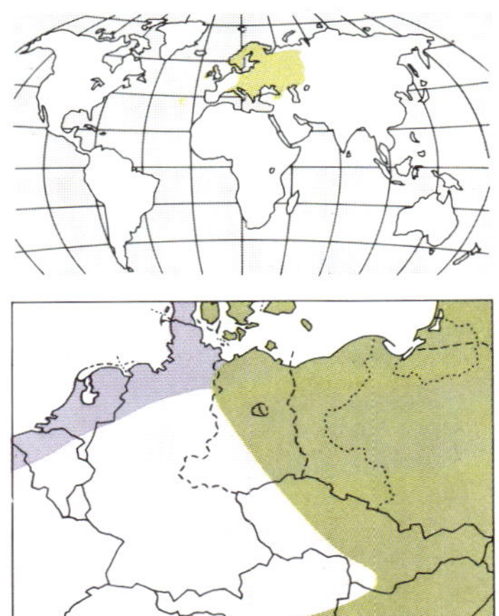

Die Karten zeigen nur das Verbreitungsgebiet der Nebelkrähe, die im Osten Zugvogel, im Westen Jahresvogel ist; in Westdeutschland sieht man sie in geringer Zahl im Winter

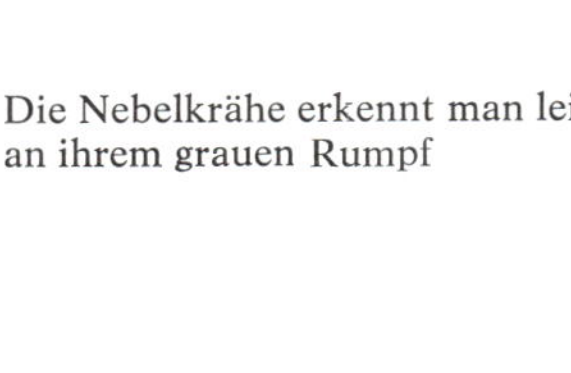

Die Nebelkrähe erkennt man leicht an ihrem grauen Rumpf

Kornweihe

Circus cyaneus Männchen 42,5 cm Weibchen 50 cm

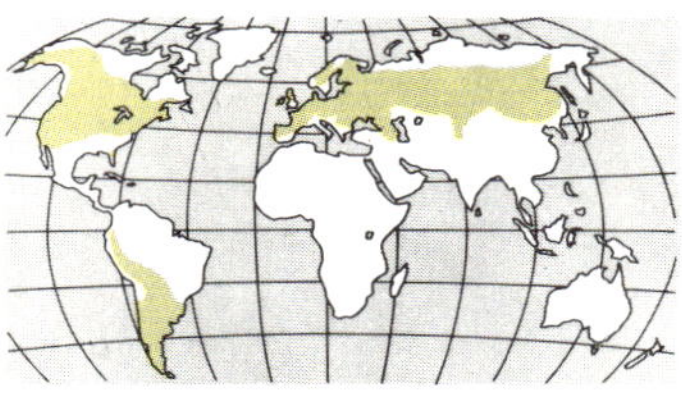

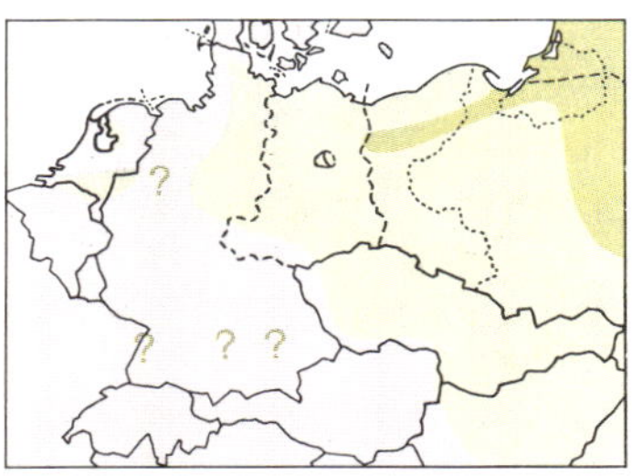

Teilzieher; in Mitteleuropa ist die seltene Kornweihe meist Jahresvogel; außerdem ziehen Vögel aus dem Norden im April und Ende August bis Oktober häufig bei uns durch

Bei den Weihen und ganz besonders bei der Kornweihe bilden die kleinen das Gesicht begrenzenden Federn einen deutlichen Schleier, der an Eulen denken läßt. Die männliche Kornweihe trägt ein hellgraues Möwenkleid. Wie die Wiesenweihe ist sie eine besondere Zierde der heimischen Vogelwelt, leider wie diese aber heute in Mitteleuropa schon so selten, daß nur wenige Vogelfreunde sie jemals gesehen haben. Im Jahre 1965 wurden in der Bundesrepublik noch höchstens 5 Paare und in der DDR weitere 50 Paare gezählt. Dabei ist die Kornweihe weltweit verbreitet und außer in Afrika und Australien überall heimisch. Sie ist zwar ein Zugvogel, aber im Gegensatz zu anderen Weihen trifft man sie bei uns auch im Winter an.

Der niedrige Jagdflug der Kornweihe unterscheidet sich kaum von dem anderer Weihen: nach vier bis fünf behäbigen Flügelschlägen gleitet sie mit halb aufgestellten Schwingen und stürzt dann herab, um eine Maus, einen Frosch, ein Kiebitzjunges oder das Ei eines anderen Bodenbrüters zu ergreifen. Größeren Vögeln wird sie jedoch kaum gefährlich.

Beim kunstvollen Balzflug fliegt die Kornweihe steil in die Luft, dreht an der höchsten Stelle ein Looping und stürzt sich dann mit geschlossenen Flügeln in die Tiefe. Sitzt das Weibchen im Nest, wird es vom Männchen mit einer Beute angelockt, die es dem Weibchen in der Luft entweder unmittelbar in die Fänge übergibt oder zuwirft.

KENNZEICHEN: *Männchen grau; Weibchen braun mit gestreifter Unterseite und schwarzen Flügelbinden; im Unterschied zur Wiesenweihe hat das Männchen einen weißen statt eines grauen Bürzels und keine schwarzen Flügelbinden.*

BRUT: *das Weibchen baut ein Nest auf dem Boden, oft im Heidekraut; es legt Ende Mai bis Juni meist 4 weiße oder hellblaue Eier und brütet sie in etwa 28 Tagen aus; beide Eltern versorgen die Jungen, die nach 6 Wochen das Nest verlassen.*

NAHRUNG: *kleine Bodentiere; wenige Kleinvögel, die im Flug gefangen werden; Eier und Junge größerer Vögel.*

Mit gemächlichem Flügelschlag gleitet die Kornweihe bei der Jagd dahin

Wiesenweihe

Circus pygargus Männchen 39 cm Weibchen 43 cm

In Nordafrika hat man Trupps von mehr als 70 Wiesenweihen bei ihrem langen Herbstflug beobachtet, der sie von den Brutstätten in Europa in ihre südlichen Winterquartiere, manchmal bis zum Kap der Guten Hoffnung, führt.

Die Vögel nisten meist zwischen Heidekraut und Ginsterbüschen, in Sanddünen, Sümpfen, jungen Pflanzungen, gelegentlich auf Äckern und Wiesen. In Mitteleuropa sind sie sehr selten. In der Bundesrepublik zählte man 1965 insgesamt 100–120 Paare, von denen die meisten in Niedersachsen und Schleswig-Holstein brüteten. In der DDR wurden etwa 50 Paare vor allem in Brandenburg festgestellt.

Die Wiesenweihe hat den gleichen anmutigen, gaukelnden Flug wie die beiden anderen bei uns brütenden Weihen, die Rohrweihe und die Kornweihe. Unter ihnen ist sie die kleinste. Das Männchen wird nicht größer als eine Ringeltaube und ist schlanker als diese. Das Weibchen ähnelt einer kleinen weiblichen Kornweihe, hat jedoch weniger Weiß am Bürzel. Welche von beiden Arten man vor sich hat, kann man oft an der Zeit der Beobachtung feststellen. Kornweihen, die höher im Norden brüten, sieht man auch als Wintergäste, Wiesenweihen dagegen nur zwischen April und September. Dann kommen beide Weihen in Mitteleuropa gleichzeitig vor.

Beim Balzen macht das Männchen großartige Sturzflüge, Purzelbäume und andere Kapriolen in der Luft.

KENNZEICHEN: *Männchen an der Oberseite grau, es unterscheidet sich von der Kornweihe durch dunkle Streifen an den Flügeln und den grauen statt rein weißen Bürzel; das Weibchen ist schlanker als die Kornweihe und am Bürzel weniger weiß.*
BRUT: *das Weibchen baut auf dem Boden in offenem unkultivierten Gelände, nur gelegentlich auf Äckern und Wiesen, ein Nest aus Unkraut, Schilf und Gras; es legt Ende Mai bis Anfang Juni meist 4–5 weiße oder hellblaue Eier und brütet sie in etwa 30 Tagen aus; die von beiden Eltern gefütterten Nestlinge sind nach 4–5 Wochen flügge.*
NAHRUNG: *kleine Säugetiere; Vögel, Frösche; auch Insekten und Regenwürmer.*

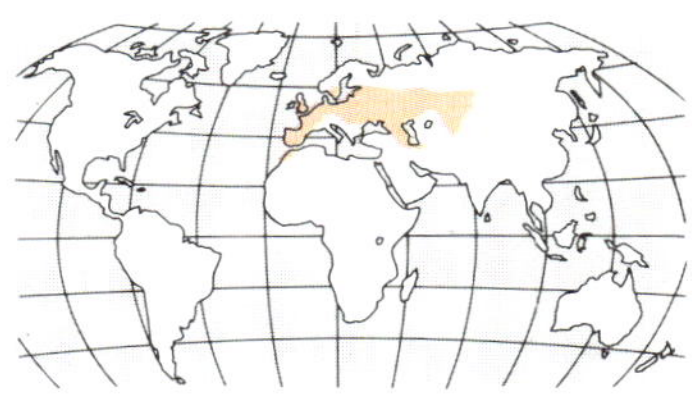

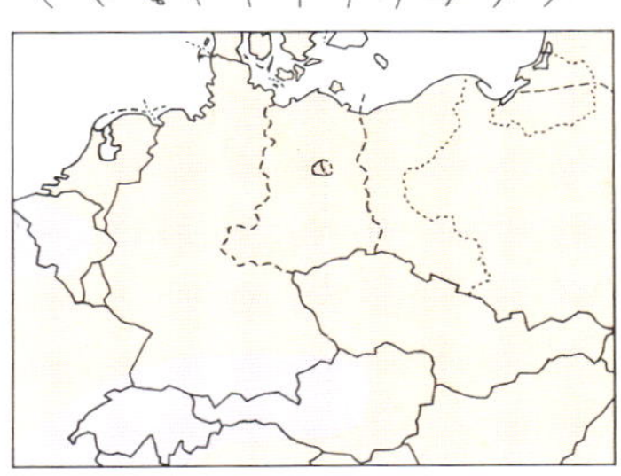

Zugvogel; überwintert im tropischen und südlichen Afrika; als Sommervogel von April bis September in Mitteleuropa; sehr selten

Männliche Wiesenweihe gleitet in geringer Höhe über Heide und Sumpf

Kuckuck

Cuculus canorus 33 cm

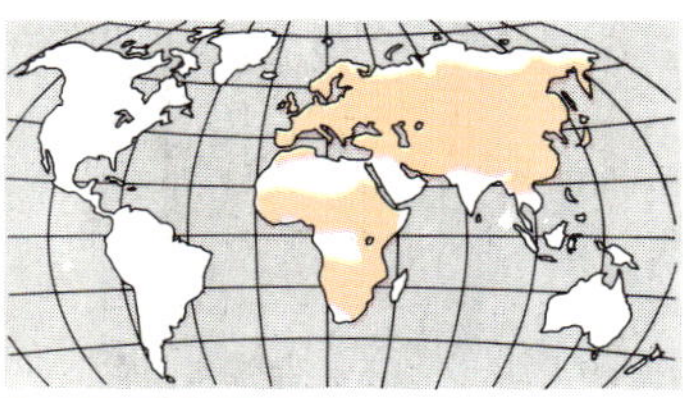

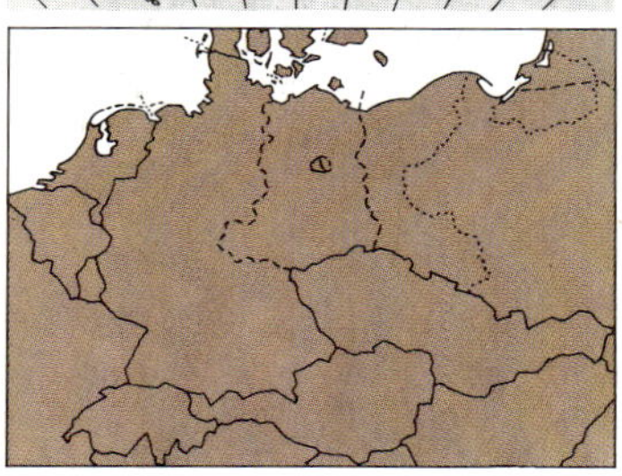

Zugvogel; überwintert vom tropischen Afrika bis zum Kapland und in Südasien; als Sommervogel von Ende April bis Anfang September vom Meer bis hoch in die Alpen bei uns weit verbreitet

Junger Kuckuck: ohne Führung finden Jungvögel im Herbst den Weg nach Afrika

Im Frühling wird kein Laut in der Natur sehnsüchtiger erwartet als der weitschallende und oft wiederholte Kuckucksruf. Die wenigsten wissen, daß nur der männliche Kuckuck so ruft. Das Weibchen hat eine ganz andere Stimme, ein lautes trillerndes Kichern, das man viel seltener hört als den Ruf des Männchens.

Die ersten Kuckucke treffen im Süden und Westen Mitteleuropas in der zweiten und dritten Aprilwoche ein – im Osten erst Ende April/Anfang Mai. Nach seiner Ankunft verbreitet sich der Kuckuck in alle Gebiete, wo er Wirtseltern für seine Jungen findet – immer Singvögel, die viel kleiner sind als er. Ihnen überläßt er seine Eier, die sie ausbrüten und die Jungen dann aufziehen. Währenddessen ziehen die alten Kuckucke schon im Juli und Anfang August fort. Die eben flügge gewordenen Jungen bleiben, nachdem sie ihre Wirtseltern verlassen haben, noch bis September. Dann ziehen sie weg und finden allein und bei Nacht, ohne jegliche Hilfe, zu ihren Winterquartieren – ein bemerkenswertes Beispiel für den angeborenen Orientierungssinn eines Vogels.

Im Flug kann man einen Kuckuck leicht mit einem männlichen Sperber verwechseln. In früherer Zeit, als die Jäger noch auf jeden Greifvogel schossen, wurde deshalb so mancher Kuckuck irrtümlich erlegt.

KENNZEICHEN: *Kopf und Rücken grau, gebänderte Unterseite; unterscheidet sich vom Sperber durch seine schlanke Gestalt, den geraden Schnabel, die spitzen Flügel und den langen abgerundeten, weiß gefleckten Schwanz mit weißen Spitzen; unverkennbarer Ruf; Geschlechter gleich; bei einer seltenen Unterart ist das Weibchen haselnußbraun und an Ober- und Unterseite gebändert; die Jungen sind graubraun und gebändert, mit weißen Punkten auf dem Kopf.*

BRUT: *Gewohnheiten dieses Brutschmarotzers siehe nächste Seite.*

NAHRUNG: *Insekten, vornehmlich große Raupen; auch Spinnen, Hundertfüßler und Regenwürmer; Nestlinge teilen die Nahrung der Wirtsvögel, meist Insekten, manchmal auch Samen, etwa bei Hänflingen als Wirtseltern.*

Gefahren für Singvögel in Kuckucksrevieren

Als einziger Vogel Mitteleuropas zieht der Kuckuck seine Jungen nicht selbst auf, sondern überläßt sie einem anderen Vogel. So ist er in der Lage, mehr Nachkommen hervorzubringen, als er je ernähren könnte. Brutschmarotzer sind in der gesamten Vogelwelt nicht so selten, wie man früher glaubte; man kennt inzwischen 77 weitere Arten, die sich so verhalten.

In seinem großen Revier beobachtet jedes Kuckucksweibchen Singvögel beim Nestbau. Regelmäßig sucht es sich Baum- und Wiesenpieper, Schaf- und Bachstelzen, Neuntöter, Teich-, Sumpf- und Schilfrohrsänger, Garten- und Dorngrasmücken, Rotkehlchen und Zaunkönige aus, gelegentlich Hänflinge, Goldammern, Feldlerchen, Rotschwänze und Heckenbraunellen, hin und wieder auch andere Vögel. Kuckuckseier hat man schon in Nestern von mehr als 50 verschiedenen Vogelarten gefunden.

Die meisten dieser Vögel legen morgens. Der Anblick des legenden Vogels regt das Kuckucksweibchen an, nachmittags zu legen, wenn sich die Wirtsvögel meist außerhalb ihres Nestes aufhalten. Es nimmt ein Ei aus dem Nest, legt seines an dessen Stelle und fliegt dann mit dem gestohlenen Ei weg, frißt es auf oder läßt es einfach fallen. Ungefähr 48 Stunden später legt es wieder ein Ei, diesmal in ein anderes Nest, bis es ein Gelege von 12 oder 13 Eiern in seinem ganzen Revier verteilt hat. Manchmal wird das Kuckucksweibchen beim Legen von den Wirtsvögeln überrascht. Von den angriffslustigen Drosselrohrsängern in Ungarn ist bekannt, daß sie den Kuckuck unter ihr Nest ins Wasser drängen, um ihn zu ertränken. Die meisten Vögel leisten jedoch keinen Widerstand.

Die noch unbefiederten Kuckucksjungen schlüpfen nach 12 bis 13 Tagen, zur gleichen Zeit oder früher als die Jungen der Wirtseltern. Während der ersten 4 Tage hieven sie mit ihrem hohlen Rücken Eier und Nestlinge des Wirtsvogels über den Nestrand. Die dann noch übrigen Jungen müssen oft verhungern, denn ihre eigenen Eltern kümmern sich mehr um den aufdringlichen jungen Kuckuck und füttern ihn, bis er nach 3 Wochen flügge ist, und dann noch eine Woche, bevor er vollkommen selbständig wird.

Kuckuckseier, die zu sehr von denen der Wirtsvögel abweichen, werden von ihnen unter Umständen abgelehnt, aus dem Nest geworfen oder zugebaut. Das Kuckucksweibchen legt deshalb seine Eier meist in ein Nest der gleichen Wirtsart, von der es selbst aufgezogen wurde. Dabei ist es in einigen Fällen zu einer Anpassung der Eier, zu einer sogenannten *Mimikry* gekommen. So ähneln Eier von Kuckucken, die bei Teichrohrsängern oder Wiesenpiepern *schmarotzen*, in der Zeichnung denen der Wirtsvögel sehr. Auch ohne solche Anpassung nehmen einige Arten Kuckuckseier bedenkenlos an. So läßt sich der Teichrohrsänger ohne weiteres auch Eier des Wiesenpieperkuckucks unterschieben, und die Heckenbraunelle brütet ein Kuckucksei aus, das nicht die geringste Ähnlichkeit mit ihren eigenen Eiern hat.

Erkundungsflug
Ein Kuckucksweibchen hält Ausschau nach nestbauenden Vogelpaaren, die als Wirtseltern für seine Jungen in Frage kommen

Ein Opfer ist gefunden
Bevor es selbst sein Ei legt, nimmt es ein Ei aus dem Nest des Wirtsvogels in den Schnabel, das es später frißt oder fallen läßt

Der Kuckuck schlüpft
Nach dem Schlüpfen beginnt das Kuckucksjunge instinktiv seine Stiefgeschwister zu beseitigen, indem es die Eier in seinem hohlen Rücken an den Nestrand hebt und fallen läßt

Der Wechselbalg wächst
Der junge Kuckuck wächst so schnell, daß er bald für das Nest des Wirtsvogels zu groß ist und die Pflegeeltern sich auf seinen Rücken stellen müssen, um ihn zu füttern

Triel

Burhinus oedicnemus 40 cm

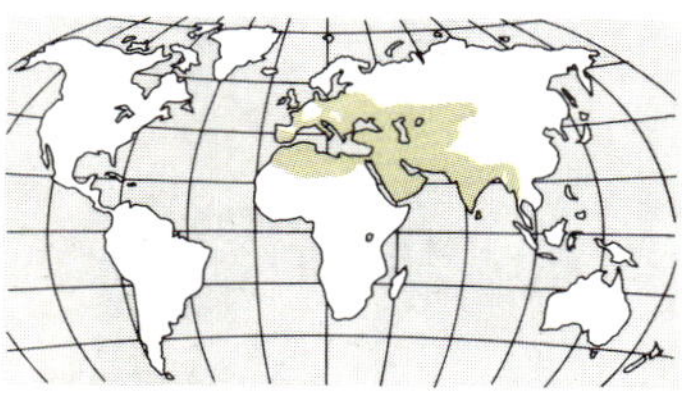

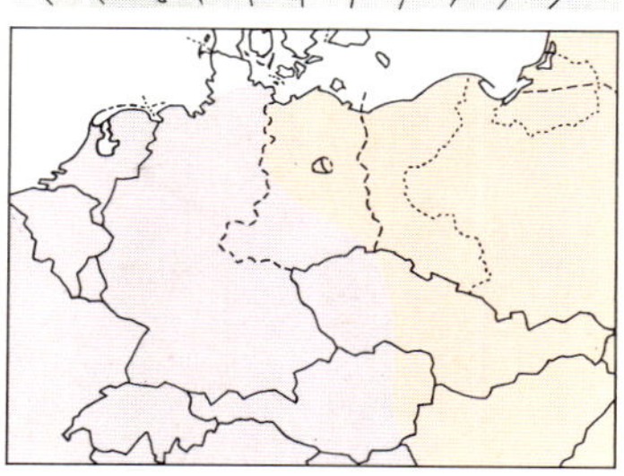

Teilzieher; überwintern meist in Nord- und Zentralafrika; durch fortschreitende Bodenkultur in Mitteleuropa als Brutvogel sehr selten

Seiner Erscheinung nach könnte der Triel ein Watvogel sein; sein schriller nächtlicher Ruf ‚ku-li' erinnert an die Laute des Großen Brachvogels. Tatsächlich ist dieser seltsame Vogel mit Möwen ebenso verwandt wie mit Watvögeln. In Mitteleuropa sind Triele in geringer Zahl östlich der Elbe auf öden sandigen Flächen, in jungen Kiefernkulturen und auf den Geröllbänken der Flüsse verbreitet. Man findet sie kaum in Sümpfen. Sie ziehen trockene sandige Heidegebiete vor.

Trielpaare scheinen sich in ihrem Leben nicht zu trennen und kehren oft Jahr für Jahr in das gleiche Nistrevier zurück. Beim Balzen verneigen sie sich und schnäbeln, und man konnte beobachten, wie Vögel aufgeregt umherrennen und Halme, Steinchen und andere kleine Dinge aufklauben und über die Schulter werfen. Die selbst in der Brutzeit sehr geselligen Vögel halten in der Abenddämmerung und nachts miteinander Zwiesprache. Dabei sind Triele sehr wachsam. Bei verdächtigen Geräuschen reißen sie den Kopf herum und *erstarren*, wenn man sie überrascht. Alt- und Jungvögel drücken sich flach ins Nest, strecken Kopf und Hals vor und verharren unbeweglich in dieser Stellung. Vor Beginn der Zugzeit, im August und September, schließen sie sich auf Sammelplätzen zu größeren Trupps zusammen und wandern im Oktober weg.

KENNZEICHEN: *hellbraun mit braunen Streifen; große gelbe Augen, hellgelbe Beine, runder Kopf und kurzer Schnabel; Geschlechter gleich.*
BRUT: *beide Partner scharren auf kahlem Boden, oft aber in der Nähe eines Busches, der das Wegschleichen erleichtert, eine Mulde in den Boden, die sie mit weißen Steinchen oder Kaninchenmist auslegen; das Weibchen legt Ende April bis Juli 2 hellbraune, meist stark braun gesprenkelte Eier, die beide Eltern in etwa 26 Tagen ausbrüten; beide versorgen die Jungen, die kurz nach dem Ausschlüpfen das Nest verlassen und nach etwa 40 Tagen flügge sind; brütet mitunter zweimal.*
NAHRUNG: *Schnecken, Bodeninsekten, deren Larven, Regenwürmer; auch Feld- und Wühlmäuse, Frösche, Eidechsen, Küken von Rebhühnern und Fasanen.*

Im Flug sind beim Triel die weißen Flügelbinden zu erkennen

Ziegenmelker

Caprimulgus europaeus 27 cm

MÄNNCHEN

In der Dämmerung verläßt der Ziegenmelker sein Tagesversteck und jagt bei Zwielicht auf seinen langen, weichgefiederten Schwingen lautlos in kurvenreichem Flug Insekten nach, die er mit weit aufgesperrtem Schnabel fängt.

Nach Sonnenuntergang hört man auch sein pausenlos schnurrendes ‚Errörrrerrörrr', das plötzlich an- und abschwillt, wenn der Vogel – meist *längs* auf einem Ast sitzend, selten *quer* – den Kopf hin- und herdreht. Im Balzflug ruft er eulenartig ‚schrui', leise, aber anhaltend. Sein Flügelschlag klingt dabei laut wie ein Peitschenknall. Tagsüber liegen Ziegenmelker regungslos am Boden, wo ihr Gefieder aus der Ferne nur schwer vom trockenen Laub zu unterscheiden ist.

Um sein Nest – eine Mulde im nackten Boden, zu der ein Ziegenmelkerpaar Jahr um Jahr wieder zurückkehrt – liegt meist Holz, so daß der Vogel im Sitzen sogar noch besser getarnt ist. Ziegenmelker kehren Mitte Mai aus Afrika heim und brüten in der Heide, jungen Kiefernschonungen, am Waldrand und an anderen Stellen, wo Farnkraut oder Ginster wächst. In Mitteleuropa sind sie in den letzten Jahren vielerorts selten geworden, ohne daß man den Grund dafür kennt. Bei ihren abendlichen Jagdflügen kommen sie auch an Viehweiden. Diese Angewohnheit hat ihnen schon im Altertum ihren Namen eingetragen, da man glaubte, sie mölken mit ihrem großen Schnabelspalt tatsächlich Ziegen.

KENNZEICHEN: *Nachtvogel mit langen, falkenartigen Flügeln und ebensolchem Schwanz; Gefieder in graubrauner Tarnfarbe; mit Borsten besetzter Schnabelspalt; das Männchen hat nahe der Flügelspitze weiße Flecken, die dem Weibchen fehlen; kennzeichnender Gesang.*

BRUT: *das Weibchen legt in eine Mulde Ende Mai bis Juli 2 weiße, braun oder grau marmorierte Eier und brütet sie in etwa 18 Tagen meist selber aus; beide Eltern füttern die Jungen, die nach etwa einer Woche das Nest verlassen, aber in der Nähe bleiben, bis sie nach rund 17 Tagen flügge sind.*

NAHRUNG: *Insekten, die meist im Flug gefangen werden.*

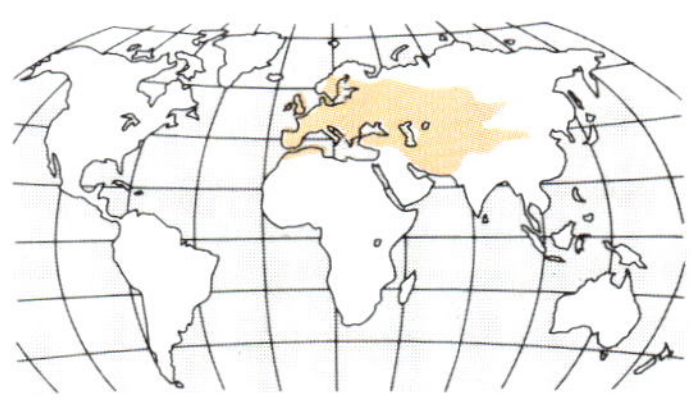

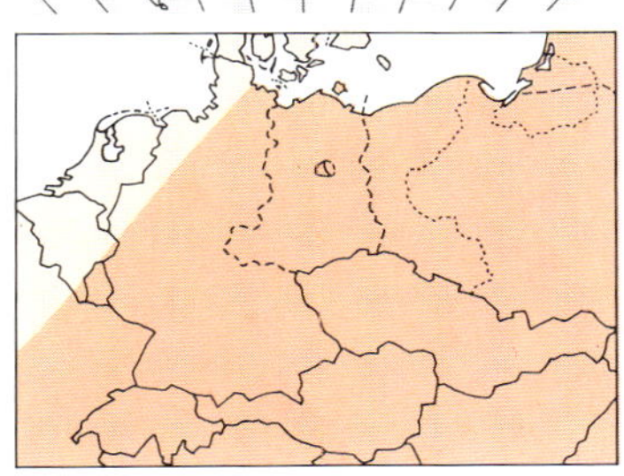

Zugvogel; überwintert meist in Ost- und Südafrika; trifft in Mitteleuropa Mitte April/Anfang Mai ein und zieht im August/September wieder weg

Der Ziegenmelker jagt hauptsächlich nachts Käfer und Nachtfalter im Flug

Wiedehopf

Upupa epops 28 cm

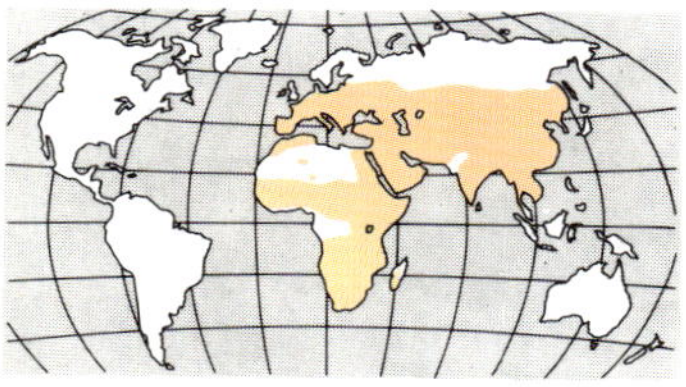

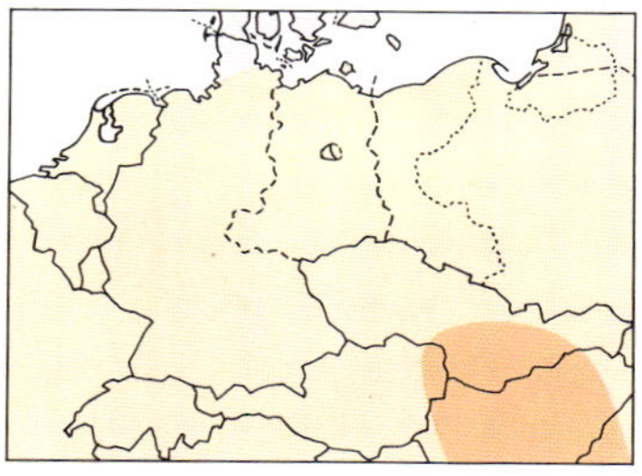

Zugvogel, der in Afrika südlich der Sahara überwintert; einzelne bleiben schon in Südeuropa

Mit dem Kopfschmuck eines Indianerhäuptlings, orangefarbenem Gefieder und breiten schwarzen und weißen Bändern auf Schwingen und Schwanz wirkt der Wiedehopf wie ein exotischer Vogel. Dazu kommt der Reiz der Seltenheit, denn der einst bei uns weit verbreitete Vogel brütet nur noch in geringer Zahl und fehlt schon auf weiten Strecken. Wo Vieh weidet, hält er sich gern auf, denn dort kann er mit seinem langen Schnabel in Kuhfladen nach Käfern und deren Larven stochern.

Schnell und weit hörbar ruft er in gleicher Tonlage wie der Kuckuck ‚hu-hu-hu', dem er seinen wissenschaftlichen Namen *Upupa* verdankt. Rauh und starartig klingt der Alarmruf ‚errr'. Er fliegt keineswegs so ungeschickt, wie es scheint, und kann in der Luft besser manövrieren als ein Falke.

Beim Balzen richtet das Männchen immer wieder den Schopf auf und verneigt sich, die Schnabelspitze gegen einen Ast gedrückt, vor dem Weibchen, das es übrigens während der Brutzeit füttert. Nähert sich ein Feind der Bruthöhle, dann spritzen die Jungen ihren Darminhalt, der nicht riecht, bis 60 cm weit. Gleichzeitig fließt aus der Bürzeldrüse ein Tropfen eines furchtbar stinkenden Sekrets aus, das die Nestlinge nur bis zum Alter von 30 Tagen produzieren können. Auch das brütende Weibchen ‚stinkt wie ein Wiedehopf', wie man volkstümlich sagt.

KENNZEICHEN: *Gefieder orangebraun; Schwingen und Schwanz mit breiten schwarzen und weißen Bändern; orangefarbener Schopf; langer, gebogener Schnabel mit schwarzer Spitze; beide Geschlechter gleich.*
BRUT: *brütet in Höhlen von Bäumen oder Mauern oder in Nistkästen; meist kein Nistmaterial; nur Kot sammelt sich in der Nisthöhle an; ab Mai bis Juni legt das Weibchen 5–8 hellgraue bis cremefarbene Eier und brütet sie in 18 Tagen aus; die von beiden Eltern gefütterten Jungen verlassen nach 3–4 Wochen das Nest.*
NAHRUNG: *Engerlinge, Käfer, Feld- und Laubheuschrecken, Schmetterlinge, Ameisen, Ohrwürmer, Fliegen; manche Spinnen, Hundertfüßler und Würmer.*

Im Fluge gleicht der Wiedehopf einem riesigen schwarzweißen Schmetterling

Heidelerche

Lullula arborea 15 cm

Der flötende Gesang der Heidelerche ist zwar nicht so lebhaft wie das Lied der Feldlerche, macht aber durch seinen Wohlklang wett, was ihm an Kraft fehlt. Auch ihr Singflug ist nicht minder eindrucksvoll. Sie stimmt ihr Lied meist schon in geringer Höhe an, wiederholt zunächst ein oder zwei Laute ungefähr sechsmal, dann legt sie eine Pause ein, als wollte sie tief Luft holen, und fährt mit einer Reihe kurzer flüssiger Strophen fort. Dabei fliegt sie in Spiralen hoch über ihr Revier empor, kreist dann bis auf etwa 30 m wieder herunter und läßt sich schließlich zu Boden fallen. Sie singt seltener vom Boden aus, meist von einer Warte mit freiem Ausblick auf ihr Revier, in der Regel von einem Baum herab *(Baumlerche)*. Ihren Gesang hört man hauptsächlich von März bis Mitte Juni, manchmal auch nachts.

Heidelerchen nisten fast überall in grasigem Gelände, mit einzelnen Sträuchern und Bäumen, vor allem auf sandigen Heideflächen wie den norddeutschen Kiefernheiden, ihrem Hauptverbreitungsgebiet. In Teilen Mitteleuropas wie in Schleswig-Holstein und in Süddeutschland ist sie nur lokal verbreitet, kommt aber hoch im Gebirge vor. Man findet sie meist nicht neben der Feldlerche, die leichter Brutplätze findet als die das Kulturland meidende Heidelerche.

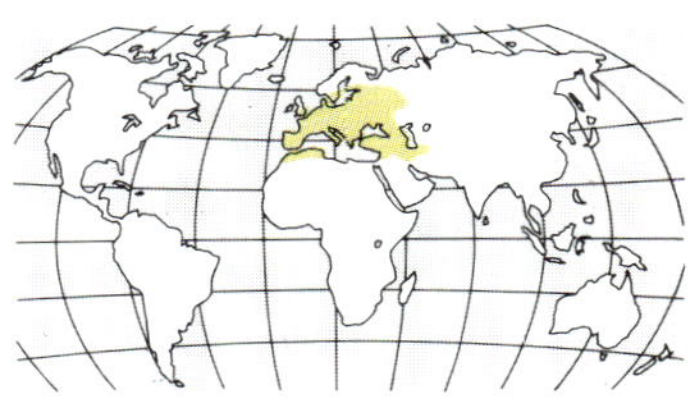

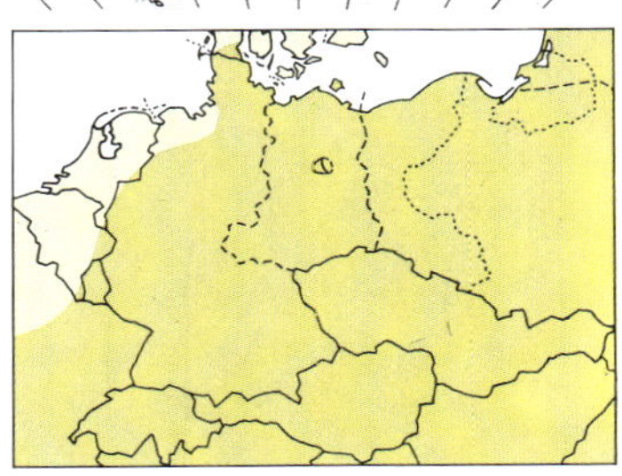

Teilzieher; die Vögel aus dem Nordosten überwintern in den Mittelmeerländern, vereinzelt auch in Deutschland; im übrigen ist sie bei uns Sommervogel

KENNZEICHEN: *gestreiftes braunes Gefieder mit weißen Augenstreifen, die im Genick zusammentreffen; kleine, schwarze und weiße Abzeichen beim Flügelbug; kleiner als die Feldlerche, mit kürzerem Schwanz ohne weiße Kanten, niedrigerem Schopf und anderem Gesang; beide Geschlechter gleich.*
BRUT: *beide Geschlechter bauen in Bodenvertiefungen ein Nest aus Gras und Moos und legen es mit Gras aus; das Weibchen legt Ende März bis Juli meist 3–5 hellgraue, fein rotbraun oder olivfarben gesprenkelte Eier und brütet sie in 13–15 Tagen aus; beide Eltern füttern die Jungen, die nach 11–12 Tagen das Nest verlassen und wenige Tage darauf flügge sind; brütet meist zweimal, bisweilen auch dreimal im Jahr.*
NAHRUNG: *Vornehmlich Insekten; ferner Spinnen; im Herbst auch Samen.*

Die Heidelerche fliegt in Kreisen, wenn sie ihr anmutiges Lied singt

Haubenlerche

Galerida cristata 17 cm

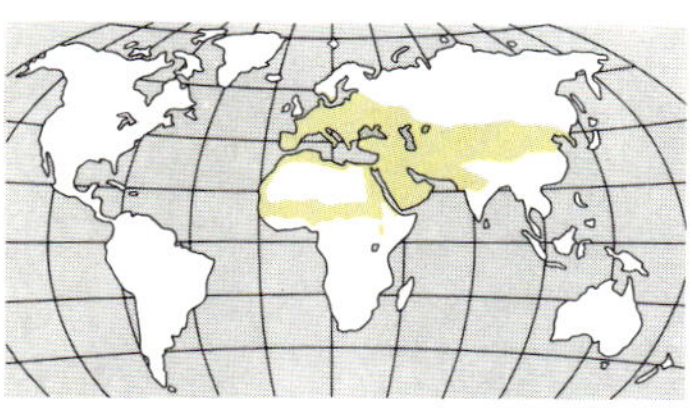

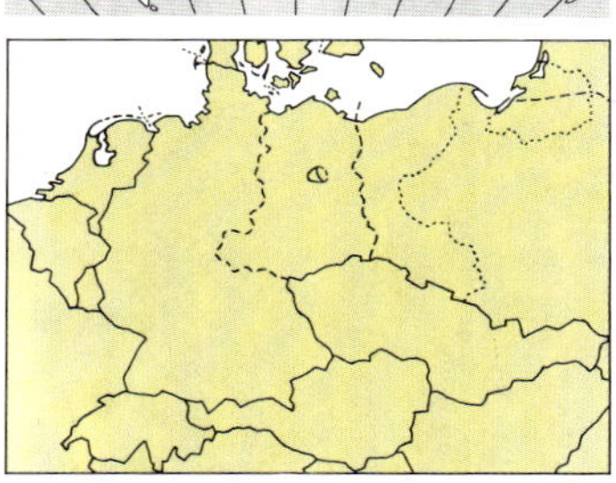

Standvogel, der sich in Mitteleuropa im Winter vorwiegend in Städte und Dörfer seines weiteren Brutgebietes zurückzieht; nur ausnahmsweise sind weitere Wanderungen festgestellt worden, etwa von Schweden nach Frankreich

Die Haubenlerche breitete sich besonders entlang den Bahnkörpern aus

Die Haubenlerche ist ein Steppenvogel, der in Mitteleuropa Bahndämme, Straßen, Flug- und Sportplätze und ähnliches Brachland am Rande von Ortschaften bewohnt. Sie gelangte frühestens zur Römerzeit durch die Burgundische Pforte ins Rheintal, wo sie im 16. Jahrhundert in Quellen genannt wird. Von Südosten her drang sie gleichzeitig nach Böhmen und im 17. Jahrhundert nach Sachsen vor. Im 19. Jahrhundert verbreitete sie sich entlang den Straßen, schon den Napoleons, und den Eisenbahnlinien ziemlich gleichmäßig über ganz Mitteleuropa. Auf den Straßen fand sie das ganze Jahr über in Pferdeäpfeln reichlich Nahrung. Noch vor 70 Jahren war der unscheinbare, aber durch sein spitzes Häubchen auffallende Vogel allbekannt. Doch als Kiesstraßen dem Asphalt, Pferde dem Auto wichen, verschwand die Haubenlerche aus ganzen Landstrichen. Als Ruinen- und Trümmervogel erholte sich ihr Bestand nach dem Kriege nur vorübergehend.

Im Frühling flöten Haubenlerchen als Stimmfühlungsruf oft laut ihr ‚Tritritritrieh', das auch im Sitzen und Fliegen erklingt, wenn sie beunruhigt sind. Auch andere Pfiffe pfeifen sie vollendet nach, wie den eines Schäfers bei Erlangen, dessen Hunde ihnen folgten wie ihrem Herrn. Dabei pfiffen sie, wie Klangvergleiche zeigten, viel reiner und mit mehr Gefühl für Takt und Tonhöhe als dieser.

KENNZEICHEN: *plumper als die Feldlerche; mit auffälligem spitzen Schopf; läßt bei der Balz die Flügel am Boden hängen; Gesang feldlerchenartig, aber häufig mit kennzeichnendem Flötenpfiff*

BRUT: *das Weibchen baut, vom Männchen begleitet, ein ziemlich liederliches Bodennest aus Halmen, Wurzeln und Stoppeln; ab April bis Juni legt es 3–5 Eier, die denen der Feldlerche ähnlich, aber bauchiger und gröber gefleckt sind; Brutdauer 13 Tage; die von beiden Eltern gefütterten Jungen verlassen schon nach 9 Tagen das Nest; meist 2 Bruten im Jahr.*

NAHRUNG: *vorwiegend Grassamen und Getreidekörner; dazu tierische Kost aus am Boden lebenden Insekten, besonders Ameisen und Käfer.*

Brachpieper

Anthus campestris 16,5 cm

Weil der Brachpieper sich nur in sandigem Gelände mit spärlichem und niedrigem Pflanzenwuchs wie Heidekraut und Ginster wohl fühlt, kommt er in Mitteleuropa lediglich zerstreut vor, am ehesten auf Waldblößen, weiten Heiden, mancherorts auf sandigen Äckern, ausnahmsweise sogar an den Sandufern fließender oder stehender Gewässer. Geschlossene Waldgebiete und schwere oder nasse Böden meidet er. Er ist bis Innerasien verbreitet. In den ausgedehnten Trockengebieten Asiens darf man wohl auch seine Urheimat suchen.

Wie sein Verhalten mehr noch als das anderer Pieperarten zeigt, zählt man ihn und seine Verwandten mit Recht zu den Stelzen. Gleich einer Bachstelze läuft er eilfertig am Boden hin und her, verhält gelegentlich und wippt nach Stelzenart mit dem Schwanz. Hin und wieder erhebt sich das Männchen in die Luft, stets vom Boden und nicht von einer Baumspitze oder einem Leitungsdraht aus wie der Baumpieper, und läßt dabei eintönige, etwas sperlingsartige Rufe hören, um dann, wenn er in weitem Bogenflug zur Erde herabschwebt, einen kurzen Gesang zum besten zu geben, der wie ‚zirlui' oder ‚griedlihn' klingt und sich bei weitem nicht mit den kanarienartigen Strophen des Baumpiepers, ja nicht einmal mit dem bescheidenen Lied des Wiesenpiepers messen kann.

KENNZEICHEN: *großer, hochbeiniger, fahl sandbraun gefärbter Pieper; nur undeutlich gefleckt; Jungvögel an der Brust stärker gestreift.*
BRUT: *baut in Bodenvertiefungen, meist unter überhängendem Gras oder Heidekraut sein gut verstecktes, napfförmiges Nest aus Halmen, Wurzeln, Stengeln, Gras und Moos und legt es mit feinem Material aus; das Weibchen legt ab Ende Mai 4–5 (ausnahmsweise 6) weißliche oder grünliche, auch gelbliche oder rötliche, sparsam dunkelbraun gefleckte Eier und brütet sie in 13–14 Tagen aus; die Jungen verlassen, schon gut befiedert, nach 14 Tagen das Nest, können aber erst sehr schlecht fliegen.*
NAHRUNG: *kleine Insekten, deren Larven und Puppen, vor allem Käfer; auch kleine Schnecken, Würmer und dergleichen.*

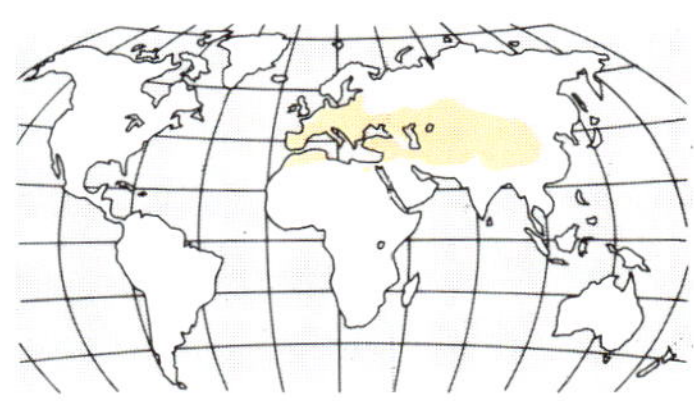

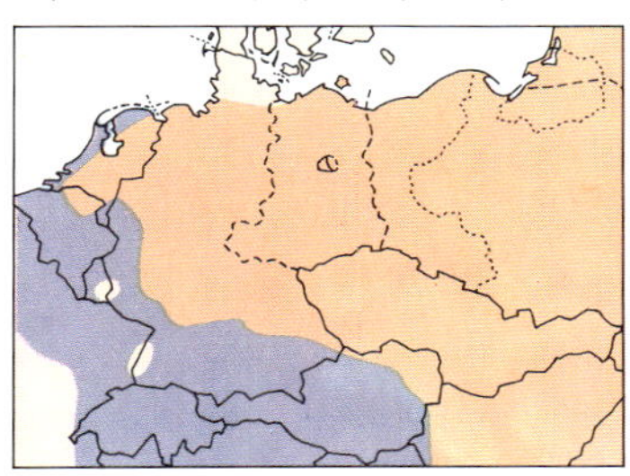

Zugvogel; trifft Ende April bei uns ein und zieht im August und September wieder nach Afrika, südwärts bis Gambia und Kenia, wo er den Winter verbringt

Nur in spärlich bewachsenem sandigen Gelände hält sich der Brachpieper auf

Baumpieper

Anthus trivialis 15 cm

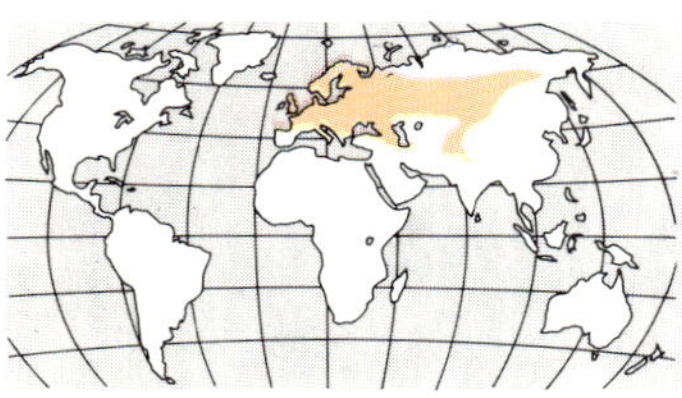

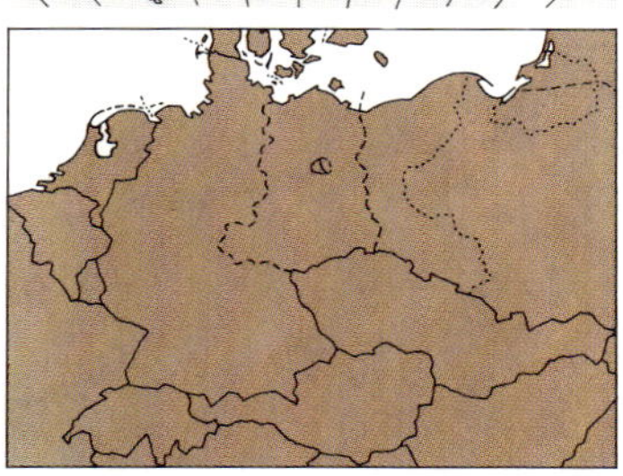

Zugvogel; als Sommervogel von April bis Oktober in Mitteleuropa vom Meer bis über 2000 m in den Alpen weit verbreitet; überwintert meist südlich der Sahara und in Südasien

Beim Singflug gleitet der Baumpieper mit gespreizten Flügeln schräg abwärts

Wie alle seine Gattungsgenossen hat der Baumpieper ein unscheinbares Gefieder. Um so mehr fällt er durch seinen Singflug auf. Das Männchen fliegt dabei von einem erhöhten Sitzplatz steil in die Luft, stimmt, kurz bevor es an der höchsten Stelle angelangt ist, sein Lied an, das auch nicht verstummt, während der Vogel mit gespreizten Flügeln und Schwanz schräg abwärtsgleitet, und schließlich mit einer Folge von anschwellenden *Zia-zia-zia*-Lauten ausklingt. Im Gegensatz zu dem sehr ähnlichen Wiesenpieper, der seinen Singflug am Boden beginnt und endet, kehrt der Baumpieper auf den gleichen oder einen anderen Ast zurück. Der Wiesenpieper läßt ferner sein Lied nicht mit einem anschwellenden ‚Zia' ausklingen, und seinen Ruf, ein kurzes ‚Ist', kann man kaum mit dem lauten, betonten ‚Psih' des Baumpiepers verwechseln.

Der Baumpieper brütet eigentlich in allen unkultivierten Gegenden in Waldnähe oder mit vereinzelten Bäumen oder Telegraphenmasten, wo das Männchen seinen Singposten beziehen kann, sogar im lichten Wald oder am Rande von Lichtungen. Bei der Balz jagen sich die Partner vor allem, indem sie ruckartig aufeinander losfliegen. Nach der Paarung bauen sie gut versteckt am Boden ein Nest, manchmal unter einem Grasbüschel oder an einer Böschung und oftmals mit einem mauselochartigen Einschlupf.

KENNZEICHEN: *Oberseite braun; Brust gelbbraun mit kräftigen Streifen; Ruf und Singflug anders als beim Wiesenpieper; beide Geschlechter gleich.*

BRUT: *baut aus dürrem Gras auf einer Moosunterlage am Boden ein Nest, das mit Gras und Haaren ausgelegt wird; das Weibchen legt ab Mai bis Juni meist 6 Eier unterschiedlicher Färbung, oft rotbraun oder grau mit dunkleren Flecken oder marmoriert, die es in 13–14 Tagen ausbrütet; beide Eltern füttern die Jungen, die nach 12–13 Tagen das Nest verlassen; brütet bei uns meist nur einmal im Jahr.*

NAHRUNG: *Insekten und deren Larven, besonders Käfer, Fliegen und manchmal auch Heuschrecken; ferner Spinnen.*

Neuntöter

Lanius collurio 17 cm

Der Angewohnheit, seine Beute auf Dornen und Stacheldrähten aufzuspießen, hat der Neuntöter auch den Namen *Dorndreher* zu verdanken. Mit seinen Opfern – meist Käfern und Bienen, manchmal auch jungen Vögeln – füllt er seine *Schlachtbank* so reichlich, daß er oft gar nicht alles vertilgen kann. Sein Name rührt daher, daß man früher glaubte, er müsse mindestens neun Tiere töten, bevor er an die Mahlzeit gehen könne. Der Neuntöter jagt wie ein kleiner Falke: manchmal lauert er an erhöhter Stelle auf Büschen, Bäumen oder Telegraphendrähten, *rüttelt* zuweilen oder gleitet schnell an Hecken entlang, bevor er sich auf seine Beute stürzt.

Seine Rufe sind gewöhnlich rauh. Am häufigsten hört man ihn verärgert oder beunruhigt ‚tschäck-tschäck' rufen. In seinem zwitschernden Gesang imitiert er Laute und Silben anderer Vögel. Man hört ihn im Mai, wenn Neuntöter in ihre Brutgebiete heimziehen, und bei den kurzen Balzflügen.

Neuntöter brüten im Heideland und offenen Gelände, wo zahlreiche Hecken Gelegenheit zum Jagen und Nisten bieten. Sie sind in Mitteleuropa die häufigsten Würger, nachdem Rotkopf- und Schwarzstirnwürger aus Nord- und Mitteldeutschland fast ganz verschwunden sind, werden aber in letzter Zeit auch immer seltener.

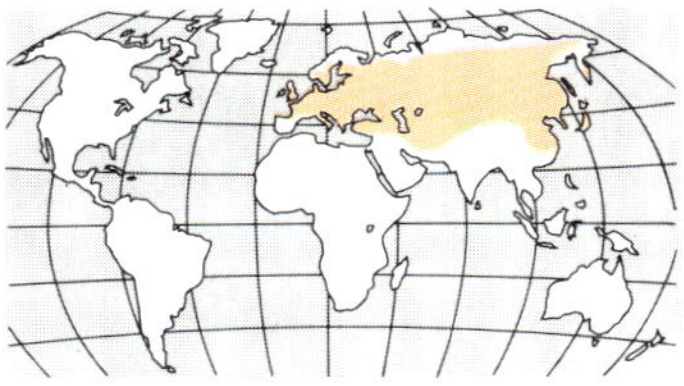

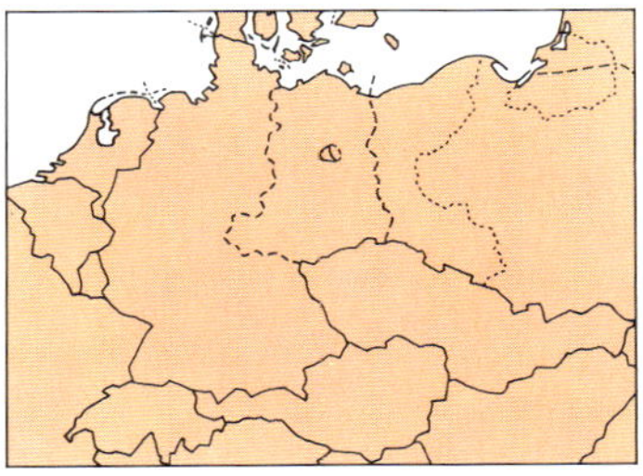

Zugvogel; von Ende April bis Oktober in Mitteleuropa; zieht stets nach Südosten um das östliche Mittelmeer herum ins tropische Afrika bis zum Kapland und nach Südasien

KENNZEICHEN: *beim Männchen Rücken kastanienbraun, Scheitel und Bürzel hell blaugrau, schwarzer Zügelstreif durch das Auge; Weibchen in den Farben matter mit braunem Rücken und Kopf und leicht gestreifter Brust.*
BRUT: *in einer dornigen Hecke baut meist das Männchen das Nest aus Gras und Moos, polstert es mit Haaren und Wurzeln aus und schmückt es manchmal mit Federn; das Weibchen legt ab Mai bis Juli meist 4–6 rahmfarbene bis rosarote oder blaßgrüne Eier mit dunkler Zeichnung und brütet sie zum Großteil selbst in etwa 14 Tagen aus; beide Eltern füttern die Jungen, die nach zwei Wochen das Nest verlassen; nur eine Brut im Jahr.*
NAHRUNG: *Insekten, vor allem Käfer und Bienen, manchmal auch junge Kleinvögel; kleine Säugetiere, kleine Frösche, Würmer.*

Der *Neuntöter* spießt eine Biene auf einen Dorn seiner *Schlachtbank*

Raubwürger

Lanius excubitor 24 cm

Schwarzstirnwürger

Lanius minor 20 cm

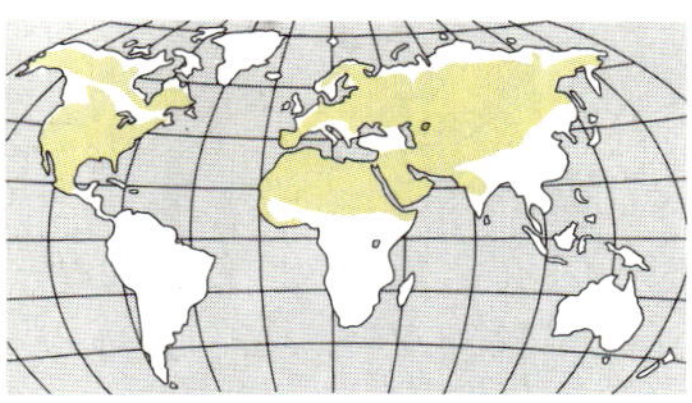

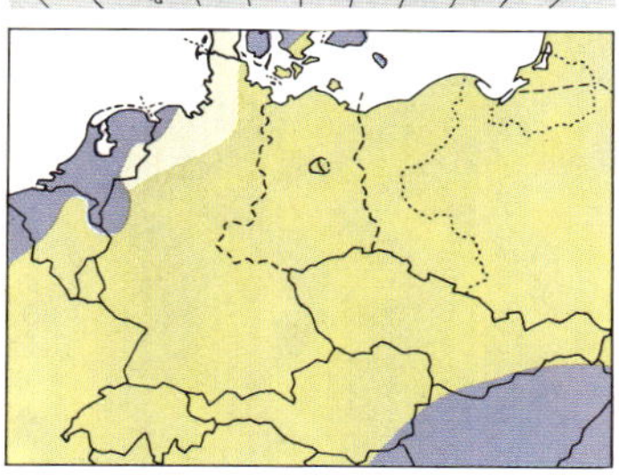

Der Raubwürger (Verbreitung siehe Karten) ist in Mitteleuropa Stand- und Strichvogel, der Schwarzstirnwürger ein ausgesprochener Zugvogel, der im August ins südliche Afrika zieht und Ende April/Anfang Mai wieder nach Mitteleuropa zurückkehrt

Seltener spießt auch der Schwarzstirnwürger Insekten auf Dornen

Raub- und Schwarzstirnwürger, obwohl wahrscheinlich nicht besonders nahe verwandt, ähneln einander sehr. Beide sind heute in Mitteleuropa selten. Mehr noch als der Rotkopfwürger hat der wetterempfindliche Schwarzstirnwürger unter den feuchteren und kühleren Sommern bei uns zu leiden. Er brütet jetzt nur noch vereinzelt im Rhein-Main-Gebiet, am Neckar und am Oberrhein. Der Raubwürger kann zwar strenge Kälte vertragen, scheint aber feucht-kühle Sommer auch nicht zu schätzen, wie sein gänzliches Fehlen auf den Britischen Inseln zeigt. Sein Bestand hat sich dazu wohl auch deshalb so rasch vermindert, weil er vom Menschen verfolgt wurde.

Der drosselgroße Raubwürger, der größte unserer Würger, ruft elsternartig *schakernd* ‚schäk-schäk' und laut ‚truü'. Ein lauteres ‚Truü' und *Schakern* untermischt auch seinen leise zwitschernden Gesang. Der Schwarzstirnwürger ruft und singt ähnlich. Die Eigenart aller Würger, beim Platzwechsel von einer Baum- oder Strauchspitze zur anderen niedrig über den Boden zu fliegen und erst knapp vor dem Ziel sich wieder in die Höhe zu schwingen, ist beim Raubwürger besonders ausgeprägt. Raubwürger klemmen ihre Beute oft zwischen Äste oder in eine Spalte; Schwarzstirnwürger spießen sie selten auf oder klemmen sie ein wie andere Würger.

KENNZEICHEN: *hellgrau und weiß; Flügel und Schwanz schwarzweiß; helle Stirn; breiter schwarzer Augenstreif; dieser bildet beim Schwarzstirnwürger mit der schwarzen Stirn eine Gesichtsmaske.*
BRUT: Raubwürger *bauen auf Bäumen oder in Sträuchern große, festgefügte Nester; Gelege aus 5–7 weißlichen Eiern mit grauen Schalen- und braunen Oberflecken; Brutdauer etwa 15 Tage; beide Eltern füttern; die Jungen verlassen nach 19–20 Tagen das Nest.* Der Schwarzstirnwürger *nistet meist auf Laubbäumen; seine 4–7 gelblichen oder grünlichweißen Eier sind nur sparsam gefleckt; seine Jungen bleiben 14–16 Tage im Nest.*
NAHRUNG *des* Raubwürgers: *Kleinsäuger, Kleinvögel, Eidechsen, Frösche, Insekten; des* Schwarzstirnwürgers: *fast ausschließlich Insekten.*

Feldschwirl

Locustella naevia 13 cm

Schlagschwirl

Locustella fluviatilis 15 cm

Das Lied der Schwirle ähnelt dem Zirpen der Heuschrekken und Grillen so sehr, daß der Feldschwirl auch *Heuschreckensänger* genannt wird. Ihr Gesang ist eigentlich ein Schwirren, das sich wie ein Fahrrad im Freilauf anhört; beim Schlagschwirl klingt er wetzend und ist lauter und reiner. Beide Vögel hört man morgens und abends, zuweilen mitten in der Nacht.

Die heimlichen und unauffälligen Schwirle verbringen die meiste Zeit mit Nahrungssuche im dichten Buschwerk. Manchmal setzt sich aber das Männchen zum Singen auf einen Zweig, zuckt dabei mit dem ganzen Körper und dreht den Kopf von einer Seite zur anderen. Ähnlich wie die Stimme eines Bauchredners kann man das Schwirren des Feldschwirls schwer orten. Bei der Balz verfolgt das Männchen, einen Grashalm oder Blatt im Schnabel und langsam mit den Flügeln schlagend, das durch Gras und Zweige kriechende, umherpickende Weibchen.

In letzter Zeit brüten Feldschwirle bei uns häufiger. Dafür haben Kahlschläge und Aufforstung gesorgt. Schlagschwirle dringen von Osteuropa nach Westen vor, werden aber schon zwischen Oder und Elbe selten. Im Winter ziehen sie bis Südafrika. Feldschwirle hat man in Spanien und Nordafrika beobachtet. Sonst ist wenig über ihre Winterquartiere bekannt.

KENNZEICHEN: Feldschwirl *braun mit gestreiftem Rücken; langer gerundeter Schwanz; bräunlichweiße Unterseite; schwirrender Gesang;* Schlagschwirl *ähnlich, aber mit ungefleckter erdbrauner Oberseite; weißlicher, vorn schwach gestreifter Unterseite; Schwanz breit; wetzender Gesang, lauter, reiner und ungleichmäßiger als beim Feldschwirl.*
BRUT: *beide Partner bauen im dichten Bewuchs auf oder nahe am Boden auf trockener Laubunterlage ein Nest aus Gras, oft mit gedecktem Zugang; das Weibchen legt Ende Mai bis Juli meist 4–6 weißlichgelbe, stark rotbraun (beim Schlagschwirl auch grau) gesprenkelte Eier, die beide Eltern in etwa 14 (13) Tagen ausbrüten; beide füttern die Jungen, die nach 10–12 (13) Tagen flügge sind; 1–2 (2) Bruten im Jahr.*
NAHRUNG: *Insekten und deren Larven; manchmal auch Spinnen.*

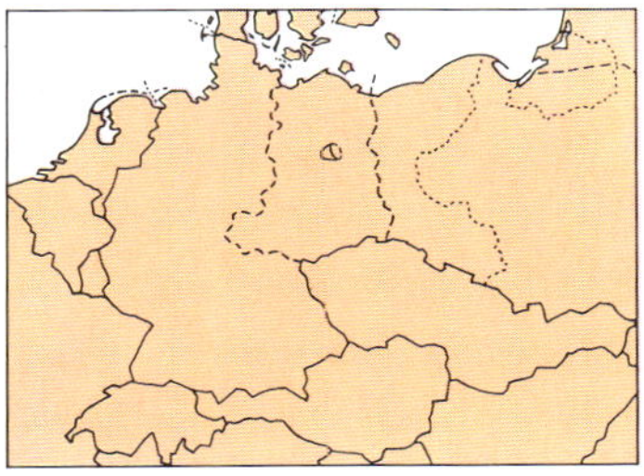

Die Karten zeigen die Verbreitung des Feldschwirls; der Schlagschwirl fehlt in Westeuropa, dringt aber von Osten vor; er überwintert in Afrika, oft weit im Süden; der Feldschwirl zieht nicht so weit

Feldschwirl am Nest; er ist einer der heimlichsten Kleinvögel Mitteleuropas

Klappergrasmücke

Sylvia curruca 13,5 cm

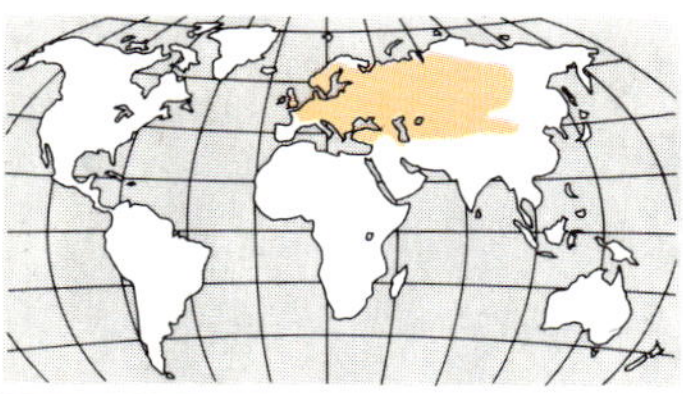

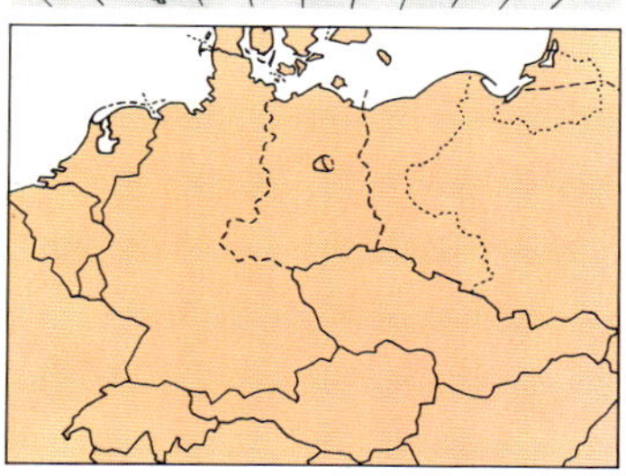

Zugvogel; überwintert im nördlichen, vor allem nordöstlichen Afrika, vereinzelt auch in Indien; von Mitte April bis Oktober in Mitteleuropa, nicht selten in Gärten

Hört man aus einer dichten Hecke wiederholt ein eintöniges *klapperndes* ‚Lüp-lüp-lüp', dann hat sich eine Klappergrasmücke verraten, die viel scheuere und seltenere Verwandte der Dorngrasmücke. Ihr lauter, weithin hörbarer Gesang beginnt meist und endet manchmal mit einem gedämpften melodischeren Gezwitscher. Wenn das Männchen sein Revier verteidigt, singt es auch in der Nähe des Nestes von erhöhter Warte aus.

Ihr Balzverhalten ist typisch für Grasmücken. Während das Weibchen durch dichten Pflanzenwuchs kriecht und rennt, läuft das Männchen ihm nach und baut sich mit gesträubten Brust- und Scheitelfedern vor ihm auf. Manchmal flattert das Männchen auch auf einen Baum und singt. Oft sammelt es Grashalme zum Bau eines *Spielnestes* oder schenkt sie feierlich dem Weibchen als Nistmaterial.

Im Herbst, wenn die Eltern in Sorge um ihre eben flügge gewordenen Jungen sind, hört man oft ihren lärmenden Warnruf ‚Täck-täck'. Um von den Jungen abzulenken, läuft auch einer der Eltern auf dem Boden, als wäre er flügellahm.

Die Klappergrasmücke zieht einzeln im September und Anfang Oktober nach Südosten ab. Sie fliegt nachts und orientiert sich nach den Sternen, wie man 1956 in Freiburg an einer zahmen Klappergrasmücke unter künstlichem Sternenhimmel nachwies.

KENNZEICHEN: *oben grau; dunkle maskenartige Ohrenflecken; unterscheidet sich von der Dorngrasmücke durch das fehlende Kastanienbraun auf den Flügeln und ihren auffallenden Gesang.*

BRUT: *das manchmal mit Spinnweben verzierte Nest aus Halmen, Wurzeln und Haaren liegt in einer Hecke, einem Busch oder immergrünen Strauch; das Weibchen wählt sich eines der* Spielnester *des Männchens und polstert es aus; es legt im Mai-Juni meist 4–6 weißlichgelbe Eier mit spärlicher, aber kräftiger brauner und grauer Zeichnung und brütet sie hauptsächlich selbst in etwa 11 Tagen aus; beide Eltern füttern; die Jungen verlassen nach etwa 11 Tagen das Nest; bei uns 1 Brut im Jahr.*

NAHRUNG: *Insekten und deren Larven; im Herbst auch Beeren.*

Den scheuen Vogel sieht man nur schnell von Busch zu Busch flattern

Dorngrasmücke

Sylvia communis 14 cm

MÄNNCHEN IM BRUTKLEID

Die Dorngrasmücke lebt nicht so versteckt und ist nicht so scheu wie mancher andere Singvogel. In voller Größe zeigt sich das Männchen auf der Spitze eines Busches und singt sein kurzes, aber melodisches Lied. Nach der Ankunft grenzt der Vogel sofort sein Revier ab und paart sich oft schon mit dem ersten Weibchen, das in seiner Nähe auftaucht. Bei der recht heftigen Balz folgt das Männchen mit einem Grashalm im Schnabel in dichtem Abstand dem Weibchen, auf das es plötzlich, in einen kurzen Gesang ausbrechend, wie zum Angriff stürzt. Das Weibchen springt mit gespreizten Flügeln und gefächertem Schwanz das Männchen an und weicht erst im letzten Moment zur Seite. Um diese Zeit beginnt das Männchen an *Spielnestern* zu bauen, oft an dreien nebeneinander, von denen es keines fertigstellt. Der Ruf der Dorngrasmücke ist ein rauhes ‚Tschörr', ein hartes ‚Täck' oder auch ein gedämpfteres ‚Wädwädwäd'.

Ihre weite Verbreitung in Mitteleuropa ist darauf zurückzuführen, daß die Dorngrasmücke sich in vielen Lebensräumen heimisch fühlt – auf buschbestandenen Wiesen, an Feldrainen, Waldrändern, Lichtungen und in jedem Gelände mit Brombeer- und Hagebuttensträuchern, Weiden, Buschwerk und dichten Hecken. Nach der Brutzeit läßt sich die Dorngrasmücke auch manchmal die reifen Früchte und Beeren unserer Gärten schmecken.

KENNZEICHEN: *Kopfkappe des Männchens im Sommer grau, nach der Mauser graubraun; weiße Kehle; ohne die dunklen Ohrdecken der Klappergrasmücke; Flügel beider Geschlechter kastanienbraun; Weibchen etwas matter gefärbt.*
BRUT: *tiefes napfförmiges, mit Roßhaar gepolstertes Nest aus Gras an geschützter Stelle in Bodennähe; das Weibchen bezieht eines der Spielnester und vollendet es, oder beide Partner bauen ein neues; es legt Ende Mai bis Juli meist 4–6 blaßgrüne oder hellbraune, grau gefleckte Eier, die beide Eltern in etwa 12 Tagen ausbrüten; beide füttern die Jungen, die nach rund 11 Tagen das Nest verlassen; meist zwei Bruten im Jahr.*
NAHRUNG: *Insekten und deren Larven; Spinnen; im Herbst auch Beeren.*

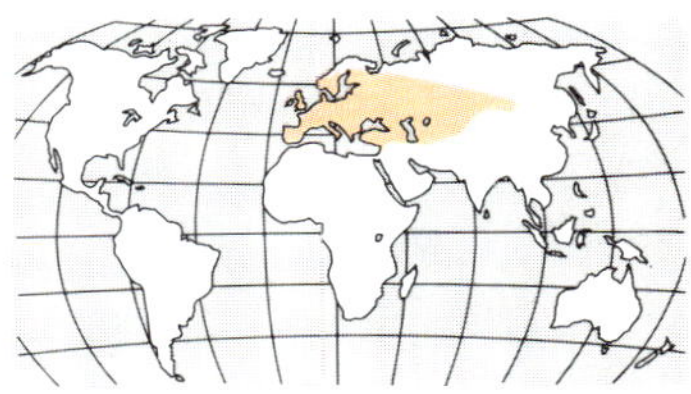

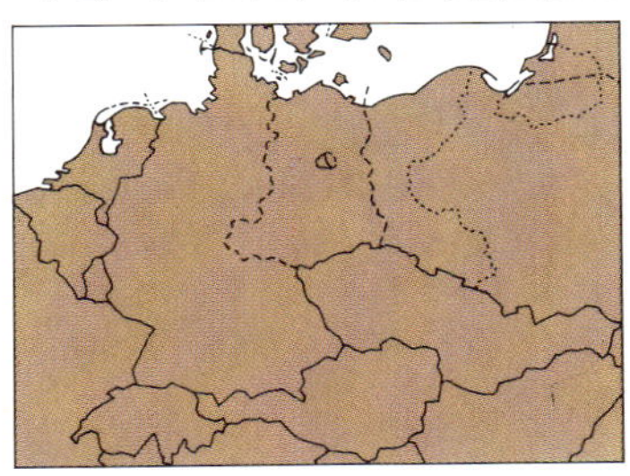

Zugvogel; überwintert in den Savannen vom Südrand der Sahara bis Südwestafrika; von April bis September vor allem an den Hecken unserer Feldraine

Die Dorngrasmücke gleicht beim senkrechten Singflug einer tanzenden Marionette

Sperbergrasmücke

Sylvia nisoria 15 cm

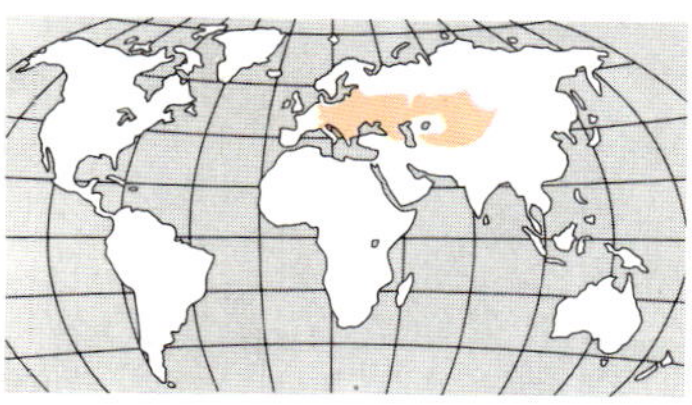

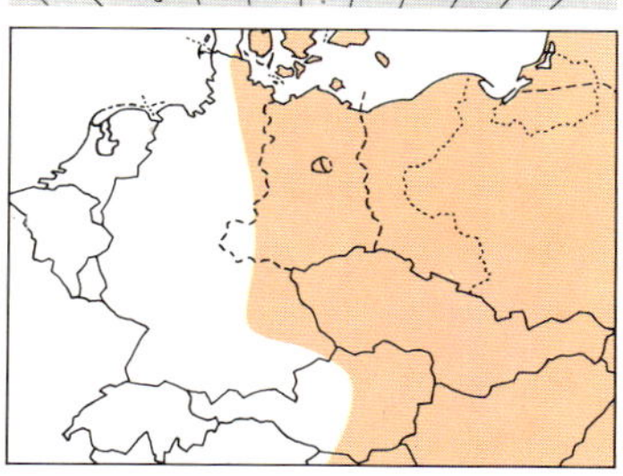

Zugvogel; zieht im August als einer der wenigen Zugvögel in östlicher Richtung weg, überwintert in Ostafrika, kehrt Anfang Mai zurück

Das singende Männchen zeigt seine gesperberte Brust

Diese größte Grasmücke Mitteleuropas unterscheidet sich von allen anderen durch die beim erwachsenen Vogel gesperberte Unterseite. Das auffallend hellgelbe Auge erinnert an die rote oder orangefarbene Iris mancher wohl verwandter mediterraner Grasmücken. Ihr westliches Gegenstück, die ebenfalls große und helläugige, aber nicht gesperberte Orpheusgrasmücke, die in den Mittelmeerländern bis Zentralfrankreich und der Westschweiz verbreitet ist, ähnelt jungen Sperbergrasmücken, die allerdings graue Augen haben.

Sperbergrasmücken bewohnen reichlich mit Dorngestrüpp durchsetzte Waldränder und Feldgehölze, auch dichte Dornhecken und Waldblößen, ähnlich wie der Neuntöter, neben dem sie häufig zu finden sind, allerdings nur im östlichen Mitteleuropa. Westlich einer Linie, die von Ostholstein über die untere Elbe und Westsachsen nach Ostbayern führt, brütet die Sperbergrasmücke nur ausnahmsweise.

Ihr Gesang gleicht ziemlich dem der Gartengrasmücke, ist jedoch an häufig eingestreuten Schnarrlauten, die wie ‚errr' klingen, leicht zu erkennen. Erhebt sie sich aus dem dichten Gebüsch dann noch zum Balzflug, den in Mitteleuropa nur noch die viel häufigere Dorngrasmücke hat, ist jeder Zweifel beseitigt.

KENNZEICHEN: *Männchen oberseits grau, Weibchen braungrau; beide mit heller, beim Männchen goldgelber, beim Weibchen grünlichgelber Augenfärbung und dunkelgebänderter Unterseite; Jungvögel brauner, ohne gesperberte Unterseite und mit grauen Augen.*
BRUT: *beide Partner bauen, gut im Dorngebüsch versteckt ein flaches, napfförmiges Nest aus Halmen und Stengeln; das Weibchen legt von Ende Mai an 5–6 grünlich- oder gelblichgraue Eier mit kaum sichtbaren grauen Flecken, die beide Eltern in 14–15 Tagen ausbrüten; die Jungen sind nach 14–16 Tagen flügge; gibt bei Beunruhigung leichter als andere Singvögel Eier, manchmal auch die Jungen preis; brütet einmal im Jahr.*
NAHRUNG: *Insekten; auch Früchte von kleinen Beeren bis Trauben und Kirschen; selbst die Jungen bekommen außer Insekten auch Beeren.*

Schwarzkehlchen

Saxicola torquata 13 cm

MÄNNCHEN IM SOMMERKLEID

Wenn das hübsche Männchen des Schwarzkehlchens sein mit kratzenden Tönen durchsetztes Liedchen singt, fliegt es tanzend in geringer Höhe über seinem Revier in der Heidelandschaft auf und nieder oder jagt in schnellem Balzflug dem Weibchen nach. Sitzt es aber auf seinem Singposten, auf einer Buschspitze oder einem Telegraphendraht, dann dauert sein Lied nur wenige Sekunden. Dabei wippt es beständig mit dem Schwanz und ruft zwischen den einzelnen Strophen laut sein schroffes heiseres ‚Tsak-tsak' oder ‚Fid-tsak-tsak'.

Schwarzkehlchen ziehen das ganze Jahr hindurch paarweise umher. Oft brüten sie in der gleichen Umgebung, die auch Braunkehlchen zusagt, doch ist in Revieren, in denen die eine Art vorherrscht, die andere anscheinend nur sehr wenig vertreten. Überdies bevorzugt das Schwarzkehlchen unkultivierte Gegenden und ausgesprochenes Ödland; es kommt daher oft in Kiesgruben und an Bahndämmen vor. Auf Wiesen und Äckern findet man es meist nur im Winter. Das Schwarzkehlchen ist besonders stark in den Mittelmeerländern verbreitet. Es fehlt im nordöstlichen Mitteleuropa. In Westdeutschland trifft man es nicht gerade selten, allerdings nur im Tiefland bis in 300 m Höhe, während es in Südeuropa auch hohe Gebirge besiedelt und schon in der Schweiz in Höhen über 1000 m brütet.

KENNZEICHEN: *rundes Vögelchen mit rundlichem Kopf; Männchen im Sommer mit schwarzem Kopf* (Mohrenkopf) *und Rücken, weiße Flekken an Hals, Flügel und Bürzel, kastanienbraune Brust; im Winter brauner und in den Farben matter; Weibchen im Sommer oben braun gestreift, ohne Bürzelfleck; im Winter dunkler.*
BRUT: *das Weibchen baut das Nest hauptsächlich aus Moos, Gras und Haaren auf oder nahe dem Boden; legt Ende März bis Juni meist 5–6 hellblaue, fein rotbraun gesprenkelte Eier und brütet sie in 14–15 Tagen aus; beide Eltern füttern die Jungen, die nach etwa 13 Tagen das Nest verlassen und wenige Tage später flügge sind; 2–3 Bruten im Jahr.*
NAHRUNG: *Insekten und deren Larven, auch Würmer und Spinnen.*

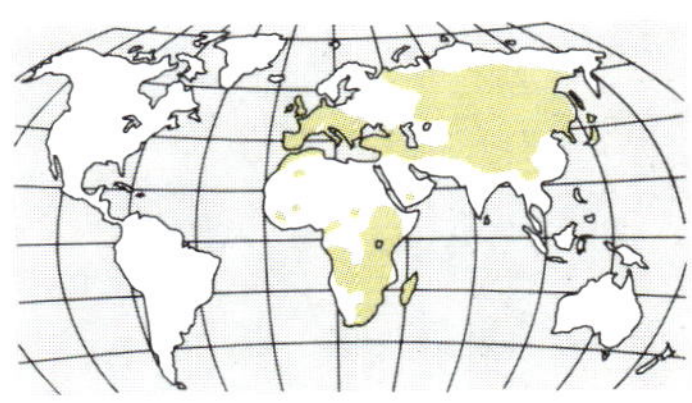

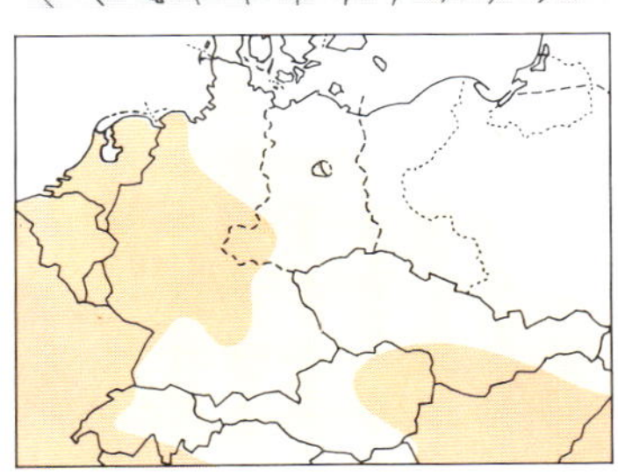

In Mitteleuropa meist Sommervogel, der in Südspanien und Nordafrika überwintert; sonst im allgemeinen Jahresvogel; auch bei uns bleiben einige Vögel im Winter zurück

Weibliches Schwarzkehlchen mit seinem Nest am Fuße eines Ginsterbusches

Steinschmätzer

Oenanthe oenanthe 15 cm

MÄNNCHEN IM BRUTKLEID

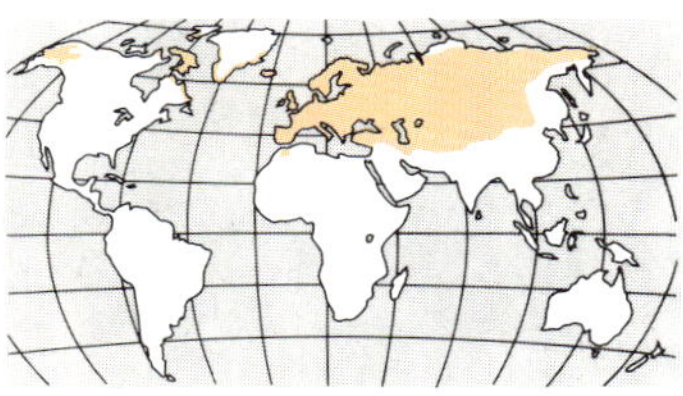

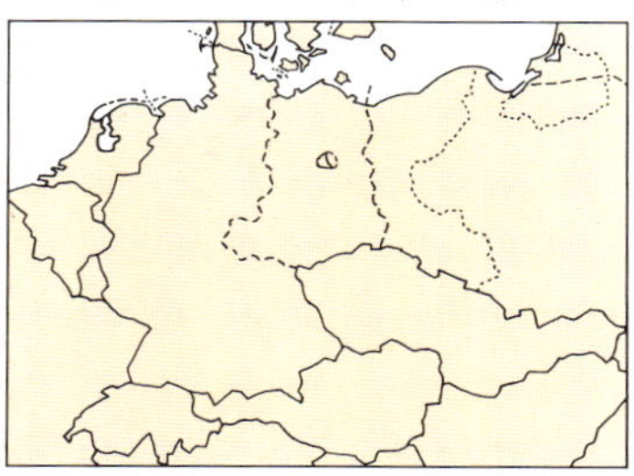

Zugvogel, der im tropischen Afrika und in Südasien überwintert; in Mitteleuropa von Ende März bis Mitte Oktober

Steinschmätzer im Flug mit unverkennbarer schwarzweißer Schwanzzeichnung

Sobald zeitig im März die ersten Steinschmätzer – man erkennt sie an ihrem im Flug sehr auffallenden weißen Bürzel – auf ihren Nistplätzen bei uns eingetroffen sind, beginnen sie ihre sonderbare tänzelnde Bodenbalz. Männchen und Weibchen stehen sich in einer flachen Bodenmulde gegenüber. Das Männchen springt zunächst mit geplusterten Federn in die Luft, hüpft dann in schneller Folge auf den Rand der Mulde oder von einem Rand zum anderen, läßt sich schließlich vor dem Weibchen auf den Boden fallen, streckt den Kopf flach aus, spreizt die Flügel und fächert den Schwanz. Sein Lied, ein rauhes, gepreßtes Zwitschern, singt der Steinschmätzer von niedrigem Sitz aus oder im tanzenden Flug nach der Bodenbalz. Manchmal schwirrt er dabei in der Luft. Wenn er Insekten auf dem Boden nachjagt, bewegt er ruckartig den Kopf und hüpft hin und her. Man hat ihn auch wie einen Falken *rütteln* und auf den Boden herabstoßen sehen.

Unseren Steinschmätzern, die zwischen Ende August und Anfang Oktober wegziehen, folgen andere aus Skandinavien und Finnland. Die deutlich größeren Steinschmätzer aus Grönland, Island und den Färöern fliegen über England und Spanien nach Afrika. Gelegentlich berühren sie bis November Mitteleuropa.

KENNZEICHEN: *beide Geschlechter mit weißem Bürzel; Männchen im Sommer mit blaugrauem Rücken, schwarzen Ohrendecken und Flügeln, unten hellbraun; nach der Mauser Rücken, Ohrendecken und Flügel braun; dem Ruhekleid des Männchens entspricht die Färbung des Weibchens das Jahr über.*

BRUT: *nistet im rauhen, offenen Ödland, in Felsenhöhlen, Kaninchenbauten und Blechbüchsen; das mit Haaren ausgelegte Nest aus Gras und Moos baut meist das Weibchen, das Ende April bis Juni gewöhnlich 6 blaßblaue, manchmal rotbraun gesprenkelte Eier legt und sie in etwa 14 Tagen ausbrütet; beide Eltern füttern; die Jungen verlassen nach ungefähr zwei Wochen das Nest; brütet mitunter 2mal im Jahr.*

NAHRUNG: *meist Insekten und deren Larven; einige Spinnen, Hundertfüßler und Schnecken.*

Berghänfling

Carduelis flavirostris 13 cm

Der Berghänfling steht dem Birkenzeisig näher als dem Hänfling, dessen gestreiften Jungen er ähnelt. Wie der Birkenzeisig hat er einen rosig überhauchten Bürzel. Dem Männchen fehlt allerdings das Rot an Stirn und Brust. Auch sein im Fliegen und Sitzen vorgetragener Gesang ähnelt dem des Birkenzeisigs. Er ruft nasal ‚tschuit' und lockt hänflingsartig, aber weicher ‚gjä-gjä-gjä'.

Im Gegensatz zu Hänfling und Birkenzeisig ist der Berghänfling ein ausgesprochener Bodenvogel, der auf felsigem Ödland mit kleinen Krautpflanzen und niedrigem Buschwerk lebt. In seiner Nahrung ist er nicht wählerisch. Man fand auf seinem Speisezettel Samen von über 90 Pflanzenarten, darunter auch von Bäumen und Gräsern.

Der aus Asien stammende Vogel folgte nach Ende der Eiszeit der kalten Zone nach Skandinavien. Aus dem übrigen Europa vertrieb ihn wohl eine ihm nicht zusagende Klimaänderung, vielleicht auch die Konkurrenz mit dem Hänfling. Dadurch wurde sein Verbreitungsgebiet in zwei weit auseinanderliegende Teile getrennt. In seinem ziemlich geschlossenen asiatischen Brutgebiet, wo er die Hochgebirge bis zu 4500 m bewohnt, fehlt der Hänfling zum großen Teil. Aus seinem norwegischen Brutgebiet erscheint der Berghänfling als Durchzügler und Wintergast zahlreich an der Nordseeküste, nicht so häufig in den norddeutschen Küstenländern und nur gelegentlich in geringer Zahl tiefer im Binnenland.

KENNZEICHEN: *dem Hänfling ähnlich, doch Schnabel gelb und Bürzel beim Männchen rot überlaufen.*
BRUT: *das Weibchen baut am Boden einen kleinen Napf aus trockenem Gras und kleidet ihn mit Haaren aus; es legt Ende Mai und Juni 5–6 bläuliche Eier mit feinen rotbraunen Punkten und Kritzeln und brütet sie in etwa 13 Tagen aus; beide Eltern füttern die Jungen, die nach 15 Tagen das Nest verlassen; oft zwei Bruten im Jahr.*
NAHRUNG: *vielerlei Sämereien, an der Nordseeküste hauptsächlich von Queller, Salzaster, Beifußarten und der Gemeinen Nachtkerze.*

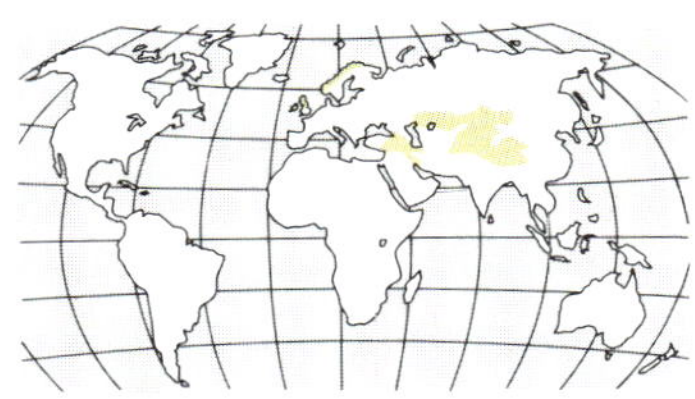

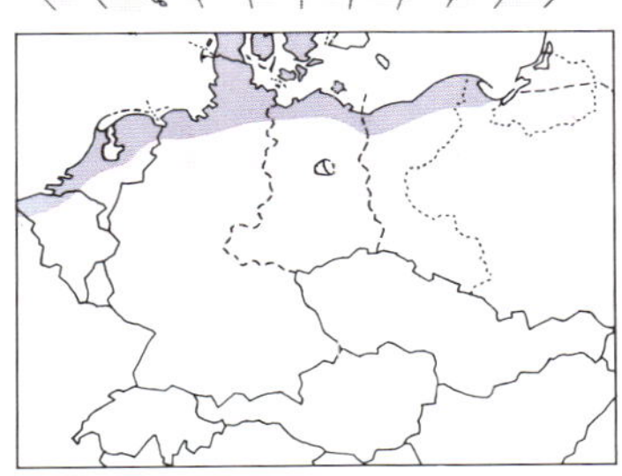

Teilzieher; in Mitteleuropa Wintergast, zieht aus dem norwegischen Brutgebiet nach Norddeutschland, selten bis Mitteldeutschland und nur ausnahmsweise in schneereichen Wintern bis Süddeutschland

Der Berghänfling ist ein ausgesprochener Bodenvogel

Birkhuhn

Lyrurus tetrix Hahn 53 cm Henne 41 cm

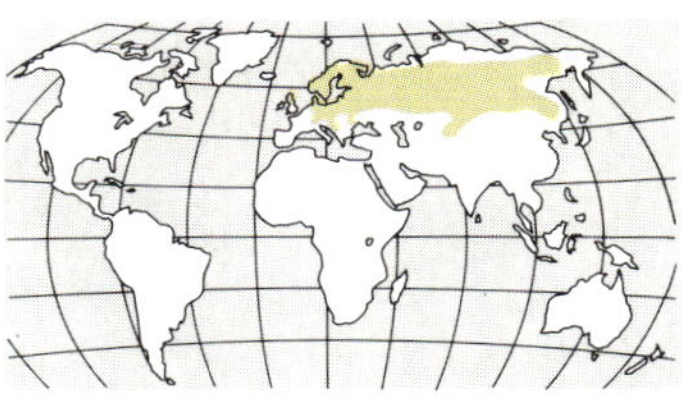

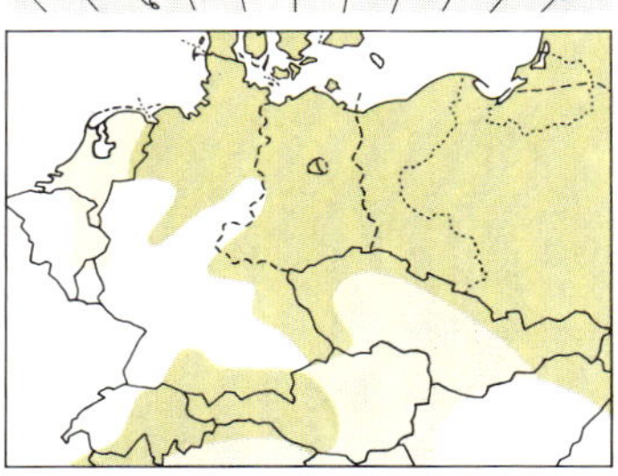

Jahresvogel; in den Alpen oberhalb der Baumgrenze, im Tiefland und Mittelgebirge vor allem auf Hochmooren und Heiden

Drohend stehen sich zwei Birkhähne auf dem Balzplatz gegenüber

Bei den polygamen Birkhühnern kümmern sich die Hähne nicht um Nestbau und Brutpflege. Zu ihren eindrucksvollen Balzspielen finden sich Birkhähne bereits im März ein, einen Monat früher als die Hennen. Auf dem Balzplatz springen sie, laut mit den Flügeln schlagend, in die Höhe und rufen dabei zischend ‚tschuwi', dann tragen sie untereinander Scheinkämpfe aus. Später kommt es auch bei den Hennen manchmal zu einem Wettstreit. Versucht ein Hahn in die Mitte des Platzes vorzudringen, wo er die besten Chancen zur Begattung von Hennen hat, kann aus dem Spiel auch Ernst werden. Da die Hennen rangniedere Hähne auch dann verschmähen, wenn die ranghöchsten Hähne geschossen sind, sollten alte Birkhähne nicht zu früh im Jahr erlegt werden. Manchmal nehmen alte Hähne im Herbst die Balzspiele – die übrigens im Schuhplattler nachgeahmt werden – auf den Plätzen erneut auf.

Die früher in ganz Mitteleuropa weitverbreiteten Birkhühner sind heute sehr selten und kommen geschlossen nur auf einigen norddeutschen Mooren, im Bayerischen Wald und in den Alpen oberhalb der Baumgrenze vor. Moorkultivierung und Aufforstung haben ihren Lebensraum sehr eingeengt. Der Birkhahn ist leicht an seinem leierförmig gebogenen Schwanz mit weiß gefärbter Unterseite zu erkennen. Birkhühner leben hauptsächlich von pflanzlicher Nahrung, fressen aber gelegentlich auch Insekten.

KENNZEICHEN: *(Hahn) glänzend blauschwarzes Gefieder, weiße Flügelbinden, leierförmiger Schwanz mit weißen Unterschwanzdecken; (Henne) kleiner als der Hahn, Gefieder rötlich- und hellbraun, weiße Flügelbinden, leicht gegabelter Schwanz.*

BRUT: *die Henne scharrt, oft zwischen Binsen, eine Bodenmulde; sie legt ab Mai bis Juni 6–10 hellbraune, vereinzelt rotbraun getupfte Eier und brütet sie in etwa 27 Tagen aus; sie versorgt allein die Küken, die nach 2 Wochen fliegen können, aber erst viel später ausgewachsen sind.*

NAHRUNG: *Nadelbaumtriebe, Birkenknospen; Käfer u. a. Insekten.*

Kranich

Grus grus 115 cm

Kraniche haben lange Beine und Hälse wie Störche und Reiher, sind aber größer und mit beiden überhaupt nicht verwandt. Im Fluge strecken sie wie Störche den Hals aus, wodurch sie sich von den sonst ähnlichen Fischreihern unterscheiden.

Zahlreiche Kraniche brüteten einst in den Seengebieten zwischen Ostpreußen und Holstein, aber auch an geeigneten Stellen in Mittel- und Süddeutschland. Viele ihrer Nistplätze fielen der Entwässerung zum Opfer, und heute gibt es in der DDR etwa 200 Brutpaare, in der BRD nur 12 an schwer zugänglichen Stellen westlich der Elbe. Aber noch immer brüten Kraniche in der Schorfheide unweit Berlin. In Westdeutschland sieht man sie fast nur, wenn sie – von überlieferten Sammelplätzen aus, an deren bekanntestem, dem Müritzsee, sich bis zu 10 000 versammeln – auf den traditionellen Zugstraßen im Oktober ins afrikanische Winterquartier ziehen und im März heimkehren. Dann können viele Menschen die großen Heerscharen der seltenen Großvögel beobachten, denn sie meiden auch Großstädte nicht, deren Lichtdome die eiligen Wanderer, die ihren Flug bis in die Nacht ausdehnen, verwirren und die sie stundenlang mit rauhem Trompetengeschrei umkreisen. Sie fliegen in Keilform, wobei der Spitzenvogel regelmäßig abgelöst wird.

KENNZEICHEN: *grau wie Fischreiher, gestaltet wie ein Storch, zu unterscheiden durch schwärzlichen Hängeschwanz, der aus den verlängerten inneren Armschwingen gebildet wird; weißer Streif an den Kopfseiten; roter Schnabel; sehr scheu; trompetet schmetternd ‚kruh'.*
BRUT: *beide Partner bauen ein Bodennest aus Gras und Schilf am Rande von Röhricht in wasserreicher Umgebung; das Weibchen legt ab Anfang April bis tief in den Mai 2 glanzlose, grünlichgraue Eier mit spärlichen grauen Schalen- und rotbraunen Oberflecken; beide Eltern brüten gut vier Wochen; die Jungen verlassen bald das Nest, geführt von je einem der Eltern, und sind nach 9–10 Wochen flugfähig.*
NAHRUNG: *vor allem Insekten und deren Larven; auch Mäuse, Jungvögel, Eidechsen; Maiskörner und wohl manches andere Saatgut.*

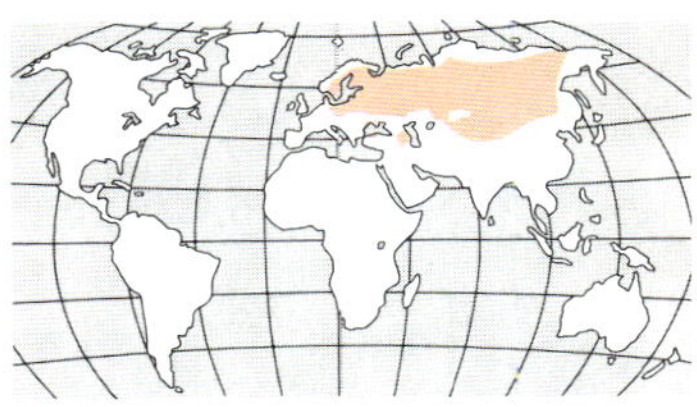

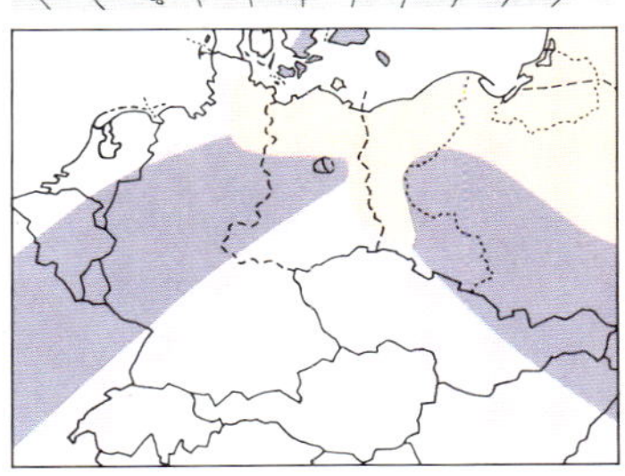

Zugvogel; brütet nur noch selten in Nordostdeutschland; überfliegt meist von Skandinavien aus auf traditionellen Zugstraßen hauptsächlich Westdeutschland; überwintert in Nordafrika bis zum Sudan

Auf ihrem Zuge fliegen Kraniche in Keilformation

Goldregenpfeifer

Pluvialis apricaria 28 cm

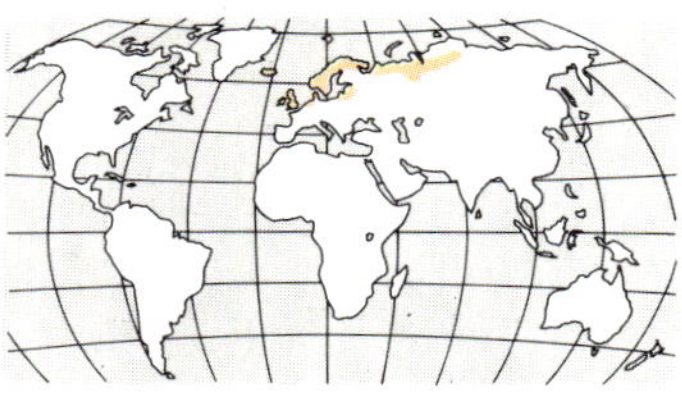

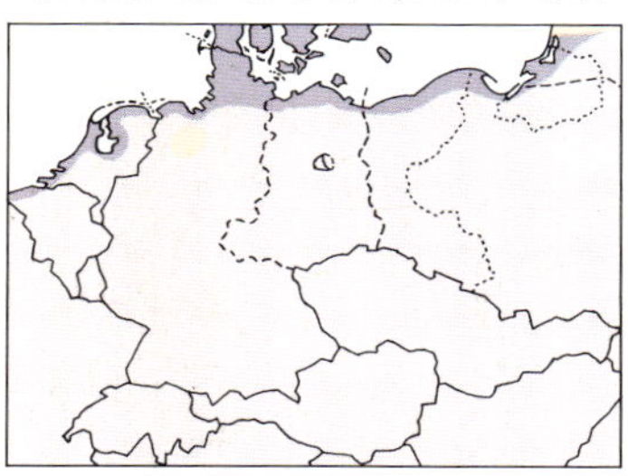

Sommervogel; im Frühjahr und Herbst auf Feldern im Binnenland; an der Küste rasten um 45 000 Vögel der nordischen Unterart *P. a. albifrons;* überwintert in Großbritannien, Südwesteuropa und Nordafrika

Ein Trupp im Februar; der Vogel links legt gerade sein Brutkleid an

Der Goldregenpfeifer brütet nur in ausgedehnten nassen Hochmooren. Früher war er über weite Teile Norddeutschlands verbreitet. Inzwischen hat die zunehmende Trockenlegung der Moore seinen Lebensraum mehr und mehr zerstört. 1960 brüteten in Niedersachsen nur noch wenige Paare auf insgesamt 12 Brutplätzen, die heute zum Teil auch schon verlassen sind.

Nach Ankunft in ihren Brutgebieten liefern die Männchen in gemeinsamen Balzspielen sich Scheinkämpfe, bei denen sie mit aufgestellten Flügeln aufeinander losgehen und im Bocksprung über den Gegner setzen; dann jagen mehrere Männchen einem Weibchen nach.

Während der Brutzeit hält der gerade nicht brütende Vogel an einer erhöhten Stelle Wache, jederzeit bereit, sich auf einen fremden Vogel oder einen anderen Eindringling zu stürzen oder ihn gegebenenfalls abzulenken, wobei sich der Goldregenpfeifer unter Umständen auch, hilflos mit den Flügeln schlagend, auf den Boden legt.

Im Herbst und Winter ziehen Schwärme von Goldregenpfeifern nach Süden oder an die Flußmündungen. Oft schließen sie sich bei der Nahrungssuche auch mit Kiebitzen zusammen. Wird ein solcher gemischter Schwarm aufgestört, dann trennt er sich in der Luft je nach Vogelart in zwei verschiedene Trupps.

KENNZEICHEN: *dunkle, goldgelb gefleckte Oberseite; Unterseite im Sommer schwarz, im Winter weiß mit goldgelben Tupfen an der Unterseite; beide Geschlechter gleich.*
BRUT: *beide Partner scharren Mulden in den Boden; das Weibchen wählt eine aus, polstert sie mit Zweigen, Flechten und Gras und legt Ende April bis Juni meist 4 rahmfarbene, grüngetönte oder hellbraune Eier mit dunkelbraunen Flecken und Tupfen, die beide Eltern in etwa 30 Tagen ausbrüten; die von beiden versorgten Jungen verlassen nach ein oder zwei Tagen das Nest und sind nach ungefähr 30 Tagen flügge.*
NAHRUNG: *meist Insekten und deren Larven; Schnecken, Würmer und kleine Schalentiere; ebenso Spinnen, Unkrautsamen, Algen und Moos.*

Bekassine

Gallinago gallinago 27 cm

Doppelschnepfe

Gallinago media 28 cm

Wenn das Männchen der Bekassine – meist bei der Balz – im Sturzflug mit gespreiztem Schwanz zur Erde fliegt, hört man ein dumpfes meckerndes Summen, weshalb sie auch *Himmelsziege* genannt wird. Es wird nicht durch die Stimmorgane, sondern von den äußeren, in Schwingung geratenen Schwanzfedern hervorgebracht. Während der Balz – von Ende März bis Mitte Juni – rufen die Vögel am Boden auch hölzern und uhrwerkartig ‚tüke-tüke-tüke...‘

Mit ihrem langen, geraden Schnabel, der eine flexible Spitze hat, stochert die Bekassine im Schlamm nach Würmern. Dabei kann man sie manchmal am Rande eines Tümpels beobachten. Meist aber bleibt sie verborgen, bis sie aufgeschreckt im Zickzackflug mit einem vernehmlichen ‚Ätsch‘, dem *Rätschen*, hochfliegt. Die der Bekassine sehr ähnliche Doppelschnepfe fliegt dagegen stumm und geradlinig auf, wobei man unter günstigen Umständen ihre weißen Schwanzfedern sieht.

Obwohl die Entwässerung von Sümpfen und Mooren sie oft vertrieben hat, ist die auch *Sumpfschnepfe* genannte Bekassine in sumpfigen Gebieten noch weit verbreitet. Dagegen brütet die *Doppelschnepfe* seit 40 Jahren nicht mehr auf norddeutschen Mooren und ist auch auf dem Durchzug schon sehr selten geworden.

KENNZEICHEN der Bekassine: *Gefieder braun gestreift und gemustert, Schnabel lang und gerade, auffallend gestreifter Kopf, Zickzackflug;* Doppelschnepfe: *sehr ähnlich, kürzerer Schnabel, fliegt gerade auf.*

BRUT: *nistet in mit Gras ausgelegten Erdmulden zwischen Grasbüscheln, Seggen oder Binsen in Wassernähe; das Weibchen legt ab April–August 4 birnenförmige, olivbraune, kräftig dunkelrotbraun gezeichnete Eier und brütet sie in 20 Tagen aus; beide Eltern versorgen die Jungen, die nach wenigen Stunden das Nest verlassen und nach 21 Tagen flügge sind;* Eier der Doppelschnepfe: *steingrau, aschgrau und schwarzbraun gefleckt.*

NAHRUNG: *meist Würmer, auch Gelbrandkäfer, Larven der Köcherfliege, Fliegenmaden, Schnecken u. a. Kleingetier; Samen mancher Sumpfpflanzen.* •

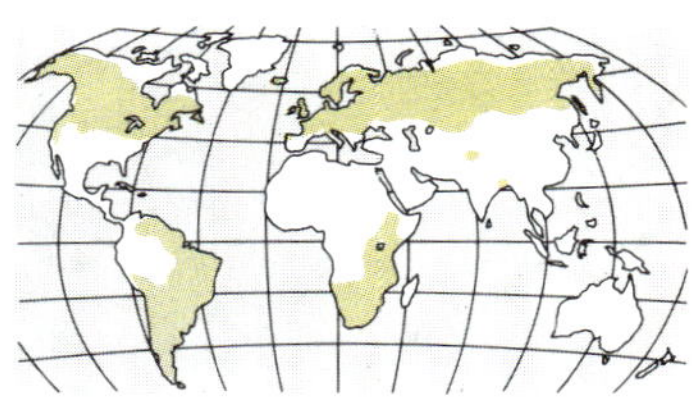

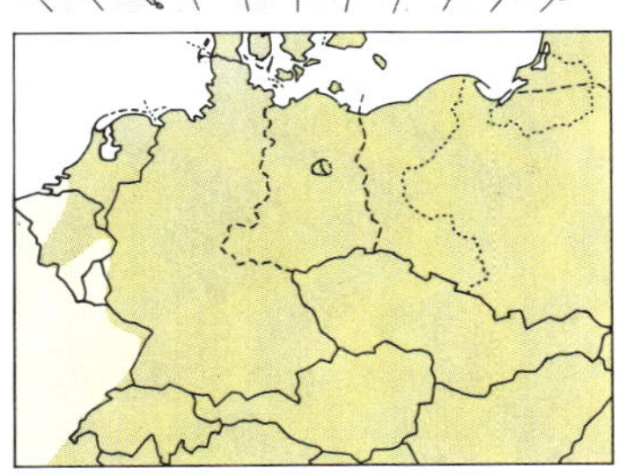

Bekassine (siehe Karten): in Mitteleuropa Stand- und Strichvogel, sonst Zugvogel; überwintert in Südeuropa und Afrika bis Tansania; Doppelschnepfe: Zugvogel; brütet in Norwegen und von der Ostküste der Ostsee bis Westsibirien; überwintert in Ost- und Südafrika

Die Bekassine nistet in einer Bodenmulde, meist nahe einer Wasserstelle

Zwergschnepfe

Lymnocryptes minimus 19 cm

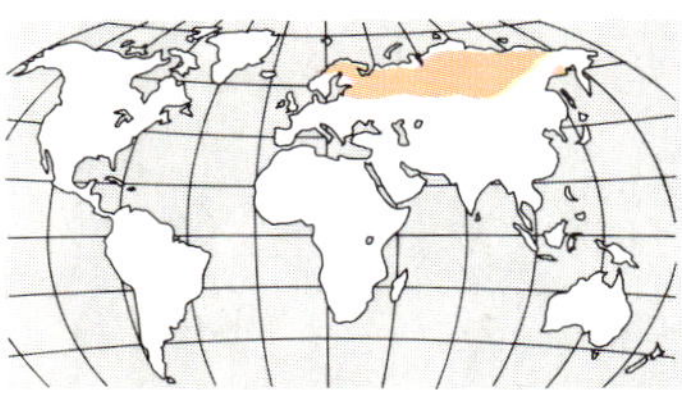

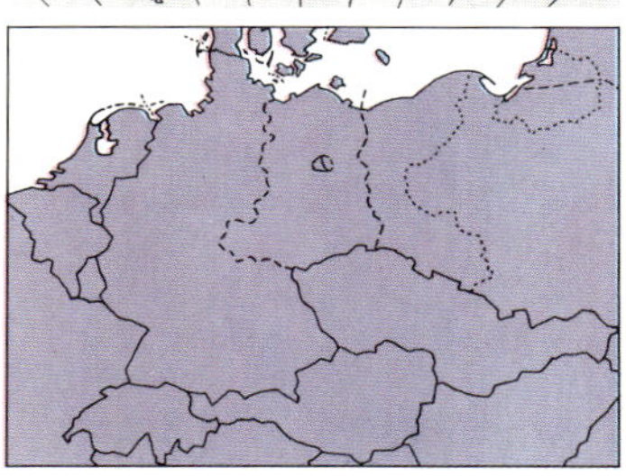

Zugvogel; überwintert im Mittelmeerraum, weniger im tropischen Afrika und in Westeuropa; brütet vor allem in Skandinavien, Nordrußland, Sibirien

Mit ihrem Schnabel stochert die Zwergschnepfe im Schlamm nach Weichtieren

Außer zur Brutzeit hält sich die Zwergschnepfe stets im verborgenen auf. Bei Gefahr bleibt sie geduckt sitzen und fliegt erst im letzten Augenblick hoch, wenn man sie mit dem Fuß fast schon berührt hat. Jäger berichten, daß Hunde gelegentlich lebende Zwergschnepfen apportiert hätten.

Von weitem kann man die Zwergschnepfe leicht mit der Bekassine verwechseln. Ihr Flug ist jedoch geradliniger und langsamer. In der Regel fliegt sie auch lautlos oder nur mit einem leisen, gedämpften Ruf vom Boden auf. Außerdem ist sie kleiner und ihr Schnabel kürzer. Von nahem sieht man auch die unterschiedliche Kopfzeichnung mit zwei schmalen gelblichen Streifen an den Seiten des Scheitels anstelle des breiten Mittelstreifens, der für die Bekassine typisch ist.

Wie die Bekassine bevorzugt sie zwar feuchte Plätze, hält sich aber auch auf trockenem Gelände auf. In Mitteleuropa sieht man sie nur auf dem Durchzug oder als Wintergast. Man kann sie daher während der Brutzeit bei uns nicht beobachten. Ihr Balzflug ähnelt dem der Bekassine, ist jedoch weniger auffallend. Wenn sie in einem stumpfen Winkel nach unten fliegt, erzeugt sie mit ihren Flügeln ein mehr surrendes als summendes Geräusch. Danach gleitet sie lautlos einige Meter, bleibt schließlich in der Luft ‚hängen' und fliegt ruckartig auf und nieder, als hinge sie wie eine Marionette an unsichtbaren Fäden.

KENNZEICHEN: *gestreiftes braunes Gefieder; lehmgelbe Streifen an den Scheitelseiten und auf dem Rücken; fledermausartiger Flug, fliegt aber geradlinig und stumm auf; beide Geschlechter gleich.*

BRUT: *scharrt am Boden in Gras- und Mooskuppen im Sumpf eine Mulde und legt sie mit trockenen Gräsern aus; das Weibchen legt meist 4 olivgelbe oder olivbraune, dunkler gemusterte Eier, die es offenbar allein in etwa 24 Tagen ausbrütet; die Jungen verlassen nach wenigen Stunden das Nest.*

NAHRUNG: *Regenwürmer; kleine Land- und Süßwasserschnecken, Käfer, Fliegenlarven; auch Samen von Gräsern, Binsen und anderen Pflanzen am Wasser.*

Großer Brachvogel

Numenius arquata 55 cm

Mit einem klangvollen, wehmütigen ,Tlaüh' verrät der Große Brachvogel fast das ganze Jahr über seine Anwesenheit. Im Frühjahr tritt häufig noch eine perlende Tonreihe hinzu. Sie kündigt den Beginn der Brutzeit an. Mit trillerndem Gesang fliegen dann die Männchen in weiten Kreisen und gleiten mit ausgebreiteten Flügeln abwärts, um ihre Revieransprüche anzumelden. Wenn die Weibchen – zuweilen bereits im Februar – im Brutgebiet ankommen, folgen ihnen die Männchen in geduckter Haltung und laufen um sie herum, sobald sie stehenbleiben.

Der Brachvogel ist der größte Watvogel Mitteleuropas. Er brütet im Flachland auf offenem, feuchtem Gelände: in Mooren, Heidegebieten, Sanddünen, Sümpfen und sogar an den Kiesufern der Flüsse. Vor dem Kriege kam er in Deutschland an 250 Brutplätzen vor. Im Winter durchwaten die Brachvögel scharenweise die Schlammflächen auf der Suche nach Nahrung. An der deutschen Westküste und im nordfriesischen Wattenmeer zählte man 13 000 Vögel.

Die angeborene Scheu der Vögel ist besonders zu Beginn der Brutzeit ausgeprägt. Männchen und Weibchen wechseln sich dann äußerst behutsam und lautlos beim Brüten der Eier ab. Wenn die Jungen geschlüpft sind, werden die Eltern jedoch recht angriffslustig, laufen Eindringlingen entgegen und fliegen manchmal hoch, um sich auf sie herabzustürzen.

KENNZEICHEN: *graubraun, mit langen Beinen und langem abwärts gebogenem Schnabel; weißer Bürzel; größer als der Regenbrachvogel und ohne gestreiften Scheitel; unverkennbarer Ruf.*
BRUT: *nistet zwischen dichtem Bewuchs in Vertiefungen, die mit Gras ausgelegt werden; das Weibchen legt ab April bis Mai 4 hellbraune, braune oder olivfarbene, dunkelbraun gesprenkelte Eier, die beide Eltern in etwa 30 Tagen ausbrüten; beide versorgen die Jungen, die nach wenigen Stunden das Nest verlassen und nach 28 Tagen flügge sind.*
NAHRUNG: *an der Küste kleine Weich- und Krustentiere, Würmer, kleine Fische, auch Meerespflanzen; im Binnenland Insekten, deren Larven, Würmer, Weichtiere, auch Beeren und Unkrautsamen; Körner.*

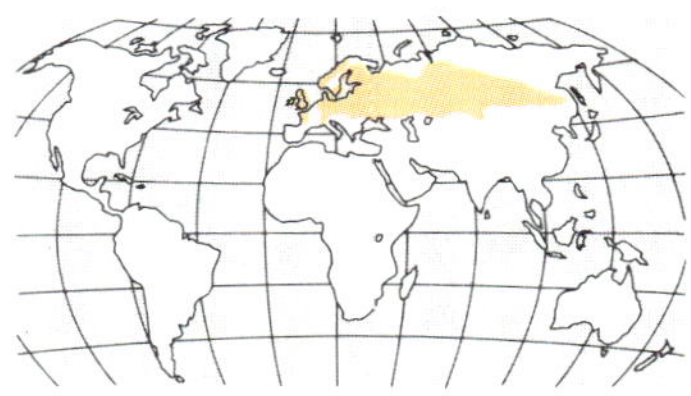

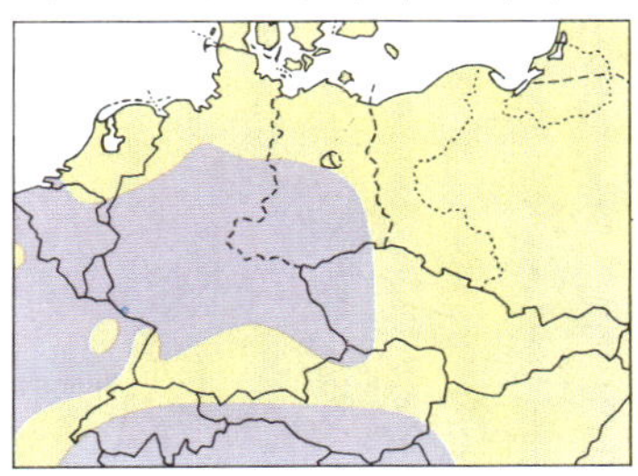

Vorwiegend Zugvogel; überwintert meist an Küsten, einige ziehen bis nach Südafrika; in den mitteleuropäischen Brutgebieten Jahresvogel; zahlreiche Durchzügler an deutschen Küsten

Der männliche Brachvogel gleitet in kunstvollem Flug über sein Brutgebiet

Uferschnepfe

Limosa limosa 40 cm

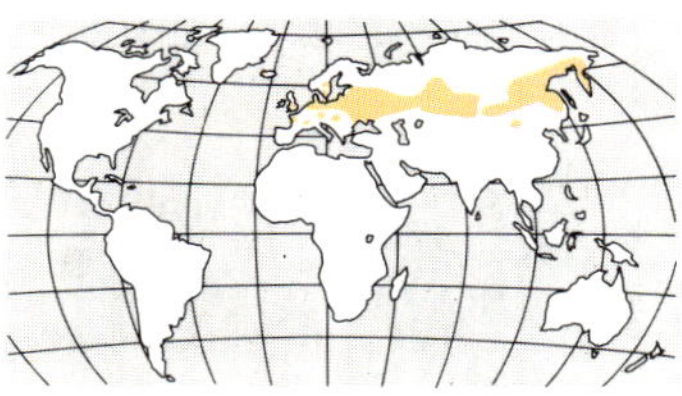

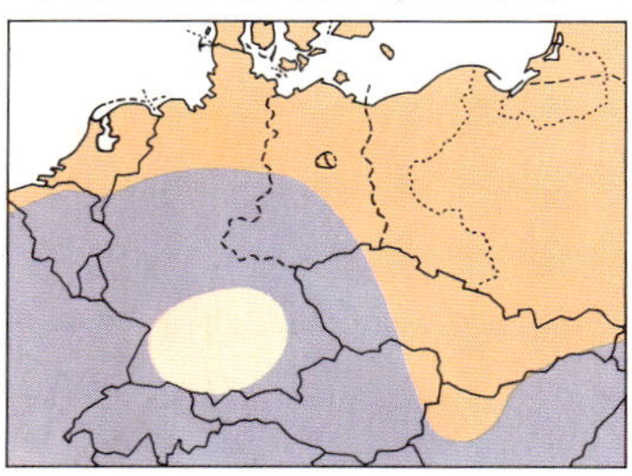

Zugvogel; überwintert an Küsten oder Seen und zieht südwärts bis nach Afrika, Tasmanien und Neuseeland

Im Flug erkennt man die breiten weißen Flügelbinden der Uferschnepfe

Die Uferschnepfe brütet vor allem in den Küstenländern Mitteleuropas, aber auch südwärts davon bis weit ins Binnenland hinein. Sie ist allerdings sehr lückenhaft verbreitet. Im deutschen Sprachgebiet hat man etwa 150 Brutplätze festgestellt. In den letzten Jahrzehnten ist sie bemerkenswerterweise als einziger Watvogel an geeigneten Orten nicht nur zahlreicher geworden, sondern hat sich auch weiter nach Süden hin ausgebreitet. Am Neusiedler See ist sie schon seit langem heimisch.

Ihr Nest baut die Uferschnepfe in feuchtem, grasbewachsenem und sumpfigem Gelände; gelegentlich tritt sie auch an Flußmündungen, Schlammbänken und Sandküsten, selten an Binnengewässern auf. Im Fluge ruft sie laut ‚wikka-wikka-wikka'; am Brutplatz jedoch hört man ihr ‚Eih-u-ih' und ein grünschenkelartiges ‚Wik-ik-ik'.

Den Gesang, ein wiederholtes ‚Krujituh', trägt das Männchen meist während des Balzfluges über dem Brutrevier vor. Dabei steigt es zunächst mit schnellen Flügelschlägen steil in die Höhe und fliegt, oben angekommen, laut rufend mit langsamen Bewegungen und gefächertem Schwanz, schließlich läßt es sich lautlos nach unten gleiten und dann seitlich auf den Boden fallen.

KENNZEICHEN: *im Winter graubraune Oberseite und helle Unterseite; im Sommer Kopf und Brust rot oder kastanienbraun; breites schwarzes Band am Ende des rein weißen Schwanzes; lange Beine; gerader Schnabel; im Flug ist die breite weiße Flügelbinde zu erkennen; beide Geschlechter gleich.*

BRUT: *beide Partner scharren eine Bodenmulde, meist gut im buschigen Gras versteckt, und polstern sie mit trockenem Gras und Blättern aus; das Weibchen legt im Mai 4 hellgrüne bis braune, braun gefleckte und gesprenkelte Eier, die beide Eltern in 24 Tagen ausbrüten; beide versorgen auch die Jungen, die nach wenigen Stunden das Nest verlassen und nach ungefähr 4 Wochen flügge sind.*

NAHRUNG: *Insekten und deren Larven, gern Käfer, Heuschrecken, Libellen, Eintagsfliegen; Schnecken und Regenwürmer.*

Rotschenkel

Tringa totanus 28 cm

Mit anderen Watvögeln sammeln sich an schlammigen Ufern und Küsten die geselligen Rotschenkel oft in großen Scharen. Nur zur Brutzeit ziehen sie sich paarweise zurück und legen an sumpfigen Stellen ihre Nester an. Durch die Trockenlegung der Sümpfe und Moore sind Rotschenkel im Binnenlande Mitteleuropas selten geworden. Nur an den Küsten und besonders auf den Inseln kommen sie noch häufig vor. In Niedersachsen wurde 1966 der Bestand auf 30 000 Paare geschätzt.

Sein bezeichnender Ruf, ein melodisches, auf der ersten Silbe betontes ‚Tüt-tütüt', hat dem Rotschenkel auch den Namen *Tüte* eingetragen. Wenn er aufgeschreckt wird, macht er viel Lärm. Unter den kläffenden, nicht immer mißtönenden Lauten findet sich ein scheltendes ‚Tjuk-tjuk-tjuk' und der Alarmruf ‚Tschi-tschip-tschip'. Zur Brutzeit singt er jodelnd sein wohltönendes Lied. Bei der Balz jagt das Männchen mit gefächertem Schwanz und vorgestrecktem Kopf dem Weibchen nach. Sobald es stehenbleibt, hebt das Männchen die Flügel über den Rücken und geht flügelschlagend auf es zu.

Kein anderer Watvogel ähnlicher Größe hat so breite weiße Flügelbinden. Sie sind im Flug und beim Recken in Ruhestellung gut zu erkennen. Schöpft er Verdacht, dann fliegt er stoßweise und wie ohne Ziel.

KENNZEICHEN: *graubraun mit dunkler Zeichnung, unten hell; lange orangerote Beine; weißer Bürzel; weißes Feld am Flügelhinterrand, im Flug gut zu erkennen; im Sommer dunkler als im Winter.*
BRUT: *beide Partner scharren in den sumpfigen Boden, gut von Grasbüscheln versteckt, mehrere Vertiefungen, von denen das Weibchen eine mit Gras auslegt; es legt Mitte April bis Juni meist 4 birnenförmige, hellbraune, dunkelbraun gefleckte und getupfte Eier, die beide Eltern in etwa 23 Tagen ausbrüten; beide versorgen die Jungen, die unmittelbar nach dem Schlüpfen das Nest verlassen und nach ungefähr 4 Wochen flügge sind.*
NAHRUNG: *vor allem Insekten; auch Spinnen, kleine Weichtiere, Würmer und Krebstiere.*

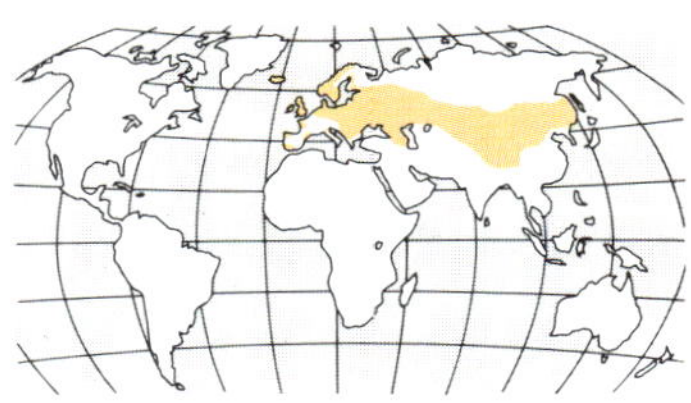

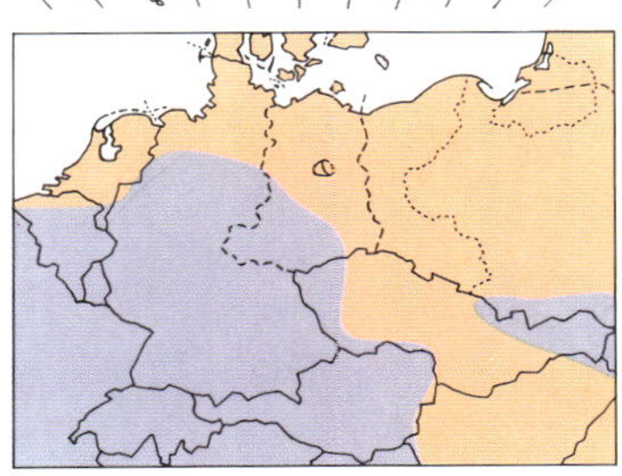

Zugvogel; überwintert vorwiegend im Mittelmeergebiet, vereinzelt auch bis Südafrika und Indien; einige Vögel bleiben im Winter in Westeuropa

Der aufgeschreckte Rotschenkel fliegt schnell und meist laut rufend davon

Kampfläufer

Philomachus pugnax

Männchen 28 cm   Weibchen 23 cm

MÄNNCHEN IM BRUTKLEID

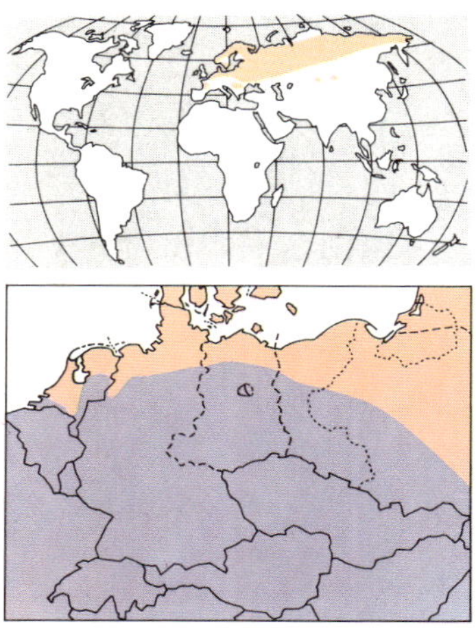

Zugvogel; überwintert im Gebiet von den Mittelmeerländern bis Südafrika, auch in Südasien und in geringer Zahl in Großbritannien

Zwei Männchen im Prachtkleid werben um ein Weibchen

In ihren überaus prächtigen Hochzeitskleidern – sie werden nur zwei Monate lang getragen – sehen alle männlichen Kampfläufer anders aus. Denn ihre großen, aufstellbaren Halskrausen und die Ohrbüschel können nicht nur schwarz und weiß, sondern auch purpurbraun oder kastanienbraun gefärbt sein und eine marmorierte oder wellige Zeichnung haben. Sie kommen in allen Übergängen von Färbung und Zeichnung vor.

Von Mitte März ab bietet sich dem Betrachter auf den Balzplätzen ein geradezu einmaliges Bild. Hier sammeln sich die Männchen schon im Morgengrauen, oft zu Dutzenden, gehen mit aufgerichteter Halskrause aufeinander los und tragen Scheinkämpfe aus. Wenn sie sich ihre Brutreviere gegenseitig streitig machen, kann es auch ernst werden. Nach Ende des Kampfes bleiben die Männchen mit ausgestrecktem Schnabel, abgespreizter Halskrause und aufgerichteten Ohrbüscheln auf dem Turnierplatz sitzen und warten auf die Ankunft der Weibchen. Diese laufen dann zwischen ihnen umher und suchen sich einen Partner, dem sie die Halskrause putzen – ein Zeichen, daß sie ihre Wahl getroffen haben.

Zur Begattung kann es schon am Balzplatz kommen, oder die Paare fliegen gemeinsam weg. Männchen und Weibchen gehen keine dauernde Bindung ein. Das Männchen kümmert sich weder um Nestbau, Brüten oder Aufzucht der Jungen.

KENNZEICHEN: *Männchen im Sommer mit großer Halskrause und Ohrbüschel; Weibchen kleiner, zum großen Teil grau mit kräftiger Rückenzeichnung; im Winter beide Geschlechter ähnlich mit ovalem weißen Fleck an beiden Seiten des dunklen Schwanzes; Oberseite wirkt ausgesprochen schuppig.*

BRUT: *Nest meist in einer Bodenmulde verborgen, mit trockenem Gras ausgelegt; Gelege im Mai aus 4 von blaßbraun bis hellblau variierenden, dunkel gefleckten Eiern; Brutdauer 21 Tage; die Jungen verlassen kurz nach dem Schlüpfen das Nest, sind nach wenigen Tagen selbständig.*

NAHRUNG: *Insekten und deren Larven; auch Würmer, Weichtiere und Pflanzensamen.*

Sumpfohreule

Asio flammeus 38 cm

Wo und in welcher Zahl die Sumpfohreule innerhalb ihres Verbreitungsgebietes vorkommt, richtet sich danach, ob Feldmäuse in ausreichenden Mengen vorhanden sind. Man hat gezählt, daß eine Eule in vier Monaten bis zu 2000 dieser Nager vertilgt hat. Ihre Vermehrung hängt von der Siedlungsdichte ihres bevorzugten Beutetieres ab. Gibt es gar zu wenig Mäuse, dann brütet sie überhaupt nicht. In mäusereichen Jahren legt sie mehr Eier als in mäusearmen, und ihre Zahl kann dann so ansteigen, daß sie wegen Nahrungsmangel in Gegenden abwandern muß, wo sie sonst als Brutvogel nicht vorkommt. In Abständen von einigen Jahren beobachtet man Invasionen größerer Trupps von 20–30 Vögeln dort, wo es noch genug Mäuse gibt.

Die Sumpfohreule jagt in offenem, baumlosem Gelände tagsüber und in der Dämmerung. Sie fliegt dabei mit langsamem Flügelschlag und sucht den Boden ab. Im April und Mai bei und nach Sonnenuntergang kreist, flattert und gleitet die Sumpfohreule auf ausgebreiteten Schwingen im Balzflug über ihr Revier und läßt ihr tiefes, dumpfes Lied ertönen. Plötzlich winkelt sie die Flügel unter dem Körper ab, bis sich die Spitzen hinter dem Schwanz berühren, und schlägt sie ein paarmal schnell zusammen. Dabei fällt sie wie ein Stein einige Meter nach unten, bevor sie langsam weiterfliegt. Die ‚Ohren', denen diese Eulen ihren Namen verdanken, sind nur zwei kleine Federbüschel, die mit dem Gehör nichts zu tun haben.

KENNZEICHEN: *Gefieder gelbbraun, Brust gestreift; schwarze Flecken an der Unterseite der langen, abgerundeten Schwingen; Geschlechter gleich.*
BRUT: *nistet in einer Bodenvertiefung, die mit Pflanzen ausgelegt wird; das Weibchen legt im April meist 4–8 weiße, fast runde Eier und brütet sie in etwa 26 Tagen allein aus; mit der vom Männchen herangeschafften Beute füttert das Weibchen die Jungen, die nach ungefähr 15 Tagen das Nest verlassen und etwa 11 Tage später flügge sind; bisweilen 2 Bruten.*
NAHRUNG: *vornehmlich Mäuse u. a. Kleinsäuger; Kleinvögel, Insekten.*

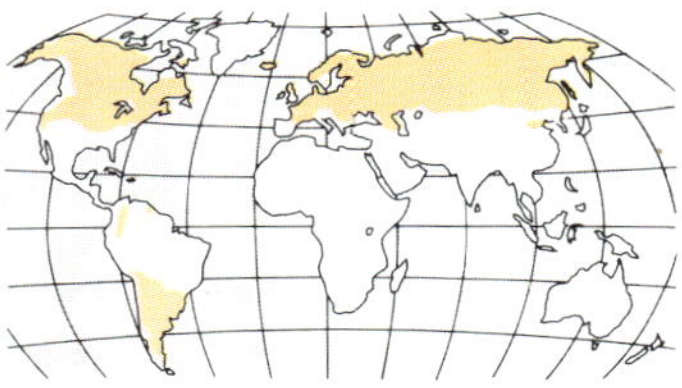

In Mitteleuropa Jahresvogel, auch Durchzügler und Wintergast aus Nordeuropa; sonst meist Zugvogel, der bis in die Tropen hin überwintert

Die Sumpfohreule jagt regelmäßig auch am hellichten Tage

Wiesenpieper

Anthus pratensis 14,5 cm

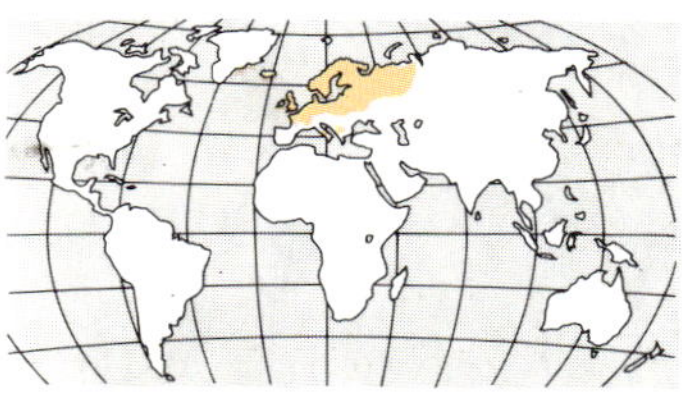

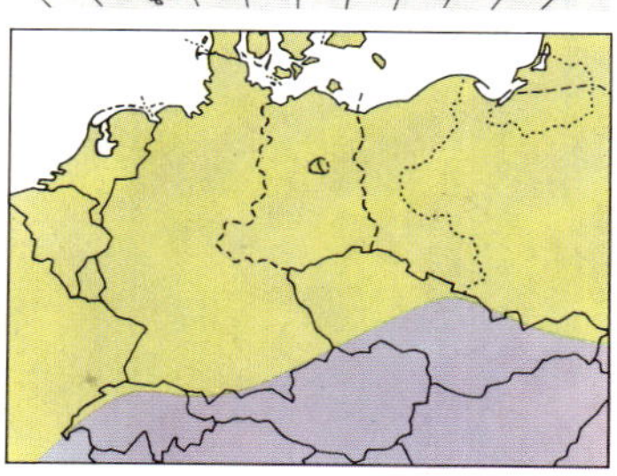

In Mittel- und Westeuropa meist Jahresvogel; sonst vornehmlich Zugvogel; von März bis Mai und September bis Oktober ziehen die nordischen Wiesenpieper nach Westen und in die Mittelmeerländer

Um sein Revier abzugrenzen, gleitet der Wiesenpieper im Singflug zur Erde nieder

Wenn es geborene Opfer unter den Vögeln gibt, dann gehört der Wiesenpieper zu ihnen. Er ist für den Merlin die Hauptbeute, und der Kuckuck bevorzugt ihn als Wirtsvogel für seine Jungen. Sein kleines Nest zwischen Gras- und Binsenbüscheln wird bald vom jungen Kuckuck ausgefüllt. Oft muß sich der Wiesenpieper auf den Rücken seines riesigen Pflegekindes stellen, um es mit Insekten und Spinnen zu füttern.

Wandert man durch die Moore des nördlichen Mitteleuropas, dann scheucht man oft Wiesenpieper auf, die leicht an ihrem scharfen ‚Isst' oder dem dreifachen ‚Itt-itt-itt' zu erkennen sind. Außer in Mooren brüten sie nahezu auf allem unkultivierten Gelände – auf der Heide, in Marsch- und Gebirgswiesen. Wiesenpieper sind über ganz Mitteleuropa verbreitet, werden jedoch nach Süden seltener. Im Winter und auf dem Durchzug nach Frankreich und Spanien sammeln sie sich auf feuchten Wiesen, an Sümpfen, Seeufern und Flußmündungen. Wenn Wiesenpieper im Frühjahr und Sommer ihr Revier abgrenzen, steigen sie zu einem flatternden Singflug empor und stimmen eine recht eintönige Folge von Lauten an, die an Wohlklang gewinnt, wenn sie wieder auf den Boden niedergleiten. Ihr wellenförmiger Flug ist für alle Pieper und die mit ihnen verwandten Stelzen kennzeichnend.

KENNZEICHEN: *Oberseite olivbraun mit dunkelbraunen Abzeichen; Brust weiß gestreift; vom Baumpieper am besten durch die Rufreihe ‚itt-itt-itt' und das scharfe ‚Isst' zu unterscheiden; beide Geschlechter gleich.*

BRUT: *baut am Boden ein Nest aus Gras und legt es mit zarten Halmen und Haaren aus; das Weibchen legt im Mai und Juni [illegible]–6 Eier unterschiedlicher Färbung, meist braun oder grau, gesprenkelt oder marmoriert, manchmal auch hellgrau mit feinen Streifen oder blaßblau ohne Zeichnung, die es in etwa 13 Tagen ausbrütet; beide Eltern versorgen die Jungen, die nach 14 Tagen das Nest verlassen.*

NAHRUNG: *vornehmlich Insekten: Käfer, Mücken, Schmeißfliegen, Raupen und mancherlei Heuschrecken; Spinnen; Regenwürmer; Samenkörner.*

Mäusebussard

Buteo buteo
Männchen 50 cm Weibchen 57 cm

Rauhfußbussard

Buteo lagopus
Männchen 54 cm Weibchen 60 cm

Mäusebussarde sind zwar unsere häufigsten Greifvögel, aber auch ihre Zahl nimmt schon ab. So zählte man in Bayern seit 1961 weit weniger Bussarde als in früheren Jahren. Im Winter erhalten die Mäusebussarde Mitteleuropas Zuzug aus Nordeuropa, der den Wegzug eines Teils der heimischen Vögel gen Süden wieder wettmacht. Zu den Wintergästen gehört auch der nach seinen befiederten Läufen benannte Rauhfußbussard, den man im Fluge an der breiten dunklen Binde fast am Ende des übrigen weißen Schwanzes erkennt.

Mäusebussarde nisten im Wald, suchen sich ihre Beute aber über offenem Gelände. Erspähen sie dort mit ihren scharfen Augen eine Maus oder einen Käfer, dann sieht man sie zu Boden stürzen. Oft *rütteln* sie auch, indem sie die Flügel gegen den Aufwind richten. Wenn sie im Balzflug kreisen, hört man ihr ‚Hiäh'. Dazwischen lassen sie sich fast zu Boden fallen, überschlagen sich oder drehen sich in der Luft.

Wenn Krähen und Dohlen auf einen Bussard *hassen*, fliegt er mit langsamem Flügelschlag davon und läßt seine Verfolger ungeschoren. Nur bei gezieltem Angriff dreht er sich um und versucht seine Gegner mit den Fängen zu fassen.

KENNZEICHEN: *breite Flügel und breiter gerundeter Schwanz; Färbung schwankt zwischen Weiß und Schwarzbraun; meist Oberseite dunkelbraun, Unterseite weiß mit dunklen Bändern und Streifen; der hellere* Rauhfußbussard *hat längere Flügel, weißen Schwanz mit breiter dunkler Endbinde und weißlich befiederte Läufe (beim* Mäusebussard *unbefiedert gelb).*
BRUT: Mäusebussarde *bauen auf hohen Bäumen einen klobigen Horst aus dürren Zweigen, der oft mit Blättern verziert ist; das Weibchen legt ab Ende April bis Anfang Mai meist 2–3 weiße, schokolade- oder rotbraun gefleckte Eier, die beide Eltern in etwa 36 Tagen ausbrüten; die von ihnen versorgten Jungen verlassen nach ungefähr 45–50 Tagen das Nest. Der* Rauhfußbussard *brütet in der Tundra auf dem Boden.*
NAHRUNG: *meist Feldmäuse und andere Kleinsäuger; auch Aas; manchmal Vögel, Regenwürmer, Schnecken, Raupen, Eidechsen, Käfer; auch Fische.*

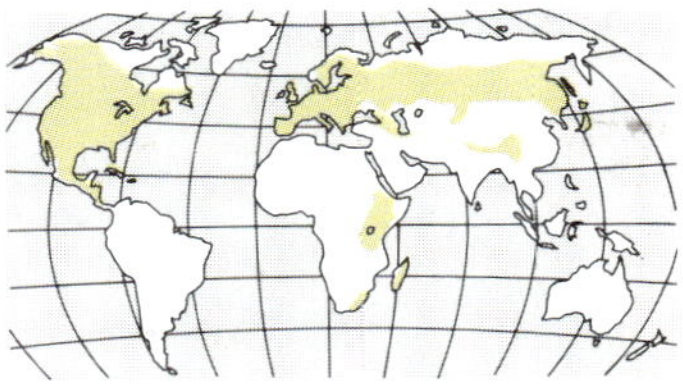

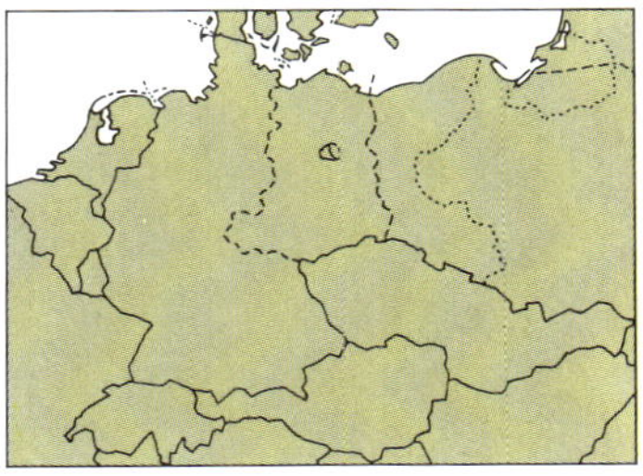

Der Mäusebussard (Verbreitung siehe Karten) ist bei uns vornehmlich Jahresvogel, im Norden jedoch Zugvogel wie der nur dort brütende Rauhfußbussard, der in Mitteleuropa und den Mittelmeerländern überwintert

Auf Beuteflug segelt der Mäusebussard weit kreisend in geringer Höhe

Wespenbussard

Pernis apivorus 51—58 cm

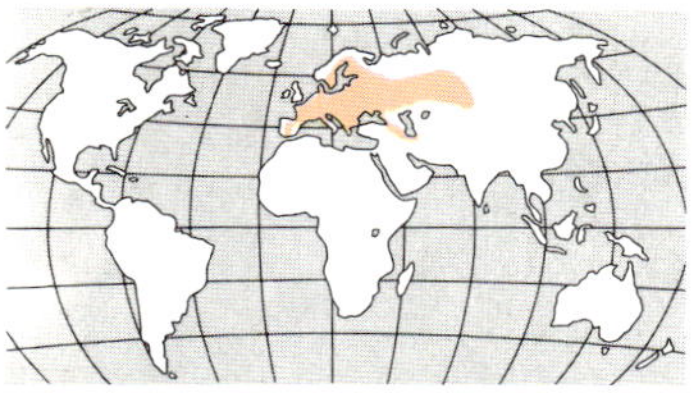

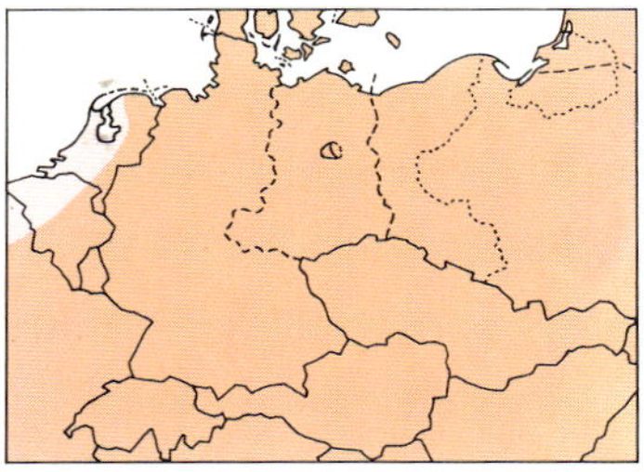

Zugvogel; zieht Mitte August–Anfang Oktober ins tropische, selten ins südliche Afrika; kehrt April–Mai nach Mitteleuropa, erst Anfang Juni oder später nach Skandinavien zurück

Der Wespenbussard scharrt Wespennester frei und trägt die Waben zum Horst

Dieser Greifvogel ist nur dem Namen nach ein Bussard. Weil er dem Mäusebussard sehr ähnlich sieht, wird er meist nicht erkannt. Wie bei diesem kann sein Gefieder braun, grau, weiß, gefleckt oder gebändert sein. Kenner unterscheiden ihn vom Mäusebussard am etwas schlankeren Flugbild – Flügel und Schwanz sind länger –, am weiter nach vorn gestreckten Kopf und an der doppelten Binde nahe der Schwanzwurzel. Er ist viel schweigsamer als der Mäusebussard und ruft nicht so katzenartig. Sein etwas wehmütiges ‚Plilihe' klingt nur von nahem dreisilbig. Als ausgesprochener Segler umfliegt er beim Zug von oder nach Afrika das Mittelmeer wie die Störche über Gibraltar oder den Bosporus.

Hat der Wespenbussard an ein- und ausfliegenden Wespen oder Hummeln ihr Nest entdeckt, fliegt er hinzu und scharrt mit einem Fuß oder abwechselnd mit beiden den Boden bis zu 40 cm tief auf, um das Nest freizulegen. Die Waben leert er gleich oder nimmt sie zum Horst mit, wo er die Larven einzeln an seine Jungen verfüttert. Mit ausgeprägtem Scharrfuß, schlitzartigen Nasenlöchern und schuppiger Befiederung am Schnabelgrund ohne Borsten ist er für seine Tätigkeit gut ausgerüstet. Er beutet auch die Baumnester der Wespen aus – und selbst Vogelnester. Seinen Horst schmückt er stets mit frischen Nadel- oder Laubzweigen.

KENNZEICHEN: *wie ein schlanker Mäusebussard; hat außerdem zwei dunkle, im Flug sichtbare Binden nahe der Schwanzwurzel; viel schweigsamer.*
BRUT: *beide Partner bauen auf hohen Laub- und Nadelbäumen einen Horst aus Reisern oder bessern einen alten Horst aus oder übernehmen einen Horst des Mäusebussards oder Habichts; das Weibchen legt im Juni 2 gelblichweiße, kräftig kastanienbraun gewölkte Eier, die beide Gatten in 4–5 Wochen ausbrüten; die Jungen bleiben etwa 6 Wochen im Nest.*
NAHRUNG: *vorwiegend Brut von Wespen und Hummeln, mit der die Jungen ausschließlich gefüttert werden; ferner Frösche, Eidechsen, Schlangen, Jungvögel und Eier, Kleinsäuger usw.*

WEIBCHEN

Sperber

Accipiter nisus

Männchen 28 cm Weibchen 38 cm

Der fluggewandte Sperber greift bei der Jagd meist überraschend an. Schnell fliegt er an einer Hecke entlang, schießt plötzlich über sie hinweg mitten in eine Spatzenschar, greift sich ein Opfer und ist auch schon wieder verschwunden. Entkommt ihm die Beute, greift er selten zum zweiten Male an, sondern fliegt auf der Suche nach neuen Gelegenheiten weiter.

Manchmal zieht er auch im Erkundungsflug gleitend seine Kreise oder steigt hoch in die Luft und stürzt sich mit angelegten Flügeln herunter. Das Sperbermännchen macht meist auf kleine Vögel Jagd, das größere Weibchen reißt gelegentlich Vögel bis zur Größe einer Taube. Zu seinen Opfern zählen auch die Küken jagdbarer Vögel. Obwohl er deshalb von Jägern erbarmungslos verfolgt wurde, gehörte er früher dennoch zu unseren verbreitetsten Greifvögeln. Inzwischen steht er in den meisten europäischen Ländern das ganze Jahr über unter Schutz. Und trotzdem nimmt sein Bestand rapide ab. Wahrscheinlich erleidet er heute durch Pestizide erhebliche Verluste. Wenn das zur Brutzeit allein jagende Männchen sich mit seiner Beute auf einer seiner *Schlachtbänke* niedergelassen hat, ruft es mit einem abgehackten schnatternden ‚Kek-kek-kek' das Weibchen zum Fraß. Später haben beide Eltern alle Mühe, ihre Jungen zu füttern, von denen jedes täglich zwei bis drei Vögel von Sperlingsgröße verschlingt.

KENNZEICHEN: *kurze, abgerundete Flügel; langer Schwanz; Männchen an der Oberseite schiefergrau, an der Unterseite rötlich gebändert (gesperbert); das größere Weibchen hat eine braunere Oberseite und dunkelbraune Bänder an der Unterseite sowie einen weißen Streif über und hinter dem Auge.*
BRUT: *den mit dünnen Zweigen ausgelegten Horst aus Ästen baut oft nur das Weibchen; es legt meist im Mai 4–6 weiße, leicht bläulich getönte, rotbraun getupfte Eier und brütet sie in etwa 35 Tagen aus; beide Eltern füttern; die Jungen verlassen nach 24–30 Tagen das Nest.*
NAHRUNG: *Sperlinge, Finken, Stare und andere Kleinvögel; manchmal Feld- und Wühlmäuse, junge Kaninchen; Insekten.*

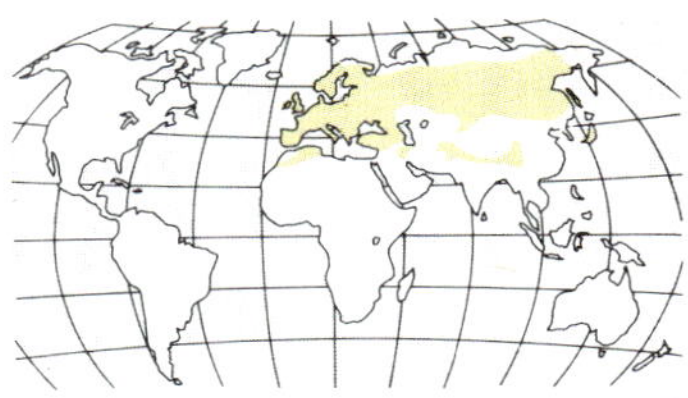

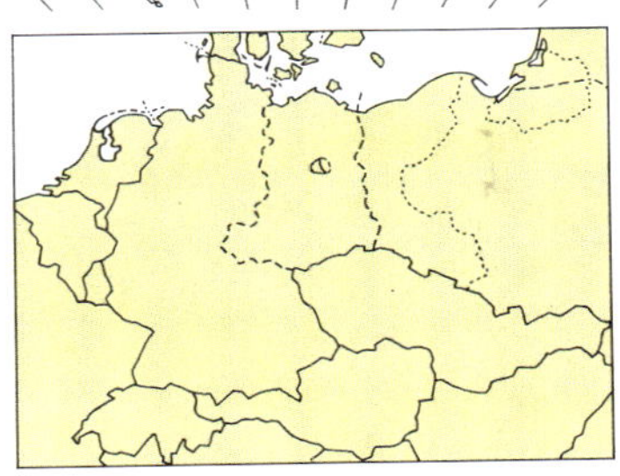

Stand-, Strich- und Zugvogel; deutsche Sperber wurden im Winter in allen Teilen Frankreichs und in Spanien aufgefunden; viele bleiben auch in der Nähe des Brutreviers

Ein jagender Sperber überrascht kleine Finken

Rotmilan

Milvus milvus
Männchen 55 cm   Weibchen 60 cm

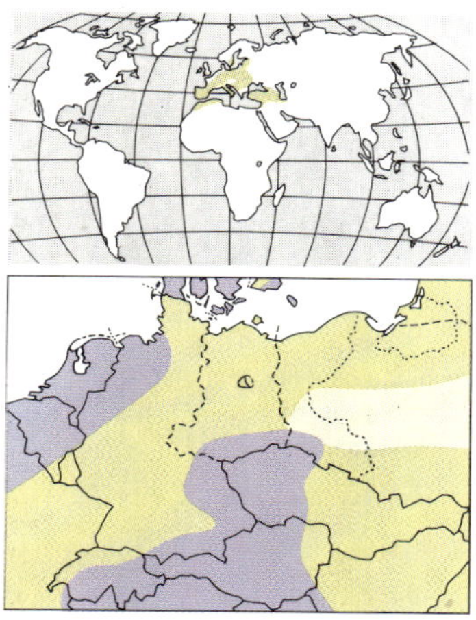

Vornehmlich Zugvogel; viele Rotmilane, besonders Jungvögel, bleiben neuerdings auch im Winter bei uns, wo sie auf Müllplätzen sich ausreichend ernähren können

Diesen seltenen Greifvogel verrät im Flug sein tief gegabelter Schwanz

Unser nächst den Adlern stattlichster Greifvogel, der Rotmilan, früher *Gabelweih* oder *Königsweih* genannt, war bis ins 19. Jahrhundert in Mitteleuropa weit verbreitet. Schon vor über 100 Jahren begann er seltener zu werden, und um die Jahrhundertwende war er aus vielen von ihm einst dicht besiedelten Gebieten ganz oder fast ganz verschwunden. Seit 40 Jahren nimmt er an Zahl langsam wieder zu. 1965 zählte man in der Bundesrepublik 400 brütende Paare und 500 in der DDR. Milane haben offenbar gelernt, Müllabladeplätze und ähnliche Nahrungsquellen mehr als früher und vor allem im Winter zu nutzen. Einst war der Rotmilan in Mitteleuropa fast ausschließlich Zugvogel, heute überwintert er in Niedersachsen und Bayern schon in ganzen Trupps.

Getragen von ihren langen, schmalen, im *Handgelenk* abgewinkelten Flügeln können Rotmilane, ohne zu ermüden, stundenlang segelnd kreisen, wobei sie den Boden nach kleinen Säugetieren absuchen. Mit ihrem langen gegabelten Schwanz steuern sie. Zur Balzzeit vollführen Rotmilanpärchen wahre Kunststücke in der Luft und lassen sich im Sturzflug zu Boden fallen wie viele Greifvögel. Ihr Ruf, ein klägliches ‚Hiäh', wird häufig zu einem wiehernden Triller verlängert. Ihren aus trockenen Zweigen gebauten und mit Schlamm verkitteten Horst legen sie mit Wolle, Moos, Haaren, Papier und Lumpen aus.

KENNZEICHEN: *rostbraunes Gefieder mit gestreiftem weißem Kopf; schlanker Körper; schmale Flügel, im Flug stark nach hinten abgewinkelt; tief gegabelter Schwanz; Weibchen etwas matter.*
BRUT: *beide Partner bauen hoch auf Bäumen einen Horst aus dürren Zweigen und Lehm; das Weibchen legt im April oder Mai meist 2–3 weiße, rotbraun gesprenkelte Eier und brütet sie in etwa 30 Tagen aus; beide Eltern füttern; die Jungen verlassen nach 50–55 Tagen das Nest.*
NAHRUNG: *kleine Säugetiere, Kaninchen, verendete Schafe, eben flügge gewordene Krähen und Möwen; Würmer und Frösche; schmarotzen bei anderen Greifvögeln; dem Mäusebussard entreißen sie die Beute in der Luft.*

Schwarzmilan

Milvus migrans 50—57 cm

Im Gegensatz zum Rotmilan bewohnt der Schwarzmilan ein riesiges Gebiet, das sich bis Madagaskar, Ostasien und Australien erstreckt. Im Winter sieht man bei uns nur Rotmilane, denn der Schwarzmilan Mitteleuropas ist ein ausgesprochener Zugvogel. Wie andere große Segler schlägt er auf dem Zug nach Afrika vornehmlich den Weg über Gibraltar oder den Bosporus ein, um thermische Aufwinde nutzen zu können.

Mehr ans Wasser gebunden als sein roter Vetter, weshalb man ihn auch *Wassermilan* nennt, besiedelt er vor allem das Seengebiet des nordöstlichen Mitteleuropas und die Stromtäler des Alpenvorlandes. Als gewandter Flieger greift er auf dem Wasser treibende Beute in elegantem Sturzflug, schwingt sich mit ihr in die Luft und kröpft sie dort. Er frißt mehr Aas als der Rotmilan und sucht neuerdings die Autobahnen nach überfahrenen Tieren ab, wobei er manchmal selbst zu Schaden kommt. Weil er in Südosteuropa und dem Vorderen Orient dergleichen auch von den Straßen der Städte holt, ist er dort als Gesundheitspolizist geschätzt. Gelegentlich schmarotzt er bei anderen Greifvögeln und Reihern, die er so lange bedrängt, bis sie ihre im Kropf gespeicherte Nahrung auswürgen oder die Beute fallen lassen.

KENNZEICHEN: *kleiner als der ähnliche Rotmilan; dunkelbraun (nicht rotbraun) gefärbt; weniger tief gegabelter Schwanz; fliegt und kreist gern über Wasser; ruffreudiger: die wiehernd-trillernden Laute klingen blecherner als beim Rotmilan; beide Geschlechter gleich.*

BRUT: *beide Partner bauen auf Bäumen, besonders in Wassernähe, einen Horst, wobei sie gern Treibholz, Lumpen und Papier verwenden; stocken auch alte Nester anderer Greifvögel auf; das Weibchen legt Ende April bis Mai 2–3 kalkweiße, braun gefleckte und bekritzelte Eier, die beide Gatten in etwa 30 Tagen ausbrüten; die Jungen verlassen nach 40–50 Tagen den Horst und betteln danach noch eine Weile die Eltern an.*

NAHRUNG: *fischt von der Wasseroberfläche kranke und tote Fische und andere Wirbeltiere auf; nimmt auch Aas von den Straßen.*

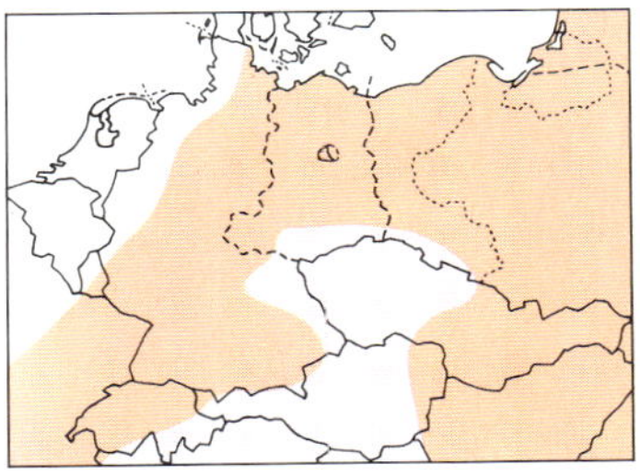

In Teilen seines riesigen Verbreitungsgebietes Stand- oder Strichvogel; in Europa Zugvogel, der im tropischen und südlichen Afrika überwintert

In elegantem Flug greift der Schwarzmilan treibende tote Fische

Baumfalke

Falco subbuteo 33 cm

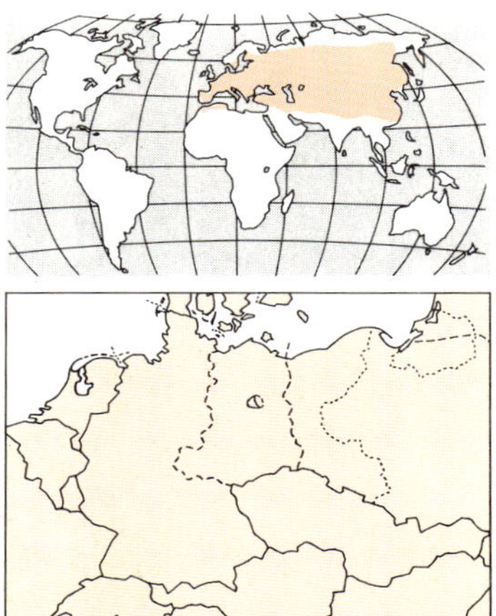

Zugvogel im größten Teil des Verbreitungsgebietes; überwintert meist im tropischen Afrika; von Ende April bis Mitte August in Mitteleuropa Sommervogel

Seine sichelförmigen Schwingen tragen den Baumfalken so schnell durch die Lüfte, daß er auch Mauersegler einholt und Fledermäuse im Fluge schlägt. Wendig und geschickt jagt er Libellen nach, packt sie mit den Fängen, führt sie zum Schnabel und verschlingt sie, ohne im Fluge innezuhalten. Mit größerer Beute lassen sich Baumfalken auf einem Ast oder am Boden nieder, bevor sie ihr Opfer kröpfen.

Diese schönen Falken scheinen aus reinem Vergnügen zu fliegen. Sie überschlagen sich in der Luft, gleiten mit dem Rücken nach unten und drehen, einzeln oder in Familiengruppen, ihre Loopings. Beim Balzen ziehen beide Partner segelnd ihre Kreise. Zuweilen stößt das Männchen auf das Weibchen wie zum Angriff zu. Wenn das Männchen einen kleinen Vogel gefangen hat, steigt es hoch in die Luft, fliegt im Sturzflug zum Weibchen und übergibt ihm die Beute im Flug.

Baumfalken brüten im Juni in lichten Wäldern oder im offenen Gelände auf einzelnstehenden Bäumen in alten Krähen- oder Sperbernestern oder gar Eichhörnchenbauten. Wenn die jungen Baumfalken im Juli schlüpfen, haben die Eltern kaum Nahrungssorgen, denn dann gibt es die meisten Schwalben. In Mitteleuropa ist der Baumfalke viel seltener als der Turmfalke, aber sein Bestand ist nicht so katastrophal zurückgegangen wie beim Wanderfalken oder Sperber.

KENNZEICHEN: *schiefergrauer Rücken; schwarze Bartstreifen, Brust und Unterseite weiß mit schwarzen Streifen; rostrote Schenkel; Weibchen etwas größer als das Männchen; sieht wie ein kleiner Wanderfalke und im Fluge wie ein großer Mauersegler aus.*

BRUT: *bezieht verlassene Nester hoch auf Bäumen, oft Nadelbäumen; das Weibchen legt im Juni meist 3 gelbliche, stark rot- oder gelbbraun gesprenkelte Eier und brütet sie hauptsächlich selbst in 28 Tagen aus; die von beiden Eltern gefütterten Jungen verlassen nach 28–32 Tagen das Nest.*

NAHRUNG: *Heuschrecken, Libellen und andere fliegende Insekten; kleine Vögel; gelegentlich Fledermäuse und größere Vögel.*

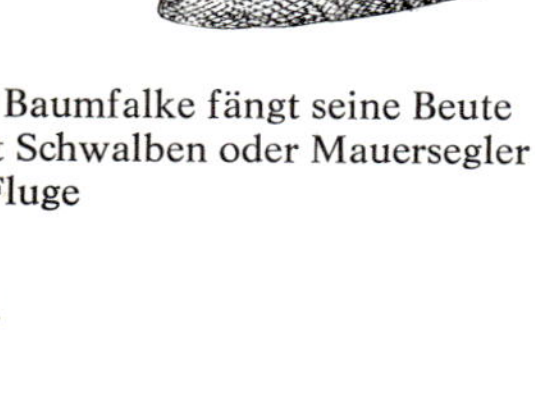

Der Baumfalke fängt seine Beute – oft Schwalben oder Mauersegler – im Fluge

Waldschnepfe

Scolopax rusticola 34 cm

Sein Gefieder, das dürrem Fallaub gleicht, tarnt diesen Watvogel, der statt am Wasser in von Lichtungen aufgelockerten Wäldern lebt, so gut, daß kaum ein Ornithologe je sein Nest gefunden hat. Entdeckt man doch ein Dunenjunges, dann kann es geschehen, daß die Eltern ihre Jungen durch die Luft davontragen, was ihnen kein anderer Vogel nachmacht.

Wenn man die heimliche Waldschnepfe aus ihrem Versteck aufscheucht, fliegt sie mit klatschendem Geräusch hoch und läßt sich schnell wieder in Deckung fallen. Beim Balzflug – als *Schnepfenstrich* den meisten Jägern vertraut – streicht dagegen das Männchen in der Morgen- und Abenddämmerung jeweils etwa 20 Minuten lang geräuschlos und träge nicht sehr hoch über sein Revier, wobei es öfters scharf ‚pssieb' und dumpf ‚kworr' ruft – in der Jägersprache *Puitzen* und *Murksen* genannt. Am Abend folgen Bodenbalz und Paarung. Zum Balzflug kommt es schon auf dem Zuge, erst recht nach Eintreffen im Brutrevier früh im Jahre – zu ‚Oculi, da kommen sie', wie der Jäger meint – und bis Anfang Juli, solange die Waldschnepfe ihre Jungen aus beiden Bruten aufzieht.

Bei diesen ‚Vögeln mit dem langen Gesicht' stehen die Augen so weit hinten am Kopf, daß sie auch dann nach Feinden Ausschau halten, wenn sie mit ihrem langen Schnabel tief im Boden nach Würmern und Insekten stochern. Sie können die Spitze des Oberschnabels von der des Unterschnabels abspreizen und so die Beute wie mit einer Pinzette fassen.

KENNZEICHEN: *ähnlich Bekassine, aber größer und plumper, mit schwarzen Querbändern auf dem Scheitel; Dämmerungsvogel.*

BRUT: *in eine mit Laub ausgelegte Mulde legt das Weibchen ab Ende März 4 schwach glänzende, rahmfarbene, spärlich mattgrau und gelblichbraun gefleckte Eier, brütet sie in 22 Tagen aus, führt die in der Nacht gleichzeitig geschlüpften Jungen am nächsten Morgen vom Nest fort und betreut sie 5–6 Wochen; brütet zweimal im Jahr.*

NAHRUNG: *Würmer, Käfer und ihre Larven, Raupen, Heuschrecken u. a.*

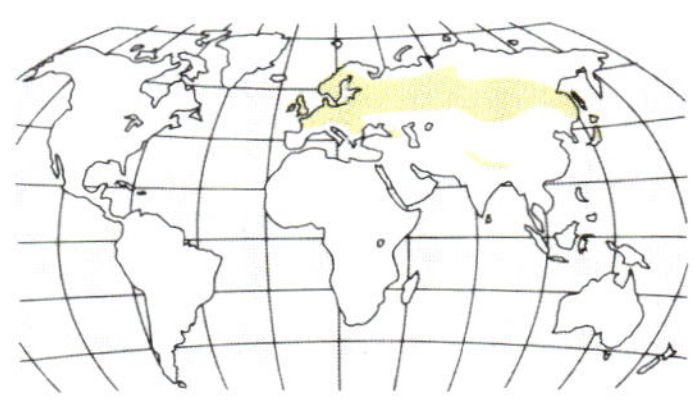

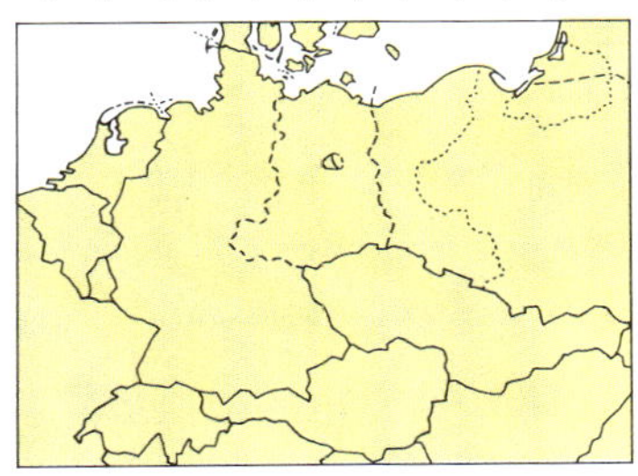

Jahresvogel; zieht aber überwiegend im Winter in die Mittelmeerländer; nur einzelne bleiben in Mitteleuropa zurück, wo sie im Osten zahlreicher als im Westen sind, vor allem in größeren Wäldern

Träge streicht die Waldschnepfe auf dem Schnepfenstrich dahin

Hohltaube

Columba oenas 33 cm

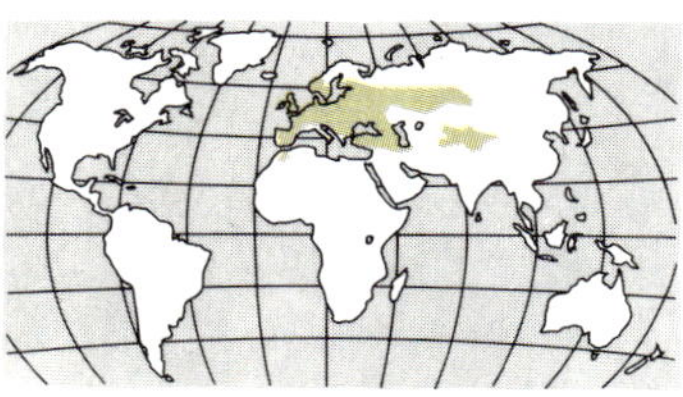

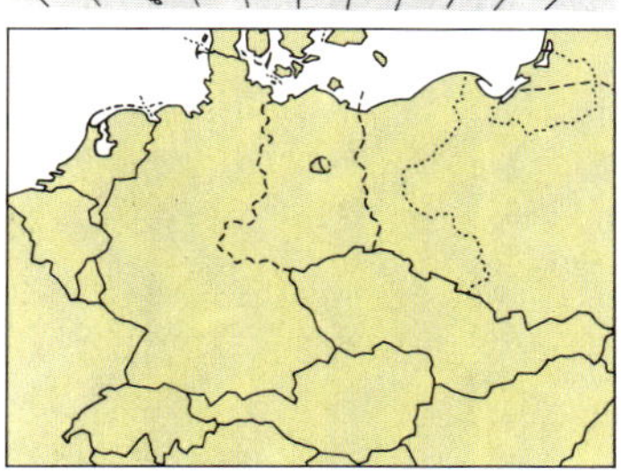

Teilzieher; bei uns vorwiegend Zugvogel, der in West- und Südeuropa überwintert

Hohltauben nisten in vorhandenen Höhlen. Seit es wegen der intensiven Forstwirtschaft an natürlichen Baumhöhlen mangelt, sind sie auf die vom Schwarzspecht aufgegebenen Höhlen angewiesen. Wohl deshalb sind sie seit der Jahrhundertwende in Mitteleuropa seltener geworden. Man kann ihnen aber – wie in einigen Gegenden der Schweiz – mit Erfolg durch künstliche Nisthöhlen helfen. Gelegentlich kommen Hohltauben auch am Stadtrand vor, aber nicht in der Innenstadt wie die viel zahlreicheren Ringeltauben.

Wo immer sie nisten, ihr Futter müssen sie sich von Wiesen und Feldern holen. Im Herbst suchen sie sich, mitunter in Gesellschaft von Ringeltauben, ihre Nahrung auf Stoppelfeldern und bevorzugen Samen vom weißen Gänsefuß, Knöterich und anderen Unkräutern. Im Frühjahr sehen sie sich besonders nach Hornkraut und Ackersenf um, bei dem sie auch im Sommer bleiben. Sie ziehen ihn sogar Getreidekörnern vor.

Ihr heiseres Gurren – ein hohl klingendes ‚Huhwúp-huhwúp' – unterscheidet sich deutlich vom *Rucksen* der Ringeltaube. Beim Balzflug fliegen beide Partner im Kreise herum und gleiten dabei manchmal mit hochgestellten Flügeln. Hohltauben sind gesellige Vögel, die an geeigneten Plätzen sogar in aufgelockerten Kolonien brüten. Trotzdem kommt es unter den Männchen zu Streitigkeiten um das Revier. Sie bedrohen sich gegenseitig und schlagen mit den Flügeln zu.

KENNZEICHEN: *ähnlich der Felsentaube, aber ohne weißen Bürzel; je 2 kurze schwarze Flügelbinden; kleiner als die Ringeltaube und ohne den auffallenden weißen Flügelspiegel; Geschlechter gleich.*

BRUT: *nistet meist in Höhlen von Bäumen, Gebäuden und Felsen, auch in Nistkästen und sogar in Kaninchenbauten; kein Nistmaterial; Gelege Ende März bis September aus meist 2 weißen Eiern, die beide Partner in etwa 17 Tagen ausbrüten; die von den Eltern gefütterten Nestlinge sind nach ungefähr 4 Wochen flügge; meist 2, oft auch 3 Bruten im Jahr.*

NAHRUNG: *Unkrautsamen und Körner; wenige tierische Nahrung, vor allem Kokons von Regenwürmern.*

Die zwei kurzen schwarzen Flügelbinden fallen im Fluge auf

Ringeltaube

Columba palumbus 40 cm

Solange diese größte unserer Tauben in den Wäldern bleibt, verzehrt sie mit Vorliebe Eicheln, Bucheckern, Nadelholzsamen, Knospen und Beeren. Aber auf den Feldern gibt es für den Landwirt keinen größeren Feind unter den Vögeln als die harmlos aussehende Ringeltaube. Von Januar bis März fällt sie auf Kleeschläge und bei Schnee in Massen auf Rosenkohlfelder ein und tut sich an den grünen Blättchen gütlich; im zeitigen Frühjahr frißt sie das Saatkorn, Erbsen, Ackersenf und wildes Senfkorn; im Sommer das reife und reifende Getreide; im Herbst findet sie ihr Futter zwischen den Stoppeln.

Ringeltauben haben sich in den letzten Jahren trotz scharfer Jagd ziemlich schnell vermehrt. Im Jagdjahr 1968/69 wurden in der Bundesrepublik 342 000 Ringeltauben (siebenmal soviel wie Rebhühner) geschossen, davon allein in Nordrhein-Westfalen 205 000. In den Parks und Gärten der Städte sind sie oft so zahm geworden, daß sie aus der Hand fressen.

Ihr meist fünfsilbiger Gesang – das bekannte *Rucksen* – klingt wie ‚kuu-kuu ku-ku ku‘. Beim Balzen fliegt das Männchen steil hoch und klatscht oben mit den Flügeln. Zur Werbung am Boden gehören Verneigen, gegenseitiges Schnäbeln und Fütterung als Gunstbezeigung.

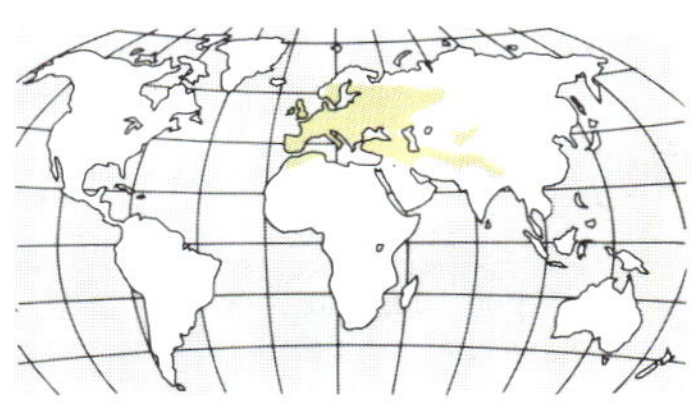

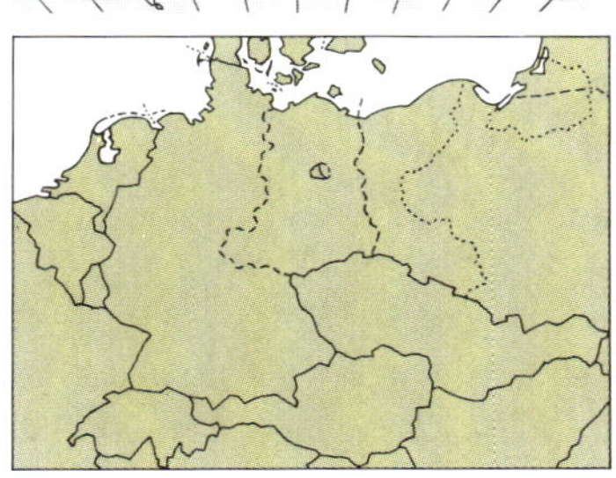

Teilzieher, der bis nach Südwestfrankreich und Spanien zieht; in Mitteleuropa im Winter Zuzug aus Skandinavien

KENNZEICHEN: *Kopf, Hals und Schwanz grau; dunkle Endbinde am Schwanz; im Alterskleid grün und purpurn am Hals mit weißem Fleck; Rücken und Flügel graubraun mit weißem Flügelspiegel; Brust rötlichgrau; Geschlechter gleich.*
BRUT: *das Weibchen baut in Bäumen, auch Büschen, Efeu, auf Mauervorsprüngen und sogar am Boden aus Zweigen ein flaches Nest, zu dem auch das Männchen Material herbeischafft; legt zwischen April und Juli, ja bis September 2 weiße Eier, die beide Partner in 17 Tagen ausbrüten; die von den Eltern zunächst mit Kropfmilch (einem im Kropf gebildeten Sekret) und später mit Feldfrüchten gefütterten Jungen sind nach 16–20 Tagen selbständig; meist 2, mitunter auch 3 Bruten im Jahr.*
NAHRUNG: *vorwiegend Getreide, Klee und Kohl, auch Wildfrüchte und Samen; in den Städten auch Brot und Speisereste.*

Im Fluge zeigt die Ringeltaube ihre hübsche Flügelzeichnung

Turteltaube

Streptopelia turtur 28 cm

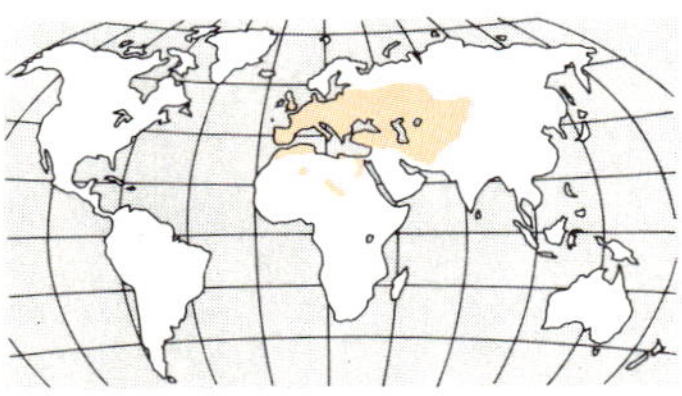

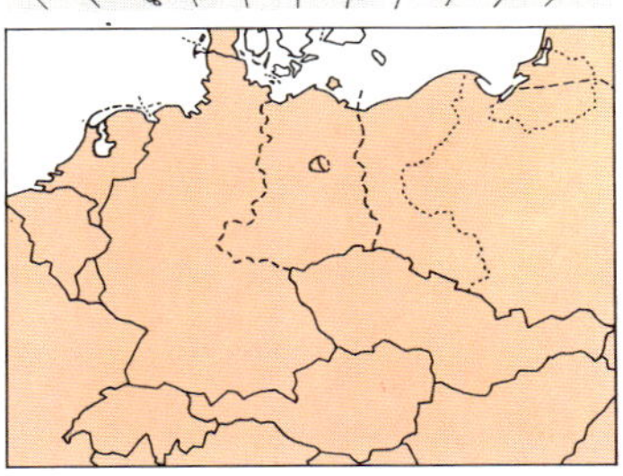

Sommervogel in Mitteleuropa; überwintert in Afrika bis zum Sudan; im Süden ihres gesamten Verbreitungsgebietes Jahresvogel

Die weiße Endbinde am Schwanz zeigt die zierliche Turteltaube im Flug

Das sonst sanfte eintönige Gurren der Turteltaube klingt eher wie ein hastiges Keuchen, wenn sie mit Nachdruck ihr Revier behauptet, dabei steil in die Höhe fliegt und im Heruntergleiten so lange kreist, bis sie sich auf dem gleichen Baum niederlassen kann, von dem sie aufgeflogen ist. Beim Balzen verbeugt sich das Männchen vor dem Weibchen und *knickst* rasch hintereinander ungefähr ein dutzendmal. Dabei plustert es leicht die Brustfedern und richtet den Schnabel abwärts. Wenn die Jungen in Gefahr sind, flattern die Eltern wie flügellahm am Boden, um den Eindringling abzulenken.

Turteltauben, die kleinsten und schlanksten der bei uns brütenden Tauben, meiden die Gebirge und halten sich lieber in lichten Wäldern, Parkanlagen und großen Gärten auf als in geschlossenen Wäldern mit dichtem Baumbestand. Sie sind Sommergäste und ziehen schon von Ende August an wieder in ihre afrikanischen Winterquartiere. Oft nehmen sie sich keine Zeit mehr zu mausern, wenn die Jungen flügge geworden sind, wie unsere übrigen Tauben, sondern wechseln ihr Gefieder erst im Winterquartier oder setzen die Mauser dort fort.

Turteltauben ernähren sich am liebsten von den Samen des Erdrauchs, eines verbreiteten Ackerunkrautes. Wahrscheinlich treffen sie deshalb erst ab Ende April bei uns ein, weil es davor nicht genügend solcher Samen gibt.

KENNZEICHEN: *schlank, Oberseite rötlich und schwarz; rosarote Brust; schwarzweiß geschupptes Feld am Hals; Schwanz mit weißer Endbinde.*
BRUT: *das Weibchen baut in einem Baum oder Busch, meist in 1,5–2,5 m Höhe, aus dünnen Zweigen ein flaches schütteres Nest (man kann die Eier unten durchschimmern sehen) und legt es manchmal mit Wurzeln aus; die zwischen Mai und Juli gelegten 2 glänzendweißen Eier brüten beide Eltern in etwa 14 Tagen aus und füttern dann die Jungen, die nach 18 Tagen das Nest verlassen und wenige Tage später flügge sind; meist 2 Bruten im Jahr.*
NAHRUNG: *Samenkörner, vor allem von gewöhnlichem Erdrauch, Sandkraut, Ackersenf und anderen Unkräutern; Grassamen; manchmal kleine Schnecken.*

Blauracke

Coracias garrulus 30,5 cm

Mit ihrem bunten Federkleid spiegelt die Blauracke die Farbenpracht tropischer Vögel wider. Offenbar entstammt sie auch einer afrikanischen Gruppe, von der heute noch etliche Arten in Afrika heimisch sind.

Dieser schöne Vogel braucht trockene und warme Sommer. In den letzten hundert Jahren ist er mit der Zunahme feuchtkühler Sommer in Mitteleuropa immer seltener geworden. Noch im vorigen Jahrhundert brütete die Blauracke in Elsaß-Lothringen und ganz Westdeutschland bis Bayern. Heute ist sie von dort ebenso verschwunden wie aus dem Berliner Grunewald und dem Park von Nymphenburg. Die Westgrenze ihrer Verbreitung verlagert sich immer weiter nach Osten. Selbst ihr einst geschlossenes Brutgebiet in der DDR löst sich heute in einzelne Inseln auf, die auch schon gefährdet sind. Von 1950–1960 wurden 47 Brutplätze aufgegeben, so daß nur wenig über 100 übrigblieben. Doch in Gegenden mit dem ihr zusagenden Klima ist die Blauracke kein außergewöhnlicher Vogel. Bezeichnenderweise wanderte sie in Südfrankreich überhaupt erst neuerdings ein.

Die Blauracke fällt nicht nur durch ihr prächtiges Gefieder auf, sondern auch durch die gaukelnden Flugspiele des Männchens über dem Nistbaum, bei denen es sich überschlägt und hin- und herwirft. Früher nannte man sie volkstümlich *Mandelkrähe*, denn sie saß gern auf Getreidemandeln.

KENNZEICHEN: *etwa dohlengroß, sehr bunt; gewandter Flieger, kann nicht hüpfen; stürzt sich vom Ansitz auf vorbeifliegende Insekten; Männchen vollführt artistische Balzflüge; ruft krähenartig tief ‚kr-r-r-r-r-ak‘.*

BRUT: *nistet bei uns in Baumhöhlen, in Südeuropa auch in Lehmwänden; die mit Federn und Haaren ausgelegte Bruthöhle enthält auch viele Pflanzenteile; das Weibchen legt ab Mitte Mai bis Juni 4–5 rein weiße glänzende Eier, die beide Gatten in etwa 19 Tagen ausbrüten; die Jungen verlassen nach 4 Wochen die Nisthöhle; brütet einmal im Jahr.*

NAHRUNG: *größere Kerbtiere, vor allem Grillen und Heuschrecken, die vom Boden aufgelesen oder auch im Flug geschnappt werden.*

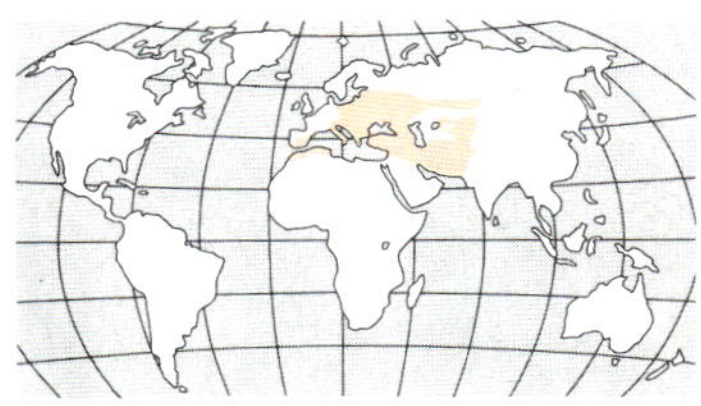

Zugvogel; überwintert in der Südhälfte Afrikas bis zum Kapland; in Mitteleuropa Sommervogel von Mitte April/Anfang Mai bis Anfang August/Mitte September

Blauracken nisten oft in Spechthöhlen

Schwarzspecht

Dryocopus martius 46 cm

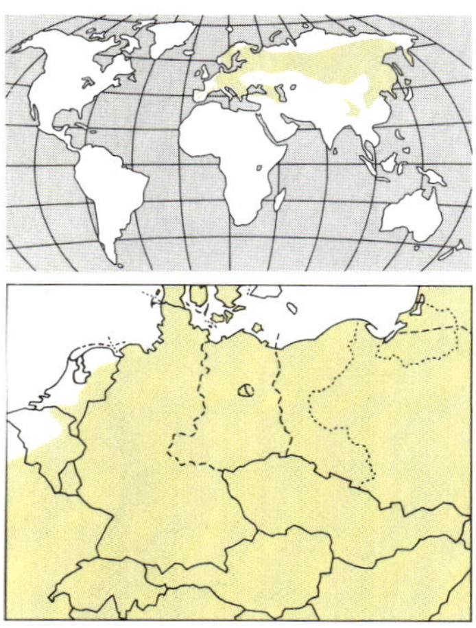

Jahresvogel; erwachsene Schwarzspechte sind reviertreue Standvögel; Jungvögel streifen weit umher: durch Beringung wurden Entfernungen bis 500 km vom Geburtsort festgestellt

Schwarzspechte zimmern in großen Bäumen ihre geräumige Nisthöhle

Ursprünglich bewohnte der Schwarzspecht die großen Nadelwaldgebiete im Norden Europas und Asiens. Noch im 18. Jahrhundert verlief seine westliche Verbreitungsgrenze von Mecklenburg über Sachsen und Thüringen bis zu den süddeutschen Gebirgen. Doch seit die Forstleute auch anderswo immer mehr Nadelwald anpflanzten, hat er sich weiter nach Westen verbreitet. Schon 1810 tauchte er im Harz auf, 1877 bei Celle. Belgien erreichte er 19[illegible]8, die Niederlande 1915; im Westen beider Länder fehlt er heute noch. Als Relikt einer kälteren Erdzeit kommt er in Mitteleuropa auch in den Alpen, im Jura und in den Vogesen vor.

Obwohl der Schwarzspecht sich mit den Nadelwäldern ausgebreitet hat, hält er sich auch in nadelholzreichen Mischwäldern und im Westen seines Verbreitungsgebietes sogar in Rotbuchenwäldern auf. Vor allem braucht er kräftige gerade Baumstämme, um darin seine Bruthöhlen anzulegen, die an dem längsovalen Einflugloch zu erkennen und meist 35–55 cm, zuweilen fast 1 m tief sind. Der fast krähengroße Vogel fliegt nicht wellenförmig wie andere Spechte, sondern geradlinig. Im Flug ruft er weithin vernehmbar ‚krükrükrü', in Brutstimmung grünspechtartig ‚kwikwikwi' und im Sitzen bei Erregung ‚kliüh', das man über 1 km weit hört. Er trommelt wie andere Spechte auch.

KENNZEICHEN: *großer, schwarzer Specht; Männchen hat roten Scheitel, Weibchen roten Genickfleck; an Rufen und Flugweise leicht zu erkennen.*

BRUT: *beide Partner zimmern in einen kräftigen Baumstamm, in meist 3–10 m Höhe, eine Nisthöhle; das Weibchen legt ab April bis Juni 3–5 (selten 6) glänzendweiße Eier, die beide Eltern abwechselnd in 12–14 Tagen ausbrüten; die zunächst wenig entwickelten Jungen fliegen erst nach 24–28 Tagen aus, werden auch danach noch mehrere Wochen von beiden Eltern, vor allem vom Männchen, gefüttert und dann aus dem Revier verjagt.*

NAHRUNG: *Ameisen und deren Entwicklungsstadien, in geringer Zahl Käfer, wenige sonstige Insekten, vereinzelt Kiefernsamen, Beeren.*

Buntspecht

Dendrocopos major 23 cm

Buntspechte nisten in allen Wäldern Mitteleuropas, im Gegensatz zu Grünspechten auch in Nadelwäldern. Dort reißen sie gern Fichten- oder Kiefernzapfen ab. Damit fliegen sie an einen Stamm, wo sie den Zapfen in ein zuvor ausgehacktes Loch klemmen und so lange darauf hämmern, bis sie die Samen aus den zerspaltenen Schuppen holen können. Da der Buntspecht aber vor allem Larven von Bock- und Borkenkäfern frißt, ist er wie alle Spechte bei Forstleuten beliebt. Imker schätzen ihn weniger, denn er beschädigt Bienenstöcke, wenn er an die Brut heran will. Er meißelt auch in Telegraphenmasten Löcher, um an Insekten zu kommen. Im Frühjahr, wenn in den Bäumen der Saft steigt, *ringeln* Buntspechte die Bäume: sie schlagen die Rinde um den Stamm in Spiralen an, bis sie die aus getroffenen Saftbahnen austretenden Tropfen ablecken können.

Bei ihrem Wellenflug legen sie im *Tal* die Schwingen an den Körper und beschreiben dann mit schnellem Flügelschlag einen neuen *Bogen*. Sie rufen laut und scharf ‚kick', geben aber auch krächzende Laute von sich. Der Buntspecht singt nicht, er trommelt: mit dem Schnabel hämmert er in rasender Folge (10 Schläge in der Sekunde) auf einen schwingenden Gegenstand, meist einen dürren Ast. Dieses *Trommeln* hört man bei den meisten Spechten besonders im Frühling weithin. Es hat nichts mit dem Klopfen bei der Nahrungssuche zu tun.

KENNZEICHEN: *schwarz mit weißen Flecken und Tupfen; rote Unterschwanzdecken; Männchen im Genick karminrot; Jungvögel mit rotem Scheitel; vom* Kleinspecht *deutlich durch seine Größe zu unterscheiden.*
BRUT: *beide Partner zimmern, meist mindestens in 3 m Höhe, eine Baumhöhle; außer Holzspänen kein Nistmaterial; bezieht manchmal auch Nistkästen; das Weibchen legt im Mai 4–7 glänzendweiße Eier und brütet sie vornehmlich selbst in etwa 16 Tagen aus; die von beiden Eltern gefütterten Jungen verlassen nach 19–20 Tagen das Nest.*
NAHRUNG: *meist Larven von Käfern, Wespen und Schmetterlingen; auch Spinnen; holt gelegentlich junge Vögel aus Nestern; ab Herbst vor allem Eicheln, Nüsse, Beeren, Obst und die Samen der Nadelbäume.*

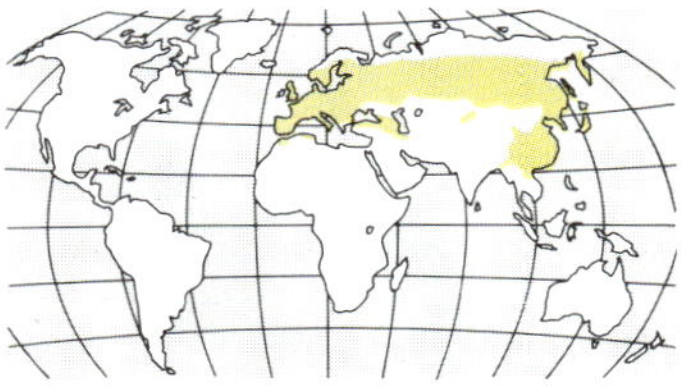

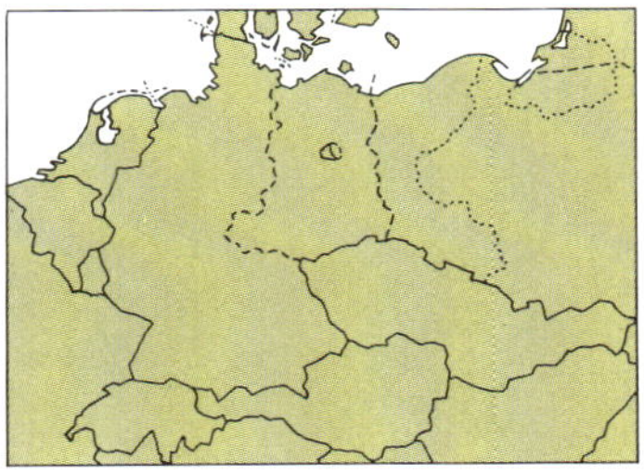

Vornehmlich Jahresvogel; nur Vögel aus dem hohen Norden ziehen bei Futtermangel gelegentlich oder invasionsartig südwärts

Weiße Schulterflecken auf kurzen Flügeln kennzeichnen diese Spechtart

Weißrückenspecht

Dendrocopos leucotos 25 cm

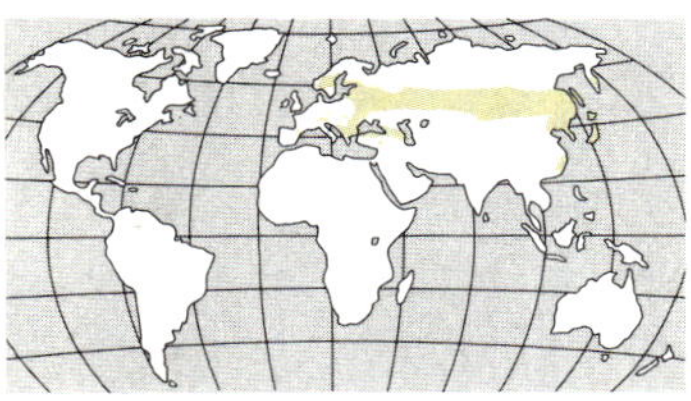

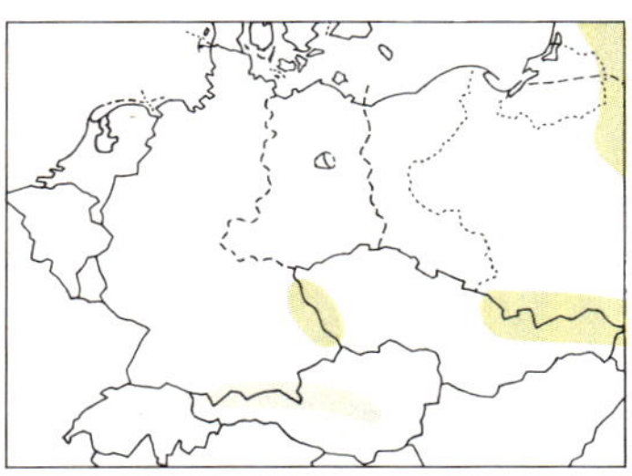

Ausgesprochener Standvogel, der jedoch ab und zu auch außerhalb seines Verbreitungsgebietes festgestellt worden ist

Der Weißrückenspecht am kreisrunden Eingang seiner von ihm gezimmerten Höhle

Der durch das ganze mittlere Asien bis nach Mittel- und Nordeuropa verbreitete Weißrückenspecht ist bei uns der seltenste Specht. Man findet ihn nur in geringer Zahl und verstreut in den Alpen und Voralpen sowie im Bayerischen Wald. Im Gegensatz zum Dreizehenspecht braucht er Laubbäume, im Alpengebiet Buchen, die nur bis zu einer Höhe von 1220 m vorkommen. Überhaupt sind für ihn in Europa kleine Brutinseln außerhalb seines geschlossenen Verbreitungsgebietes – etwa in den Pyrenäen und den Abruzzen – kennzeichnend. Dabei handelt es sich um Restbestände, die unter anderem durch Abholzung voneinander getrennt wurden, denn sein Verbreitungsgebiet war früher sicherlich größer als heute. Auf dem Balkan und in Kleinasien findet sich eine sehr deutlich unterschiedene Unterart mit gebändertem Rücken, die wohl dort die letzte Vereisung überdauert hat. Unsere mitteleuropäische Unterart ist dagegen nach der Eiszeit aus Sibirien eingewandert.

Der Weißrückenspecht ist der größte unserer Buntspechte, ähnelt aber in der Färbung – Rot auf Scheitel und Unterseite – mehr dem Mittelspecht. Er gehört zu den am wenigsten bekannten Brutvögeln Mitteleuropas. Das liegt nicht nur an seiner Seltenheit, sondern auch an seiner Vorliebe für dichte, urwüchsige Wälder, in denen er ein verborgenes Dasein führt.

KENNZEICHEN: *vom Bunt- und Mittelspecht durch das Fehlen des großen weißen Schulterfeldes, das beim Weißrückenspecht schwarzweiß gebändert ist, und durch den rein weißen Rücken unterschieden; lockt ‚kjück', etwas tiefer als das ‚Kix' des Buntspechtes; beide Geschlechter trommeln.*
BRUT: *beide Partner zimmern eine etwas größere Höhle als Buntspechte, mit Vorliebe in morsche Bäume; das Weibchen legt im April und Mai 3–5 glänzendweiße Eier, die wohl in 14 Tagen ausgebrütet werden, doch ist weder Brut- noch Nestlingsdauer genau bekannt; eine Brut im Jahr.*
NAHRUNG: *in der Rinde und besonders in morschen Bäumen lebende Kerbtiere; vorwiegend Larven von Bockskäfern, ferner Roßameisen.*

Gartengrasmücke

Sylvia borin 14 cm

Wenn die Gartengrasmücke einmal ihr Revier in einem Garten abgrenzt, muß er schon sehr groß und dicht mit Buschwerk bestanden sein. Meist bevorzugt sie lichte Laubwälder mit vielen Büschen und Dornensträuchern. Manchmal brütet sie auch auf Lichtungen mit dichtem Dornengestrüpp, in Weidenanpflanzungen, verwilderten Hecken und sogar in Nadelwald mit Laubgebüsch.

Die Gartengrasmücke lebt meist im Strauchwerk verborgen und fällt mit ihrem unansehnlichen einfarbigen Gefieder auch außerhalb kaum auf. Doch ihr Gesang dringt auch aus dem tiefsten Versteck. Ihr lang anhaltendes Lied ist nicht so kunstvoll aufgebaut wie das der Mönchsgrasmücke, klingt jedoch viel lieblicher: ein gleichmäßiges volltönendes Zwitschern in tieferer Tonlage. Ihre Rufe – ‚tscharr' und bei Gefahr ‚täck-täck' oder ‚wäd-wäd' – sind für Grasmücken typisch.

Gartengrasmücken kehren erst Anfang Mai aus Mittel- und Südafrika zu uns zurück und ziehen schon im August und in der ersten Septemberhälfte wieder weg. Das Männchen trifft vor dem Weibchen ein und wählt das Nistrevier. Es legt mehrere *Spielnester* an, bevor sich das Pärchen endgültig für einen Nistplatz entscheidet.

In der Balzpose vor dem Weibchen fächert das Männchen den Schwanz und schlägt unruhig mit den Flügeln. Genauso verhalten sich beide Eltern bei Ablenkungsmanövern zum Schutz ihrer Jungen.

KENNZEICHEN: *eintönig graubraun wie Mönchsgrasmücke, aber ohne anders gefärbte Kopfkappe; volltönender anhaltender Gesang.*
BRUT: *beide Partner bauen gut versteckt, meist nicht höher als 1 m über dem Boden, ein Nest aus trockenem Gras und legen es mit Haaren und Wurzeln aus; das Weibchen legt ab Mai bis Anfang Juni 4–6 (meist 5) weiße bis blaßgrüne, olivfarben gesprenkelte Eier und brütet sie vornehmlich selbst in etwa 12 Tagen aus; die von beiden Eltern gefütterten Jungen verlassen nach ungefähr 10 Tagen das Nest.*
NAHRUNG: *hauptsächlich Insekten und deren Larven, sowie Spinnen; im Sommer Früchte und vielerlei Beeren.*

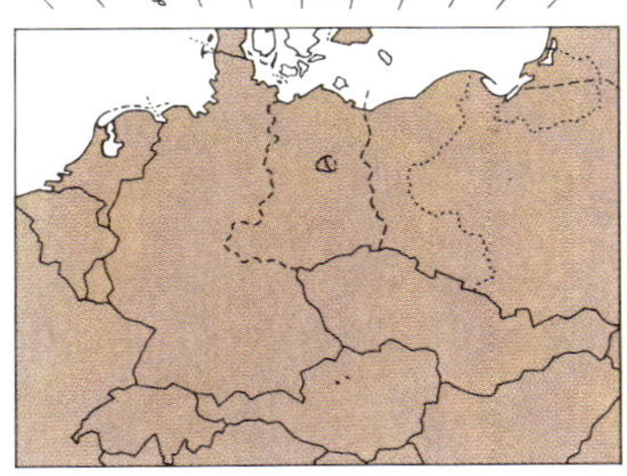

Zugvogel; überwintert in den Savannenwäldern des tropischen Afrikas bis Natal und Südwestafrika; Sommervogel in Mitteleuropa von Mai bis September

Die Gartengrasmücke baut ihr Nest an geschützten Stellen in Bodennähe

Mönchsgrasmücke

Sylvia atricapilla 14 cm

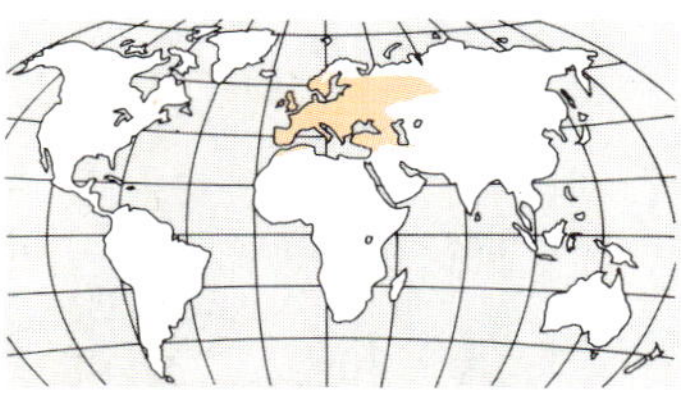

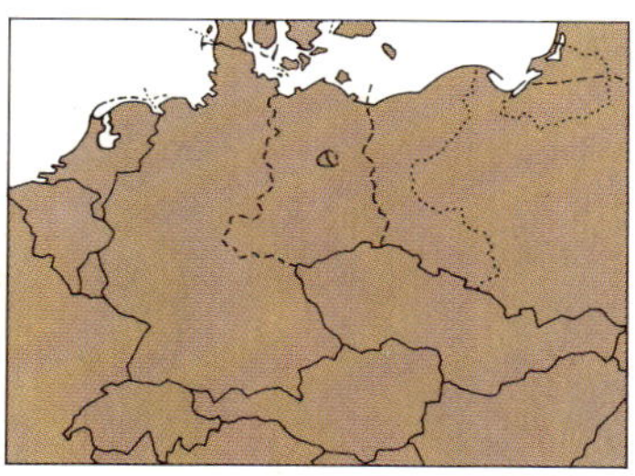

Zugvogel; überwintert in den südlichen Mittelmeerländern und Äquatorialafrika; Sommervogel in Mitteleuropa von April bis Oktober

Beim Balzen schlägt das Männchen der Mönchsgrasmücke kräftig mit den Flügeln

Unter den 19 in Mitteleuropa brütenden Arten der Grasmückenfamilie, zu der auch Laubsänger, Schwirle und Rohrsänger gehören, kann man die Mönchsgrasmücke an ihrer beim Männchen glänzendschwarzen, beim Weibchen rotbraunen Kappe und dem wohlklingenden Gesang am leichtesten erkennen.

Das Männchen singt meist von einem gut versteckten Singplatz in der Nähe des Nestes aus. Nach einem zwitschernden Vorgesang schwingt es sich zum *Überschlag* auf, einer geflöteten Schlußstrophe mit eingeflochtenen Motiven aus dem Gesang anderer Vögel, die plötzlich abbricht. Die Mönchsgrasmücke ruft schnarrend ‚tscharr' oder erregt in schneller Wiederholung ‚tack' oder ‚täck', wenn sie beunruhigt ist.

Mönchsgrasmücken gehören zu den verbreitetsten Brutvögeln Mitteleuropas. Sie kommen im April an und nisten in Wäldern, Büschen und Gärten mit Brombeergestrüpp, Rosenhecken und immergrünen Sträuchern wie Rhododendren. Ihre locker geflochtenen Nester hängen wie Körbe an benachbarten Pflanzen. Bei der Nahrungssuche bleiben sie meist im Gebüsch verborgen, oder sie fliegen ruckartig von einem Versteck zum anderen.

Beim Balzen richtet das Männchen die Scheitelfedern auf und plustert sein Körpergefieder, manchmal läßt es die Flügel hängen, ein andermal schlägt es damit, oder es fächert den Schwanz und stellt ihn auf.

KENNZEICHEN: *graubraune Oberseite; das Männchen hat eine glänzendschwarze Kopfplatte, das Weibchen eine rotbraune.*
BRUT: *vornehmlich das Weibchen baut im Gebüsch oder sonst in dichtem Bewuchs ein nicht sehr stabiles Nest aus trockenem Gras und legt es mit Haaren und Würzelchen aus; ab Mai bis Juli legt es 4–6 (meist 5) weiße, grünangehauchte, braun marmorierte Eier, die beide Eltern in etwa 12 Tagen ausbrüten; beide füttern die Jungen, die nach ungefähr 10 Tagen das Nest verlassen.*
NAHRUNG: *Fliegen und andere Insekten sowie deren Larven; im Herbst Früchte und Beeren aller Art, die Wald und Garten bieten.*

Zilpzalp

Phylloscopus collybita 11 cm

Fitis

Phylloscopus trochilus 11 cm

Beide Vögel ähneln sich so sehr, daß sie nur an ihren Stimmen leicht voneinander zu unterscheiden sind. Den Gesang des Zilpzalp zeichnet ein monotones hohes ‚Zilp-zalp' aus – manchmal mit eingeschobenem leisem ‚Tzr-tzr-tzr', das nur auf kurze Entfernung zu hören ist. Das flüssige Lied des Fitis erinnert entfernt an den Buchfinkenschlag, ist aber weicher, langsamer und klingt wehmütiger. Zilpzalp und Fitis singen ab April, der Fitis bis Juni, der Zilpzalp bis Juli und oft wieder im Herbst vor dem Wegzug. Beide rufen ‚huit', das jedoch vom Zilpzalp einsilbig ‚huit' betont wird.

Sie sind in Wäldern oder Heidegebieten, Feldgehölzen und großen Gärten mit reichem Baumbestand zu Hause. Der Fitis bevorzugt die Strauchregion, der Zilpzalp hält sich lieber in Bäumen auf, da er zum Singen einen Sitzplatz in mindestens 5 m Höhe braucht. Er kommt als erster Zugvogel bei uns an und bleibt oft bis in den Oktober hinein. Der Fitis erscheint gewöhnlich erst 14 Tage später und zieht zwei bis drei Wochen früher weg, denn nach Südafrika hat er einen viel weiteren Weg als der Zilpzalp, der schon in den Mittelmeerländern überwintert.

Beide Vögel werben meist nur mit einem langsamen Balzflug. Der Fitis baut sein Nest versteckt am Boden, der Zilpzalp fast immer etwas erhöht in niedrigem Gebüsch.

KENNZEICHEN: *beide Arten mit grünem bis olivbraunem Gefieder; der* Fitis *hat spitzere Flügel als der* Zilpzalp *und manchmal fleischfarbene Beine; beide unterscheidet im Freien ihr ganz verschiedener Gesang.*
BRUT: *die Weibchen bauen kugelförmige Nester aus Moos und trockenem Gras und polstern sie mit Federn aus; Ende April bis Anfang Mai legen sie meist 6–7 weiße Eier, beim* Fitis *mit rotbraunen Punkten oder Flecken, beim* Zilpzalp *mit purpurbraunen Tupfen, die sie in etwa 13 Tagen ausbrüten; die beim* Fitis *von beiden Eltern, beim* Zilpzalp *nur vom Weibchen gefütterten Nestlinge sind nach ungefähr 13 Tagen flügge.*
NAHRUNG: *vorwiegend kleine Insekten, deren Eier und Larven; die Beute wird im Flug gefangen oder auch abgelesen oder herausgestochert.*

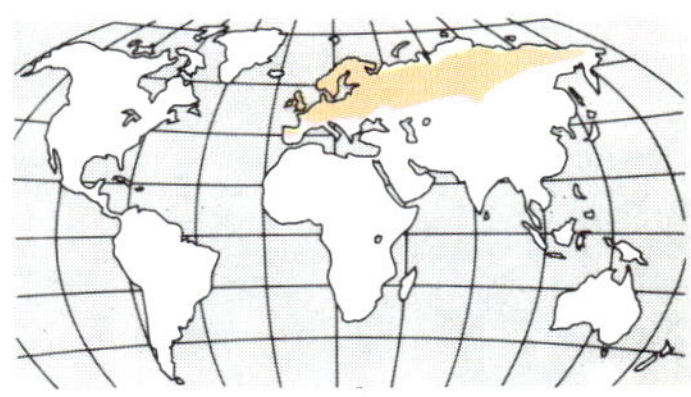

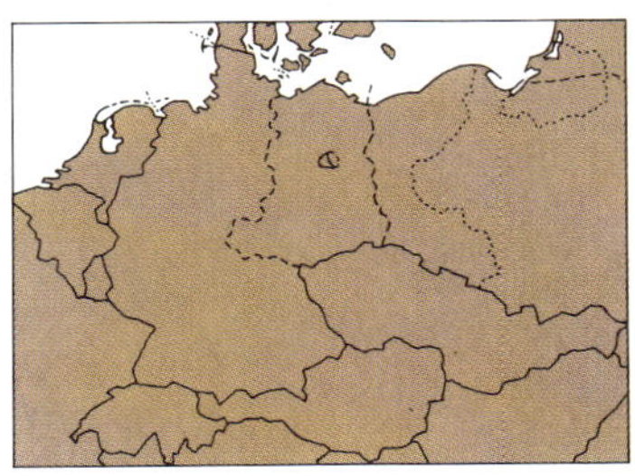

Die Karten zeigen die Verbreitung des Fitis; der Zilpzalp kommt auch südlicher vor, fehlt aber in Südschweden; er überwintert von den Mittelmeerländern bis zum Südrand der Sahara; der Fitis in Zentral- und Südafrika

Der flüssige, etwas wehmütige Gesang des Fitis ist unverkennbar

Berglaubsänger

Phylloscopus bonelli 11 cm

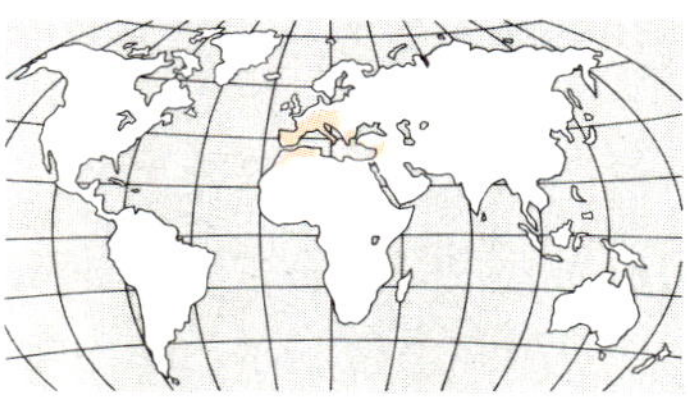

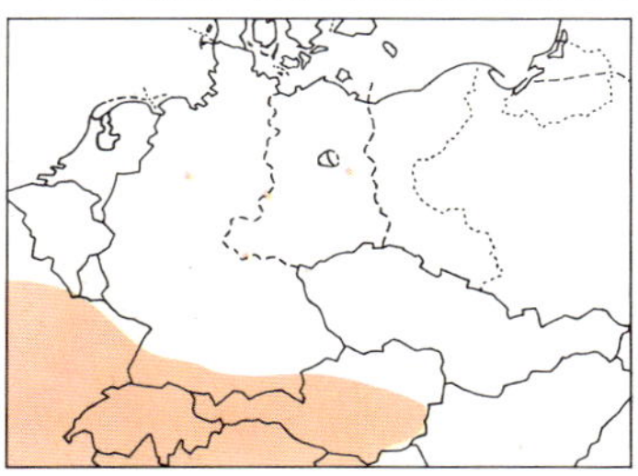

Zugvogel; überquert die Sahara und überwintert in Westafrika; in Mitteleuropa Sommervogel von Ende April/Mai bis August/September

Der Berglaubsänger gehört mit Weißbart-, Provence- und Brillengrasmücke zu den Vögeln des Mittelmeerraumes, deren Verbreitungsgebiet recht klein ist. Als Vogel des Südens liebt er Wärme. Er hat aber zugleich auch eine Vorliebe für gebirgiges Gelände. Das flache Tiefland meidet er. An trockenen warmen Südhängen der Gebirge kommt er bis zu Höhen von 2000 m vor. Deshalb konnte er über die Alpen hinweg bis in den Schweizer, Schwäbischen und Fränkischen Jura sowie in den südlichen Schwarzwald vordringen. Ja um die Mitte dieses Jahrhunderts begann er noch nördlichere Vorposten in der Rhön, in Thüringen, im Harz und im Weserbergland zu besetzen.

Wegen seiner begrenzten Verbreitung ist er der bei uns am wenigsten bekannte Laubsänger, zumal er erst im Mai aus dem Winterquartier zurückkommt und mit seinem unscheinbaren Federkleid und monotonen Gesang auch nicht besonders auffällt. Dieser, ein loser, etwas blechern klingender Triller auf demselben Ton, läßt sich leicht vom Schwirren des Waldlaubsängers unterscheiden, denn er ist langsamer, und die einzelnen Töne sind klarer voneinander getrennt. Vom sicher nahe verwandten Waldlaubsänger unterscheidet sich der Berglaubsänger außerdem sogleich durch seine rein weiße Unterseite und den grünlichgelben Bürzel, den man aber in freier Natur nur selten sieht.

KENNZEICHEN: *Oberseite olivgrün; Unterseite rein weiß; Gesang eine Art Schwirren aus 5–10 Silben, die sich langsamer folgen als beim Schwirren des Waldlaubsängers; in der Hand am grünlichgelben Bürzel zu erkennen.*
BRUT: *das Weibchen baut allein am Boden ein backofenförmiges Nest aus Laub, Moos, Würzelchen usw. mit seitlichem Eingang; es legt im Mai und Juni 5–6 weiße, rotbraun getüpfelte und -gestrichelte Eier und brütet sie allein in 13 Tagen aus; die Jungen bleiben 12 Tage im Nest und werden von beiden Eltern betreut; eine Brut im Jahr.*
NAHRUNG: *kleine Fluginsekten aller Art; Räupchen und Spinnen, die häufig auf den äußersten Zweigen in Baumkronen erbeutet werden.*

Der Berglaubsänger fängt mit Vorliebe fliegende Insekten

Waldlaubsänger

Phylloscopus sibilatrix 12,5 cm

Mit seinem auffallenden Gesang und seinem Balzflug belebt der Waldlaubsänger im Mai unsere Rotbuchenwälder, zu deren lichtgrünem Laub sein lebhaft gelbgrünes Gefieder wundervoll paßt. Er singt zwei oft wechselnde Strophen. Wenn er im Balzflug, langsam von oben nach unten gleitend, von Baum zu Baum schwebt, ertönt die eine: ein immer schneller werdendes ‚Sib', das am Ende in ein sehr kennzeichnendes Schwirren übergeht. Man nennt ihn deshalb auch *Waldschwirrvogel.* In der anderen Strophe reiht er ein klangvolles, melancholisches ‚Düh-düh-düh' siebenmal oder öfter zu einem schwermütigen Lied aneinander, das er nur im Sitzen singt.

In nicht zu dunklen Wäldern mit relativ beständigem Kleinklima, nur schwachem Unterholz, wo zwar einzelne Äste (als Anflugziele) unter 3 m herabreichen, aber genügend Raum für seine Balzflüge bleibt, ist der Waldlaubsänger am dichtesten verbreitet: vor allem also in alten Buchenwäldern. Er bewohnt aber auch Mischwälder, Nadelwälder mit eingesprengten Laubbäumen und sogar Feldgehölze. Sein Nest – wie bei anderen Laubsängern ein kugelförmig überdachter Bau – legt der Waldlaubsänger stets am Boden an. Es liegt wegen der schütteren Bodenvegetation seines Lebensraumes nicht so versteckt wie das des Fitis und ist niemals mit Federn, sondern mit feinen Grashalmen und Würzelchen ausgepolstert.

KENNZEICHEN: *Brust gelb; Bauch weiß; Oberseite gelbgrün; gelber Überaugenstreif; im Herbst in den Farben matter; größer und lebhafter gefärbt als Zilpzalp und Fitis; charakteristischer Gesang.*

BRUT: *das Weibchen baut am Boden zwischen Moos und Grasbüscheln ein kugelförmiges Nest mit seitlichem Eingang; ab April bis Juni legt es meist 6–7 weiße, dicht mit dunkelrotbraunen Tupfen gesprenkelte Eier und brütet sie in etwa 13 Tagen aus; beide Eltern füttern die Nestlinge, die nach ungefähr 12 Tagen flügge sind.*

NAHRUNG: *Insekten, vor allem kleine Raupen, Käfer, Fliegen und Blattläuse; im Spätsommer auch wilde Beeren.*

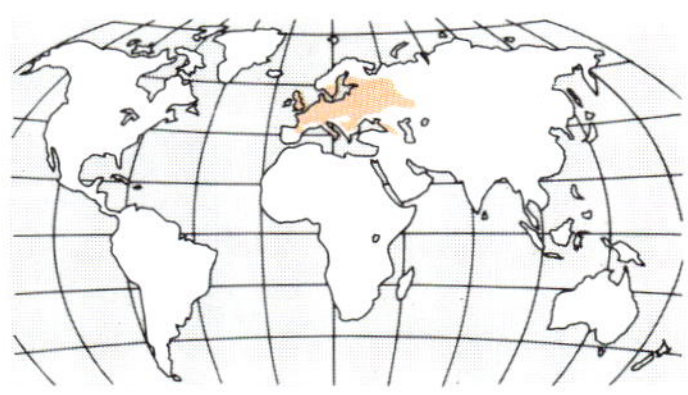

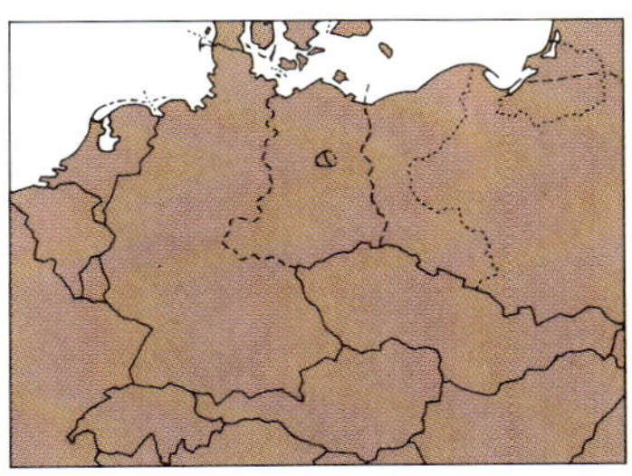

Vorwiegend Zugvogel; überwintert in den Wäldern und Savannen des tropischen Afrikas; in Mitteleuropa Sommervogel von April bis August

Beim Balzflug schwirrt der Waldlaubsänger wie eine Libelle

Trauerschnäpper

Ficedula hypoleuca 12,5 cm

Halsbandschnäpper

Ficedula albicollis 12,5 cm

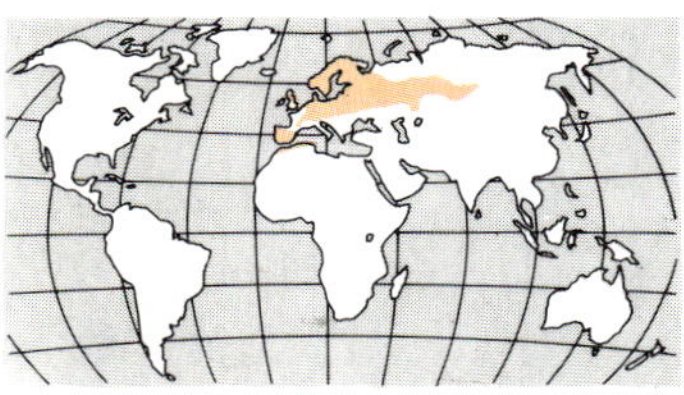

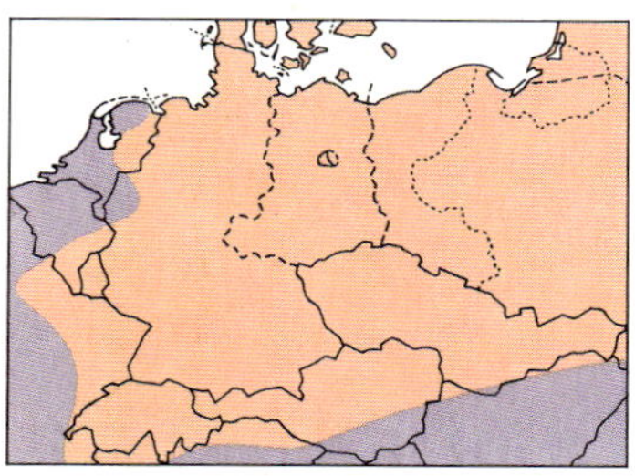

Zugvögel, die im Savannengürtel des tropischen Afrikas überwintern; die Karten zeigen die Verbreitung des Trauerschnäppers; der Halsbandschnäpper ist von Ostfrankreich über Süddeutschland bis Innerasien verbreitet

Dank vieler Nisthöhlen hat sich der Trauerschnäpper stärker vermehrt

Wenn der Trauerschnäpper sich im Wald einen natürlichen Nistplatz erobern will, kann er sich schwer gegen Rotschwänze und Meisen durchsetzen. Im Hügelland, wo er gern brütet, fehlt es oft an geeigneten Höhlen. Nur dank zahlreicher Nistkästen konnte er sein Brutgebiet in letzter Zeit erweitern.

Zu ihrem Suchflug nach Insekten starten Trauerschnäpper gewöhnlich von einem Zweig aus, machen einen seitlichen Ausfall und schnappen in geschickter Drehung ihre Beute. Dann lassen sie sich, mit Flügeln und Schwanz zuckend, wieder nieder und schauen nach neuer Beute aus. Selten kehren sie wie Grauschnäpper zum gleichen Sitz zurück. Sie lesen Insekten auch am Boden oder an Baumstämmen auf, an denen sie sich gelegentlich wie Meisen festklammern. Halsbandschnäpper verhalten sich wie Trauerschnäpper. Ihre Brutgebiete schließen sich meist aus; wo sie sich überlappen, kommt es ausnahmsweise zu Bastardierung beider Arten.

Der rhythmische Gesang des Trauerschnäppers beginnt schleppend mit ‚di writze writze‘, danach klingt er, auf und ab gezwitschert und gepfiffen, etwa wie ‚diple diple diple‘. Das langsame Lied des Halsbandschnäppers ist kürzer und einfacher. Beim Locken ruft er ‚sieb‘, der Trauerschnäpper schwalbenartig ‚wuit‘ oder kurz und manchmal wiederholt ‚tju‘.

KENNZEICHEN: *Männchen an der Oberseite schwarz; Stirn, Unterseite und Flügelbinde weiß; beide Geschlechter im Herbstkleid olivbraun mit bräunlichweißen Binden an Flügeln und Schwanzseiten;* Halsbandschnäpper *ähnlich, aber mit durchgehendem weißem Halsband.*
BRUT: *das Weibchen baut in einer vorhandenen Höhle, 1–12 m über dem Boden, aus Blättern ein Nest und kleidet es mit Gras, Haaren und Federn aus; es legt Mitte Mai meist 5–8 hellgrün-blaßblaue Eier und brütet sie in etwa 13 Tagen aus; die von beiden Eltern gefütterten Jungen verlassen nach ungefähr 14 Tagen das Nest.*
NAHRUNG: *Insekten, die im Flug gefangen, aber auch abgelesen werden; zuweilen Regenwürmer, Raupen; im Spätsommer auch Beeren.*

Zwergschnäpper

Ficedula parva 11,5 cm

Vor allem durch kurze Beuteflüge nach Insekten in der Luft oder auf dem Boden verrät der Zwergschnäpper, daß er zu den Fliegenschnäppern gehört. Auf den ersten Blick gleicht das alte Männchen einem Rotkehlchen, ist aber rasch an den weißen Seiten der Schwanzwurzel zu erkennen, zumal das Weiß beim Schwanzzucken ständig aufleuchtet. Die einjährigen Männchen haben noch kein Rot an der Kehle und gleichen den Weibchen, bei denen sie offenbar schon gute Chancen haben.

Bei uns sind Zwergschnäpper im östlichen Mitteleuropa bis Schleswig-Holstein und zum Allgäu verbreitet. Sie nisten auch da nur gebietsweise zahlreicher, so in Nordostdeutschland, im Bayerischen Wald und in den Vorbergen der Alpen. Neuerdings scheinen sie sich nach Westen auszubreiten. In den letzten Jahren sind sie in Helgoland häufiger als zuvor beobachtet worden. Auf dem Zuge sieht man sie nur ausnahmsweise, denn sie überwintern in Indien wie unter unseren Brutvögeln nur noch der seltene Karmingimpel. Während der Zwergschnäpper bei uns feuchte Buchenwälder in Schluchten und an schattigen Seeufern liebt, überquert er auf seinen weiten Wanderungen auch die ausgedehnten Wüsten Persiens und Südafghanistans. Hochgebirge scheint er auf dem Zuge dagegen zu meiden. Auch im Brutgebiet kommt er bei uns nicht über 1000 m Höhe vor.

KENNZEICHEN: *bis auf die rote Kehle der alten Männchen recht unauffällig gefärbt, aber sogleich an den weißen Schwanzwurzelkanten und dem Schwanzzucken zu erkennen, oft auch an einem zaunkönigartigem Schnurren (‚zerr'); rüttelt gern vor Zweigen.*

BRUT: *das Weibchen baut in Halbhöhlen und Spalten von Bäumen meist recht hoch (bis 12 m) ein Nest aus Moos, Hälmchen und Tierhaaren; es legt Ende Mai bis Juni 5–7 gelblich- oder grünlichweiße, über und über bräunlich gefleckte Eier und brütet sie allein aus; nur eine Brut im Jahr.*

NAHRUNG: *kleine Insekten wie Fliegen, Blattwespen, Schnaken, Spanner; auch kleine Raupen.*

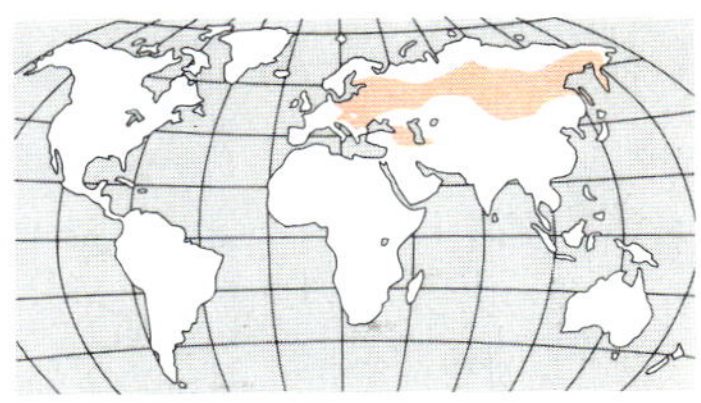

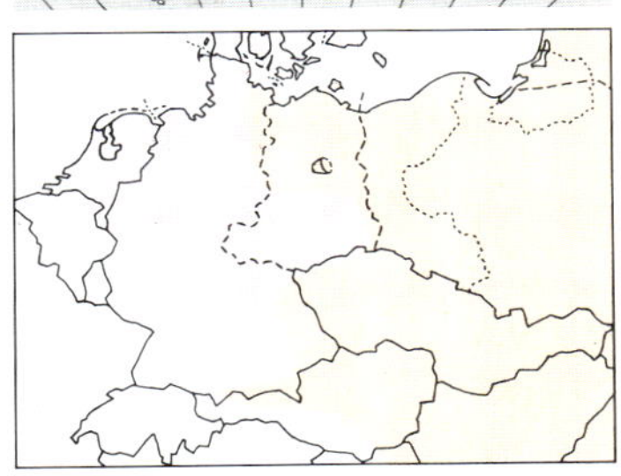

Zugvogel; überwintert in Süd- und Südostasien ostwärts bis Borneo; erscheint in Mitteleuropa erst Anfang bis Mitte Mai und zieht schon im August wieder fort

Der Zwergschnäpper zuckt ständig mit dem Schwanz; dabei leuchtet das Weiß an der Schwanzwurzel auf

Nachtigall

Luscinia megarhynchos 16,5 cm

Sprosser

Luscinia luscinia 16,5 cm

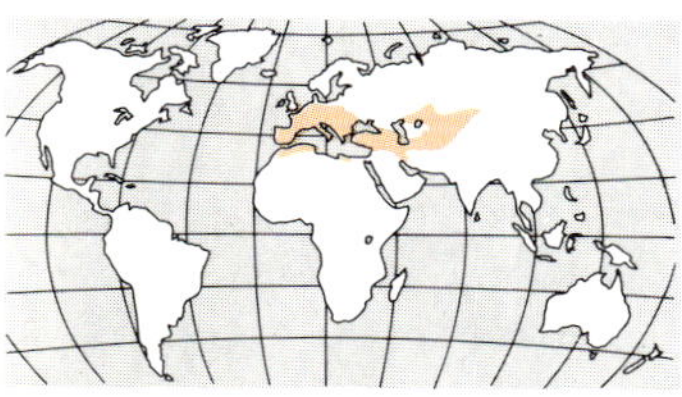

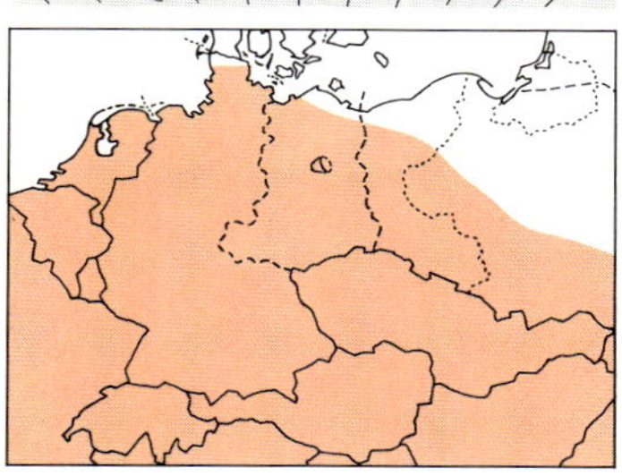

An das Verbreitungsgebiet der Nachtigall (siehe Karten) schließt sich das des Sprossers im Norden und Osten an; Nachtigallen überwintern im tropischen Afrika nördlich des Äquators, Sprosser auch im östlichen Afrika

Die Nachtigall baut ihr Nest gut im dichten Unterholz verborgen

Nachtigallen und die nah verwandten, etwas dunkler gefärbten Sprosser machen sich allein durch ihren klangvollen Gesang bemerkbar. Beide lieben dichtes Unterholz und reiche Bodenvegetation. Der Sprosser ist unbedingt an feuchtes Gelände wie Bruchwald gebunden, die Nachtigall nicht.

Trotz ihres Namens singt die Nachtigall auch tagsüber oft. Ihr kunstvolles Lied kommt allerdings am besten zur Geltung, wenn die Männchen in der Abendstille um die Wette singen. Sie locken damit Weibchen an, die eben – zehn Tage nach den Männchen – aus ihren afrikanischen Winterquartieren zurückgekehrt sind. Tagsüber singt das Männchen auch, um andere von seinem Revier fernzuhalten.

Klangfülle, Vielseitigkeit der Motive und seine Kraft machen den Gesang der Nachtigall unvergeßlich. Er setzt sich aus rauhen und flüssigen Tonfolgen zusammen, die rasch wiederholt werden; hierzu gehört auch ein sehr lautes ‚Tschuck-tschuck-tschuck', das beim Sprosser tiefer klingt und ein zartes flehendes ‚Pju', das langsam in ein Crescendo übergeht. Es fehlt im Lied des Sprossers. Zu den Rufen beider Vögel zählen ein weiches ‚Huit', ein hartes ‚Teck-teck' und zwei Warnrufe: das schimpfende ‚Karr' und das heisere ‚Tschäh'.

Beim Balzen hebt und senkt das Männchen den gefächerten Schwanz, schlägt mit den Flügeln und streckt den Kopf nach unten, bis es mit dem Schnabel einen Punkt erreicht hat, der tiefer als sein Standort liegt.

KENNZEICHEN: *braunes Gefieder mit rotbraunem Schwanz, helle Unterseite; weißliche Kehle;* Sprosser *sehr ähnlich, Kropf und Brust hell gewölkt; beide Geschlechter gleich.*

BRUT: *das Weibchen baut sehr versteckt am oder unmittelbar über dem Boden aus trockenem Laub ein Nest und kleidet es mit trockenem Gras und Haaren aus; es legt im Mai meist 5 olivgrüne oder dunkelolivbraune Eier und brütet sie in etwa 14 Tagen aus; die von beiden Eltern gefütterten Jungen verlassen nach ungefähr 11–12 (Sprosser 9–10) Tagen das Nest.*

NAHRUNG: *Bodeninsekten; auch Spinnen, Regenwürmer, einige Beeren.*

Misteldrossel

Turdus viscivorus 27 cm

Die größte einheimische Drossel verdankt ihren Namen der Vorliebe für die klebrigen Beeren der Mistel. Diese Schmarotzerpflanze breitet sich hauptsächlich durch die Misteldrossel aus. Die halbzentimetergroßen Kerne gehen durch ihren Darm und werden so von Baum zu Baum übertragen.

Der etwas schwermütige Gesang der Misteldrossel ist zwar nicht so einschmeichelnd wie das Flöten der Amsel oder so einfallsreich wie die vielfältigen Motive der Singdrossel, erfreut uns jedoch schon an unfreundlichen Februartagen. Oft wird man auf sie durch den schnarrenden Flugruf ‚Schnärr' oder ihren Warnruf aufmerksam, der sich anhört, als kratze man mit einem Kamm über ein Holzstück. Man nennt sie deshalb mancherorts *Schnärrer.*

Die Misteldrossel brütet zeitig. Schon Ende März kann man die Eier in ihrem großen Nest an auffallender Stelle hoch im noch unbelaubten Baum vollkommen ungeschützt liegen sehen. Der Vogel ist dann auch stets auf der Hut, angriffslustig und mißtrauisch.

Dieser Bewohner unserer Wälder ist in Nordwestdeutschland auch in die Parklandschaft und in die Dörfer eingewandert. Nach der Brutzeit zieht die Misteldrossel auf das offene Land, in die Hügel, Moore und Sümpfe. In kleinen Trupps streift sie umher und ernährt sich von Mistel- und anderen Beeren, den Früchten der Eibe und des Weißdorns.

KENNZEICHEN: *graubraune Oberseite; sehr helle Unterseite mit groben dunkelbraunen Flecken; weiße Außenkante am Schwanz; größer und kräftiger gefleckt als Singdrossel; aufrechte Haltung; beide Geschlechter gleich.*
BRUT: *beide Partner bauen meist hoch auf Bäumen ein großes napfförmiges Nest aus Gras, Zweigen, Lehm und Moos; das Weibchen legt zwischen Ende Februar und Juni 4–5 blaßblaue bis braungelbe Eier mit rotbraunen Tupfen und Flecken und brütet sie in 13–14 Tagen aus; die von beiden Eltern gefütterten Nestlinge sind nach 14–16 Tagen flügge; meist 2 Bruten im Jahr.*
NAHRUNG: *Früchte, Beeren; Insekten, Larven; Regenwürmer, Schnecken.*

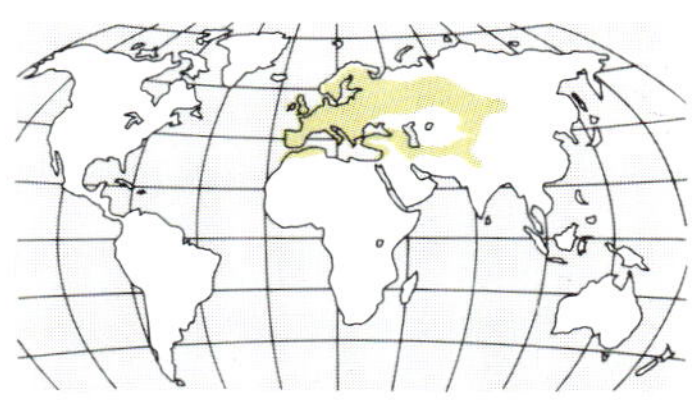

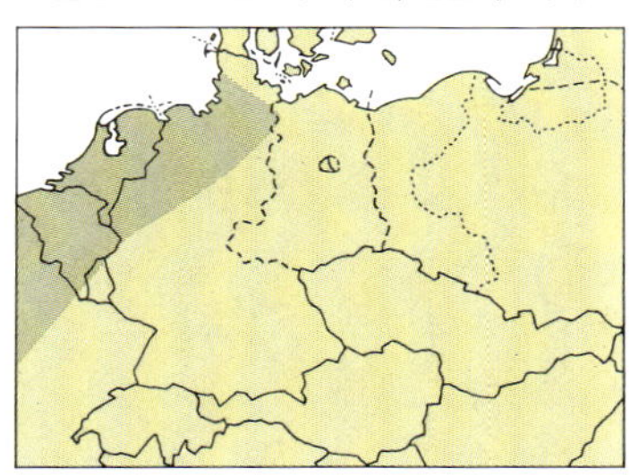

Teilzieher; die meisten mitteleuropäischen Misteldrosseln ziehen im Winter nach Südwesteuropa und Nordafrika

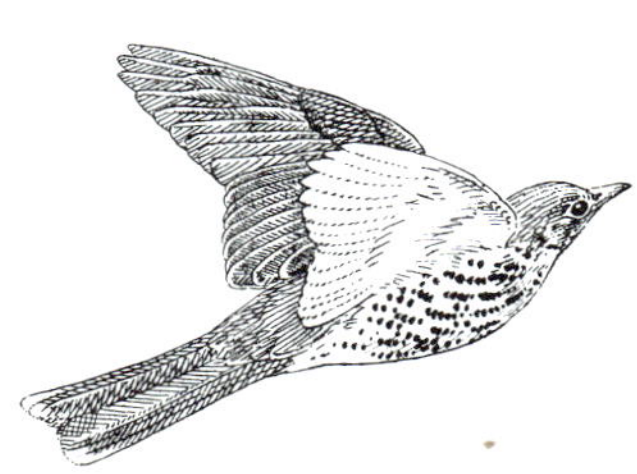

Im Flug leuchten die weißen Unterflügel der Misteldrossel auf

Singdrossel

Turdus philomelos 23 cm

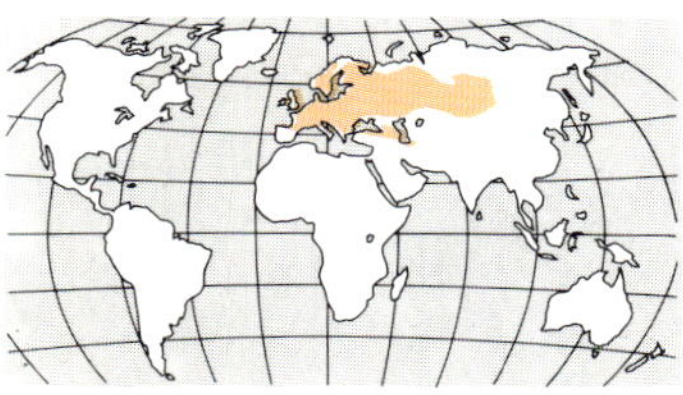

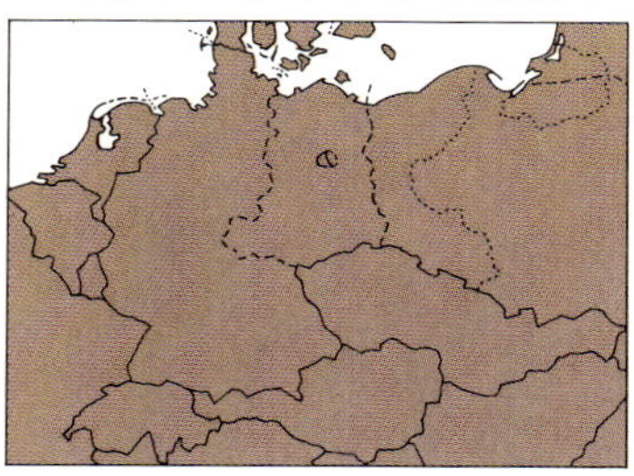

In Westeuropa Jahresvogel; in Mitteleuropa meist Zugvogel, der im Mittelmeerraum und in Nordwestafrika überwintert

Beim Zerschlagen von Schneckenhäusern dient dem Vogel als Amboß ein Stein

Wenn eine Singdrossel ruckartig über eine Wiese läuft und ihren Kopf auffallend schräg zur Seite zeigt, dann horcht sie nicht, ob ein Wurm im Boden bohrt – auch wenn ihr Regenwürmer gut schmecken – sondern hält nach Nahrung Ausschau, denn ihre Augen liegen seitlich. Ihr Lieblingsgericht sind Schnecken, deren Gehäuse sie auf geeigneten Steinen (als Ambosse) zertrümmert. An Resten von Schneckenschalen erkennt man solche *Drosselschmieden.*

Das Gelege himmelblauer Eier in der Nestmulde der Singdrossel gehört zu den Symbolen des Frühlings; ihr Lied vermittelt dagegen die Vorfrühlingsstimmung. Die oft mehrmalige Wiederholung der lauten und klaren Motive unterscheidet ihren Gesang von dem der Misteldrossel und der Amsel. Nach ihrem Lockruf – einem kurzen ‚Zipp' – wird sie auch *Zippe* genannt.

Singdrosseln sieht man zwar nicht selten in Städten, aber sie brüten hier nicht so zahlreich wie Amseln, die viel früher eingewandert sind. Im Winter bleiben sie auch nur ausnahmsweise in einer Stadt zurück, denn sie haben sich in Mitteleuropa trotz günstiger Bedingungen noch nicht zu Standvögeln entwickelt. Meist kehren sie aber schon früher im Jahr aus ihren Winterquartieren in den Mittelmeerländern zurück, und im März hallen die Wälder in der Dämmerung von ihren jubelnd vorgetragenen Liedern wider.

KENNZEICHEN: *braune Oberseite; die an der Brust stark dunkelbraun gefleckte Unterseite geht am Bauch in Weiß über; kleiner als die Misteldrossel und ohne weißliche Schwanzfedern; beide Geschlechter gleich.*
BRUT: *in Büschen, Hecken und auf Bäumen, besonders halbhohen Fichten, bauen beide Partner aus trockenem Gras und welkem Laub ein großes, tiefes, napfförmiges Nest, das immer mit Schlamm verschmiert wird; das Weibchen legt ab März bis Juli 4–6 hellblaue, schwarz gesprenkelte Eier und brütet sie in 12–14 Tagen aus; die von beiden Eltern gefütterten Nestlinge sind nach 13–14 Tagen flügge; brütet meist zwei- bis dreimal im Jahr.*
NAHRUNG: *Schnecken, Regenwürmer; Insekten, Larven; Früchte, Samen.*

Schwanzmeise

Aegithalos caudatus 14 cm (davon 7,5 cm Schwanz)

Schwanzmeisenpärchen gehen schon Anfang März daran, in der Astgabel eines Baumes oder in einem Gebüsch, zwischen 1,5 bis 20 m über dem Boden, kunstvoll ihr typisch eiförmiges, fast geschlossenes Nest aus Moos, Spinnweben und Tierhaaren zu flechten. Das Flugloch liegt seitlich, fast an der höchsten Stelle. Das Nest wird von innen nach außen gebaut. Ist es im Rohbau fertig, dann polstern es die Vögel mit Federn (manchmal bis zu 2000) aus und tarnen es außen mit Spinnweben. Es wird gerade noch rechtzeitig fertig, um Anfang April bis Ende Mai die Eier aufzunehmen. Innen ist das Nest so eng, daß die Eltern ihren langen Schwanz über den Rücken bis zum Kopf hochschlagen müssen, wenn sie hineinschlüpfen wollen.

Während der Brutzeit trifft man Schwanzmeisen an Waldrändern und Lichtungen; sie brüten aber auch in Gärten, freilich nicht so häufig wie Kohl- und Blaumeisen, denen die heute zahlreichen Nistkästen zur Verfügung stehen. Nach Einbruch des Winters bleiben sie meist in den Wäldern und verbringen die Nächte in Gruppen, dicht gedrängt auf einem Ast.

Beim Balzflug jagen sich die Partner entweder in schnellem Flug durch das Laub, oder das Männchen fliegt allein umher. Einen eigentlichen Gesang hat die Schwanzmeise nicht, nur ein leises, klirrendes Liedchen und verschiedene Rufe: ein feines ‚Si-si' und ein warnendes ‚Scrrrp-scrrrp'.

KENNZEICHEN: *der schwarzweiße Schwanz (Pfannenstielchen) ist länger als der Körper; Gefieder rosa, schwarz und weiß; Geschlechter gleich. In Westdeutschland mit schwärzlichen Streifen an den Kopfseiten, in Polen weißköpfig, in Mitteldeutschland teils weiß-, teils streifenköpfig.*
BRUT: *in das kunstvolle ovale Nest legt das Weibchen Anfang April bis Anfang Mai meist 8–12 weiße, rotbraun getupfte Eier und brütet sie in etwa 16 Tagen aus; die Jungen verlassen nach ungefähr 14 Tagen das Nest; bei ihrer Fütterung werden die Eltern oft von einem Nachbarpärchen unterstützt, das kein Gelege zustande gebracht hat.*
NAHRUNG: *meist kleine Insekten und Spinnen; Samenkörner, Knospen.*

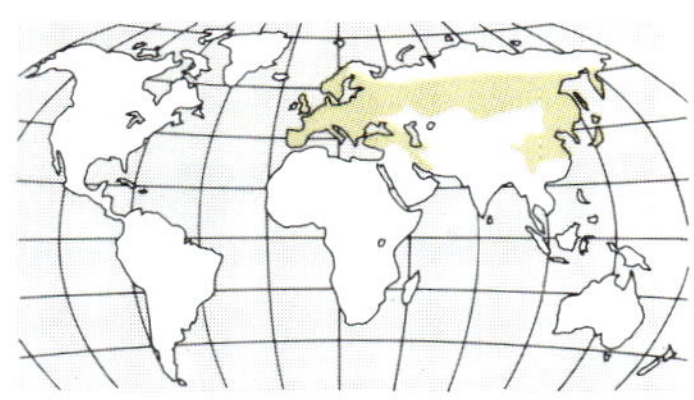

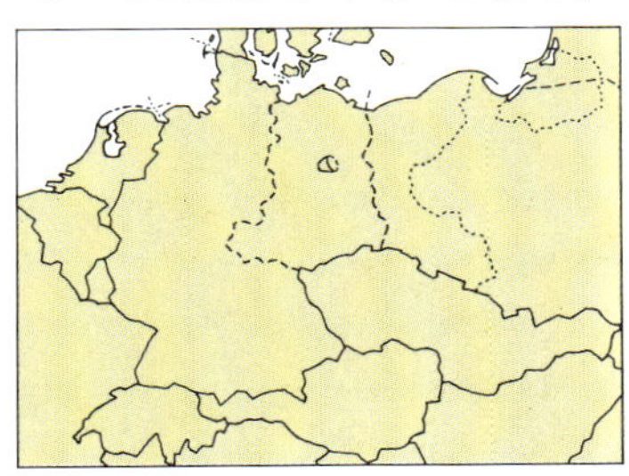

Vorwiegend Jahresvogel; die weißköpfigen Schwanzmeisen Nordosteuropas ziehen allerdings nach Süden und erscheinen dann auch in Westdeutschland

Gut geschützt im Kugelnest, schreien junge Schwanzmeisen nach Futter

Sumpfmeise

Parus palustris 11,5 cm

Weidenmeise

Parus montanus 11,5 cm

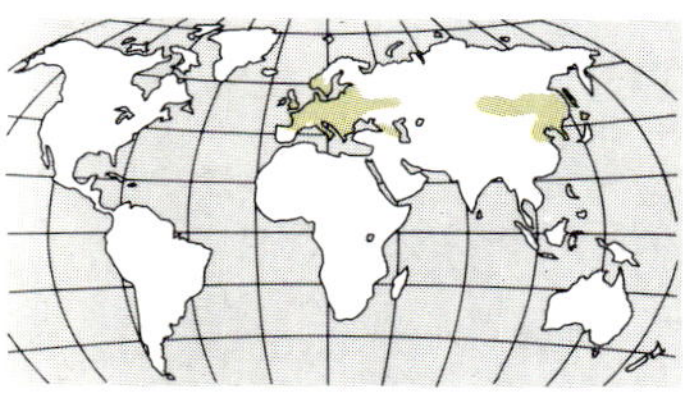

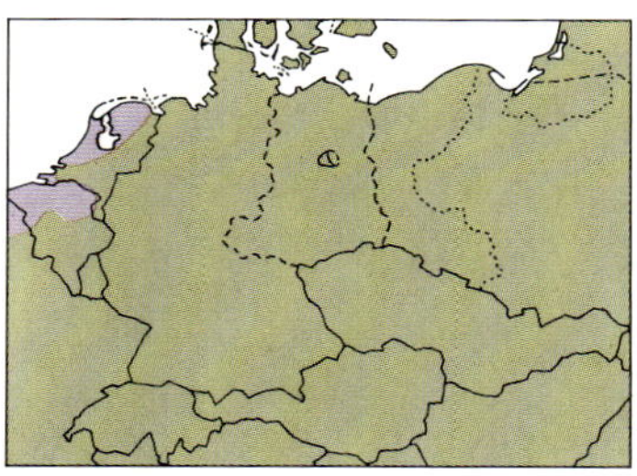

Die Karte zeigt das Verbreitungsgebiet der Sumpfmeise; die Weidenmeise ist über ganz Europa und Nordasien verbreitet

Diese beiden Graumeisen muß man schon in der Hand halten, um die kaum merklichen Unterschiede in der Färbung festzustellen. Besser kann man sie an Ruf und Gesang auseinanderhalten. Die Sumpfmeise ruft laut ‚pistjäh‘ und zeternd ‚zjä-dädä‘. Die einzelnen Töne sind nicht so gedehnt wie beim breiten ‚Däh‘ der Weidenmeise, das oft mehrfach wiederholt wird und rauher klingt. Manchmal wird es durch ein helles ‚Zit-zit‘ eingeleitet. An ihrem Gesang sind beide noch leichter zu unterscheiden. Die Sumpfmeise klappert dabei einförmig ‚djep-djep-djep . . .‘; die Weidenmeise singt zwei verschiedene Strophen: das gereihte, kräftige ‚Djü-djüdjü‘ erinnert sehr an die Pfeifstrophe im Gesang des Waldlaubsängers, während die andere, mit hellen Pfeiftönen durchsetzte flüssige Strophe in rascher Folge trillernd vorgetragen wird.

Sumpfmeisen haben keinen ausgeprägten Hang zu sumpfigem Gelände und Weidenmeisen nicht zu Weiden; beide Arten halten sich meist im Walde, vorzugsweise in feuchter Umgebung auf. Ihr Balzzeremoniell ist auch für andere Meisenvögel typisch: das Männchen posiert mit geplusterten Federn, hängenden Flügeln und gestelztem Schwanz vor dem Weibchen.

Sumpfmeisen legen ihr Nest in einer bereits vorhandenen Höhle an

KENNZEICHEN: *beide Arten mit graubrauner Oberseite und matter bräunlichweißer Unterseite; die Kopfplatte bei der* Sumpfmeise *glänzend schwarz, bei der* Weidenmeise *rußschwarz; Weidenmeise mit hellem Flügelfleck; am besten durch ihre Rufe und ihren Gesang zu unterscheiden.*
BRUT: *die* Sumpfmeise *baut in einer natürlichen Höhle ein Nest, mit Moos unterlegt und mit Haaren und Dunen gepolstert; die* Weidenmeise *meißelt in morsches Holz selbst eine Höhle, verwendet die Holzspäne und Fasern als Nistmaterial und Haare zum Polstern; beide Meisen legen ab April bis Anfang Mai meist 6–8 weiße, rotbraun gesprenkelte Eier, die das Weibchen in etwa 14 Tagen ausbrütet; beide Eltern füttern die Jungen, die nach ungefähr 16 Tagen das Nest verlassen.*
NAHRUNG: *kleine Insekten, deren Larven und Eier; gegen Herbst und Winter hin mehr kleine Sämereien und auch Beeren.*

Kleiber

Sitta europaea 14 cm

Seinen Namen verdankt der Kleiber der angeborenen Angewohnheit, den Eingang zu seiner Nisthöhle mit Lehm zu verkleben. Nüsse klemmt er zwischen die Baumrinde und knackt sie, indem er mit seinem starken, spitzen Schnabel wie mit einem Beil auf sie einhackt. Im Walde wird man oft durch dieses Klopfen auf ihn aufmerksam. Er geht die Nuß auch von oben an, denn er ist der einzige Vogel Europas, der mit dem Kopf voran an Baumstämmen nach unten klettert.

Der Kleiber ruft gern. In seiner breiten Skala von Lautäußerungen ist ein metallisches ‚Tuit-tuit-tuit' die bekannteste. Meisenartig lockt er mit ‚sit', ruft ärgerlich hastig ‚twättwät-twät' oder erregt vibrierend ‚tirr'. Bereits an milden Wintertagen hört man seinen lauten wohlklingenden Gesang, ein weithin schallendes, auf und ab gezogenes ‚Tüh-tüh', das im Hochgefühl zu einem langen Triller verdichtet wird. Seine Pfeiftöne – darunter das schallende ‚Wihs-wihs' – könnten von einem Gassenjungen stammen.

Bei der Balz vollführt das Männchen oft einen langsamen Imponierflug, oder es nimmt eine Imponierhaltung mit geplustertem Gefieder, gespreizten Flügeln und gefächertem Schwanz ein.

Der Kleiber baut sein Nest in Baumhöhlen meist über 2 m vom Boden; er bezieht aber auch Nistkästen oder legt sein Nest mitunter in einer Mauer oder in einem Heuschober an.

KENNZEICHEN: *schwarzer Augenstreif; weiße Kehle; blaugraue Oberseite; zimtbraune Unterseite; klettert oft an Bäumen mit dem Kopf voraus nach unten; beide Geschlechter gleich.*

BRUT: *baut meist in einer Baumhöhle ein Nest aus (Kiefern-)Rindenstücken und trockenem Laub; um größere Vögel fernzuhalten, wird der Einschlupf oft mit Lehm verengt; das Weibchen legt Ende April bis Mai 6–10 weiße, rotbraun gefleckte Eier und brütet sie in etwa 14 Tagen aus; die von beiden Eltern gefütterten Nestlinge sind nach ungefähr 24 Tagen flügge.*

NAHRUNG: *vorwiegend Haselnüsse, Bucheckern, Eicheln; auch Käfer, Ohrwürmer und kleine Raupen.*

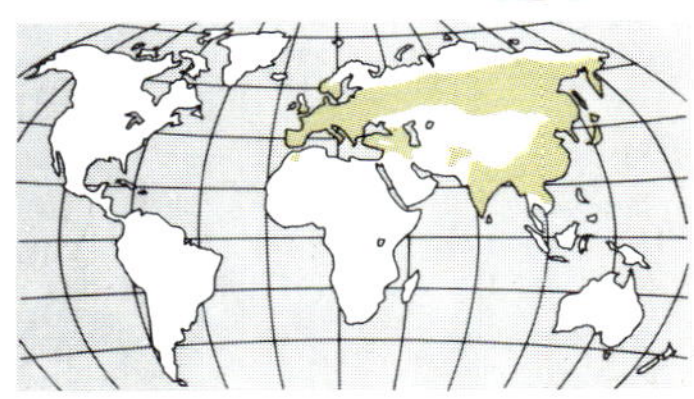

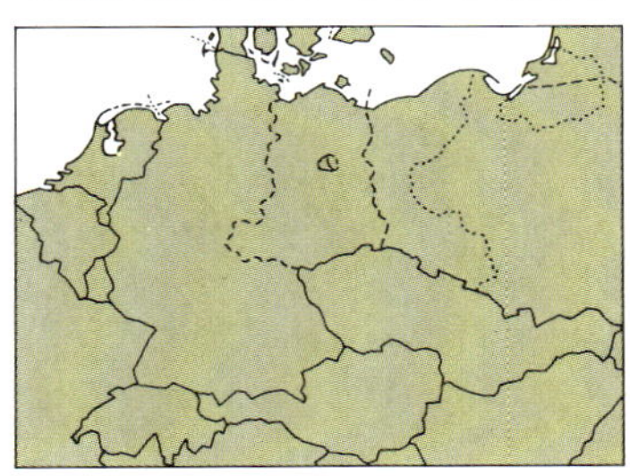

Vorwiegend Jahresvogel; in Sibirien werden jedoch Massenwanderungen nach Westen und Süden beobachtet

Der Kleiber verkeilt eine Nuß in der Baumrinde und knackt sie dann mit kräftigen Schnabelhieben

Waldbaumläufer

Certhia familiaris 11,5 cm

Gartenbaumläufer

Certhia brachydactyla 11,5 cm

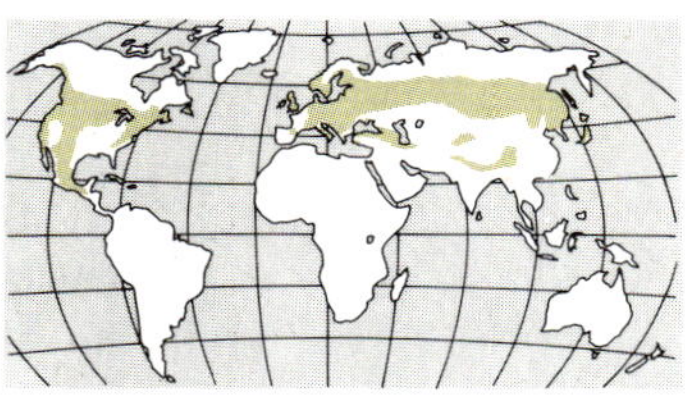

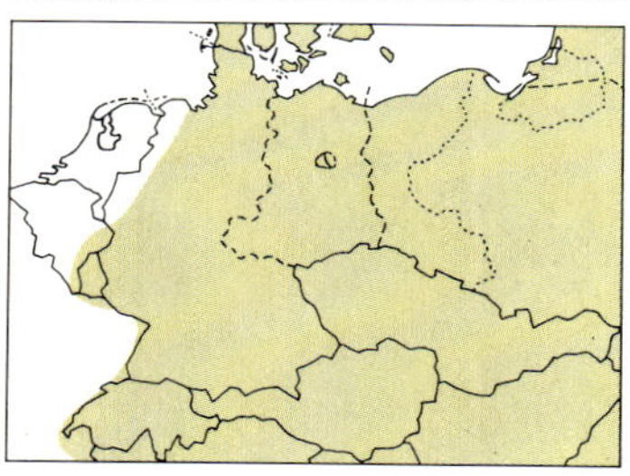

Jahresvögel; nur Waldbaumläufer (Verbreitungskarten oben) aus Nordkanada und Nordsibirien überwintern im Süden; Gartenbaumläufer sind in den Mittelmeerländern, West- und Mitteleuropa verbreitet

Auf der Suche nach Insekten klettert der Baumläufer Stämme in Spiralen hoch

Beide Baumläufer kann man im Freien nur an ihren verschiedenen Stimmen unterscheiden. Der Gartenbaumläufer lockt mit einem lauten ‚Tüt-tüt' und singt scharf rhythmisch sein ‚Tüt-tüt-tütteroitit'. Der Waldbaumläufer ruft leise ‚srih-srih' und schließt sein an Zaunkönig und Blaumeise erinnerndes weiches Zwitschern mit einem Triller.

Waldbaumläufer leben unauffällig in geschlossenen Nadel- und Mischwäldern unserer Gebirge. Gartenbaumläufer bevorzugen Waldränder, Parks und Gärten und sind dort leichter zu beobachten, besonders im Winter, wenn kein Laub sie tarnt. Auf der Suche nach Insekten und Spinnen klettern Baumläufer ruckartig, manchmal auch in Spiralen die Baumstämme hoch. Wie Spechte können sie sich auf ihren steifen Schwanz stützen, etwa wenn sie ein widerspenstiges Insekt aus der Rinde holen wollen. Ihre Nester sind in Rindenspalten verborgen. Das winzige Einschlupfloch übersieht man leicht.

Seit der Einführung von Mammutbäumen in Mitteleuropa meißeln Waldbaumläufer in deren weiche Rinde Vertiefungen, wo sie in harten Wintern Schutz finden. Gartenbaumläufer suchen bei Frost in der rissigen Borke von Bäumen oder an anderen geschützten Stellen Schlafplätze auf, wo sie dicht aneinandergedrängt die Nacht verbringen.

KENNZEICHEN: *Oberseite braun, Unterseite silbrig weiß, gebogener Schnabel;* Gartenbaumläufer *mit längerem Schnabel, kürzerer Hinterzehenkralle und verwaschenen Flecken auf der Stirn, die beim* Waldbaumläufer *klar markiert sind; beide Geschlechter gleich.*
BRUT: *hinter loser Rinde, Efeuwurzeln oder anderen hohlen Stellen bauen beide Partner aus trockenem Gras und Wurzelfasern ein Nest und legen es mit Federn, Wolle und Rindenstücken aus; ab April bis Juni legt das Weibchen meist 6 weiße, am stumpfen Ende rotbraun getupfte Eier und brütet sie in etwa 15 Tagen aus; die von beiden Eltern gefütterten Jungen verlassen nach ungefähr 15 Tagen das Nest; mitunter 2 Bruten im Jahr.*
NAHRUNG: *kleine Spinnen und Insekten, deren Larven und Eier; Unkrautsamen.*

MÄNNCHEN IM SOMMERKLEID

Kernbeißer

Coccothraustes coccothraustes 18 cm

Mit seinem mächtigen Schnabel entwickelt der Kernbeißer beim Zubeißen eine Kraft von 30–40 kp. Damit knackt er Kirsch-, Schlehen- und Pflaumenkerne, nachdem die reifen Früchte vom Baum gefallen sind. Um das Fruchtfleisch kümmert er sich nicht. Er frißt auch Mehlbeeren, Hagebutten und die Beeren der Stechpalme. Mit seinem Appetit auf junge Erbsen hat er sich schon bei manchem Landwirt unbeliebt gemacht.

Dieser größte Vertreter der Finkenfamilie Mitteleuropas nistet im Laubwald, in Obstpflanzungen, großen Gärten und in buschbestandenem Gelände mit einzelnen Bäumen. Kernbeißer sind heimliche Vögel. Ihren Sitzplatz suchen sie sich im obersten Geäst hoher Bäume. Am Boden hüpfen sie recht unbeholfen einher. Im Winter suchen sie ihre Nahrung in kleinen Gruppen in offenerem Gelände und auch am Futterbrett.

Den Gesang des Kernbeißers, ein leises klirrendes Zwitschern, hört man nur selten, eher schon seinen Flugruf, ein lautes, scharfes, bezeichnendes ‚Zicks'. Bei der Balz plustert das Männchen Kopf- und Brustfedern, knickst und läßt die Flügelspitzen hängen. Auch Schnäbeln mit Futterübergabe gehört zur Balz.

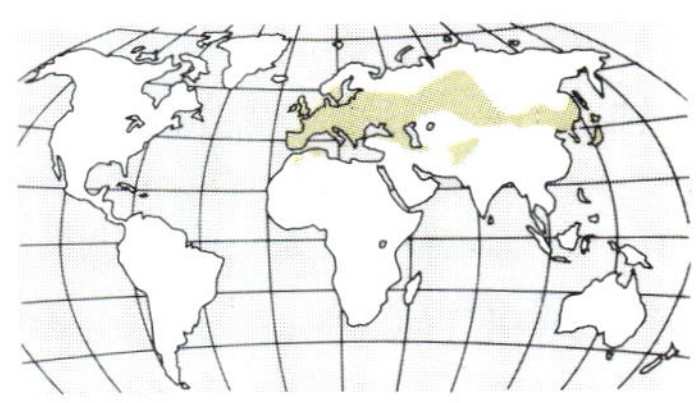

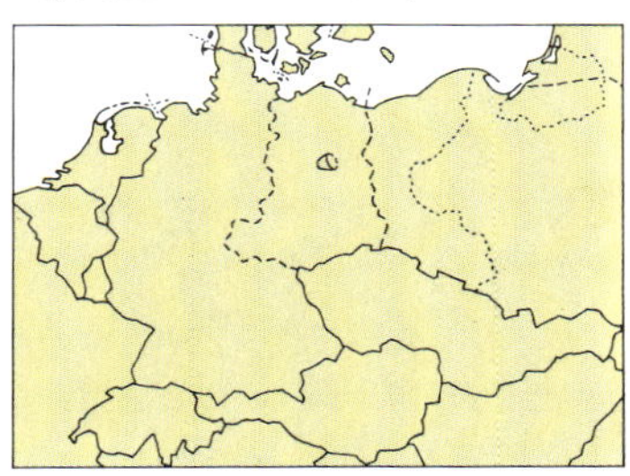

Vorwiegend Jahresvogel; Vögel aus den nördlichen Brutgebieten überwintern jedoch weiter im Süden

KENNZEICHEN: *Oberseite rotbraun, Unterseite pfirsichrot; Kehlfleck und Flügel schwarz mit weißen Schulterflecken; die weiße Zeichnung an Flügeln und Schwanz fällt im Flug auf; der mächtige Schnabel ist im Sommer blaugrau, im Winter gelb; Weibchen in den Farben matter.*

BRUT: *das Weibchen baut, meist auf einem hohen Ast, auf einem Unterbau aus Zweigen und Moos ein napfförmiges Nest aus Wurzeln und Gras und polstert es manchmal mit Haaren und Fasern aus; Ende April bis Mai legt es meist 4–6 bläulichgrüne oder graugrüne, dunkelbraun gezeichnete Eier, die es in etwa 12 Tagen ausbrütet; beide Eltern füttern die Jungen, die nach ungefähr 11 Tagen das Nest verlassen; mitunter 2 Bruten im Jahr.*

NAHRUNG: *vorwiegend Kerne von Früchten, große Samenkörner; manchmal Erbsen, Mehlbeeren und Bucheckern; gelegentlich Insekten, besonders hartschalige Käfer und deren Larven.*

Der mächtige Schnabel ist auch im Fluge zu erkennen

Pirol

Oriolus oriolus 24 cm

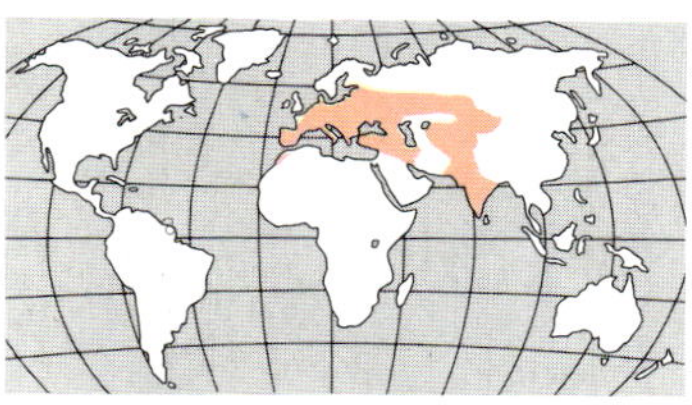

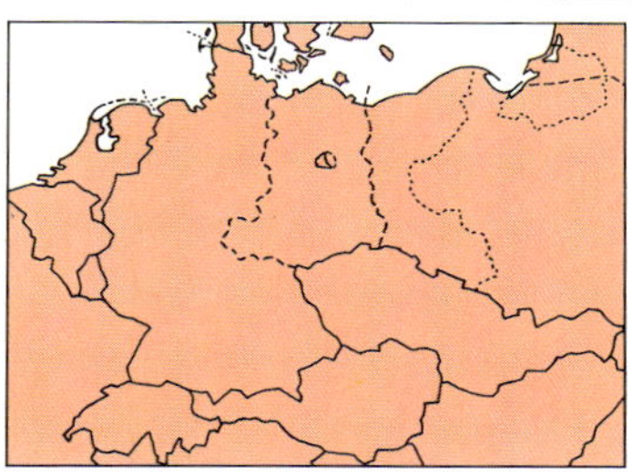

Zugvogel; überwintert von Südwestafrika bis zur Ostkapprovinz; trifft in Mitteleuropa erst Anfang Mai ein und zieht im August/Anfang September wieder weg

Das Männchen des Pirols mit seinem goldgelben Gefieder, von dem sich das Schwarz der Flügel und der Schwanzzeichnung auffällig abhebt, wirkt eher wie ein Vogel der Tropen. Aus den Tropen und Subtropen der Alten Welt dürfte er auch stammen. Von den 28 Arten der Pirole sind nur zwei in die nördliche gemäßigte Zone vorgedrungen, und selbst unser Pirol kommt noch in Indien vor. In Mitteleuropa ist er weit verbreitet, wenn auch sein Bestand nach einer Reihe feuchter und kühler Sommer zurückgeht, denn naßkaltes Klima sagt ihm nicht zu. Der Pirol liebt vor allem Laubwälder, bewohnt auch größere Parkanlagen, baumreiche Gärten, Pappelanpflanzungen und gelegentlich Kiefern- und Fichtenwälder. Wenn die Kirschen reifen, besucht er auch kleinere Obstgärten. Die paar saftigen Früchte sollten wir dem prächtigen Vogel gönnen, erfreut er uns doch nicht nur durch sein schmuckes Gefieder, sondern auch mit seinem wohlklingenden ‚Oglouho' und ‚Didadiglüo'. Daneben läßt er einen leise schwatzenden Gesang und eichelhäherartig kreischende Töne hören. Seinen Flötenrufen verdankt er neben dem deutschen Namen Pirol und der wissenschaftlichen Bezeichnung *Oriolus* auch den volkstümlichen Namen *Vogel Bülow*.

Hoch und frei schwebend in einer Astgabel hängt das Nest des Pirols

KENNZEICHEN: *amselgroß; Männchen goldgelb, Flügel und Schwanzzeichnung schwarz; Weibchen oben gelblichgrün, unten hellgrau mit dunkler Streifung; Jungvögel ähnlich, oben gelb gefleckt, unten weißlich mit dunklen Flecken; fällt durch klagendes, in der Tonhöhe abfallendes ‚Gügügü' auf.*

BRUT: *das aus Halmen, Ranken, Bast, Fäden von beiden Partnern gebaute kunstvolle Nest hängt freischwebend in einer Astgabel hoch in der Baumkrone, selten tiefer; das Weibchen legt ab Mai bis Juli 3–4 (selten 5) weiße Eier mit wenigen purpurbraunen bis schwarzen Flekken; beide Eltern brüten abwechselnd; nach 14–15 Tagen schlüpfen die Jungen und sind nach ebenso vielen Tagen flügge; brütet einmal im Jahr; Ersatzbrut möglich.*

NAHRUNG: *Insekten, vor allem Raupen und Schmetterlinge; daneben Beeren, Kirschen und andere Früchte.*

Eichelhäher

Garrulus glandarius 34 cm

Wegen seines prächtig gefärbten Gefieders und dem durchdringenden ‚Rätsch' fällt der Eichelhäher fast das ganze Jahr über auf. Er bringt auch zahlreiche andere Laute hervor, darunter ein leises gluckendes Geschwätz. Vor allem ist er ein vielseitiger Spötter, der etwa das ‚Hiäh' des Mäusebussards täuschend nachahmt. Nur zur Brutzeit verhält er sich heimlicher und ist kaum zu sehen, wenn er unter dichtem Blattwerk von Ast zu Ast huscht.

Mehr als unsere anderen Rabenvögel hält sich der Eichelhäher im Wald auf. Er bevorzugt aufgelockerten Wald mit dichtem Unterwuchs im Sommer. Auch in den Parks und Gärten der Städte bleibt er meist in der Nähe von Bäumen. Im Herbst sammelt er Eicheln und vergräbt sie im Boden. Wenn dann im Winter das Futter knapp ist, stillt er seinen Hunger aus solchen Vorratskammern. Da vergessene Eicheln später zu keimen beginnen, haben Eichelhäher vor Beginn der Forstwirtschaft auf diese Weise jahrtausendelang für die Verbreitung der Eichenwälder in Europa gesorgt.

Bei ihren *Spielen* zeitig im Frühjahr jagen sich die Vögel gegenseitig in schwerfälligem Flug. Beim Balzen nimmt der Eichelhäher eine Imponierhaltung ein, spreizt die Flügel und fächert den Schwanz. Außerhalb der Brutzeit ziehen die Vögel paarweise oder in kleinen Trupps umher.

KENNZEICHEN: *zart weinrötliches Gefieder; blaue, schwarzgebänderte Flügeldecken; schwarzweiß gestreifte Scheitelfedern; weißer Bürzel, der im Flug aufleuchtet; beide Geschlechter gleich.*
BRUT: *beide Partner bauen in einem Gebüsch oder auf einem Baum, meist 1–6 m über dem Boden, ein Nest aus Zweigen und kleiden es mit Wurzelfasern aus; das Weibchen legt ab April bis Juni meist 3–6 grünliche, olivbraun gesprenkelte Eier und brütet sie in etwa 16 Tagen aus; die von beiden Eltern gefütterten Jungen verlassen nach etwa 20 Tagen das Nest.*
NAHRUNG: *Eicheln, Bucheckern, Haselnüsse, Heidelbeeren; Eier und junge Vögel; im Frühjahr und Sommer Insekten und deren Larven; gelegentlich Würmer, Mäuse und Eidechsen.*

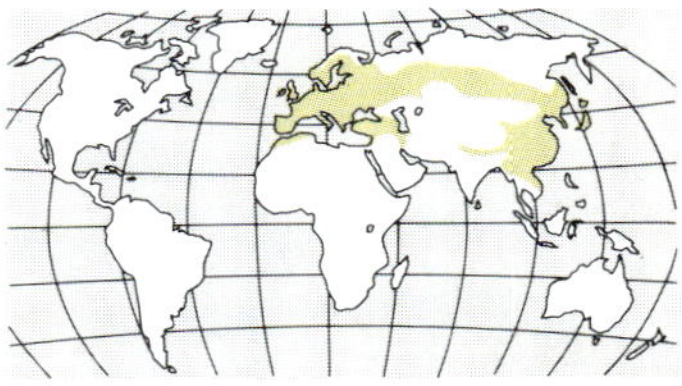

Vorwiegend Jahresvogel; bei knapper Nahrung streifen jedoch Vögel aus dem Norden des Verbreitungsgebietes über Hunderte von Kilometern nach Süden

Die Eicheln in Schlund und Schnabel vergräbt der Eichelhäher als Wintervorrat

Habicht

Accipiter gentilis Männchen 50 cm Weibchen 62 cm

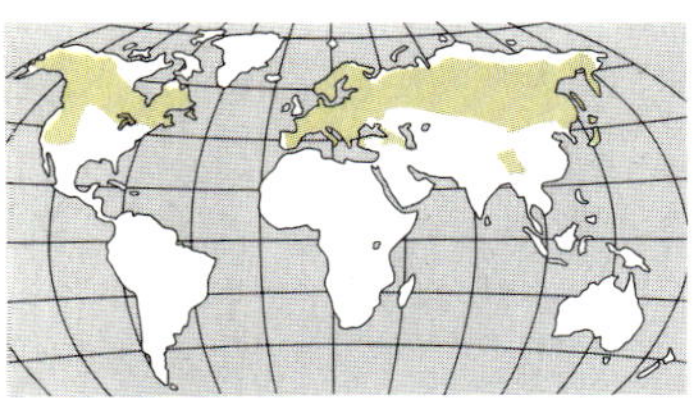

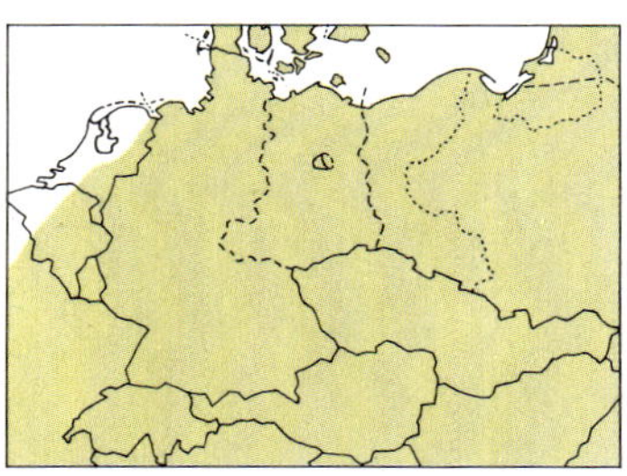

Stand-, Strich- oder Zugvogel, der aber selbst in Norwegen bis 70° nördlicher Breite überwintert; in Mitteleuropa ausgeprägter Standvogel, der im Winter Zuzug aus Nordeuropa erhält

Der junge Habicht ist unten nicht gesperbert, sondern kräftig längsgestreift

Dieser außer den großen Adlern stärkste unserer Greifvögel ist mit seinen kurzen Flügeln und dem langen Schwanz ein überaus wendiger Flieger. Flach über dem Boden, jede Deckung durch Busch und Baum ausnutzend, pirscht er seine Beute an und fliegt ebenso unauffällig zum Horst. Auch in Wäldern, wo er das ganze Jahr über haust, kann man ihn daher selten beobachten. Seine Beute reicht vom Sperling zum Auerhuhn, von der Maus bis zum Hasen. Starke Hasen überwältigt nur das Weibchen, das Männchen meist Tiere bis Kaninchen- und Fasanengröße. Ein Habichtpaar braucht ein großes Revier, aus dem es andere, besonders junge Habichte, die sich ein Revier suchen, vertreibt. Sie brüten meist am Rand geschlossener Hochwälder mit altem Baumbestand. Beim eindrucksvollen, weihenartig weichen Balzflug kreist ein Paar des sonst so heimlichen Vogels rufend hoch über seinem Revier, stürzt mitunter 100 m ab oder steigt auf, wobei die gespreizten weißen Unterschwanzdecken aufleuchten.

Noch heute kommt der als Beizvogel, besonders auf Kaninchen, geschätzte, bei Jägern aber verhaßte Habicht in allen Teilen Mitteleuropas vor. In den letzten 20 Jahren ging sein Bestand allerdings erheblich zurück. In Schweden stellte man als Ursache quecksilberhaltige Saatgutbeizmittel fest.

KENNZEICHEN: *viel größer als der ähnliche Sperber; Altvögel unten eng graugebändert (gesperbert), Junge kräftig dunkelbraun gestreift; ruft schrill ‚gig-gig-gig' und bussardähnlich ‚hiäh'; fliegt rasant, taucht unvermittelt im Walde auf; Augen gelb; Weibchen größer als Männchen.*
BRUT: *beide Gatten bauen auf hohen Bäumen ein Nest aus Reisern oder benutzen ein vorjähriges eigenes Nest oder das eines Bussards; legen Nistmulde mit frischen grünen Zweigen aus; das Weibchen legt ab April bis Mai 3–4 grünlichweiße, meist ungefleckte Eier, die überwiegend das Weibchen in 35–38 Tagen ausbrütet; es füttert die Jungen, die nach 38 Tagen flügge sind, mit vom Vater zugetragener Beute.*
NAHRUNG: *Vögel und Säugetiere; bevorzugt oft bestimmte Arten.*

Wanderfalke

Falco peregrinus Männchen 38 cm Weibchen 48 cm

Hoch über seinem Jagdrevier kreist ein Wanderfalke. In dieser Entfernung scheint er für ein Beutetier kaum eine Gefahr. Doch hat er einmal seine Beute erspäht und stößt in atemraubendem Sturzflug hinab, dann besteht für sein Opfer kaum noch eine Chance. Gelingt es ihm dennoch zu entweichen, dann stößt der Wanderfalke meist immer von neuem wieder zu. Bei seinen Sturzflügen soll er Geschwindigkeiten bis über 200 Stundenkilometer erreichen. Seine Fänge schlagen mit solcher Kraft zu, daß oft der Beute der Kopf abgerissen wird.

Wegen seiner Geschicklichkeit und Schnelligkeit haben von alters her *Falkner* ihn für die Jagd, die *Beize*, abgerichtet. Schon Kaiser Friedrich II. von Hohenstaufen würdigte ihn als Beizvogel in seinem Buch über die Kunst des Jagens mit Vögeln. Andererseits hatte der Wanderfalke wegen seiner Jagdleidenschaft auch schwer zu leiden. Als Gefahr für Brieftauben wurde er etwa während des 2. Weltkriegs in England und später in Mitteleuropa von Brieftaubenzüchtern erbittert verfolgt. In den letzten zwanzig Jahren hat er jedoch am meisten durch Schädlingsbekämpfungsmittel gelitten, die von Beutetieren mit ihrer Nahrung aufgenommen werden. Wo er davon verschont blieb, wie etwa in Südwestdeutschland, sorgten Touristen, Photographen, Eiersammler und Kletterer dafür, daß er an vielen Orten schon völlig verschwunden ist.

KENNZEICHEN: *lange spitze Flügel, langer Schwanz; Männchen am Rücken schiefergrau, Unterseite gebändert, kräftiger schwarzer Backenbart; Weibchen größer und brauner; kennzeichnender Flug, abwechselnd mit schnellem Flügelschlag und längerem Gleiten.*

BRUT: *nistet in einer Vertiefung auf blanken Felsvorsprüngen oder in verlassenen Nestern anderer Vögel; das Weibchen legt gewöhnlich im April meist 3–4 rotbraune Eier und brütet sie in etwa 28 Tagen vorwiegend selbst aus; die von beiden Eltern gefütterten Jungen verlassen nach 35–40 Tagen das Nest.*

NAHRUNG: *Vögel, die stets im Flug geschlagen werden; zum geringen Teil Kaninchen und andere Säugetiere.*

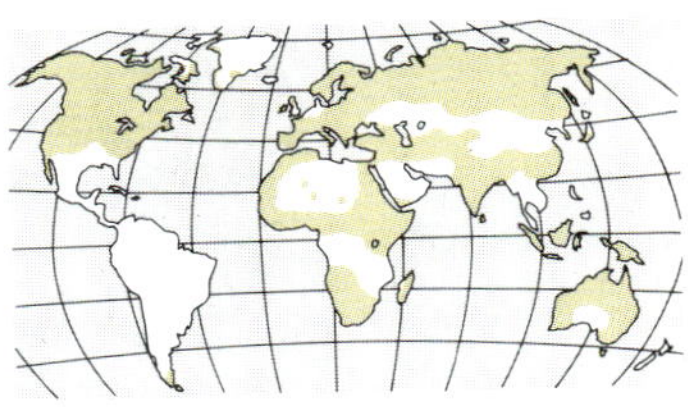

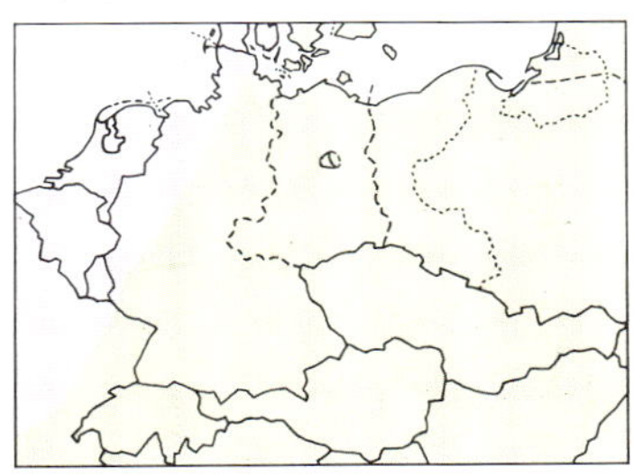

Jahresvogel; weltweit verbreitet; streift weit umher; nordeuropäische Jungvögel ziehen zuweilen im Winter nach Süden bis in die Tropen

Der Wanderfalke stößt im Sturzflug herunter – auf seine Beute

Auerhuhn

Tetrao urogallus Hahn 83 cm Henne 62 cm

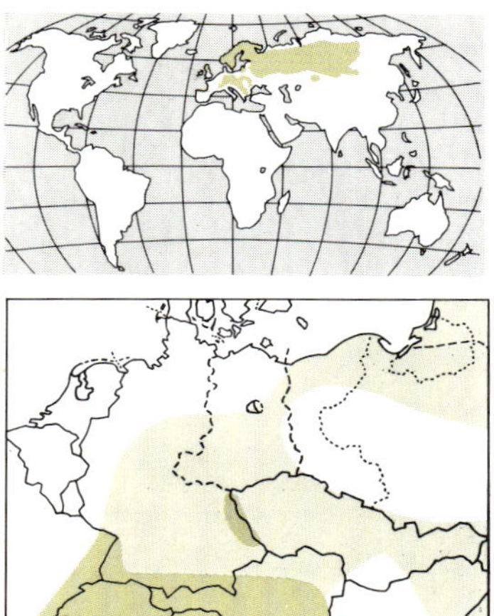

Jahresvogel; vorwiegend in Nadelwäldern; in Mitteleuropa kommt der seltene Vogel nur noch in den Alpen und in einigen Mittelgebirgen vor

Auerhühner fressen Nadelholzknospen und Triebe – zum Ärger der Förster

Dieser größte Vogel unserer Wälder ist heute einer der seltensten und kommt bei uns nur noch in den Nadelwäldern der Alpen und einiger Mittelgebirge in nennenswerter Zahl vor. Bisher gelang es nicht, ihn anderswo wieder einzubürgern, außer in Schottland. Einst war der weitverbreitete Urhahn in den großen Wäldern Mitteleuropas bei königlichen und fürstlichen Jägern sehr geschätzt. Beachtlich ist sein Gewicht: ältere Hähne können bis 7,5, Hennen nur bis 3 kg wiegen.

Berühmt ist die Balz des Auerhahns, obwohl sie nur wenige Jäger und Vogelfreunde aus eigener Anschauung kennen. Der Hahn sucht sich im zeitigen Frühjahr einen Balzplatz, der hauptsächlich aus einem großen waagerechten Ast einer hohen Lärche, Fichte, Kiefer oder Buche besteht, auf dem er mit gefächertem Schwanz, gespreizten Flügeln und senkrecht aufgerichtetem Kopf hin und her schreitet. Dabei läßt er, noch ehe der Tag graut, sein Balzlied ertönen. Es beginnt mit einem hölzernen Knacklaut, dem *Knappen*, dem der *Hauptschlag* folgt, der wie das Entkorken einer enghalsigen Flasche klingt, und endet mit dem *Schleifen*, das sich wie das Wetzen einer Sense anhört.

Im grotesken Gegensatz zu seiner Größe ist sein Balzlied leise und nicht weit zu hören. Nach dem Hellwerden geht der Hahn zur Bodenbalz über, wobei es auch zu Kämpfen mit anderen Hähnen kommt.

KENNZEICHEN: *fächerförmiger Schwanz; grauschwarzes Gefieder mit dunkelgrüner Brust und bräunlicher Tönung auf den Flügeln; Weibchen kleiner mit Schutzfärbung.*

BRUT: *die Henne scharrt, meist am Fuße einer Kiefer, eine Mulde und legt sie mit Pflanzen aus; Ende April bis Mai legt sie 5–10 hellgelbe, braun gesprenkelte Eier und brütet sie in etwa 4 Wochen aus; sie versorgt auch die Küken allein, die nach 2–3 Wochen zwar schon fliegen können, aber erst viel später ausgewachsen sind.*

NAHRUNG: *von Herbst bis Frühjahr Triebe von Nadelbäumen, im Sommer Früchte und Beeren sowie Insekten.*

Haselhuhn

Tetrastes bonasia 35 cm

Das Haselhuhn ist wohl das heimlichste, in Mitteleuropa jedenfalls das am wenigsten bekannte Wildhuhn. Denn sein Tarnkleid macht es am Boden im Fallaub nahezu unsichtbar, außerdem ist es selten und balzt wenig auffällig. Es fehlt in ganz Nordwestdeutschland und ist in manchen anderen Gebieten schon längst verschwunden, wie im Harz und in Thüringen; vielleicht wegen der Kahlschläge oder weil es an Mischwäldern mit dichtem Unterholz mangelt. Wahrscheinlich haben aber die getrennten Vorkommen auch früher nicht alle miteinander in Verbindung gestanden, denn allein in der Bundesrepublik kennen wir 3 verschiedene Unterarten.

Das Haselhuhn balzt auf dem Boden und auch auf niedrigen Ästen. Sein hohes Lied ist im Gegensatz zu dem der anderen Rauhfußhühner leise und dennoch etwa 200 m weit zu hören. Schon im Herbst grenzen die Hähne mit Balzlied, Balzflug und Flügelschwirren ihre Reviere ab und stehen dann auch dem Jäger zu, der sie in verstecktem Ansitz mit einem Pfeifchen lockt, auf dem er das ‚Tzi-tsitserie-tsits-tswi' des Hahnes nachahmt und damit die Anwesenheit eines Rivalen vortäuscht. Früher war diese Jagdart viel weiter verbreitet. Heute übt man sie nur noch mancherorts, wie in den österreichischen Alpen.

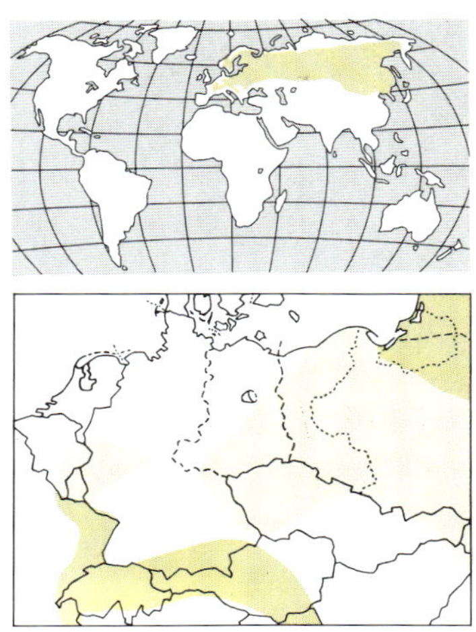

In der Regel Standvogel; doch streichen viele Haselhühner, besonders die jungen, im Herbst weit umher

KENNZEICHEN: *rebhuhngroß und entfernt ähnlich rostbraun und grau gefärbt, aber Schwanz mit schwarzer, weißgesäumter Binde; Hahn mit schwarzer Kehle und Federhaube; Stimme meisenartig hoch und dünn pfeifend.*
BRUT: *nistet gut versteckt in einer natürlichen Bodenvertiefung, die mit wenigen trockenen Blättern und Federn ausgelegt ist; die Henne legt ab Ende April bis Mai 7–12 rötliche, spärlich mattbraun gefleckte Eier und brütet sie in etwa 21 Tagen aus; die Jungen machen am 2. Tag kleinere Ausflüge, beginnen am 4. Tag zu fliegen, schlafen nach 14 Tagen nur noch auf Bäumen, bleiben aber etwa 3 Monate im Familienverband.*
NAHRUNG: *vielseitig – Blütenknospen, Beeren, Blättchen, Gräser; daneben viele Insekten (Ameisen, Käfer, Heuschrecken, Fliegen) und Spinnen.*

Aufgeschreckt fliegt das Haselhuhn auf einen Baum

Uhu

Bubo bubo 62—72 cm

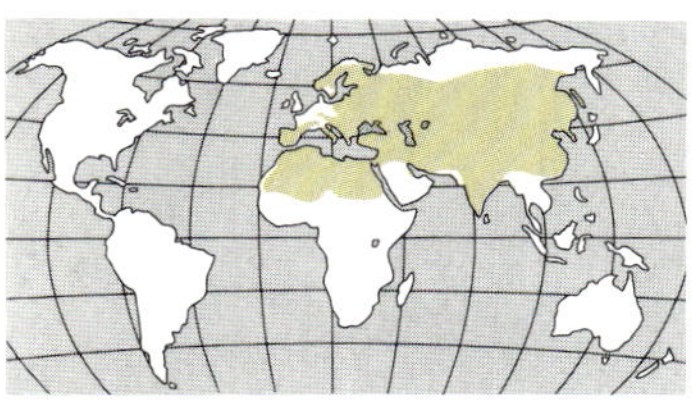

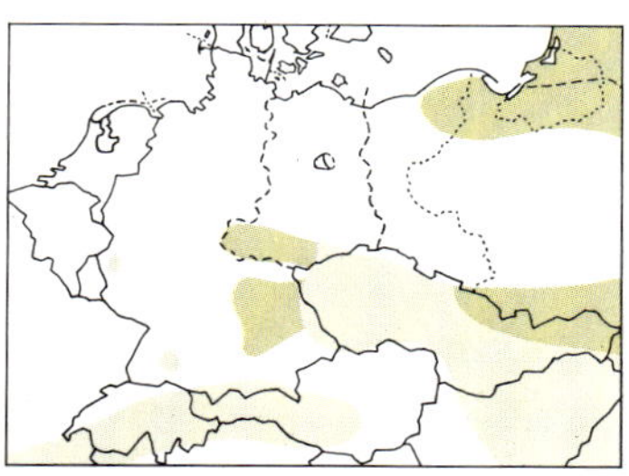

Stand- und Strichvogel; die Alten sind sehr viel seßhafter als die Jungvögel, die größere Streifzüge über 100 km und weiter unternehmen können

Nur selten sieht man den Uhu auf seinem lautlosen Beuteflug

Sein Name gibt lautmalend den tiefen, klangvollen Ruf dieses Königs der Nacht wieder. Leider ist diese große Eule uns nicht mehr so vertraut wie Vater Brehm, der sie vor 150 Jahren noch einen häufigen Brutvogel des Vogtlandes nannte. Dort wie in vielen anderen Teilen Mitteleuropas ist sie längst ausgerottet. In Deutschland gab es schon in den dreißiger Jahren nur noch reichlich hundert Brutpaare, die vor allem zwischen Ostpreußen und Pommern, in Thüringen, Franken und der Eifel horsteten. Inzwischen hat sich der Bestand ganz erheblich weiter verringert, und als vor zehn Jahren das letzte Brutpaar der Eifel verschwand, versuchte man den Uhu nicht nur hier, sondern auch in anderen Gebieten, in denen sein Bestand schon erloschen oder sehr gefährdet schien, wiedereinzubürgern. Dazu ließ man in der Tschechoslowakei gefangene Wilduhus oder – was wesentlich erfolgversprechender war – ihre Jungen frei.

Wie die meisten Eulen ist der Uhu sehr vom Angebot an Nahrung abhängig. Bei Nahrungsüberfluß werden übernormal viele, bei Nahrungsmangel überhaupt keine Eier gelegt. So ist er in der Eifel vielleicht durch den Rückgang der durch die Myxomatose heimgesuchten Kaninchen ausgestorben.

KENNZEICHEN: *groß, dickköpfig, mit Federohren (die Waldohreule hat auch lange Federohren, ist aber viel kleiner); ruft in der Abenddämmerung schon ab Februar dumpf und tief ‚buhuh‘, nicht laut, aber weit hörbar.*

BRUT: *benutzt große Baumhorste von Greifvögeln, Störchen und Reihern oder horstet in Felslöchern und -spalten auf dem nackten Boden oder auf einer dürftig zusammengescharrten Unterlage aus Gewöllen und Pflanzenteilen; das Weibchen legt im April 2–5 rein weiße Eier und brütet sie allein in etwa 35 Tagen aus; die Jungen werden 5 Wochen lang von beiden Eltern gefüttert und verlassen den Horstplatz noch keineswegs flugbar; bei Nahrungsmangel können die Jungen von den Alten getötet werden.*

NAHRUNG: *vor allem kleine und mittelgroße Säugetiere von der Maus bis zum Hasen; ferner Krähen und krähengroße Vögel; Frösche, große Käfer.*

Sperlingskauz

Glaucidium passerinum 16,5 cm

Obwohl diese kleinste unserer Eulen nur soviel wiegt wie ein Hühnerei und noch kleiner als ein Star ist, macht sie auf Kleinvögel und Kleinsäuger eifrig Jagd. Manchmal findet man ihre Beute im Winter hart gefroren oder sonst auch als Mumien in Baumhöhlen, in die sie der Sperlingskauz als Vorrat einträgt.

In den schwer zugänglichen Nadelwäldern der Gebirge würde man den Sperlingskauz kaum je bemerken, wäre er nicht auch bei Tage rege und machte sich durch erregtes Schwanzwippen ebenso bemerkbar wie durch seinen Balzruf ‚djüb – djüb', der wie aneinandergereihte Gimpelpfiffe klingt. Gewitzte Ornithologen ahmen seine Stimme nach, um aus dem Verhalten der Tannenmeise zu schließen, ob er vorkommt. Denn diese Meise gehört zur Lieblingsbeute des Sperlingskauzes und ist deshalb ständig auf der Hut vor ihm.

Der Sperlingskauz, der in Nordamerika einen nahen Verwandten hat, ist ein Vogel der Taiga, des großen Waldgürtels im nördlichen Asien und Europa. In Mitteleuropa blieb er nach der Eiszeit in den Gebirgswäldern zurück und ist nur lückenhaft verbreitet, nämlich in den Alpen, im Schwarzwald, im Bayerischen Wald und stellenweise in den Sudeten, den sächsischen Gebirgen, im Fichtelgebirge, in der Oberpfalz, im Harz, im Spessart und auf der Schwäbischen Alb. In den deutschen Alpen hat man ihn bis in Höhen von 1660 m festgestellt.

KENNZEICHEN: *sehr klein und flachköpfig; gelbe Augen unter kurzen weißen Augenbrauen; wippt mit dem Schwanz aufwärts; Verhalten keck und lebhaft; jagt auch bei Tage und schlägt Kleinvögel im Flug.*

BRUT: *brütet in Baumhöhlen, besonders gern in Spechthöhlen, auch in Nistkästen; das Weibchen legt Ende April bis Juni 4–6 weiße, schwach glänzende Eier und brütet sie in 33–40 Tagen aus; die Jungen bleiben etwa 30 Tage im Nest, bis sie flügge sind; wohl nur 1 Brut im Jahr.*

NAHRUNG: *vor allem Kleinvögel, gern Tannenmeisen und Goldhähnchen, auch Vögel bis zur eigenen Größe; ferner Mäuse, Spitzmäuse, Insekten.*

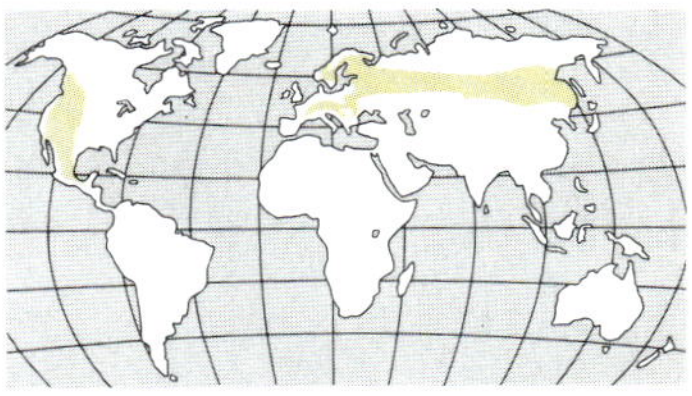

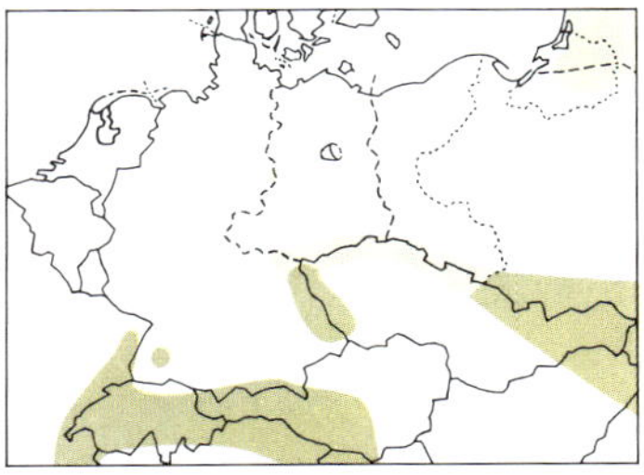

Standvogel, der höchstens in harten Wintern etwas weiter umherstreift

Der Sperlingskauz sitzt auch bei Tage auf der Spitze einer Fichte

Waldohreule

Asio otus 36 cm

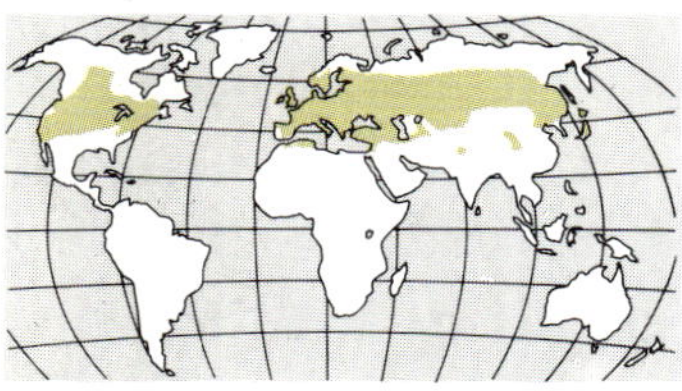

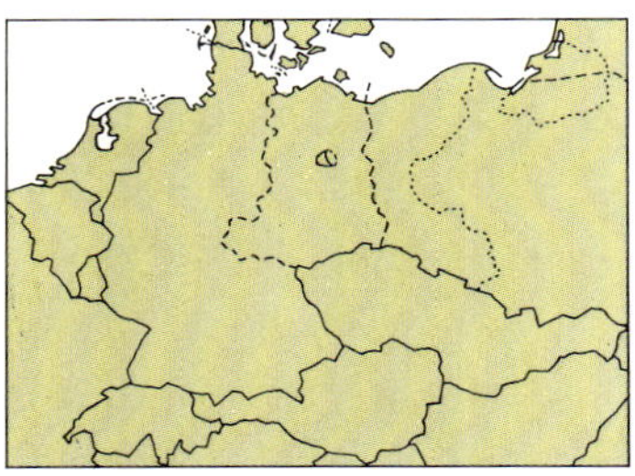

Vorwiegend Jahresvogel; einige Waldohreulen aus dem Norden des gesamten Verbreitungsgebietes ziehen im Winter nach Süden

Die Federohren haben mit dem eigentlichen Gehörorgan nichts zu tun

Die *Ohren* der Waldohreule sind lediglich verlängerte Kopffedern und in aufrechter Stellung ein gutes Erkennungsmerkmal; zum Hören sind sie nicht bestimmt. Die stöhnenden Rufe dieser Eule gehören nachts in den Kiefernwäldern, wo sie gewöhnlich überall in Mitteleuropa brütet, zu den unheimlichsten Lauten. Sie nistet allerdings auch in Parks, großen Gärten und – auf Friedhöfen.

Die Waldohreule jagt nachts auch in offenem Gelände und ruht tags. Meist sitzt sie dann aufrecht auf einem Ast dicht am Stamm. Kleinere Vögel, unter denen sie sich oft ihre Beute sucht, *hassen* auf sie, sobald sie ihr Versteck ausgemacht haben. Im Winter verbringen nicht selten 10–20 Eulen den Tag gemeinsam in einem Feldgehölz. Unter ihrem Schlafbaum liegt manchmal ihr *Gewölle*. Die Untersuchung solcher Speiballen hat gezeigt, daß Wühl- und Waldmäuse ihre wichtigsten Beutetiere sind, daneben auch Hausmäuse, Wanderratten, Spitzmäuse und Kleinvögel. Bei uns ernährt sie sich allerdings einseitig fast nur von Feldmäusen.

Im Balzflug schlägt das Männchen die Flügel klatschend unter dem Körper zusammen. Wenn es böse ist, nimmt es mit ausgebreiteten Flügeln eine drohende Haltung ein, zischt und *knappt* mit dem Schnabel. Während der Brutzeit gibt es außer stöhnenden auch kläffende Rufe von sich. Das Schreien der Jungen klingt wie das Knarren einer Tür, der ein Tropfen Öl fehlt, oder aber wie das helle Fiepen eines Rehkitzes.

KENNZEICHEN: *lange Federohren; Gefieder gelbbraun, hell gesprenkelt und dunkel gestreift; gelbe Augen; beide Geschlechter gleich.*

BRUT: *das Weibchen legt meist in alte Nester von Elstern, Krähen oder anderen Rabenvögeln im März oder April 4–5 glänzend weiße Eier und brütet sie in 25–28 Tagen allein aus; beide Elternvögel füttern die Jungen, die nach ungefähr 25 Tagen das Nest verlassen.*

NAHRUNG: *Ratten, Wald-, Haus-, Feld-, Erd- und Spitzmäuse; Finken, Sperlinge und andere Vögel bis zur Größe des Eichelhähers; Maikäfer und andere Käfer; bei uns ernähren sie sich zu über 90 % von Feldmäusen.*

Rauhfußkauz

Aegolius funereus 26 cm

Wie der Sperlingskauz ist der Rauhfußkauz ein Bewohner der Taiga, der bei uns als Relikt der Eiszeit in großen Waldungen haust. Er jagt aber niemals am Tage und kann seine Beute, hauptsächlich Kleinsäuger, mit seinem Gehör offenbar so genau orten, daß er sie auch in stockfinsterer Nacht zielsicher greift. Seine nächtliche und heimliche Lebensweise erklärt, daß man den Rauhfußkauz in manchen seiner Wohnorte erst vor kurzem entdeckte, so etwa im Harz, Solling und Sauerland. Ja man fand diesen sonst nur in den Wäldern der Alpen und Mittelgebirge vorkommenden Kauz sogar als regelmäßigen Brutvogel in der Lüneburger Heide, wo er bis dahin auch den Forschern verborgen geblieben war. Seine Entdeckung hier glückte nur, weil der Ornithologe Kuhk die weich trillernde Strophe des Rauhfußkauzes genau kannte und sie sogar täuschend auf der Okarina nachpfeifen konnte.

Der Rauhfußkauz sieht dem häufigeren Steinkauz sehr ähnlich, aber man kann ihn im Fluge erkennen, denn er fliegt nicht wie der Steinkauz in Wellenlinien. Sieht man ihn sonst wirklich einmal, etwa wenn er aufgestört aus seiner Bruthöhle schaut, dann kann man ihn am großen runden Kopf mit hoch über die Augen hinausragendem Schleier vom Steinkauz unterscheiden.

Junge Rauhfußkäuze sind ganz apart gefärbt; sie haben ein ziemlich einfarbig dunkelkaffeebraunes Gefieder und sehen ganz anders aus als die Alten, auch anders als alte und junge Steinkäuze.

KENNZEICHEN: *unterscheidet sich vom sehr ähnlichen Steinkauz durch größeren, viel runderen Kopf, tieferen Schleier und satter braune Färbung sowie längeren Schwanz; Zehen dicht weißgefiedert; daher Rauhfußkauz.*

BRUT: *nistet in Baumhöhlen; das Weibchen legt im April oder Mai 4–6 schwach glänzende weiße Eier und brütet sie in 25–31 Tagen aus; nach 30 Tagen fliegen die Jungen aus und kehren nicht zur Bruthöhle zurück.*

NAHRUNG: *fast ausschließlich Wirbeltiere, vor allem Kleinsäuger, auch Vögel und Frösche; sehr selten Insekten.*

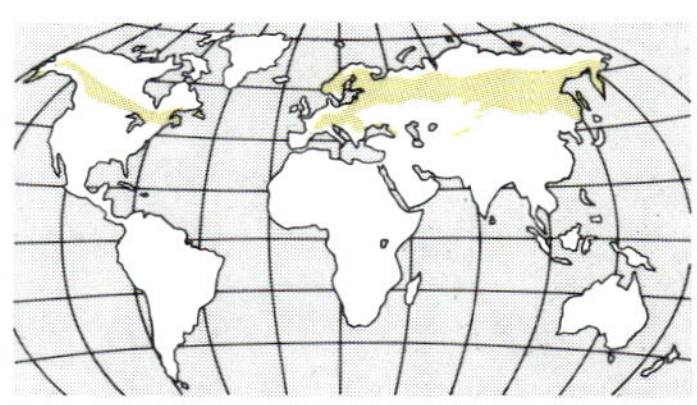

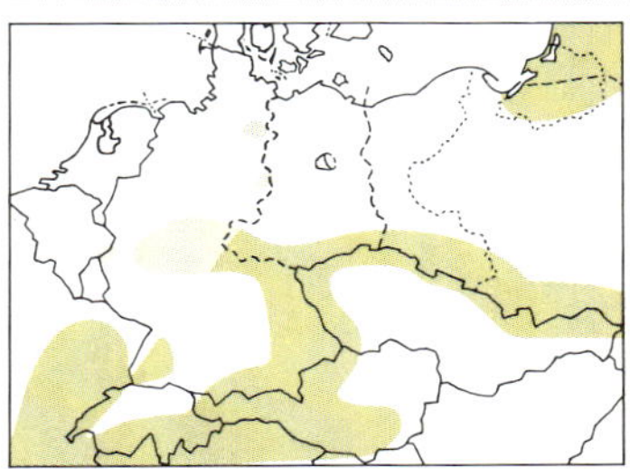

Stand- und Strichvogel; schweift im Norden weit umher

Der große runde Kopf des aufgeschreckten Vogels füllt den ganzen Höhleneingang

Wintergoldhähnchen

Regulus regulus **9 cm**

Sommergoldhähnchen

Regulus ignicapillus **9 cm**

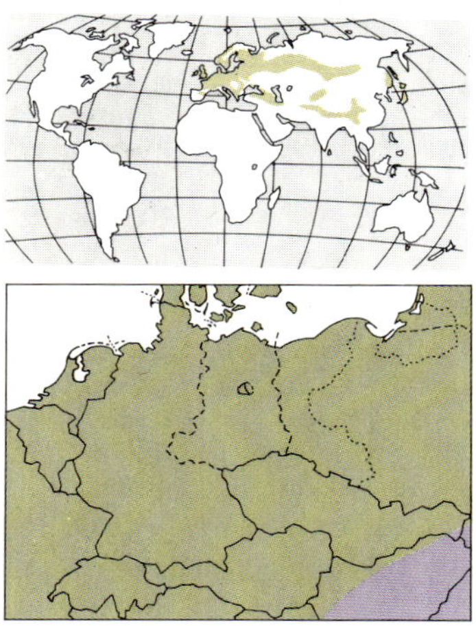

Das Wintergoldhähnchen (Verbreitung siehe Karten) ist vorwiegend Jahresvogel; das Sommergoldhähnchen Zugvogel: überwintert in Südeuropa

Das Nest des Goldhähnchens hängt meist unter einem Nadelbaumzweig

Wie Graumeisen und Baumläufer kommen auch Goldhähnchen in zwei sehr ähnlichen Zwillingsarten in ganz Mitteleuropa vor. Beide sind schwer auseinanderzuhalten. Dem Wintergoldhähnchen fehlt der schwarze Augenstreif des Sommergoldhähnchens, das überdies ein Zugvogel ist. Auch sein Verbreitungsgebiet reicht weiter nach Süden: es brütet sogar noch in Nordafrika. Dagegen sind die härteren Wintergoldhähnchen auf die Britischen Inseln und nach Nordeuropa vorgedrungen. Von Skandinavien ziehen sie allerdings im Winter in großer Zahl nach Südwesteuropa.

Diese beiden heimlichen Bewohner unserer Tannenwälder sind an ihren leuchtend gelben oder orangeroten, schwarzumgrenzten *Krönchen* leicht zu erkennen. Gern halten sie sich im dichten Gezweig hoher Nadelbäume auf, wo man sie nur schwer beobachten kann, am ehesten sieht man sie noch in niedrigen Fichtenkulturen. Sommergoldhähnchen nisten auch in Mischwäldern. Sie sind unsere kleinsten Vögel und wiegen noch weniger als Zaunkönige oder Tannenmeisen. Ihre Stimme ist so fein und hoch, daß ältere Vogelfreunde ihr nachlassendes Hörvermögen oft erst dann bemerken, wenn sie Goldhähnchen nicht mehr oder nur aus nächster Nähe noch hören können.

KENNZEICHEN: *gelbgrünes Gefieder mit doppelter Flügelbinde; Scheitel orangefarben (beim Weibchen mehr gelb), unten mit schwarzem Rand; beim* Sommergoldhähnchen *ist der Scheitelfleck leuchtend orangerot, beide Geschlechter haben einen schwarzen Augenstreif und an den Halsseiten vor dem Flügelbug je einen großen olivgelben Fleck.*
BRUT: *beide Partner bauen meist auf Nadelbäumen, 50 cm bis 16 m über dem Boden, ein fast kugelförmiges Hängenest aus Spinnweben, Moos und Federn; das Weibchen legt ab April bis Juni meist 7–10 weiße oder hellgelbe, braun gesprenkelte Eier und brütet sie in etwa 15 Tagen aus; die von beiden Eltern gefütterten Jungen sind nach ungefähr 20 Tagen flügge; brütet meist zweimal im Jahr. Brutverhalten bei beiden Arten ähnlich.*
NAHRUNG: *meist kleine Insekten, deren Larven; auch feine Sämereien.*

Haubenmeise

Parus cristatus 11,5 cm

Die von Spanien bis zum Ural verbreitete Haubenmeise gibt es nur in Europa. Selbst in Nordafrika und Vorderasien erscheint sie nicht einmal vorübergehend. Sie hat die letzte Eiszeit wahrscheinlich auf der Pyrenäen-, vielleicht auch auf der Balkanhalbinsel überdauert und sich später wieder bis zum Ural und nach Skandinavien ausgebreitet, wo sie heute weiter nach Norden vordringt. In Mittel- und Nordeuropa ist sie wie keine andere Meise an Nadelwald gebunden und in Deutschland ein charakteristischer Bewohner der Kiefernwälder, in Südeuropa auch immergrüner Eichenwälder. In diesem Lebensraum findet sie im Winter genügend Schutz. Während der Brutzeit ist sie dagegen nicht auf ihn allein angewiesen, sondern bezieht Nisthöhlen auch in anderen Bäumen.

Wegen ihres schwarzweißen Schopfes ist sie mit keiner anderen Meise zu verwechseln, und ihre Stimme – ein zart rollendes Trillern, das wie ‚zi(zö)gürrr' klingt – verrät sie leicht auch dort, wo man sie im dunklen Tann nur schwer zu Gesicht bekommt. Das Männchen vollführt bei der Balz einen eigentümlichen Flatterflug, jagt dann durch die oberen Äste der Kiefern hinter dem Weibchen her und füttert es schließlich, wenn es auf den Eiern sitzt. In Imponierhaltung richtet das Männchen seine Haube auf und schlägt schnell mit den Flügeln.

KENNZEICHEN: *Haube aus schwarzen Federn mit weißen Außenkanten; schwarzer Halbkreis hinter dem Auge; graubrauner Rücken; Geschlechter gleich.*

BRUT: *bezieht in morschen Stümpfen von Kiefern und anderen Bäumen oder in Pfählen natürliche oder künstliche Höhle, die das Weibchen herrichtet oder neu zimmert; manchmal trägt auch das Männchen Tierhaare, Federn und Wolle zum Auspolstern herbei; das Weibchen legt Ende April bis Mai meist 7–10 weiße, rotbraun gesprenkelte Eier und brütet sie in etwa 14 Tagen aus; die von beiden Eltern gefütterten Jungen sind in ungefähr 18 Tagen flügge.*

NAHRUNG: *größtenteils Insekten, deren Larven, Puppen und Eier; gern Blattläuse; gelegentlich Samen, vor allem von der Kiefer.*

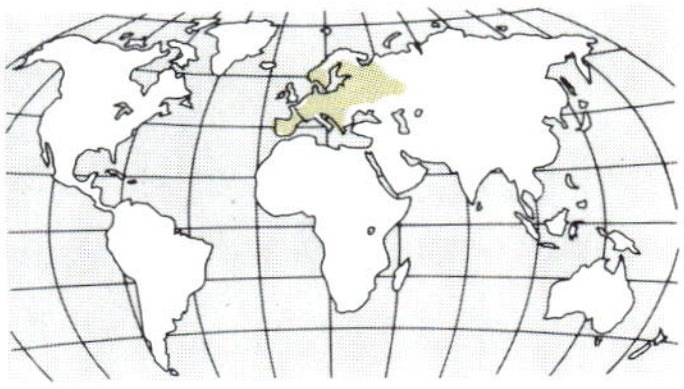

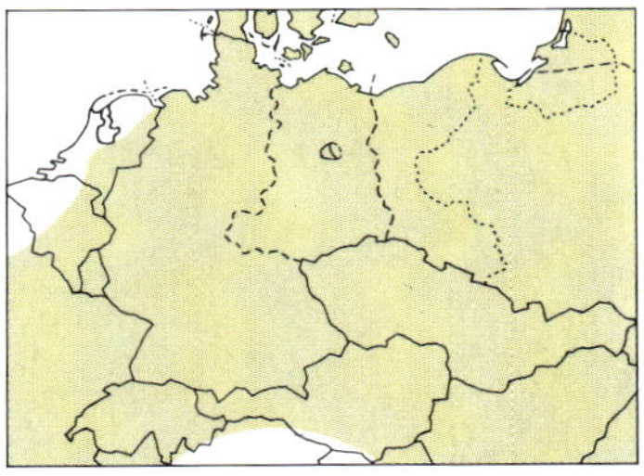

Jahresvogel; lebt in Kiefernwäldern, im Süden des Verbreitungsgebietes auch in Laubwäldern

Die Haubenmeise weist ihre spitze Federhaube leicht aus

Tannenmeise

Parus ater 11 cm

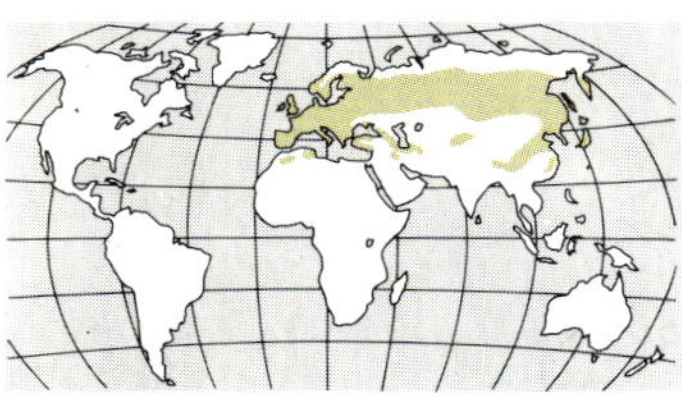

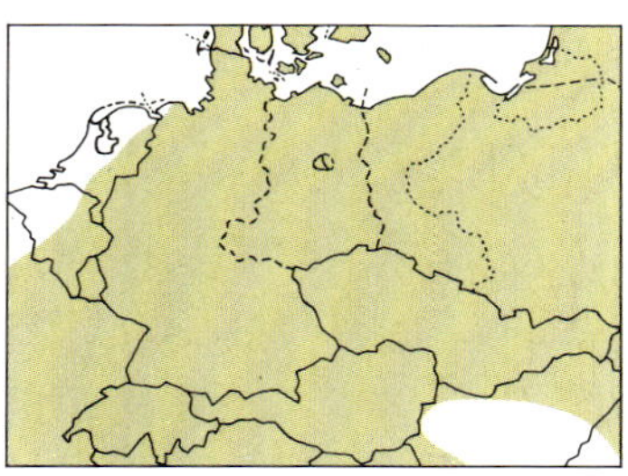

Vorwiegend Jahresvogel; Futtermangel kann große Invasionen aus dem Norden des gesamten Verbreitungsgebietes auslösen

Die Tannenmeise erkennt man vor allem an dem auffallenden weißen Nackenfleck

Unsere kleinste Meise ist weniger aufdringlich als andere Meisen und auch unauffälliger gefärbt. Sie macht sich aber stets durch ihren klaren, hellen Gesang bemerkbar, eine flötende Variante des rhythmischen Liedes der Kohlmeise, das an das Schärfen einer Säge erinnert. Die charakteristischen Tonfolgen sind ‚wize wize wize' und ein dreifaches ‚Tschui', dem ein Trillern folgt. Zu ihren Rufen gehört ein klagendes ‚Tsui-tsui' und ein dünnes, hohes ‚Tsi'.

Als Nistplatz sucht sich die Tannenmeise geeignete Höhlen in Fichten- und anderen Nadelwäldern, auch im Mischwald und ausnahmsweise in reinem Laubwald. Oft bezieht sie auch Nistkästen. Im Bergwald kommt sie – bis zur Baumgrenze – häufiger vor als andere Meisen. Im Winter schließt sie sich auf der Nahrungssuche in den Wäldern oft mit anderen Meisen, Baumläufern und Goldhähnchen zusammen. In manchen Jahren erscheinen im September oder später Zuzügler aus dem Norden.

Bei der Balz stolziert das Männchen entweder mit aufgerichtetem Schwanz, hängenden Flügeln und geplusterten Federn auf und ab oder beugt sich mit gefächertem Schwanz und flatternden Flügeln nach vorn. Während der Brutzeit füttert es das Weibchen, das auch bei drohender Gefahr standhaft auf den Eiern sitzen bleibt und erst im letzten Moment den Eindringling böse anzischt.

KENNZEICHEN: *Kopf glänzend blauschwarz und auffallend weißer Nackenfleck; sonst überwiegend grau ohne alles Gelbgrün; sträubt gern die Scheitelfedern; beide Geschlechter gleich.*

BRUT: *beide Partner bauen in Höhlen von Bäumen, Erdwällen oder Mauern ein Nest mit einer Unterlage aus Moos und einem Polster aus Haaren und Federn; das Weibchen legt ab April bis Anfang Mai 7–10 weiße, rotbraun gesprenkelte Eier und brütet sie meist selbst in etwa 14 Tagen aus; die von beiden Eltern gefütterten Jungen sind nach ungefähr 16 Tagen flügge.*

NAHRUNG: *Insekten, deren Larven, Puppen und Eier; Samen, vor allem von Nadelhölzern, aber auch von Disteln und anderen Unkräutern.*

Zeisig

Carduelis spinus 12 cm

Dieser kleine, gelbgrüne Finkenvogel wurde früher gern im Käfig gehalten. Im Winter sieht man ihn in großen Schwärmen, deren Zusammenhalt durch ständige Lockrufe – ein leises ‚Tetteret‘ und ein lautes zweisilbiges ‚Diäh‘ – aufrechterhalten wird, häufig in Gesellschaft von Birkenzeisigen seine Nahrung auf Birken und Erlen suchen. Er wird deshalb auch *Erlenzeisig* genannt. Er ähnelt dem Girlitz, hat aber wie der Grünling gelbe Schwanzkanten und Gelb im Flügel; das Männchen trägt eine schwarze Kopfplatte.

Sein in Nadelbaumzweigen – mehr als 4,5 m über dem Boden – verborgenes Nest ist nur schwer zu entdecken. Der Zeisig kommt heute häufiger vor als früher, denn die Zunahme der Nadelwälder hat ihm mehr Nistplätze verschafft. In den Alpen nistet er bis zur oberen Baumgrenze und beginnt schon im März mit der Brut. Seine Brutplätze wechselt der unstete Vogel wie der nomadisierende Kreuzschnabel leicht.

Seinen Gesang, eine Reihe lieblicher, zwitschernder Töne, hört man von Mitte Februar bis Ende Mai. Beim Balzen jagt das Männchen das Weibchen und nimmt vor ihm mit geplusterten Federn und ausgespreizten Flügeln eine Imponierstellung ein. Beim Revierflug kann man es über dem Nistgebiet beobachten. Sonst sieht man Zeisige in der Brutzeit nur selten.

KENNZEICHEN: *gelblichgrünes Gefieder mit dunklen Streifen an Rükken und Flanken; wellenförmiger Finkenflug; beim Männchen Kehllatz und Scheitel schwarz; Weibchen und Jungvögel mehr graugrün und kräftiger gestreift.*

BRUT: *beide Partner bauen hoch auf Nadelbäumen ein kunstvolles, solides Nest aus Zweigen, Flechten, Moos und Wolle und kleiden es mit Wurzeln, Haaren und Federn aus; das Weibchen legt von März bis April 3–5 blaßblaue, purpurrot gesprenkelte und gestreifte Eier und brütet sie in 11–12 Tagen aus; die zunächst nur von der Mutter gefütterten Jungen sind nach ungefähr 15 Tagen flügge; anscheinend gewöhnlich 2 Bruten im Jahr.*

NAHRUNG: *vorwiegend Samen von Fichten, Erlen u. a. Bäumen und Krautpflanzen; auch Knospen, junge Triebe und in der Brutzeit Insekten.*

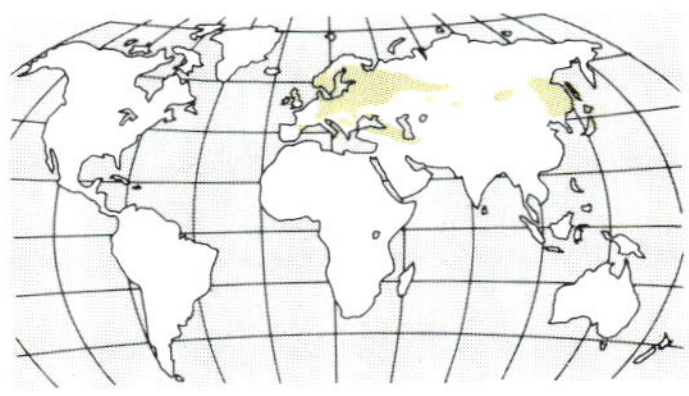

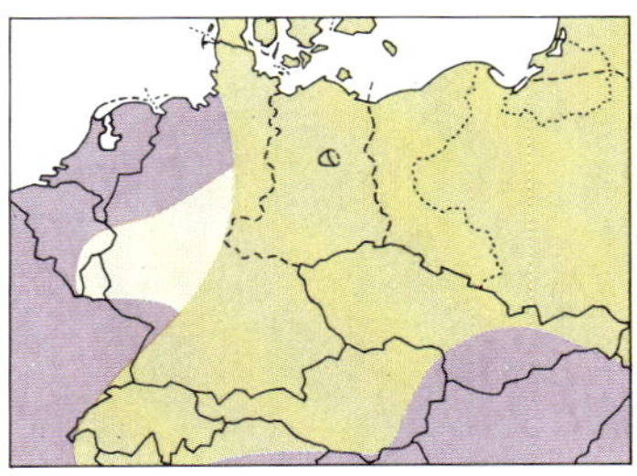

Vornehmlich Jahresvogel; bei den Zeisigen aus dem Norden des Verbreitungsgebietes kommt es jedoch zu Massenwanderungen, wenn die Nahrung knapp wird

Der Zeisig sucht sich seine Nahrung oft an Erlen und Birken

Fichtenkreuzschnabel

Loxia curvirostra 16,5 cm

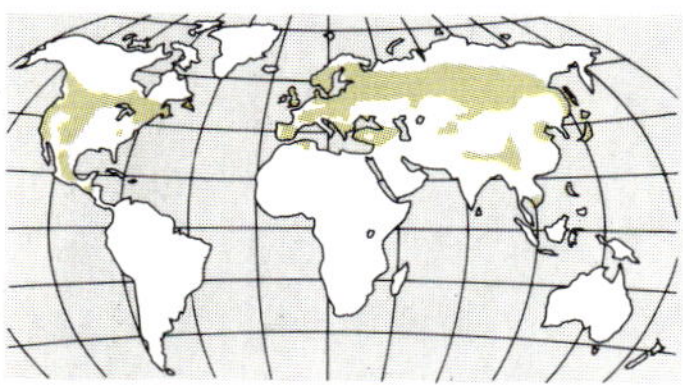

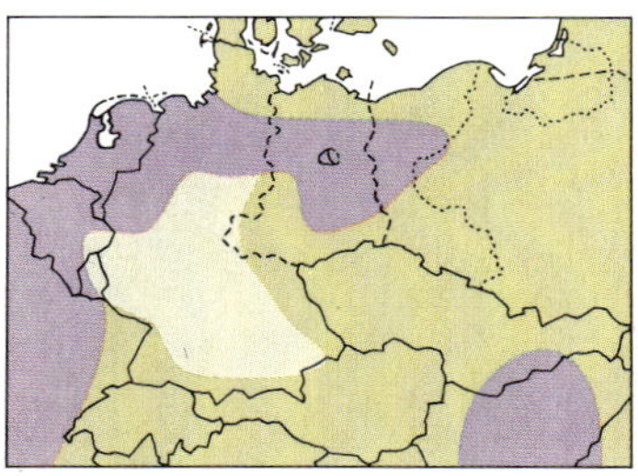

Vornehmlich Jahresvogel; wenn das Futter knapp ist, zieht er auf Invasionsflügen weit umher

Dem Nahrungserwerb angepaßte Schnabelformen kann man besonders gut in der Finkenfamilie beobachten. Dafür sind die überkreuzten Schnabelspitzen des Fichtenkreuzschnabels ein klassisches Beispiel. Mit diesem Spezialwerkzeug kann der Vogel die Samen aus den Schuppen von Nadelholzzapfen holen, während er wie ein Papagei seitlich auf einem Ast entlangklettert. Fichtensamen sind seine Hauptnahrung. Gelegentlich nimmt er auch wilde Früchte und Insekten.

Der Ertrag von Nadelholzsamen schwankt von Jahr zu Jahr sehr. Fichtenkreuzschnäbel brüten – zu allen Zeiten des Jahres, auch im Winter – dort, wo sie die besten Nahrungsgründe finden. In unregelmäßigen Abständen kommt es zu Masseninvasionen von skandinavischen Fichtenkreuzschnäbeln nach West- und Mitteleuropa, wahrscheinlich wegen schlechter *Zapfenernte* in ihrer Heimat. Die ersten Vögel erreichen Mitteleuropa in solchen Jahren Ende Juni und breiten sich darauf überallhin aus, wo sie Fichtenwälder finden.

Wegen ihrer vagabundierenden Lebensweise werden Fichtenkreuzschnäbel auch *Zigeunervögel* genannt. Sie nisten, oft in aufgelockerten Kolonien, auf Nadelbäumen. Ihr Gesang erinnert sehr an das *Schwunschen* des Grünlings; ihr Flugruf, ein metallisches ‚Gipp-gipp', ist jedoch unverkennbar. Bei der Balz jagen sich die Partner und übergeben sich Futter.

KENNZEICHEN: *Schnabelspitzen überkreuzt; Männchen im Alterskleid karminrot mit orangefarbenem Anflug, im Jugendkleid matter gefärbt; Weibchen gelbgrün; bei beiden Geschlechtern Flügel und Schwanz dunkelbraun.*

BRUT: *das Weibchen baut auf Nadelbäumen ein ansehnliches Nest und kleidet es mit Gräsern aus; es legt meist ab Februar bis März 3–4 grünliche, am stumpfen Ende purpurrot gezeichnete Eier und brütet sie in etwa 13 Tagen allein aus; die von beiden Eltern gefütterten Jungen verlassen nach 18 Tagen das Nest.*

NAHRUNG: *Samen der Fichte, Lärche, Kiefer und anderer Nadelbäume; nur selten Früchte, Unkrautsamen und Insekten.*

Ein Fichtenkreuzschnabel entsamt einen Kiefernzapfen

Purpurreiher

Ardea purpurea 79 cm

Purpurreiher sind viel seltener als Fischreiher, denn die von ihnen bewohnten unzugänglichen Schilfwildnisse findet man in Mitteleuropa nicht häufig. Sie brüten am Naardermeer in der Provinz Oberijssel und in ein paar anderen Sumpfgebieten der Niederlande, stellenweise in Frankreich und der Schweiz, am Neusiedler See in Österreich, in Südmähren und neuerdings in der Oberrheinischen Tiefebene. Als Durchzügler trifft man sie schon eher in anderen Teilen Mitteleuropas.

Im übrigen ist der Purpurreiher weit verbreitet – in Südeuropa wie in Teilen Afrikas, in Süd- und Ostasien. Aus den nördlichen Teilen seines Verbreitungsgebietes wandert er bis nach Afrika, um sich im Winter dem Nahrungsmangel und der Kälte zu entziehen.

Seine langen Zehen ermöglichen diesem Bewohner des Röhrichts, geschickt im Schilf umherzuklettern. Wie eine Rohrdommel reckt er bei Gefahr seinen braunen, schwarz längsgestreiften Hals empor, der dann den dürren Schilfhalmen seiner Umgebung gleicht. Nur selten verläßt der Purpurreiher das schützende Röhricht. Gewöhnlich setzt er sich nicht auf Bäume, noch zeigt er sich im offenen Gelände wie der Fischreiher. Sein entenartiges ‚Rääb' hört man meist im Fluge.

KENNZEICHEN: *oben dunkelgrau mit braunen Schmuckfedern am Rükken; Oberkopf schwarz; Hals rotbraun mit schwarzen Längsstreifen; durch die langen Zehen erscheinen die Füße auffallend groß.*
BRUT: *brütet teils einzeln, häufiger in Kolonien; das aus Schilfstengeln gebaute Nest steht auf dem Boden oder niedrig über dem Wasser auf umgebrochenem Schilf oder anderen Sumpfpflanzen, auch niedrigen Weidenbüschen, nur selten höher auf Bäumen; beide Eltern brüten die 3–6 matt bläulichgrünen Eier in 25 Tagen aus; die von beiden gefütterten Jungen tragen ein oben rötlichgraues, unten weißliches Dunenkleid mit weißem Schopf; sie sind nach 7–8 Wochen flügge.*
NAHRUNG: *kleine Fische, Kaulquappen, Wasserinsekten; auch Mäuse, Molche, Schnecken, Spinnen und dergleichen; seltener Frösche.*

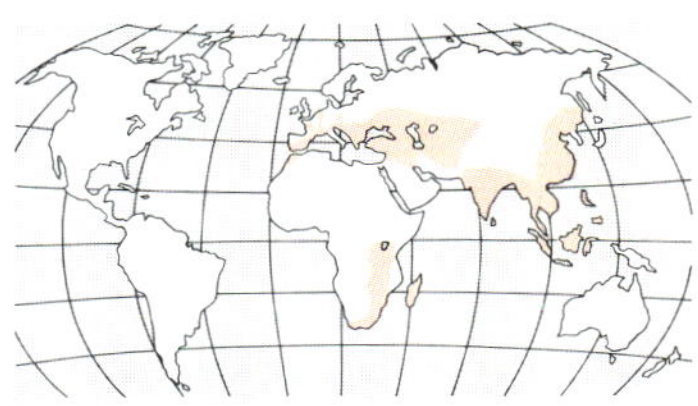

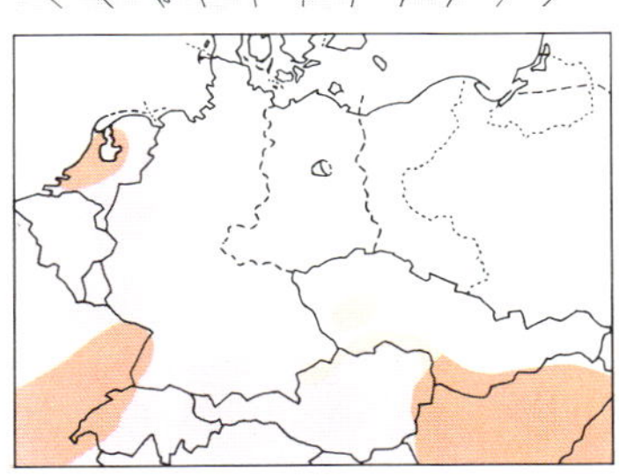

Zugvogel; erscheint im April in Mitteleuropa und zieht im September, manchmal erst im Oktober oder November weg; europäische Purpurreiher überwintern in Afrika

Der Purpurreiher hat sein Nest immer im Röhricht und füttert hier seine Brut

Nachtreiher

Nycticorax nycticorax 60 cm

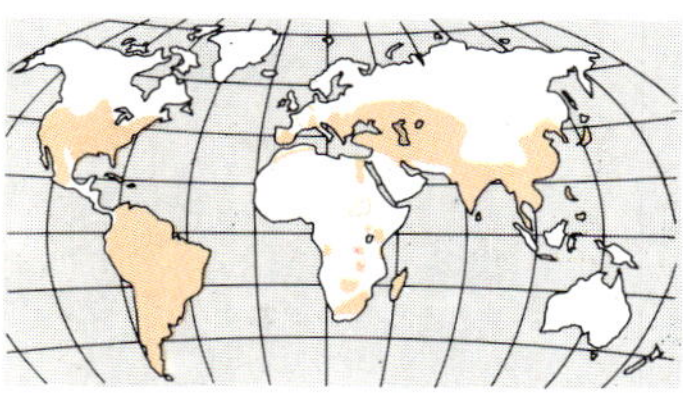

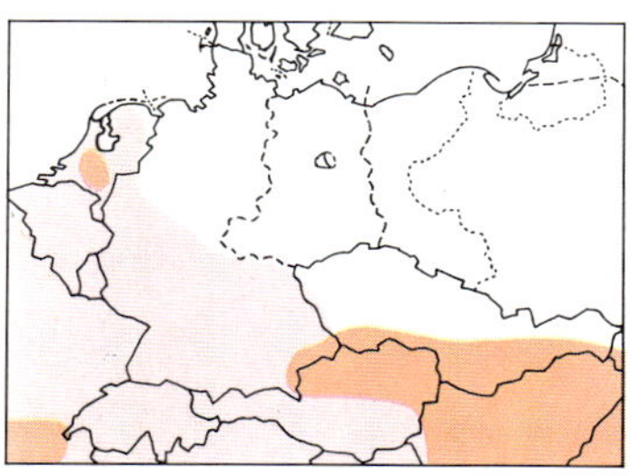

Zugvogel; trifft Ende März bis April in Mitteleuropa ein, zieht im September oder Oktober weg; Jungvögel streifen ab Ende Juli richtungslos umher; europäische Nachtreiher überwintern im Norden des tropischen Afrikas

Der alte Nachtreiher hat lange weiße Schmuckfedern im Genick

Unser Bild vom Reiher haben so elegante, schlanke Vögel wie Fisch- und Purpurreiher geformt. Davon weicht der Nachtreiher mit seiner gedrungenen Gestalt ab. In Umriß und Körperhaltung ähnelt er der Rohrdommel, an die auch das bräunliche, oben heller gefleckte, unten dunkel gestreifte Kleid der Jungvögel und Jährlinge erinnert, deren Schwingen allerdings nicht quergebändert sind.

Trotz seines Namens ist der Nachtreiher nicht so sehr ein Vogel der Nacht wie der Dämmerung. Tagsüber sitzt er meist in schattigen Büschen oder Bäumen. Erst wenn der Abend herannaht, geht er auf Suche nach Nahrung, die er teils im Wasser, teils auf trockenem Boden findet, vor allem Frösche, Fische und Insekten. Sind allerdings Junge im Nest, genügen ihm die Dämmerungsstunden nicht mehr. Er jagt dann auch am Tage, um Futter für die Nachkommenschaft heranzuholen.

Mitteleuropa liegt am Nordrande seines großen Verbreitungsgebietes. Da hier die großen, buschreichen Sumpfgebiete, die er bewohnt, selten geworden sind, kommt er nur stellenweise vor. Heute brütet er unter anderem in den Niederlanden (im Biesbosch), in der Schweiz, in Österreich und im niederbayerisch-österreichischen Grenzgebiet.

KENNZEICHEN: *Altvögel oben schwarz mit grauen Flügeln und weißen Schmuckfedern am Hinterkopf, unten weiß; Jungvögel und Jährlinge braun, oben hell gefleckt, unten dunkel gestreift.*

BRUT: *nistet in Kolonien in Büschen und Bäumen, meist nicht sehr hoch über dem Erdboden (gelegentlich in mehr als 5 m Höhe). Nest aus Ästen wird mit feinen Reisern, Halmen, Blättern, Würzelchen u. ä. ausgelegt; Gelege in Mitteleuropa ab Ende April aus 3–5 (meist 4) bläulichgrünen Eiern, die beide Partner in 21 Tagen abwechselnd ausbrüten; die Jungen tragen ein oben hellbräunliches, unten und am Oberkopf weißliches Dunenkleid; sie werden von beiden Eltern gefüttert, verlassen nach 3–4 Wochen das Nest, sind aber erst etwa 3 Wochen später flugfähig.*

NAHRUNG: *Frösche, Fische, Wasserinsekten u. ä., gelegentlich auch Mäuse.*

Zwergdommel

Ixobrychus minutus 36 cm

Zu Recht nennt man die Zwergdommel auch Zwergreiher, denn mit ihren acht in allen Erdteilen verbreiteten Verwandten ist sie die kleinste der Reiherfamilie und wiegt kaum so viel wie ein Eichelhäher, obwohl sie viel größer ist. Wie alle Reiher fliegt sie mit eingezogenem Hals. Schmalbrüstig wie Rallen, kann sie sich im dichten Röhricht leicht bewegen. Sie klettert auch behende an Schilfhalmen und im Weidicht, wobei die Zehen nach auswärts stehen.

Bei Gefahr erstarrt der schilffarbene Vogel in Pfahlstellung und wird leicht übersehen. Feinde läßt er deshalb nahe herankommen und fliegt erst spät auf. Meist streicht er nur niedrig mit raschen Schlägen seiner runden Flügel ein kurzes Stück und taucht bald wieder im Schilf unter. So sieht man die Zwergdommel nur selten, obwohl sie häufiger und weiter verbreitet ist als die Rohrdommel. Sie findet sich auch an kleineren Gewässern, selbst an Parkteichen, fehlt dagegen in manchen größeren Röhrichtflächen. Wo sie häufig ist, bildet sie auch lose Kolonien.

Zwergdommeln jagen nur vom Anstand aus, und zwar tags und nachts, vorwiegend in der Dämmerung, meist im Röhricht, aber auch am Rande offener Wasserflächen.

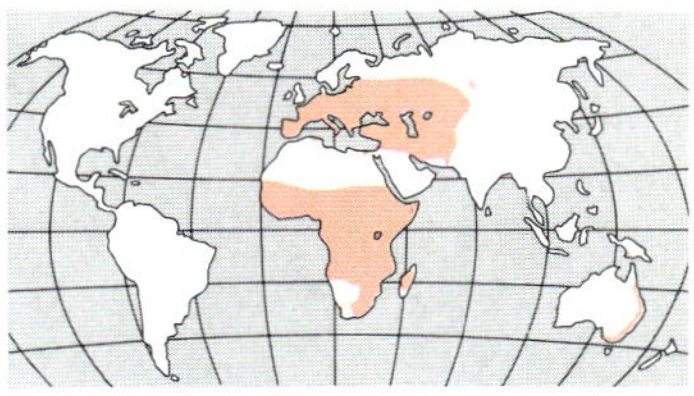

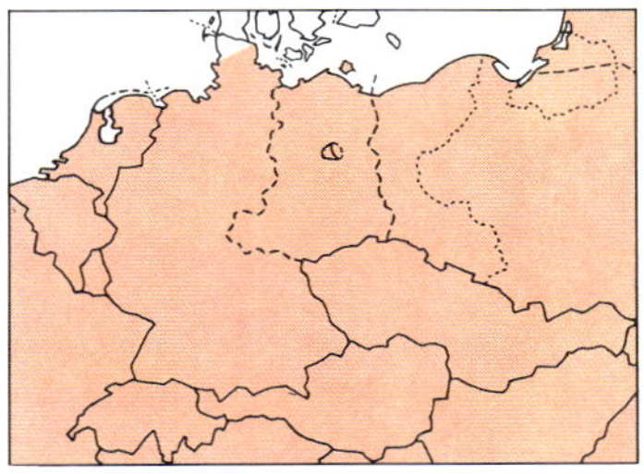

Zugvogel; wandert von Europa nach Afrika, besonders Ost- und Südafrika; als Sommervogel in ganz Mitteleuropa verbreitet, fehlt nur im Gebirge

KENNZEICHEN: *Männchen oben schwarz, Weibchen dunkelbraun; Schnabel gelb; wirkt im Flug viel gelber, mit hellem Feld im dunklen Flügel; Männchen ruft, besonders in der Dämmerung und vor Gewittern, froschartig ‚wru‘.*

BRUT: *baut ziemlich sperriges Nest aus dürren Zweigen und Halmen, gewöhnlich auf umgeknickten Rohr- und Schilfstengeln dicht über dem Wasser, nicht selten auch auf Kopfweiden bis zu 3 m hoch; das Männchen beginnt mit der Anlage und bringt später noch Nistmaterial; das Weibchen legt ab Anfang Juni bis Juli 5–6 kalkweiße Eier, die beide Partner in 16–17 Tagen ausbrüten; die Jungen können mit 5–6 Tagen das Nest verlassen, mit 8–10 Tagen gewandt klettern, aber erst nach 25–30 Tagen fliegen.*

NAHRUNG: *Fische; Insekten, Frösche und Kaulquappen; auch Blutegel, Schnecken, Muscheln; sogar Jungvögel und Eier kleiner Schilfvögel.*

Das helle Feld im dunklen Flügel kennzeichnet die Zwergdommel im Flug

Rohrdommel

Botaurus stellaris 76 cm

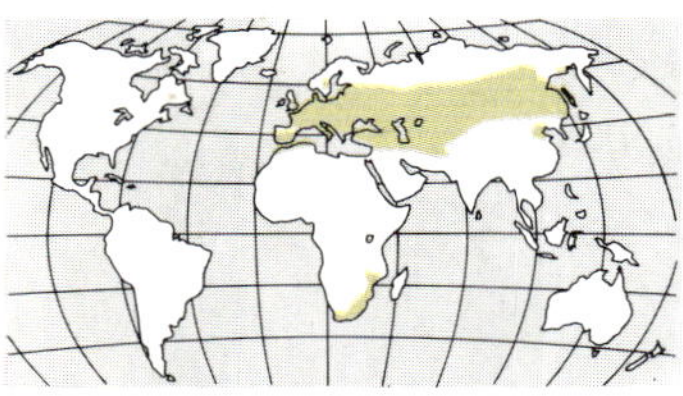

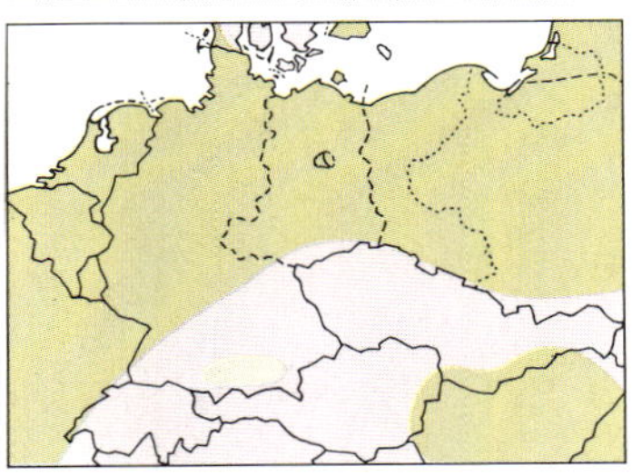

Die Rohrdommeln Westeuropas und Südafrikas sind Standvögel; die übrigen überwintern im Süden: von Südeuropa bis ins tropische Afrika

In der Dämmerung während der Balzzeit ertönt das dumpfe, unheimliche Brüllen der männlichen Rohrdommel. Es hat ihr viele volkstümliche Namen wie Moorochse, Mooskalb, Rohrbrüller und Wumbatsch eingebracht. Aus der Nähe klingt es wie ‚übrumb' und gar nicht so laut, ist aber kilometerweit zu hören. Die nötige Resonanz erzeugt der Vogel, indem er beim Rufen den Schlund prall mit Luft füllt.

Fühlt sich die Rohrdommel unbeobachtet, steht sie geduckt da und hat den langen Hals eingezogen. Sie sieht dann wie ein großes Haushuhn aus. Wittert sie jedoch Gefahr, erstarrt sie in der typischen *Pfahlstellung:* sie richtet Hals und Schnabel senkrecht hoch und ist in ihrer Schutzfärbung und dem gestreiften Gefieder zwischen dem trockenen Röhricht fast nicht mehr zu erkennen.

Rohrdommeln brüten in ausgedehnten Schilfbeständen der Seen und Sümpfe, ein Lebensraum, der ihnen durch Schilfschnitt und Entwässerung immer mehr genommen wird. Sie sind deshalb fast überall seltener geworden. Nur wo es noch weites ursprüngliches Röhricht gibt wie am Neusiedler See, hört man sie in größerer Zahl, und ihr Gebrüll fließt stellenweise zu einem einzigen Brummen zusammen. Heute ist die Rohrdommel geschützt, früher wurde sie vor allem auf Treibjagden im Herbst geschossen, wenn sie umherstreifte oder auf dem Wege ins Winterquartier war.

In Pfahlstellung ist die Rohrdommel im Schilf kaum zu erkennen

KENNZEICHEN: *hellbraunes Gefieder, dunkelbraun und schwarz gesprenkelt, gestreift und gebändert; Füße und Beine grün; beide Geschlechter gleich.*

BRUT: *zwischen dichten Wasserpflanzen unmittelbar über oder am Wasser baut das Weibchen ein unordentliches flaches Nest aus Riedgras und anderem Material; legt ab April bis Mai 4–6 olivfarbene Eier und brütet sie in etwa 25 Tagen aus; es füttert auch die Jungen allein, die nach 2–3 Wochen das Nest verlassen und nach ungefähr 8 Wochen fliegen können.*

NAHRUNG: *Frösche, kleine Fische; auch Molche, Wasserkäfer, Rückenschwimmer, Libellenlarven u. a. Insekten; kleine Säuger und Vögel.*

Rohrweihe

Circus aeruginosus 53 cm

Wenn dieser langflügelige Greifvogel knapp oberhalb des Röhrichts über sein Revier fliegt, bremst oder rüttelt er öfters und wartet, bis ein Strudel im Wasser eine unter der Oberfläche schwimmende Wasserratte verrät, oder er scheucht eine Schar Bläßhühner auf, die schnell wieder in Deckung geht. Bei der Balz steigt das Männchen in regelrechten Kunstflügen bis zu 70 m hoch und fliegt dann mit dem Kopf voraus und sich überschlagend der Erde zu. Sein Ruf ist ein schrilles ‚Qui-ä'. Das Weibchen schreit manchmal laut nach Futter, wenn es auf den Eiern sitzt, und fliegt auch dem Männchen entgegen, um sich seinen Happen schon in der Luft zu holen.

Unter unseren einheimischen Brutvögeln ist die Rohrweihe recht selten. 1965 wurden in der Bundesrepublik kaum mehr als 200 Paare gezählt, die meisten in Niedersachsen und Schleswig-Holstein. In der DDR dürften es etwas mehr sein, und am Neusiedler See brütet die Rohrweihe auch heute noch in ziemlich großer Zahl. Sie ist erst seit 1968 geschützt. Außer dem früheren Abschuß und der Trockenlegung von Sümpfen ist an ihrem Rückgang gewiß auch die Tatsache schuld, daß viele Vögel, die zu ihren Beutetieren gehören, in ihrem Körper Schädlingsbekämpfungsmittel konzentrieren und chemisch verseucht sind.

KENNZEICHEN: *vorwiegend dunkelbraun; Männchen mit gelbbrauner, braungestreifter Brust, großen blaugrauen Flügeldecken und grauem Schwanz; Weibchen an Scheitel und Kehle gelblich; beim Männchen sind im Flug die breiten grauen Flügelbinden zu erkennen.*

BRUT: *das Weibchen baut, stets am Boden zwischen dichten Sumpfgewächsen, ein großes flaches Nest aus Rohr, Schilf oder ähnlichen Pflanzen und kleidet es mit Gras aus; Ende April bis Juni legt es 4–5 blaßblaue Eier und brütet sie in etwa 38 Tagen vornehmlich allein aus; es füttert auch die Jungen meist selbst, die nach 35–40 Tagen das Nest verlassen und ein oder zwei Wochen später fliegen können.*

NAHRUNG: *Wasserratten, Teichhühner, Bläßhühner und andere Vögel; Eier und Nestlinge; Frösche und Ringelnattern.*

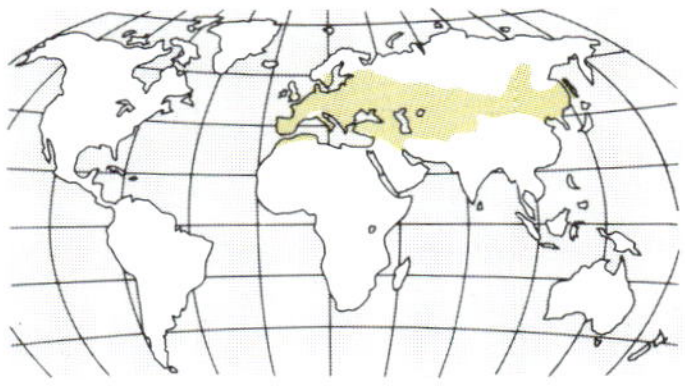

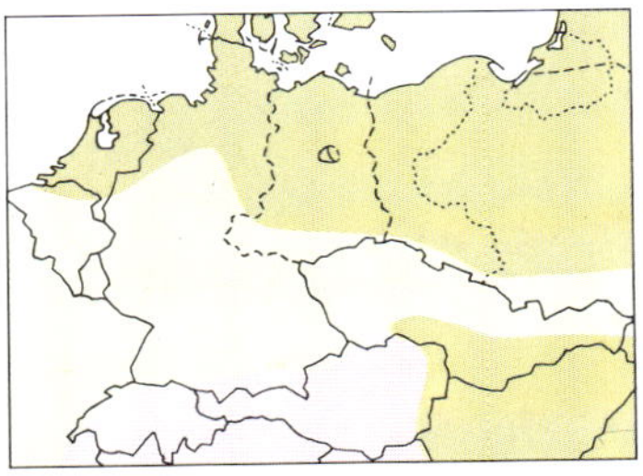

Im Süden des Verbreitungsgebietes überwiegend Jahresvogel; mittel-, nord- und osteuropäische Rohrweihen überwintern meist in den Tropen

Bei ihrem niedrigen gaukelndem Flug hält die Rohrweihe nach Beute Ausschau

Wasserralle

Rallus aquaticus 28 cm

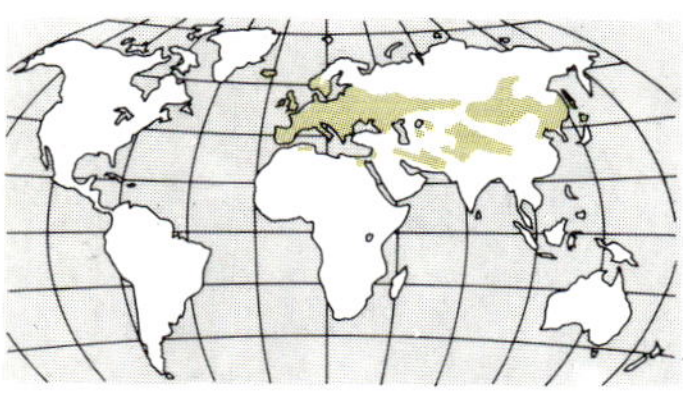

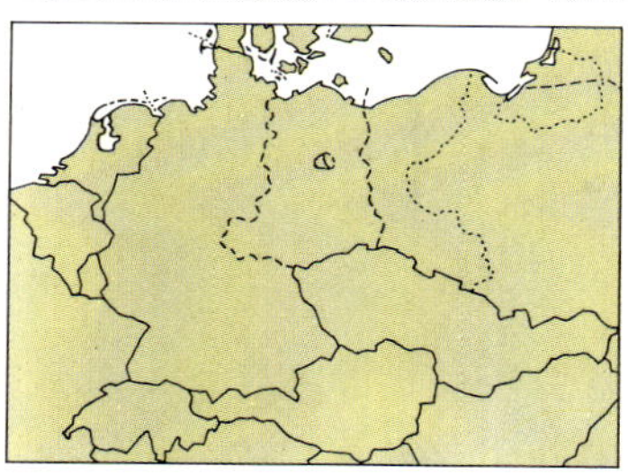

Vorwiegend Jahresvogel; einige nordeuropäische Wasserrallen überwintern jedoch in Großbritannien, Südeuropa und Indien

Im Röhricht von Sümpfen und Mooren läuft die scheue, geschmeidige Wasserralle, den langen roten Schnabel nach unten gerichtet, mit weit ausholenden Schritten hin und her und schlängelt sich unbemerkt und wendig zwischen den Binsen von einem Versteck zum anderen. Ihre Deckung verläßt sie selten. Nur bei strengem Frost sucht sie sich ihre Nahrung auch im offenen Gelände. Wenn sie dann bei Gefahr regungslos stehenbleibt, kann man sie genauer beobachten. Ihr Flug dauert meist nur wenige Sekunden. Dabei flattert sie schwerfällig und läßt die langen Beine baumeln. Am ehesten verrät sich der anmutige Vogel durch seine mißtönende Stimme. Mit einem Grunzen beginnt ihr häufigster Ruf, und er endet mit dem durchdringenden Quieken eines Schweines. Außer einem scharfen ‚Kik-kik-kik' bringt sie auch grunzende, stöhnende, pfeifende, quiekende und zischende Laute hervor.

Zur Balzzeit wird das Weibchen vom Männchen gefüttert. Man hat auch Weibchen beobachtet, die sich vor den Eiern erhoben, um das Männchen liefen, ihren Schnabel an dem seinen wetzten und leise schmachtende Laute von sich gaben.

Da Wasserrallen niemandem schaden, für die Jagd bedeutungslos sind, ist ihr Bestand bei uns nicht gefährdet, solange es in Mitteleuropa noch Sümpfe, Moore und Schilf gibt.

Schwerfällig und mit baumelnden Beinen fliegt die erschreckte Wasserralle fort

KENNZEICHEN: *langer roter Schnabel; Brust, Gesicht und Kehle schiefergrau; Flanken gebändert; Oberseite dunkelbraun mit schwarzen Streifen; Unterschwanzdecken weiß; Weibchen matter gefärbt.*

BRUT: *am Rande von Seen, Flüssen oder im Sumpf bauen beide Partner über dem Wasser ein Nest aus trockenem Schilfrohr, das von oben gut getarnt ist; das Weibchen legt ab April bis Juli meist 6–11 hellbraune, grau- oder braungetupfte Eier, die beide Eltern in etwa 20 Tagen ausbrüten; beide versorgen auch die Jungen, die kurz nach dem Schlüpfen das Nest verlassen und nach ungefähr 7 Wochen flügge sind; brütet zweimal im Jahr.*

NAHRUNG: *Insekten, Spinnen, Süßwasserkrabben, Regenwürmer, kleine Frösche und Fische; Wurzeln von Gras und Brunnenkresse; Samen und Beeren.*

Tüpfelsumpfhuhn

Porzana porzana 23 cm

Über das scheue und heimliche Tüpfelsumpfhuhn, das sich zwischen Sumpfpflanzen versteckt hält und bei Gefahr lieber tiefer ins Röhricht schlüpft als wegzufliegen, weiß man wenig, denn der sehr schwer zu beobachtende Vogel ist seltener als die Wasserralle und lebt noch versteckter und unauffälliger in der gleichen Umgebung wie diese. Im Ismaninger Teichgebiet bei München können allerdings zahlreiche Tüpfelsumpfhühner, die auf einer Art Mauser- oder Zwischenzug schon in der zweiten Augusthälfte erscheinen, leichter beobachtet werden. Die Nistplätze des Tüpfelsumpfhuhnes in Sümpfen, Mooren und Wassergräben sind für Menschen meist unzugänglich. Man würde den verstohlenen Vogel kaum bemerken, hörte man nicht seine bezeichnenden Rufe, darunter ein lautes ‚Hui-huit-huit', das an einen Peitschenknall erinnert, und ein rhythmisches, uhrwerkartiges ‚Tick-tack'.

Zur Zugzeit taucht das Tüpfelsumpfhuhn auch in Schilffeldern, an Gräben und sonstigen feuchten Plätzen auf, wo es im Dickicht Schutz finden kann. Es fliegt schwerfällig und mit baumelnden Beinen.

Wenn das Männchen seine Werbung beginnt, stolziert es mit gemessenen Schritten vor dem Weibchen auf und ab und verfolgt es später auf dem Boden, im Wasser und in der Luft.

KENNZEICHEN: *gestreifte und gefleckte, olivbraune Oberseite; dunkelbraune Flügel; graue Brust mit weißen Tüpfeln; gebänderte Flanken und gelbliche Unterschwanzdecken; grüne Beine; Schnabel mit roter Wurzel; Weibchen matter gefärbt als das Männchen.*

BRUT: *beide Partner bauen, meist in Grasbüscheln, ein Nest aus Schilfrohr und Gräsern; ab Mai bis Juni legt das Weibchen 8–12 hellolivbraune, dicht rotgrau oder aschgrau gesprenkelte Eier, die anscheinend beide Eltern abwechselnd in 18–21 Tagen ausbrüten; beide versorgen die Jungen, die kurz nach dem Schlüpfen das Nest verlassen und ungefähr nach 7½ Wochen flügge sind.*

NAHRUNG: *Käfer, Larven von Libellen und Köcherfliegen, Raupen, Nacktschnecken, kleine Wasserschnecken; Samen von Wasserpflanzen.*

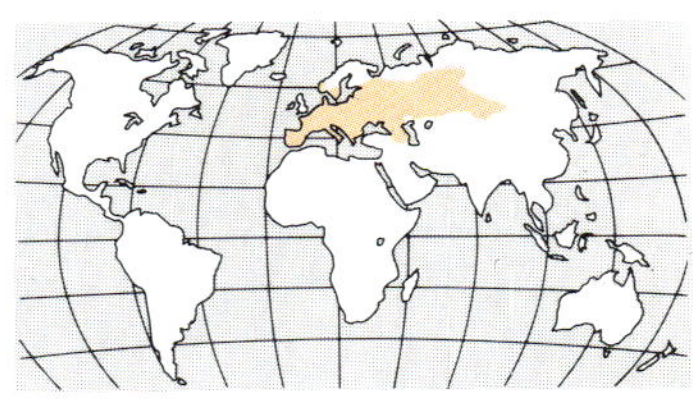

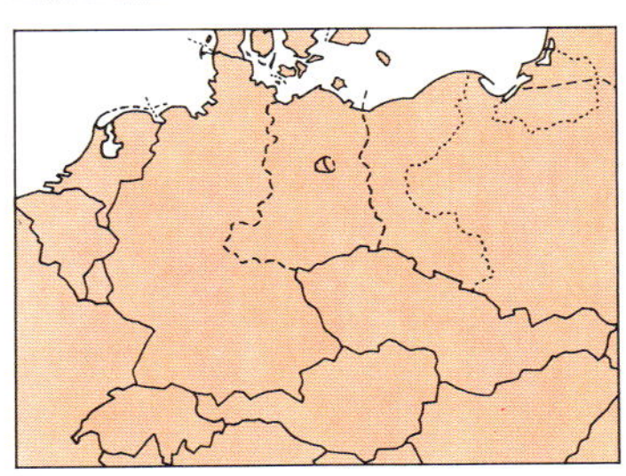

Vornehmlich Zugvogel, der von Südeuropa bis Südafrika und auch in Asien überwintert

Auch das Tüpfelsumpfhuhn läßt beim Fliegen die Beine nach hinten baumeln

Waldwasserläufer

Tringa ochropus 23 cm

Bruchwasserläufer

Tringa glareola 20 cm

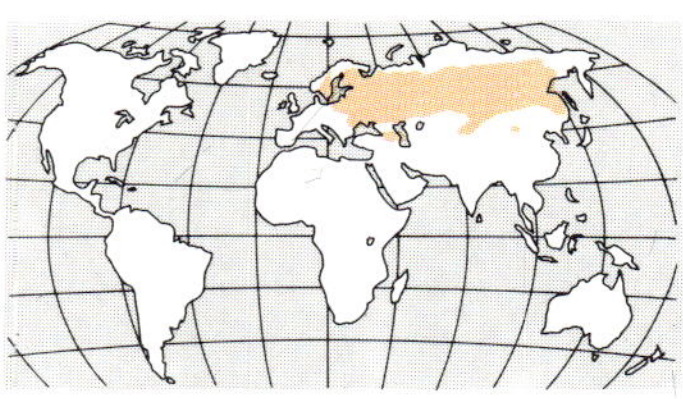

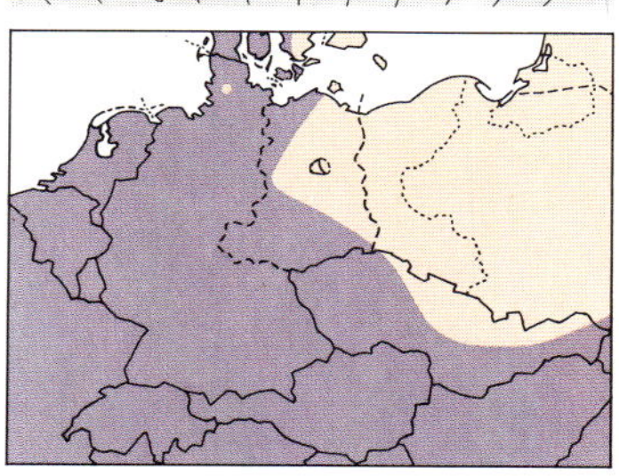

Der Waldwasserläufer (Verbreitung siehe Karten) überwintert meist im Binnenlande von Westeuropa bis Zentralafrika und Südasien, der Bruchwasserläufer auch noch in Australien

Im Fluge sieht der Waldwasserläufer wie eine große Mehlschwalbe aus

Wird ein Waldwasserläufer aufgescheucht, fliegt er schnell und hoch auf und läßt sein metallisch flötendes, schrilles ‚Tlui-titit ...' oder ‚Tlui' hören. Im Fluge zeigt er seinen weißen Bürzel. Für einen Watvogel ist er recht ungesellig und sucht meist die Wasserränder allein nach Nahrung ab. Auch zur Zugzeit erscheint er ganz selten in größeren Trupps.

Anders als alle übrigen Schnepfenvögel brütet der Waldwasserläufer auf Bäumen, meist auf Nestern von Drosseln, Hähern oder anderen Vögeln. Sein Brutgebiet beginnt in Mitteleuropa östlich der Elbe. 1972 brütete er allerdings ausnahmsweise auch in Holstein. Im Frühling und wieder ab Juli sieht man ihn auf dem Durchzug in Sümpfen, an Binnengewässern, sogar an kleinen Tümpeln und Wasserpfützen. Auch in den Rinnsalen der Seemarschen sucht er seine Nahrung, fliegt aber selten an die offene Küste und ist mehr als andere Watvögel an Flußläufen zu finden. Einzelne Vögel bleiben auch im Winter bei uns.

Der kleinere und nicht so dunkle, aber sonst sehr ähnliche Bruchwasserläufer legt sein Nest in feuchten Mooren meist im Schutze einer Staude an. Er brütet in Mitteleuropa zahlreicher als der Waldwasserläufer. Als Durchzügler kann man ihn etwa zur gleichen Zeit wie diesen auf den Schlammflächen der Küste und der Binnengewässer beobachten.

KENNZEICHEN *des* Waldwasserläufers: *dunkle, gräulichbraune Oberseite, weiße Unterseite, an der Brust leicht gesprenkelt; Bürzel und Schwanzdecken weiß mit breit schwarzgebänderter Schwanzspitze; Flügel an der Unterseite schwarz; der* Bruchwasserläufer *hat eine dicht weißgefleckte Oberseite und mehr Bänder im helleren Schwanz.*

BRUT: *Neststand siehe oben. Der* Waldwasserläufer *legt Mitte April bis Juni oder später meist 4 hellbraune, dunkelbraun und heller gezeichnete Eier, die vornehmlich das Weibchen in etwa 21 Tagen ausbrütet; beide Eltern versorgen die Jungen, die nur kurze Zeit im Nest bleiben. Der* Bruchwasserläufer *legt ab Anfang Mai kleinere, ähnlich gefärbte Eier.*

NAHRUNG: *Insekten; kleine Würmer, Weichtiere; pflanzliche Nahrung.*

Trauerseeschwalbe

Chlidonias niger 25 cm

Wo man die Trauerseeschwalbe gestört oder sumpfige Gewässer trockengelegt hat, brütet sie nicht mehr. Sie ist daher in Mitteleuropa, besonders in Süd- und Mitteldeutschland, recht lückenhaft verbreitet. Am häufigsten kommt sie noch im Norddeutschen Tiefland als Brutvogel vor. Insgesamt wird ihr Bestand jedoch 2000 Paare nicht überschreiten.

Im Frühjahr erkennt man die Trauerseeschwalbe leicht, denn es gibt außer der Weißflügelseeschwalbe, die aber bei uns nur ganz selten einmal erscheint, keinen Vogel mit ähnlichem Brutkleid – Kopf und Unterseite schwarz, Oberseite dunkelgrau –, der die Angewohnheit hat, anmutig tänzelnd über dem Wasser zu flattern. Im Herbst ist für den nun wie andere Seeschwalben grau und weiß gefiederten Vogel sein Sturzflug zum Wasser, um ein Insekt von der Oberfläche aufzupicken, kennzeichnend.

Nur selten hört man diese recht schweigsamen Vögel ‚kick-kick-kick' rufen oder kratzend pfeifen, wenn sie sich in Gesellschaft befinden. An Flußmündungen schließen sie sich zur Nahrungssuche häufig mit anderen Seeschwalben zusammen, am verbreitetsten sind sie aber an Binnengewässern, wo sie auf der schwimmenden Vegetation ihre Nester bauen. In Mitteleuropa brüten sie meist in Mooren und Sümpfen, manchmal in großen Kolonien an verschilften Stellen im Flachwasser.

KENNZEICHEN: *schwarzer Schnabel; Gefieder im Frühjahr und Sommer schwarz und dunkelgrau, auffallend weiße Schwanzunterdecken; im Winter heller grau und weiß; beide Geschlechter gleich.*

BRUT: *beide Partner bauen auf einer schwimmenden Unterlage aus Wasserpflanzen ein Nest aus Gras und Binsen; das Weibchen legt ab Mai bis Juni 2–4 hellbraune bis braune, dunkler gefleckte Eier, die beide Eltern in etwa 14 Tagen ausbrüten; die von beiden versorgten Jungen verlassen nach ungefähr 14 Tagen das Nest und können meist nach 3 Wochen fliegen.*

NAHRUNG: *Libellen und deren Larven, Köcherfliegen und Wasserwanzen; gelegentlich kleine Fische und Frösche sowie Kaulquappen.*

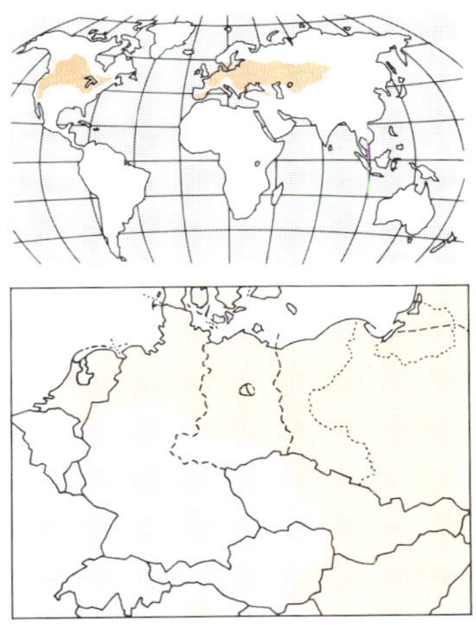

Zugvogel; überwintert entlang der Küste im tropischen Afrika und in Südamerika; brütet in Mitteleuropa meist in Mooren und Sümpfen, sonst an Binnengewässern

Im Winterkleid ist die Trauerseeschwalbe grau und weiß gezeichnet

Rohrschwirl

Locustella luscinioides 14 cm

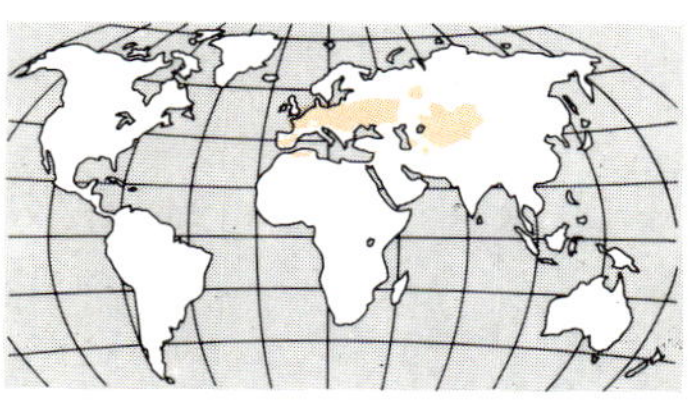

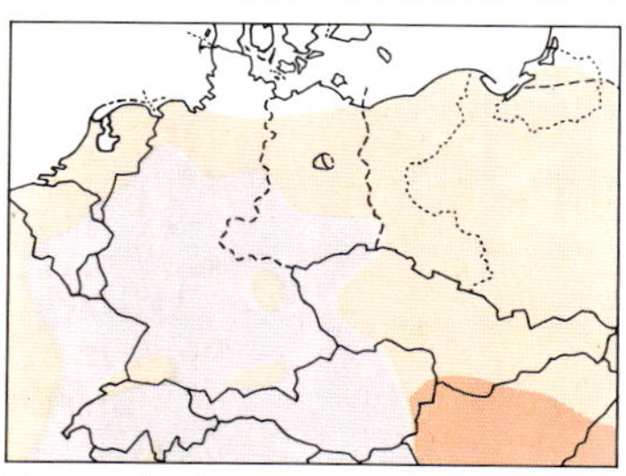

Zugvogel; überwintert bis in den Norden des tropischen Afrikas, besonders im Ostsudan; in Mitteleuropa Sommervogel von April bis September

Schwirle tragen meist ein mehr oder weniger geflecktes Federkleid, der Rohrschwirl dagegen ein einfarbig braunes, das ein wenig an das Gefieder der Nachtigall erinnert. Deswegen gab man ihm einst den wissenschaftlichen Artnamen *Locustella luscinioides,* also ‚nachtigallartiger Schwirl', und nannte ihn entsprechend Nachtigallschwirl oder gar Nachtigallrohrsänger. Mit dem Gesang der Nachtigall hat allerdings sein eintöniges Schwirren nicht die mindeste Ähnlichkeit. Es klingt tiefer als das sehr ähnliche Lied des Feldschwirls, etwa wie ‚örrrr' oder ‚ürrrr'. Oft gehen ihm Reihen einzelner ‚Pit-Pit'-Rufe voraus.

Sein Schwirren ertönt nur aus dem Röhricht, vor allem aus Büschen in sumpfigem, sehr feuchtem Gelände. Der Rohrschwirl bewohnt nämlich vor allem die Verlandungszonen stehender Gewässer, wo das Wasser noch an die Oberfläche tritt und häufig auch tief ist. Er nistet in den Stauden der Deutschen Schneide, auch in Seggen, im Schilf oder in Rohrkolbenbeständen. Bei so speziellen Ansprüchen kommt er in Mitteleuropa nur hier und da vor: vereinzelt am Niederrhein, in Norddeutschland und an bayerischen Seen. Häufiger ist er in den wasserreichen Ebenen Osteuropas. Man findet ihn aber auch an manchen Orten in Spanien und Nordalgerien.

KENNZEICHEN: *einfarbig braun, unten heller; breiter, keilförmiger Schwanz; Rufe klingen wie ‚pit pit'; schnurrender Gesang.*
BRUT: *das Männchen baut, gut im Röhricht versteckt und schwer zu finden, ein großes, kegelförmiges Nest aus Schilfblättern; das Weibchen legt in der zweiten Maihälfte 2–5 weiße, graugefleckte, dicht graubraun gepunktete Eier und brütet sie in 12 Tagen aus; die Jungen verlassen nach 12–14 Tagen das Nest; das Weibchen füttert zunächst allein, vielleicht aber doch schon vom Männchen unterstützt, das sich regelmäßiger an der Fütterung der ausgeflogenen Jungen beteiligt; das zweite Gelege folgt bald nach der ersten Brut; zuweilen baut das Männchen schon neue Nester, wenn das Weibchen noch auf dem ersten Gelege brütet.*
NAHRUNG: *Insekten.*

Der Rohrschwirl klettert schwirrend an einem Rohrstengel hoch

Schilfrohrsänger

Acrocephalus schoenobaenus 13 cm

Mariskensänger

Acrocephalus melanopogon 13 cm

Seggenrohrsänger

Acrocephalus paludicola 13 cm

Kleine, unauffällig braun gefiederte Vögel sollen sich stets durch wohlklingende Stimmen auszeichnen. Das trifft für die drei gestreiften Rohrsänger nicht ganz zu. Ihr Gesang ist ein Mischmasch aus meist schrillen und rauhen Lauten. Die wenigen klaren Laute klingen jedoch ebenso schön wie die anderer unauffälliger Vögel. Nachts singende Schilfrohrsänger wurden sogar schon mit der Nachtigall verwechselt. Sie ahmen auch die Stimmen anderer Vögel gut nach. Ihr Lied erklingt aus dichtem Gebüsch von einem freien Sitzplatz, oder wenn die Männchen während der Balz mit vibrierenden Flügeln und gefächertem Schwanz senkrecht auf und ab fliegen.

Der Schilfrohrsänger hält sich nicht nur im Schilf auf, sondern auch in üppig überwucherten Büschen in Wassernähe oder etwas entfernt vom Wasser. Der Seggenrohrsänger kommt in großen Seggenbeständen fast nur östlich der Elbe vor, der Mariskensänger dagegen an den Seen des Mittelmeergebietes und am Neusiedler See in Österreich. In den gut zwischen Nesseln oder Uferpflanzen versteckten Nestern der Schilfrohrsänger legt das Kuckucksweibchen gern seine Eier ab, denn es weiß, daß sie sich leicht fremde Eier unterschieben lassen.

KENNZEICHEN: *alle drei Arten mit auffallend gestreifter dunkelbrauner Oberseite; Bürzel gelbbraun; Unterseite rahmfarben;* Schilfrohrsänger *mit hellem Überaugenstreif; ähnlich der* Mariskensänger, *aber mit fast schwarzem Scheitel; der sandfarbene* Seggenrohrsänger *mit braungelbem Augenstreif und gelblichem Längsstreif über der Scheitelmitte.*
BRUT: *das Weibchen baut in dichtem Bewuchs meist in Wassernähe ein flaches Nest aus trockenen Halmen und polstert es mit Haaren, Grasrispen und auch Federn aus; legt ab Mai bis Juli 5–6 hellgrüne oder olivfarbene, dicht hellgraubraun gesprenkelte Eier und brütet sie in etwa 13 Tagen aus; beide Eltern füttern die Jungen, die nach ungefähr 14 Tagen das Nest verlassen; brütet gelegentlich zweimal im Jahr.*
NAHRUNG: *vorwiegend Insekten wie Mücken, Schnaken und andere Fliegen, Käfer, Blattläuse, Raupen, kleine Libellen; auch Spinnen.*

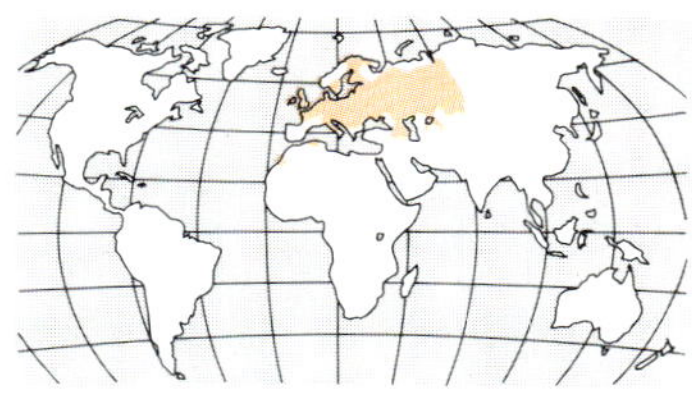

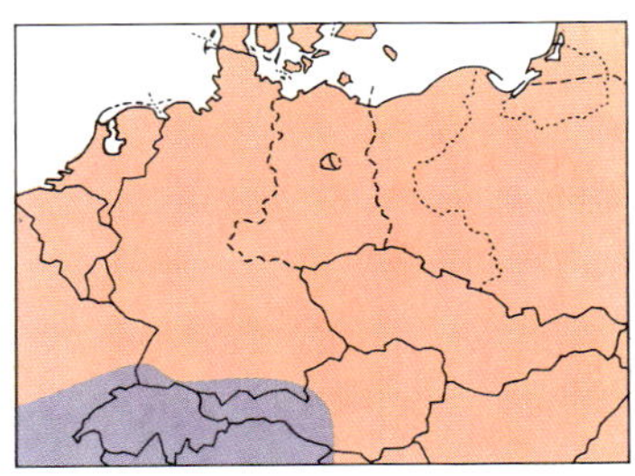

Der Schilfrohrsänger (Verbreitung auf den Karten) ist wie der Seggenrohrsänger ein Zugvogel und überwintert in den Sümpfen des tropischen Afrikas; der in Südeuropa heimische Mariskensänger streift auch über Mitteleuropa

Den Schilfrohrsänger hört man zwischen April und Juli am häufigsten singen

Teichrohrsänger

Acrocephalus scirpaceus 13 cm

Sumpfrohrsänger

Acrocephalus palustris 13 cm

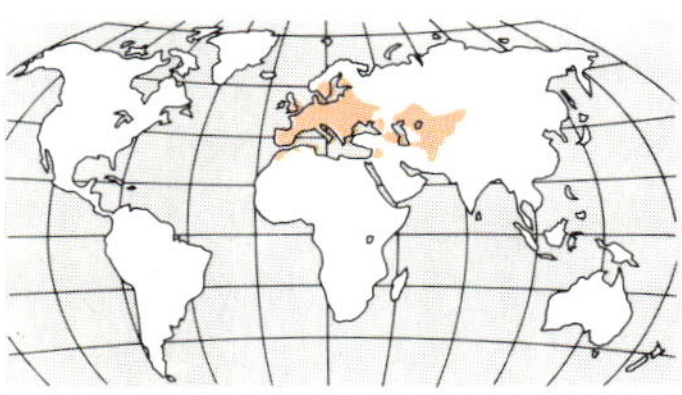

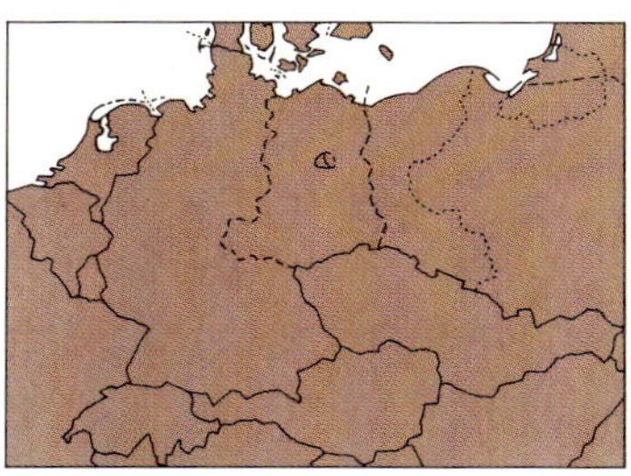

Verbreitungsgebiet des Teichrohrsängers; der Sumpfrohrsänger nistet nicht in Südwesteuropa und östlich des Kaspischen Meeres; beide Zugvögel überwintern im tropischen Afrika, vor allem in Ostafrika

Der Teichrohrsänger flicht sein Nest um die starren Schilfrohre herum

Auch erfahrene Ornithologen können den Teichrohrsänger vom Sumpfrohrsänger im freien Felde mit Sicherheit nur an der Stimme unterscheiden. Der eintönige Gesang des Teichrohrsängers, in dem die Motive ‚Tscharr‘ und ‚Tschirrak‘ dreimal wiederholt werden, klingt ähnlich wie das Aneinanderschlagen zweier Kieselsteine und wird oft mit nachgeahmten Lauten anderer Vögel variiert. Der Sumpfrohrsänger imitiert Vogelstimmen noch weit besser. Sein Gesang ist wesentlich lauter, wohlklingender und abwechslungsreicher, mit kanarienvogelartigen Rollern, einer Fülle verschiedener Motive in ständigem Wechsel von Tempo und Klangfarbe, wie sie nur von Gelbspötter und Blaukehlchen bekannt sind.

Sumpfrohrsänger brüten in der Ufervegetation (aber nicht im Schilf) und auch abseits des Wassers zwischen Brennesseln, Himbeeren und Brombeeren, sogar in Getreidefeldern und Gärten. Den Teichrohrsänger trifft man meist im Röhricht, wo er die Angewohnheit hat, auf einem Schilfrohr hinauf und herunter zu rutschen und von Rohr zu Rohr zu hüpfen. Er nimmt auch mit Ufergebüsch und Goldrutenbeständen vorlieb. In den tiefen Nestmulden des Teichrohrsängers und den flachen Nestern des Sumpfrohrsängers liegen oft Kuckuckseier.

KENNZEICHEN: *beide Arten oben braun, unten bräunlichweiß, mit weißlicher Kehle; das Braun des* Sumpfrohrsängers *ist weniger warm, seine Beine fleischfarben, die des* Teichrohrsängers *dunkel.*

BRUT: *bei beiden Arten kümmert sich meist das Weibchen um den Nestbau; der* Sumpfrohrsänger *baut eine flache Mulde aus Gras, die mit feinen Halmen und Haaren ausgelegt und mit Korbgriffen an Pflanzenstielen aufgehängt wird; der* Teichrohrsänger *baut meist im Röhricht ein tief muldenförmiges Nest aus trockenem Gras; das Weibchen legt im Mai bis Juli (beim* Sumpfrohrsänger *im Juni) meist 4–5 grünlichweiße, graugezeichnete Eier, die in etwa 12 Tagen von beiden Eltern ausgebrütet werden; beide füttern auch die Jungen, die nach 11–12 Tagen flügge sind.*

NAHRUNG: *Fliegen, Motten, Larven; im Herbst Beeren.*

Drosselrohrsänger

Acrocephalus arundinaceus 19 cm

Drosselrohrsänger heißt er, weil er beinahe so groß wie eine kleine Drossel und damit der bei weitem größte Rohrsänger ist. Die Niederländer nennen ihn noch treffender *Karekiet,* denn sein lautes Lied, das er nach Ankunft am Brutplatz tags und nachts hören läßt, beherrscht neben wenigen ähnlichen Lauten das Motiv ‚karre-karre-kiet-kiet'. Alle Laute werden mit metronomhafter Regelmäßigkeit aneinandergereiht, was dem Gesang seinen bezeichnenden Charakter verleiht. Die rauhe Klangfarbe paßt gut zum Rascheln der Halme in den Schilf- und Rohrkolbenbeständen, in denen er ausschließlich lebt, wenn er nicht gerade auf dem Zuge ist.

In Gestalt und Gefiederfärbung sieht er aus wie eine größere Ausgabe des häufigeren Teichrohrsängers; auch sein Lied ist ähnlich, nur lauter. Der Lebensraum beider Arten ist der gleiche. Wie dieser flicht der Drosselrohrsänger zwischen drei bis sechs Halmen aus Schilfblättern und allerlei Pflanzenstengeln, die er aus dem Wasser fischt oder vor der Verwendung ins Wasser taucht, ein napfförmiges Nest, das er mit Grasrispen, Fasern, Moos und Spinnweben, zuweilen auch mit Pflanzenwolle, Haaren und Federn auspolstert. Die Jungen verlassen es, ehe sie fliegen können, und klettern dann geschickt in den Halmen des Röhrichts umher.

KENNZEICHEN: *oben braun, unten weiß, deutlicher heller Überaugenstreif; größer als ein Star; schlanker, aber kräftiger Schnabel.*
BRUT: *das Weibchen baut in etwa 5 Tagen das zwischen Rohrstengeln aufgehängte napfförmige Nest und legt meist im Juni (frühestens Mitte Mai oder gar erst Anfang Juli) 4–6 (meist 5) bläulich- oder grünlichweiße, grau- und olivbraun gefleckte Eier, die beide Eltern in 14–15 Tagen abwechselnd ausbrüten; die von beiden Eltern gefütterten Jungen verlassen nach etwa 12 Tagen das Nest, sind aber erst im Alter von 16 Tagen flugfähig; brütet bei uns nur einmal im Jahr, gelegentlich auch zweimal.*
NAHRUNG: *Insekten in allen Entwicklungsstadien, auch Wasserinsekten; im Herbst zuweilen auch Beeren.*

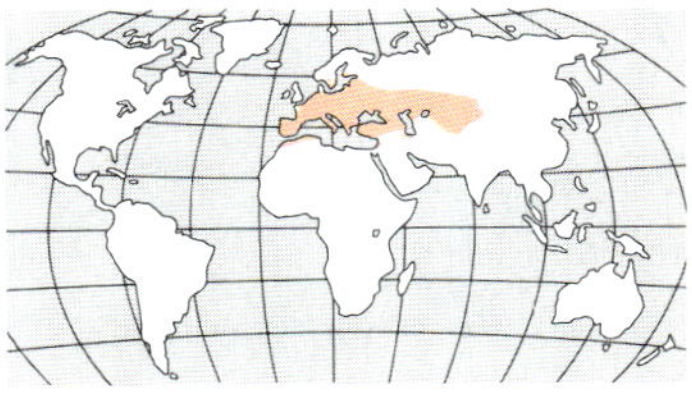

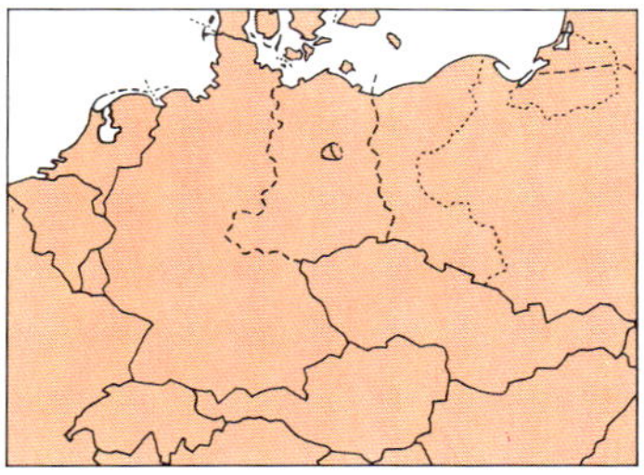

Zugvogel; überwintert im tropischen und südlichen Afrika bis nach Südwestafrika, zum Oranjefreistaat und der Transkei; in Mitteleuropa Sommervogel, frühestens von Ende April bis August oder September

Das Nest des Drosselrohrsängers widersteht selbst heftigen Windstößen

Blaukehlchen

Luscinia svecica 14 cm

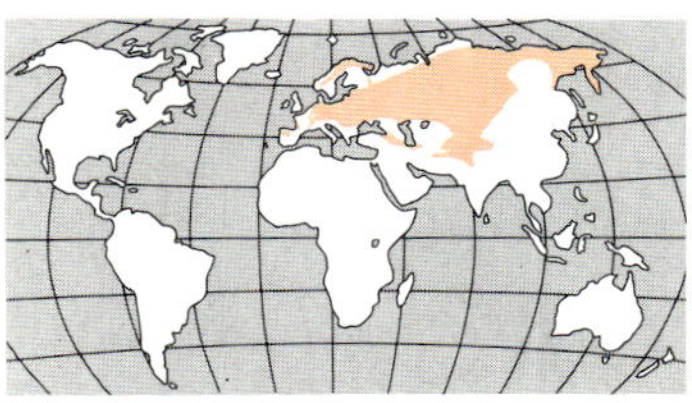

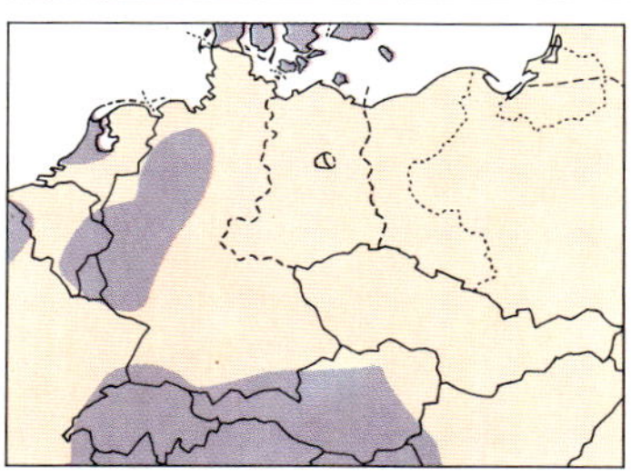

Zugvogel; trifft in Mitteleuropa in der zweiten Märzhälfte und Anfang April ein und zieht zwischen Ende August und Anfang Oktober weg; überwintert in Afrika südwärts bis zum Senegal, dem Sudan und Äthiopien

Das Blaukehlchenmännchen beteiligt sich an der Fütterung der Brut

Dieser prächtige Singvogel bewohnt am liebsten dichtes Gebüsch auf feuchtem oder nassem Boden. Zuweilen begnügt er sich mit den buschbestandenen Ufern von Fischteichen oder Wassergräben. Mit der trockenen Kulturlandschaft kann sich das Blaukehlchen jedoch nicht befreunden, weshalb sein Bestand in Mittel- und Westeuropa immer mehr abnimmt.

Das Blaukehlchen ist mit der Nachtigall verhältnismäßig nahe verwandt, kann sich in seinem Gesang aber nicht mit ihr messen, obwohl es ein guter Sänger ist. Sein Lied ähnelt dem des Sumpfrohrsängers, enthält wie dieses Nachahmungen anderer Vogelstimmen und beginnt meist mit einem zögernden ‚Dip-dip-dip'. Zuweilen steigt der Vogel singend in die Luft und kehrt mit breit gefächertem Schwanz in weitem Bogen zu einem Sitzplatz zurück. Bei der Bodenbalz umtrippelt das Männchen mit gestelztem Schwanz und emporgerichtetem Kopf das Weibchen und stellt seine blaue Kehle zur Schau.

Auf dem blauen Kehllatz des Männchens im Brutkleid hat die west- und mitteleuropäische Rasse einen weißen *Stern;* bei den Rassen Nordskandinaviens, Nord- und Ostrußlands und Sibiriens ist er rostbraun. Nach der Mauser im Spätsommer bleibt nur der untere Teil der Kehle des Männchens blau.

KENNZEICHEN: *Gestalt rotkehlchen- oder nachtigallenartig; auffallende rotbraune Schwanzwurzel; Kehle beim Männchen im Brutkleid blau, im Ruhekleid und beim Weibchen weiß, beidemal unten schwarz begrenzt.*
BRUT: *baut auf einem Unterbau aus Laub und dünnen Ästchen auf oder dicht über dem Erdboden ein napfförmiges Nest aus Halmen, Wurzeln und Pflanzenstengeln, das mit Haaren, Pflanzenwolle, oft auch mit Federn ausgepolstert wird; das Weibchen legt ab April bis Juli 5–6 grasgrünliche Eier mit rostbraunen Flecken und brütet sie allein oder vom Männchen nur wenig unterstützt in 13–14 Tagen aus; beide Eltern füttern die Jungen, die nach 13–14 Tagen ausfliegen.*
NAHRUNG: *Insekten und deren Larven, vor allem solche, die am Boden oder auf der Bodenvegetation leben; im Herbst auch Beeren.*

Bartmeise

Panurus biarmicus

16 cm (einschließlich 7,5 cm Schwanz)

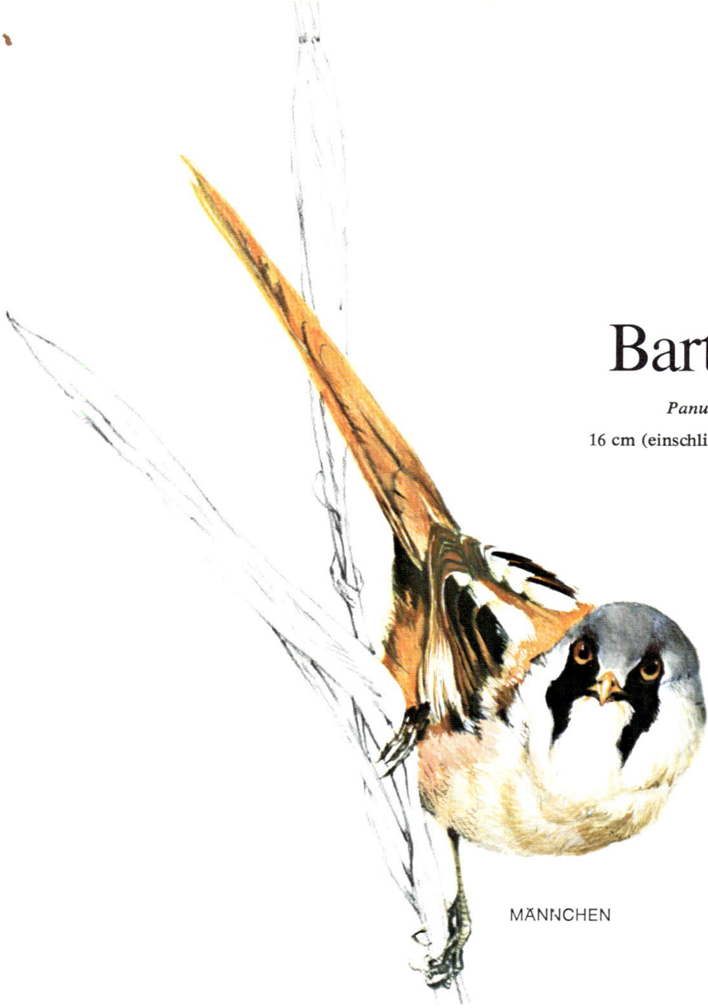

MÄNNCHEN

Der Name der Bartmeise führt irre. Sie ist keine Meise, sondern eine Timalienart, und die beiden schwarzen Gesichtsstreifen sehen lediglich aus wie ein Schnauzbart. In Mitteleuropa kommt sie ausgesprochen selten und nur lokal vor, denn so große Schilf- und Rohrwälder wie etwa am Neusiedler See gibt es nicht viele. In strengen Wintern erleiden diese kleinen Vögel schwere Verluste. So verschwand die Bartmeise im Winter 1939/40 am Neusiedler See völlig, und erst nach einer Reihe milder Winter war sie wieder so häufig, daß ein einziger Beringer in einem Jahr Tausende markieren konnte.

Bei der Balz stellt das Männchen die Scheitelfedern auf, plustert den *Bart* und fächert die Schwanzfedern. Das Weibchen antwortet mit tänzelnden Bewegungen. Manchmal fliegt das Pärchen auch in langsamem Flug gemeinsam in die Höhe. Bartmeisen brüten nur in ausgedehnten Rohrdickichten und streifen im Winter in kleinen Gruppen umher. An kalten Tagen drängen sich die Pärchen im Röhricht, auf einem Halm sitzend, eng aneinander, und das Männchen legt schützend einen Flügel über das Weibchen, so daß beide wie ein einziger Federknäuel aussehen. Dieses Familienidyll wollen schon mehrere Beobachter gesehen haben. Im allgemeinen ist die tief im Röhricht verborgene Bartmeise aber nur schwer zu finden.

KENNZEICHEN: *zimtbrauner Rücken, langer Schwanz; die einem Chinesenbart ähnlichen schwarzen Bartstreifen des Männchens und seine schwarzen Unterschwanzdecken fehlen dem Weibchen.*
BRUT: *im dichten Röhricht unmittelbar über dem Wasser bauen beide Partner ein Nest aus Schilfrohr oder Binsen, das vom Männchen mit Schilfblüten ausgelegt wird; ab April bis Juli legt das Weibchen 5–7 rahmfarbene, mit braunen Flecken und zarten Linien gezeichnete Eier, die beide Eltern in etwa 13 Tagen ausbrüten; die von beiden gefütterten Nestlinge sind nach 9–12 Tagen flügge; brütet zweimal oder öfter im Jahr.*
NAHRUNG: *fast nur Insekten und deren Larven; im Winter Samen von Sumpfgräsern; gelegentlich kleine Schnecken und andere kleine Tiere.*

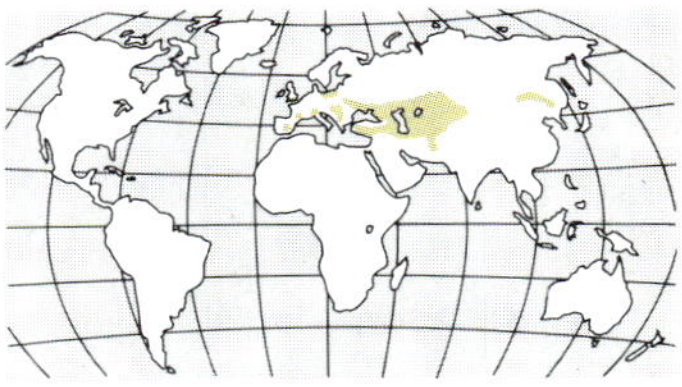

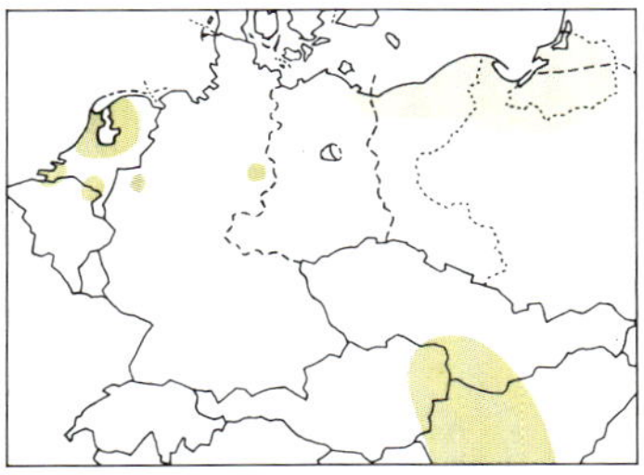

Vorwiegend Jahresvogel; im Norden ihres gesamten Verbreitungsgebietes erleidet die Bartmeise bei strengem Frost empfindliche Verluste

Bartmeisen fliegen mit schwirrenden Flügeln meist dicht über dem Röhricht

MÄNNCHEN IM SOMMERKLEID

Rohrammer

Emberiza schoeniclus 15 cm

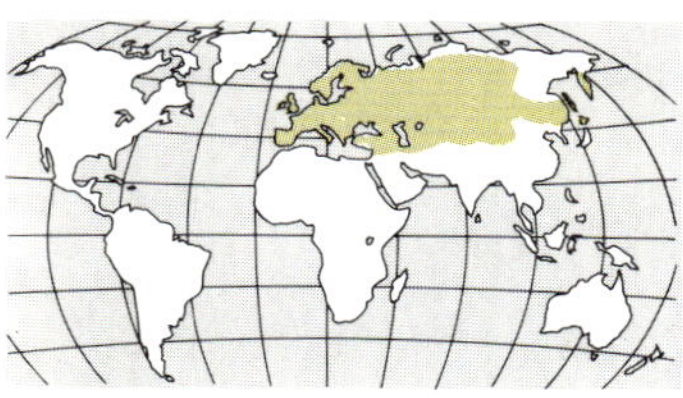

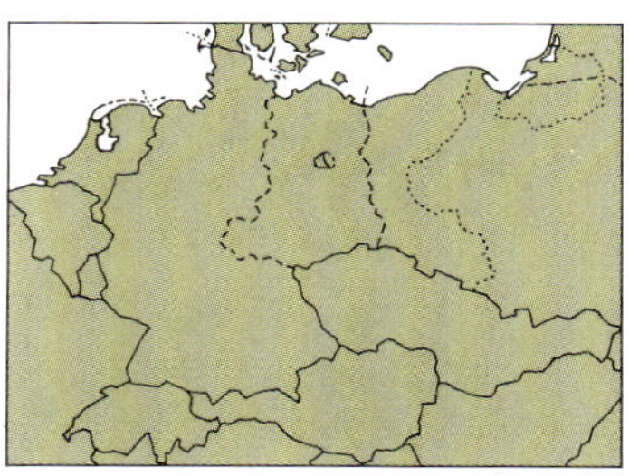

Die Rohrammern aus dem Norden des gesamten Verbreitungsgebietes ziehen im Winter südwärts; im übrigen Verbreitungsgebiet Jahresvogel

Weibliche Rohrammer beim Nest, das sich meist nahe am Boden befindet

Rohrammern sieht man oft in ruckartigem Flug umherstreifen oder an erhöhter Stelle mit wippendem Schwanz sitzen, wenn sie ihren unauffälligen Gesang, ein kratzendes ‚Twik-twik-twik-tititick', vortragen. Die Balz besteht größtenteils aus einer schnellen Verfolgungsjagd, die häufig in einer heftigen Balgerei endet. Um den Weibchen zu imponieren, richtet das Männchen gelegentlich seinen auffallenden weißen Kragen auf, der in starkem Kontrast zum schwarzen Kopf steht. Manche Männchen sind nicht monogam, sondern betreuen eine ganze Reihe von Nestern, in denen jeweils ein Weibchen auf seiner Brut sitzt. Um die Aufmerksamkeit von Eindringlingen von ihrem Nest abzulenken, schleppen sich Rohrammern wie flügellahm am Boden entlang – ein Trick, den kleine, auf erhöhten Warten sitzende Vögel sonst nicht anwenden.

Wie andere Sumpf- und Wasservögel sind Rohrammern inselartig verbreitet. Im Winter bevölkern sie mit Buchfinken und Sperlingen allerdings auch Futterplätze am Stadtrand. Viele Vögel ziehen sich im Herbst in den Südwesten Mitteleuropas zurück, manche suchen ihr Winterquartier in Südwesteuropa. Unter den Zuzüglern aus Nordeuropa befinden sich auch Angehörige anderer Rassen.

KENNZEICHEN: *beim Männchen im Brutkleid Kopf und Kehle schwarz, Halskrause weiß, Rücken dunkelbraun gestreift, Bürzel gräulich, Unterseite gräulichweiß; im Winter ist die Kopfzeichnung verdeckt; Weibchen braun gestreift mit schwarzweißem Bartstreif, Unterseite heller.*

BRUT: *meist baut das Weibchen auf einem Grasbüschel oder im üppigen Pflanzenwuchs am Boden ein Nest aus trockenem Gras und polstert es mit Haaren und feinen Gräsern aus; es legt ab April bis Juni 3–5 olivbraune oder hellgrüne, schwarzgefleckte Eier und brütet sie in etwa 14 Tagen vorwiegend selbst aus; die von beiden Eltern gefütterten Jungen sind nach ungefähr 12 Tagen flügge.*

NAHRUNG: *vorwiegend Samen von Sumpfpflanzen; wenig tierische Nahrung, etwas Süßwasserschnecken, Käfer u. a. kleine Insekten und deren Larven.*

Prachttaucher

Gavia arctica 68 cm

SOMMERKLEID

Unter Wasser kann der Prachttaucher eine Strecke von 400 m zurücklegen, ehe er wieder Atem schöpfen muß. Dafür bewegt sich dieser ausgezeichnete Schwimmer an Land recht schwerfällig. Allerdings verläßt er das Wasser fast nur zur Brutzeit, und selbst dann muß er nur ein paar Schritte zu seinem Nest tun. Beim Schwimmen hält er wie alle Taucher den Schnabel horizontal und nicht nach oben wie Kormorane und Krähenscharben, denen er auf den ersten Blick etwas ähnlich sieht.

Während ihres geradlinigen und schnellen Fluges rufen Prachttaucher zur Brutzeit bellend ‚wuk-wuk-wuk'. Dann hört man sie auch laut heulen und weinerlich klagen. Vor der Paarung jagen sich die Partner auf dem Wasser, wobei das Weibchen ihren Partner gelegentlich durch einen Purzelbaum anspornt. Mit einem eigenen Balzruf fliegt das Paar dann davon.

In Mitteleuropa brüten Prachttaucher nur noch an einigen Seen in Pommern, Westpreußen und der Neumark, aber offenbar nicht mehr in Ostpreußen oder an anderen alten Brutplätzen im Nordosten. Doch als Wintergäste und Durchzügler erscheinen sie mäßig zahlreich an unseren Küsten und in geringer Zahl im Binnenlande, vor allem bei sonst strengem Frost auf großen eisfreien Gewässern.

KENNZEICHEN: *die schwarze Kehle und der gestreifte Hals des Sommerkleides werden im Winter weiß; der dickere gerade Schnabel und der dunklere Rücken unterscheiden ihn dann vom Sterntaucher; beide Geschlechter gleich.*

BRUT: *baut kein ordentliches Nest; das Weibchen legt ab Mai bis Juni 2 hellgrüne oder braune, spärlich schwarz gemusterte Eier am Boden nahe am Wasser ab, ausnahmsweise auf einem Stapel Wasserpflanzen; sie werden in etwa 28 Tagen von einem oder auch beiden Partnern ausgebrütet; die von den Eltern versorgten Jungen verlassen kurz nach dem Schlüpfen das Nest und sind nach ungefähr 9 Wochen flügge.*

NAHRUNG: *hauptsächlich Fische: Forellen, Flußbarsche, Plötzen, Heringe, Sprotten; auch Krebstiere und Muscheln.*

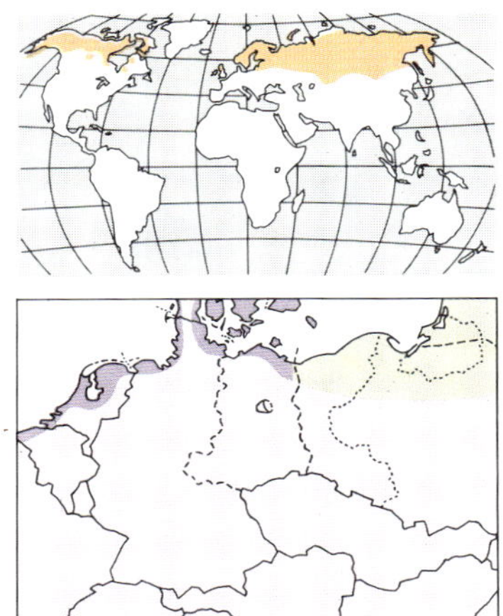

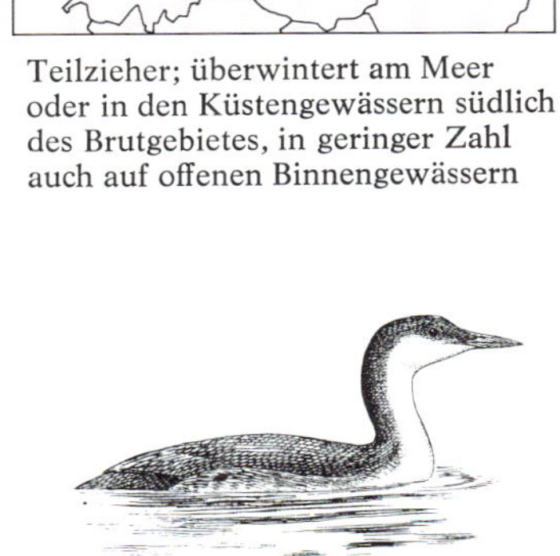

Teilzieher; überwintert am Meer oder in den Küstengewässern südlich des Brutgebietes, in geringer Zahl auch auf offenen Binnengewässern

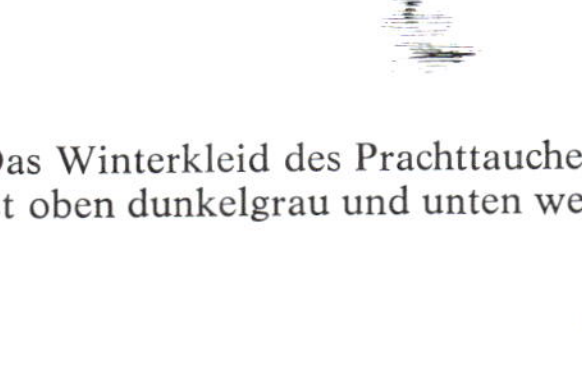

Das Winterkleid des Prachttauchers ist oben dunkelgrau und unten weiß

Sterntaucher

Gavia stellata 60 cm

SOMMERKLEID

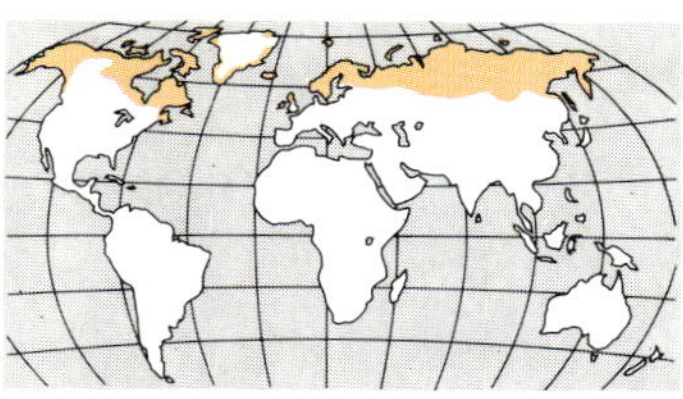

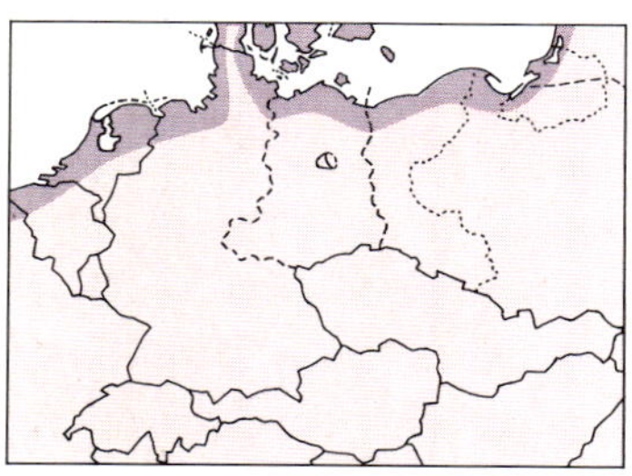

Teilzieher; überwintert im Grenzbereich des Brutgebietes und südlich bis in die Subtropen

Typisches Flugbild eines Sterntauchers – hier im Winterkleid

Das vielseitige und abwechslungsreiche Balzzeremoniell der Entenvögel wird bei weitem von dem Schauspiel übertroffen, das der Sterntaucher zu bieten hat. Bis zu vier Taucher jagen gemeinsam über das Wasser und sehen dabei mit halb eingetauchtem Körper und schräg nach oben gerichtetem Hals und Kopf wie Schlangensaurier aus grauer Vorzeit aus. Nachdem sie eine Strecke geschwommen sind, rennen sie ein Stück, mit den Flügeln das Wasser peitschend, auf der Oberfläche entlang.

Bei ihren Balzspielen stoßen sie metallisch klingende Schreie aus, die manchmal mit einem langgezogenen, laut miauenden Klageton beginnen. Diesen klagenden Ruf läßt der Sterntaucher, neben seinem Flugruf ‚Kwak-kwak-kwak', auch bei anderen Gelegenheiten hören.

Sterntaucher, die kleinsten Seetaucher, brüten nicht in Mitteleuropa, sondern erscheinen erst ab Oktober an den Küsten der Nord- und Ostsee, wo sie dann freilich viel zahlreicher sind als die Prachttaucher. Im Binnenlande trifft man sie hingegen seltener, und wenn auf dem Rhein, der Donau oder der Elbe an kalten Wintertagen ein Seetaucher schwimmt, handelt es sich fast stets um einen Prachttaucher. Sterntaucher fliegen mit ihren verhältnismäßig großen Flügeln leichter auf und häufiger als andere Taucher.

KENNZEICHEN: *im Sommer roter Kehlfleck; übriger Hals grau; Rücken und Flügel braun; Unterseite hell; das Weibchen ist ähnlich gefärbt, aber kleiner; beide verlieren im Herbst den roten Kehlfleck; im Winter vom Prachttaucher am schlankeren, leicht aufgeworfenen Schnabel zu unterscheiden.*

BRUT: *das Weibchen legt im Mai 2 olivgrüne, braungetupfte Eier am Boden oder auf einem Stapel Wasserpflanzen ab; beide Eltern brüten sie in etwa 28 Tagen aus und versorgen die Jungen, die kurz nach dem Schlüpfen das Nest verlassen und nach ungefähr 8 Wochen flügge sind.*

NAHRUNG: *vorwiegend Fisch: Seiblinge, Häslinge, Flußbarsche, Gründlinge, Heringe, Schollen, Sprotten; auch Krabben, Muscheln und Insekten.*

Haubentaucher

Podiceps cristatus 48 cm

SOMMERKLEID

Der mit seinem schlanken weißen Hals und dem bunten Kopfputz vornehm wirkende Haubentaucher ist eine Zierde unserer Seen und Teiche. Da er sich fast nur von Fischen ernährt, wird er seit alters verfolgt und gehört zu den wenigen jagdbaren Vögeln, die heute noch keine ausdrückliche Schonzeit genießen. Es zeugt von maßvollem Verhalten vieler Jäger, daß er dennoch ziemlich häufig ist und manche Seen sogar noch sehr stark besiedelt. Im Winter müssen viele Haubentaucher auf noch eisfreie Gewässer überwechseln. In der Schweiz überwintern nach neuesten Zählungen mehr als 20 000.

Die wegen ihrer vielen ausdrucksvollen Posen und Gesten bekannten Balzspiele des Haubentauchers sind auf den Seiten 358/59 eingehend illustriert und beschrieben. Beim Brüten wechseln sich die Eltern alle drei Stunden im Nest ab, und wenn die Dunenjungen ausgeschlüpft sind, werden sie von einem Elternteil huckepack getragen, während der andere für die Nahrung sorgt. Die Jungen verkriechen sich im Federkleid der Eltern und werden sogar beim Tauchen mit unter Wasser genommen, erscheinen allerdings meist schon nach kurzer Zeit wie Korken auf der Wasseroberfläche.

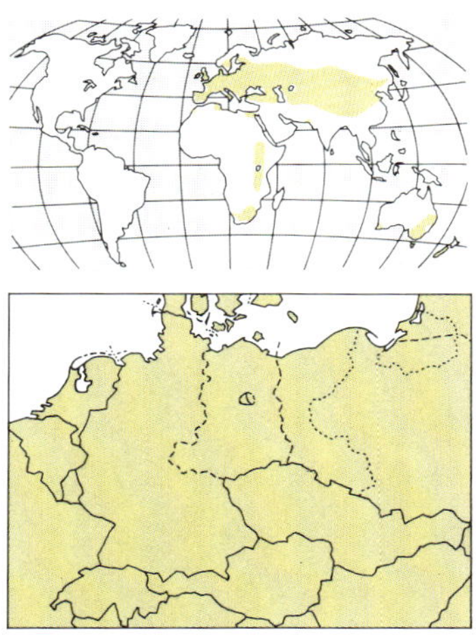

Vorwiegend Jahresvogel; einige Vögel aus dem Norden wandern ab, wenn die Seen zufrieren, an denen sie brüten

KENNZEICHEN: *im Brutkleid zweispitzige Federhaube und kastanienfarbene Krause an den Kopfseiten; langer weißer Hals, ist in geduckter Sitzstellung oft nicht zu sehen; beide Geschlechter gleich; Stimme: ein lautes ‚Köck-köck' oder ein knarrendes ‚Ärrr'.*

BRUT: *beide Partner bauen im Wasser aus einem Stapel von Pflanzenresten Nester, die am Grunde aufsitzen oder als Schwimmnester an Pflanzen verankert werden; das Weibchen legt ab April bis Juli 3–5 weiße, jedoch bald von Wasserpflanzen verfärbte Eier, die beide Eltern in etwa 28 Tagen ausbrüten; die von ihnen versorgten Jungen verlassen bald nach dem Schlüpfen das Nest, beginnen nach 6 Wochen zu tauchen und sind nach 9–10 Wochen selbständig; brütet gelegentlich zweimal im Jahr.*

NAHRUNG: *kleine Fische; Insekten, Krebstiere, Kaulquappen, Frösche, Spinnen u. a.; im Magen finden sich stets Federn.*

Flügelzeichnung des Haubentauchers im Winterkleid

Rothalstaucher

Podiceps griseigena 43 cm

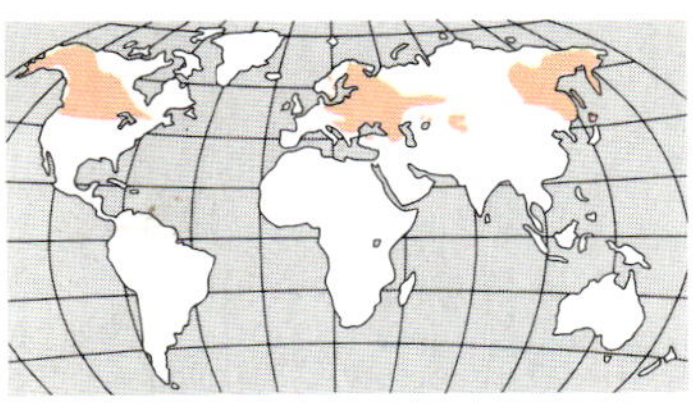

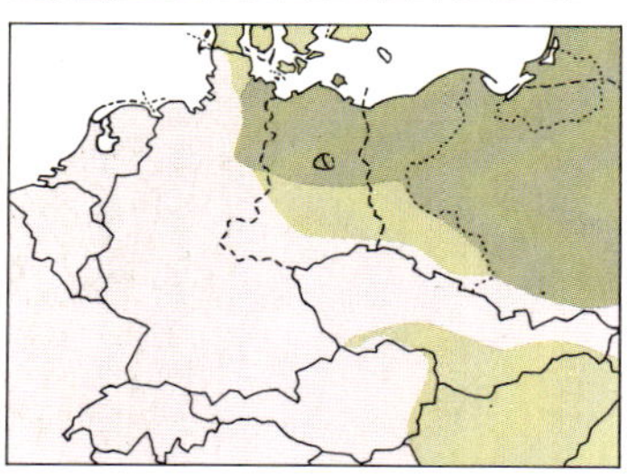

Strich- und Zugvogel; überwintert schon in geringer Zahl in Mitteleuropa, zieht jedoch in der Hauptsache in die Mittelmeerländer

Junge Rothalstaucher suchen Schutz vor Kälte und Feinden im Rückengefieder ihrer Eltern

In den leuchtenden Farben des Brutkleides sind alle Lappentaucher leicht zu unterscheiden, im Ruhekleid ist das viel schwieriger. So kann man den nur ein wenig kleineren Rothalstaucher im Winter leicht mit dem Haubentaucher verwechseln, allerdings kaum in Süd- und Westdeutschland, wo man ihn auch außerhalb der Brutzeit selten sieht. Bei uns nistet er nur im Nordwesten und Südosten, ist aber insgesamt viel weiter verbreitet als der Haubentaucher, sogar in Nordamerika.

Im Brutkleid fällt der Rothalstaucher durch seinen lebhaft rostroten Hals und die lichtgrauen Wangen auf. Bei der Balz nähern sich – wie bei Haubentauchern – beide Partner einander kopfschüttelnd und stoßen gleichzeitig ein lautes Gebrüll aus. Dann wenden sie den Kopf hin und her, reichen sich laut schreiend Nistmaterial und heben sich in Pinguinpose, wiederum unter lautem Gebrüll, wassertretend Brust an Brust, mit dem Vorderkörper hoch aus dem Wasser.

Wie andere Lappentaucher bauen sie Schwimmnester und bedecken das Gelege in Brutpausen mit feuchten verrotteten Pflanzenteilen. Die frisch geschlüpften Jungen sehen in ihrem gestreiften Dunenkleid ganz anders aus als ihre Eltern, unter deren Gefieder sie Unterschlupf und Wärme finden.

KENNZEICHEN: *im Brutkleid unverkennbar; im Ruhekleid vom Haubentaucher durch dickeren und graueren Hals und das Fehlen eines weißen Augenstreifs (das Schwarz des Scheitels erstreckt sich bis auf Augenhöhe) unterschieden; brüllen bei der Balz wiehernd ‚ücöh'.*

BRUT: *errichtet vor dem Nestbau 1–3 Plattformen, auf denen die Begattung stattfindet; beide Gatten holen Nistmaterial tauchend und bauen ein Schwimmnest in lockerer Vegetation und ziemlich frei, tauchend gut erreichbar; das Weibchen legt ab April bis Mai 4–5 weiße, beim Brüten bald bräunlich werdende Eier, die beide Gatten in 22–23 Tagen ausbrüten; die Jungen werden noch 14 Tage lang geführt; 1–2 Bruten im Jahr.*

NAHRUNG: *Fische bilden im Winter die Hauptnahrung, treten aber im Sommer gegenüber Wasserinsekten, Schnecken und Krebstieren zurück.*

SOMMERKLEID

Schwarzhalstaucher

Podiceps nigricollis 30 cm

Ohrentaucher

Podiceps auritus 33 cm

Der kleine Schwarzhalstaucher mit seinem schön gefärbten Kopf hat sich erst seit Ende des letzten Jahrhunderts von Osten her über Mitteleuropa verbreitet. Er nistet gern, oft in kleinen Brutkolonien, in flachen Seen mit Schachtelhalm und anderer Wasservegetation, häufig zusammen mit Lachmöwen, die ihn früh vor Gefahr warnen können, da sie von oben den besseren Überblick haben. Sein häufigster Ruf ist ein weiches ‚Pi-ip'. Zum Balzzeremoniell gehören Kopfnicken und ein Pinguintanz, ähnlich wie beim Haubentaucher.

Auf dem Durchzug und bei strengem Winterwetter besuchen Schwarzhalstaucher auch Flüsse und regelmäßig die Flußmündungen und flache Küsten. Sie sind dann allerdings leicht mit den im Winter ganz ähnlichen Ohrentauchern zu verwechseln, seltenen, aber regelmäßigen Wintergästen aus Nordeuropa, die am Kopf kontrastreicher gezeichnet sind und gerade Schnäbel haben. Im Brutkleid ist der Schwarzhalstaucher an Hals und Gesicht schwarz gefärbt und hat in der Ohrengegend goldbraune, fächerförmige Federbüschel. Diesen Kopfschmuck verliert er im Winter, ist aber durch seinen leicht aufgebogenen Schnabel vom Ohrentaucher zu unterscheiden.

KENNZEICHEN *des* Schwarzhalstauchers: *im Sommer schwarzer Hals, goldene fächerförmige Federbüschel hinter den Augen; aufwärts gebogener blaugrauer Schnabel; des* Ohrentauchers: *Hals kastanienbraun, goldene Federbüschel eher hörnerartig; Schnabel gerade. Im Winterkleid sind beide Arten oben dunkel, unten weiß. Beide Geschlechter gleich.*

BRUT: *beide Partner bauen ein Nest auf Wasserpflanzen und verankern es am Grunde oder an anderen Pflanzen im Wasser; das Weibchen legt ab Mai bis Juli 3–4 weiße, bald von Wasserpflanzen gefärbte Eier, die beide Eltern in etwa 21 (beim* Ohrentaucher *in 24) Tagen ausbrüten; die Küken verlassen bald nach dem Schlüpfen das Nest, werden von den Eltern versorgt und gelegentlich bis 4 Wochen auf dem Rücken herumgetragen.*

NAHRUNG: *meist Insekten, deren Larven; Kaulquappen, Mollusken, Krebstiere und – besonders im Winter – kleine Fische.*

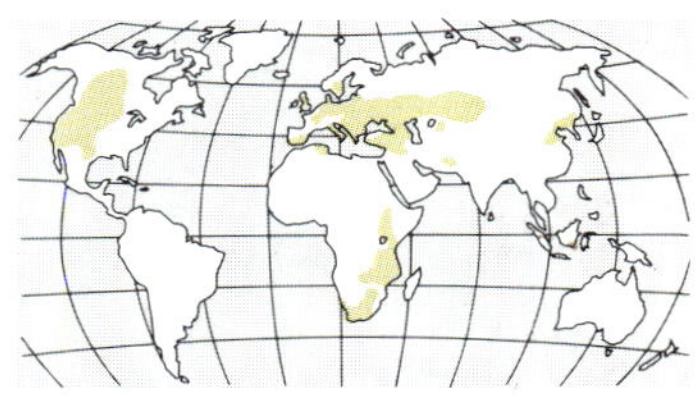

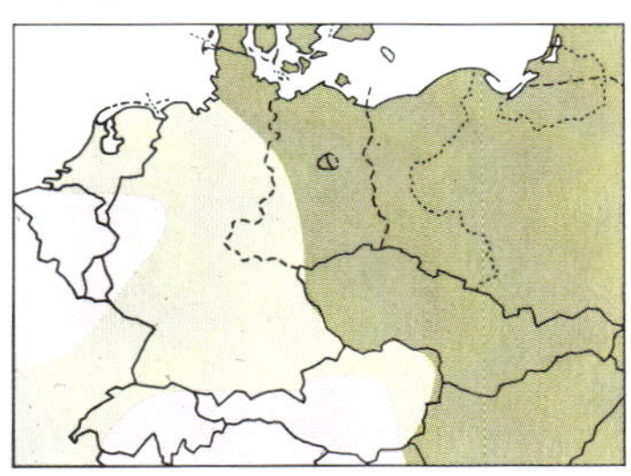

Zugvögel; der Ohrentaucher wandert aus den nördlichen Teilen seines Brutgebietes vornehmlich bis Mittel- und Westeuropa, der Schwarzhalstaucher aus Mittel- nach West- und Südeuropa, nur einzelne überwintern in Mitteleuropa

Im Winterkleid ist der Schwarzhalstaucher oben dunkel, unten weiß

WEIBCHEN IM SOMMERKLEID

Zwergtaucher

Podiceps ruficollis 24 cm

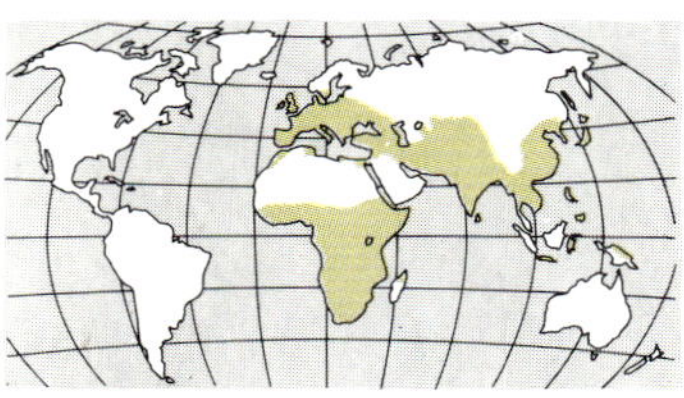

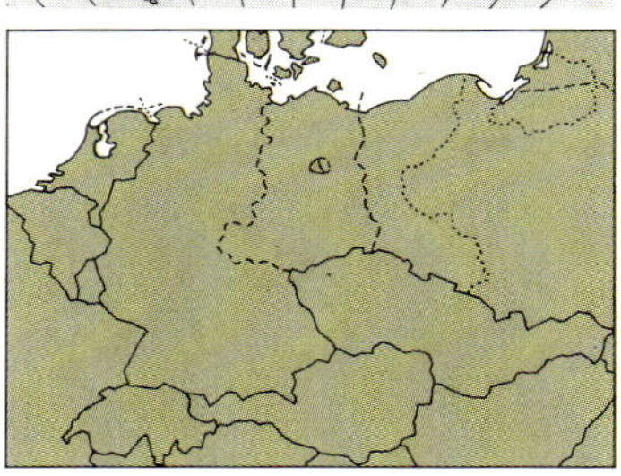

In den meisten Teilen des Brutgebietes Jahresvogel; in Australien und Nordamerika ersetzen verwandte Arten den Zwergtaucher

Dieser kleinste Lappentaucher Europas brütet an Seen, Teichen und langsam strömenden Flüssen, gelegentlich auch in Parkanlagen. In der dichten Vegetation solcher Gewässer lebt er meist im verborgenen. Dagegen kann man ihn im Winter, wenn er sich an den meist eisfreien Flüssen einstellt, leicht beobachten. Im Sommer erkennt man ihn an den hellen Schnabelflecken. Das Kastanienbraun an Wangen, Hals und Brust schlägt im Winter in Braun um, so daß der Vogel unscheinbarer wirkt.

Im Mittelpunkt der Balz steht ein seltsames trillerndes Liebesduett, das beide Partner, sich im Wasser gegenübersitzend, anstimmen. Sie balgen und jagen sich dann auch. Manchmal übergibt das Männchen dem Weibchen eine Pflanze als Zeichen seiner Zuneigung.

Wie bei den übrigen Lappentauchern wirkt der geradlinige Flug des Zwergtauchers kraftlos. Den dabei ausgestreckten Hals läßt er weit unter die Körperachse durchhängen, und die Beine zieht er nach. Vom Wasser hebt er sich nur schwer ab, schwimmt und taucht dafür aber um so geschickter. Am Land ist er recht unbeholfen und verläßt deshalb das Wasser fast nie. Die kaum geschlüpften Jungen können schon schwimmen. Sie kriechen den Eltern auf den Rücken und verstecken sich dort, sobald sie den Warnruf ‚Wuit-wuit' hören.

KENNZEICHEN: *im Sommer Rücken dunkelbraun, Brust, Hals und Wangen tief kastanienbraun, kleiner weißer Fleck beiderseits am Schnabelgrund; im Winter insgesamt heller; Weibchen im Sommer matter gefärbt.*

BRUT: *beide Partner bauen das Nest auf einem schwimmenden Knäuel von Wasserpflanzen, das am Grund festgemacht oder an anderen Pflanzen verankert ist; das Weibchen legt ab April bis Juli 4–6 weiße, bald von Pflanzen verfärbte Eier, die beide Eltern in etwa 24 Tagen ausbrüten; die von ihnen versorgten Küken können fast sofort nach dem Schlüpfen schwimmen; brütet zweimal, gelegentlich dreimal im Jahr.*

NAHRUNG: *kleine Fische, Libellenlarven, Wasserkäfer und andere Insekten sowie Krebstiere und dergleichen.*

Im Winter trägt der Zwergtaucher ein wesentlich helleres Gefieder

Fischreiher

Ardea cinerea 90 cm

Wie ein großer grauer Wächter steht der Fischreiher im seichten Wasser, stets bereit, ein paar Schritte zu waten und mit seinem langen, dolchartigen Schnabel einen Frosch, einen Fisch oder eine Wasserratte zu erbeuten. Kleine Fische verschlingt er ganz, mit dem Kopf voraus, auf größere sticht er mehrmals ein und bringt sie dann ans Ufer, um das Fleisch von den Gräten zu lösen. Auf Nahrungssuche legt er Entfernungen bis zu 20 km zurück. Er holt sich seine Beute auch aus Fischteichen oder hält auf Getreidefeldern Ausschau nach Kleinsäugern.

Der Fischreiher kehrt stets zum gleichen Nistplatz zurück. Unter seinen zahlreichen krächzenden und würgenden Lauten ist ein lautes, rauhes ‚Kronk' der häufigste. Der Balz geht ein Tanzspiel voraus, bei dem das Männchen mit hochgerecktem Hals den Schnabel nach oben richtet. Solange die Jungen versorgt werden, wacht stets ein Elternvogel beim Nest.

Da Fischer den unbeliebten Reiher früher rücksichtslos verfolgten und Jäger ihn wegen der delikaten Reiherbrust schossen, wurde er mancherorts selten oder ganz ausgerottet. Um ihn vor sinnloser Verfolgung zu schützen, taufte man ihn in *Graureiher* um. Wirksamer als die Aufgabe des alten Namens ist aber die siebenmonatige Schonzeit, die er seit 1968 genießt. 1961 wurden in der BRD 4625 besetzte Horste, in der DDR über 2000, 1953 in der Schweiz 500–750 gezählt.

KENNZEICHEN: *Oberseite grau; dunkelgraue Schwungfedern; schwarze Haube; buschiger Brustschild und kräftiger gelber Schnabel; fliegt meist mit nach hinten gestreckten Beinen und eingezogenem Kopf; Geschlechter gleich.*

BRUT: *nistet in Kolonien, meist auf Bäumen, selten im Schilf; das Weibchen baut aus Geäst, das das Männchen herbeischafft, ein flaches Nest; ab März bis Mai legt es 3–5 hellblaue Eier, die beide Eltern in etwa 25 Tagen ausbrüten; die von ihnen gefütterten Jungen verlassen nach 7–8 Wochen das Nest.*

NAHRUNG: *meist Fische und Frösche; ferner Wasserinsekten, Kleinsäuger, Reptilien, Schnecken, Muscheln usw.*

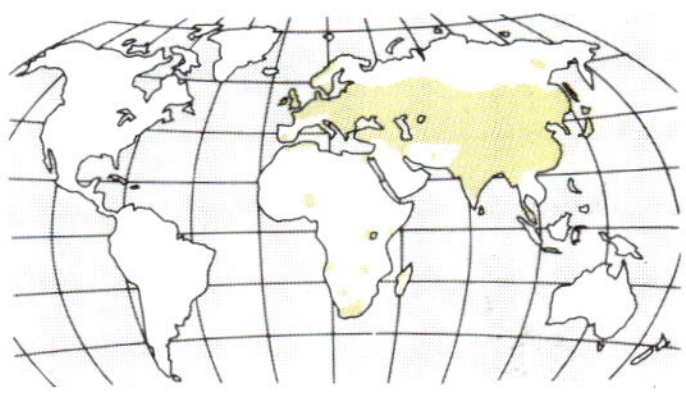

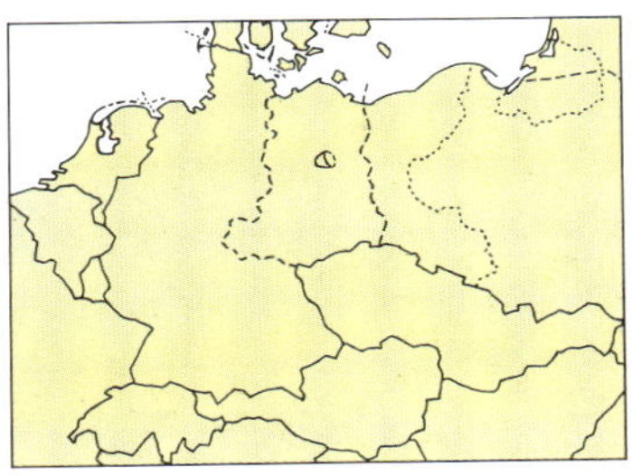

Meist Jahresvogel; einige Vögel aus dem Norden des gesamten Verbreitungsgebietes überwintern jedoch im Süden und ziehen bis ins tropische Afrika

Reiher fliegen mit eingezogenem Kopf und nach hinten ausgestreckten Beinen

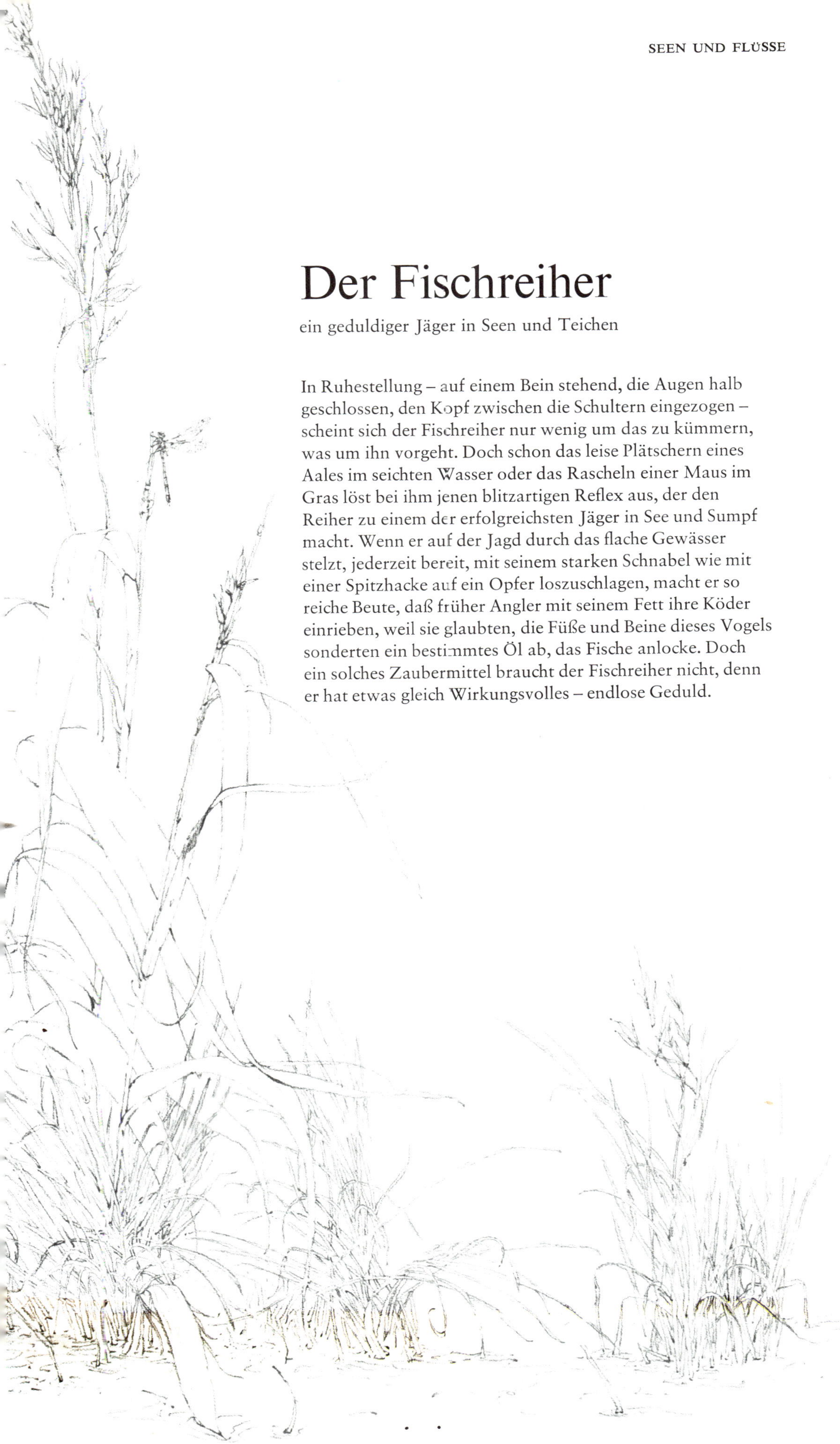

Der Fischreiher

ein geduldiger Jäger in Seen und Teichen

In Ruhestellung – auf einem Bein stehend, die Augen halb geschlossen, den Kopf zwischen die Schultern eingezogen – scheint sich der Fischreiher nur wenig um das zu kümmern, was um ihn vorgeht. Doch schon das leise Plätschern eines Aales im seichten Wasser oder das Rascheln einer Maus im Gras löst bei ihm jenen blitzartigen Reflex aus, der den Reiher zu einem der erfolgreichsten Jäger in See und Sumpf macht. Wenn er auf der Jagd durch das flache Gewässer stelzt, jederzeit bereit, mit seinem starken Schnabel wie mit einer Spitzhacke auf ein Opfer loszuschlagen, macht er so reiche Beute, daß früher Angler mit seinem Fett ihre Köder einrieben, weil sie glaubten, die Füße und Beine dieses Vogels sonderten ein bestimmtes Öl ab, das Fische anlocke. Doch ein solches Zaubermittel braucht der Fischreiher nicht, denn er hat etwas gleich Wirkungsvolles – endlose Geduld.

Löffler

Platalea leucorodia 86 cm

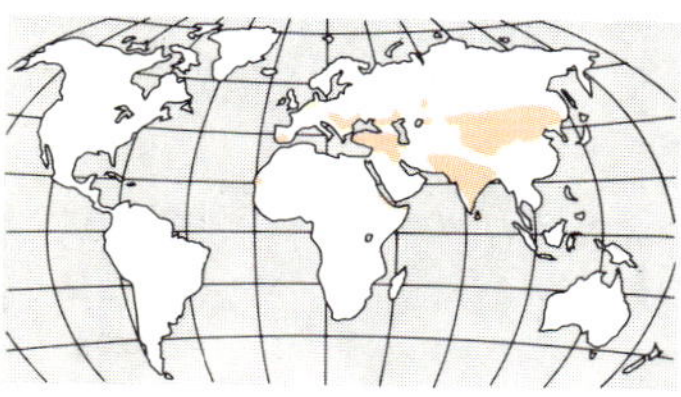

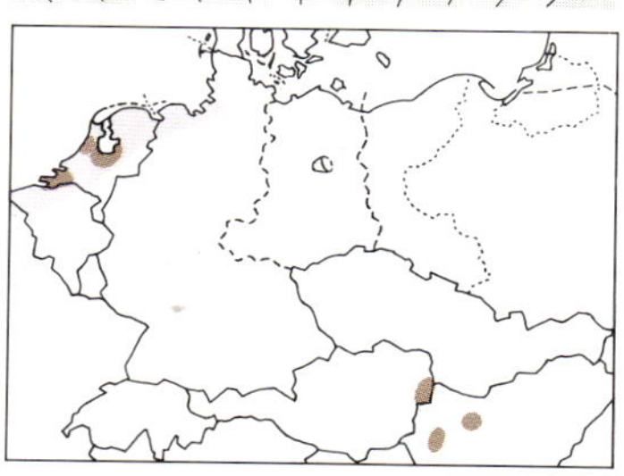

Manche Löffler sind Jahresvögel; die im Norden des Verbreitungsgebietes brütenden Vögel ziehen im Winter bis nach Afrika südlich der Sahara

Löffler brüten in Mitteleuropa nur noch in Holland, Österreich und Ungarn. Im übrigen Europa kommen sie auch in Südspanien und auf der Balkanhalbinsel vor. In den seit Jahrzehnten bestehenden drei größeren niederländischen Löfflerkolonien – am Naardermeer bei Amsterdam, am Zwanewater bei Callantsoog und auf der Insel Texel – wurden 380 bis 500 Paare (1950) gezählt, am Neusiedler See etwa 300 Paare. Von Holland aus erscheinen Löffler regelmäßig nach der Brutzeit im westdeutschen Nordseeküstengebiet und unregelmäßig in Mittel- und Süddeutschland. 1962 brütete erstmals ein Paar auf der ostfriesischen Insel Memmert. Meist sind Löffler schweigsame Vögel, die nur gelegentlich ein Grunzen von sich geben oder bei Erregung mit dem Schnabel klappern. Bei der auffallenderen Balz tanzen sie abwechselnd, klappern mit den Schnäbeln und stellen die Federn der Kopfhaube auf.

Von weitem kann man den fliegenden Löffler vom Reiher durch den ausgestreckten Hals unterscheiden. Aus der Nähe erkennt man ihn an dem markanten Löffelschnabel, der keineswegs nur als Zierde dient. Wenn der Löffler auf Nahrungssuche durch das seichte Wasser einer Lagune, im Sumpf oder entlang der Küste watet, schwenkt er seinen Schnabel von einer Seite zur anderen, um kleine Fische, Wasserinsekten und gelegentlich auch Wasserpflanzen aufzustöbern und auszuseihen.

Der Löffler seiht Schlamm und Brackwasser nach Nahrung durch

KENNZEICHEN: *ganz weiß, außer einem hellbraunen Abzeichen an der Halswurzel im Brutkleid; langer Schnabel mit gelber löffelartiger Spitze; im Sommer mit Kopfhaube; beide Geschlechter gleich.*
BRUT: *beide Partner bauen im Röhricht auf einer Unterlage aus dichtem alten Schilf ein großes Nest; das Weibchen legt Ende April bis Mai meist 4 weiße, spärlich rotbraun gezeichnete Eier, die in etwa 21 Tagen beide Eltern ausbrüten; die von beiden versorgten Jungen verlassen nach ungefähr 4 Wochen das Nest und können nach 6 Wochen fliegen.*
NAHRUNG: *kleine Fische, Kaulquappen, Froschlaich, Wasserschnecken, Würmer und Insektenlarven; ausnahmsweise Wasserpflanzen.*

Kormoran

Phalacrocorax carbo 90 cm

Mit seinem großen Schnabel mutet der gefräßige Kormoran – er kann an einem Tage mehr als sein eigenes Körpergewicht (2–2,5 kg) an Fischen verschlingen – eher wie ein Reptil an. Unter Wasser schnellt dieser ausgezeichnete Schwimmer, die Flügel am Körper angewinkelt, mit kräftigen Stößen seiner mit Schwimmhäuten versehenen Füße nach vorn. Den Schlund voller Fische, taucht er wieder auf, löst sich schwerfällig von der Wasseroberfläche und fliegt mit kräftigen Flügelschlägen zurück zum Nest. Dort picken die Jungen ungeduldig nach seinem Schnabel, bis er seine Beute wieder hochwürgt, so daß sie sie aus dem Rachen holen können.

Anders als bei Wasservögeln sonst wird sein Gefieder naß. Deshalb setzt er sich, ehe er wieder nach Fischen taucht, zum Trocknen mit halb ausgespreizten Flügeln auf einen Pfahl oder eine Boje. An dieser typischen Haltung erkennt man ihn schon von weitem.

Einst war der Kormoran weit verbreitet und zahlreich, vor allem in den seenreichen Gebieten Norddeutschlands. Als Fischereischädling wurde er jedoch überall unerbittlich verfolgt. Die bekannteste Brutkolonie in neuerer Zeit auf der Insel Pulitz bei Rügen erlosch nach dem Kriege. In der weiteren Umgebung brüten jedoch auch heute noch Kormorane. Außerdem erhielten sich einige Kolonien in den Niederlanden und den österreichischen Donauauen.

KENNZEICHEN: *schwarz mit grünlichem Schimmer und weißem Gesichtsfleck; hakenförmiger Schnabel; im Sommer weißer Fleck an den Schenkeln; sitzt in aufrechter Haltung; beide Geschlechter gleich.*
BRUT: *nistet kolonienweise auf Bäumen, besonders gern in Reiherkolonien; beide Partner bauen aus Knüppeln und Reisern einen Horst und kleiden ihn mit feinerem Material aus; das Weibchen legt ab April bis Juni meist 3–4 blaßblaue Eier, die beide Eltern in etwa 29 Tagen ausbrüten; beide füttern die Jungen, die nach ungefähr 4 Wochen das Nest verlassen und nach etwa 8 Wochen fliegen können.*
NAHRUNG: *fast nur Fische, gern Aale, Hechte, Heringe, Barsche.*

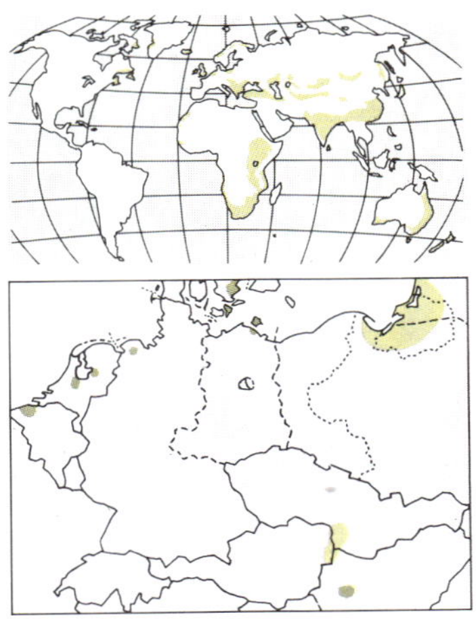

Im größten Teil des gesamten Verbreitungsgebietes Jahresvogel; die meisten mitteleuropäischen Kormorane ziehen jedoch im Winter bis in die Mittelmeerländer

Ein Kormoran spreizt die Flügel ab, um sein Gefieder zu trocknen

Höckerschwan

Cygnus olor 152 cm

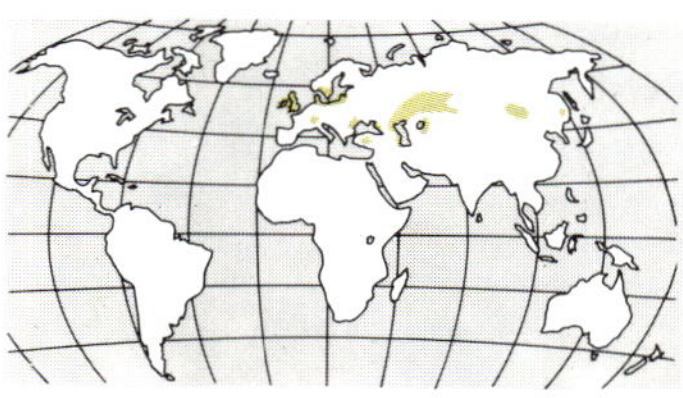

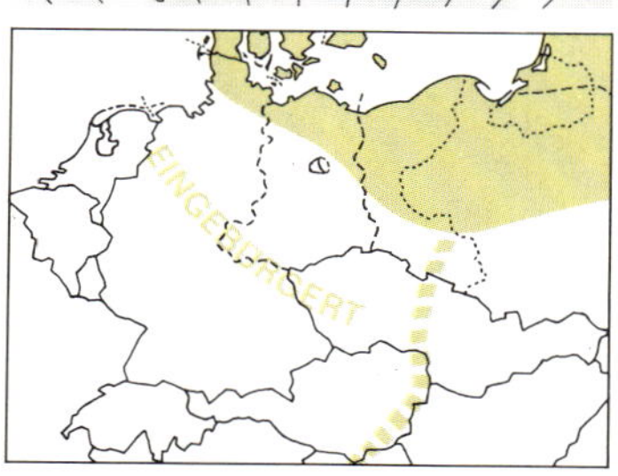

Vorwiegend Jahresvogel; bei strengem Winterwetter müssen Vögel aus dem Norden manchmal weiter nach Süden oder Westen ausweichen

Höckerschwäne beim Zeremoniell, das der Paarung vorausgeht

Noch vor 30 Jahren lebten wilde Höckerschwäne auf der norddeutschen Seenplatte zwischen Ostholstein und Ostpreußen. Um diese stolzen Vögel wieder auf der Havel heimisch zu machen, wo halbdomestizierte, flugunfähige Schwäne seit dem 16. Jahrhundert gehalten worden waren, holte der Ornithologe Heinroth 1922 aus Ostpreußen 56 Eier wilder Schwäne. Zehn Jahre später brüteten bereits 50 Paare, und in den vierziger Jahren hatte sich der Bestand bis zur Oder ausgebreitet. Die Tradition der Schwanenhaltung ist uralt. In England erhielten sich merkwürdige Bräuche um die Markierung *privater* Schwäne. Unmarkierte Schwäne auf der Themse gehören der Königin als oberster Lehensherrin der Schwäne. Auch in Mitteleuropa brüten seit vielen Jahrzehnten halbwilde Schwäne in großen und kleinen Teichen. Seit dem 2. Weltkriege hat die Haltung von Parkschwänen derart zugenommen, daß viele verwilderten und sogar im bayerischen Alpenvorland, in Österreich und der Schweiz Seen und Flüsse besiedeln. In Schleswig-Holstein spricht man schon von einer Schwanenplage, so haben sie sich vermehrt.

Wie Singschwäne trompeten auch Höckerschwäne nur leise und selten. Sie leben wie alle Gänsevögel in Dauerehe und strecken im Flug den Hals geradeaus. Bekannt ist ihre Drohstellung mit S-förmig gebogenem Hals und über den Rücken hochgezogenen Flügeln.

KENNZEICHEN: *weißes Gefieder; orangefarbener Schnabel mit schwarzem Schnabelgrund und Höcker (beim Weibchen weniger ausgeprägt); langer, meist S-förmig gebogener Hals; beide Geschlechter gleich.*
BRUT: *nistet am Boden in Wassernähe; aus Zweigen und Binsen, die das Männchen heranträgt, schichtet das Weibchen einen großen Stapel auf; ab März bis Mai legt es meist 5–7 graugrüne Eier, die beide Eltern in etwa 36 Tagen ausbrüten; sie versorgen auch die Jungen, die nach 1–2 Tagen das Nest verlassen und nach ungefähr 4 Monaten fliegen können.*
NAHRUNG: *vorwiegend Wasserpflanzen, deren Sprosse, Rhizome und Samen; Gras; gelegentlich kleine Frösche, Fische und Insekten.*

Singschwan

Cygnus cygnus 152 cm

Zwergschwan

Cygnus bewickii 122 cm

Beide Schwäne kommen aus Nordeuropa und Rußland als Wintergäste ins nördliche Mitteleuropa. Der Singschwan brütet gelegentlich in Schottland. Der als Wintergast fast ebenso häufige Zwergschwan erscheint in den Nordseeküstengebieten, auf Rügen und in geringer Zahl im Binnenland. Im Emsland finden sich in der Regel 300–1000, im benachbarten Holland bis zu 7000 Zwergschwäne ein. Beide Schwäne tragen den Hals aufgerichtet und nicht anmutig gebogen wie der Höckerschwan und sind wesentlich ruffreudiger als er. Der Ruf des Singschwans ist ein kräftiges, trompetendes ‚Ahng-nö'. Der Zwergschwan gibt mit seiner weicheren und helleren Stimme meist Laute wie ‚hu' und ‚ho' oder auch *hupende* Töne von sich.

Beim Balzen breitet der Singschwan die Flügel aus und bewegt Kopf und Hals in Wellenlinien auf und ab. Das tut er auch als Vorspiel beim Angriff auf ein anderes Männchen. Davor stellt er die Flügel etwas aus und senkt den Kopf, manchmal bis unter die Wasseroberfläche. Nach der Paarung beginnt das Weibchen mit seinem Lockruf, in den das Männchen einfällt. Beide Vögel richten sich dabei Brust an Brust mit ausgebreiteten Flügeln im Wasser auf.

KENNZEICHEN: *weißes Gefieder; der größere* Singschwan *hat einen langen Schnabel mit schwarzer Spitze und gelbem Dreieck an der Wurzel; beim* Zwergschwan *ist der Schnabel kürzer und der gelbe Bezirk kleiner und mehr abgerundet; bei beiden Arten Geschlechter gleich.*

BRUT: *beide Arten bauen auf kleinen Inseln einen großen Stapel aus Moos, Flechten oder trockenen Pflanzen mit einer Vertiefung in der Mitte für die Eier; der* Singschwan *legt Anfang Mai bis Mitte Juni meist 5–6 rahmfarbene Eier, die das Weibchen in 35–42 Tagen ausbrütet; die von beiden Eltern versorgten Jungen können nach 8 Wochen fliegen; der* Zwergschwan *legt im Juni 3–5 rahmfarbene Eier, über die Brutdauer fehlen genaue Angaben, seine Jungen können nach 6 Wochen fliegen.*

NAHRUNG: *Gras, Klee, Saaten, Wasserpflanzen und deren Wurzeln; der Singschwan nimmt auch Gersten- und Haferkörner; halbzahme auch Brot.*

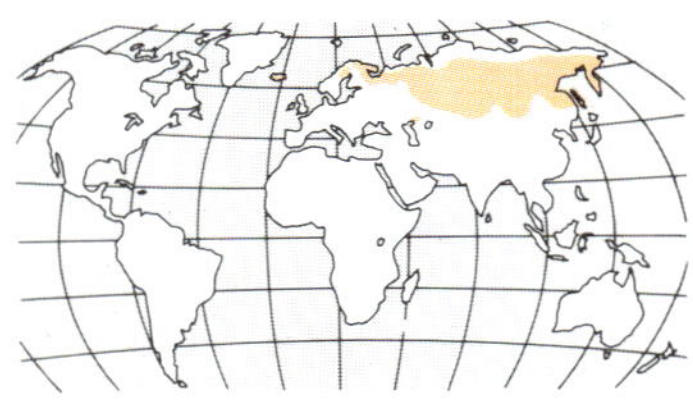

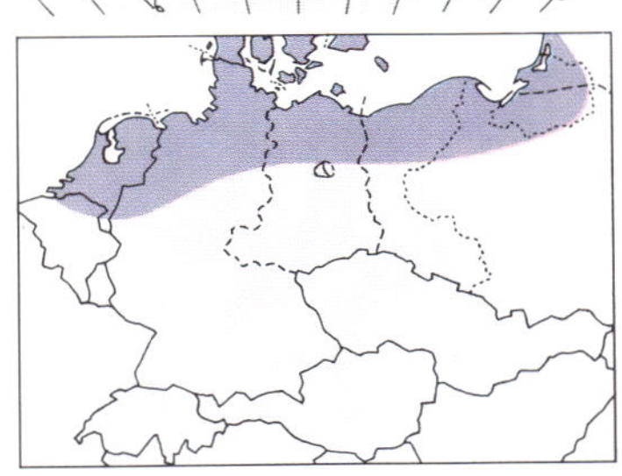

Die Weltkarte zeigt das Brutgebiet des Singschwans; der Zwergschwan nistet weiter im Norden; beide Arten ziehen im Winter nach Süden

Eine Familie von Singschwänen grast auf einer Weide nahe am Wasser

Graugans

Anser anser 76—89 cm

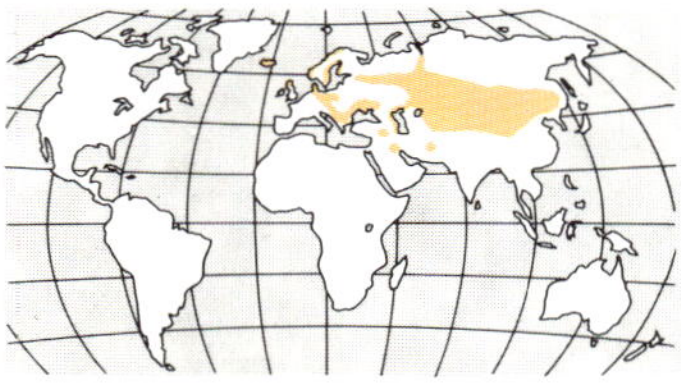

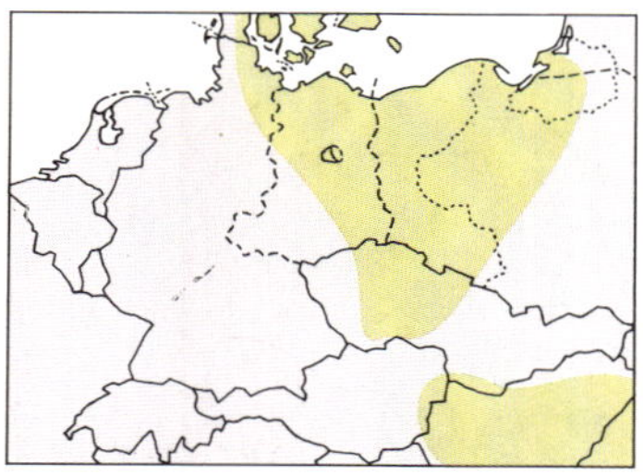

Zugvogel; überwintert im Süden sowie westlich und südlich seines jeweiligen Brutgebietes

Im Flug erkennt man den hellen Vorderflügel der Graugans

Außer der eingebürgerten *Kanadagans* brütet in Mitteleuropa als einzige Gänseart die Graugans. Sie soll sehr klug sein und eine Ehe auf Lebenszeit eingehen. Jahr für Jahr erneuert das Paar die Bindung mit der *Triumphzeremonie,* die ihren Namen der Imponierhaltung des Ganters und seinem weithin hörbaren Triumphgeschrei verdankt, das auch erklingt, wenn er einen Eindringling verjagt hat und zurückeilt, um die Gans zu beruhigen.

Die Graugans ist die Stammform unserer *Hausgans,* die wie diese auf das leiseste Geräusch mit einem nervösen Geschnatter reagiert. Sie nistet meist im Schilfgürtel von Seen. Wenn sie ihr Gelege verläßt, deckt sie die Eier mit Federn und Daunen zu.

In Mitteleuropa ist die Graugans sehr selten und vor allem auf die Gebiete östlich der Elbe beschränkt. Am dichtesten nistet sie am Neusiedler See, wo sie wie in Osteuropa einen rosa Schnabel hat statt des orangefarbenen ihrer Artgenossen in Deutschland, Böhmen und Polen. In jüngster Zeit siedelte man mit Erfolg Graugänse westlich der Elbe wieder an. Die Graugänse aus Schleswig-Holstein und Dänemark ziehen im Herbst an der Nordseeküste entlang bis Holland, dann durch Frankreich ins westliche Mittelmeergebiet, nur wenige nach Nordafrika. An der Nordseeküste harren mehr als 1000 den Winter über aus; bei strengem Frost ziehen auch sie ab.

KENNZEICHEN: *Rücken grau und braun gebändert; hellgrauer Vorderflügel; orangefarbener (selten rosa) Schnabel, rosa Beine; Geschlechter gleich.*

BRUT: *baut an unzugänglichen Stellen im Röhricht ein Nest aus Blättern und Stengeln von Schilf, Rohrkolben, Binsen und anderen Wasserpflanzen; die Gans kleidet das Nest mit Daunen aus und legt ab Ende März bis Mai 4–9 schmutzigweiße, glanzlose Eier und brütet sie in 27–29 Tagen aus, während das Männchen in einiger Entfernung Wache hält; die Küken verlassen nach wenigen Stunden das Nest und werden von beiden Eltern gefüttert; nach etwa 8 Wochen beginnen sie zu fliegen.*

NAHRUNG: *Gräser, Weideunkräuter, Stauden und Wasserpflanzen.*

Pfeifente

Anas penelope 46 cm

Das pfeifende ‚Huihu' des Erpels der Pfeifente hört man auch im Nebel und auf weite Entfernung. Drängen mehrere Erpel sich um eine Ente, rufen sie es im Chor und richten die gelben Scheitelfedern auf. Die Ente antwortet mit einem schnurrenden Ruf. Nach der Paarung kreuzen beide die fast senkrecht erhobenen Flügelspitzen über den Rücken.

Pfeifenten brüten an Teichen, Flüssen und Sümpfen, besonders in bewaldeten Gegenden; gelegentlich nisten sie auch in Sümpfen an der Küste. Wenn mehrere Paare im gleichen Revier brüten, halten die Erpel gemeinsam Wache. Außerhalb der Brutzeit versammeln sich die geselligen Vögel an der Küste, rasten tagsüber zu Hunderten an Flußmündungen und in Schlammniederungen und fliegen in der Dämmerung landeinwärts, um auf Feldern und Wiesen ihre Grasnahrung zu suchen. Schreckt man sie auf, dann fliegen sie direkt vom Wasser hoch und bleiben während ihres rasanten Fluges in dichter Formation beisammen.

In Mitteleuropa nisten sie nur südlich der Ostsee zwischen Mecklenburg und Ostpreußen. Im Herbst ziehen sie in riesigen Scharen nach Westen und Südwesten und werden im Wattenmeer stark bejagt. Viele überwintern in Überschwemmungsgebieten, an großen Seen und Staubecken im Binnenland.

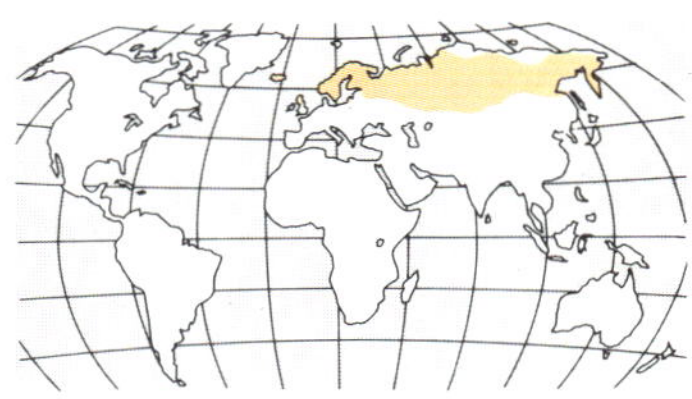

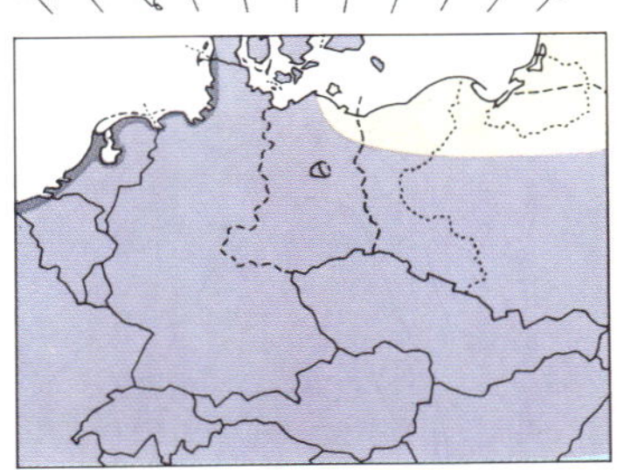

Teilzieher; überwintert unmittelbar südlich des Brutgebietes im Nordseeraum und an der Ostküste der Vereinigten Staaten

KENNZEICHEN: *der Erpel hat kastanienbraunen Kopf mit gelber Stirnblesse, weißen Fleck am Vorderflügel, graue Oberseite, grüne Flügelspiegel; die Ente mit graugrünen Flügelspiegeln ist schlanker als die Stockente, ihr Schwanz spitzer; Erpel im Schlichtkleid (Juni–Oktober/November) ähnelt der Ente, ist aber etwas dunkler und an den Vorderflügeln weiß.*
BRUT: *die Ente baut am Boden zwischen Heidekraut und Ginster ein Nest und legt es mit Gras und Daunen aus; im Mai legt sie meist 7–8 gelbbraune Eier und brütet sie in etwa 25 Tagen aus; die von ihr versorgten Küken verlassen kurz nach dem Schlüpfen das Nest und sind nach ungefähr 40 Tagen flügge.*
NAHRUNG: *vorwiegend Gräser und Wasserpflanzen; Körner; im Winter an der Küste auch Seegräser; lokal (Schottland) kleine Herzmuscheln.*

Eine weibliche Pfeifente (vorn) und zwei Erpel ruhen auf dem Wasser

Schnatterente

Anas strepera 51 cm

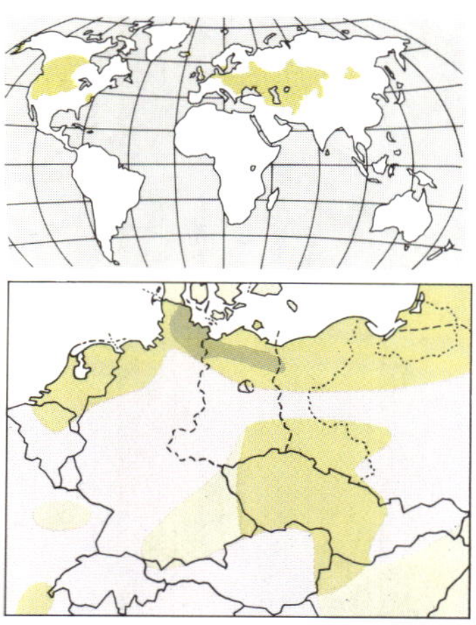

Teilzieher; überwintert im südlichen Grenzbereich ihres Verbreitungsgebietes; einige Schnatterenten ziehen aber auch bis in die Tropen

Schnatterente beim Gründeln nach Wurzeln und Pflanzen

In Mitteleuropa sind Schnatterenten vor allem im Osten verbreitet. Schon in Holstein und Mecklenburg sowie in Österreich, Böhmen und der Lausitz nisten sie stellenweise sehr häufig. Sie leben nur im Tiefland, im Gebirge findet man sie nirgendswo. In der Bundesrepublik, sieht man von Schleswig-Holstein ab, sind nur wenige Brutplätze bekannt. Um so erfreulicher ist es, daß sich Schnatterenten an einem künstlich geschaffenem Gewässer, nämlich den Ismaninger Kläranlagen bei München, gleich im ersten Jahr angesiedelt haben. In rund vierzig Jahren vergrößerte sich der Bestand fortlaufend und beträgt heute 175 Paare auf einer Fläche von nicht ganz 9 km². Von Ismaning aus sind inzwischen sechs weitere Brutplätze in Südbayern besiedelt worden.

Auf den gemeinsamen Balzplätzen kommen die ersten Erpel schon Ende Juli an, noch ehe ihre Ruhemauser beendet ist. Im Spätsommer und im Herbst versammeln sich zuweilen Tausende von Erpeln und Enten auf kleinen Flächen zur Gemeinschaftsbalz. An bestimmten Tagen hört man fast ununterbrochen das schnarrende ‚Rep' und das überraschend hohe Pfeifen der Erpel. Bei keiner anderen Entenart kommt das *Reihen* so häufig vor wie bei dieser. Dabei verfolgen ein oder mehrere fremde Erpel und der Ehepartner eine Ente in der Luft, und es kommt zu heftigen Kämpfen zwischen den Erpeln.

KENNZEICHEN: *Erpel und Ente von weitem graubraun; weiße Flügelspiegel; Brust beim Erpel braun gewellt, bei der Ente matter; im Schlichtkleid (Juni–Ende August) ist der Erpel dunkler, ohne wellenförmige Zeichnung.*

BRUT: *die Ente polstert eine gut versteckte Bodenmulde nahe am Wasser mit trockenem Laub, Seggen und Daunen aus; sie legt im Mai meist 8–12 gelbbraune Eier und brütet sie in etwa 28 Tagen aus; die von ihr versorgten Küken verlassen kurz nach dem Schlüpfen das Nest und sind nach ungefähr 7 Wochen flügge.*

NAHRUNG: *Blätter und Wurzeln von Seggen und anderen Wasserpflanzen; ferner kleine Schnecken und Würmer; im ganzen ähnlich wie bei der Stockente.*

Krickente

Anas crecca 36 cm

Außerhalb der Brutzeit veranstalten Krickenten in dichter Formation rasante Flugspiele und erinnern stark an Watvögel, wenn sie in der Luft gemeinsam ihre Kreise ziehen. Bei Gefahr starten sie, wie vom Katapult geschossen, fast senkrecht in die Luft und sind auch schon in reißendem Flug verschwunden. Diese blitzschnelle Reaktion ist für sie lebenswichtig, denn sie halten sich meist in Gegenden mit reichem Baumbestand auf, wo sie sich gut verstecken können, aber einen nahenden Feind erst im letzten Augenblick bemerken. Am liebsten nisten Krickenten in entlegenen verschilften Mooren, in Süßwassersümpfen, Torfmooren, an Teichrändern und im Auwald. Sie ziehen oft einen geschützten Nistplatz zwischen Ginsterbüschen und Farnkräutern größerer Wassernähe vor. Im Winter ziehen sie an die Flußmündungen, die Schlammzonen der Küste und offene Wasserstellen im Binnenland. Früher wurden viele Krickenten zur Zugzeit an der nordfriesischen Küste in Vogelkojen gefangen, auf Sylt in den Jahren 1910-12 allein 18 594 Stück.

Der prächtig gefärbte Erpel ruft im Fluge ‚krrick-krrick', die Ente gibt ein kurzes hohes Quaken von sich. Beim Balzen taucht der Erpel den Schnabel ins Wasser, hebt den Körper von der Wasserfläche ab, krümmt dann den Hals zurück und zieht den Schnabel wieder ein.

KENNZEICHEN: *Erpel oben grau mit metallisch glänzendem grünem Augenfleck, der im Bogen zum Nacken läuft, und waagerechtem weißem Schulterstreif; Ente braun und gelblich gefleckt; Erpel im Schlichtkleid ähnlich, nur oben brauner; Ente und Erpel mit grünem und schwarzem Flügelspiegel.*
BRUT: *die Ente polstert eine Mulde zwischen dichtem Bewuchs mit trockenem Laub, Farnkraut und Daunen aus; ab April bis Mai legt sie meist 8–10 hellbraune, oft grünlich getönte Eier und brütet sie in etwa 21 Tagen aus; sie kümmert sich vorwiegend allein um die Küken, die kurz nach dem Schlüpfen das Nest verlassen und nach ungefähr 23 Tagen flügge sind.*
NAHRUNG: *Wasserpflanzen, deren Samen; Insekten, Würmer, Weichtiere.*

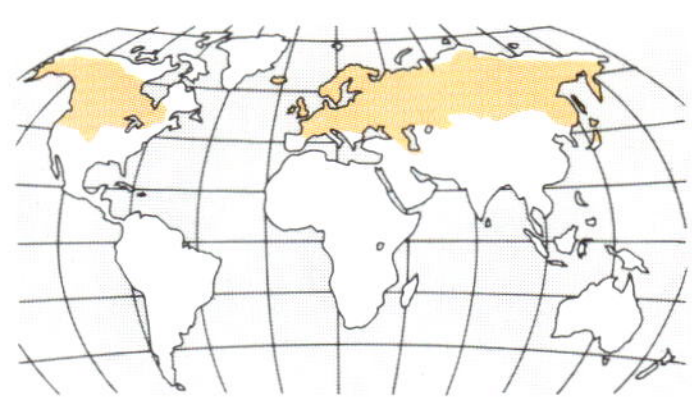

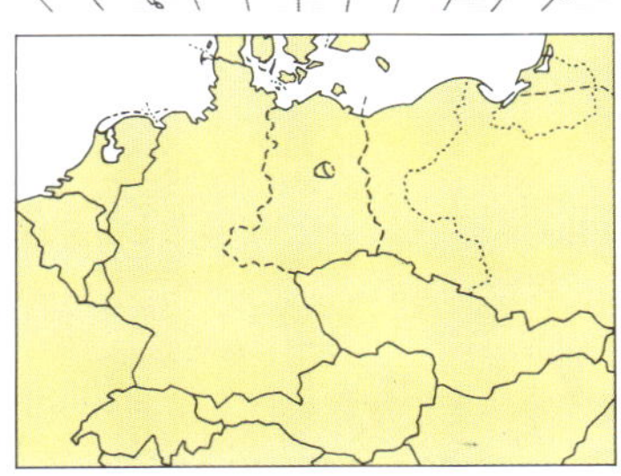

Teilzieher; die Krickenten ziehen aus dem nördlichen Teil des gesamten Verbreitungsgebietes nach Westen und Süden

Krickenten nisten häufig in Mooren und Sümpfen, weit von offenem Wasser

Knäkente

Anas querquedula 38 cm

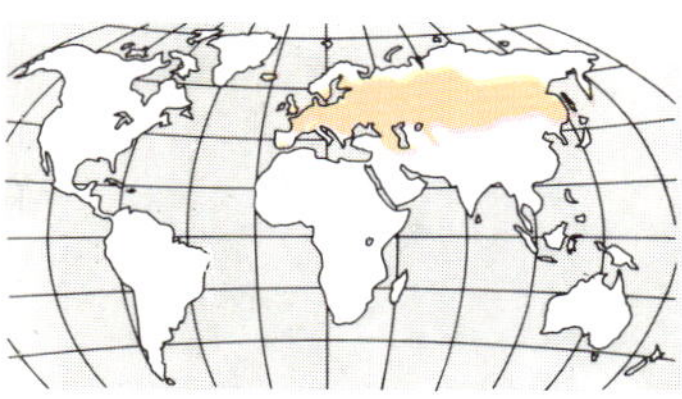

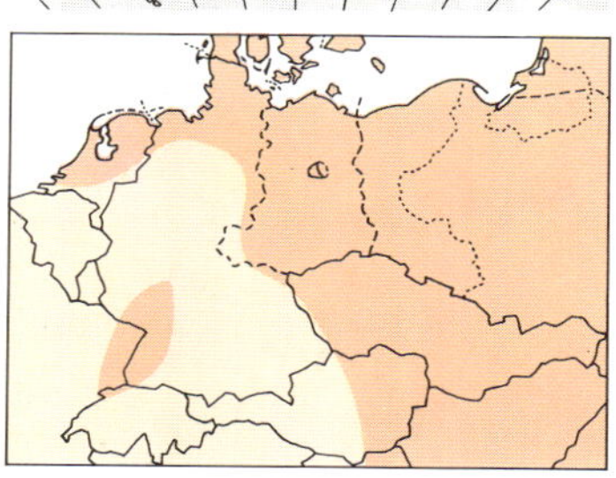

Sommervogel; überwintert meist fern von den Brutgebieten im Süden, bis Südafrika, Neuguinea und Australien; in Mitteleuropa beringte Vögel wurden schon aus Zentralafrika und Sibirien zurückgemeldet

Beim Balzen wirft der Knäkerpel den Kopf zurück

Nur am Prachtkleid der Erpel und an ihrer Stimme kann man Knäkenten von den ein wenig kleineren Krickenten leicht unterscheiden. Bei beiden kleinen Enten ähneln sich Erpel im Schlichtkleid (Juli–Oktober), Enten und Jungvögel sehr, abgesehen davon, daß Knäkenten etwas heller gefärbt sind. Dem melodischen ‚Krilück' oder ‚Krick' des Krickerpels entspricht ein schnarrendes ‚Klerreb' des Knäkerpels. Beim Abflug der Knäkenten hört man oft das namengebende ‚Knäk'.

Im Winter sieht man nur Krickenten; Knäkenten als ausgesprochene Zugvögel sind schon von November an aus Mitteleuropa verschwunden und kehren erst im März zurück.

Auf ihrem mehr als 5000 km langen Frühjahrszug von Äquatorialafrika zu ihren Brutplätzen in Europa müssen Knäkenten streckenweise, besonders in romanischen Ländern, geradezu Spießruten laufen, denn wegen ihres schnellen Fluges ist die Jagd auf sie ein beliebter, weil aufregender Sport.

Knäkenten sind nicht so gesellig wie Krickenten und seltener in größeren Gruppen anzutreffen. Beide brüten am liebsten in dichtem Pflanzenwuchs. Die Knäkente bevorzugt offenes, übersichtliches Gelände und baut ihr Nest vornehmlich im Sumpf oder auf nassen Wiesen in Wassernähe.

KENNZEICHEN: *Erpel mit gewellter brauner Brust, grauen Flanken und auffallendem weißem Bogenstreif vom Auge zum Nacken; im Schlichtkleid der vorwiegend braun gesprenkelten Ente sehr ähnlich: beide heller als die Krickente und mit hellem Dreieck beiderseits des Schnabelgrundes.*

BRUT: *die Ente polstert ihren Nistplatz im Röhricht oder hohen Gras am Wasser mit Gräsern und Daunen aus; ab Ende April bis Mai legt sie meist 10–11 cremefarbene Eier und brütet sie in etwa 22 Tagen aus; sie versorgt auch die Küken, die bald nach dem Schlüpfen das Nest verlassen und nach 30 Tagen fliegen können.*

NAHRUNG: *Knospen, Samen, Blätter und Wurzelstückchen von Teichpflanzen; Wasserlinsen; ferner Wasserkäfer, Schnecken, Würmer, junge Fische, Fisch- und Amphibienlaich.*

Spießente

Anas acuta 56 cm

ERPEL

Der lange, spitze Schwanz, dem diese Ente ihren Namen verdankt, ist nicht ihr einziges Merkmal. Den elegant wirkenden Erpel erkennt man auch an dem langen weißen Hals, von dem aus ein schmaler weißer Keil um die Seiten des schokoladenbraunen Kopfes greift. Sein Ehepartner sieht dagegen – wie bei den meisten Entenarten – recht unauffällig aus. Das hat seinen guten Grund: die Tarnfarbe bietet zur Brutzeit Schutz vor unliebsamen Störenfrieden. Spießenten haben einen leichten, für Enten sogar grazilen Gang. Ihr Flug ist reißend, vor allem wenn sie aufgescheucht werden.

In Mitteleuropa brüten sie im allgemeinen unregelmäßig und besuchen nur selten den gleichen Brutplatz mehrere Jahre hintereinander. So nisteten sie im Ismaninger Teichgebiet lediglich in den Jahren 1933, 1934, 1960 und 1963. Nur im Tiefland zwischen den Niederlanden und Polen brüten sie ziemlich regelmäßig, vor allem im Küstenbereich. Häufiger als zur Brutzeit kann man Spießenten auf dem Durchzug oder als Wintergäste beobachten. Erst spät im Winter beginnt die Balz der Spießerpel in Anwesenheit der Enten mit Scheinputzen, Aufstoßen, Grunzpfiff und Kurzhochwerden, ähnlich wie beim Stockerpel. Zur Brutzeit bewacht der Erpel das Nest.

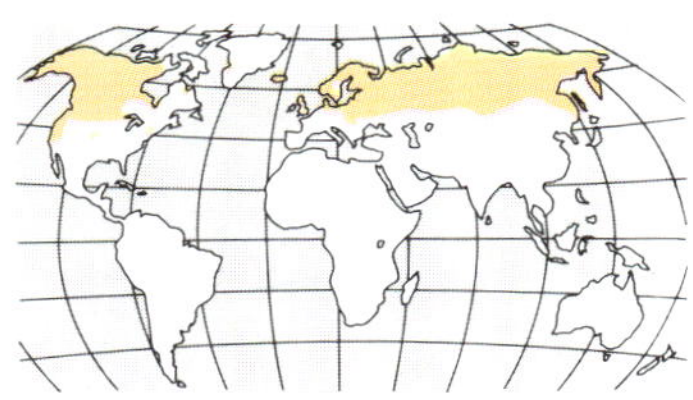

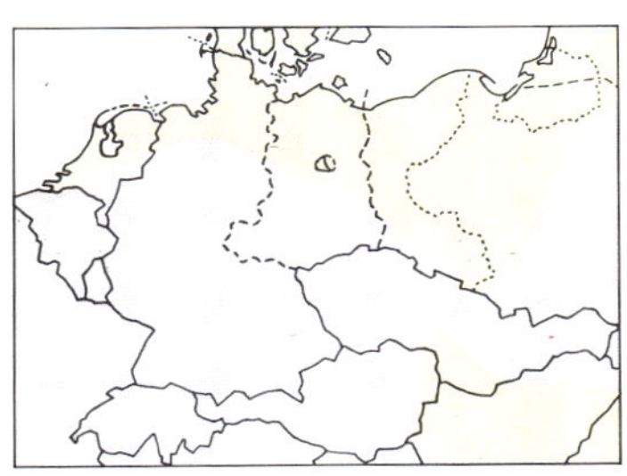

Die meisten Spießenten ziehen aus ihren Brutgebieten in Nordeuropa und Nordasien nach Süden bis Zentralafrika, Ceylon und Borneo; im nördlichen Mitteleuropa Brutvogel, Wintergast und Durchzügler

KENNZEICHEN: *Erpel an Kopf und Hals braun, an der Brust weiß, mit grauem Rücken, langem, spitzen Schwanz (bis mehr als 20 cm) und bronzefarben-grünem Flügelspiegel; Ente braun gesprenkelt, mit grauem Schnabel und kürzerem spitzen Schwanz; im Schlichtkleid (Juli bis Oktober) ähnelt der Erpel der Ente, ist aber an der Oberseite dunkler.*

BRUT: *die Ente polstert eine Bodenmulde, oft an ungeschützter Stelle, mit Gräsern, Blättern und Daunen aus; sie legt im Mai meist 7–9 hellolivgrüne, manchmal auch hellblaue Eier und brütet sie in etwa 23 Tagen aus; die von ihr versorgten Küken verlassen kurz nach dem Schlüpfen das Nest und sind nach ungefähr 28 Tagen flügge.*

NAHRUNG: *sucht auf der Wasseroberfläche meist nach Wasserpflanzen; ferner Süßwasserinsekten, deren Larven, Weichtiere, Würmer; auch Körner.*

Die Spießente ist grauer und wirkt schlanker als die Stockente

Stockente

Anas platyrhynchos 58 cm

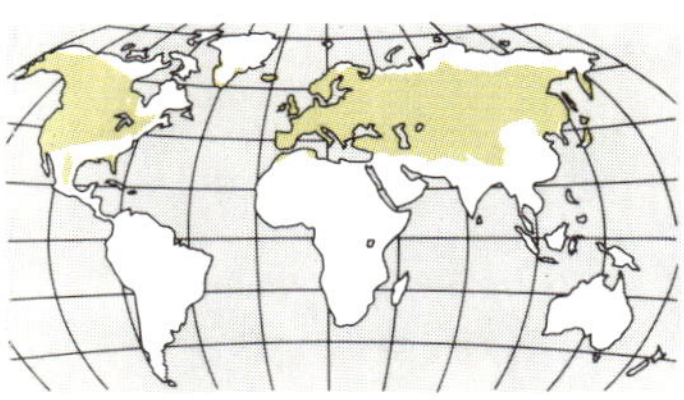

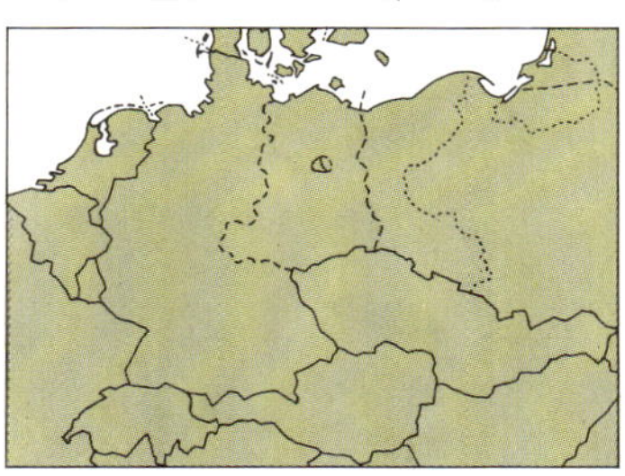

Vorwiegend Jahresvogel; viele Stockenten ziehen jedoch im Winter innerhalb ihres Brutgebietes oder eine kurze Strecke darüber hinaus

In Parkteichen und anderen Gewässern hat schon jeder Stockenten gesehen – den Erpel mit dem schillernd grünen Kopf und dem weißen Halsring und die schlichte Ente. Sie gibt laute quakende Töne von sich, der Erpel ruft gedämpfter und höher ‚kwok' oder ‚kwak'.

Bei ihrer mangelnden Scheu vor Menschen sieht man ihr Balzspiel häufig, oft ohne es zu beachten. Die Partnerwahl fängt schon im Herbst an, wenn mehrere Erpel in ihrem frischen Prachtkleid eine Ente im Flug jagen oder um sie im Kreis herumschwimmen. Mit der Brut beginnen sie schon zeitig im Frühjahr. Wie alle Entenvögel legen sie zwar viele Eier, und im Durchschnitt schlüpfen aus dem Gelege noch ungefähr acht Küken, aber die Verluste etwa durch Feinde oder Kälte sind so erheblich, daß meist nur drei groß werden, die dann durch Jäger besonders gefährdet sind. Denn neben Fasan, Rebhuhn und Ringeltaube bejagt man heute in Mitteleuropa Stockenten am meisten. Allein in der Bundesrepublik werden alljährlich rund 300 000 zur Strecke gebracht. Man schießt sie auch des Abends auf dem sogenannten *Entenstrich*, wenn sie zur Nahrungssuche auf Wiesen und Felder fliegen.

KENNZEICHEN: *Erpel mit schillernd grünem Kopf, weißem Halsband und purpurbrauner Brust; im Schlichtkleid (Juli–September, ähnlich braun gefärbt wie die Ente, nur dunkler; beide mit purpurfarbenen Flügelspiegeln; bei Mauser der Flügel vorübergehend flugunfähig, da alle Schwingen gleichzeitig ausfallen wie bei allen Entenvögeln; Mischlinge mit Hausenten sind häufig ganz schwarz oder weiß.*

BRUT: *beide Partner wählen den Brutplatz; nur die Ente baut in Wassernähe, meist am Boden, auch in Baumhöhlen, gut versteckt ein Nest aus Blättern und Gras; benutzt auch verlassene Nester anderer Vögel; zum Auspolstern rupft sie sich Daunen vom Bauch; sie legt ab Februar bis Mai meist 7–16 hellgraugrüne oder olivfarbene Eier, brütet sie in etwa 28 Tagen aus und versorgt dann die Küken meist selbst, die kurz nach dem Schlüpfen das Nest verlassen und nach 8½ Wochen fliegen können.*

NAHRUNG: *vorwiegend Samenkörner, Knospen und Triebe von Wasserpflanzen; daneben etwas tierische Nahrung.*

…rpel gründelt, die Ente sucht
…seroberfläche nach Nahrung

Löffelente

Anas clypeata 51 cm

Während die Löffelente schnell an einer seichten Stelle planktonreicher Gewässer des Flachlandes paddelt, schiebt sie ihren großen, löffelartigen Schnabel, nach dem sie heißt, im Wasser oder in dünnem Schlick gründelnd vor sich her und seiht die dabei gefangenen kleinen Pflanzen und Lebewesen aus dem Wasser. Im Gegensatz zu den meisten anderen Gründelenten tunkt sie bei der Nahrungssuche selten den Vorderkörper ins Wasser. Bei Gefahr taucht sie jedoch gelegentlich ganz unter.

Auf dem Lande sind Löffelenten schwerfällig und sehen mit ihren mächtigen Schnäbeln ziemlich kopflastig aus. Dabei sind sie geschickte Flieger, vor allem im Frühjahr, wenn der Erpel mit rauhem ‚Tuk-tuk-tuk' hinter der Ente herjagt, die einen quakenden Doppellaut von sich gibt. Außerhalb der Brutzeit sind beide jedoch meist recht schweigsam.

Löffelenten sind in ganz Mitteleuropa verbreitet, aber aus Mangel an geeigneten Nistplätzen meist nur lokal und viel lückenhafter als Krick- und Knäkenten, wenn auch regelmäßiger als Spießenten. Am liebsten brüten sie in Sümpfen oder auf nassen Wiesen mit guter Deckung, manchmal auch an offeneren Seen, wenn sie dort im flachen, schlickigen Wasser ausreichend Nahrung finden. Im Winter suchen sie dann fast alle flachen Binnengewässer auf.

KENNZEICHEN: *großer Schnabel und hellbrauner Fleck am Vorderflügel; der Kopf des Erpels ist dunkelgrün, die Brust weiß und die Flanken kastanienbraun; Ente an der Unterseite braun gefleckt wie der im Schlichtkleid (Mai bis Dezember) ähnliche, etwas dunklere Erpel.*
BRUT: *die Ente polstert eine tiefe Mulde im trockenen Boden mit Gräsern und Daunen aus; die umstehenden Grashalme bilden manchmal ein Zeltdach; sie legt ab April bis Mai meist 8–12 hellbraune oder grüne Eier und brütet sie in etwa 24 Tagen aus; die von ihr versorgten Küken verlassen kurz nach dem Schlüpfen das Nest und sind nach 40 Tagen flügge.*
NAHRUNG: *Plankton (Insekten, deren Larven, kleine Krebstiere und Mollusken) gemischt mit Samen, Knospen und Blättern von Wasserpflanzen.*

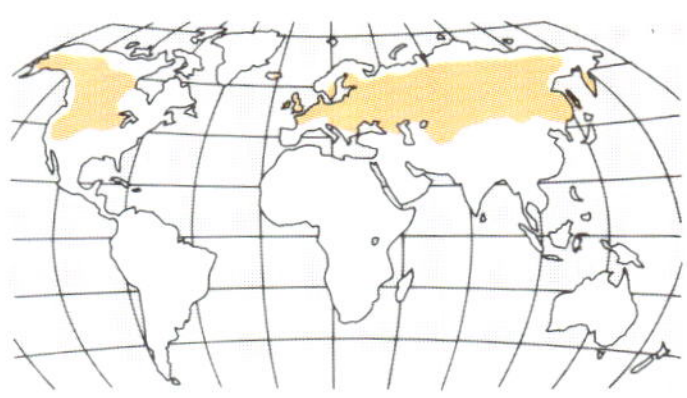

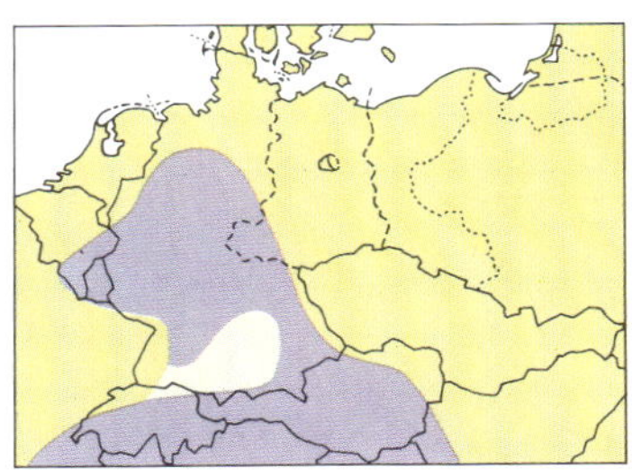

Löffelenten überwintern unmittelbar südlich ihres Brutgebietes; einige ziehen jedoch bis nach Südafrika und Mittelamerika

Der Schnabel der Löffelente ist ihrer Nahrungsaufnahme angepaßt

Kolbenente

Netta rufina 56 cm

ERPEL IM PRACHTKLEID

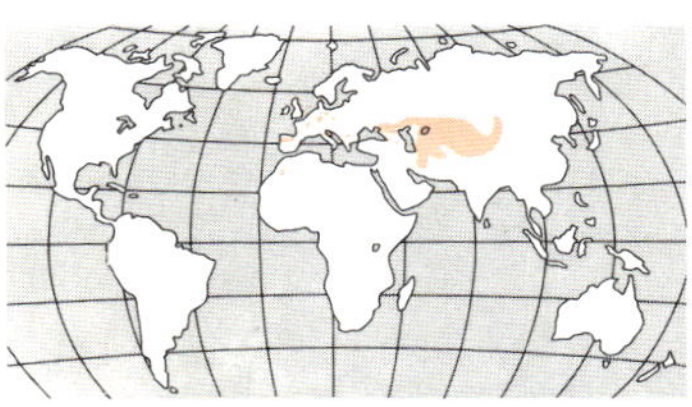

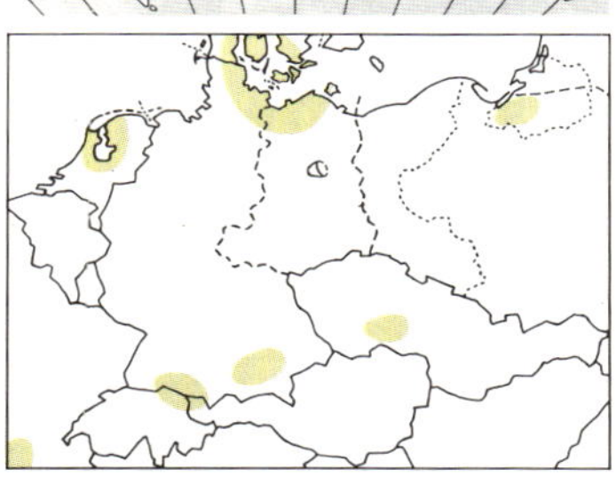

In Asien Zugvogel, der in Indien überwintert; in Mitteleuropa Jahresvogel, der aber nur in geringer Zahl hierbleibt und sonst auf dem Zuge von Mitte März bis Mitte April und von August bis November erscheint

Der Kolbenerpel zeigt im Flug seinen schwarzen Bauch und die weißen Flanken

Allein durch seinen korallenroten Schnabel ist der Kolbenerpel im Brutkleid ganz unverkennbar. Im Gegensatz zur schlicht gefärbten Ente bietet er mit seinen roten Augen und dem fuchsroten Kopf, der sich leuchtend vom schwarzen Vorderkörper abhebt, ein prachtvolles Bild.

Kolbenenten sind vor allem in Mittelasien zu Hause. Den Norden meiden die offenbar wärmeliebenden Vögel. Auffallend ist ihre aufgesplitterte Verbreitung mit wechselhaft besetzten Brutplätzen in Europa und Nordafrika. Ihre afrikanischen Nistplätze haben sie zum größten Teil aufgegeben. In Spanien brüten etwa 3000 Paare, in Frankreich etwa 500. Von hier aus hat sich die Kolbenente sehr lückenhaft über Mitteleuropa bis Südostdänemark verbreitet. Im Norden kommt sie wohl am häufigsten auf Fehmarn (1966: 56 Paare) vor. Im Süden ist sie heute auf dem Bodensee am bekanntesten, wo 1919 die ersten Nester gefunden wurden, nachdem sie früher hier nur als Wintergast aufgetaucht war. Überdies fallen auf dem Untersee jeden Herbst Tausende von Kolbenenten ein und verschwinden vor Einbruch des Winters wieder. Auch im Ismaninger Teichgebiet hat sich die Kolbenente eingestellt (1966: mindestens 20 Paare); zugleich versammeln sich hier auch viele Erpel zur Mauser (Ende Juli 1966 etwa 800), während der sie vorübergehend flugunfähig sind.

KENNZEICHEN: *Erpel mit fuchsrotem, buschig dickem Kopf, Hals und Unterseite schwarz; Ente bräunlich mit weißgrauen Wangen, die sich scharf von der dunklen Kopfplatte abheben; ruft knarrend ‚körr'.*
BRUT: *nistet auf erhöhten Stellen in Sumpf und Röhricht, oft tief im Schilf, auch an Dämmen usw.; Nest aus dürren und grünen Halmen, Blättern u. ä. Pflanzenteilen; die Ente legt im Mai und Juni 6–12 zart graugelbliche Eier und brütet sie in etwa 26 Tagen aus; nach 6–7 Wochen wachsen die Schwingen der Jungen und sind in der 11. Woche ausgewachsen.*
NAHRUNG: *überwiegend pflanzlich: hauptsächlich Armleuchtergewächse, Laichkräuter u. a. Wasserpflanzen; ausnahmsweise kleine Wassertiere.*

Tafelente

Aythya ferina 46 cm

Anders als die gründelnden Schwimmenten tauchen Tafelenten selten nur den Vorderkörper ins Wasser, sondern holen sich meist ihre Nahrung tauchend vom Grunde der Gewässer. Ihre zum Schwimmen und Tauchen bestimmten Beine sitzen weit hinten am Körper. Sie gehen deshalb schwerfällig und halten sich selten an Land auf. Bei Gefahr schwimmen sie lieber weg, denn wenn sie auffliegen wollen, müssen sie, wie alle Tauchenten, erst auf der Wasserfläche einen Anlauf nehmen. Sind sie erst in der Luft, dann fliegen sie schnell und meist in dichter Formation. Sie nisten im dichten Uferbewuchs von Binnenseen und Teichen, mitunter auch an träge fließenden Strömen. Meist sind sie schweigsam. Nur bei der Balz gibt der Erpel, während er den Kopf in die Höhe reckt und die Halsfedern plustert, gedämpfte keuchende Pfeiflaute von sich. Die Ente antwortet rauh und schnarrend ‚köör'.

Diese häufigsten Tauchenten Mitteleuropas verbreiteten sich in den letzten Jahrzehnten von ihren Hauptbrutgebieten östlich der Elbe nach Westen bis in die Niederlande. Am Bodensee sind sie nicht selten, und in Bayern brüten sie in großer Zahl (fast 1000 Paare). Im Sommer versammelten sich im Ismaninger Teichgebiet schon über 20 000 Erpel zur Mauser.

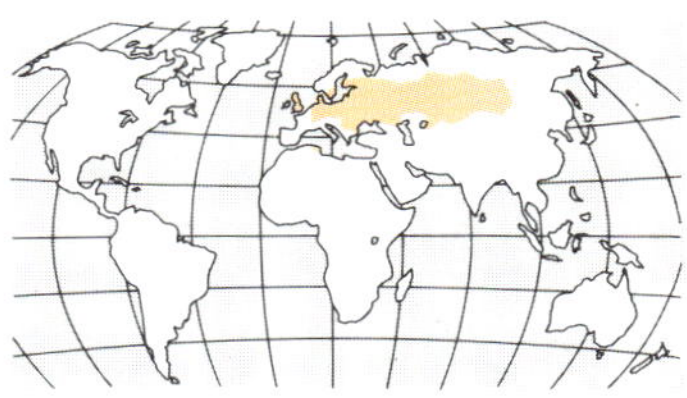

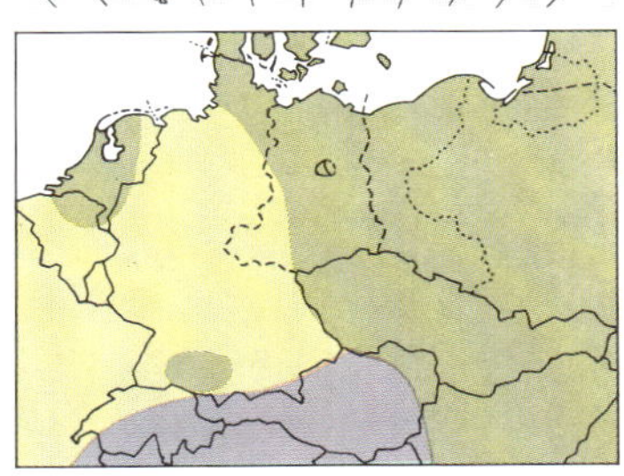

Teilzieher; überwintert meist an Binnengewässern in Westeuropa und südlich des Brutgebietes

KENNZEICHEN: *Erpel mit kastanienbraunem Kopf, schwarzer Brust, grauem Körper, ohne den cremefarbenen Scheitel und den weißen Flügelfleck des Pfeiferpels; der braunen Ente mit hellem Fleck am Schnabelgrund fehlt das weiße, im Flug sichtbare Flügelband der Reiherente; Erpel im Schlichtkleid (Juli–September) ähnlich der Ente, aber grauer am Rücken.*

BRUT: *in einen mit Daunen ausgepolsterten Stapel aus Pflanzenmaterial nahe oder über dem Wasser legt die Ente Ende April bis Anfang Mai meist 6–11 grüngraue Eier und brütet sie in etwa 28 Tagen aus; die von ihr betreuten Küken können wenige Stunden nach dem Schlüpfen schwimmen und sind nach 7½ Wochen flügge.*

NAHRUNG: *Wurzeln, Blätter, Triebe und Knospen von Wasserpflanzen; wenig tierische Nahrung: kleine Mollusken, Würmer, Insekten, Krebstiere.*

Ihr Nest baut die Tafelente unmittelbar am Wasser im dichten Pflanzenwuchs

Reiherente

Aythya fuligula 43 cm

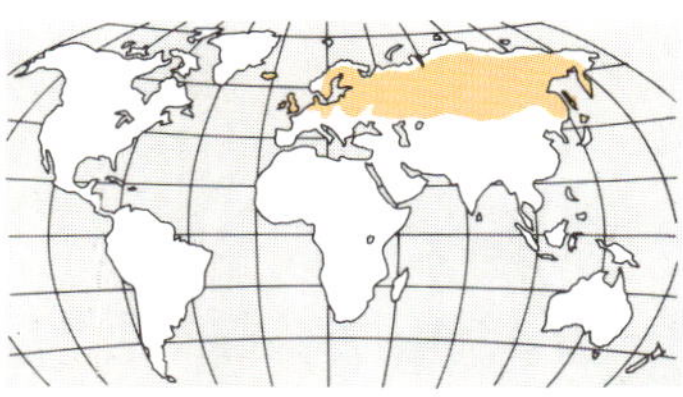

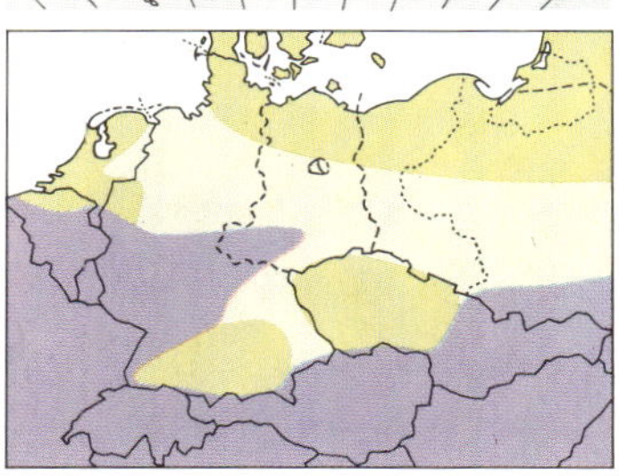

Teilzieher; die meist im hohen Norden brütenden Vögel überwintern südlich des Brutgebietes; manche ziehen bis nach Nordafrika und Indien

Nach ihrer Nahrung tauchen Reiherenten einen halben bis zwei Meter tief

Reiherenten haben sich in Mitteleuropa ähnlich verbreitet wie Tafelenten. Allerdings drangen sie noch ungestümer nach Westen vor und besiedelten erst jüngst Nordrhein-Westfalen, die Niederlande und Großbritannien. 1930 fand man sie, wie andere Neubürger unter den Entenvögeln auch, zum erstenmal als Brutvogel im neuangelegten Ismaninger Teichgebiet, 400 km vor ihrer Ausbreitungsfront. Heute brüten hier Dutzende, und zur Mauser versammeln sich im Sommer bis zu 5000 Erpel. Im Winter finden sie sich in großer Zahl auf eisfreien Gewässern ein, verstärkt durch die Gäste aus dem Norden, wo sie bis 73° nördlicher Breite brüten. Meist sieht man einige Dutzend beieinander, manchmal auch mehr, oft in Gesellschaft von Tafelenten und Bläßhühnern.

Die geselligen Vögel nisten in Kolonien am Ufer von Seen, Tümpeln und kleinen Inseln, wo sie in Binsen und anderem Bewuchs Schutz finden. Sie tauchen tiefer als Tafelenten und ziehen tierische Nahrung vor, bei uns besonders die Wandermuschel, die erst in den letzten 150 Jahren sich von Osteuropa nach Großbritannien verbreitete und als Nahrungsquelle vielleicht das Vordringen der Reiherente ermöglichte. Bei dem unkomplizierten Balzzeremoniell lehnt der Erpel den schönen Haubenkopf zurück und lockt die Ente mit sehr zarten Pfeiftönen. Diese taucht mehrmals den Schnabel ins Wasser und gibt einen heiser knarrenden Ruf von sich.

KENNZEICHEN: *am Hinterkopf des Erpels hängt ein Federbusch herab, seine weiße Brust sticht vom sonst dunklen Gefieder ab; im Schlichtkleid (Mai bis Juni) ähnelt er, wenn auch etwas dunkler gefärbt, der Ente, die einen kleineren Federbusch hat; beide zeigen im Flug die weißen Flügelbinden.*

BRUT: *die Ente nistet nahe am Wasser auf einer mit Daunen ausgepolsterten Unterlage; Ende Mai bis Juni legt sie meist 6–14 hellgrau-grünliche Eier und brütet sie in etwa 24 Tagen aus; die Küken können nach wenigen Stunden schwimmen und tauchen und sind nach ungefähr 6 Wochen flügge.*

NAHRUNG: *taucht tief nach Wasserpflanzen und Wandermuscheln.*

Schellente

Bucephala clangula 46 cm

Schellenten erkennt man vor allem an ihrem dicken Kopf, der beim Erpel schwarz, bei der Ente braun ist. Ihren Namen verdanken sie dem schellenden, pfeifenden ‚Pjüb-pjüb-pjüb', das man besonders von alten Erpeln im Flug hört.

Erst im letzten Jahrhundert breitete sich die Schellente nach Mitteleuropa aus. Westlich der Weichsel brütet sie seit etwa 130 Jahren, westlich der Oder seit rund 100 Jahren und westlich der Elbe bis heute noch nicht. Bei strengem Frost erscheinen Schellenten in großer Zahl an der Nordseeküste und an allen größeren offenen Gewässern Mitteleuropas. Im Januar 1967 zählte man im westdeutschen Binnenland 4629 Schellenten, davon 3099 im Alpenvorland. Im übrigen überwintern sie an geeigneten Orten im Osten und der Mitte Südeuropas, weniger in Südwesteuropa.

Als Baumbrüter wählt sich die Schellente waldumschlossene Seen und Teiche als Brutplatz. Ab Ende März suchen sich die Enten ihre Nisthöhle, aus der später – anderthalb Tage nach dem Schlüpfen – die Küken mit einem Satz springen und sich mit gespreizten Schwimmhäuten und heftig schlagenden Flügelstummeln zu Boden fallen lassen, wohin sie die Mutter mit erregtem ‚Err-kiörr-kiörr' lockt. Sie führt sie kurz darauf zum Wasser, manchmal mehr als 1 km über Land. Den Weg hat sie zuvor auf Aufklärungsflügen erkundet.

KENNZEICHEN: *Erpel am Körper schwarz und weiß, am Kopf grünschillernd schwarz, mit markstückgroßem weißen Fleck zwischen Schnabel und Auge; Ente grau mit braunem Kopf, weißem Halsband und weißem Flügelspiegel; Erpel im Schlichtkleid (August–Oktober/Dezember) ähnelt der Ente, behält aber einige dunkelgrüne Kopffedern.*
BRUT: *die Ente legt Mitte April in eine Baumhöhle, die meist nicht mehr als 5 m vom Boden entfernt ist und ein Flugloch von mindestens 10 cm hat, 6–15 hellblau bis grünliche Eier und brütet sie in rund 30 Tagen aus.*
NAHRUNG: *Kleintiere des Wassers, vorwiegend Insekten und deren Larven, Mollusken, Würmer und kleine Fische.*

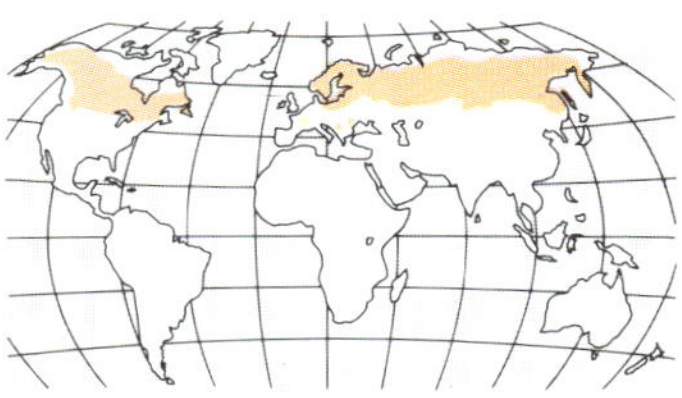

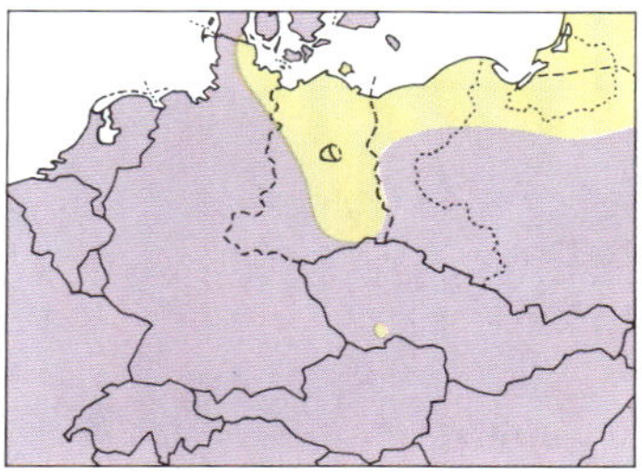

Die Schellente überwintert meist an den Küsten und an großen Binnengewässern unmittelbar südlich ihres Brutgebietes

Beim Balzen legt der Erpel den Kopf zurück und hebt den Schnabel hoch

Zwergsäger

Mergus albellus 41 cm

ERPEL

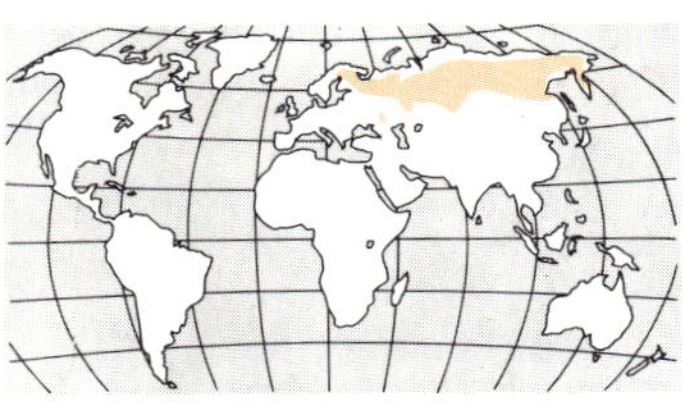

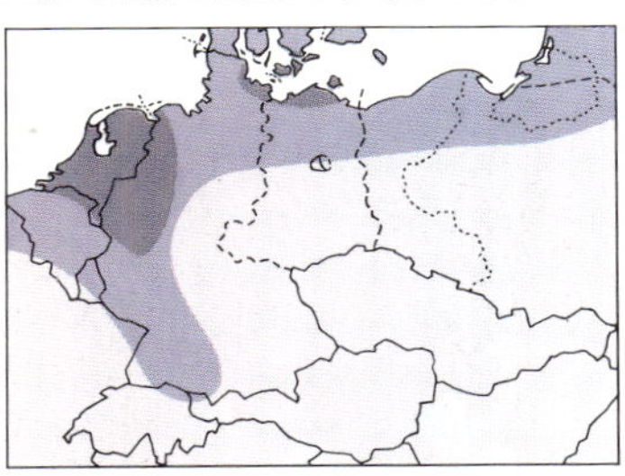

Zugvogel; überwintert auf dem Süßwasser von der südlichen Eisgrenze bis in die Mittelmeerländer

Der kleinste Säger, den man in Mitteleuropa sieht, ist der Zwergsäger. Säger gehören zu den Entenvögeln und verdanken ihren Namen den sägeartig gezähnten Kanten ihrer Schnäbel, mit denen sie schlüpfrige Fische gut festhalten können.

Nach Mitteleuropa kommen Zwergsäger ausschließlich als Wintergäste. Ihre nächsten Brutstätten liegen weit im Norden Skandinaviens, wo sie meist nahe am Wasser in Baumhöhlen nisten. Schon Ende September erscheinen sie in Ostpreußen, und im Oktober im ganzen Küstenbereich der Ostsee. Je nach Stärke des Frostes ziehen sie später von hier auf der Suche nach eisfreien Gewässern an die Flüsse und Seen in ganz Mitteleuropa. Am häufigsten sieht man sie an der Ostseeküste Mecklenburgs, in Nordrhein-Westfalen und in den Niederlanden. 1967 zählte man an einem normalen Januartag in Westdeutschland 1080 und in den Niederlanden 1626 Stück.

Diese auf Fischfang spezialisierten Vögel sind unermüdliche Taucher. Beim Auffliegen heben sie sich, wie die Tauchenten, ziemlich schwer vom Wasser ab, sind aber geschickte Flieger. Ihr watschelnder Gang ist schwerfällig. Die schweigsamen Vögel geben im Wasser nur ein rauhes ‚Karr' von sich. Sie fliegen auch lautlos, denn ihre Flügel erzeugen nicht das pfeifende Geräusch, das man bei anderen Sägern gelegentlich hört. Beim Balzzeremoniell, das man kurz vor dem Abzug beobachten kann, richtet der Erpel unter anderem die Haube auf und nickt.

KENNZEICHEN: *kurzer Schnabel; Erpel weiß mit schwarzen Abzeichen, schwarzweiße Haube, wirkt im Flug mehr schwarz als weiß; die Ente ist grauweiß und schwarz mit kastanienbraunem Oberkopf und Nacken.*
BRUT: *brütet nicht in Mitteleuropa; nistet gewöhnlich nahe am Wasser in einer Baumhöhle, die die Ente mit Daunen polstert; sie legt im Mai meist 6–9 cremefarbene Eier und brütet sie wahrscheinlich in 4 Wochen aus; die von ihr versorgten Küken sind nach 5–6 Wochen flügge.*
NAHRUNG: *vielerlei kleine Fische, Krabben, Schnecken, Wasserkäfer.*

Ente mit weißen Wangen und Kehle, die sich vom dunklen Kopf abheben

Gänsesäger

Mergus merganser 66 cm

An Größe übertrifft der Gänsesäger alle Schwimm- und Tauchenten. Sein besonderes Geschick beim Fischefangen ist sein Mißgeschick bei Fischern, die ihn früher stark verfolgten. Seit 1968 ist er endlich das ganze Jahr über geschützt. In Mitteleuropa brütet er nur selten. Der Schwerpunkt seiner inselhaften Verbreitung liegt im Nordosten zwischen Schleswig-Holstein und der Pommerschen und Masurischen Seenplatte. Weit getrennt davon brütet er auch in Südbayern an Flüssen und Seen, wo man 1967 40–50 Paare zählte. Daran schließt sich sein Brutgebiet in der Schweiz mit 140 Paaren an. Als Höhlenbrüter ist es für einen so stattlichen Vogel nicht immer leicht, passende Niststätten zu finden.

Im Winter bekommen unsere heimischen Gänsesäger erheblichen Zuzug aus Nordeuropa. Sie sind dann nicht selten auf großen eisfreien Gewässern zu beobachten. An Land wirken sie recht unbeholfen, im Wasser sind sie aber in ihrem Element: Gänsesäger können ausgezeichnet unter Wasser schwimmen und länger als eine Minute tauchen.

Beim Balzen reckt sich der Erpel im Wasser hoch, streckt den Hals aus und richtet die Scheitelfedern auf. Während des Balzspiels kommt es auch zu einer Jagd zwischen den Partnern. Beide können nur krächzend ‚karr' oder ‚kraah' rufen.

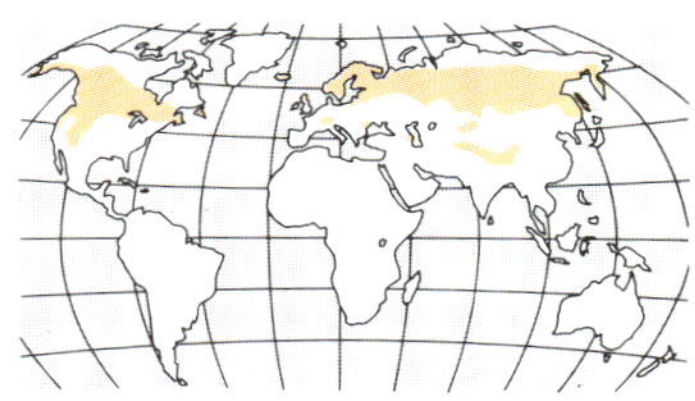

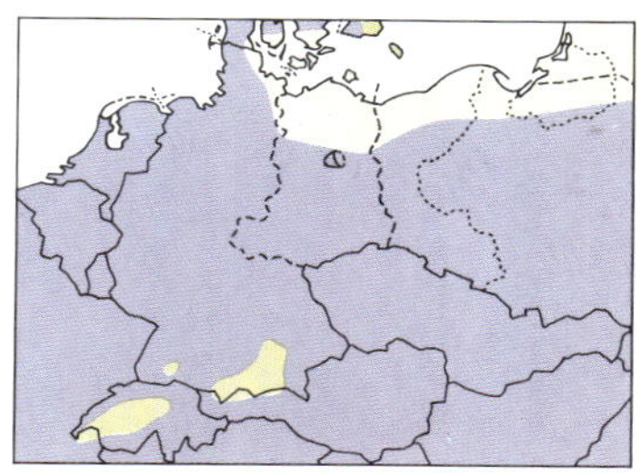

Teilzieher; brütet bis nördlich der Baumgrenze; überwintert unmittelbar südlich des Brutgebietes, wobei die Nordgrenze des Winterquartiers sich nach der Eisgrenze richtet

KENNZEICHEN: *gerader, schlanker Schnabel; im Gegensatz zu Seetauchern und Lappentauchern, mit denen sie häufig verwechselt werden, ist der Erpel an Kopf und Hals glänzend dunkelgrün, die Unterseite lachsrot überhaucht, der Bürzel grau; Ente kleiner, mit kastanienbraunem Kopf und grauem Rücken.*

BRUT: *nistet in Höhlen von Bäumen oder Erdwällen; die Ente kleidet die Höhle mit morschem Holz, Blättern und ihren weißen Daunen aus; sie legt ab April bis Juni 7–13 cremefarbene Eier und brütet sie in etwa 5 Wochen aus; die von ihr versorgten Küken springen nach wenigen Tagen aus der Nisthöhle und sind nach ungefähr 5 Wochen flügge.*

NAHRUNG: *zu über 80 % meist fingerlange Fische, aber auch Forellen und Hechte von über 30 cm und fast einem Pfund Gewicht; Krabben, Frösche und Insekten.*

Der Gänsesäger ist einer der wenigen Entenvögel, die in Baumhöhlen nisten

Seeadler

Haliaeetus albicilla 61—91 cm

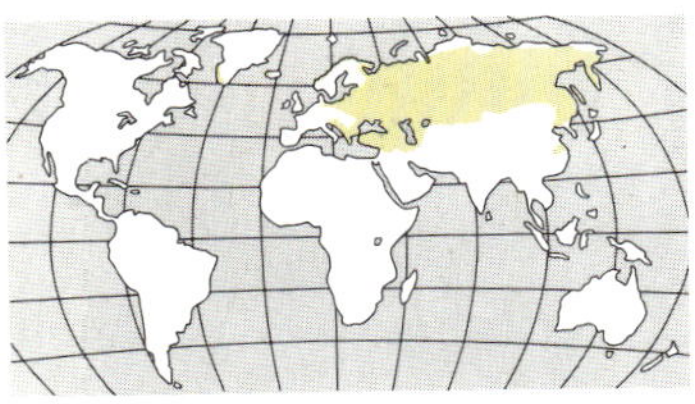

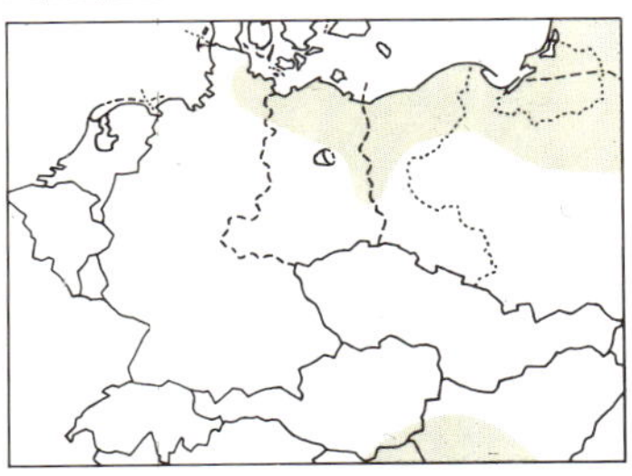

Zug-, Stand- und Strichvögel; Altvögel überwintern meist in der Nähe des Brutplatzes; Jungvögel streifen, mitunter auch im Sommer, weit umher

Im Flug erkennt man den Seeadler stets am keilförmigen weißen Schwanz

Der Seeadler ist noch größer als der Steinadler und von ihm im Fluge durch den kurzen keilförmigen, bei Altvögeln weißen Schwanz zu unterscheiden. Seine Läufe sind unbefiedert, denn er gehört nicht zu den eigentlichen Adlern, sondern steht den Milanen näher. Wie sie nimmt auch er Aas an und schmarotzt bei anderen Greifvögeln. In Mitteleuropa reicht sein Brutgebiet in den Küstenländern der Ostsee westwärts bis Holstein mit Schwerpunkt zwischen dem Darß und Usedom. Auf der Mecklenburgischen Seenplatte horsten heute noch 70–80 Paare, in Brandenburg etwa 30 und in Ostholstein wieder 46, die heute streng geschützt sind und deren Horste vor Eierräubern geheimgehalten werden.

Der Seeadler ist ganz ans Wasser gebunden, seien es Meeresküsten, Seen oder Flüsse, die möglichst fisch- und vogelreich sind. In Nordeuropa horstet er gern auf Klippen oder an Felsen, bei uns nur auf bis 30 m hohen, meist über hundertjährigen Bäumen am Waldrand. Bei der Jagd – von erhöhtem Ansitz aus oder im Suchflug – ist der scheinbar schwerfällige Seeadler geschickt und vielseitig. Fische greift er im Fluge und sogar im Tauchen. Wasservögel überrascht er; falls sie tauchen, ermüdet er sie, indem er über dem Wasser so lange rüttelt, bis er sie schlagen kann.

KENNZEICHEN: *brettartig breite, gefingerte Schwingen (Spannweite bis zu 2,40 m); mächtiger gelber Schnabel; kurzer keilförmiger weißer Schwanz; das Männchen ruft 4–5silbig ‚krick-rick-rick-rick', das Weibchen eine Oktave tiefer ‚ra-rack-rack-rack', im Balzflug im Duett abwechselnd.*

BRUT: *erst im 5. Jahr geschlechtsreif; baut Horst aus Knüppeln und feineren Ästchen; das Weibchen legt im Februar–März 1–3 matt kalkweiße, schwach glänzende oder grünlich bis rahmfarben überhauchte Eier, die beide Gatten, vor allem das Weibchen, in etwa 40 Tagen ausbrüten; die Jungen sind nach 80–90 Tagen flügge.*

NAHRUNG: *erbeutet mittelgroße bis große Wirbeltiere, vor allem Wasservögel und Fische; nimmt Aas an; jagt anderen Greifvögeln die Beute ab.*

Fischadler

Pandion haliaetus 55 cm

Der auf den ersten Blick einem hellen Mäusebussard ähnliche Fischadler holt sich als einziger Greifvogel seine Beute – fast ausschließlich Fische – stoßtauchend aus Seen und Flüssen. Hat er beim Such- und Rüttelflug aus der Höhe einen Fisch erspäht, stürzt er mit angelegten Schwingen und vorgestreckten Füßen ins Wasser, das aufspritzend über ihm zusammenschlägt, und greift große Fische mit beiden Fängen, die mit nadelspitzen Krallen bewehrt sind. Dabei faßt er den Fisch an beiden Seiten der Rückenlinie wie mit einer Zange, denn zwei seiner Zehen sind nach vorn, zwei nach hinten gerichtet. Er taucht sofort wieder auf und fliegt mit seiner Beute auch dann davon, wenn sie 2 kg wiegt, also schwerer ist als er selbst (Durchschnittsgewicht: 1,5 kg). Mehrfach ist freilich ein Fischadler beim Schlagen eines zu schweren Fisches nicht wieder hochgekommen, sondern unter Wasser gezogen worden und ertrunken.

Abgesehen von Südamerika ist der Fischadler über die ganze Erde verbreitet. In der Bundesrepublik brütet er schon lange nicht mehr. Eine Anzahl regelmäßig besuchter Horste gibt es noch in Mecklenburg, Brandenburg, Pommern und Ostpreußen.

Als extremer Fischfresser wird er in allen dichtbesiedelten Ländern verfolgt, in Westdeutschland, wo er auf dem Durchzug erscheint, besonders an Fischteichen. Erst seit 1968 steht er das ganze Jahr über unter Schutz.

KENNZEICHEN: *von der dunkelbraunen Oberseite hebt sich die weiße, braungefleckte Unterseite sehr ab; dunkelbrauner Seitenstreif am Kopf; lange, beim Flug deutlich angewinkelte Flügel; beide Geschlechter gleich; Stimme: durchdringende Pfiffe.*

BRUT: *meist auf dem höchsten Wipfel eines Baumes in der Nähe eines Sees bauen beide Partner einen großen Horst aus Ästen; das Weibchen legt Ende April bis Anfang Mai meist 3 weiße, stark rotbraun gefleckte Eier, die es in etwa 35 Tagen vorwiegend allein ausbrütet; es füttert auch die Jungen, die nach 7–8 Wochen fliegen können.*

NAHRUNG: *fast nur Fische, gern Hechte und Forellen.*

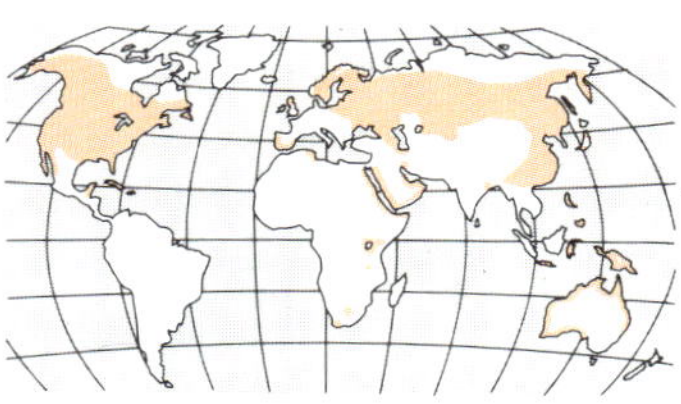

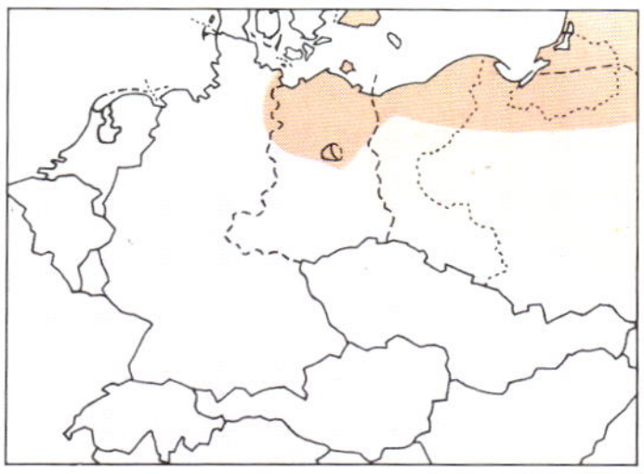

In Mitteleuropa sehr seltener Sommervogel; Fischadler aus Europa und Nordasien überwintern meist in den Tropen Afrikas und in Südasien

Fischadler mit vorgestreckten Fängen kurz vor dem Stoßtauchen

Teichhuhn

Gallinula chloropus 33 cm

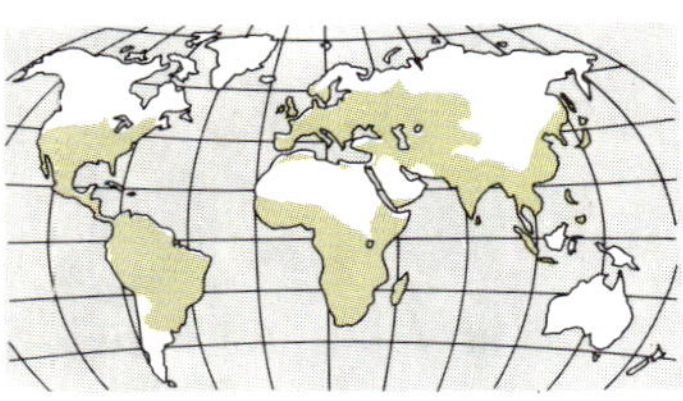

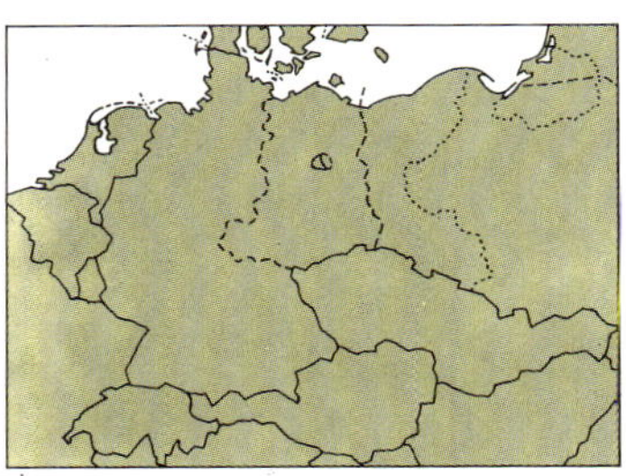

Vorwiegend Jahresvogel; einige im Norden brütende Vögel ziehen im Winter nach Süden und Westen

Das Teichhuhn wird auch *Wasserhuhn* genannt. Es gehört zur Familie der Rallen und dürfte bei uns zu den verbreitetsten Wasservögeln zählen. Wenn es bei Gefahr untertaucht, hält es sich wahrscheinlich unter Wasser, indem es die Luft aus dem Gefieder und den *Luftsäcken* preßt und Wasser tritt. Nur der Schnabel ragt noch wie ein Schnorchel heraus.

Teichhühner nisten am liebsten im Dickicht am Rande von Tümpeln, Teichen oder Flüssen. Auch in den Parks der Städte oder bei der Nahrungssuche in Sümpfen, auf Rieselfeldern und Wiesen kann man sie häufig beobachten. Sie verteidigen ihr Revier geradezu eifersüchtig. Bei ihren wilden Kämpfen im Wasser brechen sich die Männchen gelegentlich auch einen Zeh oder renken sich den Fuß aus.

Wie viele Wasservögel fliegt das Teichhuhn nicht sehr kraftvoll. Nur schwer hebt es sich unter heftigem Flügelschlagen und Wassertreten vom Wasser ab. Beim Schwimmen bewegt es sich ruckartig. Seine krächzenden, recht flüssigen Rufe lauten ‚kurruck' und ‚kittick'. Bei der Balz richtet das Männchen sich schräg auf, stellt die Flügelspitzen fast senkrecht, zeigt im gefächerten Schwanz die weißen Unterschwanzdecken und hält den Kopf gesenkt.

Beim Schwimmen zuckt das Teichhuhn mit dem Schwanz und zeigt die weiße Zeichnung der Unterseite

KENNZEICHEN: *rotes Stirnschild, das bis auf den Schnabel reicht; weiße Unterschwanzdecken; wippt beim Schwimmen und im Laufen beständig mit dem Schwanz; beide Geschlechter gleich.*

BRUT: *beide Partner bauen, meist nahe am Wasser, zuweilen auch weiter entfernt davon oder auf einem Baum oder Strauch ein flaches Nest aus trockenen Wasserpflanzen; das Weibchen legt Ende März bis Juli 5–11 hellbraune, rotbraun gesprenkelte Eier, die in 19–22 Tagen beide Eltern ausbrüten; die Jungen werden von den Eltern, die der 2. oder 3. Brut auch von den Jungvögeln der 1. oder 2. Brut gefüttert; sie verlassen nach 2–3 Tagen das Nest und können sofort schwimmen und tauchen.*

NAHRUNG: *wilde Früchte, Samen, Wasserpflanzen; Würmer, Nackt- und Gehäuseschnecken, Insekten, deren Larven; auch Eier und Jungvögel anderer Arten.*

Bläßhuhn

Fulica atra 38 cm

Das Bläßhuhn, die *Lietze* der Havelseen, bevorzugt größere, offene Wasserflächen und nistet gern an gut geschützten Stellen in aufgelockerten Kolonien. Bei der Balz streckt das Männchen den Hals aus, bis er fast das Wasser berührt. Die angriffslustigen Vögel mit ihrem ausgeprägten Reviersinn gehen oft zänkisch aufeinander los. Stößt eine Rohrweihe oder ein anderer Greifvogel auf eine Gruppe Bläßhühner nieder, rennen sie flügelschlagend über die Wasserfläche ins nächste Röhricht und lassen eine Sprühwolke hinter sich. Daraus ist die Geschichte entstanden, sie spritzten Eindringlingen Wasser in die Augen und vertrieben sie so.

Im Winter ziehen Bläßhühner an die großen Staubecken und Seen, die ihnen weniger Deckung bieten, und bilden an eisfreien Stellen die auffälligsten Versammlungen von Wasservögeln, auch am Rande oder im Innern von Großstädten. Am Bodensee, einem ihrer bekanntesten Winterquartiere in Europa, wo sie auch *Belchen* genannt werden, erlegte man früher Tausende in der sogenannten *Belchenschlacht*.

Bläßhühner – den Namen haben sie von der weißen Stirnblesse, die sich scharf vom schwarzen Gefieder abhebt – sind auf dem Wasser äußerst wendig und können wie Teichhühner mit dem Körper ganz untertauchen, so daß nur noch der Schnabel herausragt.

KENNZEICHEN: *schwarz bis auf das weiße Hornschild an der Stirn und die schmale helle, im Flug sichtbare Flügelbinde; Geschlechter gleich.*
BRUT: *beide Partner bauen im Flachwasser aus Binsen ein großes Nest als Schwimmnest oder machen es an einem halb eingetauchten Ast fest; das Weibchen legt im März bis Mai meist 6–9 hellbraune, schwarz getupfte Eier, die beide Eltern in 21–24 Tagen ausbrüten; die von beiden versorgten Jungen verlassen nach 3–4 Tagen das Nest und sind nach ungefähr 8 Wochen selbständig; brütet zweimal, gelegentlich auch dreimal im Jahr.*
NAHRUNG: *Binsentriebe, Wurzeln von Wasserpflanzen; Körner und Samen; auch kleine Fische, Kaulquappen, Libellenlarven und andere Wasserinsekten; im Winter auch sehr gern Wandermuscheln.*

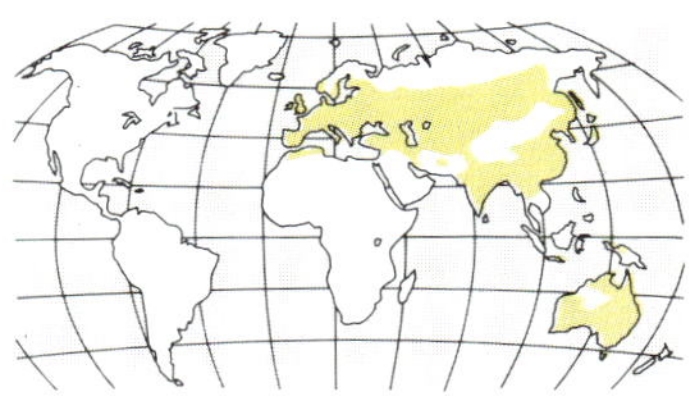

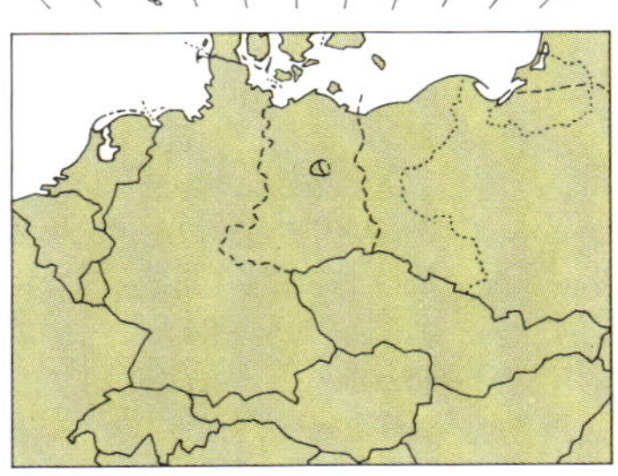

Vorwiegend Jahresvogel; in Mitteleuropa meist Teilzieher; Vögel aus dem Norden ziehen im Winter gelegentlich nach Süden bis in die nördlichen Tropen Afrikas

In Drohstellung senkt das Bläßhuhn den Kopf und hebt die Flügel an

Flußregenpfeifer

Charadrius dubius 15 cm

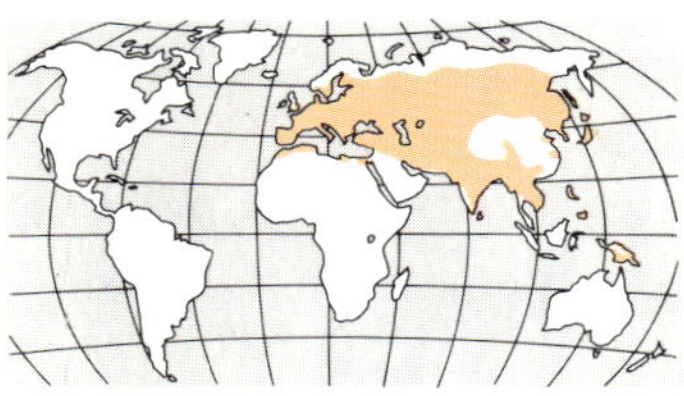

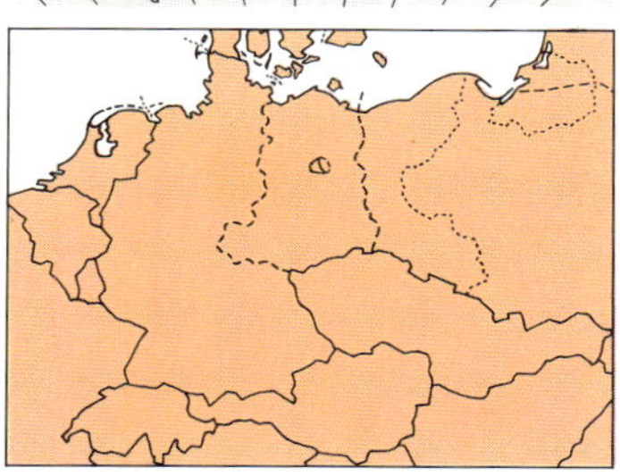

In Europa und Nordasien Sommervogel, der im Winter nach Süden, bis zum Äquator, zieht; in den Tropen ist der Flußregenpfeifer Jahresvogel

Dem Flußregenpfeifer fehlt die helle Flügelbinde des Sandregenpfeifers

Am Kiesstrand von Flüssen und anderen Gewässern sowie in noch kahlen Kiesgruben ist der Flußregenpfeifer zu Hause. Als Ausgleich für Lebensstätten, die ihm die moderne Flußregulierung nahm, hat er sich auch auf künstlichem Ödland wie Flugplätzen, Mülldepots und Kiesaufschüttungen niedergelassen. Er ist zwar nicht häufig, aber weit und fast ausschließlich im Binnenland verbreitet. Auf großen Strecken fehlt er. Küste und Inseln meidet der Flußregenpfeifer im allgemeinen; nur vereinzelt brütet er an der Ostsee.

Am Boden sieht er aus wie ein kleiner Sandregenpfeifer, der allerdings vor allem am Meeresstrand wohnt und im Flug seine helle Flügelbinde zeigt, die dem Flußregenpfeifer fehlt. Er ist auch an seinen Rufen, meist einem ‚Pi-ü' oder einem anhaltenden ‚Pip-pip-pip' zu erkennen. Sein Balzlied, in dem er trillernd seine Rufe wiederholt, singt er meist während eines fledermausartigen Fluges in der Luft. Auffallender ist der eigentliche Imponierflug, bei dem das Männchen mit langsamen Flügelschlägen zickzackartig im Kreise herumfliegt. Auch der Flußregenpfeifer stellt sich flügellahm, wenn er gefährliche Eindringlinge von Nest und Brut ablenken will. Mit einem Gewicht von nur 5 g sind die eben geschlüpften Küken des Flußregenpfeifers die kleinsten unserer heimischen Nestflüchter.

KENNZEICHEN: *brauner Rücken, weiße Unterseite mit breitem schwarzen Halsband; schwarzes Band hinter dem Auge und auf der weißen Stirn; die weiße Flügelbinde des Sandregenpfeifers fehlt ihm; beide Geschlechter gleich.*
BRUT: *das Weibchen legt in eine geeignete Vertiefung, meist in Schotter oder Uferkies, die manchmal mit ein paar Kieselsteinen oder Halmen ausgelegt wird, Ende April bis Juni 4 birnenförmige, blaßbraun und schwarz getupfte Eier, die beide Eltern in etwa 25 Tagen ausbrüten; die von beiden versorgten Jungen verlassen gleich nach dem Schlüpfen das Nest und sind nach ungefähr 3½ Wochen flügge.*
NAHRUNG: *vor allem Insekten; auch Spinnen, kleine Weichtiere und Würmer.*

Flußuferläufer

Tringa hypoleucos 20 cm

Der etwa stargroße Flußuferläufer ist über mehr als die halbe Welt verbreitet. Er brütet in Europa und Asien und überwintert in Afrika oder gar in Australien. Die ersten Vögel treffen in Mitteleuropa Anfang April ein, der Hauptstrom folgt Ende April und Anfang Mai. Während des Zuges, der sich auch im Herbst lange hinstreckt, trifft man Flußuferläufer fast an allen flachen Gewässern, in denen sie waten können. Einzelne Vögel überwintern auch bei uns. Sie nisten, wenn auch nur spärlich, an allen geeigneten Orten, also an Flüssen, Bächen und Seeufern.

Wenn der Flußuferläufer im Halbkreis dicht über dem Wasser fliegt, dabei abwechselnd schnell und flach mit den Flügeln schlägt oder kurz gleitet und hell ‚hididi' ruft, ist er leicht zu erkennen. Aus aneinandergereihten Rufen besteht auch sein trillernder Gesang, den er im Fluge, am Boden oder von einem erhöhten Sitzplatz aus vorträgt und der eine wichtige Rolle beim kreisförmigen Balzflug des Männchens spielt.

Wird er aufgescheucht, dann fliegt der Flußuferläufer knapp über die Wasseroberfläche weg, sucht sich einen geeigneten Sitzplatz und wippt, sobald er sich niedergelassen hat, beständig mit dem Hinterkörper.

Wie andere Vögel versuchen auch Flußuferläufer gefährliche Eindringlinge von Nest und Eiern wegzulocken, indem sie sich stellen, als sei ihnen ein Flügel gebrochen.

KENNZEICHEN: *Oberseite dunkelbraun; Unterseite rein weiß mit hellen, bräunlichgrauen Abzeichen seitlich am Hals; weiße Flügelbinde im Flug gut zu erkennen; beide Geschlechter gleich.*
BRUT: *eine Bodenmulde nahe am Wasser wird mit Gras und trockenem Laub ausgelegt; das Weibchen legt ab Mai bis Juni meist 4 birnenförmige, hellbraune oder graue, rotbraun gefleckte Eier, die beide Eltern in 22 Tagen ausbrüten; die von ihnen versorgten Jungen verlassen nach wenigen Stunden das Nest und sind in ungefähr 4 Wochen flügge.*
NAHRUNG: *meist Insekten wie Gelbrandkäfer, Eintags- und Köcherfliegen, Wasserwanzen; Schnecken, Würmer; Kaulquappen; wenig pflanzliche Nahrung.*

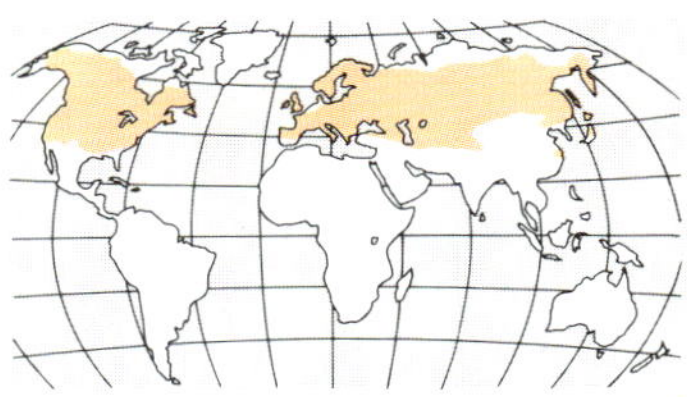

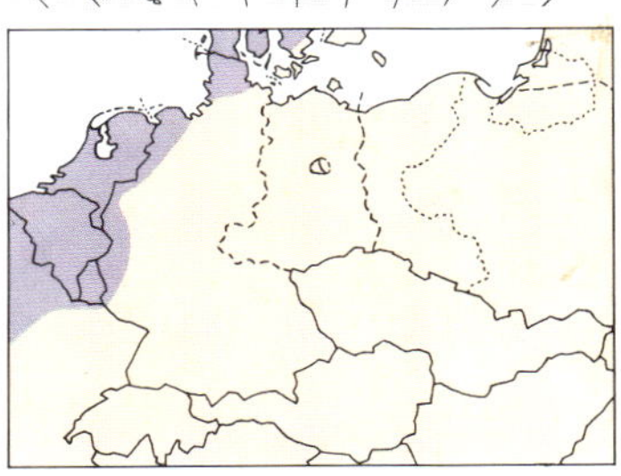

Überwiegend Zugvogel; die meisten Vögel überwintern weit südlich ihres Brutgebietes, manche ziehen bis nach Südafrika und Australien

Mit stark abwärts gebogenen Schwingen fliegt der Vogel dicht über dem Wasser

Zwergmöwe

Larus minutus 28 cm

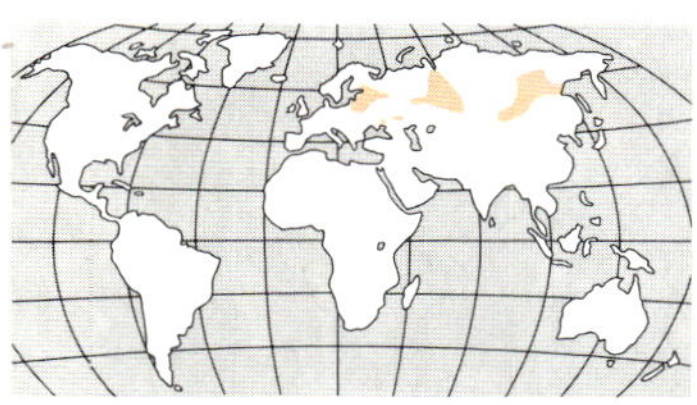

Zugvogel in ihrem Hauptverbreitungsgebiet; zieht nicht sehr weit; in Mitteleuropa Jahresvogel; auch Durchzügler im April–Juni und im August–Oktober, der in geringer Zahl überwintert

Schwarze Kopfmaske und dunkle Unterflügel kennzeichnen die fliegende Zwergmöwe

Mit ihrer schwarzen Kopfmaske ähnelt die Zwergmöwe im Brutkleid auf den ersten Blick einer Lachmöwe und mehr noch der in den letzten Jahren aus Südosteuropa eingewanderten Schwarzkopfmöwe. Wie bei dieser ist ihre Kopfmaske pechschwarz und reicht tiefer in den Nacken als die schokoladenbraune Gesichtsmaske der Lachmöwe. Von beiden Arten unterscheidet sie sich durch ihre geringe Größe und den im Flug dunklen Unterflügel. Diese zierliche Möwe fliegt auch gaukelnder als andere Möwenarten und ähnelt darin eher Seeschwalben.

Ihr geschlossenes Verbreitungsgebiet erstreckt sich mit großen Lücken von Pommern und Finnland bis zum Ochotskischen Meer. Weiter westlich siedelt sie nur in weit isolierten Binnengewässern Schwedens, Dänemarks und Hollands, wo sie auch immer seltener wird. Vor dem Kriege fand man sie in Deutschland nur auf einigen großen Seen in Pommern und Ostpreußen. Am Drausensee, einem ihrer bekanntesten Brutvorkommen, legte sie ihre Nester vor allem auf den Schwimmblättern der Krebsschere an. Als diese Wasserpflanze nach dem Bau eines Verbindungskanals zur Ostsee durch einströmendes Salzwasser verschwand, zog sich auch die Zwergmöwe zurück. Sie nistet gern in Nachbarschaft von Kolonien der Lachmöwe sowie der Fluß- und Trauerseeschwalbe und stellt insofern noch besondere Ansprüche an ihre Brutplätze.

KENNZEICHEN: *kleiner als Lachmöwe; pechschwarze Kopfmaske; Flügel bei Altvögeln von unten sehr dunkel; Flügelspitze weiß; Jungvögel mit Zickzackband auf weißer Oberseite; ruft tief ‚kek-kek-kek'.*

BRUT: *nistet in Kolonien ab Ende Mai; beide Partner bauen ein kleineres Nest als die Lachmöwe, meist auf mehr oder weniger schwimmenden Wasserpflanzen; legt im Juni 3 lebhaft glänzende, bräunliche, gefleckte Eier, die beide Partner in 20–30 Tagen ausbrüten; die Jungen verlassen gleich nach dem Schlüpfen das Nest und sind mit 21–24 Tagen flügge.*

NAHRUNG: *erbeutet beim Hin- und Her-Jagen über der Wasseroberfläche hauptsächlich Insekten; auch kleine Fische, Krebse und Sandwürmer.*

Eisvogel

Alcedo atthis 16,5 cm

Ein saphirblaues Aufblitzen in der Luft – und schon hat man mit Sicherheit einen Eisvogel erkannt, der schnell, durchdringend ‚tiht' pfeifend, einen Flußlauf entlangfliegt oder im *Tauchstoß* eine Elritze aus dem Wasser holt. Meist stößt er von seinem Sitz flach ins Wasser oder rüttelt vor dem Tauchstoß. Seine Beute schlägt er gegen einen Ast, ehe er sie, den Kopf voraus, verschlingt. Wenn er einen Fisch beim Schwanz packt, verschlingt er ihn nicht, denn er müßte ersticken, da sich Flossen und Schuppen wie Widerhaken aufstellen, sondern gibt ihn den Jungen oder dem Weibchen.

Mit der Blauracke hat er das prächtigste Gefieder aller Vögel Mitteleuropas. Es schreckt übrigens Raubvögel von Eisvögeln ab, die sie in Ruhe lassen, da ihr Fleisch faulig schmeckt.

Außer an fließenden Gewässern sieht man sie gelegentlich ihre Nahrung auch in Teichen und großen Tümpeln und, vor allem bei strengem Winterwetter, an der Meeresküste suchen. Wenn alle Gewässer zugefroren sind, müssen Eisvögel verhungern. Den Verlust durch den strengen Winter 1962/63 schätzt man auf 90–95 %. Inzwischen hat der Bestand zwar zugenommen, aber die alte Höhe noch nicht wieder erreicht. Wasserverschmutzung und die Begradigung von Flüssen und Bächen beeinträchtigen zusätzlich ihre Verbreitung sehr.

KENNZEICHEN: *Oberseite glänzend blau; Unterseite hellkastanienbraun; weiße Kehle; weißer Fleck beidseitig am Hals; beide Geschlechter gleich.*
BRUT: *beide Partner graben in Uferböschungen oder Kanalwände eine bis zu 1 m lange* Brutröhre, *die spärlich mit Fischgräten ausgelegt wird; Einschlupf oft an Kalkbrühe aus unverdauten Fischgräten zu erkennen, die herausläuft, nachdem die Jungen geschlüpft sind; das Weibchen legt ab April bis August 6–7 glänzendweiße, fast kugelförmige Eier, die beide Eltern in 19–21 Tagen ausbrüten; die von beiden gefütterten Jungen sind nach 23–27 Tagen flügge; brütet zweimal im Jahr.*
NAHRUNG: *vorwiegend Elritzen, Stichlinge und Gründlinge; auch Gelbrandkäfer, Libellenlarven und andere Wassertiere.*

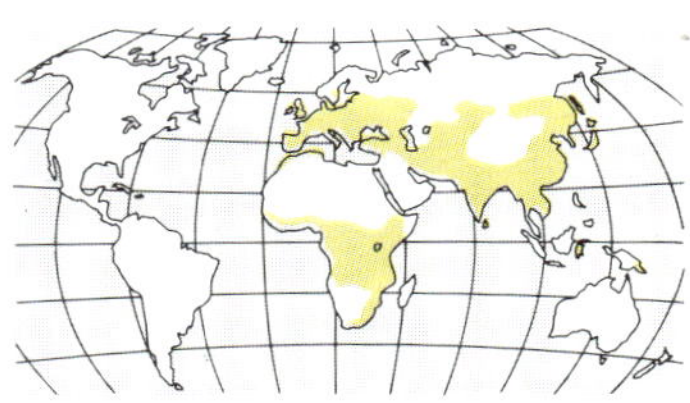

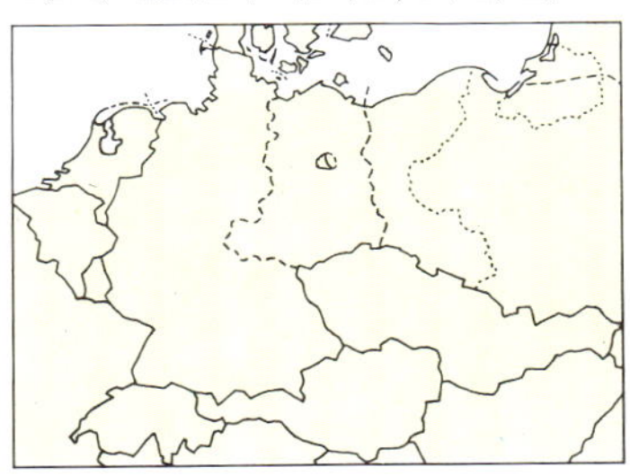

Vornehmlich Jahresvogel; wenn die Gewässer zugefroren sind, müssen die Eisvögel jedoch umherstreifen oder südwärts ziehen

Der Eisvogel gräbt seine Brutröhre in Uferböschungen oder Kanalwände

Uferschwalbe

Riparia riparia 12 cm

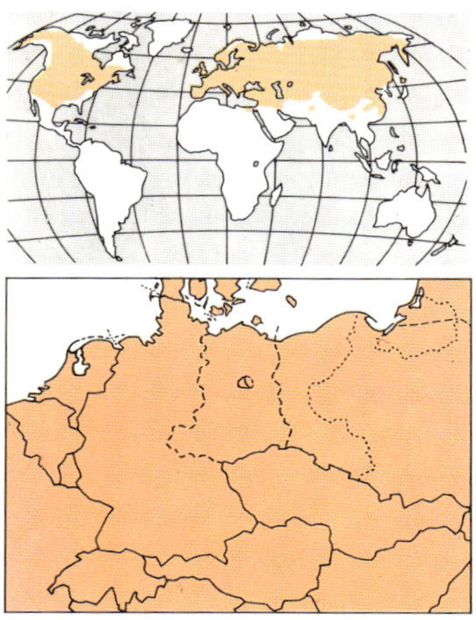

Zugvogel; überwintert in den Tropen Amerikas, im Süden Asiens und Afrikas bis in die Kapprovinz

Eine Uferschwalbe füttert ihre Jungen in der Nisthöhle mit Insekten

Gegen Mitte April kehren diese kleinsten unserer Schwalben in großen Scharen aus ihren Winterquartieren zurück und sammeln sich zunächst an Flüssen, Seen und Staubecken, wo sie über dem Wasser Mücken nachjagen. Später suchen sie ihre vorjährigen Nistplätze an steilen Ufer- und Bahnböschungen und besonders in alten Sandgruben auf. In solchen Nistkolonien herrscht ein reges Kommen und Gehen. Zuweilen scheinen sie ganz verlassen und nur ein einziger, am weißen Kinn kenntlicher Jungvogel steckt den Kopf zur Niströhre heraus. Im nächsten Augenblick ist die Luft schon vom Flügelschlag und dem Zwitschern einer Vielzahl von Schwalben erfüllt, die ihren Nesteingängen zufliegen oder, an steilen Böschungen festgeklammert, sich geschwätzig unterhalten, bis plötzlich der Schwarm wieder davonfliegt.

Durch ihr braunes Brustband unterscheidet sich die Uferschwalbe deutlich von der Rauch- und der Mehlschwalbe. Ihr Schwanz ist außerdem weniger stark gegabelt, und ihr fehlt der weiße Bürzel der Mehlschwalbe. Uferschwalben halten sich kaum am Boden auf. Nur nach der Brutzeit verbringen große Gruppen die Nächte im Schilf oder in Weidenpflanzungen, aber nicht lange, denn bereits im September ziehen die meisten Uferschwalben in ihre afrikanischen Winterquartiere.

KENNZEICHEN: *Oberseite einfarbig braun; Unterseite weiß mit braunem Band über der Brust; kurzer, etwas gegabelter Schwanz; beide Geschlechter gleich; ihr reibendes ‚Tschrrip' ist nicht weit zu hören.*

BRUT: *beide Geschlechter graben in sandige Böschungen, steile Uferhänge und Wände von Sand- und Kiesgruben eine 60–100 cm lange Röhre; Gras und Federn zur Auspolsterung der Brutkammer werden im Fluge gesammelt; das Weibchen legt ab Mai bis August 4–5 weiße Eier, die beide Eltern in etwa 14 Tagen ausbrüten; die von beiden Eltern gefütterten Nestlinge sind nach ungefähr 19 Tagen flügge; brütet gewöhnlich zweimal im Jahr.*

NAHRUNG: *Mücken, kleine Fliegen, Käfer, Eintagsfliegen und sonstige winzige Insekten, die meist über dem Wasser gefangen werden.*

Gebirgsstelze

Motacilla cinerea 20 cm (einschließlich 10 cm Schwanz)

MÄNNCHEN IM SOMMERKLEID

Diese anmutige Stelze hat eine Vorliebe für schnellfließende Bäche und Flüsse. An Gebirgsbächen sieht man sie entlangflitzen, sich ab und zu auf einen Stein oder einen überhängenden Ast setzen und mit dem körperlangen Schwanz wippen, bis ein Insekt vorüberfliegt, auf das sie dann losstürzt. Sowohl im Sommer- wie im Winterkleid steht die leuchtend gelbe Unterseite der Gebirgsstelze in starkem Kontrast zu ihrem blaugrauen Rücken und dem langen Schwanz.

Sie war früher nur im Gebirge, wo man sie oft in Gesellschaft von Wasseramseln trifft, zu Hause, hat jedoch seit der Mitte des letzten Jahrhunderts die Flüsse im Norddeutschen Tiefland besiedelt, besonders in der Nähe von Stauwehren und anderen Wassergefällen, und war 75 Jahre später bereits über Schleswig-Holstein bis nach Jütland vorgedrungen. Auch Gebirgsstelzen der Berge ziehen im Winter ins Tiefland.

Ihr Ruf klingt ähnlich wie das ‚Tzissik' der Bachstelze, jedoch metallischer und abgehackt. Manchmal zieht sie den Doppellaut zu einem einfachen ‚Tit' zusammen. Ihren Gesang, ein schrilles ‚Tsih-tih-tih', hört man nur selten. Beim Balzspiel läuft das Männchen dem Weibchen entgegen und zeigt in Imponierstellung seine schwarze Kehle, oder es fliegt mit langsamem Flügelschlag und gefächertem Schwanz.

KENNZEICHEN: *Oberseite blaugrau; Unterseite, Schwanzunterdecken gelb; Schwanz sonst schwarz mit weißen Kanten; Kehle beim Männchen im Sommer schwarz, im Winter weiß, beim Weibchen mehr gelblichbraun.*
BRUT: *meist in einer Höhle nahe am Wasser baut das Weibchen ein Nest aus Moos und Gras und kleidet es mit Haaren aus; bezieht manchmal auch alte Nester von Wasseramseln oder anderen Vögeln; legt ab April bis Juni meist 5 gelbbraune, zart graubraun gesprenkelte Eier und brütet sie in 12–13 Tagen meist selbst aus; beide Eltern füttern die Nestlinge, die nach 12 Tagen flügge sind; brütet gelegentlich zweimal im Jahr.*
NAHRUNG: *vorwiegend Insekten, unter anderem Fliegen, kleine Käfer, Libellenlarven; auch kleine Krebstierchen und kleine Weichtiere.*

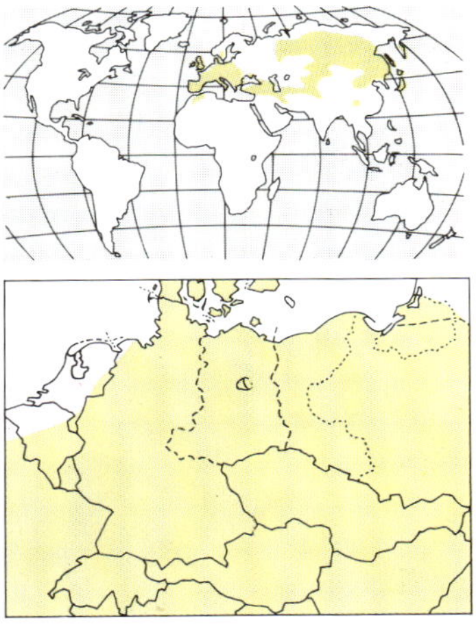

In Europa ist die Gebirgsstelze meist Jahresvogel, in Asien jedoch Zugvogel

Mit besonderem Geschick schnappt die Gebirgsstelze Insekten in der Luft

Wasseramsel

Cinclus cinclus 18 cm

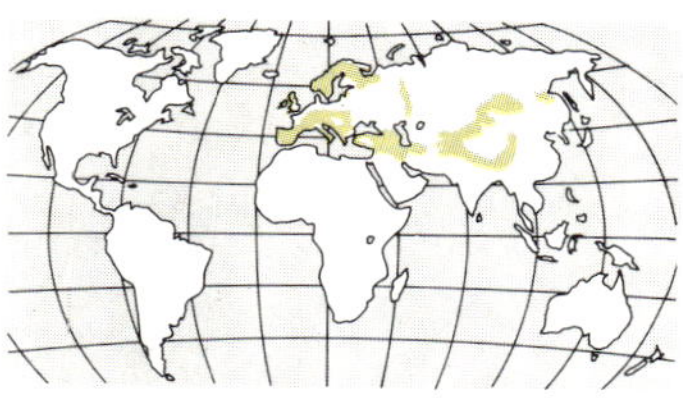

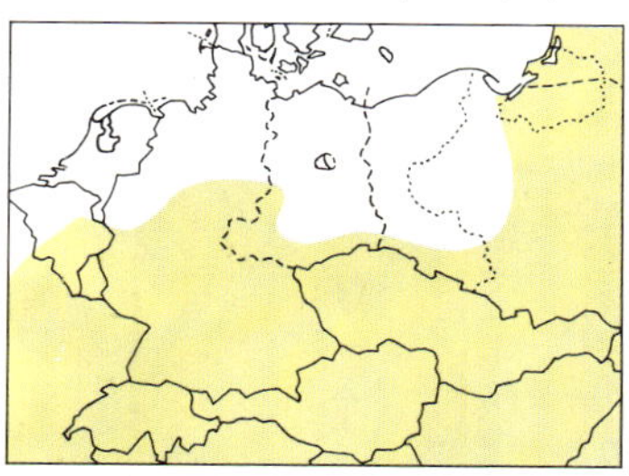

Vorwiegend Jahresvogel; einige Brutvögel aus dem Norden und aus hohen Gebirgslagen ziehen im Winter eine kurze Strecke nach Süden an eisfreie Gewässer

Die Behauptung, die Wasseramsel, der einzige Taucher unter den Singvögeln, laufe unter Wasser am Grunde eines Flußbettes, ist früher belächelt worden. Inzwischen haben Versuche jedoch bestätigt, daß sie durch die starke Strömung auf den Grund gedrückt wird, wenn sie auf Nahrungssuche mit gesenktem Kopf stromaufwärts unter Wasser läuft. Den plumpen Vogel bekommt man allerdings eher zu Gesicht, wenn er ins Wasser läuft oder lebhaft auf der Oberfläche schwimmt. Oft sitzt er eine Zeitlang auf einem Stein oder Felsen mitten in der Strömung, taucht den Kopf ins Wasser oder wiegt sich auf den Beinen, während sein zaunkönigartiger Gesang sich mit dem Plätschern des vorbeifließenden Wassers vereint.

Der häufigste Ruf des auch *Wasserschwätzer* genannten Vogels ist ‚zit-zit-zit', gelegentlich hört man ein metallisches ‚Klink-klink'. Bei der Balz reckt das Männchen seine weiße Brust heraus, verneigt sich und vibriert mit den Flügeln. Sein schwirrender Flug ist geradlinig und schnell.

Die Wasseramsel hält sich meist an schnellfließenden Gewässern des Hügellandes oder der Gebirge auf, besucht aber manchmal auch die Ufer von Gebirgsseen und ist im Winter sogar an Meeresbuchten beobachtet worden. In größerer Entfernung vom Wasser sieht man die Wasseramsel nie.

KENNZEICHEN: *dunkelbraunes Gefieder mit weißer Brust; kennzeichnendes Knicksen und Eintauchen des Kopfes; beide Geschlechter gleich.*
BRUT: *fast immer auf einem Vorsprung oder in einer Spalte in Wassernähe, oft an einer Brücke oder unter einem Wasserfall bauen beide Partner meist aus Moos ein großes kugelförmiges Nest und legen es mit trockenem Laub aus; ab März bis Anfang Mai legt das Weibchen 4–5 weiße Eier und brütet sie in etwa 17 Tagen aus; die von beiden Eltern gefütterten Nestlinge sind nach ungefähr 23 Tagen flügge; brütet zweimal im Jahr.*
NAHRUNG: *Wasserkäfer, Wasserwanzen; wasserbewohnende Larven von Köcherfliegen, Libellen, Eintagsfliegen und anderen Insekten; Würmer und Kaulquappen; Elritzen und andere kleine Fische.*

Mitten in schnellfließenden Gewässern sucht die Wasseramsel ihre Nahrung

Beutelmeise

Remiz pendulinus 11 cm

Früher zählte man Beutelmeisen, wie noch ihr Name zeigt, zu den Meisen. Verwandtschaftliche Beziehungen rechtfertigen das kaum. Ihre Kunstfertigkeit, ein geschlossenes Hängenest an der äußersten Spitze eines Zweiges zu bauen, teilt sie mit vielen tropischen und subtropischen Singvogelarten wie den afrikanischen Webervögeln und den südamerikanischen Stärlingen. In Europa tut es ihr an Kunstfertigkeit des Nestbaues kein anderer Vogel gleich.

Nach Rückkehr aus dem Winterquartier beginnt das Männchen an die Zweigspitze einer Weide oder Pappel aus Pflanzenfasern ein Gerüst zu flechten, das dann zu einer Art Henkelkörbchen erweitert und durch Einfügen von Vorder- und Rückwand zu einem ovalen Beutel mit seitlichem Ausgang umgestaltet wird. Dabei singt es, um ein Weibchen anzulocken, mit dem es sich verpaart und das dann eifrig beim Nestbau hilft, vor allem beim Auspolstern des Inneren. Bleibt das Weibchen aus, gibt das Männchen das begonnene Nest auf und fängt anderswo ein zweites, vielleicht auch noch ein drittes Mal an. Nur wenn ein Weibchen erscheint, wird ein Beutelmeisennest auch vollendet.

In Mitteleuropa ist die Beutelmeise ein seltener und unsteter Brutvogel. Zwischen Oder und Elbe und in Österreich findet man sie regelmäßig, westlich der Elbe nur lokal und unregelmäßig, in Bayern stellenweise an Inn, Donau, Isar und Lech, in Südwestdeutschland an Neckar und Oberrhein.

KENNZEICHEN: *am breiten schwarzen Gesichtsfleck und kastanienbraunen Rücken leicht zu erkennen; lockt gedehnt und vernehmlich ‚zih'.*
BRUT: *Nest hängt gewöhnlich frei an der äußersten Spitze eines oft über dem Wasser hängenden Zweiges einer Weide, Pappel, Birke, Erle usw. bis 13 m hoch, manchmal an Rohrstengeln; das Männchen baut zuerst allein, das Weibchen beteiligt sich an der Fertigstellung und legt ab Ende April 3–5 weiße Eier, die es in 12–15 Tagen ausbrütet; es betreut die Nestlinge allein, die nach 15–20 Tagen flügge sind.*
NAHRUNG: *hauptsächlich kleine Insekten und deren Entwicklungsstadien; im Winter allerhand winzige Sämereien.*

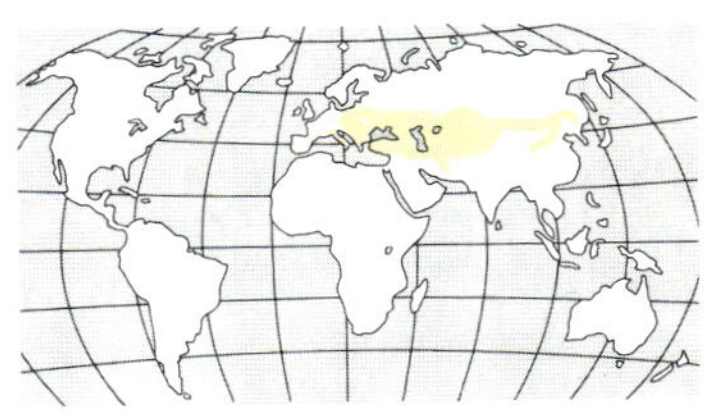

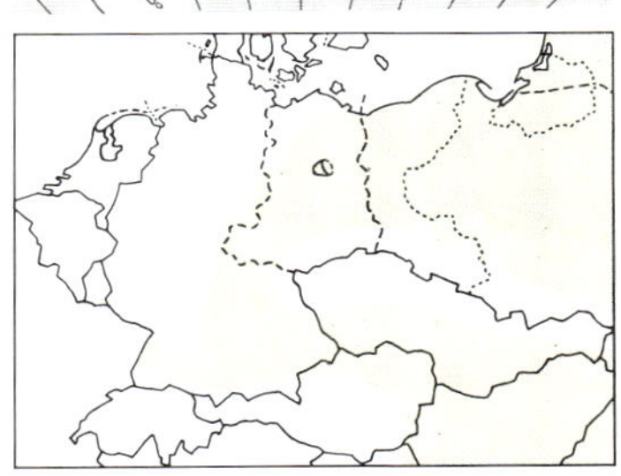

Jahresvogel; streift außerhalb der Brutzeit weit und regellos umher; besetzte in Südwestdeutschland in letzter Zeit neue Brutplätze

Das Männchen hat dies Henkelkörbchen als Nestanlage geflochten

Kurzschnabelgans

Anser brachyrhynchus 61—76 cm

Saatgans

Anser fabalis 71—89 cm

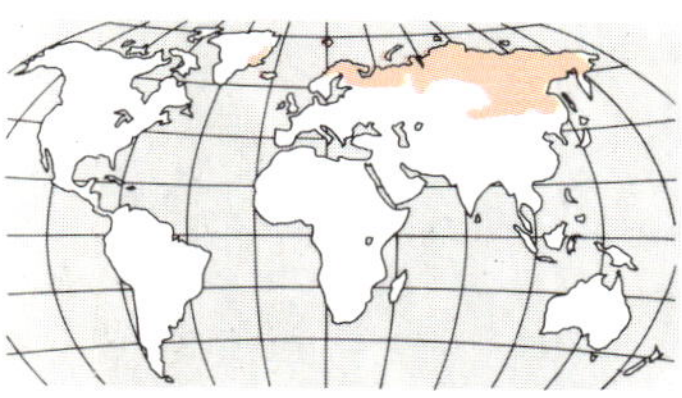

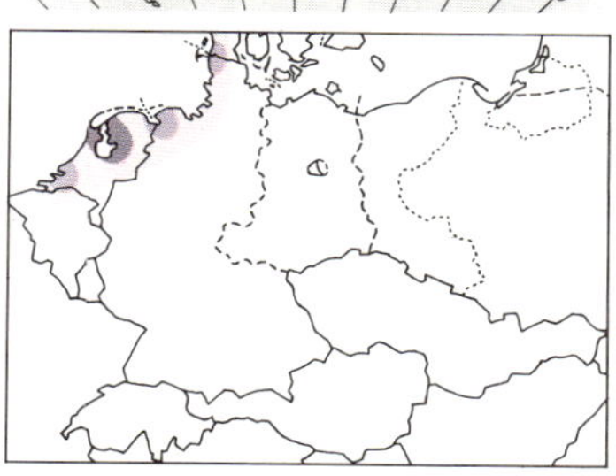

Kurzschnabelgänse nisten in Grönland, Island und Spitzbergen, Saatgänse in Nordeuropa und Sibirien; beide überwintern südlich der Brutgebiete, die Saatgans bei uns überall, die Kurzschnabelgans nur im Bereich der Nordsee (siehe Karte)

Ein Trupp Kurzschnabelgänse im Flug

Diese beiden an Kopf und Hals dunklen *grauen* Gänse sehen sich so ähnlich, daß auch Ornithologen nicht genau wissen, ob es sich um zwei verschiedene Arten oder nur um zwei Rassen der gleichen Art handelt. Beide sind Zugvögel aus dem hohen Norden. Die kleinere und seltenere Kurzschnabelgans überwintert bei uns nur im nordwestdeutschen Küstenland, besonders auf Föhr und im Emsland, die Saatgans dagegen überall in Mitteleuropa. Spricht man von Wildgänsen, meint man fast stets die Saatgans, noch immer unsere häufigste Gans, obwohl ihre Zahl mancherorts zurückgegangen ist.

Nach Brutplätzen und Körperbau unterscheidet man zwei Gruppen von Saatgänsen, die gleich häufig in Mitteleuropa überwintern: die kleinere *Tundrasaatgans*, deren kürzerer, überwiegend schwarzer Schnabel eine schmale, orangefarbene Binde hat, und die größere *Waldsaatgans* mit längerem, schlankerem Schnabel und breiter, orangefarbene Binde.

Die Rufe der Kurzschnabelgans – Folgen von ‚ang-ang‘ und ‚uink-uink‘ – klingen ähnlich, aber höher als die der weit weniger ruffreudigen Saatgans. Beide verhalten sich im Flug wie andere *graue* Gänse (Gattung *Anser*) und fliegen wie sie in welligen Spiralen zu Boden. Auch das typische Triumphgeschrei hat sich wohl schon sehr früh in ihrer gemeinsamen Entwicklung herausgebildet.

KENNZEICHEN: *bei beiden Arten Kopf und Hals dunkel, Geschlechter gleich; die* Kurzschnabelgans *hat hellblaugraue Vorderflügel und graubraune Oberseite, Schnabel rötlich und schwarz, rötliche Beine; bei der* Saatgans *ist der lange Schnabel schwarz und orangegelb.*
BRUT: *die* Kurzschnabelgans *baut ihr Nest am Boden oder auf einer Felsbank und legt es mit Daunen aus; die* Saatgans *nistet in Erdmulden, die mit Blättern, Moos und Daunen ausgelegt werden; beide legen Ende Mai bis Juni 4–5 gelblichweiße Eier, die das Weibchen in etwa 28 Tagen ausbrütet; beide Eltern versorgen die Küken, die bald nach dem Schlüpfen das Nest verlassen und nach etwa 8 Wochen flügge sind.*
NAHRUNG: *Gräser, Feldfrüchte und Wurzeln.*

Bläßgans

Anser albifrons 66—76 cm

Zwerggans

Anser erythropus 53—56 cm

Oft sieht man Bläßgänse zu Hunderten in Gesellschaft von Kurzschnabelgänsen. Sie sind wahre Luftakrobaten. Jäger behaupten, sie hätten einen Rückwärtsgang und könnten bei Gefahr senkrecht landen – und starten. Wie Graugänse, deren Flug allerdings schwerfälliger ist, fliegen sie aus einiger Höhe in welligen Spiralen mit abgewinkelten Flügeln zu ihren Nahrungsgründen herab. Sie ziehen in der für alle grauen Gänse typischen Keilformation.

Noch vor hundert Jahren war die Bläßgans ein seltener Wintergast, heute ist sie in den Donauniederungen schon die häufigste Gans. Vor allem überwintert sie in den Niederungen südlich der Ost- und Nordsee und in der ungarischen Tiefebene. Seltener sieht man die Zwerggans in Mitteleuropa, denn sie zieht von ihren nordeuropäischen Brutgebieten südostwärts und erscheint noch häufig in Nordostungarn, nur ausnahmsweise in Deutschland oder weiter westlich.

Beide Arten erkennt man, auch im Flug, an der weißen Stirnblesse und dem schwarzgebänderten Bauchgefieder. Ein weiteres Merkmal der Bläßgans ist ihr rosa Schnabel bei orangefarbenen Beinen. In Südwestgrönland brüten gelbschnäblige Bläßgänse, die auf den Britischen Inseln überwintern.

KENNZEICHEN: *graubraun; am Bauch schwarze Bänder; Schnabel rosa oder orangefarben; weiße Stirn, orangefarbene Beine; die kleinere, aber sehr ähnliche Zwerggans hat einen gelben Augenring, die weiße Stirn reicht höher hinauf; im Jugendkleid ohne Stirnblesse; beide Geschlechter gleich.*

BRUT: *beide Arten nisten in der Arktis von Grönland bis Sibirien; sie bauen ihr Nest aus Flechten, Gras und Moos in einer Erdmulde und kleiden es mit Daunen aus; beide Arten legen Ende Mai bis Juni 3–7 rahmfarbene, meist fleckige Eier, die das Weibchen in 27–28 Tagen ausbrütet; beide Eltern versorgen die Küken, die kurz nach dem Schlüpfen das Nest verlassen und nach einigen Monaten flügge sind.*

NAHRUNG: *Moos, Gräser, Beeren; im Winter junges Gras, Klee, Pflanzentriebe; in England Korn, gelegentlich auch Kartoffeln.*

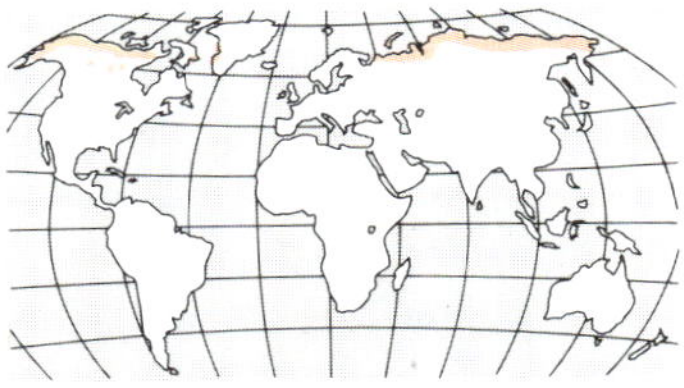

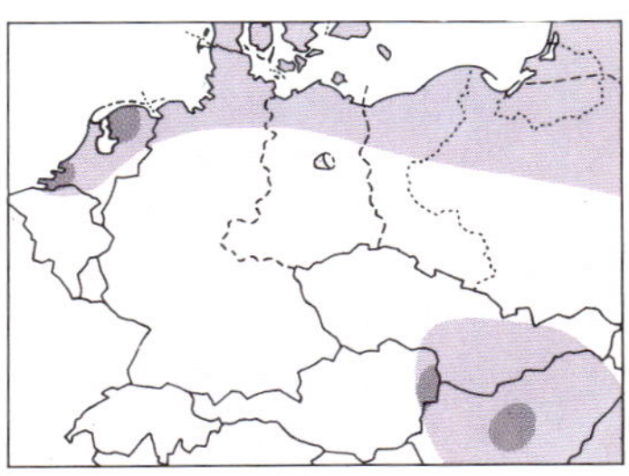

Zugvögel; die Karten zeigen die Verbreitungsgebiete der Bläßgans; die Zwerggans kommt auch in Nordeuropa, aber nicht in Nordamerika vor und ist in Mitteleuropa nur im Osten Wintergast

Bläßgänse auf der Winterweide – im Jugendkleid (vorn) und im Alterskleid

Nonnengans

Branta leucopsis 58—69 cm

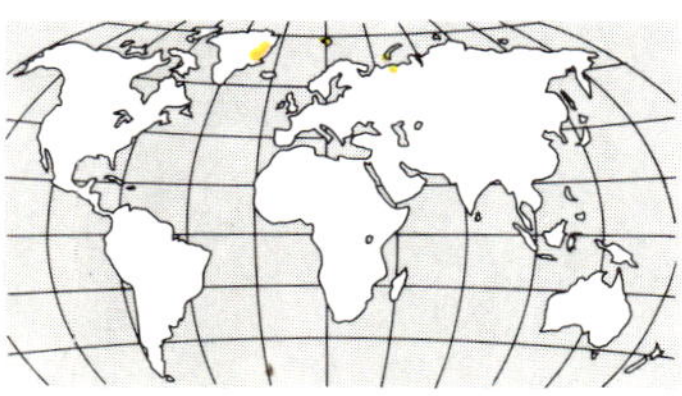

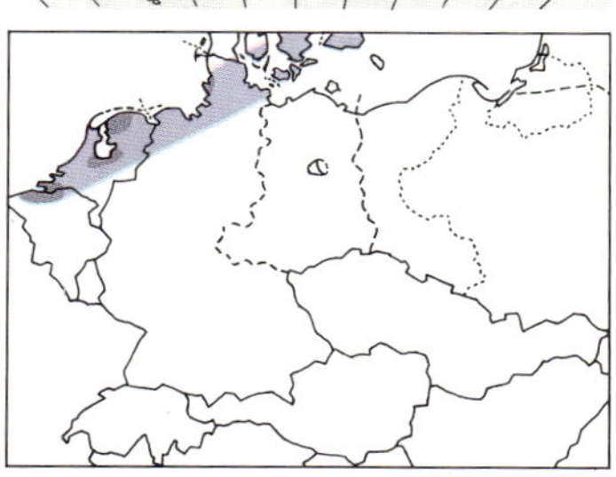

Zugvogel; zieht von Grönland über Island und von Spitzbergen längs der norwegischen Küste nach Großbritannien, von Nowaja Semlja an die holländische und deutsche Nordseeküste

Nonnengänse weiden gemeinsam auf Wiesen an der Küste

Nonnengänse brüten im hohen Norden an weit voneinander entfernten Plätzen – in Grönland und Spitzbergen und auf Nowaja Semlja und Waigatsch. Im Winter versammeln sich die Nonnengänse aus Grönland und Spitzbergen (etwa 12 000–13 000) auf den Britischen Inseln, die aus Nordrußland (etwa 23 000) in deutschen und niederländischen Küstengewässern, wie man durch Ringfunde, die Brutplätze mit Winterquartieren verbinden, ermittelt hat. Nach der russischen Atombombenzündung auf Nowaja Semlja untersuchte man im deutschen Wattenmeer erlegte Nonnengänse auf ihre Radioaktivität und fand bei einer unter drei der getesteten Wintergänse eine gewisse radioaktive Verseuchung.

Nonnengänse gehören zu einer der drei bei uns als Gast erscheinenden, überwiegend schwarzgefärbten Gänsearten, die man im Unterschied zu den *grauen Gänsen* auch *Schwarzgänse* nennen könnte. In der Größe lassen sich Nonnengänse zwischen Ringel- und Kanadagänse einstufen und von beiden Arten an der auffallend weißen Kopfzeichnung unterscheiden. Die Kanadagans hat nur einen großen weißen Fleck an den hinteren Kopfseiten. Diese in England und Skandinavien fest eingebürgerte amerikanische Gans erscheint seit ein paar Jahren als Wintergast auch an der Ostseeküste, besonders an der Leda-Jümme-Mündung und zwischen Hiddensee, Bock und Ummanz.

KENNZEICHEN: *Gesicht weiß; Kopf, Hals und Kropf schwarz; Bauch und Flanken weißlich; Rücken lavendelgrau; Flügel stark gebändert; Schwanz, Schnabel und Beine schwarz; beide Geschlechter gleich.*

BRUT: *nistet in Kolonien auf Felsbänken, manchmal auf Inseln; Nistmulde wird mit Daunen und Flechten ausgepolstert; die Gans legt Ende Mai bis Juni meist 3–5 grauweiße, nach kurzer Zeit fleckige Eier und brütet sie in etwa 28 Tagen aus; beide Eltern versorgen die Küken, die nach wenigen Tagen das Nest verlassen und nach wenigen Wochen fliegen können.*

NAHRUNG: *im Winter fast ausschließlich Gras; im Brutgebiet auch Kätzchen und Blätter junger Zweige.*

Ringelgans

Branta bernicla 56—61 cm

Im Winter erblickte man früher viel häufiger als heute lange, unregelmäßige Reihen kleiner, dunkler Ringelgänse im Wattenmeer, wo sie sich fast nur von Seegras *(Zostera marina)* ernähren, einer der wenigen Pflanzen, die im Salzwasser wachsen *und* blühen. Dabei gründeln die Gänse wie Schwimmenten, um an das Seegras heranzukommen. Heute sieht man solche Scharen selten, denn vor rund 40 Jahren wurden die Seegraswiesen von einer Epidemie befallen, die ein einzelliger Pilz hervorruft. Von ihr haben sich die Pflanzen bis heute nicht erholt. Wo noch genug Seegras wächst, findet sich im Winter jetzt noch meist eine größere Anzahl Ringelgänse ein; insgesamt 23 000–25 000 von ihnen überwintern an den Küsten von Dänemark bis Frankreich, die meisten freilich in England und nur etwa 2000 in Westdeutschland.

Bei diesen Wintergästen aus dem arktischen Rußland und aus Sibirien handelt es sich um die dunkelbäuchige Rasse *(B. b. bernicla)*. Eine andere Rasse, die hellbäuchige Ringelgans *(B. b. hrota)* nistet in Grönland und überwintert vor allem in Irland; an der deutschen und holländischen Küste ist sie ein nur seltener Gast.

Ringelgänse sind – ausgenommen zur Brutzeit – ausgesprochen landscheu. Bei Flut lassen sich Trupps von mehreren hundert auf dem Meer nieder und verbringen dort die Nacht.

KENNZEICHEN: *Kopf, Hals und Vorderbrust schwarz; kleine weiße Abzeichen am Hals; Rücken und Flügel dunkelgrau; ober- und unterhalb des schwarzen Schwanzes weiß; Bauch schiefergrau, außer bei der hellbäuchigen Rasse.*

BRUT: *nistet zwischen Felsen in einer mit Moos ausgelegten und mit Daunen gepolsterten Höhle; die Gans legt im Juni 3–5 gelblichweiße Eier und brütet sie in etwa 28 Tagen aus, während der Ganter Wache hält; beide Eltern versorgen die Küken, die kurz nach dem Schlüpfen das Nest verlassen und nach einigen Monaten flügge sind.*

NAHRUNG: *im Winter vor allem Seegras und Grünalgen; im Sommer Triebe arktischer Pflanzen, Meerespflanzen und Muscheln.*

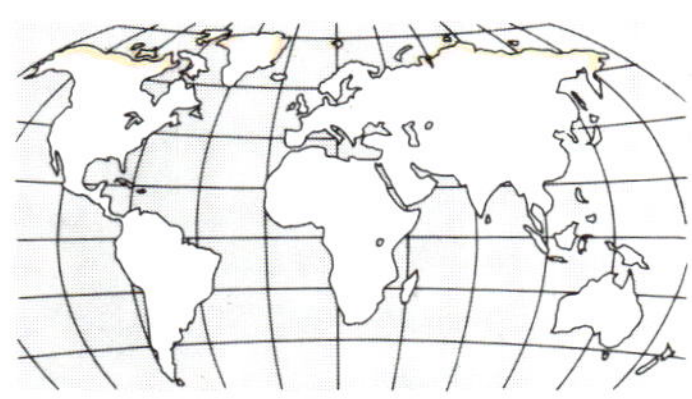

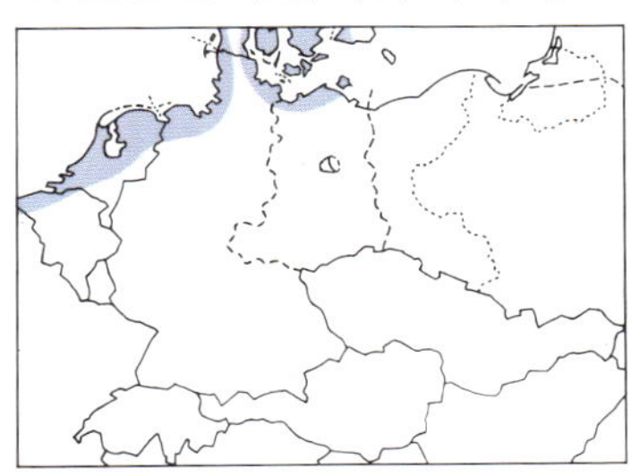

Zugvogel; brütet in der Arktis; überwintert an den Küsten des Pazifiks und des Atlantiks bis zur deutschen Nordseeküste und zum Süden der USA

Ringelgänse fliegen schnell, in losen, aber dennoch geordneten Schwärmen

Brandgans

Tadorna tadorna 61 cm

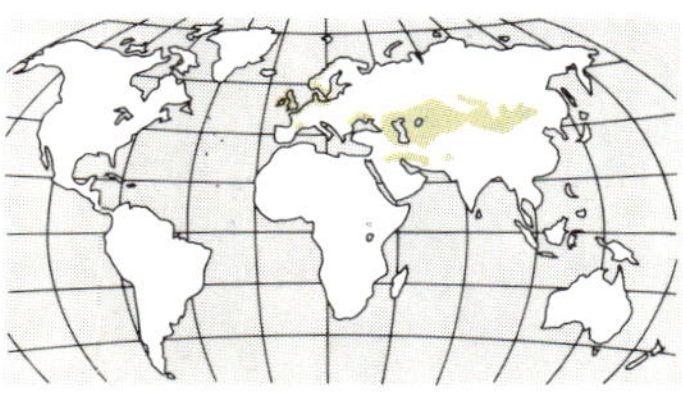

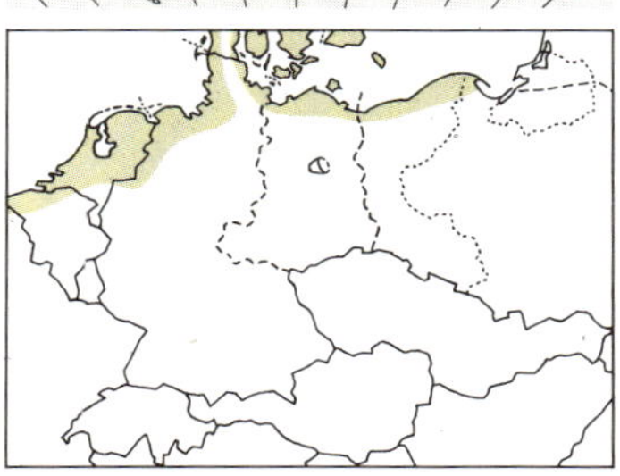

Vorwiegend Jahresvogel; viele Vögel fliegen jedoch, oft mehrere hundert Kilometer weit, in das traditionelle Mausergebiet auf dem Knechtsand

Weibliche Brandgänse kümmern sich um die Jungen aus mehreren Bruten

Fast alle Brandgänse aus ganz Nord- und Mitteleuropa ziehen jedes Jahr gleich nach der Brutzeit auf einige schwer zugängliche Sandwatten der Nordsee, um ihre Schwingen zu wechseln, wobei sie vorübergehend flugunfähig sind. Auf dem Großen Knechtsand an der Elbemündung, dem bedeutendsten dieser Mauserplätze, sammeln sich Ende Juli bis August 70 000–100 000 Brandgänse, mitunter bis zu 75 000 an einem Tag. Nach 12–14 Tagen kehrt jede Gans zu ihrem Brutplatz zurück, wo einige alte Vögel inzwischen die Jungen betreut haben.

Brandgänse nisten in Dünen, im Schutze von Felsen und Büschen, auch in Kaninchen- und sogar Fuchsbauten, manchmal in Baumhöhlen – meist in Meeresnähe, gelegentlich auch in Wäldern und auf dem Ackerland. Sie brüten in nahezu allen Küstengebieten der Nord- und Ostsee ostwärts bis Hela, selten auch im Binnenland wie in Mecklenburg und am Niederrhein. Ihr Lebensrhythmus richtet sich nach den Gezeiten. Während der Flut ruhen sie auf dem Meer oder am Strand; sobald die Ebbe eintritt, suchen sie stehengebliebene Tümpel nach Muscheln und kleinen Krebsen ab.

Früher nannte man sie *Brandenten*. In ihrem kontrastreichen Gefieder ähneln sie in der Tat entfernt dem allerdings kleinerem Löffelerpel. Aber wie bei allen Gänsen sind beide Geschlechter gleich gefärbt. Sie watscheln auch wie Gänse, fliegen wie sie mit langsamem Flügelschlag, meist in einer Linie oder in Keilformation.

KENNZEICHEN: *Gefieder schwarz, weiß und rotbraun; Schnabel rot im Alterskleid; Ganter mit Höcker am Schnabelgrund.*

BRUT: *die Gans polstert das gut versteckte Nest mit Gras und Daunen aus, legt ab Mai bis Juni 8–14 rahmweiße Eier, brütet sie in 30 Tagen aus und versorgt dann die Küken, die meist sofort das Nest verlassen und nach ungefähr 9 Wochen fliegen können; oft mehrere Bruten hintereinander.*

NAHRUNG: *Weichtiere; kleine Krebstiere wie Krabben; Insekten; geringe Mengen pflanzlicher Nahrung.*

Bergente

Aythya marila 48 cm

Die Bergente lebt von allen Tauchenten der Gattung *Aythya* am weitesten im Norden. Ihr Brutgebiet erstreckt sich über die subarktische Strauchtundra und die Tundra rund um den Pol mit einer Lücke im nordatlantischen Gebiet. Dort in Nordostamerika findet sich eine sehr nahe verwandte kleinere Art *(Aythya affinis)*, die der Bergente zum Verwechseln ähnlich sieht und stellenweise neben ihr vorkommt. Auch südlich ihres geschlossenen Verbreitungsgebietes sollen Bergenten gebrütet haben, so in Holland und auf Fehmarn.

Ebenso zahlreich wie die echten Meerenten erscheinen Bergenten auf dem Durchzug an den mitteleuropäischen Küsten. Im Nordseegebiet überwintern sie vor allem im Ijsselmeer, erst mit Abstand an der Scheldemündung und im deutschen Wattenmeer. Dagegen ist die Bergente im Winter an der westlichen Ostsee zwischen Rügen und Flensburg sehr häufig. Regelmäßig und zahlreicher als die Samtente zieht sie durchs Binnenland. Erst die Alpen halten ihren Flug auf. Deshalb finden sich auf den Voralpenseen mehr Bergenten als im Norddeutschen Tiefland. Am Bodensee sieht man sie manchmal in Trupps von 30–50.

Bergenten tauchen vorzüglich, wenn auch nicht so anhaltend und so tief wie Eisenten. Nur zur Brutzeit kommen sie an Land, wo sie recht unbeholfen watscheln, da der Schwerpunkt ihres Körpers zu weit hinten liegt.

KENNZEICHEN: *Ente dunkelbraun mit großem weißen Gesichtsfleck; Erpel mit dunkelgrünem Kopf, schwarzer Brust und hellgrauem Rükken, im Sommerkleid (Juli–November) unauffälliger, ähnlich wie die Ente gefärbt.*

BRUT: *kleidet die Nestmulde am Boden mit Daunen aus; die Ente legt Ende Mai und im Juni 7–11 olivgrüne Eier und brütet sie in etwa 28 Tagen aus; sie führt die Jungen, die sofort schwimmen und nach 5–6 Wochen fliegen können.*

NAHRUNG: *Muscheln und andere Weichtiere, kleine Krebstiere; daneben nur wenige Samen, Blätter und Sprosse von Wasserpflanzen.*

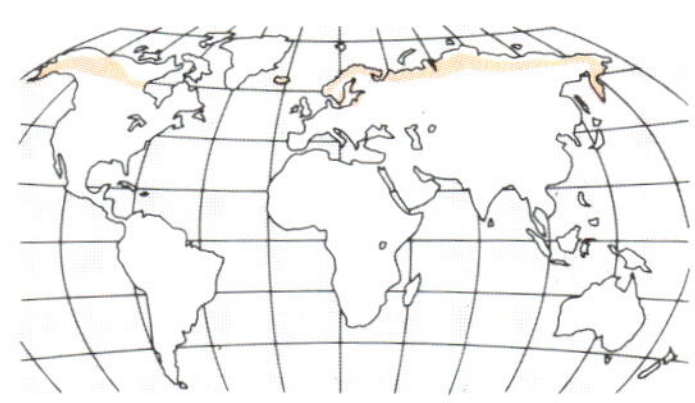

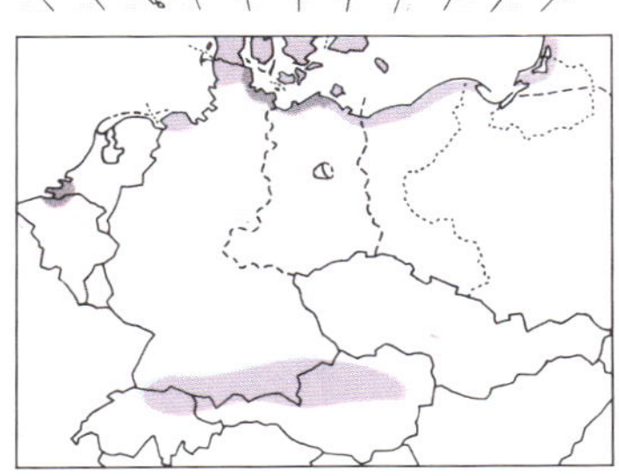

Zugvogel; zieht bis in die Mittelmeerländer, Nordindien und zum Golf von Mexiko; verläßt die nordischen Brutplätze im August; erscheint in den mitteleuropäischen Küstengebieten ab Mitte Oktober, zieht im März/April wieder weg

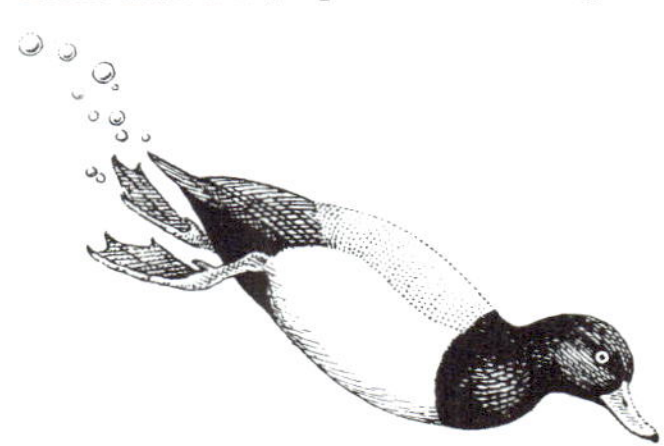

Bergente beim Tauchen – meist bleibt sie 25–30 Sekunden unter Wasser

Eiderente

Somateria mollissima 58 cm

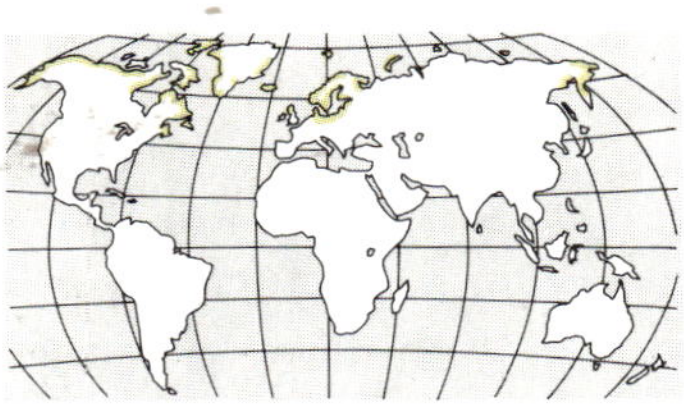

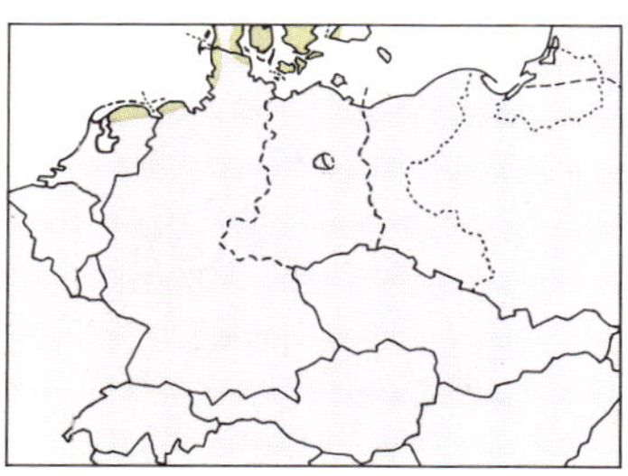

Vornehmlich Jahresvogel; im Winter drängt die Vereisung manchmal einige Vögel aus dem Norden weiter nach Süden

Die Ente – sie brütet allein – sitzt tagelang regungslos auf den Eiern

Sieht man einen großen, schwarzweißgefärbten Erpel mit einer braunen Ente, dann handelt es sich meist um ein Eiderentenpaar. Wenn sie überdies mitten im Sturm vom felsigen Ufer ins Wasser gleiten und sich unbekümmert zwischen hohen Wellen tummeln, ist jeder Zweifel ausgeschlossen. Ihr ganzer Lebensstil ist dem Meer und seinen Launen angepaßt.

Eiderenten brüten an allen flachen Fels- und Sandküsten von der Arktis bis zu den Nordseeinseln Amrum, Föhr, Memmert, Oldeoog. Um 1800 hatten sie sich erst auf der Nordspitze von Sylt eingefunden, neuerdings haben sie schon die südliche Nordseeküste erreicht. Durch diese Ausbreitung hat ihr Bestand beträchtlich zugenommen – sicherlich eine Folge vermehrter Schutzmaßnahmen. Eiderenten sind auch als Wintergäste an der Küste und kommen seit einigen Jahren sogar im Binnenlande vor, so in Niedersachsen, am Rhein, am Möhnestausee und am Bodensee.

Ihr Nest, das die Ente gemeinsam mit dem Erpel nahe der Flutgrenze baut, polstert sie mit weichen Daunen aus, die sie sich aus dem Bauchgefieder rupft. Sie deckt ihr Gelege auch mit Daunen zu, wenn sie es einmal verlassen muß, nachdem sie oft tagelang regungslos darauf gesessen hat. In einigen Ländern beutet man ihre Nistkolonien regelrecht aus und beraubt die Nester der Polsterung. Denn die dunklen, flaumigen Eiderdaunen sind leichter, weicher und wärmer und daher kostbarer als die Daunen aller anderen Enten und Gänse.

KENNZEICHEN: *Erpel an der Oberseite weiß, an der Unterseite schwarz; Ente braun mit weißen Flügelabzeichen; bezeichnendes Kopfprofil: fast geradliniger Übergang von der Stirn zum Schnabel ohne Höcker.*

BRUT: *Nestbau siehe oben. Die Ente legt im Mai bis Juni 4–6 hellgrüne Eier, brütet sie in etwa 30 Tagen aus und versorgt die Küken, die sofort das Nest verlassen und nach ungefähr zwei Monaten fliegen können.*

NAHRUNG: *Weichtiere, auch Muscheln, Wellhornschnecken, Herzmuscheln; Krebstiere, etwa kleine Krabben; nur wenig pflanzliche Nahrung.*

Eisente

Clangula hyemalis

Erpel 53 cm bis Schwanzspitze Ente 41 cm

Die Eisente ist die kleinste unserer Tauchenten, obwohl sie etwas mehr als die Moorente wiegt und der Erpel durch seine langen Schwanzspieße größer wirkt. Ihr relativ hohes Gewicht (0,5–1 kg) hat sie ihren kompakten Knochen zu verdanken, die nicht in dem Maße hohl und mit Luft gefüllt sind, wie bei anderen Enten. Es handelt sich dabei zweifellos um eine sinnvolle Anpassung an die außerordentlichen Tauchleistungen der Eisente. Sie holt sich ihre Nahrung – fast ausschließlich Wasserinsekten, Weich- und Krebstiere – stets tauchend und bleibt bis zu zwei Minuten unter Wasser. In Fischernetzen zog man eine tote Eisente aus 25 m Tiefe. Auch im Fliegen leistet sie Außergewöhnliches: sie vermag nämlich sogar nach Verlust ihrer gesamten Schwungfedern noch niedrig übers Wasser zu fliegen, was ihr keine andere Ente nachmacht. Beim Gefiederwechsel stellt sie ebenfalls einen Rekord in der Entenfamilie auf, denn sie erneuert Teile des Kleingefieders dreimal im Jahr.

In Mitteleuropa ist diese hocharktische und ausgesprochene Meerente selten. Sie wandert im Winter aufs Meer und stellt sich ziemlich häufig an der Ostseeküste ein. Allein auf der See vor Schleswig-Holstein schätzte man ihre Zahl auf 10 000. In normalen Wintern erscheint sie an der deutschen Nordseeküste nur in geringer Zahl, vor allem vor den Nordfriesischen Inseln. Im Binnenlande kann man sie nur selten beobachten.

KENNZEICHEN: *klein, kurzer Schnabel, runder Kopf; Erpel mit verlängerten Schwanzfedern (wie Spießerpel), im Prachtkleid (Winter) am* Geschirr *aus Brustschild, diagonalen Schulterstreifen und schwarzem Rückenband zu erkennen; ruft meist viermal hoch nasal ‚au'.*
BRUT: *nistet, sobald die Brutplätze eisfrei sind, in Island ab Ende Mai, in Grönland im Juni, in ungünstigen Jahren überhaupt nicht; Gelege aus 5–9 gelblichen oder olivgrauen Eiern brütet die Ente in 24 Tagen aus; die Erpel sammeln sich schon im Juli an geschützten Stellen zum Mausern.*
NAHRUNG: *kleine Mollusken, Krabben u. a. Krebstiere; kaum Pflanzen.*

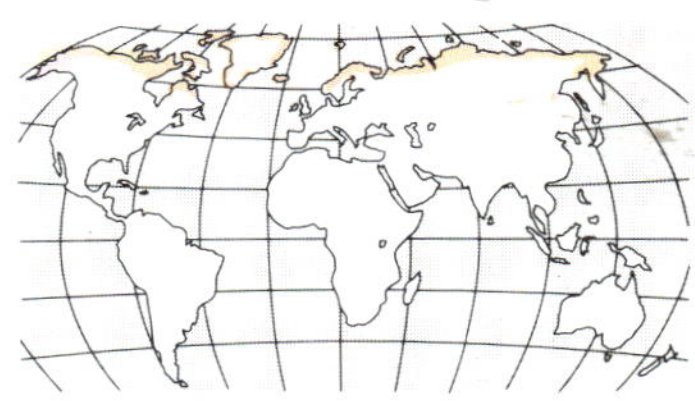

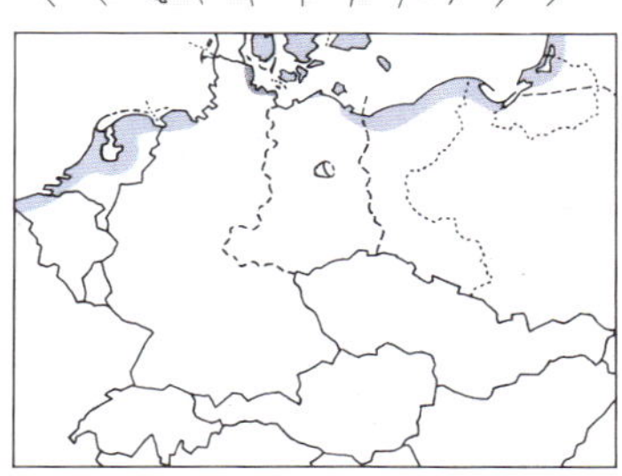

Zugvogel; wandert von den hocharktischen Brutplätzen im Winter aufs Meer; Wintergast und Durchzügler an deutschen Küsten von September bis November und von April bis Anfang Mai, nur ausnahmsweise im Binnenland

Im Sommerkleid haben Eisenten weiße Kopfseiten

Trauerente

Melanitta nigra 48 cm

Samtente

Melanitta fusca 56 cm

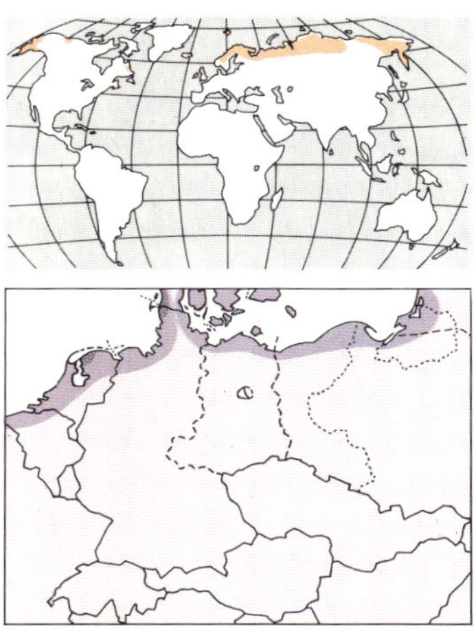

Gezeigt sind die Brutgebiete der Trauerente; die Samtente brütet meist in den gleichen polaren Gegenden; beide Arten überwintern südlich ihrer Brutgebiete

Ein Samtentenpaar – Erpel und Ente mit den typischen Zeichnungen am Kopf

Trauerenten brüten in Mitteleuropa nicht. Sie kommen zwischen September und April aus ihren Brutgebieten in der Arktis und Nordeuropa als Wintergäste zu uns. Dann kann man den ganz schwarzen Erpel und die braune Ente in den Küstengewässern nach Krabben und Muscheln tauchen sehen. Trauerenten meiden die unruhige See und halten sich lieber in Küstennähe auf, kommen aber selten an Land, es sei denn, das Meer wird vom Sturm gepeitscht oder ist von Öl verpestet. Meist sitzen die Erpel mit aufgerichtetem kurzem Schwanz auf dem Wasser. Bei der Balz richten sie außerdem noch den ganzen Körper im Wasser auf und geben gelegentlich hohe, pfeifende Töne von sich. Scheucht man sie auf, dann heben sie sich schwerfällig vom Wasser ab und fliegen knapp über den Wellen in einer Linie schräg hintereinander weg. Im April und Anfang Mai, bei Nahen der Brutzeit, macht sich das Gros auf den Heimzug.

Manchmal sieht man in einem Trupp Trauerenten ein oder zwei Vögel, die größer sind als die übrigen. Wenn der Erpel einen weißen Fleck nahe beim Auge hat und die Ente zwei weiße Flecken am Kopf, dann handelt es sich um eine verwandte Art – die Samtente. Sie ist im Winter im Binnenlande Mitteleuropas häufiger als die Trauerente, im Küstengebiet jedoch seltener als diese. Regelmäßig übersommern einige Samt- und Trauerenten an unseren Küsten.

KENNZEICHEN *der* Trauerente: *Erpel ganz schwarz, außer dem orangefarbenen Fleck am Schnabel; Ente dunkelbraun mit blaßbraunen Wangen. Samtente im Flug am weißen Flügelfeld zu unterscheiden.*
BRUT: *nistet in einer meist gut versteckten Bodenmulde in Wassernähe; die Ente polstert das Nest mit Moos, Federn und Daunen aus und legt Ende Mai bis Juni meist 5–7 rahmweiße oder hellbraune Eier, brütet sie in etwa 28 Tagen aus und versorgt danach die Küken, die kurz nach dem Schlüpfen das Nest verlassen und meist nach 6–7 Wochen fliegen können.*
NAHRUNG: *Muscheln, Krabben und andere kleine Krebstiere; zur Brutzeit Würmer, Insekten und pflanzliche Nahrung.*

Mittelsäger

Mergus serrator **58 cm**

Der zierlichere Mittelsäger gleicht, besonders im Schlichtkleid, dem kompakteren Gänsesäger sehr, trotz seines dünneren und relativ längeren Schnabels. Größer sind die Unterschiede in seiner Lebensweise. Der Mittelsäger bewohnt Küsten und Inseln. Im Winter besucht er die Flußmündungen an der Küste, hält sich aber lieber auf Salzwasser als auf Süßwasser auf und kommt, obwohl er bis in die Mittelmeerländer zieht, auch dann im Binnenlande viel seltener vor als der Gänsesäger. Er brütet am Boden und nicht in Höhlen wie dieser und hüllt seine Eier nicht in weißliche, sondern in dunkelgraue Daunen ein, die als Sichtschutz dienen, wenn das Weibchen das Nest verläßt. Wie alle Säger kann er mit den scharf gezähnten Schnabelkanten zappelnde Fische mühelos festhalten.

Nach einer Zählung brüteten 1967 an der deutschen Ostseeküste 2186 Paare, an der deutschen Nordseeküste nur 30, in den Niederlanden dagegen wieder 173 und in Dänemark sogar 1579 Paare.

Im Brutkleid erkennt man das Männchen an seiner zerschlissenen Doppelhaube auf dem dunkelgrünen Kopf, der von weitem fast schwarz wirkt. Beim Balzen verbeugt es sich und macht mit Kopf und Schnabel zahlreiche Gesten, richtet seine Haube auf, krümmt die Flügel und läuft in einer Sprühwolke über die Wasserfläche.

KENNZEICHEN: *das Männchen hat einen dunkelgrünen Kopf mit doppelter Federhaube, kastanienbraune Brust und grau-weißen Rücken; das Weibchen ist braun und grau mit weißem Flügelfeld.*
BRUT: *das Weibchen kleidet eine durch dichten Pflanzenwuchs gut abgeschirmte Bodenmulde mit Blättern und dunkelgrauen Nestdaunen aus; es legt ab Mai bis Anfang Juli 7–12 olivbraune, manchmal bläulich getönte Eier und brütet sie allein in etwa 28 Tagen aus; es versorgt die Jungen, die kurz nach dem Schlüpfen das Nest verlassen und nach ungefähr 5 Wochen flügge sind.*
NAHRUNG: *kleine Fische, Krabben und andere Krebstiere; Würmer, Insekten.*

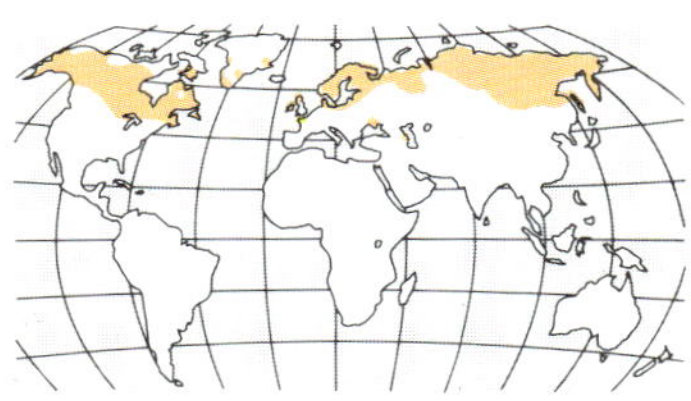

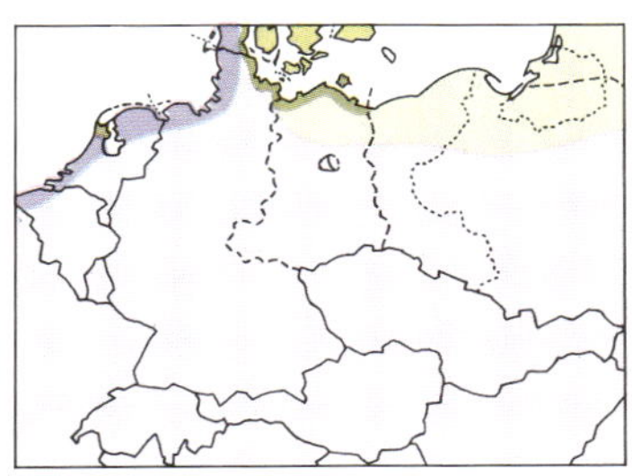

Im mitteleuropäischen Brutgebiet Jahresvogel; sonst überwiegend Zugvogel, der an Flußmündungen mit Gezeiten unmittelbar südlich des Brutgebietes überwintert

Dichter Pflanzenwuchs schirmt das Nest des Mittelsägers ab

Austernfischer

Haematopus ostralegus 43 cm

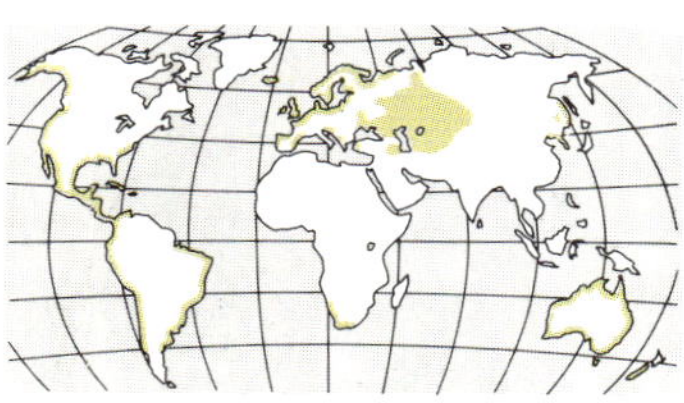

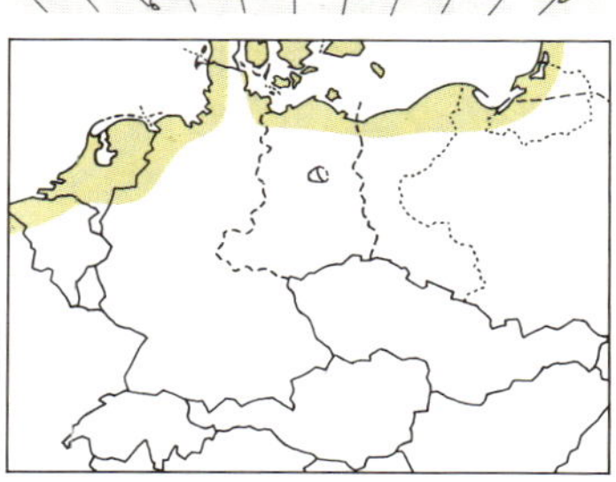

Vornehmlich Jahresvogel der Küsten; einige Austernfischer aus dem äußersten Norden und Süden des Verbreitungsgebietes streifen beschränkt umher

Im Flug rufen Austernfischer laut und schrill ‚kliep-kliep'

Gellend klingt das ‚Kliep', durch das man oft auf zwei oder drei große Watvögel aufmerksam wird, die niedrig über Meer oder Küste fliegen. Es sind Austernfischer – mit schwarzweißem Gefieder und orangeroten Schnäbeln wohl die auffallendsten unserer Strandvögel. Mit ihren seitlich zusammengedrückten, messerartigen Schnäbeln können sie Muscheln aufbrechen. In der Deutschen Bucht ernähren sie sich vorwiegend von Pierwürmern, Strandkrabben, Strandschnecken und Plattmuscheln, an der englischen Küste fast ausschließlich von Miesmuscheln. Dort nisten sie zahlreicher (rund 19 000 Brutpaare) als an der deutschen Nordseeküste, wo man in Seevogelfreistätten 2300 Brutpaare zählte, in der DDR gar nur 92. Im Herbst steigt freilich an der Deutschen Bucht die Zahl durch Zuzug auf 100 000. Neuerdings nistet der Austernfischer auch im Binnenland, und zwar nicht nur am Wasser, etwa an Baggerseen, sondern auch in Getreidefeldern, Wiesen und auf Brachland.

In ihrem Brutgebiet stellen sich im Frühjahr und Herbst Gruppen von Austernfischern zu einem Pfeifkonzert im Kreis auf: sie laufen vor und zurück und geben, die Schnäbel zu Boden gerichtet, ihre schrillen Pfiffe von sich. Während der Brutzeit hält der gerade nicht brütende Elternteil Wache. Naht sich ein ungebetener Gast, ruft er warnend ‚kliih'. Andere Austernfischer im Brutrevier nehmen den Ruf auf und schimpfen gemeinsam gegen den Eindringling an.

KENNZEICHEN: *Gefieder schwarz und weiß; langer, orangeroter Schnabel; rosa Beine; pfeift oft und gellend ‚kliep'; beide Geschlechter gleich.*
BRUT: *beide Partner legen Mulden an, von denen das Weibchen schließlich eine auswählt und mit Muschelschalen, Kieselsteinen oder auch Pflanzen auskleidet; es legt ab April bis Mai 2–3 blaßbraune und schwarzgesprenkelte und -gefleckte Eier, die beide Eltern in etwa 27 Tagen ausbrüten; beide versorgen die Jungen, die nach wenigen Stunden das Nest verlassen und nach ungefähr 4 Wochen fliegen können.*
NAHRUNG: *Muscheln, Schnecken; Krabben, Garnelen; im Inland Würmer, Insekten.*

Sandregenpfeifer

Charadrius hiaticula 19 cm

Sandregenpfeifer sind im hohen Norden verbreitet und mehr ans Meer gebunden als die sich südlich daran anschließenden kleineren, aber sehr ähnlichen Flußregenpfeifer. An der Nord- und Ostsee kommen beide gemeinsam vor.

Der Sandregenpfeifer nistet in Mitteleuropa noch am häufigsten auf den Nordfriesischen Inseln, mit Vorliebe auf Sand- und Kiesstrand. In den letzten Jahren zählte man in den wichtigsten Vogelschutzgebieten der BRD noch 170, in der DDR 35 Brutpaare. Seltener kommt er an den Masurischen Seen, am Madüsee in Pommern, am Müritzsee und einigen Seen Schleswig-Holsteins vor, ausnahmsweise auch an der Oder- und Wesermündung. Im Binnenlande kann man Sandregenpfeifer nur auf dem Zuge in mäßiger Zahl an geeigneten Stellen, etwa auf abgelassenen Teichen, beobachten. Manche überwintern auch an der Küste; viele, besonders solche aus dem hohen Norden, wandern jedoch bis nach Südafrika und Madagaskar.

Bei der Nahrungssuche verteilen sich Sandregenpfeifer in Trupps über die Küsten. Dort laufen die Vögel lebhaft umher und machen von Zeit zu Zeit halt, nicken mit dem Kopf oder picken Futter aus dem Sand auf. Werden sie aufgeschreckt, fliegen sie in dichter Formation auf und vollführen über dem Wasser Drehungen und Schwenkungen.

KENNZEICHEN: *schwarzes Kropfband; schwarzweiße Kopfzeichnung; gelbe Beine; kurzer Schnabel; größer als der Flußregenpfeifer und mit im Flug auffallender weißer Flügelbinde; beide Geschlechter gleich.*
BRUT: *das Männchen scharrt in den kahlen Boden oder zwischen niedrigem Gras eine Mulde, die vom Weibchen mit Steinchen, Muschelschalen oder Gras ausgelegt wird; es legt im Mai bis Juli 4 birnenförmige, braungraue Eier mit braunschwarzen und aschgrauen Punkten und Flecken; beide Eltern brüten etwa 24 Tage und versorgen die Jungen, die nach wenigen Stunden das Nest verlassen und nach ungefähr 25 Tagen flügge sind; meist 2 Bruten.*
NAHRUNG: *zahlreiche Weichtiere, Krebstiere und Insekten, auch Würmer und etwas pflanzliche Nahrung.*

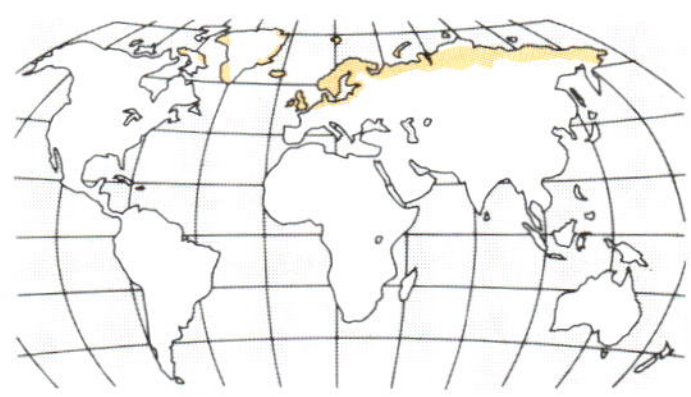

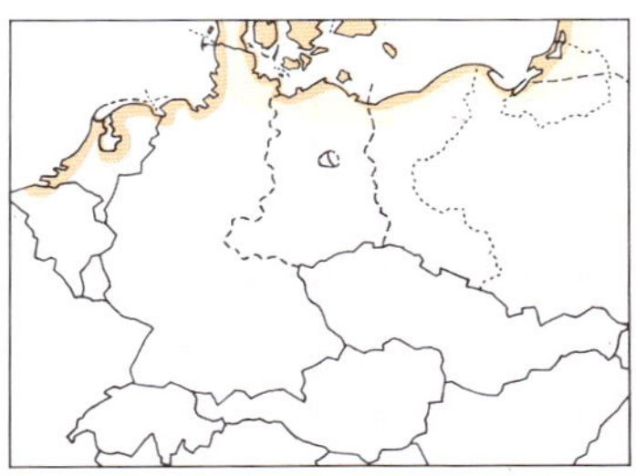

Zugvogel; wandert bis zu den südlichsten Küsten Afrikas; überwintert nur in geringer Zahl an unseren Küsten; in Großbritannien meist Jahresvogel

Um einen Feind abzulenken, tut der Vogel, als sei ihm ein Flügel gebrochen

MÄNNCHEN IM BRUTKLEID

Seeregenpfeifer

Charadrius alexandrinus 16 cm

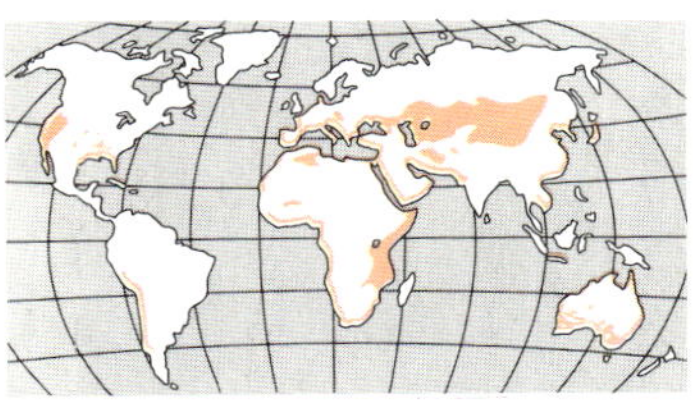

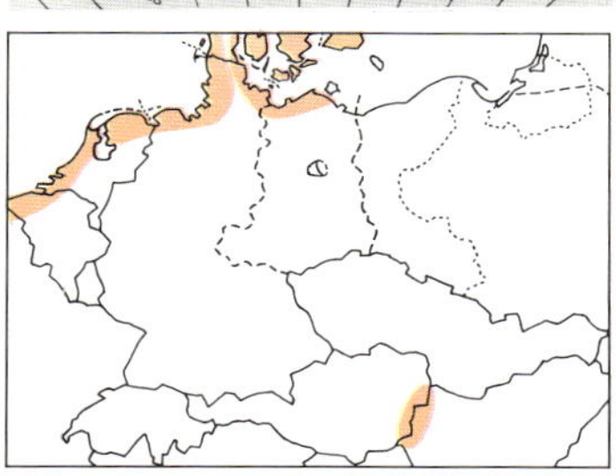

In Mitteleuropa Sommervogel; überwintert im Mittelmeergebiet und in Afrika bis Nigeria und dem Kongogebiet; die Weltkarte zeigt auch die Verbreitungsgebiete nahe verwandter Arten in Amerika, Australien und Afrika

Der unauffällig gefärbte Seeregenpfeifer liebt Salzwasser und meidet das Süßwasser

Unter unseren drei kleinen Regenpfeifern ist der Seeregenpfeifer am meisten an Salzwasser gebunden. Er trifft Ende März/Anfang April in Mitteleuropa ein und brütet an vielen sandigen Stellen der Nordseeküste, seltener an der Westküste der weniger salzreichen Ostsee und kaum je im Binnenlande, außer an salzhaltigen Lacken des Neusiedler Sees. Ab Ende Juli bis Oktober zieht er wieder fort. Sein Brutgebiet umfaßt viele Küsten Europas, Nordafrikas und Südasiens bis Japan sowie die Ufer von Salzseen in Innerasien.

Seeregenpfeifer sind kleiner als Sandregenpfeifer, mit denen sie oft den Lebensraum teilen, und weniger angriffslustig. Bei Konkurrenz der Arten ziehen sie daher oft den kürzeren. Im fledermausartigen Balzflug lassen sie einen Triller hören. Bei der Bodenbalz schabt das Männchen mit der Brust eine Mulde in den Sandboden und fächert dabei den auffällig schwarz-weiß-braun gemusterten Schwanz. Hat es so ein Weibchen angelockt, erhebt es sich, dreht dem Weibchen den Rücken zu, pickt Steinchen auf und schleudert sie in Richtung des Weibchens, das sich inzwischen in der Mulde niedergelassen hat. Bald darauf erfolgt die Paarung.

KENNZEICHEN: *gedrungener als Sand- und Flußregenpfeifer; Beine schwärzlich; kein geschlossenes Querband über der Brust, sondern nur einen schwarzen, im Ruhekleid und bei Jungvögeln mit Braun gemischten Seitenfleck; Weibchen ohne schwarzes Band hinter der weißen Stirn, Oberkopf weniger rostfarben als beim Männchen.*

BRUT: *nistet in einer mit Muschelstückchen, kleinen Steinchen, seltener mit Halmen oder Würzelchen ausgelegten Mulde im sandigen Boden, gern im Schutz von Pflanzenbüscheln; von Anfang oder Mitte Mai an findet man darin 2–4 (meist 3) rostgelbe Eier mit schwarzbraunen Punkten und Schnörkeln, die beide Gatten abwechselnd in 24–25 Tagen ausbrüten; beide Eltern füttern die Jungen, die nach [illegible] Wochen flugfähig sind.*

NAHRUNG: *kleine Insekten und deren Larven, Spinnen, Würmer, kleine Krebschen und kleine Weichtiere.*

Kiebitzregenpfeifer

Pluvialis squatarola 28 cm

Kiebitzregenpfeifer schauen oft recht betrübt drein, wenn sie in ihrem unansehnlichen graubraunen Ruhekleid, auf einer Schlammbank sitzend, auf den Gezeitenwechsel warten. In ihrem arktischen Brutgebiet dagegen jagen und tummeln sie sich im kontrastreichen Brutkleid – grau gesprenkelt und weiß gerändert mit schwarzer Brust – in der Luft und greifen mutig sogar Raubmöwen an, die ihren Nestern zu nahe kommen.

Die ersten Kiebitzregenpfeifer erscheinen bei uns schon Ende Juli, in Massen im September, vor allem an der Küste, regelmäßig, aber spärlich auch im Binnenland. Einige halten im Winter aus. Die meisten wandern weiter südwärts, manche bis zum Kap der Guten Hoffnung. Sie schließen sich lieber zu lockeren Gruppen als zu dichten Trupps zusammen und halten zu anderen Watvögeln Abstand. Nach dem Winter kehren fast alle in die Arktis zurück, zuweilen bleiben ein paar nicht brütende Vögel auch im Sommer bei uns.

Durch schwarze Abzeichen unter den Flügeln sowie weiße Flecken an Bürzel und Flügeloberseite unterscheiden sie sich vom recht ähnlichen Goldregenpfeifer. Auch ihr gassenjungenhafter Ruf – ‚ti-u-ih' mit tieferer Mittelsilbe – klingt anders als der melodische zweisilbige des Goldregenpfeifers. Bei der Nahrungssuche laufen sie wie andere Regenpfeifer eine kurze Strecke, bleiben dann stehen und sehen sich um.

KENNZEICHEN: *im Winter Oberseite braungrau, Unterseite heller; im Sommer Oberseite grau gesprenkelt, Unterseite schwarz; schwarzer Augenfleck unter den Flügeln; am Bürzel und an der Flügeloberseite weiß.*
BRUT: *brütet in der Tundra Sibiriens; nistet in einer mit Moos und Flechten ausgekleideten Bodenmulde; das Weibchen legt ab Juni bis Anfang Juli 4 hellbraune oder grüne, gelegentlich auch rosa getönte und kastanienbraun gefleckte Eier, die beide Eltern in etwa 23 Tagen ausbrüten; beide versorgen die Jungen, die nach ungefähr 4 Wochen fliegen können.*
NAHRUNG: *im Winter Würmer, Weichtiere, kleine Krabben und andere Krebstiere; im Sommer Würmer, Nacktschnecken, Insekten, Spinnen.*

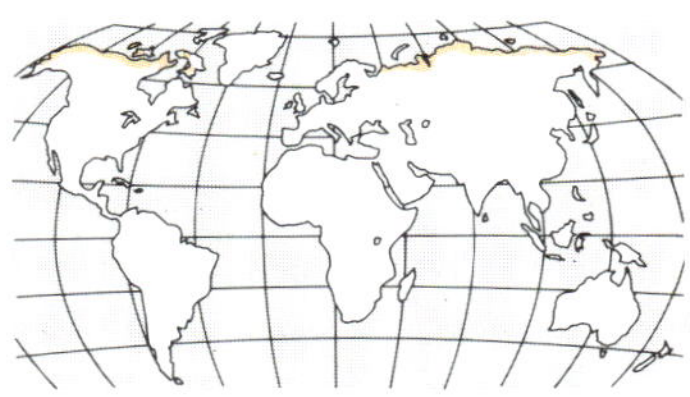

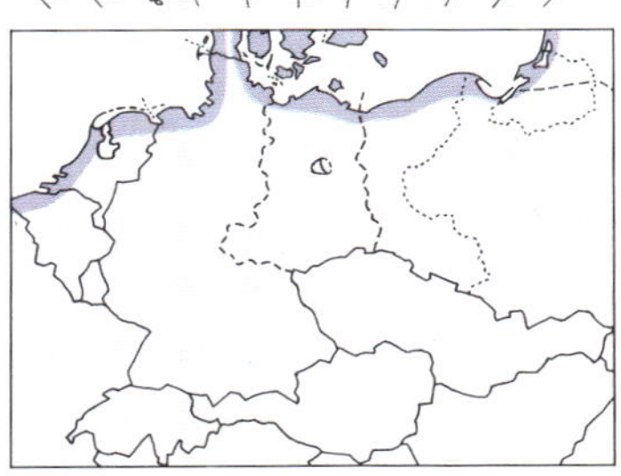

Zugvogel; außerhalb der Brutzeit an Meeresküsten südlich bis Südafrika, Südamerika und Australien

Im Winter zeigt der Kiebitzregenpfeifer im Flug schwarze Achselflecken

Steinwälzer

Arenaria interpres 23 cm

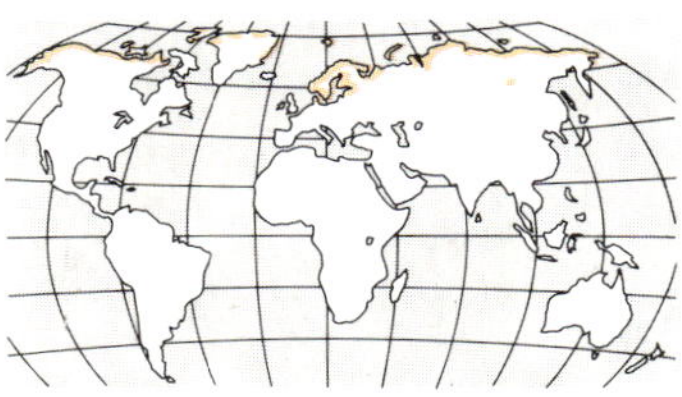

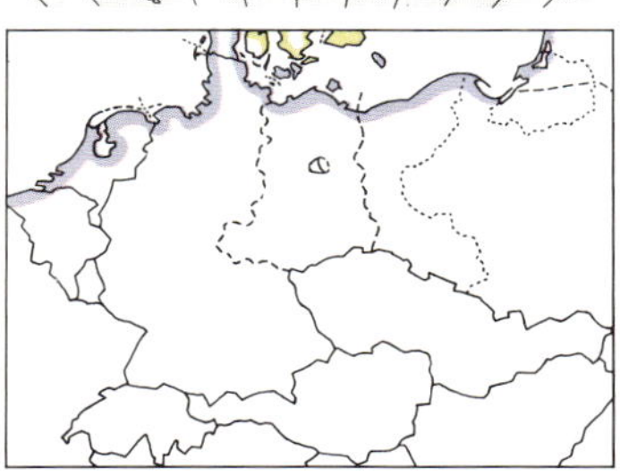

Zugvogel; überwintert auf der Südhalbkugel bis zur Südspitze Afrikas, Südamerikas, Australiens, Tasmaniens und Neuseelands

Die kontrastreiche Flügelzeichnung eines Steinwälzers im Sommerkleid

Nicht nur Steine drehen Steinwälzer mit dem Schnabel um oder heben sie zur Seite, sondern auch Meerespflanzen, Schalen, Treibholz, tote Fische, kurz alles, worunter sich Insekten oder kleine Muscheln verbergen können. Meist suchen sie in kleinen Gruppen, oft in Gesellschaft anderer Watvögel, felsige und steinige Küsten entlang der Gezeitengrenze nach solcher Nahrung ab. Für ihre Größe sind sie recht laut, zwitschern aufgebracht ‚kit-kit-kit' oder rufen klar ‚kikuh-kikuh'. Mit ihrem gesprenkelten Rücken sind sie zwischen Klippen, Kieselsteinen und Meerespflanzen gut getarnt. Meist erkennt man sie erst, wenn eine Schar auffliegt und die schwarzweiße Musterung ihrer Flügel zeigt.

Die Küsten der Nord- und Ostsee besuchen Steinwälzer mäßig häufig als Wintergäste und nicht allzu häufig auf dem Durchzug im Frühjahr (April–Juni) und Herbst (August–Oktober). Vereinzelt trifft man sie auch im Binnenland. Im Sommer ziehen sie nahezu geschlossen in die Arktis zurück, um dort zu brüten. Sie nisten auf Felseninseln, oft in der Nähe größerer Vögel, die ihnen die Eier stehlen würden, wären sie nicht ständig auf der Hut. Einige nicht brütende Vögel übersommern an unseren Küsten. Bis vor einem halben Jahrhundert haben Steinwälzer an der deutschen Ostseeküste gar nicht so selten gebrütet. Die letzten Nester fand man 1915 auf der Heuwiese bei Rügen und 1918 auf Hiddensee.

KENNZEICHEN: *im Winter oben schwarzbraun, breites dunkles Brustband, sonst unten weiß; im Sommer oben schildpattfarben, Kopf mehr weiß; Schnabel kurz und schwarz; Beine orangefarben; Geschlechter gleich.*

BRUT: *baut dürftig mit Pflanzen ausgekleidetes Nest am Fels oder in Grasbüscheln; das Weibchen legt ab Mai bis Juni 4 grüne, braun gemusterte Eier und brütet sie meist selbst in etwa 20 Tagen aus; beide Eltern versorgen die Jungen, die in wenigen Stunden das Nest verlassen.*

NAHRUNG: *Mollusken, Krebstiere und Insekten; gelegentlich junge Fische und Fischreste; man hat auch Aufnahme von Brot und Aas beobachtet.*

Grünschenkel

Tringa nebularia 30,5 cm

Grünschenkel brüten in der nordischen Wald- und Tundrazone von Schottland bis Kamtschatka. Nur auf dem Durchzug erscheinen sie mäßig zahlreich in Mitteleuropa – schon in den ersten Julitagen und auf dem Heimzug Anfang April. Zwischen Dezember und März sieht man sie hier nicht, manchmal aber im Sommer, obwohl sich die Vermutung, daß sie bei uns brüten, nicht bestätigt hat. Im Bereich der deutschen Nordseeküste zählte man im August 2400, im Mai 500.

Diesen großen Wasserläufer erkennt man im Sitzen an seinen grünen Beinen, im Fluge am langen weißen Bürzel und den einfarbigen Flügeln ohne helle Abzeichen. Er fliegt mit kräftigem Flügelschlag. Beim Balzflug steigen Grünschenkel paarweise in die Luft, kurven nahe beieinander herum, stürzen dann nach unten und jagen sich im niedrigen Zickzackflug. Bei der Bodenbalz verneigt sich das Männchen vor dem Weibchen, klappert mit dem Schnabel und hüpft in Bocksprüngen über es hinweg. Ihr Gesang, ein wiederholtes, angenehm flötendes ‚Tjü-i', wird entweder beim Überfliegen des Reviers oder von einem Sitzplatz aus vorgetragen. Ein aufgeregtes ‚Tyip-tyip-tyip' hört man, wenn sich das Pärchen beim Brüten ablöst, und ein laut schallendes grünspechtartiges ‚Kjück-jück-jü', wenn der Vogel beunruhigt ist.

KENNZEICHEN: *lange grüne Beine; langer graublauer, leicht aufgeworfener Schnabel; Bürzel weiß; Flügel ohne Abzeichen; oben aschgrau und dunkel gezeichnet; unten weiß, im Sommer mit dunklen Flecken und Streifen; beide Geschlechter gleich.*

BRUT: *das Weibchen scharrt eine Vertiefung in den Boden, legt sie mit Pflanzen, manchmal mit Hasenlosung aus; Anfang Mai bis Juni legt es meist 4 hellbraune, dunkel gefleckte und gezeichnete Eier, die beide Gatten in etwa 24 Tagen ausbrüten; sie versorgen die Jungen, die nach wenigen Stunden das Nest verlassen und nach ungefähr 27 Tagen zu fliegen beginnen.*

NAHRUNG *Wasserinsekten und deren Larven; Würmer und kleine Fische; gelegentlich kleine Frösche; häufig Kaulquappen; im Wattenmeer vorwiegend Meereskrebse und -schnecken.*

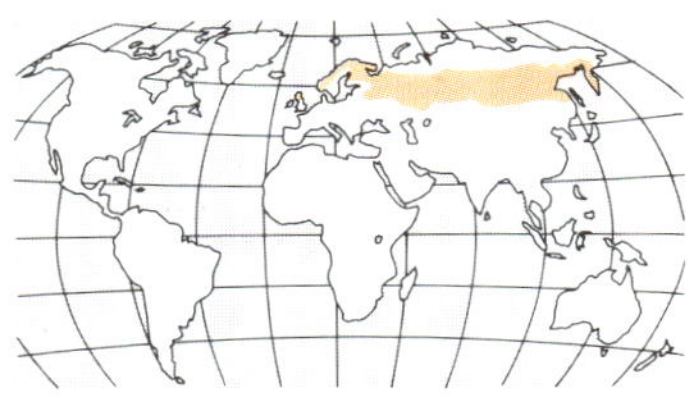

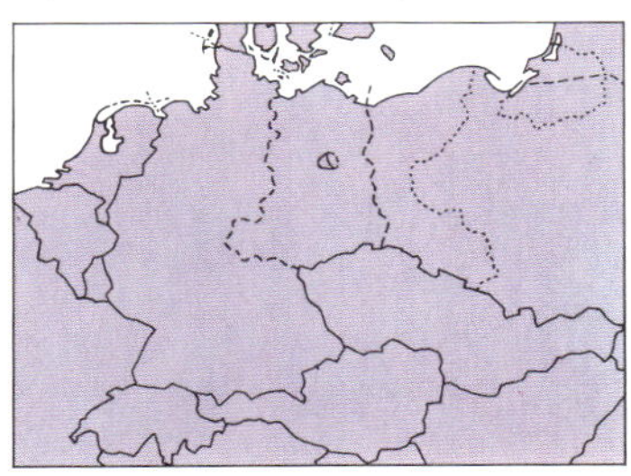

Zugvogel; überwintert in den Tropen und Subtropen, manche Vögel ziehen bis ins Kapland und nach Australien; in Mitteleuropa Durchzügler

Wie alle Wasserläufer hat der Grünschenkel lange Beine

Knutt

Calidris canutus 25 cm

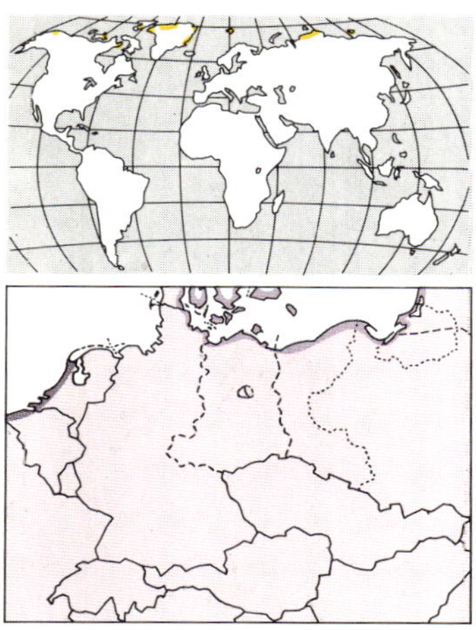

Zugvogel aus der Arktis; überwintert an den Küsten Afrikas, Asiens, Australiens und Neuseelands; an unseren Küsten nur auf dem Durchzug

Früher war dieser Strandläufer den Naturforschern ein Rätsel. Niemand konnte sagen, woher die dichten Schwärme kamen, die sich wie ein grauer Teppich auf die Schlammbänke legten, und wohin sie wieder zurückkehrten. Inzwischen weiß man, daß der Knutt aus seinen öden Brutstätten nördlich des Polarkreises in großen Schwärmen auf manchmal weiten Wanderungen nach Süden zieht, bis nach Südafrika, Patagonien, Neuseeland und Australien. Die ersten Vögel, voran die Jungvögel, kommen in Mitteleuropa gegen Ende des Sommers an – hauptsächlich auf dem Wattenmeer. Der Zuzug dauert bis Oktober. Einige überwintern bei uns, der größere Teil zieht aber weiter und stellt sich erst im nächsten Mai auf dem Heimflug wieder ein. Der Durchzug dauert bis Mitte Juli, und zahlreiche Nichtbrüter übersommern in vollem Brutkleid bei uns.

Am Brutplatz – auf der Halbinsel Taimyr im Norden Sibiriens oder auf nördlich davon gelegenen Inseln – folgt ein kurzer, ruheloser Sommer unter der Mitternachtssonne. Das

Männchen führt dann seinen kreisenden Singflug aus und jagt dem Weibchen nach. Während des Zuges hört man aus dem Schwarm ein vielstimmiges Gezwitscher. Seinen Namen verdankt er wohl seinem Ruf, der wie ‚nut' klingt. Als Linné ihm seinen wissenschaftlichen Namen gab, dachte er an den Dänenkönig Knut (lateinisch *Canutus*), der nach einer Sage die Flut zurückdrängen wollte, aber ihr weichen mußte, ähnlich wie Strandläufer sich häufig am Flutsaum bewegen.

KENNZEICHEN: *im Winter oben grau, unten heller; im Sommer oben schwarz und rotbraun gefleckt, unten rostbraun; Schwanz grau; heller Bürzel und helle Flügelbinden im Flug zu erkennen; Hals plump und kurz; beide Geschlechter gleich.*
BRUT: *kleidet eine Mulde in der steinigen Tundra mit Flechten aus; das Weibchen legt ab Juni bis Juli meist 4 graugrüne bis olivbraune, dunkel gezeichnete Eier, die beide Eltern wahrscheinlich in 3 Wochen ausbrüten; um die Jungen kümmert sich das Männchen; sie verlassen das Nest, sobald sie trocken sind, und können nach 4 Wochen fliegen.*
NAHRUNG: *im Winter Krebstiere, Würmer, kleine Weichtiere, Insekten; im Sommer Insekten, Spinnen, Weichtiere, Pflanzentriebe und ähnliches.*

Auf dem Durchzug sucht der Knutt in großen Schwärmen seine Nahrung auf den Schlammbänken an unseren Küsten. Die Schwärme bleiben auch im Flug geschlossen zusammen und führen exakte Massenschwenkungen über dem Wasser aus. Dabei sehen sie erst weiß aus, dann dunkler, sobald sie gewendet haben und ihre grauen Oberseiten zeigen

Alpenstrandläufer

Calidris alpina 17,5 cm

SOMMERKLEID

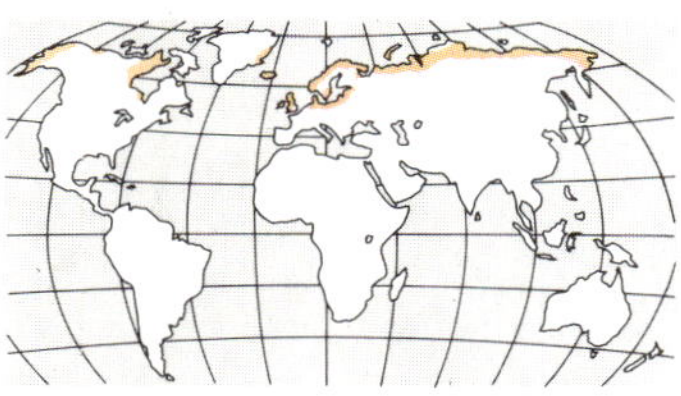

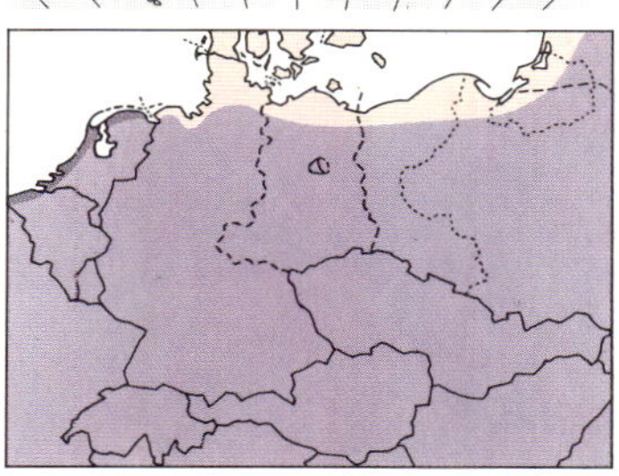

Teilzieher; die an Nord- und Ostsee brütenden Alpenstrandläufer wandern entlang der Küste oder durchs Binnenland bis Südwesteuropa; die übrigen ziehen in großen Schwärmen bei uns durch, nur wenige überwintern hier

Im Winter verliert der Alpenstrandläufer seinen schwarzen Bauchschild

Große Schwärme von Alpenstrandläufern, die wie Rauchfetzen durch die Luft treiben, gehören mit zu dem Schönsten, was man am Wattenmeer erblicken kann. Die Vögel fliegen knapp über den Wasserspiegel, jagen dicht geschlossen in die Höhe, schwärmen in langen Wellenlinien aus, schwenken plötzlich und stoßen herab, um sich flügelrauschend niederzulassen. Eine kleine Rasse (*C. a. schinzii*) brütet spärlich an Nord- und Ostsee, unregelmäßig auch im Binnenland – am Dümmersee, in Mecklenburg und Bremen. Von Mitte Juli an verlassen die Vögel ihre Brutplätze und kehren erst im März und April aus den Winterquartieren im Westmittelmeer zurück. Ab Juli stellen sich aber, oft mit anderen Strandläufern zusammen, riesige Schwärme der größeren nordeuropäischen Rasse *(C. a. alpina)* an unseren Küsten ein. Als Durchzügler kann man sie auch im Binnenland auf Sandbänken von Flüssen und Seen, schlammigen Ufern und abgelassenen Teichen beobachten.

Als einzige kleine Watvögel haben Alpenstrandläufer im Frühjahr und Sommer einen schwarzen Bauch; im Ruhekleid ist die Unterseite hell. Ihr Flugruf lautet ‚tuip‘ oder ‚tirp‘; ihre Balzstrophe, ein lerchenartig schwirrender Triller, wird bei Aufwärtsflug über der Brutstätte vorgetragen. Bei der Balz kommt es auch zu kurvenreichen Verfolgungsjagden.

KENNZEICHEN: *im Winter Oberseite graubraun gestreift, Unterseite weiß mit grauer Brust; im Sommer kastanienbraun, oben schwarz gestreift und mit schwarzem Bauch; weiße Flügelbinde und Schwanzseiten im Flug zu erkennen; schwach abwärts gebogener Schnabel; beide Geschlechter gleich.*

BRUT: *nistet in Bodenmulden oder Grasbüscheln; das Nest wird mit Gräsern und Laub ausgekleidet; das Weibchen legt im Mai meist 4 hellbraune bis blaugrüne, dicht dunkelbraun gesprenkelte Eier, die beide Eltern in 21–22 Tagen ausbrüten; beide versorgen die Jungen, die nach wenigen Tagen das Nest verlassen und nach ca. 3 Wochen flügge sind.*

NAHRUNG: *Insekten und deren Larven, kleine Weich- und Krebstiere, Regenwürmer, Meereswürmer; gelegentlich Gräser oder Sämereien.*

Sanderling

Calidris alba 20 cm

Gruppen von Sanderlingen, die an der Gezeitengrenze in Gesellschaft anderer Watvögel ihre Nahrung suchen, erkennt man schon von weitem an ihrer ruhelosen Art. Sie laufen mit gesenktem Kopf einher, picken nach Krabben und anderen von den Wellen freigespülten Strandtieren, bleiben hin und wieder stehen, um Reste eines verendeten Fisches oder einer Qualle aufzunehmen. Sie sind so zutraulich – oder freßgierig –, daß man sich ihnen auf wenige Schritte nähern kann, bevor sie weglaufen – und bald wieder haltmachen. Sie scheinen nur ungern zu fliegen. Tun sie es einmal, dann erheben sie sich, schrill ‚twick-twick' rufend, und fliegen schnell und geradlinig in geringer Höhe über dem Wasser dahin. Man erkennt dann ihre weiße Flügelbinde und den in der Mitte schwarzen, an den Seiten weißen Schwanz.

Im Sommer sieht man Sanderlinge kaum, denn sie fliegen zum Brüten in die Arktis. Nur einige Vögel bleiben das ganze Jahr über bei uns, sind aber hier noch nie beim Brüten beobachtet worden. Im Brutgebiet steigt das Männchen zum Balzflug hoch in die Luft und fliegt dann steil zur Erde zurück, wobei es ein lautes, ziemlich hart surrendes Lied vorträgt. Im Winter hält sich der Sanderling meist an sandigen Küsten auf, sucht aber seine Nahrung auch auf Schlammbänken und gelegentlich an Süßwassergestaden im Binnenland.

KENNZEICHEN: *im Winter hellgrau und weiß mit schwarzem Schulterfleck; im Sommer oben braun mit dunkleren Streifen; Schnabel gerade; vom Sandregenpfeifer durch längeren Schnabel, vom Alpenstrandläufer durch deutlichere weiße Flügelbinde zu unterscheiden; Geschlechter gleich.*

BRUT: *nistet stets in einer meist nicht gepolsterten Bodenmulde; das Weibchen legt Ende Juni 4 birnenförmige olivgrüne Eier mit dunkelbraunen Tupfen und Flecken und brütet sie in etwa 24 Tagen aus; beide Eltern versorgen die Jungen, die nach wenigen Stunden das Nest verlassen.*

NAHRUNG: *kleine Krebstiere, Weichtiere des Meeres und Würmer; Reste verendeter Fische und Quallen.*

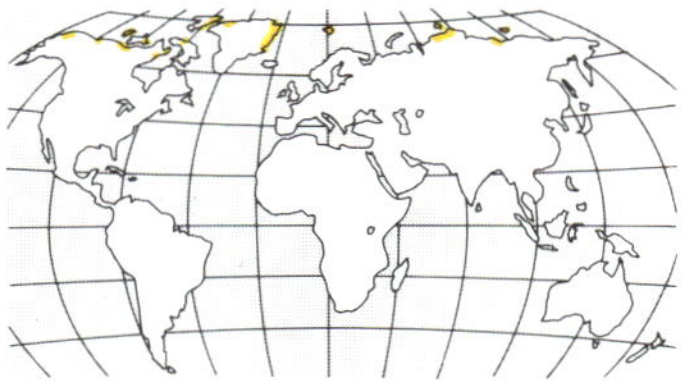

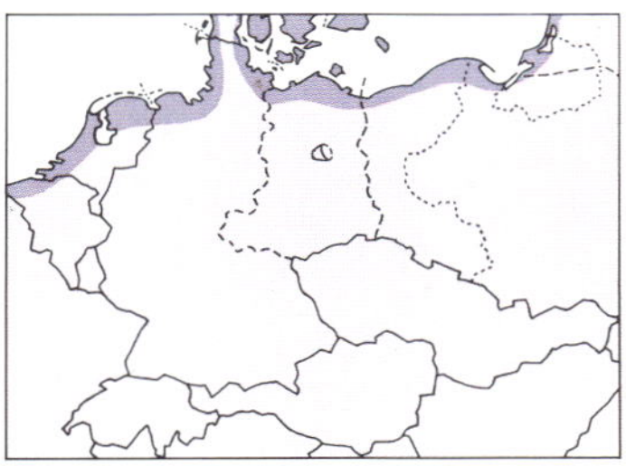

Der Sanderling brütet in der Arktis und ist außerhalb der Brutzeit nahezu an allen Sandküsten der Welt anzutreffen

Der Sanderling trippelt entlang der Gezeitengrenze und sucht Nahrung

Säbelschnäbler

Recurvirostra avosetta 43 cm

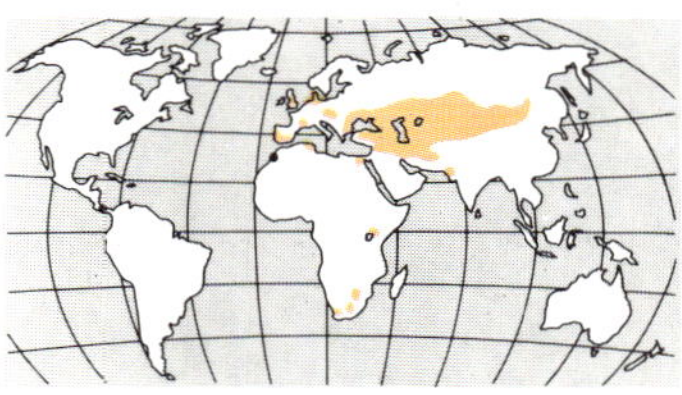

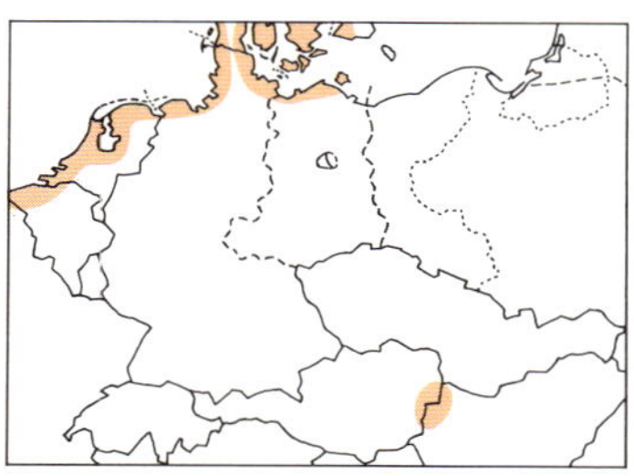

Zugvogel; überwintert vorwiegend in der Bretagne und weiter südlich; große Schwärme ziehen bis Ostafrika

Den langbeinigen, schwarzweißen Säbelschnäbler mit seinem dünnen, aufwärts gebogenen Schnabel kann man mit keinem anderen Vogel verwechseln. Die Funktion des eigenartig geformten Schnabels wird dem Beobachter klar, der ihn im seichten Salz- oder Brackwasser waten und auf der Suche nach Krebstierchen, Wassermilben und zarten schlammbewohnenden Larven mit dem Schnabel seitwärts hin und her *säbeln* sieht.

Geeignete Lebensstätten bieten dem Säbelschnäbler in Mitteleuropa nur die Küstenregionen und der Seewinkel des Neusiedler Sees, wo er an den Zicklacken (Salzlacken) reiche Nahrungsgründe findet. Viele Ornithologen besuchen dieses Gebiet Jahr für Jahr nur, um diesen schönen und graziösen Vogel an seinen Brutplätzen beobachten zu können. In den letzten Jahren nisteten dort 20–60 Paare. Überschwemmungen führen manchmal zu starken Verlusten an Eiern und Jungen, die freilich meist durch ein Nachgelege ziemlich ausgeglichen werden. An unseren Küsten hat der Säbelschnäbler neuerdings zugenommen. 1964 zählte man in deutschen Seevogelschutzgebieten über 1000 Paare, mehr als doppelt soviel wie zwanzig Jahre zuvor. Im Herbst wandern die Säbelschnäbler an den Küsten entlang bis Portugal, mitunter sogar bis Westafrika. Ein Teil bleibt jedoch zurück. Gelegentlich erscheinen einzelne Vögel auch im Binnenland.

Die auffallende schwarzweiße Zeichnung des Säbelschnäblers im Fluge

KENNZEICHEN: *kontrastreiches schwarzweißes Gefieder; langer, schlanker aufwärts gekrümmter Schnabel; lange, blaugraue Beine, die im Flug weit über den Schwanz hinausragen; beide Geschlechter gleich.*

BRUT: *nistet in Kolonien nahe am Wasser auf Grasbüscheln oder Sandbänken; Nest aus hoch aufgeschichteten trockenen Pflanzen; das Weibchen legt Ende April bis Mai meist 4 blaßbraune, grau und dunkelbraun gesprenkelte Eier, die beide Eltern in etwa 23 Tagen ausbrüten; die von beiden versorgten Jungen schlüpfen mit geradem Schnabel, verlassen nach wenigen Stunden das Nest und können nach ungefähr 6 Wochen fliegen.*

NAHRUNG: *Garnelen, Salz- und Brackwasserinsekten, deren Larven.*

Odinshühnchen

Phalaropus lobatus 17,5 cm

WEIBCHEN IM SOMMERKLEID

Im Vergleich zu den meisten Vögeln sind beim Odinshühnchen fast sämtliche Rollen der Geschlechter während der Brutzeit vertauscht. Das Weibchen fliegt zuerst ins Brutgebiet ein, steckt das Revier ab und *produziert* sich, um ein Männchen anzulocken. Es ergreift sowohl bei der Werbung wie bei der Paarung die Initiative. Das Männchen brütet hingegen die Eier aus und versorgt die Jungen, bis sie flügge sind. Kein Wunder, daß das Weibchen ein bunteres Gefieder hat als das Männchen.

Mit ihren Schwimmlappen an den Zehen sind Odinshühnchen ausgezeichnete Schwimmer. Leicht wie Korken liegen sie auf der Wasseroberfläche. Auf dem Wasser nicken sie ständig und drehen sich oft um die eigene Achse, um Wasserinsekten an die Oberfläche zu wirbeln, die sie da aufpicken.

Odinshühnchen sind bei weitem die kleinsten Vögel, die man schwimmend beobachten kann. Aus ihren arktischen Brutrevieren fliegen sie im Winter an die See und wagen sich weit aufs Meer hinaus. Wenn Stürme sie landeinwärts treiben, kann man sie selbst an kleinsten Tümpeln finden. In Mitteleuropa sieht man sie nur auf dem Durchzug; doch sie brüten schon, wenn auch selten, im nördlichen Großbritannien, besonders auf den Shetland- und den Orkneyinseln.

KENNZEICHEN: *Kopf und Oberseite schiefergrau mit gelbbraunen Streifen; Kehle und Unterseite weiß; im Sommer orangefarbenes Band an den Halsseiten; das Weibchen ist kräftiger gezeichnet; Gefieder im Winter weiß und grau mit hellerem Kopf; schlank mit nadelartigem Schnabel.*

BRUT: *beide Partner scharren an der Küste oder Seeufern eine Bodenmulde und kleiden sie mit Gras aus; das Weibchen legt Ende Mai bis Anfang Juni 4 birnenförmige, hellbraune, stark braun gefleckte Eier, das Männchen brütet sie in etwa 20 Tagen aus und versorgt die Jungen, die nach wenigen Stunden das Nest verlassen und nach 17 Tagen flügge sind.*

NAHRUNG: *fast nur Insekten, die auf dem Wasser oder auf Pflanzen in Wassernähe zu finden sind.*

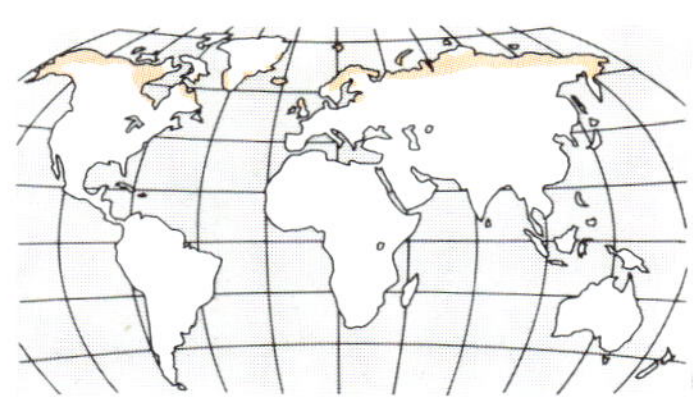

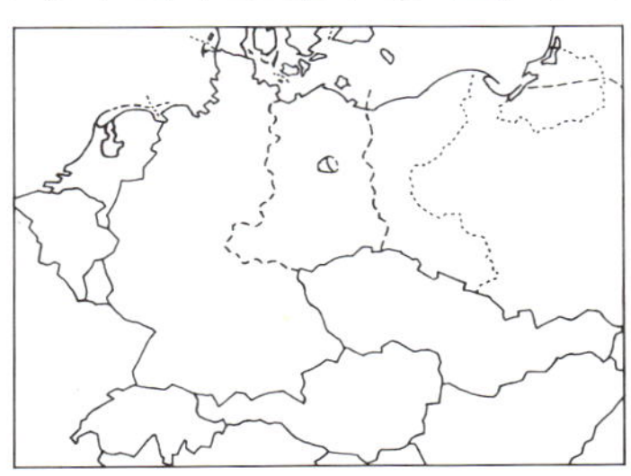

Zugvogel; überwintert auf dem Meer vor den Küsten Westafrikas, Arabiens, Südostasiens und der Westküste Südamerikas; in Mitteleuropa Durchzügler

Odinshühnchen drehen sich im Kreise, um Insekten im Wasser nach oben zu wirbeln

Mantelmöwe

Larus marinus 68 cm

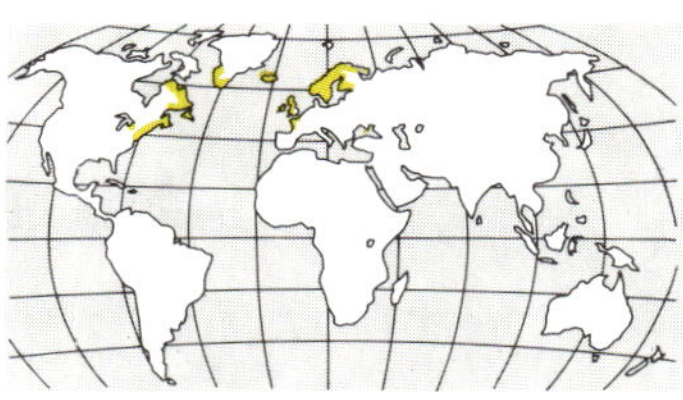

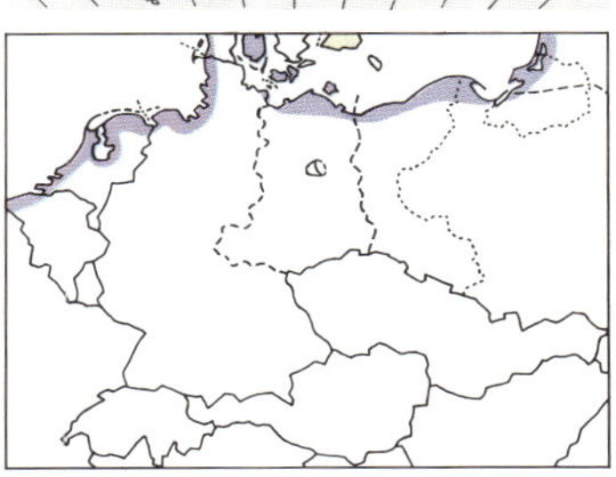

Vornehmlich Jahresvogel; die Vögel aus dem hohen Norden streifen im Winter jedoch gelegentlich nach Süden bis zum Mittelmeer

Von ihrem Nest auf einer Felsspitze aus hält die Mantelmöwe Wache

Mantelmöwen sind wilde Räuber. Wenn sie in eine Kolonie Seevögel einfallen, reißen sie ihre Opfer regelrecht in Stücke. Am liebsten jagen sie junge Eiderenten, die sich verirrt haben. Mühelos können sie ein Küken auf einmal hinunterwürgen. Beim Streit um ein Stück Abfall sind sie dank des kräftigen Körperbaus und des gewaltigen Schnabels anderen Möwen meist überlegen. Wenn sie ihre eigenen Eier und Jungen verteidigen, stoßen sie aus geringer Höhe auf den Eindringling herab.

Es gibt viele Gründe für ihre starke Vermehrung: sie fressen fast jede tierische Nahrung, gleich ob lebend oder tot; sie gelten nicht mehr als Zielscheiben für Sportschützen, wie noch zu Ende des letzten Jahrhunderts; außerdem gibt es in Fischereihäfen und anderswo immer mehr eßbaren Abfall.

Mantelmöwen brüten in Nordeuropa südwärts bis Großbritannien, aber nicht an den deutschen Küsten, wo sie dennoch bekannt und häufig sind, nicht nur im Winter, sondern stellenweise auch im Sommer, sowohl im Jugend- wie im Alterskleid. Am wanderlustigsten sind junge Mantelmöwen: sie streifen sogar bis in die Mittelmeerländer.

Ihre Stimme gleicht im wesentlichen der der Silbermöwe; das ‚Kjau-kjau-kjau' klingt jedoch tiefer und rauher. Ihr lachendes ‚Ouk-ouk-ouk' hört man vor allem, wenn ein Mensch in ihr Revier eindringt.

KENNZEICHEN: *Rücken schwarz; Unterseite weiß; im Winter dunkle Kopfzeichnung; im Jugendkleid oben braun, unten hell; beide Geschlechter gleich.*

BRUT: *nistet, etwa in England und Schottland, in kleinen Gruppen am Boden; beide Partner bauen ein großes Nest aus Heidekraut, Wasserpflanzen und anderem Material; das Weibchen legt ab April bis Mai meist 3 olivfarbene oder hellbraune, dunkel getupfte Eier, die beide Eltern in etwa 27 Tagen ausbrüten; beide füttern die Jungen, die nach 2–3 Wochen das Nest verlassen und nach 7–8 Wochen flügge sind.*

NAHRUNG: *fast jede tierische Nahrung, einschließlich toter Fische, Abfälle, Aas und Vögel anderer Arten; nur wenig pflanzliche Nahrung.*

Heringsmöwe

Larus fuscus 53 cm

Manchmal fliegen Heringsmöwen hinter Schiffen her, um über Bord geworfenen Abfall zu ergattern. Sie sind Unratfresser wie Silbermöwen und ebenfalls häufig an Müllplätzen zu finden. Auch ihr kräftiger, etwas schwerfälliger Flug erinnert an die Silbermöwe. Beide ähneln sich so, daß man darüber streiten kann, ob es sich nicht um zwei deutlich unterschiedene Rassen der gleichen Art handelt. Dafür spricht, daß man schon Mischpaare gefunden hat. Auch ihre Nester, Eier und Jungen gleichen sich sehr, ebenso ihr Wortschatz. Beide Großmöwen sind Aasfresser und gefährliche Räuber, die über Eier und Junge anderer Vögel herfallen.

Im Nordseegebiet ist die Heringsmöwe ein seltener Brutvogel. Es handelt sich dort um die englische Rasse *(L. f. graellsii)*, deren Oberseite schiefergrau und nicht schwarz ist wie bei der nordeuropäischen Rasse *(L. f. fuscus)*, die man im Sommer regelmäßig an der Ostseeküste beobachten kann, an der Nordsee viel seltener. Im Gegensatz zur Silbermöwe ist die Heringsmöwe jedoch vorwiegend ein Strich- und Zugvogel und deshalb zur Zugzeit häufiger im Binnenland in allen Stromtälern zu sehen. Man muß sich nur hüten, sie mit der allerdings viel größeren Mantelmöwe zu verwechseln, die freilich wesentlich seltener im Binnenlande auftritt, sogar am Niederrhein höchstens einzeln.

KENNZEICHEN: *deutlich kleiner als Mantelmöwe, Beine gelb und Schnabel nicht so klobig; im Jugendkleid Rücken braun, Unterseite hell, am Schwanzende breites Band, hat dann fleischfarbene Beine wie andere Großmöwen; beide Geschlechter gleich.*

BRUT: *nistet in Kolonien am Boden, manchmal gut versteckt in Farn- oder Heidekraut; beide Partner bauen aus Gras, Wasserpflanzen und Federn das Nest; das Weibchen legt ab Mai bis Juni meist 3 olivbraune oder hellgrüne, braun gefleckte Eier, die beide Eltern in etwa 27 Tagen ausbrüten; meist füttert das Weibchen; die Jungen können nach rund 5 Wochen fliegen.*

NAHRUNG: *Aas und Unrat; Fische, Muscheln, Würmer, Insekten, Mäuse, Vögel und Eier; auch Tang und Körner.*

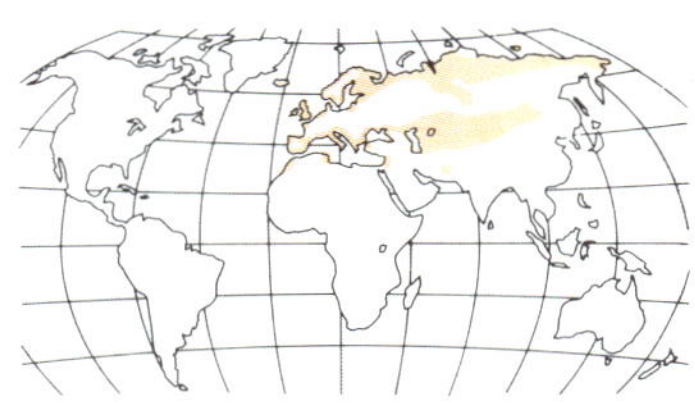

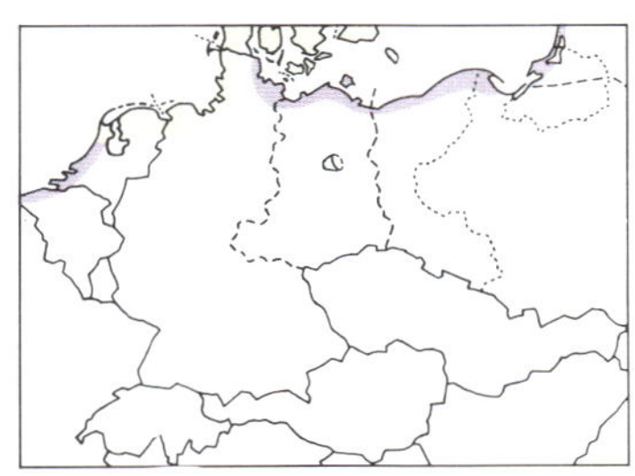

Vornehmlich Zugvogel; bezieht Winterquartiere südlich bis zu den Küsten des tropischen Afrikas und zum Persischen Golf

Das Nest der Heringsmöwe ist oft in dichtem Bewuchs versteckt

Silbermöwe

Larus argentatus 56 cm

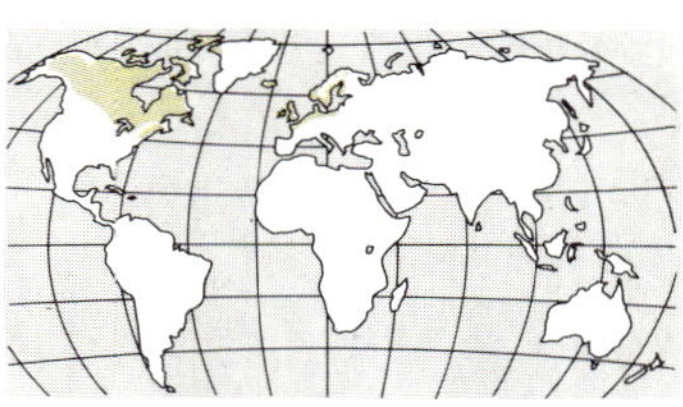

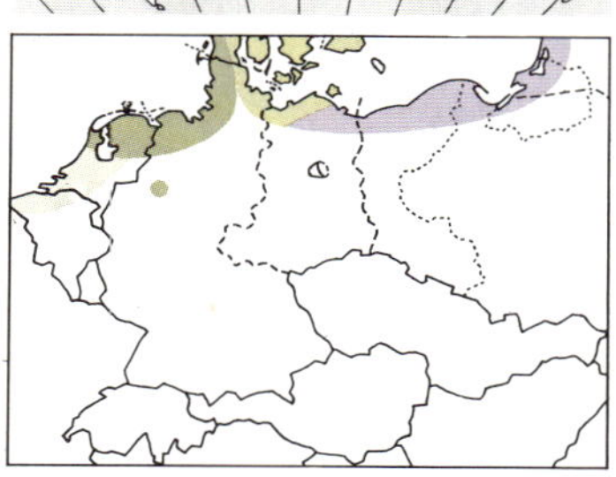

Vornehmlich Jahresvogel; einige Silbermöwen ziehen entlang der Küste nach Süden, wenige bis in die Subtropen

Ihrer Fähigkeit, fast alles zu fressen – von Fischresten bis zu den Jungen ihrer eigenen Artgenossen – verdankt die Silbermöwe ihre großen Überlebenschancen. Dank der ständig wachsenden Menge an Abfällen hat sie ihre Zahl in den letzten Jahren vervielfacht und ihr Brutgebiet erweitert. 1967 wurden allein in den Seevogelfreistätten des deutschen Nordseegebietes 17 000 Brutpaare dieser häufigsten unserer Möwenarten gezählt. Da sie Eier und Junge kleinerer und seltener Seevogelarten raubt, muß man ihren Bestand laufend vermindern – ein gutes Beispiel für die Notwendigkeit *gelenkten* Vogelschutzes. Noch vor wenigen Jahren nistete sie nur an der Küste auf dem Boden, heute baut sie ihr Nest auch an Gebäuden in Küstennähe oder im Binnenland. Im Winter suchen Silbermöwen in großer Zahl Fischerei- und andere Häfen auf.

Die Brutkolonien sind erfüllt von ihrem lauten jaulenden und kläffenden ‚Kijuh‘. Um ihr Nest vor benachbarten Artgenossen zu schützen, muß nach der Eiablage ein Elternvogel stets Wache halten, sonst würden nur wenige Nachkommen die vier Jahre bis zur Geschlechtsreife erleben. Beim Balzen steht das Männchen zuerst Seite an Seite mit dem kleineren Weibchen, dreht sich dann ihm zu, nickt und ruft ‚ga-ga-ga‘. Oft bringt es auch eine Meerespflanze als *Geschenk.*

KENNZEICHEN: *Rücken grau; Unterseite weiß; gelber Schnabel mit rotem Fleck; Beine fleischfarben; die Jungen sind am Rücken schwarz mit dunkler Schwanzbinde; beide Geschlechter gleich.*

BRUT: *nistet in Kolonien; beide Geschlechter bauen aus verfügbarem Material ein klobiges Nest am Boden, an Felsvorsprüngen, Häusern und mitunter deren Dächern; das Weibchen legt Ende April bis Juni meist 3 olivbraune, dunkler gezeichnete Eier, die beide Eltern in etwa 26 Tagen ausbrüten; beide versorgen auch die Jungen, die 1–2 Wochen im oder dicht beim Nest, danach, meist versteckt, in der Nähe des Nestes bleiben und nach ungefähr 6 Wochen fliegen können.*

NAHRUNG: *Muscheln und Krebse; Eier und Vogeljunge; Meereswürmer und Fische; allerlei Strandgut und Unrat von Müllplätzen.*

An der Küste gehört ihr jaulender Klageruf zu den vertrautesten Lauten

Sturmmöwe

Larus canus 40 cm

Sturmmöwen sind nicht so sehr ans Meer gebunden wie Silber- und Heringsmöwen. Während sie vor dreißig Jahren in Küstennähe und westlich der Elbe nur an den Küsten selbst und auf den Inseln nisteten, brüten sie heute sogar in Süddeutschland bis zum Alpenrand. Zu dieser Invasion hat sicher ihre starke Vermehrung an der Küste beigetragen. Vor wenigen Jahren zählte man in den deutschen Seevogelfreistätten 1400 Paare an der Ostseeküste und 230 im Nordseegebiet.

Im Winter sind Sturmmöwen weit verbreitet. Sie folgen den Silber- und Lachmöwen zu ihren Futterplätzen an der Küste und in den Städten, im Herbst und Frühjahr den pflügenden Bauern. Wie Silbermöwen lassen sie Schalentiere aus der Luft auf den Strand fallen, um sie aufzuknacken, und beuten wie sie Müllplätze aus, denn sie fressen nahezu alles, was ihnen in den Weg kommt. Oft warten sie, bis die frechere Lachmöwe sich einen Happen aus der Hand eines Menschen geholt hat, und nehmen ihn ihr dann schnell aus dem Schnabel.

Ihre kennzeichnenden Rufe, ein jaulendes ‚Kak-kak-kak' und ein hohes, fast pfeifendes ‚Kij-ah', klingen ähnlich, wenn auch nicht ganz so durchdringend wie die der viel größeren Silbermöwe, der sie auch äußerlich ähneln.

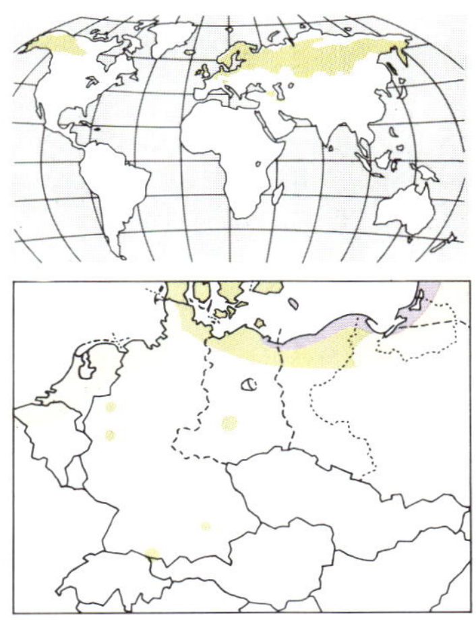

Teilzieher; überwintert an den Küsten des Atlantischen Ozeans und im Mittelmeerraum

KENNZEICHEN: *Rücken grau; Unterseite weiß; Flügelspitzen schwarz mit weißen Flecken; Schnabel gelb; Beine gelblichgrün; bei den Jungen Oberseite braun, Unterseite weiß, breites dunkles Band am Schwanzende; beide Geschlechter gleich.*

BRUT: *nistet meist in kleinen Kolonien am Boden; beide Partner bauen das Nest aus verfügbarem Material; das Weibchen legt Ende Mai bis Anfang Juni meist 3 olivfarbene, dunkel gezeichnete Eier, die beide Eltern in etwa 26 Tagen ausbrüten; beide versorgen die Jungen, die noch in der ersten Woche das Nest verlassen und nach 4–5 Wochen fliegen können.*

NAHRUNG *sehr vielseitig: Muscheln, Krebse, Spinnen, Regenwürmer, Insekten; Getreide, Tang, Gras; selbst kleine Säugetiere, kleine Vögel und deren Eier; in letzter Zeit mehr und mehr Nahrungsmittelabfälle.*

Sturmmöwen suchen sich im Winter oft ihre Nahrung auf Feldern im Inland

Lachseeschwalbe

Gelochelidon nilotica 35 cm

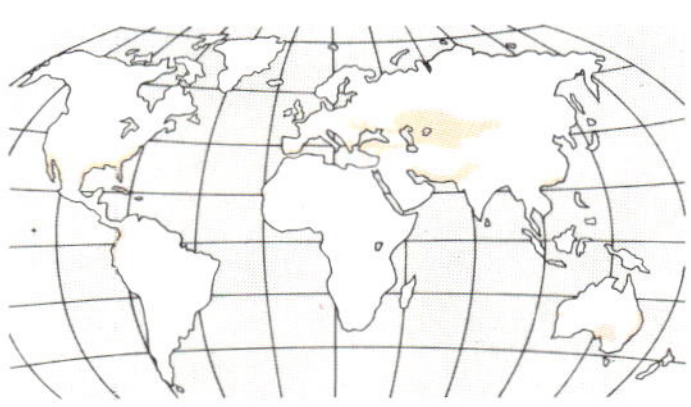

Zugvogel; überwintert in Afrika; in Mitteleuropa auf dem Durchzug vorwiegend im Juli und August zu beobachten

Die junge Lachseeschwalbe ähnelt einer jungen Lachmöwe

Die Lachseeschwalbe unterscheidet sich durch ihren schwarzen, mehr möwenartigen Schnabel von den anderen Seeschwalbenarten und ist weniger als diese ans Wasser gebunden. Sie jagt auch häufiger in der Luft als durch Stoßtauchen. Zu ihrer Beute gehören kaum jemals Fische, dafür Insekten (wie etwa Maikäfer), die im Flug gefangen werden, Frösche, Mäuse und Eidechsen. Sie ruft ‚kewök' und lachend ‚hähähäg', dem sie ihren Namen verdankt.

Wie die Raubseeschwalbe ist sie in oft weit voneinander getrennten Kolonien über die ganze Erde verbreitet, mit dem Schwerpunkt östlich des Kaspisees, hat aber auch in Südamerika Fuß gefaßt, fehlt jedoch fast ganz in Afrika. In Mitteleuropa brütet sie heute nur noch vereinzelt und unregelmäßig, nistete aber früher regelmäßig in Schleswig-Holstein, Pommern, Bayern und am Neusiedler See. In der ersten Hälfte des vorigen Jahrhunderts nistete sie in großer Zahl auf den Inseln von Lech, Wertach und Isar. Mit Beginn der Flußregulierungen nahm ihre Zahl von Jahr zu Jahr rasch ab. Am Lech nisteten bis 1917 jährlich etwa 100 Paare, 1925 nur noch 13 und 1933 waren sie auch da ganz verschwunden. Wie in Bayern, so erging es ihr in Holland. Nur in Dänemark halten sich noch etwa 500 Paare, die auch im deutschen Nordseegebiet erscheinen und hin und wieder da brüten.

KENNZEICHEN: *groß wie eine Lachmöwe; Schnabel und Füße schwarz; Schwanz kurz und wenig gegabelt; hochbeinig; Junge mit schwarzrötlichen Schnäbeln und Füßen; Stirn weiß.*
BRUT: *nistet im Binnenland auf Sand und Kies, an der Küste in kurzem Rasen, einzeln oder in Kolonien dicht beisammen in oft nur seichten Bodenvertiefungen, die manchmal mit einigen Halmen ausgelegt sind; die 2–3 sandgelben, grau- und braungefleckten Eier werden von beiden Gatten in 22–23 Tagen ausgebrütet; mit 28–35 Tagen sind die Jungen gut flugfähig, ziehen mit den Alten ab und werden von ihnen noch auf der Wanderung gefüttert.*
NAHRUNG: *Insekten, auch Engerlinge, Frösche, Kaulquappen, Regenwürmer, Mäuse und Eidechsen; kaum Fische.*

Raubseeschwalbe

Hydroprogne caspia 53 cm

Diese große und schöne Seeschwalbe mit dem mächtigen korallenroten Schnabel fischt meist in Küstennähe, wobei sie aus niedrigem Rüttelflug aufs Wasser stößt und nur mit Kopf und Schnabel untertaucht. Ihr weltweites Verbreitungsgebiet ist stark aufgesplittert. Oft liegen ihre Kolonien über 1000 km voneinander entfernt. In Europa brütet sie nur noch auf wenigen Plätzen an der Ostsee und am Schwarzen Meer. Auf den finnisch-schwedischen Schären mögen zwölf Paare nisten, einige weitere auf der Heuwiese bei Rügen und den Waikariffen. Ihre Brutkolonien an der Adriaküste und auf Sardinien sind ebenso erloschen wie die berühmteste deutsche Kolonie auf Sylt. Hier nisteten 1819 an die 300 Brutpaare, 1886 nur noch 35, 1914 noch 2, seit dem 1. Weltkrieg keine mehr.

Sonst kennen wir die Raubseeschwalbe in Mitteleuropa heute nur noch als Durchzügler. In geringer Zahl beobachtet man sie ganz regelmäßig an der Ostseeküste und im angrenzenden Binnenland. Selbst im Innern Mitteleuropas erscheinen einzelne Vögel immer wieder zwischen Ende April und Anfang Oktober. Im Ismaninger Teichgebiet wurden maximal zehn zugleich registriert.

Ihr weites Umherschweifen ist auch durch Ringfunde bestätigt worden. Eine in den USA beringte Raubseeschwalbe wurde aus England zurückgemeldet, eine andere erreichte übrigens ein Alter von 26 Jahren.

KENNZEICHEN: *sehr groß; klobiger roter Schnabel; schwarze Füße; schwarze Kopfkappe mit Schopf; Schwanz wenig ausgeschnitten; langsamer Flügelschlag; segelt zuweilen möwenähnlich; gesellig; ruft häßlich kreischend und fischreiherähnlich ‚gschäig'.*

BRUT: *nistet in einer flachen Mulde offen am Strand oder in niedrigem Bewuchs; das Weibchen legt Ende Mai bis Anfang Juni 2 gelblichgraue, ziemlich gleichmäßig dunkelgefleckte Eier, die beide Gatten abwechselnd in 22–25 Tagen ausbrüten; die Jungen halten sich nicht lange im Nest auf und sind nach 4–5 Wochen flugfähig.*

NAHRUNG: *überwiegend Fische wie Heringe und Schollen.*

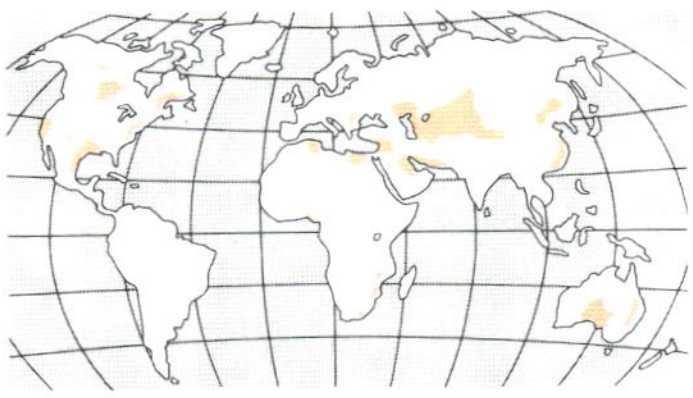

Zugvogel; weltweit verbreitet, fehlt in Südamerika; im Ostseegebiet Sommervogel, der zum Überwintern bis ins tropische und südliche Afrika zieht, meist die Küsten entlang, aber auch durchs Binnenland

Die alte Raubseeschwalbe erkennt man am großen roten Schnabel

Flußseeschwalbe

Sterna hirundo 35 cm

Küstenseeschwalbe

Sterna paradisaea 38 cm

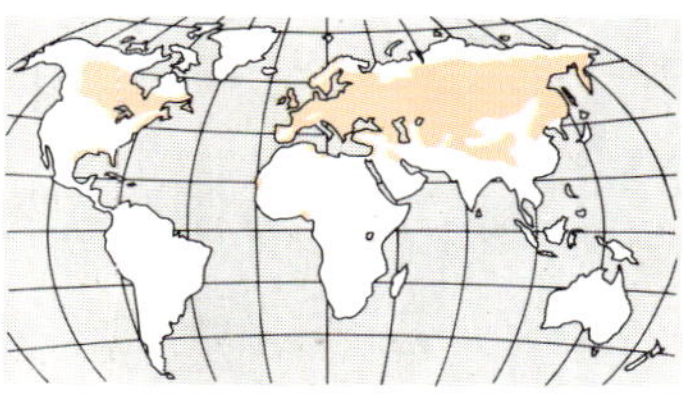

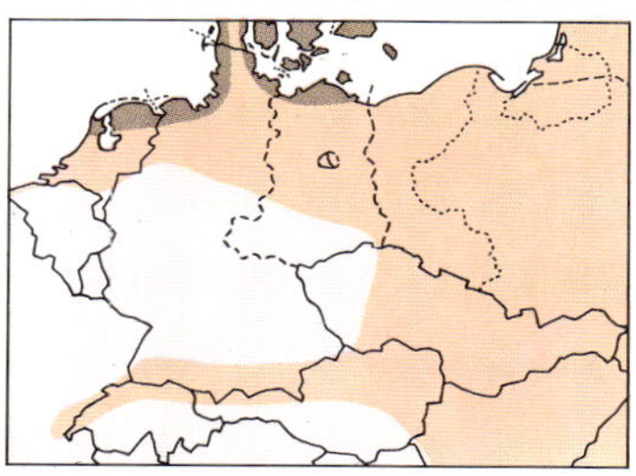

Zugvögel; die Karten zeigen das Verbreitungsgebiet der Flußseeschwalbe, die bis ins Kapland zieht; die Küstenseeschwalbe nistet vor allem in der Arktis und überwintert in der Antarktis

Küstenseeschwalbe: Seeschwalben fliegen graziöser als Möwen und sind Stoßtaucher

In ihren Brutkolonien sind beide Seeschwalben äußerst angriffslustig. Sie gehen im Sturzflug auf Eindringlinge los, machen mit schrillem ‚Kjiäh' ihrem Zorn Luft und sollen schon Menschen den Kopf blutig gehackt haben. Sie gleichen sich auch in anderer Hinsicht: beide rufen kreischend ‚kik-kik-kik' und ‚kirrih', beide übergeben bei der Balz dem Weibchen als Gunstbezeigung einen Fisch, und beider Gefieder ist so ähnlich, daß man nur an dem durchgehend roten Schnabel und den kürzeren Beinen die Küstenseeschwalbe von der Flußseeschwalbe unterscheiden kann.

Ihre Brutgebiete decken sich nur zum Teil, denn nur Flußseeschwalben nisten auch im Binnenland. Hier sind durch Flußregulierungen allerdings zahlreiche Kies- und Sandbänke und damit viele ihrer Nistplätze verschwunden. Deshalb brüten sie an manchen Orten nicht mehr. In Süddeutschland nisten nur etwa 100 Paare an Flüssen und Seen. In den gemischten Brutkolonien von mehreren tausend Paaren im Küstengebiet ist die Flußseeschwalbe etwa doppelt so zahlreich vertreten wie die Küstenseeschwalbe.

Zweimal im Jahr macht sich die Küstenseeschwalbe auf eine abenteuerliche Reise von einem Ende der Welt zum anderen: sie nistet nordwärts bis in die Arktis und überwintert mehr als 15 000 km entfernt auf den Meeren der Antarktis.

KENNZEICHEN: *beide Arten weiß mit schwarzem Oberkopf und Nakken; roter Schnabel, bei der* Flußseeschwalbe *meist mit schwarzer Spitze; die* Küstenseeschwalbe *hat kürzere Beine; Stirn im Jugend- und Winterkleid weiß.*
BRUT: *beide Arten nisten in Bodenmulden, Grasbüscheln oder zwischen Binsen; das Weibchen kleidet das Nest meist mit Muschelschalen, Gras oder Holzstückchen aus; es legt Mitte Mai bis Juni 2–3 hellbraune, grüne oder bläulichweiße, meist kräftig braun gefleckte Eier, die beide Eltern in etwa 23 Tagen ausbrüten; beide versorgen die Jungen, die nach wenigen Tagen das Nest verlassen und nach 3–4 Wochen flügge sind.*
NAHRUNG: *kleine Fische, vor allem Sandaale; gelegentlich Insekten.*

Zwergseeschwalbe

Sterna albifrons 20 cm

Diese kleinste der in Mitteleuropa brütenden Seeschwalben wiegt nicht mehr als eine Feldlerche. In den letzten Jahren ist ihr Bestand sehr zurückgegangen. Im Binnenland, an Flüssen und Seen, sieht man sie wahrscheinlich überhaupt nicht mehr, auch zur Zugzeit kaum, denn sie wandert die Küste entlang. Aber auch an der Nord- und Ostseeküste, wo sie früher sehr häufig brütete, ist sie selten geworden. Insgesamt nisten dort kaum mehr als 500 Paare, vorwiegend auf den Inseln, nur lokal auch im küstennahen Inland.

Ihre Nester liegen in den Nistkolonien nicht so eng beieinander wie die anderer Seeschwalben. Der Abstand zwischen den Nestern kann 100 m und mehr betragen. Nach Seeschwalbenart greift sie Eindringlinge am Boden oder Möwen, die sich ihrem Nest nähern, im Sturzflug an und vertreibt unerwünschten Besuch mit bösem Geschrei. Zu ihren wichtigsten Ruffolgen gehören das hohe, kratzende ‚Krih-ik', das scharfe, gereihte ‚Kitt' und das schnatternde ‚Kirri-kirri-kirri'.

Als einzige Seeschwalbe behält sie im Alterskleid zu allen Jahreszeiten ihren weißen Stirnfleck. Bei abgewandtem Kopf kann man sie von anderen kleinen Seeschwalben, etwa der Trauerseeschwalbe, am tiefer gegabelten Schwanz und dem weniger deutlichen Schulterfleck unterscheiden.

Zu ihrem Balzgehabe, dem typischen der Seeschwalben, gehört ein eigenes Flugspiel und der als Gunstbezeigung dem Weibchen übergebene Fisch.

KENNZEICHEN: *Stirn zu allen Jahreszeiten weiß; Schnabel gelb mit schwarzer Spitze; Füße hellorange; beide Geschlechter gleich.*
BRUT: *brütet in kleinen Kolonien an der Küste; beide Partner scharren eine Bodenmulde; das Weibchen stattet die gewählte Stelle manchmal mit Kieselsteinen aus; es legt im Mai 2–3 hellbraune, dunkelgetupfte Eier, die beide Eltern in etwa 22 Tagen ausbrüten; beide versorgen die Jungen, die nach wenigen Stunden das Nest verlassen und nach ungefähr 4 Wochen flügge sind.*
NAHRUNG: *Sandaale und andere Kleinfische, Krebstiere und Wasserinsekten.*

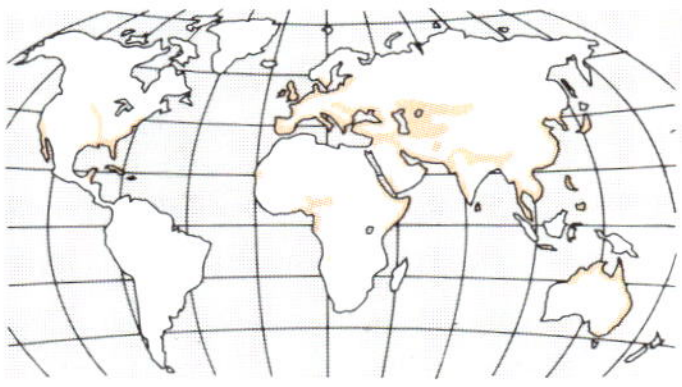

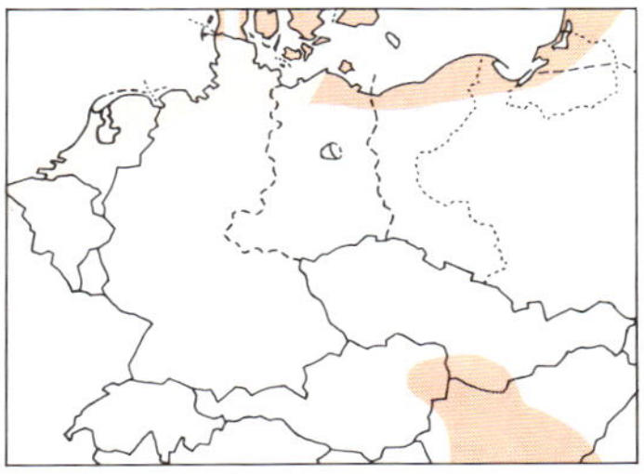

Sommervogel; die im Norden des gesamten Verbreitungsgebietes brütenden Vögel überwintern hauptsächlich in tropischen Küstengewässern

Bei der Balz überreicht das Männchen dem Weibchen einen Sandaal

Brandseeschwalbe

Sterna sandvicensis 40 cm

SOMMERKLEID

Zugvogel; die Brandseeschwalben aus Nordwesteuropa überwintern vorwiegend entlang der Küste Westafrikas südwärts bis zum Kap

In Imponierhaltung stellt das Männchen die Flügel ab und streckt den Hals

Die Brandseeschwalbe, nach der Raubseeschwalbe die größte unserer Seeschwalben, gründet ihre Nistkolonien oft an den gleichen Stellen wie andere, angriffslustigere Vögel, denen sie es überläßt, Eindringlinge zu vertreiben. Für diesen Schutz muß sie allerdings Tribut zahlen: Ihr Nest ist stets in Gefahr, wenn sie es unbeobachtet läßt, von räuberischen Nachbarn, etwa von der Silbermöwe, geplündert zu werden.

In Mitteleuropa liegen ihre größten Brutkolonien mit insgesamt 30 000–40 000 Paaren in den Niederlanden. Dagegen wird ihr Bestand an der deutschen Nordsee auf 4000 und an der Ostsee auf 400 Paare geschätzt. Die Stärke ihrer Kolonien schwankt beträchtlich. Brandseeschwalben nisten meist an Kiesstrand, Sandküsten und auf den vorgelagerten Inseln. Nach ihrem Eintreffen ist die Luft über den Kolonien von wilden, ungestümen Rufen – ‚kirr-reck' und ‚kirr-uit' – erfüllt.

Beim Fischen fliegt die Brandseeschwalbe mit gesenktem Kopf einige Meter über dem Wasser, rüttelt hin und wieder, und läßt sich, wenn sie etwas erblickt, wie ein Stein fallen. Über der Wasserfläche breitet sie die bisher geschlossenen Schwingen über den Rücken und taucht in der Regel geräuschvoll und im Gegensatz zu anderen Seeschwalben völlig unter. Oft bleibt sie bis 2½ Sekunden unter Wasser und taucht nicht selten in einiger Entfernung wieder auf.

KENNZEICHEN: *schwarze Hinterkopffedern; schwarzer Schnabel mit gelber Spitze; Flügel und Rücken perlgrau; Schwanz gegabelt; Jungvögel braun und weiß; beide Geschlechter gleich.*

BRUT: *nistet in Kolonien; beide Partner legen Bodenmulden an; die ausgewählte wird mit Gras gepolstert; das Weibchen legt ab Mai bis Juni 1–2 weiße bis kräftig braune, meist dunkelbraun getupfte oder unregelmäßig gefleckte Eier, die beide Eltern in etwa 23 Tagen ausbrüten; beide versorgen die Jungen, die nach wenigen Stunden das Nest verlassen und nach ungefähr 5 Wochen fliegen können.*

NAHRUNG: *Kleinfische – häufig Sandaale; Meereswürmer und Seemollusken.*

Schneeammer

Plectrophenax nivalis 16 cm

MÄNNCHEN IM WINTERKLEID

Schneeammern sehen im Winter am Boden vorwiegend braun aus. Beim Auffliegen überrascht dann das weiße Aufleuchten der Flügel. Vom Herbst bis zum Frühjahr sind sie an der Nordsee, wo sie von den Samen der harten Seegräser leben, zahlreich und weit verbreitet. An der Ostsee sieht man sie nicht so häufig und im Binnenlande um so seltener, je weiter man von der Küste entfernt ist. Doch in strengen Wintern kann man sie bei uns überall beobachten. Sie erreichen dann sogar die Mittelmeerinseln und Nordafrika.

In ihren Brutgebieten, wo sie sich im Sommer häufig von Insekten ernähren, die der Wind auf Schneefelder getrieben hat, treffen die Männchen vor den Weibchen ein, besetzen ein Revier und beginnen mit dem Reviergesang, der dann auch die Weibchen anlockt. Er ähnelt dem Lied unserer Dorngrasmücke. Während des nordischen Vierundzwanzigstundentags singt der Vogel fast zu jeder Stunde, auch im Balzflug, bei dem er beinahe wie eine Feldlerche rüttelt. Nach der kurzen Brutperiode im hohen Norden wandern die Schneeammern aus Alaska, aber auch aus Grönland in die südlichen Teile Nordamerikas. Anscheinend überfliegen sie manchmal auch den Nordpol. Eine bei New York beringte Schneeammer ist der einzige Singvogel, von dem man weiß, daß er den Atlantik überquert hat.

KENNZEICHEN: *im Winter beide Geschlechter an der Oberseite gelbbraun und an der Unterseite weiß; das Männchen erscheint weißer; im Sommer Männchen am Rücken und in der Schwanzmitte schwarz gezeichnet, das übrige Gefieder rein weiß, Schnabel orangefarben.*
BRUT: *das Weibchen baut aus trockenem Gras und Moos ein Nest und kleidet es mit Haaren und Federn aus; Ende Mai bis Juni legt es 4–6 gelblichweiße, manchmal grün- oder blaugetönte und rotbraungetupfte Eier und brütet sie in etwa 13 Tagen aus; beide Eltern versorgen die Jungen, die nach 11 Tagen das Nest verlassen; gelegentlich zwei Bruten im Jahr.*
NAHRUNG: *Samen von Gras, Binsen und Kräutern; im Sommer Mükken, fliegende Insekten; gelegentlich Sämereien, Sandhüpfer u. a. Käfer.*

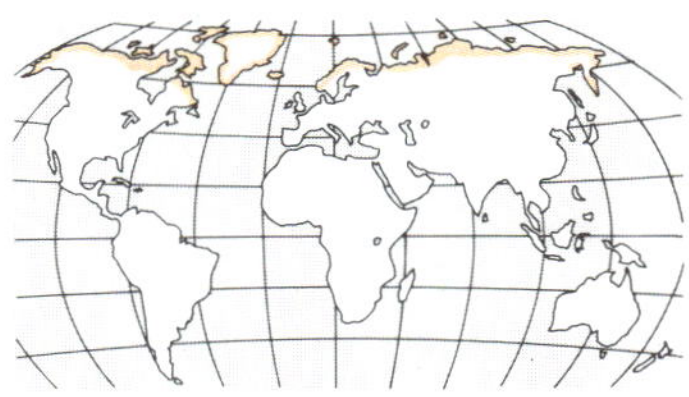

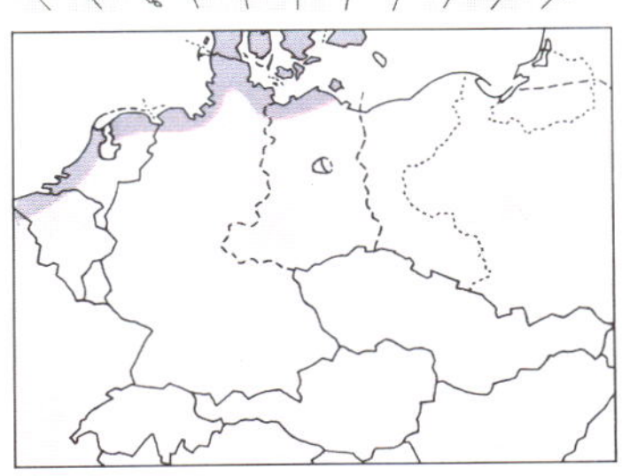

Zugvogel; nur in Island Jahresvogel; die übrigen ziehen im Winter nach Süden in Länder mit gemäßigterem Klima; in Mitteleuropa nur Wintergast

Im Fluge leuchten die Flügel der Schneeammer überraschend weiß auf

Dreizehenmöwe

Rissa tridactyla 40 cm

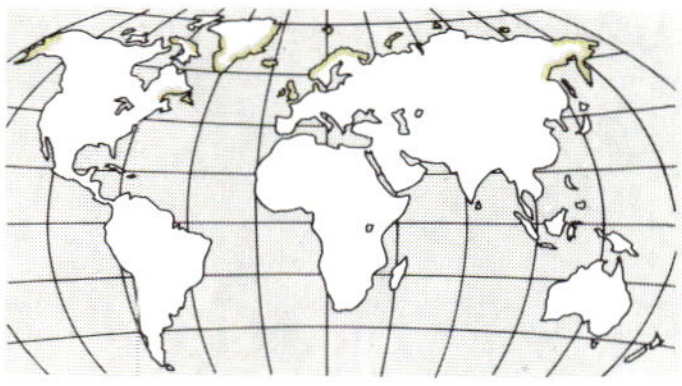

Teilzieher; die meisten Vögel zerstreuen sich über den Nordatlantik; einige bleiben in der Nähe der Brutkolonien

Die Dreizehenmöwe nistet in geschlossenen Kolonien auf Felsvorsprüngen

Als einzige der bei uns brütenden Möwen ist die Dreizehenmöwe dem Meer treu geblieben. Alle anderen stellten sich zum Teil auf den bequemeren Nahrungserwerb an Müllhalden, Abwassergruben und Marktplätzen um. Sie streift jedoch auf dem Meer umher und folgt den Fischschwärmen oder dem Kurs der Schiffe bis weit in den Atlantik, den sie sogar überquert.

Die Dreizehenmöwe ist vor allem im hohen Norden rund um den Pol zu Hause. In Europa liegen ihre südlichsten Nistplätze in der Bretagne, Großbritannien, Dänemark und auf Helgoland. Hier bietet ihr der Lummenfelsen ideale Brutplätze. Sie nistete dort bis etwa 1800 und verschwand dann über 130 Jahre lang. Erst 1938 brüteten wieder ganz wenige Paare auf Helgoland, die sich bis 1966 auf 240 vermehrten.

Auf Felssimsen und -vorsprüngen baut sie ihr kunstvolles napfförmiges Nest, das sie mit Lehm verankert. Ihr Ruf erfüllt die Luft um die Brutkolonien mit ohrenbetäubendem Lärm. Das ‚Kitt-i-week' gehört wie gegenseitiges Verbeugen und Schnabelwetzen auch zur Balz.

Dem Nisten auf Felsen ist sie angepaßt. Ihre Krallen sind länger und schärfer als die anderer Möwen und geben ihr besseren Halt. Ihre Jungen bleiben mehr als sechs Wochen in der Geborgenheit des Nestes hocken, bis sie flügge sind. Wagten sie sich früher heraus, fielen sie von den Felsen und kämen um.

KENNZEICHEN: *weiß mit schwarzen Flügelspitzen; im Winter Kopf und Nacken einheitlich grau; Beine schwarz; Schnabel gelb; die Jungen haben ein schwarzes Halsband und dunkle Zickzackzeichnung an den Flügeln, ähnlich wie junge Zwergmöwen; beide Geschlechter gleich.*
BRUT: *nistet in Kolonien, meist auf schmalen Felssimsen; beide Partner bauen ein napfförmiges Nest aus Seepflanzen und anderem Material; das Weibchen legt ab Mai bis Juni 1–3 blaß blaugraue bis hellbraune, dunkel getupfte und gefleckte Eier, die beide Eltern in 26–28 Tagen ausbrüten; die von ihnen gefütterten Jungen verlassen nach 40–45 Tagen das Nest.*
NAHRUNG: *fast ausschließlich Fische und Fischreste.*

Tordalk

Alca torda 40 cm

Dieser kleine Vetter des seit über 100 Jahren von Seefahrern ausgerotteten fluglosen Riesenalken kann gut fliegen und streicht im Herbst und Winter weit übers Meer bis zu den Küsten Nordafrikas. Vor allem aber ist er ein geschickter Taucher und Unterwasserschwimmer. Man hat Tauchzeiten von fast einer Minute und Tauchtiefen von über 8 m festgestellt. Dabei gebraucht er seine Flügel als Paddel, um den großen Körper unter Wasser zu zwingen. Er kann zehn und mehr Kleinfische packen und gleichzeitig im Schnabel halten. Wenn er einen neuen Fisch fängt, preßt seine Zunge die schon gefangenen gegen den Gaumen. Im Schwimmen hält er den Schwanz hoch.

Die meiste Zeit ihres Lebens verbringen Tordalken auf See. Nur zur Brutzeit suchen sie Felsküsten auf, meist in der Nähe von Trottellummenkolonien. Oft nisten beide Arten Seite an Seite auf dem gleichen Felssims, wie auf den berühmten nordischen Vogelinseln, wo viele Tausende ihr jeweils einziges Ei ausbrüten. Damit sie es nach einer Brutpause unter den vielen Tordalkeiern wiederfinden, sind ihre Eier außerordentlich variabel gefärbt und gezeichnet. Bis 1959 brüteten sie in geringer Zahl am Lummenfelsen auf Helgoland. Seither haben sie diesen letzten Brutplatz Mitteleuropas verlassen. Werden Tordalke ausnahmsweise ins Binnenland verschlagen, gehen sie bald an Nahrungsmangel zugrunde.

KENNZEICHEN: *oben schwarz, unten weiß; im Brutkleid auch Kehle schwarz sowie weißer Zügelstrich und weißes Querband über dem schwarzen, seitlich stark zusammengedrückten Schnabel; Flügel mit weißer Binde.*
BRUT: *bewohnt meist den mittleren Teil der Felswände von Vogelbergen; beide Gatten brüten das einzige, auf hellem Grunde sehr verschieden gemusterte und gefärbte Ei an etwas geschützter Stelle eines Felsvorsprungs in 26–35 Tagen aus; nach 3–4 Wochen verläßt das Junge halb befiedert den Nistplatz, flattert, klettert und rutscht zum Meer.*
NAHRUNG: *nur kleine Seefische wie Sandaale, Sprotten und Stichlinge.*

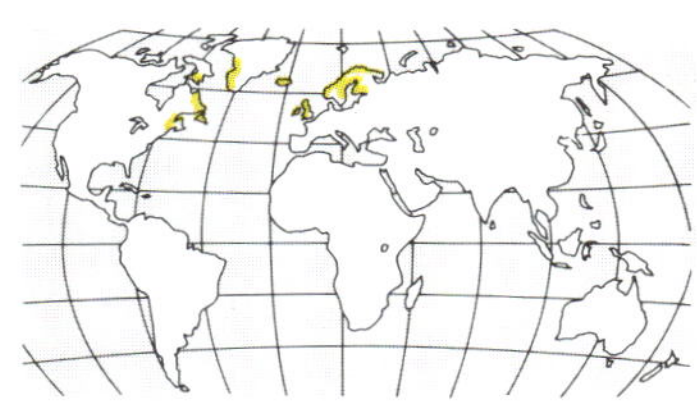

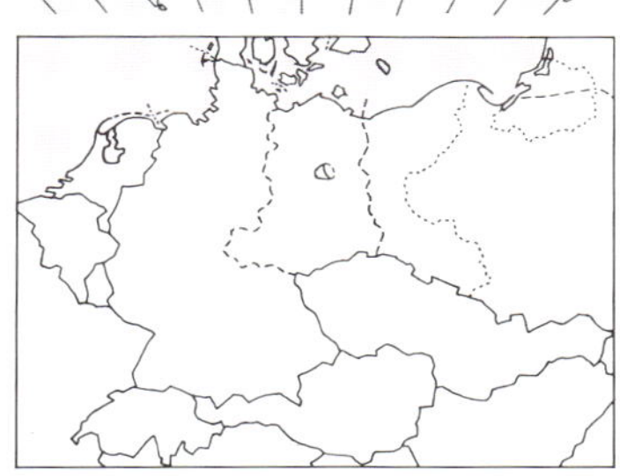

Strich- und Zugvogel, der im Winter an den Küsten der Ostsee und im ganzen Nordseegebiet anzutreffen ist

Kehle und Halsseiten sind beim Tordalk im Winter (also im Ruhekleid) weiß

Trottellumme

Uria aalge 41 cm

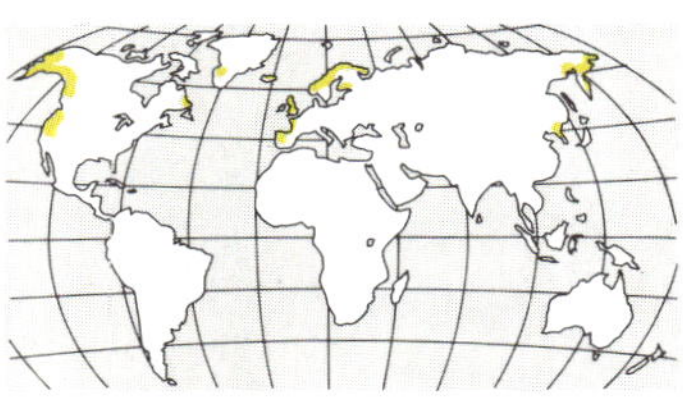

Teilzieher; überwintert auf dem Meer; einige, vor allem junge Vögel, wandern nach Süden; wird gelegentlich von Stürmen landeinwärts getrieben

Die Trottellumme brütet Seite an Seite mit der Dreizehenmöwe bei uns nur am sogenannten Lummenfelsen auf Helgoland. Im Frühjahr, wenn die ersten Vögel sich auf den Felssimsen niederlassen, ist zwischen ihnen noch viel Platz frei. Er wird jedoch von den nachdrängenden Trottellummen schnell ausgefüllt. Ihr lautes ‚Arrr' schwillt zu einem mürrischen Gezänk an, wenn sie sich um die Brutstätten streiten.

Trottellummen bauen kein Nest. Das Weibchen legt sein einziges Ei auf den nackten Fels. Es ist kreiselförmig, damit es bei Berührung oder durch einen Windstoß nicht so leicht von der Felsklippe rollt. Nachdem die Weibchen ihr Ei gelegt haben, sitzen die Vögel dicht gedrängt fast Schulter an Schulter nebeneinander auf den Felssimsen und starren aufs Meer hinaus, während sie ihr Ei zwischen den Beinen festhalten. Noch ehe das Junge aus dem Ei schlüpft, nehmen die Eltern schon Rufkontakt mit ihm auf. Ihre außerordentlich verschieden gefärbten und gezeichneten Eier ermöglichen den brütenden Vögeln, ihr eigenes Ei zu finden und wiederzuerkennen, auch wenn nur die Hälfte der Eischale zu sehen ist. Die Jungen sind Nesthocker. Obwohl sie noch nicht fliegen können, springen sie nach etwa 16 Tagen, wenn die Alten unten locken, oft aus beträchtlicher Höhe ins Meer. Springen sie aus geringerer Höhe, dann fallen sie häufig auf die Uferklippen, was sie meist ohne Schaden überstehen.

KENNZEICHEN: *Schnabel spitz; Oberseite im Sommer dunkelbraun, im Winter grauer; bei der* Ringellumme, *einer seltenen Abart, führt von dem weißen Augenring ein weißer Streif nach hinten auf die Kopfseiten; beide Geschlechter gleich.*

BRUT: *brütet auf Felssimsen ohne Nistmaterial; das Weibchen legt ab Mai bis Juni ein birnenförmiges Ei sehr unterschiedlicher Färbung – blaugrün, braun, hellbraun, gelb oder weiß, meist mit gelben, braunen oder schwarzen Flecken; beide Eltern brüten es in 32–35 Tagen aus und füttern das Junge, das nach ungefähr 16 Tagen hinunter aufs Meer flattert.*

NAHRUNG: *vor allem Fische; auch Muscheln, Schnecken und Krebstiere.*

Im Winter hat die Trottellumme einen schwarzen Streifen hinter dem Auge

Gänsegeier

Gyps fulvus 97—104 cm

Als Felsbrüter und ausgesprochene Segler ziehen Gänsegeier schluchtenreiches Felsgebirge großen, offenen Ebenen vor. Heute sind sie auch in den Mittelmeerländern und auf der Balkanhalbinsel schon seltener geworden, haben aber zweifellos bis ins Mittelalter in Mitteleuropa gebrütet, wo sich einzelne Exemplare hin und wieder jetzt noch zeigen. Ganz regelmäßig erscheint der Gänsegeier in den Niederen und Hohen Tauern, besonders in den Seitentälern der Salzach. An Schafen, die auf den Almen durch Steinschlag, Absturz oder Lawinen umkommen, finden bis zu 300 Geier genügend Nahrung. Da die Zeit des Schafauftriebes für die Brut zu spät ist, nisten sie dort nicht, sondern wandern im Herbst wieder in ihre südosteuropäischen Brutgebiete zurück.

Die sehr geselligen Vögel suchen, hoch oben kreisend, ein großes Gebiet nach Nahrung ab. Hat ein Gänsegeier einen Kadaver entdeckt, stürzt er, gefolgt von anderen, hinab. Die Geier landen in der Nähe und legen das letzte Stück zu Fuß zurück. Zunächst schreitet der Ranghöchste im feierlichen Stechschritt auf den Kadaver zu, später folgen die übrigen. Mit ihren starken Schnäbeln können Gänsegeier ein Loch in die Bauchdecke etwa eines Schafes reißen, durch das sie die Gedärme und auch die Brusteingeweide herausholen.

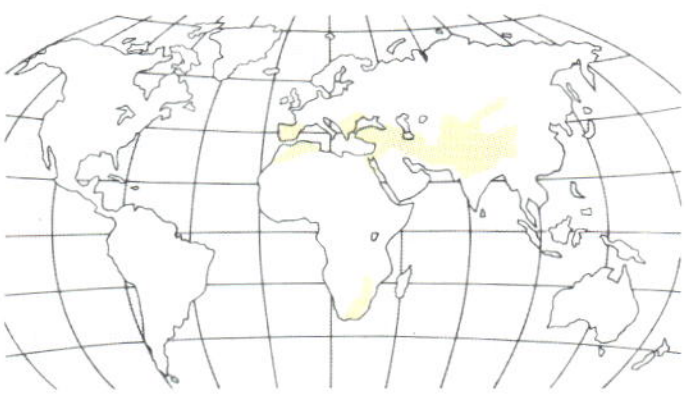

Teilzieher; zieht aus den nördlichen Brutplätzen südwärts; überwintert sonst in seinem Brutgebiet

KENNZEICHEN: *Kopf und Hals fast nackt, nur mit weißen Daunen bedeckt; Halskrause bei Altvögeln weißlich, bei Jungen braun; im Fluge an langen, breiten Flügeln mit weitgespreizten Handschwingen zu erkennen; Schwanz sehr kurz, dunkel, rechteckig abgeschnitten; Kopf im Flug eingezogen.*

BRUT: *mit 4–5 Jahren geschlechtsreif; lebt in Dauerehe; baut an Felsen und in Höhleneingängen einen Horst aus dünnen langen Zweigen; das Weibchen legt im Februar ein weißes oder auch mit kleinen rostbraunen Flecken gezeichnetes Ei; das Junge schlüpft im weißen Daunenkleid nach etwa 50 Tagen und verläßt den Horst nach ungefähr 130 Tagen.*

NAHRUNG: *ausschließlich tote Tiere, vor allem mittelgroße bis große Säugetiere, die auch schon ganz verwest sein können.*

Der Balzflug des Gänsegeiers ist von imponierender Schönheit

Steinadler

Aquila chrysaetos

Männchen 75 cm Weibchen 87,5 cm

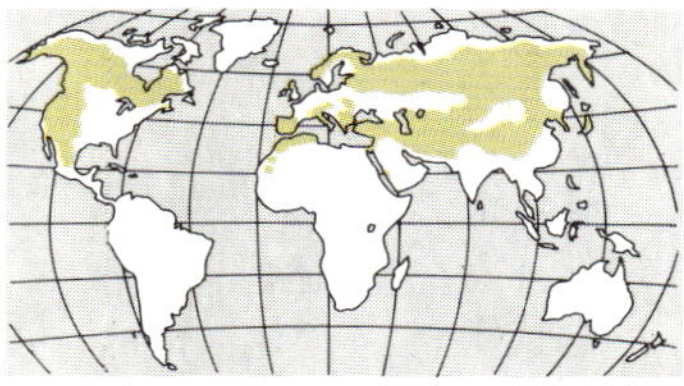

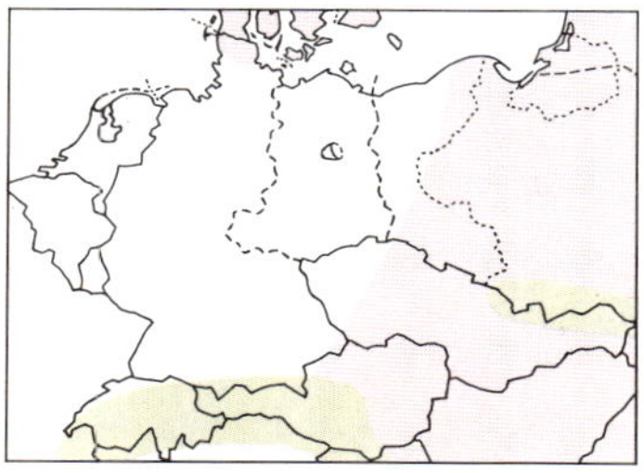

Jahresvogel; im Winter streifen im östlichen Mitteleuropa hin und wieder Goldadler umher, eine nordeuropäische Unterart des Steinadlers

Im Flug zeigt der junge Adler ein weißes Feld im Flügel und eine schwarze Endbinde im weißen Schwanz

Mit ausgebreiteten Flügeln erreicht der majestätische Steinadler Spannweiten von über 2,5 m. Die Schwungfedern an den Spitzen der Flügel hält er *gefingert*. Während er über Kämme und Gipfel der Alpen segelt, sucht er Himmel und Boden unter sich nach Beutetieren ab. Mit Geschwindigkeiten bis zu 150 Stundenkilometern stürzt er auf sein Opfer zu und schlägt dumpf auf den Boden, wo er ein Schneehuhn, einen Fuchs, ein Murmeltier oder einen Hasen *festnagelt*. Manchmal fällt er über Gemskitze her, mit denen er seine Jungen füttert.

Der früher in ganz Mitteleuropa verbreitete Steinadler wurde von Jägern so rücksichtslos verfolgt, daß bereits im 19. Jahrhundert alle Steinadler Deutschlands, außer im Alpengebiet, ausgerottet waren. In den bayerischen Alpen horsten auch heute noch etwa zehn Paare, weit mehr in Tirol und der Steiermark und etwa 50 Paare in der Schweiz.

Bei der Balz segeln die Paare in Spiralen über ihrem Revier und stürzen mit halbgeschlossenen Flügeln der Erde zu, wobei sie sich manchmal mitten in der Luft so nahe beieinander überschlagen, daß man meint, sie erfaßten sich gegenseitig mit den Krallen. Adlerpaare halten sich ein Leben lang die Treue. Meist benutzen sie abwechselnd zwei oder drei Horste aus Zweigen in einer Felswand. Vor der Brutzeit wird der Horst ausgebessert und häufig mit frischem Grün verziert. Wenn die mit Daunen befiederten Jungen heranwachsen, sammeln sich im Nest immer mehr Knochen von Beutetieren an, die die Eltern herbeigeschafft haben.

KENNZEICHEN: *fast einheitlich dunkel; goldgelb getönter Kopf, starker, kräftiger Schnabel; auffallend lange Flügel; Weibchen größer.*

BRUT: *beide Partner bauen oder reparieren im November/Dezember ihr Nest; das Weibchen legt im März oder April meist 2 weiße, oft rotbraun gezeichnete Eier, die es meist allein in etwa 40 Tagen ausbrütet; beide Eltern füttern die Jungen, die nach ungefähr 12 Wochen das Nest verlassen.*

NAHRUNG: *Hasen, Schneehühner, Murmeltiere, Füchse, Gemskitze, Aas.*

Alpenschneehuhn

Lagopus mutus 36 cm

Während der Eiszeit war das Alpenschneehuhn über ganz Mitteleuropa verbreitet. Als es wärmer wurde, zog es sich nach Nordeuropa und in die Alpen zurück. Hier hält es sich am liebsten in 2000–3000 m Höhe an schattigen Hängen und in der Nähe von Schnee und Gletschern auf. Selbst im Winter harrt der kälteliebende Vogel in diesen Regionen aus und verfliegt sich nur selten und kurz einmal unter die Baumgrenze. In der Schweiz hat man ihn schon in 3650 m Höhe beobachtet. Alpenschneehühner leben von Knospen, Samen und Spitzen fast aller Alpenkräuter sowie Heidel- und Preiselbeeren. Um im Winter an ihre Nahrung zu kommen, graben sie notfalls tiefe Gänge.

Als einzige Vögel vertauschen Schneehühner im Winter ihr braunes Sommerkleid mit einem schneeweißen, das sie vor Feinden verbirgt und, weil es dichter ist, vor Kälte schützt. Selbst die Zehen sind dann befiedert. Sie stecken sozusagen gleichzeitig in Pelzschuhen und Schneereifen, so daß die Vögel über den Schnee laufen können, ohne tief einzusinken. Im Frühling sieht man die Hähne von ihren erhöhten Sitzen mit schwirrendem Flügelgeräusch, knarrend ‚karr' rufend, im Balzflug in geringer Höhe über 50 m weit fliegen und in Schlangenlinien zurückkehren. Mit seinen weißen Flügeln bei rotbraunem Körper fällt der Hahn im Flug sehr auf, am Boden ist er kaum mehr zu sehen.

KENNZEICHEN: *im Sommer Flügel weiß und Körper dunkel; Weibchen gelbbrauner als das Männchen; im Winter außer dem schwarzen Schwanz reinweiß; das Männchen hat einen schwarzen Streif durch das Auge.*
BRUT: *das Weibchen scharrt in der Nähe eines Felsens eine Mulde, legt im Juni meist 5–9 rahmfarbene, dunkelgezeichnete Eier und brütet sie in etwa 25 Tagen aus; beide Eltern versorgen die Küken, die kurz nach dem Schlüpfen das Nest verlassen und nach 10 Tagen flügge sind.*
NAHRUNG: *Knospen, Triebe, Blätter von Alpenpflanzen; Preisel-, Heidel-, Moor- und Rauschbeeren; ferner Insekten, besonders für die Küken.*

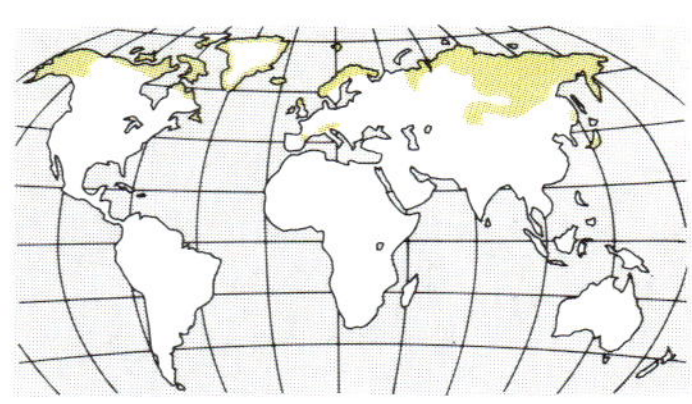

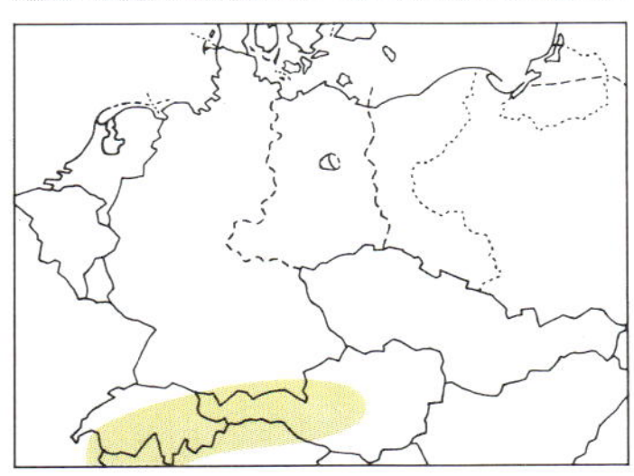

Jahresvogel; außerhalb der Brutzeit gesellig in Trupps von 10–80 Vögeln; einer der wenigen Vögel, die im ewigen Schnee überwintern

Alpenschneehuhn im Sommerkleid – nur die Flügel bleiben weiß

HAHN IM HERBST

HAHN IM WINTER

Gefiederwechsel beim Alpenschneehuhn

Was eben noch aussah wie ein dunkler Stein im Geröll eines Berghanges oder wie eine kleine Kuppe, die ihren Schatten auf den Schnee wirft, springt plötzlich in die Luft und verschwindet nach ein paar hastigen Flügelschlägen gleich wieder hinter einem Felsvorsprung. Das war ein Alpenschneehuhn, der einzige Vogel Mitteleuropas, der wie arktische Schneehühner im Winter ein rein weißes Federkleid anlegt. Da das Gefieder allmählich die Farbe wechselt, tarnt es um so besser. Im Sommer sind nur Flügel und Unterseite weiß, das übrige Gefieder braun und schwarz gefleckt. Im Herbst sind Oberseite, Brust und Flanken grau oder graubraun und weiß gefleckt. Im Winter sieht dann der ganze Vogel weiß aus. Sein schwarzer oder dunkelbrauner Schwanz ist meist vom übrigen Gefieder bedeckt; auch die Augenzeichnung – ein roter Hautlappen, *Rose* genannt, und beim Männchen ein dunkler Augenstreif – erkennt man erst aus einer Entfernung von wenigen Metern. Durch diesen Gefiederwechsel kann sich das Alpenschneehuhn im Rhythmus der Jahreszeiten stets vor seinen Feinden verbergen, weil es zu keiner Zeit des Jahres vom Landschaftsbild absticht.

HAHN IM SOMMER

Mornell

Eudromias morinellus 21,5 cm

WEIBCHEN IM BRUTKLEID

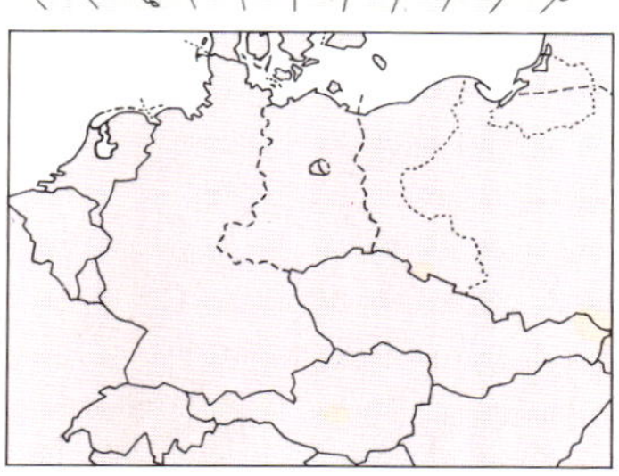

Zugvogel; überwintert in den Halbwüsten Nordostafrikas und Vorderasiens, vor allem um das Rote Meer; skandinavische Mornells ziehen durch Mitteleuropa

Der Mornell hat auf dem Zuge seine traditionellen Rastplätze

Beim Mornell brütet seltsamerweise das Männchen allein die Eier aus und führt die Jungen. Beim Brüten läßt sich der zutrauliche Vogel mit der Hand berühren und beginnt sogar in der hohlen Hand zu brüten, wenn man ihm die Eier wegnimmt. Dieser auffälligen angeborenen Zahmheit widmete der schwedische Tierschriftsteller Bengt Berg sein bekanntes Buch ‚Mein Freund der Regenpfeifer', das sich auf Beobachtungen in Schwedisch-Lappland stützt.

Der Mornell ist einerseits von Schottland über das polare Europa und Asien bis Ostsibirien und andererseits auf weit isolierten Gebirgen von den Ostalpen über die Sudeten und Karpaten bis nach Transbaikalien hin verbreitet.

In Mitteleuropa hält er wenige kleine Areale im Riesengebirge und den Alpen besetzt, denen er aber Jahr um Jahr treu bleibt. Sein Brutplatz auf dem Zirbitzkogel in der Steiermark, wo er in 2500 m Höhe oft bei Schnee und eisiger Kälte brütet, ist den Ornithologen seit 120 Jahren bekannt. 1952 entdeckte man einen Brutplatz in den Abruzzen, wohl den allersüdlichsten, und 1961 fand man ihn auf einem Feld in Holland auf Meereshöhe brüten, in Mitteleuropa ein für den Mornell außergewöhnlich tief gelegener Nistplatz. Der Mornell kehrt zwar schon Ende April zurück, aber sein Gelege findet man in den Alpen erst etwa Anfang Juni.

KENNZEICHEN: *weißes Band zwischen brauner Brust und rostroter Unterseite; Bauchmitte schwarz; weiße Augenstreifen vereinigen sich im Nacken; Männchen sehr zutraulich und kleiner als das Weibchen; trillert sanft ‚dürr dürr'; Weibchen lockt zur Balzzeit ‚plütt plütt plütt'.*
BRUT: *nistet in den Alpen, oft nicht weit vom Schnee entfernt, in einer in den Boden gekratzten Mulde, die mit Pflanzenteilen ausgelegt ist; das Weibchen legt ab Anfang Juni 2–3 olivbräunliche, grob schwarzbraun gefleckte Eier, die das Männchen allein in 25 Tagen ausbrütet; das Männchen führt auch die Jungen und stellt sich bei Gefahr sofort flügellahm.*
NAHRUNG: *Käfer, Fliegen und ihre Larven, auch Würmer, Schnecken, Blattstückchen, Beeren und Samen.*

Dreizehenspecht

Picoides tridactylus 22 cm

Während über 200 Arten der großen Spechtfamilie vier Zehen, zwei nach vorn und zwei nach hinten gerichtet, haben, kommt der Dreizehenspecht, wie sein Name sagt, mit dreien aus. Es fehlt die erste, genau nach hinten, beim Baumklettern nach unten gerichtete Zehe, die ihm nur hinderlich wäre, wenn er sich zu weit ausholenden kräftigen Schlägen an die Rinde klammert. Er ist bei uns nur in den Alpen, dem Bayerischen Wald und den Sudeten verbreitet und nächst dem Weißrückenspecht am seltensten. Der heimliche Vogel, der dabei keineswegs besonders menschenscheu ist, hält sich gern unauffällig in dichten, flechtenbehangenen Fichten nahe der oberen Baumgrenze auf. Geht man hier dem Hackgeräusch eines Spechtes nach, kann man ihn am ehesten ausfindig machen. Im Frühjahr läßt man sich durch das meist langsame Trommeln leiten, das Männchen und Weibchen nicht selten üben, sogar im Sommer und manchmal noch im Herbst.

So begrenzt sein Brutgebiet in Mitteleuropa, so groß ist sein Hauptverbreitungsgebiet. Es erstreckt sich mit der Nadelwaldzone rings um die nördliche Erdhalbkugel. Die Vorkommen südlich davon – in Europa wie in den Gebirgen Asiens – haben nach der Eiszeit die Verbindung zum Hauptgebiet verloren. In den europäischen Gebirgen hat sich der Dreizehenspecht in seiner langen Isolierung zu einer eigenen Unterart (*P. t. alpinus*) entwickelt. In Nordamerika vertritt ihn eine Zwillingsart: *Picoides arcticus*.

KENNZEICHEN: *so groß wie und dunkler als der Buntspecht; Männchen mit gelbem, Weibchen mit silbergrauem Scheitel; zwei weiße Längsstreifen an den Kopfseiten; weißer Streifen längs der ganzen Rückenlinie.*
BRUT: *Balz mit Trommeln beginnt im April; Nisthöhle in 2–15 m Höhe meist in Fichten; Eiablage Mitte Mai: die 3–4 weißen Eier brüten beide Partner in mindestens 11 Tagen aus; beide füttern die Nestlinge, die nach etwa 3 Wochen ausfliegen; 1 Brut im Jahr.*
NAHRUNG: *hauptsächlich Larven von Käfern, also vornehmlich Bockkäfern, und andere im Holz lebende Kerbtiere; auch Ameisen, Schmetterlinge, Raupen und Schnecken.*

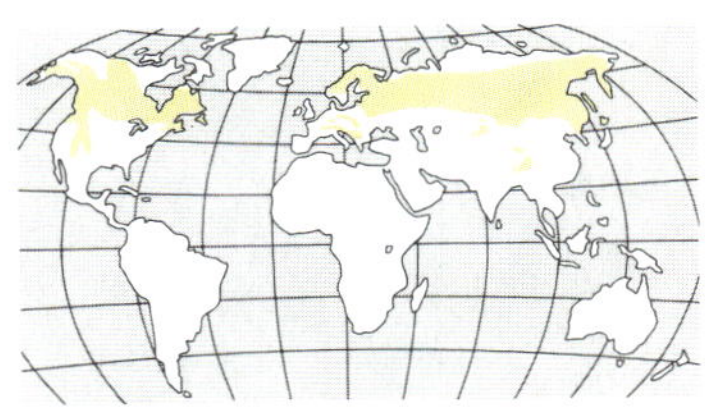

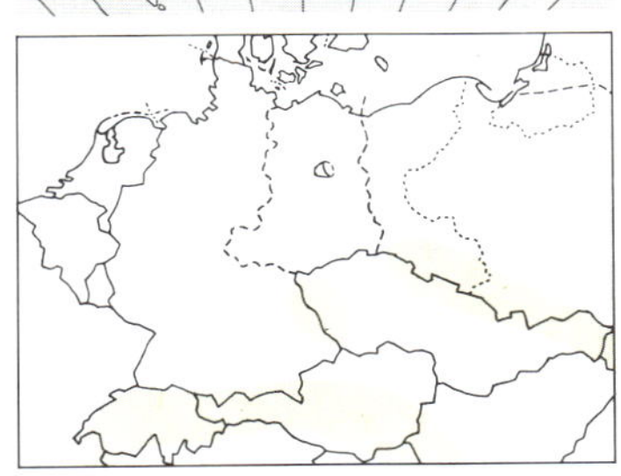

Standvogel, der im Winter im Brutgebiet oder wenig tiefer bleibt und nur ausnahmsweise weiter, bis Oberitalien und Mitteldeutschland, streicht; die nordische Unterart wurde als Irrgast in Ostpreußen nachgewiesen

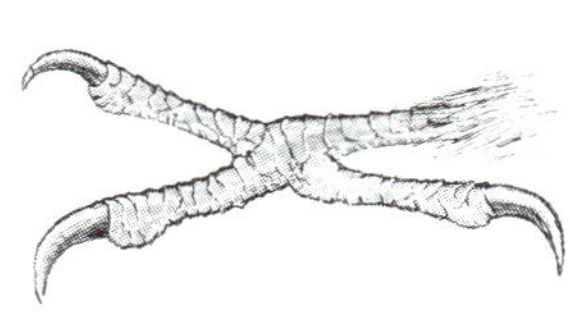

Der Dreizehenspecht hat eine Zehe weniger als alle anderen europäischen Spechte

Wasserpieper

Anthus spinoletta 16,5 cm

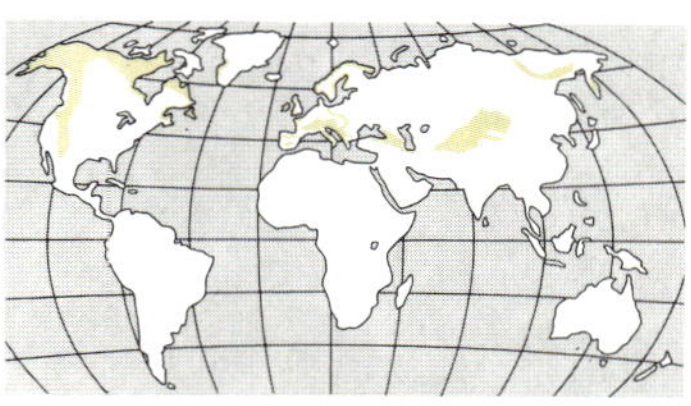

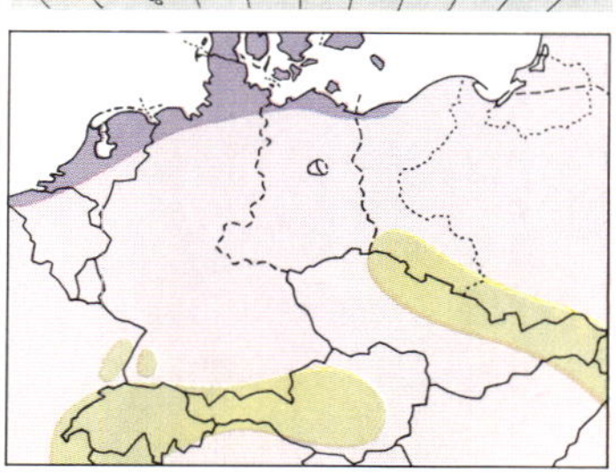

Die Vögel aus dem Norden ziehen im Winter kurze Strecken nach Süden; die Gebirgsvögel ziehen in die Tallagen, aus den Alpen größtenteils nach Norden bis zu den Gewässern des Norddeutschen Tieflandes

In Mitteleuropa brütet der Wasserpieper in hohen Gebirgslagen. In den Alpen, wo er vor allem die Knieholzregion bis zur Schneegrenze bewohnt, ist er auf kurzgrasigen Matten zu Hause und fehlt auf keiner Alm. Hier hört man seinen ständig wiederholten Ruf, der wie ‚it‘ klingt und mit dem des am gleichen Orte ebenfalls vorkommenden Hausrotschwanzes verwechselt werden kann. Sein Gesang ähnelt dem des Wiesenpiepers. Meist findet man seine Nester in Höhen über 1000 m, gelegentlich in nur 600 m, aber auch bis 2800 m Höhe. Außer in den Alpen ist er noch in den Sudeten, im Schwarzwald und lokal in anderen Mittelgebirgen wie der Rhön und dem Hohen Meißner vertreten.

Man sollte meinen, er würde besser *Bergpieper* heißen. Doch sein Name ist nicht aus der Luft gegriffen, denn nach der Brutzeit zieht er talwärts und findet sich dann an allen möglichen Gewässern, besonders auf Schlamm-, Sand- und Kiesbänken. Außerdem brüten zwei Rassen dieser Pieperart tatsächlich am Wasser, nämlich der *Strandpieper (A. sp. petrosus)* an den Felsküsten Nordfrankreichs und Großbritanniens und der *Felsenpieper (A. sp. littoralis)* an den Felsküsten Skandinaviens und Nordrußlands. Beide Unterarten sieht man im Winter an der deutschen Nordseeküste. Bei ihnen ist auch im Brutkleid die Unterseite mehr oder weniger gefleckt, bei der Gebirgsrasse nur im Ruhekleid im Winter.

KENNZEICHEN: *größer als Baum- und Wiesenpieper; Oberseite graubraun; Brust im Sommer ungefleckt weinrötlich, im Winter verwaschen braun gefleckt; Schwanzaußenkante grau, nicht weiß wie bei den genannten Arten; Beine dunkelbraun; beide Geschlechter gleich.*
BRUT: *baut in Vertiefungen am Boden ein Nest aus dürrem Gras, das oft mit Tierhaar ausgelegt ist; das Weibchen legt Ende April bis Juli meist 4–5 schmutzig-weiße, grau und braun gefleckte Eier, die es in etwa 14 Tagen ausbrütet; beide Eltern füttern die Jungen, die nach 16 Tagen das Nest verlassen; brütet meist zweimal im Jahr.*
NAHRUNG: *vorwiegend Käfer, Fliegen, Köcherfliegenlarven; Spinnen, kleine Schnecken, die mit Schale verschluckt werden; wenig Sämereien.*

Der Strandpieper hält sich nicht im Gebirge, sondern nur am Meer auf

Alpenbraunelle

Prunella collaris 18 cm

In den einsamen Felsregionen der Hochgebirge wird man durch ein trillerndes ‚Trr-lit' und mehr noch im Frühling durch anhaltenden, laut zwitschernden, lerchenartigen Gesang auf die Alpenbraunelle aufmerksam. Meist sitzt der Sänger auf einem Felsen, nicht selten steigt er aber auch zum Balzflug auf. Der ausgesprochene Bodenvogel ist in seinem schlichten Gefieder sonst schwer zu entdecken. Im Spätsommer wird die Alpenbraunelle noch heimlicher. Da sie dann gleichzeitig mehrere Schwingen mausert und im Fliegen behindert ist, hält sie sich mit Vorliebe unter Felsüberhängen, in Schrunden und Halbhöhlen in Deckung, bis die Mauser beendet ist.

Dieser hochalpine Vogel kommt nur in höheren Gebirgen zwischen Ostasien und Nordwestafrika vor. In der Felsregion der Alpen nistet die Alpenbraunelle bis in etwa 2830 m Höhe, wurde in der Schweiz im Sommer sogar noch in 3900 m Höhe beobachtet. Sie liebt Blockfelder und sonstiges felsiges Gelände, aber auch blumige Matten. In Zentralasien, im Hindukusch etwa, findet man sie überall. Sie brütet dort auch in Höhen über 4000 m. Auf diese Höhen ist sie freilich nicht so beschränkt wie der Schneefink, sondern nistet auch in den Alpen unter 1800 m und hält sogar einen Brutplatz im Riesengebirge besetzt. Im Winter zieht sie in die Täler und zeigt sich auch im Alpenvorland.

KENNZEICHEN: *lerchengroß und lerchenfarbig; aber mit weißer, schwarz punktierter Kehle; hüpft schnell, wippt mit dem Schwanz und knixt.*

BRUT: *baut ein Nest aus Moos, Halmen, Stengeln und Wurzeln, immer gut versteckt in Felslöchern und -spalten, unter flachen Steinen, oft in Schneenähe; die Mulde wird mit Wolle, Haaren und Federn ausgelegt; legt Ende Mai bis Juli 4–5 einfarbig blaugrüne Eier; Brutdauer 13–14 Tage; Nestlingsdauer etwa 16 Tage; 2 Bruten im Jahr.*

NAHRUNG: *sucht am Boden zwischen Felsen und selbst auf Schnee meist Insekten wie Käfer und Ameisen, auch Spinnen, Würmer, kleine Schnecken und allerlei Sämereien.*

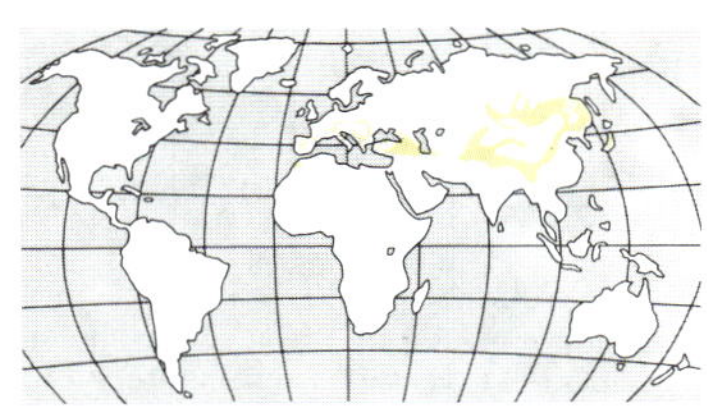

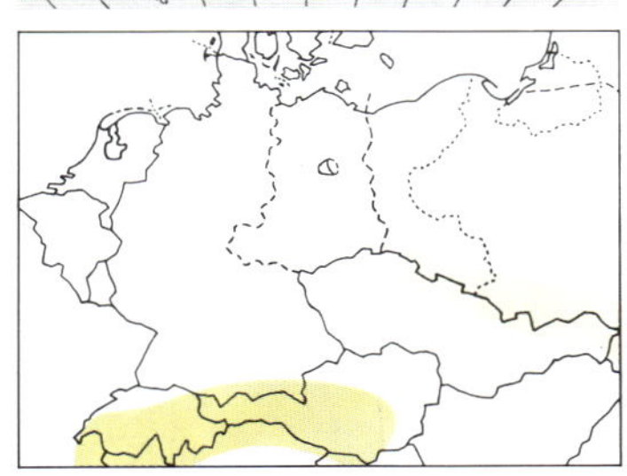

Jahresvogel; ist im Winter gezwungen, in tiefere Regionen zu streifen; ein in der Schweiz beringter Jungvogel wurde fast 500 km entfernt aus Frankreich gemeldet; stellt sich auch in Bergdörfern und bei Schutzhütten ein

Die Alpenbraunelle erkennt man an ihrer schwarzweiß gemusterten Kehle

Ringdrossel

Turdus torquatus 24 cm

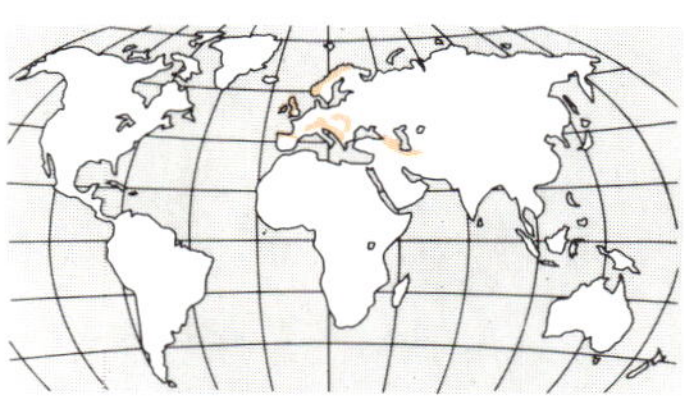

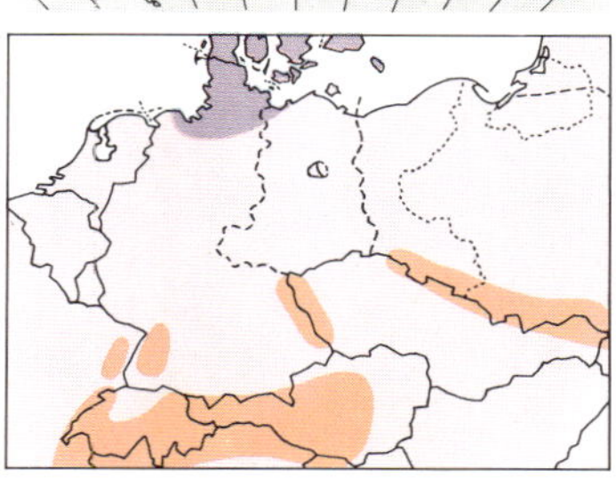

Sommervogel; in Mitteleuropa von Mitte März bis Ende November; überwintert hauptsächlich im Atlasgebirge und im Mittelmeerraum

Abgesehen vom weißen Brustschild und der Tatsache, daß ihre geschlossenen Flügel heller wirken als der Körper, sieht die Ringdrossel wie eine Amsel aus. Doch im Gegensatz zu der, wenigstens in den Städten, sehr zahmen Amsel ist die Ringdrossel ein überaus scheuer Vogel, an den man nur schwer herankommt. Meist sieht man sie auf einem entfernten Felsen oder Baum sitzen oder gerade wegfliegen. Ihr Lockruf ist ein reines, flötendes ‚Pi-ju', ihr Alarmruf ein schnarrendes ‚Tack-tack-tack', ähnlich dem der Amsel.

Im Hochgebirge über 1000 m vertritt die Ringdrossel die Amsel. Ihre Brutgebiete überlappen sich in der Regel nur knapp. In den Alpen nistet die Ringdrossel meist zwischen 1300 m Höhe und der Baumgrenze. Jenseits davon bis fast 3000 m Höhe kommt sie außerhalb der Brutzeit vor. Abgesehen vom Alpengebiet ist sie bei uns nur noch in den höchsten Mittelgebirgen wie Böhmerwald, Erzgebirge, Sudeten und Schwarzwald zu Hause.

In Nordeuropa brütet eine andere Unterart der Ringdrossel, die nicht so breite helle Federsäume hat wie die Alpenrasse und deshalb dunkler wirkt und der Amsel noch ähnlicher sieht. Man kann sie, wenn auch selten, auf dem Durchzug von März bis Anfang Mai beobachten. Beide Unterarten überwintern vornehmlich in Nordafrika.

KENNZEICHEN: *Männchen tiefschwarz mit breitem weißem Brustschild, schwarzgrauem Flügelspiegel und im Winter mit weißen Federsäumen; Weibchen brauner, mit schmalerem, matterem Halbkragen.*
BRUT: *beide Partner bauen meist auf Fichten 1–2 m über dem Boden ein unordentliches napfförmiges Nest aus Gras; die nordische Art nistet unmittelbar auf dem Boden; das Weibchen legt im Mai und Juni 4–5 blaßblaugrüne, rotbraun gefleckte Eier und brütet sie in 14 Tagen hauptsächlich selbst aus; beide Eltern versorgen die Jungen, die nach ungefähr 14 Tagen das Nest verlassen.*
NAHRUNG: *Insekten und deren Larven; Regenwürmer; gelegentlich Schnecken und im Sommer kleine Eidechsen; im Herbst wilde Früchte wie Heidelbeeren, Krähenbeeren und andere.*

Ihr Lieblingsplatz beim Singen ist ein Felsen oder ein großer Stein

Mauerläufer

Tichodroma muraria 17 cm

MÄNNCHEN IM BRUTKLEID

Wer immer einen Mauerläufer entdeckt, der flatternd und rüttelnd an senkrechter Felswand emporklettert, ist von seiner Anmut und Schönheit entzückt. Im ruckartigen Spreizen der rot aufleuchtenden breiten Flügel gleicht er einem Schmetterling oder, wie man ihn auch genannt hat, einer fliegenden Alpenrose. Dieser reine Felsbewohner gewinnt noch an Reiz, weil er sich nur an schwer zugänglichen Stellen aufhält und den Bergsteigern vertrauter ist als den meisten Ornithologen.

Der Mauerläufer bewohnt die Gebirge des mittleren Europas und Asiens vom Himalaja bis Nordspanien. In Mitteleuropa nistet er nur in den Alpen zwischen 600 und 3000 m, ist also kein reiner Hochgebirgsvogel, findet aber die passenden Felswände, die immer mit etwas Pflanzenwuchs durchsetzt und sonnig sein müssen, am ehesten in Hochgebirgen. Im Sommer steigt er im Hindukusch und Himalaja bis 5000 m auf. Aber für alle Mauerläufer ist es kennzeichnend, daß sie dem Winter weit talwärts ausweichen müssen. Sie scheuen dann selbst das Flachland nicht, wenn sie zum Klettern nur Felsen oder Mauern hoher Gebäude wie Kirchen und Burgen finden. So tauchen einzelne Mauerläufer im Winter an Felsen der Flußtäler, besonders des Rheintales von Basel bis zum Siebengebirge und ausnahmsweise sogar in Großstädten wie Wien, Hamburg und Paris auf. Am Schloß Neuschwanstein bei Füssen hat der Mauerläufer sogar gebrütet.

KENNZEICHEN: *felsgrau; rote Flügel, die beim Flattern weiße Flecke zeigen; Schnabel lang, dünn, gebogen; pfeift dünn ‚tih', ‚tiü', ‚itie' usw.*
BRUT: *baut sein Nest aus Moos, Flechten, Halmen, Pflanzenwolle, Würzelchen usw. in Ritzen steiler, schwer zugänglicher Felsen; das Weibchen legt im Mai oder Juni 3–5 weiße Eier mit rotbraunen Punkten, vor allem gegen den stumpfen Pol hin, und brütet sie in 20 Tagen aus; beide Eltern füttern die Nestlinge noch lange, bis sie ausfliegen; 1 Brut im Jahr.*
NAHRUNG: *kleine Insekten, Spinnen, Asseln, allerlei Larven und Puppen, die abgelesen oder im Fluge gefangen werden.*

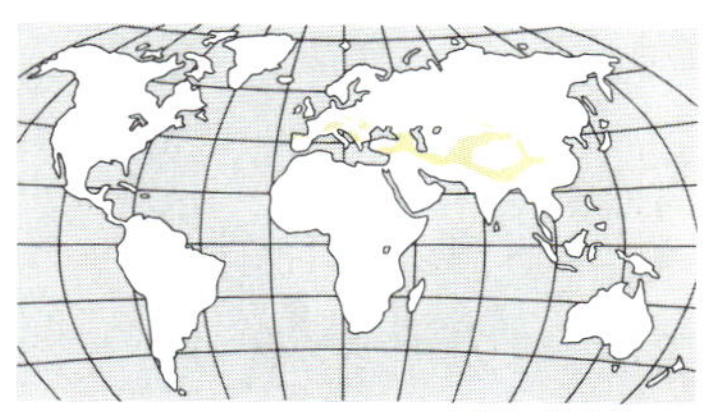

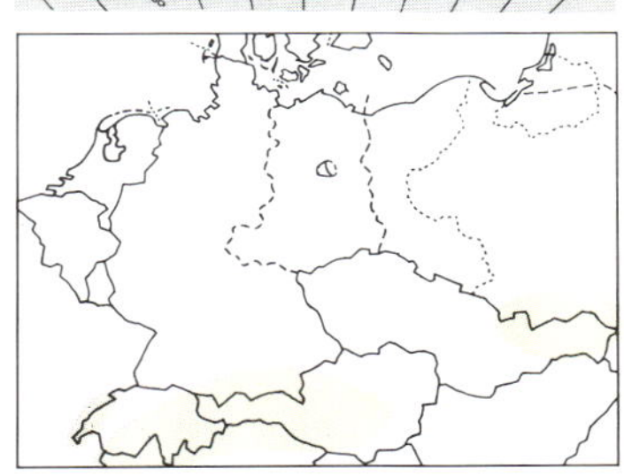

Stand- und Strichvogel in den Alpen, von wo er im Winter weit ins Vorland streicht und dann auch in den Städten des Voralpengebietes erscheint; ausnahmsweise bis Norddeutschland, Nordfrankreich und England

Im Winter kann man den Mauerläufer manchmal auch an Burgen und Kirchen im Voralpengebiet beobachten

MÄNNCHEN IM SOMMERKLEID

Zippammer

Emberiza cia 15 cm

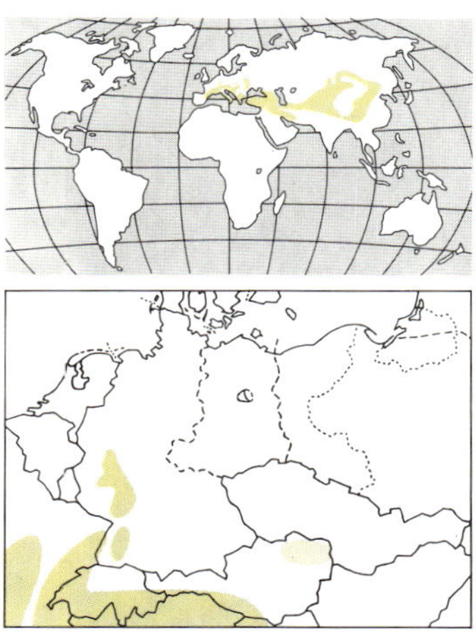

Teilzieher; in Westdeutschland Zugvogel, der teils bis Nordafrika wandert, teils aber schon viel weiter nördlich überwintert

Am charakteristischen Kopfmuster ist die Zippammer leicht zu bestimmen

Zu den Vögeln mediterraner Herkunft gehört in Mitteleuropa vor allem die ausgesprochen wärmeliebende Zippammer. Sie bewohnt bei uns nur sonnige und trockene Hänge und Täler mit felsigem oder steinigem Untergrund und spärlichem oder keinem Buschwuchs. Man findet sie daher besonders in Weinbaugebieten, so am Ober- und Mittelrhein und den Nebentälern des Rheines von der Nahe bis zur Ahr. Besonders verbreitet ist die Zippammer im Moseltal. Dagegen hat man in den Flußtälern östlich des Rheines wie etwa am Main nur wenige Brutpaare gefunden. Als die Sommer noch wärmer waren, siedelte sie auch am Neckar und auf der Alb. Ihr nördlichster Brutplatz in Mitteleuropa war lange Zeit der Drachenfels bei Königswinter, wo sie ihr Nest an Felsen der Südlage am Rande der Weinberge baute. Trotz ihres offensichtlichen Wärmebedürfnisses kommt die Zippammer erstaunlich hoch im Gebirge vor. Schon in der Schweiz stellte man sie als Brutvogel in 2200 m Höhe fest. In der Sierra Nevada in Spanien nistet sie noch in 2500 m Höhe, im Himalaja sogar bis 4600 m. Hier weicht sie im Winter weit talwärts aus.

Die Zippammer ruft, wie ihr Name sagt, ‚zip' und verrät mit diesem Locken oft ihre Anwesenheit. Allerdings ist dieser gedämpfte Laut nur äußerst schwer zu lokalisieren, so daß man mitunter lange suchen muß, ehe man den unauffällig gefärbten Vogel entdeckt.

KENNZEICHEN: *gut kenntlich am hellgrauen Kopf, beim Männchen mit sehr ausgeprägten, beim Weibchen weniger lebhaft gefärbten schwarzen Streifen; singt recht ähnlich wie eine Heckenbraunelle*
BRUT: *Nest meist am Boden, an einer Mauer oder Felswand, unter Gras, Ginster oder Wurzeln verborgen, ähnlich dem der Goldammer; das Weibchen legt im Mai oder Juni 3–5 blauweiß bis rötlich getönte, dunkel gepunktete und bekritzelte Eier und brütet sie in 12–13 Tagen aus; nach 10–13 Tagen verlassen die Jungen das Nest; 2 Bruten im Jahr.*
NAHRUNG: *Sämereien, besonders von Gräsern, und Insekten, mit denen hauptsächlich die Jungen gefüttert werden.*

Schneefink

Montifringilla nivalis 17,5 cm

Eigentlich müßte der Schneefink Schneesperling heißen, denn anatomisch stimmt er in allen wesentlichen Merkmalen mit dem Sperling überein und erinnert auch in Verhalten und Nistweise an ihn. Äußerlich sieht er der Schneeammer ähnlich, die die arktische Tundra bewohnt wie er den entsprechenden Lebensraum in den Hochgebirgen vom Himalaja bis zu den Pyrenäen. Er nistet in Tibet bis über 5000 m, und sogar in den Alpen noch bis knapp 3500 m, wohin ihm kein anderer Vogel folgt. In den deutschen Alpen fand man sein Nest nirgends unter 1800 m. Selbst im Winter lassen sich Schneefinken nur bei sehr rauhem Wetter in tiefere Lagen drücken. Diese Standfestigkeit erleichtern ihnen hochgelegene Schutzhütten, Hotels und dergleichen sehr, denn hier finden sie Futter. Sie entwickeln sich daher immer mehr zu Kulturfolgern.

Die Brutzeit leitet das Männchen mit eigenartig flattrigen Singflügen von Fels zu Fels ein, wobei die entfalteten weißen Flügel sehr auffallen. Die Nisthöhle liegt tief in einer Felswand und hat einen langen engen Eingang, den aber nur das Weibchen beim Nestbau benutzt. Im Nest herrschen relativ geringe Temperaturen, die aber während des Brütens nicht unter 20° C fallen. Auch Jungvögel kommen mit der für Vögel sehr geringen konstanten Körpertemperatur von 30° C aus und vertragen auch noch 20° C.

KENNZEICHEN: *Flugbild von oben kontrastreich schwarzweiß; von der Schneeammer durch grauen Kopf und schwarze Kehle unterschieden; Bodenvogel, der trippelt und nicht wie der Sperling hüpft; ruft rauh ‚zuihk' und singt auch im Balzflug.*
BRUT: *das Weibchen baut aus Grashalmen, Haaren und Federn in einer Felshöhle ein nicht sperlingsähnliches offenes Nest; im Mai oder Juni legt es 3–5 schneeweiße Eier und brütet sie in 13–14 Tagen aus; die Jungen schlüpfen in einem langen weißen Nestflaum, der Sperlingen fehlt; beide Eltern füttern die Jungen, die nach 10–21 Tagen ausfliegen.*
NAHRUNG: *Sämereien von Nadelbäumen; kleine Kerbtiere und Spinnen; mit Kleintieren werden die Jungen ausschließlich gefüttert; Abfälle.*

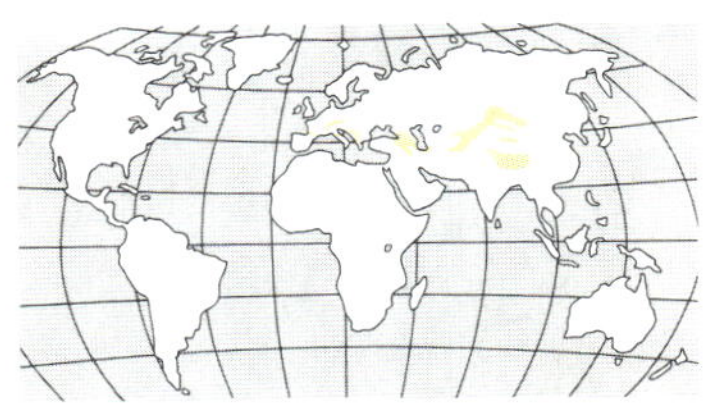

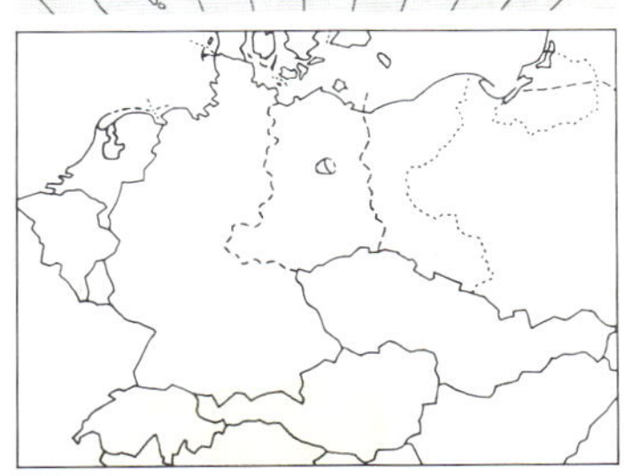

Standvogel; erscheint im Winter mitunter auch in Tälern, aber nur ganz ausnahmsweise als Verirrter im Flachland; nach der Brutzeit schließen sich Schneefinken zu großen Schwärmen (bis über 200 Vögel) zusammen

Schneefinken suchen im Winter gern Skilift-Stationen auf

Tannenhäher

Nucifraga caryocatactes 32 cm

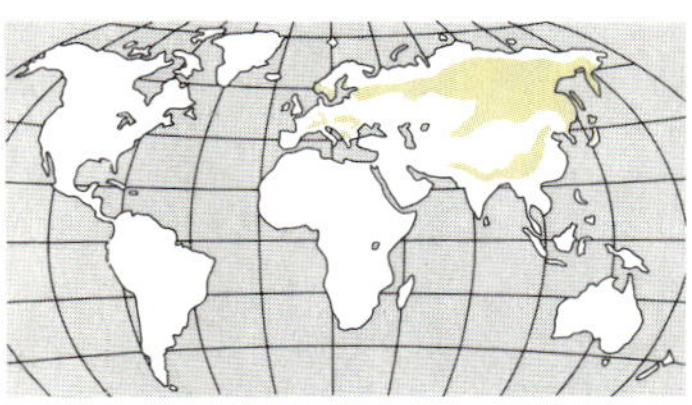

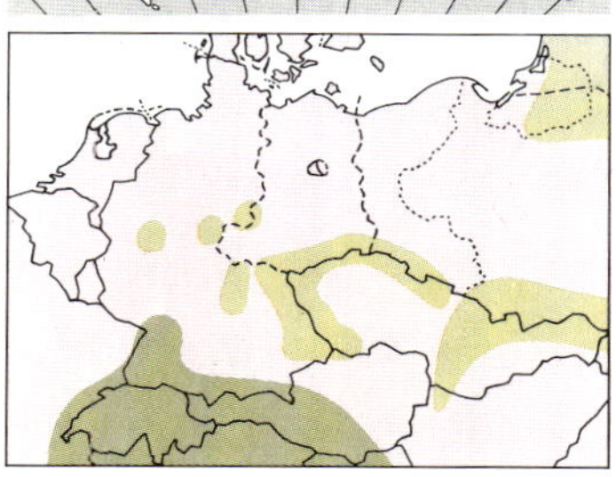

In Europa und im Himalaja Standvogel, aber sonst hauptsächlich Zugvogel, der manchmal, meist schon im Spätsommer, invasionsartig aus Westsibirien bis Mittel- und Westeuropa wandert

Der dünnschnäblige sibirische Tannenhäher hat mehr Weiß am Schwanzende als unsere mitteleuropäische Rasse

Noch ausgesprochener als der Eichelhäher ist der Tannenhäher ein Bewohner des Waldes, und zwar des Nadelwaldes, denn er ernährt sich von Nadelholzsamen, am liebsten denen der Zirbelkiefer. Im Herbst klaubt er die Nüßchen aus den Zapfen, verstaut sie in großer Zahl in seinen unter der Zunge gelegenen Kehlsack und bringt sie in Vorratskammern, die er versteckt im Boden anlegt. Wie der Eichelhäher Eichen, so pflanzt der Tannenhäher Zirben. Die Nüsse werden zwischen die Zehen genommen und aufgemeißelt.

In Mitteleuropa brütet er in den Alpen und den Mittelgebirgen. Der Schwerpunkt seines Brutgebietes liegt jedoch in der sibirischen Taiga, wo eine dünnschnäbligere Unterart zu Hause ist. Diese Tannenhäher ziehen von Zeit zu Zeit, offenbar infolge von Mißernten an Zapfen in der Taiga, in großer Zahl nach Mitteleuropa. Seit 1754 sind in Deutschland über 20 Großinvasionen und viele kleinere registriert worden. Die letzte und zugleich eine der größten im Jahre 1968 erreichte sogar Westeuropa. Die Gäste fielen durch ungewöhnliche Zutraulichkeit auf. Obwohl sie sich notgedrungen auf vielerlei ungewohnte Nahrung umzustellen vermochten, kamen doch die meisten um, vor allem durch Abschuß. Nur wenige gelangten in ihre Heimat zurück. Einige paarten sich mit unseren dickschnäbligen Tannenhähern und blieben im Invasionsland zurück.

KENNZEICHEN: *dunkelbraun und weiß getupft, ähnlich einem großen Star im frischen Herbstgefieder, deshalb auch* Perlstar *genannt; schwarzer Schwanz mit breiter weißer Endbinde; ruft schnarrend ‚kräk'.*
BRUT: *beide Partner bauen oft noch bei Schneelage auf Nadelbäumen ein festes Nest aus dürren Reisern, Flechten, Gras und Moos; das Weibchen legt ab Mitte März 3–4 helle, gleichmäßig bräunlich und gräulich gefleckte Eier und brütet sie in 16–19 Tagen aus; die von beiden Eltern aus dem Kehlsack gefütterten Jungen verlassen nach 21–25 Tagen das Nest.*
NAHRUNG: *hauptsächlich Zirbelnüsse; gern auch Haselnüsse; ferner Bucheckern, Eicheln, Walnüsse, Beeren, Insekten, Schnecken u. a.*

Alpendohle

Pyrrhocorax graculus 38 cm

Alpenkrähe

Pyrrhocorax pyrrhocorax 40 cm

Von den zwei schwarzen Krähenvögeln mit roten Füßen, die in den Alpen hausen, ist die gelbschnäblige Alpendohle überall in Höhen zwischen 1300 und 3000 m verbreitet und nistet auch im deutschen Alpengebiet in starken Kolonien. Der Bestand der rotschnäbligen Alpenkrähe ist dagegen im Laufe dieses Jahrhunderts stark zurückgegangen. Als Brutvogel findet man sie heute nur noch in wenigen Bergmassiven wie in Savoyen, im Unterengadin und im Wallis. Im vorigen Jahrhundert brütete die Alpenkrähe noch in den bayerischen Alpen, aber seit 1911 wurde sie auch aus der Schweizer Nordalpenzone nicht mehr als Brutvogel gemeldet. Die Gründe für diesen Rückgang sind unbekannt.

Während die Alpenkrähe zwischen 1200 und 1500 m Höhe nistet, ist die Alpendohle als ausgesprochener Hochgebirgsvogel im Himalaja sogar bis 4800 m Höhe zu Hause und bewohnt auch in den Alpen die höchsten Berge, die sie selbst im Winter nur notgedrungen verläßt. Neuerdings braucht sie den Unbilden des Wetters nicht mehr auszuweichen, da sie auch in Höhen bis 3000 m an bewirtschafteten Hotels und Endstationen von Seilbahnen ihren Unterhalt findet. Sie schließt sich überhaupt immer mehr den Menschen an, läßt sich auf Berggipfeln und an Berghäusern füttern und unterhält durch ihre Flugkünste. Auch unter ihresgleichen ist sie gesellig und rottet sich oft zu großen Schwärmen zusammen.

KENNZEICHEN: Alpendohlen *haben gelbe,* Alpenkrähen *leuchtend rote, längere und mehr gebogene Schnäbel, junge Alpenkrähen orangefarbene.*

BRUT: Alpendohlen *nisten gesellig oder einzeln in Spalten und Löchern steiler Felsen; Nest aus Reisern, Wurzeln, Grashalmen; Mulde mit Haaren, auch mit Federn ausgelegt; das Weibchen legt von der letzten Aprilhälfte ab 4–5 weißliche, bräunlich längsgestreifte Eier und brütet sie in 18–19 Tagen aus; die Jungen verlassen das Nest nach 35–40 Tagen.*

NAHRUNG: *sehr vielseitig – Insekten, Würmer, Schnecken, Abfälle, Aas, Beeren, Obst usw.*

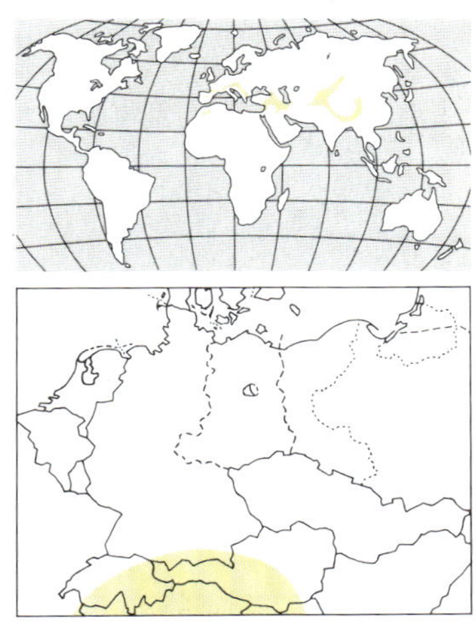

Beide Arten sind Standvögel, die im Winter oft in tiefere Lagen ausweichen; ähnliche Verbreitung in den Gebirgen von Spanien bis Zentralasien; nur die Alpenkrähe bewohnt auch die Britischen Inseln

Die Handschwingen der Alpenkrähe sind im Flug meist weit gespreizt

Kolkrabe

Corvus corax 63,5 cm

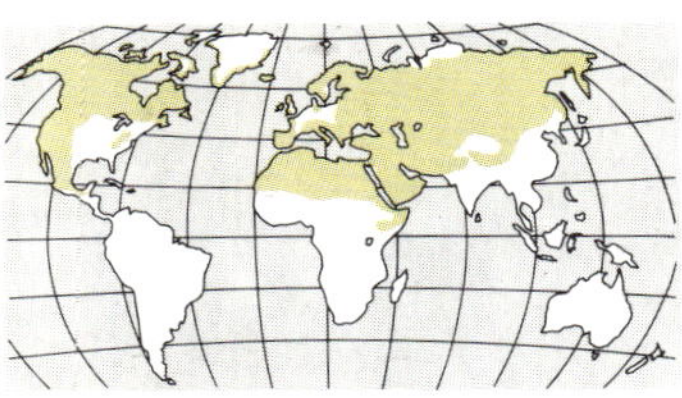

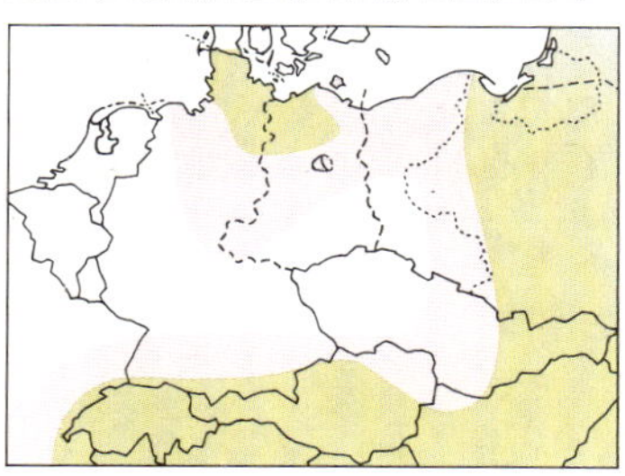

Jahresvogel; streift im Herbst und Winter auch in Trupps umher; die Raben Arabiens und der Sahara gehören zu einer sehr ähnlichen Art – den Wüstenraben

Männlicher Kolkrabe im Frühling beim Flugspiel – mit dem Rücken zur Erde

Kolkraben fressen nahezu alles, was sie finden und überwältigen können. Da man sie für große Schädlinge der Niederjagd hielt, wurden sie rücksichtslos verfolgt, bis sie aus den Wäldern Mitteleuropas fast ganz verschwanden. Nur in den Alpen und in Schleswig-Holstein hielt sich ein starker Bestand. Seit dem Zweiten Weltkrieg breiten sich die inzwischen völlig geschützten Kolkraben von diesen beiden Rückzugsgebieten wieder aus.

Sie können über weite Strecken segeln und gleiten. Vor allem im Frühjahr trudeln Kolkraben paarweise hoch in der Luft, schließen halb die Flügel, rollen sich seitwärts ab und stürzen kopfüber in die Tiefe. Sie bringen es fertig, kurze Strecken mit dem Rücken nach unten zu fliegen. Diese Kunststücke gehören vielleicht zur Balz des Kolkraben; manchmal scheinen sie jedoch nur sein Wohlbehagen auszudrücken. Bei der Balz, die ein Paar für das ganze Leben zusammenführt, verneigen sich die Partner, strecken den Hals nach vorn und stellen die Federn an der Kehle wie eine Halskrause auf. Bevor es zur Paarung kommt, spreizt das Männchen die Flügel, fächert den Schwanz und kauert sich zusammen, den Hals nach oben gestreckt, den Schnabel aber nach unten gerichtet; manchmal springt es in die Luft oder putzt mit dem Schnabel die Gesichtsfedern des Weibchens.

KENNZEICHEN: *Gefieder schillernd schwarz; klotziger Schnabel; Schwanzende keilförmig; beide Geschlechter gleich; Stimme: ein sonores ‚Korrk', ein rauhes ‚Rrab' oder ein schönes ‚Klong'.*

BRUT: *nistet auf Felsvorsprüngen und Bäumen; Nest aus mit Lehm und Moos verkitteten Zweigen, mit Wolle und Haaren gepolstert; das Weibchen legt ab Ende Februar bis Anfang Mai meist 4–6 hellgrüne oder blaue, dunkelgezeichnete Eier und brütet sie in etwa 19 Tagen aus; beide Eltern füttern; die Jungen verlassen nach ungefähr 6 Wochen das Nest.*

NAHRUNG: *Aas, junge Wirbeltiere aller Art; Eier und Junge anderer Vögel; Würmer, Schnecken, Fische; besonders gern Nachgeburten von Weidevieh und Aufbruch von Jagdwild; auch Körner und Eicheln.*

Seltene Vögel

Die bisher besprochenen 257 Vogelarten kann man keineswegs alle in einem begrenzten Gebiet oder in kurzer Zeit beobachten; ja manche dieser Vögel sind selbst erfahrenen Ornithologen selten oder überhaupt noch nicht zu Gesicht gekommen. Und dennoch ist die Gesamtzahl der in Mitteleuropa in unserem Jahrhundert nachgewiesenen Arten fast doppelt so groß; allein in Deutschland beläuft sie sich auf 434. Hierbei sind freilich auch alle Vögel mitgerechnet, die sich nur wenige Male oder gar nur ein einziges Mal nach Mitteleuropa verflogen haben.

Solche Irrgäste wurden meist aus fernen Ländern zu uns verschlagen; selbst aus Nordamerika sind schon an die 20 verschiedene Arten in Deutschland registriert worden, die höchstwahrscheinlich den Ozean auf eigenen Schwingen überquert haben. Weit mehr amerikanische Vögel hat man in Westeuropa und ganz besonders in Großbritannien festgestellt, wo vor allem in neuerer Zeit durch die wachsende Zahl der Vogelbeobachter und die verbesserten Bestimmungshilfsmittel die Chancen gestiegen sind, diese Irrgäste zu entdecken.

Wir wissen allerdings, daß ein Transozeanflug für manche Vögel durch Schiffe, auf denen sie rasten oder als blinde Passagiere mitfahren, sehr erleichtert wird. Nicht immer kann auch entschieden werden, ob ein seltener Vogel wirklich unmittelbar aus seiner Heimat zu uns geflogen und nicht etwa aus der Gefangenschaft, etwa einem Zoo, entwichen ist. Diese Überlegungen spielen mit, wenn wir in diesem Buch über die Vögel Mitteleuropas alle Irrgäste aus Amerika, Ostasien oder Afrika unerwähnt lassen.

Es bleiben noch genug Vogelarten, die in Mitteleuropa zwar selten sind und deswegen bisher nicht berücksichtigt wurden, die aber doch mehr oder weniger regelmäßig bei uns brüten oder als Gäste auf dem Zuge oder im Winter erscheinen und deshalb durchaus zum Bild der Vogelwelt Mitteleuropas gehören. Diese Schar teilt sich in Brutvögel und Gäste. Unter den Brutvögeln sind einige, die erst kürzlich bei uns seßhaft geworden sind; andere haben sich noch nicht dauernd angesiedelt. Schließlich gibt es eine Anzahl von recht seltenen Arten, die bei uns entweder in so geringer Zahl oder an so wenigen oder unzugänglichen Orten leben, daß man sie auch bei zielstrebiger Suche kaum findet. Die Gäste gliedern wir ihrer Herkunft entsprechend in solche aus Norden und Osten, denen die Gäste aus dem Süden gegenüberstehen. Irrgäste oder solche Vögel, die früher bei uns gebrütet haben, aber inzwischen als Brutvögel verschwunden sind und höchstens ausnahmsweise einmal erscheinen, wurden nicht aufgenommen.

Neubürger unter den Brutvögeln

Die Grenzen der Verbreitungsgebiete sind bei den Vögeln nicht immer stabil. Manche Arten dehnen ihr Brutgebiet aus, andere ziehen sich aus den Randgebieten zurück. Unter den Neubürgern gibt es solche, die sich stürmisch über Mitteleuropa ausgebreitet haben und heute dort überall zu finden sind, ja sogar an Zahl manche eingesessenen Arten übertreffen. Beispiele hierfür sind die Türkentaube (Seite 39), der Girlitz (Seite 67) und die Wacholderdrossel (Seite 84). Andere dringen nur langsam vor und haben in Mitteleuropa erst hier und da Fuß gefaßt.

Eissturmvogel
Fulmarus glacialis *48 cm*
Hat in den letzten 100 Jahren alle Küsten Großbritanniens besiedelt, ist über den Kanal zur Bretagne vorgedrungen und brütet seit 1970 wahrscheinlich in 3–5 Paaren am Lummenfelsen auf Helgoland.

Schwarzkopfmöwe
Larus melanocephalus *39 cm*
Fliegt aus ihrem Brutareal im nordöstlichen Mittelmeergebiet ab und zu nach Mitteleuropa ein; seit 1958 mehrere Bruten; ähnelt der Lachmöwe, aber mit tiefschwarzer größerer Kapuze und weißer Flügelspitze.

Grünlaubsänger
Phylloscopus trochiloides
11 cm
Hat sich seit Beginn des Jahrhunderts vom Baltikum her entlang der Ostseeküste bis Rügen und Mecklenburg ausgebreitet; von Zilpzalp und Fitis an heller Flügelbinde zu unterscheiden.

Karmingimpel
Carpodacus erythrinus
14,5 cm
Dringt langsam von Osteuropa und Ostpreußen aus vor, besonders in den Küstenländern der Ostsee bis Mecklenburg; erscheint gelegentlich in Schleswig-Holstein, überwintert in Indien.

Unregelmäßig erscheinende Brutvögel

Manche Arten brüten bisher nur gelegentlich bei uns und haben sich nicht dauernd angesiedelt.

Steppenweihe
Circus macrourus 43–48 cm
Erscheint ab und zu aus Osteuropa und Zentralasien; hat in Bayern (1938), Mecklenburg (1952) und Norderney (1952) gebrütet; Männchen ähnelt dem der Kornweihe, hat aber grauen statt weißen Bürzel.

Rotfußfalke
Falco vespertinus 3[illegible] cm
Im Frühling ziemlich regelmäßiger Durchzügler aus Osteuropa und Mitteleuropa; erscheint manchmal invasionsartig im Spätsommer; brütet bei uns ausnahmsweise (1954 bei Donauwörth, 1956 und 1957 bei Augsburg). Dunkles Männchen leicht kenntlich.

Stelzenläufer
Himantopus himantopus 38 cm
Kommt aus Südwest- und Südosteuropa; hat vereinzelt erfolgreich bei uns gebrütet; an Gestalt und langen roten Beinen leicht zu erkennen.

Weißbartseeschwalbe
Chlidonias hybrida 25 cm
Diese Seeschwalbe mit grauer Unterseite und weißen Wangen hat im vorigen Jahrhundert in Bayern und 1931 am Bodensee gebrütet; in der Alten Welt weit, aber lückenhaft verbreitet.

Zwergohreule
Otus scops 19 cm
Im Mittelmeergebiet verbreitet; hat 1960 in Franken gebrütet; ruft wie Geburtshelferkröte melodisch ‚dju'.

Bienenfresser
Merops apiaster 28 cm
Der unregelmäßige Gast aus dem Mittelmeerraum hat wiederholt in Deutschland Brutversuche unternommen, zuletzt 1964 bei Hamburg.

Kiefernkreuzschnabel
Loxia pytyopsittacus 17 cm
Unregelmäßiger, manchmal zahlreicher Gast aus Nordeuropa; nur wenige Male brütend festgestellt (1906 Mark Brandenburg, 1917 und 1918 Westpreußen); hat viel dickeren Schnabel als der Fichtenkreuzschnabel.

Seltene Brutvögel

Eine Reihe von Vogelarten brütet heute bei uns nur noch so selten, daß für die meisten Naturfreunde wenig Aussicht besteht, sie jemals in freier Natur beobachten zu können.

Moorente
Aythya nyroca 41 cm
In Süd- und Osteuropa sowie Mittelasien verbreitet; sehr seltener Brutvogel östlich der Elbe, unregelmäßig in Bayern und am Dümmer; am leuchtendweißen Unterschwanz kenntlich.

Schelladler
Aquila clanga 66–73 cm
Bewohnt das mittlere Asien und Osteuropa und brütet sehr selten in Ostpreußen; anderswo ausnahmsweise auf dem Durchzug. Etwas größer und dunkler als Schreiadler.

Schreiadler
Aquila pomarina 61–66 cm
Im östlichen Europa, Vorderasien und Indien verbreitet; seltener Brutvogel von Ostpreußen bis Mecklenburg und Brandenburg; sonst nur ausnahmsweise auf dem Durchzug.

Schlangenadler
Circaetus gallicus 63–69 cm
Hat bis 1941 in Schlesien, 1953 in der Schorfheide und 1953–1956 wohl in Oberbayern gebrütet; kommt sonst selten aus Süden und Osten zu uns; auffällig dicker Kopf.

Steinhuhn
Alectoris graeca 33 cm
Sehr seltener Brutvogel in den bayrischen Hochalpen; Hauptverbreitungsgebiet in Südosteuropa.

Zwergsumpfhuhn
Porzana pusilla 18 cm
Sehr seltener Brutvogel in schwer zugänglichen Schilfgebieten Frankens, Mecklenburgs, Mitteldeutschlands und Niedersachsens; ähnlich dem Kleinen Sumpfhuhn, aber mit gebänderten Flanken und fleischfarbenen Beinen.

Kleines Sumpfhuhn
Porzana parva 19 cm
Vorwiegend in Osteuropa bis Mittelasien; seltener Brutvogel in Norddeutschland und an wenigen Plätzen in Mittel- und Süddeutschland; sonst mäßig zahlreich auf dem Durchzug.

Habichtskauz
Strix uralensis 61 cm
Bewohnt die eurasische Nadelwaldzone und brütet sehr selten auch in Ostpreußen und im Bayerischen Wald; viel größer als der sonst ähnliche Waldkauz.

Mittelspecht
Dendrocopos medius 22 cm
In ganz Mitteleuropa selten; fehlt vielerorts; brütet aber in Eichenwäldern auch in größerer Dichte; vom alten Buntspecht durch roten Scheitel und verwaschenere Bauchfärbung unterschieden; ruft kläglich quäkend.

Felsenschwalbe
Ptyonoprogne rupestris 14,5 cm
In den Gebirgen Südeuropas und Nordafrikas verbreitet; sehr seltener Brutvogel im bayerischen Alpengebiet; von der ähnlichen Uferschwalbe durch Fehlen des dunklen Brustbandes und weiße Schwanzflecken unterschieden.

Zitronengirlitz
Serinus citrinella 12 cm
Brütet spärlich im Schwarzwald und in den bayerischen Alpen; lokal und sehr selten im Harz; von Zeisig und Girlitz durch unterseits ungestreiftes Gefieder mit grauen Halsseiten und Nacken unterschieden.

Gäste aus dem Norden und Osten

Zu dieser Gruppe gehören die Seevögel des Nordatlantiks wie auch die Brutvögel des hohen Nordens, die in großen Scharen über Mitteleuropa in ihre fernen Winterquartiere ziehen.

Eistaucher
Gavia immer 68–81 cm
Mäßig zahlreicher Durchzügler und Wintergast an den Küsten, nur ausnahmsweise im Binnenland. Brütet auf Island; größer als Prachttaucher und mit größerem Schnabel als dieser.

Wellenläufer
Oceanodroma leucorhoa 20 cm
Erscheint, von Stürmen verschlagen, unregelmäßig an der Nordseeküste, gelegentlich an der Ostsee und im Binnenland. Brütet auf Inselchen an der West- und Nordküste Großbritanniens.

Baßtölpel
Sula bassana 91 cm
Unregelmäßiger Gast an der Nordseeküste, gelegentlich an der Ostsee; erscheint in geringer Zahl bei Helgoland. Brütet in großen Kolonien auf Inseln vor der Britischen Westküste; vorzüglicher Stoßtaucher.

Krähenscharbe
Phalacrocorax aristotelis 76 cm
Ein seltener Gast im deutschen Nordseegebiet und nur ausnahmsweise an der Ostsee und im Binnenland; brütet auf Meeresinselchen vor den Küsten Europas; kleiner als Kormoran und ganz dunkel, nur Schnabelwinkel gelb.

Kanadagans
Branta canadensis 92–102 cm
Aus Amerika nach Großbritannien und Schweden eingebürgert und seit etwa 1950 regelmäßig als Wintergast an den deutschen Küsten, öfters auch im Binnenland; unverkennbar durch Größe, langen Hals und Kopfmuster.

Merlin
Falco columbarius 27–33 cm
In geringer Zahl Durchzügler und Wintergast, besonders an der Nordseeküste; brütet in Nordeuropa und Großbritannien; kleinster Falke.

Regenbrachvogel
Numenius phaeopus 41 cm
Auf dem Durchzug mäßig zahlreich an der Küste, wo er ausnahmsweise überwintert, selten im Binnenland; brütet in Nordeuropa und Island; kleiner als der Große Brachvogel und mit kontrastreichen Scheitelstreifen.

Pfuhlschnepfe
Limosa lapponica 38 cm
Mäßig zahlreicher Durchzügler an den Küsten, in geringer Zahl übersommernd und überwinternd, im Binnenland selten; brütet im nördlichsten Europa; etwas kleiner und kurzbeiniger als Uferschnepfe, mit gebändertem Schwanz.

Dunkler Wasserläufer
Tringa erythropus 30 cm
Mäßig zahlreicher Durchzügler in Mitteleuropa, gelegentlich übersommernd, ausnahmsweise überwinternd; brütet im nördlichsten Europa; ruft deutlich zweisilbig ‚tjuit'.

Zwergstrandläufer
Calidris minuta 13 cm
Mäßig zahlreich an den Küsten und im Binnenland, vor allem Ende Juli bis Oktober; brütet im nördlichsten Europa; kleinster Strandläufer; ruft im Fluge ‚tit'; Beine schwarz.

Temminckstrandläufer
Calidris temminckii 14 cm
April/Mai und Mitte Juli bis Mitte Oktober mäßig zahlreich an den Küsten, selten im Binnenland; brütet im nördlichen Europa; fast so klein wie Zwergstrandläufer, hat graueres Gefieder und grünlichgelbe Beine.

Meerstrandläufer
Calidris maritima 21 cm
In geringer Zahl Durchzügler und Wintergast an der Nordseeküste, besonders auf Helgoland; in sehr geringer Zahl an der Ostsee; nur ausnahmsweise im Binnenland; brütet auf Island, in Skandinavien und Finnland.

Sichelstrandläufer
Calidris ferruginea 19 cm
Mäßig zahlreicher Durchzügler an der Küste (April–Anfang Juni und zahlreicher Juli–Mitte Oktober); in geringer Zahl im Binnenland; brütet im arktischen Ostasien; abwärts gebogener Schnabel.

Sumpfläufer
Limicola falcinellus 16,5 cm
Erscheint in sehr geringer Zahl auf dem Zuge (Mai und Mitte Juli–Oktober), auch im Binnenland; brütet im nördlichen Skandinavien und Finnland; ähnelt einem Alpenstrandläufer im Ruhekleid, ist aber langschnäbeliger.

Spatelraubmöwe
Stercorarius pomarinus 51 cm
In geringer Zahl Durchzügler (Juli bis Oktober) und Wintergast an der Küste, gelegentlich auch im Binnenland; brütet im nördlichsten Rußland; etwas größer als Schmarotzerraubmöwe, nicht immer von dieser zu unterscheiden.

Schmarotzerraubmöwe
Stercorarius parasiticus 46 cm
In geringer Zahl an der Küste, gelegentlich im Binnenland zur Zugzeit (Juli–Oktober); brütet im Küstengebiet von Island bis Nordrußland; Gefieder sehr variabel. Mittlere Steuerfedern verlängert.

Falkenraubmöwe
Stercorarius longicaudus 51–56 cm
In geringer Zahl Durchzügler und Wintergast an der Küste, gelegentlich im Binnenland (Juni–Oktober); brütet im nördlichen Skandinavien und Finnland; Altvögel mit stark verlängerten mittleren Steuerfedern.

Eismöwe
Larus hyperboreus 64–81 cm
In sehr geringer Zahl an der Küste von September–April, meist im Januar; ausnahmsweise im Sommer und im Binnenland; brütet auf Grönland, Island und in Nordrußland. Die Polarmöwe *(Larus glaucoides)*, eine andere große, ganz helle Möwe mit reinweißen Handschwingen, stellt sich nur ausnahmsweise in der Deutschen Bucht oder gar an der Ostsee ein.

Thorshühnchen
Phalaropus fulicarius 20,5 cm
In sehr geringer Zahl zur Zugzeit (März–Juni, September/Oktober) an der Nordseeküste, ausnahmsweise im Binnenland; brütet auf Island; hat dickeren Schnabel als Odinshühnchen.

Krabbentaucher
Plautus alle 20 cm
In sehr geringer Zahl bei Helgoland und an der Nordseeküste, gelegentlich an der Ostseeküste, ausnahmsweise im Binnenland; brütet in Grönland, Island, Spitzbergen; kleinster tauchender Seevogel.

Gryllteiste
Cepphus grylle 34 cm
In sehr geringer Zahl auf Ost- und Nordsee, besonders bei Helgoland, ausnahmsweise im Binnenland; brütet an den Küsten Nordeuropas und Großbritanniens; als schwarzer Seevogel mit weißem Flügelfeld unverkennbar.

Papageitaucher
Fratercula artica 30 cm
In sehr geringer Zahl an der Nord- und Ostseeküste, ausnahmsweise im Binnenland; nistet auf Inseln und an den Küsten der Bretagne und Großbritanniens sowie Skandinaviens; ornamentaler Schnabel unverkennbar.

Schnee-Eule
Nyctea scandiaca 55–56 cm
In sehr geringer Zahl in Ostpreußen, Hinterpommern und Brandenburg, erscheint sonst nur ausnahmsweise im Winter; brütet in der Arktis.

Ohrenlerche
Eremophila alpestris 16,5 cm
Mäßig zahlreicher Durchzügler und Wintergast aus Nordeuropa an der Nordseeküste, in geringer Zahl an der Ostseeküste und im Binnenland, ausnahmsweise in Süddeutschland; brütet auch auf der Balkanhalbinsel und in Vorderasien.

Spornpieper
Anthus novaeseelandiae 18 cm
Zieht in sehr geringer Zahl auf Helgoland und an der Nordseeküste durch, vor allem September/Oktober; ausnahmsweise an der Ostsee und im Binnenland. Brütet u. a. in Sibirien. Groß, dunkel, langbeinig und mit stark streifiger Brust, aber im Felde schwer zu bestimmen.

Rotkehlpieper
Anthus cervina 14,5 cm
Erscheint auf dem Durchzuge (Ende April/Mai und September/Oktober) sehr selten in Westdeutschland, in zunehmender Zahl in Süd-, Mittel- und Ostdeutschland; brütet im nördlichsten Europa und Asien.

Spornammer
Calcarius lapponicus 15 cm
In geringer Zahl als Durchzügler und Wintergast an der Nordseeküste von Ende September bis Anfang März; vereinzelt im Binnenland; brütet im hohen Norden der Alten und Neuen Welt.

Hakengimpel
Pinicola enucleator 20 cm
Unregelmäßiger Gast, der in geringer Zahl in Ostpreußen und Pommern, gelegentlich weiter westlich und nur ausnahmsweise in Westdeutschland erscheint; brütet in der Nadelwaldzone Eurasiens und Nordamerikas.

Bindenkreuzschnabel
Loxia leucoptera 14,5 cm
Erscheint unregelmäßig von Spätsommer bis Winter, meist in geringer Zahl, am seltensten in Westdeutschland; brütet im nördlichen Eurasien und Nordamerika; durch seine Flügelbinden vom Fichtenkreuzschnabel unterschieden.

Gäste aus dem Süden

Die Zahl der Vögel dieser Gruppe ist wohl wegen der klimatischen Unterschiede zwischen Mittel- und Südeuropa verhältnismäßig klein.

Flamingo
Phoenicopterus ruber 127 cm
Als sehr unregelmäßiger Gast bisher über 50mal in Deutschland nachgewiesen, darunter sicherlich auch Zooflüchtlinge; brütet in Europa nur unregelmäßig in der Camargue und Südspanien.

Steinrötel
Monticola saxatilis 19 cm
Heute nur unregelmäßiger Gast, aber ehemaliger Brutvogel im Harz und am Mittelrhein; brütet im Mittelmeergebiet; unverkennbarer Bergvogel.

Rosenseeschwalbe
Sterna dougalli 38 cm
Unregelmäßiger Gast an der Nordseeküste, hat früher wohl ausnahmsweise in Deutschland gebrütet; jetzt noch Brutvogel auf den Britischen Inseln und an der Küste der Bretagne; schwarzer Schnabel und lange Schwanzspieße.

Rosenstar
Sturnus roseus 21,5 cm
Unregelmäßiger Gast in allen Landesteilen, sogar auf Helgoland, erscheint mitunter invasionsartig; brütet in Südosteuropa und Vorderasien. Unverkennbar, aber Junge ähneln jungen Staren sehr.

Weißflügelseeschwalbe
Chlidonias leucopterus 24 cm
Unregelmäßiger Gast zur Zugzeit (Mai/Juni und August–Oktober), besonders in Bayern; brütet in Osteuropa und Vorderasien, nur ausnahmsweise bei uns; im Brutkleid Vorderflügel, Bürzel und Schwanz weiß.

Sichler
Plegadis falcinellus 56 cm
Als unregelmäßiger Gast vorwiegend in Süddeutschland; brütet u. a. unregelmäßig am Neusiedler See und in stark schwankender Zahl am Plattensee in Ungarn; ähnelt entfernt einem großen, ganz dunklen Brachvogel.

Silberreiher
Casmerodius albus 89 cm
Neuerdings fast regelmäßiger Gast in Deutschland; am Neusiedler See Brutvogel (etwa 200 Paare); brütet auch in Ungarn, hat ausnahmsweise in der CSSR und in Schlesien genistet.

Seidenreiher
Egretta garzetta 56 cm
Als unregelmäßiger Gast in den letzten Jahren in Süddeutschland häufiger, in Norddeutschland nur gelegentlich; brütet in Südwest- und Südosteuropa; kleiner als Silberreiher, mit schwarzen Beinen und gelben Füßen.

Rallenreiher
Ardeola ralloides 46 cm
Als unregelmäßiger Gast noch am häufigsten in Südwestdeutschland; brütet im Mittelmeerraum, wirkt im Fluge weiß, im Sitzen bräunlichgelb (Semmelreiher).

Die Eroberung der Luft, des Landes und der See

Vögel gibt es auf der Erde seit mindestens 150 Millionen Jahren. In dieser Zeit haben sie sich in Tausenden von Arten über alle Teile der Erde verbreitet. Ihre Fähigkeit zu fliegen ist wohl der Hauptgrund für diesen Erfolg, aber nicht der einzige. Vögel haben sich auch dem Leben auf dem festen Lande angepaßt, und einige sind auf dem Meer zu Hause, wo alles Leben einst begann.

INHALT

Die Ahnen der Vögel

EVOLUTION: AUFZEICHNUNGEN IM GESTEIN

An einem unvorstellbar weit zurückliegendem Tag, als die Kontinente noch zusammenhingen, ertrank im seichten Wasser einer Verlandungszone ein Tier mit den Kiefern einer Echse und dem Gefieder eines Vogels. 150 Millionen Jahre vergingen, bis ein Arbeiter, der bei Solnhofen Schiefer für Lithographien brach, es ans Tageslicht brachte. Das war im Jahre 1861 – zwei Jahre zuvor war Darwins Buch „Über die Entstehung der Arten" erschienen. Der Arbeiter hatte das berühmteste fehlende Glied zwischen zwei Tierklassen (missing link) entdeckt. Der Abdruck des Echsenvogels – *Archaeopteryx lithographica* – bewies deutlich, daß Vögel von Reptilien abstammen.

Das Gehirn des etwa elsterngroßen *Archaeopteryx* war dem eines Reptils weit ähnlicher als dem eines Vogels. Außerdem besaß er einen langen, knochigen Schwanz und mit Zähnen besetzte Kiefer – beides charakteristische Merkmale der Reptilien. An jeder Hand hatte er drei einzelne Finger mit Krallen (heutige Vögel haben nur zwei Finger ohne Krallen). Hand- und Handwurzelknochen waren getrennt statt verbunden wie bei modernen Vögeln. An seinem Brustbein fehlte der Kamm zur Befestigung der Brustmuskulatur, der freilich auch dem Strauß und anderen flugunfähigen Vögeln fehlt. Wahrscheinlich konnte er nur eine Art Gleitflug ausführen oder brachte es, falls er seine Flügel überhaupt bewegte, bloß zu einem schwachen Flattern.

Der erste Vogel

Dennoch bezeichnet man den *Archaeopteryx* zu Recht als Vogel, weil er gefiedert und somit ein Warmblüter war. Seine Federn unterschieden sich im Aufbau in nichts von denen moderner Vögel. Drei seiner Zehen weisen nach vorn, eine nach hinten, ähnlich wie der menschliche Daumen zu den übrigen Fingern steht. Er konnte also mit den Füßen greifen und lebte wahrscheinlich auf Bäumen.

Das zuerst gefundene Fossil dieses Urvogels befindet sich heute in London, ein zweites, 1877 entdecktes und noch besser erhaltenes in Berlin und ein drittes, das erst 1956 ans Tageslicht kam, in Erlangen. Alle drei Urvögel sind wahrscheinlich auf Schlammbänken von ins Meer mündenden Flüssen zugrunde gegangen.

Vögel im Verlauf der Erdgeschichte

Das Leben auf der Erde begann vor 3,5 Milliarden Jahren. Preßte man diese ungeheuere Zeitspanne auf 24 Stunden zusammen, dann existierten Vögel seit etwas mehr als 61 Minuten, und den heutigen Menschen *(Homo sapiens)* gäbe es erst seit ungefähr 12½ Sekunden.

Geologen teilen die Zeit in Zeitalter ein – Proterozoikum (Erdfrühzeit), Paläozoikum (Erdaltertum), Mesozoikum (Erdmittelalter) und Känozoikum (Erdneuzeit).

Mit modernen Methoden berechnet man die Zerfallsgeschwindigkeit radioaktiver Elemente in fossilhaltigem Gestein und kann so die Dauer der verschiedenen Perioden genauer bestimmen. Je mehr wir uns der erdgeschichtlichen Gegenwart nähern, um so exakter wird unsere Kenntnis, so daß man weitere Unterabschnitte genau festlegen kann. Auf dieser Tabelle sind die Zeitalter in Perioden unterteilt. Nur das jüngste Zeitalter, das Känozoikum, wurde weiter untergliedert.

Ära	**PROTEROZOIKUM**	**PALÄOZOIKUM**		
Periode/ Epoche	**Präkambrium** vor mehr als 3,5 Milliarden bis 570 Millionen Jahren	**Kambrium** vor 570 bis 500 Millionen Jahren	**Ordovizium** vor 500 bis 440 Millionen Jahren	**Silur** vor 440 bis 395 Millionen Jahren
Erdoberfläche	Europa liegt auf einem Großkontinent (Pangaea)	Europa zum größten Teil von Meer bedeckt		gegen Ende schwindet das Meer über großen Teilen Europas, nachdem es hier mächtige Kalk-, Ton- und Sandschichten abgelagert hat: kaledonische Faltung
Klima und Vegetation	die Erdatmosphäre kühlt sich ab, es bilden sich Meere und Flüsse; das Leben beginnt mit primitiven Organismen im Meer	alles Leben immer noch im Meer		Korallen in der warmen Flachsee; erste einfache Landpflanzen
Tierische Lebewesen	wahrscheinlich schon Urtiere und Schwämme vorhanden	erste Gliederfüßer, Brachiopoden, Stachelhäuter, Weichtiere	erste kieferlose Wirbeltiere im Meer	erste kiefertragende Wirbeltiere im Meer

Im allgemeinen gibt es kaum Fossilien von auf Bäumen lebenden Tieren. Sie fallen, wenn sie sterben, auf die Erde und werden schnell gefressen. Daher fand man außer dem *Archaeopteryx* auch kaum fossile Spuren anderer Vögel. Aus der Kreidezeit kennt man nur etwa ein Dutzend Vogelgruppen, meist Seevögel, deren Überreste sich noch am ehesten erhalten. Von vielen sind nur ein paar Knochen bekannt. Die beiden berühmtesten Funde kommen aus Kansas – der riesige, etwa 1,80 m lange, flugunfähige *Hesperornis*, der einem Taucher ähnelt, und der möwenartige *Ichthyornis*, dessen Brustbein einen kräftigen Kamm hat, der also wahrscheinlich ein guter Flieger war. Weitere unter den wenigen fossilen Vogelknochen aus dieser Zeit gleichen nach der Beschreibung denen von Kormoranen, Flamingos oder Gänsen.

Die Explosion der Arten

Aus dem Eozän (vor 54–38 Millionen Jahren) besitzen wir mehr fossile Überreste. Im Londoner Zoo wurden Knochen von Reihern, einer Geierart und möglicherweise einer Art Eisvogel gefunden. Aus dem Pariser Becken und Nordamerika stammen Knochen, die man Flamingos, Rallen, Hühnern sowie neuweltlichen Geiern zuschreibt. Weitere Gruppen kennt man aus dem Oligozän (vor 38–26 Millionen Jahren) und dem Miozän (vor 26–7 Millionen Jahren). Es scheint sicher, daß sich nach Erwerb der Flugfähigkeit und dank der neuen Lebensweise explosionsartig immer neue Vogelarten bildeten – eine Entwicklung, die allerdings mit Fossilien nur spärlich zu belegen ist.

Landvögel und kleinere Arten fehlen fast gänzlich. Dagegen gibt es mehr als genug Überreste von Vögeln, die offenbar zu groß geworden waren, um noch fliegen zu können, und deshalb das Flugvermögen einbüßten. So sind aus dem Eozän in Nordamerika und dem Oligozän und Miozän in Südamerika gewaltige, etwa 2 m große Vögel mit 45 cm langen Schädeln bekannt (*Diatryma* und *Phororhacos*). Flugunfähige Vögel entwickelten sich auch auf Inseln, wo es an natürlichen Feinden fehlte. So lebten auf Neuseeland zahlreiche, über straußengroße Moa-Arten und auf Madagaskar der riesige *Aepyornis*, der das Urbild von Sindbad des Seefahrers Vogel Roch sein soll. Auf Mauritius gab es Dodos und Dronten, auf der Nachbarinsel Rodriguez den Einsiedler (*Pezophaps solitaria*). Diese insularen Arten hat der Mensch sämtlich ausgerottet. Auch einige frühe Seevögel verloren ihre Flugfähigkeit. Entweder wandelten sich die Flügel in Paddel um wie bei Pinguinen (einige Pinguinarten des Miozän waren 1,50 m groß) oder verkümmerten bis zur Unbrauchbarkeit wie beim *Hesperornis*.

Auf der Suche nach dem Ahnherrn

Nicht nur die fossilen, sondern auch die heute lebenden Vögel stammen ohne Zweifel von Reptilien ab. Aber welches Reptil als Stammvater in Frage kommt, wie es aussah, wann und wie es lebte, darüber lassen sich nur Vermutungen anstellen. Die moderne For-

SEYMOURIA – ein primitives Wirbeltier, das dem gemeinsamen Ahnherrn aller Reptilien nicht ferngestanden haben kann, lebte vor etwa 250 Millionen Jahren.

EUPARKERIA gehört zu jener Gruppe von Reptilien, der die Vorfahren der Vögel und der Saurier entstammen. Sie lebte vor etwa 220 Millionen Jahren.

			MESOZOIKUM	Ära
Devon vor 395 bis 345 Millionen Jahren	**Karbon** vor 345 bis 280 Millionen Jahren	**Perm** vor 280 bis 225 Millionen Jahren	**Trias** vor 225 bis 195 Millionen Jahren	Periode/ Epoche
	Entstehung der deutschen Mittelgebirge im Zuge der variskischen Faltung	Salzbildung (Kalilager im Harz); Beginn der Bildung von Ural und Appalachen	Bildung von Buntsandstein, Muschelkalk, Keuper, Dolomit in den späteren Alpen; Binnenmeer in Europa	Erdoberfläche
Mitteleuropa tropisch	äquatoriales Klima in Mitteleuropa; üppige Sumpfvegetation mit Schachtelhalmen und Baumfarnen, die sich nach dem Absterben in Steinkohle umwandelt	einschneidender Klimawechsel; Europa trockenwarm	warm, meist ohne starke Gegensätze	Klima und Vegetation
Zeitalter der Fische. Die ersten Amphibien kriechen aus Seen und Flüssen aufs Land, die ersten luftatmenden Insekten	Zeitalter der Amphibien, Tiere, die sowohl im Wasser als auch auf dem Lande leben können	primitive Reptilien breiten sich auf dem Lande aus	*Euparkeria* und andere Pseudosuchia-Arten; die ersten Kleinsäuger; die ersten Dinosaurier	Tierische Lebewesen

►

schung hat sich für die Pseudosuchia entschieden, eine Unterordnung der Thekodonten, Fleischfressern der Trias (vor 225–195 Millionen Jahren), von denen einige nur 60 cm lang, andere so groß wie unsere Krokodile waren. Sie sind wahrscheinlich nicht nur die Ahnen der Vögel, sondern auch der Krokodile, Flugsaurier und der gewaltigen Dinosaurier. Bevor kein neues Beweismaterial auftaucht, ist das Äußerste, was Zoologen sagen: Vögel entwickelten sich aus einem Lebewesen, das etwa wie *Euparkeria* aussah, ein leichtgebauter Thekodont mit langen Hinterbeinen. Will man noch hinter die Thekodonten in die Vergangenheit zurückgehen, ist man weit mehr auf Vermutungen angewiesen. Immerhin kann ein als *Seymouria* bekanntes Tier als typisch für jene Formen angesehen werden, aus denen sich Reptilien und damit auch Vögel entwickelten. Es handelt sich um ein primitives, schwerfälliges und gedrungenes Geschöpf von etwa 60 cm Länge.

Hatte erst einmal ein Thekodont wie *Euparkeria* ein Federkleid ausgebildet (wahrscheinlich als Wärmeschutz), dann konnte sich die Flugfähigkeit auf verschiedene Weise entwickeln. Ein gefiedertes Reptil, das auf den Hinterbeinen lief und mit den Vordergliedmaßen flatterte, war in der Lage, auf kurze Strecken gleichsam zu fliegen. Wahrscheinlich schwebte jedoch ein auf Bäumen lebendes Reptil wie an einem Fallschirm zu Boden oder segelte im Gleitflug von Ast zu Ast.

Die Flugsaurier schlugen einen anderen Weg ein. Wie bei Fledermäusen bestanden ihre Flügel aus großen Flughäuten zwischen Vorder- und Hintergliedmaßen. Diese Tiergruppe existierte mehr als 100 Millionen Jahre, dann starb sie vor etwa 75 Millionen Jahren für geologische Begriffe ganz plötzlich aus. Wie die mächtigen Dinosaurier des Festlandes und die großen Ichthyosaurier und Plesiosaurier der Meere erlag sie einer rätselhaften Katastrophe, die alle Riesenechsen befiel.

Die von Darwin begründete und seither immer wieder bestätigte und fortentwickelte Abstammungslehre macht es verständlich, wie infolge ständiger Selektion die Entwicklung von einem Geschöpf wie *Seymouria* zu *Euparkeria* und weiter zu *Archaeopteryx* vorschreiten und schließlich die heutige Vogelwelt entstehen konnte. Darwin ging davon aus, daß jede Art mehr Individuen hervorbringt als am Leben bleiben. Daraus schloß er, daß im Kampf ums Dasein jede vererbbare Veränderung, die ihrem Träger bessere Überlebenschancen gibt, infolge von Selektion oder natürlicher Zuchtwahl sich schnell verbreitet.

Das Geheimnis der Zellen

Über die Ursache solcher Veränderungen wußte Darwin weniger als wir. Ihr Geheimnis liegt in den Genen, das sind Informationszentren in den Körper- und Geschlechtszellen, die die Entwicklung eines jeden Individuums steuern. Es handelt sich um Moleküle aus Desoxyribonukleinsäure mit der Fähigkeit, sich und die Information, die sie tragen, zu verdoppeln. In jeder Körperzelle sind die Gene paarweise vorhanden. Sie trennen sich

ARCHAEOPTERYX – der erste fossile Vogel besaß noch viele reptilhafte Merkmale wie Zähne und einen langen Schwanz aus unverwachsenen Wirbeln; er lebte vor 150 Millionen Jahren.

PTERANODON gehört zu den Flugsauriern, einer weitverbreiteten Gruppe von Reptilien, die vor ungefähr 65 Millionen Jahren ausstarb. Ihre Flügelspannweite betrug bis zu 7,50 m.

Ära	MESOZOIKUM		KÄNOZOIKUM	
Periode/ Epoche	**Jura** vor 195 bis 136 Millionen Jahren	**Kreide** vor 136 bis 65 Millionen Jahren	**Paläozän und Eozän** vor 65 bis 38 Millionen Jahren	**Oligozän** vor 38 bis 26 Millionen Jahren
Erdoberfläche	benannt nach dem in dieser Zeit entstandenen Schweizer Jura	Riß in der Erdkruste bewirkt das Auseinandertreiben der Kontinente (Wegenersche Kontinentalverschiebung)	in Amerika bilden sich die Rocky Mountains; Entstehung von Bernstein an der norddeutschen Küste	Bildung von Braunkohle, Hauptphase der alpinen Gebirgsbildung (eurasische Hochgebirge)
Klima und Vegetation	gegen Ende des Jura weichen die Meere zurück	erste Blütenpflanzen; gegen Ende Abkühlung zu heutigem Klima	subtropische Vegetation	das Klima in Mitteleuropa kühlt sich ab; Koniferen ersetzen die subtropische Vegetation
Tierische Lebewesen	Zeitalter der Riesenreptilien: Dinosaurier bevölkern das Festland, Flugechsen die Luft und gewaltige Plesiosaurier das Meer; *Archaeopteryx*, der erste Vogel, in Bayern	Zeitalter der Riesenechsen dauert an, doch durch eine Veränderung gegen Ende der Periode sterben die Dinosaurier aus; *Enaliornis* (möglicherweise ein früher Taucher) in England gefunden; *Apatornis* und *Hesperornis* in Kansas gefunden	es finden sich schon die meisten modernen Insektenordnungen; immer neue Vogelarten: 15 verschiedene Ordnungen einschließlich Reiher, Eisvögel und Geier im Londoner Ton; Flamingos im Pariser Becken	viele neue Vogelarten einschließlich der ersten bekannten Regenpfeifer und Falken; in Südamerika der flugunfähige *Phororhacos*; Ahnen der heutigen Katzen, Bären und Hunde entwickeln sich

jedoch bei der Bildung von Geschlechtszellen, die dann nur noch einen Satz Gene haben. Sobald sich bei geschlechtlicher Vermehrung Ei und Samenzelle vereinigen, kommen wieder zwei Sätze Gene zusammen, einer von jedem Elternteil.

Mutationen – zufällige Veränderungen in den Genen – führen zu Erbänderungen. Sie sind meist schädlich und setzen sich nicht durch, weil ihr Träger kaum das Fortpflanzungsalter erlebt. Bietet jedoch eine Erbänderung auch nur den kleinsten Vorteil beim Kampf ums Überleben, dann verbreitet sie sich durch Auslese rasch. Ursprünglich zufällige Abweichungen, die es etwa einem Vogel erleichtern, seinen Feinden zu entkommen, Futter zu finden oder ein Weibchen zu gewinnen, gehören bald zum ‚Gene-Pool' seiner Gruppe. Neue Arten bilden sich, wenn Gruppen einer Art, die durch Meer, Klima oder Verhalten getrennt voneinander leben, sich so lange durch Selektion verändern, bis sie sich nicht mehr miteinander kreuzen können. Dabei entwickelt jede Art eine besondere Lebensweise mit entsprechenden Anpassungen. So hat etwa der Kernbeißer einen enorm kräftigen kurzen Schnabel zum Aufknacken von Kirschkernen, der Kreuzschnabel besitzt in seinen gekreuzten Schnabelspitzen ein Spezialwerkzeug, um Samen aus Koniferenzapfen zu ziehen. Unter ähnlichen Auslesebedingungen hat die Selektion auch dazu geführt, daß nicht eng verwandte Arten ähnliche Merkmale entwickelten. So haben die nicht näher verwandten Eulen und Falken beide, bei aller Verschiedenheit sonst, stark gekrümmte Krallen und gebogene Schnäbel zum Packen und Zerreißen der Beute.

Evolution in der Neuzeit

Die meisten Vögel Mittel- und Nordeuropas haben sich erst nach der letzten Eiszeit, also in den letzten 10 000 Jahren bei uns angesiedelt. In dieser relativ kurzen Zeit bildeten sich schon bei vielen Arten so deutliche Unterschiede heraus, daß Systematiker sie in Unterarten gliedern konnten. Das geschah vor allem dann, wenn Teile ein und derselben Art voneinander getrennt wurden, so daß sie keine Möglichkeiten hatten, sich miteinander zu vermischen, also kein Gen-Austausch bestand. So sind auf den Britischen Inseln viele europäische Vögel in einer besonderen Unterart vertreten. Deutlicher sind die Unterschiede bei manchen Arten, die nach Ende der Eiszeit sich sowohl in die Alpen wie nach Nordeuropa zurückzogen. So hat die Alpenringamsel viel mehr Weiß im Gefieder als die Nordische Ringamsel.

Die Evolution war nicht eines schönen Tages abgeschlossen. Viele tausend Arten sind ausgestorben, weil sie sich nicht schnell genug weiterentwickeln konnten, um neuen Anforderungen zu genügen. Gegenwärtig leben etwa 8700 Vogelarten auf der Erde, doch der Entwicklungsprozeß und die natürliche Zuchtwahl gehen weiter. Nur eines ist neu. Heute versteht der Mensch diese Vorgänge und kann regulierend in das freie Spiel der Selektion eingreifen, sei es, um eine Art vor dem Aussterben zu bewahren, sei es, um eine neue Art in Gefangenschaft zu züchten.

FLUSS-SEESCHWALBE – auch bei diesem Vogel von heute zeugen noch die Schuppen an den Beinen und die Struktur des Gaumens oder der Kiefer von seiner Abkunft aus dem Reptilreich. Vögel verfügen – ein wesentlicher Unterschied – allerdings über ein Herz mit vier Kammern, das viel leistungsfähiger ist als das Reptilherz mit nur drei Kammern.

				Ära
Miozän vor 26 bis 7 Millionen Jahren	**Pliozän** vor 7 bis 2 Millionen Jahren	**Pleistozän** vor 2 Millionen bis 10 500 Jahren	**Holozän** vor 10 500 Jahren bis heute	Periode/ Epoche
weitere Auffaltung von Alpen, Anden, Himalaja	Europa gewinnt annähernd seine heutige Gestalt	Eiszeit: Kalt- und Warmzeiten in mehrfachem Wechsel; zeitweise waren weite Teile Europas und Nordamerikas vergletschert, so große Teile Norddeutschlands; parallel Hebung und Senkung des Meeresspiegels	durch Abschmelzen des Eises Steigen des Meeresspiegels, England seit etwa 7000 Jahren eine Insel	Erdoberfläche
Klima in Europa feuchtwarm, tropisch bis subtropisch; Palmwälder	Klima bis gegen Ende tropisch, dann abkühlend	in den Warmzeiten gedeihen Wälder, in den Kaltzeiten Tundren in Mitteleuropa	allmähliche Erwärmung, teils sogar wärmer als heute; Austrocknung Südeuropas und Nordafrikas	Klima und Vegetation
die meisten modernen Vogelfamilien existieren bereits; Elefanten verbreiten sich von Afrika nach Europa	Menschenaffen verschwinden aus Europa; gegen Ende Auftreten von Vormenschen (Australopithecinen)	erste echte Menschen (*Homo sapiens*) vor 500 000 Jahren; Mammut, Wollhaarnashorn, Riesenhirsch und Höhlenbär in Mitteleuropa; viele Vogelarten werden durch die Eiseinbrüche ausgerottet	Rückzug arktischer Arten aus Mitteleuropa wie Ren, Vielfraß, Halsbandlemming, Schneehuhn und Gerfalk; Rückwanderung wärmeliebender Arten	Tierische Lebewesen

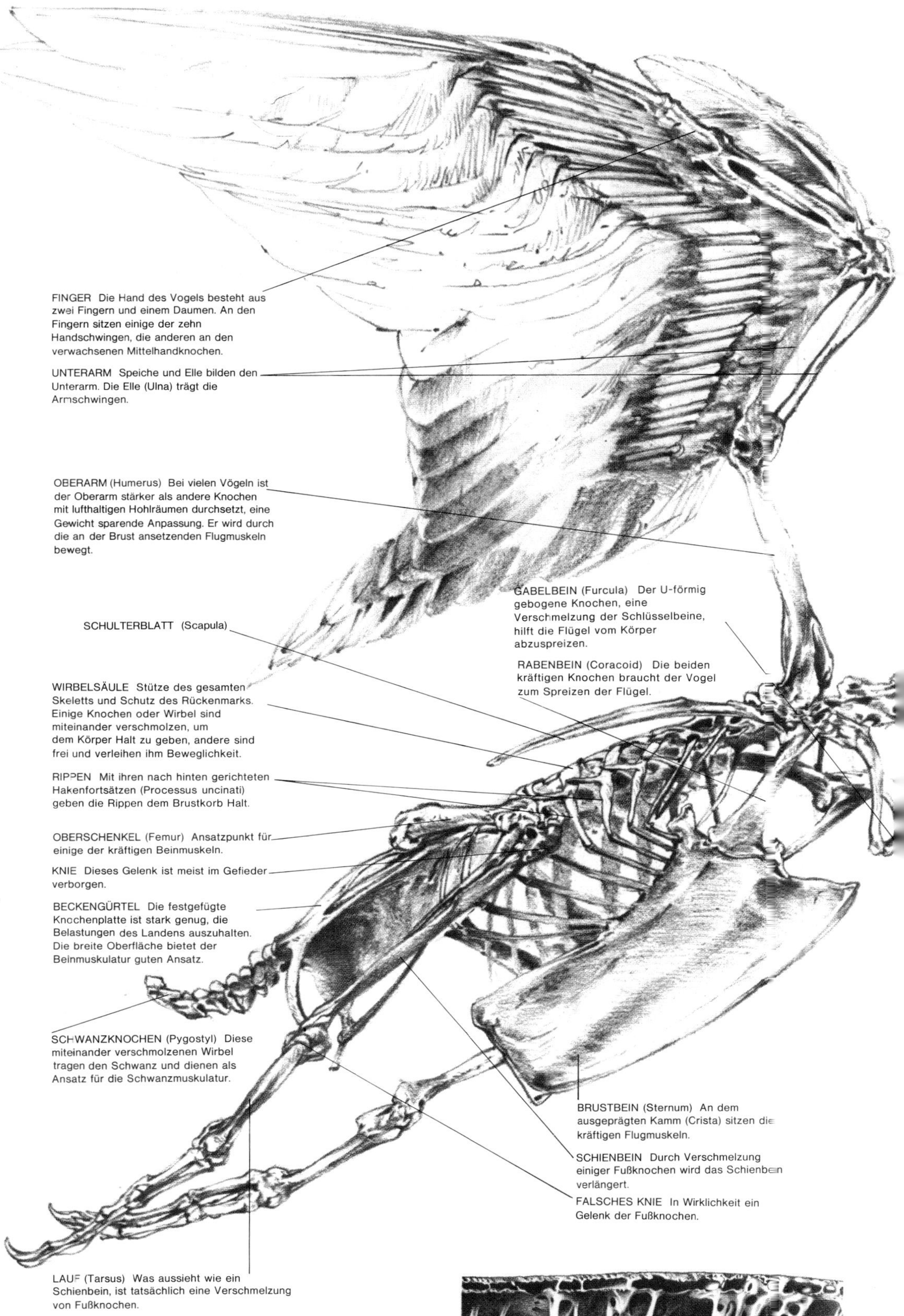

Schnitt durch den Oberarmknochen Der Oberarmknochen der meisten Vögel ist hohl – eine Röhre mit kreuzweisen Verstrebungen. Diese Anpassung macht den Knochen zugleich leichter und fester und ist am ausgeprägtesten bei großen Vögeln, die gute Segelflieger sind.

Zum Fliegen bestimmt

DIE ANATOMIE DER VÖGEL

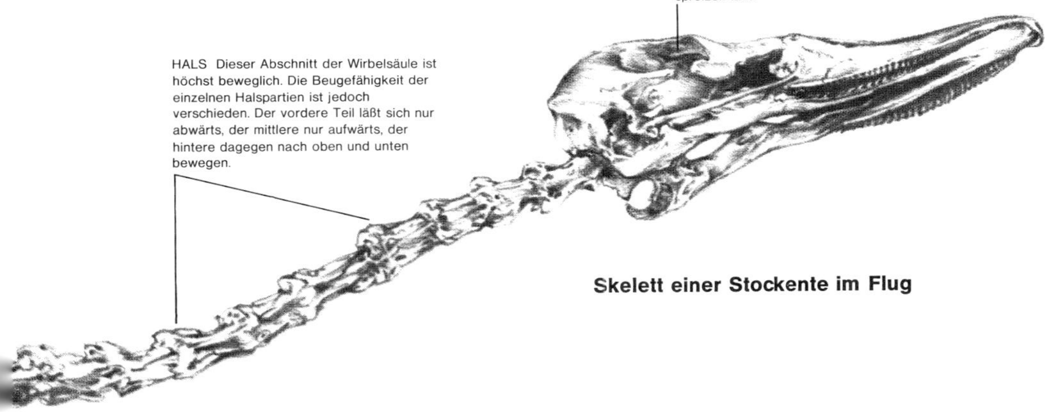

Skelett einer Stockente im Flug

Die Erfordernisse des Fliegens setzen Gestalt und Größe der Vögel enge Grenzen. In ihrem Körperbau muß sich – weit mehr als bei allen Landtieren – äußerste Leichtigkeit mit höchster Festigkeit verbinden. Ein Querschnitt durch den Oberarm der meisten Vögel zeigt, wie Gewicht gespart und Festigkeit gewonnen wird. Lufthaltige Hohlräume durchsetzen den Knochen, kreuzweise Verstrebungen, die ähnlich wie bei einem Flugzeuggerüst angeordnet sind, versteifen ihn. Diese lufthaltigen Hohlräume findet man noch in vielen anderen Knochen, besonders bei großen Vögeln, die sehr hoch fliegen.

Verstärkung durch Verschmelzung

Bei den Teilen des Skeletts, auf deren Festigkeit es ganz besonders ankommt, sind Knochen, die bei den Reptilienahnen noch getrennt waren, zu festen Platten zusammengewachsen. Solche Verstärkungen finden sich bei den Schädelknochen, in der Brustregion, im Becken, bei den Flügeln und in Teilen des Rückgrats. Dagegen fehlen sie beim Hals, der beweglich bleiben muß, damit der Vogel nicht nur bequem fressen und sich putzen, sondern auch nach allen Seiten frei Ausschau halten kann. Dieser Elastizität dient die große Zahl der Halswirbel, die zwischen 13 bei einigen Kuckucksarten und Singvögeln und 25 bei Schwänen beträgt. Die meisten Säugetiere – Giraffen nicht ausgenommen – besitzen dagegen nur 7 Halswirbel. Am bemerkenswertesten ist das Brustbein des Vogels, eine Knochenplatte mit einem nach unten vorspringenden Kamm, woran die starken Flugmuskeln befestigt sind. Je größer dieser Kamm, um so kraftvoller der Flug. Bei flugunfähigen Vögeln ist er zurückgebildet oder ganz verschwunden. Auch der Beckengürtel ist eine kräftige und feste Knochenplatte, denn er muß der Belastung des Laufens, Landens und Hüpfens gewachsen sein und dient als Ansatzfläche der Beinmuskulatur.

Das Knie des Vogels liegt dicht am Körper und ist gewöhnlich im Gefieder verborgen. Was dagegen wie ein Knie aussieht, aber umgekehrt wie das menschliche Knie gebeugt wird, ist ein Gelenk am Mittelfußknochen, dessen obere Teile mit dem Schienbein verschmolzen und die übrigen mit Fußknochen zusammengewachsen sind. Diese bilden den Lauf (Tarsus), der noch länger als der Unterschenkel und meist unbefiedert ist.

Die aus den Vorderfüßen der Reptilien entwickelten Flügelknochen haben sich durchgreifend verändert, um den Belastungen des Fliegens gewachsen zu sein. Der Oberarm (Humerus) wird von den Flugmuskeln bewegt, die mit dem anderen Ende am Brustbein haften. Einer der beiden Unterarmknochen, die Elle (Ulna), trägt die Armschwingen, die Hand mit den beiden Fingern die Handschwingen. Der Daumenknochen dient als Ansatzpunkt des Daumenfittichs (Alula), der im langsamen Flug, etwa beim Landen, gespreizt wird, um das Auftreten gefährlicher Wirbel am Flügel zu verhindern.

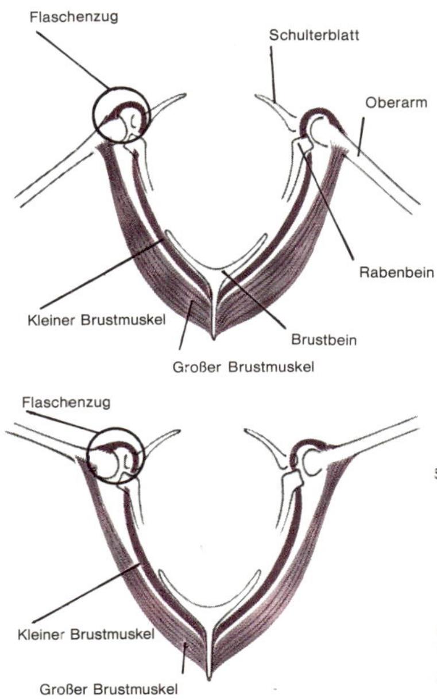

Der Flügelschlag Die Kontraktion der großen Brustmuskeln (Pectoralis) schlägt die Flügel abwärts. Da Muskeln nur ziehen, nicht stoßen können, muß ein anderer Muskel ihn heben. Es ist der kleine Brustmuskel (Supracoracoideus) unter dem Flügel, der nach dem Prinzip des Flaschenzuges seine Aufgabe erfüllt.

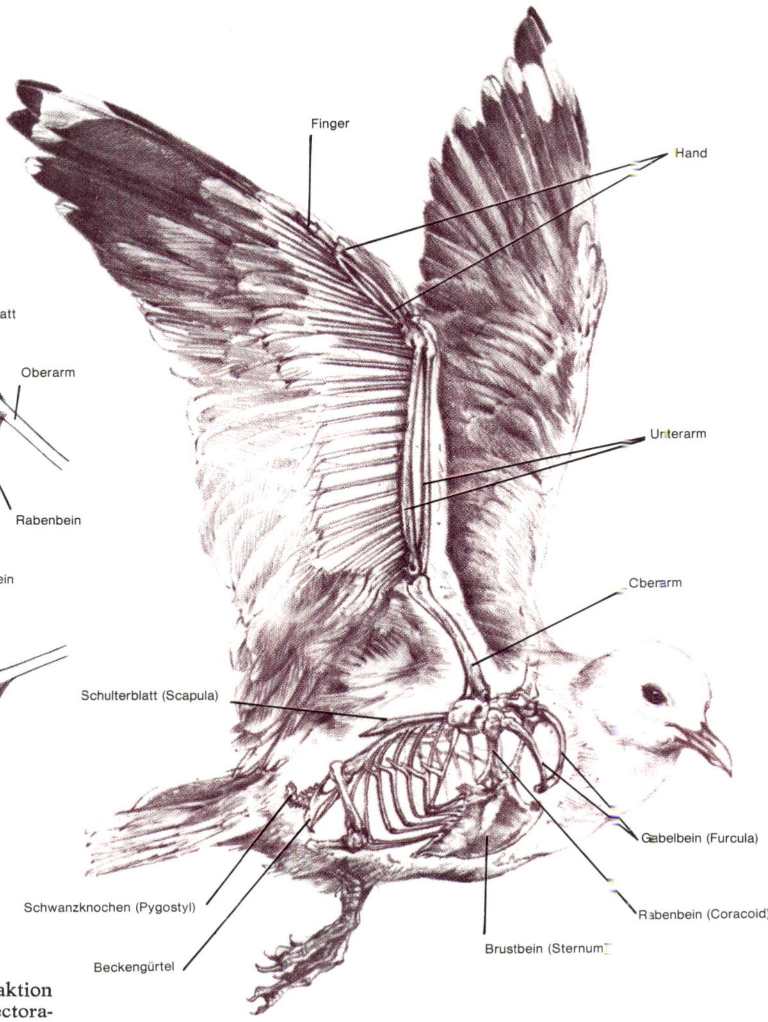

Weshalb Vögel sich gleichen Die hohen Anforderungen des Fliegens sorgen für einen im wesentlichen gleichen Körperbau. Bei Wirbeltieren, die dem Erdboden verhaftet blieben, konnten so unterschiedliche Formen entstehen wie die des Elefanten und der Schlange. Dem Skelett dieser Möwe liegt jedoch der gleiche Bauplan zugrunde wie dem der Ente auf den vorigen beiden Seiten.

Muskeln geben Kraft und Ausdauer

Ein Vogel hat rund 175 verschiedene Muskeln. Sie steuern die Bewegungen der Flügel, Beine, Füße, Kiefer, Augen und Ohren, der Zunge, des Halses, der Stimmorgane (Syrinx), der Lunge, der Körperwand und der Haut.

Am größten sind die Brustmuskeln, deren Kontraktion die Flügel kraftvoll abwärts bewegt. Bei den meisten Vögeln machen sie etwa 15 %, bei sehr schnellen und ausdauernden Fliegern wie Tauben mehr als ein Drittel des gesamten Körpergewichtes aus. Am Fliegen sind noch viele andere Muskeln beteiligt, etwa die mit fast allen Federfollikeln verbundenen Hautmuskeln, die durch Heben, Senken oder seitliche Bewegung der Federn die Flugmanöver unterstützen können.

Die Halsmuskulatur ist höchst kompliziert. Einige Muskeln führen nur von einem Wirbel zum nächsten, andere koordinieren die Bewegung einer ganzen Reihe von Wirbeln. Auch die Kiefermuskulatur ist viel komplizierter als die der Säugetiere.

Die Farbunterschiede der Muskeln – man denke an das weiße Fleisch der Hühnerbrust und das rote der Schenkel – gehen auf die drei verschiedenen Arten von Muskelfasern zurück. Die breiten weißen Fasern brauchen zu ihrer Ernährung Glykogen, ein Kohlenhydrat, das bei Verbrennung sofort Energie liefert, etwa für einen blitzschnellen Start oder einen raschen Kurzflug. Die dabei entstehenden Rückstände führen bald zu Ermüdung. Ausdauernder sind die schmalen roten Fasern, da sie Sauerstoff aus dem Blut zur Fettverbrennung benutzen, wobei weniger Rückstände anfallen. Die mittelbreiten Fasern kombinieren beide Verfahren. Bei Hühnern besteht die Brustmuskulatur vorwiegend aus weißen Fasern, bei in großen Höhen fliegenden Vögeln wie Falken hauptsächlich aus Fasern mittlerer Breite.

Das Herz ist ein besonders entwickelter Muskel, der Blut in andere Muskeln und Organe pumpt. Beim Menschen schlägt es im

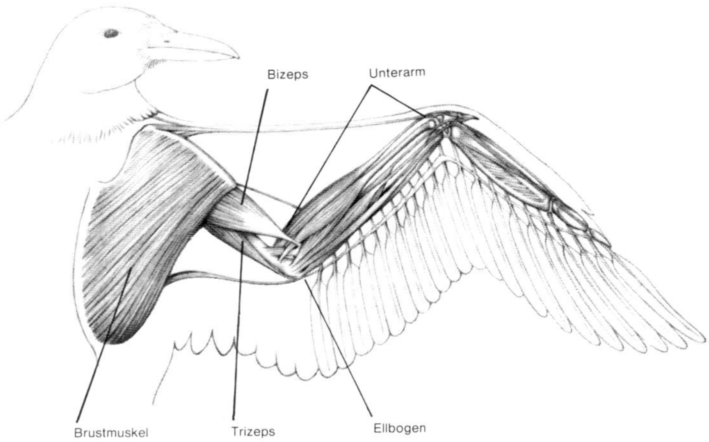

Kraft zum Fliegen Große Muskeln wie die kräftigen Brustmuskeln, die einen guten Teil seines Gewichtes ausmachen, liegen nahe dem Schwerpunkt des Vogels, damit er beim Fliegen nicht das Gleichgewicht verliert. Die Muskeln übertragen ihre Kraft mittels langer Sehnen, von denen einige nach dem Prinzip des Flaschenzugs arbeiten.

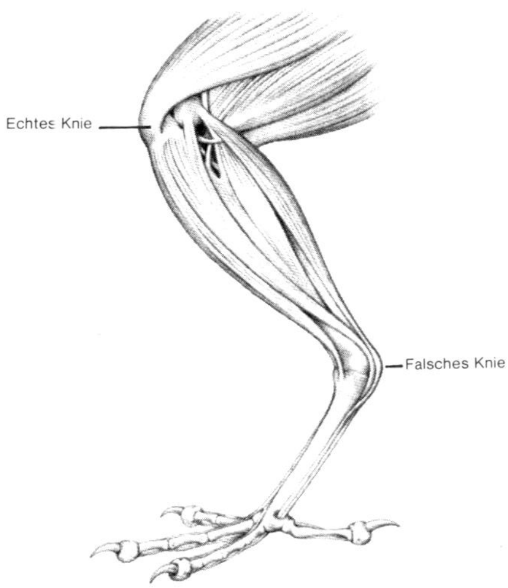

Kraft auf der Erde Um zu laufen und sich aufrecht zu halten, brauchen Vögel kräftige Beinmuskeln. Die stärksten sitzen nahe dem Schwerpunkt des Vogels. Über das falsche Knie erstrecken sich die Sehnen, die die Zehen bewegen.

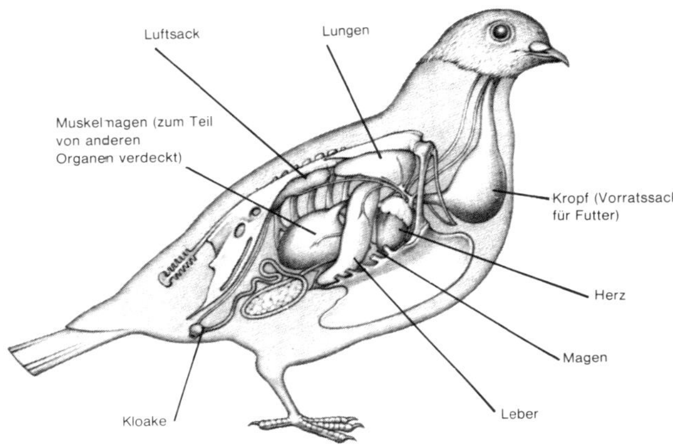

Brennstoff für die Muskeln Mit Hilfe des Sauerstoffes im Blut verbrennen Muskeln die Nährstoffe, die sie zum Arbeiten brauchen. Das auch zum Wachstum und zur Erneuerung der Körperzellen nötige Futter wird durch den Verdauungsprozeß in Nährstoffe aufgespalten. Bei dieser Taube muß es außerdem eine Zeitlang im Muskelmagen verweilen, wo harte oder grobe Nahrung zerkleinert wird. Die Leber speichert kraftspendenden Zucker in Form von Glykogen. Rückstände werden von den Nieren ausgeschieden und durch die Kloake aus dem Körper entfernt.

Ruhezustand etwa siebzigmal in der Minute, bei Vögeln viel schneller, beim Rotkehlchen 570mal, beim Haussperling 460mal, bei der Rabenkrähe 342mal und beim nordamerikanischen Kolibri gar 1000mal in der Minute.

Im Gegensatz zu den meisten Reptilien haben Vögel gleich Säugetieren ein Herz mit vier Kammern, zwei pumpenden und zwei aufnehmenden – den Ventrikeln und den Vorhöfen. Dieses leistungsfähigste aller Kreislaufsysteme pumpt verbrauchtes Blut aus der rechten Herzkammer in die Lungen; das dort mit Sauerstoff angereicherte Blut kehrt zum linken Vorhof zurück und wird dann durch den ganzen Körper gepumpt, um schließlich zum rechten Vorhof zurückzufließen. Ähnlich arbeitet auch unser Herz.

Ganz allgemein kann man sagen, je kleiner ein Vogel, um so größer im Verhältnis zum übrigen Körper sein Herz. Bei Vögeln gleicher Art besitzen diejenigen ein größeres Herz, die im Gebirge oder in kalten Zonen leben. Auch für Langstreckenflüge ist ein größeres Herz nötig. Bei auf Wettflügen eingesetzten Tauben kann das Gewicht des Herzens bis zu 1,29 % des Körpergewichtes betragen gegenüber 0,19 % bei den etwa gleich großen, aber nur kurze Strecken fliegenden südamerikanischen Steißhühnern.

Vögel atmen buchstäblich mit dem ganzen Körper. Ihre relativ kleine, wenig ausdehnungsfähige Lunge steht mit Luftsäcken im Körper und diese mit den vielen Hohlräumen in den Knochen in Verbindung, so daß die eingeatmete Luft viel besser ausgenutzt wird als bei jedem anderen Geschöpf. Die Vogellunge nimmt Sauerstoff nicht nur beim Einatmen, sondern – durch die Luftsäcke – auch beim Ausatmen auf.

Wie experimentell nachgewiesen wurde, ist das Atmen während des Fliegens mit dem Rhythmus des Flügelschlages synchronisiert. Im Ruhezustand atmet ein Sperling etwa 50mal in der Minute (ein Mensch 9–14mal), nach einem Flug bis 212 mal. Dagegen fallen noch nicht flügge Mauersegler, die längere Zeit ohne Futter bleiben, in einen Starrezustand, bei dem sie nur 8mal in der Minute atmen.

Eine Welt des Sehens und Hörens

WIE VÖGEL INFORMATIONEN ÜBER IHRE UMWELT SAMMELN

Die fünf Sinne der Vögel sind auf die Bedürfnisse eines fliegenden Geschöpfes abgestimmt. Der Gesichtssinn – er liefert in kürzester Zeit die größtmögliche Menge an Informationen – hat bei ihnen eine Vollkommenheit erreicht wie bei keinem anderen Tier. Auch das Gehör ist, besonders bei Eulen, überaus scharf. Geruchs-, Geschmacks- und Tastsinn dagegen sind im Vergleich zu manchen Säugetieren nur wenig entwickelt.

Das scharfe Auge des Vogels

Die Existenz des Vogels hängt fast immer von seinen scharfen Augen ab. Raubvögel brauchen sie, um Beute auszumachen und zu greifen – ihre Opfer, um Feinde zu entdecken und ihnen zu entgehen. Im offenen Gelände müssen Vogelaugen schnell von Nah- auf Fernsicht umschalten, im Dickicht beim Flug durch Geäst und Gesträuch rasch und verläßlich vor auftauchenden Hindernissen warnen.

Die Augen der Vögel sind verhältnismäßig groß, denn je größer ein Auge, um so mehr lichtempfindliche Zellen kann es enthalten, um so besser also das Sehvermögen. Wären unsere Augen im Verhältnis zum Kopf so groß wie Starenaugen, hätten sie die Größe von Tennisbällen. Ein Starenauge ist im Verhältnis etwa fünfzehnmal schwerer als ein Menschenauge. Einige große Raubvögel wie etwa der Steinadler besitzen sogar absolut größere Augen als der Mensch. Der afrikanische Strauß hat die größten Augen aller auf dem Land lebenden Geschöpfe – sie sind fünfmal so groß wie Menschenaugen.

Ihrer Aufgabe sind Vogelaugen ferner durch den Fächer (Pekten) und die Nickhaut angepaßt. Der Fächer, ein kammförmiges, an der Rückwand des Auges in den Glaskörper ragendes Organ, ernährt es und erhöht die Sehschärfe. Die durchsichtige Nickhaut, ein ‚drittes' Augenlid, reinigt und schützt das Auge, ohne daß die Sehfähigkeit außer beim Schlafen unterbrochen wird, wenn sie beim Blinzeln seitlich über das Auge zieht. Sie fehlt den meisten Säugetieren. Bei Tauchvögeln gleicht sie als Kontaktlinse die Lichtbrechung unter Wasser aus.

Das gute Sehvermögen der Vögel – ihre Fähigkeit, Einzelheiten wahrzunehmen – ist bekannt. Doch nicht alle Vögel sehen besser als der Mensch, ein paar kleine Singvögel sogar dreimal schlechter. Ein sehr kleines Auge kann nämlich, auch wenn es noch so kunstvoll gebaut ist, einfach nicht so viele lichtempfindliche Zellen aufnehmen wie das des Menschen.

Vögel können auch mit einem einzigen Blick gleichsam einen Weitwinkelschnappschuß von einem Gesichtskreis aufnehmen, den ein Menschenauge langsam abtasten muß. Sie brauchen diese Fähigkeit, denn eine Gefahr kann blitzschnell auftauchen und eine Beute ebenso rasch verschwinden. Auch zur Zeit des Vogelzuges ist sie sehr wichtig, da Vögel sich wahrscheinlich dadurch orientieren, daß sie die Geschwindigkeit abschätzen, mit der die Sonne oder die Gestirne sich am Himmel fortbewegen.

Der Gesichtswinkel – er bestimmt den Gesichtskreis, den ein Vogel mit einem Blick übersehen kann – hängt vom Bau des Auges und von der Stellung der Augen im Kopfe ab. Bei den Raubvögeln sind die Augen nach vorn gerichtet. Körner- und Samenfresser – ihre Beute – schützen sich mit einem weiten Gesichtsfeld. Deshalb stehen ihre Augen an den Seiten des Kopfes.

Abschätzung von Entfernungen

Bei nach vorn gerichteten Augen vergrößert sich der Winkel des Bereichs, der durch die Überschneidung des Gesichtsfeldes beider Augen gebildet wird. Jedes Auge übermittelt dem Gehirn ein leicht abweichendes Bild des gleichen Gegenstandes. Beide zusammen ergeben das für das Schätzen der Entfernung wesentliche dreidimensionale Bild. Am besten entwickelt scheint das räumliche Sehen bei Eulen, deren Augen nur einen Gesamtgesichtskreis von 110°, dafür aber eine Überschneidungszone von 70° haben. Der Turmfalke hat bei einem Gesamtgesichtskreis von 150° eine Überschneidungszone von 50°.

Die Taube, die hauptsächlich Körnerfresser ist, hat ein Gesichtsfeld von 340°, aber der Winkel für räumliches Sehen beträgt bei ihr nur 24°. Das Gesichtsfeld der Waldschnepfe umfaßt sogar einen vollen Kreis, so daß der Vogel sozusagen auch hinten Augen hat. Vögel, die nur einen kleinen Bereich gleichzeitig mit beiden Augen sehen können, bestimmen Entfernungen durch Kopfbewegungen, um auf diese Weise verschiedene Bilder des gleichen Gegenstandes einzufangen. So läßt sich vielleicht das Nicken der Tauben, Hühner und Teichhühner oder das Heben und Senken des Kopfes vieler Wat- und Stelzvögel erklären.

Die Entdeckung beweglicher Objekte ist allerdings am leichtesten, wenn der Kopf still gehalten wird, und viele Vögel besitzen, auch wenn sie sich bewegen, ein beachtliches Talent, den Kopf ruhig zu halten.

Das Fixieren von Gegenständen

Die Augen selbst sind in ihren Höhlen kaum beweglich, bei Eulen sogar überhaupt nicht. Ein äußerst biegsamer Hals macht diesen Mangel wett. Die Eule, die mit ihrem Kopf fast einen Kreis beschreibt, und das Rotkehlchen, das den seinen auf die Seite legt, als ob es auf Würmer horche, tun das, weil sie nur so einen Gegenstand ins Auge fassen können. Die Fähigkeit, auch bei blitzschnellem Wechsel zwischen fern und nah jederzeit scharf sehen zu können, ist für viele Vögel wichtig, um Hindernissen auszuweichen und Futter im Fluge zu erhaschen. Eine Kamera wird scharf eingestellt, indem man die Linse entweder weiter von dem eingespannten Film entfernt oder sie näher an ihn heranbringt. Vögel sehen scharf, indem sie die Linse zwischen zwei Muskeln zusammenpressen, damit sie sich stärker wölbt. Bei Falken und Eulen ist auch die Krümmung der Hornhaut vor dem Auge veränderlich.

Der Bereich, innerhalb dessen das Auge Gegenstände scharf sieht, wird in Dioptrien gemessen. Beim Menschen ist dieser Bereich in der Kindheit mit etwa 13,5 Dioptrien am größten. Im Alter von etwa 40 Jahren hat er sich auf 6 Dioptrien verringert. Unter den Vögeln ist er bei den Eulen mit nur 2–4 Dioptrien am kleinsten. Bei Tauben beträgt er 8–12 Dioptrien. Kormorane können durch Zusammenpressen der Hornhaut ein Maximum von 40–50 Dioptrien erreichen.

Farben werden von Vögeln und Menschen im wesentlichen gleich gesehen. Das läßt sich aus der Art schließen, wie sie mit Farben paradieren und ihnen diese beim Erkennen der Nahrung nützen. Allerdings besteht ein bezeichnender Unterschied. Bei vielen Vögeln finden sich Öltröpfchen in den Augen: rote, orangefarbene, gelbe, durchsichtige und selten auch einmal grüne. Sie wirken wahrscheinlich als Filter, durch die bei diesigem oder nebligem Wetter die Sicht verbessert und die Beute von der Vegetation im Hintergrund deutlicher abgehoben wird.

Menschenaugen sind kugelförmig, die der

Wie der Gesichtskreis der Lebensweise verschiedener Vögel angepaßt ist

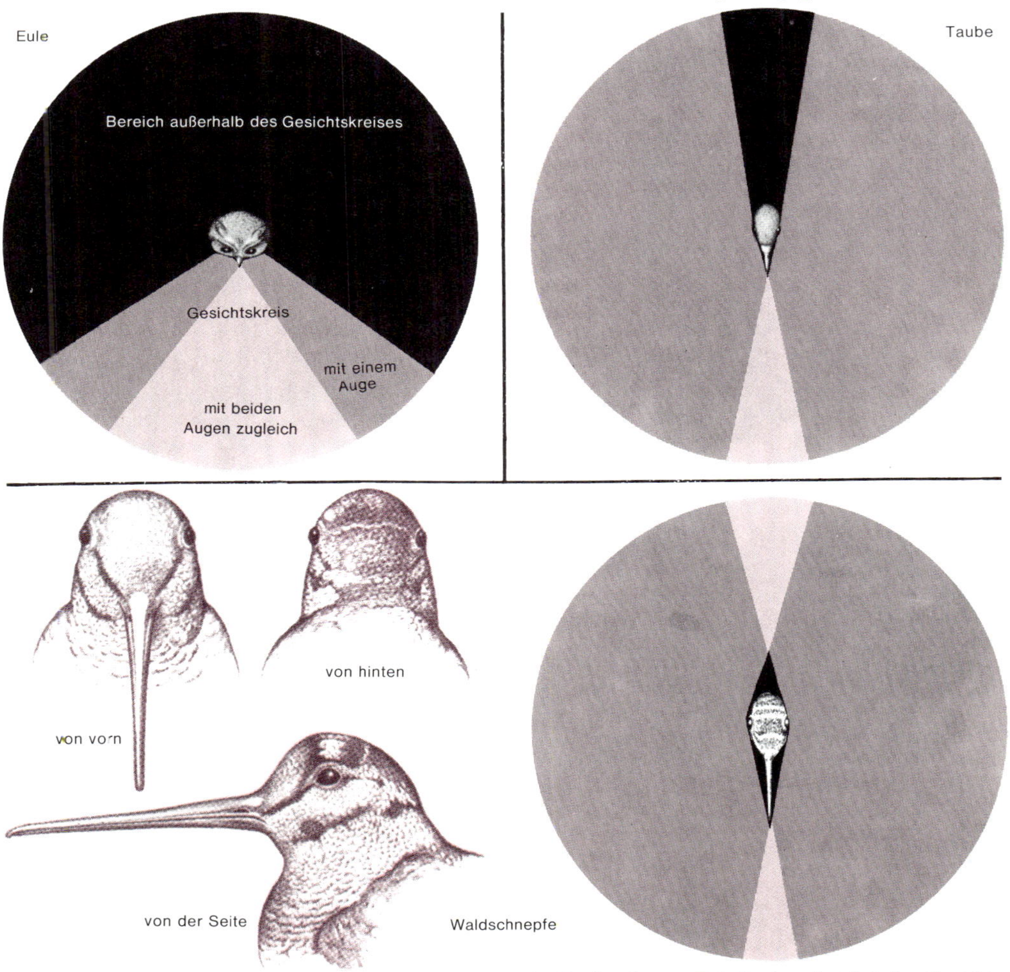

Bei Raubvögeln sitzen die Augen weiter vorn im Kopf als bei den meisten anderen Vögeln – die günstigste Stellung, um eine aufs Korn genommene Beute im Auge zu behalten. Sie erlaubt ihnen auch eine genaue Entfernungsschätzung. Wo sich die Gesichtsfelder beider Augen überschneiden, ist plastisches Sehen möglich. Die vorn im Kopf sitzenden Eulenaugen umfassen ein Gesichtsfeld von insgesamt 110° und eine Überschneidungszone von 70°. Beutetiere dagegen sehen sich anderen Problemen gegenüber. Da Gefahr von allen Seiten droht, sitzen ihre Augen seitlich im Kopf. Für den größeren Gesichtskreis müssen sie eine kleinere Überschneidungszone in Kauf nehmen. Bei Tauben beträgt der Gesichtskreis 340°, die Überschneidungszone nur 24°.

Die Waldschnepfe kann buchstäblich auch hinten sehen. Im Lauf der Evolution sind ihre Augen hoch in den Kopf und weit zur Seite gewandert, so daß ihr Gesichtsfeld volle 360° umfaßt. Dabei entstehen zwei, allerdings sehr kleine Überschneidungszonen; die hintere ist etwas größer als die vordere. Wenn der Vogel nach Futter sticht und sein Schnabel bis zum Ansatz in der Erde steckt, kann er trotzdem noch wachsam auf allen Seiten nach Feinden spähen. Außerdem sind die Ohren der Waldschnepfe ein wenig nach vorn – unter die Augen – gerückt.

ACHTMAL SO SCHARF WIE MENSCHENAUGEN

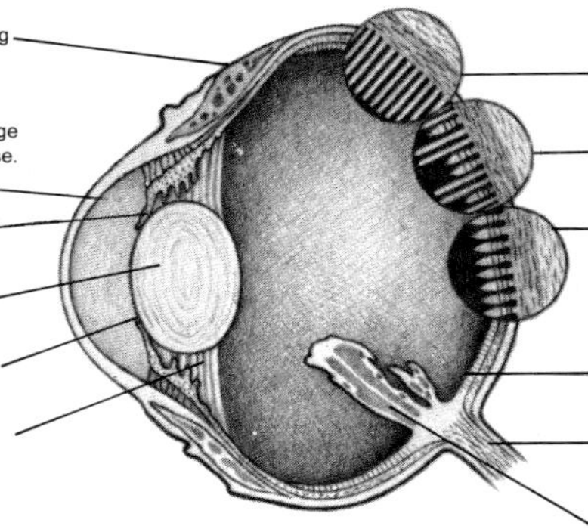

Das kugelförmige Auge eines Mäusebussards

Die Zellen der Netzhaut bestehen aus Stäbchen (mit großer Lichtaufnahmefähigkeit) und Zapfen (zum scharfen Sehen und zur Wahrnehmung der Farben). Auf der Sehgrube (Fovea) der Netzhaut ist die Sehschärfe am größten. Dort befinden sich auch die meisten Zellen. Beim Bussard sind es eine Million pro qmm (eine Fläche von der Größe eines Stecknadelkopfes) gegenüber 200 000 pro qmm beim Menschen.

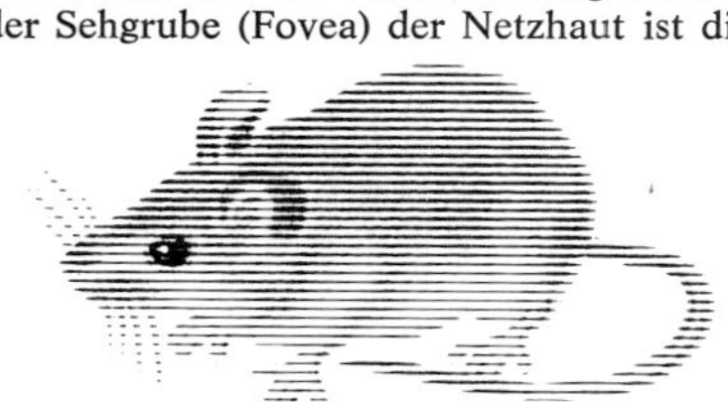

MIT DEM AUGE EINES VOGELS GESEHEN

MIT DEM AUGE EINES MENSCHEN GESEHEN

Die Fähigkeit, Einzelheiten scharf zu erkennen, kann beim Bussard achtmal größer sein als beim Menschen. Wir zeigen den Unterschied, indem wir uns die Netzhaut des Bussards und des Menschen als Fernsehschirm vorstellen, bei dem die Bildschärfe von der Zeilenzahl abhängt.

meisten Vögel dagegen vorn abgeplattet. Dadurch wird der Bereich der Netzhaut (Retina), auf den ein Bild fallen kann, vergrößert. Allerdings bedingt diese Form auch einen schwächeren Bau; das wird aber wettgemacht durch einen Ring kleiner Knöchelchen, den Sklerotikalring, der das Auge vorn stützt.

Nicht alle Vogelaugen sind flach. Die kugelförmigen oder runden Augen der Tagjäger ermöglichen es Habichten und Falken, ihre Beute aus großer Entfernung auszumachen, denn sie vergrößern das auf die Netzhaut fallende Bild und regen auf diese Weise mehr lichtempfindliche Zellen an. Bei den röhrenförmigen Eulenaugen sind Pupille und Linse stark vergrößert, wodurch sich die Lichtaufnahmefähigkeit des Auges erhöht. Die große, fast kugelförmige Linse wirft ein kleines, helles Bild auf die Netzhaut.

Darüber hinaus befindet sich in der Netzhaut der Eulen noch eine große Menge Zellen mit geringer Sehschärfe und ohne Farbwahrnehmung, dafür aber mit hoher Lichtempfindlichkeit. Waldohreulen und Schleiereulen können deshalb noch bei einer hundertmal geringeren Beleuchtung sehen, als das Minimum an Licht für das menschliche Auge beträgt.

Das Gehör

Vögel bedienen sich der Laute für vielerlei Mitteilungen. Ihr Flugruf hilft, den Schwarm zusammenzuhalten. Warnrufe und Lieder spielen eine wichtige Rolle bei der Verteidigung des Reviers und der Paarung sowie bei der Futtersuche. Experimente haben bewiesen, daß zumindest Goldregenpfeifer und Kiebitze tatsächlich den in der Erde wühlenden Wurm hören und daß Schleiereulen ihre Beute auch im Stockdunkeln nur nach dem Gehör greifen können.

Das Gehör der Singvögel umfaßt ungefähr den gleichen Bereich von 20 bis 20 000 Hz (Schwingungen pro Sekunde) wie das menschliche. Die meisten Vögel aber hören weniger Töne. Krähen und Enten vernehmen nur Töne im Schwingungsbereich von 300 bis 8000 Hz, Tauben zwischen 50 und 11 500 Hz. Den tiefsten Klavierton mit 27 Hz kann keiner dieser Vögel hören, wohl aber den höchsten mit 4000 Hz.

Vögel nehmen vor allem Töne wahr, die innerhalb ihres eigenen Stimmumfangs liegen. So sollen Spatzen und Kanarienvögel eine normale, leise geführte menschliche Unterhaltung nicht hören können.

Vögel fassen Töne schneller auf als Menschen. Sie können die einzelnen Töne eines schnell vorgetragenen Gesanges hören, die das menschliche Ohr nicht mehr unterscheiden kann. Wissenschaftler haben zum Beispiel das auf Band aufgenommene Lied des amerikanischen Whip-poor-will, einer Ziegenmelkerart, achtfach verlangsamt wiedergegeben. Dabei stellte sich heraus, daß der charakteristische Ruf des Vogels ‚wip-pur-will' in Wirklichkeit noch eine Silbe mehr enthält, als das menschliche Ohr normalerweise hört, nämlich ‚wip-pup-pur-will'. Um herauszufinden, wie die anderen Vögel diesen Gesang hören, nahm man das Lied einer Spottdrossel auf, als sie gerade diesen Ziegenmelker nachahmte, und spielte das Band wiederum verlangsamt ab. Tatsächlich enthielt auch die Nachahmung der Spottdrossel den Ton ‚pup', den menschliche Ohren wegen des zu schnellen Vortrags nicht hören.

Das Orten von Geräuschen

Wie die Säugetiere bestimmen auch die Vögel den Ursprung eines Geräusches dadurch, daß sie instinktiv die zeitliche Verzögerung abschätzen, mit der ein Ton nach Wahrnehmung durch das eine Ohr das andere erreicht. Wegen dieses Zeitfaktors ist es auch leichter, die Herkunft einer Reihe von kurzen Tönen zu bestimmen als die eines länger gehaltenen. So läßt sich vielleicht auch erklären, warum viele Vögel, wenn ein Habicht in der Nähe ist, einen einzelnen an- und abschwellenden Ton als Warnruf ausstoßen, statt einer Folge von raschen Tönen, die ihren Standort verraten würde.

Den meisten Säugetieren helfen außerdem die Ohrmuscheln, Töne zu lokalisieren. Sie fehlen den Vögeln. Die ‚Ohren' der Eulen bestehen nur aus großen oder kleinen Federn und haben mit dem Gehör nichts zu tun, sondern werden bei der Werbung oder zur Abschreckung gebraucht. Die eigentlichen Ohren vieler Eulen sitzen asymmetrisch an den Seiten ihrer breiten Köpfe, um die Verzögerung zu vergrößern, mit der ein Geräusch nacheinander von beiden Ohren aufgenommen wird.

Wie beim Menschen und anderen Säugern liegt auch bei Vögeln das Gleichgewichtsorgan im Ohr. Möglicherweise hat sich das Ohr bei den Wirbeltieren ursprünglich nicht als Hör- sondern als Gleichgewichtsorgan entwickelt.

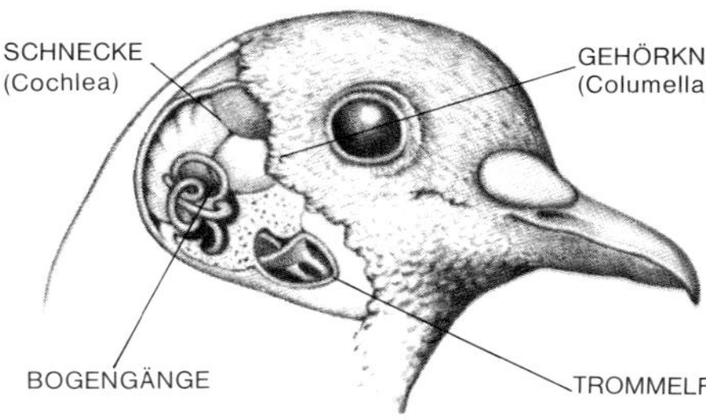

Inneres eines Taubenohres Der Flüssigkeitsdruck auf mikroskopisch kleine Härchen vermittelt das Gleichgewichtsempfinden. Töne rufen Schwingungen des Trommelfells hervor, die durch die Columella weitergeleitet und von der Schnecke, einer mit Flüssigkeit gefüllten Röhre, in Nervenimpulse umgewandelt werden.

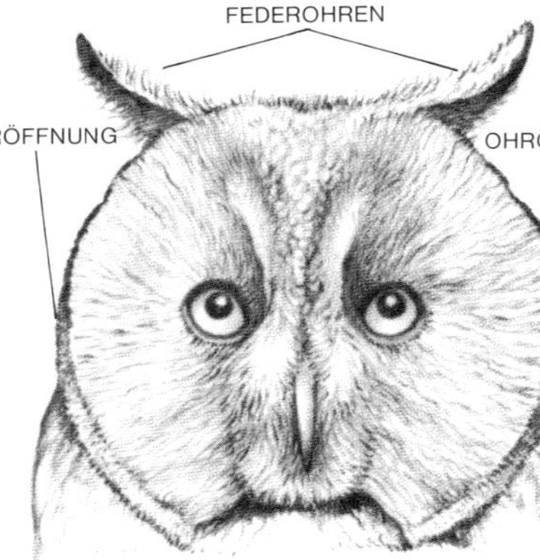

Die genaue Lokalisierung von Geräuschen Die Ohren der Waldohreule sind asymmetrisch angeordnet, so daß eine Klangwelle erst das eine und dann das andere Ohr erreicht; dies ermöglicht dem Vogel, den Ursprung eines Geräusches zu bestimmen. Die Federohren haben mit dem Gehör nichts zu tun.

Tast-, Geschmacks- und Geruchssinn

Da die meisten Vögel ihre Nahrung mit den Augen finden, ist der Geruchssinn für sie nicht so wichtig. Versuche deuten darauf hin, daß selbst Geier verwesendes Aas mit ihren Augen und nicht durch ihren Geruchssinn wahrnehmen. Doch machen einige Neuweltgeier Nord- und Südamerikas mit hervorragendem Geruchsvermögen eine Ausnahme.

Die Nasenhöhle steht in direkter Verbindung mit dem Mund und den Nasenlöchern. Man nimmt an, daß die Fähigkeit, das im Mund befindliche Futter zu riechen, es Falken und Eulen ermöglicht, verdorbenes Fleisch wieder auszuspucken.

Bei Seevögeln erzeugen die hochentwikkelten Nasendrüsen ein Sekret, das Staubteilchen auffängt und überflüssiges Salz entfernt (Salzdrüsen). Sturmvögel und Taucher haben auf beiden Seiten der Nasenscheidewand einen aufblasbaren, taschenartigen Hautlappen, der vielleicht als Luftdruckanzeiger dient und so dazu beiträgt, ihren kunstvollen Segelflug zu regulieren.

Wahrscheinlich weil Vögel im allgemeinen ihre Nahrung schnell greifen und sich auf ihr Auge verlassen, um Gutes von Schlechtem zu unterscheiden, sind Geschmacks- und Tastsinn, obwohl bei allen Vögeln vorhanden, nicht sonderlich entwickelt. Die Geschmacksknospen befinden sich hauptsächlich an der Zungenwurzel und am Gaumen. Sie gleichen denen der Säugetiere, nur sind es viel weniger. Gimpel und Tauben haben 50 bis 60, Stare 200 und Papageien 300 bis 400 solcher Knospen. Der Mensch dagegen besitzt auf seiner Zunge 3000 und ein Kaninchen sogar 17 000. Welche Geschmacksreize sie den Vögeln wirklich vermitteln, weiß man nicht genau. Hühner können offenbar zwischen verschiedenen Zuckern unterscheiden und auch das bittere Chinin schmecken. Tauben scheinen salziges Futter zu bevorzugen. Mit Wildvögeln hat man keine eingehenden Experimente durchgeführt.

Der Tastsinn, der das Hitze-, Kälte- und Schmerzgefühl einschließt, empfängt seine Eindrücke wie der des Menschen im wesentlichen durch Nervenenden in der Haut. Aber das Nervensystem der Vögel ist weniger hoch entwickelt. Ihre Nervenenden konzentrieren sich auf die exponierten Hautstellen. Allerdings haben sie eigene Tastrezeptoren, Herbstsche Körperchen genannt, die auch in anderen Teilen des Körpers vorkommen. Sie reagieren wahrscheinlich besonders empfindlich auf Schwingungen und Druckveränderungen und spielen vielleicht beim Fliegen eine Rolle, indem sie Sinneswahrnehmungen von den dem Flugwind ausgesetzten Schwingen übertragen.

Federn sind vielseitig

EINE IM TIERREICH EINZIGARTIGE ENTWICKLUNG

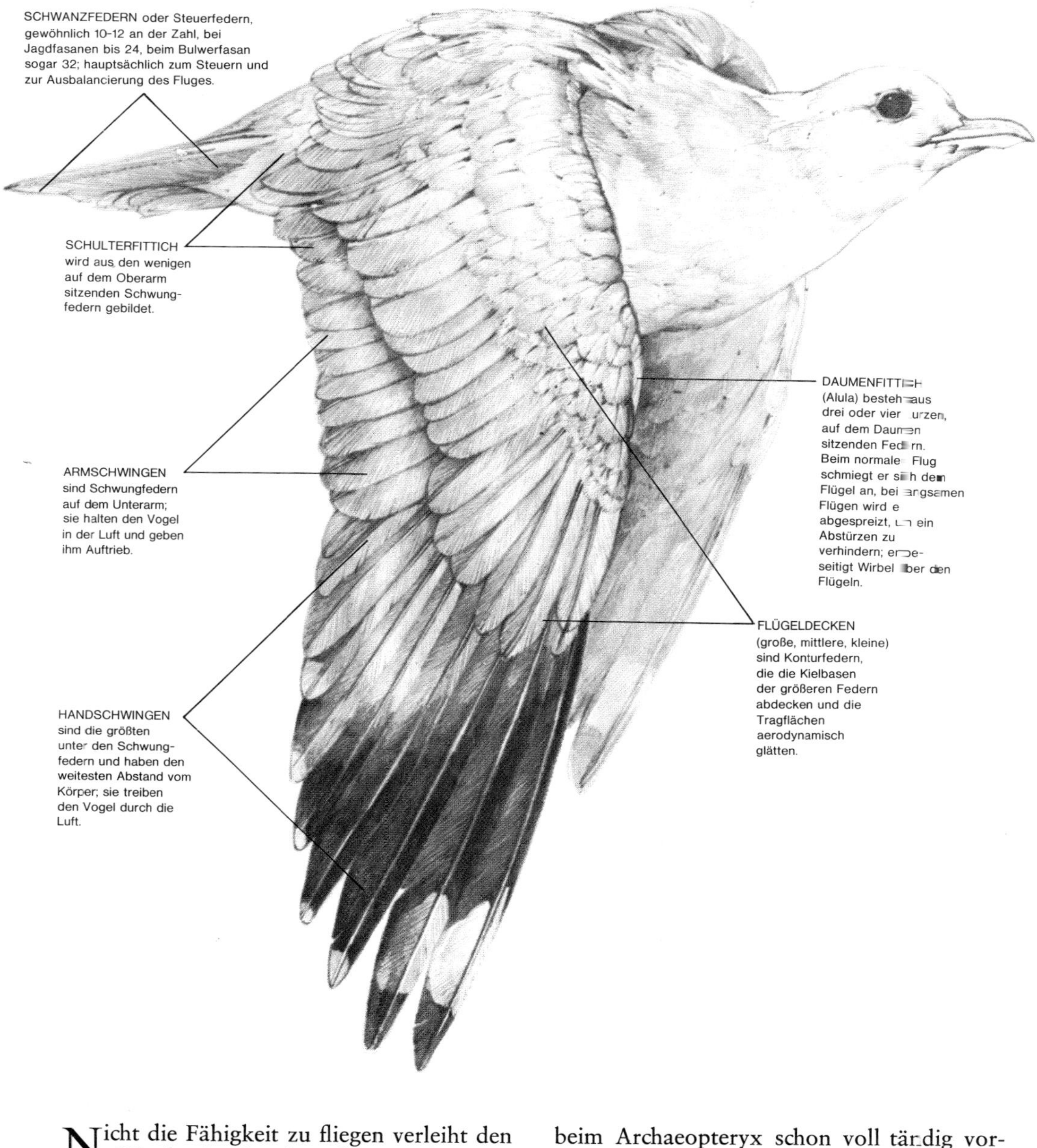

Nicht die Fähigkeit zu fliegen verleiht den Vögeln eine Sonderstellung in der Tierwelt, denn nicht jeder Vogel kann fliegen, wohl aber Fledermäuse und Insekten. Wodurch sich Vögel vielmehr von allen anderen Tieren einst wie jetzt unterscheiden, ist ihr Federkleid.

Die Hauptaufgaben der Federn – Fliegen, Wärmeschutz, Tarnung und Schmuck – sind für Vögel lebenswichtig. Ihr Ursprung ist freilich ein Geheimnis. Man hat noch keinen Anhaltspunkt dafür, wie sich die Federn aus den Schuppen der Kriechtiere entwickelt haben. Man kann nur schließen, daß sie als eine primitive, dunenartige Isolierung aus Schuppen entstanden und sich später zu den höchst komplizierten Gebilden entwickelten, die beim Archaeopteryx schon voll ständig vorhanden zu sein scheinen. Solange aber nicht in Form eines Fossils das fehlende Glied gefunden ist, bleibt das Zwischenstadium noch ein Rätsel.

Federarten

Federn gibt es, ganz gleich wie sie entstanden sind, in zwei Hauptformen: einerseits die äußeren Flug- und Konturfedern mit geschlossener Federfahne, die dem Vogel Form und Färbung geben und ihm als Wärmeschutz dienen, und andererseits die inneren Daunen – oder Dunen – als zusätzliche Isolierung. Andere Typen stehen entweder zwischen diesen beiden Arten oder sind wohl aus ihnen hervorgegangen.

Fadenfedern (die ‚Haare' bei gerupftem Geflügel) wachsen um die Basis der Kontur- und Dunenfedern herum; es scheinen entartete Federn zu sein, die keine bekannte Funktion haben, nur bei einigen ausländischen Vogelarten entwickelten sie sich zu Schmuckfedern.

Puderdunen, die bei Reihern, Dommeln und Greifvögeln vorkommen, sind die einzigen Federn, die ständig wachsen und nie abgestoßen werden. Ihre Spitzen zerfallen fortlaufend zu einem feinen, wasserbeständigen Puder, mit dem die Vögel ihr Gefieder pflegen, um es wasserdicht zu machen und um die anderen Federn zu konservieren. Das ist besonders bei den Fischfressern wichtig, da dieser Puder hilft, den Fischschleim zu beseitigen.

Überdies ist bei wenigen Vögeln – wie dem Ziegenmelker – der Schnabel von Borsten umgeben, die die Fläche vergrößern sollen, mit der sie im Flug Insekten fangen. Auch der Kuckuck hat Borsten; bei ihm scheinen sie als Augenwimpern zu dienen. Schließlich sind bei manchen Vogelgruppen wie den afrikanischen Nashornvögeln aus Borstenfedern richtige Augenwimpern geworden.

Die Struktur einer Flugfeder

Die typische Flugfeder besteht wie jede Konturfeder aus einem zentralen Kiel, der unten an der Basis (Spule) aus Ernährungsgründen hohl ist (Nabel) und weiter oben in dem Teil, der Schaft oder Rhachis genannt wird und der die beiden Fahnen der Federn trägt, zwecks größerer Stabilität massiv wird.

Diese Fahnen sind wunderbar kompliziert gebaute Gebilde, die man erst bei der Betrachtung durch ein Mikroskop voll würdigen kann. Sie bestehen aus Hunderten von parallel stehenden Ästen, jeder für sich beinahe eine vollständige Feder, denn jeder Ast trägt wiederum einige hundert winzige Federstrahlen, und zwar auf seiner der Federspitze zugewandten Seite die sogenannten Hakenstrahlen, auf der anderen Seite die Bogenstrahlen. Die Hakenstrahlen haben an ihrer Unterseite Häkchen, die in die Krempen an der Oberseite der Bogenstrahlen einrasten. Dieses Verriegelungssystem ist so wirksam, daß, wenn zwei Äste getrennt werden und damit die Fahne gespalten wird, der Vogel die Feder nur ein paarmal durch den Schnabel zu ziehen braucht, um die Fahne wieder zu schließen. Eine zersauste Feder bringt man wieder in Form, indem man sie zwischen Finger und Daumen durchzieht.

Federn als Isoliermaterial

Fast alle Konturfedern sind am unteren Teil von duniger Struktur. Manche Vogelfamilien wie die Hühnervögel haben darüber hinaus eine Nebenfeder, den sogenannten Afterschaft, der sich am Grunde der Feder von dieser abzweigt, aber viel kleiner als die Feder ist. Wahrscheinlich dient er wie andere dunige Federteile auch dem Wärmeschutz. Dunenfedern sind flaumig, weil ihre Federstrahlen keine Häkchen haben. Wenn sich ein Vogel bei kaltem Wetter aufplustert, verschafft er sich eine dickere Warmluftdecke

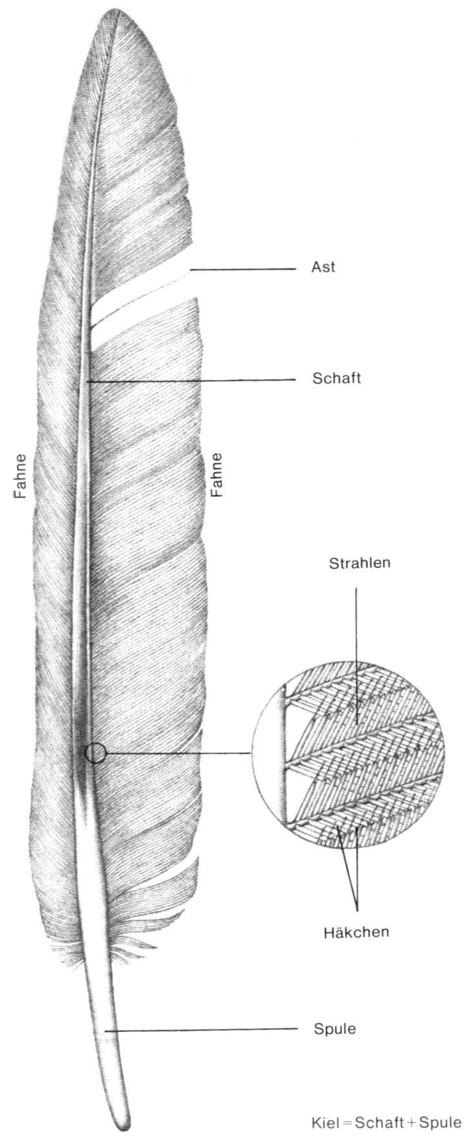

Eine Feder unter dem Mikroskop Die komplizierte Feinstruktur einer Federfahne kann nur das Mikroskop anschaulich machen. Die Vergrößerung zeigt, daß jeder Ast der Fahne eine Miniaturfeder ist. Die nach der Federspitze weisenden Strahlen haben an ihrer Unterseite Häkchen, die in die Krempen der Bogenstrahlen (die sich jeweils auf der anderen Seite der Äste befinden) einrasten.

zwischen seiner inneren und äußeren Federbekleidung. Umgekehrt bringt ein Vogel bei warmem Wetter seine äußeren Federn oft in Unordnung, um schneller Wärme zu verlieren.

Vögel brauchen eine wirksame Isolierung, insbesondere gegen Kälte, da sie mit einer Körpertemperatur leben, die beim Menschen längst Fieber wäre: sie beträgt etwa 41° C. Ist der Winter sehr streng und die Nahrung knapp, dann können allerdings auch die Federn nicht verhindern, daß Vögel erfrieren, wie im sehr kalten Winter 1962/63.

Die Zahl der Federn eines Vogels hängt im wesentlichen von seiner Körpergröße ab. Ein großer Vogel wie der Schwan bringt es auf über 25 000, die meisten kleinen Singvögel dagegen auf 1500 bis 3000. Im Verhältnis zum Körpergewicht besitzen diese kleineren

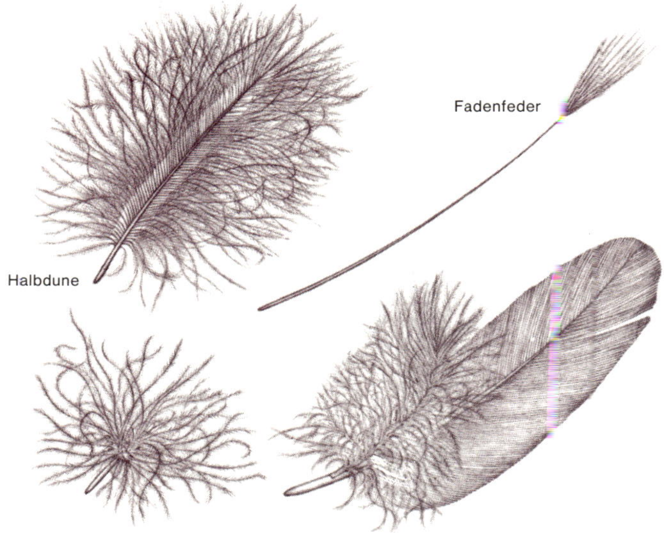

Federverteilung Schattiert sind die Haupttraine (Pterylen), auf denen die Federn wachsen. Dazwischen liegen die federlosen Fluren (Apterien). Das Beispiel zeigt eine Taube; die Verteilung von Rainen und Fluren ist auch für andere Arten typisch.

Die vier Arten der Federn Dunen und Konturfedern sind die Grundtypen, aus denen sich die anderen entwickelt zu haben scheinen. Die Dune hat einen winzigen Zentralschaft und flaumige Fahnen; die Konturfeder hat einen langen Schaft mit ineinander verhakten Fahnen und kann an der Basis einen kleinen, dunigen Afterschaft haben; die Halbdune hat von beidem etwas; die Fadenfeder ist eine haarähnliche Feder mit der Andeutung einer Fahne.

Vögel mehr Federn, und das ist auch zu erwarten, da sie eine relativ größere wärmeabgebende Oberfläche haben und deshalb stärker auskühlen.

Die Zahl der Federn kann erheblich schwanken, selbst zwischen zwei Vögeln gleichen Geschlechts und gleicher Art. Allen ist aber gemeinsam, daß sie im Winter mehr Federn haben. Diese Tatsache wurde offenbar, als ein amerikanischer Ornithologe die Federn zweier weiblicher Weißkehlammern *(Zonotrichia albicollis)* zählte. Im Februar ermittelte er insgesamt 2710 Konturfedern; bei einer zweiten Zählung, im Oktober, kam er auf nur 1508.

Das Federkleid macht bei manchen Vögeln wie etwa den Eulen fast 90 % des Gesamtvolumens dieser Vögel aus. Trotz seiner Leichtigkeit kann es deshalb erheblich mehr als das Skelett des Vogels wiegen – in manchen Fällen über das Doppelte. Beim amerikanischen Weißkopfseeadler (*Haliaeetus leucocephalus)* – er entspricht unserem Seeadler (*H. albicilla*) – wogen die Konturfedern 581 g, die Dunen 91 g, sein ganzes Skelett dagegen nur 142 g. Bei europäischen Raubvögeln ist das Verhältnis zwischen Federn und Knochen wahrscheinlich ähnlich.

Die Zahl der Dunen bei eben ausgeschlüpften Küken variiert vom dichten Dunenkleid der Waldhühner, Fasanen, Enten und Eulen über die sparsamere Befiederung der Ammern und Drosseln bis zur fast völlig fehlenden Bedeckung der jungen Sperlinge, Spechte und Eisvögel.

Federwachstum

Abgesehen von den ständig wachsenden Puderdunen sind alle voll ausgebildeten Federn tote Gebilde, die am Körper lediglich Halt finden. Zunächst aber wächst jede Feder aus einer winzigen Papille, die wir von der *Gänsehaut* kennen, und besteht hauptsächlich aus dem hornartigen, leichten Keratin. Beinschuppen und Schnabelscheide der Vögel wie auch Hufe, Hörner und die ganze Behaarung der Säugetiere sind aus dem gleichen Material. Solange die Feder noch wächst, erhält sie durch ihren Nabel die erforderliche Nahrung. Sie ist noch *im Blutkiel.*

Obwohl die meisten Vögel lückenlos befiedert wirken, wachsen nicht am ganzen Körper Federn, außer bei einigen Gruppen wie den Pinguinen. Sie stehen vielmehr in klar abgegrenzten Federfluren (Pterylen), die von den federlosen Rainen (Apterien) getrennt sind. Bei Vögeln mit dichtem Gefieder wie den Enten sind diese schmaler und oft mit Dunen bedeckt.

Außerdem haben viele Vögel Brutflecke auf Brust und Bauch, wo die Federn abgestoßen werden, wenn der Vogel brütet. Federn isolieren nämlich so gut, daß das Gelege vom brütenden Vogel nicht genügend gewärmt würde. Hat die Haut hier aber die Federn verloren, so ist der enge Kontakt zwischen ihr und dem Gelege hergestellt. Überdies wird die Haut der Brutflecke durch vermehrte Blutzufuhr noch wärmer als zuvor. Die Zahl der Brutflecke ist verschieden; die meisten Singvögel, Tauben, Lappentaucher und Raubvögel haben nur einen, Möwen und Wasserläufer deren drei. Soweit das Männchen beim Brüten hilft, bilden sich auch bei ihm Brutflecke.

Farbenreichtum der Federn

Obwohl keineswegs jede Art auffallend gefärbt ist, sind Vögel dennoch die buntesten aller Wirbeltiere. Die Regel ist: je wärmer das Klima, desto bunter der Vogel. Entsprechend tragen europäische Vögel meist ein etwas eintönigeres Federkleid als tropische; Ausnahmen wie Eisvogel, Blauracke und Bienenfresser wirken mit ihrem bunten Gefieder geradezu exotisch.

Zwei Hauptfunktionen der Gefiederfarben scheinen sich zu widersprechen – auffällige Färbung einerseits und Tarnung andererseits. Bei vielen Arten erfüllt die auffallende Färbung der Männchen, besonders während der Balzzeit, die eine Funktion, die schlichtere der Weibchen die andere. Dieser Geschlechtsunterschied fällt vor allem bei Enten auf, wo die braunen und grauen Weibchen der *verschiedenen* Arten einander ähnlicher sehen als den Männchen der *gleichen* Art. Leuchtendes Gefieder wie das des Fasanenhahns soll nicht nur die Aufmerksamkeit der Henne auf sich lenken; es dient auch als eine Art Flagge oder Kampfsignal, um Rivalen abzuschrecken, wenn der Vogel sein Revier verteidigt.

Eine dritte Funktion der Farbe ist, die Abnützung der Federn zu vermindern. So enthalten schwarze Federn verschleißfeste Pigmente (Melanine); die weißen Flügel vieler Seevögel haben schwarze Spitzen, da gerade die Flügelspitzenfedern am ehesten abgerieben und verschlissen werden.

Wie Federn zu ihren Farben kommen

Die verschiedenen Farbtöne der Vogelfedern werden auf zweierlei Weise erzeugt: durch Pigmente und durch die Struktur der Federn selbst. Die Pigmente der Vögel lassen sich in zwei Gruppen gliedern: Melanine und Diffusfarben. *Melanine* werden vom Vogel selbst erzeugt, sie sind körnig bis stäbchenförmig und vorwiegend in den Strahlen der Federn eingelagert. Sie bringen gelbbraune bis schwarze Töne hervor. Im Haarkleid der Säugetiere sind sie die alleinigen Farbträger. *Diffusfarbstoffe* (Lipochrome) werden dagegen mit der Nahrung aufgenommen und wenig oder ganz unverändert vorwiegend in Schaft und Ästen der Feder abgelagert. Sie sind diffus in Fetten gelöst, den Karotinen und Xanthophyllen der Pflanzen verwandt und bringen leuchtend gelbe, orange und rote Töne hervor. Sie fehlen im Haarkleid der Säugetiere und sind bei den Vögeln insbesondere der Tropen sehr häufig.

Unter den *Strukturfarben* ist Schiller weit verbreitet. Er entsteht durch Interferenz, also wechselnde Lichtbrechung an dünnen Blättchen, wie den sehr dünnen Hornwänden der Federstrahlen (sie messen nur 0,0002 mm), die aus Melanin, Luft und Horn bestehen, also von ungleichartiger Struktur sind. Durch Veränderung dieser Größen kommen die verschiedenen Schillerfärbungen etwa der Kolibris, Paradiesvögel und Glanzstare zustande. Auch das Blau im Flügel des Eichelhähers ist kein Federpigment, sondern eine Strukturfarbe, und zwar eine Farbe, die trübe lufthaltige Hornzellen im Federast vor einem schwarzen Melaninhintergrund hervorrufen. Auch der Himmel, durch die Luft vor dem Schwarz des Weltalls gesehen, erscheint uns blau, ebenso wie der Zigarettenrauch vor dunklem Hintergrund. Seidenglanz entsteht an Federn, deren Strahlen sehr lang, dünn und hakenlos sind und die deshalb stark reflektieren. Seidenstrahlen sind nur halb so dick wie echte Seide und nur ein Fünftel so dick wie Kunstseide. Sind die Strahlen mit ihren Spitzen dem Beschauer zugewandt, so wird genau wie beim Samt alles Licht verschluckt, und es erscheint ein Samtton.

Viele Farben der Feder kommen durch eine Kombination von Melaninen, Diffusfarbstoffen und Strukturfarben zustande, vor allem das weitverbreitete Olivgrün, das aus braunem Melanin, gelbem Lipochrom oder Blaustruktur und gelbbraunem Melanin gemischt ist.

BUNTE FEDERN EINHEIMISCHER VÖGEL

Ein paar farbenfrohe Ausnahmen von der Regel, daß Federn mitteleuropäischer Vögel meist matter und trüber sind als Federn von Vögeln der Subtropen und Tropen.

DIE KLEIDER EINER LACHMÖWE

DUNENKLEID nach einem Tag

Das Küken ist mit einem dichten, aber kurzlebigen Dunenmantel bedeckt. Seine feinen Spitzen machen ihn weich und seidig.

JUGENDKLEID während der ersten Monate

Binnen weniger Wochen werden die Dunen des Kükens durch das Jugendkleid ersetzt, und der Vogel ist flugbereit.

RUHEKLEID im ersten Winter

Die Deckfedern des Jungvogels werden zwischen Juli und Dezember gewechselt, Schwingen und Steuerfedern aber bleiben.

BRUTKLEID im ersten Sommer

Ein Gefiederwechsel – hauptsächlich der Körperfedern – zwischen Januar und Mai läßt die einjährige Möwe etwas erwachsener wirken.

RUHEKLEID des ausgefärbten Vogels im Winter

Eine zwischen Juli und Oktober erfolgte Vollmauser verschafft der Jungmöwe das voll ausgefärbte Winteralterskleid.

BRUTKLEID des ausgefärbten Vogels im Sommer

Die Sommerfärbung des Altvogels ist die Folge einer Mauser der Körperfedern zwischen Januar und März.

Die Mauser im Leben des Vogels

Federn werden ständig abgenutzt und regelmäßig durch neue ersetzt. Sie wachsen aus den gleichen Follikeln wie die alten Federn und stoßen diese aus. Im Laufe seines Lebens trägt ein Vogel viele neue Kleider.

Die Federn werden bei fast allen Vögeln einzeln oder in Gruppen, und zwar meist paarweise auf beiden Körperseiten ersetzt. Oft beginnen die großen Schwingen und Steuerfedern als erste zu fallen; ihnen folgt eine stufenweise Mauser der Körperfedern. Bei den meisten Vögeln werden die großen Konturfedern in einer ganz bestimmten Reihenfolge gewechselt, und zwar die Handschwingen von innen nach außen, die Armschwingen von beiden Enden her nach der Mitte zu. Im Schwanz fallen erst die mittleren, die übrigen folgen jeweils paarweise bis zum äußersten Paar. Es gibt jedoch sehr viele Abweichungen. So mausert der Grauschnäpper seine Handschwingen von außen nach innen, also gerade umgekehrt, und die Spechte und Baumläufer mausern ihre beiden mittleren Steuerfedern, auf die sie sich beim Klettern stützen, erst dann, wenn die übrigen Schwanzfedern gewechselt und wieder zu gebrauchen sind.

In sehr kalten Zonen verlieren die Vögel, etwa Pinguine, ihre alten Federn erst dann, wenn die neuen vollständig nachgewachsen sind, so daß nie Lücken in ihrem warmen Schutzkleid entstehen. Deshalb fallen die alten Federn nicht aus oder werden von den neuen ausgestoßen, sondern die neuen wachsen in die alten hinein. Hat das neue Gefieder sein Wachstum vollendet, kämmt der Vogel die alten Federn mit den Zehen und dem Schnabel aus.

Sicherheit während der Mauser

Die Mauser der Schwungfedern beeinträchtigt die Flugfähigkeit erheblich und kann sie sogar völlig aufheben. Deshalb suchen manche Vögel einen sicheren Unterschlupf, bis ihnen neue Federn gewachsen sind. Viele Wasservögel – Enten, Gänse, Schwäne, Lappentaucher und Seetaucher – stoßen alle ihre Schwingen und Steuerfedern auf einmal ab und sind wochenlang flugunfähig. Sie leben aber an sicheren Plätzen wie in Sümpfen, wo sie Nahrung finden und ihren Feinden durch Schwimmen auf oder unter Wasser entkommen können. Die Männchen der meisten Entenarten legen zu dieser Zeit außerdem ein Schutzkleid an und werden ebenso unauffällig wie die matteren, dunkleren Weibchen. Manche Arten gehen auf Wanderschaft, um in sicheren Gegenden zu mausern. Wanderflüge zum Mausern sind bei vielen Gänsearten, aber auch bei Enten bekannt. So sammeln sich alljährlich bei der Insel Röm vor der dänischen Küste 150 000 Trauerenten. Der bekannteste Mauserplatz ist die Insel Knechtsand zwischen Elbe- und Wesermündung. Von Anfang Juli an wandern 80 000–100 000 Brandgänse aus Westeuropa und Skandinavien auf diese kleine Insel, nur um hier im August ihr Gefieder zu wechseln.

Man kann keine gültigen Regeln aufstellen, wie gemausert und wann gemausert wird. Im allgemeinen aber mausern Vögel nicht, wenn sie brüten, auf der Wanderung sind oder die Nahrung knapp ist, denn sie benötigen zusätzliche Energie, um den Wärmeverlust auszugleichen, der während der Mauser noch schneller erfolgt. Auch brauchen sie besonders viel Eiweiß für das Federwachstum. Trotzdem mausern einige Seevögel während ihrer Brutzeit. Dazu gehören die Sturmschwalben – möglicherweise deshalb, weil sie die meiste Zeit im Flug verbringen und das Mausern auf See noch ungünstiger für sie wäre. Die Sperber- und Wanderfalkenweibchen beginnen ebenfalls ihre Federn während der Brutzeit zu erneuern, während das Männchen – von dem das Weibchen und die Jungen in der Verpflegung völlig abhängen – erst etwas später mausert.

Viele andere Arten mausern aus guten Gründen gleich nach dem Nisten. Die neuen Federn können dann zu einer Zeit wachsen, in der es noch reichlich Nahrung gibt, und das Gefieder ist anschließend für die langen Wanderflüge in bester Verfassung.

Ornithologen haben herauszufinden versucht, was die Mauser auslöst. Bisher lassen ihre Ergebnisse darauf schließen, daß bei verschiedenen Vogelarten sowohl die Länge des Tageslichts als auch Hormone der Schilddrüse und der Geschlechtsdrüsen eine Rolle spielen dürften.

Singvögel und Hühnervögel, die in ihrem zweiten Sommer nisten, wechseln zweimal das Gefieder, ehe sie voll erwachsen sind und ihr endgültiges Kleid anlegen. Das erste Dunenkleid, mit dem die Vögel aus dem Ei schlüpfen, fällt nach einigen Tagen aus und wird durch ein Jugendkleid ersetzt, das der Vogel in seinem ersten Sommer mit dem Alterskleid vertauscht.

Vögel, die einige Jahre warten, bevor sie nisten, wie Möwen, Tölpel und Raubvögel, mausern über mehrere Zwischenkleider bis ins Alterskleid, das sie meist erst anlegen, wenn sie geschlechtsreif sind. Bei den großen Albatrossen dauert das fünf Jahre. Einige Arten haben jedes Frühjahr, sobald sie erwachsen sind, eine Teilmauser, die ihnen ein besonderes Brut- oder Prachtkleid beschert.

Die Dauer der Mauser

Wie lange die Vollmauser, also der Wechsel des gesamten Gefieders, dauert, richtet sich nach der Lebensweise des Vogels. Einige weitwandernde Zugvögel wie die Mönchsgrasmücke müssen ihre Federn nach der Brutzeit schnell erneuern, bevor sie ihre Reise beginnen. Die Mönchsgrasmücke mausert deshalb in 35 Tagen. Strichvögel und Teilzieher wie der Birkenzeisig können sich bis zu 50 Tage Zeit dazu lassen, und Standvögel wie Gimpel, Amsel und Goldammer nehmen sich viel länger Zeit, da sie keinen bestimmten Termin für ihre Wanderung einhalten müssen.

Bei Vögeln, die erst in ihrem Winterquartier mit dem Wechsel der Federn beginnen, verzögert sich die Mauser erheblich. Sie dauert fast den ganzen Winter, beim Sichelstrandläufer 6–7 Monate. Die Gartengrasmücke, der Grauschnäpper, die Rauchschwalbe und der Kuckuck sind andere Beispiele für Fernwanderer mit verzögerter Mauser im Winterquartier.

Unterbrochene Mauser

Zu den vielen Geheimnissen des Mauserzyklus zählt auch der Grund für die unterbrochene Mauser mancher Vögel. Zugvögel wie die Turteltaube und die in der Arktis beheimateten Wanderfalken verlieren ein paar Federn auf den Brutplätzen, hören dann aber auf zu mausern und fahren damit erst im Winterquartier fort. Andere wie der Bruchwasserläufer beginnen gleich nach dem

ZEIT UND DAUER DER MAUSER BEI SECHS ARTEN

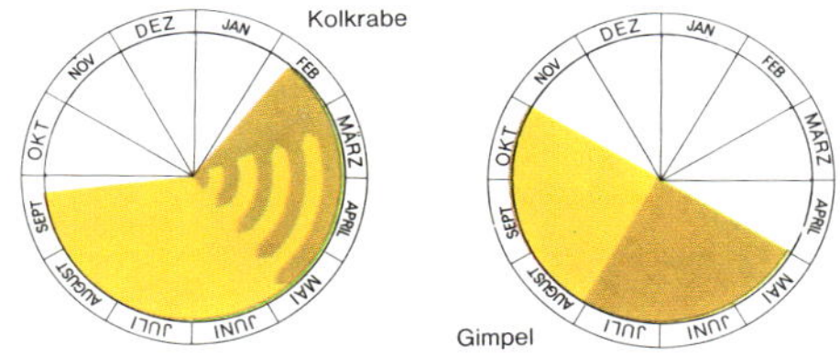

Die 140- bis 150tägige Mauser dieses Standvogels beginnt schon früh in der Brutzeit.

Bei uns ein Standvogel mit ausgedehnter Brutzeit, der ohne Eile mausert.

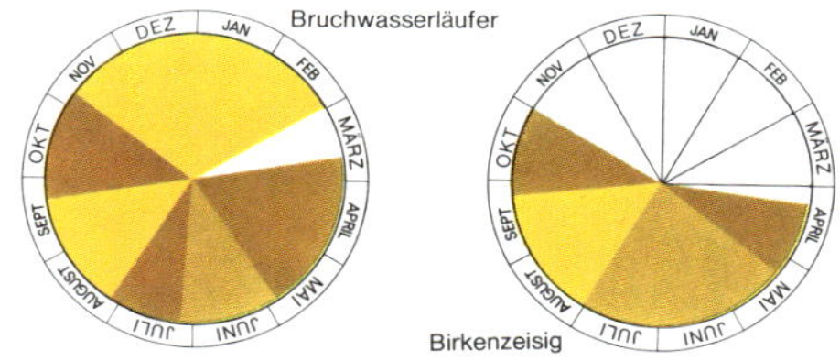

Unterbrochene Mauser: Der Vogel unterbricht seinen Zug für eine Teilmauser.

Wie bei den meisten Zugvögeln liegt Brut- und Mauserzeit zwischen Heimzug und Wegzug.

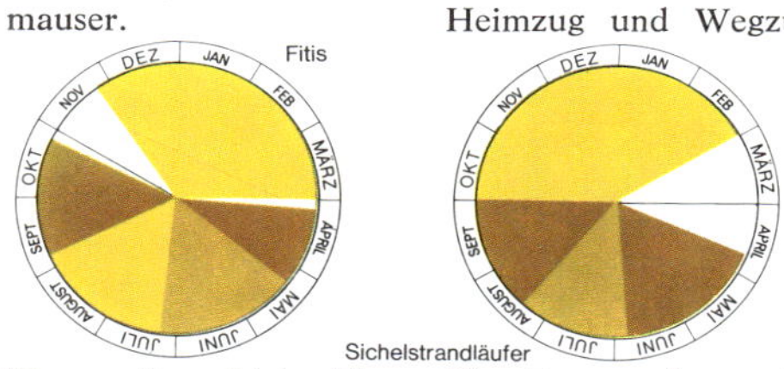

Warum dieser kleine Vogel zweimal jährlich mausert, ist eines der Rätsel der Mauser.

Ein Fernwanderer, der in Afrika überwintert und dort eine lange Mauser durchmacht.

Wegen des Gefiederverschleißes wächst allen mitteleuropäischen Vögeln bis auf den Kranich, der seine Schwingen nur alle 2 Jahre erneuert, jährlich mindestens ein neuer Federsatz. Dazu bleibt nur begrenzt Zeit. Die Dauer der Mauser ist von Art zu Art verschieden. Währenddessen ist die Flugfähigkeit und Verteidigungsbereitschaft des Vogels beeinträchtigt.

Brüten zu ziehen, halten unterwegs für eine Teilmauser, nehmen ihre Wanderschaft wieder auf und schließen die Mauser dann im Winterquartier ab. Dies liegt wohl daran, daß diese Arten zwar beizeiten von ihren Brutplätzen im fernen Norden aufbrechen müssen, es aber nicht besonders eilig haben, in ihrem Winterquartier anzukommen.

Viele große Vögel brauchen lang, um mit ihrer Mauser fertig zu werden; sie kann sich sogar mit der Brutzeit überschneiden. Der Kolkrabe zum Beispiel beginnt seine Mauser im März oder April, gerade wenn die Küken ausschlüpfen, und beendet sie – bis zu 150 Tage später – erst im September. Die Ringeltaube beginnt im April zu mausern, noch bevor die meisten nisten. Der Fitis mausert zweimal jährlich, da bei seinem Leben im Unterholz oder Gestrüpp das Gefieder ungewöhnlich stark abgenutzt wird; das Alpenschneehuhn ist eine der wenigen Arten, die dreimal jährlich mausern. Eine vollständige Mauser ergibt das braune Herbstgefieder, und Teilmausern wandeln dies im Winter in Weiß und im Frühjahr in Grau um.

Die Pflege des Gefieders

WIE VÖGEL IHR GEFIEDER GUT INSTAND HALTEN

Federn halten weder ewig, noch sind sie unverwüstlich. Obwohl sie in der Mauser regelmäßig erneuert werden, ist ein wirksames, ganzjähriges System der Gefiederpflege für das Wohlbehagen und Überleben des Vogels unentbehrlich.

Zwei Gruppen von Federn erfordern besondere Aufmerksamkeit: die Schwingen und die Steuerfedern. Werden die Hand- und Armschwingen beschädigt oder übermäßig abgenutzt, sind sie aerodynamisch nicht mehr so leistungsfähig. Dadurch wird Kraft und Ausdauer des Vogels überfordert, und es gelingt ihm nicht mehr so gut, genügend Nahrung zu finden und den Angriffen seiner Feinde auszuweichen. Seine Überlebenschancen sinken. So überrascht es nicht, daß Vögel nicht nur, wenn sie *große Toilette* machen, sondern bei jeder sich bietenden Gelegenheit ihr Gefieder pflegen.

Putzen

Beim Putzen, der wichtigsten Form der Federpflege, bearbeitet der Vogel seine Federn, vor allem mit dem Schnabel, auf zweierlei Weise. Bei aufgeplusterten Körperfedern beknabbert er die einzelnen Federn zwischen den Schnabelspitzen. Er beginnt an der Kielbasis und arbeitet die Feder mit einer Reihe kleiner und präzis pickender Bewegungen bis zur Spitze durch. Außerdem zieht er die Federn, eine nach der anderen, mit einem einzigen schnellen Ruck des Kopfes durch den Schnabel, insbesondere die Flügel- und Schwanzfedern, die ziemlich unbequem zu erreichen sind und besonderer Pflege bedürfen.

Beim Putzen reinigt sich der Vogel, indem er Fremdkörper aus Gefieder und Haut entfernt, ölt die Federn mit dem Sekret der gleich oberhalb des Schwanzes liegenden Bürzeldrüse, ordnet durcheinander geratene Federn, so daß sie sich wieder lückenlos decken, und repariert aufgerissene Federfahnen, indem er wie bei einem Reißverschluß die getrennten Häkchen und Federstrahlen wieder schließt. Außerdem werden beim Putzen Gefiederparasiten entfernt, insbesondere Federlinge und Federmilben – ein lebenswichtiger Vorgang; kranke Vögel und solche mit verbildeten oder beschädigten Schnäbeln, die nicht recht zum Putzen mehr taugen, haben oft eine abnorm große Menge Parasiten, die ihnen die Federn anfressen und ihre Gesundheit beeinträchtigen.

Vögel sind verschiedenen Körperparasiten ausgesetzt – blutsaugenden Flöhen und Lausfliegen, federfressenden Federlingen sowie Zecken und Federmilben, die sich von Federn oder Blut ernähren. Soweit bekannt, ist keiner dieser Parasiten Menschen, die mit Vögeln umgehen und sie anfassen, schädlich; auch sind manche Vögel zuweilen wenigstens von Federlingen frei. Neuere Untersuchungen ergaben, daß von 249 Buchfinken 51 %, von 172 Rotkehlchen 49 %, von 54 Amseln 59 %, von 172 Kohlmeisen 55 % und von 704 Blaumeisen bis zu 90 % keine Federlinge hatten. Der Befall richtet sich nach der Jahreszeit und erreicht seinen Höhepunkt kurz vor der Brutzeit. Ein einziger Vogel kann über 200 Federmilben haben.

Kratzen

Da sich ein Vogel nicht den eigenen Kopf mit dem Schnabel putzen kann, muß er mit den Zehen kratzen, während er auf dem anderen Bein das Gleichgewicht hält. Diese Methode scheint den meisten Arten zu genügen, um das Kopfgefieder in Ordnung zu halten.

Vögel können sich auf zweierlei Weise am Kopf kratzen. ‚Vorneherum', wie Oskar Heinroth dies genannt hat, hebt der Vogel einfach den Fuß am Rumpf vorbei zum Kopf. ‚Hintenherum' senkt er einen Flügel und bringt den Fuß auf der gleichen Seite über die Schulter zum Kopf. Im allgemeinen ist die Methode des Kopfkratzens für jede Vogelart und -familie charakteristisch. Die meisten europäischen Singvögel und damit verwandte Gruppen wie Mauersegler, Nachtschwalben

Putzen Ein Amselmännchen schließt die Strahlen der Fahnen seiner Flugfedern wie einen Reißverschluß; seine Gefährtin fettet ihre Deckfedern.

Kratzen ‚vorneherum' Eine Heringsmöwe reicht bei geschlossenen Flügeln mit einem Bein nach vorn, um sich die Kopffedern zu kratzen.

und Eisvögel (nicht aber Spechte) kratzen sich hintenherum; die anderen – ausgenommen die Regenpfeifer (nicht aber die Steinwälzer) sowie die Austernfischer, Stelzenläufer und Säbelschnäbler – kratzen sich vorneherum.

Einige wenige Vögel wie Kormorane, Baßtölpel und Reiher haben eine sogenannte Putzkralle, eine Art Kamm auf dem inneren Krallenrand der dritten Zehe, mit dem sie sich an Kopf und Hals kratzen.

Bei einigen Arten, zu denen Krähen, Bartmeisen, Mehlschwalben und Tauben gehören, putzen sich die Paare gegenseitig den Kopf. Dieses Verhalten ist oft ein wichtiger Teil der Werbung. Zweifellos hilft es, zumindest bei manchen Arten, das Kopfgefieder gut instand zu halten.

Baden

Ein Vogel kann sich zu jeder Tageszeit diese oder jene Feder putzen, oft weil ihn etwas juckt; aber am vollständigsten putzen sich Vögel bei ihrer großen Toilette, die mit einem Bad beginnt.

Abgesehen vom Säubern scheint der Hauptzweck des Badens für viele Vögel darin zu liegen, das Gefieder zu befeuchten, so daß sich das Bürzeldrüsenöl wirksamer darüber verteilt.

Landvögel baden in seichten Gewässern wie Pfützen und an Fluß- oder Teichrändern, wo sie sicher stehen können. Bei einem Vogelbad im Garten kann man sehr gut Singvögel wie Amseln und Singdrosseln beobachten. Die Vögel gehen mit aufgeplusterten Körperfedern ins Wasser und tauchen zunächst mit Kopf, Brust und Flügelgelenken hinein, stoßen dabei den Schnabel heftig von Seite zu Seite und schlagen die Flügel nach vorn. Dann hocken sie sich mit Schwanz und Bauch ins Wasser und schlagen die Flügel nach oben, um das Wasser aufspritzen und über sich laufen zu lassen.

Ein badender Vogel wechselt mit diesen zwei Bewegungsfolgen mehrmals ab, aber hält sich dabei nicht allzu lang auf, damit nicht irgendein Raubvogel auf ihn aufmerksam wird. Schließlich schüttelt er kräftig das Wasser aus den Federn und entfernt sich schnell.

Wasservögel wie Enten, Lappentaucher und verschiedene Meeresvögel lassen sich mehr Zeit beim Baden, da sie in offenen Gewässern meistens sicherer sind und ihren Feinden notfalls durch Tauchen entkommen können.

Zu einem gewöhnlichen Oberflächenbad gehört bei diesen Arten, daß wiederholt der Kopf eingetaucht, Wasser auf den Rücken geschleudert und dann der Kopf an den Flanken gerieben wird. Sie schlagen auch gern mit den Flügeln kräftig ins Wasser, so daß es hoch aufspritzt. Noch abwechslungsreicher wirkt es, wie sich Enten, Schwäne und Gänse beim Baden drehen, Purzelbäume schlagen und tauchen. Lappentaucher stoßen kräftig unter das Wasser, und Tölpel rollen sich mit einem hochgezogenen Flügel seitwärts.

Nach dem Baden trocknen sich Wasservögel genauso wie Landvögel, indem sie die Federn schütteln und mit den Flügeln schlagen. Kormorane setzen sich auf Buhnen oder Pfähle und breiten ihre Flügel zum Trocknen aus.

Schwalben, Mauersegler, verschiedene Seeschwalben und andere Vögel, die sich vorwiegend in der Luft aufhalten, baden auch aus der Luft, indem sie sich wiederholt kurz auf die Wasseroberfläche klatschen lassen, ohne richtig zu wassern. Auch Eisvögel stoßen von einem Sitzplatz über dem Wasser im Sturzflug hinab, tauchen momentan unter die Wasseroberfläche und fliegen sofort wieder hoch. Tauben baden nicht nur in stillen Gewässern, wo sie sich oft – im Gegensatz zu anderen Landvögeln – wälzen, sondern auch im Regen, indem sie sich mit einem hochgehobenem Flügel hinlegen. Viele Singvögel, etwa Meisen, waschen sich unbeholfen an tau- oder regengetränktem Gras, Blattwerk und dergleichen. Feldlerchen baden nie in stehenden Gewässern, sondern legen sich im Regen, beide Flügel gespreizt, auf die Erde.

Ölen

Nach dem Bad ölt der Vogel sein Gefieder mit dem Schnabel, indem er ein Federpflegemittel, eine Ausscheidung aus der eigenen Bürzeldrüse, aufträgt. Durch das Ölen bleibt das Gefieder elastisch und wasserfest und behält die Fähigkeit, Wärme zu stauen. Das ist besonders für Wasservögel und sehr kleine Landvögel wichtig.

Die Bürzeldrüse liegt gleich über dem Schwanz und ragt mit ihrem Ausführgang über die Haut. Bei manchen Vogelarten ist die Öffnung mit einem Ring besonderer Federn umgeben, die das Öl wie in einem Docht auffangen. Nicht alle Vögel haben eine Bür-

Kratzen ‚hintenherum‘ Ein Buchfink kratzt sich den Kopf, indem er einen Flügel hängen läßt und dann den Fuß über die Schulter hebt.

Baden Mit gespreiztem Gefieder badet eine Singdrossel in seichtem Wasser.

Ölen Ein Haubentaucher reibt sich den Kopf an der Bürzeldrüse und regt damit die Drüse zum Ausscheiden von Öl an.

Sonnen Eine Amsel breitet die Flügel und den Schwanz in der Sonne aus – möglicherweise als Mittel gegen Federparasiten.

zeldrüse; bei den Tauben wird das Bürzelsekret durch Puder ersetzt. Amseln, Singdrosseln und beinahe alle anderen Singvögel ölen ihre Federn, indem sie den Schwanz seitwärts drehen, den Kopf nach hinten strecken, an der Bürzeldrüse knabbern und dadurch das Fließen des Öls anregen. Gewöhnlich ölt der Vogel sich zuerst den Kopf. Hat er das Öl auf den Schnabel bekommen, kratzt er ihn mit dem Fuß, der dabei ölig wird. Mit diesem verbreitet er dann schnell und sorgfältig das Öl über die Kopffedern.

Ebenso widmet er den Flügeln größte Aufmerksamkeit. Mit dem öligen Schnabel – in geringerem Maße auch mit dem öligen Kopf – fährt er, als ob er zitterte, unter den Flügeln hin und her und bearbeitet die Handschwingen. Während des folgenden gründlichen Putzens wird dann auch über das restliche Gefieder das Fett fein verteilt.

Viele langhalsige Wasservögel, wie Lappentaucher und Gänse benutzen den Kopf als Mop, mit dem sie das Öl über das restliche Gefieder verteilen: Zuerst reiben sie den Kopf an der Bürzeldrüse und fahren dann damit über Seiten und Rücken.

Pudern

Zur kompletten Federpflege gehört bei vielen Vögeln Baden, nachträgliches Putzen und Fetten. Es gibt aber Ausnahmen. Einige Vögel, zum Beispiel Hühnervögel, baden niemals freiwillig im Wasser, und andere, etwa einige Taubenarten, fetten sich nicht ein. Dafür pudern sich Tauben mit körpereigenem Puder, den besondere Dunen liefern, die ständig wachsen und in einen feinen Talk aus winzigen, staubartigen Teilchen zerfallen; sie durchdringen das ganze Gefieder, besonders wenn sich die Vögel putzen.

Viele andere Vogelarten verfügen wahrscheinlich auch über Puderdunen; ihre höchste Entwicklung erreichen sie bei der Reiherfamilie, bei denen diese Dunen in genau abgegrenzten Arealen auf dem Körper verteilt sind. Der Fischreiher hat eine Garnitur von drei derartigen Puderquasten, die Rohrdommel nur zwei.

Diese Vögel pudern sich sorgfältig, wenn sie sich ihren Kopf und Hals mit Fisch- und Aalschleim besudelt haben. Rohrdommeln mögen Aale besonders gern; diese schlängeln und peitschen, wenn sie gefangen werden, und beschmieren dabei den Vogel mit ihrem Schleim. Die Rohrdommel reibt dann den Kopf an ihren Puderquasten und bestäubt die verschmutzten Federn mit Puder und Dunenteilchen. Anschließend kämmt sie sich, kratzt dabei mit ihrer Putzkralle den Puder und den Schleim ab und fettet und putzt sich. Der Vorgang kann sich mehrmals wiederholen.

Sonnen

Über drei weitere Betätigungen, die sehr wahrscheinlich ebenfalls etwas mit der Gefiederpflege zu tun haben, gehen die Meinungen sehr auseinander. Erstens sonnen sich die meisten Vogelarten. Sie liegen in der Sonne, Schwanz und einen oder beide Flügel ausgespreizt. Man kann dieses Verhalten bei Amseln, Singdrosseln, Rotkehlchen, Staren und anderen Gartenvögeln, aber auch bei Raubvögeln beobachten.

Das Sonnen kann einfach als ein Kühlungsverfahren betrachtet werden, das dem Vogel hilft, Hitze abzuleiten, indem er wenig ge-

Pudern Eine große Rohrdommel reibt ihren Kopf auf der Brust, um Puder aufzunehmen, womit sie Fischleim von den Federn entfernt.

Staubbaden Haussperlinge hudern am Boden: sie nehmen ein Staubbad.

fiederte Flächen Luft und Wind aussetzt. Sicher kann das Sonnen diese Funktion zum Beispiel bei Vögeln haben, die beim Brüten unvermeidlich starker Sonnenbestrahlung ausgesetzt sind. Die meisten sich sonnenden Vögel suchen aber absichtlich die Sonne.

Man hat behauptet, daß Vögel das Sonnen sehr genießen. Dies kann aber nicht der biologische Sinn ihres Verhaltens sein, denn die Instinkte der Vögel haben sich nicht zu ihrem Vergnügen, sondern zu ihrem Schutz entwickelt, und beim Sonnen sind die Vögel ihren Feinden ausgesetzt. Das Sonnen, das mit dem Putzen und Kratzen zusammenhängt, dürfte dem Vogel helfen, sich zu entlausen, indem es die Parasiten im Gefieder in Bewegung bringt, wodurch sie beim Putzen leichter erreichbar werden; auch dürften die ultravioletten Strahlen der Sonne die Wirkung des Bürzelfettes auf das Vogelgefieder vorteilhaft beeinflussen (Bildung von Vitamin D).

Staub- und Sandbaden

Manche Vogelarten, vornehmlich Hühnervögel, bestäuben sich mit trockener, feiner Erde und gröberem oder feinerem Sand. Sie scharren sich Mulden im Boden, wirbeln Sand in die Federn und schütteln ihn vor dem Putzen wieder ab, sie *hudern*.

Diese Staubbäder kennen auch Enten, Wiedehopfe, bestimmte Greifvögel und Ziegenmelker und einige wenige Singvögel wie Lerchen und – wie jeder Gärtner mit einem frisch angelegten Beet weiß – Haussperlinge. Sind es mehrere zugleich, können sie bei solchen Staubbädern den ganzen Boden verkratzen.

Der Zweck der Staubbäder als Methode der Federpflege ist noch nicht ganz klar. So wie das Sonnen und das dazugehörige Putzen und Kratzen helfen sie wahrscheinlich, die Federparasiten zu bekämpfen.

Einemsen

Wir kommen schließlich zur seltsamsten und meistdiskutierten Methode der Gefiederpflege – der Bearbeitung mit Ameisen. Sie scheint auf Singvögel beschränkt zu sein und ist schon bei weit mehr als 20 einheimischen Arten und insgesamt bei über 200 Arten beobachtet worden. Über das Einemsen (dieser Ausdruck wurde erst bei der Entdeckung des Ameisenbades vor 35 Jahren geprägt) ist schon viel geschrieben worden, allerdings oft nicht auf Grund eigener Anschauung.

Unmittelbare Beobachtung hat vor allem ergeben, daß die Vögel dabei stets Arbeiterinnen solcher Ameisenarten benutzen, die Ameisensäure erzeugen. In Europa handelt es sich hauptsächlich um die Schwarzbraune Wegameise (*Lasius niger*), die Gelbe Wiesenameise (*Lasius flavus*) und wahrscheinlich auch die Rote Waldameise (*Formica rufa*).

Die Ameisen werden hauptsächlich auf zweierlei Weise verwendet. Bei der *aktiven* Methode pickt der Vogel eine oder mehrere Ameisen mit seinem Schnabel auf, hebt einen Flügel hoch, drückt den Schwanz seitwärts, um den Flügel zu straffen, und bringt die Ameisen schnell auf die Unterseite der Handschwingen in der Nähe ihrer Spitzen. Er reibt sie an den Federn und verbreitet dadurch zusammen mit seinem eigenen Speichel die Säure und sonstigen Ausscheidungen der Ameisen. Buchfinken und Wiesenpieper verwenden jeweils nur eine einzige Ameise; Stare und Elstern hingegen füllen erst den Schnabel, ehe sie beginnen. Elstern scheinen die einzigen aktiven Einemser in Europa zu sein, die Ameisen sowohl auf den Schwanz als auch auf die Handschwingen bringen.

Bei der *passiven* Form des Einemsens läßt der Vogel lebende Ameisen über das Gefieder laufen und reizt sie dabei absichtlich, damit sie aggressiv ihre Säure ausspritzen. Der Eichelhäher lehnt sich auf den Schwanz zurück, die Flügel vor sich ausgespreizt; Amsel, Singdrossel und Misteldrossel hocken mit gespreizten Flügeln unter den Ameisen; Rabenkrähe und Saatkrähe legen sich voll ausgestreckt hin und wälzen sich in Ameisen.

Bei Gartenvögeln, vor allem bei Staren und Amseln, läßt sich das Einemsen am besten im Spätsommer beobachten, wenn die Ameisen zum Paarungsflug schwärmen.

Der Zweck der Einemsung ist höchst umstritten. Einige Ornithologen meinen, die Vögel suchten dabei nur den Reiz, den sie durch die Ameisensäure auf der Haut empfinden; es steht aber außer Zweifel, daß Ameisensäure ein Insektizid ist.

Durch die Bearbeitung mit Ameisen scheinen einige der Milben früher oder später einzugehen, die anderen beim Putzen leichter erreichbar zu werden. Das Einemsen dürfte noch andere, bisher nicht ganz erkannte Auswirkungen haben, vor allem für die Pflege der überaus wichtigen Handschwingen, denen diese Behandlung in erster Linie gilt.

Aktives Einemsen Der Star sammelt mit dem Schnabel Ameisen und verreibt sie auf den Flugfedern.

Passives Einemsen Ein Eichelhäher läßt sich Arbeiterinnen über das Gefieder laufen, die dabei Ameisensäure verspritzen.

Wie Vögel fliegen

ANGEWANDTE AERODYNAMIK

Den freien Flug der Vögel hat der Mensch schon neidisch bestaunt, als im Mythos Ikarus mit Schwingen aus Federn der Sonne zu nahe kam. Heute hat seine Fähigkeit, sich Flugmaschinen zu bauen, diesen Neid etwas gedämpft, und moderne Methoden der Beobachtung und Analyse haben viele Geheimnisse des Vogelfluges enträtselt. Das Wunder aber bleibt: ein Vogel, ob Adler oder Sperling, ist nach wie vor die leistungsfähigste Flugmaschine, die die Welt je gesehen hat oder sogar je sehen wird.

Die einfachste Art des Fluges, der Gleitflug, beansprucht die Muskelkraft des Vogels am wenigsten und wurde wahrscheinlich schon von seinen Ahnen vor 150 Millionen Jahren geübt. Die frühesten Gleitflieger unter den Tieren ließen sich wohl einfach mit ausgebreiteten Flügeln wie an einem Fallschirm von einer Anhöhe herabgleiten; heute vermögen viele Vögel die Luftströmungen, in erster Linie Aufwinde, so vollendet auszunutzen, daß sie ihre Höhe halten oder sogar noch steigern können, ohne die Flügel zu bewegen: Sie sind Segelflieger geworden.

Beim Flug über Land lassen sich Adler, Bussarde und andere Segelflieger in riesigen Blasen warmer, aufsteigender Luft, einer Thermik in der Sprache des Segelfluges, oder in Hangaufwinden zu großen Höhen emportragen. Über dem Meer segeln und gleiten Meister wie Eissturmvogel und Albatros oft stundenlang, ohne die Flügel zu bewegen. Sie beherrschen den sogenannten dynamischen Segelflug, bei dem unterschiedliche Windgeschwindigkeiten ausgenutzt werden und den der Mensch mit seinen Segelflugzeugen bisher noch nicht nachmachen konnte.

Die Überwindung der Schwerkraft

Beim Fliegen wirken drei Kräfte auf den Vogel ein: der durch den Luftwiderstand verursachte Rücktrieb, die abwärts ziehende Schwerkraft und die von seiner eigenen Bewegung hervorgerufenen Luftwirbel. Die aerodynamische Gestaltung von Rumpf und Schwingen ermöglicht es dem Vogel, mit diesen Kräften fertigzuwerden. Die Stromlinienform des Flügels vermindert den Luftwiderstand auf ein Minimum. Außerdem sind Vogelflügel so gekrümmt, daß sie beim Durchschneiden der Luft einen Auftrieb erzeugen, der der Schwerkraft entgegenwirkt. Schlitze an der Flügelspitze – die Spitzen der äußersten Handschwingen sind oft weit gefingert – schalten schädliche Luftwirbel weitgehend aus. Der Daumenfittich kann abgespreizt werden, um vor den Handschwingen einen Schlitz zu bilden.

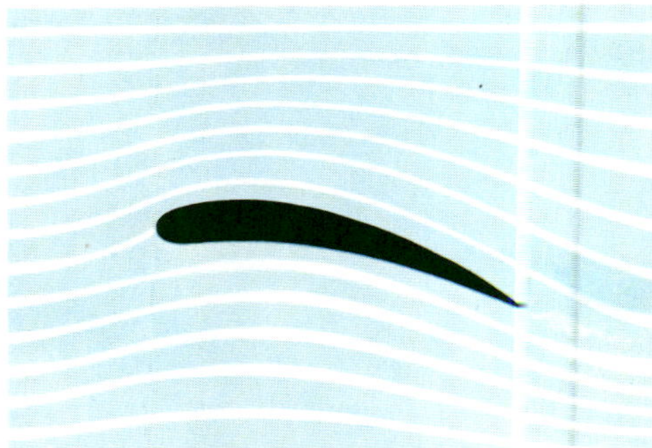

In der Luft bleiben Die Flügel eines Vogels sind oben konvex und unten konkav. Wenn sie einen Luftstrom durchschneiden, fließt die Luft schneller darüber als darunter weg, da sie einen weiteren Weg hat. Dies verursacht unter den Flügeln einen Überdruck und darüber ein Teilvakuum, wodurch sich eine aufwärtsziehende Kraft, der *Auftrieb*, ergibt.

An Höhe gewinnen Um höher zu steigen, stellt der Vogel die vordere Kante seiner Flügel nach oben und erweitert dadurch den sogenannten *Anstellwinkel* zwischen dem Flügelprofil und der Luftströmung. Je größer der Winkel, desto größer ist auch der Wirbel. Bei zu steilem Winkel würde der Wirbel die Luftströmung über den Flügeln unterbrechen und den Vogel zum Absturz bringen.

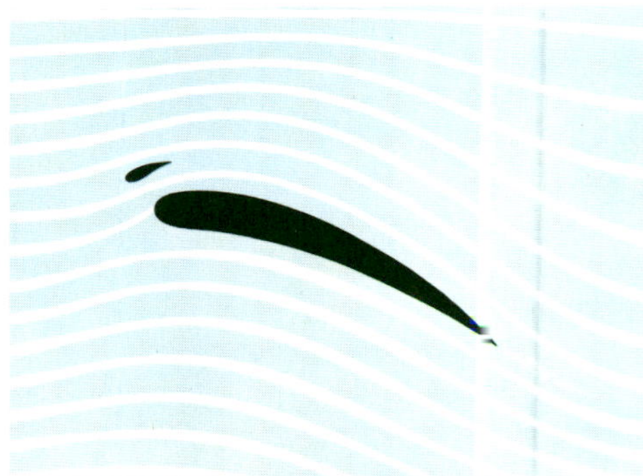

Den Absturz verhindern Im kritischen Moment, wo er drauf und dran ist, alle Fahrt zu verlieren, spreizt der Vogel den Daumenfittich nach vorn ab. Durch den so an der Vorderkante des Flügels gebildeten Schlitz schießt die Luft und sorgt für eine wirbelfreie Strömung über dem ganzen Flügel. Bei normalem Flug bleibt der Daumenfittich eng an den Handschwingen liegen.

Segeln im Wärmeaufwind (Thermik) Die Oberfläche einer Landmasse erwärmt sich ungleichmäßig und erzeugt dadurch aufsteigende warme Luftsäulen, die sich oben zu großen Blasen ausdehnen. Einfließende Kaltluft schneidet die Blase ab, die aber weiter steigt, und Luftströmungen innerhalb der Blase produzieren einen Innenring kreisender Warmluft mit einer ständig aufsteigenden Kaltluftsäule in der Mitte. Ein Adler oder sonst ein segelnder Vogel kann auf diesem Aufwind kreisen und mit der Blase steigen.

(Der Abbildung liegt ein Diagramm aus dem Buch *The Soaring Flight of Birds* von Clarence D. Cone jr. zugrunde.

Segeln im Hangaufwind Möwen und andere Seevögel können dadurch segeln und Höhe gewinnen, daß sie in den Aufwinden fliegen, die entstehen, wenn ein Horizontalwind gegen Berge oder andere Hindernisse stößt. Auch wenn der Wind vom Land her weht, können sie mühelos auf den Wirbeln segelnd hochsteigen, die sich dann auf der dem Meere zugewandten Seite des Berges bilden.

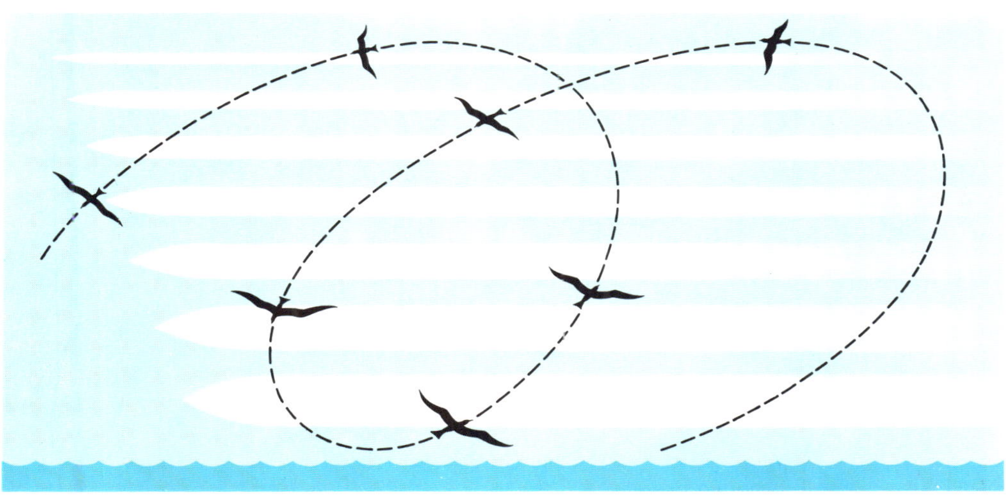

Dynamisches Segeln Winde verlieren über dem Meer durch Reibung mit den Wellen in der Nähe der Wasseroberfläche an Geschwindigkeit. Dadurch entstehen übereinandergeschichtete Zonen von immer höheren Geschwindigkeiten; die höchste herrscht etwa 15–30 m über den Wellen. Sturmvögel nützen instinktiv die verschiedenen Windgeschwindigkeiten aus. In einer hohen Zone schnellen Windstroms gewinnen sie Geschwindigkeit, lassen sich in eine niedrigere Zone absinken und steigen unter Ausnutzung der Triebkraft wieder auf, nun aber gegen den Wind. Schnell segelnde Meervögel müssen groß genug sein, um durch geringfügige Wirbel der kreisenden Luftströme nicht aus der Richtung gebracht zu werden; sie brauchen ferner lange Flügel – die beste Form für maximale Geschwindigkeit und Stabilität.

Abfliegen

Ein Vogel kann sich nicht von der Luft tragen lassen, wenn er sich nicht gegen einen Luftstrom bewegt. Er muß entweder in den Wind starten oder eine eigene Luftströmung herstellen. Die meisten Vögel springen in die Luft und schlagen mit den Flügeln zurück und vor, statt auf und ab, um einen Luftstrom zu erzeugen; oder sie stoßen sich nach kurzem Anlauf kräftig vom Boden ab.

Der Start ist für einige der besten Flieger ein Problem für sich; Spezialisierung in einer Richtung führt oft zur Unterentwicklung in einer anderen. Mauersegler und Schwalben haben schwache Beine, weil sie die meiste Zeit in der Luft verbringen. Auf dem Boden ist ein Mauersegler ziemlich hilflos; aber er gerät kaum in diese Lage, sondern landet auf dem Vorsprung einer Wand und läßt sich von dort aus in die Luft fallen, um zu starten.

Start von einem Vorsprung oder vom Boden Der Mauersegler, der schwache Beine hat, läßt sich von einem hohen Vorsprung fallen; der Star hingegen springt mit seinen kräftigen Beinen hoch und schlägt mit den Flügeln, um einen Luftstrom zu erzeugen.

Start auf dem Wasser Beim Abflug ist jeder Vogel bestrebt, eine hinreichend schnelle Luftströmung über die Flügel hinweg zu erreichen, um Auftrieb zu erzeugen. Reiherenten und viele andere Wasservögel rennen über die Wasseroberfläche und schlagen dabei mit den Flügeln, bis sie genügend Fahrt gewonnen haben, um in die gegen sie anfließende Luftströmung hineinzufliegen, oder bis sie durch einen Zusammenstoß mit einer Welle in die Luft geschleudert werden.

Was geschieht, wenn ein Vogel mit den Flügeln schlägt?

Der Schlagflug ist viel komplizierter als der Gleitflug. Man kennt auch heute noch nicht alle seine Feinheiten, die Grundtatsachen stehen jedoch fest. Am wichtigsten ist dabei, daß ein Vogel nicht, wie man früher meinte, etwa durch die Luft schwimmt, indem er mit den Flügeln die Luft wegschiebt wie ein Schwimmer das Wasser; der Vogel wird statt dessen durch die großen Handschwingen vorwärts getrieben. Die Armschwingen und der ganze innere, also körpernahe Teil der Flügel haben dabei für ständigen Auftrieb zu sorgen. Beim *Niederschlag* wird viel Kraft eingesetzt; er erfolgt mit flach aneinandergeschlossenen Federn, um auf größtmöglichen Widerstand zu stoßen. Der Flügel schlägt nach vorn abwärts, und die Handschwingen werden dabei an den Spitzen zurückgebogen. Dadurch erhält der Flügel die Form eines Propellers, der den Vogel nach vorn zieht.

Der *Aufschlag* ist hauptsächlich ein Erholungsschlag, bei dem sich die Handschwingen in einer drehenden Bewegung wie Jalousien öffnen, so daß die Luft durch die Lükken abfließen kann. Dabei dreht der Vogel den Flügel in der Schulter und vergrößert den Anstellwinkel, um den Auftrieb zu erhalten. Die Handschwingen werden beim *Aufschlag* schon wieder zurückgebogen; jede einzelne Feder verwandelt sich in einen kleinen Pro-

Steuerung

Ein Vogel wendet in der Luft, indem er den Körper dreht, die Flügel verstellt und den Schwanz (manchmal auch die Füße) als Steuer verwendet. Die Manövrierfähigkeit hängt von der Gesamtfläche der Steuerungsbereiche, die der Vogel einsetzen kann, und von der Fluggeschwindigkeit ab. Bei hohen Geschwindigkeiten kann geringes Steuern eine ebenso scharfe Wendung hervorrufen wie starkes Steuern bei geringeren Geschwindigkeiten.

Fasanen können sich dank ihrer langen Schwänze geschickt durch das Geäst ihrer bewaldeten Heimat winden. Rebhühner und Waldschnepfen haben zwar kurze Schwänze, aber ihre breiten Flügel reichen als Steuerungsflächen völlig aus. Einige kurzschwänzige Vögel, wie etwa Mauersegler, sind äußerst manövrierfähig, weil sie so schnell fliegen. Rauchschwalben halten ihre langen Gabelschwänze bei schnellem Flug geschlossen; beim langsamen Flug spreizen sie hingegen den Schwanz, um die Steuerung zu verbessern.

Gartenrotschwanz

Rütteln

Rüttelnder Ziegenmelker

Diese Flugart wählen einige Vögel, wenn sie nicht von einem festen Punkt aus nach Nahrung spähen können. Sie kostet sehr viel Kraft. Beim echten Rüttelflug werden die Flügel rückwärts und vorwärts geschlagen, um Auftrieb, aber keinen Vortrieb zu erzeugen. Vögel wie der Ziegenmelker können so nur einige Sekunden am Ort rütteln. Größere Vögel, wie Bussard und Turmfalke, fliegen mit der gleichen Geschwindigkeit gegen den Wind, mit der dieser ihnen entgegenschlägt, und bleiben dadurch auch auf der Stelle. Der Turmfalke hat diese weniger energiezehrende Technik zur höchsten Vollkommenheit entwickelt.

peller. Obwohl die Triebkraft der Handschwingen bei diesem Schlag nicht so stark ist wie beim *Niederschlag*, ist sie für große, schwere Vögel sehr wichtig. Sie können sich einen *verlorenen* Schlag nicht leisten, besonders beim Abfliegen oder beim Aufsteigen; ihre Federn öffnen sich daher nicht so weit wie bei kleineren Vögeln.

Beim Bewegungsablauf eines Flügelschlages beschreiben die Spitzen, die einen weiteren Weg schneller als der Rest des Flügels zurücklegen, eine Acht mit einem großen Bogen nach oben. Sie beenden den *Aufschlag* mit einem schnellen Schnappen, das den Vogel zusätzlich vorwärtsschiebt.

Die Handschwingen schließen sich und stehen für einen neuen Niederschlag bereit

Jede Handschwinge wird zu einem kleinen Propeller

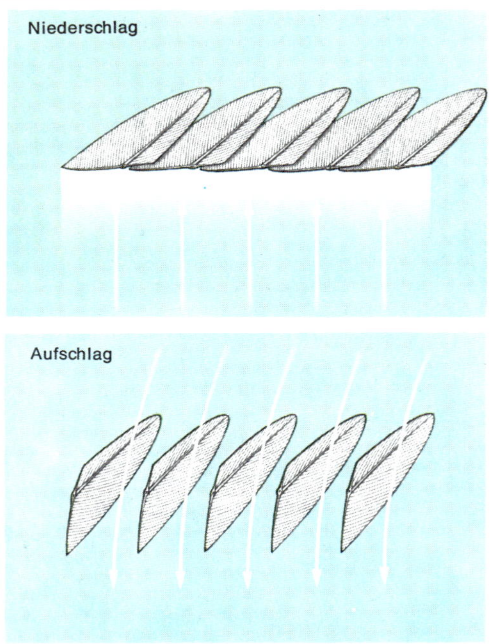

Die Tätigkeit der Federn Die Handschwingen bilden beim Niederschlag eine geschlossene, luftdichte Fläche, öffnen sich hingegen beim Aufschlag wie eine Jalousie und ermöglichen dadurch einen leichten Luftdurchgang. Bei vielen Arten sind die vorderen Fahnen schmäler als die hinteren und halten diese beim Niederschlag fest. Beim Aufschlag dreht der Vogel die Federn und öffnet damit den Flügel, wobei ihm zunächst der Luftwiderstand hilft, der die flexiblen Hinterfahnen abwärts drückt.

Formationsfliegen

Kanadagänse im Keilflug

Die beim Fliegen entstehenden Luftwirbel bedeuten viel verlorene Energie; Gänse, Enten, Kraniche, Möwen und andere Arten sparen auf langen Flügen einen Teil dieser Energie durch das Fliegen im Keilflug. Jeder Vogel erhält durch die vom Vordermann erzeugte Luftströmung zusätzlichen Auftrieb, außer dem Vogel an der Spitze, der von Zeit zu Zeit einem anderen das strapaziöse Schrittmachen überläßt.

Viele andere Vögel fliegen in Trupps, vor allem als Schutzmaßnahme gegen Feinde; kleinere Vögel erzeugen aber wahrscheinlich keine ausreichenden Wirbelzöpfe, so daß sich der Formationsflug für sie nicht lohnt.

Vögel suchen sich nach Möglichkeit die leichtesten Flugbedingungen. Bei starkem Gegenwind fliegen sie auf See in der unteren Schicht, wo der Wind durch die Reibung an den Wellen gebremst wird. Fliegen sie mit dem Wind, dann steigen sie höher auf. Der zusätzliche Auftrieb durch Gegenwind ist für einen vom Boden startenden Vogel äußerst vorteilhaft, und wo immer möglich, nutzt er solche Winde aus.

Das Landen

Beim Landen muß der Vogel wie ein Flugzeug seine Geschwindigkeit verlangsamen, um sich bei der Bodenberührung nicht zu verletzen. Das ist auf verschiedene Weise möglich, die einfachste ist vielleicht die der Spechte und vielfach auch der Tauben beim Landen auf einem Sitz über Bodenhöhe. Der Vogel unterfliegt bei der Annäherung sein Ziel und nimmt durch Aufwärtsgleiten seinem Flug den Schwung.

Vorm Landen am Boden oder auf einem erhöhten Sitz bremst der Vogel, indem er Flügel und Schwanz spreizt. Er bringt dabei den Körper in eine senkrechte Stellung, um das Bremsen zu verstärken; sollte die Geschwindigkeit immer noch zu hoch sein, schlägt er die Flügel gegen die Flugrichtung. Nähert sich die Geschwindigkeit dem Nullpunkt, dann spreizt der Vogel den Daumenfittich, um nicht abzustürzen, und streckt schließlich auch die Beine aus, um möglichst *weich* zu landen.

Wasservögel brauchen beim Wassern diese Fähigkeiten weniger. Nach vorn gestreckte Schwimmfüße unterstützen die Bremswirkung der zurückschlagenden Flügel. Ein Wasservogel kann notfalls eine ungeschickte Bodenlandung machen und prallt dabei höchstens mit dem Kopf nach vorn auf den Boden. Tauchvögeln fehlt die für eine gute Bodenlandung nötige Geschicklichkeit, denn sie brauchen sie nie. Landen will gelernt sein. Viele junge Vögel verschätzen sich dabei oft, überfliegen ihr Ziel oder schlagen nach vorn auf den Boden. Große und schwere Vögel landen möglichst gegen den Wind; kleine Vögel brauchen das nicht. Manche Arten können wie ein Hubschrauber senkrecht landen, müssen aber dazu auf der Stelle rütteln, und das kostet viel Energie.

Landung auf Ästen und dergleichen Das Rotkehlchen spreizt zunächst, bei beinahe senkrechter Stellung des Körpers, Flügel und Schwanz, um die Geschwindigkeit zu verringern. Der Körper steht dann nahezu senkrecht; der Vogel schlägt die Flügel gegen die Flugrichtung und spreizt dabei die Daumenfittiche, um nicht abzustürzen. Schließlich fangen die Vogelbeine den Aufprall ab.

Landung auf dem Wasser Ein zum Wassern anfliegender Reihererpel kann durch Gleiten auf den Schwimmfüßen bei gleichzeitiger Rückschlagbewegung mit den Flügeln den Schwung so weit bremsen, daß er zum Stillstand kommt. Die schwierigere Bodenlandung vermeiden Wasservögel möglichst.

Besondere Formen für besondere Aufgaben

Die Auslese in einem seit Jahrmillionen dauerndem Experiment hat eine Vielzahl verschiedener Flügelformen herausgebildet. Jede ist einer bestimmten Lebensweise angepaßt. Schon nach ihren ins Auge fallenden Unterschieden kann man die Flügel nach ihren Formen (die ihren unterschiedlichen Funktionen entsprechen) in wenige Grundtypen gliedern. Zu den Hauptmerkmalen gehören das Verhältnis zwischen Flügellänge und -breite, die Flächenbelastung, also das Verhältnis zwischen Flügelfläche und Körpergewicht, ferner ob der Flügel geschlitzt ist oder nicht und wie ausgeprägt der Krümmungsgrad ist.

Flügel für den Segelflug Die langen, breiten Flügel (oben) sind für maximalen Auftrieb tief gewölbt. Weit gefingerte Flügelspitzen und gut entwickelte Daumenfittiche gleichen Wirbelbildung aus. Der gefächerte Schwanz sorgt für Manövrierfähigkeit.

Flügel für den Gleitflug Lange, schmale Flügel (Mitte links) eignen sich für anhaltendes, schnelles Gleiten. Der Flügelschlag erfordert erhebliche Muskelkraft. Typische Form für Vögel, die über dem Meer gleiten.

Flügel für sehr schnellen Flug Die nach hinten gebogenen Flügel (Mitte rechts) sind lang und schmal, um Wirbelbildung zu verhindern. Solche Flügel sind nicht gefingert, denn Schlitze an den Flügelspitzen sind bei sehr schnellem Flug von Nachteil. Die Steuerungsflächen können minimal sein – daher der sehr kleine Schwanz.

Flügel für schnellen Start Mit seinen kurzen, breiten, stark gewölbten Flügeln (unten) kann der Fasan wie aus der Kanone geschossen im Rüttelstart aufsteigen. Seine tief gefingerten Handschwingen begünstigen die Vorwärtsbewegung, wobei jede in Propellerform gedreht wird. Der lange Schwanz hilft dem Vogel, sich beim Aufsteigen durch die Äste zu manövrieren.

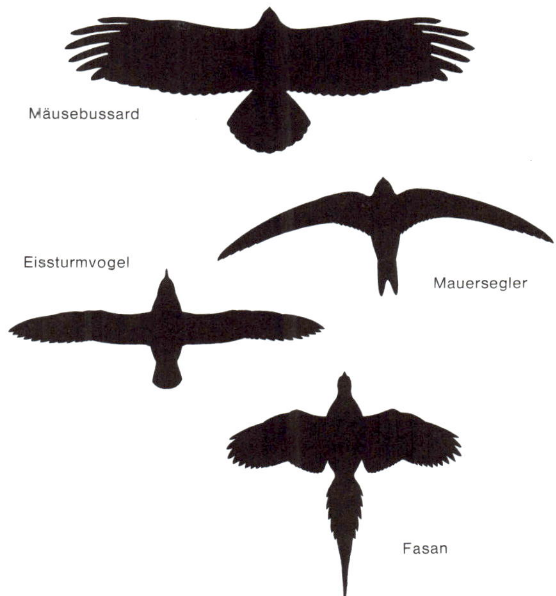

Die Höchsten und die Schnellsten

Ziemlich genaue Informationen über die Flughöhen der Vögel hat man durch Radarechos und Beobachtungen von Flugzeugpiloten gewonnen. Informationen über Geschwindigkeiten sind weniger zuverlässig. Abgesehen von der Schwierigkeit, einen fliegenden Vogel zu stoppen, sind auch Geschwindigkeit und Richtung des Windes zu berücksichtigen.

Wanderfalken, die zu den schnellsten Vögeln überhaupt gehören, können ihrer Beute in geradem Flug bei 80 km/st nachjagen, und bei einem Sturzflug auf das erkorene Opfer will man bei einem Wanderfalken Geschwindigkeiten bis zu 300 km/st beobachtet haben. Mäusebussarde und andere große Raubvögel entwickeln ein Gleitflugtempo von 110–130 km/st, und Mauersegler sind bei ihren Balzflügen mit ungefähr 100 km/st gestoppt worden. Eine Mehlschwalbe, die man von ihrem Nest zu einem 15 km entfernten Platz brachte, flog mit einer Geschwindigkeit von 80 km/st zurück. Auch Brieftauben fliegen gewöhnlich mit dieser Geschwindigkeit, obwohl sie mit Rückenwind schon 150 km/st erreicht haben.

Höchstgeschwindigkeiten werden nur im Notfall angewendet. Will sich ein aufgescheuchter Fasan in Sicherheit bringen, kann er mit 100 km/st aufsteigen, aber diese Geschwindigkeit nicht lange halten. Spechte, Drosseln, Finken und andere Kleinvögel überschreiten bei ihren täglichen Flügen selten 30 km/st, erreichen aber bei der Wanderung 50 km/st. Enten auf dem Zug können Geschwindigkeiten zwischen 70–80 km/st halten, und Stare haben bei Rückenwind die Nordsee mit 110 km/st überquert.

WIE HOCH SIE FLIEGEN

HÖHE IN METER	
7000	Radarechos von Kleinvögeln – möglicherweise Alpenstrandläufer oder Knutts auf dem Flug von Skandinavien nach England
6600	Schnepfen und Brachvögel beim Vogelzug, südlich vom Mt. Everest beobachtet
5500	Herbstzügler aus Skandinavien, vereinzelt beobachtet
3200	Wandernde Drosseln aus Skandinavien, im Herbst ziemlich häufig beobachtet
2500	300 Saatkrähen über Köln heimziehend, ermittelt mit Flak-Meßgerät am 7. März 1943
2400	58 Ringeltauben über Köln am 7. März 1943
1900	Mauersegler können zu dieser Höhe aufsteigen, um die Nacht im Flug schlafend zu verbringen Wandernde Kiebitze, beim Überqueren der Nordsee in 950 bis 1900 m beobachtet
1600	Die meisten Singvögel wandern unterhalb dieser Höhe.
1400	Kleine Singvögel fliegen nachts von Holland nach England
950	Tagzieher wie Stare oder Buchfinken ziehen von Holland nach England
160	Vögel verbringen die meiste Zeit ihres Lebens unterhalb dieser Höhe

Die Lufttemperatur sinkt um etwa 0,5° C bei je 100 m Höhe

Grundlagen des Vogelzuges

EINE REAKTION AUF DEN WECHSEL DER JAHRESZEITEN

Für den Menschen war von jeher die interessanteste Seite des Vogellebens der Zug. Doch diese Faszination führte nicht immer zu genauer Beobachtung. Selbst ein Aristoteles meinte, daß Gartenrotschwänze, wenn sie im Winter verschwinden, sich in Rotkehlchen verwandeln. In Westeuropa war jahrhundertelang der Glaube weit verbreitet, die Schwalben rollten sich zum Winter gemeinsam zusammen und sänken auf dem Grund von Teichen und Sümpfen in den Schlamm.

So lächerlich waren diese Vermutungen nicht, wertet man sie als Versuch, mit unzureichenden Kenntnissen eines der großen Geheimnisse der Natur zu erklären. Spätere Forschung hat erwiesen, daß bei Vögeln tatsächlich Winterschlaf vorkommt. Der nordamerikanische Ziegenmelker (*Phalaenoptilus nuttallii*) hält Winterschlaf in Zeiten bitterster Kälte; sein Herz schlägt dabei so langsam, daß kein Lebenszeichen mehr festzustellen ist.

Aber der größte Teil der Vögel bleibt das ganze Jahr hindurch aktiv. Als Warmblüter dürfen sie ihre Körpertemperatur nicht unter den Gefahrenpunkt absinken lassen. Zugvögel entgehen dem im Winter und nutzen im Sommer wieder den vorübergehenden Nahrungsüberfluß in ihren Brutgebieten.

Wenn in nördlichen Breiten im Frühling der Schnee schmilzt und der gefrorene Boden auftaut, belebt sich die Insektenwelt wieder. Gleichzeitig gibt der schwindende Schnee Samen, Früchte und Beeren frei, die seit dem Herbst tiefgekühlt begraben liegen. So bietet sich den Vögeln eine Nahrungsfülle gerade dann, wenn sie ihre nimmersatten Jungen aufziehen, zumal das lange Tageslicht ihnen ausreichend Zeit läßt, diese Nahrung zu suchen.

Es geht um den Ausgleich

Die Gefahren auf dem Zuge reichen zwar vom Sturm bis zum Hungertod, werden aber durch Vorteile aufgewogen, die der vorübergehende Nahrungsüberfluß in der Sommerheimat bietet. Die natürliche Entwicklung sorgt dafür, daß eine Vogelart nur dann wandert, wenn es sich auch lohnt.

Vögel ein und derselben Art können in einem Gebiet Zugvögel und im anderen Standvögel sein. Während Stare und Ringeltauben aus Norddeutschland im Winter bis nach Südwesteuropa ziehen, bleiben sie in Westdeutschland meist im Lande.

Wann und wieso Vogelzug entstanden ist, läßt sich kaum mit Sicherheit sagen. Nach einer recht interessanten Hypothese sind Vögel, die nach der letzten Eiszeit, dem weichenden Eis folgend, ihre Brutareale allmählich in Europa nach Norden ausdehnten, im Winter jeweils in den warmen Süden zurückgekehrt.

Natürlich gibt es immer noch vieles über den heutigen Vogelzug zu erforschen. Selbst mit modernen Methoden wie Beringung, Radarbeobachtung und den sorgfältigen Untersuchungen der Vogelwarten war es noch nicht möglich, die Ziele vieler Zugvögel zu ermitteln. Die Vogelberingung, wie wir sie heute kennen, begann im Jahre 1900 in Dänemark und wird in Deutschland seit 1903 (Rossitten) und 1910 (Helgoland) betrieben. Man hat bis 1960 allein in Deutschland über 4 Millionen Vögel beringt und viele Zehntausende von Rückmeldungen erhalten.

Der Ring – ein Streifen einer Aluminiumlegierung – wird dem Vogel um ein Bein geschlossen. Auf dem Ring ist eine Seriennummer und die Bitte aufgedruckt: Inform Vogelwarte Helgoland Germany. Entsprechend lautet die Aufschrift der Ringe der zweiten bundesdeutschen Vogelwarte Rossitten (heute Radolfzell), der Vogelwarte Kloster auf Hiddensee (DDR), der Schweizer Vogelwarte Sempach (Kanton Luzern) und aller anderen Beringungszentralen in 20 weiteren europäischen Ländern. Die österreichische Vogelwarte mit Sitz im Naturhistorischem Museum, Wien, benutzt Radolfzeller Ringe. Die Zahl der wiederaufgefundenen Ringe ist am höchsten bei großen Vögeln wie Schwänen (mit 40 % an der Spitze), Gänsen und Raubvögeln, am niedrigsten bei kleinen Singvögeln, von denen viele in entlegenen Gebieten Afrikas überwintern.

Der Fahrplan des Vogelzuges

Im Leben eines Zugvogels gibt es alljährlich vier große Ereignisse: die Frühlings- und die Herbstwanderung (auch Heim- und Wegzug genannt), das Brüten und die Mauser. Jedes dieser Ereignisse dauert mindestens einige Wochen und stellt große Anforderungen an die körperliche Verfassung des Vogels.

Die Bestimmung des Zeitpunktes für den Heimzug ist von größter Wichtigkeit. Kommt ein Vogel zu früh in seinem Brutgebiet an, kann er verhungern oder erfrieren; kommt er zu spät an, ist die Zeit zum Nisten und zum Mausern gefährlich kurz geworden.

Brüten und Wandern werden wie auch Mauser durch chemische Veränderungen im Körper in Gang gesetzt. Von innerer Drüsensekretion ausgeschiedene Hormone bringen den Vogel dazu, zur richtigen Zeit das Richtige zu tun. Bei einigen Arten, die zur Beobachtung in Volieren gebracht wurden, wies man nach, daß diese Rhythmik auch verändert werden kann, wenn man die Tage durch künstliche Beleuchtung verlängert.

Vor der Wanderung fressen Vögel mehr als sonst und legen sich eine Fettreserve zu. Es gibt Beweise dafür, daß die Menge des angesetzten Fetts im direkten Verhältnis zu der Anzahl der Stunden steht, die der Vogel auf dem Zuge wahrscheinlich ohne Pause fliegen muß. Im Extrem kann ein Vogel sein Gewicht sogar verdoppeln; so erhöht der Schilfrohrsänger, der in Afrika südlich der Sahara überwintert, sein Gewicht innerhalb von wenigen Wochen vor seinem Wegzug von 11 g auf 22 g. Diese Kraftstoffreserve reicht für Flüge von 60 bis 90 Stunden ohne Rast.

In dem weitgespannten Rahmen des Wanderterminplans gibt es bei den meisten Arten Unterschiede nach Alter, Geschlecht und Zielort. Im allgemeinen kommen die Männchen einige Tage vor den Weibchen heim. Dadurch können sie gleich ein Revier besetzen, ohne das sie wenig Aussichten hätten, ein Weibchen für sich zu gewinnen. Im Herbst ziehen die Jungen aus den ersten Bruten unter Umständen schon fort, wenn die Eltern noch mit der Aufzucht einer späteren Brut beschäftigt sind; erwachsene Kuckucke ziehen jedoch schon vor ihren Jungen weg.

Nacht- oder Tagzug

Einzelne Vögel, deren Heimat im nördlichen Teil des Gesamtverbreitungsgebietes ihrer Art liegt, verlassen das Winterquartier noch später als solche, welche im südlichen Teil des Areals nisten. So legen manche Zugvögel in Mitteleuropa schon Eier, wenn ihre Artgenossen aus Nordeuropa bei ihnen noch durchziehen. Mit Ausnahme von Vögeln, die im Flug fressen, beginnen die meisten von Insekten lebenden Zugvögel ihre Reisen in der Abenddämmerung und landen – außer bei langen Etappen – wieder bei Morgengrauen. Dadurch haben sie tagsüber Zeit zur Nahrungssuche und können sich besser vor Feinden schützen.

Die meisten Körnerfresser wandern am Tage und fliegen jeweils nur ein paar Stunden hintereinander. Dies ist aber nur deshalb möglich, weil ihr Zug mit seltenen Ausnahmen auf Europa beschränkt ist und keine längeren Flüge über See erfordert.

Invasionen

Beim Vogelzug handelt es sich um eine jahreszeitlich bedingte, in eine bestimmte Richtung zielende Verschiebung des Schwerpunktes einer Vogelbevölkerung. Es gibt aber auch andere Massenbewegungen. Einige Möwenarten ziehen zu bestimmten Jahreszeiten, aber aufs Geratewohl, was die Richtung betrifft. Lachmöwen überwintern erheblich nördlich von ihren Nistgebieten, während andere ebensoweit nach Süden, Osten oder Westen wandern. Solche *Streubewegungen* kommen bei vielen unserer einheimischen Arten vor.

Eine eigenartige und nur zum Teil verständliche Wanderung ist die Invasion. Einige nördliche Arten wie Fichtenkreuzschnabel und Seidenschwanz brechen periodisch aus ihren Heimatgebieten in den Nadelwäldern des nördlichen Europas aus und fliegen süd- und westwärts. Diese Invasionen scheinen sich in Abständen von drei bis vier Jahren zu wiederholen und werden vermutlich durch übermäßig hohe Bevölkerungszahlen und Nahrungsmangel (etwa durch Mißernte einer Vorzugsnahrung) ausgelöst.

Unter den Invasionsvögeln gibt es auch Fleischfresser wie Rauhfußbussard und Fal-

WIE MAN EINEN BERINGTEN VOGEL BEHANDELT

Auf ihrem Zuge fliegen die Tiere manchmal aus Versehen in Gebäude oder sind so erschöpft, daß sie sich leicht fangen lassen. Wenn Sie einen beringten Vogel finden, senden Sie seine Seriennummer mit Angaben, wo und wann er gefunden wurde und ob lebend oder tot, an die auf dem Ring genannte Beringungszentrale. Meist wird es sich um folgende handeln:
Vogelwarte Helgoland – Institut für Vogelforschung, D 294 Wilhelmshaven, Umfangstr. 7;
Vogelwarte Radolfzell,
D 7761 Möggingen/Radolfzell, Am Schloßberg;
Vogelwarte Hiddensee,
X 2346 Kloster auf Hiddensee, DDR;
Vogelwarte Sempach,
CH 6204 Sempach/Luzern, Schweiz.

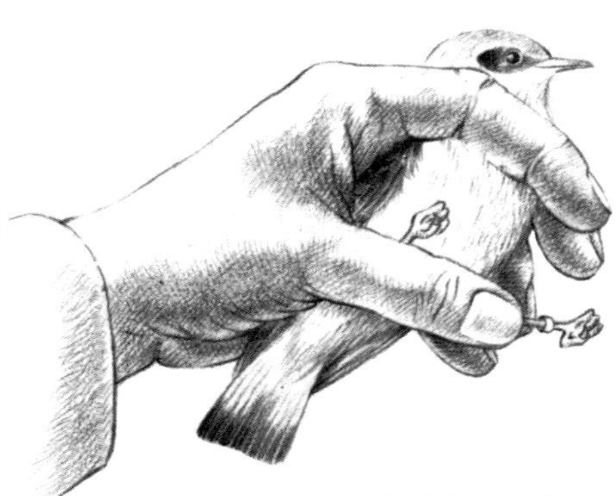

So faßt man einen Steinschmätzer an

Bei Durchzüglern aus England und Nordeuropa kommen auch folgende Beringungszentralen in Frage:
England: British Museum (Natural History), London SW 7;
Dänemark: Zoologisk Museum, Ringmaerkningsafdelingen, Universitetsparken 15, DK 2100 Kopenhagen-Ø;
Norwegen: Stavanger Museum, Zoologisk avdeling, Stavanger;
Schweden: Ringmärkningscentralen, Riksmuseets Vertebratavdelning, S 10405 Stockholm 50;
Finnland: Yliopiston eläinmuseo, Rengastustoimisto, SF 00100 Helsinki 10;
UdSSR: Bjuro Koltsevania (Bird Ringing Bureau), Kravchenko 12, Moskau B-331.
Versuchen Sie nie, einem lebenden Vogel den Ring abzunehmen, denn Sie könnten das Tier dabei verletzen.

Große Vögel sind ziemlich widerstandsfähig, Kleinvögel aber müssen sehr vorsichtig behandelt werden. Greifen Sie nicht nach irgendeinem Körperteil des Vogels, um ihn zu fangen, sondern bilden Sie mit den Fingern einer Hand eine Art Käfig. Umschließen Sie den Vogel so, daß er nicht mit den Flügeln schlagen kann, drücken Sie ihm aber nicht auf die zarten Rippen. Lassen Sie seinen Kopf zwischen Zeige- und Mittelfinger herausgucken, und ziehen Sie mit der anderen Hand behutsam das beringte Bein hervor. Ehe Sie den Vogel zum Weiterflug freilassen, könnten Sie versuchen, ihn mit passendem Futter zum Fressen zu verlocken; vergessen Sie aber nicht, daß Trinkwasser für ihn ebenso wichtig wie Nahrung ist.

kenraubmöwe in Skandinavien, die von Lemmingen und Mäusen leben. Alle Invasionsvögel sind mehr oder weniger ausgesprochene Nahrungsspezialisten, die deshalb weitgehend in ihrer Vermehrung und in ihrem Zugverhalten vom Gedeihen ihrer Vorzugsnahrung abhängig sind. Zu den auffallendsten Invasionsvögeln in Mitteleuropa zählten im vorigen Jahrhundert Steppenhühner (*Syrrhaptes paradoxus*) aus den Steppen Innerasiens und in jüngster Zeit Sibirische Tannenhäher (*Nucifraga caryocatactes macrorhyncho*) aus der sibirischen Taiga. Die größte Invasion der Tannenhäher fand im August 1968 statt, als Zehntausende dieser Vögel ganz Mitteleuropa überfluteten und infolge ihrer Zahmheit überall Aufsehen erregten. Nur vereinzelte haben einen Brutversuch gemacht, und es ist ungeklärt, wie viele sich wieder auf den Heimflug gemacht haben.

Sommervögel

Afrika ist das große und aufregende Kerngebiet, in dem die meisten unserer Sommervögel im Winter verschwinden, wenn auch einige nur bis in die Mittelmeerländer ziehen. Gerade vom Gesichtspunkt der geographischen Erfassung der Vogelflugziele ist das Wort ‚verschwinden' leider nur zu passend, denn es gibt einige Arten, deren Winterquartier uns wirklich nicht näher bekannt ist.

Ein weiteres Problem ist noch zu lösen: Nistet eine Vogelart in einem Großteil von Europa und überwintert in einem Großteil von Afrika, treffen sich dann dort Einzelexemplare aus Ost- und Westeuropa oder überwintern die verschiedenen *Vogelvölker* in unterschiedlichen, aber möglicherweise sich

überschneidenden Winterquartieren? Die sich anbietenden Beweise widersprechen sich; wahrscheinlich kommt beides vor. Die Ergebnisse der Vogelberingung haben gezeigt, daß Rauchschwalben aus England und aus Rußland gemeinsam im äußersten Südosten von Afrika, Rauchschwalben aus Deutschland hingegen hauptsächlich in Zentralafrika überwintern.

Man weiß auch, daß es bei manchen Arten eine Zugscheide gibt – wie eine unsichtbare Wasserscheide. Bei der Mönchsgrasmücke verläuft sie etwa auf einer gedachten Linie zwischen Skandinavien und der Adria. Vögel aus dem Bereich westlich dieser Linie fliegen südwestwärts über Spanien nach Afrika, während diejenigen aus Gegenden östlich der Linie über den Nahen Osten Afrika ansteuern. Auch der Weißstorch hat eine solche streng eingehaltene Zugscheide, die durch die Städte Leiden, Gießen, Würzburg, Kempten markiert wird. Weststörche fliegen über Gibraltar, Oststörche über den Bosporus. Man weiß nicht, inwieweit sich die zwei Völker in solchen Fällen in Afrika treffen. Andererseits kann man Schafstelzen aus England, Finnland, Frankreich, Italien, Spanien und den Balkanländern in Schwärmen bei der gemeinsamen Nahrungssuche im afrikanischen Winterquartier beobachten. Sie lassen sich deshalb voneinander unterscheiden, weil die Männchen verschiedener Herkunft verschiedene Kopffarben entwickelt haben – von Gelb über Lavendelblau bis Grau und sogar Schwarz.

Nicht alle Zugvögel dringen in Afrika weit ins Innere vor, denn das Überfliegen der Sahara, die fast überall breiter als 1600 km ist, bedeutet für die Vögel eine derartige Anstrengung, daß sie sich sehr lohnen muß.

Die immergrünen tropischen Wälder des Kongogebietes südlich der Sahara werden überraschenderweise von fast allen nördlichen Vogelarten gemieden. Nach einer Theorie reicht die Nahrung, deren Menge das ganze Jahr über infolge geringer klimatischer Schwankungen gleich bleibt, gerade für die dort heimischen Vögel. Es ist nicht bekannt, ob Arten, die unmittelbar südlich dieser Wälder überwintern, ihr Ziel über den Kongo erreichen (die Schwalben tun es wahrscheinlich), oder ob sie dieses Gebiet umfliegen.

Die meisten unserer kleinen Singvögel, die nach Afrika ziehen, überwintern in den Gras- und Buschgebieten, die sich wie ein großes Hufeisen um die Wälder des Kongo herumziehen.

Aufzeichnung der Routen

In den letzten Jahren hat man durch Expeditionsberichte, Radarbeobachtungen und Vogelberingung über die Zugwege durch Südeuropa und Afrika nördlich der Sahara manches dazugelernt. Wie zu erwarten war, stellte sich heraus, daß die Vögel aus Westeuropa überwiegend einem Südwestkurs über Marokko folgen; einige aber, wie Waldlaubsänger und Kuckuck, sieht man weit häufiger auf dem Durchzug über Italien und Tunesien; und andere wie Klappergrasmücke und Neuntöter fliegen im Herbst südostwärts zum Mittelmeer und dann das Niltal hinauf weiter gegen Süden.

Vor allem Singvögel fliegen, besonders im Mittelmeerraum, nicht auf demselben Weg hin und zurück. Ihre Zugstraße beschreibt eine Schleife, bei manchen Arten wie Neuntöter und Schwarzstirnwürger *gegen den Uhrzeiger*, bei anderen wie Blauracke und Pirol *mit dem Uhrzeiger*.

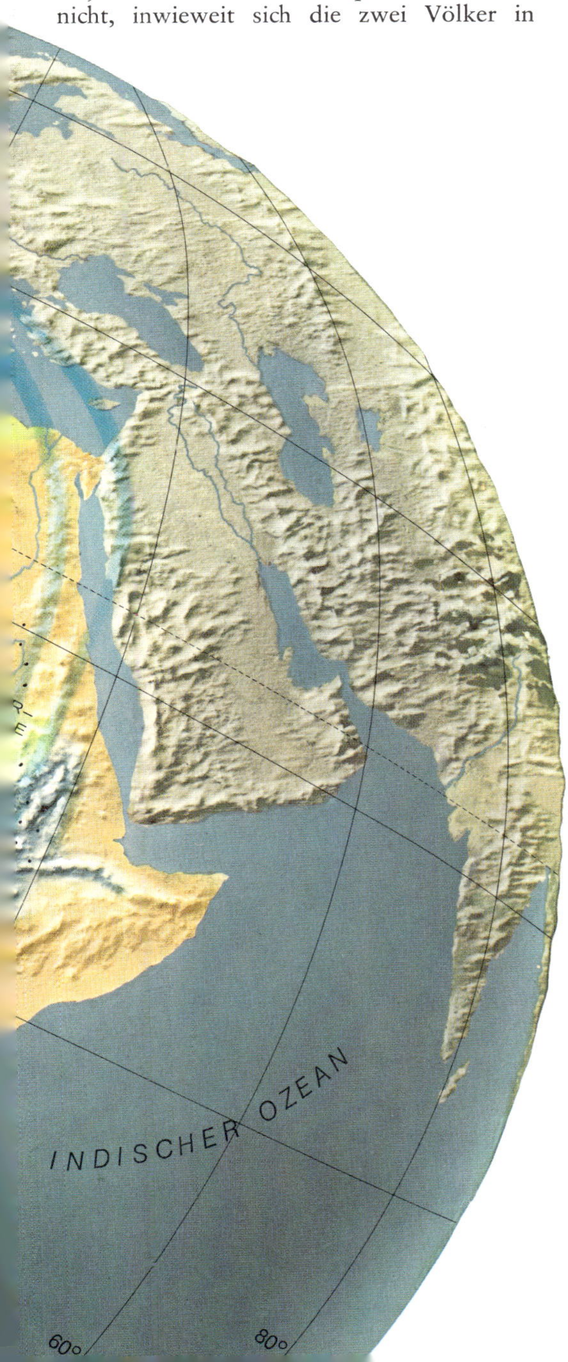

Die eingezeichneten Strecken sollen nur eine allgemeine Vorstellung vermitteln und sind nicht als festliegende Routen zu verstehen; die Dichte der Punkte deutet die relative Dichte der Vögel an.

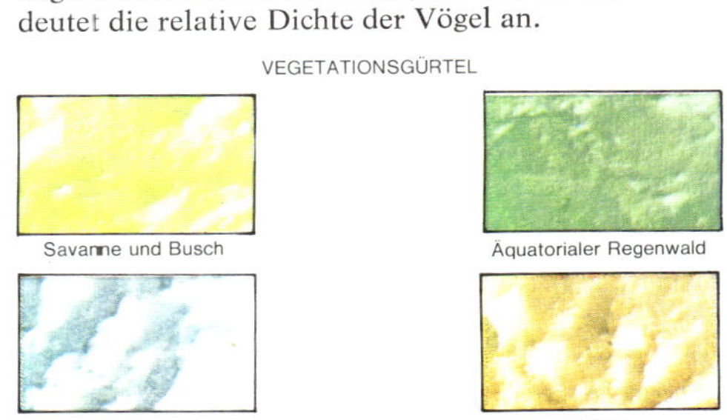

Durchzügler und Wintergäste

Im Herbst bahnt sich eine gigantische Verschiebung in der Vogelwelt Mitteleuropas an. Der Wegzug der Zugvögel oder Teilzieher schafft ein Vakuum, das einen Strom von Wanderern aus dem Norden anzieht, der sich über Mitteleuropa hinweg in die Mittelmeerländer und nach Schwarzafrika ergießt. In einer letzten Welle folgen die Wintergäste, die bis zum Frühling bei uns verweilen.

Welche Massen sich in jedem Jahr in beiderlei Richtung bewegen, läßt sich kaum abschätzen. Allein über die Sahara hinweg zieht jährlich zwischen August und Oktober eine runde Milliarde von Fernwanderern, die zum Teil bis Südafrika fliegen. Eleonorenfalken auf den Inseln des Mittelmeeres ernähren ihre Jungen nur mit diesen Herbstzüglern. Sie allein vertilgen jährlich in knapp zwei Monaten eine Million Singvögel – ein bescheidener Anteil am Strom der nach Afrika ziehenden europäischen Sommervögel.

Mancherorts bieten sich besonders günstige Möglichkeiten zu Beobachtungen des Massenzugs. Schon das Zusammenrotten der Stare zu Zehntausenden, das dem Wegzug vorausgeht, ist imponierend. An Schlafplätzen können sich Stare zu Hunderttausenden versammeln. Besonders eindrucksvoll konzentriert sich der Vogelzug aber an Leitlinien wie auf der Kurischen Nehrung oder über bestimmten Inseln wie Helgoland, weshalb man gerade hier Vogelwarten errichtet hat. Auf den Flächen des Wattenmeeres stellt sich das Millionenheer der Watvögel zur Rast ein.

Doch auch einzelne Vogelarten können den Durchzug bei uns anschaulich dokumentieren, besonders wenn es sich um Großvögel wie den Kranich handelt, die im Verband bei Tage ziehen. Kraniche überfliegen von Skandinavien her Westdeutschland auf bestimmten Zugstraßen, deren eine auch über Bonn führt.

Der Durchzug setzt schon frühzeitig ein, ja man kann große Kiebitzschwärme auf ihrem *Frühsommerzug* schon im Juni und Watvögel im Juli sehen, die meisten erscheinen freilich erst im August. Im September folgen die Entenvögel und die Hauptmasse der Kleinvögel, vor allem die Insektenfresser aus nordischen Ländern, und im Oktober sieht man allerorts in breiter Front Finken und Lerchen in Trupps und Schwärmen südwestwärts fliegen. Diesen Strom setzen dann Zug- und Strichvögel fort, die in Mitteleuropa einfallen, um hier zu überwintern. Zwischen Durchzüglern und Wintergästen besteht keine scharfe Trennung: Viele Ringeltauben aus dem nördlichen und nordöstlichen Europa ziehen über Mitteleuropa hinweg bis Südfrankreich und Spanien, aber Tausende überwintern schon im Rheinland. Lachmöwen wandern an unseren Flüssen süd- und westwärts über Mitteleuropa hinaus, das Gros aber stellt sich im Winter in den Großstädten ein. Wo Gewässer noch eisfrei sind, findet man Enten vieler Arten als Wintergäste und als Durchzügler.

Wintergäste bilden keine so einheitliche Gruppe wie die Sommervögel, die ja in jedem Jahr in der gleichen Artenzahl und -zusammensetzung bei uns brüten. Zu den Wintergästen zählen außer dem Gros der regelmäßigen Besucher, zu dem etwa die riesigen Scharen der Saatkrähen gehören, auch jene Arten, die sich nur in strengen Wintern bei uns einfinden, wie viele nordische Entenvögel und Seetaucher. Ganz regelmäßig stellen sich aber an bestimmten Winterplätzen im Bereich der Nordsee- und Ostseeküste jedes Jahr zur gleichen Zeit die gleiche Zahl von Gänsen und Schwänen ein, ja die gleichen Individuen, wie Ringfunde zeigen. Dieser jährliche Zugrhythmus ändert sich nur bei sehr starken Unterschieden im Winterklima oder durch menschliche Einwirkung. In manchen Jahren sind Invasionsvögel wie Rauhfußbussard, Sumpfohreule, Seidenschwanz und andere, sonst seltene oder ganz ausbleibende Arten häufige Wintergäste. Dazu kommen Irrgäste aus fernen Ländern.

Innerhalb Mitteleuropas findet im Winter noch eine Bewegung der Vogelwelt statt, die man als Landflucht bezeichnen kann. Wenn alle Felder tief verschneit sind, stellen sich viele Vögel, besonders die Körnerfresser unter den Singvögeln, in den Dörfern und Städten ein, wo sie an Misthaufen, Scheunen, in Gärten und vor allem am Futterbrett noch genügend zu fressen finden. Mit zunehmendem Verständnis für Vogelschutz nimmt die Zahl der Wintergäste in unseren Städten ständig zu. Eisfrei bleibende Gewässer innerhalb der Großstädte bilden eine Zuflucht für manche Wasservögel wie etwa Stockenten, Teichhühner und Zwergtaucher. Dazu gehören auch die Bläßhühner, die überdies im Bodensee einen Massenwinterungsplatz haben.

Schon vor Beginn des Frühlings setzt der Heimzug ein, je weiter südwärts desto früher. Als erste brechen Seetaucher, Schwäne und Gänse auf, ihnen folgen nordische Enten, Kiebitze und manche anderen Watvögel, Bergfinken und Rotdrosseln unter den Singvögeln. Aber schon im März stellen sich die ersten Sommervögel wieder bei uns ein, das sind Star, Hausrotschwanz, Singdrossel, Zilpzalp und Bachstelze, manchmal sogar schon eine Rauchschwalbe, und immer die Waldschnepfe als Frühlingsbote für den Jäger. Im April kommt das große Heer unserer Sommervögel heim, und Anfang Mai erscheinen die letzten wie Neuntöter und Gartengrasmücke. Mitte Mai ist der Heimzug bis auf Ausnahmen beendet; er ist rascher vonstatten gegangen als der Wegzug, die Vögel haben es eiliger, wieder an ihren Brutort zurückzukehren. Aber noch bis zum Juni ziehen etliche Vogelarten über ihre in Mitteleuropa brütenden Artgenossen hinweg ihren Nistplätzen im hohen Norden zu. Dann aber machen sich Kiebitzschwärme schon auf den Frühsommerzug, und in den ersten Augusttagen verschwinden bereits alle Mauersegler von ihren Brutplätzen bei uns. So bleibt kaum eine Spanne des Jahres ohne jeden Vogelzug oder Vogelstrich, wenn sich auch drei Monate klar als Zugmonate herausheben: der April im Frühjahr, September und Oktober im Herbst.

Die Punktierung erhebt keinen Anspruch auf Vollständigkeit und Genauigkeit, sie ist nur ein Anhalt, wobei aus der Dichte der Punkte auf die relativen Mengen geschlossen werden darf.

Orientierung der Vögel auf dem Zuge

GELÖSTE UND UNGELÖSTE RÄTSEL

Durch Beringen von Zugvögeln haben Wissenschaftler endlich entdeckt, wohin und auf welchen Wegen die meisten von ihnen fliegen, wenn sie Mitteleuropa verlassen. Einige Vögel legen die Entfernung zwischen ihrer Sommer- und Winterheimat so schnell zurück, daß sie eine fast schnurgerade Strecke fliegen müssen. Durch diese Entdeckungen konzentrierte sich die Aufmerksamkeit auf eines der spannendsten Rätsel in der ganzen Vogelkunde: Wie finden Zugvögel ihren Weg so sicher und anscheinend so mühelos?

Was der Mensch über die Vogelnavigation weiß, entstammt fast ausschließlich wissenschaftlichen Experimenten unter sorgfältig kontrollierten Voraussetzungen. Die Beobachtung der Vögel in der Natur verrät zwar, was sie leisten können; um aber festzustellen, wie sie dies fertigbringen, muß der Forscher eine künstliche Welt schaffen, in der er bestimmt, wann die Sonne auf- oder untergeht, wann Wolken den Himmel bedecken – und wann ein Sternbild das andere ablöst.

Start in der richtigen Richtung

Im Spätsommer brechen die erwachsenen Kuckucke zu einer Reise auf, die sie von Mitteleuropa über das Mittelmeer und die Sahara zu ihrer Winterherberge in Mittel- und Südafrika bringt. Einige Wochen später verlassen die jungen Kuckucke die Heimat ihrer Zieheltern und folgen den natürlichen Eltern. Obwohl die jungen Vögel die Reise noch nie gemacht haben, wenden sie sich prompt nach Süden und fliegen die richtige Strecke und das sogar bei Nacht, um an ein Ziel zu kommen, das für sie zwar neu, aber für die gesamte Art längst Tradition ist.

Tausende von Kuckucksgenerationen, die diesem von einem Jahr zum anderen unveränderten Reiseweg folgen, sind so zwischen Geburtsort und Winterquartier gependelt. Für einen Urahn in grauer Vorzeit dürfte dies einmal eine echte Entdeckungsreise gewesen sein. Die jungen Kuckucke von heute gehorchen wohl nur einem angeborenen Trieb: Eine bestimmte Entfernung in eine bestimmte Richtung zu fliegen ist für sie ebensowenig mehr eine Frage der Wahl wie die Färbung ihres Gefieders.

Diesen Instinkt teilen sie mit den Jungen vieler anderer Zugvögel. Wissenschaftler brachten junge Nebelkrähen, Weißstörche und Stare von ihren Geburtsorten in eine andere Gegend und stellten fest, daß sie in einer zur traditionellen Strecke parallel laufenden Richtung flogen und schließlich ebenso weit von der Winterherberge ihrer Artgenossen entfernt landeten, wie die Strecke zwischen Startplatz und Sommerheimat betrug.

Wann muß haltgemacht werden?

Bekanntlich werden auch gefangene Vögel kurz vor ihrer Zugzeit unruhig. Sie machen kurze Flüge in der einzuschlagenden Richtung und schwirren dann auf ihren Sitzstangen, wobei sie auch da die Richtung auf ihr Winterquartier einnehmen. In der freien Natur starten sie vermutlich in ihre Sommer- oder Winterheimat, sobald sie diese Zugunruhe nicht mehr länger bändigen können.

Der Wandertrieb bestimmt auch, wie weit sie fliegen sollen. Die Zugunruhe eines jun-

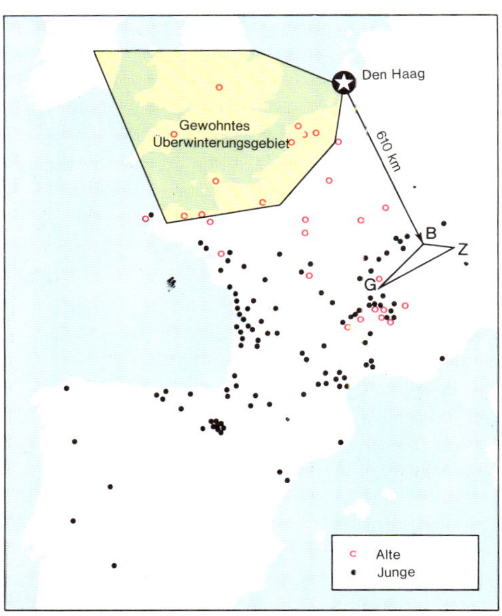

Richtungssinn bei alten und jungen Staren 1958 ließ der holländische Ornithologe Dr. A. C. Perdeck in Den Haag für ein Experiment über 11 000 Stare fangen, die dort auf Südwestkurs durchzogen, um an der belgisch-französischen Küste und in Südengland zu überwintern. Sie wurden ins Inland gebracht, beringt und schließlich bei Basel (B), Zürich (Z) und Genf (G) freigelassen. Von diesen fing man später 354 Vögel wieder ein. Die jungen Stare, die sich zum erstenmal auf dem Zuge befanden, waren zum größten Teil weiter südwestwärts geflogen; ihr Kurs lag parallel zu dem ‚richtigen'. Von den älteren Vögeln, die ihr Winterquartier mindestens zweimal schon besucht hatten, berücksichtigten viele ihre Versetzung ins Binnenland und flogen nordwestwärts. Die jungen Stare kehrten im folgenden Frühjahr an ihren Geburtsort zurück. Im Herbst aber flogen sie dorthin, wo sie zuletzt überwintert hatten.

Das Experiment zeigte, daß diesen jungen Staren der Instinkt, in eine bestimmte Richtung zu fliegen, angeboren war, wie man schon aus früheren Versetzungsversuchen an Nebelkrähen wußte. Die älteren Stare, die ihr Winterquartier schon aus früheren Jahren kannten, änderten dagegen die Flugrichtung, obwohl die nun zu verfolgende Route für sie völlig neu war.

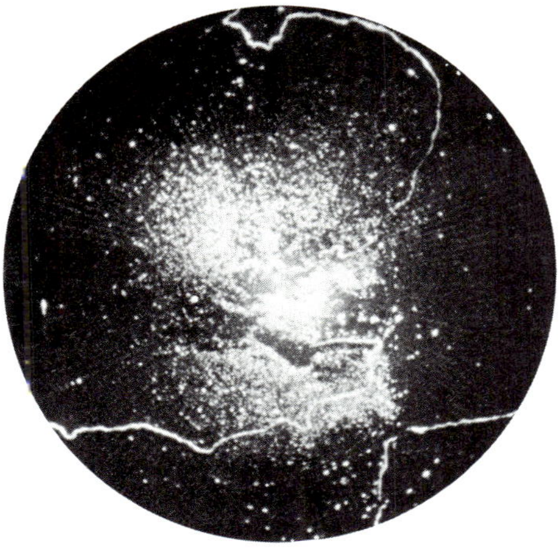

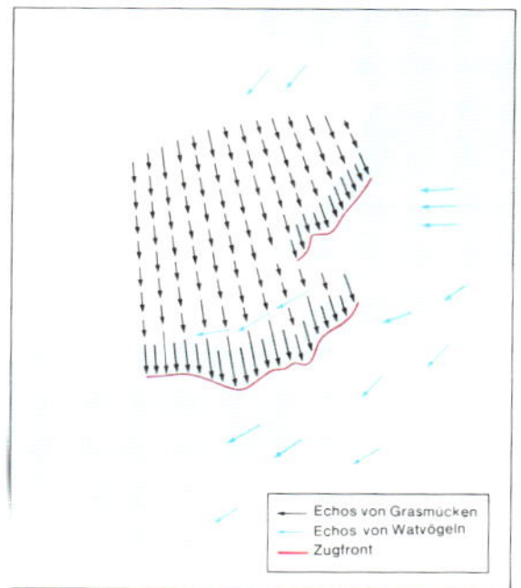

Vogelbeobachtung durch Radar Radaranlagen sind so leistungsfähig, daß sie einen 80 km entfernt in einer Höhe von 6500 m fliegenden einzelnen Vogel erfassen können. Der Bildschirm links fängt einen Ausschnitt des abendlichen Augusthimmels über Südostengland ein. Wie auf dem Schaubild verdeutlicht, zeigt der Bildschirm Vögel, wahrscheinlich Grasmücken, die in großen Scharen unmittelbar südlich von Ostanglien über den Ärmelkanal fliegen, wobei sie einen Vortrupp auf See hinausschieben. Eine kleinere Anzahl, wahrscheinlich Watvögel, wanderte über die Nordsee und an der französischen Küste entlang.

gen Kuckucks läßt nach, sobald er die richtige Entfernung zurückgelegt hat. Dann beruhigt sich der Vogel in einer Umgebung und einem Klima, die seinen Nahrungsgewohnheiten entsprechen.

Auch die Widerstandskraft eines Vogels paßt sich der Reisedauer an; die wochenlang gespeicherten Fettreserven sind nach einem bestimmten Flugpensum erschöpft, der Vogel muß dann bleiben, wo er gerade ist.

Sonne und Sterne führen in die Heimat

In den letzten 20 Jahren ist die Wissenschaft in der Erforschung des Richtungssinnes, der einen Vogel Tausende von Kilometern über unbekannte Länder und Meere führt, wesentlich weitergekommen.

Wenn Nebel oder schlechtes Wetter den Himmel verdunkeln, zerstreuen sich die Vögel oft in alle Richtungen, als ob sie etwas verwirrt hätte. Experimente haben bewiesen, daß dies deshalb geschieht, weil sie sich von der Sonne leiten lassen.

Ein deutscher Wissenschaftler, Dr. Gustav Kramer, brachte Stare, die die Wanderlust schon unruhig machte, in einen kreisförmigen Käfig, der nur durch die Sonne beleuchtet wurde. Sie flatterten prompt nach der Seite des Käfigs, die der Richtung entsprach, in der sie in der Freiheit geflogen wären. Wenn Dr. Kramer den Staren nun durch Umleitung der Sonnenstrahlen über einen Spiegel vortäuschte, die Sonne sei am Himmel weitergewandert, änderten sie ihre Richtung entsprechend. Sie stellten sich ständig auf den scheinbaren Stand der Sonne ein.

Ein anderer deutscher Forscher, Prof. Dr. Franz Sauer, leistete einen wesentlichen Beitrag zur Aufklärung, wie Nachtzugvögel ihre Richtung anpeilen. Er setzte Mönchsgrasmükken, Gartengrasmücken und Klappergrasmücken – sämtlich Nachtzieher – in einen Käfig, von dem aus die Vögel von der Außenwelt nur den Himmel sehen konnten. Solange sie die Sterne sahen, gelang es ihnen, sich zu orientieren; sie schienen aber verwirrt zu sein, wenn bei bedecktem Himmel oder zu hellem Mondschein die Sterne kaum sichtbar waren. Um zu prüfen, ob sich die Vögel nach den Sternen orientieren, brachte Sauer sie in ein Planetarium und projizierte im Frühling einen Frühlingshimmel an die Kuppel. Die Vögel wandten sich prompt in der Richtung, in der sie gewandert wären. Drehte er das Himmelsbild in verschiedene andere Richtungen, so drehten sich die Vögel mit wie Magnetnadeln, die man gewaltsam aus ihrer Richtung gebracht hat.

Um eine bestimmte Himmelsrichtung ohne Kompaß zu finden, richtet man den Stundenzeiger einer Uhr nach der Sonne. Auf der Nordhalbkugel zeigt dann stets die Linie, die den Winkel zwischen dem Stundenzeiger und 12 Uhr halbiert, genau nach Süden.

Die Tatsache, daß Vögel durch Beobachtung der Sonne und der Sterne einen Reiseweg festlegen und diesem folgen können, deutet darauf hin, daß sie so etwas wie eine innere Uhr haben und die Bewegung von Sonne und Sternen am Himmel berücksichtigen. Ein Vogel, der nach Süden fliegt, muß mittags die Sonne vor sich haben und, um auf Kurs zu bleiben, dann dafür sorgen, daß sie ihm mehr und mehr auf die rechte Schulter scheint, denn bis 15 Uhr hat sich die Sonne scheinbar um 45° nach Westen bewegt.

Man weiß zwar nicht, wie die ihm angeborene Fähigkeit, nach der Sonne und den Sternen zu fliegen, ursprünglich entstanden ist; aber sobald sie erst einmal entwickelt war, muß sie durch Auslese verstärkt worden sein, wobei die besseren Navigatoren die größere Chance hatten, zu überleben und Nachkommen zu hinterlassen. Trotzdem kann es vorkommen, daß es bei einzelnen Zugvögeln manchmal mit der Navigation hapert. Das zeigen die Irrgäste, die sich aus fernen Ländern gelegentlich nach Mitteleuropa verfliegen.

Das Zeitempfinden eines Vogels scheint von dem natürlichen sich wandelnden Tag-Nacht-Rhythmus abzuhängen. Zwei Stare wurden etwa zwei Wochen lang einem künstlichen Tagesablauf ausgesetzt, bei dem die Sonne sechs Stunden vor der natürlichen Zeit auf- und sechs Stunden danach unterging. Am Ende dieses Tests zeigte man den Vögeln die natürliche Sonne um 15 Uhr nachmittags, was 9 Uhr des künstlichen Tagesablaufs entsprach. Die Vögel drehten sich um 90° in die Richtung, in der sie hätten ziehen sollen – ein ‚Irrtum', der der Tatsache entsprach, daß ihre Uhren sechs Stunden nachgingen. Ähnlich verhielten sich Brieftauben bei Experimenten.

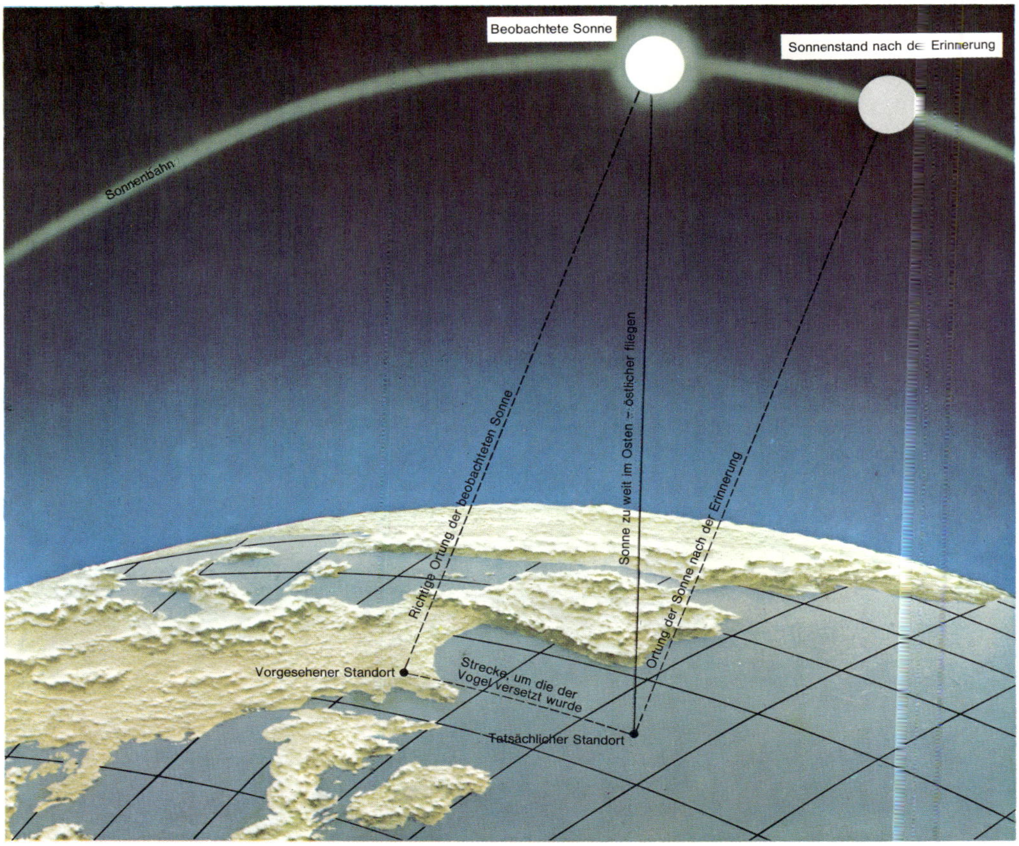

Der Heimkehrinstinkt: Berichtigung des Längengrades

DAS PROBLEM: Ein Vogel wurde aus seiner Heimat versetzt und befindet sich jetzt zu weit westlich.
DIE THEORIE: Er erinnert sich, wie jeweils die Sonne in der Heimat stand und merkt irgendwie, daß nun die Sonne scheinbar noch nicht weit genug auf ihrer Himmelsbahn gewandert ist, um ‚richtig' zu stehen.
DIE PRAXIS: Der Vogel fliegt ostwärts, bis die wirkliche Sonne auf ihrer Bahn genauso steht, wie die Sonne in seiner Erinnerung; damit ist der Vogel auf dem richtigen Längengrad zum Heimweg angelangt.

Die letzte Etappe der Reise

Die unfehlbare Genauigkeit, mit der Schwalben jedes Frühjahr zu ihren alten Nestern zurückkehren, hängt davon ab, daß sie auch den Ort wiedererkennen, wo sie sie gebaut hatten. Gewiß richtet sich ein Vogel mit seinem hervorragenden Sehvermögen auf den letzten Kilometern seiner Heimreise nach ein paar markanten Punkten, und viele Vögel haben bei kürzeren Überlandflügen wahrscheinlich auch keine bessere Orientierungsmethode. Brieftauben, die bis zu 20 km von ihrem Schlag aufgelassen werden, orientieren sich beim Rückflug an auffallenden Landmarken, die sie noch in Erinnerung haben. Viele Vögel können jedoch selbst dann noch heimfliegen, wenn sie durch stürmische Winde oder lange Nahrungssuche weit von den ihnen bekannten Gegenden abgelenkt werden. Um zurückzukehren, müssen sie tatsächlich genau ermitteln, wo sie sich im Verhältnis zu ihrem Heimatschlag befinden, und danach den Kurs festlegen. Diese Geschicklichkeit ist oft von Brieftauben unter Beweis gestellt worden. Die längsten ermittelten Strecken legten aber Meeresvögel zurück.

Man hat viele Theorien zur Erklärung des Heimkehrsinns der Vögel aufgestellt. Nach der einen fliegen sie aufs Geratewohl in alle möglichen Richtungen, und einige erreichen die Heimat, indem sie rein zufällig ihnen bereits bekannte Punkte im Landschaftsbild entdecken; diese Theorie berücksichtigt jedoch nicht die große Zahl von Vögeln, die erfolgreich heimkehren.

Man erklärt das Phänomen auch mit spiralenförmigem Flug, wo nach jedem Kreis ein noch breiterer Bereich umrundet wird; die Geschwindigkeit, mit der die Vögel zurückkehren, spricht aber gegen diese Theorie. Oder man meint, Vögel können sich an jede Kurve ihrer Hinreise erinnern. Wissenschaftler testeten diese Theorie, indem sie Vögel in verdunkelte Käfige auf rotierende

NÖRDLICHER

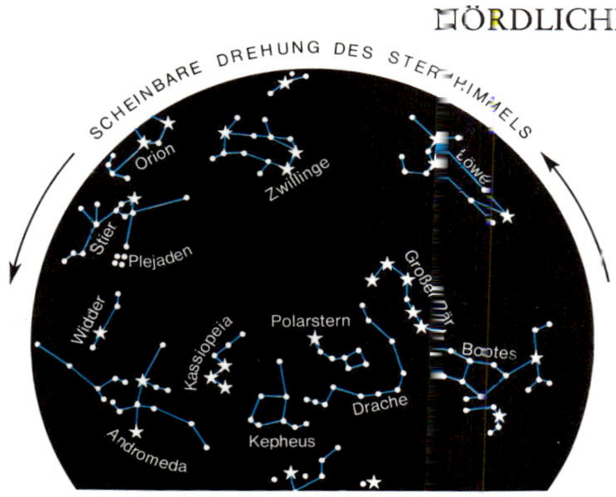

Im Frühling Stellung der Sterne, wie sie ein Zugvogel auf dem Nachtflug nach Mitteleuropa abends (20 Uhr) im März erblickt.

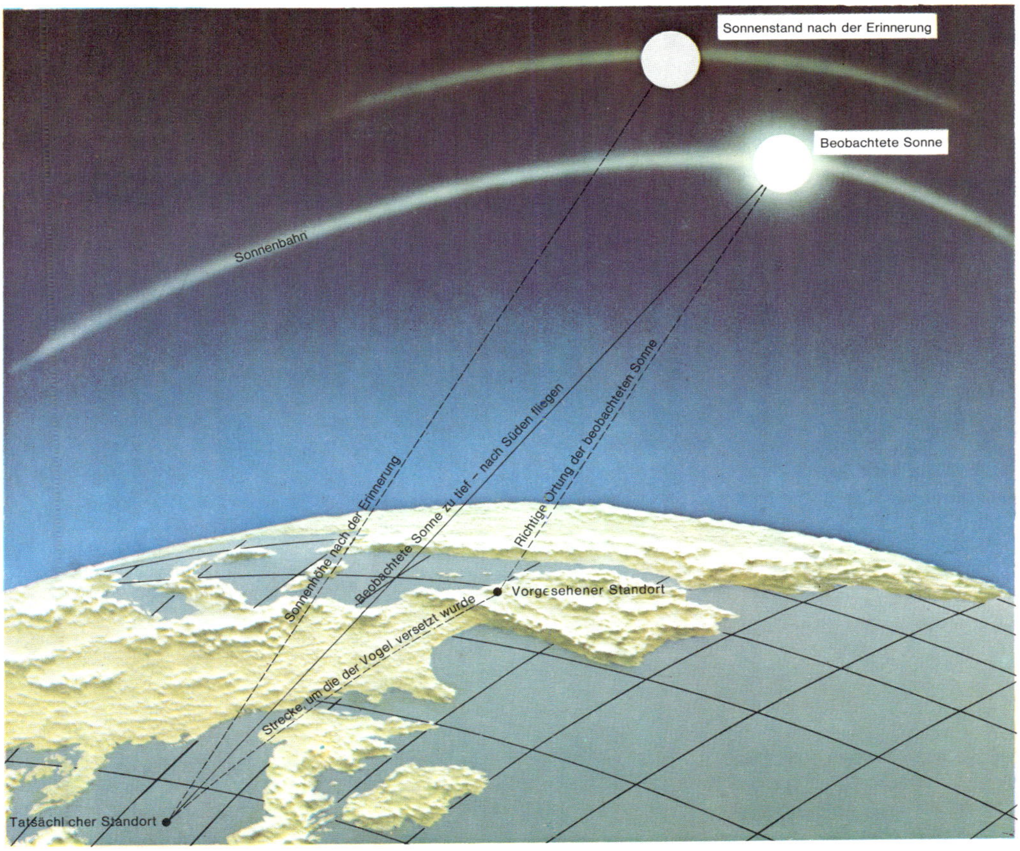

Der Heimkehrinstinkt: Berichtigung des Breitengrades

DAS PROBLEM: Ein Vogel wurde aus seiner Heimat versetzt und befindet sich jetzt zu weit nördlich.
DIE THEORIE: Er erinnert sich, wie hoch mittags die Sonne in der Heimat stand und merkt, daß die jetzt beobachtete Sonne nicht schnell genug steigt.
DIE PRAXIS: Der Vogel fliegt nach Süden, bis die wirkliche Sonne genauso schnell wie die Heimatsonne steigt. Jetzt ist er auf dem richtigen Breitengrad. Die Berichtigung des Längen- und Breitengrades wird hier nur der Verständlichkeit halber getrennt dargestellt.

Plattenspieler stellten und sie dann weit vom gewohnten Standort freiließen; die Vögel kehrten trotzdem heim. Nach noch komplizierteren Theorien sollen Vögel auf das Magnetfeld der Erde reagieren, was Prof. Dr. F. W. Merkel mit seinen Schülern in Frankfurt nachgewiesen hat, oder auf andere aus der Umdrehung der Erde sich ergebende Kräfte.

Am glaubhaftesten dürfte sein, daß sich Vögel wie bei der Steuerung eines festen Kurses nach Sonne und Sternen richten. Dazu müßten sie sich an deren Stellung zu jeder beliebigen Zeit daheim erinnern können. Der Unterschied zwischen dem Bild im Gedächtnis und der Beobachtung unterwegs würde ihnen sagen, in welcher Richtung sie fliegen müßten; und sie würden weiterfliegen, bis sie – wie ein Photograph mit dem Entfernungsmesser seiner Kamera – die zwei verschiedenen Bildeindrücke zusammengebracht hätten. Diese Theorie ist nur ein Modell nach unserer Vorstellung. Ob ein Vogel wirklich so navigieren kann, ist eben eines der Geheimnisse seines Verhaltens, und um dieses Geheimnis zu enträtseln, müßte der Mensch wie ein Vogel denken können.

STERNHIMMEL VON EINEM ZUGVOGEL GESEHEN

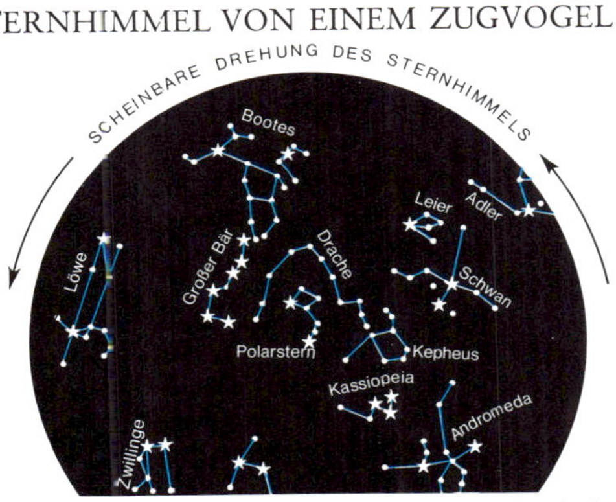

Im Frühling Am nächsten Morgen (4 Uhr) haben sich alle Sternbilder um den Polarstern gedreht.

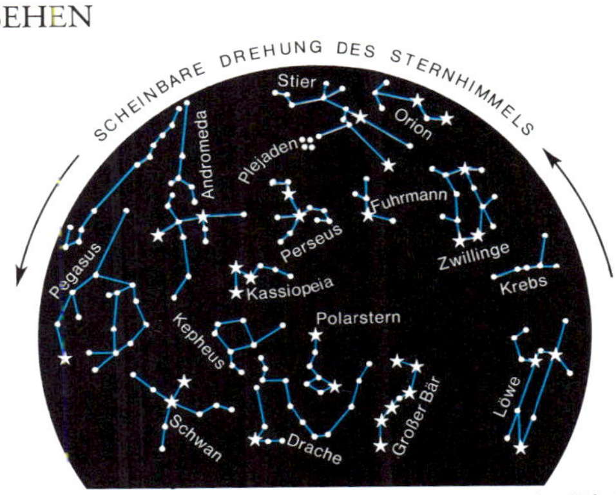

Im Herbst An einem Septembermorgen (4 Uhr) sieht ein Zugvogel auf dem Wege in sein Winterquartier den Sternhimmel so.

Fortbewegung auf dem Lande und im Wasser

BEINE, FÜSSE UND FLÜGEL FÜR BESONDERE AUFGABEN

Vögel haben mit erstaunlichem Erfolg die drei Elemente Luft, Land und Wasser genutzt. Allerdings ist das nur wenigen Arten überall gleich gut gelungen. Mauersegler gehören zu den besten Flugakrobaten; auf ihren schwachen Beinen können sie jedoch nicht laufen. Wie bei allen guten Schwimmern setzen bei Enten und Tauchern die Beine weit hinten an: deshalb gehen sie so grotesk ungeschickt. Andere Arten wie Strauße, Pinguine oder Kiwis haben sogar ihre Flugfähigkeit eingebüßt. Daß einige Vögel hüpfen, andere laufen hat nichts mit dem Grad ihrer Entwicklung zu tun. Unterschiede im Gang hängen grundsätzlich von den jeweiligen Bedürfnissen des Vogels ab.

Hüpfen, Gehen und Laufen

Ein Vogel, der die meiste Zeit in Bäumen oder Büschen verbringt, bewegt sich am besten hüpfend von Ast zu Ast. Zu ebener Erde ist Hüpfen unpraktisch und kraftzehrend. Bodenvögel wie Lerchen, Pieper und Stare hüpfen daher nicht, sondern laufen.

Normalerweise hat ein Vogelfuß vier Zehen, wovon eine nach hinten und die anderen drei nach vorn gerichtet sind. Bei Vögeln, die viel laufen, etwa beim Rebhuhn, ist die hintere Zehe zu einem Stumpf verkümmert und damit die den Boden berührende Fußsohle auf ein Minimum reduziert. Beim Sport erreicht der Sprinter das gleiche, indem er bei einem 100-m-Lauf nur mit den Fußballen den Boden berührt.

Lange Beine sind offensichtlich von Vorteil für Vögel wie Reiher, die in seichtem Gewässer waten, um ihre Beute aufzuspüren. Dagegen brauchen Vögel wie Finken und Meisen, die, an den Zehen hängend, von unten an ihre Nahrung herankommen, kurze Beine.

Abgesehen vom Gehen, Laufen, Hüpfen und Hocken können die Vogelfüße noch eine Menge anderer Aufgaben übernehmen.

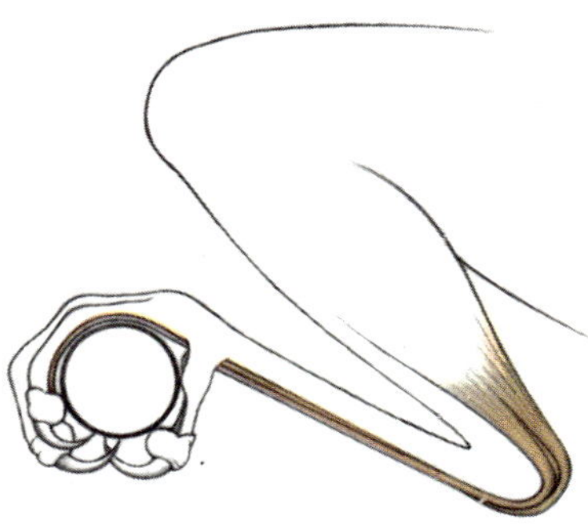

Griff eines auf einem Zweig sitzenden Vogels Läßt sich ein Vogel auf einem Zweig nieder, dann schließen sich seine Zehen fest um den Halt, denn die Sehnen, die auf der Rückseite des Beines bis zu den Zehen führen, werden automatisch durch den gebeugten Knöchel gespannt und krümmen die Zehen nach innen. Erst wenn der Vogel sich aufrichtet und dadurch die Sehnen entspannt, öffnen sie sich wieder.

Besondere Füße für besondere Zwecke

Die Zehen des Fasans haben starke Krallen, damit er durch Scharren am Boden an Wurzeln, Regenwürmer und sonstige Nahrung herankommen kann; an den Beinen hat der Hahn noch scharfe Sporen, die er beim Kämpfen benutzt. Die kräftigen Krallen von Adler, Habicht, Fischadler oder Uhu dienen zum Greifen und Töten der Beute.

Spechte haben für das Baumklettern ausgebildete Füße mit zwei zum Abstützen nach hinten gerichteten Zehen; beim Mauersegler zeigen alle vier Zehen nach vorn, wodurch er sich besser auf kleinen Unebenheiten senkrechter Flächen festhalten kann. Schwimmvögel wiederum könnten sich im Wasser nicht ohne ihre Schwimmfüße oder paddelförmigen Zehen bewegen. Bei Rotschenkeln und den meisten anderen Watvögeln wie auch bei Wasserrallen vergrößern lange, breit gespreizte Zehen die Fußfläche beim Auftreten, damit sie im weichen Schlamm nicht so leicht einsinken. Im Winter wachsen Alpenschneehühnern dichte Federn und Auerhühnern Hornfransen (*Balzstifte* der Jägersprache) an den Zehen – sie laufen dann wie auf Schneereifen und sinken wenig ein.

Vögel benutzen die Füße außerdem zum Kratzen und zum Putzen. Reiher und Ziegenmelker haben die sogenannte Putzkralle: die Kralle der Mittelzehe ist innen gekerbt und stellt einen sehr brauchbaren Kamm dar.

Beine zum Schwimmen und Tauchen

Vogelbeine sind als Ruder leistungsfähiger, wenn sie, wie bei den Enten und Gänsen, weit hinten am Körper ansetzen. Bei der Fortbewegung an Land ist das allerdings von Nachteil, denn die Beine sind zu weit vom Schwerpunkt des Körpers entfernt.

Wegen der leichten dünnen Knochen, der großen Luftsäcke, der Fett- und Federschichten (die wiederum eine Luftschicht einschließen) hat der Vogelkörper ein geringes spezifisches Gewicht, das bei Möwen etwa 0,5 beträgt. Seeschwalben und Baßtölpel nutzen den Schwung des Sturzfluges aus, um die Oberfläche des Wassers zu durchstoßen; Vögel aber, die von der Oberfläche aus tauchen, müssen auf andere Weise nach unten gelangen. Bei Lappentauchern und Tauchenten sitzen deshalb die Beine am Ende des Körpers, wo sie ungehindert ihre Kraft entfalten können wie der Propeller eines Schiffs am Heck. Unterwasserschwimmer haben viele andere Möglichkeiten, um den Auftrieb zu verringern. Sie sind gewöhnlich schwerer als Landvögel vergleichbarer Größe und können ihr spezifisches Gewicht (beim Rothalstaucher beträgt es 0,97) noch weiter erhöhen, indem sie Federn und Luftsäcke zusammendrücken und die Luft herauspressen. So macht es der Zwergtaucher, wenn er sich in verschiedenen Wassertiefen treiben läßt. Die

DIE FÜSSE VON LANDVÖGELN

Ein Vogel geht auf seinen Zehen und nicht auf der ganzen Fußfläche; was man für das Kniegelenk hält, ist tatsächlich eher die Ferse. Die meisten Vögel haben vier Zehen, von denen eine, die sogenannte Hallux, im allgemeinen nach hinten gerichtet ist. Von dieser Regel gibt es jedoch viele Abweichungen, denn Beine und Füße entsprechen jeweils dem Umstand, wie, wo und wovon ein Vogel lebt.

Laufen Die hintere Kralle des Wiesenpiepers ist verlängert, um ihn zu stützen und um zu verhindern, daß er nach hinten fällt.

Rennen Beim Rebhuhn, das viel und schnell läuft, ist die Hinterzehe verkürzt, so daß weniger Fußfläche mit dem Boden in Berührung kommt.

Sitzen Die Hinterzehe des Grünlings krümmt sich, bis sie die Vorderzehe erreicht, und gibt dadurch dem Vogel auf seinem Ast den nötigen Halt.

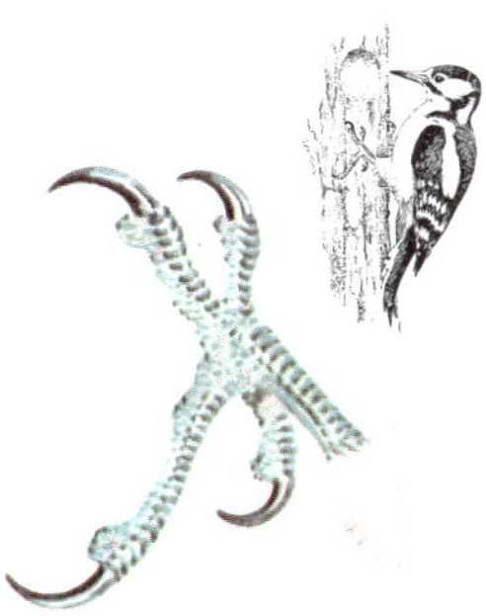

Klettern Mit den starken Krallen und zwei nach hinten gerichteten Zehen kann der Specht in die rissigen Borken greifen und sicher klettern.

Anklammern Beim Mauersegler dienen die Krallen seiner vier nach vorn gerichteten Zehen als Haken, womit er sich an fast senkrechte Flächen klammert.

Jagen Die kraftvollen Krallen des Adlers dienen sowohl zum Sitzen als auch zum Greifen und Töten seiner Beute.

DIE FÜSSE VON VÖGELN, DIE AM WASSER LEBEN

Waten Der Rotschenkel hat lange, weit auseinandergespreizte Zehen, mit denen er auf weichem Schlamm gehen kann, ohne einzusinken.

Fischen Die Schuppen an den Füßen des Fischadlers sind mit kleinen Haken versehen, damit er schlüpfrige Fische fassen und tragen kann.

An den Ufern von Gewässern sind die Bodenverhältnisse sehr unterschiedlich: die Ausbildung der Vogelfüße trägt dieser Tatsache Rechnung. In einer Gegend kann das Ufer fest und trocken sein, in einer anderen weich und sumpfig. Der Nahrungserwerb der Ufervögel ist ebenfalls sehr verschieden. Rotschenkel waten in die seichten Gewässer und suchen sich dort kleine Wassertiere; Fischadler kreisen über dem Wasser und warten auf die Gelegenheit, sich auf Fische zu stürzen; Möwen suchen ihre Nahrung an der Gezeitengrenze.

Wasseramsel kann sogar auf dem Boden eines Sturzbaches laufen, indem sie sich gegen die Strömung wendet, den Rücken schräg aufwärts richtet und sich so von der Strömung herunterdrücken läßt.

Vögel, die normalerweise nicht tauchen, sondern sich von dem nähren, was sie an der Oberfläche finden, bleiben notfalls auch für kurze Zeit unter Wasser. Stockenten tauchen wie alle Schwimmenten gelegentlich, um Angreifern zu entgehen.

Einige Vögel – vornehmlich Kormorane und Alken – bewegen sich unter Wasser durch Flügelschlagen statt Fußbewegungen fort. Bei Papageitauchern, Trottellummen und Tordalken haben sich die Flügel zu stark muskulösen, ruderblattförmigen Gebilden entwickelt und dadurch etwas von ihrer Eignung zum Fliegen eingebüßt. Der heute ausgestorbene Riesenalk hatte sein Flugvermögen sogar ganz verloren – wie alle Pinguine in der Antarktis. Einige Entenarten, die wie Trauer- und Samtenten sich vorwiegend auf dem Meer aufhalten, schwimmen unter Wasser sowohl mit den Beinen als auch mit den Flügeln.

Tauchtiefe

Wenige Tauchvögel gehen regelmäßig tiefer als 6 m; innerhalb dieser Grenze suchen die einzelnen Arten meist verschiedene Schichten auf, so daß jede ihre eigene Unterwasserzone für die Nahrungssuche hat.

Am flachsten tauchen Vögel, die sich aus der Luft auf ihre Beute stürzen: Möwen und Seeschwalben greifen sich Fische aus der obersten Schicht; Baßtölpel gehen gewöhnlich nicht tiefer als 1 m. Die Schichten darunter suchen Vögel auf, die von der Wasseroberfläche aus tauchen: Tafelenten fischen sich ihre Nahrung aus einer Tiefe zwischen 1 m und 2,50 m, Gänsesäger, Schellenten und Reiherenten aus 2–4 m Tiefe, einige marine Tauchenten aus jeder beliebigen Tiefe bis zu 5 m, Bergenten aus 2–5 m und Eiderenten aus 3–6 m Tiefe.

Manche tauchen noch tiefer. Eisenten halten vielleicht den Rekord: sie suchen sich Schnecken und Muscheln am Meeresboden und wurden schon bis zu 60 m tief beobachtet. Eistaucher fischen normalerweise in Tiefen zwischen 6 und 20 m, Tordalken und Trottellummen zwischen 10 und 1[illegible] m, Kormorane wurden in Netzen in mehr als 40 m Tiefe gefangen.

Jahrhundertelang fischte man in China und Japan mit Kormoranen; man legte ihnen Leinen an die Beine und einen Ring um den Hals, der so eng war, daß sie die Fische nicht hinunterschlucken konnten. In Japan hat sich dieser Brauch bis heute als Touristenattraktion gehalten.

DIE FÜSSE VON SCHWIMMVÖGELN

Die Zehen der Schwimmvögel sind entweder durch eine Haut miteinander verbunden oder, jede für sich, ruderblattförmig verbreitert. Um leistungsfähig zu sein, müssen beide Fußtypen beim Antrieb (Rückstoß) möglichst viel und beim Vorholen möglichst wenig Wasser bewegen. Die Menge Wasser, die durch den ausgespreizten Fuß beim Rückstoß verdrängt werden kann, gibt einen ungefähren Anhaltspunkt, wie wichtig das Schwimmen für die jeweilige Vogelart ist.

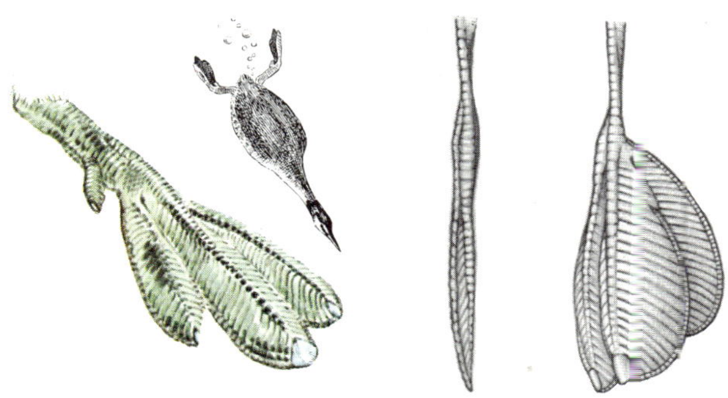

Arbeitsweise der paddelförmigen Zehen eines Lappentauchers Der Haubentaucher spreizt zunächst die Lappen an den Füßen, um dem Antrieb die größtmögliche Wirkung zu verleihen (links). Dann werden die Lappen zusammengefaltet (Seitenansicht: rechts), um beim Vorholen einen möglichst kleinen Widerstand zu bieten (Frontansicht: Mitte).

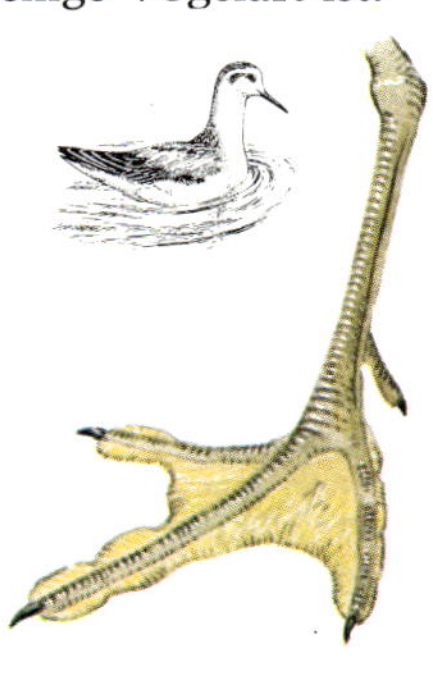

Unvollständige Schwimmhäute Das Odinshühnchen, ein Watvogel, der sich seine Nahrung aus dem Wasser holt, hat unvollständige Schwimmhäute, mit denen es schwimmen kann.

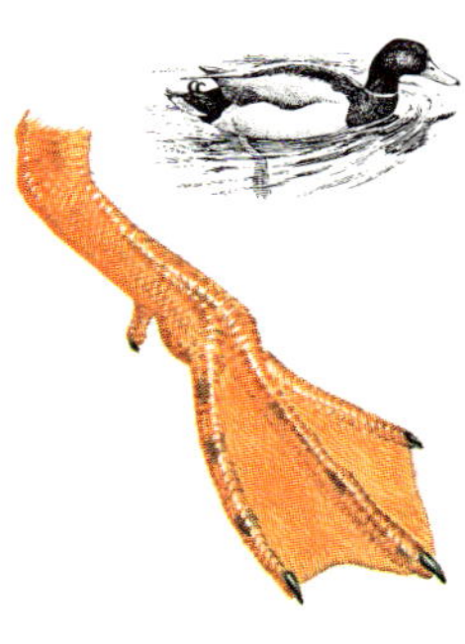

Schwimmhäute zwischen drei Zehen Bei der Stockente vergrößern Schwimmhäute zwischen drei Zehen die Fläche des Fußes, der beim Vorwärtsschlag zusammengefaltet wird.

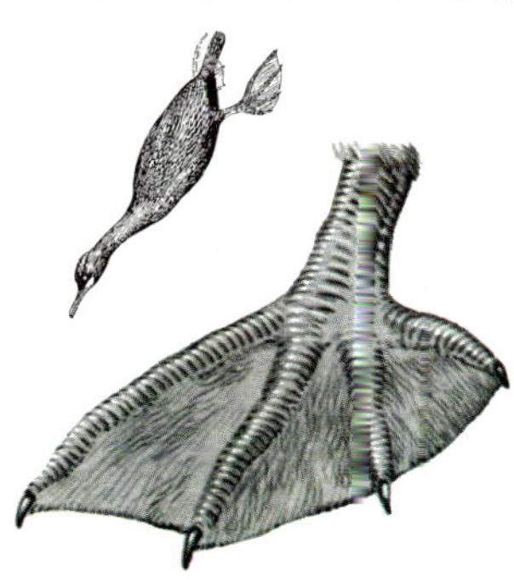

Schwimmhäute zwischen vier Zehen Kormorane und Krähenscharben schwimmen ausgezeichnet unter Wasser, da ihre Füße zwischen allen vier Zehen Schwimmhäute haben.

Die Gesellschaft der Vögel

So wie Menschen aufeinander angewiesen sind, kann auch kein Vogel für sich allein existieren. Deshalb muß man das in Laboratorien untersuchte Verhalten isolierter Vögel – und man hat auf diese Weise schon viel in Erfahrung gebracht – ständig anhand von geduldigen Beobachtungen in freier Natur überprüfen. Auf den folgenden Seiten ist das Schwergewicht darauf gelegt, wie sich Vögel in ihrer natürlichen Umgebung und unter anderen Vögeln verhalten.

INHALT

Der Instinkt und das Lernen

WIE VÖGEL DEN LEBENSKAMPF MEISTERN

Schon wenn ein Vogel aus dem Ei zu schlüpfen beginnt, verhält er sich instinktiv. Der Instinkt sagt ihm auch, wie er die Nahrung von seinen Eltern entgegenzunehmen hat, wie und wann er nach dem Süden ziehen muß. Ein Vogel singt instinktiv, und ebenso instinktiv pickt er nach Nahrung, bedroht Nebenbuhler und lockt ein Weibchen an; aus Instinkt weiß er endlich, wie er sein Nest zu bauen und seine Jungen aufzuziehen hat.

Fast alle diese angeborenen Instinkte lassen sich durch Lernen vervollkommnen. Indem der Vogel Erfahrungen verwertet und das Gelernte anwendet, ändert er seine Verhaltensweise oder erwirbt neue Fertigkeiten. Die Lernfähigkeit der Vögel ist jedoch im Vergleich mit den meisten Säugetieren begrenzt, und die Grenzen sind nicht nur durch die Größe des Vogelgehirns bedingt.

Wie intelligent sind Vögel?

Neuere Versuche lassen darauf schließen, daß der Lernprozeß bei Vögeln und Säugetieren von verschiedenen Teilen des Gehirns gesteuert wird. Bei beiden besteht das Großhirn, also der vordere Teil des Gehirns, aus zwei Hauptabschnitten, der Cortex (Hirnrinde) und dem Corpus striatum (Streifenhügel). Je ‚intelligenter' eine Säugetierart ist (wobei man unter Intelligenz den Leistungsumfang bei Intelligenztests auf Laborbasis versteht), desto dicker und höher entwickelt ist auch die Cortex.

Bei Vögeln ist die Hirnrinde lediglich eine dünne ungefurchte Schicht. Das Corpus striatum darunter, das Kontrollzentrum für instinktives Verhalten, ist dagegen gut entwickelt. Früher glaubte man, daß die Intelligenz der Vögel infolge der schwachen Ausbildung der Hirnrinde gering sei. Die ersten Forscher, die sich mit dem Verhalten der Vögel beschäftigten, betonten deshalb verständlicherweise den Instinkt, während sie die Bedeutung des Lernens bei Vögeln unterschätzten. Beide Quellen des Verhaltens galten als im Wesen sehr verschieden und voneinander weitgehend unabhängig.

Vögel sind jedoch intelligenter als man annahm (Kolkraben haben bei Laborversuchen bis acht gezählt), und ein Großteil ihres Verhaltens in freier Natur ist eine Mischung aus Angeborenem und Erlerntem.

Man weiß heute, daß das Gehirn eines Vogels anders funktioniert als das eines Säugetieres, daß also die schwache Ausbildung der Hirnrinde beim Vogel seine Lernfähigkeit nicht einschränkt. Diese Fähigkeit scheint mit der Entwicklung eines Teils des Corpus striatum zusammenzuhängen, der als Hyperstriatum bezeichnet wird, sowie mit einer darauf befindlichen Anschwellung, dem sogenannten Wulst.

Instinktives Verhalten ist dem Vogel angeboren, er hat es ererbt, und ihm bleibt keine andere Wahl, als den Instinkten zu folgen, die er mit seinen Artgenossen gemein hat. Übersetzt in die Sprache der modernen Kommunikation heißt das: Die Antwort auf eine bestimmte Reizsituation ist dem Vogel durch ein angeborenes Programm in sein Zentralnervensystem eingegeben, es handelt sich um einen arteigenen Erfahrungsschatz, der in der Erbmasse von Generation zu Generation weitergegeben wird. Selbst ein isoliert aufgezogener Vogel verhält sich wie seine Artgenossen; ein Zaunkönig etwa

DAS GEHIRN DES VOGELS

Im Verhältnis zu ihrem Körpervolumen ist das Gehirn von Vögeln größer als bei anderen Wirbeltieren mit Ausnahme der Säugetiere. Die Hauptabschnitte des Gehirns und ihre Funktion sind folgende:

KLEINHIRN: bei Vögeln groß und gut entwickelt; sorgt für Gleichgewicht und koordiniert die komplexen Bewegungen des Vogels im Fluge.

HIRNRINDE (CORTEX): bei Vögeln glatt und schwach ausgebildet, in der Abbildung leicht angehoben, um zu zeigen, daß es sich nur um eine dünne Schicht handelt. Bei Säugetieren ist die dickere und stark gefaltete Hirnrinde der Sitz von Intelligenz und Lernfähigkeit.

CORPUS STRIATUM: liegt unter der Hirnrinde und stellt eine komplexe Masse von Nervenzellen dar, die das Instinktverhalten steuern.

HYPERSTRIATUM: Teil des Corpus striatum, in dem die Lernvorgänge bei den Vögeln abzulaufen scheinen.

WULST: Wölbung auf dem Hyperstriatum; mit ihm hängt die Lernfähigkeit zusammen.

SEHLAPPEN: empfängt von den Augen übermittelte Nachrichten und wertet sie aus.

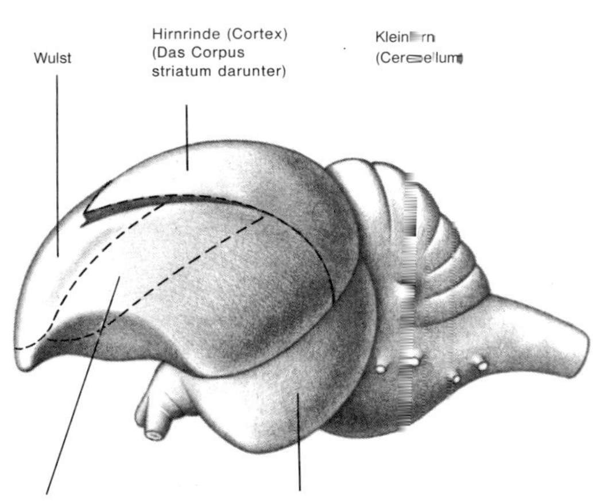

(Abbildung nach einer Skizze aus *The Brain of Birds* von Laurence Jay Stettner und Kenneth A. Matyniak. Copyright © 1968 by Scientific American, Inc. Alle Rechte vorbehalten.)

braucht keinen Gesangsunterricht, um so zu singen wie andere Zaunkönige.

Im Experiment konnte Erich von Holst zeigen, daß durch elektrische Reizung des Stammhirnes der Hühner ganz bestimmte Verhaltensweisen ausgelöst werden.

Auslöser

Die meisten Instinktreaktionen bei Vögeln werden durch einen einfachen Reiz ausgelöst. Geht der Reiz von einem Artgenossen aus, spricht man von einem sozialen oder spezifischen Auslöser. Die rote Brust des Rotkehlchens ist ein solcher Auslöser, denn ein Rotkehlchen, das sein Revier verteidigt, sieht buchstäblich *rot:* es reagiert auf Rot aggressiv und wird sogar ein Bündel roter Federn an einem Draht angreifen.

Die gleiche Farbe löst beim Jungen der Silbermöwe andere Handlungen aus – es hackt nach dem roten Punkt am Ende des Schnabels der Mutter und reizt sie so zum Wiederausstoßen der Nahrung. Es kann dazu gebracht werden, nach anderen Gegenständen zu picken, etwa nach einem Bleistift, an dessen Ende sich ein roter Punkt befindet. Sowohl bei dem angriffslustigen Rotkehlchen als auch bei dem hungrigen Möwenjungen erfolgt die Reaktion auf den Reiz automatisch und zwangsläufig, sie ist nicht das Ergebnis denkender und abwägender Entscheidung. Ein Rotkehlchen wird aber letzten Endes doch aufhören, die roten Federn anzugreifen, wenn sich der Reiz allmählich erschöpft hat.

Die furchterregende Gestalt

Die Fähigkeit, auf bestimmte Reize anzusprechen, ist angeboren, wie in den häufigen Fällen, bei denen der Reiz von einem Vogel einer anderen Art kommt. Hühnervögel und einige andere Arten haben beispielsweise eine instinktive Angst vor Umrissen bestimmter Gestalt, wie etwa denen eines fliegenden Habichts oder einer sitzenden Eule.

Jungvögel reagieren instinktiv auf die Alarmrufe ihrer Eltern. Viele Vögel haben Alarmrufe entwickelt, die je nach Art der Bedrohung verschieden sind, und ihre Jungen kennen, ohne es gelernt zu haben, die Bedeutung jedes Rufes.

Wenn ein Fuchs erscheint, stößt das Haushuhn einen Ruf aus, der Gefahr von einem Bodenfeind anzeigt, und die Küken bleiben wie angewurzelt stehen, wo sie gerade sind – durch ihre Bewegungslosigkeit können sie der Entdeckung entgehen. Ist jedoch ein Sperber im Begriff herabzustoßen, dann läßt die Henne einen andersartigen Schrei ertönen, gewissermaßen einen Fliegeralarm, und als Reaktion darauf stieben die Küken auseinander und suchen Deckung.

Der Instinkt sagt dem Vogel nicht nur, was er tun muß, sondern auch, was er zu lassen hat. Das instinktive Widerstreben von Vögeln, die Augen anzugreifen (selbst von anderen Tieren), ist von Wert, wenn Junge in einem Nest zusammengedrängt sind.

Angeboren ist im wesentlichen auch jedes Ausdrucksgehabe – besondere Haltungen, Bewegungen, Lieder und Rufe, mit denen Vögel ihr Revier gegen Rivalen der gleichen Art verteidigen und Partner anlocken.

Zuweilen ist auch Lernen mit im Spiel, denn die Jungen vieler Seevögel, die einige Jahre warten, ehe sie brüten, können die Posen des Werbens und der Revierverteidigung bei erwachsenen Vögeln beobachten.

Wahres Imponiergehabe ist stereotyp; es charakterisiert eine Vogelart genauso wie ihr Gefieder. Es ist auch in starkem Maße ritualisiert. Zahlreiche Werbezeremonien von Enten enthalten Elemente, die von Bewegungen etwa des Putzens und des Trinkens herstammen. Im Verlaufe der Evolution haben sich solche Handlungen in der Form geändert – durch Übertreibung, größere oder geringere Geschwindigkeit, rhythmische Wiederholung usw. –, bis der Symbolcharakter so stark wurde, daß der Ursprung nicht mehr klar zu erkennen ist, die ursprüngliche Verhaltensweise mit ganz anderer Bedeutung also in ein Ritual aufgenommen wurde.

Irreführende Instinkte

Obgleich Instinkte im allgemeinen gute Dienste leisten – es sind ja Produkte der natürlichen Auslese –, ist den Interessen eines einzelnen Vogels damit nicht immer am besten gedient, weil Instinkte nicht flexibel sind. Der Instinkt sagt Wiesenpiepereltern, daß sie Nahrung in die weit aufgesperrten Schnäbel ihrer Jungen stopfen müssen; er gebietet ihnen sogar noch dringender, den noch größeren Schnabel eines jungen Kuckucks zu stopfen, auch wenn die eigenen Jungen aus dem Nest gestoßen wurden und – sofern sie noch leben – vergeblich um Nahrung betteln. Der Instinkt sagt der Saatkrähe, daß sie zu Beginn des Nestbaues Reiser über die gegabelten Äste eines Baumes zu legen hat; er sagt ihr aber nicht, daß die Reiser länger sein müssen als die zu überbrückende Lücke – mit dem Ergebnis, daß sie Energie verschwendet.

Dressur

Der wertvollste Beitrag, den wissenschaftliche Lerntheorien zum Verständnis des Verhaltens von Vögeln in ihrer natürlichen Umgebung erbracht haben, ist die Erkenntnis, wie wichtig die sogenannte Dressur ist. Hierbei wird ein zunächst blinder oder ungerichteter Instinkt so an eine bestimmte Reizsituation als Auslöser gebunden, daß er sich für den betreffenden Vogel als vorteilhaft erweist.

Ein gutes Beispiel für den Dressurvorgang ist die Art und Weise, wie ein Vogel die richtigen Reizmomente für die verschiedenen Handlungen erlernt, die zur Pflege seines Gefieders nötig sind. Es gibt gute Gründe für die Annahme, daß Wasserbad, Sonnenbad, Staubbad und Einemsen instinktiver Natur sind, denn sie werden auch von isoliert aufwachsenden Vögeln ausgeführt. Aber während der unerfahrene Vogel zwar weiß, wie diese Instinkthandlungen auszuführen sind, erkennt er zunächst noch nicht, daß er Wasser zum Baden und Sonnenschein zum Sonnen, feine Erde für ein Staubbad und Arbeiterameisen für das Einemsen braucht.

Eine junge Singdrossel, die zum erstenmal badet, wenn Regentropfen auf ihren Rücken spritzen, verbindet dieses Erlebnis anfänglich nicht mit der vor ihr liegenden Pfütze. Der Vogel führt alle Badebewegungen auf trockenem Boden aus! Die Feuchte des Regens löst als Reiz das mit dem Baden verbundene Verhaltensschema aus; doch der Vogel muß erst durch Erfahrung lernen, daß er in einer Pfütze oder in einem Teich baden kann.

Ebenso lösen Reize wie die Wärme der Sonne, die körnige Struktur des Staubes und der Geruch der Ameisensäure die jeweils erste instinkthafte Anwendung dieser übrigen Methoden der Federpflege aus. Diese Reize sind später nicht mehr nötig, wenn der Vogel gelernt hat, allein schon beim Anblick dieser Reizquellen so zu reagieren wie auf den eigentlichen Reiz.

Bei den meisten alltäglichen Verhaltensschemen in der freien Natur, einschließlich der Nahrungsaufnahme und des Trinkens, handelt es sich um einfache positive Dressur; sie setzt sich während des ganzen Lebens des Vogels in der einen oder anderen Form fort, wobei der Vogel sich seiner Umgebung immer besser anpaßt.

Unter anomalen Umständen kann die Dressur auch dazu führen, daß ein Vogel auf einen anomalen Reiz reagiert. Eine in Gefangenschaft lebende Blaumeise sonnte sich unter einer Glühbirne, und Haussperlinge sollen in Zuckerdosen gebadet haben.

Saatkrähen erlernen normalerweise das Einemsen, wenn sie sich mitten in einen Schwarm von Ameisen hineinhocken, die die scharf riechende Ameisensäure absondern. Da dieser Reiz bei einer von Menschen aufgezogenen Saatkrähe fehlte, lernte sie, sich in angebranntem Stroh zu wälzen; der Rauch von Stroh kann die gleiche Reizwirkung wie der Geruch von Ameisensäure besitzen.

Gewöhnung und Prägung

Gewöhnung, die negative oder passive Form der Dressur, ermöglicht es einem Vogel, einen Reiz unbeachtet zu lassen, der erfahrungsgemäß nichts zu bedeuten hat. Ein junger Vogel wird zunächst durch zahllose unvertraute Gegenstände erschreckt, lernt jedoch allmählich, nicht vor solchen zu fliehen, die sich als harmlos herausstellen. Dieser Prozeß spielt eine Rolle, wenn Wildvögel zahm werden.

Bei einer weiteren Form der Dressur, der *Prägung*, lernen die Jungen in einer zeitlich begrenzten sensiblen Phase etwas, was sie oft das ganze Leben lang behalten. Man kann Prägung auch als einen Lernvorgang in einer kurzen, manchmal auf Minuten beschränkten frühkindlichen Zeit bezeichnen.

Frisch geschlüpfte Enten- und Gänseküken haben keine Ahnung, wie ihre Eltern aussehen, wenn sie getrennt von ihren Artgenossen aufgezogen werden; bei ihnen entwickelt sich entweder überhaupt keine Familienabhängigkeit, oder sie sehen andere Tiere, ja sogar leblose Gegenstände, als ihre eigene Art an. Selbst ein Mensch kann sich, wie Konrad Lorenz zuerst bei Graugänsen entdeckte, einem frisch ausgebrüteten Entenküken einprägen, indem er es führt, auf Händen und Füßen kriecht und Quakgeräusche ausstößt; das Quaken ist für die Prägung nicht einmal unbedingt erforderlich. Es wird sogar von einem Fall berichtet, daß Entenküken hinter einem Fußball herwatschelten.

Lernen durch Nachahmung

Allgemein gilt die Regel, daß junge Vögel nicht durch Nachahmung ihrer Eltern lernen und daß die Eltern ihren Jungen auch nicht absichtlich etwas beibringen.

Vögel fliegen instinktiv, sobald sie das Nest verlassen, und brauchen keinen anderen Lehrer als die Erfahrung, um sich darin zu vervollkommnen. Der Instinkt sorgt nicht für sämtliche Fertigkeiten, die für eine erfolgreiche Landung notwendig sind, und junge Vögel können durchaus Entfernungen falsch einschätzen und bei ihren ersten Flugversuchen auf dem Bauch landen; doch entdecken sie bald, wie sich das vermeiden läßt. Geschichten über Vogeleltern, die ihren Jungen das Fliegen beibringen – oder bei gewissen Seevögeln das Tauchen –, sind Fehldeutungen, die auf dem Wunschdenken des Beobachters beruhen.

Vieles, was wie Nachahmung aussieht, wird in Wirklichkeit durch die Übertragung von Launen von einem Vogel auf den anderen hervorgerufen, so daß auch er das gleiche tut. Diesen als Verhaltensübertragung bekannten Vorgang kann man beobachten, wenn ein Vogel einer Schar einen Greifvogel erblickt, auffliegt und die übrigen folgen; oder wenn einer zu fressen beginnt und die anderen das gleiche tun. Dasselbe geschieht bei Menschen, etwa wenn jemand gähnt.

In einigen Fällen ahmen unerfahrene Vögel allerdings tatsächlich erwachsene nach. Ernährungsgewohnheiten werden insoweit von anderen erlernt, als junge Vögel aufpassen, wo jene ihre Nahrung herholen und wovon sie sich ernähren; doch die eigentliche Technik der Nahrungsaufnahme – die Art und Weise, wie eine Drossel eine Schnecke aufhämmert oder ein Kleiber Nüsse in die Rinde von Bäumen klemmt, bevor er ihnen zu Leibe rückt – ist ihnen instinktiv eigen.

Das Singenlernen

Eine noch bemerkenswertere Ausnahme von der Regel, daß Vögel nicht durch Nachahmung lernen, findet man bei den Liedern mancher Vogelarten. Bei den meisten Vögeln – der Dorngrasmücke, der Rauchschwalbe, dem Zaunkönig und dem Gimpel zum Beispiel – ist der Gesang des Männchens eine Sache des Instinkts. Wenn Vögel dieser Arten in der Isolierung aufgezogen werden, entwickeln sich ihre Lieder normal, wie auch ihr Repertoire an Ruftönen. Aber manche Arten, besonders Stare, pflegen Passagen aus Liedern anderer Vögel zu imitieren; der Grund dafür ist unbekannt. Wieder andere Arten müssen ihre Lieder erst lernen. Ein in der Isolierung aufwachsender Buchfink wird nur eine unverständliche Fassung des typischen Buchfinkengesanges entwickeln; in der freien Natur lauscht das junge Männchen den Gesängen seiner erwachsenen Nachbarn und gestaltet durch Nachahmung seinen eigenen, noch unentwickelten Gesang nach deren Liedern.

Das Zusammenleben

DIE EINHEITEN DER VOGELGESELLSCHAFT

Manche Vögel fangen schon an, gesellig zu leben, während sie sich noch im Ei befinden. Etwa drei Tage vor dem Ausschlüpfen beginnen beispielsweise die Küken des Moorschneehuhns zu piepen. Es gibt Anzeichen dafür, daß dies eine Form der Verständigung von Ei zu Ei ist, die das Ausschlüpfen zeitlich aufeinander abstimmt, denn dieses Piepen kommt stets bei solchen Vogelarten vor, deren Küken das Nest schon innerhalb weniger Stunden nach dem Ausschlüpfen verlassen, und diejenigen, welche am lautesten piepen, schlüpfen in der Regel mehr oder weniger gleichzeitig aus.

Durch Piepen kann sich das ausschlüpfende Küken auch mit den Eltern verständigen. Bei Trottellummen piept das Küken, sobald es auszuschlüpfen beginnt, und die Eltern antworten ihm, so daß es, ehe es ganz ausgeschlüpft ist, schon ihre Rufe kennenlernt und später nur auf diese reagiert.

Nackt, blind und hilflos geborene Vögel piepen nicht im Inneren des Eies; sie verständigen sich aber mit ihrer eigenen Art bald nach dem Ausschlüpfen; sobald sie die Gegenwart ihrer Eltern fühlen, sperren sie ihre Schnäbel auf und betteln um Nahrung.

Einehe oder Vielehe?

Kompliziertere Formen des geselligen Verhaltens folgen später – Werbung, Gesang, Drohung und Kampf. Bei alledem geht es um Verbindung, Zusammenwirken und besonders um Nachrichtenübermittlung zwischen Vögeln. Miteinander in Verbindung stehende Einheiten sind vor allem Paare, Familien, Scharen und Kolonien. Bei gewissen Arten ist selbst das Schlafen eine gesellige Tätigkeit.

Die meisten Vögel leben in Einehe. Dafür gibt es häufig einen einfachen biologischen Grund: Junge Vögel nehmen in der Regel beide Eltern ganztägig in Anspruch, um zu überleben. Aber das ist nicht der einzige Grund. Der Kuckuck legt seine Eier in die Nester anderer Vögel, und weder Männchen noch Weibchen kümmern sich um die Aufzucht der Jungen; dennoch lebt er in Einehe. Das ist auch bei Enten der Fall, obgleich Erpel gewöhnlich nichts mit dem Aufziehen ihrer Jungen zu tun haben. In beiden Fällen kann die Einehe durch komplizierte Faktoren erklärt werden, die sich auf den Zeitpunkt des Brütens und die Verfügbarkeit der Partner beziehen. Andere Paarungsformen sind die Vielehe (wobei ein Vogel, meist das Männchen, mehrere Partner hat) und die Ehelosigkeit (wobei die Vögel nur einmal zur Begattung zusammentreffen, ohne eine feste Verbindung einzugehen).

Die Form der Paarbindung hängt im großen und ganzen mit der Art und dem Angebot an Nahrung zusammen. Unter allen Vögeln der Welt sind die verhältnismäßig wenigen in Vielehe lebenden Arten hauptsächlich Körnerfresser, die ihre Jungen zu einer Jahreszeit aufziehen, wenn Körner im Überfluß vorhanden sind. Die wenigen, die keine dauernde Bindung eingehen, leben hauptsächlich von Pflanzen und Früchten – also wiederum von Nahrung, die reichlich vorhanden ist, wenn die Jungen ausschlüpfen. Vögel, die ihre Jungen von Insekten ernähren, leben selten anders als in Einehe, denn die Jungen sind in den ersten Tagen nach dem Ausschlüpfen hilflos und nicht in der Lage, Insekten selbst zu fangen. Unter mitteleuropäischen Vögeln leben allerdings Zaunkönige und Trauerschnäpper – beide hauptsächlich Insektenfresser – zuweilen in Vielehe.

Hackordnung unter Saatkrähen In kleinen Scharen von Saatkrähen hat jeder Vogel seine anerkannte Position in einer als Hackordnung bezeichneten Hierarchie. Ranghöhere Vögel fressen vor den niedriger eingestuften. Bei Nahrungsknappheit ist damit gewährleistet, daß zumindest die ranghöchsten Vögel überleben. Es gibt zwar von Zeit zu Zeit einmal Streit, insbesondere bei Begründung dieser Rangordnung; doch auf lange Sicht wird der Zank um Nahrung, bei dem ja ohnehin nur Zeit und Energie verschwendet werden, auf ein Minimum gesenkt.

Auch bei Ringeltauben gibt es eine Hackordnung, ebenso bei Haushühnern, bei denen die Hennen tatsächlich aufeinander einhacken.

Das Pfeifen der Austernfischer Die genaue Bedeutung des Pfeifkonzerts bei Austernfischern ist noch ungeklärt. Sicher ist, daß die Zeremonie stattfindet, wenn die Vögel erregt sind – bei der Werbung oder bei Revierstreitigkeiten. Kleine Gruppen von Austernfischern rennen dann auf und ab, häufig paarweise, haben den Schnabel auf den Boden gerichtet und stoßen dabei weittragende Pfeiftöne aus, die andere Artgenossen veranlassen, auch zu paradieren und zu rufen.

Dauerehe

Die meisten in Einehe lebenden Vögel, etwa das Rotkehlchen, paaren sich in jeder neuen Brutsaison mit einem anderen Partner. Bestimmte langlebige Vögel jedoch – besonders Seevögel – gehen eine Dauerehe ein. Beobachtungen an der Dreizehenmöwe, die im Durchschnitt ein Lebensalter von nahezu 14 Jahren erreicht, lassen erkennen, daß lange verbundene Paare gewöhnlich mehr Junge aufziehen als Vögel, die in aufeinanderfolgenden Brutzeiten die Partner wechseln. Auch Dohlen und Graugänse führen eine Dauerehe. Bei beiden Arten finden sich die Jungvögel im Frühjahr nach dem Ausschlüpfen zu Paaren zusammen und bleiben erst ein Jahr beieinander, bevor sie mit dem Brutgeschäft beginnen. Wenn der Partner einer Dohle stirbt, sieht sich der Überlebende nach einem anderen um; eine Graugans bleibt in der gleichen Lage jedoch für den Rest ihres Lebens allein.

Dohlen gehören mit Misteldrosseln, Steinschmätzern und Sumpfmeisen zu den wenigen mitteleuropäischen Arten, die auch während des Winters paarweise zusammenbleiben. Selbst wenn sie sich umherziehenden Schwärmen anschließen, halten Dohlenpaare zusammen. Misteldrosseln und Steinschmätzer schließen sich überhaupt keinen Scharen an und Sumpfmeisen nur, wenn eine Meisenschar in ihr Revier einfällt.

Die meisten Paare trennen sich jedoch nach der Brutzeit. Die Vögel leben dann entweder als Einzelgänger wie der Eisvogel, das Rotkehlchen und zahlreiche Raubvögel, oder schließen sich Scharen an, die im Winter auf Nahrungssuche gehen.

Der Harem des Fasans

Unter mitteleuropäischen Vögeln gibt es nur wenige Arten, bei denen sich ein Männchen mit mehr als einem Weibchen paart. Treffende Beispiele sind der Fasanhahn, der sich einen Harem von bis zu einem halben Dutzend Hennen hält, und der Haushahn. In beiden Fällen nistet jede Henne nach der Begattung für sich.

Zaunkönige und Trauerschnäpper nehmen ein oder auch mehrere Weibchen. In fruchtbaren Gegenden, etwa am Waldrand, neigen Zaunkönige zur Vielehe und in kargeren Gegenden zur Einehe. Auch bei der Rohrdommel und der Grauammer hat ein Männchen oft mehrere Weibchen. In Europa hat man bei keiner Vogelart festgestellt, daß Weibchen mehr als ein Männchen nehmen. Anderswo kommt das vor, etwa beim asiatischen Wasserfasan.

Unter den bei uns brütenden Arten zählen nur Auerhuhn, Birkhuhn und Kampfläufer zu den Vögeln, die keine Ehe eingehen. Sie treffen sich nur zur Begattung, wobei sich jeder Vogel gewöhnlich mit mehr als einem Angehörigen des anderen Geschlechts vereinigt.

Vielehe und Ehelosigkeit sind nur möglich, wenn die Jungen von einem einzelnen Elternteil aufgezogen werden können. Im großen und ganzen trifft das bei solchen Vogelgruppen zu, deren schon bei der Geburt dicht mit Dunen bedeckte Junge bald nach dem Ausschlüpfen laufen und sich selbst ernähren können. Lebt eine Vogelart ehelos, deren Junge hilflos schlüpfen, dann gibt es stets Nahrung im Überfluß, in der Hauptsache Körner, Früchte oder Grünpflanzen.

Die Auflösung des Familienverbandes

Im Gegensatz zur landläufigen Ansicht ist bei den meisten europäischen Vögeln die Familie in der Regel eine vorübergehende Einheit, die nur so lange besteht, wie die Jungen noch nicht selbst für sich sorgen können. Bei Mauerseglern gibt es überhaupt kein Familienleben mehr, sobald die Jungen fliegen können. Junge Waldkäuze hingegen sind bis zu drei Monate lang nach dem Flüggewerden hinsichtlich der Nahrung ganz von ihren Eltern abhängig.

Bei einigen Vogelarten bleibt die Familie, nachdem die Jungen für sich selbst sorgen können, noch die meiste oder die ganze Zeit

Versammlung der Säbelschnäbler Worum es bei der eigenartigen Versammlung der Säbelschnäbler geht, weiß man nicht genau. Einige Vögel, oft Paare, verbeugen sich voreinander und bilden manchmal einen Kreis, in den ihre langen, nach oben gebogenen Schnäbel gerichtet sind. Nach dem Verbeugen kämpfen gewöhnlich die verschiedenen Paare im allgemeinen lediglich symbolisch miteinander, wobei die Partner eines Paares eng beisammen bleiben.

bis zur nächsten Brutsaison zusammen. Dies trifft etwa bei Schwanzmeisen und auch bei Schwänen und Gänsen zu. Familien von Hökkerschwänen kann man in vielen Teilen Mitteleuropas den ganzen Winter hindurch auf Seen, Flüssen und Bächen beobachten. Noch eindrucksvoller ist, daß Zwergschwäne in Familiengruppen von ihren nordischen Brutgebieten nach Mitteleuropa ziehen, wo sie alle den ganzen Winter hindurch zusammenbleiben.

Zahlreiche Vögel bilden zumindest für einen Teil des Jahres Futtergemeinschaften, und einige, wie Stare und Hänflinge, gehen das ganze Jahr hindurch scharenweise auf Futtersuche.

Zu den Winterscharen unserer Vögel gehören sowohl Gäste als auch Jahresvögel. Die Scharen können aus einer einzigen Art bestehen (wie bei Staren, Ringeltauben und vielen Entenarten) oder auch gemischt sein. So gehen Saatkrähen und Dohlen oft zusammen auf Nahrungssuche, und in Meisentrupps trifft man häufig nicht nur Meisen mehrerer Arten an, sondern auch andere kleine Waldvögel wie Wintergoldhähnchen, Waldbaumläufer und Kleiber. Kiebitz, Alpenstrandläufer, Knutt und andere Watvögel bilden zuweilen gemischte Scharen beim Fliegen oder auf den Schlafplätzen, trennen sich jedoch gewöhnlich bei der Nahrungssuche. Etwa das gleiche gilt für Buchfinken, Hänflinge, Stieglitze, Zeisige und Birkenzeisige.

Eine einzelne Schar setzt sich zuweilen nur aus Vögeln eines Geschlechtes zusammen (wie bei Reiherenten und Tafelenten) oder nur aus Jungvögeln (wie bei Staren im Spätsommer) oder auch aus Paaren (Dohlen) oder Familien (Gänse und Schwäne).

Die Vorteile der Schwarmbildung

Weshalb manche Vögel sich in Scharen zusammenschließen, statt allein auf Nahrungssuche zu gehen, läßt sich mit Hilfe von drei, oft kombinierten Faktoren bei zahlreichen Arten erklären.

Zunächst bieten große Zahlen einfach mehr Sicherheit, besonders für Vögel, die sich ihre Nahrung an offenen, frei zugänglichen Stellen suchen, etwa auf Feldern oder an Flußmündungen. Ein Räuber, der wenig Schwierigkeiten hätte, einen einzelnen Vogel zu greifen, kann beim Angriff auf eine Schar durch die bloße Anzahl abgelenkt und verwirrt werden, und wenn er gesichtet wird oder angreift, kann ein Vogel, indem er auffliegt oder Rufe ausstößt, auch den Rest warnen. Wenn Vögel sich in Scharen sicherer fühlen, fressen sie sehr wahrscheinlich auch intensiver, weil sie sich auf die Nahrungsaufnahme mehr konzentrieren können.

Manche Gruppen, wie saatfressende Finken und Saatkrähen, suchen Nahrung, die in bestimmten Gebieten im Überfluß vorhanden und leicht erreichbar, anderswo aber knapp ist; durch Schwarmbildung konzentrieren sie sich rasch auf die günstigen Gebiete.

Futtergemeinschaften sind nicht einfach unorganisierte Ansammlungen von Vögeln, sondern werden durch konstruktives geselliges Verhalten zu einem Ganzen zusammengeschlossen. Bei den meisten Scharen wird der Zusammenhalt dadurch begründet, daß die einzelnen Vögel einander folgen, und zwar sowohl bei der Nahrungssuche als auch im Fluge. Zahlreiche Arten haben auffällige – meist weiße – Flecke oder Streifen an Flügeln, Schwanz oder Körper, die als Scharsignale dienen können. Sie sind besonders gut entwickelt bei solchen Gruppen, die wie die Watvögel komplizierte Flugmanöver ausführen. Zu den Sichtmarkierungen kommen noch spezielle Rufe, insbesondere Flugrufe, mit deren Hilfe die Vögel miteinander in Kontakt bleiben.

Abstandhalten in der Schar

Außerdem sind bei zahlreichen Arten die Scharen dadurch organisiert, daß jeder Vogel einen Mindestabstand zu seinen Nachbarn aufrechterhält und nicht mit ihnen in körperliche Berührung kommt. Auf diese Weise wird für eine gleichmäßige Raumverteilung gesorgt; jeder Vogel hat Platz, sich zu bewegen, Nahrung aufzunehmen, umherzuschauen und ungehindert zu fliegen.

Bei solchen Scharen handelt es sich im wesentlichen um Ansammlungen anonymer Mitglieder – im Gegensatz zu den kleinen Trupps von Saatkrähen oder Ringeltauben, bei denen individuelles Erkennen die Voraussetzung für die Pickrangfolge bei der Nahrungsaufnahme ist. Zahlreiche Vögel sammeln sich in der Zeit der Werbung zu Gruppenschaustellungen; es gibt jedoch Fälle, in denen die genaue Bedeutung der Zeremonie keineswegs klar ist, denn die meisten Teilnehmer haben ihren Partner schon gewählt. Zwei der seltsamsten Zeremonien kommen bei Strandvögeln vor, die in Einehe leben. Austernfischer veranstalten ein Pfeifkonzert, bei dem kleine Gruppen von Vögeln – häufig paarweise – auf und ab paradieren und dabei Schreie ausstoßen; und bei der Gruppierungszeremonie der Säbelschnäbler bildet eine Anzahl von ihnen einen nach innen gerichteten Kreis, und sie verbeugen sich voreinander, bevor ein symbolischer Kampf beginnt. Die kreischenden Verfolgungsflüge der Mauersegler, die man an schönen Abenden in den Städten beobachten kann, sind ein weiteres Beispiel für Gruppenzeremonien, an denen sich gepaarte Vögel beteiligen.

Genauso mysteriös sind die lärmenden Winterzusammenkünfte von Elstern. Bis zu hundert Vögel springen und hüpfen umher, schlagen mit Flügeln und Schwänzen, wobei die weißen Teile des Gefieders aufleuchten, und vollführen auch Flüge in zeitlupenartiger Bewegung. Bei Eichelhähern kennt man ähnliche Ansammlungen im Frühjahr, doch sind daran nur etwa drei bis dreißig Vögel beteiligt. Die Ansicht, daß es sich dabei um Krähenhochzeiten handelt, die es ungepaarten Vögeln ermöglichen, Partner zu finden, ist zwar verbreitet; sie berücksichtigt jedoch nicht, daß gepaarte Vögel weitaus in der Überzahl sind.

Das Leben in Kolonien

Nur ungefähr 13 % der Vögel der Welt nisten in Kolonien; an den Küsten ist der Anteil jedoch viel höher, weil dort viele Meeresvögel leben. Diese koloniefreudigsten Vögel kehren oft Jahr für Jahr an ihre traditionellen, sicheren Plätze auf Klippen und Inseln zurück.

Allgemein gesprochen gibt es zwei Haupttypen koloniebrütender Arten – die einen bilden kompakte Kolonien, wie etwa Saatkrähen und Fischreiher, die anderen siedeln in aufgelockerten Kolonien, wie etwa Teichrohrsänger und Säbelschnäbler, bei denen die Nester weiter auseinanderliegen, als es die Beschaffenheit des Geländes nötig macht. Bei Höhlenbrütern, einschließlich der Dohlen, Stare, Haus- und Feldsperlinge, hängt die Nähe der Nester hauptsächlich von der Verteilung geeigneter Höhlen ab.

Die meisten Vögel verteidigen in Kolonien nur so viel Terrain, wie sie für einen Nestplatz brauchen, manche jedoch beanspruchen viel größere, gut abgegrenzte Reviere. Die Kanadagans verteidigt genauso Land auf der Insel im See, wo ihr Nest sich befindet, wie einen Strich des gegenüberliegenden Küstenlandes, wo das Paar auf Nahrungssuche geht. Der Teichrohrsänger verteidigt ein Gebiet, das im Durchschnitt etwa 250 m² groß ist, obwohl das Paar vor allem außerhalb dieses Gebietes auf Nahrungssuche geht.

Kolonien von Landvögeln sind in der Regel ziemlich klein. Es gibt jedoch Ausnahmen – so hatte eine Saatkrähenkolonie in Schottland nahezu 9000 Nester. Auch an Binnengewässern lebende Vögel brüten meist in kleinen Kolonien. Bei einer im Jahre 1961 durchgeführten Zählung lag die Nesterzahl in Fischreiherkolonien Deutschlands zwischen weniger als 10 bis 340 Horsten je Kolonie.

Meeresvögel, besonders solche, die nahe beieinander nisten, massieren sich oft in riesiger Zahl an ihren Brutplätzen. Auf der Hebrideninsel St. Kilda befindet sich sowohl eine Kolonie von Eissturmvögeln mit fast 40 000 Nestern wie auch eine von Baßtölpeln mit mehr als 17 000 Nestern. Am Lummenfelsen auf Helgoland brüten rund 1000 Paare Trottellummen.

Die Kolonien der Baßtölpel und Trottellummen gehören zu den dichtest besiedelten überhaupt. Oft lassen Baßtölpel nicht mehr als 90 cm zwischen einem Nest und dem nächsten. Trottellummen, die kein eigentliches Nest haben, drängen sich auf ihren Klippenrandplätzen noch dichter zusammen – so nahe, daß man ihre Kolonien schon als Vogelslums bezeichnet hat.

Höhlenbrüter unter den Meeresvögeln wie Schwarzschnabelsturmtaucher und Papageitaucher, die ihre eigenen Höhlen ausheben können, nisten oft so nahe beieinander, daß der Untergrund aus lauter Hohlräumen besteht. Die kleineren Sturmschwalben und Wellenläufer benutzen fertige Löcher und müssen mit dem zurechtkommen, was zur Verfügung steht, so daß ihre Kolonien kompakt oder auch aufgelockert sein können. Die meisten Seeschwalben und Möwen siedeln jedoch stets nur aufgelockert.

Warum in Kolonien brüten?

Der Zweck des Brütens in Kolonien ist sehr umstritten. Es ist daher unmöglich, eindeutige Antworten auf Fragen wie folgende zu geben:

Warum sind gewisse Arten Koloniebrüter und nicht Einzelbrüter?

Warum bilden gewisse Arten kompakte Kolonien und andere wieder aufgelockerte?

Warum beanspruchen gewisse Arten Reviere, die sich über den eigentlichen Nistplatz hinaus erstrecken?

Ein Vergleich zwischen den Kolonie- und Einzelbrütern läßt jedoch darauf schließen, wo die Antworten liegen.

Erstens leben typische Koloniebrüter von solcher Nahrung, die weit verstreut, aber ört-

Kolonie an Felsen Dreizehenmöwen nisten auf Felssimsen. Sie bauen große Nester, hauptsächlich aus Seetang, die dann zwei, drei oder manchmal vier Junge aufnehmen. Auch wenn der Rand zu schmal ist, nisten die Vögel dennoch im Schutz der Felsen und bauen ihre Nester über dem schwindelnden Abgrund. Die Vögel wählen sich einen Partner auf Lebenszeit und kehren Jahr für Jahr auf den gleichen Felsenbrutplatz zurück, wo sie kompakte Kolonien von 30 000 Paaren und mehr bilden.

lich im Überfluß vorhanden ist, wie Fische, Früchte oder Körner. Die Gemeinschaftssiedlung erleichtert die Ausbeutung solcher reicher Nahrungsquellen.

Zweitens bleiben bei den meisten Koloniebrutern die Jungen noch geraume Zeit nach dem Ausschlüpfen im Nest, wobei ihnen das Zusammenleben in großen Gruppen Schutz verleiht.

Ein weiterer Faktor, der die Entwicklung des Brütens in Kolonien fördert, kann auch Mangel an geeigneten Nistplätzen sein. So haben die berühmten Guanovögel vor der peruanischen Küste zwar überreiche Nahrungsgründe im Humboldtstrom, aber nur relativ wenige zum Brüten geeignete Inseln, auf denen sie deshalb dicht an dicht buchstäblich zu Millionen nisten.

Befindet sich eine Kolonie traditionell an einem Ort, dann wird es sich wahrscheinlich um einen sicheren Platz handeln, denn Nistplätze mag es genügend geben, sichere sind trotzdem rar. Kolonien bieten Sicherheit, weil sie sich vielfach an für Räuber unzugänglichen Plätzen befinden, weil ein einziger wachsamer Vogel alle anderen bei Gefahr warnen kann und weil Vögel sich manchmal zu einem gemeinsamen Angriff auf einen Eindringling zusammenschließen.

Schließlich ist die Gleichzeitigkeit der Bruthandlungen innerhalb einer Kolonie wichtig, denn es treten weniger Verluste durch Feinde auf, wenn die Eier möglichst zur gleichen Zeit gelegt werden, als wenn Eier und Jungvögel über eine längere Zeitspanne hinweg vorhanden sind. Zu dieser Gleichzeitigkeit kommt es bei Koloniebrütern zwangsläufig, denn die ersten Werbe- und Nisthandlungen, mit denen einige Paare die Brutperiode einleiten, stimulieren die übrigen, so daß die Brutstimmung rasch die ganze Kolonie erfaßt.

Wie es funktioniert

Eine nähere Betrachtung einiger Koloniebrüter zeigt, wie sich diese verschiedenen Faktoren – Ernährung, Sicherheit und Vorhandensein von Nistplätzen – praktisch auswirken.

Koloniebrütende Webervögel ernähren sich in der Brutzeit in kleinen Scharen von Sämereien und legen ihre kleinen Kolonien oft unweit von ergiebigen Nahrungsquellen an. Der Buchfink reichert die Nahrung für seine Jungen durch einen Großteil Insekten an, ist also reviergebunden und lebt nicht in Kolonien. Der Fischreiher geht meist allein auf Nahrungssuche; er lebt wohl deshalb in Kolonien, um sichere Nistplätze benutzen zu können, und vielleicht auch, um sich über fischreiche Gewässer zu informieren, indem er andere Angehörige der Kolonie beobachtet.

Manche Arten passen ihre gesellschaftlichen Lebensformen ihrer Umgebung an. Auf zahlreichen Seen mit durchgehender Ufervegetation bauen Haubentaucher ihre Nester in ziemlichen Abstand voneinander; aber auf Seen, wo die schützende Vegetation nur spärlich, etwa nur in einem Schilfhorst vorhanden ist, nisten sie in losen Kolonien.

Die von Meeresnahrung lebende Eiderente brütet ebenfalls in Kolonien, und zwar hauptsächlich auf Inseln, wo es keine Bodenraubtiere gibt. Auf dem Festland nisten Eiderenten hingegen einzeln; sie verlassen sich auf ihre Tarnung und suchen ihre Sicherheit in weit auseinanderliegenden Nestern.

Wie nicht anders zu erwarten, leben Vögel, die auf Fischschwärme Jagd machen, in

Kolonien, denn ihre Nahrung ist zwar im Überfluß vorhanden, aber nur stellenweise. Außerdem hat die relative Sicherheit des Brutgebietes bei Meeresvögeln einen Einfluß auf die Anlage der Kolonien.

Meeresvögel, die an unzugänglichen Plätzen, also etwa auf Felsen nisten, wie Baßtölpel und Trottellummen, bilden meist dichte Kolonien, wobei sie den vorhandenen Platz so gut wie möglich ausnützen. Andere hingegen, die an weniger sicheren Orten nisten, etwa auf Sandbänken, wie die Möwen und Seeschwalben, nisten eher aufgelockert.

Während bei den meisten Meeresvögeln jeder nur sein eigenes Nest verteidigt, gehen Möwen und Seeschwalben geschlossen gegen zahlreiche Feinde wie Aaskrähen, Füchse und Hermeline vor. Brandseeschwalben nisten häufig innerhalb der Kolonien von Flußseeschwalben oder Lachmöwen, wobei sie sich auf das gemeinschaftliche Verteidigungsverhalten dieser aggressiveren Arten verlassen.

Wie Vögel schlafen

Bei der Wahl des richtigen Schlafplatzes geht es für Vögel um Leben und Tod. Manche kriechen in Ritzen und Spalten, um Räubern keine Chance zu geben und kalte Winternächte zu überleben, andere fliegen meilenweit über das Land und scharen sich zu Hunderttausenden zusammen; einige machen sogar ein Nickerchen während des Fluges.

Saatkrähen legen an einem Tag auf dem Wege vom und zum Schlafplatz regelmäßig zwischen 10 und 15 km zurück. Stare streifen noch weiter, normalerweise zwischen 20 und 30 km, manchmal bis zu 45 km weit.

Solange ein Schlafplatz sich als sicher und geschützt erweist, geben ihn die Vögel nur widerstrebend auf; meist ziehen sie nur infolge schwerer Störungen oder Schwankungen in ihrer Nahrungsversorgung weg.

Schutz vor Kälte

Der Wärmeverlust während der Nacht ist ein Hauptproblem für alle Geschöpfe. Ein einzelner, noch dazu kleiner Vogel kann auf einem Schlafsitz an einer ungeschützten Stelle in einer kalten Nacht erfrieren – sein Körper verliert die Wärme an die umgebende Luft schneller, als er sie ersetzen kann, wodurch er in ein Koma fällt, aus dem er möglicherweise nie mehr aufwacht.

Um zu überleben, muß jeder Vogel seine Körpertemperatur konstant erhalten. Die Jungen des Mauerseglers können allerdings in einem Starrezustand vorübergehend Temperaturstürze überstehen; dabei verlangsamen sich ihre Körperfunktionen. Für die meisten Vögel ist der Tag eine einzige lange Mahlzeit, die nur durch solch notwendige Dinge unterbrochen wird wie die Suche nach neuer Nahrung, das Putzen und die Revierverteidigung. Wenn die Nacht hereinbricht, müssen sie von der Wärme zehren, die sie durch die tagsüber aufgenommene Nahrung gespeichert haben.

Wenn Vögel schlafen und so am ehesten Wärme verlieren können, plustern sie ihre Federn auf und bilden auf diese Weise eine isolierende Warmluftschicht. Sie verkleinern die der Nachtluft ausgesetzte Körperfläche, indem sie sich zusammenkauern (wie etwa Tauben), ihre Köpfe hinter den Flügeln verbergen (wie etwa Rotkehlchen) oder ihre Schnäbel in die Halsseite pressen (wie etwa Haubentaucher).

Kohlmeisen und Blaumeisen nächtigen in Höhlen von Bäumen oder Gebäuden, um Zugluft zu vermeiden und den Wärmeentzug aus dem Körper herabzusetzen. Schwanzmeisen und Wintergoldhähnchen drängen sich bis zu zehn auf einmal auf engem Raum zusammen und kuscheln sich aneinander, um warm zu bleiben. Gartenbaumläufer, die man bei Tage nur einzeln beobachten kann, bilden in kalten Nächten einen wahren Schlafknäuel aus vielen Tieren, der sich an die rissige Borke eines Baumes hängt. Man hat auch schon beobachtet, daß sich bis zu 80 Mauersegler an der Seite eines Hauses festklammerten – vermutlich aus dem gleichen Grund. Auch Wachteln scharen sich auf Schlafsitzen zusammen, wobei ihre Köpfe nach außen gerichtet sind, um schnell wegfliegen zu können, wenn Gefahr droht. Das Alpenschneehuhn gräbt im Winter ein Schlafloch in den Schnee, worin sich – wie beim Iglu der Eskimos – die Wärme hält, weil Eis und Schnee schlechte Wärmeleiter sind.

Vögel sind während des Schlafes ihren natürlichen Feinden preisgegeben; zu besserem Schutze gesellen sich zahlreiche Arten scharenweise zusammen. Jungvögel und Zugvögel, denen die Gegend fremd ist, vertrauen sich bei der Suche nach relativ sicheren Orten der Führung erfahrenerer Vögel an. Die Tatsache, daß Tausende von Staren oder Drosseln am gleichen Platz im Revier eines einzelnen Waldkauzes übernachten, deutet darauf hin, daß auf diese Weise wahrscheinlich weniger von Eulen gerissen werden, als wenn sie verstreut in den Jagdgebieten vieler Eulen schliefen. Am größten sind die Vogelscharen im Winter. Winterschlafplätze von Staren werden in England, vor allem durch neu angekommene Jungvögel und Zugvögel vom Festland, im allgemeinen von Hunderttausenden aufgesucht, und ein bis zwei dieser Schlafplätze umfassen mehr als eine Million Stare. Selbst diese Zahlen werden noch in den Schatten gestellt durch einen Vergleich mit der Bergfinkenschar, die im Winter von 1950/51 zwei kleine Kiefernwälder in der Nähe der Stadt Thun in der Schweiz füllte. Ihre Zahl wurde auf mehr als 70 Millionen errechnet – etwa zwölfmal soviel wie in der ganzen Schweiz Menschen leben.

Das Zählen der Vögel

Die Anzahl der Vögel auf Schlafplätzen zu errechnen will gelernt sein, obgleich sich auch der Anfänger einen ungefähren Begriff von der Stärke kleinerer Scharen machen kann, indem er sich an einen guten Beobachtungspunkt entlang der regulären Fluglinien zu einem Schlafplatz postiert und die Vögel beim Einfliegen zählt.

Bei Staren kann man ziemlich genaue Schätzungen vornehmen, denn diese Vögel fliegen in einem Strom von relativ konstanter Dichte zu ihren Schlafplätzen, das heißt, ein Abschnitt aus dem Beginn des Stromes enthält ungefähr die gleiche Anzahl Vögel wie ein Abschnitt gleicher Länge gegen Ende des Schwarmes. Der erfahrene Schätzer wird daher einen Teil des Schwarmes photographieren, um festzustellen, wie viele Vögel darin enthalten sind, und die Zahl der Vögel nach der Länge des Stromes berechnen.

Schlafplätze in Städten

Stare sind unter den scharenbildenden Vögeln Europas am zahlreichsten vertreten. Ihre Schlafplätze finden sich auf dem Lande auf Bäumen oder im Schilf, wohin sie in großen Mengen in der Abenddämmerung entlang vertrauten Fluglinien fliegen und von wo sie am Morgen auf dem gleichen Weg zurückkehren. Aber auch in Städten bilden sie einen gleichermaßen vertrauten Anblick. So ist London die Heimat von wahrscheinlich mehr als drei Millionen Staren. In Leipzig und Berlin fielen im Frühjahr 1969 Zehntausende von Staren infolge eines Zugstaues in die zoologischen Gärten ein, um hier auf Bäumen zu nächtigen. Manche Äste hielten das Gewicht der Stare nicht aus, brachen und begruben unter sich und ertränkten allein im Zooteich in Leipzig mehr als tausend Vögel.

Saatkrähen nächtigen im Frühjahr und im Sommer in kleinen Kolonien. Im Herbst und Winter aber scharen sich Vögel aus mehreren Kolonien zusammen, verstärkt durch Zuzügler aus Osteuropa, und bilden, häufig von Dohlen begleitet, einen einzigen Superschlafplatz. Rabenkrähen und Kolkraben gründen manchmal eigene Schlafgemeinschaften, teilen zuweilen aber auch Schlafsitze mit Saatkrähen und Dohlen.

Die geselligen Schlafgewohnheiten verschiedener Möwenarten haben sich in diesem Jahrhundert bemerkenswert geändert: die Zahl der im Binnenland gesellig übernachtenden Möwen, und zwar hauptsächlich auf Seen, Staudämmen und überfluteten Kiesgruben, hat sich stark erhöht.

Die Weitergabe von Informationen

Für die meisten dieser Vögel sind Schlafgemeinschaften eine Fortsetzung der tagsüber gebildeten Futtergemeinschaften. Andere Vögel jedoch, die während des Tages allein oder nur in kleinen Gruppen auf Nahrungssuche gehen, kommen in manchen Fällen für die Dauer der Nacht zusammen. Der einzelne Vogel gewinnt dadurch Schutz und möglicherweise auch Informationen über Futterplätze; denn Vögel, die nach einer wenig erfolgreichen Futtersuche hungrig zurückkehren, schließen sich am nächsten Tag eventuell erfolgreicheren Vögeln an.

Bachstelzen beispielsweise neigen dazu, am Tag alleine auf Nahrungssuche zu gehen, wenn auch oft in nicht allzu großer Entfernung von anderen Artgenossen. Nachtsüber jedoch schlafen sie gern gesellig, und zwar besonders im Winter.

Zahlreiche Vögel jedoch nächtigen einzeln, auch wenn sie gruppenweise auf Nahrungssuche gehen. Sie wählen versteckte, weit auseinanderliegende Schlafplätze auf dem Lande, die ihnen genau bekannt sind, und erreichen damit, daß sie Feinden weniger auffallen.

Im Sommer schlafen Kohlmeisen alleine im dichten Laub der Wälder; die Weibchen bleiben in der Nisthöhle, solange sie brüten und bis die Jungen so groß sind, daß es an Platz mangelt. Im Winter benutzen alle Kohlmeisen Höhlen in Gebäuden oder Bäumen.

Spechte übernachten das ganze Jahr hindurch allein in selbstgebauten Höhlen, meist alten Nistplätzen; im Winter jedoch zimmern sie sich zuweilen besondere Schlaflöcher. Waldbaumläufer pflegen in Ritzen und Spalten von Bäumen und hinter der Rinde oder in flachen Einbuchtungen verfaulender Baumstümpfe zu schlafen, die sie mit ihren langen, gekrümmten Schnäbeln aushöhlen. In zahlreichen Teilen des Landes sind Waldbaumläufer neuerdings dazu übergegangen, in Hohlräumen zu schlafen, die sie in der weichen, dicken, schwammartigen Rinde eingebürgerter Mammutbäume anlegen.

Schlafen während des Fluges

Ornithologen haben schon oft Mauersegler beobachtet, die nach einem geschäftigen Tag in der Abenddämmerung abzogen und hinaus auf das Meer flogen. Obgleich es höchst unwahrscheinlich schien, stellten sie in beachtlicher Detektivarbeit fest, daß viele Vögel in der Tat die ganze Nacht fliegend verbringen. Zunächst zählte man, wie viele Vögel am Abend davonflogen, und fand, daß nicht alle von ihnen vor Einbruch der Nacht zurückkamen. Beobachtungen ergaben, daß auch während der Dunkelheit die ausgebliebenen Vögel nicht zum Schlafplatz zurückkehrten. Ein Ornithologe schloß endlich die Beweiskette dadurch, daß er in einem leichten Flugzeug über das Meer flog, wobei er Dutzende der Vögel noch immer in der Luft antraf.

Diese Mauersegler können offenbar im Fluge schlafen – oder zumindest ein Nickerchen machen –, wahrscheinlich während sie hoch über dem Wasser dahinsegeln und zwischendurch mit den Flügeln schlagen, um Höhe zu gewinnen. Rußseeschwalben müssen eine ähnliche Fähigkeit besitzen. Sie bringen einen Großteil ihres Lebens über dem Ozean zu, oft meilenweit vom Land entfernt, können sich aber nie auf dem Meer niederlassen, weil sich sonst ihr Gefieder mit Salzwasser vollsaugen würde – ja sie müssen sogar kleine Fische von der Oberfläche aus aufschnappen, um nicht naß zu werden.

Die meisten Vögel schlafen während der Nacht und suchen ihr Futter tagsüber oder sind sonstwie aktiv. Dagegen müssen nachts jagende Vögel, wie etwa Eulen, die den Schutz der Dunkelheit brauchen, damit sie ihre Beute fangen können, am Tage schlafen.

Strandvögel richten sich nicht nach dem Tageslicht, sondern nach den Gezeiten. Indem sie mit ihrem Schnabel im Watt herumstochern, finden sie ihre Nahrung auch im Dunkel der Nacht. Sie fressen bei Ebbe und schlafen bei Flut, unabhängig von der jeweiligen Tageszeit.

Warum Vögel singen

VOM MORGENCHOR BIS ZUM ABENDLIED

Naturforscher weisen zwar heute nicht mehr so kategorisch wie noch vor einigen Jahren den Gedanken von der Hand, daß Vögel möglicherweise auch rein aus guter Laune ein Lied singen; aber es ist dennoch anzunehmen, daß sie wohl schon längst das Singen aufgegeben hätten, wenn es – vor allem für ihren Fortbestand – nicht wichtiger wäre als die damit verbundene Gefahr. Außerdem verbrauchen sie dabei Zeit und Energie, die sie genausogut auf die Nahrungssuche verwenden könnten.

Das Vokabular der Vögel ist nicht nur auf den Gesang beschränkt. Jeder Vogel verfügt auch noch über eine Anzahl von Rufen, von denen jeder seine eigene Bedeutung hat. Der Buchfink kennt 13 Rufe, und selbst seine Jungen haben zwei verschiedene Bettelrufe – einen, bevor sie flügge werden, und einen danach. Die Ringeltaube verfügt über fünf Rufe – einen Alarmruf, einen Angriffsruf, zwei verschiedene Laute bei der Werbung sowie einen Ruf, der ihrem Partner einen Nestplatz zeigen soll.

Die Möglichkeit, die gleichen Dinge visuell zu signalisieren, schränkt den Umfang der Lautäußerungen eines Vogels ein. So kann die Zurschaustellung des Gefieders genauso wirkungsvoll sein wie ein Ruf.

Lieder und Rufe

Die genaue Grenze zwischen Lied und Ruf ist oft schwer zu ziehen. Mit dem Lied wird in erster Linie das Revier verteidigt oder ein Weibchen angelockt; während Rufe dazu dienen, sonstige Informationen weiterzugeben. Lieder bestehen meist aus komplexen Anordnungen von Tönen, die rhythmisch ausgestoßen werden, und zwar in den meisten Fällen vom Männchen; bei Rufen handelt es sich im allgemeinen um kurze Notengruppen mit vier bis fünf Tönen, die zumindest für menschliche Ohren weniger ansprechend klingen.

Ein Vogel kann durch Laute zahlreiche Dinge bekanntgeben, etwa seine Art, sein Geschlecht, seine individuelle Identität, ja selbst seinen Zustand. Er kann damit bei einem anderen Vogel sexuelle Erregung, Neugier oder Furcht hervorrufen, einen Partner anlocken oder einen Rivalen vertreiben und Neuigkeiten weitergeben – wo Nahrung zu finden ist, oder wo es möglicherweise einen Nestplatz gibt. Er kann auf die Gegenwart von Feinden aufmerksam machen. Doch wenn er singt, verkündet er in der Regel, daß er ein Revier besetzt hält.

Die meisten Singvögel können aufgrund ihres Gesangs voneinander unterschieden werden. Die gleiche Aufgabe, die bei Enten das kennzeichnende Gefiedermuster und die umfangreichen Zeremonien haben – nämlich die Beschränkung der Kreuzungswahrscheinlichkeit zwischen verschiedenen Entenarten auf ein Minimum –, übernimmt bei Singvögeln das kennzeichnende Lied, wodurch etwa die Kreuzung zwischen ähnlich aussehenden, sogenannten Zwillingsarten, wie Zilpzalp und Fitis, verhindert wird.

Gleichzeitig gibt der Gesang eines Vogels auch sein Geschlecht an – in den meisten Fällen das männliche; nur bei wenigen Arten, bei Rotkehlchen etwa, bei denen auch Weibchen im Winter Reviere besitzen, singt auch das Weibchen. Der Gesang wird je nach dem Geschlecht des Zuhörers verschieden interpretiert – der gleiche Klang lockt also unverpaarte Weibchen an und vertreibt eindringende Männchen.

Durch feine Variationen in Tonhöhe, Rhythmus oder Repertoire kann ein Vogel auch seine individuelle Identität bekanntgeben. Den Gesang des Buchfinken erkennt man am leichtesten an dem nachdrücklich betonten Schlußschnörkel, mit dem jede Strophe ausklingt, wie am bei allen Männchen gleichen Grundrhythmus. Doch jeder Buchfink hat bis zu sechs kleinere Variationen zum gleichen Thema. Während er singt, wählt er eines aus seinem Repertoire aus, und nachdem er es mehrere Male wiederholt hat, geht er auf ein anderes über. Außerdem wird im Gesang des Buchfinken von Gegend zu Gegend ein Thema durch ein anderes ersetzt. Wie bei der menschlichen Sprache gibt es also verschiedene Dialekte.

Die revierbezogenen Lieder sind weittragende Warnungen von einem Vogel zum anderen. Sie müssen laut und klar sein, um ihre Wirkung nicht zu verfehlen – jedenfalls laut genug, um über die Grenzen des Reviers hinaus gehört zu werden. Der Gesang des Teichrohrsängers ist fast 300 Meter weit zu hören; sein Revier umfaßt gewöhnlich nur etwa 250 Quadratmeter.

Als allgemeine Regel gilt: Je unauffälliger das Gefieder eines Vogels, desto lauter sein Gesang. Das ‚Ü-Prumb' der Rohrdommel, die im dichten Röhricht nistet, ist fast zwei Kilometer weit zu hören. Der Gesang des Zaunkönigs ist im Verhältnis zu der geringen Größe des Vogels unglaublich durchdringend; doch da er in der Regel ein Revier von etwa einem Hektar Größe beansprucht, muß er sich ja im Wettbewerb mit den zahlreichen Liedern anderer, in dichten Wäldern lebender Vögel Gehör verschaffen.

Die Botschaft muß ankommen

Der Gesang wird unermüdlich fortgesetzt, damit er ankommt. Deshalb wiederholen die Vögel ihre Strophen Hunderte von Malen am Tag. Die Goldammer singt ihr ‚Wie, wie hab ich dich lieb' vom Anbruch des Tages bis zu seinem Ende immer wieder und hat bei Einbruch der Abenddämmerung die gleiche Botschaft vielleicht über tausendmal verkündet. Das anhaltende Tirilieren einer Feldlerche dauert minutenlang an, und zwar pro Tagesstunde 10 bis 12 Minuten; man hat einen Vogel schon 18 Minuten ohne Unterbrechung singen hören, doch sind 3–4 Minuten das übliche.

Zahlreiche Arten, etwa die Misteldrossel, wählen Singwarten hoch in einem Baum, damit ihre Lieder das größtmögliche Gebiet erfassen. Andere ergänzen ihre Botschaft durch einen visuellen Effekt, indem sie deutlich sichtbare Flugmuster in den Himmel schreiben. Die Dorngrasmücke, ein kleiner Sänger, führt schon beinahe eine Sing- und Tanznummer auf, wenn sie zu ihrem Schwall von Zwitschertönen mehrere Meter aus ihrer Hecke senkrecht nach oben fliegt, bevor sie sich wieder zurückfallen läßt. Singflüge sind besonders charakteristisch für Vögel, die auf dem Boden leben, wie die im offenen, baumlosen Gelände brütenden Lerchen und Pieper.

Nervenkrieg

Rivalisierende Vögel greifen einander nur selten körperlich an, denn das Risiko einer ernsthaften Verletzung ist dabei zu groß. Ihre Duelle können sie ebensogut ausfechten, ohne sich zu gefährden. Mit revierbezogenen Gesängen sowie umfangreichen Drohgesten führen sie einen Nervenkrieg, wobei jeder Vogel unter der Spannung zweier widerstreitender Impulse steht – zu kämpfen oder zu fliehen. Dringt ein Rotkehlchen oder Zaunkönig in das Revier eines anderen ein, verhält sich der Eindringling meist so ruhig wie möglich, sonst wird er bemerkt und wahrscheinlich mit besonderer Intensität angesungen. In der Regel fliegt er dann sofort zu seinem eigenen Revier zurück; tut er es nicht, wird dem Gesang durch Drohen weiterer Nachdruck verliehen. Daran kann sich eine Jagd anschließen, und erst wenn auch sie nicht zum Erfolg führt, fliegen die Federn.

Ein Vogel, der zur Verteidigung seines Reviers singt, schenkt anderen Vögeln, die ihr Revier verteidigen, große Aufmerksamkeit. Ein Rotkehlchen oder Zaunkönig beispielsweise macht nach jeder Strophe eine Pause und gibt so den Rivalen Gelegenheit zu antworten. Durch die Gesangsduelle mit seinen Nachbarn erfährt er, wer seine Rivalen sind, wo sie sich aufhalten und ob sie voraussichtlich Ärger bereiten werden oder nicht.

Der Glaube, daß der Ruf eines Kuckucks den Frühling verkündet, hält sogar wissenschaftlicher Prüfung stand. Der Vogelgesang ist nämlich unlösbar mit der Jahreszeit verknüpft, in der er vorgetragen wird; singen auch manche Vögel das ganze Jahr über, so sind sie doch nie eifriger als im Frühjahr, wenn sie ein Revier gründen. Wenn dann der Sommer naht und die gepaarten Vögel ihre Aufmerksamkeit dem Nestbau, dem Eierlegen, dem Brüten und der Aufzucht ihrer Jungen zuwenden, singen die meisten Arten seltener, weniger laut oder gar nicht.

Der Frühjahrsgesang ist auf hormonbedingte Veränderungen im Vogelkörper zurückzuführen, besonders auf die Größenzunahme der Keimdrüsen (Gonaden) – Vorgänge, die die länger werdenden Tage auslösen. Auch im Herbst scheinen physiologische Veränderungen gewisse Vogelarten zum Singen anzuregen. Im Winter verstummen die meisten Vögel; eine bemerkenswerte Ausnahme bildet das Rotkehlchen in wärmeren Gegenden wie England und Westdeutschland. Sowohl Männchen als auch Weibchen verteidigen dann Winterreviere und singen trotzig aufeinander ein, bis sie mit der Paarbildung (meist im Laufe des Dezembers) beginnen. Andere Arten fangen schon sehr früh im Jahre an zu singen; die Misteldrossel singt ohne Rücksicht auf das Wetter schon im Februar. Im großen und ganzen wird aber durch Regen und Nebel der Vogelgesang gehemmt.

Der Morgenchor

Sowohl im Laufe des Tages als auch des Jahres ist das Tageslicht ausschlaggebend für den Vogelgesang. Das Erscheinen des neuen Tages regt ihn genauso an, wie wenn auf den Winter der Frühling folgt. In den 20 bis 40 Minuten während der Morgendämmerung singen mehr Vögel als zu irgendeiner anderen Tageszeit. Es ist schwer, einen biologischen Grund dafür zu finden; allerdings hat es einen gewissen Vorteil, wenn so viele Vögel auf einmal singen, denn jeder Vogel kann dann herausfinden, was um ihn vorgeht.

Ein Himmelsschreiber Im Frühjahr und Sommer wird der Himmel zu einer Bühne, auf der das Baumpiepermännchen seine Vorstellung gibt, um ein Weibchen anzulocken. Im schmetterlingsartigen Flatterflug steigt es meist von einem Baumwipfel steil empor und beginnt zu singen, während es den Gipfel seines Fluges – meist etwa 20 Meter höher – erreicht. Singend gleitet es dann mit gespreizten Flügeln und ausgebreitetem Schwanz wieder herab und endet seinen Gesang mit einem durchdringenden ‚Zia-zia-zia'.

Im allgemeinen singen die Vögel nicht sofort, wenn sie aufgewacht sind, sondern strekken sich erst einmal wie andere Geschöpfe auch, putzen ihr Gefieder und fliegen dann zu einer für den Gesang geeigneten Warte ab. Der Hausrotschwanz singt oft schon bei dunkler Nacht. Das Morgenkonzert stimmt meist die Amsel an; sie beginnt damit etwa 40 Minuten vor Sonnenaufgang, dicht gefolgt von der Singdrossel, der sich Ringeltaube, Rotkehlchen, Misteldrossel, Turteltaube, Fasan, Fitis (meist in dieser Reihenfolge) und andere anschließen. So wie die meisten Vögel in den kalten, dunklen Wintermonaten weniger singen, beginnt auch der Morgenchor im Frühling erst spät, wenn sich die Dämmerung durch starke Bewölkung verzögert.

Nachtsänger

Sehr wenige Arten singen ununterbrochen während des ganzen Tages. Die meisten werden nach der ersten Überschwenglichkeit des Morgenchors ruhiger und sind gegen Mittag nur gedämpft zu hören. Am Abend lebt der Gesang noch einmal auf, und mit Hereinbrechen der Nacht verstummen die meisten Arten.

Vögel, die in größerer Gesellschaft schlafen, singen häufig noch gemeinsam vor der Nachtruhe. Stare, die zu ihren Schlafplätzen fliegen, stimmen einen mächtigen, aus Zwitscher- und Pfeiflauten bestehenden Chor an, während sie dahinstürmen. Die Gründe für ihre Flugmanöver und Chorgesänge sind unklar. Vielleicht handelt es sich dabei um eine Beratschlagung über das örtliche Nahrungsangebot.

Ein Vogel, der nachts singt, tut dies gewöhnlich aus den gleichen Gründen, weshalb andere Vögel tagsüber singen – so stellt der Ruf eines Waldkauzes eine Identitätserklärung und eine Aufforderung an seinen Partner dar. Weshalb Nachtigallen auch des Nachts singen, weiß man nicht genau.

Zahlreiche Vogelarten brauchen den ganzen hellen Tag dazu, genügend Nahrung zu sammeln; sie sind also gezwungen, ihren Zug in die Nachtstunden zu legen. Diejenigen, die scharenweise reisen, dürfen erstens den Anschluß nicht verlieren und zweitens nicht mit anderen in der Schar zusammenstoßen. Mit dem Auge allein können sie diese Probleme nicht lösen, obwohl sie gewöhnlich nur dann fliegen, wenn der Himmel klar genug ist, damit sie sich nach den Sternen richten können. Um zusammenzubleiben und auch Abstand halten zu können, haben sie ein besonderes Signal entwickelt: den Stimmfühlungslaut.

Das bezeichnende ‚Zieh' der Rotdrosseln, das man im Oktober und November vom nächtlichen Himmel selbst über der Großstadt hören kann, sorgt dafür, daß das Schwarmgefüge weder zu lose noch zu dicht ist. Zahlreiche bei Tage fliegende Schwärme, wie Gänse und Watvögel, benutzen wahrscheinlich auch Stimmfühlungsrufe zum gleichen Zweck.

Ererbte und erlernte Rufe

Die Dorngrasmücke hat von ihren Eltern ein vollständiges Lautvokabular geerbt, das sie nicht zu lernen braucht. Auch wenn sie ihr ganzes Leben lang den Gesang keiner anderen Dorngrasmücke zu Gehör bekäme, würde sie dennoch alle ihre Rufe und Lieder entwikkeln, und sie wären alle perfekt in Bezug auf Tonhöhe, Lautstärke, Rhythmus und Klangfarbe.

Andere Vögel wieder kommen mit der angeborenen Fähigkeit zur Welt, Lieder zu singen, die charakteristisch für die Art sind, wobei aber noch einige Details fehlen. Dann wird durch Lernen vollendet, was dem Vogel als Erbe mitgegeben war.

Lernen durch Imitation ist der Ausgangspunkt für eines der großen Geheimnisse des Vogelverhaltens – das Nachahmen. Zahlreiche in der freien Natur lebende Vögel bauen in ihren Gesang Töne anderer Vögel, ja sogar Geräusche von leblosen Gegenständen ein. Dutzende in Mitteleuropa lebender Vögel genießen den Ruf, Nachahmer zu sein, darunter auch Sumpfrohrsänger, Teichrohrsänger, Mönchsgrasmücke und andere. Den Gelbspötter hat man deswegen sogar Sprachmeister genannt. Der talentierteste unter ihnen ist der Star. Er vermag Laute so ungleicher Vögel wie Waldkauz, Rebhuhn und selbst Hausgeflügel wiederzugeben; und nach einem zuverlässigen Bericht hat ein Star das Klingeln eines Telefons so gekonnt nachgeahmt, daß er den Eigentümer des Hauses, auf dem er hockte, dadurch täuschte.

Das Nachahmen ist in der Vogelwelt sehr weit verbreitet. Ob es einen gewissen Überlebenswert hat, weiß man nicht. Möglicherweise hilft es einem Vogel, sich als Individuum kenntlich zu machen. Oder vielleicht spielen Vögel tatsächlich gerne mit Lauten, um mit ihrem Können zu prahlen.

Das Frühwarnsystem eines Vogels

Die meisten Vögel leben in ständiger Gefahr. Kein Wunder, daß ihre Sprache auch ein höchst wirksames Warnsystem gegenüber Räubern enthält. Der erste Vogel, der eine Gefahr entdeckt, stößt Alarmrufe aus, die

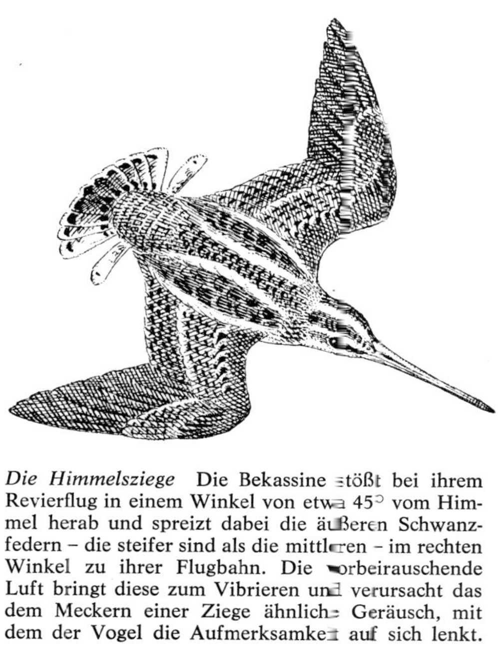

Die Himmelsziege Die Bekassine stößt bei ihrem Revierflug in einem Winkel von etwa 45° vom Himmel herab und spreizt dabei die äußeren Schwanzfedern – die steifer sind als die mittleren – im rechten Winkel zu ihrer Flugbahn. Die vorbeirauschende Luft bringt diese zum Vibrieren und verursacht das dem Meckern einer Ziege ähnliche Geräusch, mit dem der Vogel die Aufmerksamkeit auf sich lenkt.

Beethoven verewigt Vogelgesang Zahlreiche Komponisten haben ihren Stücken Teile von Vogelliedern einverleibt. Beethoven nahm die Nachtigall (Flöte), die Wachtel (Oboe) und den Kuckuck (Klarinette) in seine Pastorale auf, und zumindest den Kuckuck kann man sofort erkennen.

alle in Hörweite befindlichen Vögel warnen. Zahlreiche Vögel verfügen über verschiedene Alarmrufe, für Feinde in der Luft oder am Boden. Warnrufe, die auf Raubvögel aufmerksam machen, sind meist kurz und schrill – und man kann sie schwer lokalisieren. Vögel, die sie hören, stieben auseinander und suchen Unterschlupf. Der Warnruf bei einem auf dem Boden oder in einem Baum entdeckten Raubtier enthält hingegen Hinweise über die Standorte des Rufers und des Räubers.

Einige wenige Vogelarten haben ein noch weiter entwickeltes Warnsystem. Eichelhäher verfügen über mehrere verschiedene Wörter für Gefahr und stoßen manchmal spezielle Rufe für bestimmte Räuber aus. Oft ähneln diese den Schreien des Räubers selbst. Ein schnarrender Ruf macht auf Eichhörnchen aufmerksam; ein knallendes Geräusch, vielleicht als Nachahmung eines Gewehrs, weist auf Menschen hin, und ein schrilles ‚Kick-kick-kick' auf Turmfalken.

Um Irrtümer zu vermeiden, ist der Gesang der einzelnen Arten sehr verschieden. Ihre Warnrufe ähneln sich hingegen häufig sehr. Der erste Vogel, der einen Habicht sichtet, warnt alle Vögel in Hörweite, nicht nur seine Artgenossen. Die beim Erblicken eines Greifvogels von der Rohrammer, Amsel, Kohlmeise, Blaumeise und vom Buchfink ausgestoßenen Warnrufe sind alle sehr ähnlich.

Wie Töne erzeugt werden

Die meisten Vögel erzeugen Töne mit Hilfe der Syrinx, eines an der Gabelung der Luftröhre zu den beiden Lungenflügeln gelegenen Stimmorgans. Es besteht aus Resonanzkammer und Membranen, durch die Luft aus der Lunge gepreßt wird. Sie können gespannt werden oder entspannt sein und in ihrer Stellung gegenüber der Resonanzkammer wechseln, wodurch sich jeweils der Ton wandelt. Auch Muskeln verändern die Form des Stimmorganes und damit die Art der Laute. Bei Säugetieren werden dagegen die Töne im Kehlkopf des Halses erzeugt und mit Hilfe der Lippen und der Zunge geformt. Die vielseitigsten Sänger haben gewöhnlich die komplizierteste Syrinx, allerdings nicht immer; Krähen besitzen hochentwickelte Stimmwerkzeuge und sind doch schlechte Sänger.

Je kleiner der Vogel, desto höher und durchdringender ist meist auch seine Stimme. Sommergoldhähnchen, Wintergoldhähnchen und Zaunkönig haben mit die höchsten Stimmen unter den mitteleuropäischen Vögeln. Die Stimme des Zaunkönigs vibriert mit ungefähr 4000 Hz – das entspricht dem höchsten Ton auf einem Klavier; seine Tonfolge ist so schnell, daß ein Mensch nicht jeden einzelnen Ton erfassen kann; in 5,2 Sekunden singt er 56 Töne und erzeugt dabei eine Melodie, die für menschliche Ohren erst dann verständlich wird, wenn man den Gesang auf einem Tonbandgerät mit verlangsamter Geschwindigkeit abspielt. Am anderen Ende der Skala zählt das Brummen der Rohrdommel mit zu den tiefsten Tönen, die von Vögeln hervorgebracht werden.

Manche Vögel bringen außer Vokal- auch Instrumentallaute hervor, wie die Bekassine und der Höckerschwan, dessen Fluggeräusch, die Vibration seiner Flügelschläge, wohl dieselbe Aufgabe hat wie der Stimmfühlungsruf bei Sing- und Zwergschwänen, nämlich den Trupp zusammenzuhalten.

Am höchsten ist die Verständigung durch mechanisch erzeugte Laute bei Spechten entwickelt. Wie bei der Nahrungssuche klopfen sie beim sogenannten Trommeln mit dem Schnabel gegen einen Baumstamm oder Ast, jedoch in rasender Schlagfolge, so daß ein richtiger Trommelwirbel ertönt, der als Signal für andere Spechte dient. Mit dem jeweiligen Rhythmus teilen sie ihre Anwesenheit und Identität mit.

Der Mensch imitiert die Vögel

Versuche, den Gesang der Vögel in der menschlichen Sprache nachzuahmen, sind wahrscheinlich so alt wie die Sprache selbst. Sie können nie zufriedenstellend sein, denn Vögel und Menschen erzeugen Töne auf verschiedene Art und Weise. Da ihnen Lippen und Zähne fehlen, können Vögel keine Konsonanten formen, dennoch nimmt man herkömmlich an, daß sie die meisten Laute im Alphabet hervorbringen können. Die Goldammer sagt angeblich ‚Wie, wie hab ich dich lieb'; obgleich dieser Satz mit Lauten vollgepackt ist, die kein Vogel hervorbringen kann, hilft er beim Identifizieren des Vogels, weil er den Rhythmus seines Gesangs wiederholt.

Eine Reihe von Vögeln ist nach den Lauten benannt, die sie angeblich hervorbringen – und meist gibt der Name den Gesang des betreffenden Vogels so naturgetreu wieder, wie es in der menschlichen Sprache möglich ist. Der Zilpzalp hört sich so an, als sage er ‚zilpzalp'. Zu den Vögeln, deren Namen ihren Gesang wiedergeben, gehören Kiebitz, Uhu, Krähe und Kuckuck.

Der Drang zur Reviergründung

EINE ART GRUNDBESITZ

Eine Amsel, die ihr eigenes Spiegelbild in einem Fenster oder in einem Autorückspiegel angreift, folgt einem Verhaltensmuster, das so tief in ihr verwurzelt ist wie der Drang zur Paarung oder zur Nahrungssuche. Ihre Angriffslust hängt mit der Verteidigung ihres Reviers zusammen – und das ist für das Überleben des Vogels und seiner Art so wichtig wie Fressen und Brüten.

Dadurch, daß ein Vogel eine bestimmte Fläche Land abgrenzt und gegen Männchen seiner eigenen Art verteidigt, erlangt er einen monopolartigen Zugang zu Nahrung, Nistmaterial und Nistplätzen sowie einen Platz, wo er ungestört von Rivalen sein Weibchen umwerben und seine Jungen aufziehen kann.

Meist ist es nicht notwendig, das Revier gegen Vögel anderer Arten zu verteidigen, weil diese kaum jemals genau die gleiche Nahrung aufnehmen und auch keine Rivalen in bezug auf Partner sind, wenn auch eventuell in bezug auf Nistplätze.

Mit *Revier* bezeichnet man zunächst jedes verteidigte Gebiet – das trifft für den Extremfall des Waldbaumläufers, der seine Winterschlafhöhle verteidigt, genauso zu wie für das Heimatrevier eines Steinadlers.

In einem Heimatrevier, einem Gebiet, dessen Grenzen nicht klar umrissen sind, halten sich Vögel von Rivalen ihrer eigenen Art dadurch fern, daß sie sich gegenseitig aus dem Wege gehen, statt zu kämpfen. Es kommt vor, daß ein Steinadlerpaar in einem Heimatrevier von 70 Quadratkilometern auf Jagd geht. Auch Rebhühner besitzen Heimatreviere.

Streng genommen haben auch zahlreiche Koloniebrüter ein Revier, obwohl sie, wie beispielsweise die Baßtölpel, nur ein paar Fußbreit neben dem Nistplatz verteidigen. Selbst Birkhähne verteidigen an ihren Balzplätzen ein Fleckchen Boden als eigenes Revier. Der Zweckmäßigkeit halber beschränkt man aber den Begriff der Revierbezogenheit am besten auf Vögel, die ein größeres Territorium verteidigen.

Die Größe des Reviers schwankt beträchtlich von Art zu Art. Innerhalb ein und derselben Art hängt sie von der Fülle an Nahrung oder schützender Deckung ab. Haubentaucher beispielsweise verteidigen Flächen von ein paar Quadratmetern rund um das Nest bis zu etwa einem Hektar Größe, je nach den vorhandenen Unterschlupfmöglichkeiten.

Verteidigung des Reviers

Zu den Mitteln, mit denen die meisten Vögel ihre Gebietsansprüche kundtun und durchsetzen, gehören der Gesang, besondere Verhaltensweisen und – gegen hartnäckige Eindringlinge – die Drohung oder sogar der ernsthafte Angriff. Bei einigen Arten, zu denen Saatkrähen und Turmfalken gehören, genügt die bloße Gegenwart im Revier, um den Anspruch geltend zu machen.

Bei den meisten territorialen Arten zeigt ein Vogel nur innerhalb seines eigenen Gebietes Aggressionsabsichten, flieht aber, sobald er im Revier eines anderen Vogels entdeckt wird.

Um dieses Verhalten zu untersuchen, steckte man ein Rotkehlchen in einen Käfig innerhalb seines eigenen Reviers. Es jagte einen Rivalen dadurch in die Flucht, daß es sang und seine rote Brust zeigte; als es jedoch in das Revier eines Artgenossen gebracht wurde, schreckte es zurück und wäre, wenn möglich, geflohen.

Ein Reviereigentümer ist in seinem eigenen Revier in der Regel sicher, allerdings kann es vorkommen, daß entschlossene Eindringlinge ein besetztes Revier durch fortgesetzte Feindseligkeiten – insbesondere in übervölkerten Wohngebieten – ganz oder teilweise an sich reißen.

Bei zahlreichen Arten sind die Grenzen der Reviere durch natürliche Merkmale wie Bäume, Büsche, Lichtungen oder Waldränder klar umrissen. An dieser Grenze herrscht im Verhalten eines Vogels Gleichgewicht

DIE GRÖSSE DER REVIERE

HAUBENTAUCHER	Eine kleine Fläche rings um das Nest bis zur Größe eines Hektars (Seen)
ZWERGTAUCHER	0,3 ha (Teiche)
ALPENSCHNEEHUHN	3 ha (Ödland im Hochgebirge)
KIEBITZ	Knapp 1 ha (Weideland) sowie der Luftraum darüber
FLUSSREGENPFEIFER	Bis 0,4 ha (Kiesgruben) und der Luftraum darüber
WALDKAUZ	Etwa 25 ha (Laubwald)
GARTENROTSCHWANZ	0,5 ha (Laubwald)
STEINSCHMÄTZER	0,5–3 ha (Inseln)
FITIS	100 qm–0,5 ha (Parkanlagen)
TEICHROHRSÄNGER	Etwa 250 qm (Röhricht)
SUMPFMEISE	0,5–6,5 ha (Laubwald)
GOLDAMMER	Ungefähr 0,2 ha (Baumhecken)
GRAUAMMER	Knapp 1 ha (Weideland)

Diesen Angaben liegen Untersuchungen in Vogelschutzgebieten zugrunde; sie treffen nicht unbedingt für alle Vögel im ganzen Verbreitungsgebiet einer Art zu; die untersuchten Lebensräume sind in Klammern angegeben.

SECHS MÖGLICHKEITEN DER AUFTEILUNG EINES WALDGEBIETES

Im Frühling und Sommer schallt der Gesang vieler Vogelarten durch die Laubwälder; nachstehend sind nur einige Möglichkeiten aufgezeigt, wie 2–3 ha aufgeteilt sein könnten.

Buchfinken Im Wald dieser Art sehr weit verbreitet; zu ihren Revieren gehören Lichtungen und einzeln stehende Bäume, auf denen sie singen.

Amseln Ihre Zahl ist gering; sie brauchen zur Nahrungssuche eine bessere Strauchschicht; ihre Reviere erstrecken sich über den Wald hinaus.

Zaunkönig Ungünstig, da Buschwerk fehlt; diese Fläche (2–3 ha) mit sehr viel Randgebiet reicht vielleicht nur für einen Vogel.

Blaumeisen Blaumeisen stört nicht, daß Buschwerk fehlt; sie finden ihre Nahrung auf Bäumen; mehrere Paare besitzen Reviere in diesem Wald.

Kohlmeisen Für Kohlmeisen ist dies kein günstiger Wald; ihre Reviere sind groß, weil es kein gutes Buschwerk für die Nahrungssuche gibt.

Rotkehlchen Zwischen den Revieren der sehr aggressiven Rotkehlchen bleibt nur wenig ungenutzter Grund; einige Gebiete sind umstritten.

zwischen seiner Furcht vor dem Nachbarn und dem Drang, ihn anzugreifen.

Reviergrößen lassen sich häufig durch unmittelbare Beobachtungen von farbig beringten oder an den Flügeln gekennzeichneten Vögeln ermitteln oder indem man alle in einem Gebiet vorhandenen Männchen oder Paare zählt. Bei Vögeln mit kleinen Revieren ist es zweckmäßig, den Vogel zu jagen und zu beobachten, wie weit er fliegt, bevor er auf einen Nachbarn trifft oder sich umwendet. Die Grenzen eines Rotkehlchenreviers in einem Garten findet man, indem man einen großen Spiegel aufstellt und beobachtet, an welchen Orten der Vogel angreift und an welchen er vor seinem eigenen Spiegelbild zurückweicht.

Es gibt einige Ausnahmen von der Regel, daß Revierstreit nur zwischen Vögeln der gleichen Art auftritt. In Gebieten, wo Sand-, Fluß- und Seeregenpfeifer nahe beieinander brüten, verteidigen diese drei Regenpfeifer ihre Reviere gegeneinander. Man hat auch schon Streitigkeiten zwischen Garten- und Mönchsgrasmücken beobachtet. In jedem Falle handelt es sich um eng verwandte Arten, die nahezu die gleiche Nahrung zu sich nehmen; auch die Lieder sind wohl nicht zufällig einander ähnlich. Häufig besitzen diese Arten auch einander überlappende Reviere.

Einige Jahresvögel wie Kohlmeisen, Rohrammern, Bläßhühner und Sandregenpfeifer gründen ihre Reviere im Spätwinter und zu Beginn des Frühjahrs, nachdem sie den Winter als Angehörige einer Schar verbracht hatten. Andere Jahresvögel wie Amseln und Zaunkönige, die den Winter nicht gesellig verbringen, sondern das ganze Jahr hindurch mit ihren Revieren in Verbindung bleiben, beginnen diese zur gleichen Zeit wieder ernsthafter zu verteidigen.

Sommervögel wie Schafstelzen, Dorngrasmücken, Fitisse und Steinschmätzer errichten ihr Revier im späten Frühjahr, nachdem sie aus den fernen Winterquartieren zurückgekommen sind.

Die Wahl eines Reviers

Im allgemeinen gründet und verteidigt das Männchen das Revier. Das Weibchen schließt sich ihm an und akzeptiert in der Regel die bestehenden Reviergrenzen; allerdings gibt es auch einige seltsame Fälle, bei denen das Männchen die Grenzen angleichen muß, um die Wanderungen seines Weibchens mit einzubeziehen (von der Amsel berichtet) oder weil das Weibchen außerhalb des ursprünglichen Reviers nistet (von der Schneeammer berichtet). Beim Odinshühnchen sind viele typische Rollen der Geschlechter vertauscht; unter anderem sucht das prächtiger gefärbte Weibchen das Revier aus und lockt ein Männchen an.

Bei Arten, die sich wie die Ammern im Winter zu Scharen zusammenschließen, verlassen die Männchen als erste den Verband und beginnen ihre Reviere zu besetzen, indem sie diese mehrere Wochen lang für immer längere Zeitspannen aufsuchen. Schließlich bleibt der Vogel immer in seinem Revier, wo sich ihm später ein Weibchen zugesellt.

Unter Sommervögeln wie Nachtigallen und Rohrsängern kommen die Männchen als erste im Brutgebiet an und lassen sich fast unmittelbar darauf fest nieder; die Weibchen treffen etwa zehn Tage später ein.

Bei einigen Arten, etwa beim Haubentaucher, bilden die Vögel zunächst Paare auf dem offenen Wasser, und dann suchen und gründen sie gemeinsam ein Revier. Fast das gleiche geschieht bei verschiedenen Entenarten und auch bei bestimmten Möwenarten wie der Silbermöwe, die sich zunächst in Clubs in der Nähe des Koloniegebietes paart und anschließend das eigentliche Revier gründet.

Die Lachmöwe dagegen gründet ein bestimmtes Paarungsrevier, in dem das Männchen so lange bleibt, bis es eine Partnerin hat; später zieht das Paar in das eigentliche Brutrevier um. Ähnliche Paarungsreviere stellte man auch beim Grünschenkel fest.

Umzug zwecks Nahrungssuche

Zahlreiche Singvögel leben während der ganzen Brutzeit mehr oder weniger nur innerhalb der Grenzen des Brutreviers und finden dort auch die ganze oder den größten Teil der Nahrung für sich und ihre Jungen. Manche jedoch – Teichrohrsänger beispielsweise – fliegen über die Reviergrenzen auf Nahrungssuche. Enten und zahlreiche Watvögel verlassen das Brutrevier, nachdem die Jungen ausgeschlüpft sind, und nehmen sie zu einem geeigneteren Futtergebiet mit.

Die meisten Vögel halten das Revier nur für die Dauer der Brutzeit in Besitz, und nur ganz wenige Arten verteidigen es auch im Winter. Bei ganzjährig ansässigen Arten deckt sich das Winterrevier in der Regel – zumindest teilweise – mit dem Sommerrevier.

Das bekannteste Beispiel für einen Vogel, der auch im Winter ein Revier beansprucht, ist das Rotkehlchen. Männchen und Weibchen belegen dabei getrennte Gebiete und beide Geschlechter singen, um ihre Reviere bekanntzugeben, die im Durchschnitt nur die Hälfte der Größe der Sommerreviere ausmachen. Meist teilen Männchen und Weibchen das gemeinsame Sommerrevier untereinander auf. Sie bleiben aber nicht immer Nachbarn und paaren sich auch im folgenden Jahr nicht in jedem Falle wieder in einem zusammengelegten Gebiet.

Das Zaunkönigmännchen hält ebenfalls ein Winterrevier besetzt, das einen Teil seines früheren Brutreviers bildet und in das sich der Vogel vom Spätsommer an zurückzieht. Andere Arten, die im Winter Einzelreviere belegen, sind Strandpieper, Raubwürger und zahlreiche Greifvögel.

Nur sehr wenige Arten verteidigen ein gemeinsames Winterrevier. Sumpfmeisen tun es und dulden dabei keine Nachbarpaare, obgleich sie sich vorbeiziehenden Meisenscharen anschließen, wenn diese sich innerhalb des Reviers befinden.

Der Wert des Reviers

Die Revierbildung sorgt dafür, daß die Vögel nicht beliebig zusammengedrängt leben, sondern sich in geeigneten Wohngebieten weiter verteilen, wodurch Wettbewerb um Nahrung, Nistplätze und sichere Schlafplätze weitgehend vermieden wird.

Die Ausschaltung der Konkurrenz nützt besonders Arten wie etwa Eulen und zahlreichen Insektenfressern, die darauf spezialisiert sind, versteckte Beute durch gekonnte Jagdtechniken zu fangen. Solche Vögel müssen oft ihre Jungen in kurzen Abständen füttern; deshalb ist es für sie wichtig, die Nahrung möglichst in der Nähe des Nestes zu finden; in einem kleinen vertrauten Gebiet ist außerdem Nahrung leichter zu finden als in einem größeren und weitgehend unvertrauten.

Ein weiterer Vorteil des Reviers liegt darin, daß, sobald sich ein Weibchen eingestellt hat, die Paarbildung und die spätere Begattung ohne große Störung durch Nebenbuhler vonstatten gehen kann. Die Paare sind so auch gezwungen, in einem fest umrissenen Gebiet zusammenzubleiben. Bei manchen Arten trägt die gemeinsame Verteidigung des Reviers im Verein mit anschließenden gemeinsamen Zurschaustellungen wohl auch zur Stärkung der Paarverbindung bei.

Schließlich sind die weitläufig verteilten Nester von in Revieren lebenden Vögeln schwerer von Feinden zu entdecken.

Drohung und Kampf

WIE EIN STREIT IM WETTBEWERB DER VÖGEL AUSGETRAGEN WIRD

Der Wettbewerb der Vögel um Reviere, Nistplätze, Nahrung und Partner führt unvermeidlich zu Feindschaft. Doch sorgt die natürliche Zuchtwahl dafür, daß es dabei nur sehr selten zu blutigen Kämpfen kommt, denn allzu aggressive Vögel, die das Risiko auf sich nehmen, getötet oder verstümmelt zu werden, leben meist nicht lange genug, um sich noch zu vermehren. Bei zahlreichen Arten genügt ein einziges feindseliges Zusammentreffen, um zu entscheiden, welcher Vogel bei zukünftigen Meinungsverschiedenheiten unangefochtene Vormachtstellung hat.

Bei drohendem Konflikt werden alle Tiere zwischen Angriffslust und Furcht hin- und hergerissen. Statt zu kämpfen, bekunden die meisten Vögel ihre Feindseligkeit durch eine ganze Skala von Bluff und Drohung – durch furchteinflößende Schreie oder Posen und Handlungen, die kurz vor der Gewaltanwendung haltmachen.

Revierstreitigkeiten

Die Rivalität zwischen Vögeln gleicher Art ist am intensivsten und häufigsten während der Brutzeit, wenn die Sexualhormone sie aggressiver machen und wenn sie um Revierpartner und Nistplätze kämpfen müssen.

Vor allem Gründung und Verteidigung des Reviers sind Hauptursachen von Drohungen und Kämpfen. In der Nähe seines Nestes ist ein Vogel am aggressivsten und neigt dazu, alle Eindringlinge zu verjagen. Weiter zum Rande seines Reviers hin wird diese Angriffslust durch die Furcht vor dem Rivalen aus dem benachbarten Revier aufgewogen, und Drohhaltungen treten meist an die Stelle der Gewaltanwendung.

Streit kann auch ausbrechen, wenn das Futter rar ist, insbesondere unter gesellig lebenden Vögeln wie Finken, Staren, Saatkrähen und Dohlen. Zu ernsthaften Fehden kommt es aber erst, wenn die Nahrung so knapp ist, daß der Hunger die Furcht der Vögel voreinander überwiegt.

Findet eine Kohlmeise Nahrung, dann bedroht sie Angehörige der Schar, die ihr zu nahe kommen, indem sie ihre Flügel etwas lüpft oder indem sie ihren Kopf senkt und auf den Rivalen richtet. Eine Meise beraubt eine andere dadurch, daß sie auf sie zufliegt und ihre Stelle einnimmt, sobald sich die andere von der Nahrungsquelle entfernt. Der verdrängte Vogel wird gelegentlich Vergeltung üben, aber normalerweise fliegt er einfach davon und beginnt aufs neue, nach Nahrung zu suchen.

Zwar hängt die Intensität des Kampfes um Nahrung davon ab, wie knapp sie ist, doch kann einmal der Punkt erreicht werden, wo es sinnlos ist zu kämpfen. Ein Rotkehlchen etwa, das dem Verhungern nahe ist, wird sich von der Nahrungssuche nicht durch ein anderes Rotkehlchen ablenken lassen, das bei Frostwetter auf sein Gebiet übergreift.

Abschreckung von Rivalen

Abgesehen vom Streit um Nahrung und Revier, verteidigen sich die Vögel auch, wenn sie von Feinden angegriffen werden. Sie bekämpfen oder bedrohen sich auch gegenseitig aus einer Unzahl weniger wichtiger Ursachen, etwa wegen Schlafsitzen, Nistplätzen, Partnern und – sofern es sich um gesellig lebende Vögel handelt – auch wegen der Einhaltung eines festgelegten Abstandes untereinander.

Vögel haben zahlreiche Möglichkeiten, Konflikten und Kämpfen aus dem Wege zu

Warnmuster Um Rivalen einzuschüchtern, beugt sich der Flußregenpfeifer nach vorne und zeigt seine auffallenden schwarzweißen Zeichnungen.

Drohfärbung Die Schafstelze erschreckt ihre Rivalen dadurch, daß sie sich hochreckt und ihre leuchtendgelbe Unterseite zeigt.

gehen: Sie demonstrieren ihren Anspruch auf ein Stück Revier so auffällig wie möglich und bedrohen Eindringlinge oft durch spektakuläre Kraftposen. Diese Gesten zeigen dem Gegner, daß er es mit einem kampflustigen Vogel gleicher Art und oft gleichen Geschlechts zu tun hat, der angreifen wird, wenn man ihn herausfordert. Damit wird dem Eindringling gewöhnlich ein Schrecken eingejagt, der ihn veranlaßt, sich zurückzuziehen.

Zahlreiche Arten benutzen lärmende waghalsige Flugmanöver dazu, die Wahl ihres Reviers kundzutun. Das Flußregenpfeifermännchen fliegt in weiten Kreisen, Bögen oder Achtern umher und stößt dabei ein ‚Tri-ä, tri-ä, tri-ä' aus. Trifft es dabei auf einen Rivalen, der das gleiche tut, dann wird aus seinem Schrei ein mechanisch klingendes Summen, er fliegt drohend auf den anderen Vogel zu und hält mit zitternden Flügeln, die ein großes V bilden, vor ihm an.

Der Streit um das Revier braucht nicht einmal Auge in Auge ausgetragen zu werden – man hat Rotkehlchen beobachtet, die das allein durch den Gesang taten. Ein Eindringling betritt fremdes Gebiet und singt; der Besitzer antwortet aus einer gewissen Entfernung. Der Rivale kommt tiefer in das Revier und singt wieder. Nunmehr fliegt der Besitzer, noch immer im Laub verborgen, bis auf fünf Meter an ihn heran, antwortet kräftiger und macht seinen Anspruch zwingend und direkt geltend. Häufig genügt das, um den Gegner in die Flucht zu schlagen.

Drohungen aus nächster Nähe

Wenn Gesang und Flugmanöver den Nebenbuhler nicht abschrecken, können Vögel auf ein ganzes Repertoire an Drohungen zurückgreifen. Sie versuchen in nächster Nähe so groß und furchterregend wie nur möglich auszusehen, plustern ihr Gefieder auf, sträuben ihre Kopffedern und stellen alle besonderen Gefiederkennzeichen, Farben oder Muster zur Schau. Dem folgt eine Reihe von drohenden Bewegungen, die von Aufspringen oder Auffliegen abgeleitet sind.

Das Rotkehlchen reckt sich hoch, plustert die roten Federn seiner Brust auf und zeigt sie seinem Rivalen. Entsprechend stellt die Kohlmeise ihr breites schwarzes Kinn und den gelbumrandeten schwarzen Bruststreifen zur Schau. Der Sandregenpfeifer kriecht auf angewinkelten Beinen vorwärts, wölbt seinen schwarzen Brustfleck hervor, plustert seine Rückenfedern auf und spreizt seinen Schwanz, damit die weißen Säume sichtbar werden.

Das auffallendste Merkmal der Schafstelze, das leuchtende Gelb der Federn an Kehle, Brust und Bauch, bringt der Vogel voll zur Geltung, wenn er Front gegen seinen Rivalen macht und sich hochreckt. Der Eichelhäher andererseits dreht bei gleicher Gelegenheit seinem Rivalen die Breitseite zu, wobei er sein Gefieder aufplustert und spreizt, was ihn größer erscheinen läßt.

Zu Tode erschrocken

Obwohl das Drohverhalten selten zu ernsthaftem Kampf führt, eignet es sich vortrefflich zum Austragen von Streitigkeiten. Meist nimmt es die Form von stilisierten Gesten an, die nicht minder furchterregend für die betroffenen Vögel sind. Man kennt Fälle, wo Vögel – unter anderem Amseln – an Herzschlag oder geplatzten Blutgefäßen gestorben sind, weil sie der seelischen Aufregung dieser Scheinkämpfe nicht gewachsen waren.

Wenn Vögel einem Angreifer gegenüberstehen, wissen sie oft nicht, ob sie kämpfen, sich unterwerfen oder bluffen sollen. Während in ihrem Inneren der Kampf zwischen Angriffslust und Furcht weitergeht, nehmen sie oft Haltungen an oder beginnen Handlungen, die in keiner Beziehung zu der Situation stehen. Zahlreiche dieser Handlungen werden von anderen Tätigkeiten hergeleitet, weshalb man sie *Übersprunghandlungen* genannt hat. Möwen fangen dann an, sich zu putzen oder Nahrung zu suchen; Watvögel wie Austernfischer und Säbelschnäbler nehmen Schlafstellung ein.

Manche Vögel haben auch eine spezielle Verlegenheitshaltung; Brandseeschwalben und Möwen etwa stehen mit gesenkten Köpfen da, als ob sie auf ihre Füße starrten. Diese Haltung kann entweder die Unterwerfung oder auch einen Angriff einleiten.

Kampfstile

Unter extremen Umständen kommt es zu wirklichen Kämpfen, insbesondere dann, wenn ein Vogel während der Brutzeit das Nest eines anderen bedroht. Gewöhnlich

Drohendes Gefieder Der Eichelhäher wendet sich seitwärts, wenn er sich einem Feind stellt; dabei plustert und spreizt er sein Gefieder, um größer zu erscheinen.

Schlafstellung im Übersprung Unentschlossen, ob er kämpfen oder fliehen soll, versteckt der Austernfischer seinen Schnabel im Gefieder, als wolle er einschlafen.

Sich geschlagen geben Zu den eindruckvollsten Kämpfen in der Vogelwelt gehören die der männlichen Höckerschwäne. Ist der Kampf vorüber, läßt sich der Verlierer hinten auf Kopf und Hals hacken.

führen die Männchen den Kampf, obgleich ihre Weibchen gelegentlich daran teilnehmen, indem sie entweder zögernd auf den Feind einhacken oder sein Weibchen angreifen. Bei Arten, deren Geschlechter nur schwer auseinanderzuhalten sind, wie Haubentaucher, kämpft das Männchen gelegentlich auch gegen ein Weibchen; die meisten Kämpfe finden jedoch zwischen Vögeln des gleichen Geschlechtes statt. Nur selten sind mehr als zwei Vögel ernsthaft darin verwickelt.

Die Kämpfe sind meist kurz und verhältnismäßig unblutig. Zu den Ausnahmen gehören die eindrucksvollen Kämpfe zwischen zwei männlichen Höckerschwänen. Die Vögel kämpfen Brust an Brust mit verschlungenen Hälsen im Wasser und schlagen einander dabei kräftig mit den Flügeln, oft so lange, bis beide erschöpft sind; das Ziel besteht darin, den Kopf des anderen zu erfassen und ihn unter Wasser zu drücken.

Weniger langwierige Kämpfe finden zwischen Singvögeln statt, die Brust an Brust hin und her flattern und sich mit ihren Schnäbeln packen. Regenpfeifer kämpfen ebenfalls auf diese Weise, machen jedoch auch von den Füßen Gebrauch. Die Hähne vieler Hühnervögel, etwa der Fasanen, haben an der Rückseite ihres Laufes Sporen, mit denen sie gefährliche, nach unten gerichtete Schläge austeilen. Tauben schlagen mit den Flügeln aufeinander ein.

Taucher ringen im Wasser miteinander, wobei die Schnäbel ineinandergreifen, und versuchen den Nebenbuhler zu ertränken, indem sie seinen Kopf unter Wasser drücken. Der Haubentaucher versucht mit seinem langen, spitz zulaufenden Schnabel seine Feinde aufzuspießen, indem er unter Wasser auf sie zuschwimmt. Bläßhühner legen sich, gestützt auf die nach hinten gestellten Flügel, auf das Wasser zurück und schlagen mit den langen, scharfen Krallen an den Zehen zu. Silber-, Mantel- und Heringsmöwen ergreifen einander beim Schnabel und ziehen kräftig.

Vögel richten ihre Feindschaft gewöhnlich wiederum gegen Vögel, viele greifen allerdings jedes Tier und auch Menschen an, die dem Nest zu nahe kommen. Seevögel können besonders angriffslustig sein: große Raubmöwen und gewisse Seeschwalbenarten fliegen geradewegs auf einen Eindringling zu oder gehen im Sturzflug auf seinen Kopf nieder und schlagen noch dazu mit den Füßen aus; sie haben sogar den Kopf eines Mannes blutig gekratzt. Ein brütender Eissturmvogel bespuckt alles, was ihm zu nahe kommt, mit einer öligen, übelriechenden Flüssigkeit.

Unterwerfung und Rückzug

Ob Bluff oder Kampf, der Streit endet gewöhnlich dann, wenn ein Vogel die Niederlage eingesteht – am augenscheinlichsten dadurch, daß er wegfliegt. Ist Flucht unmöglich, dann unterläßt der Geschlagene alles, was den Gegner reizen könnte.

Eine sich unterwerfende Kohlmeise plustert ihr Gefieder auf und beugt sich von der normalen Sitzposition nach vorn, um die Wirkung ihrer schwarzen frontalen Kennzeichen auf ein Minimum zu beschränken. Ein Fink tut das gleiche. Aber ein Höckerschwan, der im Kampf geschlagen wurde, liegt mit vorgestrecktem Hals im Wasser oder am Ufer und läßt sich hinten auf den Kopf hacken. Hat sein Gegner erst einmal auf diese Weise seinen Sieg bezeugt, gibt er den Angriff bald auf.

Kampf um einen Felsenplatz Zwei Baßtölpel fassen sich an den Schnäbeln und versuchen, sich gegenseitig über den Klippenrand zu stürzen. Auf schmalen Felssimsen ist der Kampf bald entschieden.

Wasserschlacht Bläßhühner stützen sich beim Kampf auf die zurückgestellten Flügel. Die langen, scharfen Krallen verleihen den Schlägen ihrer Füße schmerzhaften Nachdruck.

Wie man einen Partner findet und hält

DIE BIZARRE WELT DER VOGELBALZ

Während der Balzzeit leben Vögel in einer seltsamen, bunten Welt – der Welt des Rituals, in der Gesang, Gefieder und stereotype Handlungen bei der Werbung eine wesentliche Rolle spielen. Diese drei Elemente sind die ‚Sprache' der Paarbildung, und ein Vogel, der von ihnen Gebrauch macht, kann eine ganze Reihe von Nachrichten übermitteln: wo er ein Revier gegründet hat, ob er einen Partner sucht, welchem Geschlecht und welcher Art er angehört, wo er einen Nistplatz gefunden hat und wann er zur Begattung bereit ist.

Die auffallenden Posen der Männchen imponieren normalerweise nur Weibchen der gleichen Art. Das verringert die Möglichkeiten einer Kreuzung und damit auch die Gefahr der Erzeugung unbefruchteter Eier oder unfruchtbarer Bastarde.

Gefieder für die Brutzeit

Bei zahlreichen Vögeln entwickelten sich besondere Schmuckfedern und Farbmuster sowie Zierat wie Kämme und Kehllappen, die ihren Posen Nachdruck verleihen. Das Rotkehlchen hat seine rote Brust, der Eichelhäher seinen blauschwarzen Flügelspiegel und die Kohlmeise eine schwarz-weiß-gelbe Kopf- und Brustpartie. Fischreiher haben Federbüsche, und Haubentaucher zeigen ihren auffallenden Kopfschmuck.

Selbst der meist eintönig graubraun gefärbte männliche Haussperling ist während der Brutzeit am Kopf kontrastreicher gezeichnet – mit schwarzem Schnabel und Kehlfleck, helleren Wangen und kräftigerer Färbung an den Oberkopfseiten.

Der Schnabel des Papageitauchers weist während der ganzen Nistzeit leuchtende Rot-, Gelb- und Blautöne auf. Die meisten Erpel besitzen fast das ganze Jahr über ein prächtiges, buntes Gefieder, während ihre unauffälligen Enten in eintönigen Braun- oder Grautönen umherlaufen und mehr den Enten anderer Arten gleichen als ihren eigenen Erpeln.

Das prächtige Gefieder des Erpels hält sich den ganzen Winter hindurch bis in den Sommer hinein, bis die Verbindung zwischen gepaarten Vögeln endet; dann nistet die Ente und zieht die Jungen allein auf. Vom Mittsommer bis zum Frühherbst mausert der Erpel und bekommt ein eintöniges, dem Weibchen gleichendes, dunkles Gefieder; dadurch fällt er, während er infolge des Wechsels der Schwingen nicht fliegen kann, möglichen Feinden weniger auf.

Bei zahlreichen Arten, deren Männchen und Weibchen gleiches Gefieder haben, sind die Vögel häufig in den Anfangsstadien der Werbung auch gegeneinander aggressiv. Das Männchen entdeckt das Geschlecht des Vogels, vor dem es balzt, erst an seiner Reaktion; bleibt sie aggressiv, dann ist klar, daß auch der andere Vogel ein Männchen ist.

FARBEN DER BRUTZEIT

Papageitaucher in der Brutzeit (links) und zu anderen Zeiten (rechts); die prächtigeren Farben helfen ihm, ein Weibchen anzulocken. Der männliche Haussperling während der Brutzeit (links) ist ebenfalls lebhafter gefärbt als im Herbst und Winter (rechts).

Gemeinsame Zeremonien

Große Vögel, besonders zahlreiche Seevögel, bei denen die Partner fast das gleiche Gefieder tragen, führen ihre Balzzeremonien häufig gemeinsam aus. Oft spielen beide gleichzeitig die gleiche Rolle wie etwa die Fischreiher bei der Begrüßungs- und Brutablösungszeremonie.

Die Triumphzeremonie der Kanadagans ist eines der auffallendsten Beispiele für eine solche gemeinsame Kundgebung Männchen und Weibchen rennen nebeneinander mit tiefgehaltenem Kopf und ausgestrecktem Hals her und stoßen laute Schreie aus.

Bei der mit den Köpfen ausgeführten Balzzeremonie der Lachmöwen bedrohen die Vögel einander und halten dabei die Köpfe gesenkt, während sie die braune Gesichtsmaske zeigen. Dann recken sie plötzlich die Hälse und drehen die Köpfe weg, so daß sie den weißen Nacken präsentieren und die Gesichtsmaske verbergen.

Der Haubentaucher hat einen komplizierten Balztanz, an dem beide, kaum unterscheidbare Partner teilnehmen. Nicht alle

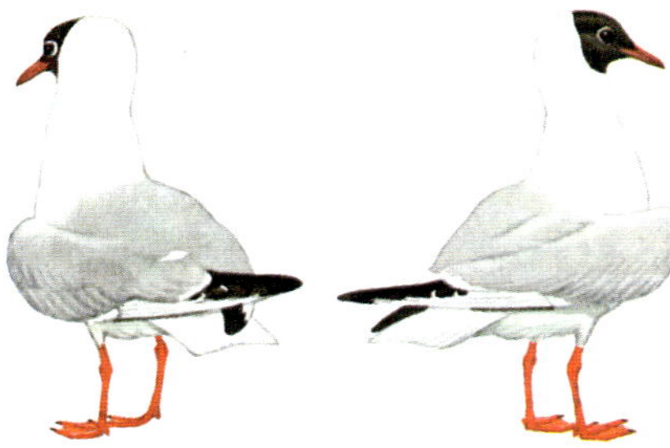

Das sogenannte Wegsehen Männliche wie weibliche Lachmöwen nehmen an den Balzzeremonien teil. Hier wenden sie gerade nach gegenseitiger Bedrohung plötzlich die Köpfe ab.

Triumphzeremonie Bei dieser Zeremonie während der Brutzeit rennt ein Paar Kanadagänse mit ausgestrecktem Hals nebeneinander her und stößt laute Rufe aus.

Vogelarten, bei denen Männchen und Weibchen ähnlich gefärbt sind, führen jedoch die Zeremonien gemeinsam aus; bei Staren, Zaunkönigen und verschiedenen Taubenarten ist die Schaustellung dem Männchen allein überlassen.

Die Balz beginnt meist im Frühjahr. Gewöhnlich übernimmt das Männchen die führende Rolle, außer beim Odinshühnchen und dem Mornell; bei beiden ist das Weibchen größer und schöner, und das Männchen hat die üblichen weiblichen Pflichten des Brütens und der Betreuung der Jungen übernommen.

Nicht immer beginnt die Paarbildung im Frühjahr. Das Rotkehlchen schließt sich dem Männchen schon während des Winters an, und zuweilen legen beide ihre Reviere zusammen. Auch Haubentaucher beginnen schon im Winter Paare zu bilden, sogar noch bevor sie ein Revier besitzen. Männchen und Weibchen verbinden sich zunächst im offenen Wasser und gründen erst dann ein Revier.

Auch Enten finden sich schon im Winter zu Paaren zusammen. Schon im Herbst beginnt die Gemeinschaftsbalz. Dabei leben Enten in Einehe. Bei ihren Schaustellungen auf dem Wasser spielen die buntgefärbten Erpel die Hauptrolle. Die Gruppenzeremonien einiger Arten, insbesondere der Stockente – unserer häufigsten Ente – werden zuweilen ganz oder hauptsächlich von Erpeln bestritten. Dennoch gehören diese Vorführungen zur Werbung, denn sie sind ja für die weiblichen Enten bestimmt.

Im Frühling kommt es vor, daß ein fremder Erpel eine Ente verfolgt und versucht, sie zu vergewaltigen. Der Erpel fliegt der Ente so lange nach, bis sie landen muß. Die Ente weist ihn immer mit einer charakteristischen Geste ab: sie stößt einzelne scharfe Schreie aus, biegt ihren Kopf zurück und plustert ihr Gefieder auf.

Die Synchronisierung des Brutzyklus

Die Fortpflanzungsperiode der Vögel, die außerhalb der Tropen brüten, wird durch Änderungen in der Länge der Tageszeit in Gang gesetzt. Diese Reaktion auf Schwankungen in der Länge des Tageslichts nennt man Photoperiodismus. Sie führt, zusammen mit Änderungen in der Nahrungsversorgung, zur Produktion von Hormonen, die auf die Aktivität der Vögel eine tiefgreifende Wirkung ausüben.

Außerhalb der Brutzeit sind die Keimdrüsen der Vögel klein, eine bei Flugtieren wichtige Gewichtsersparnis. Aber zur Brutzeit kommt es zu einem bemerkenswerten Wachstum. Die Hoden von Haussperlingen und Staren vergrößern sich um das 300- bis 500fache und die des Bergfinken zumindest um das 360fache. Bei weiblichen Staren erhöht sich das Gewicht des Eierstocks von ungefähr 20 mg auf 2500 mg.

Geschlechtsveränderung

Bei nahezu allen Vögeln spielt nur einer der beiden Eierstöcke des Weibchens, nämlich der

Gegenseitiges Putzen Zwei Dohlen stärken ihre Verbindung, indem sie sich gegenseitig die Kopffedern putzen.

Ritual des Liebkosens Liebkosungen mindern die gegenseitige Furcht und Aggression zwischen diesen Ringeltauben.

Fütterung als Bestandteil der Werbung Wie ein Junges füttert das Rotkehlchenmännchen seine Partnerin und stärkt damit die zwischen ihnen bestehende Verbindung.

Darbieten eines Fisches Der männliche Eisvogel hält dem Weibchen vor der Begattung einen Fisch mit dem Kopf voran hin, so daß es ihn, ohne zu ersticken, schlucken kann.

linke, eine Rolle bei der Erzeugung des Eies; der rechte bleibt klein und unentwickelt. Wenn der aktive Eierstock von einer Krankheit befallen oder beschädigt wird, kann sich auch der rechte entwickeln – aber nicht als Eierstock. Er wird zum Hoden. Es kann sogar geschehen, daß eine Henne Küken hat, dann den linken Eierstock infolge einer Krankheit einbüßt, das Geschlecht ändert und nun Vater einer weiteren Kükenbrut wird.

Abgesehen davon, daß die Paarungsbereitschaft von der Tageslichtmenge beeinflußt wird, hängt sie beim Weibchen normalerweise auch von seinem Männchen ab; bei zahlreichen Arten sorgt die Werbung durch das Männchen in erster Linie für die Herbeiführung der notwendigen Veränderungen im Körper des Weibchens, so daß es zur Eibildung und Begattung kommt.

Die zur Auslösung der richtigen Drüsenreaktion erforderliche Menge an Tageslicht ist von Art zu Art verschieden. Saatkrähen beispielsweise reagieren auf die kurzen Tage des Februars und März: sie legen ihre Eier in Westeuropa schon Ende März und im April; ihre Jungen schlüpfen also im April und Anfang Mai aus, also zu einer Zeit, wenn es Regenwürmer in Hülle und Fülle gibt. Andere Arten jedoch, wie die im Sommer brütenden Braunkehlchen, deren Hauptnahrung später im Jahr verfügbar wird, reagieren erst auf längere Tageslichtperioden.

Abbau der Aggressivität

Durch Balzzeremonien werden auch Aggressivität und Furcht, die Vögel dem anderen Geschlecht, also auch dem eigenen Partner gegenüber empfinden, abgebaut. Diese Gefühle entstehen aus der Notwendigkeit heraus, jeden Konkurrenten um Reviere, Nahrung und Partner zu bedrohen und zu bekämpfen; ein Vogel kann gar nicht umhin, das gleiche Gefühl zunächst auch gegenüber seinem Partner zu haben.

Das wird gut durch den männlichen Fischreiher veranschaulicht, dessen Balzgebaren einem Weibchen gegenüber zu Anfang auch Haltungen einschließt, die identisch mit seinen Drohstellungen gegenüber rivalisierenden Männchen sind. Wenn das Weibchen die richtige Beruhigungshaltung einnimmt, läßt auch die Aggressionsstimmung des Männchens nach.

Im allgemeinen jedoch sind echte Werbungszeremonien grundsätzlich anderer Art als Drohgesten. Sie fördern auch das Erkennen der Individuen und Artgenossen.

Daß Vögel sich auch individuell wiedererkennen, ist besonders in Kolonien wichtig, in denen ja zahlreiche Vögel der gleichen Art eng zusammenleben. Deren Werbung beginnt häufig, nachdem das Männchen einen Nistplatz belegt hat. Die in der Verteidigung seines Nistplatzes zum Ausdruck kommende Feindseligkeit gegenüber Nebenbuhlern macht es zumindest anfänglich auch aggressiv gegenüber jeder möglichen künftigen Partnerin. Später jedoch verteidigen Männchen und Weibchen häufig gemeinsam den Nistplatz.

Das Verhalten von Fischreiher, Baßtölpel und Krähenscharbe kann als typisch für die Werbung der größeren in Kolonien nistenden Vögel angesehen werden.

Stärkung der Partnerbindung

Sobald sich Vögel in Paaren zusammengefunden haben, wird die Bindung aneinander, die bei den meisten Arten die Voraussetzung für spätere erfolgreiche Aufzucht der Jungen ist, durch besondere Zeremonien gestärkt, beispielsweise durch Putzen oder Füttern des Partners und Anzeigen eines Nistplatzes. Die Partnerbindung kann ferner durch die gemeinsame Verteidigung des Reviers gegen rivalisierende Vögel gestärkt werden.

In einigen Fällen putzt nur der eine Partner den anderen, wie bei Kormoranen, bei anderen beruht das Putzen wirklich auf Gegenseitigkeit wie bei Krähenscharben und Baßtölpeln.

Unter den in Mitteleuropa heimischen Vögeln ist das Putzen des Partners charakteristisch für Kormorane, Fischreiher, Wasserrallen, Teichhühner, Bläßhühner, Dreizehenmöwen, Trottellummen, alle Taubenarten, Mauersegler, Mehlschwalben, Bartmeisen, Kolkraben, Saatkrähen und Dohlen.

Das Putzen ist hauptsächlich auf den Kopf und Hals des anderen Vogels beschränkt, der eventuell eine besondere Haltung einnimmt, die zum Putzen einlädt. So hat das Bläßhuhn eine sehr deutliche Aufforderungsgeste: einer der Vögel sträubt seine schwarzen Kopffedern, biegt seinen Hals nach unten und zeigt mit dem Schnabel auf die Füße. In dieser Haltung erstarrt er, und wenn die Zeremonie auf dem Wasser durchgeführt wird, kann der ganze Kopf des bittenden Vogels für einige Sekunden unter Wasser verschwinden. Manchmal nehmen beide Vögel diese auffordernde Haltung Seite an Seite ein, und jeder wartet dann, daß der andere darauf reagiert.

Da sich das gegenseitige Putzen hauptsächlich auf die Bereiche des Gefieders beschränkt, die ein Vogel mit dem eigenen Schnabel nicht erreichen kann, ist es zweifellos für die Gefiederpflege von gewissem Nutzen. Bei manchen Vogelgruppen, etwa bei Tauben, entfernt der putzende Vogel Schmutzteile und Parasiten aus dem Gefieder des Partners und frißt sie oder wirft sie weg.

Es scheint jedoch sicher, daß gegenseitiges Putzen mehr als dies bezweckt und vor allem die gegenseitige Bindung stärkt. Zuweilen dient es als Notventil für aggressive Tendenzen: statt auf seinen Partner einzuhacken, benutzt der andere Vogel seinen Schnabel zum Putzen. Entsprechend demonstrieren zum Putzen einladende Gesten häufig unterwürfige Friedfertigkeit.

Füttern des Partners

Füttern als Werbung zwischen gepaarten Vögeln ist weiter verbreitet als gegenseitiges Putzen, hauptsächlich bei Arten, bei denen das Weibchen allein brütet. In manchen Fällen kommt es nur zu Beginn des Brütens vor, doch meist bringt das Männchen während des Brütens auch weiterhin dem Weibchen die Nahrung. Füttern als Werbung wurde bereits bei vielen Vögeln beobachtet; die Form des Rituals ist sehr unterschiedlich.

Im allgemeinen benimmt sich das Weibchen wie ein bettelndes Küken, und das Männchen füttert es wie Eltern ein Junges. Vielleicht ist diese Gewohnheit von gewissem Wert bei der Vorbereitung eines Vogels auf die Fütterung seiner Jungen.

Das Fütterritual Die Schnäbel treffen sich, aber es wird keine Nahrung übergeben – bei Kernbeißern ist das Füttern als Werbung zuweilen rein symbolisch.

Die Nahrung wird dabei entweder unmittelbar von Schnabel zu Schnabel weitergereicht, wie bei Rotkehlchen, Eisvögeln und Seeschwalben, oder nachdem sie wieder hochgewürgt wurde, wie bei Krähen, Finken und Tauben. Bei Möwen wird sie auf den Boden erbrochen und bei Rothühnern aufgepickt und wieder auf den Boden gelegt. Bei den am Tage jagenden Greifvögeln, insbesondere bei Weihen und Falken, kann die Beute auch in der Luft vom Männchen an das Weibchen übergeben werden.

In manchen Fällen ist überhaupt keine Nahrung im Spiel. Die Vögel führen die Bewegungen des Gebens und Nehmens nur symbolisch aus. So berühren oder wetzen Finken zu Beginn der Brutzeit lediglich ihre Schnäbel. Erst später wird aus dem Füttern Ernst. Beim Gimpel etwa schiebt das Männchen zum Zeitpunkt des Nestbaues hochgewürgte Nahrung in den Schnabel des Weibchens. Dieses Füttern setzt sich während der ganzen Brutzeit fort. Nur bei Buchfinken – eine Ausnahme unter Finken – hat man Füttern während der Brutzeit noch nicht beobachtet.

Balzflug und Anzeigen eines Nistplatzes Das Kiebitzmännchen fliegt über seinem Revier (links), um ein Weibchen anzulocken, und versucht dann, das Weibchen zu begatten. Anschließend beginnt der Vogel ein Loch in die Erde zu scharren, als wollte er dem Weibchen zeigen, wo es sein Nest bauen könnte.

Verfolgungsflüge als Werbung des Zaunkönigs Nach einer Reihe heftiger Verfolgungsjagden (links) lockt der Zaunkönig das Weibchen mit lautem Gesang zum Nest; Schwanz und Flügel zittern dabei.

Bei Tauben, bei denen beide Geschlechter zu etwa gleichen Anteilen brüten, handelt es sich gewöhnlich nur um formelles Schnäbeln, wobei das Männchen seinen offenen Schnabel dem Weibchen hinhält, das dann seinen eigenen hineinstreckt; manchmal schließt sich daran Füttern durch Wiederausstoßen von Nahrung. Dieses Schnäbeln gehört mit dem rituellen Putzen auch zum Paarungszeremoniell bei Tauben.

Der männliche Eisvogel wiederum übergibt dem Weibchen vor der Begattung einen Fisch. Bei vielen anderen Arten, etwa beim Rotkehlchen, ist jedoch das Füttern als Werbung von der Paarung unabhängig, obwohl es häufig im gleichen Stadium des Brutzyklus erfolgt.

Die meisten Naturforscher betrachteten früher das Füttern während der Werbung lediglich als Geste zur Stärkung der Partnerbindung. Jetzt ist man sich jedoch darüber einig, daß es bei manchen Arten auch insofern von großem Wert ist, als dadurch das Weibchen mit zusätzlicher Nahrung zur Bildung seiner Eier versorgt wird, besonders bei Arten, die schon frühzeitig nisten, wenn geeignete Nahrung knapp sein kann. Bei den meisten Vögeln, die sich während der Werbung füttern, brütet das Weibchen die Eier allein aus, und das rituelle Füttern durch das Männchen leistet einen Beitrag zu seiner Ernährung während des Brütens.

Das Anzeigen eines Nistplatzes

Bei Vögeln, die in Kolonien leben, lockt das Männchen häufig ein Weibchen zu seinem Nistplatz. Bei zahlreichen anderen Arten jedoch lockt das Männchen zunächst das Weibchen in sein Revier, und dann wählen sie zusammen einen Nistplatz aus. Zahlreiche dieser Vögel haben besondere Werbungszeremonien, die dazu dienen, dem Partner die in Frage kommenden Nistplätze anzuzeigen.

Diese Zeremonien sind besonders gut entwickelt bei Vögeln, die auf dem Boden oder in Baumhöhlen nisten. Bei den auf dem Boden nistenden Kiebitzen etwa rennt das Männchen nach der Paarung oder der versuchten Paarung (der unter Umständen ein Balzflug über dem Revier vorangegangen ist) davon und beginnt ein Loch in der Erde zu scharren. Während es sich nach vorne beugt, um zu scharren, ist sein Schwanz gefächert und hochgestellt, so daß sein schwarzweißes Muster sichtbar und durch die kastanienbraunen Unterschwanzdecken noch betont wird.

Bei der Scharrzeremonie der Flußregenpfeifer signalisiert das Männchen mit seinem auffälligen gemusterten Schwanz, während es sich in der Erdvertiefung dreht; nähert sich das Weibchen, steigt das Männchen auf den Rand und steht bewegungslos mit ausgebreitetem Schwanz über dem ausgescharrten Loch. Das Weibchen vollzieht dann eine symbolische Nestablösung, indem es unter dem Schwanz des Männchens in das Loch schlüpft; das Männchen stelzt nur gemessenen Schrittes davon, pickt kleine Steine auf und wirft sie über seine Schulter in Richtung des Weibchens.

Im Wald in Höhlen nistende Vögel ent-

Männlicher Gartenrotschwanz wirbt um ein Weibchen Der Gartenrotschwanz jagt zu Beginn seiner Werbung seine Partnerin durch die Baumwipfel.

Dann produziert er sich an der Nisthöhle mit fächerartig ausgebreitetem Schwanz und hockt sich zischend vor das Weibchen hin, wenn er es zur Begattung auffordert.

DIE SPRACHE DER ENTEN

Begrüßung Der Mittelsäger streckt Hals und Kopf hoch, stößt Rufe aus und verbeugt sich vor dem Weibchen, wobei er seinen roten Schlund zeigt.

Kopfvorschieben Der Zwergsäger zieht den Kopf ruckartig zwischen seine Schultern ein und schiebt ihn anschließend in gleitender Bewegung vor.

Rülpsen Die Mandarinente streckt ruckartig den Hals heraus und wirft den Kopf rasch auf und nieder, wobei sie einen leisen Ruf hören läßt.

Senkrechtrufen Die Brandgans reckt in Imponierhaltung Hals und Kopf zur Begrüßung vertikal in die Höhe und trillert, während sie den Kopf wieder nach vorne sinken läßt.

Grunzpfiff Die Spießente hebt sich im Wasser in die Höhe, hält den Schnabel nahe an der Wasseroberfläche und spritzt eine Wasserdusche in die Luft, während sie pfeift.

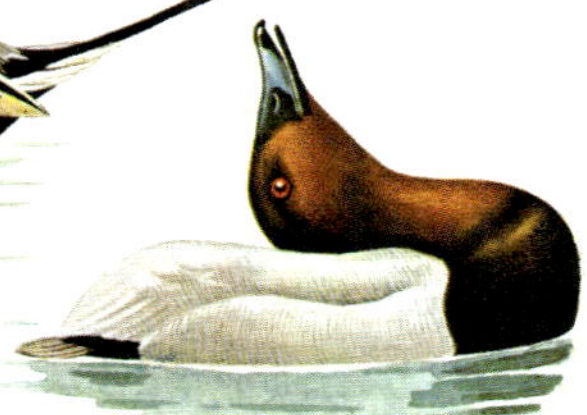

Kopfzurückwerfen Ein Tafelerpel, der ein Weibchen umkreist, wirft plötzlich Kopf und Hals weit nach hinten und läßt sie dann wieder rasch nach vorne schnellen, wobei er ‚wi-wierr' ruft.

Sprudeln Die Schwarzkopfruderente hat Luftsäcke unter den Federn über der Brust; sie trommelt mit dem Schnabel darauf und preßt auf diese Weise Blasen heraus.

Kopfzurückwerfen mit Wasserspritzen Der Schellerpel schwimmt um das Weibchen, wirft dabei den Kopf bis auf den Rücken und tritt mit den Füßen so heftig ins Wasser, daß es aufspritzt.

Kurzhochwerden Dabei pfeift der Krickerpel, reißt den Kopf hoch und beugt ihn nach hinten, hebt die geschlossenen Schwingen an und klappt den gespreizten Schwanz nach oben.

falten überdies beim Nestanzeigen häufig leuchtende und auffällige Gefiedermuster. Das Männchen des Gartenrotschwanzes weist auf die von ihm gewählte Höhle durch Gesang und Flugmanöver hin und ferner dadurch, daß es am Eingang der Höhle seine rote Brust und die schwarzweiße Stirn präsentiert; häufiger dreht es sich herum und fächert seinen kastanienbraunen Schwanz.

Die Kohlmeise zeigt ihr schwarzweißes Kopfmuster sowie das Schwarz und Gelb ihrer Brust vor dem dunklen Eingang zur Nisthöhle. Dem gut getarnten Zaunkönig fehlt ein auffallendes Gefiedermerkmal. Dafür lockt das Männchen sein Weibchen zu dem von ihm gebauten Kugelnest, indem es laut singt und dabei Schwanz und Flügel spreizt und zittern läßt.

Paarungszeremonien

Paarungszeremonien sind nicht immer nur männlichen Vögeln vorbehalten; auch das Weibchen ist dabei häufig beteiligt. Das Amselweibchen richtet seinen Schnabel und Schwanz fast senkrecht hoch, glättet sein Gefieder und trippelt ein bißchen vor dem Männchen auf und ab, wobei es einen sanften, hohen Ruf ausstößt. Das auf diese Weise zum Nachfolgen angeregte Männchen gibt unterbrochene Gesangspassagen von sich, breitet den Schwanz fächerartig aus und schleppt ihn nach, richtet Bürzel- und Scheitelgefieder auf und streckt den Hals; anschließend folgt die Begattung, sofern das Weibchen es zuläßt.

Bei einer bemerkenswerten Vorzeremonie zur Paarung hockt sich das Männchen des Gartenrotschwanzes mit gesenktem Kopf und ausgestrecktem Hals auf einen Zweig vor das Weibchen und stößt einen hohen zischenden Laut aus. Sein weit geöffneter Schnabel gibt den gelben Rachen frei. Der Vogel breitet seinen Schwanz fächerartig aus und preßt ihn nieder, öffnet die Flügel und läßt sie zitternd hin- und herschwingen, wobei die Flügelspitzen sich oberhalb seines Rückens nahezu berühren.

Bei lebhaften, sexuell stimulierenden Verfolgungsjagden fliegen Gartenrotschwänze rasch in die Baumgruppen ihres Reviers hinein und wieder heraus, ganz besonders nach erfolglosen Paarungsversuchen. Solche Jagden sind auch für Rohrsänger, Ammern, Sperlinge und zahlreiche andere Singvögel charakteristisch. Die Verfolgung des Weib-

AUSDRUCK VON LIEBE UND HASS BEIM FISCHREIHER

Reckbewegung des Männchens

Drohhaltung des Männchens

Abwehr des Männchens

Schnappbewegung des Männchens

Männchen und Weibchen bei der Begrüßungszeremonie

Fischreiher brüten frühzeitig im Jahr. Das Männchen bewacht sein Baumwipfelnest und macht es bekannt, indem es wiederholt ein lautes, rauhes ‚Frornk' ausstößt und die sogenannte *Reckbewegung* ausführt, die im Grunde feindselig zu sein scheint. Es wendet sich damit sowohl an Weibchen als auch an männliche Nebenbuhler.

Das Männchen reckt zunächst den Hals hoch, wobei der Schnabel senkrecht nach oben zeigt, und gibt den ersten Teil eines besonderen Rufes von sich, ein kurzes ‚Hu'. Dann läßt es sich auf dem Nest nieder und knickst, indem es seinen Kopf über den Rücken zurückbiegt, und stößt währenddessen den zweiten Teil des Rufes aus – ein gurgelndes ‚Huuuoo'.

Wenn sich ein Weibchen in der Nähe des Nestes niederläßt, nimmt das Männchen zunächst die *Drohhaltung* ein, als wolle es einen Rivalen abschrecken. Während Kopf und Schmuckfedern aufgerichtet sind, zieht das Männchen den Hals spiralenförmig zurück und schnellt dann den Kopf – mit dem dolchartigen Schnabel nach vorne – auf das Weibchen zu, öffnet dabei den Schnabel und stößt den Drohruf aus – ein lautes ‚Gooo'. Eventuell nimmt es auch die Abwehrhaltung ein, wenn sich das Weibchen nähert; dabei steht es aufrecht mit nach unten weisendem Kopf und Schnabel und gibt häufig ein sanftes ‚Go-go-go' von sich.

Wenn das Weibchen seinen Platz behauptet oder wiederholt zurückkehrt, wird das Männchen weniger aggressiv; es kommt zu weniger Drohhaltungen und mehr und mehr zu *Schnappbewegungen*, die Bereitschaft zur Paarverbindung erkennen lassen. Bei dieser Pose streckt das Männchen seinen Hals nach vorne, wobei der Schnabel nach unten zeigt, senkt den Kopf bis auf die Höhe des Nestes oder noch tiefer, indem es die Beine beugt, dann den Schnabel öffnet und ihn zuschnappen läßt.

Sobald das Weibchen am Nistplatz erst einmal akzeptiert ist, fängt das Männchen an, hinauszufliegen und mit Zweigen zurückzukehren. Dies führt zu gegenseitigen *Begrüßungszeremonien,* wenn das Männchen sich wieder niederläßt; dabei hält es den Hals aufgerichtet, hat Haube und Schmuckfedern ausgebreitet und stößt ein ‚Arre-arre-arr-arr-ar-ar' aus. Das Weibchen reckt sich wiederholt hoch, sinkt dann auf das Nest nieder, nimmt schließlich die Zweige und fügt sie dem Nestmaterial hinzu. Weitere Begrüßungszeremonien, bei denen die Schwingen und Schmuckfedern gespreizt werden, finden statt, wenn die Vögel einander am Nistplatz ablösen.

chens durch das Männchen ist wahrscheinlich im Grunde aggressiv, obwohl beide Partner auf diese Weise durchaus sexuell angeregt werden können. Beim Zaunkönig scheint das Weibchen das Männchen zur Verfolgung anzureizen.

Der männliche Flußregenpfeifer nähert sich dem Weibchen zunächst in horizontaler Körperstellung und richtet sich dann allmählich bis zu einer übertriebenen aufrechten Haltung auf, wobei er den Kopf hoch erhoben und die Brust gewölbt hat. Sobald er nahe an das Weibchen herangekommen ist, tritt er auf der Stelle, wobei er häufig seine Füße so hoch hebt, daß sie seine eigene Brust streifen. Wenn das Weibchen sich niederhockt, wird es vom Männchen bestiegen. Nach der Begattung rennen die Vögel rasch auseinander – wahrscheinlich, weil sich die Furcht wieder einstellt. Dieses Verhalten kann auch ein nützlicher Schutz vor Raubtieren sein.

Das Weibchen der Krähenscharbe gibt seine Einladung dadurch kund, daß es mit aufgestelltem Schwanz im Nest sitzt, sich niederbückt und Nestmaterial hin und her bewegt. Während der Begattung packt das Männchen den Hals des Weibchens mit seinem Schnabel und schüttelt ihn sanft. Bei den Baßtölpeln geht die Begattung rigoroser vor sich; das Weibchen unterwirft sich demütig und läßt sich gefallen, daß es kräftig hinten in den Hals gebissen wird.

Bei Fischreihern überreicht das Männchen vor der Begattung einen Zweig. Es säubert auch den Kopf des Weibchens; danach schnäbeln beide miteinander.

WIE DIE KRÄHENSCHARBE EIN WEIBCHEN ANLOCKT

Das Kopf-vor-Schlund-auf des Männchens

Das Kopf-zurück des Männchens

Männchen und Weibchen beim Nestzittern

Sitzendes Männchen beim Verbeugen

Weibchen läßt das Kehlklicken hören

Krähenscharben trifft man hauptsächlich zwischen März und August in ihren Brutkolonien an Steilküsten an. Zu Beginn der Brutperiode wendet sich das balzende Männchen sowohl an männliche als auch an weibliche Vögel. Nur die Weibchen reagieren sinngemäß.

Bei der ersten Bewegung, dem *Kopf-vor-Schlund-auf* hat das Männchen den Schwanz fächerartig aufgerichtet und die Brust herausgestreckt; anschließend wölbt es den Hals, zieht den Kopf nach hinten und schnellt ihn dann wiederholt vor- und aufwärts, wobei es gleichzeitig den Schnabel öffnet und das leuchtendgelbe Innere seines Rachens zeigt.

Daran schließt sich das *Kopf-zurück* an, vor allem dann, wenn der andere Vogel das Männchen anschaut und sich zu nähern beginnt. Bei dieser Bewegung wirft es den Hals so zurück, daß die Hinterseite des Kopfes auf dem Rücken aufliegt oder parallel dazu verläuft, richtet den Schnabel nach oben oder leicht nach rückwärts und läßt dabei seinen Kehlsack vibrieren.

Sobald ein Weibchen nahe herankommt, beginnt das Männchen sich zu verbeugen, und zwar gewöhnlich im Sitzen, wobei der Schnabel auf die Zehen zeigt und der gefächerte Schwanz steil aufgerichtet ist. Das Weibchen beugt sich gewöhnlich von hinten her über das Männchen und gibt dabei das *Klickgeräusch* von sich – sein Hals ist dabei über den Rücken des Männchens vorgestreckt, während der Kehlsack herabhängt und klickend vibriert. Anschließend krault das Weibchen das Männchen an Hinterkopf und Hals.

In den Anfangsstadien der Paarbildung vollführen Männchen und Weibchen häufig das sogenannte *Nestzittern,* wobei beide einen Zweig halten und ihn rasch hin- und herschütteln; dabei recken sie zuerst die Hälse und senken dann die Köpfe bis auf Nesthöhe.

Das *Kopf-vor-Schlund-auf* und das *Kopf-zurück* findet man nur bei Männchen; die anderen Haltungen können von beiden Geschlechtern eingenommen werden.

Die meisten Vögel haben keine äußeren Geschlechtsorgane; allerdings besitzt bei einigen Arten, einschließlich mancher Enten, Gänse und Schwäne, das Männchen einen Penis. Bei der Mehrzahl enden die von den Hoden des Männchens und von den Eierstöcken des Weibchens wegführenden Kanäle in ihrer Kloake. Bei der Begattung steht das Männchen auf dem Rücken des Weibchens, die Kloaken werden aneinandergedrückt, und der Samen geht vom Männchen auf das Weibchen über.

Die Begattung erfolgt mehrmals am Tage über eine Zeitspanne hinweg, die knapp vor dem Eierlegen beginnt und andauert, bis das letzte Ei gelegt ist. Haubentaucher etwa kopulieren acht-, neun- oder zehnmal täglich 10–14 Tage lang. Bei anderen Arten kann die Begattung weit weniger häufig stattfinden. Rabenkrähen und Elstern begatten sich einmal täglich am frühen Morgen in einem Akt, der 10–20 Sekunden dauert.

Lappentaucher und einige andere Vögel können sich auch schon lange bevor das Weibchen Eier erzeugt begatten; dadurch wird die Paarverbindung aufrechterhalten. Bei anderen Arten, etwa bei Baßtölpeln, beginnt die Begattung unter Umständen wieder am Ende der Brutzeit, wenn auch das Weibchen dann nicht wieder befruchtet wird.

Die einzige Sicherung gegen die Paarbildung zwischen Familienmitgliedern ist der Umstand, daß Jungvögel sich bei der Suche nach einem eigenen Revier zerstreuen. Inzucht kommt wahrscheinlich eher bei Koloniebrütern als bei reviergebundenen Vögeln vor und bedeutet auf keinen Fall eine Bedrohung der Art, denn die natürliche Auslese würde genetisch etwa nachteilige Folgen bald wieder beseitigen.

Die meisten Vögel leben zumindest während eines Teils der Brutperiode in Einehe; doch bei einigen Arten wie Birkhuhn und Kampfläufer treffen die Männchen mit den Weibchen nur bei der Begattung zusammen. Bei den meisten dieser ehelos lebenden Arten herrscht zwischen den Männchen ein intensiver Konkurrenzkampf um die Weibchen. Das hat zur allmählichen Entwicklung deutlicher Unterschiede der Geschlechter in Größe und Aussehen geführt.

Die Männchen sind gewöhnlich größer und bunter und haben vielfach zu ihrem Balzzeremoniell passende Prachtfedern entwickelt. Das Gefieder der Weibchen ist dagegen unscheinbar; bei der Brutpflege

DER BALZPLATZ DES BIRKHAHNS – EINE DRAMATISCHE BÜHNE

Der Birkhahn unterscheidet sich auffallend von der Henne. Er hat ein glänzendes schwarzes Gefieder, einen leierförmigen Schwanz, weiße Flügelbinden und Unterschwanzdecken sowie eine rote *Rose* über jedem Auge.

Bei der Balz bläht der Birkhahn Hals und Brust auf, seine Rosen schwellen; er läßt seine teilweise geöffneten Flügel hängen und breitet gleichzeitig seinen Schwanz fächerartig über dem Rücken aus, so daß die Unterschwanzdecken hinten einen weißen Schild bilden.

Dann trägt er Scheinkämpfe mit seinen Nachbarn aus, wobei er manchmal unbeweglich stehenbleibt, dann wieder kurze gezierte Läufe ausführt oder auf und nieder springt. Birkhähne stoßen häufig Rufe aus, und zwar in der Regel entweder ein keuchendes Zischen, etwa ‚tschjuhuisch' oder ein weithin hörbares Kollern, das taubenartig hohl klingt und bis über 1 km zu vernehmen ist.

Es gibt gelegentliche Kämpfe zwischen den Männchen, und die Standreviere können ihren Besitzer wechseln, wenn nämlich die Männchen am Außenrand des Balzplatzes versuchen, sich gewaltsam einen Weg zur Mitte zu bahnen. Die ältesten und stärksten Männchen, die Hauptähne, die die zentralen Positionen auf dem Balzplatz einnehmen, sichern sich bei weitem die meisten Begattungen – nämlich bis zu 80 % auf manchen Balzplätzen. Man konnte nachweisen, daß sich die Hennen oft überhaupt nur vom Haupthahn treten lassen.

Wenn die Henne erscheint und über den Balzplatz läuft, wird sie der Reihe nach von jedem Männchen hofiert. Die Begattung erfolgt, sobald das Weibchen sich niederhockt.

gewährt es ihnen vor allem Sichtschutz gegen Feinde.

Die Männchen finden sich auf Gesellschaftsbalzplätzen ein, die auch bald von den Weibchen aufgesucht werden. Bei Bodenvögeln liegen sie in völlig offenem Gelände, häufig an einem Hang oder auf einem Hügel. Sie werden Generation für Generation benutzt, solange sie sich als sicher erweisen.

In der Regel gibt es mehrere nicht weit voneinander entfernt liegende Balzplätze; die Männchen versammeln sich auf ihrem Platz in größerer Zahl. Diese Ansammlung steigert die Anziehungskraft des Balzplatzes für

DROHUNG UND AUFFORDERUNG DES BASSTÖLPELS

Das Männchen wirbt um ein Weibchen

Männchen und Weibchen fechten bei der Begrüßung miteinander

Beide Partner und auch unverpaarte Tölpel begrüßen sich durch Verbeugen

Das Männchen beißt das Weibchen in den Nacken; das Weibchen dreht den Kopf weg

Beide Partner nehmen Reckhaltung ein

Manche Baßtölpel bleiben in ihren Brutkolonien von Januar bis November, die meisten jedoch nur zwischen März und September. Ältere, erfahrene Männchen lassen sich auf ihren früheren Nistplätzen nieder, wobei Drohungen und Kämpfe um die Nistplätze wild und häufig sein können. Das Männchen verkündet seinen Anspruch auf einen Nistplatz durch die *Verbeugehaltung,* dabei hält es die Flügel über dem Schwanz gekreuzt und neigt seinen Schnabel von einer Seite zur anderen. Außerdem stößt es wiederholt seinen Drohruf aus, ein lautes ‚Arräh-arräh'.

Die *Werbepose* gegenüber Ausschau haltenden Weibchen, die wiederholt über die Männchen fliegen, bevor sie landen, sieht aus wie eine schwächere Form der Verbeugehaltung: das Hauptmerkmal ist das Hin- und Herschütteln des Kopfes bei geschlossenen Flügeln.

Sobald ein Weibchen nahe herankommt, reagiert das Männchen durch *Halsbeißen,* indem es seinen Hals mit dem Schnabel packt. Ein interessiertes Weibchen zieht sich weder zurück noch greift es an, sondern verhält sich unterwürfig, indem es den Kopf wegwendet und dem Männchen in der *Wegdrehhaltung* den Nacken hinhält. Im Verlaufe einer solchen Begegnung nimmt das Männchen auch die Verbeugehaltung ein, wobei der Schnabel nach unten gegen die Brust gepreßt ist – es scheint eine Geste des Befriedens zu sein.

Schließlich überläßt der männliche Vogel den Nistplatz dem Weibchen, wobei er zuerst wiederholt hinausfliegt, wiederkehrt und neben seiner neu gefundenen Partnerin landet; später bringt er auch Nistmaterial mit. Wenn sie zusammen am Nistplatz sind, nehmen sowohl Männchen als auch Weibchen die Verbeugehaltung ein, und wenn sie sich in dieser Haltung bewegen, heben sie ihre geschlossenen Flügel bis zu einer Ellbogen-Hockstellung.

Diese Art, die Flügel hochzuheben, ist noch charakteristischer für eine weitere Geste, die *Reckhaltung.* Sie wird häufig eingenommen, wenn ein Vogel sich von seinem Partner und dem Nest entfernen will. Der Vogel streckt den Hals, wobei der Schnabel gewöhnlich senkrecht nach oben zeigt, während die Augen starr nach vorne gerichtet sind; dann beginnt er langsam auf der Stelle die Füße zu heben und die auffällig gefärbten Linien an den Zehen zu zeigen, bevor er sich anschickt, wegzufliegen oder wegzulaufen. Ein besonderer Klagelaut begleitet diese Pose.

Während der gesamten Brutzeit, von den Anfangsstadien der Paarbildung bis zum Flüggewerden ihres einzigen Jungen, vollführen Baßtölpel jedesmal eine spezielle *Begrüßungszeremonie,* wenn sie ihren Partner am Nistplatz treffen. Der zurückkehrende Vogel fliegt rufend in das Nest, und sein Partner beginnt den Kopf rasch hin- und herzuschütteln.

Ob nun das Männchen gerade zum Nest zurückkehrt oder bereits darauf sitzt, fast jedesmal versetzt es seinem Weibchen einen Biß in den Nacken, das Weibchen wendet darauf den Kopf weg. Dann stehen sie sich Brust an Brust gegenüber und *fechten* miteinander, indem sie ihre erhobenen Schnäbel in rascher Folge scherenartig gegeneinanderschleifen. Das Rufen geht während der ganzen Begrüßungszeremonie weiter, und das Schnäbeln wird ab und zu von Abwärtsbewegungen des Kopfes begleitet.

die Weibchen und erhöht so die Paarungsaussichten der einzelnen Männchen. Wahrscheinlich bietet sie auch größere Sicherheit vor Feinden. Die Balz beginnt meist sehr früh am Tage – oft schon vor der Morgendämmerung – und kann den ganzen Morgen über andauern; allerdings gibt es zumindest eine Vogelart, nämlich die Doppelschnepfe, die sich nur nachts versammelt. Innerhalb des Balzplatzes hat jedes Männchen ein kleines festes Standrevier, das es durch seine Balz gegenüber anderen rivalisierenden Männchen behauptet; hierdurch wird auch der Balzplatz auffälliger und anziehender für die Weibchen.

Ein den Balzplatz betretendes Weibchen läuft zwischen den Standrevieren hin und her, während alle Männchen balzen. Dann wählt sich das Weibchen eines von ihnen aus, worauf die Begattung erfolgt. Mitunter

GRUPPENZEREMONIEN DER STOCKENTEN

Das Männchen beginnt mit der Ab-Auf-Bewegung

Das Männchen setzt die Zeremonie durch Scheinputzen fort

Das Weibchen geht zum Nickschwimmen über

Das Weibchen antwortet durch Hetzen

Die Gruppenzeremonien bei Stockenten beginnen häufig mit dem einleitenden *Schütteln;* dabei zieht ein Erpel in einer Gruppe den Kopf ein und richtet sich wiederholt im Wasser auf, wobei er den Kopf hin- und herschüttelt. Dann sinkt er, den Schwanz schüttelnd, wieder zurück. Diese Bewegung ist besonders ansteckend – sobald ein Vogel damit beginnt, schließen sich die anderen an, und die Werbungsstimmung erfaßt die ganze Gruppe.

Dem Schütteln folgt im allgemeinen der *Grunzpfiff*; dabei schüttelt der Vogel zunächst den Schnabel im Wasser, richtet sich dann auf, wobei der Hals nach unten gebogen ist und der Schnabel knapp über der Wasseroberfläche gehalten wird. In dieser Stellung zieht der Erpel den Schnabel an die Brust heran und spritzt dabei Wassertropfen hoch. Auf dem Höhepunkt der Bewegung stößt er ein helles Pfeifen aus, dem oft ein Grunzlaut und immer ein Schwanzschütteln folgen.

An das Schütteln kann sich dann das *Kurzhochwerden* anschließen, bei dem der Erpel pfeift, sich aufrichtet und den Kopf zurückzieht, dann die gefalteten Flügel über den Rücken hebt und den gespreizten Schwanz nach oben klappt.

Eine weitere Pose ist die *Ab-Auf-Bewegung,* bei der der Erpel den Schnabel rasch in das Wasser taucht, den Kopf ruckartig hochreißt, dabei eine kleine Wasserfontäne aufspritzen läßt und anschließend pfeift und ‚räb-räb' ruft. Außerdem gibt es noch das *Scheinputzen* hinter dem Flügel. Dabei hebt der Vogel einen Flügel teilweise auf seinen Rücken, um den glänzenden Spiegel zu zeigen, dreht den Kopf hinter den Flügel und fährt mit dem Schnabel über die Kiele der Armschwingen, was wie ein rasselndes ‚Rrp' klingt.

Beim Werben hält der Erpel den Kopf häufig auf ein bestimmtes Weibchen gerichtet, und zwar während des Grunzpfiffs oder am Ende des Kurzhochwerdens; anschließend beginnt er in der *Nickhaltung* um das ins Auge gefaßte Weibchen herumzuschwimmen, wobei der Kopf tief gehalten und der Hals abgewinkelt wird. Dann hebt er den Kopf wieder und versucht das Weibchen zu führen, indem er mit seitlich angepreßten Kopffedern davonschwimmt, was den Kopf spitz und glänzend erscheinen läßt.

Die Ente ist bei diesen Werbungsversammlungen in erster Linie nur Zuschauer, schwimmt jedoch auch zwischen den Männchen umher, wobei sie deren Aufmerksamkeit dadurch auf sich lenkt, daß sie in der Nickhaltung um möglichst viele von ihnen herumschwimmt. Noch häufiger geschieht es, daß das Weibchen Hetzbewegungen gegenüber einem bestimmten Männchen durchführt und ihm nachschwimmt; gleichzeitig kann das Weibchen auch symbolisch ein anderes Männchen bedrohen, indem es den Kopf über die Schulter dreht und bei geöffnetem Schnabel einen besonderen mürrischen Laut ausstößt.

Nachdem ein Erpel und eine Ente damit begonnen haben, sich enger zusammenzuschließen, nehmen sie während der Verlobung nach wie vor an der winterlichen Gruppenbalz teil. Doch richten sie ihre Werbung in erster Linie auf den eigenen Partner. Später im Jahre – zu Beginn der Brutzeit im März – machen sie sich für die Begattung selbständig.

Bei Verwandten der Stockente, wie der Krickente und der Spießente, haben die Männchen ähnliche Zeremonien, und zwar jeweils mit eigener Folge und besonderen Merkmalen, was dem Verhaltensforscher wertvolle Hinweise auf die verwandtschaftlichen Beziehungen der verschiedenen Entenarten liefert.

läuft es dann weiter, um sich mit anderen Männchen zu paaren; es sind noch keine Fälle bekannt geworden, daß ein Männchen das Weibchen zurückgewiesen hätte. Weibchen können auch mehrere Balzplätze aufsuchen.

Aufgrund des Reviersystems innerhalb des Balzplatzes ist jedes dort etablierte Männchen mehr oder weniger auf sein eigenes Standrevier beschränkt, so daß die Begattung verhältnismäßig ungestört vonstatten geht, nachdem das Weibchen ein bestimmtes Standrevier betreten hat. Die Kämpfe gelten dem Revier, denn kein balzender Vogel kann ein Weibchen anlocken, wenn er nicht zunächst ein Revier begründet hat.

Unter den in Mitteleuropa brütenden Vögeln begatten sich auf Balzplätzen nur Birkhuhn und Auerhuhn (beides Hühnervögel) und Kampfläufer (ein Watvogel).

DIE BUNTE WELT DES KAMPFLÄUFERS

Im Herbst und Winter ist das Gefieder des männlichen Kampfläufers genauso unscheinbar wie das des kleineren Weibchens; in der Brutzeit tritt jedoch eine erstaunliche Verwandlung ein. Beim Männchen bildet sich um Kopf und Hals eine enorme geschlossene Krause wie eine riesige Mähne, ferner entstehen zwei lange Ohrbüschel oben am Kopf sowie federlose Lappen am Gesicht.

Zwei Kampfläufer sehen nur selten ganz gleich aus, wodurch sie sich individuell leicht unterscheiden lassen. Krause und Ohrbüschel können schwarz, braun, rot, gelb oder weiß sowie einfarbig oder gemustert sein; die Hautlappen sind in verschiedenen Schattierungen von Rot bis Gelb gefärbt. Bei ein und demselben Männchen stimmen Krause und Ohrbüschel in der Farbe entweder überein oder stehen zueinander in Kontrast.

In jeder Brutzeit hat ein Männchen wieder das gleiche Gefiedermuster, nur die Schmuckfedern werden mit zunehmendem Alter noch größer und brillanter; ältere Männchen haben größere Gesichtslappen, und auch in der Farbe der Beine und des Schnabels unterscheiden sie sich von jüngeren Vögeln.

Auf jedem Balzplatz gibt es drei Arten von Männchen – Platzhähne, Randvögel und Satelliten. Platzhähne sind die alten, fest etablierten Männchen, die im Mittelpunkt des Balzplatzes eigene Standplätze von etwa 30 cm Durchmesser belegt haben. Randvögel, nämlich die jungen und möglicherweise die sehr alten Männchen, sind viel weniger regelmäßig vertreten und wandern von Balzplatz zu Balzplatz. Randvögel erreichen eventuell zunächst an der Peripherie des Balzplatzes ihre Standplätze und arbeiten sich dann von Jahr zu Jahr tiefer hinein.

Die Satelliten sind während der Paarungszeit wegen ihrer großen weißen Krause wohl die auffälligsten von allen. Sie besitzen keine eigenen Standplätze, sondern suchen verschiedene Balzplätze auf und benutzen dort die Standplätze von Platzhähnen. Manchmal werden sie von diesen davongejagt, aber häufiger – besonders auf kleinen Balzplätzen – erlaubt man ihnen zu bleiben.

Offensichtlich werden die Satelliten deshalb geduldet, weil ihr außergewöhnlich auffälliges Aussehen mehr Weibchen zum Balzplatz lockt und auf diese Weise die Paarungswahrscheinlichkeit für alle erhöht.

Der Konkurrenzkampf zwischen den Männchen um den Standplatz kann recht heftig sein. Es kommt gelegentlich zu ernsthaften Kämpfen; die meiste Zeit über bleiben die Vögel aber in ihren eigenen Standplätzen. Sobald ein Weibchen den Balzplatz aufsucht, produzieren sich alle männlichen Kampfläufer, indem sie sich niedersenken und im Kreise drehen, und zwar jeder auf seinem eigenen Standplatz – manche Standplätze sind allerdings doppelt besetzt, nämlich durch einen Platzhahn und einen Satelliten. Das Weibchen sucht sich einen Standplatz aus, betritt ihn und läßt sich begatten. Es kommt oft vor, daß sich ein Satellit mit einem Weibchen paart, während der Standplatzinhaber einen Kampf mit Nachbarn austrägt. Er paart sich, nachdem er den Satelliten verjagt hat. Das Balzen findet früh am Tage statt, häufig noch vor der Morgendämmerung.

Der Tanz des Haubentauchers

Jungfernpose Ein einzelner Vogel macht mit weittragenden, rauhen Rufen auf sich und auf die Tatsache aufmerksam, daß er einen Partner sucht.

Die Entdeckungszeremonie Ein Vogel nähert sich dem andern, indem er ihn knapp unter der Wasseroberfläche antaucht und sich dann langsam in der Geisterpose über ihn emporreckt. Der zweite Vogel steht ihm in der Katzenhaltung gegenüber; anschließend schütteln sie miteinander die Köpfe.

Stadien der Kopfschüttelzeremonie

STADIUM 1: Zwei Vögel begegnen sich, kommen einander drohend mit gesenktem Kopf näher, heben dann den Kopf höher und spreizen Schopf und Kragen, wobei sie ein tickendes Geräusch ausstoßen und ihre nach unten gerichteten Schnäbel seitlich hin- und herschütteln.

STADIUM 2: Sie richten sich weiter auf, wobei die Kopfschmuckfedern weniger weit gespreizt sind, und schütteln und wiegen beide abwechselnd den Kopf.

STADIUM 3: Einer oder beide Vögel beginnen mit dem Scheinputzen – sie senken den Kopf nach hinten, um eine der Flügelfedern nach oben zu ziehen.

Binnenseen und Stauseen bilden den Schauplatz für das Werben des Haubentauchers. Die Zeremonien beginnen im Mittwinter, insbesondere ab Januar, wenn die Vögel anfangen, Paare zu bilden und Reviere zu belegen; sie dauern dann Wochen oder Monate, wobei die Paare zusammenbleiben, bis das Nisten beginnt. Männchen und Weibchen spielen identische oder vertauschbare Rollen in diesem prunkvollen Ritual der Haltungen und Darbietungen. Das Kopfschütteln ist die am meisten verbreitete Zeremonie. Ihr kann die Jungfernpose sowie die Entdeckungszeremonie vorangehen und der Pinguintanz oder die Rückzugszeremonie folgen. Zu den weiteren Ritualen gehören das Fischanbieten und die Paarungsaufforderung.

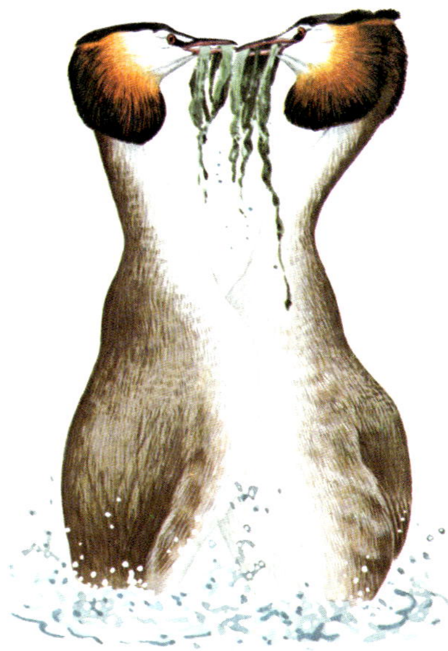

Pinguintanz Nach dem Kopfschütteln holen die Vögel Wasserpflanzen, tauchen damit auf und schwimmen aufeinander zu; dann steigen sie plötzlich Brust an Brust aus dem Wasser hoch, paddeln dabei kräftig mit den Füßen und schwenken ihre mit Nistmaterial beladenen Schnäbel von einer Seite auf die andere.

Stadien bei der Rückzugszeremonie

STADIUM 1: Während der Zeremonie des Kopfschüttelns stürzt einer der Vögel plötzlich los und eilt halb fliegend, halb schwimmend an seinem Partner vorbei über das Wasser.

STADIUM 2: Der fliehende Vogel sinkt in die bizarre Katzenhaltung, hält inne und wendet sich dann seinem Partner zu, der ebenfalls eine teilweise Katzenhaltung eingenommen hat.

Die Paarungsaufforderung Diese Pose auf dem Wasser ist identisch mit einer später auf dem Nest ausgeführten, um den Partner zur Begattung aufzufordern.

Das Fischanbieten Manchmal übergibt das Männchen seinem Weibchen als Brautgeschenk einen kleinen Fisch, den es verspeisen soll.

Nester und ihre Baumeister

VON EINFACHEN VERTIEFUNGEN ZU KUNSTVOLLEN BAUTEN

Im Kampf ums Überleben ist das Nest für Eier und eben geschlüpfte Jungvögel eine Wiege, in der sie vor Feinden einigermaßen sicher sind. Die Ursprünge des Instinkts, der einen Vogel veranlaßt, ein Nest zu bauen, liegen im dunkel. Reptilien, aus denen die Vögel sich entwickelt haben, sind in der Regel keine Nestbauer, wie übrigens auch nicht alle Vögel. Kuckucke kommen ganz gut ohne diesen Instinkt aus, desgleichen manche Arten, die eigene Nistplätze haben, aber keine Nester bauen. Es gibt eine Vielfalt von Plätzen, in die Vögel ihre Eier legen, angefangen von dem offenen Fleckchen Erde, mit dem der Ziegenmelker auskommt, bis zum komplizierten Hängenest der Beutelmeise.

Die frühesten Vögel legten ihre Eier wahrscheinlich wie Reptilien in Boden- oder Baumlöcher und bedeckten sie mit Erde oder Laub. Als der Konkurrenzkampf um Nahrung und Lebensraum ihre Nachkommen in offeneres Land hinaustrieb, war der sicherste Platz für Eier oft eine Mulde oder eine einfache Vertiefung im Boden; Vögel, die in sumpfiges Gelände zogen, hielten gewöhnlich nach einem Stück festen Boden Ausschau, das durch Gras geschützt war. Die ersten Napfnester sind vielleicht dadurch entstanden, daß Vogeleltern sich auf den Eiern oder bei Werbungsritualen drehten und dabei die Vegetation zu primitiven Mulden formten.

Nestarten

Wie kompliziert ein Nest ist, hängt davon ab, welche Anforderungen zum Schutze von Eiern und Jungen bei den einzelnen Vogelarten zu erfüllen sind.

Manche Vögel brüten ohne Nest. Waldkäuze legen ihre Eier in Baumhöhlen, Triele in Bodenvertiefungen, Trottellummen auf einem Felssims, Ziegenmelker auf einem freien Platz am Boden ab. Wahrscheinlich waren das die frühesten Nestformen; die genannten Vögel sind deshalb nicht unbedingt primitiver als andere, denn der Nestbauinstinkt kann im Laufe der Entwicklung einer Vogelart schwinden, zurückkehren und wieder verlorengehen.

Nester, die gewisse Bauarbeiten verlangen, reichen von einfachen Formen der Nestflüchter, deren Junge am Tage des Ausschlüpfens das Nest verlassen und laufen, bis zu komplizierten Konstruktionen der Nesthocker, deren Junge nackt und hilflos geboren werden.

Die Nester von Nestflüchtern, wie Enten, Gänse, Schwäne, Watvögel, Hühnervögel und Trappen, sind oft wenig mehr als Vertiefungen im Boden. Werden sie auf dem Wasser gebaut wie bei Teichhuhn und Bläßhuhn, können sie bei aller Einfachheit recht solide sein. Vögel, deren Junge das Nest innerhalb weniger Tage verlassen, wie Möwen und Seeschwalben, verwenden etwas mehr Mühe auf den Nestbau. Die kompliziertesten Nester bauen die Sperlingsvögel. Sie sind von Natur Waldbewohner, und ihr Bauinstinkt entwikkelte sich in einem Stadium, als sie im Vergleich zu heute noch mehr Feinde hatten.

Amseln und Singdrosseln bauen tiefe napfförmige Nester; einige andere Waldbewohner oder ehemalige Waldbewohner bringen als zusätzlichen Schutz eine Kuppel über der Nestmulde an. Haussperlinge und verhältnismäßig selten auch Feldsperlinge tun das, wenn sie nicht in einer Höhle nisten; Wasseramseln bauen dann ebenfalls ein großes, allseitig geschlossenes Nest. Elstern schützen das Nest mit einer Art Kuppel aus Zweigen; Zaunkönige, Fitisse, Waldlaubsänger und Zilpzalpe bauen noch kompliziertere Kuppeln; die Schwanzmeise stellt eine Flasche aus flechtenbedecktem Moos her; aber keiner kann sich mit der Beutelmeise messen, die ihr kunstvoll gewebtes, beutelförmiges Nest frei an die Spitze eines Zweiges hängt.

Napfförmiges Nest einer Amsel Nachdem die weibliche Amsel in einem Busch, einer Hecke oder auf einem Baum eine Unterlage aus geeignetem Material geschaffen hat, baut sie aus Gras, Wurzeln, Moos und Zweigen ein starkes, sicheres Nest, das innen mit Erde und getrocknetem Gras ausgekleidet ist.

Welcher Vogel wählt den Nistplatz aus?

Bei den meisten mitteleuropäischen Vogelarten teilen sich beide Partner in die Auswahl des Nistplatzes; bei manchen wählt ihn das Weibchen allein; bei dem kleineren Teil scheint das Männchen die führende Rolle zu spielen, obgleich – wie beim Trauerschnäpper, dem Gartenrotschwanz und der Kohlmeise – das Weibchen wohl die letzte Entscheidung trifft.

Wenn sich das Gefieder des Männchens stark von dem des Weibchens unterscheidet und wenn das Männchen sehr viel Energie darauf verwendet, durch seinen Gesang das Revier zu verteidigen, dann übernimmt in der Regel das Weibchen die Hauptrolle bei der Auswahl des Nistplatzes oder auch beim Nestbau.

EINFACHE NESTER AM BODEN UND AUF DEM WASSER

Bodenbrüter bauen einfache Nester, deren einzige Sicherung ihre Tarnung ist. Der Ziegenmelker kratzt nur eine kleine Vertiefung in den Boden. Das Kiebitznest ist etwas komplizierter: eine grob mit Gras ausgekleidete Mulde im feuchten Boden. Solider, aber auch einfach konstruiert sind die Nester der auf dem Wasser nistenden Vögel – wie die aus Wasserpflanzen, Schilf und Binsen zusammengefügte Plattform des Haubentauchers. Er bedeckt sein Gelege meist mit faulenden Wasserpflanzen, wenn er das Nest verläßt und er noch Zeit dazu findet.

Haubentaucher

Ziegenmelker

Kiebitz

Beim Birkhuhn treffen sich die Geschlechter nur zur Begattung, und der Birkhahn weiß vielleicht nicht einmal, wo die Henne das Nest angelegt hat. Spielen die Männchen bei der Nestauswahl die Hauptrolle, so stellen sie sich vor der von ihnen ausgesuchten Nisthöhle zur Schau. Der Trauerschnäpper streckt seinen Kopf heraus und zeigt seine blendendweiße Vorderseite; der Gartenrotschwanz kehrt sich der Nisthöhle zu und fächert seinen leuchtend orangefarbenen Schwanz.

Bei zahlreichen Watvögeln macht das Männchen mehrere einfache Vertiefungen, indem es sich, auf der Brust liegend, auf dem Boden herumdreht, und überläßt dem Weibchen die endgültige Wahl. Gelegentlich suchen – wie bei der Bachstelze – beide Partner verschiedene Nistplätze aus, wobei wiederum das Weibchen das letzte Wort hat.

Jede Spezies hat ihre bevorzugte Art von Nistplatz; allerdings können diese Plätze von Gegend zu Gegend verschieden sein. Kolkraben nisten in Schleswig-Holstein auf Bäumen, in den Alpen jedoch an Felsen, und auf dem Kontinent, nicht aber in Großbritannien, benutzen Wanderfalken die alten Nester anderer Vögel. Manche Vögel bevorzugen auch eine bestimmte Höhe über dem Boden. In Mitteleuropa findet man selten kleine Vögel, die hoch in Bäumen nisten. Nur einige Finkenarten – insbesondere der Stieglitz und in Nadelbäumen der Kreuzschnabel sowie der Zeisig – bauen normalerweise ihre Nester in der Nähe der Baumwipfel.

Bei den Nistplätzen von Watvögeln halten sich nötige Deckung und Blickfreiheit die Waage. Kiebitze, Säbelschnäbler, Sand- und Flußregenpfeifer, Mornell und Austernfischer bevorzugen offene Nistplätze, Brachvögel und Goldregenpfeifer ein Grasbüschel, das als Nestseite dient. Der Grünschenkel wählt in der Regel einen Nistplatz, bei dem sich auf der einen Seite des Nestes ein Stein oder ein abgestorbener Ast befindet, und die Waldschnepfe zieht eine leichte Decke aus verdorrtem Farnkraut vor. Die Nester von Uferschnepfe, Odinshühnchen, Rotschenkel, Flußuferläufer, Alpenstrandläufer und Bekassine liegen meist sehr gut im Gras versteckt. Bei diesen Arten können mehrere Vögel durchaus in geringem Abstand voneinander nisten; oft bewohnen Bekassine, Rotschenkel und Kiebitze benachbarte Nischen.

Die Konkurrenz um Nistplätze

Um ihre hilflosen Jungen zu schützen, nisten Spechte, Wiedehopfe, Mauersegler und Eisvögel in Höhlen, einige Taubenarten, Greifvögel und Seevögel auf Felssimsen; manche Vögel benutzen fest gebaute, verlassene Nester, die andere angelegt haben. Unter Höhlenbrütern gibt es häufig eine gewisse Konkurrenz um Nistplätze, und die gleiche Höhle kann in aufeinanderfolgenden Jahren oder sogar in der gleichen Saison von Vögeln verschiedener Arten benutzt werden.

Manche Vögel bauen an mehr als einem Ort. Zaunkönigmännchen legen bis zu einem halben Dutzend Nester an, obwohl das Weibchen nur in einem brütet: sie hat also eine Reihe von Reservenestern, falls mit dem Hauptnest irgend etwas passiert.

Eine an der Wand aufgehängte Leiter bietet eine Reihe gleich aussehender Nistplätze. Das verwirrt die Vögel. Singdrosseln oder Amseln beginnen zwischen den Sprossen mehrere Nester zu bauen, stellen jedoch manchmal keines von ihnen fertig, zuweilen legen sie ihre Eier in eines und manchmal in beide. Das kann auch geschehen, wenn zwei natürliche Nistplätze gleich aussehen. Werden die Reize nicht in der richtigen Folge ausgelöst, dann baut ein Vogel vielleicht mehrere Nester und legt dennoch in keines Eier.

Treue gegenüber Nistplätzen

Zahlreiche Vogelarten hängen an einem bestimmten Nistplatz. Eine Gebirgsstelze kehrt Jahr für Jahr zu dem gleichen Sims einer Brücke zurück, ein Austernfischer zu seiner

Mulde auf einer felsigen Landzunge und ein Adler zu seinem Horst. Ein Vogelpaar trifft vielleicht im Laufe der Jahre ständig zwischen den gleichen zwei oder drei Nistplätzen die Wahl. Stirbt ein Partner, dann sucht der andere häufig mit einem neuen Partner die gleichen Nistplätze auf.

Manche Vögel kehren auch beharrlich zu einem ungeeigneten Nistplatz zurück. Seeschwalben, die ihre Nester unterhalb der Frühjahrsflutlinie angelegt hatten, so daß sie weggespült wurden, sobald die Flut den jahreszeitlich bedingten Höhepunkt erreichte, kehrten dennoch dorthin zurück – mit dem gleichen Ergebnis.

Auch die Nester selbst werden häufig wieder benutzt. Amseln und Haussperlinge brüten häufig im gleichen Nest dreimal innerhalb einer Saison, wobei sie es jedesmal neu auskleiden. Die Nester von Fischreihern vergrößern sich enorm, da jedes Jahr weiteres Material hinzugefügt wird; auch Adlerhorste werden oft im Laufe der Jahre aufgestockt.

Kolonienbrüter können denselben Platz Hunderte von Jahren zum Nisten benutzen. In Kolonien nistende Vögel verlegen jedoch ihre Nistplätze auch je nach örtlichen Bedingungen; das Bäumefällen hat Fischreiher und Saatkrähen aus manchen Gebieten vertrieben, und Seeschwalben geben ihre Kolonien bei geringfügigen Veränderungen auf.

Manche Vögel – etwa Stockenten – versuchen einen Nistplatz zu finden, der dem ähnelt, wo sie ausgebrütet wurden. Mit Hilfe der Beringung stellte man andererseits fest, daß junge Singvögel selten genau zu ihren Geburtsorten zurückkehren.

Bei Wahl der Nistplätze scheinen sich in Mitteleuropa die Rauchschwalben vollkommen, die Mauersegler fast vollkommen und die Mehlschwalben überwiegend an die von Menschen geschaffene Umgebung angepaßt zu haben. Haussperlinge, Stare und Dohlen nisten häufig an von Menschenhand geschaffenen Orten; zahreiche Vögel benutzen Nistkästen, Rotkehlchen und andere Vögel ziehen ihre Brut zuweilen sogar in stillgelegten Kraftfahrzeugen auf.

Die Periode des Nestbaues

Der Zeitpunkt für den Nestbau hängt davon ab, wie das Weibchen auf die Werbung des Männchens reagiert, ferner vom Wetter, denn Regen macht das Baumaterial weich, so daß es sich leichter in das Nest einarbeiten läßt. Der Steinadler beginnt schon im Herbst mit dem Nestbau, lange vor Ablage des Geleges. Das Eierlegen besorgt als erster der Kreuzschnabel, oft schon im Januar; seine Jungen ernährt er mit Sämereien. Als einer der letzten bezieht der Baumfalke seinen Horst. Er benutzt meist das alte Nest eines anderen Vogels und legt seine Eier im Juni oder Juli.

Die zum Nestbau verwendete Zeit schwankt ganz enorm. Zu Beginn der Brutperiode kann die Bautätigkeit völlig eingestellt werden, falls das Wetter zu kalt wird; dagegen kann ein Nest als Ersatz für ein zerstörtes an einem Tag gebaut werden. Stare sollen innerhalb weniger Stunden im Triebwerk eines Flugzeugs Nester gebaut haben.

Eine hohe Eiche böte ein Höhenpanorama des Vogellebens, wären alle Vögel, die in ihr nisten können, gleichzeitig da. Jeder hat seinen bevorzugten Platz: Steinkauz, Buntspecht, Blaumeise, Dohle, Hohltaube, Kleiber und Gartenrotschwanz

Nestflüchter verlassen ihre Nester, sobald die aus den Eiern geschlüpften Küken trocken sind. Nach Ende der Brutzeit werden alte Nester als Schlafplätze benutzt – vom ursprünglichen Erbauer oder einer anderen Vogelart. Solche Schlafplätze werden unter Umständen später wieder als Nistplätze ausgewählt.

Haussperlinge bauen besondere Winternester, was zu der Ansicht geführt hat, sie würden das gleiche Nest das ganze Jahr über benutzen. Ausnahmsweise haben Rauchschwalben oder Mehlschwalben außer in ihrem europäischen Brutgebiet auch im südafrikanischen Winterquartier ein Nest gebaut.

Saatkrähen fangen mit dem Nestbau im Herbst wieder an, legen jedoch dann selten Eier. In einem sehr milden Herbst können Amseln und Stare erneut Eier legen. Einzigartig unter den europäischen Vögeln ist das Verhalten von Rot- und Steinhuhn, bei denen von zwei dicht aufeinanderfolgenden Gelegen eines die Henne selbst, das zweite der Hahn in einem anderen Nest ausbrütet.

Für den Nestbau werden vorwiegend Pflanzenteile verwendet wie Zweige, Heidekraut, Seetang, Gras, Stroh, Flechten, Moos. Blätter, Rindenfasern, Blumenköpfe, verfaultes Holz. Tierischer Herkunft sind Wolle,

suchen sich Löcher in Stamm oder Ästen oder legen solche an; der Waldbaumläufer findet eine Spalte in der Rinde; Amsel, Misteldrossel und Ringeltaube nisten in Astgabeln; hoch oben, außerhalb der Reichweite ihrer Feinde, baut die Rabenkrähe.

Haar, Federn, Dunen, Spinnweben, Knochen, Dung und im Falle der Singdrossel und des Mauerseglers auch Speichel; manche Vögel verwenden Materialien aus der unbelebten Natur wie Schlamm und – bei der Nestauskleidung der Sandregenpfeifer – Kieselsteine.

Das Zusammentragen der Baustoffe

Zahlreiche Vögel holen sich ihr Nistmaterial aus der unmittelbaren Nachbarschaft. Lappentaucher beispielsweise bauen ihre schwimmenden Plattformen aus allem, was sie in nächster Nähe bequem finden können; Mauersegler schnappen sich trockene Grashalme und Federn aus der Luft und verarbeiten diese Materialien dann mit Speichel zu einer flachen Schale unter der Dachtraufe. Enten zupfen sich die Dunen aus der eigenen Brust, und es wird berichtet, daß das Nest einer Turteltaube einmal ausschließlich aus kleinen Drahtstückchen bestand, ein Krähennest aus Schafknochen und ein Dorngrasmückennest im letzten Kriege aus von Fliegern abgeworfenen Stanniolstreifen.

Manche Vögel greifen nach Material, während sie auf dem Nistplatz sitzen. Dagegen fliegen Schwanzmeisen auf der Suche nach Federn – sie brauchen für eine Nestauskleidung bis zu 2000 – oft mehrere hundert Meter weit. Andere Vögel sind Plünderer. Meisen holen sich die Auskleidung aus Krähennestern; Sperlinge rupfen Tauben Federn aus, Dohlen sogar Eseln die Haare oder Schafen die Wolle. Buchfinken demontieren ihre eigenen Nester, wenn sie gestört werden, und verwenden das Material an anderer Stelle zum Nestbau.

Baumethoden

Der Anteil jedes Partners am Bau des Nestes ist genauso verschieden wie bei der Wahl des Nistplatzes, beim Brüten und bei der Pflege der Jungen. Das Weibchen übernimmt jedoch immer einen gewissen Teil beim Nestbau; selbst bei Arten wie dem Odinshühnchen und dem Mornellregenpfeifer, wo die Aufgabe des Brütens dem Männchen obliegt, hilft das Weibchen noch bei einfacheren Bauarbeiten mit. Der Anteil des Männchens reicht von gar keiner Beteiligung – wie beim Birkhuhn und den meisten Enten – bis zum Bau der Hauptkonstruktion, während das Weibchen die Auskleidung hinzufügt, wie etwa beim Zaunkönig. Finkenmännchen begleiten die Weibchen zwar zum Nest, helfen jedoch meist nicht mit, Material heranzuschaffen.

EIN HEIM FÜR SIEBEN VÖGEL

Viele Vogelarten nisten zwar in Baumhöhlen; doch nicht alle hakken in harter Arbeit die Löcher selbst aus. Spechte sind dazu am besten ausgerüstet. Nachdem ein Specht die ursprüngliche Höhle ausgemeißelt hat, können andere Vögel sie Brutzeit um Brutzeit benutzen, erweitern oder auch einen Teil des Einganges blockieren. Manche Höhlenbrüter verrichten nur wenig tatsächliche Bauarbeit – sie bedecken einfach den Boden der Höhle mit Nestmaterial.

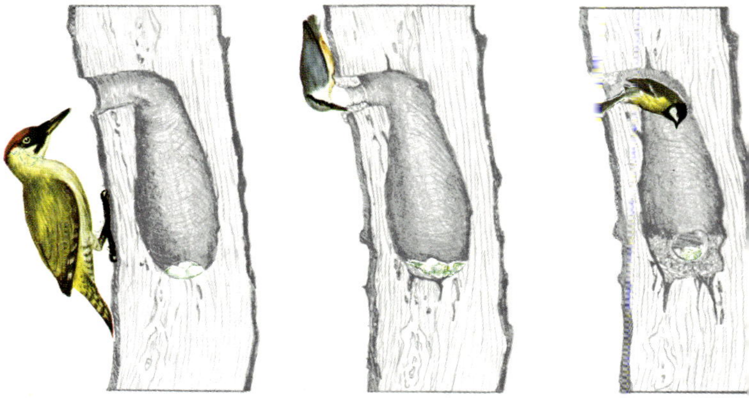

Grünspecht Kleiber Kohlmeise

NAPFFÖRMIGE NESTER Beim Bau eines komplizierten Nestes in einer Baum- oder Buschgabel kommt es im ersten Stadium darauf an, daß sich das Material fest genug setzt, um ein Fundament abzugeben. In einem typischen Fall – etwa bei einer Amsel – hockt sich der Vogel auf den Unterbau und bringt das neue Material in die richtige Form, indem er, sich auf dem Nistplatz drehend, mit der Brust dagegendrückt und es mit den Füßen festtrampelt. Nach etwa zehnmaligem Trampeln hat sich der Vogel zwei- bis dreimal um die eigene Achse gedreht. Die Nestmulde wird durch Verdichten des Materials gebaut, nicht durch Verweben, wenn auch der Vogel mit dem Schnabel vereinzelte Strähnen mit in die Schale hineinzieht. Hält man einen sehr kleinen Jungvogel in der gewölbten Hand, so macht er instinktiv die gleiche Bewegung, was beweist, daß diese Art des Pressens auf Vererbung beruht. Das Verfahren sieht einfach aus, kann jedoch nicht von den Händen des Menschen nachgeahmt werden.

Sobald die Mulde die richtige Höhe hat, geht es an das Auskleiden – gewöhnlich mit weichem Material; die Singdrossel bevorzugt als einziger europäischer Vogel eine harte Auskleidung. Amseln und verschiedene andere Vögel sind auf Auskleidungen aus Erde spezialisiert, innen mit einer feineren Schicht aus getrocknetem Gras. Deshalb wachsen an manchen Amselnestern Moosarten.

Hängenest des Wintergoldhähnchens Beide Partner dieses kleinsten der in Mitteleuropa brütenden Vögel weben aus Moos und Spinnweben ein kunstvolles Nest, das am Ast eines Nadelbaumes hängt und mit Federn ausgekleidet wird.

Offene Nester in Bäumen und Hecken werden gewöhnlich unter dem Schutzdach überhängender Blätter gebaut, die sie trocken halten. Außerdem schützen die Vogeleltern ihre Nester und Eier auch dadurch, daß sie sich bei Regen aufs Nest setzen. Stürme und starke Winde können trotzdem ein Nest zerstören, so daß die Vögel neu bauen müssen.

HÖHLENNESTER Zu den bemerkenswertesten Höhlennestern gehören die des Eisvogels und der Uferschwalbe. Ein Eisvogel fliegt zunächst immer wieder ein sandiges Ufer an und pickt dort Sand heraus, bis er eine Vertiefung geschaffen hat, an der er sich festklammern kann. Dann hebt er einen Tunnel von ungefähr 60 cm Länge aus, der leicht ansteigt und in einem Nestkessel endet. Die Leistung der Uferschwalbe ist sogar noch bemerkenswerter, da sie nur einen kleinen Schnabel und schwache Füße hat und es dennoch fertigbringt, einen Tunnel von 60 cm Länge oder mehr zu graben.

Die meisten Spechte sind vorzüglich dafür gerüstet, mit ihrem Schnabel Höhlen in Bäume zu meißeln; doch manche Höhlenbrüter – viele Eulen, Hohltaube und Schellente – können keine eigenen Höhlen bauen und beziehen deshalb die Höhlen anderer Vögel wie etwa der Spechte. Sobald die Höhle ausgemeißelt oder gefunden ist, bedecken Höhlenbrüter meist lediglich den Boden. Vögel, die wie die Blaumeise ein richtiges Nest im Innern der Höhle anlegen, sind wahrscheinlich erst vor kurzem in der Geschichte ihrer Art auf das Nisten in Höhlen übergegangen.

LEHMNESTER Rauchschwalben bauen napfförmige Nester aus Erdkügelchen, die von kleinen Stroh- oder Grashalmen durchsetzt sind. Die erste Auskleidung des Nestes besteht aus Gras; darauf kommt dann eine zweite Lage aus Federn. Die Mehlschwalbe baut in ähnlicher Weise, jedoch unter dem Dachfirst von Gebäuden. Ihr Nest ist auch tiefer und hat fast ganz oben eine kleine Öffnung.

WIEGENNESTER Um ein hängendes Nest zu erhalten, weben die Goldhähnchen Baustoffe um die winzigen Zweige am Ende eines Nadelbaumastes, und der Teichrohrsänger umwebt runde Schilfhalme. Der Pirol hängt sein Nest zwischen zwei waagerechte Zweige, gewöhnlich in einer Astgabel auf, wobei ein Teil des Nestrandes mit den Zweigen verflochten

Wendehals

Star

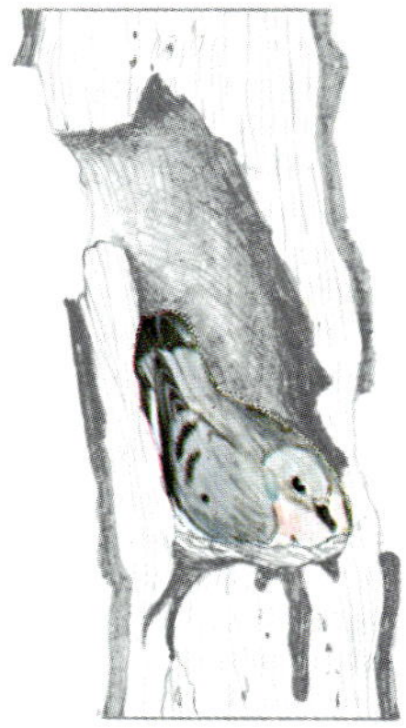

Hohltaube

Steinkauz

wird und der ganze Nestboden freischwebend bleibt.

HÄNGENESTER Das Männchen der Beutelmeise webt einen geschlossenen ovalen Beutel mit einem seitlichen Einflugloch aus Gras und Tierhaaren und heftet ihn frei an die Spitze eines meist über dem Wasser hängenden Zweiges.

FLOSSNESTER Teichhühner, Bläßhühner und manche Entenarten müssen ziemlich solide Nester herstellen, da sie ja auf dem Wasser bauen. Teichhühner und Bläßhühner legen ihr Nest auch in den überhängenden Ästen eines Baumes an und erhöhen die Seiten des Nestes, falls das Wasser steigt.

SCHWIMMNESTER Die Lappentaucher bauen feste Schwimmnester aus feuchten, der Tiefe entnommenen verrotteten Pflanzenteilen.

Die Größe des Nestes

Manche Vögel scheinen ihre Nester zu schmücken, denn sie bringen frisches Grün an den Nistplatz, nachdem die Eier gelegt sind – bei einigen Greifvögeln sogar, nachdem die Jungen ausgebrütet sind. Man weiß nicht, warum dies geschieht.

Die Größe des Nestes hängt hauptsächlich von der Anzahl der Eier im Gelege ab. Ein Rebhuhn braucht ein großes Nest, weil es bequem auf bis zu 20 Eiern sitzen kann; während die schlanken Watvögel in Schwierigkeiten geraten, wenn ihr Gelege die übliche Zahl von vier Eiern übersteigt.

Die Größe hängt ferner noch davon ab, ob das Nest Jahr für Jahr höher aufgebaut wird. Der Horst von Steinadlern, die vom Herbst an jedes Jahr neues Material hinzufügen, erreicht einen Durchmesser von 1,80 m und ein Gewicht von über einer Tonne. Das Nest der Dorngrasmücke wiegt dagegen kaum 30 Gramm.

Konkurrenz gibt es zwischen verschiedenen Vogelarten sowohl wegen der Nistplätze – besonders bei Höhlenbrütern – als auch wegen der Nester selbst. Ein Zaunkönig kann versuchen, in einer von Rauchschwalben begonnenen Nestkugel weiterzubauen. Enten verschiedener Arten versuchen auch, sich gegenseitig aus einem Nistplatz zu vertreiben. Manchmal legen zwei Vogelarten Eier in das gleiche Nest – beispielsweise Amsel und Singdrossel oder Kohlmeise und Blaumeise. Gewöhnlich siegen die zuerst Genannten.

Mitbenützung und Übernahme von Nestern

Dohlen, Haus- und Feldsperlinge finden zuweilen einen fertigen Nistplatz in den Kolonien von Saatkrähen oder Fischreihern. In einem Fischreihernest brauchen sie nur an der Seite ein Loch zu finden und es für ihren eigenen Gebrauch auszukleiden.

Nestübernahmen kommen häufiger vor. Falken und Eulen nisten regelmäßig in den alten Nestern von Raben, Krähen oder Elstern. Sie bauen nie ein eigenes Nest und drängen sogar gelegentlich weniger aggressive Vögel aus einem Nest hinaus. Grauschnäpper, weniger häufig auch Gartenrotschwänze, benutzen die früheren Nester von Singdrosseln und Amseln; nur die Auskleidung besorgen sie selbst. Möwen nisten manchmal in den Dunen eines Eiderentennestes, und Haussperlinge können das Nest einer Amsel als Fundament für ihr eigenes benützen. Vogelnester werden sogar von Mäusen und Bienen übernommen.

Lehmnest der Rauchschwalbe Schon ein Nagel an einer Scheunenwand genügt einem Rauchschwalbenpaar als Unterlage für ihr Nest. Beide fangen kleine Halme aus der Luft, picken Erde auf und verarbeiten alles zu Kügelchen. Das Nest nimmt Gestalt an, während Kügelchen auf Kügelchen gelegt wird.

Das Ei – der Anfang des Lebens

EINE WELT IN DER EISCHALE

Das Ausbrüten eines Eies ist gleichbedeutend mit einer Schwangerschaft außerhalb des Körpers. Für fliegende Wesen hat das zahlreiche Vorteile, der Muttervogel kann unbeschwert nach Nahrung suchen oder Feinden entkommen, während sich der Embryo in geschützter Umgebung und mit allem Nötigen versorgt, entwickelt.

Unter anderem pflanzen sich auch Spinnen, Fische, Frösche und die meisten Reptilien fort, indem sie Eier legen; bei Säugetieren hat die Evolution dazu geführt, daß der Embryo sich im Inneren des Mutterleibes entwickelt.

Die Tatsache, daß die sonst so hoch entwickelten Vögel eine derart einfache Fortpflanzungsart beibehalten haben, zeigt, wie außerordentlich wichtig für sie ein niedriges Körpergewicht ist.

Nahrung für den Embryo

Mitten im Ei liegt der Dotter, vollgepackt mit Nahrung für den aus der Keimzelle an seiner Oberfläche sich entwickelnden Embryo. Etwa die Hälfte des Dotters besteht aus Fetten und Proteinen; der Rest ist Wasser. Der Anteil des Dotters im Ei schwankt zwischen rund 20 % bei Nesthockern, die beim Ausschlüpfen nackt, blind und hilflos sind, und etwa 35 % bei Nestflüchtern, die schon mit Dunen bedeckt schlüpfen und wenige Stunden später laufen können.

Auch wenn das Ei bewegt wird, muß die Keimzelle oben auf dem Dotter bleiben, soll sie sich richtig entwickeln. Dies wird dadurch erreicht, daß eine zähe Membran, die Dotterhaut, das Eigelb umhüllt und sich auf jeder Seite in Form einer gedrehten Schnur fortsetzt; diese sogenannten Hagelschnüre stehen an ihren äußeren Enden mit den Schalenhäuten in Verbindung und schaffen zusammen mit der Dotterhaut eine Aufhängung, in der der Dotter sich drehen und so jede Bewegung des Eies ausgleichen kann.

Der Dotter ist umgeben vom Eiweiß – einer Flüssigkeit mit gelatineartiger Mittelschicht, die an jedem Ende an den Schalenhäuten befestigt ist; diese Schicht dient als Polster für den Eidotter, wenn das Ei geschüttelt wird.

Das Eiweiß besteht zu 90 % aus Wasser und besitzt ein starkes Wasserbindungsvermögen; dies ist geradezu lebenswichtig, da sonst durch die Poren an der äußeren Schale, durch die dem Embryo Sauerstoff zugeführt wird, sehr leicht Wasserdampf entweichen könnte. Das Eiweiß enthält ferner einen zusätzlichen Vorrat an Protein.

Zwei kräftige Schalenhäute, auf denen die Kalkschale sitzt, lassen zahlreiche schädliche Bakterien nicht in das Ei dringen; doch kann auch das Eiweiß noch das Wachstum solcher Bakterien verhindern, die möglicherweise diese erste Verteidigungslinie durchbrochen haben.

Nach dem Legen schrumpft das abgekühlte Ei geringfügig; die beiden Schalenhäute trennen sich am stumpferen Ende und bilden so eine Luftkammer. Das ausschlüpfende Küken durchbricht die innere Schalenhaut mit dem

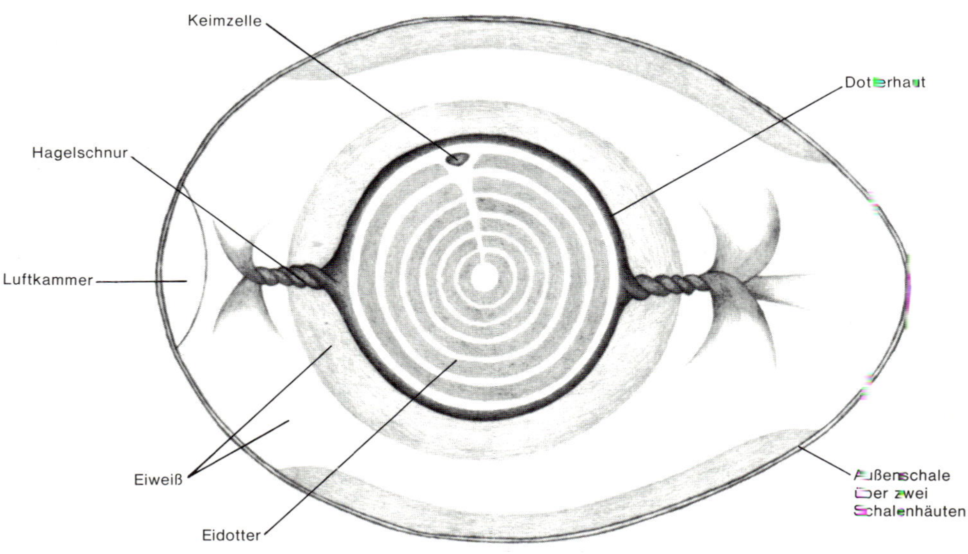

Das Innere des Eies Jeder Teil des Eies hat seine Aufgabe: das Dotter liefert Nahrung für den sich entwickelnden Embryo; das Eiweiß wirkt als Polster für den Dotter und hält mit den beiden Schalenhäuten schädliche Bakterien fern; die Schale bewahrt den Inhalt vor Schaden, läßt aber Sauerstoff durch, und das ganze Ei bietet dem Embryo zum Wachsen genügend Raum.

Formen der Eier Das Ei des Waldkauzes kommt der Idealform in bezug auf größtmögliche Festigkeit am nächsten; die meisten Vögel legen jedoch Eier, die ein stumpfes und ein spitzeres Ende haben.

Schnabel und nimmt seinen ersten Atemzug aus dieser Kammer, während es sich noch im Ei befindet.

Die Schale besteht aus kristallinem Material, überwiegend Kalziumkarbonat (Kalk), umgeben von einem feinen Netz aus Proteinfasern. Der zur Bildung der Eierschale benötigte Kalk stammt normalerweise aus der Nahrung des Weibchens; bei mangelhafter Ernährung wird der Kalk den eigenen Knochen des Vogels entnommen. Kann das Weibchen weder auf die eine noch die andere Weise genügend Kalzium für die Schale zur Verfügung stellen, dann fehlt dem Ei die übliche harte Schale; es bildet sich das weichschalige und leicht zu beschädigende Windei.

Die Festigkeit der Eierschale

Die Kalkschale ist viel fester, als sie aussieht. Man hat errechnet, daß das Ei des Haushuhns einem gleichmäßigen Druck von über 30 Zentnern pro Quadratzentimeter widerstehen kann. Dies ist der Anordnung der Kristalle in der Schale zu verdanken; die meisten haben ein zum Mittelpunkt des Eies gerichtetes Ende und lange Ränder, die in die der umgebenden Kristalle eingreifen. Ein Druck von außen preßt die Kristalle zusammen, und sie stützen sich gegenseitig wie die Steine eines Gewölbes; dennoch kann das verhältnismäßig schwache Küken, wenn seine Zeit zum Ausschlüpfen kommt, ohne weiteres die Schale von innen her durchbrechen.

Die Innenfläche der Schale besteht aus einer Menge winziger Beulen, die auf den Schalenhäuten aufliegen und die Luftzirkulation rund um das Ei im Innern der Schale ermöglichen. Die Luft tritt durch Hunderte von Löchern zwischen den Schalenkristallen ein. Diese Löcher erscheinen dem unbewaffneten Auge wie winzige Gruben auf der Schalenaußenfläche. Bei den meisten Eiern glänzt die Schale außen; Hühner- und Gänseeier weisen jedoch eine mattere Oberfläche auf, und die Eier von Kormoranen haben eine weiche, weiße Außenschicht. Die üblichere, glänzende Oberfläche trägt dazu bei, Wasser und Schmutz vom Ei abzuweisen.

Warum Eier eiförmig sind

Das Ei mit der größtmöglichen Festigkeit, bei dem nämlich die Schalenkristalle so angeordnet sind, daß sie dem Druck von außen den größten Widerstand entgegensetzen, wäre rund wie ein Tischtennisball. Ein vollkommen kugelförmiges Ei wäre jedoch zu klein für eine ausreichende Entwicklung des Embryos: der Durchmesser eines Eies wird ja durch den Durchmesser des Eileiters begrenzt, den es beim Legen passieren muß.

Man hat die Hypothese aufgestellt, daß Eier in den Eileiter kugelförmig eintreten und beim Hinauspressen ihre Form ändern. Der Druck wäre am vorderen Ende des Eies am größten, weshalb die meisten Eier an einem Ende spitzer zuliefen als am anderen.

Doch einige Arten legen Eier, die sich von der üblichen Form unterscheiden. Die Eier von Watvögeln und auf Klippenrändern nistenden Alken sind kreiselförmig; die von Lappentauchern, Krähenscharben und Seetauchern verdünnen sich an beiden Enden; Eulen und zahlreiche andere Raubvögel legen fast kugelige Eier; bei Mauerseglern und Rauchschwalben sind sie lang mit stumpfen Enden.

Die Gründe für diese Abweichungen sind nicht immer bekannt; in manchen Fällen scheinen sie einem bestimmten Zweck zu dienen. Die Kreiselform des Eies der Trottellumme beispielsweise stellt sicher, daß sich das Ei, wenn es bewegt wird, in einem klei-

Höckerschwan

Rabenkrähe

Wintergoldhähnchen

Vom Größten bis zum Kleinsten Großtrappe und Höckerschwan legen die größten Eier unter den in Europa brütenden Vögeln, das Goldhähnchen die kleinsten. Im allgemeinen gilt, je schwerer ein Vogel, desto größer sein Ei; vergleicht man jedoch Gewicht mit Gewicht, so legen kleine Vögel verhältnismäßig große Eier. Sieben Eier des Wintergoldhähnchens wiegen genauso viel wie der Vogel selbst; eine Rabenkrähe müßte 15 Eier legen, um sich selbst aufzuwiegen, und ein Schwan ungefähr 25.

nen Bogen um seine Spitze dreht, statt über den Rand der Klippen zu rollen, auf denen es frei liegt. In anderen Fällen wird die Form des Eies wohl durch die Körperform des Muttervogels bestimmt. Tauchvögel mit ihren langen, schlanken Körpern legen längliche Eier.

Die Größe der Eier

Die Größe der Eier hängt unter anderem weitgehend von der Größe der Vögel ab, die sie erzeugen. Der Höckerschwan legt sehr große Eier – etwa 11 x 7 cm; und das Wintergoldhähnchen bringt das kleinste Ei hervor – etwa 1,25 cm x 1 cm. Es gibt jedoch zahlreiche Besonderheiten im Rahmen dieser allgemeinen Größenregel. Je kleiner zum Beispiel ein Vogel ist, desto größer das Ei im Verhältnis zu ihm. Das Ei des Wintergoldhähnchens wiegt etwas mehr als $^1/_7$ seines eigenen Gewichts, und zahlreiche andere kleine Singvögel legen Eier, die $^1/_9$ ihres Körpergewichts ausmachen. Am anderen Ende der Skala beträgt bei Kormoranen und Krähenscharben das Gewicht der Eier nur etwa $^1/_{25}$ des Vogelgewichtes. Kleine Vögel legen wahrscheinlich deshalb unverhältnismäßig große Eier, weil Eier, je kleiner sie werden, im Verhältnis zu ihrem Volumen eine größere Oberfläche haben – und daher mehr Wärme und Feuchtigkeit an der Oberfläche verlieren. Genauso, wie kleine Vögel verhältnismäßig schwere Eier legen, neigen sie auch dazu, mehr Eier zu legen als größere Vögel. Das Wintergoldhähnchen kann zehn oder noch mehr erzeugen – das ergibt ein Gesamtgewicht von fast dem anderthalbfachen des eigenen Körpergewichts.

Amsel

Bekassine

Wasserralle

Misteldrossel

Gleich große Vögel: verschieden große Eier Amsel und Bekassine wiegen ungefähr das gleiche. Auch bei der Misteldrossel und der Wasserralle trifft dies zu. Dennoch gibt es Unterschiede in den Größen ihrer Eier – wahrscheinlich deshalb, weil die Jungen der beiden Sumpfvögel beim Ausschlüpfen schon gut entwickelt sind, während die Jungen der beiden Drosseln nackt und hilflos geboren werden.

Etwa gleich schwere Vögel können Eier sehr verschiedener Größe hervorbringen. Amsel und Bekassine wiegen ungefähr das gleiche; ebenso Misteldrossel und Wasserralle; doch Bekassine und Wasserralle legen viel größere Eier als die beiden Singvögel. Dies hängt mit der Tatsache zusammen, daß ihre Jungen frühreif sind – sie sind beim Ausschlüpfen schon mit Dunen bedeckt und brauchen daher einen größeren Nahrungsvorrat im Ei. Andererseits haben Wachteln und zahlreiche andere Hühnervögel auch frühreife Junge, legen aber keine übermäßig großen Eier. Dies wiederum kann darauf zurückzuführen sein, daß Hühnervögel große Gelege haben und daher nicht genügend Material für größere Eier zur Verfügung stellen können.

Größe eines Rebhuhngeleges Ein Gelege wird wahrscheinlich nicht größer sein als die Zahl der Eier, auf die sich ein Vogel setzen kann. Nicht immer legt der Vogel die Höchstzahl an Eiern. Dieses Rebhuhn hat zwölf Eier, obwohl Rebhuhngelege mit 18 Eiern nicht selten sind. In einem Falle brachte es eine Henne sogar auf 23 Eier.

Wie viele Eier?

Ein Gelege ist eine Anzahl von Eiern, die ein Vogel legt, um sie auf einmal auszubrüten. Die meisten Vogelarten haben normalerweise in jeder Brutsaison ein Gelege, manche Arten aber zwei und andere auch drei. Zahlreiche Vögel, die regelmäßig mehr als eine Brut aufziehen – wie Amseln, Finken und Sperlinge – haben eine lange Brutzeit zur Verfügung, weil sie keine Zugvögel sind.

Ob eine zusätzliche Brut aufgezogen wird, ist eine Frage der Zeit, des Wetters und der Nahrung. Bei schönem Wetter brüten Amseln vom März bis zum Spätsommer und ziehen drei Bruten auf; dabei sind jedesmal 13 bis 14 Tage zum Ausbrüten und 13 bis 14 Tage zum Flüggewerden nötig.

Zahlreiche Vögel, die normalerweise nur eine Brut aufziehen, ersetzen ein Gelege, das in den Anfangsstadien des Brütens verlorengeht; doch manche wie Sturmschwalben und Seetaucher tun dies nur selten. Die meisten Arten mit zwei und drei Bruten erzeugen, falls nötig, ein oder zwei Nachgelege.

Ein Verlust kann dadurch eintreten, daß der Vogel sein Gelege aufgibt, wenn er gestört wird; doch je länger der Vogel schon auf den Eiern gesessen hat, desto widerstrebender verläßt er sie – möglicherweise deshalb, weil es für zahlreiche Arten zu spät sein würde, erneut mit dem Legen zu beginnen.

Für die Größe des Geleges macht man verschiedene Faktoren verantwortlich: die Menge der während der Jungenaufzucht verfügbaren Nahrung; die Nahrungsmenge, die das Weibchen beim Legen zu sich nimmt, sowie die Anzahl der Eier, auf denen der Vogel beim Brüten bequem sitzen kann.

Zwar hängt die Größe des Geleges damit zusammen, wie viele Junge mit Erfolg aufgezogen werden können; doch daraus folgt nicht immer, daß bei größeren Gelegen auch mehr Junge aufgezogen werden. Wenn die Eltern Schwierigkeiten haben, Nahrung zu finden, müssen einige ihrer Jungen verhungern, so daß die letztlich aufgezogene Anzahl geringer sein kann, als wenn das Gelege von vornherein kleiner gewesen wäre. So hat man glaubwürdig nachgewiesen, daß Mauersegler in schlechten Sommern weniger Junge bei Gelegen mit drei Eiern als bei Gelegen mit zwei Eiern aufzogen.

Ob diese Gesetzmäßigkeit nun bei allen Vögeln in allen Klimazonen zutrifft, ist umstritten. Es hat sich gezeigt, daß Eulen und Greifvögel in Jahren, in denen ihre Nahrung reichlich vorhanden ist, größere Gelege erzeugen. Bei Vögeln mit konstanter Gelegegröße wird der Beginn des Brütens wahrscheinlich durch das Gefühl der *richtigen* Eizahl unter dem Bauch ausgelöst.

Die meisten echten Seevögel – also Vögel, die nur zum Brüten an Land kommen – haben in einem Gelege nur ein einziges Ei. Man weiß nicht genau, warum; doch ist es möglich, daß sie nicht genug Reserven speichern können, um mehr als ein Ei zu erzeugen – entweder weil die Nahrung knapp ist, oder weil diese Dauerflieger durch Übergewicht besonders behindert werden.

Manche Vögel setzen das Legen fort, wenn die Eier aus dem Gelege genommen werden. Durch laufendes Wegnehmen der Eier, so daß nie ein vollständiges Gelege zustande

WAS BEIM EIERLEGEN GESCHIEHT

Ein weiblicher Vogel hat zwei Eierstöcke, aber bei nahezu allen Arten ist nur der linke funktionsfähig. Mit Ausnahme des Kiwi, einiger Greifvögel und Papageienarten bleibt der rechte Eierstock und der rechte Eileiter unentwickelt – vermutlich um Gewicht zu sparen. Wenn der Vogel zum Brüten bereit ist, fangen mikroskopisch kleine Eizellen aus dem großen Vorrat im Eierstock nacheinander an zu wachsen und bilden den Dotter der Eier. Eine reife Eizelle gleitet in den trichterförmigen Mund des Eileiters, wo die Befruchtung erfolgt. Das Vorankommen der befruchteten Eizelle durch den Eileiter und ihre schließliche Entwicklung zum Ei dauert zwischen 24 Stunden und einer Woche, je nach Vogelart. Eiweiß, Hagelschnüre und Schalenhäute kommen alle noch hinzu, bevor das Ei den Uterus erreicht; dort absorbiert das Eiweiß Wasser und schwillt so lange, bis die Schalenhäute straff gespannt sind. Auf dieser festen Oberfläche werden die Schalenschichten sowie die Farbe aufgebaut. Schließlich kommt noch die glänzende Außenoberfläche mit weiteren Farbzeichnungen hinzu, bevor das Ei durch die Kloake ausgestoßen wird.

WARUM SICH DIE FARBEN ÄNDERN

Sobald Arten, deren Vorfahren im offenen Gelände nisteten, auf das Nisten in besser verborgenen Plätzen übergehen, werden ihre Eier weißer und die Markierungen schwächer. Solche Unterschiede kann man feststellen, wenn man das Ei des auf Klippenrändern nistenden Tordalken mit dem des in Höhlen nistenden Papageitauchers vergleicht oder ein Ei vom Kuppelnest eines Zilpzalps mit einem aus dem offeneren Nest einer Gartengrasmücke.

Eier des Baumpiepers Diese Unterschiede in Farbe und Musterung können Anpassungen an die verschiedenen Umgebungen sein, in denen der Baumpieper nistet.

kam, hat man einen Wendehals, der normalerweise 8 bis 9 Eier legt, dazu gebracht, 48 Eier hintereinander zu legen, und ein Haussperling, der normalerweise ein Gelege von 3 bis 4 Eiern aufzuweisen hat, wurde dazu verleitet, hintereinander 51 Eier zu legen.

Das extremste Beispiel für ein derartiges zusätzliches Legen ist natürlich das Haushuhn, das schon 361 Eier in 365 Tagen gelegt hat. Das Bankivahuhn, von dem es abstammt, legt ungefähr 6 Eier. Eine sich selbst überlassene Henne gerät bei ungefähr einem Dutzend Eier in Brutlaune und beginnt mit dem Ausbrüten.

Umgekehrt funktioniert der Kunstgriff nicht immer: die bekannteren Singvögel legen ihre übliche Anzahl Eier, auch wenn man ihnen weitere unterschiebt; Tauben andererseits, die zwei Eier legen, fügen nur noch eines hinzu, wenn sie bei Legebeginn bereits ein Ei im Nest vorfinden.

Der Reiz, der ein Weibchen zum Legen anregt, liegt in der Gegenwart seines Männchens, und die meisten Vögel werden keine Eier erzeugen, es sei denn, sie haben ein Männchen und einen Nistplatz. Das Haushuhn ist nach Jahrhunderten des selektiven Züchtens jetzt eine Ausnahme und legt regelmäßig unbefruchtete Eier, ohne ein Männchen zu haben. Von manchen in der Gefangenschaft lebenden einzelnen Weibchen bei Arten wie Enten, Sittichen und Tauben weiß man, daß sie unfruchtbare Eier gelegt haben; das kann jedoch daran liegen, daß sie Wärter allmählich als Ersatzmännchen ansehen.

Wie die Eier ihre Farbe erhalten

Die Färbung und die Musterung von Vogeleiern rührt lediglich von zwei Grundfarbstoffen her – einem Blau und einem Lederbraun. Durch das Blau wird, wenn es vorhanden ist, die ganze Schale gefärbt; ohne es bleibt sie weiß. Bräunliche Schalenfärbung kann entweder auf oder ganz dicht unter der Oberfläche vorhanden sein. Auf weißen Schalen erzeugt sie die Farbskala von Gelb bis Lederbraun und auf blauen Schalen von Grün bis Oliv als Grundfarbe. Die Muster auf den Schalen werden von einer einzigen chemischen Substanz erzeugt, die als Schwarz, Braun oder Rotbraun in Erscheinung treten kann. Hiervon werden Flecke auf verschiedenen, dünnen blauen oder weißen Schalenschichten während ihres Entstehens eingebaut. Sie erscheinen als hellgraue, malvenfarbene oder blaue Punkte oder Flecke auf der Schalenoberfläche, trocknen erst einige Zeit nachdem das Ei gelegt ist und können beim Legen zu Streifen verschmiert werden.

Farbe und Markierung der Eier scheinen der Tarnung zu dienen; aber erstaunlich viele Vogelarten – und nicht nur große Vögel, die von Feinden wenig zu befürchten haben – legen weiße Eier. Die Eier der meisten Höhlenbrüter – Eulen, Mauersegler, Spechte und Eisvögel beispielsweise – sind weiß oder blaßblau. Gewiß, weil ihre Eier so gut verborgen sind, daß sie keiner Tarnung mehr bedürfen; außerdem kann der Vogel seine Eier im Innern des dunklen Nestes gut sehen. Andere Vögel wieder, einschließlich der Tauben, brauchen wahrscheinlich keine getarnten Eier, weil sie mit dem Brüten beginnen, sobald das erste Ei gelegt ist, weshalb die Eier selten offen daliegen.

Weiße Eier mit rotbraunen Flecken sind typisch für zahlreiche kleine Vögel wie Meisen und Baumläufer, die in Höhlen oder in kuppelartigen Nestern brüten. Die Flecke scheinen keine Funktion zu haben, und man hat daher die Theorie aufgestellt, es handle sich um eine Zwischenstufe in der Evolution vom gemusterten Ei zu einem weißen.

Getarnte Eier ähnlicher Färbung kommen oft in gleichartiger Umgebung vor. Blaue Eier findet man an schattigen Plätzen, etwa in Hecken oder Höhlen, während lederfarbene Eier in offenem Gelände anzutreffen sind. Das Ausmaß der Musterung hängt davon ab, ob eine Vogelart gewöhnlich an einem offenen Platz legt oder ein gut verborgenes Nest besitzt.

MUSTER ZUR TARNUNG

Im Unterholz nistende Vögel Die Eier des Fasanen sind meist von brütenden Vögeln bedeckt; das Ei der Rohrdommel ist im Röhricht versteckt, und das Rothuhn legt sein Ei gewöhnlich in weniger dichtes Gebüsch.

Fasan

Rohrdommel

Rothuhn

In Hecken und Bäumen nistende Vögel An verborgenen Nistplätzen sind die Eier weiß, blau oder grünlichblau. Die Singdrossel nistet im ziemlich dichten Wald und hat nur spärlich gezeichnete Eier. Bei Krähen kann der Farbstoff so variabel sein, daß sogar Eier aus dem gleichen Gelege verschiedene Schattierung von Blau und Grün aufweisen können.

Rabenkrähe

Eichelhäher

Singdrossel

Am Strand nistende Vögel Die blassen Farben und feingesprenkelten Muster tarnen diese Eier ideal, wenn sie in offenen Vertiefungen auf Sand- und Kiesstrand liegen. Auf Kies kann man sie aus einer Entfernung von ein paar Metern kaum noch entdecken.

Zwergseeschwalbe

Flußuferläufer

Sandregenpfeifer

In Marsch, Heide und Sumpf nistende Vögel Dunkle, schokoladenbraune Flecken tarnen die Eier dieser Vögel, deren selten sehr solide gebaute Nester, oft nur eine Vertiefung im Boden, möglicherweise mit Pflanzen der Umgebung ausgekleidet sind.

Kiebitz

Triel

Lachmöwe

Im offenen Gelände nistende Vögel Eier, die an offenen Plätzen auf dem Boden abgelegt werden, sind gewöhnlich stark gezeichnet und von stumpfer Farbe. Diese drei Vögel machen kaum oder gar nicht den Versuch, Nestmaterial zu sammeln, sondern verwenden das, was am Nistplatz vorhanden ist. Das Nest kann daher dürftig sein, und die Eier liegen offen da, bis das Brüten beginnt.

Moorschneehuhn

Goldregenpfeifer

Merlin

Es gibt Vogelarten, deren Eier in Farbe und Musterung erheblich schwanken. Dazu zählt der Baumpieper. Das gleiche gilt für die Trottellumme; doch da sich diese Vögel massenweise auf Klippenrändern drängen, besteht kaum eine Notwendigkeit zur Tarnung, und es ist erwiesen, daß die Farbabweichungen dem einzelnen Vogel helfen, sein besonderes Ei unter den zahlreichen auf dem nackten Klippenrand befindlichen zu erkennen.

Abgesehen von diesen beiden Ausnahmen sind kleinere Unterschiede zwischen den Eiern einzelner Vögel normal. Bei manchen Arten, etwa bei Krähen, kann es auch Abweichungen zwischen den Eiern innerhalb eines Geleges geben. Der Steinadler legt zwei Eier, wovon eines deutlich gemustert ist, während das andere fast keine Musterung aufweist. Das Rotkehlchengelege von 6 oder 7 Eiern enthält häufig eines, das von den anderen völlig verschieden ist; und das letzte Ei in dem drei Eier großen Gelege der Flußseeschwalbe unterscheidet sich normalerweise auch von den anderen beiden. Es gibt keine bekannten Vorteile bei diesen Farbabweichungen, und vielleicht ergeben sie sich einfach nur deshalb, weil das Pigment aufgebraucht war, das den Eiern die Farbe gibt.

Vom Ei zum Küken

DIE ENTWICKLUNG BIS ZUM AUSSCHLÜPFEN

Sobald es gelegt ist, hört die Entwicklung des Eies auf, wird es nicht ungefähr auf der Bluttemperatur des Muttervogels gehalten. Vögel sorgen dafür, indem sie sich auf die Eier setzen. Dieser Prozeß, also das Ausbrüten, beginnt gewöhnlich knapp bevor das letzte Ei im Gelege gelegt ist.

Die meisten kleinen Vögel legen pro Tag ein Ei, schieben aber das Brüten auf, bis das letzte gelegt ist, damit die Jungen mehr oder weniger gleichzeitig ausschlüpfen. Dadurch können Vogeleltern sich den Nestlingen dann ganz widmen, wenn Nahrung reichlich vorhanden ist.

Bei Vögeln wie Habichten, Eulen, Reihern, Mauerseglern, Krähen, Lappentauchern und Seetauchern, denen in der Brutzeit Nahrung nicht im Überfluß zur Verfügung steht, schlüpft dagegen gewöhnlich jeden Tag oder alle zwei Tage ein Junges, und es gibt eine deutliche Größenabstufung innerhalb der Familie. Durch stufenweises Ausschlüpfen können in Zeiten der Nahrungsknappheit ältere und stärkere Nestlinge auf Kosten der jüngeren überleben. Es kommt auch vor, daß junge Greifvögel ihre schwächeren Nestgenossen auffressen.

Was der Embryo braucht

Ein Vogelei muß annähernd auf der Bluttemperatur des Muttervogels gehalten werden. Das erleichtert bei zahlreichen Arten die Entwicklung von Brutflecken – angeschwollene Flächen nackter Haut an der Unterseite des Körpers, die reichlich mit Blut versorgt werden.

Enten, Gänse, Kormorane und Baßtölpel haben keine Brutflecken; doch die Dunen, die sich Enten und Gänse aus der Brust zupfen, um damit ihre Nester auszukleiden, bewahren die Wärme in den Eiern. Baßtölpel und Kormorane brüten mit den Füßen.

Um sie gleichmäßig zu erwärmen, werden die Eier regelmäßig gewendet. Abkühlung schadet bis zu einem gewissen Grade nicht; deshalb kann der Vogel, um Futter zu suchen, zeitweise abwesend sein.

Bei den meisten Arten brüten beide Partner, wobei der Hauptanteil der Arbeit dem Weibchen zufällt. Nur bei Mornell und Odinshühnchen obliegt das Brüten allein dem Männchen. Unter den Wasservögeln, wie etwa Lappentauchern und Krähenscharben, wird die Arbeit gleichmäßig aufgeteilt, so daß beiden Eltern genügend Zeit zur Futtersuche bleibt.

Die Brutablösung wird zuweilen von einer Ablösezeremonie begleitet; ein zurückkehrender Baßtölpel bringt oft ein Stück Seetang mit, das beide Vögel dann hin- und herreichen, wobei sie sich verbeugen und die Schnäbel kreuzen.

Wenn das Brüten ausschließlich dem Weibchen überlassen ist wie bei Falken, Adlern und anderen Raubvögeln, übernimmt das Männchen häufig eine aktive Rolle beim Füttern und Beschützen seines Weibchens.

Manchmal hilft das Männchen weder beim Brüten, noch füttert es sein Weibchen, insbesondere bei Vögeln, die sich mit mehr als einem Weibchen paaren. Das sind gewöhnlich Pflanzenfresser. Da sie während der Nistzeit Nahrung reichlich finden, kann der Muttervogel allein all den Pflichten des Brütens und Aufziehens der Jungen nachkommen.

Unterscheidet sich das Gefieder der Partner sehr, dann brütet nur das Weibchen, das ein schlichteres Gefieder hat, damit das Nest nicht auffällt, während das Männchen in oft prächtigem Schmuckgefieder weniger auf Tarnung bedacht zu sein braucht.

Zwischen der Brutdauer und der Nestlingsdauer besteht ein Zusammenhang, denn beide geben Auskunft über die Wachstumsrate des Vogels. Ein langsames Wachstum – und daher eine lange Brutdauer – ist charakteristisch für Vögel wie Steinadler, die sich von verhältnismäßig knapper Nahrung ernähren. Außerdem beeinflußt die Größe des Vogels und die Art des Nestes die Brutdauer. Zahlreiche Höhlenbrüter (außer Spechten) haben eine längere Brutdauer als Vögel, die in offenerem Gelände nisten, da bei ihnen ein rasches Wachstum nicht so wichtig ist.

Während bei Schwänen, großen Greifvögeln und Eulen die Brutdauer bis 40 Tage betragen kann, brüten kleine Sänger wie Dorn-, Garten- und Mönchsgrasmücke ihre Eier in nur elf Tagen voll aus. Die Nester dieser Arten sind offen und die Jungen deshalb stark gefährdet, solange sie sich noch im Nest befinden. Zaunkönige und Schwanzmeisen, die beide solide Kugelnester bauen, brüten ihre Eier in 14 bis 15 Tagen beziehungsweise 14 bis 18 Tagen aus.

Die meisten Vögel, bei denen nur einer von beiden Eltern brütet, verbringen 60 bis 80 % des Tages im Nest. Weibliche Rabenkrähen können 95 % des Tages und mehr auf ihren Eiern zubringen. Rauchschwalben, die etwa 70 % des Tages auf das Brutgeschäft verwenden, verlassen ihre Eier ständig und kehren wieder zurück, so daß sie, wie man feststellte, im Durchschnitt 79 Brutsitzungen am Tag erreichen. Ein brütender Eissturmvogel kann eine fünftägige Schicht auf dem Ei zubringen, während sein Partner zur Nahrungssuche auf dem Meer ist.

Das Ausschlüpfen

Der Embryo entwickelt zwei Merkmale, die ihm helfen, aus seiner Schale auszubrechen – einen starken *Ausschlüpfmuskel* am Genick sowie einen stumpfen, hornartigen Dorn, den sogenannten Eizahn, an der Spitze seines Oberschnabels; beide verschwinden in den ersten Tagen nach dem Ausschlüpfen.

Die meisten Singvögel schlüpfen innerhalb weniger Stunden aus, größere Vögel jedoch brauchen gewöhnlich länger; der Große Brachvogel benötigt drei Tage zum Ausschlüpfen. Junge Lappentaucher schlüpfen allerdings schon innerhalb weniger Stunden – eine Anpassung gegen das Ertrinken in dem mit Wasser vollgesogenen, schwimmenden Nest.

Die ausschlüpfenden Vögel beginnen bereits zu rufen, bevor sie endgültig aus dem Ei hervorkommen (beim Birkhuhn bis zu drei Tage vorher); sie nehmen so zum erstenmal mit ihrer Mutter Kontakt auf, die ihnen gewöhnlich nicht beim Ausschlüpfen hilft; man hat es allerdings schon bei Wasserralle, Triel und Kolkrabe beobachtet. Bei den meisten Arten entfernt die Vogelmutter die Eischalen, nachdem die Jungen geschlüpft sind. Das ist besonders wichtig für Bodenbrüter, denn die auffallende Innenseite der Schale könnte Feinde anlocken.

VIER WOCHEN WACHSTUM IM INNERN DES EIES

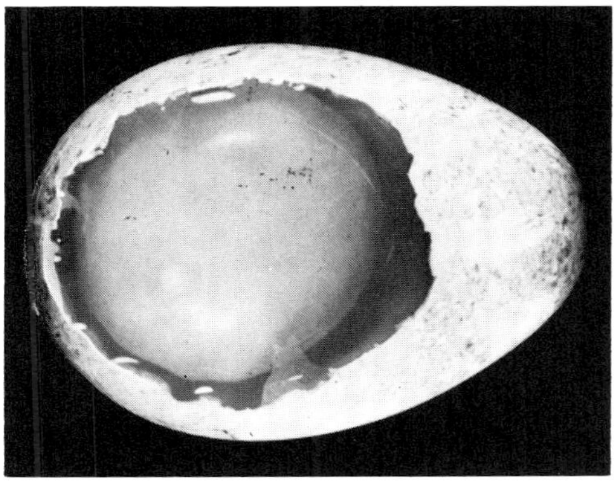

Frisch gelegtes Truthahnei Die Keimzelle, aus der sich der Embryo entwickeln wird, liegt auf der Dotteroberfläche (blasser Fleck oben).

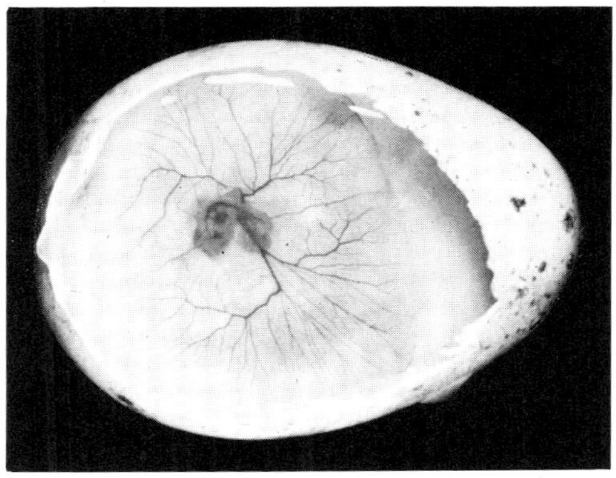

5. TAG: Der Embryo nimmt Gestalt an. Ein Netz von Blutgefäßen leitet ihm Nahrung aus dem Dotter zu. Der Kopf liegt rechts.

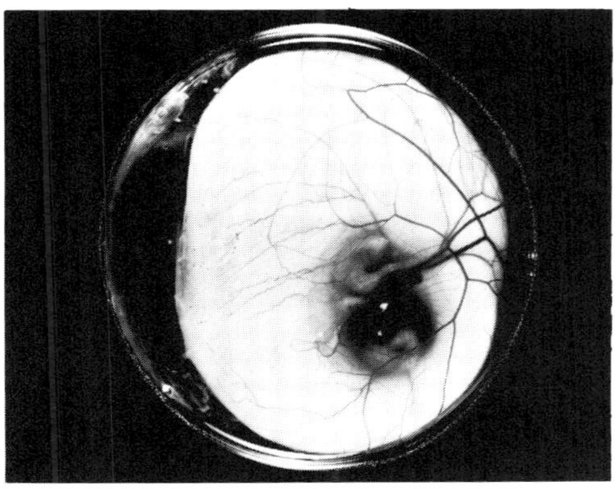

12. TAG: Die Glieder sind schon angelegt; der Schnabel formt sich; von den fünf Zehen des Fußes (nicht sichtbar) verschwindet eine.

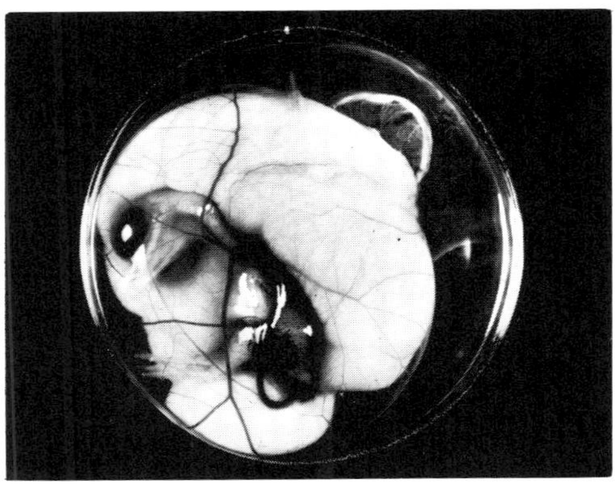

15. TAG: Ein Auge (oben links) ist deutlich zu sehen. Die Hauptflugfedern (dunkle Flecke in der Mitte unten) haben sich bereits gebildet.

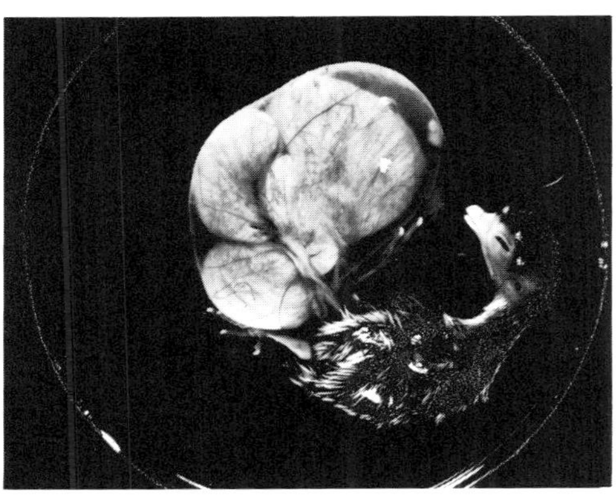

23. TAG: Vollausgebildeter Embryo mit Eizahn (weißer Höcker auf dem Schnabel). In der letzten Woche wachsen die vorhandenen Organe weiter.

29. TAG: Das Küken hat mit dem Eizahn (er verschwindet in wenigen Tagen) die Schale durchstoßen, sich freigekämpft und ist bald trocken.

(Photos mit freundlicher Erlaubnis von Time-Life International)

Moorschneehenne mit Jungen; weitere Küken mögen unter den Fittichen der Mutter verborgen sein.

Die ersten Lebenstage

NESTFLÜCHTER VERLASSEN DAS NEST SCHON STUNDEN NACH DEM AUSSCHLÜPFEN

Küken – also Jungvögel, die praktisch gleich nach dem Ausschlüpfen umherlaufen können – kann man am ehesten durch ihre Eltern identifizieren, die sich gewöhnlich in der Nähe aufhalten. Denn für das menschliche Auge sehen sich zahlreiche Gruppen von Küken sehr ähnlich – flaumige Federbüschel auf anscheinend übergroßen, stelzenartigen Beinen.

Beim genaueren Hinsehen erkennt man deutliche Unterschiede zwischen den Küken verschiedener Arten, wobei sich das Gefieder des erwachsenen Vogels oft schon aus dem Dunenkleid des Jungvogels erahnen läßt.

Es liegt nahe, daß es sich bei den meisten Nestflüchtern um Küken von Bodenbrütern handelt, aber nicht bei allen: Gänsesäger und Schellenten nisten gewöhnlich in Bäumen, und auch Stockenten – die vertrauten braunen Enten der Parkteiche – tun dies gelegentlich. Man fragt sich, wie die Küken dieser Baumbrüter, die ja das Nest verlassen, bevor sie fliegen können, sicher auf den Boden gelangen. Da Stockentenküken schon dabei beobachtet wurden, wie sie sich im Wasser an das Gefieder ihrer Mutter anklammern oder in Augenblicken der Gefahr auf ihren Rücken klettern, hat man vermutet, sie würden auf ähnliche Weise auch auf den Boden hinabreiten. So bestechend die Idee auch ist, wird sie doch durch Beobachtungen nicht bestätigt. Die richtige Erklärung ist die, daß die Küken solcher in Bäumen nistenden Vögel aus dem Nest krabbeln, flatternd zu Boden fallen und vor allem durch ihr sehr geringes Gewicht vor Verletzungen bewahrt bleiben.

KÜKEN VON HÜHNERVÖGELN

Fasan

Rebhuhn

Rothuhn

Wachtel

Auerhuhn

Birkhuhn

Moorschneehuhn

Alpenschneehuhn

Ein Sandregenpfeifer, der seine Küken während der Nahrungssuche hütet, stößt den Warnruf aus, und die Küken gehen in Deckung.

RALLENKÜKEN

WATVOGELKÜKEN

Weibliche Zwergseeschwalbe mit ihren Jungen; das Männchen kommt mit einem Fisch von der See zurück.

LAPPENTAUCHER- UND SEETAUCHERKÜKEN

Ohrentaucher

Haubentaucher

Schwarzhalstaucher

Zwergtaucher

Sterntaucher

MÖWEN- UND RAUBMÖWENKÜKEN

Silbermöwe

Mantelmöwe

Sturmmöwe

Lachmöwe

Heringsmöwe

Dreizehenmöwe

Schmarotzerraubmöwe

SEESCHWALBENKÜKEN

Rosenseeschwalbe

Brandseeschwalbe

Küstenseeschwalbe

Flußseeschwalbe

Zwergseeschwalbe

KÜKEN DER ALKENFAMILIE

Papageitaucher

Tordalk

Trottellumme

Junge Reiherenten beginnen schon sehr bald nach dem Ausschlüpfen nach kleinen Insekten und Wasserpflanzen zu tauchen.

ENTENKÜKEN

SCHWÄNE- UND GÄNSEKÜKEN

Wettlauf zur Reife

WIE VÖGEL DIE GEFÄHRLICHEN WOCHEN IHRER JUGEND ÜBERLEBEN

Drei Wochen gewaltigen Wachstums liegen vor einem frisch geschlüpften Kuckuck. Er ist dann blind, nackt, fast völlig hilflos und wiegt 2 g, nicht mehr als ein Pfennigstück. In drei Wochen wird er das 50fache wiegen und die Größe eines erwachsenen Vogels haben, der das Nest verlassen und fliegen kann. Man kann solche hilflos geborenen Vögel als spätreif, die bei der Geburt schnell selbständigen als frühreif bezeichnen.

Zwei Arten von Jungen

Beim Schlüpfen hat ein spätreifer Vogel, also ein noch hilfloser *Nesthocker,* den einen notwendigen Instinkt: um zu wachsen und zu überleben, sperrt er den Schnabel weit auf und regt so die Eltern zu einer fast ununterbrochenen Nahrungszufuhr an. Die ersten Wochen seines Lebens verbringt er in der Wärme und Geborgenheit des Nestes.

Die andere große Gruppe von Vögeln wird in einem fortgeschritteneren Stadium ihrer Entwicklung geboren. Wie die Küken des Haushuhns schlüpfen sie schon mit offenen Augen, sind mit einer schützenden Dunenhülle bedeckt und können beinahe sofort umherlaufen. Sie verlassen das Nest bald, meist nachdem das letzte der Brut trocken geworden ist. Dies macht sie zu *Nestflüchtern.* Allerdings bleiben viele noch geraume Zeit bei den Eltern in der Nähe des Nistplatzes.

Da Vögel sich aus Reptilien entwickelt haben, deren Junge ebenfalls frühreif sind, scheint die Frühreife der ursprünglichere oder primitivere, die Spätreife der fortgeschrittenere Zustand zu sein.

Obgleich die Jungen zahlreicher Arten sowohl spätreife als auch frühreife Merkmale in sich vereinen, stellen diese beiden Gruppen doch prinzipiell verschiedene Anpassungstypen dar, um den Gefahren in der Zeit nach dem Schlüpfen zu begegnen.

Im allgemeinen dauert bei frühreifen Jungen die Bebrütung länger; sie werden in leichter zugänglichen Nestern in Bodennähe geboren, verlassen jedoch rasch das Nest und sind weniger oder gar nicht auf Nahrungsversorgung durch die Eltern angewiesen.

Spätreife Junge (Nestlinge) schlüpfen dagegen häufig nach einer kürzeren Brutdauer, kommen in weniger zugänglichen Nestern auf Bäumen zur Welt, verbringen jedoch eine verhältnismäßig lange Zeit im Nest, die sie ohne das ständige Füttern durch die Eltern nicht überleben könnten.

Der Nestling ist im Moment des Schlüpfens in beinahe jeder Hinsicht schwach entwickelt – bis auf eines: sein Verdauungssystem. Der Nestling ist eine Wachstumsmaschine – und wie er wächst: das Rotkehlchen von 2 g bis 20 g in weniger als 12 Tagen; der Kuckuck von 2 g auf 100 g in 3 Wochen und der Baßtölpel von ungefähr 70 g auf über 4300 g in 10 Wochen!

Die Häufigkeit des Fütterns

Die Aufzucht der Jungen erfordert von einem Elternteil oder beiden Eltern harte Arbeit bei der Nahrungssuche und dem Rücktransport zum Nest. Häufige Fütterungen in kleinen Mengen fördern das Wachstum der Nestlinge am meisten; von der Kohlmeise und anderen Vögeln weiß man, daß sie 900mal am Tag oder 60mal in der Stunde Insekten zum Nest bringen – allerdings nur, wenn Nahrung reichlich in der Nähe des Nestes vorhanden ist. Greifvögel bringen meist weniger, aber größere Nahrungsbrocken mit.

Vögel, die auf der Suche nach Nahrung weit vom Nest weg fliegen müssen, können nicht so häufig mit Futter wiederkommen. Statt dessen bringen sie oft große Futtermengen zurück, die im Schlund oder Kropf, bei einigen Arten auch in einem dafür besonders ausgebildeten Kehlsack gespeichert sind und für die Jungen wieder ausgestoßen werden. Mauersegler würgen das Futter vor den Jungen aus, und zwar im Durchschnitt alle zwei Stunden; doch können die Jungen auch einen Tag lang oder länger in einem Zustand der Starre ohne Nahrung auskommen, wenn nämlich schlechtes Wetter die Insekten vertreibt.

Zahlreiche Vögel erhöhen die zum Nest zurückgebrachte Nahrungsmenge, sobald die Jungen größer und hungriger werden; das

Drei Tage altes Kiebitzküken

Drei Tage alter Amselnestling

Quicklebendige und hilflose Junge Quicklebendig und mit Dunen bedeckt, läuft das Kiebitzküken schon drei Tage nach dem Ausschlüpfen umher und ernährt sich selbst. Der Amselnestling aber ist blind, fast nackt und völlig auf seine Eltern angewiesen.

Trauerschnäpperweibchen reagiert sogar auf den Tod des Männchens, indem es allein genausoviel Nahrung sammelt wie vorher beide zusammen.

Je größer die Anzahl der Jungen ist, desto häufiger suchen die Eltern das Nest mit Nahrung auf; doch die einzelnen Nestlinge in einer großen Familie bekommen selten soviel Nahrung wie in einer kleineren und sind häufig kleiner und deswegen vermutlich auch schwächer, wenn sie das Nest verlassen.

Die Anreicherung der Kost

Zu möglichst raschem Wachstum brauchen Nestlinge häufig reichhaltigere Nährstoffe, als sie in der üblichen Kost ihrer Eltern enthalten sind. In der hauptsächlich aus Samen bestehenden Kost des Haussperlings beispielsweise fehlt die Menge an Protein, die für eine rasche Entwicklung nötig ist; deshalb fängt der Vogel Insekten, um seine Jungen zu ernähren. Nach einer Untersuchung macht tierische Nahrung weniger als 5 % der Kost des erwachsenen Sperlings aus, jedoch nahezu 70 % der Kost seiner Jungen.

Besser hat sich die Taube an Körnerkost angepaßt. Als einziger Vogel erzeugt sie *Milch*, die ähnlich wie die von Säugetieren zusammengesetzt ist. Diese Milch, die als eine käseartige Masse im Kropf abgesondert wird, ist reich an Protein und wird den Jungen etwa zweimal am Tag gegeben. Die Nestlinge speichern sie wiederum in ihrem eigenen Kropf.

Bei den meisten mitteleuropäischen Vögeln ernähren beide Eltern die Nestlinge, und bei Arten wie der Amsel, bei denen nur das Weibchen brütet, übernimmt das Männchen häufig zunächst die Hauptarbeit beim Füttern. Doch bei Singvögeln, die zuweilen in Vielehe leben (wie Zaunkönig und Trauerschnäpper), hat das Weibchen häufig die Brut alleine aufzuziehen. Bei einigen der am Tag jagenden Greifvögel wie beim Sperber und bei vielen Krähenarten sind Weibchen und Junge die meiste Zeit, während die Jungen noch im Nest sind, in bezug auf Nahrung völlig vom Männchen abhängig.

Die Methode, wie die Jungen gefüttert werden, ist bei den einzelnen Vogelgruppen verschieden. Die meisten Singvögel und zahlreiche andere Arten bringen einfach Nahrung (etwa Insekten) im Schnabel heran und stopfen sie mehr oder weniger ganz in die weit aufgesperrten Schnäbel der Jungvögel.

Greifvögel (etwa Habichte und Eulen) zerreißen die Beute, solange die Jungen noch klein sind, und geben sie ihnen in winzigen Stückchen. Auch Würger zerstückeln die Beute für ihre Nestlinge. Das Turmfalkenmännchen fängt die Beute und bringt sie zum Weibchen, das sie in kleine Stücke zerreißt und die Jungen damit füttert. Wenn das Weibchen stirbt, besorgt das Männchen zwar weiterhin Beute für die Jungen, zerreißt sie aber oft nicht in kleine Stücke; sind die Jungen noch zu klein, um die Beute selbst zu zerreißen, dann sterben sie, umgeben von einem reichlichen Nahrungsvorrat. Die Jungen von Kormoranen, Tauben, Mauerseglern, einigen Spechtarten und Singvögeln werden mit wieder ausgebrochener Nahrung gefüttert.

Das Sperren der Nestlinge Nestlinge wie diese Mönchsgrasmücken regen ihre Eltern zum Füttern an, indem sie die Schnäbel weit aufreißen. Das leuchtende Rosa des Rachens veranlaßt die Eltern zur Fütterung.

Das Füttern von Nestflüchterküken ist viel weniger kompliziert. Sie kommen aus Eiern, die einen weit höheren Anteil an Dotter enthalten (bis zu 35 %), und was hiervon beim Wachstum des Embryos noch übriggeblieben ist, wird in den Magen übernommen und vor dem Ausschlüpfen rasch absorbiert. Das Fett aus dem Dotter wird teils in der Leber und teils unter der Haut gespeichert. Damit kann der Vogel, wenn nötig, mehrere Tage nach dem Ausschlüpfen ohne Nahrung überleben.

Nestflüchterküken, die ja bei der Geburt weiter entwickelt sind als Nestlinge, entwikkeln sich weniger rasch und brauchen so auch weniger Nahrung. Viele von ihnen beteiligen sich gleich von selbst an der Nahrungssuche; andere werden von den Vogeleltern zur Nahrung hingeführt. Solche, die in Bodennähe oder nahe am Wasser nisten, ernähren sich von kleinen Tieren wie Insekten und Spinnen oder von pflanzlichen Stoffen, die leicht aufgepickt werden können. Junge Hühnervögel picken instinktiv nach grünen Gegenständen und finden so ihre erste Nahrung (etwa Blattläuse) ohne vorherige Erfahrung.

Wie sie lernen, Nahrung zu fangen

Nicht alle Nestflüchterküken können sich von Geburt an selbst ernähren, denn zuweilen bedarf es einer beträchtlichen Fertigkeit, um die Art von Nahrung zu erwischen, die sie benötigen. Die Jungen von Lappentauchern, Seeschwalben und Alken fressen Fisch, und die des Ziegenmelkers im Flug aufgeschnappte Insekten; die Küken all dieser Arten müssen von den Vogeleltern ernährt werden.

Ein Haubentaucherpaar mit vier Dunenjungen schafft den ganzen Tag über pro Stunde ungefähr 20 kleine Fische heran, und zwar während der ganzen zwölfwöchigen Aufzuchtperiode. Dabei wird an manchen Tagen eine Höchstzahl mit rund 40 Fütterungen pro Stunde erreicht, und alles in allem werden über 20 000 Fische herangeschafft.

Manche Nestflüchterküken, etwa von Möwen, verlassen zwar das Nest, können aber ihre Nahrung nicht in der Nähe finden und müssen von ihren Eltern ernährt werden.

Vögel, die ihre Jungen füttern, tun dies wohl, weil beim Brüten der Fütterungsinstinkt heranreift, überdies werden sie durch das Betteln der Jungen dazu angeregt. Manchmal bringt dieser Instinkt auch sonderbare Ergebnisse. Starenmännchen sollen bis zu einer Woche vor dem Ausschlüpfen schon Nah-

Das Betteln von Nestflüchterküken Die hungrige junge Silbermöwe bettelt um Nahrung, indem sie nach dem roten Fleck auf dem Schnabel der Mutter pickt. Das veranlaßt diese, die von ihr gesammelte Nahrung wieder auszuwürgen und auf den Boden fallenzulassen, dann kleine Stücke herauszupikken und sie dem Jungen zu geben. Wird das Küken älter, nimmt es die Nahrung aus dem Schnabel der Mutter direkt entgegen.

rung zum Nest gebracht haben. Bei Rauch- und Mehlschwalben kann dieser Instinkt gegen Ende der Saison soweit abklingen, daß sie die Jungen verlassen und zu ziehen beginnen.

Auf jeden Fall wird der Füttertrieb durch das Betteln der Jungen gewaltig verstärkt, wenn sie den Schnabel weit aufsperren, rufen und sich gar im Nest bewegen. Zunächst richten die blinden Nestlinge den aufgesperrten Schnabel immer dann nach oben, wenn so am Nest gerüttelt wird, als wäre die Mutter gerade gelandet; jedoch nicht, wenn das Nest vom Wind geschüttelt wird. Ferner besitzen sie empfindliche gelbe Ränder an den Seiten des Schnabels und betteln um Nahrung, sobald diese von den Eltern berührt werden. Später, wenn sie sehen können, sperren die Jungvögel jedesmal dann den Schnabel auf und rufen, wenn der Altvogel in Sicht kommt.

Das Schreien nach Nahrung

Die Färbung des Rachens steigert bei zahlreichen Vögeln die Wirkung des aufgesperrten Schnabels noch. Sie lenkt die Aufmerksamkeit der Vogeleltern auf sich und stellt ein Ziel für die Nahrungsübergabe dar. Krähen haben einen leuchtend rosafarbenen Rachen, Heidelerchen und Feldlerchen drei schwarze Punkte, die Bartmeisen ganze Reihen von weißen, stiftartigen Vorsprüngen, die sich von dem schwarzen Hintergrund und der roten Umgebung des Rachens abheben. So haben viele Nestlinge ihr artspezifisches Rachenmuster.

Die meisten Nestlinge stoßen Rufe aus, um die Eltern zum Füttern anzuregen; manche verlassen sich ganz auf deren Wirkung. Junge Tauben sind als *Schreier* bekannt, nämlich wegen ihres aufdringlichen Hungergeschreis.

Junge Haubentaucher schwimmen der Mutter entgegen, wenn sie einen Fisch im Schnabel hält, piepen begierig und spritzen mit den Füßen das Wasser hinter sich hoch. Dieses Bettelverhalten dient bei älteren Küken auch dazu, die Erwachsenen davon abzuhalten, sie anzugreifen, da es zugleich eine Gebärde der Unterwerfung ist.

Vogeleltern füttern den nächsten oder am höchsten herausragenden der bettelnden Köpfe, was ja gewöhnlich der des stärksten Jungvogels ist. Hat ein Nestling genügend Nahrung erhalten, dann läßt er sich nieder, so daß ein anderer die günstige Position einnehmen kann. Wenn ein Jungvogel unnötigerweise den Schnabel aufsperrt und Nahrung erhält, die er nicht braucht, zieht der Elternvogel gelegentlich das wieder heraus, was er nicht sofort verschluckt hat. Solange die Eltern in genügend kurzen Abständen Futter herbeischaffen können, bekommen alle Jungen einen mehr oder weniger gleichmäßigen Anteil an der Nahrung.

Bei Nahrungsknappheit werden die Anteile jedoch ungleich und das sogenannte Nesthäkchen ist meist dem Hungertode preisgegeben. Unter Küken, die zu verschiedenen Zeitpunkten ausschlüpfen, werden die zuerst ausgeschlüpften als die größten gewöhnlich den größten Anteil an der zur Verfügung stehenden Nahrung erhalten, während die anderen oft verhungern. Sind alle Jungen zur gleichen Zeit ausgeschlüpft, wird wahrscheinlich die ganze Brut sterben. Unter Greifvogelarten wird bei Nahrungsmangel der schwächste Nestling zuweilen von seiner Mutter oder einem Geschwister aufgefressen.

Wie die Jungen aufgezogen werden

Vögel brauchen nach dem Ausschlüpfen geraume Zeit, bis sie ihre Körpertemperatur regeln können. Bis dahin sind sie von der Wärme ihrer Eltern abhängig, wenn auch die benötigte Wärme bei Küken und Nestlingen verschieden ist.

Nestlinge nehmen zunächst die Temperatur ihrer Umgebung an, und bis sie selbst ihre spezifische Temperatur aufrechterhalten können (im Alter von 1–3 Wochen), sind sie auf ständige Wärmezufuhr durch ihre Eltern angewiesen; ein drastischer Temperatursturz ist ihr Tod.

Die bedunten Nestflüchterküken sind Wärmeverlust gegenüber weniger anfällig als Nestlinge, denn ihre Temperaturregelung beginnt, während sie sich noch im Ei befinden. Es dauert aber auch nach dem Schlüpfen gewöhnlich noch 2–3 Wochen, ehe sie ganz unabhängig von der Außentemperatur werden, und mindestens bis zu diesem Alter müssen sie von ihren Eltern noch gewärmt werden.

Die meisten Vogelarten wärmen ihre Jungen, indem sie sich über sie hocken. Soweit es die Umweltverhältnisse verlangen, haben sich aber auch andere Methoden herausgebildet. Kormoraneltern wärmen ihre Jungen mit den Füßen, genauso wie sie ihre Eier ausbrüten. Lappentaucher gewähren ihren Küken wegen der Nässe des Nestes zwischen den Rückenfedern Unterschlupf. Die meisten Küken werden jedoch am Boden gewärmt; bei Hühnervögeln kriechen sie gern ins Bauchgefieder.

Wärme und Schutz sind besonders wichtig bei extremen Temperaturen und an nassen Tagen. Habichte, Reiher und zahlreiche Singvögel mit offenen Nestern schirmen ihre Jungen häufig dadurch gegen die heiße Sonne ab, daß sie ihre Schwingen über sie breiten.

Die Eltern von Nestflüchtern führen ihre Küken nach dem Ausschlüpfen vom Nistplatz weg. Bei manchen Arten, etwa Kiebitzen, bleibt die Familie im Brutgebiet der Eltern; doch bei zahlreichen anderen, etwa bei Austernfischern und vielen Entenarten, werden die Küken gleich vom Nistgebiet zu einem geeigneteren Futterplatz geführt. Während der manchmal langen, gefährlichen Reise zehrt das Küken von der gespeicherten Dottersubstanz, bis Nahrung verfügbar wird. In großen Städten erregen manchmal Stockentenfamilien Aufmerksamkeit, wenn sie auf ihrem Weg zum Wasser die Straßen überqueren und den Verkehr aufhalten.

Mauern, Gräben, Zäune oder andere Hindernisse überwinden Watvögel manchmal dadurch, daß sie ihre Jungen hochheben und hinübertragen. Bei den Waldschnepfen und Rotschenkeln fliegt die Mutter jeweils mit einem Küken hinüber, das sie zwischen den Beinen hält. Die Waldschnepfe hält es dabei noch mit dem Schnabel in der richtigen Lage fest. Erwachsene Haubentaucher tragen ihre Küken bis zu drei Wochen nach dem Ausschlüpfen auf dem Rücken, wobei ihre Körper eine Art schwimmendes Nest darstellen – trocken und sicher vor Feinden. Im Notfall tauchen sie sogar mit den Jungen unter und sperren sie dabei absichtlich unter den Flügeln ein, um sie daran zu hindern, wieder aufzutauchen. Auch der Höckerschwan trägt seine Jungen zuweilen während der ersten Wochen auf seinem Rücken.

Die Reinhaltung des Nestes

Zahlreiche Vögel mit Jungen, die nach dem Ausschlüpfen im Nest bleiben, besitzen einen ausgesprochenen Sinn für Reinlichkeit. Der im Nest angesammelte Kot einer zwei Wochen alten Brut würde deren Gesundheit gefährden, und Kot in unmittelbarer Nähe des Nestes kann Feinden dessen Lage verraten.

Bei zahlreichen Singvögeln ist der Kot der Jungen, insbesondere in weniger gut versteckten Nestern, in gelatineartigen Kapseln eingeschlossen. Solange die Nestlinge noch jung sind, werden diese Kapseln vom Elternvogel aufgefressen; später werden sie aufgehoben und in einiger Entfernung vom Nest fallengelassen. Die Eltern säubern das Nest auch von Nahrungsresten und toten Nestlingen.

Vogelarten, die Feinde nicht sehr zu fürchten haben, machen sich nicht soviel Umstände. Junge Habichte, Eisvögel u. a. lassen ihren Kot aus dem Nest fallen, entweder über die Seite oder in den Eingangstunnel; viele Seevögel versuchen gar nicht, das Nest zu säubern.

Junge Vögel erreichen im Vergleich zu Reptilien oder Säugetieren die Körpergröße der Erwachsenen bemerkenswert schnell – einige kleinere, im offenen Gelände nistende Singvögel wie etwa Dorngrasmücken schon innerhalb von zwei Wochen. Es ist jedoch schwer zu sagen, wann sie vollständig erwachsen sind. Dafür gibt es selten ein klares Anzeichen. Selbst wenn ein Junges das Körpergewicht eines erwachsenen Vogels erreicht hat, ist es in anderer Hinsicht meist noch

Größer als die Mutter Manche Vögel werden schon als Nestlinge schwerer als ihre Eltern. Dieser sieben Wochen alte Wellenläufer wiegt 70 g; seine Eltern 40 g. Wenn der flügge gewordene Vogel sich selbst zu versorgen beginnt und vielleicht tagelang ohne Nahrung auskommen muß, braucht er das zusätzliche Gewicht.

nicht voll entwickelt – es kann vielleicht nicht fliegen oder hat sein endgültiges Federkleid noch nicht. Oft übertreffen die Jungen sogar das Gewicht des erwachsenen Vogels. Das Übergewicht besteht aus gespeichertem Fett, das ihnen hilft, die erste Zeit nach dem Flüggewerden zu überbrücken, bis sie sich selbst ernähren können.

Vögel entwickeln sich nicht gleichmäßig; vielmehr wächst ein für eine Art wichtiges Organ rascher als andere. In dichter Vegetation sich aufhaltende Arten wie Teichhühner haben viele Wochen lang nur Flügelstummel, obgleich Körper und Beine rasch wachsen. Aber Birkhuhnküken, die viel früher fliegen müssen, um Feinden zu entkommen, besitzen Flügel, mit denen sie schon fliegen können, noch ehe das übrige Gefieder vollständig ist.

Wieviel von dieser Entwicklung im Nest vor sich geht, hängt hauptsächlich von dessen Sicherheit ab. Junge Amseln bleiben 13 oder 14 Tage im Nest, junge Mauersegler, die in viel sicheren Nestern aufgezogen werden, sogar acht Wochen lang. Seevögel neigen zu längeren Nestverweilzeiten.

Wenn sich Familien auflösen

Selbst nach dem Verlassen des Nestes sind ausgesprochene Nesthocker noch von ihren Eltern abhängig. Die flügge gewordenen Jungvögel werden noch so lange ernährt und beschützt, bis ihr Gefieder vollständig ist und sie für sich selbst auf Nahrungssuche gehen können. Wie lange das dauert, hängt hauptsächlich von der Verfügbarkeit der Nahrung ab. Amseln verbringen etwa 13 Tage im Nest und können nach weiteren 20 Tagen die Insekten und Würmer finden, die sie brauchen. Waldkäuze andererseits müssen von ihren Eltern noch bis zu 3 Monate nach Verlassen des Nestes gefüttert werden, ehe sie selbst Beute fangen.

Noch schwieriger kann man die gesamte Zeitspanne bestimmen, die Nestflüchterküken bei ihren Eltern verbringen; von Schwänen und Gänsen ist allerdings bekannt, daß sie nach dem Schlüpfen noch den ganzen Winter hindurch als Familie zusammenbleiben. Bei den meisten Arten jedoch werden die Küken wahrscheinlich, kurz nachdem sie fliegen können, unabhängig.

Der Kampf um Nahrung

NAHRUNGSBESCHAFFUNG BEI SPEZIALISTEN UND ALLESFRESSERN

Im Wachzustand beträgt die normale Temperatur der Vögel ungefähr 41° C und steigt bei Bewegung bis auf 43,5° C an. Um die dafür nötige Energie zu erzeugen, muß ein kleiner Vogel täglich etwa $1/3$ seines Körpergewichtes an Nahrung zu sich nehmen; ein größerer Vogel braucht etwa $1/7$, denn er verliert weniger rasch Wärme, weil seine Oberfläche, durch die Wärme verlorengeht, im Verhältnis zu seinem Körpervolumen geringer ist als bei kleinen Vögeln.

Die von Insekten- oder Fleischfressern aufgenommene Nahrung wird durch die Säfte des Drüsenmagens zersetzt und von den muskulösen Wänden des Muskelmagens zermahlen. Die weitere Verdauung erfolgt im Darm und bei manchen Arten überdies noch in zwei langen dünnen Blinddärmen.

Bei Vögeln, die hauptsächlich von pflanzlicher Nahrung leben, ist der Verdauungstrakt besser ausgebildet. Die elastischen Wände der Speiseröhre erweitern sich zu einem Kropf, in dem die Nahrung bis zur Verdauung gespeichert werden kann. Der Kropf der Ringeltaube kann im Winter rund 100 g Körner oder Kleeblätter, d. h. $1/5$ ihres Gewichtes, enthalten. Der Magen eines Körnerfressers ist außerordentlich muskulös. In den Falten seiner rauhen, hornartigen Innenseite wird die Nahrung dadurch zermahlen, daß sie gegen groben Sand gepreßt wird, der regelmäßig geschluckt werden muß. Pflanzenfressende Vögel besitzen stets zwei große Blinddärme, die überaus wichtig sind, vor allem für die Zelluloseverdauung.

Techniken der Nahrungsaufnahme

Obgleich Vogelschnäbel je nach Art der Nahrungsaufnahme sehr unterschiedlich sind, kann etwa eine Singdrossel mit ihrem nicht spezialisierten Schnabel eine kleine Schlupfwespe von einem Blatt aufpicken, ein 5 cm tiefes Loch graben, um eine Käferlarve zu erreichen, einen Regenwurm aus dem Boden ziehen, ein Schneckenhaus gegen einen Stein schmettern oder eine reife Kirsche hinunterschlucken.

Von den Füßen wird bei der Nahrungsaufnahme erstaunlich wenig Gebrauch gemacht. Nur Greifvögel und Eulen packen tatsächlich ihre Beute mit den Füßen; Meisen, Würger, Raben, Krähen, Eichelhäher, Elstern und Kreuzschnäbel halten kleine Stückchen mit den Füßen fest, wenn sie sie zerkleinern. Hühnervögel scharren regelmäßig, Drosseln gelegentlich mit den Füßen in der Streu und in weicher Erde.

Kleiber und Buntspechte treiben Nüsse in Baumspalten, bevor sie die Schalen aufschlagen. Silbermöwen picken Muscheln auf und lassen sie am Ufer aus der Luft fallen, um sie so zu zerschmettern. Fischreiher stelzen durch die Untiefen und suchen nach Beute, die sie dann mit ihren langen Schnäbeln aufspießen. Eisvögel fangen ihre Beute mit einem Tauchsprung von einem Hochsitz aus. Fischadler stoßen vom Himmel auf ihre Beute herab.

Das Töten der Beute

Eulen und Falken schlagen ihre Beute meist im Fluge. Wanderfalken etwa greifen sie in rasantem Fluge mit den Fängen und töten sogar Vögel, die schwerer sind als sie selbst. Die meisten Arten, die auf dem Boden töten, greifen sich verhältnismäßig kleine Beutetiere. In einem heftigen Kampf mit einem großen Beutetier sind ihre Schwingen zu stark gefährdet. Falken versetzen ihrer Beute den Gnadenstoß durch einen Biß an der Schädelbasis. Eisvögel schlagen die Köpfe der von ihnen gefangenen Fische gegen eine harte Unterlage; dadurch wird der Fisch nicht nur getötet, sondern er läßt sich wahrscheinlich auch leichter schlucken.

Singdrosseln brechen Schnecken auf Drosselschmieden. Offensichtlich können sie nicht am Gewicht feststellen, ob die Schalen leer oder voll sind, sondern am Klang, der hervorgebracht wird, wenn sie auf dem Stein aufschlagen; denn man findet häufig leere Schneckenhäuser unzerbrochen neben den Amboßsteinen.

Die Mahlzeiten der Vögel sind je nach Größe und Jahreszeit verschieden. Im Winter muß ein kleiner Vogel den ganzen Tag über auf Nahrungssuche gehen, damit er während der Nacht seine Körperwärme aufrechterhalten kann; bei den meisten Arten geht der Zwang nicht so weit, und bei zahlreichen größeren Vögeln gehört eine Mittagspause – zuweilen mit einem Schläfchen verbunden – mit zum normalen Tagesablauf. Manche Greifvögel können sich ihre Tagesration schon dadurch sichern, daß sie ein- oder zweimal Beute schlagen; sie jagen auch Tag für Tag zu den gleichen Stunden entlang den gleichen Strecken. Silbermöwen, die man Ende September im Binnenlande beobachtete, hatten drei Freßzeiten, in der Morgendämmerung, am Mittag und am späten Nachmittag, unterbrochen von zwei Ruhepausen. Mantelmöwen, die den Fischereiflotten folgen, nehmen nur einmal alle 48 Stunden Nahrung zu sich. Brütende Kaiserpinguinmännchen fasten während des antarktischen Winters sogar monatelang.

Der Wechsel von Tag und Nacht steuert zwar die Freßgewohnheiten der meisten Vögel, doch Enten und viele Watvögel, die sich ihre Nahrung von der Wasseroberfläche holen, folgen Ebbe und Flut. Waldschnepfen, Bekassinen und gründelnde Enten können zu jeder Zeit Nahrung suchen, bevorzugen jedoch die Nacht. Die Sumpfohreule jagt hauptsächlich bei Tage; das ist für Eulen ungewöhnlich, wenn auch an der Annahme nichts

Wahres ist, daß andere Eulen, durch das grelle Licht geblendet, bei Tag nicht jagen könnten. Amseln nehmen im Herbst und Stare im Frühjahr in den frühen Morgenstunden Regenwürmer zu sich und andere Nahrungsarten später am Tage.

Zahlreiche Nahrungssorten gibt es selbstverständlich nur zu bestimmten Jahreszeiten; doch manche Nahrung wird auch aus anderen Gründen zu bestimmten Zeiten verzehrt. Singdrosseln fressen Schnecken im Mittwinter und im Hochsommer, aber nicht weil es nur dann Schnecken gibt, sondern weil dann andere bevorzugte Nahrungsmittel fehlen. Infolge der Sommerdürre sind Würmer und Insektenlarven unter dem von der Sonne hartgebackenen Erdboden eingeschlossen, und im Winter verursacht strenger Frost einen Mangel an anderen Nahrungsmitteln. In einem milden Winter werden Drosseln keine Schnecken fressen und in einem regenreichen Sommer nur wenige.

Am ersten Tag nach einem Schneefall sieht man Bodenvögel im allgemeinen kaum. Vielleicht deshalb, weil der Energieverlust während der Nahrungssuche größer wäre als beim Ruhen und die geringe Chance, Nahrung zu finden, diesen Verlust nicht aufwiegt. Erst wenn ihre Fettreserven aufgebraucht sind, werden die Vögel dazu getrieben, Nahrung zu suchen, um nicht zugrunde zu gehen.

Die Jagdlust

Die Nahrungssuche wird durch den Hunger angeregt, aber auch durch die Jagdlust. Zuweilen ist der Hunger bereits vollständig gestillt, bevor die Jagdlust erlischt, und dann läßt der Vogel die von ihm sichergestellte Beute fahren. Eine Singdrossel läßt es dann zu, daß sich ein großer Regenwurm wieder in den Boden eingräbt, und ein Wanderfalke schlägt ein Teichhuhn nieder und fliegt daraufhin weiter, ohne sich auch nur umzusehen. Eichelhäher und Meisen, die Nüsse und Eicheln speichern, können so die ungestillte Jagdlust abreagieren, doch der Tannenhäher muß Nahrung speichern, um den Winter zu überleben.

Zusammenarbeit beim Jagen ist zwischen Vögeln gleicher Art selten. Pelikane freilich pflegen im Verband zu fischen, indem sie eine Kette bilden und Fische ins flache Uferwasser treiben, wo sie sie leichter aufnehmen können. Es kommt auch vor, daß 20 oder mehr Kormorane in einer Reihe auf Fischfang gehen und dabei mehr oder weniger gleichzeitig tauchen; vermutlich treibt dabei jeder Vogel einige Fische seinem Nachbarn zu.

Man hat schon vermutet, daß bei den gemischten Schwärmen von Meisen, Kleibern, Baumläufern u. a., die im Spätherbst durch die Wälder streichen, jeder Vogel unbewußt als Schrittmacher für die anderen fungiert; doch kann der Hauptvorteil dieser geselligen Futtersuche darin liegen, daß so viele Augenpaare Gefahren leichter entdecken.

Manche Vögel ziehen Nutzen aus den Freßgewohnheiten anderer, ohne selbst eine Gegenleistung zu erbringen. Buchfinken pikken die Kerne aus den Gehäusen von Obst, die von Wacholderdrosseln aufgehackt wurden, und Grünlinge beknabbern die Früchte selbst.

Schmarotzer

Bei schlechtem Wetter begleiten Zwergtaucher Höckerschwäne und Bläßhühner, vermutlich um kleine Lebewesen aufzusammeln, die aus von den größeren Vögeln durchstöberten Wasserpflanzen getrieben werden. Amseln und Rotkehlchen folgen der Spur eines Maulwurfs, und Rotkehlchen auch den Wühlspuren der Wildschweine und nähern sich im Walde sogar Spaziergängern, von denen sie denselben Dienst erwarten.

Einige Vogelarten leben auf Kosten anderer. Große Raubmöwen stehlen anderen Seevögeln die Fische. In den letzten Jahren ist auch die Lachmöwe zu einem Schmarotzer geworden: sie stiehlt den Kiebitzen die Regenwürmer. Auch Amseln schnappen manchmal Singdrosseln die Regenwürmer weg. Man hat errechnet, daß in einem Frühjahr die Singdrosseln nahezu $^{1}/_{10}$ ihres Fanges an Amseln verloren haben.

Vögel, die zum erstenmal für sich selbst jagen, beginnen auf jeden kleinen Gegenstand loszupicken, der sich von seinem Hintergrund abhebt, und lernen so eßbare von ungenießbaren Dingen zu unterscheiden.

UNTERSCHIEDE IN DER ERNÄHRUNG VERWANDTER ARTEN

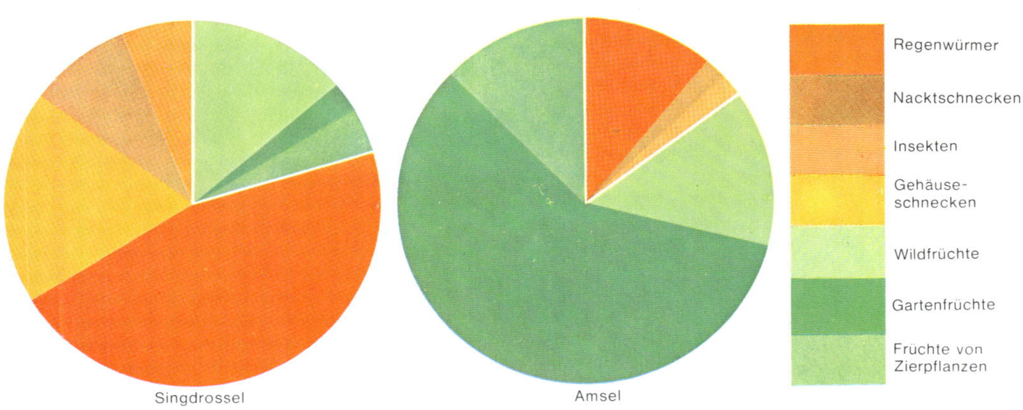

Singdrosseln und Amseln – sie gehören beide zur Drosselfamilie – fressen zwar das gleiche, aber in völlig verschiedener Menge. Wie die weißen Linien, die tierische von pflanzlicher Kost trennen, zeigen, sind Singdrosseln zu über drei Vierteln Fleischfresser, Amseln zu viel weniger als einem Viertel.

Manche Vögel lernen vielleicht ihre spätere Nahrung durch das von den Eltern gebrachte Futter kennen, aber ein Mauersegler, der in der Dunkelheit mit wieder ausgewürgten Insekten gefüttert wird, lernt entweder aus Erfahrung, sobald er fliegen kann, oder hat eine angeborene Neigung, fliegende Insekten zu verfolgen.

Den Konkurrenzkampf vermeiden

Bei knapper Nahrung haben Vögel möglicherweise nicht nur mit der Konkurrenz ihrer Artgenossen, sondern auch der anderen Arten zu tun. Konkurrenzkämpfe werden vermieden, wenn jede Art ihr eigenes Wohngebiet hat oder andere Nahrung bevorzugt.

In unseren Wäldern teilen sich unter Umständen fünf Meisenarten in ein Wohngebiet und sind häufig in gemischten Scharen anzutreffen. Dabei suchen sie innerhalb einer Futtergemeinschaft im Winter ihre Nahrung oft in verschiedener Höhe, Kohlmeisen meist am Boden, Sumpfmeisen im Gebüsch bis zu einer Höhe von 6 m, Schwanzmeisen darüber, Blaumeisen und Tannenmeisen in jeder Höhe von knapp über dem Boden bis zu den Baumwipfeln. Verlassen Kohlmeisen einmal den Boden, dann jagen sie oft in Ahornbäumen, Blaumeisen konzentrieren sich auf Eichen, Tannenmeisen auf Nadelbäume und Sumpfmeisen auf Hasel- und Holundersträucher. Selbst auf dem gleichen Baum haben verschiedene Arten ihre bestimmten Futterplätze – Blaumeisen suchen unter Knospen und an dünnen Zweigen nach Nahrung, Sumpfmeisen halten sich mehr an größere Zweige und Äste. Doch all diese Meisen geben ihre Eigenheiten bei der Nahrungssuche auf, wenn irgendwo vorübergehend Überfluß an Nahrung herrscht, etwa wenn ein Waldgebiet von blätterfressenden Schmetterlingsraupen heimgesucht wird.

Selbst wenn der Speisezettel zweier engverwandter Vögel fast das gleiche enthält, kann ihre Ernährung dennoch sehr verschieden sein. Zum Beispiel gehören Würmer, Nacktschnecken, Insekten und Früchte zur Kost der Singdrossel und der Amsel; doch ist der Anteil an tierischer Nahrung bei der Singdrossel fast fünfmal höher als bei der Amsel. Die Singdrossel frißt ferner viele Gehäuseschnecken, die Amsel kaum, denn Amseln können große Gehäuse nicht aufknacken, obgleich man das bei einem anatomischen Vergleich der beiden Vögel nie vermuten würde. Singdrosseln fressen ferner große Mengen von Eibenbeeren, Amseln nur wenig; Singdrosseln bevorzugen große Käfer, während Amseln Ameisen den Vorzug geben.

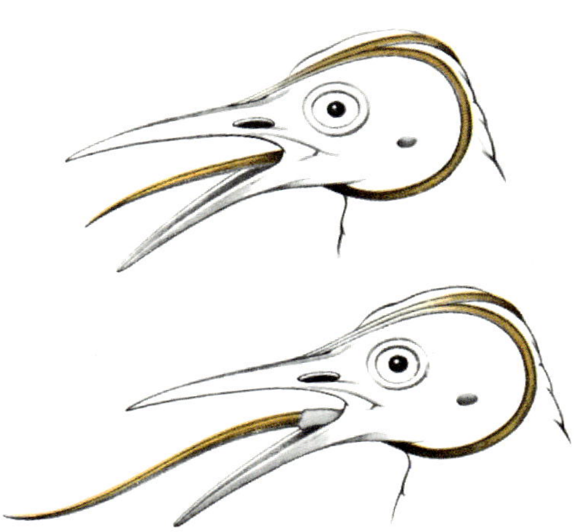

Die Zunge des Spechtes Der Grünspecht kann seine Zunge um die vierfache Länge des Oberschnabels vorstrecken und damit ein etwa 10 cm hinter der Baumrinde sitzendes Insekt herausholen. Er meißelt erst die Rinde auf, steckt seine Zunge in die von Holzwürmern gebohrten Löcher und angelt die Insekten mit den Widerhaken an der Zunge heraus. Sie ist das Endstück eines flexiblen doppelten Bogenstückes von Knochen und Gewebe, Zungenbein genannt, das sich um den Schädel des Spechtes schlingt und in der Nähe des rechten Nasenloches verankert ist.

Die meisten Vögel trinken, wenn sie Gelegenheit dazu haben, doch können einige Arten mit dem Wasser auskommen, das ihre Nahrung enthält. Seevögel trinken auch Meerwasser und scheiden das überflüssige Salz in hochkonzentrierter Lösung durch ihre Nasendrüsen aus. Sämtliche Vögel sparen Wasser ein, indem sie sehr hochkonzentrierten Urin erzeugen, beinahe schon eine Paste von Harnsäurekristallen; außerdem bei sehr trockenem Wetter dadurch, daß sie ihren Gesang – und damit die Verdunstung von Feuchtigkeit aus den Lungen – einschränken.

Mehrzweckschnäbel und Spezialschnäbel

Möwen und Krähen, die Gesundheitspolizisten der Natur, nehmen mit ihren Allzweckschnäbeln ein verhältnismäßig weit gespanntes Sortiment sowohl an tierischer als auch an pflanzlicher Nahrung zu sich. Andere Vögel haben sich, um in ihren Wohngebieten dem Konkurrenzkampf aus dem Wege zu gehen, spezialisiert und sind von einem ziemlich begrenzten Nahrungssortiment abhängig.

In Größe und Struktur sehr ähnliche Arten mögen ganz verschieden geformte Schnäbel haben, sofern ihre Ernährungsweise das verlangt. Umgekehrt entwickelten in anderer Hinsicht ungleiche Vögel oft ähnliche Schnäbel, wenn sie ungefähr die gleichen Freßgewohnheiten haben. Die Ausbildung ähnlich gebauter Organe für ähnliche Aufgaben nennt man konvergente Entwicklung. Eulen und Greifvögel sind nicht miteinander verwandt, dennoch haben beide Hakenschnäbel zum Zerstückeln der Beute.

Die auf Insekten und Regenwürmer spezialisierte Saatkrähe hat einen längeren Schnabel als ihre nächste Verwandte, die Rabenkrähe, die viel seltener Regenwürmer frißt. Bei anderen Vögeln, die ihre Nahrung im Boden suchen, ist diese Entwicklung viel weiter gegangen – Bekassine, Waldschnepfe, Großer Brachvogel und Uferschnepfe haben extrem lange Schnäbel. Sie vermeiden Konkurrenz miteinander, indem sie in verschiedenen Tiefen herumstochern.

Die harten, konisch zulaufenden Schnäbel sämtlicher Finkenarten sind für Körnerfresser typisch. Doch unterscheidet sich der Schnabel jeder Finkenart geringfügig von den übrigen. Den kräftigsten hat der Kernbeißer, er kann damit sogar Kirschkerne knacken. Dagegen ist der Schnabel des Stieglitzes dünn und spitz, mit ihm holt er die Samen aus den Fruchtkapseln der Disteln.

EINIGE SCHNABELFORMEN

Rupfen Die Pfeifente benutzt den kurzen breiten Schnabel, um Gras und Pflanzen zu rupfen

Aufstemmen Der Austernfischer stößt den Schnabel in die erbeutete Muschel und spaltet sie auf

Schwenken Der Säbelschnäbler nimmt beim Schnabelschwenken im Seichtwasser kleine Insekten auf

Zerreißen Mit dem kräftigen Hakenschnabel kann der Steinadler Fleisch auseinanderreißen und zerstückeln

Stochern Die Waldschnepfe stochert mit ihrem langen, dünnen Schnabel nach Würmern im weichen Boden

Hämmern Der Grünspecht treibt seinen Schnabel wie einen Meißel in die Rinde und holt Insekten heraus

Greifen Der Mittelsäger hält schlüpfrige Fische in seinem sägeartigen Schnabel fest

Aufspießen Mit dem langen, dolchartigen Schnabel spießt der Fischreiher Fische auf

Sieben Mit spatelförmigem Schnabel sieben Löffler tierische Organismen aus seichtem Wasser

INSEKTENFRESSER

Dorngrasmücke mit pinzettenartigem Schnabel

Der Waldbaumläufer sondiert Ritzen der Baumrinde

Der Mauersegler sperrt den Rachen auf und fängt Insekten

KÖRNERFRESSER

Der Kernbeißer knackt Kirschkerne

Der Birkenzeisig frißt kleine Birkensamen

Der Fichtenkreuzschnabel holt die Samen aus dem Zapfen

Jäger und Gejagte

DER LISTENREICHE KAMPF ZWISCHEN RÄUBERN UND IHREN OPFERN

In Jahrmillionen haben sich Gruppen von nicht miteinander verwandten Raubvögeln mit bemerkenswert ähnlichen Merkmalen entwickelt – Eulen, Falken, Adler und Habichte, mit langen Klauen, kurzen Schnäbeln und großen, nach vorn gerichteten Augen. Im Verein mit Aasvögeln, Eierdieben und räuberischen Säugetieren fordern sie ihren Blutzoll von erwachsenen Vögeln und zehnten häufig auch Eier und Junge.

Auffällige Eier sind eine besonders leichte Beute. Untersuchungen zeigen, daß bis zu sechs von zehn Ringeltaubeneiern vorm Ausbrüten geraubt werden, meist von Eichelhähern, doch auch von Elstern und anderen Rabenvögeln, von Eichhörnchen und sogar von Hermelinen und Wieseln. Die weißen Eier, die in ihren dünnen Nestern aus Reisig leicht zu entdecken sind, werden aber nur dann in solcher Menge geraubt, wenn Nahrungsknappheit die Vogeleltern zwingt, das Nest unbeaufsichtigt zu lassen.

Sogar erwachsene Vögel, die ihren Feinden gegenüber wachsam sind, können ihnen in bedeutender Zahl zum Opfer fallen, wenn die Notwendigkeit der raschen Futterbeschaffung während der Brutzeit sie zu Wagnissen verleitet. In einem einzigen Monat töteten Sperber in einem unter Beobachtung stehenden Gebiet 8 von je 100 Haussperlingen – das ist das Vierfache der durch alle anderen Faktoren bedingten Todesrate. Während des gleichen Monats wurden im gleichen Gebiet 8 % der Feldsperlinge sowie 7 % der Baumpieper von Sperbern getötet. Gartenrotschwanz, Kohlmeise und Eichelhäher verloren je 6 % und die Turteltaube 5 %.

Das Ausmerzen der Schwächlinge

Trotz dieses Gemetzels bestimmt jedoch die Nahrungsknappheit viel mehr die Größe von Vogelpopulationen als die „Blutgier" der Räuber.

Wenn Nahrung knapp ist, gibt es mehr schwache Vögel, die leichter zu fangen sind als kräftige und aktive. Raubvögel halten ständig Ausschau nach einem lahmen Flügel oder einem nachgeschleppten Bein, achten also auf alles, was die Behinderung des Opfers verrät.

Man stellte und stellt Raubvögeln und anderen Raubtieren oft im Glauben nach, die Menge der vorhandenen Beutevögel hänge von ihren natürlichen Feinden ab, also je weniger Raubvögel, desto mehr nützliche Vögel. Das ist jedoch ein Trugschluß. Kein Raubvogel dezimiert unter natürlichen Bedingungen den Bestand seiner Beutetiere ernsthaft – er würde ja dadurch seine eigenen Überlebenschancen aufs Spiel setzen.

Auf lange Sicht gesehen, hilft der Raubvogel den Beutevogelarten, indem er kranke, verseuchte, unbeholfene und in sonstiger Weise anomale Vögel tötet und die Lebenstüchtigkeit der Population insgesamt auf diese Weise stärkt. Um den Raubvögeln das unzutreffende Odium eines Räubers und Schadvogels zu nehmen, sollte man sie deshalb, wie heute schon weitgehend üblich, besser Greifvögel nennen.

Jäger am Tage und in der Nacht

Bei verhältnismäßig wenigen Raubvögeln, darunter Baumfalke, Wanderfalke, Sperber und Habicht, bilden ausgewachsene Vögel den Hauptanteil der Kost. Sie reißen ihre Nahrung hauptsächlich im Fluge und bei Tage; allerdings sind Baumfalke und Sperber auch in der Abenddämmerung aktiv. In manchen Gegenden fallen beide regelmäßig über Vögel wie Schwalben und Stare an ihren Schlafplätzen her, insbesondere wenn sie gerade ankommen oder wegfliegen.

Bei all diesen Raubvögeln und auch bei Adlern ist das Weibchen größer als das Männchen – eine Anpassung, die am deutlichsten bei spezialisierten Vogeljägern in Erscheinung tritt. Sie mindert den Konkurrenzkampf um Nahrung zwischen den Geschlechtern: Das Weibchen sucht sich größere Vögel als Beute aus, und das kleinere schnellere Männchen fängt genug kleine Vögel, um in der Brutzeit sich selbst, das Weibchen und die Jungen ernähren zu können.

Die Mehrzahl unserer Raubvögel, darunter Steinadler, Rohrweihe, Wiesenweihe, Kornweihe, Mäusebussard und Turmfalke sowie einige Eulenarten, reißt nicht nur Vögel, sondern auch andere Tiere.

Weitgehend räuberisch sind auch verschiedene Möwen, mehrere Rabenvögel sowie der Neuntöter. Ein Singvogel, der in seinem Wintergebiet zahlreiche Vögel schlägt, ist der Raubwürger. Im Sommer stehen an erster Stelle Säugetiere (hauptsächlich Wühlmäuse) und Insekten auf seiner Speisekarte.

Es verbleiben schließlich noch etliche recht verschiedenartige Vögel, die entweder gelegentlich erwachsene Vögel töten oder nur Eier und Junge rauben; zu ihnen gehören Weißstorch, Fischreiher, spezialisierte Greifvögel wie der Wespenbussard (der Wespen und Bienen frißt), der fischfressende Fischadler, einige Rallen und Möwenarten, der überwiegend harmlose Steinkauz und einige Rabenvögel.

Keines unserer Säugetiere lebt ausschließlich von Vögeln, doch ernähren sich Füchse, Baummarder, Wildkatzen und wahrscheinlich auch eingeführte Nerze in erster Linie von Vögeln. Igel, Eichhörnchen, Iltisse, Wiesel und Otter rauben Eier und Junge aus Nestern.

Schließlich ist der Mensch selbst ein bedeutender Räuber, und zwar wegen des Schadens, den er mit Feuerwaffen und Schädlingsbekämpfungsmitteln unter den Vögeln anrichtet.

Am meisten haben unter dem Menschen Raubvögel gelitten. Der Steinadler, Deutschlands Wappenvogel, wurde von Jägern in ganz Mitteleuropa ausgerottet (er kommt heute bei uns nur noch im Alpengebiet vor), der Habicht mit Flinte, Tellereisen und Habichtskorb vielerorts vertilgt und der Fischadler von Jägern und Fischern dezimiert.

Gefahr im Boden

Doch nicht Gewehre oder Eierdiebe, sondern die giftigen Chemikalien in Schädlingsbekämpfungsmitteln, mit denen seit dem Zweiten Weltkrieg in steigendem Maße Unkräuter, Pilze, Insekten und Nagetiere vertilgt werden, stellen die größte Gefahr für Vögel dar – insbesondere, wenn ihre Gifte noch viele Jahre im Boden bleiben, wie es bei DDT der Fall ist.

Raubvögel, die am Ende der Nahrungskette stehen, sind besonders stark betroffen, denn das Gift ihrer oft schon leicht verseuchten Beute sammelt sich in ihrem Körper zu einer starken Dosis an, z. B. von Aldrin oder Dieldrin, die sie entweder umbringt oder unfruchtbar macht.

Den Feind einschüchtern Ein junger Waldkauz ist alles andere als ein hilfloses Opfer, wenn er sich plötzlich einem räuberischen Eichhörnchen oder Baummarder gegenübersieht. Er versucht, den Feind einzuschüchtern, indem er sein Gefieder aufplustert, die Flügel weit ausbreitet und mit großen, glänzenden Augen trotzig zurückstarrt.

Auf diese Weise ist der Wanderfalke in den letzten 20 Jahren aus weiten Teilen Mitteleuropas verschwunden und der noch vor 30 Jahren so häufige Sperber kaum mehr zu beobachten. Leider ist der exakte Nachweis für die Vergiftung dieser Vögel durch Insektizide nur schwer zu führen, weil es in der Bundesrepublik noch immer keine zentrale Stelle für Rückstandsanalysen gibt, obwohl die Deutsche Ornithologen-Gesellschaft sie unter Hinweis auf andere, kleinere Länder (wie die Niederlande) schon seit 1963 nachdrücklich gefordert hat.

Den Raubtieren entkommen

Im Kampf zwischen Vögeln und ihren natürlichen Feinden heißen die Waffen Tarnung, Bluff und vor allem Wachsamkeit.

Erwachsene Vögel, insbesondere der kleineren Arten, sind ständig vor Gefahr auf der Hut, vor allem wenn sie sich aus ihrem Unterschlupf in offenes Gelände begeben, an ungeschützten Orten auf Futtersuche gehen oder sich an ihren Schlafplätzen befinden. Amseln vollführen häufig einen Sturzflug, wenn sie den Unterschlupf verlassen, und fliegen knapp am Boden entlang, besonders wenn sie Straßen überqueren. Dies gibt ihnen eine bessere Chance, Sperbern zu entgehen.

Bei der Nahrungssuche im offenen Gelände oder an sonstigen ungeschützten Plätzen schauen die Vögel häufig nach oben und um sich; sie stellen ihren Kopf schräg, um jeden verdächtig aussehenden Vogel überprüfen zu können, der über sie hinwegfliegt. Selbst wenn sie sich putzen und an verhältnismäßig sicheren Orten ruhen, blicken sie immer noch in regelmäßigen Abständen nach oben, um keinen Raubvogel zu übersehen.

Zahlreiche Vogelarten ducken sich und erstarren, wenn sie einen Raubvogel sehen; dabei senken sie den Körper bis nahe an den Boden und verhalten sich regungslos, bis die Gefahr vorüber ist. Das tun Gartenvögel (etwa Rotkehlchen) genauso wie Vögel, die auf der Erde leben, z. B. Rebhühner und Lerchen. Das Ducken trägt dazu bei, den Vogel zu tarnen, weil verräterische Umrisse und Bewegungen verschwinden. Werden in Deckung lebende Vögel wie Zaunkönige im Freien aufgeschreckt, dann verschwinden sie im nächstgelegenen Unterschlupf und erstarren dort.

Arten der Tarnung

Zahlreiche Vögel entkommen ihren Feinden dadurch, daß sie durch eine Schutzfärbung ihrer Umgebung angepaßt sind. Bei Arten wie dem Ziegenmelker besitzen beide Geschlechter eine Schutztracht, nämlich ein Rindenmuster; bei anderen hat nur das leichter verwundbare Geschlecht, fast stets das Weibchen, eine Schutzfärbung, besonders, wenn das Männchen sich nicht am Brüten beteiligt wie beim Birkhuhn.

Entenweibchen, die das Gelege allein bebrüten, sind das ganze Jahr über mit einem Tarngefieder ausgestattet; Erpel hingegen brauchen nur dann ein unauffälliges Federkleid, wenn sie wegen der Mauser ihrer Schwingen flugunfähig sind und daher einem Raubvogel viel schlechter entkommen können, nachdem er sie entdeckt hat.

Eine der einfachsten Arten der Tarnung besteht in der Umkehr der normalen Effekte von Licht und Schatten. Wenn Licht auf einen Gegenstand fällt, wird seine Gestalt dadurch hervorgehoben, daß die Oberfläche hell beleuchtet ist, während die Unterseite im Schatten liegt. Das Gefieder zahlreicher Vögel kehrt diesen Effekt ins Gegenteil um, indem nämlich die Oberseite dunkel und die Unterseite hell gefärbt ist. Diese Art von Schutzfärbung findet sich besonders bei Vögeln, die in unbewachsenem, offenen Gelände wie in

RÄUBER UND IHRE OPFER

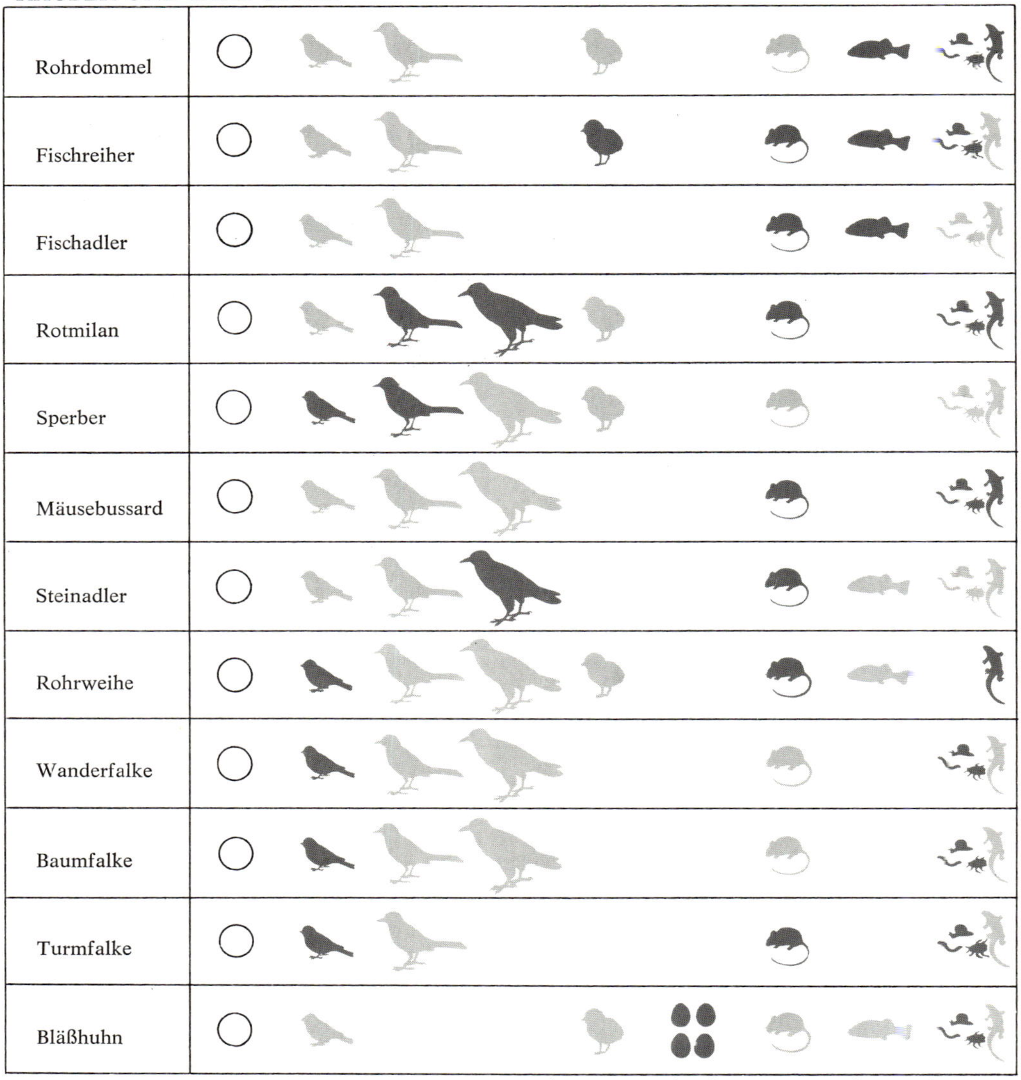

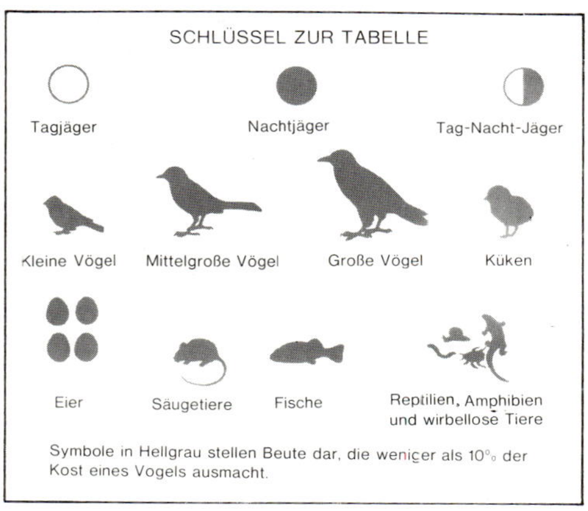

Wüsten, Steppen, an Küsten und Flußmündungen leben; sie kommt sehr häufig im Winterkleid der Watvögel vor, etwa beim Alpenstrandläufer.

Oder das Gefieder des Vogels paßt in Tönung, Farbe und Muster zu seiner normalen Umgebung. Die auffälligsten Beispiele hierfür sind Vögel mit weißem Winterkleid wie das Alpenschneehuhn, das andererseits im Sommer mit seinem dann braunen, gesprenkelten Gefieder den Felsen und dem offenen Gelände seines Brutgebietes in der Hochalpenzone ähnelt. Ziegenmelker sehen aus wie umherliegende Holzstücke, wenn sie in ihrem Waldrandrevier am Boden sitzen, oder wie ein Aststumpf, wenn sie auf einem Baum sitzen, und Rohrdommeln gleichen in ihrem Gefieder dem Röhricht, in dem sie zu Hause sind.

Das Gefieder anderer Vögel ist mit Mustern gezeichnet, welche die Körperumrisse verwischen. Sand- und Flußregenpfeifer etwa haben schwarze Markierungen auf Kopf und Brust, wodurch sie an einem steinigen Strand nur schwer auszumachen sind, besonders weil der übrige Körper durch seine Schattierung die Kontraste zwischen Hell und Dunkel vermeidet.

Schutzkleider vermindern die Möglichkeit, von einem Raubvogel entdeckt zu werden, insbesondere dann, wenn die Vögel bewegungslos am Boden hocken. Goldregenpfeifer und Alpenschneehühner bleiben ausgestreckt liegen, und Küken von Bodenbrütern wie etwa Watvögeln und Möwen erstarren, wenn sie durch die Rufe ihrer Eltern vor Gefahr gewarnt werden.

Noch auffälliger ist die Pfahlstellung der Rohrdommel, bei der der Vogel den Hals hochreckt und den Schnabel senkrecht hält, so daß sein ganzer Körper, unterstützt durch

RÄUBER UND IHRE OPFER

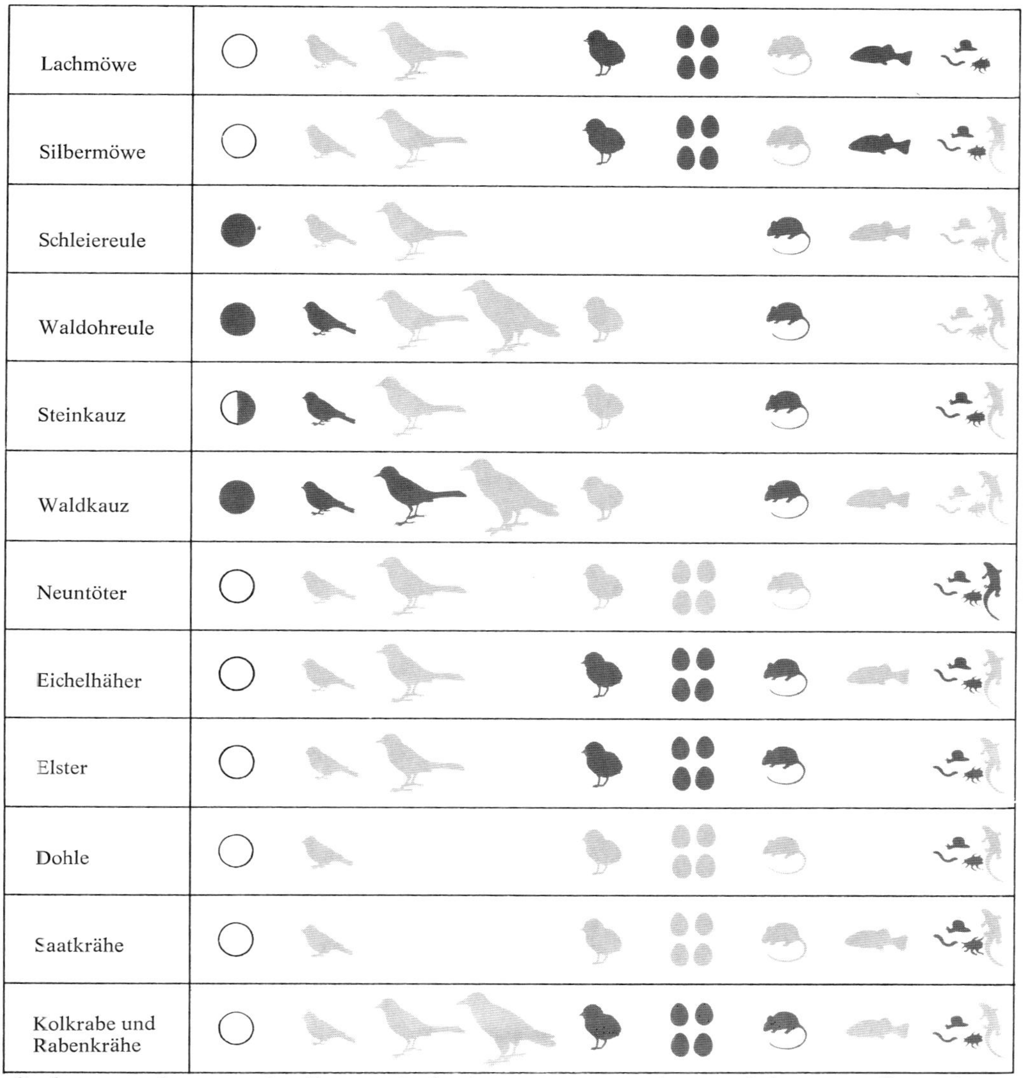

die langen, schwarzen Streifen am Hals, in dem umgebenden Röhricht verschwindet. Wie bei vielen Vögeln, die sowohl Jäger als auch Gejagte sind, tarnt diese Schutzfärbung Rohrdommeln auch, wenn sie auf Beute aus sind.

Die Färbung der meisten Vögel ist ein Kompromiß zwischen der Notwendigkeit, sich vor Raubvögeln zu verbergen, und der Notwendigkeit, ihren Artgenossen während des Werbens und der Revierverteidigung ihre Anwesenheit kundzutun. Der auffallende schwarze *Schnurrbart* und der rosafarbene Schnabel der männlichen Bartmeisen werden beispielsweise dazu benutzt, bei Begegnungen mit Artgenossen die Aufmerksamkeit auf sich zu lenken, obwohl die Auffälligkeit dieser Merkmale die Gefahr erhöhen muß, daß Raubvögel die Meisen erspähen.

Einige wenige Vogelarten, die zwar verwundbar sind, deren Fleisch aber widerwärtig schmeckt, wie Eisvögel, überleben dadurch, daß sie ein prächtiges und sehr auffälliges Gefieder tragen, selbst wenn sie noch jung sind. Raubvögel finden nämlich bald heraus, wie schlecht sie schmecken, und meiden sie.

Vögel haben bestimmte Methoden entwikkelt, ihre Nester zu verbergen, da Eier und Junge für Räuber eine leichte Beute sind. Nester werden möglichst an Stellen gebaut, wohin Feinde schwer oder gar nicht gelangen können, insbesondere in Baumhöhlen, an Felsen und in Mauerlöchern.

Mehrere Dutzend bei uns brütender Vogelarten sind Höhlenbrüter, von denen die meisten (wie Dohlen, Meisen, Sperlinge, Gartenrotschwänze, Mauersegler, Wendehälse sowie einige Eulenarten, Enten und Tauben) bereits vorhandene Höhlen benutzen. Einige andere Vögel wie Uferschwalben, Eisvögel und verschiedene Spechte, bauen sich ihre eigenen. Kleiber, als einzige unter unseren Vögeln, benutzen zwar bereits vorhandene Höhlen, machen sie aber dadurch schwerer zugänglich, daß sie einen Teil des Einganges mit Lehm zumauern.

Der Grund, weshalb nicht mehr Vögel Nisthöhlen benutzen, scheint in der Knappheit geeigneter Höhlen zu liegen. Kleine Höhlungen oder Nischen – wie sie von Rotkehlchen oder Grauschnäppern benutzt werden oder von Schwalben, die im Innern von Gebäuden nisten – sind wahrscheinlich die nächstsicheren Orte. Kuppelnester, in die ein Raubvogel nur schwer hineingelangen kann, werden von Mehlschwalben und Elstern gebaut. Haussperlinge nisten gewöhnlich in einem Loch; doch in Gebieten, wo Höhlen

Im Röhricht verborgen Das Gefieder der Rohrdommel ist dem heimischen Röhricht angepaßt. Bei Beunruhigung reckt sie sich hoch, zeigt die langen dunklen Streifen am Hals, die wie Schilfhalme gemustert sind, und hält dabei den Schnabel senkrecht nach oben. In dieser Pfahlstellung verharrt sie regungslos oder wiegt sich – falls Wind weht – mit den Schilfrohren hin und her.

knapp sind, bauen sie auch frei stehende geschlossene Nester.

Arten, die offene Nester im Grünen bauen, schirmen sie ab, so gut sie können. Manche bringen sie auch an gut geschützten Orten an; Hänflinge beispielsweise bauen ihre Nester gut versteckt in Büschen, und Wintergoldhähnchen schlingen ihre unter den Ast eines Nadelbaumes. Bodenbrüter haben entweder Eier mit Tarnfärbung, wie etwa der Regenpfeifer, oder sie verstecken sie. Hühnervögel und Enten verbergen ihre Eier im Grünen, und Enten bedecken sie auch noch mit Daunen.

Frühzeitiges Verlassen des Nestes

Offene Nester im Grünen und am Boden sind vor allem gefährdet. Beobachtungen haben gezeigt, daß in solchen Nestern weniger Junge überleben als in Höhlen oder anderen, besser geschützten Nestern. Um diese Gefahr auf ein Mindestmaß zu reduzieren, verlassen die Jungen von Vögeln, die im Freien nisten, das Nest, noch ehe sie fliegen können, oft innerhalb weniger Stunden oder zumindest innerhalb von ein bis zwei Tagen; sie besitzen eine Tarnfärbung und ducken sich wenn Gefahr droht.

Vögel, die beim Ausschlüpfen blind und hilflos sind und sich in leicht angreifbaren, offenen Nestern befinden, entwickeln sich im allgemeinen sehr rasch; sie können oft schon innerhalb einer verhältnismäßig kurzen Zeit fliegen – Amseln mit 13 Tagen. Dieses außerordentlich rasche Wachstum wird dadurch ermöglicht, daß ihre Eltern sie mit unheimlich großen Mengen an Nahrung versorgen – häufig nehmen die Nestlinge genauso viel Nahrung pro Tag zu sich, wie ihr eigenes Gewicht beträgt. Im Nestlingsstadium bleiben diese Vögel ruhig im Nest und ducken sich nieder, wenn sie Gefahr spüren. Da es für diese Jungen so lebensnotwendig ist, das Nest so rasch wie möglich zu verlassen, hat das Wachstum des Gefieders vor der Erhöhung des Körpergewichtes Vorrang, und Vögel, die nicht ihren angemessenen Anteil an Nahrung im Nest erhalten haben, verlassen es trotzdem mit vollständigem Gefieder, wenn auch mit ziemlich starkem Untergewicht.

Da Höhlenbrüter weniger stark gefährdet sind, können deren Junge auch langsamer wachsen, und die erwachsenen Vögel können es sich leisten, ihnen weniger häufig Nahrung zu bringen. Das wiederum ermöglicht es den Erwachsenen, eine größere Familie aufzuziehen als im Freien nistende Vögel; die in Höhlen nistenden Kohlmeisen beispielsweise ziehen mehr als zweimal so viele Junge auf wie Buchfinken, die im Freien nisten.

In der Menge untertauchen

Schutzfärbung ist häufig die beste Verteidigung für Vögel, die einzeln oder in kleinen Gruppen nisten und auf Nahrungssuche gehen. Doch für diejenigen, die normalerweise Scharen bilden, liegt der beste Schutz gegen den Jäger in ihrer großen Zahl.

In Gegenwart eines Räubers kommt es bei Vogelschwärmen zu Gruppenreaktionen. Bei Staren und Watvögeln schließt sich der Schwarm im Flug eng zusammen und erschwert auf diese Weise Raubvögeln, etwa Sperbern oder Wanderfalken, sich einen einzelnen Vogel als Opfer auszuwählen – diese Raubvögel fliegen nur selten mitten in eine geschlossene Schar hinein. Vogelschwärme

An Farne und Blätter angepaßt Wenn die Fasanenhenne auf dem Waldboden nach Nahrung sucht, ist sie vor ihren natürlichen Feinden, hauptsächlich Füchsen und Hermelinen, gut getarnt. Ihre dunkle Oberseite bleibt auch in hellem Licht düster, und die Gefiederzeichnung stimmt zu den Farnkräutern und abgefallenen Blättern, zwischen denen sie sich bewegt. Ihre fahlere Unterseite vermindert die Wirkung von verräterischen Schatten. Bei Überraschung rennt sie in Deckung und duckt sich hin, bis die Gefahr vorüber ist.

führen in dichtgedrängter Formation auch Flugmanöver aus und machen es auf diese Weise den Raubvögeln noch schwerer, einen einzelnen Vogel zu fangen. Durch die plötzlichen, gemeinschaftlich ausgeführten Schwenk- und Sturzflugmanöver eines großen Alpenstrandläufer- oder Knuttschwarmes oder durch das wie fallendes Laub aussehende Abwärtstrudeln eines Kiebitzschwarmes werden häufig die Angriffe der Raubvögel abgewehrt.

Friedfertige Vögel wie Brandseeschwalben machen sich die Aggressivität von Arten wie Flußseeschwalben und Lachmöwen zunutze. Brandseeschwalben bilden nämlich eine Kolonie innerhalb der Kolonie der kühneren Vögel und verlassen sich darauf, daß diese Krähen, Füchse und andere Räuber vertreiben. In Kolonien nistende Schwarzhalstaucher und Ohrentaucher vertrauen beide auf den Schutz von Lachmöwen; deshalb bauen sie ihre Schwimmnester oft in der Nähe von Möwenkolonien und verbergen ihre Eier unter Nestmaterial, wenn Gefahr sie zum Verlassen des Nestes zwingt. Eiderenten, Mittelsäger, Reiherenten und andere Vögel begeben sich ebenfalls in den Schutz von Möwenkolonien.

Alarmschlagen

Vögel warnen sich mit einer Reihe verschiedener Rufe gegenseitig, wenn sich ein Raubtier nähert; manchmal ist an einem Warnruf schon zu erkennen, ob ein Angriff von der Erde her oder aus der Luft droht. Der *Habichtalarm*, gewöhnlich ein kurzer Ton, warnt vor der Gefahr eines fliegenden Raubvogels und wird häufig dann ausgestoßen, wenn der warnende Vogel entweder geduckt am Boden hockt oder wie erstarrt aufrecht dasteht. Dieser Ruf ist bei zahlreichen Singvogelarten ähnlich und ist häufig schwer zu lokalisieren, so daß der Vogel seine eigene Position nicht verrät.

Ein anderer Typ von Warnruf läßt erkennen, daß Raubtiere zwar in der Nähe sind, jedoch keine unmittelbare Gefahr droht. An diesen Rufen kann man womöglich erkennen, wo sich der rufende Vogel und wo sich das Raubtier befindet. Unter Umständen werden dadurch andere Vögel aufgefordert, lärmend über den Räuber herzufallen. Eichelhäher warnen vor bestimmten Raubtieren mit einem dem Ruf des Tieres ähnlichen Laut, mit einem schrillen ‚Kik-kik-kik' etwa vor einem Turmfalken. Oft fallen Starenschwärme lärmend über einen fliegenden Raubvogel her, indem sie ihm wie in einer Blase mitten im Schwarm einschließen. Kolkraben, Rabenkrähen und andere große Vögel fliegen einzeln und in Paaren wiederholt auf einen vorbeikommenden Wanderfalken zu oder stoßen auf einen auf der Erde stehenden Fischreiher herab.

Üblicher ist es, auf ein Raubtier, das unbeweglich dasitzt oder sich auf dem Boden fortbewegt, zu *hassen*. Dabei fliegen kleine Vögel, besonders Meisen, Finken und Drosseln, etwa auf einen sitzenden Sperber oder Waldkauz mit lautem Gezeter zu und wieder weg und streifen ihn mit Flügeln und Schwanz, als wollten sie ihn zum Angriff herausfordern.

Im Gegensatz zum Habichtsalarm kann man leicht feststellen, woher dieses Schimpfen kommt. Es besteht aus kurzen Tönen sehr verschiedener Tonhöhen. Um solche Schimpfrufe handelt es sich bei dem bekannten gellenden ‚Tix-tix-tix' der Amsel. Das Schimpfen zieht auch andere Vögel der Nachbarschaft an, die dann ebenfalls etwa einen Fuchs, ein Hermelin oder eine Katze anzetern. Das Hassen ist ein so mächtiger Instinkt, daß Vögel sogar über eine ausgestopfte Eule herfallen.

Der Wert des Hassens

Ornithologen sind sich nicht darüber einig, weshalb die Vögel überhaupt auf Raubtiere hassen. Auf jeden Fall warnt es andere Vögel vor einem Raubtier und setzt dessen Jagdleistung herab, weil ihm der Überraschungseffekt genommen ist. Aber wäre es nicht sicherer, sich davonzumachen und außer Reichweite zu halten? Schließlich könnte ja durch den Aufruhr ein zweites Raubtier angelockt werden. Warum tut also ein Vogel etwas, das ihm selbst anscheinend gar nichts nutzt, sondern nur der Allgemeinheit? Vielleicht ist hier eine Art von Verwandtenselektion mit im Spiel, denn durch seine Warnung kann der Vogel vielleicht das Leben von nahe verwandten erwachsenen Vögeln in der Umgebung retten, die ja alle seine Artmerkmale tragen. Andererseits kann der einzelne Vogel, auf lange Sicht gesehen, immer noch Nutzen daraus ziehen, nämlich dann, wenn der Räuber resigniert das Gebiet verläßt und in Zu-

Getarnt am Strand Der Sandregenpfeifer hat, wenn er am Strand auf seinem Nest sitzt, keine Deckung vor einem Angriff durch Füchse und andere Bodenraubtiere und keinen Schutz vor eierstehlenden Krähen. Die Tarnung ist seine einzige Verteidigung. Schwarze Markierungen auf Gesicht und Hals verwischen die Körperumrisse. Bemerkt der Vogel Gefahr, verharrt er regungslos.

Das Flügellahmstellen Wenn Hunde, Füchse oder Igel auf der Suche nach Eiern oder Küken dem Nest eines Flußregenpfeifers zu nahe kommen, werden sie in der Regel von der Mutter weggelockt, die vom Nest wegrennt, sich auf den Boden hockt und dabei einen Flügel hängen läßt, als wäre er gebrochen. Das jagende Tier hält den Vogel für eine leichte Beute, läßt Eier und Junge unbehelligt und folgt ihm. Ist der Angreifer erst einmal weggelockt, entkommt der Regenpfeifer ohne Mühe.

kunft dort weniger häufig oder weniger wirkungsvoll jagt.

Das Hassen auf Raubtiere durch brütende Vögel, deren Eier und Junge bedroht sind, ist viel leichter zu verstehen. Es ist gut bei großen Watvögeln entwickelt, die im offenen Gelände nisten. Sie greifen im wesentlichen aus der Luft und rufend an. Kiebitze fliegen schreiend hinter Rabenkrähen her, die den Nistplatz überqueren, während andere Arten, etwa Uferschnepfen und Rotschenkel, menschliche Eindringlinge auf dem Brutgebiet laut lärmend umfliegen.

Dem Jäger davonfliegen

Bestimmte Vögel führen, wenn sie gejagt werden, Ausweichmanöver durch, indem sie sich in der Luft drehen und wenden und sobald wie möglich im Sturzflug einen geeigneten Unterschlupf aufsuchen. Einige Arten, etwa Mauersegler, sind so schnell, daß sie den meisten Raubvögeln davonfliegen können. Häufiger aber wird ein Vogel versuchen auszuweichen. Wasservögel tauchen unter. Enten schlittern auf der Oberfläche dahin, tauchen dann plötzlich unter und wieder auf, um unerwartet eine neue Richtung einzuschlagen. Watvögel, wie der Flußuferläufer, tauchen ebenfalls, besonders wenn sie verwundet sind, um Angriffen aus der Luft und durch den Menschen zu entgehen. Schließlich können Amseln und andere Drosselarten manchmal sogar noch aus den Fängen eines Räubers durch eine sogenannte Schreckmauser entkommen. Diese Vögel haben an ihrem Rücken ein dichtes, lockeres Gefieder und können sich durch plötzlichen Verlust des Gefieders befreien, so daß dem Räuber nichts als ein Maul voll Federn bleibt.

Das Verleiten des Feindes

Viele Vögel haben am meisten Angriffe auf ihre Eier und Jungen zu befürchten. Bodenbrüter, insbesondere Regenpfeifer und andere Watvögel, versuchen Hunde und Füchse, die das Nest bedrohen, dadurch abzulenken, daß sie eine Verletzung vortäuschen und so den Räuber veranlassen, statt dessen Jagd auf sie selbst zu machen.

Bei diesem Verleiten werden häufig die auffälligsten (gewöhnlich weißen) Markierungen an Schwingen und Schwanz des Vogels gezeigt. Der Vogel breitet auch den Schwanz fächerförmig aus und schleppt ihn am Boden nach, schlägt hilflos mit den Flügeln und vermittelt meist den Eindruck, einen gebrochenen Flügel zu haben und somit ein leichtes Opfer darzustellen.

Watvögel wie der Alpenstrandläufer verstellen sich so, als wären sie kleine Nagetiere; sie kriechen am Boden entlang oder rennen torkelnd umher, lassen auch manchmal unter schrillem Quieken die geschlossenen Flügel auf- und niederzucken. Andere zur Ablenkung von Räubern dienende Posen sind lediglich auffällig und ungewöhnlich, ohne daß

In der Umgebung aufgehen In der Abenddämmerung ist der Ziegenmelker unterwegs und jagt nach Insekten, die er im Fluge fängt. Doch bei Tageslicht ruht er für gewöhnlich auf dem Boden in der Heide oder am Waldrand, wobei er oft nur wenig natürliche Deckung hat, die ihn und sein Nest vor Feinden verbergen würde. Der Vogel bleibt jedoch selbst in dieser Umgebung unauffällig, da er durch sein Gefiedermuster getarnt ist, das ihn wie trockene Holzstücke aussehen läßt, unter denen er sich oft niederläßt.

Das Hassen von Angreifern Für kleine Gruppen benachbart nistender Kiebitze ist oft der Angriff die beste Verteidigung. Erblickt einer der Kiebitze eine vorüberfliegende Rabenkrähe, die nach unbeaufsichtigten Nestern sucht, um daraus Eier oder Junge zu stehlen, stößt er einen bezeichnenden Ruf aus. Daraufhin setzen die Kiebitze zu einer wütenden Verfolgung an, indem sie den Räuber laut rufend umfliegen. Durch den Aufruhr alarmiert, schließen sich andere Vögel der Jagd an und helfen mit, den Eindringling zu vertreiben. Vielleicht dient auch das Hassen dazu, den Jungen ihre natürlichen Feinde zu zeigen.

sie eine offensichtliche Nachahmung darstellen.

Verleiteposen sind auf das Instinktverhalten des Räubers gemünzt, denn sie nützen die bei jagenden Geschöpfen fast unwiderstehliche Versuchung, jedem behinderten flatternden Objekt nachzurennen und es zu fangen. Bei Hunden und Füchsen führt das Verleiten zum gewünschten Erfolg.

Das Abschrecken eines Angreifers

Bei Konfrontierung mit einem Räuber in nächster Nähe versuchen manche Vögel den Eindringling dadurch zu erschrecken, daß sie sich größer und auffälliger machen als sie sind, plötzliche Bewegungen ausführen oder laute bzw. unheimlich klingende Geräusche von sich geben. So drohen vor allem größere Vogelarten, wenn sie ihr Nest oder ihre Jungen verteidigen.

Von einem Triel berichtete man, daß er die Flügel ausbreitete, die auffälligen weißen Markierungen zeigte, die normalerweise verborgen sind, dann sämtliche Federn aufrichtete und nach oben hochsprang, um nach einem herabstürzenden Falken zu schlagen, der sich dann aus dem Staube machte. Ähnlich verhielt sich ein besonders kühner Säbelschnäbler: Als sich nämlich ein Mann näherte, stellte er sich laut schreiend über seine Eier und hielt dabei die Flügel über das Nest ausgestreckt.

Höckerschwäne sind bekannt dafür, daß sie ihre Nester schützen, dabei heftig zischen und oft mit ihren mächtigen Schwingen ausschlagen. Selbst eine junge Eule, die noch nicht fliegen kann, wird ihr Gefieder aufplustern und die Schwingen ausbreiten, den Angreifer mit ihrem großen, runden Gesicht aus weit aufgerissenen Augen anstarren und dabei angriffslustig mit dem Schnabel knakken.

Eine einzigartige und sehr wirkungsvolle Schau bieten Meisen, etwa Kohlmeisen, wenn sie während des Brütens im Inneren der Nisthöhle gestört werden. Sooft sie ein Kratzen am Eingang der Höhle hören, beginnen sie laut zu zischen und durch Flügelschlagen ein raschelndes Geräusch zu verursachen, so daß ein Räuber sofort eine verborgene Schlange oder vielleicht auch ein Wespennest im Innern der Höhle vermutet und sich davonmacht.

Der Übergang zum Angriff

Alle bisherigen Reaktionen gegenüber Raubtieren haben den eigentlichen körperlichen Angriff gemieden – selbst das Hassen ist nur eine gehemmte Form des Angriffs. Vögel greifen in der Regel nur die weniger gefährlichen Räuber an, bei denen sie eine Chance haben, sie zu verjagen. Es gibt jedoch einige Arten, die besonders kühn sind, wenn Feinde ihre Nester oder ihre Jungen bedrohen.

Eine Singvogelart, nämlich die Misteldrossel, fliegt auf plündernde Vögel und Säugetiere und gelegentlich sogar auf Menschen zu und greift sie an. In Kolonien lebende Seevögel wie Lachmöwen und Brandseeschwalben gehen im Sturzflug auf Bodenräuber wie Hunde, Füchse und auch Menschen los, zielen nach dem Kopf und hinterlassen oft blutende Wunden.

Watvögel greifen gewöhnlich Räuber nicht an, obgleich mehrere der größeren Arten wie der Austernfischer, der Säbelschnäbler und der Große Brachvogel drohende Angriffsflüge ausführen und herabstoßen, jedoch in letzter Sekunde wieder hochfliegen.

Verteidigung des Nestes Der Säbelschnäbler verteidigt sein Nest auf Sand- oder Schlickbänken gegen Überfälle durch Krähen und Lachmöwen, die auf der Suche nach Eiern sind. Wenn er aus nächster Nähe mit dem Räuber konfrontiert wird, greift er zur Einschüchterungstaktik, indem er sich über dem Nest aufrichtet, seinen Schwanz hochstellt, seine Schwingen ausbreitet, um deren auffallende schwarzweiße Markierungen zu zeigen, und dabei gleichzeitig herausfordernde Rufe ausstößt. Säbelschnäbler haben auch gegenüber Menschen die gleiche Drohhaltung eingenommen – und sogar Kühe und Pferde gehindert, auf das Nest zu treten.

Der Tüchtigste überlebt

GRENZEN DER SIEDLUNGSDICHTE

Für Vögel ist das Leben in der freien Natur ein dauernder Kampf ums Dasein. Der Hungertod und viele Feinde oder Unfälle bedrohen sie ihr ganzes Leben lang. Nur wer am tüchtigsten ist oder das meiste Glück hat, überlebt so lange, daß man von einem hohen Alter sprechen kann. Ohne diese Gefahren, die sie in Schach halten, wäre die Schar der Vögel unermeßlich groß. Sie bringen nämlich wesentlich mehr Junge hervor als überleben können. Die Möglichkeit, den Überschuß in neuen Wohngebieten unterzubringen, wie dies Eissturmvogel und Türkentaube durch Ausbreitung und Besetzung neuer Lebensräume vermochten, ist nur selten gegeben.

Aus zwei werden 120 Millionen

Ein Paar Kohlmeisen zum Beispiel hat 8–10 Eier im Gelege. Wenn sie regelmäßig 10 Eier legten und selbst mit allen Nachkommen überlebten, die dieselbe Anzahl Eier legten, dann gäbe es nach 10 Jahren – so alt kann eine Kohlmeise im äußersten Falle werden – 120 932 352 Kohlmeisen, die alle von einem Paar abstammen. Das geschieht schon deshalb nicht, weil es für alle diese Vögel nicht genug Futter gibt.

Nach der Brutzeit bringen die flüggen Jungen den Bestand einer Art auf eine Höchstzahl. Jeder Vogel muß also um so heftiger um seinen Anteil am vorhandenen Futter kämpfen. Wer dabei versagt, bleibt schwach und wird zur leichten Beute für Feinde. So bleibt der Bestand jeder Art von Jahr zu Jahr etwa gleich – natürlich nur so lange, wie die Futtermenge konstant bleibt und auch sonst kein Wechsel in der Umwelt stattfindet, etwa durch den Verlust eines Lebensraumes oder die Entdeckung eines neuen.

Magere und fette Zeiten

Die grundlegende Bedeutung der Nahrung und des Lebensraumes für die Bestandregulierung kann am besten gezeigt werden, wenn wir einen Blick auf die Lebensweise verschiedener Arten werfen.

In Mitteleuropa und anderen nördlichen Ländern bringen die langen Tage im Frühling und Sommer einen Überfluß an Insekten und Samen, und die Brutzeiten der meisten Vögel liegen so, daß sie daraus den größten Vorteil ziehen. Saatkrähen, Stare und Kiebitze nisten im April und Mai, wenn im Boden wohnendes Getier wie Regenwürmer und Insektenlarven, von denen diese Vögel leben, reichlich vorhanden ist.

Blätterfressende Raupen erreichen ihre größte Zahl Ende Mai und im Juni; und Vögel wie die Meisen legen ihre Eier Ende April oder Anfang Mai, damit ihre Jungen zu einer Zeit schlüpfen, in der es genug Raupen für sie zu fressen gibt.

Braunkehlchen und Grauschnäpper brüten im Hochsommer, wenn die meisten fliegenden Insekten erscheinen und ihnen und ihren Jungen als Futter dienen. Ungefähr zur gleichen Zeit reifen Grassamen, die samenfressende Vögel bis zum Herbst ernähren. Sie brüten auch meist noch später und haben längere Brutperioden als die Insektenfresser.

Das vielleicht treffendste Beispiel dafür, wie sich die Brutzeit nach den Nahrungsquellen einer Vogelart richtet, findet sich beim Fichtenkreuzschnabel, der Fichtensamen frißt, wenn sie reif sind, aber bevor sie im April zur Erde fallen. Er brütet hauptsächlich im Winter, von Januar bis April.

Aber auch in der Brutzeit, der Zeit des größten Futterangebots, kann die tatsächlich zur Verfügung stehende Menge höchst verschieden sein. Wenn schlechtes Wetter die Vögel um ihre Nahrung gebracht hat, verhungern die jungen Vögel – entweder im Nest, weil die Eltern kein Futter für sie finden, oder weil sie im Kampf um das vorhandene Futter unterliegen, wenn sie schon flügge sind. Selbst Altvögel sind dann gefährdet, wie Rauch- und Mehlschwalben, die bei kaltem regnerischen Wetter keine Insekten mehr fangen.

Auf der anderen Seite kann ein Sommer mit Nahrungsüberfluß viele Vögel zu einer größeren Zahl von Gelegen anregen. Amseln und Singdrosseln zum Beispiel haben dann oft vier oder sogar fünf Gelege, anstelle der normalen zwei oder drei.

Ausgedörrter Boden

Die Brutzeit mit ihren reichlichen Nahrungsvorräten bringt den Vogelbestand auf einen Gipfel, wenn die Jungvögel zu den noch lebenden älteren hinzukommen. Aber jetzt beginnen die Nahrungsvorräte zu schrumpfen. Vielleicht bringt die Hitze des Hochsommers Dürre mit sich, brennt den Boden steinhart und treibt die Regenwürmer von der harten Oberfläche hinunter in feuchtere Schichten, wo sie außer Reichweite eines Vogelschnabels sind.

Amseln und andere würmerfressende Arten gehen dann auf andere Nahrung wie Beeren oder Samen über. Etwa im September, wenn Regenfälle die Würmer wieder an die Oberfläche locken, kehren sie zu ihrer normalen Ernährung zurück. Normalerweise haben sie auch im Winter genug zu fressen, außer wenn der Boden gefroren ist. Körnerfresser wie der Grünling begegnen anderen Schwierigkeiten. Ihre gewöhnliche Nahrung ist im Sommer, wenn die Samen reifen, und im Frühherbst,

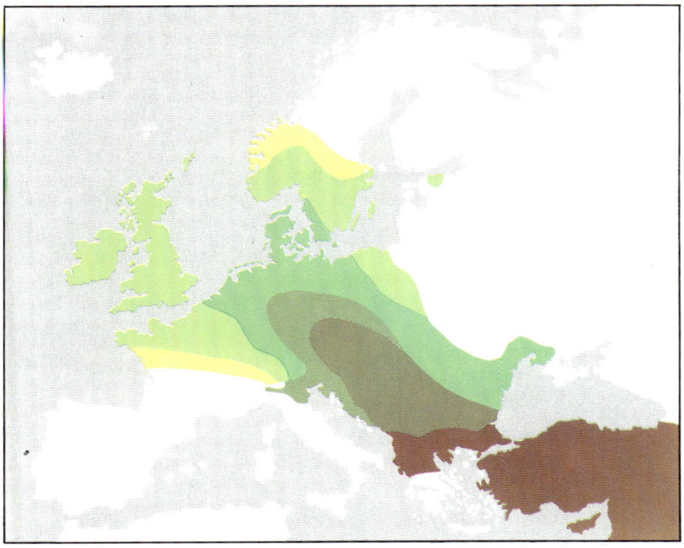

(Nach **Birds of the World**, Band 4, herausgegeben von John Gooders)

Die Ausbreitung der Türkentaube
Die Türkentaube, von den Bulgaren nach ihrem dreisilbigen Ruf lautmalerisch *Gugutka* und von den Türken *Kumru* genannt, hat sich innerhalb von nur vier Jahrzehnten von der Balkanhalbinsel aus über ganz Mitteleuropa bis zu den Britischen Inseln, Westfrankreich und Schweden verbreitet. Sie ist heute fast überall häufig und mancherorts einer der zahlreichsten und auffälligsten Vögel.

Da sie sich vornehmlich in Dörfern und Städten ansiedelte, wurde dieser überwältigende Siegeszug einer Taube nicht nur von Ornithologen, sondern auch von vielen weniger naturverbundenen Menschen mit Staunen verfolgt.

Ausbreitung bis:

1930 1938 1945

1955 1965 1970

wenn sie von den Pflanzen ausgesät werden, im Überfluß vorhanden. Bis zum Winteranfang liegen noch genug Samen am Boden, die die Vögel aufpicken können. Aber im tiefen Winter werden sie knapp und im Schnee sind sie schwer zu finden – das ist die schlimmste Jahreszeit für diese Vögel. Wenn das Futterangebot abnimmt, muß der einzelne Vogel mit anderen um sein Futter kämpfen, und je weiter die Vorräte zurückgehen, desto heftiger wird die Konkurrenz.

In diesem Kampf ums Überleben haben die Älteren größere Vorteile. Sie haben schon mindestens eine Notzeit hinter sich und wissen, wie man sie durchsteht. Sie kennen die Stellen, an denen die Futtersuche lohnt. Sie sind meistens größer und kräftiger als die Jungvögel, so daß sie gewöhnlich im Kampf die Oberhand behalten. Das bedeutet, daß die Opfer solcher Notzeiten gewöhnlich Jungvögel sind.

Von der zahlreichsten Bevölkerung am Ende jeder Brutzeit nimmt der Bestand so lange ab, bis gerade so viele Vögel übrigbleiben, wie von der vorhandenen Nahrung leben können. Der Anteil der Jungvögel an dieser verminderten Zahl hängt von der Lücke ab, die durch den Tod der alten Tiere alljährlich entsteht.

Obwohl die Brutzeit meist keine Ernährungsprobleme mit sich bringt, kann sie für ausgewachsene Vögel doch gefährlich sein. Beispielsweise steigt die Sterblichkeitsziffer für ausgewachsene Stare während der Zeit, in der sie Junge zu versorgen haben. Sie müssen für ihre Jungen so schnell wie möglich Futter herbeischaffen und gehen dabei größere Risiken ein, so daß sie oft Feinden zum Opfer fallen. Auch Wasservögel sind stärker durch Feinde gefährdet, wenn sie zum Brutgeschäft ans ungewohnte Land kommen. Sie suchen deshalb lieber entlegene Inseln oder schwer zugängliche Plätze zum Nisten auf.

Der mageren Jahreszeit weichen viele Vögel dadurch aus, daß sie fortziehen, wenn ihre Futterquellen in einem Gebiet versiegen. Reine Insektenfresser wie Mauersegler, Rauchschwalben und Mehlschwalben, die in Mitteleuropa brüten und in den Tropen überwintern, nutzen das zu verschiedenen Jahreszeiten vorrätige Futter in den verschiedenen Teilen der Welt. Sie werden durch Futterknappheit aus ihren Sommerresidenzen vertrieben, und sie können in ihren Winterquartieren nicht brüten, weil die dortigen Futtervorräte den erhöhten Anforderungen der Brutzeit sowohl der Zugvögel als auch der eingesessenen Vögel nicht genügen.

Oft entfliehen Jungvögel dem hoffnungslosen Wettkampf mit den ausgewachsenen Tieren durch teilweise Abwanderung zu anderen Nahrungsplätzen. Ein großer Teil der Ringeltauben Mitteleuropas wandert beispielsweise im Winter nach Portugal, Spanien und den angrenzenden französischen Provinzen. Diejenigen, die zu Hause bleiben, leiden im Januar, Februar und März, wenn der Frost das Wachstum von Klee und Gras verhindert und die Grassamen und Getreidekörner noch nicht reif sind, unter Nahrungsmangel, der sich katastrophal auswirken kann, wenn alle Felder lange Zeit tief verschneit sind.

Die Lebenserwartung

Das erste Lebensjahr ist für einen Vogel das gefährlichste. Die Anzahl der geschlüpften Jungvögel ist gewöhnlich viel zu hoch, als daß sie alle die Mangelzeit überleben könnten. Aber ist ein Vogel erst einmal ausgewachsen, dann bleibt das Lebensrisiko über die nächsten Jahre ziemlich gleich. Mit der ersten Hungersnot hat er die erste große Klippe im Leben hinter sich gebracht und kann mit anderen älteren Vögeln unter gleichen Bedingungen konkurrieren.

Die jährliche Sterblichkeitsziffer für Altvögel und die weitere Lebenserwartung bleiben mehr oder weniger konstant. Die Sterblichkeitsrate ist immer noch hoch, und wenige Vögel erreichen das Höchstalter, das man von ihren in Gefangenschaft gehaltenen und geschützten Artgenossen kennt.

Große Vögel wie der Fischreiher haben geringere Gefahren von natürlichen Feinden zu gewärtigen als kleine Vögel wie das Rot-

WIE LANGE SIE LEBEN

Art	Mauersegler	Silbermöwe	Fischreiher	Ringeltaube	Waldschnepfe	Amsel	Star	Rotkehlchen	Stockente
Jährliche Sterblichkeitsrate des Bestandes (in Prozent)	18	30	31	36	37	42	52	62	65
Mittlere Lebenserwartung eines Altvogels (in Jahren)	5,6	2,8	2,7	2,3	2,2	1,9	1,4	1,1	1,2
In der Natur beobachtetes Höchstalter (in Jahren)	17	28	20	21	12	9	16	11	16

kehlchen und leben im allgemeinen länger. Hohe Sterblichkeitsziffern für Altvögel findet man gewöhnlich bei Arten, die eine zahlreiche Nachkommenschaft haben, weil die Jungvögel, bevor sie sterben, einiges von dem Futter fressen, das sonst ihren Eltern zugute gekommen wäre. Blaumeisen haben in Großbritannien durchschnittlich 11,6 Eier in einem Gelege und eine Sterblichkeitsrate von 73 %, auf den Kanarischen Inseln hingegen besteht ein Gelege aus durchschnittlich 4,3 Eiern und die Sterblichkeitsrate beträgt nur 36 %.

Bei der Ringeltaube und der Hohltaube ist die Sterblichkeitsrate bei Altvögeln gleich, obwohl die Hohltaube fast doppelt soviel Junge hat wie die Ringeltaube. Aber diese höhere Geburtenziffer wird durch die höhere Jugendsterblichkeit der Hohltaube ausgeglichen.

Viele Zugvögel leiden unter einer höheren Sterblichkeit als nahe verwandte Arten, die Standvögel sind. Abgesehen von den Unfallgefahren auf den langen Flügen über Meere, Gebirge und Wüsten, müssen Zugvögel mit fremden Umgebungen fertigwerden, und besonders die Jungen kommen oft in den ihnen noch unbekannten Gefahren um.

Für Vögel ist es immer vorteilhaft, das ganze Leben in einem kleinen Gebiet zu verbringen, wo sie die besten Futterplätze und die besten Verstecke gegen plötzlich auftauchende Gefahren kennen. Nur wenn diese Vorteile durch andere Faktoren, wie Mangel an Futter, aufgehoben werden, ziehen sie fort.

Krankheit, Feinde und Unfälle

Es ist also hauptsächlich Hunger, der den Bestand in Grenzen hält, aber es gibt auch andere Faktoren.

Krankheiten können zum Beispiel unter einem sehr dichten Bestand schrecklich wüten. Es überrascht allerdings, daß Vögel, die ja unter Gefiederparasiten leiden, so selten von Epidemien heimgesucht werden. Als in den fünfziger Jahren der in Südafrika überwinternde Bestand der Flußseeschwalbe von einer Epidemie dezimiert wurde, war das einer der bemerkenswertesten Fälle.

Bedrohlicher sind Krankheiten, von deren die jeweilige Hauptnahrung befallen wird. Die Ausbreitung der Myxomatose, die Mitte der fünfziger Jahre Millionen von Kaninchen tötete, hatte auch eine verheerende Auswirkung auf die Anzahl der Greifvögel, deren wichtigste Beutetiere Kaninchen sind. Der Rückgang und das gänzliche Verschwinden des Uhus in der Eifel mögen durch die Myxomatose der Kaninchen mit verursacht sein. Auf ganz ähnliche Weise führte Anfang dieses Jahrhunderts eine Epidemie, die eine besondere Seegrasart in der Nordsee vernichtete, zu einer katastrophalen Abnahme der Ringelgänse, die fast ausschließlich auf diese Pflanze als Winternahrung angewiesen sind.

Greifvögel, Eulen und vogelfressende Säugetiere wie Füchse und Marder ziehen dorthin, wo eine wachsende Vogeldichte die Jagd erleichtert. Aber die Verluste durch Krankheiten und Feinde hängen letzten Endes doch wieder von der Ernährungslage der Vögel ab, da die schwächeren Tiere zuerst sterben oder von Räubern geholt werden.

Auch Unfälle fordern ihren Tribut. In ziehenden Schwärmen können Hunderte von Vögeln durch Stürme auf See umkommen oder wenn sie im Dunkeln gegen Leuchttürme, Drähte und ähnliche Hindernisse stoßen.

Dennoch verringern solche Unfälle kaum die Zahl der Vögel, die bis zur nächsten Brutzeit überleben, denn alle, die eines zufälligen Todes sterben, hinterlassen eine Lücke im Bestand, und das Futter, das sie gefressen hätten, bleibt nun anderen Artgenossen, die vielleicht sonst verhungert wären.

Vögel auf dem Vormarsch

Die Vogelzahl kann infolge sinkender Sterblichkeit beträchtlich ansteigen, wenn eine Art neue Nahrungsgründe findet. Die Türkentaube beispielsweise erreichte bei ihrem stürmischen Vordringen, das sie innerhalb von 40 Jahren quer durch ganz Europa führte, Großbritannien erstmalig im Jahre 1952; 1964 siedelten über 19 000 auf den Britischen Inseln. Auch die Bestände einiger Wasservögel wachsen, zum Teil weil sie sich von den Verlusten erholen, die sie um die Jahrhundertwende erlitten, als man sie wegen ihres Fleisches und ihrer Federn jagte. Hauptsächlich aber liegt es daran, daß die aufblühende Fischindustrie sie mit Futter versorgt: mit über Bord geworfenen Abfällen.

Nachdem sich nach dem Kriege zunächst einige Arten in den zerbombten und anschließend verwilderten Städten als Ruinenvögel ausbreiten konnten, half anderen Arten die Konjunktur der Nachkriegszeit. Die Kiesgruben, die mit steigender Nachfrage nach Baumaterial angelegt wurden, und rekultivierte Braunkohleabbaugebiete im Rheinland bildeten neue, von Menschenhand geschaffene Siedlungsstätten für Haubentaucher, Sturmmöwen und andere Wasservögel.

Erst wenn diese sich ausbreitenden Arten Futterreserven und Lebensraum ihrer neuen Heimat voll ausgenutzt haben, kommen die Faktoren, die einen Vogelbestand auf gleichbleibender Höhe halten, wieder voll zur Geltung.

Die Vögel und der Mensch

Seit eh und je und überall haben Vögel durch die Farbenpracht ihrer Federn, die Anmut ihres Fluges und den Wohllaut ihres Gesanges den Menschen entzückt. Als nützliche Haustiere oder unterhaltsame Stubenvögel sind sie seine Vertrauten geworden. Und dennoch wurden Vögel oft erbarmungslos verfolgt und werden es in manchen Ländern noch immer. Bis zu Beginn unseres Jahrhunderts zahlte man selbst in Mitteleuropa Prämien für den Abschuß sogenannter schädlicher Vögel. Doch inzwischen hat sich die Einsicht durchgesetzt, daß Vögel aller Arten es wert sind, erhalten zu werden – um ihrer selbst willen.

INHALT

Wie man unseren Vögeln helfen kann

EINE GANZJÄHRIGE QUELLE DER FREUDE

Die Verödung der Landschaft, die Eintönigkeit der Städte hat mehr und mehr dazu geführt, daß wenige Vogelarten wie Haussperling, Amsel, Tauben überall in großer Zahl vorkommen, während viele andere Arten immer seltener werden. Das muß nicht so sein. Wir können durch gezielte Maßnahmen die Vielfalt vergrößern und seltene Arten in unsere Umgebung zurückholen.

Die meisten Vogelarten sind – wenn man sie nicht verfolgt – sehr zutraulich, so daß es wenig bedarf, ihre Scheu zu überwinden. Wenn Klappergrasmücke oder Gartenrotschwanz in unserem Garten nisten oder Kohlmeise und Rotkehlchen im Winter zur Fütterung kommen, erkennt man bald, wie vertraut ihnen die Menschen werden. Anfassen lassen sich Vögel allerdings nicht gerne – und eine Katze im Garten ist nie eine gute Gesellschafterin für Vögel.

Man kann natürlich nicht jeden beliebigen Vogel durch gezielte Umweltgestaltung in den Garten oder an das Haus locken. Eine Rohrdommel brütet eben nicht an einem Gartenteich mit einigen Schilfhalmen, und der Storch braucht nicht nur ein Rad auf dem Dach. Doch innerhalb der gegebenen Grenzen kann man schöne Erfolge erzielen und mitunter auch große Überraschungen erleben.

So passiert es zum Beispiel, daß Tannenmeisen im Garten eines Stuttgarter Vorortes in der Höhle einer Lärche brüten, obgleich diese der einzige Nadelbaum weit und breit ist.

Kann man Vögeln das Brüten erleichtern?

Vögel haben sich nicht nur die verschiedensten Lebensräume erschlossen, sondern sich auch auf bestimmte Brutplätze und Nistweisen spezialisiert. Es gibt deshalb kein Patentrezept, mit dessen Hilfe man alle möglichen Vogelarten in gleicher Weise zum Brüten in unserer Nachbarschaft anreizen kann. Je vielgestaltiger der Lebensraum ist, den wir anbieten, desto vielfältiger ist natürlich auch seine Vogelwelt.

Ausgesprochene Bodenbrüter – wie Pieper und Schmätzer – werden wir im Garten kaum gezielt ansiedeln können. Sie brauchen für ihre Sicherheit weite Flächen mit kurzem Bodenbewuchs und gutem Überblick, den ein Garten kaum zu bieten vermag. Auch spielt die Katze als Räuber von Bodenbrütern in unseren Gärten eine zu gewichtige Rolle. Dagegen finden sie an Feldrainen, am Fuß von Hecken und auf Ödländereien gute Nistbedingungen. Wenn allerdings derartige Flächen im Spätwinter abgebrannt werden, gehen die Nistplätze vollständig verloren.

Vögel im Garten

Für Gebüschbrüter eignen sich dagegen Gärten sehr. Unter ihnen sind mit die besten Sänger wie Grasmücken, Zaunkönig, Heckenbraunelle, Rotkehlchen, Hänfling, Gimpel und Goldammer – sie alle stellen beim Nisten recht ähnliche Ansprüche. Und es ist nicht schwierig, geeignete Nistplätze zu schaffen: einen dichten Stachelbeerstrauch für die Klappergrasmücke, einen Wacholder für den Hänfling, ein Stück Hainbuchenhecke für die Goldammer und die Mönchsgrasmücke und eine Waldrebe für die Gartengrasmücke.

Die Nistgelegenheiten müssen den Vögeln nur ausreichenden Sichtschutz liefern. Dazu pflanzt man am besten dichtwachsende Büsche an oder schneidet Büsche ständig zurück, damit sie gedrungener wachsen. Ein einfacher Versuch kann uns das zeigen.

Man pflanzt eine Waldrebe, zum Beispiel *Clematis alpina,* die zudem noch hübsche blaue Glockenblüten hat, an einen Rosenstrauch. In zwei Jahren hat sie im Strauch einen dichten Knäuel gebildet, in dem sicher bald Klappergrasmücke oder Hänfling, Mönchsgrasmücke oder Grünling nisten.

Den Brutvögeln der hohen Gebüsche und der Obstbäume wie Buchfink und Stieglitz, Pirol und den Würgern bietet man am ehesten eine Heimstatt, wenn man die Pflanzen sich selbst überläßt; durch Ausschneiden der Bäume, Niedersägen der Holunderbüsche nimmt man den Arten die notwendige Dekkung, und ihre Jungen werden dann zu leicht ein Raub der Krähen und Elstern.

Hilfe für Höhlenbrüter

Manche Vögel wollen aber in den eigenen vier Wänden eine Familie gründen. Sie brauchen eine Höhlung, in der ihre Jungen sicher vor Feinden flügge werden können.

Da gibt es Benutzer von geschlossenen Höhlen mit winzigem und mit großem Einflugloch, von halboffenen Höhlen und von Nischen. Einige Arten bauen sich diese Höhlen selbst, andere sind auf fremde Baumeister angewiesen.

Unter diesen Höhlenbrütern schätzen wir viele, weil wir sie für besonders nützlich halten: die Meisen und den Kleiber, Spechte und Baumläufer, Schwalben und Segler, Fliegenschnäpper, Rotschwänze, Zaunkönig und Rotkehlchen.

Nicht allen können wir helfen, so bauen

NISTHILFEN FÜR HÖHLENBRÜTER

Vogelart	Höhlenmaße Grundfläche in cm	Tiefe unter Einflug-loch in cm	Form des Einflug-loches	geringster Durch-messer in mm	Aufhänge-höhe über dem Erdboden in m	Bemerkungen
Kohlmeise	ab 10 x 10	ab 15	rund	30	ab 2,5	in Laubgehölzen
Blaumeise	10 x 10	bis 15	rund	26	über 4	in Laubgehölzen
Sumpfmeise	bis 8 x 8	15	rund	26	bis 2,5	in Laubgehölzen
Tannenmeise	10 x 10	bis 15	rund	26	ab 2,5	in Nadelgehölzen
Kleiber	ab 12 x 12	ab 15	rund	30	ab 2,5	in Laubgehölzen
Wendehals	ab 12 x 12	ab 15	rund	32	ab 2,5	offene Parklandschaft mit Laubgehölzen
Gartenbaumläufer	10 x 10	10	senkrech-ter Spalt	18	ab 2,5	offene Parklandschaft über-wiegend mit Laubgehölzen
Waldbaumläufer	10 x 10	10	senkrech-ter Spalt	18	ab 2,5	in Nadelgehölzen
Halsbandschnäpper	ab 10 x 10	ab 10	rund	ab 30	ab 2,5	offene Parklandschaft mit Laubgehölzen
Trauerschnäpper	ab 10 x 10	ab 10	rund	ab 30	ab 2,5	in Laubgehölzen
Star	ab 15 x 15	20	rund	45	ab 2,5	sollte nicht gefördert werden
Gartenrotschwanz	ab 10 x 10	15	beliebig	ab 45	ab 2,5	offene Parklandschaft
Hausrotschwanz	ab 10 x 10	10	–	sehr weit	ab 2,5	Halbhöhle, an Gebäuden
Grauschnäpper	ab 10 x 10	10	–	sehr weit	ab 2,5	Halbhöhle, an Gebäuden und in offener Parklandschaft
Bachstelze	ab 10 x 10	10	–	sehr weit	0–5	an Gebäuden, unter Brücken
Rotkehlchen	ab 10 x 10	0–10	–	sehr weit	unter 1	in Laubgehölzen, Gärten
Zaunkönig	ab 10 x 10	0–10	beliebig	beliebig	0–5	sehr variabel in seinen Ansprüchen, in Laub- und Nadelgehölzen
Wasseramsel	ab 15 x 15	0– 5	sehr weit oder Einflug von unten		–	an klaren, fließenden Bachläufen und Flüssen, unter Brücken und Überhängen
Mauersegler	ab 15 x 15	0	–	ab 45	ab 5	an Gebäuden, sehr tiefe Höhlung
Waldkauz	ab 25 x 25	10–40	rund	110	ab 2,5	sollte nicht gefördert werden; Torfmull am Boden
Steinkauz	ab 10 x 10	–	rund	60	ab 2,5	unter starke, waagerechte Äste gebundene Röhren (mind. 80 cm lang), Torfmull am Boden
Schleiereule	100 x 40 x 40	15	beliebig	150 x 150	ab 3	in Scheunen, Türmen; Einflugloch an einem Ende des Kastens; Torfmull am Boden
Rauchschwalbe	10 x 10	6	–	–	ab 2,5	in Ställen, oben offenes Nest
Mehlschwalbe	10 x 10	7	quer, schlitz-förmig	20	ab 2,5	unter vorspringenden Dächern; geschlossenes, napfförmiges Nest

Zusammengestellt von Dr. G. Rheinwald nach Untersuchungen von Dr. H. Löhrl von der Vogelwarte Radolfzell

Uferschwalbe, Eisvogel und die Spechte im allgemeinen ihre Höhlen selbst, und man muß schon sehr viel von der Lebensweise dieser Arten wissen, will man ihnen sinnvoll helfen.

Doch anderen Höhlenbrütern kann man oft mit wenig Aufwand viel nützliche Hilfe leisten. Einen Nistkasten zu bauen macht Freude und kann die Vögel davor bewahren, in einem ungeeigneten Unterschlupf ihre Jungen aufziehen zu müssen, wo sie durch Nässe, Hitze oder Feinde nur allzusehr bedroht sind.

Denn darüber müssen wir uns im klaren sein: nahezu alle Vögel versuchen irgendwo zu brüten – in einer Regenrinne, einem ausgefaulten Astloch oder einem Briefkasten –, nur gelingt es ihnen unter so ungünstigen Bedingungen selten, ihre Jungen dann wirklich zum Ausfliegen zu bringen. Deshalb sollten angebotene Nisthöhlen den Ansprüchen der betreffenden Art auch weitgehend entsprechen.

Die meisten Vögel sind jedoch in ihren Bedürfnissen nicht so extrem spezialisiert, als daß nicht im gleichen Kastentyp oft die verschiedensten Vögel brüten.

Nistkästen kann man selbst bauen, und in einigen Fällen – wie bei der Schleiereule – gibt es gar keinen anderen Weg. Dem Selbstbau sollte man immer dann den Vorzug geben, wenn man Kinder und Jugendliche dem Vogelschutz näher bringen möchte.

Selbstgebaute Nistkästen haben aber einige Nachteile: Sie sind meist nicht wetterfest und gehen schon nach ein oder zwei Jahren während der Brutzeit zu Bruch oder werden so morsch, daß Specht, Katze oder Krähe an die Jungen kommen. Ferner muß man sie für die Reinigung im Herbst öffnen können.

Aus diesen und anderen Gründen haben sich die käuflichen Nistkästen mehr und

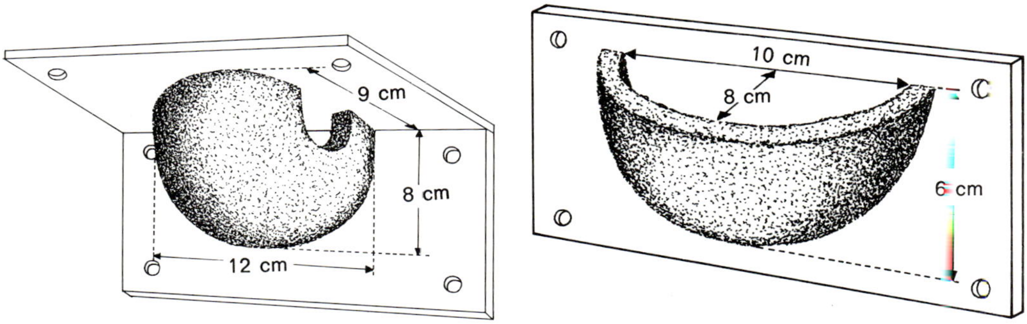

Kunstnester für Schwalben Am besten fertigt man eine Viertelkugel nach den Innenmaßen der Nester aus Polystyrol und befestigt diese lose auf einem Brett. Man trägt die Holzbetonmischung (1 Teil Zement, etwa 2 Teile Sand und 2 Teile Sägemehl) in einer 1 cm starken Schicht auf und entfernt die Viertelkugel nach dem Hartwerden. Für die Mehlschwalben raspelt man anschließend das Flugloch aus und nagelt das noch feuchte Nest auf ein passendes Brett. Die Rauchschwalbennester müssen stets unter einer Decke so angebracht werden, daß ein Zwischenraum von 5 bis 10 cm bleibt.

Spatzensicheres Futtersilo Das Dach kann weggeklappt und das Silo von oben nachgefüllt werden. Die Meisen müssen von unten einfliegen und die Kerne aus der Rinne nehmen. Diese rutschen von selbst nach. Die Seitenwände bestehen in der unteren Hälfte aus Glas, so daß der Füllungsgrad direkt sichtbar ist. Wenn das Haus einen wetterfesten Anstrich und eine Bedeckung mit Teerpappe hat, ist das Futter unbegrenzt haltbar.

Am Drahtbügel wird das Silo an einem starken Ast aufgehängt, so daß das Futter vor Mäusen und Eichhörnchen sicher ist und die Vögel von Katzen nicht überrascht werden können. Dieses Futtersilo kann man selbst bauen oder auch durch Fachgeschäfte beziehen.

Da es selbst für die findigen Meisen schwierig ist, den Zugang zum Futter zu finden, hängt man zunächst eine ungesalzene Speckschwarte von unten in das Häuschen. Die Meisen entdecken dann beim Fressen am Speck die Sonnenblumenkerne. Wenn eine Meise den Weg gefunden hat, lernen es sofort alle anderen Meisen, Kleiber und Spechte.

---

mehr durchgesetzt. Sie sind gut durchdacht, stabil, durch einen einfachen Mechanismus zu öffnen, weitgehend sicher gegen Nestplünderer und ausreichend gegen Kälte und Nässe isoliert. Die im allgemeinen aus Holzbeton gefertigten Nisthöhlen sind zudem preiswert und werden von den Vögeln sehr gerne angenommen.

Die massenhafte Ansiedlung bestimmter Arten ist oft später von Nachteil. Selbst Vögel wie die Kohlmeise, die zur Aufzuchtzeit ihrer Jungen als Raupenvertilger so gerne gesehen ist, können zur Erntezeit zur Plage werden, wenn sie alle Früchte anhacken. Da solche Entgleisungen bei Überbevölkerung verstärkt auftreten, ist es sicher ratsam, eher viele Arten in jeweils geringerer Zahl sich ansiedeln zu lassen. Eine Ausnahme von dieser Regel machen die Schwalben.

Schwalben am Haus

Rauch- und Mehlschwalbe gehören von jeher zu den Mitbewohnern menschlicher Siedlungen. In den letzten 100 Jahren haben aber beide rapide abgenommen, und nur mit gezielten Maßnahmen können wir verhindern, daß sie bei uns aussterben. Für die Rauchschwalben läßt sich im Augenblick ohnehin nur wenig tun, da sie vor allem in kleinen Viehställen brüten, die durch Umstellungen in der Landwirtschaft mehr und mehr verschwinden. Wir können ihnen wenigstens künstliche Nestschalen zur Verfügung stellen, denn auf den überwiegend asphaltierten Feldwegen finden sie kaum mehr genügend feuchten Lehm für den Bau ihrer Nester.

Besser sind die Erfolgsaussichten bei den Mehlschwalben, die in geschlossenen Nestern unter dem Dach brüten. Das Dach soll 30 bis 120 cm weit vorgezogen und mindestens 3 m, besser 5 m vom Erdboden entfernt sein und mit der senkrechten Wand einen Winkel von 45°–90° bilden. Der Anflug soll nicht durch Bäume oder andere Gebäude verstellt, der Wandverputz möglichst rauh und hell sein, und es dürfen sich keine Spalten und Löcher in der Wand befinden. Wenn wir an einem solchen Platz ein Mehlschwalbenkunstnest anbringen, dann können wir sicher sein, daß es in ein bis zwei Jahren auch besetzt sein wird. Wie sich nach rund 20jährigen Versuchen gezeigt hat, nehmen Mehlschwalben überall dort, wo Kunstnester in größerer Zahl geboten wurden, nicht mehr ab, sondern im Gegenteil zu.

Viele Hausbesitzer stoßen sich an dem Schmutz, den vor allem junge Mehlschwalben während der Brutzeit am Haus hinterlassen. Der Kot trifft teilweise die Hauswand und sammelt sich als häßlicher Fleck unter dem Nest. Oft werden die Nester dann gerade zur Brutzeit herabgestoßen. Es ist eine Kleinigkeit, diese Belästigung zu vermeiden. Man bringt dazu 40 cm unter dem Nest ein etwa 20 cm breites Brett an. Das stört niemanden und fängt den Schmutz auf.

Massenvögel

Wir werden aber auch erleben, daß Vögel unsere Gärten und unsere Umgebung besuchen, die uns weniger willkommen sind, Haussperlinge zum Beispiel. Man kann sie kurzhalten, indem man die Ritzen und Nischen, in denen sie bauen wollen, zunächst verschließt und erst wieder öffnet, wenn die Zugvögel eintreffen. Außerdem sollte man durch herumliegendes Futter ihre Anwesenheit nicht fördern.

Der Feldsperling bezieht gerne die Meisenkästen. Wenn man ihn daraus nicht entfernt, so hat man bald in allen Nisthöhlen nur noch diese eine Vogelart.

Die Amsel erfreut uns im Frühling mit ihrem schönen Gesang, und niemand wird sie missen wollen – sie kann aber auch zur Plage werden. Man wird daher gut daran tun, ihre ohnehin starke Vermehrung nicht noch durch Fütterung im Winter zu fördern. Ähnliches gilt für den Star, dem man deswegen nicht zusätzliche Nistgelegenheit anbieten sollte.

Wir müssen stets im Auge behalten, daß sich seltenere Vögel kaum ansiedeln können, wenn solche massenhaft auftretenden Vögel sich übermäßig vermehren.

Natürliche Futterquellen

Vögel benötigen zum erfolgreichen Brüten nicht nur einen geeigneten Platz, sondern natürlich auch Futter. Wir sollten uns daher Gedanken machen, ob unser Bestreben, Vögel in unsere Umgebung zu locken, für sie und ihren Nachwuchs nicht zur tödlichen Bedrohung wird.

Was nützt es, wenn wir der Kohlmeise einen Kasten aufhängen, rings umher aber alle Bäume mit Insektiziden behandeln? Die Meise baut zwar ein Nest und brütet ihre Eier aus, die Jungen kann sie aber nicht aufziehen, weil es an geeigneter Nahrung fehlt. Sonnenblumenkerne oder ähnliches Futter sind bei der Jungenaufzucht kein Ersatz für Insekten.

Wer einen Garten besitzt, hat verschiedene Möglichkeiten, den Speisezettel seiner gefiederten Gäste zu bereichern. Er sollte abgeblühte Stauden nicht unmittelbar nach der Blüte herunterschneiden und auch bei der Auswahl der Blumen etwas Rücksicht auf die Vögel nehmen.

Sonnenblumen sind nicht nur eine Zierde – sie liefern mit ihren reifen Fruchtdolden einem Heer von Vögeln eine beliebte Futterquelle. Das gleiche gilt für Rudbeckie und Mohn. Eine ganze Reihe von Unkräutern ist der Schrecken des Gartenliebhabers – aber viele von ihnen stellen beliebte Futterpflanzen für Vögel dar: Gänsedistel, Löwenzahn, Vogelknöterich und andere. Weniger problematisch als die Unkräuter sind viele Ziersträucher, deren Beerenschmuck die Grasmücken und Drosselvögel zum willkommenen Schmaus einladen.

Nutzen und Schaden künstlicher Futterstellen

Will man jugendlichen, kranken oder sehr alten Menschen eine besondere Freude machen, dann richte man im Winter eine Vogelfutterstelle in der Nähe ihres Fensters ein. Die Vögel haben diesen Platz bald entdeckt, und der rege Betrieb bei einer solchen Fütterung fesselt alt und jung.

Ärzte empfehlen Vogelfütterung und sogenannte Vogellehrpfade als Therapie für Kranke, weil diese über der Beobachtung des Vogellebens ihre eigene Krankheit vergessen. Kindern ist anhand des Futterplatzes am leichtesten ein Naturerlebnis zu bereiten. Der pädagogische Nutzen einer Futterstelle ist unbestritten.

Wie sieht es dagegen mit dem Nutzen für die Vögel aus? Tun wir ihnen etwas Gutes? Bei normalem Herbst-, Winter- oder Frühlingswetter mit Regen, leichtem Frost, etwas Schnee und Temperaturen bis – 5° C leiden die bei uns heimischen Standvögel nicht; sie haben sich durch einen jahrtausendelangen Ausleseprozeß diesen Verhältnissen angepaßt.

Eine Winterfütterung, bei der diese Vögel unentwegt einen gedeckten Tisch finden, führt nur dazu, daß auch die weniger lebensfähigen unter ihnen, die sonst umgekommen wären, sich im nächsten Jahr fortpflanzen. Wir greifen mit einer intensiven Fütterung in den natürlichen Entwicklungsprozeß der Wintergäste ein – und zwar nicht zu ihrem Vorteil.

Außerdem begünstigen wir durch eine Winterfütterung eine kleine Auswahl von Arten – Haussperling, Grünling, Kohlmeise – während viele andere nur bei extremen Verhältnissen zu unseren Futterplätzen finden.

Der Beerenschmuck vieler Ziersträucher bietet Grasmücken, Fliegenschnäppern, Rotkehlchen und den Drosseln willkommenen Schmaus. Von den vielen möglichen Pflanzen seien erwähnt: Hartriegel (Cornus), Heckenkirsche (Lonicera), Roter und Blauer Holunder (Sambucus racemosa und nigra), Schneeball (Viburnum opulus), Vogelbeere (Sorbus), Weißdorn (Crataegus), Wilde Alpenjohannisbeere (Ribes alpinum) und die verschiedenen Zwergmispeln (Cotoneaster).

Ein ganz gewichtiger Grund gegen die lang andauernde Fütterung ist außerdem die Seuchengefahr. Es häufen sich die Fälle, daß an stark besuchten Futterplätzen, die seit langer Zeit im Betrieb sind, gewisse Arten in Massen zugrunde gehen, insbesondere Gimpel, Goldammer, Grünling und Buchfink. Die Untersuchung der Tiere ergab übereinstimmend, daß hier, durch den Kot der Tiere übertragen, eine Typhusepidemie ausgebrochen war. Solche Futterplatz-Salmonellenvergiftungen treten heute bereits recht häufig auf.

Besonders verhängnisvoll sind solche Fütterungen, die bereits im September beginnen und im Mai immer noch nicht zu Ende sind. Die Vögel – besonders die Kohlmeisen – hören auf, selbständig nach Nahrung zu suchen und versuchen sogar ihre Jungen mit dem Futter aufzuziehen, das am leichtesten zu erreichen ist. Junge Kohlmeisen, die mit Erdnüssen oder Sonnenblumenkernen gefüttert wurden, lernen nicht fliegen und gehen zugrunde.

Dürfen wir dann gar nicht füttern? Doch – in Maßen. Seien wir uns jedoch darüber im klaren, daß wir bei gemäßigten Temperaturen nicht den Vögeln, sondern vielmehr uns selbst damit eine Freude machen. Wenn es aber Stein und Bein friert oder ein Eisregen alle Zweige mit einem undurchdringlichen Eispanzer überzogen hat oder der Rauhreif alle Bäume in ein weißes Kleid hüllt, in dem sich kein Vogel bewegen kann – dann, ja dann ist es Zeit zu helfen, denn jetzt herrscht Not! Nun sollte man wirklich intensiv füttern und nicht nur ein paar Körnchen auf das Fensterbrett streuen. Auf einer schneefreien Fläche, zum Beispiel unter einem dichten Nadelbaum im Wald, darf man nun getrost 5 kg Sonnenblumenkerne oder Hanfsaat ausstreuen.

Will man besonders den Meisen, Kleibern und den Spechten helfen, dann empfiehlt sich ein Futterhaus, wie es im Bild gezeigt ist.

Als Winterfutter für alle Meisen, aber auch Rotkehlchen, Zaunkönig, Heckenbraunelle und die Körnerfresser hat sich das Fett-Kleie-Gemisch besonders bewährt: Man läßt Fettreste aus, darunter auch etwas Rindertalg; in das noch warme Fett rührt man so lange Weizenkleie, bis das gesamte Fett gebunden ist. Die warme, streichbare Masse verteilt man in halbe Kokosnußschalen, Blumentöpfe oder gespaltene Bambusrohre, die man für die Meisen kopfunter aufhängt. Die kalte Masse kann man auch zerkrümeln und so den übrigen Vögeln bei Bedarf vorwerfen.

Bei extrem kaltem Wetter sollte man aber besonders die Greifvögel nicht vergessen. Ein paar Kilogramm ungesalzener Fleischabfälle vom Schlachthof legt man an einer gut einsehbaren Stelle so aus, daß kein Raubzeug sie erreichen kann. Damit hilft man vielen Tieren über die schlimmste Zeit hinweg, besonders Mäusebussard, Rauhfußbussard und überwinternden Milanen; selbst Eulen sollen diese Plätze gelegentlich aufsuchen.

Bei hartem Winterwetter kann man gar nicht genug tun, und mit etwas Phantasie und Einfühlungsvermögen gelingt es, selbst Arten wie Baumläufer, Zaunkönig, Eisvogel und Eulen über diese kritischen Tage hinweg am Leben zu erhalten.

Wie man Vögel beobachtet

LEITFADEN FÜR EIN FASZINIERENDES HOBBY

Jeder kann Vogelstudien treiben, indem er einfach einen Spaziergang durch den Park macht, denn da findet er häufig mehr und verschiedenere Vögel als auf einer gleich großen Fläche auf dem Lande.

Oft beginnt das Interesse an der Vogelwelt damit, daß man wissen möchte, wie die Vögel heißen, die man im Park, im Garten oder auf einem Ausflug sieht. Man möchte sie identifizieren. Der Durchbruch kommt dann, wenn man Vögel nicht nur an ihrem Gefieder erkennt, sondern auch ihr Verhalten interpretieren kann, indem man etwa zwischen einem Warnruf und einem Kontaktruf unterscheiden lernt, eine anscheinend zufällige Pose als Teil der Drohhaltung eines Vogels und eine andere, dem ungeübten Auge genauso unbeabsichtigt erscheinende als Pose der Unterwerfung erkennt.

Wie man die Vögel kennenlernt

Sobald Sie einmal einen grünköpfigen Stockentenerpel seinen Kopf scheinbar willkürlich in Richtung auf eine Ente im Parkteich schütteln sehen und erkennen, daß es sich dabei in Wirklichkeit um einen Teil einer höchst symbolischen Werbezeremonie handelt, sind Sie ein echter Vogelbeobachter geworden. Und wenn Sie dann ihre erste Rarität erblikken – vielleicht einen Säbelschnäbler, der mit seinem schlanken, nach oben gebogenen Schnabel bei Ebbe im Watt herumstochert, oder einen Wiedehopf, der mit seinem riesigen, mit schwarzen Spitzen versehenen Haubenfächer einen exotischen Eindruck macht, könnten Sie den Vögeln Ihr ganzes Leben verfallen sein.

Falls Sie Freude am Forschen und Untersuchen haben, Ihr Gehör aufnahmefähig und musikalisch ist und Ihr Gedächtnis gut, dann bringen Sie die Grundvoraussetzungen für einen Vogelbeobachter mit. Dazu muß man noch lernen – falls man es je seit seiner Kindheit verlernt hat –, sich leise und unauffällig durch Wald und Feld zu bewegen.

Meist lassen sich allerdings Vögel durch Ihre Tätigkeit nicht über Gebühr beunruhigen; vielleicht halten sie mit der Futtersuche inne und beobachten Sie eine Weile; doch wenn Sie keine auffälligen Bewegungen machen, nehmen sie ihre Nahrungssuche gewöhnlich wieder auf. Man muß nur jede Handlung vermeiden, die sie beunruhigen könnte. Gehen Sie langsam und bedächtig, und nutzen Sie jede verfügbare Deckung aus; achten Sie jedoch darauf, daß Sie nicht plötzlich im Gesichtsfeld der Vögel auftauchen oder daraus verschwinden. Heben und senken Sie das Fernglas sachte und geben Sie sich immer unbefangen.

Wie nahe man an einen bestimmten Vogel herankommen kann, hängt von seiner Art ab und davon, wo er lebt. In Parkanlagen werden Ringeltauben die Körner zu Ihren Füßen aufpicken; auf dem Land dagegen, wo sie abgeschossen werden, ist es schon schwierig, bis auf 100 m an sie heranzukommen.

Genauso bleiben Teichhühner, die zwar in einem Park zahm sind, auf dem Lande argwöhnisch und suchen flatternd Unterschlupf, wenn man sich nähert. Wie zahm Vögel sind, hängt gewöhnlich davon ab, wie vertraut sie mit Menschen sind; mancher Mornell und manches Alpenschneehuhn, die im Hochgebirge nisten und selten Menschen begegnen, sind sofort zahm und lassen sich streicheln, während sie auf ihren Eiern sitzen.

Je mehr man über Vögel weiß, desto spannender wird es, sie zu beobachten. Lesen Sie also die Abschnitte dieses Buches durch, die sich mit den Kennzeichen, der Gefiederpflege, dem Flug, der Ernährung, dem Schlafen, dem Revier, dem Drohen und Kämpfen, der Werbung, dem Nisten und all den anderen Tätigkeiten befassen, die zum Leben der Vögel gehören.

Wenn Sie damit beginnen, Vögel ohne Fernglas zu beobachten, werden Sie letzten Endes um so geübter als Vogelkenner. Ohne Fernglas können Sie oft die Färbung von Vögeln im Fluge nicht erkennen; Sie müssen sie also an ihren Silhouetten und ihrer Flugweise bestimmen lernen. Sobald Sie erst einmal beispielsweise das charakteristische Flugbild von Kiebitzen gesehen haben, werden Sie nie mehr ein Fernglas brauchen, um sie zu erkennen. Man braucht auch kein Fernglas, um sagen zu können, daß ein sehr kleiner, brauner Vogel mit über dem Rücken hochgerichtetem kurzen Schwanz stets ein Zaunkönig sein muß. Vor allem lernt man ohne Fernglas die Vögel an ihren Liedern und Rufen erkennen.

Während sich manche Arten am Gefieder im Freien praktisch nicht unterscheiden lassen, haben keine zwei – sieht man von Nachahmern ab – identische Lieder. Hat man ihn erst einmal wahrgenommen, kann man im Leben nie den Unterschied vergessen zwischen der monotonen zweitönigen Wiederholung des Zilpzalps und dem Diminuendo des Fitis – einem der melodischsten Lieder in den Wäldern. Aber selbst Ornithologen können beide Vögel nach ihrem Aussehen nicht sicher auseinanderhalten.

Man kann die Lieder der Vögel aus Tonaufzeichnungen kennenlernen oder mit einem erfahrenen Vogelbeobachter aufs Land gehen; am befriedigendsten ist es jedoch, die Aufgabe selbst zu meistern.

Der Anfänger steht oft vor dem Problem, daß viele Vögel gleichzeitig singen, so daß es schwierig ist, einen bestimmten Gesang zu isolieren. Zahlreiche Arten singen vorzugsweise zu bestimmten Jahreszeiten. Mit Hilfe unserer Tabelle sucht man sich eine Reihe von Sängern aus, die man zu einer gegebenen Zeit hören kann. Jedesmal wenn es gelingt, ein einzelnes Lied herauszuhören, versucht man, den Vogel zu entdecken, der es singt.

Die Wahl des Fernglases

Früher oder später werden Sie ein Fernglas haben wollen. Wenn Sie nicht technisch interessiert sind, wählen Sie am besten ein 7 x 50-Glas, das für alltägliches Beobachten ideal ist. Bei einer wohlüberlegten Wahl zwischen Ferngläsern muß man auf dreierlei achten: die Vergrößerung, die Klarheit und Präzision der Optik und das Gewicht.

Ferngläser werden durch zwei Zahlen bezeichnet: die erste gibt den Grad der Vergrößerung, die zweite den Durchmesser der Objektivlinse in Millimetern an. Ein 7 x 50-Glas vergrößert also 7fach, sein Objektiv hat einen Durchmesser von 50 mm. Bei starker Vergrößerung (z. B. zehnfacher) sieht man ein größeres Bild, selbst aus größerer Entfernung, doch kann es unscharf sein, und man muß häufiger nachstellen, wenn sich das Objekt bewegt. Bei gleichem Vergrößerungsfaktor fängt ein großes Objektiv mehr Licht ein als ein kleines; das ist in dichtem Wald oder an dunklen Winternachmittagen von Vorteil, macht aber das Fernglas auch schwerer. Ein Vogelbeobachter sollte sich sein Fernglas am besten um den Hals hängen, damit er es sofort gebrauchen kann; dabei wird ein schweres Fernglas ihn rascher ermüden.

Von Vogelbeobachtern werden am häufigsten folgende Ferngläser verwendet:

- 7 x 50: ideal, wo die Lichtverhältnisse schlecht sind; jedoch oft schwer;
- 8 x 30: bessere Vergrößerung, ausreichende Lichtstärke;
- 10 x 50: sehr starke Vergrößerung; ein gutes Modell ist teuer.

Teuere Modelle sind oft leichter und kompakter und liefern ein helleres Bild und bessere Details. Sie tragen wahrscheinlich auch keine ernsten Schäden davon, wenn sie zufällig naß werden. Was Sie auch zahlen, passen Sie auf, daß Sie ein für Vogelbeobachtungen geeignetes Fernglas kaufen, denn es gibt zahlreiche, die sich dafür nicht eignen.

Achten Sie ferner darauf, daß Sie eines mit Mitteleinstellung erhalten und nicht eines, bei dem man beide Okulare separat scharf einstellen muß.

Auch Brillenträger können ein Fernglas verwenden. Entweder läßt sich die Brille rasch hochschieben, oder das Fernglas hat flache Augenmuscheln. Noch besser ist es, wenn Sie gleich ein Brillenträger-Fernglas kaufen, bei dem die Augenmuscheln aus Gummi sind und flach gedrückt werden können.

Sonstige Ausrüstung

Manche Ornithologen sind auch mit einem Teleskop und einem Stativ ausgerüstet, wenn sie Watvögel auf Sandbänken, Wasservögel auf Seen oder Hochgebirgsvögel über Täler hinweg beobachten. Teleskope sind jedoch teuer und trotz stärkerer Vergrößerung (20- bis 50fach) nicht von großem Nutzen für Anfänger, die ja das Objektiv oft ganz rasch auf Vögel in der Nähe einstellen müssen.

Das von Vogelphotographen benutzte Beobachtungszelt (siehe Seite 409) ist auch sonst für jeden, der Vögel aus nächster Nähe längere Zeit im Auge behalten möchte, von unschätzbarem Wert. Benutzt man es im Watt, achte man auf die Gezeitenfolge, damit einen die Flut nicht überrascht.

Die Benutzung eines Beobachtungszeltes

Wenn man ein Beobachtungszelt aufstellt, muß man sorgfältig vermeiden, die Vögel, die man beobachten will, zu stören. Sonst

Der Wert eines Fernglases Mit bloßem Auge betrachtet, stellt eine Küstenseeschwalbe in der Mitte eines Schwarmes wenig mehr als einen weißen Fleck dar. Ein Fernglas mit siebenfacher Vergrößerung macht die Kennzeichen des Vogels sichtbar, so daß man ihn identifizieren kann.

SEITE AUS DEM NOTIZBUCH
EINES VOGELBEOBACHTERS

ZEICHNUNG: Man fertigt eine rohe Skizze an und notiert sich etwaige besondere Kennzeichen und Merkmale, beispielsweise Augenstreifen, Flügelbinden, Schulterflecke, Haube, lange Beine, einen gegabelten Schwanz sowie auch das allgemeine Aussehen.

GRÖSSE: Man stelle einen Größenvergleich mit einem bekannten Vogel an, z. B. mit dem Haussperling, der Amsel oder der Saatkrähe.

UMGEBUNG: Man gebe an, ob der Vogel auf dem Land, auf dem Wasser oder im Flug gesichtet wurde.

ANZAHL UND BEWEGUNG: Man verzeichne, ob der Vogel in Scharen oder allein gesichtet wurde, ob er hüpft oder läuft, gerade oder wellenförmig fliegt oder gar rüttelt.

RUFE UND GESANG: Sehr schwierig festzuhalten; am besten mit Rufen oder dem Gesang eines Vogels vergleichen, den man kennt.

SCHLUSSFOLGERUNG: Die festgestellten Vögel brüten von Juli bis August; das Nest kann in der nahe gelegenen Hecke versteckt sein.

Die Notizen sollten so präzise und aufschlußreich wie möglich sein. Anhand dieser Angaben kann ein Vogel gewöhnlich mit Hilfe unseres Bestimmungsschlüssels (Seite 9–31) identifiziert werden. Seltene Vögel sind auf den Seiten 277–282 abgebildet. Mit etwas Erfahrung kann man die Form der Notizen seinem persönlichen Stil anpassen; die meisten Vogelbeobachter werden beispielsweise schon bald auf die Erinnerungshilfen in der linken Spalte verzichten.

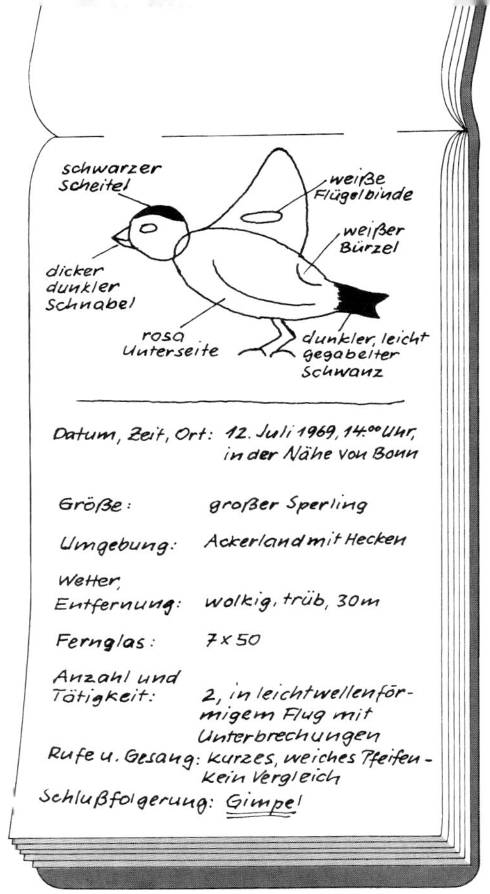

gibt der Vogel möglicherweise das Nest auf. Stellen Sie also zunächst das Beobachtungszelt in einiger Entfernung vom Nest auf, und rücken Sie es Tag für Tag etwas näher.

Wie rasch Sie so nahe wie nötig herankommen können, hängt davon ab, wie zahm der Vogel ist. Lassen Sie von Ihrem Vorhaben ab, wenn er offensichtlich nervös wird. Denn es bringt Sie nicht nur um Ihren Erfolg, sondern es ist auch verboten, Vögel beim Brutgeschäft zu stören, und das gilt besonders für seltene und bedrohte Arten.

Ausnahmen sind natürlich für wissenschaftliche Arbeiten möglich, bei denen ein gewisses Maß an Störung unvermeidlich ist. Doch selbst dafür braucht man eine Genehmigung, etwa von der Vogelwarte, vor allem, wenn man Vögel beringen will.

Wie man sich Notizen macht

Genaue, ausführliche Notizen, die an Ort und Stelle schnell zu Papier gebracht und später ausgearbeitet werden, sind beim Beobachten von Vögeln eine große Hilfe.

Eine Technik, die von zahlreichen erfahrenen Vogelbeobachtern angewandt wird, besteht darin, den Vogel rasch zu skizzieren und um die Zeichnung herum Notizen über das Gefieder, die Schnabelform usw. zu machen. Man braucht dafür keine künstlerische Begabung. Ein Kreis genügt für den Kopf, ein grobes Oval für den Körper, und eine weitere grobe Umrißlinie gibt die Form der Flügel an. Es ist stets von Vorteil, auch die Länge der Beine anzudeuten und einen Flügel in erhobener Stellung zu zeichnen, um etwaige besondere Markierungen anzudeuten.

Nach gründlichen Notizen können Sie einen Vogel, den Sie in freier Natur nicht erkannt haben, identifizieren, wenn Sie Zeit finden, in diesem Buch nachzuschlagen oder mit einem erfahrenen Ornithologen zu sprechen. Wenn Sie glauben, daß Sie ein seltenes Exemplar entdeckt haben, senden Sie doch bitte eine Kopie Ihrer Notizen an Ihre regionale ornithologische Arbeitsgemeinschaft. Dort wird man die Notizen genau überprüfen und unter Umständen an eine zuständige ornithologische Zeitschrift weiterleiten.

Aufzeichnungen über seltene Vögel werden von Sachverständigen (z. B. an den zoologischen Museen Basel, Bonn, Berlin, Frankfurt, München, Wien) überprüft und voraussichtlich zurückgewiesen, wenn sie von nur einem einzigen Beobachter eingesandt werden, es sei denn, er ist als Spezialist anerkannt oder der Vogel weist bestimmte unverwechselbare Eigenheiten auf.

Die beste Hilfe für die Identifizierung ist nach wie vor ein erfahrener Begleiter in der freien Natur, und es gibt heutzutage viele regionale ornithologische Arbeitsgruppen, denen Sie sich anschließen und an deren Treffen in freier Natur Sie teilnehmen können. Wenn Sie es jedoch vorziehen, allein zu sein, werden Sie schließlich aus eigener Erfahrung – und eigenen Fehlern – lernen; außerdem können Sie sich voll auf das Objekt konzentrieren, ohne daß Sie dabei abgelenkt werden oder der Vogel.

Wie man ein Projekt in Angriff nimmt

Einer der Reize der Vogelbeobachtungen liegt darin, daß es stets etwas Neues zu sehen oder zu hören gibt. Sofern Sie Gefallen an detaillierten Untersuchungen haben, können Sie ein Forschungsprojekt in Angriff nehmen über ein Thema, das bis jetzt von Ornithologen vernachlässigt wurde.

So ist beispielsweise bis jetzt nicht viel darüber bekannt, wie lange einzelne Vögel zu verschiedenen Zeiten des Jahres singen. Dies ist etwas, was man im Garten untersuchen kann, wenn Sie nämlich einen Vogel mit bestimmten Unterscheidungsmerkmalen finden, woran man ihn Tag für Tag erkennen kann, etwa eine Amsel mit einer weißen Feder auf einem Flügel oder vielleicht einen Buchfink mit weißem Schwanz. Sie könnten auch die Vögel in Ihrem Garten zählen und den Anteil von Männchen und Weibchen oder von Erwachsenen und Jungvögeln feststellen.

Art und Zahl der Vögel in einem Gebiet ändern sich ständig; dieser Vorgang wird noch durch Neubauten und wechselnde Anbaumethoden in der Landwirtschaft beschleunigt. Wenn Sie also der Vogelbestandsänderung in Ihrem Garten oder in Ihrer engeren Heimat auf der Spur bleiben, so kann dies eine faszinierende und lohnenswerte Freizeitbeschäftigung sein. Ja es würde sogar eine fesselnde und lohnende Aufgabe sein, die Ausbeutung von heute überall neu angelegten Müllkippen durch Vögel genau zu untersuchen.

Der Besuch von Vogelwarten

Sobald Sie erst einmal Übung darin haben, die Vögel Ihrer unmittelbaren Umgebung zu

DIE STIMMEN EINIGER VERBREITETER SINGVÖGEL

VOGELART	HAUPTSINGZEIT	STIMME	SONSTIGES
Feldlerche	Februar bis Juli	GESANG: 2–3, gelegentlich selbst 5 Minuten anhaltendes, fortlaufendes Trillern mit eingestreuten Pfeiflauten RUF: ‚trr-li'	Gesang gewöhnlich im Singflug vorgetragen, bei dem der Vogel hoch in die Luft steigt
Gartengrasmücke	Ende April bis Juli	GESANG: mit voller, wohlklingender Stimme vorgetragenes, orgelndes Geschwätz, der Einleitung des Gesanges der Mönchsgrasmücke ähnlich, aber lauter und weicher RUF: scharf ‚tze'	Aus Bäumen oder hohem Gebüsch, in Wäldern und Parkanlagen
Mönchsgrasmücke	Anfang April bis Juli	GESANG: ein musikalisches Geschwätz, das unvermittelt in eine auf- und absteigende Reihe klarer Flötentöne, den Überschlag, übergeht, der auch allein gebracht wird RUF: ‚tze'	In Gärten, Parkanlagen und Wäldern; Klangfarbe des Gesanges etwas rotkehlchenähnlich, aber Lied ohne gepreßte Töne
Dorngrasmücke	Letztes Aprildrittel bis Juli	GESANG: ein nicht sehr lautes Geschwätz, dem, ähnlich wie bei der Mönchsgrasmücke, ein noch öfter als dort allein vorgetragener kurzer, melodischer, aber rauh klingender Überschlag (Motivgesang) aus 5–6 oder wenig mehr Tönen folgt RUFE: ‚tze', tief ‚rraa' und ‚wädwädwädwäd'	In niedrigem Gebüsch, oft von Strauchspitzen oder Leitungsdrähten, nicht selten im tänzelndem Singflug vorgetragen
Zilpzalp	Mitte März bis Juli	GESANG: unverkennbar, monoton auf und ab pendelnd ‚zilpzalp, zilp, zilp, zalp . . .', im Sprechtempo, oft mit eingestreutem ‚Trrt' RUF: ‚hüid'	Meist aus Bäumen, in Wäldern, Parkanlagen und baumreichen Gärten
Fitis	Anfang April bis Mitte Juli	GESANG: eine leise verklingende, absinkende Reihe weicher, schwebender Töne, ‚didi di düe düe deida da da' RUF: ‚hüid'	Aus niedrigen bis mittelhohen Bäumen; besonders gerne in Birken
Singdrossel	Ende Februar bis Ende Juni	GESANG: laute, mehrfach hintereinander wiederholte, jubelnde Motive aus wenigen Tönen: ‚David, David', ‚Kühedieb, Kühedieb' und ähnliche RUFE: ‚zipp'; erschreckt ‚tschucktschucktschuck'	Meist von Baumspitzen aus; eine der auffälligsten und lautesten Vogelstimmen in Wald und Park
Amsel	Februar bis Anfang Juli	GESANG: feierlich vorgetragene, voll flötende Motive, vom Gesang der Misteldrossel und mehr noch von dem der Singdrossel dadurch unterschieden, daß die einzelnen Töne oder Tongruppen nicht abgehackt klingen RUFE: ‚dack, dack', scheltend ‚tix, tix' und erschreckt schrill ‚gaigigigigigigix'	Singt im Vorfrühling nur frühmorgens und abends, später zu allen Tageszeiten
Misteldrossel	Januar bis Ende Mai	GESANG: amselähnlich, kurze, meist absinkende, durch kurze Pausen deutlich getrennte Flötenmotive, im Gegensatz zum Singdrossellied schwermütig klingend, aber wie dieses abgehackt, nicht fließend wie bei der Amsel RUF: ‚schnärrrrr'	Singt auch bei schlechtem Wetter; Gesang oft aus einer Gruppe hoher Bäume am Dorfrand oder im Wald

bestimmen, möchten Sie sich wahrscheinlich intensiver mit der Sache befassen. Die Vogelwarten sorgen für einfache Unterkünfte, wenn erfahrene Vogelbeobachter sich an der Arbeit der Vogelwarte beteiligen möchten. Das gilt allerdings nicht für jedermann; nur wer sich als erfahren ausweist, wird zugelassen. Solche Besucher können einen Teil des Tages damit zubringen, Vögel zu zählen oder zu beringen, und gehen den Rest der Zeit über ihren eigenen Interessen nach.

Sie können aber auch zur Mitarbeit in ein laufendes wissenschaftliches Programm einbezogen werden. Die besten Chancen hierfür bieten die beiden bundesdeutschen Vogelwarten Helgoland und Radolfzell (ehemals Rossitten), die Vogelwarte Hiddensee der DDR und die Vogelwarte Sempach in der Schweiz.

Für die Beringung von Durchzüglern ist die Insel Helgoland mit ihrer berühmten Fanganlage ein idealer Platz. Wer die Einsamkeit und eine gewisse Beeinträchtigung seiner Bequemlichkeit nicht scheut, kann für einige Monate als Vogelwart auf ein Nordsee-Eiland gehen.

In jedem Falle möge er sich mit dem Institut für Vogelforschung „Vogelwarte Helgoland", Wilhelmshaven-Rüstersiel, An der Vogelwarte 21, in Verbindung setzen.

VOGELART	HAUPTSINGZEIT	STIMME	SONSTIGES
Rotkehlchen	Mitte Januar bis Mitte Juni, Ende September bis November	GESANG: auf einige dünne, gepreßte Töne folgen kurze, flüssige, meist absinkende Triller und einzelne Pfeiflaute RUFE: ‚zick', oft zum Schnickern, einem schnellen ‚Zickickickick', gereiht	Beim Singen bald hoch, bald niedrig in Gebüsch oder Bäumen sitzend; im Herbst und Winter singen auch die Weibchen
Nachtigall	Mitte April bis Mitte Juni	GESANG: abwechslungsreiche Folge von lauten, harten Schmetterstrophen und kürzeren oder längeren, leise beginnenden und dann immer lauter werdenden Reihen von gezogenen Flötentönen RUFE: ‚fid fid' und tief ‚krra'	Singt bei Tag und bei Nacht; der Sänger sitzt meist nicht sehr hoch im Gebüsch oder in Bäumen
Zaunkönig	Dezember bis Anfang August	GESANG: laute, schmetternde Tonreihen wechseln in schneller Folge mit kurzen, harten Rollern und Pfeiftönen ab, etwa ‚tihwittwittwitterrrwittwittwittrrrtihtih' RUF: ‚zick' und ‚zerrrr'	Stimme unverhältnismäßig laut
Buchfink	Februar bis Juli	GESANG: eine kurze, laute Schmetterstrophe mit lokal wechselnder Schlußfigur (‚disterwí,' , wítju', ‚zië' oder ähnlich) RUFE ‚pink', im Fluge ‚jüb'; Regenruf lokal verschieden, meist ‚wrüt' (Rülschen) oder rotschwanzartig ‚witt'	Der Ruf ‚pink' ist einem Ruf der Kohlmeise sehr ähnlich; auffallende Dialektbildung
Grünling	Februar bis Juli	GESANG: eine lockere Folge von klingelnden Rufen mit eingestreuten Reihen von Pfeiftönen und weichen ‚Djuldjuldjul'; dazwischen das oft auch allein vorgetragene kreischende, gezogene ‚Ihtsch' (Schwunschen) RUF: klingelndes ‚Gigigigigi', weicher als ein sehr ähnlicher Ruf des Hänflings	Gesang zuweilen in fledermausartigem Singflug vorgetragen
Heckenbraunelle	Ende Januar bis Ende Juli	GESANG: eine nicht sehr laute, im Vorfrühling aber dennoch auffallende hohe und kurze auf und ab gehende Zwitscherstrophe von *silberner* Klangfarbe RUFE: ‚ziet' und klirrend ‚zirrr'	Einer der ersten Frühlingssänger in Gärten und Anlagen
Goldammer	Ende Februar bis August	GESANG: ein nicht sehr lautes, verträumt klingendes ‚Ziss zississississ sih' („wie, wie, wie hab ich dich lieb"), der letzte Ton lang gezogen, höher oder tiefer als die übrigen RUFE: ‚ziss' und ‚zick'	Singt gewöhnlich von Busch- oder Baumspitzen oder Leitungsdrähten in freiem Gelände
Baumpieper	Mitte April bis Juli	GESANG: kanarienvogelähnliche Schmetterstrophen wechseln mit Rollern und einem hohen ‚Wisswisswisswiss' ab; das vollständige Lied endet mit einem absinkenden ‚Zia zia zia zia' RUF: ‚sib'	Singt von Bäumen aus oder im kurzen Singflug, beim ‚Zia zia zia' langsam zum Sitzplatz herabgleitend
Kohlmeise	Januar bis Mitte Juni	GESANG: metallische feilende, mehrfach wiederholte Rufe aus wenigen Tönen, bald wie ‚zizibäh, zizibäh' („Schinkendieb, Schinkendieb . . ."), bald wie ‚titísi, titísi . . .' („spinn dicke, spinn dicke . . .") oder ähnlich RUFE: ‚pink' (buchfinkenartig), ‚tiwyid'; ferner ein hartes Zetern	Eine der auffälligsten Vogelstimmen im Spätwinter und Vorfrühling

Vögel photographieren

BESSERE SCHNAPPSCHÜSSE UND FILME

Die Hauptschwierigkeit beim Photographieren von Vögeln liegt im Überbrükken der Entfernung. Entweder kommt man näher an sie heran, indem man sich anschleicht oder aus einem Beobachtungszelt photographiert, oder man holt sie näher heran, indem man ein Teleobjektiv verwendet. Das eine kostet Zeit und Geduld, das andere Geld.

Beobachtungszelte stellt man dort auf, wo Vögel trinken, oder auf einer sandigen Insel in einer Flußmündung, wo sich Watvögel bei Flut versammeln. Der Vogel sollte Ihnen aber immer wichtiger sein als Ihr Photo. Er darf nie beim Brutgeschäft gestört werden.

Schnappschüsse

Zu einem guten Vogelphoto gehören zwei – ein guter Photograph und eine geeignete Kamera. Bei einfachen Kameras sind die Belichtungszeiten zu lang, um einen Vogel im Flug aufzunehmen; man kann auf sie auch kein Teleobjektiv aufsetzen. Wer sich ernsthaft für das Photographieren von Vögeln interessiert, kauft sich am besten eine einäugige Spiegelreflexkamera. Damit sieht er deutlich den Ausschnitt, den er photographieren will; im Beobachtungszelt ist sie ohnehin unentbehrlich.

Ein guter Belichtungsmesser ist wichtig, aber man kann nicht mit ihm in der Hand auf den Vogel zugehen. Am besten richtet man ihn auf ein Objekt von vergleichbarer Helligkeit und liest diesen Wert ab. Elektronenblitze bringen bessere Resultate als Blitzlichtbirnen, außerdem stört ihr Aufblitzen die Vögel nicht.

Ein Photo muß auf den ersten Blick etwas aussagen. Das kann es nur, wenn Sie sich darüber Gedanken machen, ehe Sie auf den Auslöser drücken. Soll der Betrachter Anteilnahme oder Überraschung zeigen, oder von Farbe und Schönheit beeindruckt sein?

Man hat Vögel so häufig am Nest photographiert, daß solche Bilder fast schon langweilig wirken. Versuchen Sie den Lebenszyklus einer einzelnen Vogelart zu erfassen. Ein Farbalbum über den Stieglitz etwa – das Männchen beim Singen, verschiedene Posen, Ernährung durch Disteln im Winter, Scharen zur Zeit des Vogelfluges – wird Freude machen und auch wissenschaftlich wertvoll sein. Die Bachstelze wäre ein ausgezeichnetes Thema für eine Schwarzweißserie.

Die Darstellung der Unterschiede zwischen den Geschlechtern oder zwischen Jung- und Altvögeln oder zwischen Sommer- und Wintergefieder eignet sich gut für den Anfang. Eine weitere Serie könnte die mannigfaltigen Nistplätze oder die Musterung der Eier zeigen. Die verschiedenen Schlafplätze ergäben ebenfalls interessante Möglichkeiten und die Gelegenheit, ein Blitzgerät zu benutzen.

Das Photographieren von Vögeln im Fluge verlangt ein scharfes Auge und rasche Reaktion. Stellen Sie sich darauf ein, daß Sie 50 bis 60 Aufnahmen machen müssen, um eine einzige gute zu erhalten. Sie brauchen eine kurze Belichtungszeit, um den Vogel auf das Bild bannen zu können, wobei eine größere Blende gewählt und die Entfernung präziser eingestellt werden muß. Wenn man ein Teleobjektiv benutzt, kann man die Kamera auf einen Gewehrkolben montieren. Mit einer solchen Gewehrkamera, die es neuerdings auch im Handel gibt, läßt sich viel leichter zielen und rascher schießen.

Filmen

Für Kinofilme sind gründliche Forschungsarbeiten sowie ein festes Drehbuch erforderlich. Andernfalls werden Sie am Ende nur ein Durcheinander unzusammenhängender Aufnahmen haben, was für Sie teuer und für den Betrachter langweilig ist. Man muß mit einer hochinteressanten Note beginnen, dann das geweckte Interesse der Zuschauer halten, bis man zu einem befriedigenden Abschluß kommt.

Die Wahl der Kamera hängt davon ab, wofür der Film bestimmt ist: 16 mm ist das Mindestformat, das von berufsmäßigen Filmern verwendet wird. Amateure halten sich gewöhnlich an Super 8 mm oder Standard 8 mm, wovon Super 8 unbedingt zu empfehlen ist.

Eine Gummilinse ist von großem Vorteil, wenn ein Vogel sich ständig auf die Kamera zu oder von ihr weg bewegt; widerstehen Sie jedoch der Versuchung, während einer Aufnahme ständig mit der Gummilinse zu arbeiten: die Wirkung ist verwirrend.

Die Wahl des Themas

Ein origineller und deshalb erfolgreicher Film braucht keinen seltenen Vogel zum Thema zu haben. Eine eingehende Studie eines weitverbreiteten Vogels kann genau so gut oder noch besser sein. So wurde der Ornithologe und Kameramann Heinz Sielmann auch außerhalb Deutschlands über Nacht berühmt, als er 1954 einen Film produzierte, der das Familienleben eines Schwarzspechtes im Inneren der Nisthöhle zeigte – eine Studie, die dadurch ermöglicht wurde, daß man eine Seite des Baumes wegsägte und infrarote Beleuchtung installierte.

Suchen Sie sich einen Vogel aus, der viele interessante und ungewöhnliche Dinge tut. Die Brandgans beispielsweise ist einer der

SO BASTELT MAN EIN BEOBACHTUNGSZELT

MATERIALBEDARF: 6,30 lfm 25-mm-Rundholz; ein 90 cm langes einzölliges Aluminiumrohr; 3,90 lfm Baurundstahl mit 5 mm Stärke; 9 m Leinwand oder Markisendrell mit 90 cm Breite; 1,20 m Leinenband; 30 cm Gummiband.

KONSTRUKTIONSBESCHREIBUNG: 1. Das Aluminiumrohr in vier 15 cm lange und vier 7,5 cm lange Teile zersägen. 2. Vier 82,5 cm lange Stöcke von dem Rundholz schneiden und jeden 7,5 cm tief in ein langes Rohrstück stecken, verleimen oder mit Nägeln befestigen; die anderen Enden zuspitzen. 3. Vier 75 cm lange Holzstäbe sägen, jeden oberkantenbündig in ein kurzes Rohrstück stecken und ebenfalls befestigen. 4. In die rohrumhüllten Enden der kurzen Stöcke je ein 10 mm breites und 5 cm tiefes Loch für den Dachrahmen bohren. 5. Zwei 95 cm lange Rundstahlstücke zurichten und an den Enden 5 cm rechtwinklig nach einer Seite umbiegen. 6. Zwei 97,5 cm lange Rundstahlstücke zuschneiden, die Enden ebenfalls abbiegen (Dachneigung). 7. Die Stöcke zusammenstecken und diese miteinander verbinden, indem man die Dachrahmenstäbe in die vorgebohrten Löcher drückt.

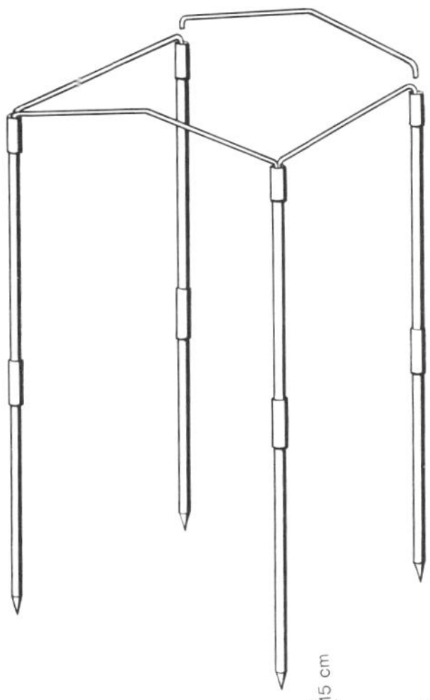

NÄHANLEITUNG: 1. Zwei 4,10 m lange Bahnen zuschneiden, die Enden 15 cm weit umschlagen und annähen; diese Säume dienen als Ballasttaschen, deswegen die Nähte einige Male unterbrechen, damit man Steine hineinlegen kann. 2. Die Bahnen so übereinanderlegen, daß ein gleichschenkeliges Kreuz entsteht, und zusammennähen. 3. Das Kreuz über das Gestell stülpen und die Stoffbahnen an drei Ecken bis zum Boden zusammennähen, an der vierten Ecke aber nur 30 cm vom Dach nach unten. 4. An die freien Bahnenränder von innen in gleichen Abständen je vier 15 cm lange Leinenbänder als Schnürverschluß nähen. 5. Ein 45 x 45 cm großes Loch etwa 1,20 m über dem Boden in die Vorderseite schneiden. 6. Auf dem verbleibenden Stoff vier gleichseitige Dreiecke mit 47,5 cm Seitenlänge anzeichnen – zwei pro Bahnbreite –, ausschneiden und zu einem pyramidenförmigen Trichter zusammennähen. 7. Die Trichterspitze für das Kameraobjektiv passend abschneiden und um die Öffnung herum das Gummiband einnähen. (Das ist für eine einäugige Spiegelreflexkamera gedacht.) 8. Den Trichter von innen an die Öffnung im Zelt heften. 9. In die drei anderen Seiten in Augenhöhe 2 cm große Gucklöcher schneiden und von innen Stofflappen darübernähen.

Unter normalen Umständen ist das Zelt stabil genug; sind jedoch Verankerungsseile nötig, näht man an die Dachecken Befestigungsbänder.

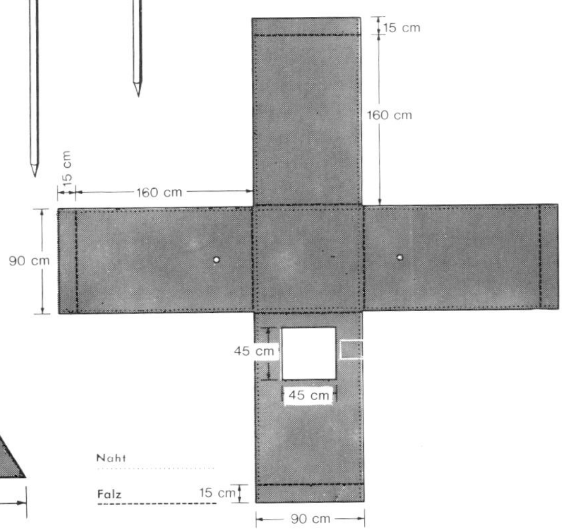

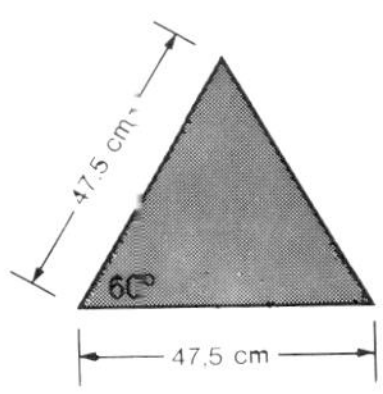

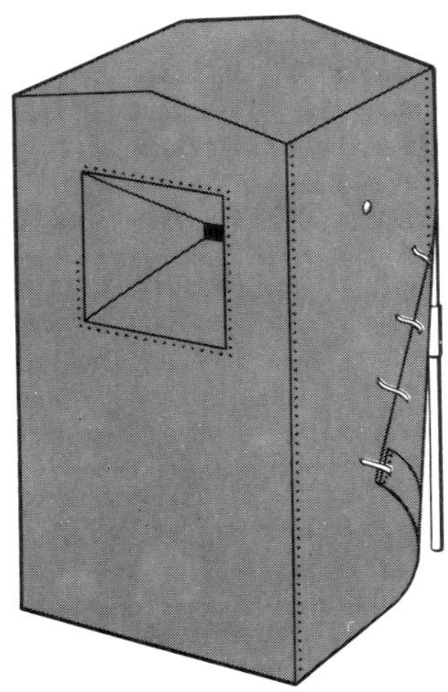

wenigen deutschen Entenvögel, die in einer Höhle nisten, und eine Aufnahme von einer solchen Gans, die gerade mit ihren Jungen das Nest verläßt, wäre recht interessant. Auch der Star gibt ein gutes Thema ab; er vollführt auffallende akrobatische Flugmanöver, kombiniert mit Gemeinschaftsgesang, pendelt von seinen Futterplätzen zu Massenschlafplätzen im Stadtzentrum, pflegt sein Gefieder durch Einemsen und ist ein Renommist am Futtertisch.

Denken Sie daran, daß Sie mit einer Filmkamera eine Bildfolge zusammenstellen. Sie brauchen verschiedene Aufnahmen vom gleichen Vogel, entweder mit verschiedenen Objektiven von der gleichen Stelle aus oder mit demselben Objektiv von verschiedenen Stellen aus gedreht. Beachten Sie die Reihenfolge: Aufnahme aus größerer Entfernung, Aufnahme aus mittlerer Entfernung, Nahaufnahme.

Schwenken Sie die Kamera nicht ständig herum, sondern lassen Sie die Handlung hauptsächlich innerhalb des Bildfensters abrollen. Wenn Sie einem Vogel mit der Kamera folgen – gleichgültig, ob er sich auf dem Boden oder in der Luft bewegt –, nehmen Sie ihren Finger nicht vom Auslöseknopf, solange Sie den Vogel noch sehen können. Lassen Sie ihn aus dem Bild hüpfen, laufen oder fliegen; dann werden Sie es beim Redigieren leichter haben.

Beim Redigieren müssen Sie lernen, auf vieles zu verzichten. Die meisten Amateurfilme sollten viel drastischer zusammengeschnitten werden. Denken Sie daran: Je besser Ihre Vorbereitungsarbeiten sind, desto weniger des teuren Filmes wird verschwendet. Wenn Sie einen Kommentar abgeben, fassen Sie sich möglichst kurz und lassen Sie die Bilder zu Wort kommen und für sich selbst sprechen.

Vogelgesang auf Tonband

MÖGLICHKEITEN EINER MODERNEN TECHNIK

Im Jahre 1900 kamen aus einem großen Wachszylinder knackend ein paar deutliche Töne der Singdrossel. Diese erste Aufnahme vom Gesang eines wildlebenden Vogels hatte der englische Naturforscher Cherry Kearton mit großer Mühe produziert. Es war der Beginn einer neuen Technik, Vögel zu studieren. Bald folgten weitere Pioniere, die eine primitive Ausrüstung zum Plattenschneiden verwendeten. Ludwig Koch, der deutsche Geiger und Sänger, begann das Studium der Vogellieder, das ihn berühmt machen sollte. Eine neue Methode hatte das Studium der Vögel wesentlich erweitert.

Eine Diskothek von Vogelliedern

Auch heutzutage ist die Aufnahme von Vogelliedern noch immer eine der lohnendsten Naturstudien. Sie bietet dem Ornithologen nach wie vor Aussicht auf neue Entdeckungen. Wenn auch bereits 90 % aller europäischen Vogelarten mit ihren Stimmen auf käuflichen Schallplatten vereinigt sind und manche von ihnen wie die Amsel auf über 40 Schallplatten, so fehlt doch noch immer von den meisten Vogelarten ein vollständiges Vokabular. Die Saatkrähe erzeugt beispielsweise Laute, die bis jetzt noch nicht auf Band aufgenommen sind. Das gleiche gilt auch für den Feldschwirl, den Grünspecht und sogar für den Haussperling.

Bevor Sie Ihr Tonband einschalten, bereiten Sie sich gründlich vor, indem Sie die Gewohnheiten der Vögel, die Sie aufnehmen wollen, beobachten. Entwerfen Sie ein Studienprogramm, denn mit einem bestimmten Ziel im Auge erhält man zufriedenstellendere Ergebnisse. Man kann die Laute eines bestimmten Vogels, etwa des Haussperlings, aufnehmen oder eine kleine Diskothek von Vogelliedern aus einem bestimmten Verbreitungsgebiet, etwa dem Laubwald oder einer Flußmündung, aufbauen.

Will man Vogeldialekte aufnehmen – die der Buchfinken beispielsweise –, dann muß man allerdings viel reisen. Man kann auch Rufe oder Gesänge aufnehmen, die für die Identifizierung von Vögeln in der freien Natur wesentlich sind. Der Zilpzalp und der Fitis sind lediglich zwei derjenigen Vogelarten, die man nur mit großer Schwierigkeit voneinander unterscheiden kann – außer wenn sie singen.

Eines der amüsantesten Experimente besteht darin, die aufgenommenen Laute eines Vogels in seinem eigenen Revier wieder abzuspielen. Er wird annehmen, daß der Laut von einem Eindringling kommt. Ein territorialer und aggressiver Vogel, etwa ein Rotkehlchen, greift sogar das Tonbandgerät an. Die meisten Vögel werden aufgeregt zurücksingen, um den Eindringling zu verjagen, und ein Umschalten von Wiedergabe auf Aufnahme kann erstklassige Bänder hervorbringen. Aus solchen Versuchen läßt sich auch die Bedeutung der verschiedenen Vogellaute ermitteln.

Man kann auch dadurch viel lernen, daß man aufgenommene Vogellieder mit verminderter Geschwindigkeit abspielt. Der Gesang des Mauerseglers ist für das menschliche Ohr ein schrilles Kreischen; langsamer abgespielt, wird daraus ein melodisches Zwitschern mit deutlichen Einzeltönen. Auch der langsamer abgespielte Gesang eines Zaunkönigs erhält für das menschliche Ohr mehr Bedeutung, und in gewissem Sinne kommt er dem näher, was die Vögel selbst tatsächlich hören, denn es ist nachgewiesen worden, daß sie noch einzelne Töne in einer Passage unterscheiden können, die so schnell ist, daß die Töne für menschliche Ohren ineinander übergehen.

Moderne Aufnahmegeräte ermöglichen viele Experimente. Mit einem Koffergerät hat man offensichtlich größere Bewegungsfreiheit; doch auch mit einem Tonbandgerät, das von einer Haushaltssteckdose aus betrieben wird, kann man interessante Bänder auf-

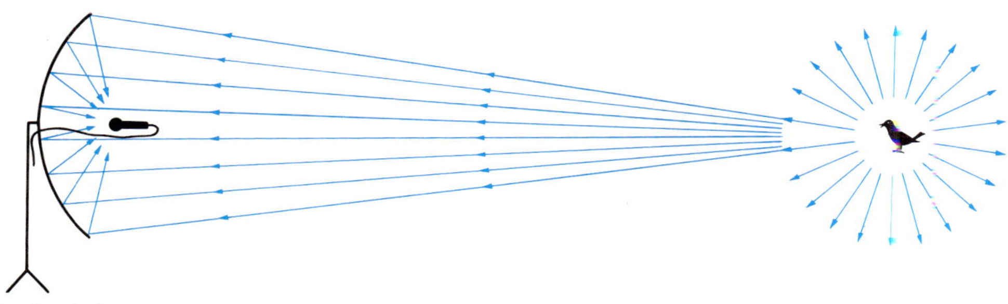

Der Parabolreflektor Diese Vorrichtung arbeitet wie ein mechanisches Ohr. Gegenüber einem gewöhnlichen Mikrophon erhöht der Parabolreflektor die Entfernung, aus der noch Töne einzufangen sind, bis auf das 40fache.

Das Gerät ist von unschätzbarem Wert für die Aufnahme von Vogelliedern im Gebirge oder auf ausgedehnten Flächen. Das Mikrophon ist natürlich dem Reflektor zugewandt und nicht dem singenden Vogel.

WIE MAN AUS EINEM HEIMGERÄT DAS BESTE HERAUSHOLT

Die einfachste Methode, Vögel mit einem Heimgerät auf Band aufzunehmen, besteht darin, daß man es an eine Haushaltssteckdose anschließt und das Mikrophon in einem Baum versteckt. So kann man natürlich nur die wenigen Vogelstimmen aus der nächsten Umgebung aufnehmen.

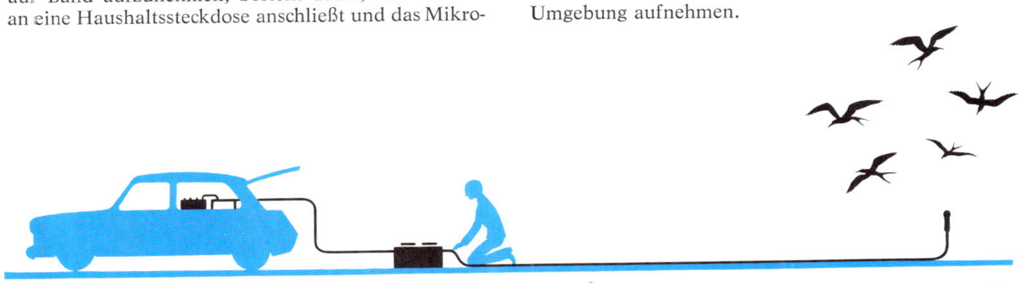

Das Aufnehmen an Ort und Stelle gestattet dagegen unbegrenzte Auswahl. Ein Apparat, der als Zerhacker bekannt ist, erlaubt es Ihnen, ihr Gerät auch von einer Autobatterie aus zu betreiben. Für alle Aufnahmen im Freien braucht man geeignete Verlängerungskabel.

nehmen. Ein solches Gerät läßt sich auch mit einer Autobatterie betreiben, indem man eine als Zerhacker bekannte Zusatzvorrichtung dazwischenschaltet. Die Reichweite wird lediglich durch die Länge des Kabels begrenzt.

Die Geschwindigkeit des Tonbandgerätes

Bei der Wahl eines Gerätes muß man auf Gewicht, Laufzeit pro Bandspule, Batterielebensdauer, Qualität der Wiedergabe und Bandgeschwindigkeit achten. Die Geschwindigkeit, mit welcher das Band durch das Gerät läuft, ist ein Maßstab für die Tontreue der Aufnahme. Die Skala der Geschwindigkeiten beginnt mit 2,375 cm Banddurchlauf pro Sekunde. Jede darauffolgende Geschwindigkeit ist zweimal so schnell wie die vorangegangene; die volle Skala lautet 2,375 cm, 4,75 cm, 9,5 cm, 19 cm, 38 cm und 76 cm pro Sekunde.

Je höher die Bandgeschwindigkeit, desto echter der aufgenommene Ton, desto höher aber die Betriebskosten und im allgemeinen auch der Preis des Gerätes.

Die meisten berufsmäßigen Ornithologen wählen 38 cm pro Sekunde als die am besten geeignete Geschwindigkeit. Amateure, die ernsthaft interessiert sind und nur beschränkte Mittel zur Verfügung haben, könnten sich mit 19 cm pro Sekunde begnügen.

Auch Mikrophone bedürfen einer sorgfältigen Auswahl. Zahlreiche Freiluftaufnahmeexperten empfehlen ein sehr empfindliches Tauchspulenmikrophon, das auf Geräusche mit einem sehr weiten Frequenzbereich anspricht.

Je fortschrittlicher die Konstruktion ist, desto weniger Schwierigkeiten wird es durch Windeinflüsse geben. Wesentlich ist es, sich zu vergewissern, ob das Mikrophon für das Aufnahmegerät geeignet ist. Diesen Punkt sollte man mit dem Händler klären. Bei manchen Mikrophonen kann man ein extra langes Kabel verwenden, ohne daß dadurch die Lautstärke der Aufnahme über Gebühr beeinträchtigt wird.

Das mechanische Ohr

Eine Vorrichtung, die von den meisten verwendet wird, die sich ernsthaft mit dem Aufnehmen von Vogelgesang befassen, ist der Parabolreflektor. Dies ist eine Vorrichtung, die man auf eine Geräuschquelle richten kann und die wie ein riesiges mechanisches Ohr arbeitet, indem sie die Geräusche sammelt und sie konzentriert in das Mikrophon leitet. Der Reflektor ermöglicht es, den Gesang eines Vogels bis zu der 40fachen Entfernung aufzunehmen, die ein gewöhnliches Mikrophon zulassen würde.

Sie können zwar einen brauchbaren Anfang machen, wenn Sie Vogelgesang mit einem Heimgerät aufnehmen, doch werden Sie feststellen, daß ein tragbares Batteriegerät von großem Wert ist, wenn Sie sich erst einmal näher mit dem Hobby befassen. Oft ist ein Heimgerät einfach zu schwer und unhandlich, etwa wenn man Vogelstimmen auf entlegenen Inseln aufnehmen will. Ein tragbares Tonbandgerät ist auch notwendig, um Stimmen von Vögeln im Gebirge oder auf ausgedehnten Wiesen und Feldern aufzunehmen.

Gelegentlich kann auch ein Amateur eine Aufnahme von kommerzieller Qualität produzieren. Er kann einen geheimnisvollen Ruf aufnehmen, der sogar der Identifizierung durch die Experten trotzt. So nahm ein amerikanischer Ornithologe ein Vogellied auf, von dem man später feststellte, daß es von einer Ziegenmelkerart stammt, die man seit vielen Jahren für ausgestorben hielt.

Vögel als Haustiere

5000 JAHRE VOGELZÜCHTUNG

Soweit die geschichtliche Überlieferung zurückreicht, finden sich Vögel als Haustiere im Dienste der Menschen. Schon um 3000 v. Chr. waren Tauben in Ägypten als Überbringer von Botschaften und als Nahrung bekannt. Bald wurde auch die Nilgans als Haustier gehalten. Um 1400 v. Chr. war das Haushuhn in China ein alltäglicher Anblick, und Jahrhunderte vor der Zeitwende verwendete man dort und in Ägypten bereits Brutöfen. Zu dieser Zeit hielt man selbst in Mitteleuropa schon Hühner und Gänse, wenig später auch Enten.

Groß ist seit eh und je die wirtschaftliche Bedeutung des Hausgeflügels, vor allem als Produzent von Eiern und Fleisch. Nutzvögel werden außerdem nach wie vor, wenn auch nicht mehr im gleichen Ausmaße wie früher, als Lieferanten von Bettfedern (Gänse und Enten) und Schmuckfedern (Strauße), ferner als Beizvögel (Greifvögel) und zum Fischfang (Kormorane) gehalten.

Aber nicht nur wegen ihrer Nützlichkeit sind domestizierte Vögel dem Menschen teuer. Schon die Römer, denen übrigens von alters her die kapitolinischen Gänse heilig waren, liebten Ziervögel. Zahlreiche Vögel wurden und werden noch immer lediglich wegen ihres dekorativen Wertes und des Vergnügens wegen gehalten, das sie dem Menschen bereiten.

Heutzutage unterscheidet man bei Vögeln, die in der Obhut des Menschen stehen, allgemein zwischen Hausgeflügel, das wirtschaftlich genutzt wird, und Ziervögeln, die in Käfigen und Volieren oder, flugunfähig gemacht, in Parkanlagen und auf Zierteichen zum Vergnügen oder auch zum Kennenlernen und Studium gehalten werden, wie es auch in zoologischen Gärten und Instituten geschieht.

Aus einer einzigen Wildform, dem roten Bankivahuhn (oben), haben sich im Laufe von Jahrtausenden rund 150 Hühnerrassen entwickelt, darunter weiße Leghorn (1), schwarze Minorka (2), Silber-Sebright (3), rote Rhodeländer (4), weiße Wyandotten (5), rotbunte Sussex (6) und gelbe Sussex (7).

Die Portugiesen brachten die Moschusente aus Südamerika nach Afrika. Dort wurde sie zu *der* Hausente. In Europa sieht man sie seltener.

Als die Spanier den Truthahn in Europa einführten, war er schon domestiziert. In Mexiko und den südlichen USA kommt er heute noch wild vor.

Geflügelzucht

Auf der Welt gibt es heute rund 150 verschiedene Rassen des Haushuhns, die sich alle auf die gleiche Stammart zurückverfolgen lassen – das Bankivahuhn (*Gallus gallus*), das in Teilen Südasiens noch immer wild vorkommt.

Aus diesem im Gebüsch und Dschungel lebenden allesfressenden Vogel ist durch die Domestizierung die auf der Welt zahlreichste Vogelart hervorgegangen; denn es gibt heute zweifellos mehr Haushühner – etwa zwei Milliarden – als Angehörige irgendeiner anderen Vogelart.

In Europa haben sich zwei vorherrschende Hühnersorten entwickelt. Aus den Mittelmeerländern kamen die Vorfahren solcher Rassen wie Leghorn, Minorka und Italiener, aktive kleine Vögel, die zahlreiche weiße Eier legen und nur zögernd zum Brüten übergehen.

Den kalten, feuchten Ländern Nordeuropas entstammen größere, friedfertigere Hühner, die hellbraune oder cremefarbene Eier legen und aus denen mittelschwere und schwere Rassen wie Rhodeländer, Sussex, Plymouth und Orpington gezüchtet wurden.

Von vielen Rassen gibt es Zwergformen – kleine Vögel, oft nur halb so groß wie die Stammrasse, die aber verhältnismäßig große Eier legen. Sie werden oft auch als Ziervögel gehalten.

Außer der Höckergans, die auf die Schwanengans (*Anser cynoides*) Nordostasiens zurückgeht, stammen die rund 30 Rassen der Hausgans von der Graugans (*Anser anser*) ab. Hausgänse sind keineswegs mehr so weit verbreitet wie noch vor einer Generation. Die Emdener, Pommersche und die Toulouse-Gans, wohl die bekanntesten Rassen, sorgen für sich selbst, wenn man es ihnen ermöglicht, nach Gras und Grünzeug zu suchen, eignen sich aber nicht für moderne Aufzucht in Geflügelfarmen.

Unter dem Hausgeflügel hat sich auch die Ente diesen Methoden widersetzt. Einst war sie auf jedem Bauernhof und fast jedem Dorfteich zu finden. Die Hofente ist unter den gezähmten Vögeln Mitteleuropas die einzige, deren wildlebender Vorfahre, die Stockente (*Anas platyrhynchos*), noch im ganzen Land zahlreich verbreitet ist.

Die Haustaube, die sich aus der Felsentaube (*Columba livia*) entwickelte und wahrscheinlich der erste domestizierte Vogel war, wird heutzutage nicht mehr in dem Umfang als Nahrung verwendet wie im Mittelalter und bis noch vor einem Jahrhundert.

Der Truthahn kommt nach Europa

Einer der großen eßbaren Vögel, das Truthuhn, gewinnt immer mehr an Bedeutung, nachdem nun die Züchter lernten, wie man seine Jugendkrankheiten überwindet, wie man mehr und billigere Vögel produziert und wie man sie kleiner züchtet.

Doch trotz dieser Fortschritte hat das Truthuhn von heute noch immer eine große Ähnlichkeit mit der amerikanischen Wildform (*Meleagris gallopavo*), aus der die gezüchtete Form entstand, die von den Spaniern um 1530 nach Europa gebracht wurde. Der Neuankömmling verdrängte rasch Pfau und Höckerschwan – und in England später auch die Gans – als Speisevögel.

Ein weiterer Vogel, der sich im Verlauf der Domestikation nur wenig geändert hat, ist das Perlhuhn (*Numida meleagris*), das bereits im 4. Jahrhundert v. Chr. in Griechenland gezüchtet, aber erst im Mittelalter von den Portugiesen aus Westafrika wieder eingeführt wurde. Heute ist es ein weitverbreiteter Hausvogel, der jedoch nicht sehr zahlreich ist, obwohl seine Eier und das Fleisch als Delikatessen geschätzt werden.

Die Wachtel wird von Feinschmeckern hauptsächlich wegen ihrer Eier gepriesen,

Vom wilden afrikanischen Perlhuhn (vorn) unterscheidet sich das seit 2000 Jahren domestizierte (hinten) nur durch die Färbung.

ALLERLEI KÄFIGVÖGEL: (1) Zebrafink *(Taeniopygia guttata)*, Männchen und Weibchen; (2) Graupapagei *(Psittacus erithacus)*; (3) Nymphensittich *(Nymphicus hollandicus)*; (4) Wellensittich *(Melopsittacus undulatus)*; (5) Rosenköpfchen *(Agapornis roseicollis)*; (6) Reisfink *(Padda oryzivora)*; (7) Norwich-Kanarie und (8) Gesangskanarie, Zuchtrassen des Kanarienvogels *(Serinus canaria)*.

und die japanische Unterart unserer Wachtel (*Coturnix coturnix japonica*) wird jetzt in steigenden Zahlen gezüchtet und gehalten.

Käfigvögel

Führte einst der Wunsch, ein Stück Natur ins Zimmer zu holen, dazu, farbenprächtige oder gut singende heimische Vögel wie Buchfink, Hänfling, Stieglitz, Zeisig, Gimpel und andere verhältnismäßig leicht zu pflegende Körnerfresser, mancherorts aber auch insektenfressende Arten wie Rotkehlchen und Mönchsgrasmücke im Wohnzimmer oder in der Werkstatt als Käfigvögel zu halten, so treffen wir heute Vögel aus fast allen Teilen der Welt in vielen hundert Arten in den Käfigen und Volieren der Vogelliebhaber an. Viele werden auch regelmäßig gezüchtet, doch nur bei einem kleinen Teil der Arten kann die Zucht die Nachfrage befriedigen, und so werden alljährlich große Mengen der beliebtesten Arten aus ihren Heimatländern nach Europa und Amerika importiert, nicht immer freilich unter Umständen, wie sie sich Vogelliebhaber, Tier- und Naturschutz wünschen. Zu den Arten, die in so großer Zahl gezüchtet werden, daß sich jede Einfuhr erübrigt, gehören Wellensittich, Zebrafink und natürlich der Kanarienvogel und das Japanische Möwchen, beides Arten, die sich im Aussehen von ihren wilden Stammeltern schon weit entfernt haben. Auch der Nymphensittich und einige australische Arten der Prachtfinken (Familie *Estrildidae*) werden in der Hauptsache in unseren Vogelstuben gezüchtet. Erbliche Änderungen in Gefiederfärbung und Gestalt, die bei solcher Zucht auftreten und in der Freiheit meist bald ausgemerzt sein würden, werden von manchen Vogelliebhabern weitergezüchtet, und so erklärt sich die Vielfalt der Zuchtrassen bei diesen Ziervögeln.

Heute macht der aus den weiten Graslandschaften Australiens stammende Wellensittich (*Melopsittacus undulatus*) selbst dem Kanarienvogel den Rang streitig. 1840 brachte der englische Vogelforscher John Gould diesen kleinen Papagei erstmals nach England. Bald war er bei vielen Vogelliebhabern zu finden, da er sich leicht züchten ließ. Zunächst trugen alle in Europa gezüchteten Wellensittiche das hauptsächlich grün gefärbte Kleid ihrer wilden Stammeltern, aber nach einiger Zeit tauchten gelbe, später auch blaue Vögel in den Zuchten auf, wurden sorgfältig ausgelesen und weitergezüchtet, und heute stehen wir vor einer Vielfalt von Zuchtrassen und Farbschlägen, unter denen sich nur noch der Spezialist auskennt. Besonders beliebt wurde der Wellensittich beim Publikum, als sich erwies, daß er, jung in die Obhut des Menschen genommen, verhältnismäßig leicht einige Worte sprechen lernt. Mit dem Kanarienvogel teilt der Wellensittich das Schicksal, daß er oft genug in die Hände von unerfahrenen Vogelliebhabern gelangt, und in viel zu kleinen Käfigen gehalten und unzweckmäßig gepflegt wird. Wer seinen Vögeln schon nicht den Flugraum einer Voliere bieten kann, sollte ihnen zum Daueraufenthalt einen Käfig zur Verfügung stellen, dessen Länge wenigstens das Siebenfache der Länge des Vogels ausmacht bei entsprechender Höhe und Tiefe.

Von alters her ist der Kanarienvogel (*Serinus canaria*) ein beliebter Käfigvogel. Seine wilden, dem Girlitz ähnlichen Stammeltern leben auf den Kanarischen Inseln, Madeira und den Azoren. Erstmals Ende des 15. Jahrhunderts nach Europa gebracht, wurde er hier in großer Zahl gezüchtet. Heute gibt es den Kanarienvogel in noch weit mehr Farben und Formen als den Wellensittich. In Deutschland achtete man lange Zeit vor allem auf die Veredlung des Gesangs; die Harzer Roller erlangten Weltruf und waren zeitweilig ein beachtlicher Exportartikel.

Nächst Wellensittich und Kanarienvogel ist heute wohl der aus Australien stammende Zebrafink (*Taeniopygia guttata*) der beliebteste Käfigvogel. Auch er wird in großer Zahl und in verschiedenen Farbschlägen in Europa gezüchtet. Mit 126 weiteren Arten gehört er zu der Familie der Prachtfinken (*Estrildidae*), die sich bei den Vogelliebhabern seit langem besonderer Gunst erfreut. Zu ihr zählen auch die vor mehreren hundert Jahren in China aus dem südasiatischen Spitzschwanz-Bronzemännchen (*Lonchura striata*) gezüchteten Japanischen Möwchen und der ursprünglich auf Java und Bali beheimatete Reisfink (*Padda oryzivora*), aus dem die Chinesen schon vor Jahrhunderten eine weiße Form gezüchtet haben. Es sind aber in erster Linie afrikanische Prachtfinkenarten, die alljährlich in großer Zahl vor allem aus Westafrika und Äthiopien importiert werden und die Käfige der Vogelhandlungen füllen. Da der Import dieser Prachtfinken billiger ist als ihre kostspielige und schwierige Zucht, bleibt diese einer kleinen Zahl von Liebhabern und Wissenschaftlern vorbehalten.

Neben Prachtfinken spielen Papageien die Hauptrollen als Käfigvögel, vor allem große Arten, die leicht sprechen lernen, wie der afrikanische Graupapagei (*Psittacus erithacus*) und verschiedene Arten der süd- und mittelamerikanischen Amazonen (*Amazona*), aber auch die kleinen, leicht zu züchtenden afrikanischen *Agapornis*-Arten und die kostbaren australischen Plattschweifsittiche (*Platycercus*) mit ihren Verwandten. Weil er wie viele Papageien leicht sprechen lernt, ist auch der Beo (*Gracula religiosa*), eine große Starenart, ein beliebter Käfigvogel. Weitere Bewohner unserer Käfige und Volieren stellen besonders die Webervögel, Witwen, Finken, Tangaren und Drosseln. Versierte Vogelliebhaber pflegen selbst so empfindliche Vögel wie die von Blütennektar lebenden Kolibris.

Die Haltung einheimischer Vögel ist in Deutschland nur in beschränktem Umfang erlaubt. Vor allem die traditionellen Stubenvögel wie Buchfink, Gimpel, Hänfling, Stieglitz, Zeisig, Grünling, Mönchsgrasmücke und Rotkehlchen sind für die Haltung freigegeben, dürfen aber auch nur zu bestimmten Zeiten gehandelt und von lizensierten Personen gefangen werden.

Mißgestaltete Ziervögel

Ziervögel sind von Liebhabern oft so überzüchtet worden, daß viele jetzt nur noch Karikaturen der ursprünglichen Wildform darstellen. Das gilt besonders für zahlreiche Zuchtrassen der Haustaube. Manche sind außerstande, mit ihren mißgestalteten Schnäbeln ihre eigenen Jungen zu füttern. Bei Pfautauben ruht der zurückgeworfene Kopf so tief auf dem vielfedrigen Schwanz, daß sie kaum noch gehen können. Lockentauben vermögen nur mit Mühe einen Schritt zu tun, ohne über die großen Federn an Beinen und Füßen zu stolpern. Sie alle haben nur noch wenig Ähnlichkeit mit der schlanken, lebhaften Felsentaube (*Columba livia*), von der sie abstammen. Dagegen ähnelt die beliebte Lachtaube ihrer Ahne, der wilden afrikanischen Lachtaube (*Streptopelia roseogrisea*), viel mehr.

Unter den Vogelarten, die in Europa ausschließlich zu dekorativen Zwecken regelmäßig gezüchtet werden, ist zweifellos der Pfau die auffälligste. Die erstaunliche Schönheit des indischen Blauen Pfaus (*Pavo cristatus*) und des javanischen Ährenträgerpfaus (*Pavo muticus*) hat dazu geführt, daß man ihnen mit Ehrfurcht und Aberglauben begegnet und sie – bei den Indern – anbetet. Alexander der Große sah sie zum erstenmal, als er in Indien einfiel, und verbot sofort, Pfauen zu töten. Die Römer hatten solche Skrupel nicht. Bei ihnen zierte der Pfau die Festtafel und wurde verspeist, eine Angewohnheit, die sich bis ins Spätmittelalter erhielt. Heute darf er wieder unbehelligt durch die Parks stolzieren und sein Rad schlagen. Bei dieser Balzschaustellung formt er seine mit Augen besetzte Schleppe, das sind die stark verlängerten Oberschwanzdecken, zum Rad, das, gestützt von den eigentlichen starren Schwanzfedern, aufgerichtet wird.

Der Pfau ist wie das Haushuhn eine Fasanenart. Wie viele andere Mitglieder dieser Familie gedeiht er in der Obhut des Menschen gut. Unser Klima scheint ihm kein Unbehagen zu bereiten. Auch Diamant-, Gold-, Silber- und Argusfasanen hält man ausschließlich wegen ihres auffälligen Gefieders.

Als Ziervögel noch beliebter sind verschiedene Arten von Wasservögeln, die in zahlreichen Parks und Tiergärten gehalten werden, vor allem verschiedene Schwäne, Gänse und Enten, aber auch Flamingos.

Eine ermutigende Entwicklung in der weltweiten Vogelhaltung ist der Nachdruck, der neuerdings auf die Erhaltung seltener Arten durch ihre systematische Zucht gelegt wird. Zumindest eine Art, die Hawaiigans oder Nene (*Branta sandvicensis*), ist durch Züchtung in England vor dem wahrscheinlichen Aussterben bewahrt und in Hawaii wieder ausgesetzt worden. Weitere Versuche, andere bedrohte Arten auf diese Weise zu erhalten, werden nun an verschiedenen Orten unternommen.

Vögel in Gefahr

WARUM VOGELSCHUTZ UND WIE?

Niemanden wird überraschen, daß in einem so dicht bevölkerten Gebiet wie Mitteleuropa der Mensch Leben und Überleben vieler Vogelarten entscheidend beeinflußt hat.

Arten wie Ringeltaube und Lachmöwe, die imstande sind, neue Nahrungsquellen auszubeuten, kamen die menschlichen Eingriffe in die Natur zugute. Weniger Glück hatten andere, die durch ihre Entwicklung an einen eng umgrenzten Lebensraum gebunden waren. Wird er ihnen genommen, dann müssen sie sich einen gleichen Lebensraum anderswo suchen oder aussterben.

Wandel in der Landschaft

Schon mit der Einführung von Ackerbau und Viehzucht fing der Mensch an, die Landschaft gründlich umzugestalten. Er rodete den Urwald. Äcker, Wiesen und Weiden traten an seine Stelle. Dadurch wurden ganz unbeabsichtigt einzelne Vogelarten gefördert und andere beeinträchtigt. Die Landschaft hat sich ständig weiter gewandelt. So gedeihen heute etwa Nadelwälder dort, wo einst vornehmlich Eichen und Buchen standen. Moore werden trockengelegt und Flüsse begradigt. Wo früher offene Wiesen waren, stehen heute Wohnblocks. Der blühende Fremdenverkehr bringt Menschen heute in einst ganz entlegene Gebirgswälder und an einsame Küsten.

Zuerst leiden die großen Vögel unter dieser Entwicklung, denn sie brauchen, um sich zu ernähren und zu nisten, weite menschenleere oder dünnbesiedelte Flächen. So ist die Großtrappe immer seltener geworden, weil Störungen in der weiten, von ihr bewohnten Feldaue ständig zunehmen.

Die Entwässerung der Sümpfe und die Urbarmachung der Moore haben Kraniche, viele Enten, Gänse, Watvögel und andere Vogelarten ihrer Nahrungsgründe und Nistplätze beraubt. Der Goldregenpfeifer lebt heute nur noch in wenigen Brutpaaren auf einigen entlegenen Hochmooren, und die Doppelschnepfe, auch ein Moorbewohner, ist ganz aus Deutschland verschwunden.

Begradigung und Meliorationen von Flüssen und Bächen haben Seeschwalben und Regenpfeifer ihre Brutplätze auf Kiesbänken, den Wasseramseln die Höhlungen und Überhänge am Ufer, die das Nest bargen, genommen. Mit der Begradigung des Lechs wurde auch die letzte Brutkolonie der Lachseeschwalbe in Deutschland vernichtet.

Unwegsames verwildertes Gelände bietet vielen Vögeln Unterschlupf. Es verschwindet, und Wohnsiedlungen, Industrie- und Verkehrsanlagen treten an seine Stelle. Von ihnen werden in der Bundesrepublik täglich über 100 ha Land verschlungen.

Die Forstwirtschaft merzt alte und morsche Bäume aus, die die Höhlen- und Halbhöhlenbrüter beherbergen. Doch Spechte, die für neue Höhlen sorgen könnten, finden ihre Hauptnahrung, die holzbewohnenden Larven von Insekten, insbesondere der Bockkäfer, gerade in abgestorbenen Baumstämmen, die in den Wäldern immer seltener werden. Standortgemäße Mischwälder aus Eiche, Buche, Esche und anderen Laubbäumen mit einzelnen Nadelbäumen wurden in reine Fichtenwälder verwandelt, in denen das einstmals reiche Vogelleben rasch verarmt. Im Zuge solcher intensiven Forstwirtschaft verschwindet auch das Unterholz, in dem die Nachtigall heimisch ist, und die Heidel- und Preiselbeeren, die Hauptnahrung der Waldhühner. Der Rückgang von Birk- und Auerhuhn in Mitteleuropa ist katastrophal und keineswegs mit der Jagd auf diese Rauhfußhühner zu erklären.

Die Intensivierung der Landwirtschaft hatte für die Vögel der Felder und Wiesen ähnliche Folgen. Die wiederholte Bodenbearbeitung mit modernen Maschinen läßt viel weniger Nester und Gelege der Bodenbrüter unzerstört als früher. Der Wachtelkönig, eine einst verbreitete Ralle ausgedehnter Wiesen, ist heute deshalb weithin verschwunden. Die erfolgreiche Bekämpfung der Unkräuter entzog der Wachtel die Nahrungsgrundlage. Der Kampf gegen Feldmäuse trifft auch ihre Hauptvertilger, darunter unsere Schleiereule, die überdies auf modernen Bauernhöfen nicht mehr ihre beliebten Ruhe- und Nistplätze in alten Scheunen und Verschlägen findet.

Der Mensch als Zerstörer

Durch durchgreifende Umweltveränderungen können ganze Vogelarten aussterben. Dafür gibt es genug Beispiele. Aber auch weniger radikale Eingriffe reduzieren oft katastrophal den Bestand der Vögel. Jedes Jahr gehen auf dem Meer und an den Küsten Tausende von Seevögeln langsam zugrunde, weil ihr Gefieder mit Öl verschmiert und nicht mehr dicht ist. Sie haben keine Mittel, sich vom Öl zu befreien, das sie am Fliegen und Schwimmen hindert; sie werden von den Wellen getrieben oder kämpfen sich bis zum Strand durch, wo sie schließlich verhungern oder an Unterkühlung sterben.

Als der Tanker Torrey Canyon im März 1967 auf der Höhe von Land's End kenterte, flossen etwa 100 000 t Rohöl aus dem Laderaum. Rund 100 000 Vögel starben daran; von den 7849 zur Behandlung eingesammelten Vögeln überlebten kaum ein Prozent.

Die Katastrophe der Torrey Canyon war ein Unfall. Einige auf dem Meer schwimmende Ölflächen sind aber vorsätzlich verursacht. Ein internationales Abkommen schränkt zwar das Entleeren von Abfallöl aus Tankern und anderen Schiffen ins Meer

Kleine, von Hecken umsäumte Felder, einst das Merkmal abwechslungsreicher Gemarkungen, bieten vielen Singvögeln ausreichende Nahrung, guten Unterschlupf und Deckung für ihre Nester. Moderne Landmaschinen arbeiten jedoch auf großen Feldern wirtschaftlicher. Deshalb werden immer mehr Hecken entfernt und die einst darin nistenden Vögel heimatlos.

ein; es sollte aber völlig unterbunden werden. Das ist die einzige Lösung.

Auf Landvögel lauert eine andere Gefahr, die ähnlich große Opfer fordert: der Straßenverkehr. Durch ihn werden jährlich gewiß einige Millionen Vögel getötet. Die zahllosen Drahtleitungen, die sich durch die Landschaft ziehen, werden vielen Vögeln auf dem Zuge, besonders auch nachts, zum Verhängnis. Durch das Niederbrennen und Ausroden von Hecken und Gebüsch werden ferner Nester und Nistplätze vernichtet.

Unsere Greifvögel und Eulen haben in vergangener Zeit rigorose Verfolgung als angebliche Schadvögel über sich ergehen lassen müssen. Heute ist diese Gefahr gebannt, dafür tauchte eine andere größere und unheimlichere auf – die Schädlingsbekämpfungsmittel, sogenannte Pestizide, die die Nahrung der Vögel vergiften. Die Anwendung von Chemikalien, um Insekten, Mäuse und Unkraut zu vernichten, hat die Landwirtschaft revolutioniert, aber für die Vogelwelt vielfach katastrophale Folgen gehabt. Seit etwa 20 Jahren hat man in vielen Ländern Europas Tausende von Tauben, Finken- und Hühnervögeln und anderen Arten gefunden, die mit den Insektiziden Aldrin und Dieldrin behandeltes Saatgut gefressen hatten und daran eingegangen waren. Dieldrin ist heute verboten, aber die Gefahr ist nicht behoben, denn manche Insektizide können jahrelang im Boden aktiv bleiben. Sie gelangen über die Pflanzen mit der Nahrung in Tiere, in denen sie sich immer mehr anreichern, weil sie nicht abgebaut werden. Am meisten bedrohen sie die Tiere am Ende der Nahrungskette wie bestimmte Greifvögel, die sich von anderen Vögeln ernähren, oder Reiher, die ausschließlich Fische fressen.

Man hat zwar nur eine relativ kleine Anzahl Greifvögel tot gefunden, die nachweislich durch Insektizide vergiftet worden sind, aber die zum Nachweis nötigen Rückstandsanalysen sind teuer und können nur an wenigen gut ausgerüsteten Universitätsinstituten durchgeführt werden. In der Bundesrepublik besteht leider bis heute fast keine Möglichkeit, eine solche Untersuchung überhaupt zuverlässig ausführen zu lassen. Es gibt ferner Beweise dafür, daß eine unter der Vergiftungsschwelle liegende Menge dieser giftigen Substanzen bereits die Fruchtbarkeit der Vögel beeinträchtigen kann. Die rasche Abnahme von Sperbern und Wanderfalken in weiten Teilen ihres Verbreitungsgebietes führt man auf Vergiftungen durch Insektizide zurück.

Die Gefahr der Kollision mit Vögeln

Während Menschen für viele Bedrohungen des Vogellebens verantwortlich sind, haben Vögel wiederum Todesfälle bei Menschen verursacht. Als Konkurrenten in der Luft stellen sie besonders auf oder in der Nähe von Flughäfen eine potentielle Gefahr dar. Es ist nicht nur der ständig zunehmende Luftverkehr, sondern auch die Steigerung der Geschwindigkeit bei Düsenflugzeugen, durch die Vogelschäden im Luftverkehr (sogenannter Vogelschlag) zugenommen haben. So erlitt

1966 eine DC 9 bei einem Zusammenstoß mit einer Möwe einen Schaden in Höhe von 500 000 DM, im Jahre 1967 stürzten gar zwei Starfighter der Bundesluftwaffe nach Zusammenstößen mit jeweils einer Ente und einer Mantelmöwe ab, und im Jahre 1969 ereigneten sich beispielsweise allein im Betrieb der deutschen Bundeswehr 228 Vogelschläge mit erheblichen Schäden. Das größte auf Vögel zurückzuführende Unglück geschah 1960 über Boston, als 62 Menschen beim Absturz eines Flugzeugs umkamen, das in einen Schwarm von Staren geriet.

Wissenschaftler haben viele Vogelabschreckungsmittel an Flughäfen versucht – keines davon ist vollkommen erfolgreich gewesen. Mit verstärkter Wiedergabe aufgenommener Vogelangstschreie konnte man Vögel zerstreuen, wenn sich ein Flugzeug auf der Start- oder Landebahn befand; dieses System wurde in Frankreich, England und auch Deutschland angewandt.

Es kommt dabei auf den durch Verstärker und Lautsprechertyp festgelegten Frequenzumfang an, ob die Vertreibung etwa von Starenschwärmen erfolgreich ist oder nicht. Das gilt auch für sogenannte pyroakustische Abwehrmittel wie Karbidknaller und Feuerwerkskörper, die allesamt eine Frequenzobergrenze von 1200–17 000 Hz haben müssen, um wirkungsvoll zu sein.

Die erfolgversprechendsten Versuche führen derzeit kanadische Experten mit einem an Bord befindlichen Mikrowellensender durch, der einen hochintensiven Funkstrahl 1,5 km weit vor das Flugzeug aussendet und die Vögel aus der Orientierung und der Bahn des Flugzeuges bringt.

VOGELSCHUTZ

Die Idee, Vögeln einen besonderen Schutz zu gewähren, kann man bis ins Mittelalter zurückverfolgen. Damals wurden freilich ausschließlich Arten geschützt, für die sich der Jäger interessierte. Aber auch später stand der Nutzen im Vordergrund. Als es seit Mitte des 19. Jahrhunderts zu intensiven Bemühungen kam, die gesamte Vogelwelt zu schützen, wurde das Interesse der Öffentlichkeit vor allem auf die Nützlichkeit der Vögel gelenkt. Die Aufmerksamkeit galt besonders den Vertilgern solcher Insekten, die in Land- und Forstwirtschaft Schaden anrichten. 1888 wurde erstmals ein für das ganze Deutsche Reich gültiges Vogelschutzgesetz erlassen.

Zu dieser Zeit tauchte auch die Idee auf, daß man Vögeln die notwendigen Nistmöglichkeiten oft erst schaffen müsse. Bald entwickelte man künstliche Nisthilfen bis hin zur preiswerten Serienherstellung.

Der Riesenalk war etwa 78 cm groß und hatte sich so an das Leben im Meer angepaßt, daß er nicht mehr fliegen, dafür um so besser schwimmen konnte. Einst war er über den ganzen Nordatlantik von der amerikanischen Küste bis nach Europa verbreitet. Den Fischern diente er als Nahrung und als Köder. Durch erbarmungslose Jagd und dem Handel mit seinen Eiern war er bereits 1844 ausgerottet.

Ein wesentlicher Schritt für die gesetzliche Regelung des Vogelschutzes war die Internationale Vogelschutz-Konvention, die am 19. März 1902 in Paris geschlossen wurde. Auch sie sah den Schutz der Vögel nur unter dem Gesichtspunkt ihrer Nützlichkeit. Wichtig war jedoch, daß auch Zerstörung der Nester und Gelege, Ein- und Ausfuhr, Verkauf, Transport und der Massenfang verboten wurden. An diese Konvention lehnte sich das vom Deutschen Reich am 30. Mai 1908 erlassene Vogelschutzgesetz eng an. Die geschichtliche Entwicklung der Vogelschutzgesetzgebung lief in Österreich bis 1918 der deutschen parallel.

Wegen der unbefriedigenden Regelung des allgemeinen Artenschutzes durch die Pariser Konvention und wegen der zunehmenden Zahlen von ölverschmutzten Vögeln wurde auf Betreiben vorwiegend englischer Ornithologen 1922 der Internationale Rat für Vogelschutz gegründet. Seine heute 45 Mitglieder haben jeweils eine eigene Sektion. Der deutschen Sektion gehören an: Arbeitsgemeinschaft der Vogelschutzwarten; Vogelwarten; Bundesanstalt für Vegetationskunde, Naturschutz und Landschaftspflege; Deutscher Bund für Vogelschutz; Deutscher Jagdschutzverband; Deutsche Ornithologen-Gesellschaft; Ornithologische Gesellschaft in Bayern; Landesbund für Vogelschutz in Bayern; Mellumrat; Verein Jordsand; Vogelkundliche Arbeitsgemeinschaft „Untermain“; Dachverband Deutscher Avifaunisten.

Zur Schweizer Sektion gehören: ALA – Schweizerische Gesellschaft für Vogelkunde und Vogelschutz; PARUS – Schweizerischer Verband für Vogelschutz, Vogelkunde und Vogelliebhaberei; Schweizerischer Bund für Naturschutz (SBN); Schweizerischer Tierschutzverband (STV); Schweizerische Vogelwarte, Sempach; Pro Avifauna Lugano; Société Romande pour l'étude et protection des oiseaux (SRO); Verband Schweizerischer Vogelschutzvereine (VSV); Eidgenössisches Oberforstinspektorat. Mitglieder der österreichischen Sektion sind: Naturhistorisches Museum Wien; Zoologisch-botanische Gesellschaft; Niederösterreichisches Landesmuseum; Österreichischer Naturschutzbund; Österreichische Gesellschaft für Vogelkunde; Zentralverband für Vogelkunde und Vogelpflege; Institut für Verhaltensforschung der Österreichischen Akademie der Wissenschaften; Zoologisches Institut der Universität Wien; Österreichischer Falknerbund; Österreichischer Falknerorden; Haus der Natur, Salzburg; Alpenzoo, Innsbruck.

1937 wurde in Wien ein verbesserter Entwurf für eine internationale Vogelschutzkonvention vorgelegt, in dem nicht mehr zwischen nützlichen und schädlichen Vögeln unterschieden wurde. Dieser Entwurf führte 1950 ebenfalls in Paris zu einer neuen Konvention, die 1963 in Kraft trat. Die Bundesrepublik Deutschland kann diese Konvention bislang nicht unterzeichnen, weil die deutsche Jägerschaft auf die Schnepfenjagd im Frühjahr nicht verzichten will, was jedoch die Konvention zur Bedingung macht. Die Schweiz hat die Konvention unterzeichnet, Österreich, Luxemburg und die DDR nicht.

Vogelschutz ist Umweltschutz

Der Vogelschutz, ein Teilgebiet des Naturschutzes, der seinerseits als Teil des Umweltschutzes verstanden werden muß, ist am ehesten geeignet, weite Bevölkerungskreise für die Problematik des Umweltschutzes zu interessieren.

In der Bundesrepublik untersteht der Naturschutz den Ländern. Der Bund kann nur die Rahmengesetze erlassen. Demnach gilt im Prinzip in jedem Bundesland ein anderes Naturschutzgesetz. Die Lage wird dadurch noch komplizierter, daß verschiedene Gesetze über den Schutz der Vögel wachen. Zum einen ist es die Naturschutzverordnung aus dem Jahre 1936; die von ihr behandelten Arten heißen nichtjagdbar, sie können geschützt oder teilgeschützt sein.

Die jagdbaren Vögel werden in den Jagdgesetzen der Bundesländer behandelt. Auch diese Vögel können ganzjährig geschützt sein oder eine gewisse Abschußzeit haben. Jagdbare Vögel sind: Lappentaucher, Kormoran, Reiher, Schwarzstorch, Löffler, Entenvögel, Greifvögel, Hühnervögel, Kranich, Rallen, Großtrappe, Watvögel außer Brachschwalbe, Möwen ohne Raubmöwen und Seeschwalben, Alken, Tauben, Eulen (nicht in allen Bundesländern), Drosseln außer Amsel, Rabenvögel. Alle übrigen heimischen Vögel sind nicht jagdbar, werden also im Naturschutzgesetz behandelt. Die Länder können über das Landesjagdrecht nichtjagdbare Vögel zu jagdbaren erklären.

In Österreich hat jedes Bundesland sogar die volle Autonomie in der Naturschutzgesetzgebung. In der Schweiz wird bald eine für das ganze Land gültige Gesetzgebung die kantonalen Regelungen ablösen. Sehr fortschrittlich sind die Schutzbestimmungen für bedrohte Arten in der DDR, wo eine einheitliche Gesetzgebung für das ganze Land gilt.

In die praktische Arbeit des Vogelschutzes teilen sich in der Bundesrepublik staatliche und private Organisationen. Die staatlichen Stellen sind die Naturschutzbehörden, die sich in Oberste (Land), Höhere (Regierungsbezirk) und Untere (Kreis) Naturschutzbehörden gliedern. Der Obersten Naturschutzbehörde sind die staatlichen Vogelschutzwarten nachgeordnet, deren Aufgabe die angewandte Vogelkunde in Forschung, Lehre und Beratung ist. Von ihnen werden die wissenschaftlichen und methodischen Grundlagen des praktischen Vogelschutzes erarbeitet und in die Praxis umgesetzt. In der Schweiz kümmert sich um den praktischen Vogelschutz die Vogelwarte Sempach, die allerdings einer privaten Stiftung angehört. In der DDR werden diese Aufgaben von der Vogelschutzwarte Seebach wahrgenommen. In Österreich fehlen staatliche Institutionen.

Private Organisationen, die sich dem Schutz der Vogelwelt besonders verschrieben haben, sind der Deutsche Bund für Vogelschutz und die Deutsche Ornithologen-Gesellschaft, für den Seevogelschutz der Verein Jordsand und der Mellumrat. Mit mehr als 50 000 Mitgliedern steht der Deutsche Bund für Vogelschutz an der Spitze solcher Vereine in Europa. Er betreut in ganz Deutschland Schutzgebiete. Seiner Arbeit liegt die Erkenntnis zugrunde, daß man den Vogelarten – und natürlich nicht nur diesen allein – am ehesten hilft, wenn man ihren Lebensraum schützt. In großem Umfang werden auch vom Verein Jordsand und dem Mellumrat Schutzgebiete an den Küsten der Bundesrepublik betreut.

Neben dem Schutz der Lebensräume gewinnt aber heute auch der Artenschutz mehr und mehr an Bedeutung, und es werden ganz gezielte Maßnahmen zur Erhaltung bestimmter Vogelarten durchgeführt. Hier ist besonders die Arbeitsgemeinschaft Wanderfalkenschutz zu nennen, die sich des weltweit vom Aussterben bedrohten Wanderfalken annimmt. Die Bewachung der Horstplätze durch die Mitglieder der Arbeitsgemeinschaft wirkte sich günstig auf den Bestand aus, da offenbar die meisten Bruten durch Beizvogelliebhaber geplündert werden.

Private Vogelschutzorganisationen in Österreich sind in erster Linie die Österreichische Gesellschaft für Vogelkunde (bisher Österreichische Vogelwarte) und der Zentralverband für Vogelkunde und Vogelpflege, in der Schweiz die Gesellschaften ALA, PARUS, SRO und VSV, in der DDR eine Fachsektion des Deutschen Kulturbundes.

Es waren die alarmierenden Schäden bei Vögeln, die den Anstoß dafür gaben, die Langzeitwirkung von DDT und ähnlichen Kohlenwasserstoffverbindungen näher zu untersuchen, was schließlich in vielen Ländern und auch in Deutschland zum Verbot ihrer Anwendung führte. Da Rückstandsanalysen der Insektizide sehr aufwendig sind und kaum von privaten Institutionen getragen werden können, werden solche Aufgaben die staatlichen Stellen übernehmen müssen. Viele Probleme des Vogelschutzes lassen sich zudem nicht mehr auf regionaler Basis lösen. Die Übertragung der Naturschutzkompetenz von den Ländern auf den Bund wäre daher sehr wünschenswert. Das gleiche gilt für Österreich. Häufig kann nur noch durch internationale Regelungen das Aussterben bedrohter Arten verhindert werden.

BESONDERS GEFÄHRDETE VOGELARTEN

Eine Liste mit den hier abgebildeten besonders gefährdeten Vogelarten wurde 1971 von der Deutschen Sektion des Internationalen Rates für Vogelschutz veröffentlicht. Für Österreich und die Schweiz gibt es noch keine solche offizielle Liste, aber die meisten

dieser Vögel verdienen auch sonst in Mitteleuropa den gleichen vollständigen Schutz wie in der Bundesrepublik Deutschland: Verschonung von der Jagd, Verbot der Haltung (außer bei wissenschaftlich fundierten Wiedereinbürgerungsversuchen und in Tiergärten unter wissenschaftlicher Leitung), des Handels, des Photographierens am Brutplatz, des Wegnehmens oder Zerstörens von Eiern und Nestern. Dazu kommen weitere Schutzmaßnahmen am Brutplatz, auch bei Neuansiedlungen.

Die Vögel der Welt

Eine Einführung in die wissenschaftliche Klassifikation

Alle heute lebenden Vögel haben zahnlose Schnäbel und zu Flügeln umgebildete Vordergliedmaßen, die in einigen Fällen rückgebildet sind; ihr mit Federn bedeckter Körper ist warmblütig; sie legen Eier, aus denen nach bei den einzelnen Arten verschieden langer Bebrütung die Jungen schlüpfen, denen die Eltern eine mehr oder weniger sorgfältige Pflege angedeihen lassen.

Abgesehen von diesen Gemeinsamkeiten unterscheiden sich die einzelnen Vogelarten auf die mannigfaltigste Weise. Zum Zwecke der Übersicht hat man sie nach ihren erwiesenen oder vermuteten verwandtschaftlichen, d. h. stammesgeschichtlichen Beziehungen in einem hierarchisch aufgebauten System geordnet, das in seinen Grundzügen auf die 1758 erschienene 10. Auflage des *Systema Naturae* des schwedischen Naturforschers Carl von Linné zurückgeht.

Der Ausgangspunkt des Systems der Vögel wie übrigens des Systems aller Lebewesen ist die *Art*. Man kann sie definieren als eine wirkliche oder potentielle Fortpflanzungsgemeinschaft: Zu einer Art gehören alle die Individuen, die unter natürlichen Bedingungen und wenn ihnen die Möglichkeit geboten wird, bereit und in der Lage sind, sich miteinander fortzupflanzen.

Jede Art ist über einen größeren oder kleineren Teil der Erde verbreitet, und in diesem Verbreitungsgebiet wechseln Aussehen und Größe einer Art häufig von einem Teil des Gebietes zum anderen: man spricht dann davon, daß die Art in geographische *Rassen* oder *Unterarten* zerfällt, deren Studium und Abgrenzung zu nicht endenden Diskussionen unter den Ornithologen geführt hat.

Bevor sich der moderne Artbegriff durchgesetzt hatte, schätzte man die Zahl der lebenden Vogelarten auf etwa 25 000. In dieser Zahl sind aber viele Formen enthalten, die heute anderen Arten als geographische Rassen (Unterarten) zugeordnet werden. Man rechnet heute mit etwa 8800 Vogelarten. Da zwar noch häufig neue Rassen beschrieben, nur sehr selten aber neue Arten entdeckt werden, wird sich diese Zahl in Zukunft kaum wesentlich erhöhen, kann sich aber sehr wohl verringern, da bei kritischer Untersuchung der Vogelwelt entlegener Weltgegenden noch manche bisher als eigene Art betrachtete Form sich als bloße Rasse einer anderen, geographisch variierenden Art erweisen wird.

Nahe verwandte Arten werden zu einer *Gattung* zusammengefaßt, wobei manche Forscher die Gattungen sehr eng fassen, also nur die allernächsten Verwandten in einer Gattung vereinigen wollen, andere aber großzügiger verfahren und auch einander ferner stehende Arten in der gleichen Gattung zusammenfassen. Nahe verwandte Gattungen werden zu *Familien* zusammengeschlossen, verwandte Familien in einer *Ordnung* vereinigt; die Zahl der Vogelordnungen beträgt nach der Auffassung der einzelnen Ornithologen 25 bis 50 oder mehr. Die Gesamtheit der Vögel stellt im System der Tiere eine *Klasse* im Kreis der Chordaten, und zwar in deren Unterabteilung Wirbeltiere, dar.

Die wissenschaftliche Bezeichnung eines jeden Vogels nennt erst den Gattungsnamen, dem für jede Art ein zweites Wort hinzugefügt wird; so ist etwa die Bezeichnung *Motacilla* der Gattungsname für alle echten Stelzen; *Motacilla alba* ist dann die Bachstelze, *Motacilla cinerea* die Gebirgsstelze, *Motacilla flava* die Schafstelze usw. Will man bestimmte Rassen bezeichnen, so wird ein drittes Wort hinzugefügt: *Motacilla alba yarrellii* ist die Bachstelze der Britischen Inseln (die sogenannte Trauerbachstelze), *Motacilla alba alba* die Rasse des kontinentalen Europa, *Motacilla alba subpersonata* die marokkanische Rasse usw. Für die Namengebung sind bestimmte Regeln international festgelegt.

Mitteleuropas Anteil an den Vögeln der Welt

Es gibt in Mitteleuropa Vögel aus den verschiedensten Familien und Ordnungen. Arten wie die Tukane oder die großen Nashornvögel, die das ganze Jahr auf Früchte angewiesen sind, oder die Kolibris und Nektarvögel, die sich vom Nektar ernähren, können in unserem Klima natürlich nicht leben, denn solche Nahrung steht hier nur selten das ganze Jahr zur Verfügung. Im allgemeinen sind auf die Ernährung mit Obst, Laub und Nektar spezialisierte Vögel bei uns nicht vorhanden. Einige Hühnervögel bilden eine Ausnahme, insbesondere das Schneehuhn, das sich von der praktisch immergrünen Heide ernährt. Der Vogelzug ermöglicht es, daß Vögel alljährlich in Mitteleuropa so lange bleiben können, wie ihnen ihre Nahrung zur Verfügung steht; manche verlassen uns freilich schon, wenn das Nahrungsangebot noch reichlich ist.

Geographische Aufteilung

Die Zoologen haben nicht nur die Vögel nach ihrer stammesgeschichtlichen Verwandtschaft in Ordnungen, Familien und Gattungen gebündelt, sondern auch die Erde nach der Zusammensetzung der Tier- und Vogelwelt in sechs tiergeographische Regionen aufgeteilt. Das Verbreitungsgebiet der meisten Vogelarten ist nur auf eine Region oder nur einen Teil davon beschränkt. Regionen sind nicht durch scharfe Grenzen geschieden, sondern durch Übergangszonen verbunden; einige von ihnen sind in Subregionen gegliedert.

Die tiergeographischen Regionen

PALÄARKTISCHE REGION: Europa, Naher und Mittlerer Osten, Afrika nördlich der Sahara, die Inseln des Nordatlantiks, Asien nördlich des Himalaja, China und Japan.

ÄTHIOPISCHE REGION: Afrika südlich der Sahara; dazu als Subregion das sogenannte Malegassische Gebiet mit Madagaskar und den Inseln des westlichen Indischen Ozeans.

ORIENTALISCHE REGION: Asien südlich des Himalaja, Sundainseln.

AUSTRALISCHE REGION: Neuguinea, Australien, Neuseeland (Neuseeland wird oft als besondere Subregion angesehen); die Kleinen Sundainseln und die Molukken stellen ein Übergangsgebiet zur Orientalischen Region dar.

NEARKTISCHE REGION: Nordamerika; manche fassen die Nearktische und die Paläarktische Region als Holarktische Region zusammen.

NEOTROPISCHE REGION: Süd- und Mittelamerika, Karibische See.

Die Antarktis ist in keiner Region eingeschlossen.

Ordnungen und Familien der Vögel

Die Namen der Ordnungen stehen in Fettdruck. Die Zahlen bei den einzelnen Familien geben die Anzahl der zugehörigen Arten an, die Zahlen in Klammern die Anzahl der in Mitteleuropa als Brutvögel, Durchzügler oder Wintergäste regelmäßig vorkommenden Arten. Reihenfolge der Ordnungen nach Peters (Check-list of Birds of the World 1931 ff.). In diese Übersicht sind nur die Ordnungen und Familien der lebenden oder erst in den letzten drei Jahrhunderten ausgestorbenen Vögel aufgenommen.

Struthioniformes
STRAUSSE: 1

Rheiformes
NANDUS: 2

Casuariiformes
EMUS: 1
KASUARE: 3

Dinornithiformes
MOAS (ausgestorben; eine kleine Art lebte bis ins 18. Jahrhundert): 1

Apterygiformes
KIWIS: 3

Tinamiformes
STEISSHÜHNER: 46

Sphenisciformes
PINGUINE: 17

Gaviiformes
(Nach neueren Untersuchungen mit den Charadriiformes verwandt und in deren Nähe in das System einzuordnen)
SEETAUCHER: 5 (3)

Podicipediformes
(Vielleicht mit den Rallen verwandt)
LAPPENTAUCHER: 19 (5)

Procellariiformes
TAUCHSTURMVÖGEL: 5
STURMSCHWALBEN: 21 (1)
STURMVÖGEL: 55 (1)
ALBATROSSE: 13

Pelecaniformes
TROPIKVÖGEL: 3
FREGATTVÖGEL: 5
KORMORANE: 32 (1)
SCHLANGENHALSVÖGEL: 4
TÖLPEL: 9
PELIKANE: 7

Ciconiiformes
SCHATTENVÖGEL (HAMMERKÖPFE) (wohl als besondere Ordnung zu führen): 1
SCHUHSCHNÄBEL (Stellung unsicher): 1
REIHER: 65 (5)
STÖRCHE: 19 (2)
IBISSE und LÖFFLER: 31 (1)

Phoenicopteriformes
FLAMINGOS: 5

Anseriformes
ENTENARTIGE: 155 (32)
SPALTFUSSGÄNSE: 1
WEHRVÖGEL (wohl eine besondere Ordnung): 3

Falconiformes
NEUWELTGEIER (werden von einigen Autoren zu den Ciconiiformes gestellt): 7
SEKRETÄRE: 1
GREIFE (Geier, Adler, Habichte usw.): 232 (15)
FALKEN: 62 (5)

Galliformes
GROSSFUSSHÜHNER: 12
FASANENARTIGE (HÜHNER): 205 (8)
HOKKOHÜHNER: 44

Opisthocomiformes
HOATZINS: 1

Gruiformes
TRAPPEN (richtiger als besondere Ordnung anzusehen): 22 (1)
SERIEMAS (vielleicht besondere Ordnung): 2
KRANICHE: 15 (1)
TROMPETERVÖGEL: 3
RALLENKRANICHE: 1
RALLEN: 140 (7)
BINSENRALLEN: 3
SONNENRALLEN: 1
KAGUS: 1
STELZENRALLEN (Stellung unsicher): 3
LAUFHÜHNCHEN: 16

Charadriiformes
BLATTHÜHNCHEN: 8
GOLDSCHNEPFEN: 2
SCHNEPFENARTIGE: 83 (25)

WASSERTRETER: 3 (2)
STELZENLÄUFERARTIGE: 6 (2)
AUSTERNFISCHER: 6 (1)
REIHERLÄUFER: 1
TRIELE: 9 (1)
REGENPFEIFER: 42 (6)
KIEBITZE: 25 (1)
IBISSCHNÄBEL: 1
BRACHSCHWALBENARTIGE: 17
FLUGHÜHNER (oft zu den Columbiformes gestellt): 16
HÖHENLÄUFER: 4
SCHEIDENSCHNÄBEL: 2
RAUBMÖWEN: 4 (3)
MÖWEN: 42 (9)
SEESCHWALBEN und SCHERENSCHNÄBEL: 45 (9)
ALKEN (auch als eigene Ordnung Alciformes angesehen): 23 (3)

Columbiformes
DRONTEN (ausgestorben): 3
KRAGENTAUBEN: 1
KRONTAUBEN: 1
FASANTAUBEN: 1
EIGENTLICHE TAUBEN: 176 (4)
FRUCHTTAUBEN: 98
GRÜNTAUBEN (PAPAGEITAUBEN): 22
ZAHNTAUBEN: 1

Psittaciformes
EULENPAPAGEIEN: 1
KAKADUARTIGE: 17
BORSTENKÖPFE: 1
EIGENTLICHE PAPAGEIEN: 160
WACHSSCHNABELPAPAGEIEN: 38
PRACHTSITTICHE: 8
PLATTSCHWEIFSITTICHE: 29
WELLENSITTICHE: 1
LORIS: 58
ZWERGPAPAGEIEN: 27
NESTORPAPAGEIEN: 3

Musophagiformes
TURAKOS: 22

Cuculiformes
SPORNKUCKUCKE: 27
ERDKUCKUCKE: 13
HÄHERKUCKUCKE: 20
BUNTSCHNABELKUCKUCKE: 13
SEIDENKUCKUCKE: 12
EIGENTLICHE KUCKUCKE: 42 (1)

Strigiformes
EULEN (früher, von einigen Autoren auch heute wieder, an die Falken angeschlossen): 144 (9)

Caprimulgiformes
FETTSCHWALME: 1
TAGSCHLÄFER: 5
EIGENTLICHE SCHWALME: 13
HÖHLENSCHWALME: 8
ZIEGENMELKER (NACHTSCHWALBEN): 70 (1)

Apodiformes
SEGLER: 79 (2)
BAUMSEGLER: 4

Trochiliformes
KOLIBRIS: 321

Coliiformes
MAUSVÖGEL: 6

Trogoniformes
TROGONE: 34

Coraciiformes
KUROLS: 1
BAUMRACKEN: 11 (1)
ERDRACKEN: 5
EISVÖGEL: 89 (1)
TODIS: 5
MOTMOTS (SÄGERACKEN): 8
BIENENFRESSER (SPINTE): 24
WIEDEHOPFE: 2 (1)
BAUMHOPFE: 6
NASHORNVÖGEL: 43

Piciformes
HONIGANZEIGER: 12
BARTVÖGEL: 76
TUKANE: 40
SPECHTE: 207 (8)
WENDEHÄLSE: 2 (1)
FAULVÖGEL: 31
GLANZVÖGEL: 15

Passeriformes
Anordnung und Abgrenzung der Familien der Passeriformes (Sperlings- oder Singvögel) sind in vielen Fällen noch problematisch und strittig.
BREITRACHEN: 14
LAPPENPITTAS: 4
SCHMUCKVÖGEL: 81
PFLANZENMÄHDER: 4
FLAMMENKÖPFE: 1
TYRANNEN: 366
SCHNURRVÖGEL: 54
MAORISCHLÜPFER: 4
PITTAS: 24
BAUMSTEIGER: 50
TÖPFERVÖGEL: 217
AMEISENVÖGEL: 240
RALLENSCHLÜPFER: 29
LEIERSCHWÄNZE: 2
DICKICHTVÖGEL: 2
LERCHEN: 75 (4)
HECKENSÄNGER: 14
GRASMÜCKEN: 351 (21)
SÄNGER (Fliegenschnäpper und Drosselartige): 430 (20)
WASSERAMSELN: 4 (1)
SPOTTDROSSELN: 30
MÜCKENFÄNGER: 12
DEGENSCHNÄBLER: 3
ZAUNKÖNIGE: 59 (1)
BAUMLÄUFER: 6 ([illegible]
TRUGBAUMLÄUFER: 2
STAMMSTEIGER: 1
MAUERLÄUFER: 1 (1)
SPECHTMEISEN: 2[illegible] (1)
BAUMRUTSCHER: [illegible]
HONIGFRESSER: 17[illegible]
KAPHONIGFRESSER: 2
NEKTARVÖGEL: 1[illegible]
HYLIEN: 1
MISTELFRESSER (BLÜTENPICKER): 48
BRILLENVÖGEL: 81
KURZSCHWANZSÄNGER (TRUGSCHMÄTZER): 4
SÜDSEEGRASMÜCKEN: 58
PANTHERVÖGEL: [illegible]
BEUTELMEISEN: 10 (1)
STRICHELKÖPFCHEN: 1
PRACHTFINKEN: 1[illegible]
WEBERVÖGEL: 113
WITWEN: 15
SPERLINGE: 28 (3)
FINKEN (mit Kleidervögeln): 145 (15)
KARDINÄLE: 25
STÄRLINGE: 98
STELZEN: 56 (8)
WALDSÄNGER: 157
AMMERN (mit Tangaren und Naschvögeln): 496 ([illegible])
BRAUNELLEN: 12 ([illegible]
STARE: 110 (1)
SCHWALBEN (Stellung ganz unsicher): 74 (4)
SCHWALBENSTARE: 10
KAHLKÖPFE: 1
KRÄHENWÜRGER: [illegible]0
DROSSELSTELZEN: [illegible]
DROSSELKRÄHEN: [illegible]
LAPPENVÖGEL: 3
PARADIESVÖGEL und LAUBENVÖGEL: 5[illegible]
PIOPIOS: 1
FEENVÖGEL: 2
PIROLE: 28 (1)
DRONGOS: 20
DICKKÖPFE: 49
LAUFFLÖTER: 15
TIMALIEN: 247
MEISEN: 44 (6)
SCHWANZMEISEN (mit Kupferhähnchen und Papageischnäbeln): 27
PALMENSCHMÄTZER: 1
SEIDENSCHWANZARTIGE: 8 (1)
BÜLBÜLS: 116
BLATTVÖGEL: 8
EIORAS: 4
VIREOS (Stellung ganz unsicher): 43
BUSCHWÜRGER: 30
WÜRGER: 23 (4)
DROSSELWÜRGER: 1[illegible]
VANGAWÜRGER: 22
MONARCHEN und FÄCHERSCHWÄNZE: 122
BUNTSCHNÄPPER: 2[illegible]
BRILLENWÜRGER: 9
STACHELBÜRZLER: [illegible]
RABENVÖGEL: 102 ([illegible]

Insgesamt 8873 (einschließlich von mindestens 50 in den letzten drei Jahrhunderten ausgestorbenen) Arten, von denen 294 regelmäßig in Mitteleuropa zu finden sind (weitere als seltene Gäste). Sie verteilen sich auf 206 Familien, die in 32 Ordnungen zusammengefaßt sind.

Register

Fettgedruckte Seitenzahlen verweisen auf ganzseitige Artikel mit Beschreibung, Bild und Karten der jeweiligen Vogelart. Unmittelbar darunter finden sich die Verweise auf die Bestimmungstafeln. Seitenzahlen in Kursivdruck verweisen auf andere illustrierte Texte. Die wissenschaftlichen Namen sind ebenfalls kursiv gedruckt.
Die Umlaute ä, ö und ü sind wie a, o und u behandelt, während ae, oe und ue unter a-e, o-e und u-e eingeordnet wurden.

A

B

G

H

I

J

K

L

M

S

Z